EUROPA-FACHBUCHREIHE
für Bautechnik

Bautechnik

Fachkunde für

Maurer/Maurerinnen,

Beton- und Stahlbetonbauer/ Beton- und Stahlbetonbauerinnen,

Zimmerer/Zimmerinnen und

Bauzeichner/Bauzeichnerinnen

17., überarbeitete Auflage

Bearbeitet von Lehrern an beruflichen Schulen und von Ingenieuren
Lektorat: Dipl.-Ing. (FH) Horst Werner

VERLAG EUROPA-LEHRMITTEL · Nourney, Vollmer GmbH & Co. KG
Düsselberger Straße 23 · 42781 Haan-Gruiten

Europa-Nr.: 40222

Autoren der Fachkunde Bau:

Ballay, Falk	Dipl.-Gewerbelehrer	Dresden
Frey, Hansjörg	Dipl.-Ing.	Göppingen
Hein, Stefan	Dipl.-Ing.	Kernen
Herrmann, August	Dipl.-Ing. (FH)	Schwäbisch Gmünd
Kuhn, Volker	Dipl.-Ing., Architekt	Höpfingen
Lindau, Doreen	Dipl.-Ing.	Braunschweig
Nutsch, Wolfgang	Dipl.-Ing. (FH)	Leinfelden
Stemmler, Christian	Dipl.-Gewerbelehrer	Wertheim
Traub, Martin	Oberstudienrat a.D.	Essen
Uhr, Ulrich	Dipl.-Ing.	Rheinfelden
Waibel, Helmuth	Bauingenieur	Biberach
Werner, Horst	Dipl.-Ing. (FH)	Tauberbischofsheim

Leitung des Arbeitskreises:

Horst Werner, Dipl.-Ing. (FH)

Bildbearbeitung:

Zeichenbüro Irene Lillich, Schwäbisch Gmünd

Fotonachweis zum Titelbild:
Lager- und Bürogebäude – Firma Kucera, Link-Architekten, 74731 Walldürn

17. Auflage 2018

Druck 5 4 3 2 1

Alle Drucke derselben Auflage sind parallel einsetzbar, da sie bis auf die Behebung von Druckfehlern untereinander unverändert sind.

Autoren und Verlag können für Fehler im Text oder in Abbildungen im vorliegenden Buch nicht haftbar gemacht werden.

ISBN 978-3-8085-4468-6

Vorwort

Die **Fachkunde Bau** deckt die Inhalte der „Verordnung über die Berufsausbildung in der Bauwirtschaft" sowie die Rahmenlehrpläne für die beruflichen Schulen ab. Für den Unterricht nach Lernfeldern ist die Fachkunde Bau zusammen mit den Bautechnikbüchern des Verlages Europa-Lehrmittel **Fachmathematik mit Formeln und Tabellen, Technisches Zeichnen** und **Tabellenbuch Bautechnik** eine hervorragende Informationsquelle für technologische und konstruktive Fragen. Die Fachkunde Bau erleichtert damit das Vermitteln von Kompetenzen und Schlüsselqualifikationen.

Die der Fachkunde Bau beigelegte **CD-ROM** mit allen im Buch enthaltenen Abbildungen und Tabellen ist für die Schüler gedacht und hilft, eigene Präsentationen und Ausarbeitungen zu gestalten.

Die **CD-ROM als Lehrerversion** enthält zusätzlich über 400 ausgewählte interaktive Abbildungen zur schrittweisen Erarbeitung von Sachverhalten und zur Erstellung von Unterrichtsvorbereitungen.

Die Fachkunde Bau ermöglicht damit

– die **Bearbeitung von Projekten** mit unterschiedlichem Schwierigkeitsgrad,

– das **schnelle Auffinden von Daten und konstruktiven Details** durch den sachlogischen Aufbau des Buches,

– das **selbstständige Aneignen von Kenntnissen** durch leicht verständliche Texte sowie durch anschauliche Abbildungen und Grafiken,

– das **Üben und Vertiefen des Gelernten** durch zahlreiche projektorientierte Aufgaben sowie

– das **Erstellen von Arbeitsberichten und Präsentationen.**

Die Fachkunde Bau eignet sich besonders für den Unterricht an Berufsschulen und in der überbetrieblichen Ausbildung sowie für Meister- und Technikerschulen. Sie kann ebenso zur Beantwortung von Fragen im Praktikum, zur Vorbereitung auf ein bautechnisches Studium oder studienbegleitend zur Klärung von Grundlagen und Fachbegriffen dienen. Nicht zuletzt ist das Buch im Büro und auf der Baustelle als Nachschlagewerk ein nützlicher Helfer.

Autoren und Verlag sind allen Benutzern des Buches für kritische Hinweise und für Anregungen dankbar. Sie können dafür die Internetadresse lektorat@europa-lehrmittel.de nutzen.

In der **überarbeiteten 17. Auflage** der **Fachkunde Bau** sind Normänderungen, Berichtigungen und Ergänzungen, Änderungen bei Formelbuchstaben, bei Kurzzeichen und bei fachlichen Inhalten vorgenommen worden.

Im Kapitel **Baustoffe** wurden der **Formulierte Kalk** und die **Putzmörtelkategorien** neu aufgenommen sowie die **Charakteristischen Festigkeitswerte** von Holz aktualisiert. Beim **Baugrund** und den **Gründungen** wurden die **Homogenbereiche von Boden und Fels** sowie die **Fundamentbemessung** nach den neuen Normen beschrieben. Änderungen in der **Baunutzungsverordnung** wurden im Kapitel **Bauplanung** berücksichtigt. Aktualisiert und ergänzt wurde auch der **Stahlbetonbau**, beispielsweise die **Verbundbedingungen** bei der Verankerung.

Im **Holzbau** wurden die **Befestigungstechnik** und der **Holztafelbau** erweitert. Der **Wärmeschutz** wurde um moderne **Hochleistungsdämmstoffe** ergänzt. Der **Wegfall des Ü-Zeichens** bei europäisch harmonisierten Bauprodukten wurde berücksichtigt. Im Kapitel **Straßenbau** wurden die **Knotenpunktgestaltung** detaillierter beschrieben und die **Straßenausstattung** neu aufgenommen.

Tauberbischofsheim, Frühjahr 2018   Horst Werner

Inhaltsverzeichnis

1 Bauwirtschaft

1.1 Baugewerbe

Das Bedürfnis der Menschen, sich vor Witterung und Gefahren zu schützen, macht es erforderlich, Bauwerke zu erstellen. Daneben führt die zunehmende Bevölkerung und deren wachsende Ansprüche zu erhöhter Bautätigkeit bei Gebäuden zum Wohnen, Arbeiten, Erholen und für den Verkehr **(Bild 1)**.

Beispiele für den Hochbau:	Beispiele für den Tiefbau und Straßenbau:
Privater Hochbau – Wohngebäude, Garagen	**Gewerblicher Tiefbau** – Tiefgaragen
Gewerblicher Hochbau – Industriebauten, Kaufhäuser, Bürogebäude	**Verkehrsbauten** – Straßen, Brücken, Gleisanlagen, Tunnel
Öffentlicher Hochbau – Rathäuser, Krankenhäuser, Schulgebäude	**Öffentlicher Tiefbau** – Kanalisation, Deponien

Bild 1: Beispiele für Bauwerke

Die **Arbeitnehmer** im Baugewerbe sind in **Gewerkschaften** organisiert, die **Arbeitgeber** in **Arbeitgeberverbänden** zusammengeschlossen. Gewerkschaften und Arbeitgeberverbände regeln die Arbeitsbedingungen im Baugewerbe. In Tarifverhandlungen werden beispielsweise Festlegungen über Löhne getroffen. Das **Baugewerbe** gliedert sich in das Bauhauptgewerbe und das Baunebengewerbe **(Bild 2)**.

Bild 2: Übersicht über das Baugewerbe

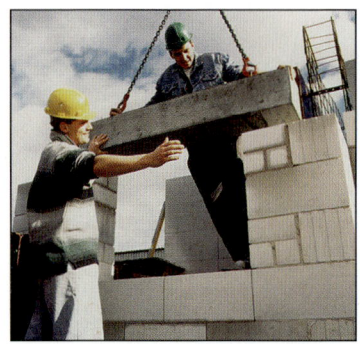

Bild 1: Maurer und Betonbauer

Bild 2: Gerüstbauer

Bild 3: Baugeräteführer

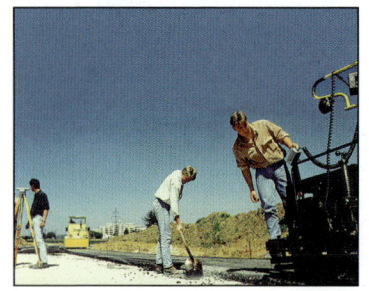

Bild 4: Straßenbauer

1.2 Bauberufe

Die unterschiedlichen Bauleistungen, die zur Erstellung von Bauwerken erbracht werden müssen, erfordern eine Vielzahl von Bauberufen, wie z. B. Rohbau-, Ausbau- und Tiefbauberufe. Zu den Planungsberufen zählen neben Architekten und Ingenieuren der unterschiedlichsten Fachrichtungen die Bauzeichner.

Bauzeichner fertigen nach Vorgaben der Architekten und Ingenieure die für die Bauwerkserstellung notwendigen Zeichnungen, Gebäudeaufnahmen für Umbauten und Bestandspläne für Abwasserleitungen.

1.2.1 Rohbauberufe

Maurer, Beton- und Stahlbetonbauer erstellen Fundamente, Wände, Stützen, Decken, Treppen und Schornsteine. Sie mauern Bauteile aus künstlichen Steinen und Natursteinen, schalen, bewehren und betonieren Bauteile aus Beton, Stahlbeton und Spannbeton, sie übernehmen wesentliche Tätigkeiten bei der Betonsteinherstellung, versetzen Fertigteile und wirken bei der Herstellung von Fertighäusern mit (**Bild 1**). Außerdem stellen sie industrielle Feuerungsanlagen für hohe Temperaturen her. Bei der Rohbauerstellung sind das Anbringen von Wärmedämmstoffen, das Putzen, Elektrovorarbeiten, wie z. B. die Verlegung von Leerrohren, die Montage vorgefertigter Fenster, Türzargen und Rollladen, das Verlegen von Estrich, Fliesen, Platten und Mosaik sowie Bodenbelagarbeiten möglich.

Gerüstbauer stellen Gerüste aus Stahl, Leichtmetall und Holz auf, insbesondere bei Kirchtürmen, Brücken und Kühltürmen, und vermieten diese z. B. an Baufirmen (**Bild 2**).

Baugeräteführer bedienen und warten die am Bau eingesetzten Baumaschinen. Dies sind z. B. Erdbaugeräte, Geräte und Maschinen zur Herstellung und Verarbeitung von Beton sowie Fördergeräte (**Bild 3**).

Zimmerer erstellen vorwiegend Holzkonstruktionen für Wände, Decken, Treppen und Dächer.

Das Fertigen von Lehrgerüsten und Betonschalungen, das Verlegen von Faserzementplatten, Trockenbauarbeiten sowie Verschalungen und Bekleidungen an Fassaden gehören ebenfalls zu den Aufgaben der Zimmerer.

Weitere Rohbauberufe sind **Klempner** (Flaschner) und **Dachdecker**.

> Der Rohbau gilt als abgeschlossen, wenn Wände, Decken und Dach fertiggestellt sind.

1.2.2 Tiefbauberufe

Straßenbauer fertigen Straßen, Plätze und Rollbahnen für Flugzeuge. Außerdem stellen sie Geländeeinschnitte, Böschungen, Gräben und Dämme sowie Sickerungen, Entwässerungsleitungen und Schächte her (**Bild 4**).

Weitere Tiefbauberufe sind **Gleisbauer** und **Rohrleitungsbauer**.

> Zu den Tiefbauarbeiten zählen die Erstellung von Verkehrswegen sowie das Verlegen von Ver- und Entsorgungsleitungen.

1.2.3 Ausbauberufe

Stuckateure verputzen die rohen Wände und Decken, erstellen Wände im Trockenbau, führen Stuck- und Estricharbeiten aus **(Bild 1)**.

Trockenbaumonteure erstellen Wände in Trockenbauweise, verkleiden Wände und Decken und bauen Wärmedämmschichten, Trockenestriche sowie Brandschutzverkleidungen ein.

Estrichleger bauen auf die Rohdecke Estriche trocken oder nass einschließlich der Wärme- und Schalldämmung ein und sind wesentlich an der Terrazzoherstellung beteiligt.

Fliesen-, Platten- und Mosaikleger belegen Wände und Böden mit Fliesen, Platten und Mosaik. Dies erfolgt vorwiegend in Nassräumen wie Küche und Bad und in Räumen mit erhöhten hygienischen Anforderungen wie in Lebensmittelbetrieben oder in Schwimmbädern **(Bild 2)**.

Daneben wirken beim Ausbau von Gebäuden u. a. **Anlagenmechaniker für Sanitär, Heizung und Klima, Elektroniker für Energietechnik/ Gebäudetechnik, Metallbauer, Betonstein- und Terrazzohersteller, Tischler, Glaser, Maler und Lackierer** sowie **Raumausstatter** mit.

> Alle Arbeiten vom Rohbau bis zur Fertigstellung eines Gebäudes bezeichnet man als Ausbau.

Bild 1: Stuckateur

Bild 2: Fliesen-, Platten- und Mosaikleger

1.3 Zusammenwirken der Bauberufe

Bei der Erstellung eines Bauwerks ist ein Zusammenwirken der Bauberufe erforderlich. In Bauzeitenplänen ist die Dauer jeder Arbeit sowie die Reihenfolge der einzelnen Arbeiten im Voraus festgelegt und in der Regel als Balkendiagramm dargestellt **(Bild 3)**. Dabei wird die voraussichtliche Dauer der Arbeiten durch farbige Balken gekennzeichnet. Zur Kontrolle kann die tatsächliche Dauer eingetragen werden.

Daneben ist aus dem Bauzeitenplan ersichtlich, wann z. B. der Maurer nach Einbau der Rohrleitungen für Heizung, Gas, Wasser und Abwasser die Wandschlitze schließen kann. Ebenso ist zu entnehmen, wann z. B. Heizkörper, Waschbecken und Badewanne montiert werden können.

Bild 3: Bauzeitenplan (Beispiel)

1.4 Ausbildung in der Bautechnik

Die Ausbildung im Berufsfeld Bautechnik erfolgt nach der Stufenausbildung im Bauhauptgewerbe im Ausbildungsbetrieb, in der Berufsschule und in überbetrieblichen Ausbildungsstätten der Bauwirtschaft **(Bild 1)**. Die Ausbildung dauert in der Regel 3 Jahre. Im 1. Ausbildungsjahr erfolgt die Grundbildung. Im 2. Ausbildungsjahr schließt sich eine Fachausbildung im Hochbau oder im Tiefbau an. Nach dem 2. Ausbildungsjahr kann die Ausbildung als Hochbau-, Tiefbau- oder Ausbaufacharbeiter abgeschlossen werden. Das 3. Ausbildungsjahr dient der Spezialisierung, z. B. auf den Beruf des Maurers oder des Beton- und Stahlbetonbauers. Nach Abschluss der dreijährigen Ausbildung kann die Gesellenprüfung oder die Facharbeiterprüfung im jeweiligen Beruf abgelegt werden. Der Geselle wird im Bauhauptgewerbe als Spezialbaufacharbeiter bezeichnet.

Eine Weiterbildung zum Meister oder Techniker ist an einer Fachschule möglich. Ein Studium an einer Hochschule für Technik oder einer Technischen Universität führt zum Beruf des Ingenieurs (Bachelor, Master) einer bestimmten Fachrichtung.

Bild 1: Die Ausbildung im Berufsfeld Bautechnik

In der Bautechnik werden eine Vielzahl von Baustoffen mit Hilfe bestimmter Arbeitsverfahren zu einem Bauwerk zusammengefügt. Dies erfordert Kenntnisse über Eigenschaften der Baustoffe sowie über die bei ihrer Verarbeitung ablaufenden Vorgänge. Grundlage dafür sind die beiden Naturwissenschaften **Chemie** und **Physik** sowie die **Elektrotechnik**.

Bei der Erstellung eines Bauwerkes sind viele chemische und physikalische Vorgänge zu beachten.

Bei einem **chemischen Vorgang** entstehen aus Ausgangsstoffen neue Stoffe mit völlig anderen Eigenschaften **(Bild 1)**.

Bei einem **physikalischen Vorgang** entsteht kein neuer Stoff. Es ändern sich die Zustandsform, die Lage oder Größe des Stoffes, die stoffliche Zusammensetzung ändert sich dabei nicht **(Bild 2)**.

Aus Kalkstein entsteht beim Brennen das Bindemittel Branntkalk

In den Blättern der Pflanzen entstehen aus in Wasser gelösten Mineralsalzen und Kohlenstoffdioxid Zucker und Stärke.

Aus den flüssigen und löslichen Komponenten wird eine harte, unlösliche und unschmelzbare Kunststoffschicht.

Bild 1: Chemische Vorgänge (Beispiele)

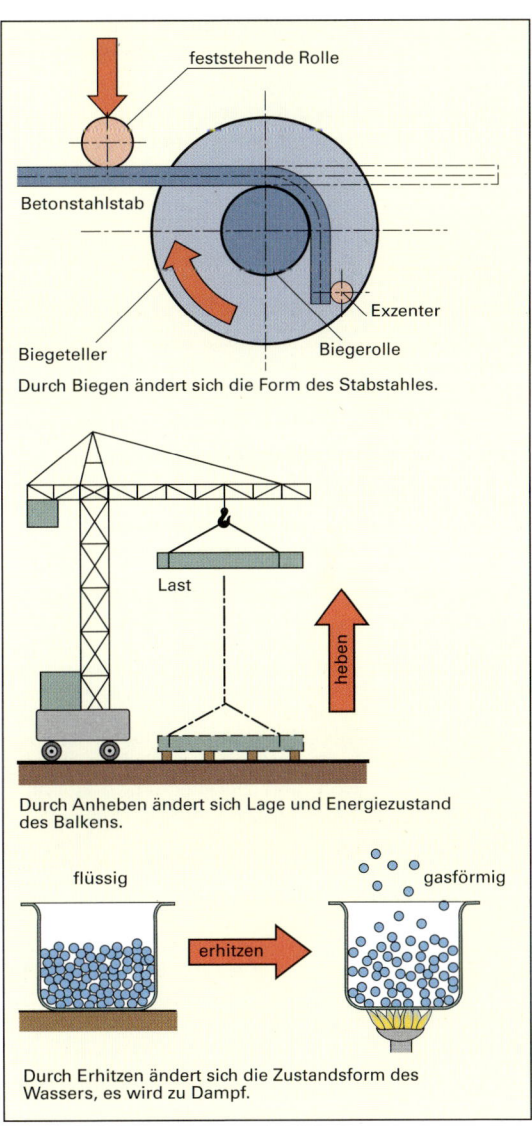

Durch Biegen ändert sich die Form des Stabstahles.

Durch Anheben ändert sich Lage und Energiezustand des Balkens.

Durch Erhitzen ändert sich die Zustandsform des Wassers, es wird zu Dampf.

Bild 2: Physikalische Vorgänge (Beispiele)

2.1 Chemische Grundlagen

Die Chemie befasst sich mit der Zusammensetzung, dem Aufbau, der Herstellung und den Eigenschaften der Stoffe sowie mit deren Umwandlung und den dabei ablaufenden Vorgängen.

Innerhalb der Chemie unterscheidet man die **organische Chemie** und die **anorganische Chemie**. Ursprünglich beschäftigte sich die organische Chemie mit kohlenstoffhaltigen Stoffen aus der belebten Natur. Grundsätzlich kann hieraus die Unterscheidung abgeleitet werden, dass sich die organische Chemie mit den Kohlenstoffverbindungen und die anorganische Chemie mit kohlenstofffreien Verbindungen befasst. Ausnahmen sind reiner Kohlenstoff, Kohlenstoffdioxide, Kohlensäure und deren Salze sowie Carbide und Ruß, welche aufgrund abweichender Eigenschaften der anorganischen Chemie zugeordnet werden.

2.1.1 Stoff und Körper

Jeder Stoff, auch Materie genannt, bildet einen Körper. Dieser Körper nimmt einen Raum ein, ob er fest, flüssig oder gasförmig ist. Wo ein Körper ist, kann nicht gleichzeitig ein zweiter Körper sein. Die Begriffe Stoff und Körper überschneiden sich und werden deshalb oft gleichbedeutend verwendet **(Bild 1)**.

> Jeder Stoff benötigt einen Raum und bildet deshalb einen Körper.
> Jeder Körper nimmt einen bestimmten Raum ein und besteht aus einem bestimmten Stoff.

Stoffe und Körper kann man nach ihren Eigenschaften unterscheiden.

Eigenschaften der Stoffe sind z. B.

- die Reaktionsfreudigkeit mit anderen Stoffen,
- der Geruch und der Geschmack sowie
- die Korrosionsbeständigkeit.

Eigenschaften der Körper sind im Wesentlichen

- die Zustandsformen,
- das Volumen sowie
- der Energiezustand.

> Die Chemie befasst sich mit den Stoffen, ihrer Zusammensetzung und Eigenschaften sowie mit den stofflichen Veränderungen bei chemischen Vorgängen.

> Die Physik befasst sich mit dem Zustand der Körper und den Zustandsänderungen bei physikalischen Vorgängen. Die stoffliche Zusammensetzung ändert sich dabei nicht.

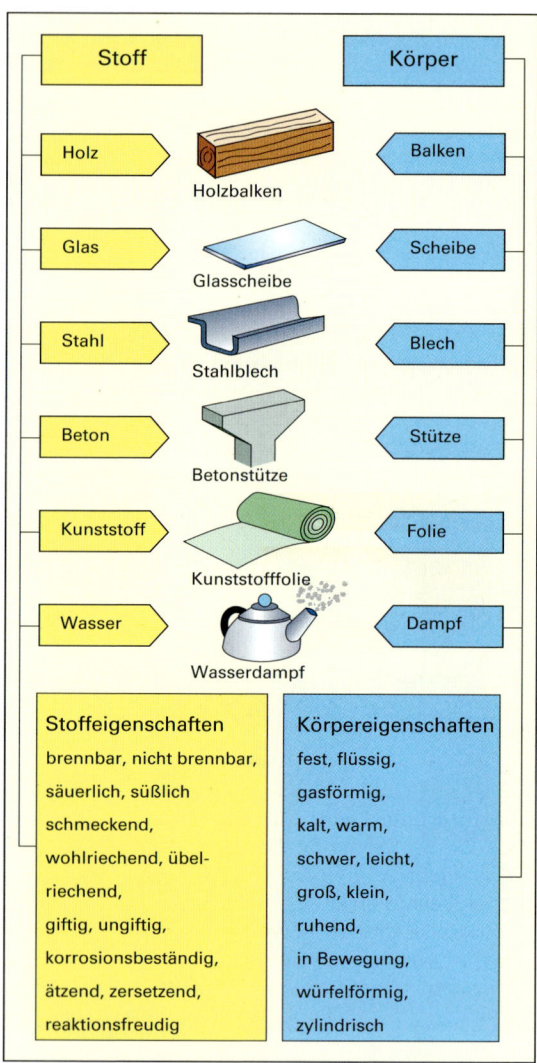

Stoff		Körper
Holz	Holzbalken	Balken
Glas	Glasscheibe	Scheibe
Stahl	Stahlblech	Blech
Beton	Betonstütze	Stütze
Kunststoff	Kunststofffolie	Folie
Wasser	Wasserdampf	Dampf

Stoffeigenschaften	Körpereigenschaften
brennbar, nicht brennbar,	fest, flüssig,
säuerlich, süßlich	gasförmig,
schmeckend,	kalt, warm,
wohlriechend, übel-	schwer, leicht,
riechend,	groß, klein,
giftig, ungiftig,	ruhend,
korrosionsbeständig,	in Bewegung,
ätzend, zersetzend,	würfelförmig,
reaktionsfreudig	zylindrisch

Bild 1: Stoff und Körper (Beispiele)

2.1.2 Arten der Stoffe

Nach dem Aufbau der Stoffe unterscheidet man Gemenge oder Stoffgemische, chemische Verbindungen und Elemente oder Grundstoffe.

- **Gemenge**
  bestehen aus mehreren verschiedenartigen Einzelstoffen. Das Gemenge, z. B. Kalkmörtel, lässt sich mit mechanisch-physikalischen Verfahren in seine Einzelstoffe Sand, Wasser und Kalk trennen **(Bild 1)**. Mechanisch-physikalische Trennverfahren sind z. B. Destillieren, Abdampfen, Filtrieren und Absetzenlassen.

- **Chemische Verbindungen**
  bestehen aus mindestens zwei verschiedenartigen Grundstoffen oder Elementen. Chemische Verbindungen lassen sich nicht durch mechanisch-physikalische Vorgänge, sondern nur durch chemische Verfahren in ihre Elemente zerlegen, wie z. B. Calciumhydroxid in Calcium, Sauerstoff und Wasserstoff (Bild 1).

- **Chemische Elemente**
  auch Grundstoffe genannt, sind Stoffe, die sich nicht durch chemische Verfahren und physikalisch nur unter extremen Bedingungen (Teilchenbeschleuniger) weiter zerlegen lassen, wie z. B. Wasserstoff (Bild 1).

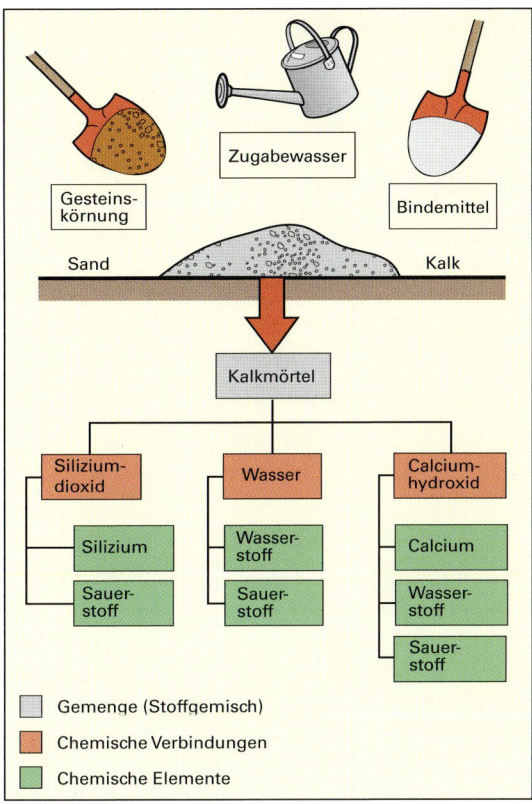

Bild 1: Arten von Stoffen

2.1.3 Chemische Elemente

Stoffe, die sich nicht mehr in andere Stoffe zerlegen lassen, bezeichnet man als chemische Elemente oder Grundstoffe.

Alle Stoffe der Erde sind aus Elementen aufgebaut. Es gibt 94 natürliche Elemente. Mehr als 20 Elemente wurden zusätzlich künstlich hergestellt. Von den natürlichen Elementen sind 70 Metalle, 17 Nichtmetalle und 7 Halbmetalle. **Metalle** sind glänzend und gute Leiter für den elektrischen Strom und Wärme. **Nichtmetalle** sind meist gasförmig, überwiegend Nichtleiter für den elektrischen Strom und schlechte Wärmeleiter, wie z. B. Schwefel. **Halbmetalle** können sowohl metallische als auch nichtmetallische Eigenschaften haben wie z. B. Silicium und Selen.

Die Elemente werden meist mit Kurzzeichen benannt, die von ihren lateinischen und griechischen Namen oder von den Namen ihrer Entdecker abgeleitet sind **(Tabelle 1)**.

Chemische Elemente bestehen aus Atomen. Die unterschiedlichen Eigenschaften der Elemente ergeben sich aus dem verschiedenartigen Aufbau ihrer Atome.

Tabelle 1: Namen und Kurzzeichen wichtiger Elemente

Namen	Kurzzeichen	Namen	Kurzzeichen
Metalle		Metalle	
Aluminium	Al	Wolfram	W
Blei (Plumbum)	Pb	Zink	Zn
Chrom	Cr	Zinn (Stannum)	Sn
Eisen (Ferrum)	Fe	Nichtmetalle	
Gold (Aurum)	Au	Argon	Ar
Kalium	K	Chlor	Cl
Calcium	Ca	Fluor	F
Kobalt (Cobalt)	Co	Helium	He
Kupfer (Cuprum)	Cu	Kohlenstoff (Carboneum)	C
Magnesium	Mg	Neon	Ne
Mangan	Mn		
Molybdän	Mo	Phosphor	P
Natrium	Na	Sauerstoff (Oxygenium)	O
Nickel	Ni	Schwefel (Sulfur)	S
Niob	Nb		
Platin	Pt	Stickstoff (Nitrogenium)	N
Quecksilber (Hydrargyrum)	Hg	Wasserstoff (Hydrogenium)	H
Silber (Argentum)	Ag		
Tantal	Ta	Halbmetalle	
Titan	Ti	Silicium	Si
Vanadium	V	Selen	Se

2.1.3.1 Periodensystem der Elemente

Atome bestehen aus Protonen und Neutronen im Atomkern und Elektronen, die den Kern umkreisen. Die Anzahl der Protonen ergibt die Ordnungszahl und bestimmt die Eigenschaften der Elemente. Wasserstoff (H) hat ein Proton, Helium (He) zwei Protonen usw. Im ungeladenen Zustand enthält das Atom gleich viele negative Elektronen wie positive Protonen. Man stellt fest, dass sich die chemischen Eigenschaften der Elemente ab einer gewissen Ordnungszahl periodisch wiederholen. Ordnet man die Elemente mit ähnlichen Eigenschaften untereinander, erhält man das Periodensystem der Elemente bestehend aus Haupt- und Nebengruppen und den waagerecht angeordneten Perioden (Tabelle 1).

Tabelle 1: Periodensystem der Elemente (gekürzt)

Periode	Hauptgruppen		Nebengruppen								Hauptgruppen					
	I	II	III a	IV a	V a	VI a	VII a	VIII a	I a	II a	III	IV	V	VI	VII	VIII
1	1 **H** 1,008															2 **He** 4,00
2	3 **Li** 6,939	4 **Be** 9,012									5 **B** 10,811	6 **C** 12,011	7 **N** 14,007	8 **O** 15,999	9 **F** 12,998	10 **Ne** 20,183
3	11 **Na** 22,989	12 **Mg** 24,312									13 **Al** 26,982	14 **Si** 28,086	15 **P** 30,974	16 **S** 32,064	17 **Cl** 35,492	18 **Ar** 39,948
4	19 **K** 39,102	20 **Ca** 40,08	21 **Sc** 44,956	22 **Ti** 47,9	23 **V** 50,942	24 **Cr** 51,996	25 **Mn** 54,938	26 **Fe** 55,847	27 **Co** 58,933	28 **Ni** 58,71	29 **Cu** 63,54	30 **Zn** 65,37	31 **Ga** 69,72	32 **Ge** 72,59	33 **As** 74,92	34 **Se** 78,96	35 **Br** 79,909	36 **Kr** 83,80
5	37 **Rb** 85,47	38 **Sr** 87,62	39 **Y** 89,905	40 **Zr** 91,22	41 **Nb** 92,906	42 **Mo** 95,94	43* **Tc** 99	44 **Ru** 101,07	45 **Rh** 102,905	46 **Pd** 106,04	47 **Ag** 107,87	48 **Cd** 112,40	49 **In** 114,82	50 **Sn** 118,69	51 **Sb** 121,75	52 **Te** 127,6	53 **J** 126,9	54 **Xe** 131,30
6	55 **Cs** 132,90	56 **Ba** 137,34	57 **La** 138,91	72 **Hf** 178,49	73 **Ta** 180,948	74 **W** 183,948	75 **Re** 186,2	76 **Os** 190,2	77 **Ir** 192,2	78 **Pt** 195,09	79 **Au** 196,967	80 **Hg** 200,59	81 **Tl** 204,37	82 **Pb** 207,192	83* **Bi** 208,98	84* **Po** 210	85* **At** 210	86* **Rn** 222
7	87* **Fr** 223	88* **Ra** 226,05	89* **Ac** 227	Weitere künstlich hergestellte und extrem kurzlebige Elemente ohne Bedeutung für das Bauwesen													

Bezeichnungen:
— Ordnungszahl
8 — Kurzzeichen
O
15,999 — relative Atommasse (≈ Massenzahl)

Metalle
Nichtmetalle
Halbmetalle

* alle Isotope dieser Grundstoffe sind radioaktiv

Die Elektronen sind im Bohrschen Atommodell in Atomschalen um den Kern zu finden, welche von innen nach außen aufgefüllt werden. Wenn eine Außenschale voll ist, ergibt sich eine neue Periode, in der sich die Eigenschaften der Elemente in jeder Gruppe wiederholen. In die erste Schale passen 2 Elektronen, in alle weiteren Außenschalen jeweils 8 Elektronen (Bild 1). Nebengruppenelemente fallen aus diesem Schema, da hier Innenschalen erweitert und befüllt werden. Die Eigenschaften der Nebengruppenelemente haben große Ähnlichkeit, es sind alles Metalle (Tabelle 1).

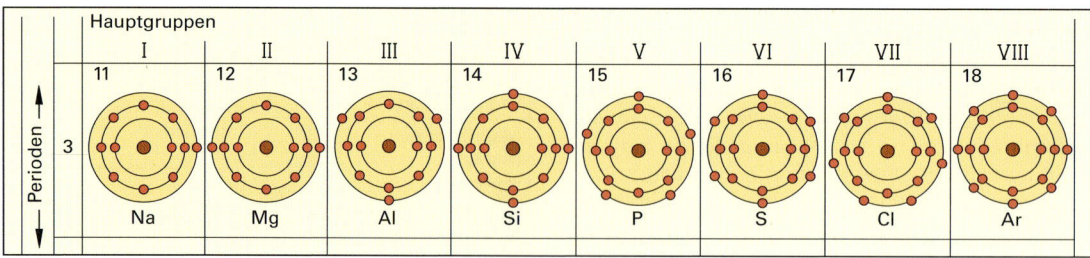

Bild 1: Elemente der Periode 3 mit 1 bis 8 Außenelektronen

Außenschalen mit 8 Elektronen sind energetisch bevorzugt. Da die Elemente der Hauptgruppe VIII schon 8 Außenelektronen aufweisen, verbinden sie sich nicht mit anderen Stoffen (Edelgase). Dagegen haben die Elemente der Hauptgruppe I nur jeweils ein Außenelektron. Deshalb reagieren sie heftig mit Nichtmetallen wie Fluor und Chlor, welche viele Elektronen auf ihren Außenschalen zur Verfügung stellen, um sich dann in der Verbindung die Elektronen zu teilen.

2.1.4 Chemische Verbindungen

Verschiedene Atome bzw. Elemente können sich miteinander verbinden. Den dabei entstehenden neuen Stoff nennt man chemische Verbindung. Dieser neue Stoff hat völlig andere Eigenschaften als die Elemente, aus denen er besteht. Es verbinden sich z. B. 1 Atom Sauerstoff (O) mit 2 Atomen Wasserstoff (H) zu einem Molekül Wasser (H_2O). Die chemische Verbindung Wasser hat andere Eigenschaften als die Elemente Wasserstoff und Sauerstoff (**Bild 1**).

> Ein Molekül ist stets das kleinste Teilchen einer chemischen Verbindung.
> Die Moleküle einer chemischen Verbindung sind untereinander gleich.

Bei vielen Elementen haben sich eine bestimmte Anzahl von Atomen zu Molekülen zusammengeschlossen. Diese nennt man Elementmoleküle, z. B. Sauerstoff mit 2 und Schwefel mit 6 Atomen. Nur bei den Edelgasen, z. B. Helium, liegen Einzelatome vor (**Bild 2**). In metallischen Elementen bilden die Atome kristallartige Teilchenverbände (**Bild 3**). Die Anzahl der Atome eines Elementes in einem Molekül wird durch eine tiefergestellte Zahl (Index) nach dem Kurzzeichen dargestellt, wobei der Index 1 entfällt.

Beispiele:

CH_4 1 Molekül Methan besteht aus 1 Atom Kohlenstoff und 4 Atomen Wasserstoff,

NaCl 1 Molekül Natriumchlorid (Kochsalz) besteht aus 1 Molekül Natrium und 1 Molekül Chlor.

2.1.4.1 Chemische Gleichungen

Bei einem chemischen Vorgang sind die Massen der Stoffe vor dem chemischen Vorgang gleich den Massen der Stoffe nach dem Vorgang. Chemische Vorgänge, auch chemische Reaktionen genannt, lassen sich daher in Gleichungen darstellen. Man bezeichnet diese als **chemische Gleichungen** oder **Reaktionsgleichungen**. Bei chemischen Gleichungen wird das Gleichheitszeichen durch einen Pfeil ersetzt. Auf der linken Seite der Gleichung stehen die Ausgangsstoffe, rechts die nach der Reaktion entstandenen Stoffe (Endstoffe). Für chemische Reaktionen ist es notwendig, so viele Elemente oder Moleküle bereitzustellen, wie für den Endstoff benötigt werden. Die erforderliche Anzahl der Ausgangsstoffe und die Zahl der entstandenen Moleküle werden durch einen Faktor vor dem Kurzzeichen dargestellt (**Bild 4**).

Bild 1: Chemische Verbindung (Beispiel)

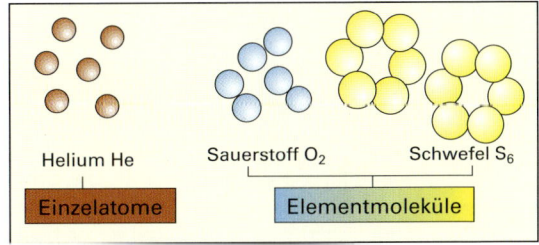

Bild 2: Einzelatome und Elementmoleküle

Bild 3: Teilchenverbände

Bild 4: Chemische Gleichung

Bild 1: Synthese und Analyse

● Lösemittelmoleküle
● Moleküle des
gelösten Stoffes

Bild 2: Lösung

● Flüssigkeit
◆ Teilchen eines
festen Stoffes

Bild 3: Suspension

● Flüssigkeit
● Teilchen einer
Flüssigkeit

Bild 4: Emulsion

2.1.4.2 Synthese, Analyse

Unter einer **Synthese** versteht man das Herstellen einer chemischen Verbindung. Die Erzeugung synthetischer Stoffe, z. B. der Kunststoffe, ist eine der Hauptaufgaben der chemischen Industrie. Die Zerlegung einer chemischen Verbindung nennt man **Analyse**. Synthese und Analyse sind chemische Vorgänge. Sie können durch chemische Gleichungen dargestellt werden **(Bild 1)**.

2.1.5 Gemenge

Man kann manche Stoffe beliebig miteinander vermengen, ohne dass diese sich chemisch verbinden. Das enstehende Gemenge oder Stoffgemisch ist kein neuer Stoff. Es lässt sich daher mit physikalischen Verfahren wieder in seine Ausgangsstoffe trennen, z. B. durch Destillieren, Abdampfen, Filtrieren, magnetisches Trennen oder Absetzen. Gemenge sind z. B. Lösungen, Dispersionen und Legierungen.

2.1.5.1 Lösungen

Zahlreiche feste, flüssige und gasförmige Stoffe lassen sich in Flüssigkeiten so fein verteilen, dass nur noch Einzelmoleküle vorhanden sind. Die Stoffe befinden sich dann in **Lösung (Bild 2)**. Die Flüssigkeit nennt man **Lösemittel**. Eine bestimmte Menge Lösemittel kann bei einer bestimmten Temperatur nur eine begrenzte Menge eines Stoffes lösen. Ist dieser Zustand erreicht, ist die Lösung **gesättigt**. Eine annähernd gesättigte Lösung bezeichnet man als **konzentriert**, eine vom Sättigungszustand weiter entfernte Lösung als **verdünnt**. Der Lösungsvorgang lässt sich durch Zerkleinern des zu lösenden Stoffes sowie durch Umrühren oder Erwärmen beschleunigen. Gelöste feste Stoffe können aus Lösungen durch Verdampfen bzw. Verdunsten des Lösemittels ausgeschieden werden, z. B. bei einem Anstrich mit Wasserlack.

2.1.5.2 Dispersionen

Bei einer Dispersion sind sehr kleine Stoffteilchen fein in einer Flüssigkeit verteilt, ohne darin gelöst zu sein. Die Flüssigkeit bezeichnet man als Dispersionsmittel. Ist der fein verteilte Stoff ein fester Stoff, spricht man von einer **Suspension**, z. B. Betonit **(Bild 3)**, ist er eine Flüssigkeit, von einer **Emulsion**, z. B. Bitumenemulsion oder Schalöl **(Bild 4)**. Bei Dispersionen setzen sich die feinverteilten Stoffe ab und es tritt eine allmähliche Entmischung ein. Sie sind deshalb vor Gebrauch zu schütteln oder umzurühren. Beispiele sind Dispersionsleime und Dispersionsfarben sowie Bohremulsion aus Öl und Wasser für die Metallbearbeitung.

2.1.5.3 Legierungen

Viele Metalle lassen sich in geschmolzenem Zustand ineinander lösen. Die erstarrte Lösung bezeichnet man als Legierung. Die Eigenschaften einer Legierung weichen oft erheblich von denen der darin enthaltenen Einzelmetalle ab, z. B. in ihrer Festigkeit, Härte und ihrem Schmelzpunkt. Durch Legieren lassen sich Werkstoffe mit bestimmten Eigenschaften herstellen, so wird z. B. Stahl durch Zulegieren von Chrom und Nickel korrosionsbeständig.

2.1.6 Wichtige Grundstoffe und ihre Verbindungen

Die meisten Baustoffe sind Gemenge aus verschiedenen chemischen Verbindungen, die ihrerseits aus Elementen bestehen. Neben den Elementen Kohlenstoff (C), Wasserstoff (H) und Sauerstoff (O) enthalten z. B. **Bausteine und Bindemittel** überwiegend Kalium (Ka), Calcium (Ca), Silicium (Si), Aluminium (Al) und Eisen (Fe), **Kunststoffe** hauptsächlich Chlor (Cl) und Stickstoff (N) **(Bild 1)**.

2.1.6.1 Sauerstoff (O)

Eigenschaften: Sauerstoff ist ein geruchloses, geschmackloses, farbloses Gas und schwerer als Luft. Er ist zur Verbrennung sowie zur Atmung notwendig, brennt aber selbst nicht. In reinem Sauerstoff verbrennen viele Stoffe, auch Metalle, schnell und sehr heftig.

Vorkommen: Etwa 21 % der Luft ist freier Sauerstoff. Der größte Teil des Sauerstoffs ist in den Gesteinen der Erdrinde und im Wasser, chemisch gebunden, enthalten. Von den Pflanzen wird der Sauerstoff durch Fotosynthese aus Kohlenstoffdioxid zurückgewonnen **(Bild 2)**.

Verwendung: Sauerstoff verwendet man zum Schweißen und Schneiden von Metallen, zur Stahlherstellung und als Sauerstofflanze zum Trennen von Beton und Gestein.

Oxidation, Reduktion

Verbindet sich ein Stoff mit Sauerstoff, spricht man von Oxidation, die dabei entstehende chemische Verbindung heißt Oxid. Bei jeder Oxidation wird Wärme frei. Eine Oxidation kann zeitlich verschieden ablaufen **(Tabelle 1)**.

Wird einem Oxid der Sauerstoff entzogen, spricht man von Reduktion (Zurückführung). Zu einer Reduktion ist Wärme erforderlich. Die Gewinnung vieler Metalle aus ihren Erzen erfolgt durch Reduktion.

2.1.6.2 Wasserstoff (H)

Eigenschaften: Wasserstoff ist ein farbloses und geruchloses Gas und ist der spezifisch leichteste aller Stoffe. Ein Liter wiegt 0,09 g. Ein Gemisch von Wasserstoff und Sauerstoff im Verhältnis 2 : 1 ist hochexplosiv (Knallgas).

Vorkommen: Wasserstoff kommt in reiner Form in der Natur nicht vor, chemisch gebunden dagegen in vielen fossilen Brennstoffen und im Wasser. Der für die Industrie benötigte Wasserstoff wird aus Erdöl oder Erdgas hergestellt.

Verwendung: Wasserstoff findet in der chemischen Industrie und in der Schweißtechnik Anwendung.

Bild 1: Baustoffe und ihre Elemente

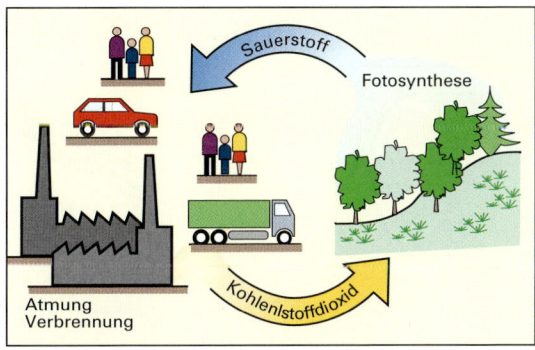

Bild 2: Rückgewinnung des Sauerstoffs

Beispiel einer Oxidation:

$$C + O_2 \longrightarrow CO_2$$
Kohlenstoff   Sauerstoff   Kohlenstoffdioxid

Beispiel einer Reduktion:

$$Fe_2O_3 + 3\,CO \longrightarrow 2\,Fe + 3\,CO_2$$
Eisenoxid   Kohlenstoffoxid   Eisen   Kohlenstoffdioxid

Tabelle 1: Oxidationsvorgänge

zeitlicher Ablauf	Beobachtung	Beispiele
langsame Oxidation	Farbänderung, nur geringe Erwärmung	Oxidschicht, Rost, O, CO₂, Leben
schnelle Oxidation = Verbrennung	starke Erwärmung, Flamme	Feuer im Gas- oder Ölofen
schlagartige Oxidation = Verpuffung oder Explosion	schlagartige Ausdehnung der Verbrennungsgase mit Knall	Otto-Motor, Gasturbine

Bild 1: Kohlenstoffvorkommen in der Natur

als Kohlenstoffdioxid (CO_2) in der Luft

in Pflanzen und Tieren (Biomasse)

gelöst in Wasser

in Gesteinen

im Erdgas

im Erdöl

in der Steinkohle

Bild 2: Anwendung des Kohlenstoffs (Beispiele)

Ruß

Gummireifen

Graphit

Bleistift

Diamant

Trennscheibe

Diamant

Gesteinsbohrer

Bild 3: Wichtige Kohlenstoffverbindungen

Kohlenstoffverbindungen

anorganische

organische

anorganische	organische
Kohlenstoffmonoxid	Alkohole
Kohlenstoffdioxid	Benzine
Kohlensäure	Formaldehyd
Karbonate	Polyethylen
Karbide	Polyvinylchlorid

2.1.6.3 Kohlenstoff (C)

Vorkommen: Kohlenstoff kommt in reiner Form in der Natur als Graphit und Diamant vor. Chemisch gebunden ist er in den Gesteinen der Erdrinde, z. B. im Kalkstein ($CaCO_3$) und in fossilen Energieträgern, z. B. in Kohle, Erdöl und Erdgas, enthalten. Daneben ist er Bestandteil der Biomasse von Pflanzen und Tieren. Als Kohlenstoffdioxid (CO_2) ist er in der Luft und gelöst im Wasser vorhanden **(Bild 1)**.

Eigenschaften: Graphit ist ein weicher, schwarzglänzender und schwarzabfärbender Stoff. Diamant ist farblos, glasartig, sehr hart und spröde.

Verwendung: Technisch hergestellter Kohlenstoff dient als Koks zur Eisengewinnung, als Ruß für Füllstoff von Gummi, als Kohlenstofffasern zur Verstärkung von Kunststoffen und als Diamant für den Besatz von Gesteinsbohrern. Diamant in Pulverform wird als Schleifmittel, z. B. für Trennscheiben, sowie für Poliermittel verwendet **(Bild 2)**.

Kohlenstoffverbindungen

Kohlenstoffverbindungen sind in der Regel organische Verbindungen. Ausnahmen sind die anorganischen Stoffe Kohlenstoffmonoxid (CO), Kohlenstoffdioxid (CO_2), die Kohlensäure und deren Salze sowie die Karbide **(Bild 3)**.

Anorganische Kohlenstoffverbindungen

Kohlenstoffmonoxid (CO) entsteht bei der Verbrennung von kohlenstoffhaltigen Stoffen unter unzureichender Sauerstoffzufuhr. Es ist ein farbloses, geruchloses, sehr giftiges Gas und brennt mit bläulicher Flamme. Es wird zur großtechnischen Herstellung vieler Stoffe, z. B. der Kunststoffe und Lösemittel, verwendet.

Kohlenstoffdioxid (CO_2) entsteht bei der Verbrennung kohlenstoffhaltiger Stoffe. Es ist ein nicht brennbares, geruchloses, farbloses und ungiftiges Gas. Da es etwa 1,5mal schwerer ist als Luft, sammelt es sich an tiefstgelegenen Stellen an, wie z. B. in Kellern und Schächten. Es besteht dort Erstickungsgefahr!

- Das in großen Mengen bei der Verbrennung fossiler Brennstoffe, z. B. Erdöl und Erdgas, entstehende Kohlenstoffdioxid wird für die Aufheizung der Erdatmosphäre verantwortlich gemacht („Treibhauseffekt!").
- Das Kohlenstoffdioxid in der Luft verursacht den „sauren Regen".
- Bei Kohlenstoffmonoxid besteht für den Menschen Vergiftungsgefahr, bei Kohlenstoffdioxid Erstickungsgefahr!

Säuren entstehen, wenn man Nichtmetalloxide in Wasser löst z. B. die Kohlensäure (H_2CO_3) oder die Schwefelsäure (H_2SO_4). Auch Verbindungen der Nichtmetalle (Halogene) Chlor und Fluor mit Wasserstoff ergeben in Wasser gelöst Salzsäure (HCl) und Flusssäure (HF). Man bezeichnet sie als sauerstofffreie Säuren **(Bild 1)**.

Ionenbildung

Die Säuremoleküle können in wässriger Lösung vollständig oder teilweise in Wasserstoffionen (H^+) und Säurerestionen, z. B. in (SO_4^{2-})-Ionen und (CO_3^{2-})-Ionen, gespalten sein. Säuren leiten daher den elektrischen Strom (Elektrolyte). Die Wasserstoffionen bezeichnet man als Kationen, die Säurerestionen als Anionen.

Beispiele:

Schwefelsäure	H_2SO_4	$\xrightarrow{\text{Wasser}}$	$H^+ \ H^+ \ SO_4^{2-}$
Salzsäure	HCl	$\xrightarrow{\text{Wasser}}$	$H^+ \ Cl^-$
Salpetersäure	HNO_3	$\xrightarrow{\text{Wasser}}$	$H^+ \ NO_3^-$

Die Eigenschaften der Säuren werden durch die abgespaltenen Wasserstoffionen verursacht. Säuren wirken daher nur in wässriger Lösung. Die Stärke einer Säure hängt davon ab, wie viel Wasserstoffionen abgespalten sind.

Starke Säuren sind:
Salzsäure (HCl), Salpetersäure (HNO_3), Schwefelsäure (H_2SO_4).

Mittelstarke Säuren sind:
Phosphorsäure (H_3PO_4), Flusssäure (HF).

Schwache Säuren sind:
Kohlensäure (H_2CO_3), Blausäure (HCN).

Entstehung von Säuren:

$$SO_3 \ + \ H_2O \longrightarrow H_2SO_4$$
Schwefeltrioxid — Wasser — Schwefelsäure

$$CO_2 \ + \ H_2O \longrightarrow H_2CO_3$$
Kohlenstoffdioxid — Wasser — Kohlensäure

Alle Säuren bestehen aus Wasserstoffionen H^+ und Säurerestionen, z. B. SO_4^{2-}, CO_3^{2-} oder Cl^-.

Bild 1: Schwefelsäure (schematisch)

Legende:
- H_2SO_4 — Schwefelsäuremolekül
- SO_4^{2-} — Säurerest-Ion (Anion)
- H^+ — Wasserstoff-Ion (Kation)
- H_2O — Wasser

Eigenschaften:

- Säuren färben blaues Lackmuspapier rot,
- Säuren ätzen die Haut und zerstören die Kleidung,
- Säuren greifen die meisten Metalle und viele organische Stoffe an,
- Säuren schmecken sauer,
- Säuren können zu Bauschäden führen!

Wichtige Säuren

Salzsäure (HCl) zersetzt Kalkstein ($CaCO_3$) unter Abspaltung von Kohlenstoffdioxid (CO_2). Verdünnte Salzsäure verwendet man zum Reinigen (Absäuern) von Klinkermauerwerk und zum Entfernen von Kalkablagerungen.

Schwefelsäure (H_2SO_4) als Bestandteil des „sauren Regens" bildet zusammen mit dem wasserunlöslichen Kalkstein (CaO_3) das wasserlösliche Calciumsulfat ($CaSO_4$), das als Gips entweder ausgeschwemmt wird oder durch die beim Auskristallisieren auftretende Volumenvergrößerung zu Absprengungen („Sulfattreiben") und damit zu Bauschäden führen kann. Schwefelsäure ist stark wasseranziehend (hygroskopisch). Daher beim Verdünnen mit Wasser stets langsam **Säure in Wasser** gießen (Hitzeentwicklung!).

Kohlensäure (H_2CO_3) entsteht vor allem durch die Verbindung von CO_2-haltigen Rauchgasen mit der Luftfeuchtigkeit bzw. mit dem Regenwasser. Kohlensäurehaltiges Wasser zersetzt kalkhaltige Bindemittel. Die Kohlensäure verbindet sich dabei mit dem Kalkanteil zu einem wasserlöslichen Salz, dem Calciumhydrogenkarbonat ($Ca(HCO_3)_2$).

Salpetersäure (HNO_3) entsteht aus Ammoniak (NH_3), das sich beim Abbau organischer Stoffe z. B. in Abwasserkanälen oder Viehställen bildet. Zusammen mit kalkhaltigen Baustoffen entsteht das wasserlösliche Calciumnitrat ($CaNO_3$), das als „Mauersalpeter" bekannt ist und zu Bauschäden führen kann. Salpetersäure ist stark oxidierend. Bei Berührung mit organischen Stoffen, z. B. Holz und Textilien, können diese in Brand geraten.

Bild 1: Natronlauge (schematisch)

Legend:
- NaOH — Natronlauge-molekül
- Na^+ — Natrium-Ion (Kation)
- OH^- — OH^--Ion (Anion)
- H_2O — Wasser

starke Säure — neutral — starke Lauge
pH-Wert zunehmend sauer — pH-Wert zunehmend basisch
destilliertes Wasser
0 1 2 3 4 5 6 7 8 9 10 11 12 13 14

Bild 2: pH-Wert-Skala

2.1.8 Laugen

Laugen entstehen durch Reaktion von Alkalimetallen, z. B. Natrium (Na), oder wasserlöslichen Metalloxiden, z. B. Calciumoxid (CaO), mit Wasser. Durch Verdampfen des Wassers erhält man meist feste, farblose Metallhydroxide, auch Basen genannt. Die Laugenwirkung tritt jedoch erst ein, wenn die Hydroxide in Wasser gelöst sind **(Bild 1)**.

Ionenbildung

Die Laugenmoleküle spalten sich in wässriger Lösung teilweise oder vollständig in positiv geladene Metallionen, z. B. in Na^+-Ionen (Kationen) und negativ geladene OH^--Ionen (Anionen).

Beispiele:

Natronlauge $\quad NaOH \xrightarrow{\text{Wasser}} Na^+\,OH^-$

Calciumlauge $\quad Ca(OH)_2 \xrightarrow{\text{Wasser}} Ca^+\,OH^-\,OH^-$

Laugen leiten den elektrischen Strom und sind deshalb Elektrolyte. Laugen und Säuren neutralisieren sich gegenseitig (Seite 27).

Maßgebend für die Eigenschaften der Laugen sind die OH-Ionen, wobei die Anzahl der abgespaltenen OH-Ionen die Stärke der Lauge bestimmt.

Starke Laugen sind die Natronlauge (NaOH), die Kalilauge (KOH) und die Calciumlauge ($Ca(OH)_2$).

Eine **schwache Lauge** ist die wässrige Lösung von Ammoniakgas (NH_3), die als Salmiakgeist bezeichnet wird (NH_4OH).

Gelöschter Kalk ($Ca(OH)_2$) ist eine Lauge und wird zur Mörtelherstellung verwendet.

Kalkmilch ist eine wässrige Aufschlämmung von gelöschtem Kalk.

pH-Wert

In der Praxis muss häufig festgestellt werden, wie stark eine Lösung sauer oder basisch ist. Ein Maß hierfür ist der pH-Wert. Er kann Werte von 0 bis 14 annehmen **(Bild 2)**. Eine wässrige Lösung mit dem pH-Wert 7 ist neutral. Destilliertes Wasser hat diesen Wert. Lösungen mit einem pH-Wert von 0 bis 7 sind sauer, je kleiner der pH-Wert, desto saurer die Lösung. Lösungen mit pH-Werten von 7 bis 14 sind basisch, je größer die Zahl, desto basischer die Lösung. Den pH-Wert einer Lösung stellt man mit Indikatorpapieren oder Indikatorlösungen sowie mit elektrischen Geräten fest.

Schwefelsäure hat einen pH-Wert von 1, Kohlensäure einen pH-Wert von 4. Der pH-Wert von gelöschtem Kalk beträgt 12, der von Natronlauge 13.

2.1.9 Salze

Salze bestehen aus einem Metall und einem Säurerest. In einem Salz, z. B. in Kupfersulfat ($CuSO_4$), ist das Metall-Ion Kupfer Cu^{2+} mit dem Säurerest-Ion der Schwefelsäure SO_4^{2-} verbunden.

Ein Salz spaltet sich in wässriger Lösung wie Säuren und Laugen teilweise oder vollständig in Ionen und leitet daher den elektrischen Strom.

Salze entstehen durch Neutralisation einer Säure und einer Lauge (**Bild 1**) sowie durch Reaktion einer Säure mit einem Metall oder einem Metalloxid.

Die chemische Bezeichnung der Salze weist auf die an ihrer Entstehung beteiligten Säuren und Metalle hin (**Tabelle 1**).

Entstehung von Salzen:

$NaOH$ + Natronlauge	HCl Salzsäure	$NaCl$ + Natriumchlorid	H_2O Wasser
$Ca(OH)_2$ + gelöschter Kalk	H_2CO_3 Kohlensäure	$CaCO_3$ + Kalkstein	$2\,H_2O$ Wasser
Zn + Zink	HCl Salzsäure	$ZnCl_2$ + Zinkchlorid	H_2 Wasserstoff
CuO + Kupferoxid	H_2SO_4 Schwefelsäure	$CuSO_4$ + Kupfersulfat	H_2O Wasser

Tabelle 1: Bezeichnungen von Salzen

Säuren	Salze	Beispiele
Schwefelsäure H_2SO_4	Sulfate	Zinksulfat $ZnSO_4$
Salzsäure HCl	Chloride	Zinkchlorid $ZnCl_2$
Kohlensäure H_2CO_3	Karbonate	Calciumkarbonat $CaCO_3$
Salpetersäure HNO_3	Nitrate	Silbernitrat $AgNO_3$
Kieselsäure H_2SiO_3	Silikate	Aluminiumsilikat $Al(SiO_2)_3$
Phosphorsäure H_3PO_4	Phosphate	Calciumphosphat $Ca(PO_4)_2$

Eine starke Säure treibt die schwache Säure aus ihrem Salz und bildet ein neues Salz. Sind die entstehenden Salze wasserlöslich, können sie Bauschäden verursachen!

Beispiele:

$$CaCO_3 + 2\,HCl \longrightarrow CaCl_2 + H_2CO_3$$
Calciumchlorid
(wasserlöslich)

$$CaCO_3 + 2\,HNO_3 \longrightarrow Ca(NO_3)_2 + H_2CO_3$$
Calciumnitrat
(wasserlöslich)

Die **Löslichkeit** der Salze in Wasser ist sehr verschieden. Während z. B. die Silikate als Hauptbestandteile der Gesteine nicht bzw. nur schwer wasserlöslich sind, lassen sich z. B. die bauschädlichen Nitrate leicht in Wasser lösen (**Tabelle 2**).

In Wasser gelöste Salze bilden bei der Verdunstung des Wassers **Kristalle**, z. B. Calciumsulfat (Gips) und Calciumnitrat (Mauersalpeter). Sie nehmen dabei Wasser (Kristallwasser) auf, wobei eine Volumenvergrößerung eintritt.

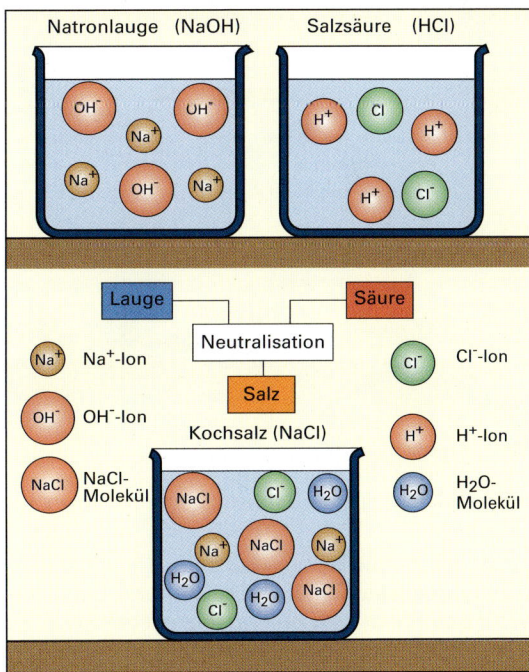

Bild 1: Salzbildung durch Neutralisation (schematisch)

Tabelle 2: Wasserlöslichkeit von Salzen

Salz	chemische Formel	Löslichkeit in g je Liter
Calciumsilikat	$CaSiO_3$	0,000
Calciumkarbonat	$CaCO_3$	0,015
Calciumhydrogencarbonat	$Ca(HCO_3)_2$	2,000
Calciumsulfat	$CaSO_4$	2,500
Natriumsulfat	Na_2SO_4	11,000
Natriumchlorid	$NaCl$	36,000
Calciumchlorid	$CaCl_2$	75,000
Calciumnitrat	$Ca(NO_3)_2$	250,000

Wichtige Salze

Calciumkarbonat (CaCO$_3$) ist wasserunlöslich und Hauptbestandteil vieler Natursteine z. B. Kalkstein bzw. Marmor. Es entsteht bei der Erhärtung von Kalkmörtel (Seite 75).

Calciumsulfat (CaSO$_4$) als Gips und **Magnesiumsulfat (MgSO$_4$)** sind Bindemittel. Kommen sie mit Säuren in Berührung, können die dabei entstehenden neuen Salze wegen ihrer hohen Wasserlöslichkeit und Kristallwasserbildung zu Bauschäden führen (Auswaschungen, Absprengungen).

Calciumsilikat (CaSiO$_3$) ist wasserunlöslich und entsteht beim Erhärten von hydraulischen Kalken und Zementen. **Kaliumsilikat (K$_2$SiO$_3$)**, **Magnesiumsilikat (MgSiO$_3$)**, **Calciumsilikat (CaSiO$_3$)** und **Aluminiumsilikat (Al$_2$(SiO$_3$)$_2$)** sind Bestandteile vieler Gesteinsarten. **Natriumsilikat (Na$_2$SiO$_3$)** wird zur Herstellung von Brandschutzmitteln verwendet.

Calciumnitrat (Ca(NO$_3$)$_2$), auch Mauersalpeter genannt, entsteht in Jauchegruben und Viehställen. Es kann Bauteile vollständig zerstören.

> Säuren, Laugen und Salze entfalten ihre Wirkung nur in wässriger Lösung. Ein sorgfältiges Abdichten des Bauwerks gegen Wasser in jeder Form verhindert das Eindringen und Transportieren dieser Stoffe und schützt das Bauwerk vor Schäden!

Bild 1: Kreislauf des Wassers

2.1.10 Wasser

Das Wasser unterliegt in der Natur einem Kreislauf. Es verdunstet (verdampft) an der Erdoberfläche aus Flüssen und Meeren. Aus dem Dunst (Wasserdampf) bilden sich Wolken, die bei Abkühlung zu Regen werden **(Bild 1)**.

Das in der Natur vorkommende Wasser ist nicht chemisch rein. Meerwasser enthält größere Mengen verschiedener Salze, z. B. Kochsalz (NaCl), Magnesiumsulfat (MgSO$_4$) und Natriumsulfat (Na$_2$SO$_4$). Der Salzgehalt z. B. in der Nordsee beträgt 36 g/l. Wasser mit Calciumsalzen wird als hart bezeichnet.

Quell-, Fluss- und Seewasser enthält hauptsächlich Calcium- und Magnesiumsalze. Der Gehalt an Calciumhydrogenkarbonat (Ca(HCO$_3$)$_2$) und Calciumsulfat (CaSO$_4$), auch Kalkhärte und Gipshärte genannt, ist für den Härtegrad des Wassers bestimmend. Beim Verdunsten oder Verdampfen von hartem Wasser scheidet sich das Calciumhydrogenkarbonat als Kesselstein ab. Hartes Wasser kann man durch Zusatz von Enthärtungsmitteln weich machen.

Regenwasser, das anfänglich aus destilliertem Wasser besteht, nimmt auf dem Weg durch die Luft Staub und Rußteilchen sowie Kohlenstoffdioxid (CO$_2$) und Schwefeldioxid (SO$_2$) auf und wird dadurch schwach sauer („saurer Regen").

Grundwasser ist Wasser, das durch Versickern der Niederschläge in tiefer liegende Erd- und Gesteinsschichten gelangt und die Hohlräume der Erdrinde zusammenhängend ausfüllt. Auf dem Wege durch die Erdschichten wird das Wasser von Schwebestoffen gereinigt. Es kann aber andere im Erdreich enthaltene Stoffe, z. B. Salze, lösen und aufnehmen. Über wasserundurchlässigen Erdschichten kann es sich ansammeln. Die Obergrenze der Grundwasseransammlung nennt man Grundwasserspiegel. Tritt das Grundwasser zu Tage, bildet es Quellen.

Zustandsformen des Wassers

Wasser ist ein Stoff, der in der Natur als Eis fest, als Wasser flüssig und als Wasserdampf gasförmig vorkommt. Eis schmilzt bei 0 °C (Schmelzpunkt). Die zum Schmelzen von 1 kg Eis notwendige Wärmemenge beträgt 335 kJ (Schmelzwärme). Wasser siedet unter normalem Luftdruck bei 100 °C (Siedepunkt). Zum Verdampfen von 1 kg Wasser benötigt man eine Wärmemenge von 2250 kJ.

Wasserdampf kondensiert bei Abkühlung unter 100 °C (Kondensationspunkt) zu Wasser (Kondenswasser). Es gefriert bei 0 °C (Gefrierpunkt) zu Eis **(Bild 1)**. Wasser hat bei + 4 °C seine größte Dichte.

Wenn es auf 0 °C abgekühlt ist und zu Eis wird, dehnt es sich aus. 10 Raumteile Wasser geben 11 Raumteile Eis. Dieses nur bei Wasser vorkommende Verhalten bezeichnet man als „Anomalie des Wassers" (Seite 45).

Bild 1: Zustandsformen des Wassers

Wasser findet in der Bautechnik vielfältige Verwendung, z. B.
- als **Zugabewasser** zur Herstellung von Frischbeton und Mörtel,
- als **Fließ- und Transportmittel** z. B. beim Einbau des Frischbetons sowie zur Erhärtung des Betons,
- bei der **Nachbehandlung** von Beton durch Besprühen oder Berieseln der Betonoberfläche,
- als **Löse- bzw. Dispersionsmittel** bei der Herstellung und Verarbeitung von Farbstoffen und Bitumenemulsionen sowie
- als **Reinigungs- und Spülmittel** zum Säubern von Bauteiloberflächen und zum Reinigen von Geräten und Maschinen.

Wasser kann auch zu Bauschäden führen, z. B.
- als **Niederschläge** durch Aufnahme von Schadstoffen aus der Luft und deren Transport an die Bauteiloberfläche,
- als **Grundwasser** bzw. Bodenfeuchtigkeit durch Lösen und meist kapillares Transportieren bauschädigender Substanzen in das Bauteil,
- als **Wasserdampf,** der beispielsweise Schimmelbildung an Bauteiloberflächen bewirkt oder, durch Diffusion in das Bauteil, Baustoffe durchfeuchtet und schädigt oder die Wärmedämmung mindert, sowie
- als **Eis,** das durch Volumenvergrößerung beim Gefrieren des Wassers einen Sprengdruck erzeugt, der z. B. zu Abplatzungen an der Bauteiloberfläche oder bei Straßen zu Frostaufbrüchen führen kann.

2.1.11 Umweltbelastung und Umweltschutz

Unter Umweltbelastung versteht man die Verunreinigung der Luft, des Wassers und des Bodens durch Schadstoffe. Auch Lärm belastet die Umwelt. Die Umweltbelastung schadet nicht nur dem Menschen und der Natur, sondern kann auch zu Schäden an Bauwerken führen. Deshalb müssen alle auf der Baustelle Beschäftigten die Grundsätze des Umweltschutzes beachten.

Umweltbelastung der Luft

Bei der Verbrennung, z. B. von Kohle, Öl und Kraftstoffen, entstehen Schadstoffe wie Kohlenstoffdioxid (CO_2), Schwefeldioxid (SO_2) und Stickstoffoxide (NO_x), die den „sauren Regen" verursachen (**Bild 2,** Seite 30).

Durch Verdunstung gelangen Kohlenwasserstoffe als Kraftstoffe und Verdünnungsmittel, Tetrachlorkohlenstoff als Löse- und Reinigungsmittel sowie die Fluorkohlenwasserstoffe (FCKW) als Treibgas und als Kältemittel in die Luft.

Die einzelnen Schadstoffe sind mit unterschiedlichen Anteilen an der zunehmenden Erwärmung der Erdoberfläche infolge Wärmerückstrahlung („Treibhauseffekt") sowie an der Ausdünnung der Ozonschicht beteiligt (**Bild 2**). Während der Treibhauseffekt zu folgenschweren Klimaveränderungen auf der Erde führen kann, gelangen bei zu dünner Ozonschicht die zellschädigenden UV-B-Strahlen ungehindert auf die Erdoberfläche, was beim Menschen Gesundheitsschäden verursachen kann (**Bild 1,** Seite 30).

Bild 2: Treibhauseffekt

Bild 1: Ozonschicht

Bild 2: „Saurer Regen"

Einige Schadstoffe bilden zusammen mit der Luftfeuchtigkeit schweflige Säure (H_2SO_3) bzw. Schwefelsäure (H_2SO_4), Kohlensäure (H_2CO_3) und Salpetersäure (HNO_3), die als „saurer Regen" niedergehen und einerseits das Wachstum der Pflanzen beeinträchtigen („Waldsterben"), andererseits erhebliche Schäden an Bauwerken verursachen können (Bild 2).

Maßnahmen gegen die Verschmutzung der Luft sind:

- **Energieeinsparung** durch Einschränkung des Kraftstoffverbrauchs und durch Verbesserung des Wärmeschutzes bei Gebäuden,
- **Reinigung der Abgase** durch Einbau von Filtern und Katalysatoren sowie
- **Nutzung regenerativer Energien** durch den Betrieb von Wasserkraftwerken, Windgeneratoren und Solaranlagen.

Umweltbelastung des Wassers

Das auf der Baustelle anfallende Schmutzwasser wird in der Regel in die Kanalisation eingeführt oder unmittelbar in den Boden bzw. in ein Gewässer abgelassen. Das Schmutzwasser darf jedoch keine schädlichen Stoffe enthalten. Als schädlich gelten Stoffe, die

- zu **Verstopfungen** des Abwasserkanals führen, wie z. B. Bauschutt, Mörtel oder Bindemittel und
- **feuergefährlich, explosibel** oder **giftig** sind, wie z. B. Benzine, Lösemittel, Säuren, Laugen und Holzschutzmittel.

Eine besonders schwere Umweltbelastung ist das Ablassen von Altölen, Heizölen, Resten von Holzschutzmitteln und Bautenschutzmitteln in den Boden oder in Gewässer. Sie führen zur Verseuchung des Grundwassers und zur Zerstörung des Lebens in den natürlichen Gewässern! Diese besonders überwachungsbedürftigen Stoffe sind bei eigens dafür autorisierten, behördlich überwachten Unternehmen abzuliefern!

Beseitigung von Gewerbeabfällen

Gewerbeabfälle sind getrennt nach Wertstoffen, hausmüllähnlichen Gewerbeabfällen und Sonderabfällen zu sammeln (Seite 178).

- **Wertstoffe,** z. B. Holz, Metalle, unbelasteter Bauschutt, Ausbauasphalt und Kunststoffe, können nach Wiederaufbereitung (Recycling) wiederverwendet werden.
- **Überwachungsbedürftige Gewerbeabfälle** (früher: Hausmüllähnliche Gewerbeabfälle) werden gesammelt und durch Verbrennung oder Vergasung (Pyrolyse) zur Energiegewinnung verwendet. Unbrennbare Stoffe müssen auf Deponien gelagert werden.
- **Besonders überwachungsbedürftige Gewerbeabfälle** (früher: Sonderabfälle) sind z. B. belastetes Abbruchmaterial, asbesthaltige Abfälle, Reste von Bautenschutzmitteln, Holzschutzmitteln und Schalölen. Die Beseitigung dieser Abfälle muss umweltverträglich und nach dem Stand der Technik durchgeführt werden. Die eigens dafür autorisierten Entsorgungsunternehmen dürfen diese Abfälle befördern, lagern, chemisch-physikalisch behandeln, verbrennen oder auf einer Deponie lagern.

Aufgaben

1 Unterscheiden Sie die Stoffarten Gemenge, chemische Verbindungen und Elemente und ordnen Sie diesen jeweils einige Beispiele zu.

2 Erläutern Sie den chemischen Aufbau der Baustoffe.

3 Erklären Sie die Eigenschaften und Wirkungsweise von Säuren und Laugen an Beispielen.

4 Salze können zu Bauschäden führen. Erläutern Sie die dabei ablaufenden Vorgänge.

5 Beschreiben Sie die Vorgehensweise bei der Verdünnung von Säuren und begründen Sie notwendige Unfallschutzmaßnahmen.

6 Beschreiben Sie die Bedeutung des Wassers in der Bautechnik.

7 Erklären Sie, wie die auf Baustellen beschäftigten Personen zum Umweltschutz beitragen können.

2.2 Physikalische Grundlagen

Bei physikalischen Vorgängen ändert sich die Form eines Körpers, seine Lage oder seine Zustandsform. Bei Arbeiten auf der Baustelle gibt es solche Veränderungen von Körpern, die messbar sind. Gemessen wird z. B. die Veränderung von Längen, von Massen, von Zeiten und von Temperaturen.

Eine Form wird verändert, z. B. beim Biegen eines Betonstahls, mit Hilfe einer Stabstahlbiegeeinrichtung **(Bild 1)**.

Eine Lageänderung tritt ein, wenn z. B. beim Mauerbau großformatige Steine mit einem Versetzgerät aufgeschichtet werden (Bild 1).

Von einer Änderung der Zustandsform eines Stoffes spricht man, wenn z. B. das bei der Nachbehandlung einer betonierten Decke versprühte Wasser wieder verdunstet (Bild 1).

2.2.1 Physikalische Größen

Um eine physikalische Größe angeben zu können, muss man ihre Einheit und deren Zahlenwert kennen.

> Physikalische Größen bestehen aus dem Produkt eines **Zahlenwertes** mit einer **Einheit**.
>
> Physikalische Größe = Zahlenwert · Einheit

Der Zahlenwert gibt an, um wie viel mal größer die physikalische Größe als die Einheit ist.

Beispiel: Länge $l = 5 \cdot 1\ m = 5\ m$, d. h., die Länge eines Stabes ist 5-mal größer als die Längeneinheit 1 m.

Sind die Zahlenwerte sehr groß oder sehr klein, werden sie durch Vorsatzzeichen vor der Einheit übersichtlicher und lesbarer **(Tabelle 1)**.

Die Einheiten der physikalischen Größen entsprechen den Einheiten des Internationalen Einheitensystems (**S**ysteme **I**nternationale d'Unités = **SI**-Einheiten). Aus den gesetzlich festgelegten **Basiseinheiten** lassen sich alle anderen Einheiten meist mit besonderen Namen und Einheitenzeichen ableiten (**Tabelle 2** und **Tabelle 3**).

Beispiel: Die abgeleitete Größe Geschwindigkeit wird aus den Basisgrößen Länge und Zeit gebildet.

> $$\text{Geschwindigkeit} = \frac{\text{Länge}}{\text{Zeit}}$$

Die abgeleitete Einheit der Geschwindigkeit wird aus den Basiseinheiten Meter und Sekunde gebildet.

> $$\text{Einheit der Geschwindigkeit} = \frac{\text{Meter}}{\text{Sekunde}}$$

Bild 1: Physikalische Vorgänge

Tabelle 1: Wichtige Vorsatzzeichen für Basiseinheiten

Bezeichnung	Zeichen	Faktor	Beispiel
Nano-	n	10^{-9}	$1\ nm = 10^{0}\ m = 0,000\ 000\ 001\ m$
Mikro-	µ	10^{-6}	$1\ \mu m = 10^{-6}\ m = 0,000\ 001\ m$
Milli-	m	10^{-3}	$1\ mm = 10^{-3}\ m = 0,001\ m$
Zenti-	c	10^{-2}	$1\ cm = 10^{-2}\ m = 0,01\ m$
Dezi-	d	10^{-1}	$1\ dm = 10^{-1}\ m = 0,1\ m$
Hekto-	h	10^{2}	$1\ hl = 10^{2}\ l = 100\ l$
Kilo-	k	10^{3}	$1\ kg = 10^{3}\ g = 1000\ g$
Mega-	M	10^{6}	$1\ MN = 10^{6}\ N = 1\ 000\ 000\ N$

Tabelle 2: Wichtige SI-Basisgrößen und Basiseinheiten

Basisgröße	Basiseinheit	Einheitenzeichen
Länge	Meter	m
Masse	Kilogramm	kg
Zeit	Sekunde	s
Elektrischer Strom	Ampere	A
Temperatur	Kelvin	K

Tabelle 3: Wichtige abgeleitete SI-Einheiten mit besonderen Namen und Einheitenzeichen

Physikalische Größe	Einheit	Einheitenzeichen	Beziehung
Kraft	Newton	N	$1\ N = 1\ \frac{kgm}{s^2}$
Arbeit, Energie	Joule	J	$1\ J = 1\ Nm$
Druck	Pascal	Pa	$1\ Pa = 1\ \frac{N}{m^2}$
Leistung	Watt	W	$1\ W = 1\ \frac{J}{s}$
Elektrische Spannung	Volt	V	$1\ V = 1\ \frac{W}{A}$
Elektrischer Widerstand	Ohm	Ω	$1\ \Omega = 1\ \frac{V}{A}$
Frequenz	Hertz	Hz	$1\ Hz = 1\ \frac{1}{s}$

Bild 1: Körper mit dem Volumen von 1 m³

Bild 2: Masse von 1 l Wasser

Stahl	Wasser	Fichtenholz
1 kg	1 kg	1 kg
0,13 dm³	1,00 dm³	2,13 dm³
1 dm³	1 dm³	1 dm³
7,85 kg	1,00 kg	0,47 kg

Bild 3: Vergleich unterschiedlicher Stoffe

Tabelle 1: Dichte (Mittelwerte)	
Stoff	kg/dm³
Blei	11,3
Kupfer	8,9
Stahl	7,85
Zink	7,1
Aluminium	2,7
Glas	2,6
Stahlbeton	2,5
Mauervollziegel	1,8
Wasser	1,0
Porenbeton	0,8
Eichenholz (lufttrocken)	0,67
Fichtenholz (lufttrocken)	0,47
Polystyrolhartschaum	0,02

2.2.2 Volumen, Masse, Dichte, Porigkeit

Volumen (Raum)

Jeder Körper nimmt ein Volumen ein. Die Einheit des Volumens ist der Kubikmeter (m³), das entspricht einem Würfel von 1 m Kantenlänge **(Bild 1)**. Teile des Kubikmeters sind Kubikdezimeter (dm³), Kubikzentimeter (cm³) und Kubikmillimeter (mm³). Bei Flüssigkeiten wird häufig die Einheit Liter (l) verwendet.

$$1\ m^3\ =\ 1000\ dm^3, \qquad 1\ dm^3\ =\ 1000\ cm^3$$
$$1\ cm^3\ =\ 1000\ mm^3, \qquad 1\ dm^3\ =\ 1\ l$$

Masse

Jeder Körper hat eine Masse (Stoffmenge). Die Einheit der Masse eines Körpers ist das Kilogramm (kg). Dieses entspricht der Masse von 1 dm³ (= 1 l) Wasser bei 4 °C **(Bild 2)**.

Das Vielfache eines Kilogramms ist die Tonne. Teile des kg sind das Gramm (g) und das Milligramm (mg).

$$1\ t\ =\ 1000\ kg, \qquad 1\ kg\ =\ 1000\ g$$
$$1\ g\ =\ 1000\ mg$$

Dichte

Unterschiedliche Stoffe mit gleicher Masse haben meist ein unterschiedliches Volumen. Unterschiedliche Stoffe mit gleichem Volumen haben meist unterschiedliche Massen **(Bild 3)**.

Die Dichte ρ (gesprochen rho) eines Körpers ist das Verhältnis seiner Masse zu seinem Volumen.

$$\text{Dichte} = \frac{\text{Masse}}{\text{Volumen}}$$
$$\rho = \frac{m}{V}$$

$$\text{Masse} = \text{Volumen} \cdot \text{Dichte}$$
$$m = V \cdot \rho$$

$$\text{Volumen} = \frac{\text{Masse}}{\text{Dichte}}$$
$$V = \frac{m}{\rho}$$

m = Masse in g, kg, t

V = Volumen in cm³, dm³, m³

ρ = Dichte in $\dfrac{g}{cm^3}$, $\dfrac{kg}{dm^3}$, $\dfrac{t}{m^3}$

Die Dichten von Baustoffen werden als Mittelwerte angegeben **(Tabelle 1)**. Bei Baustoffen wird häufig noch unterschieden zwischen Reindichte, Rohdichte und Schüttdichte **(Bild 4)**.

Von **Reindichte** spricht man bei Stoffen, die keine Poren und Lufthohlräume aufweisen.

Unter **Rohdichte** versteht man die Dichte fester Stoffe, die Poren oder auch Hohlräume enthalten.

Als **Schüttdichte** bezeichnet man die Dichte lose aufgeschütteter fester Stoffe einschließlich der Poren in den Stoffen und der Zwischenräume zwischen den Körnern.

Reindichte

z. B. bei Metallen, Glas

Rohdichte

z. B. bei Mauerziegel, Porenbeton, Holz

Schüttdichte

z. B. bei aufgeschüttetem Sand, Kies, Bodenaushub

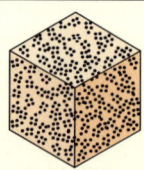

Bild 4: Arten der Dichte

Porigkeit

Viele Baustoffe enthalten Poren und werden deshalb porös genannt. Je nach Dichte gibt es viele, wenig oder keine Poren im Körper. Die Poren können groß oder klein, geschlossen oder offen sein. Offene Poren sind durch feine Röhrchen (Kapillaren) miteinander verbunden.

Poren entstanden

● bei der Entstehung der Natursteine, z. B. beim Bimsstein.

Poren bilden sich

● durch **Erhitzen** z. B. von Ton, wobei entstehender Wasserdampf Poren bildet, z. B. bei Blähton,
● durch **Brennen** bei künstlichen Bausteinen, wobei die unter das Ton-Lehm-Gemenge gemischten Stoffe verbrennen, z. B. bei Leichtziegeln,
● durch **chemische Reaktion** von gasbildenden Stoffen, die dem Kalk-Zuschlag-Gemenge zugegeben werden, z. B. bei Porenbeton.

Bild 1: Arten der Porigkeit

Eigenschaften poröser Körper:

● Porige Baukörper sind leichter, aber nicht so druckfest wie nichtporige.
● Je mehr Poren ein Baukörper hat und je kleiner diese sind, desto geringer ist die Wärmeleitfähigkeit des Körpers. Solche Bauteile haben eine gute Wärmedämmfähigkeit.
● Enthalten die Poren eines Baukörpers Feuchtigkeit anstelle von Luft, nimmt die Wärmeleitfähigkeit des Baukörpers zu und dessen Wärmedämmfähigkeit ab.

Bei Baustoffen unterscheidet man die

● **Haufwerksporigkeit** = Zwischenräume zwischen den Körnern des Baustoffs,
● **Korneigenporigkeit** = Hohlräume in den Körnern des Baustoffs,
● **Korneigen- und Haufwerksporigkeit** = Dieser Baustoff enthält sowohl Hohlräume in den Körnern als auch zwischen den Körnern **(Bild 1)**.

2.2.3 Kohäsion, Zustandsformen, Adhäsion

Kohäsion

Unter Kohäsion versteht man die Kraft, mit der sich die Moleküle innerhalb eines Körpers gegenseitig anziehen. Man nennt sie auch Zusammenhangskraft.

Spaltet man z. B. eine Steinplatte mit einem Meißel, dann setzt dieser Körper der Zerlegung einen Widerstand, die Kohäsion, entgegen.

Zustandsformen

Durch die verschieden große Kohäsion sind drei Zustandsformen eines Körpers möglich:

● fest: Die Moleküle bleiben am Ort, da eine große Kohäsion wirkt.
● flüssig: Die Moleküle können ihren Ort verändern, da die Kohäsion gering ist.
● gasförmig: Die Moleküle stoßen sich ab, da keine Kohäsion vorhanden ist. Das dadurch verursachte Ausdehnungsbestreben bei Gasen nennt man Expansion **(Bild 2)**.

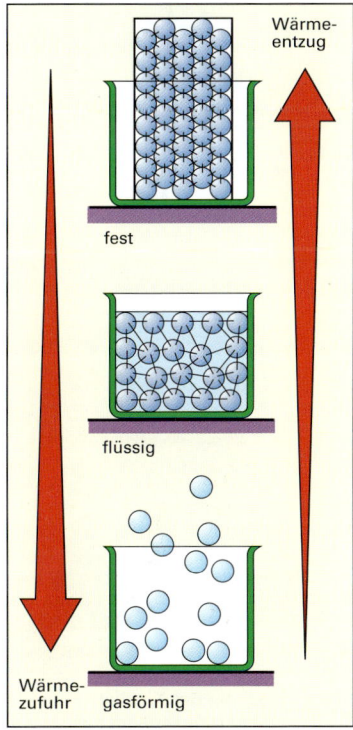

Bild 2: Zustandsformen bei Körpern

Bild 3: Kohäsions- und Adhäsionskräfte bei unterschiedlichen Stoffen

Bild 1: Oberflächenspannung

Bild 2: Kapillarität in verschiedenen Röhren

Bild 3: Wirkung der Kapillarität bei einem Mauerziegel nach 2-stündiger Wasseraufnahme

Bild 4: Härte

Die Zustandsformen eines Körpers nennt man auch **Aggregatzustände**. Sie lassen sich durch Wärmezufuhr oder durch Wärmeentzug ineinander überführen (Seite 45).

Adhäsion

Unter Adhäsion versteht man die Anziehungskraft der Moleküle verschiedener Stoffe. Man nennt diese auch Anhangskraft.

Die Adhäsion bewirkt z. B. das Haften von Farbe auf einem Stahlträger. Auch in der Mörtelfuge tritt an den Berührungsflächen zwischen Stein und Mörtel die Adhäsion auf, während innerhalb der Mörtel- oder Farbschicht die Kohäsion wirksam ist (**Bild 3**, Seite 33).

2.2.4 Oberflächenspannung, Kapillarität

Oberflächenspannung

Die Kohäsionskräfte bewirken auch den Zusammenhalt der Moleküle an der Oberfläche einer Flüssigkeit. Diese Kräfte nennt man Oberflächenspannung. Sie zeigt sich z. B., wenn Wassertropfen auf einer trockenen Glasfläche annähernd kugelförmig bleiben und nicht zerfließen (**Bild 1**).

Kapillarität

Unter Kapillarität versteht man das Aufsteigen von Flüssigkeiten in Kapillaren (Haarröhrchen). Je enger die Kapillaren sind, desto höher steigt die Flüssigkeit nach oben.

So wirken auf die Flüssigkeitsmoleküle sowohl deren Kohäsionskräfte wie auch die Adhäsionskräfte zur Gefäßwand hin. Sind die Adhäsionskräfte zwischen Flüssigkeit und Gefäßwand größer als die Kohäsionskräfte und die Erdanziehungskraft, wie z. B. bei Wasser, so wird die Flüssigkeit an der Gefäßwand nach oben gezogen (**Bild 2**). Im Bauwesen ist die Wirkung der Kapillarität von Bedeutung. Porige Baustoffe wie Leichtbeton, Mauerziegel, Mörtel, Holz und viele Dämmstoffe saugen Wasser auf (**Bild 3**). Dies kann zu Bauschäden infolge Durchfeuchtung der Bauteile führen, wie z. B. zu Ausblühungen und Frostschäden, zu Korrosion und Ablösung von Putz, Farbe und Tapete, zu Schimmelbildung und Schädlingsbefall sowie zur Verminderung der Wärmedämmung und zur Beeinträchtigung der Raumnutzung.

2.2.5 Mechanische Eigenschaften fester Körper

Bei der Verwendung von festen Baustoffen sowie bei ihrer Verarbeitung sind deren mechanische Eigenschaften zu berücksichtigen. Man unterscheidet dabei zwischen hart und weich, zäh und spröde, elastisch und plastisch. Ursache dieser Eigenschaften sind im Wesentlichen die Kohäsionskräfte zwischen den Stoffmolekülen.

Härte

Kann ein Stoff dem Eindringen eines anderen Körpers widerstehen, ist er härter als der andere (**Bild 4**).

Unter Härte versteht man den Widerstand eines Stoffes, den dieser dem Eindrücken oder Einritzen in seine Oberfläche durch einen anderen Körper entgegensetzt.

Die Beurteilung der Härte geschieht nach der Mohs'schen Härteskala durch einen einfachen Ritzversuch. Der weichere Stoff wird von einem härteren geritzt. Dabei unterscheidet man die Härtegrade 1 bis 10 (**Bild 1**). Zur Beurteilung werden verschiedene Mineralien den Härtegraden zugeordnet.

Harte Werkstoffe sind z. B. Diamant und gehärteter Stahl, harte Baustoffe z. B. Granit und Klinkermauersteine. Harte Werkstoffe werden vor allem für Werkzeugschneiden und für Bauteile verwendet, die besonders starker Abnutzung unterliegen, wie z. B. Treppenstufen und Industrieböden.

Mineralien	Härtegrade nach Mohs weich	Beispiele
Talk	1	Blei
Gips	2	
Kalkspat	3	Fingernagel
Flussspat	4	Baustahl
Apatit	5	
Kalifeldspat	6	Messerstahl
Quarz	7	Feile
Topas	8	
Korund	9	Schmirgel
Diamant	10	
	hart	

Bild 1: Mohs'sche Härteskala

Weichheit

Von der Weichheit eines Stoffes spricht man, wenn dieser durch andere Stoffe mit geringem Kraftaufwand eingedrückt oder eingeritzt werden kann.

Weiche Werkstoffe sind z. B. Blei, Gips und Schaumkunststoffe. Sie werden z. B. dort verwendet, wo sie als Zwischenlagen andere Werkstoffe vor Beschädigung schützen sollen.

Zähigkeit

Unter Zähigkeit versteht man die Fähigkeit eines Stoffes, bei Biege-, Schlag- oder Stoßbeanspruchung zwar nachzugeben, aber dabei nicht einzureißen oder zu brechen (**Bild 2**).

Zähe Werkstoffe sind z. B. Stahl, Blei, Holz, Leder und thermoplastische Kunststoffe. Sie haben meist ein faseriges Gefüge.

Bild 2: Zähigkeit

Sprödigkeit

Unter Sprödigkeit versteht man die Eigenschaft eines Stoffes, bei Biege-, Schlag- oder Stoßbeanspruchungen sich nicht zu verformen, sondern gleich zu brechen (**Bild 3**).

Zu den spröden Werkstoffen zählen z. B. Glas, Natursteine, künstliche Mauersteine und Beton. Das Gefüge ist meist körnig. Die Sprödigkeit von Werkstoffen gilt allgemein als nachteilig.

Bild 3: Sprödigkeit

Elastizität

Elastizität ist die Eigenschaft eines Stoffes, sich zusammendrücken oder dehnen zu lassen und nach Wegnahme der Krafteinwirkung wieder in seine ursprüngliche Form zurückzukehren (**Bild 4**).

Elastische Werkstoffe sind z. B. Gummi und Federstahl, die man zum Abfedern z. B. von Körperschallwellen verwenden kann. Auch Hölzer sind mehr oder weniger elastisch. Es gibt Stoffe, die bei übermäßiger Belastung nicht wieder in ihre ursprüngliche Form zurückkehren, weil ihre Elastizitätsgrenze überschritten wurde. Solche Werkstoffe, wie z. B. Baustahl und Holz, dürfen nur unterhalb ihrer Elastizitätsgrenze beansprucht werden.

Bild 4: Elastizität

Plastizität

Plastizität nennt man die Eigenschaft eines Stoffes, sich bei Einwirkung einer Kraft verformen zu lassen und diese neue Form beizubehalten (**Bild 5**).

Als plastische Baustoffe sind z.B. Lehm, Mörtel, Blei und Fensterkitt zu nennen.

Bild 5: Plastizität

Bild 1: Gewichtskraft, Muskelkraft

Bild 2: Wirkung von Kräften

Bild 3: Ermittlung von Gewichtskraft und Masse

Bild 4: Zeichnerische Darstellung von Kräften

2.2.6 Kräfte

Auf jeden Baukörper wirkt eine Vielzahl von Kräften, wie z. B. Druckkräfte und Zugkräfte.

2.2.6.1 Begriff der Kraft

Zieht man mit einer Hand an einer Schraubenfeder, so wird diese um ein bestimmtes Maß verlängert. Dasselbe erreicht man, wenn man an die Feder eine Masse hängt **(Bild 1)**. In beiden Fällen wirkt auf die Feder eine **Kraft** F, hier als Muskel- oder Gewichtskraft. Sie ist die Ursache der Federverlängerung. Sind die Verlängerungen gleich groß, so müssen auch die Kräfte gleich groß sein.

> Die Einheit der Kraft ist das Newton (N).

Dezimale Vielfache der Einheit Newton sind das Dekanewton (daN), das Kilonewton (kN) und das Meganewton (MN).

$$1 \text{ daN} = 10 \text{ N}, \qquad 1 \text{ kN} = 1000 \text{ N}, \qquad 1 \text{ MN} = 1000 \text{ kN}$$

Außer Muskel- und Gewichtskräften gibt es noch andere Kräfte, z. B. Windkraft, Wasserkraft, Magnetkraft und von Maschinen erzeugte Kräfte.

2.2.6.2 Gewichtskraft und Gewicht

Auf die Masse eines Körpers übt die Masse der Erde eine Anziehungskraft aus. Sie wird als **Gewichtskraft** F_G bezeichnet. Diese Anziehungskraft ist umso größer, je größer die Masse des Körpers und je kleiner sein Abstand vom Erdmittelpunkt sind.

Die Gewichtskraft eines Körpers wird in den Einheiten für Kräfte in N, daN, kN oder MN angegeben.

> Die Gewichtskraft (F_G) einer Masse (m) von 1 kg beträgt
> $$F_G = 9{,}81 \text{ N} \approx 10 \text{ N}.$$

Die Gewichtskraft eines Körpers wird mit einem Federkraftmesser ermittelt. Die Gewichtskraft eines Körpers verändert sich mit seiner Entfernung zum Erdmittelpunkt. Sie kann z. B. bei sehr großer Entfernung gleich Null werden (schwereloser Zustand). Dagegen bleibt seine Masse überall gleich groß.

Massen kann man mit Hilfe einer Balkenwaage messen. Dabei vergleicht man die Masse eines Körpers mit geeichten Massesätzen. Diese Massesätze werden auch als Gewichtssätze bezeichnet. Deshalb wird in herkömmlicher Weise die **Masse** eines Körpers häufig sein **Gewicht** genannt **(Bild 3)**.

2.2.6.3 Wirkung und Darstellung von Kräften

Eine Kraft ist stets notwendig, wenn ein ruhender Körper in Bewegung gesetzt, ein bewegter Körper beschleunigt oder verzögert oder seine Bewegungsrichtung geändert werden soll. Auch zur Verformung eines Körpers ist Kraft notwendig.

Die Wirkung einer Kraft hängt nicht nur von ihrer Größe, sondern auch von ihrer Richtung und ihrem Angriffspunkt ab. Während Gewichtskräfte stets lotrecht wirken (Bild 1), ist bei anderen Kräften jede beliebige Wirkungsrichtung möglich **(Bild 2)**.

Die Verlängerung der Wirkungsrichtung einer Kraft bezeichnet man als ihre Wirkungslinie. Die Wirkung verändert sich nicht, wenn der Angriffspunkt auf der Wirkungslinie verschoben wird (Bild 2, Seite 36).

Kräfte stellt man durch Pfeile dar (**Bild 4,** Seite 36). Die Länge des Pfeiles ergibt mit Hilfe eines Kräftemaßstabes M_K (z. B. 1 cm $\hat{=}$ 150 N) die Größe der Kraft. Die Richtung des Pfeiles bezeichnet die Kraftrichtung.

Wirkt auf einen Körper eine Kraft, so entsteht eine Gegenkraft, wie z. B. beim Einspannen eines Baustahls in einen Schraubstock. Der Kraft F wirkt eine gleich große Gegenkraft F' entgegen (**Bild 1**).

Da Kraft und Gegenkraft gleich groß sind, herrscht Gleichgewicht.

> Gleich große, einander entgegengesetzt wirkende Kräfte heben sich in ihrer Wirkung gegenseitig auf. Es herrscht Gleichgewicht. Der Körper bleibt in Ruhe oder bleibt in gleichförmiger geradliniger Bewegung (Bild 1).

Bild 1: Gleich große, einander entgegengesetzt wirkende Kräfte

2.2.6.4 Zusammensetzen und Zerlegen von Kräften

Zwei oder mehrere Kräfte können entweder auf gleicher Linie oder unter einem Winkel zueinander wirken.

Kräfte auf gleicher Wirkungslinie

Kräfte auf derselben Wirkungslinie werden addiert, wenn sie in gleicher Richtung wirken, sie werden subtrahiert, wenn sie entgegengesetzt zueinander wirken (**Bild 2**). Als Ergebnis erhält man die eigentlich wirkende, die resultierende Kraft F_R.

Zusammensetzen von Kräften

Bei zwei unter einem Winkel zueinander wirkenden Kräften F_1 und F_2, z. B. bei den Streben eines Dachstuhls, kann man die Größe und Richtung der resultierenden Kraft F_R zeichnerisch mit Hilfe des Kräfteparallelogramms oder mit Hilfe des Kräftedreiecks ermitteln (**Bild 3**).

Beim Kräfteparallelogramm stellt die resultierende Kraft F_R die Diagonale in einem Parallelogramm dar, bei dem zwei der Schenkel durch die Kräfte F_1 und F_2 dargestellt werden.

Bild 2: Kräfte auf gleicher Wirkungslinie

Bild 3: Zusammensetzen von Kräften

Bild 4: Zerlegen von Kräften

Bild 1: Einseitiger Keil

Bild 2: Zweiseitiger Keil

Bild 3: Schiefe Ebene

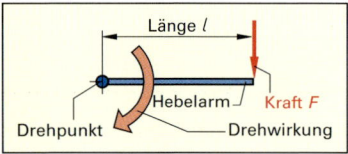

Bild 4: Begriffe am Hebel

Bild 5: Einseitiger Hebel

Beim Kraftdreieck werden die beiden Einzelkräfte F_1 und F_2 als Kraftpfeile mit ihrer gegebenen Größe und Richtung addiert. Verbindet man Anfangs- und Endpunkte der Kraftpfeile, so erhält man die resultierende Kraft F_R (**Bild 3**, Seite 37).

Zerlegen von Kräften

Soll eine Kraft F_R in zwei unter einem Winkel wirkende Einzelkräfte zerlegt werden, so kann man deren Größe ebenfalls mit Hilfe des Kräfteparallelogramms oder des Kraftdreiecks bestimmen (**Bild 4, Seite 37**).

Keil

Mit Hilfe von Keilen lässt sich die Kraftwirkung vergrößern. Keile werden z. B. zum Spalten von Stoffen und zum Anheben schwerer Lasten verwendet. Der Keil ist die Grundform der Werkzeugschneide. Die Größen der Kräfte am Keil lassen sich mit Hilfe des Kräfteparallelogramms zeichnerisch ermitteln.

Beim einseitigen Keil wird die auf den Keil wirkende Schlagkraft F_1 in die wesentlich größere Spannkraft F_2 umgewandelt **(Bild 1)**.

Beim zweiseitigen Keil wird die auf den Keil wirkende Schlagkraft in zwei rechtwinklig zu den Keilflächen verlaufende Spaltkräfte zerlegt. Die Größe der Spaltkräfte ist vom Winkel des Keiles (Keilwinkel) und von der Schlagkraft abhängig **(Bild 2)**.

Schiefe Ebene

Eine gegen die Waagerechte geneigte Ebene bezeichnet man als schiefe Ebene **(Bild 3)**. Man kann auf ihr mit einer verhältnismäßig kleinen Kraft F eine große Last F_G aufwärts bewegen, also um die Höhe h heben. Die Kraft F hängt von dem Neigungswinkel der schiefen Ebene und der Größe der Last F_G ab. F_N ist dabei die Kraft, mit der die schiefe Ebene belastet wird.

Die bei der Anwendung der schiefen Ebene „gesparte" Kraft muss durch einen gegenüber der Hubhöhe h längeren Kraftweg s ausgeglichen werden.

2.2.6.5 Hebel, Moment

Jeder Körper, an dem eine Kraft eine Drehwirkung verursacht, wird als **Hebel** bezeichnet **(Bild 4)**. Der Hebel ist ein um eine Achse (Drehpunkt) drehbarer starrer Körper. Hebel sind z. B. Brechstangen, Schraubenschlüssel und Zangen.

Die Drehwirkung am Hebel nennt man Moment (M). Das Moment wächst mit der Länge des Hebelarms und mit der Kraft, die am Hebel wirkt. Der Hebelarm ist dabei der senkrechte Abstand des Drehpunktes von der Wirkungsrichtung der Kraft.

$$\text{Moment} = \text{Kraft} \times \text{Hebelarm}$$
$$M = F \cdot l$$

F in N
l in m oder cm
M in Nm oder Ncm

An einem Hebel wirken mindestens zwei Momente. Die Momente können entweder linksdrehend (gegen den Drehsinn des Uhrzeigers) oder rechtsdrehend (mit dem Drehsinn des Uhrzeigers) sein. Je nach Lage der Momente zum Drehpunkt unterscheidet man einseitige Hebel, z. B. Schubkarren **(Bild 5)**, zweiseitige Hebel, z. B. Balkenwaage (**Bild 1,** Seite 39), und Winkelhebel, z. B. Nagelzieher.

Ein Hebel ist im Gleichgewicht, wenn das linksdrehende Moment gleich dem rechtsdrehenden Moment ist **(Hebelgesetz)**.

Linksdrehendes Moment	=	Rechtsdrehendes Moment
M_1	=	M_2
$F_1 \cdot l_1$	=	$F_2 \cdot l_2$

Da Momente bei Hebeln nicht im Gleichgewicht sind und eine Drehbewegung bewirken, bezeichnet man sie als **Drehmomente**.

Bild 1: Zweiseitiger Hebel

2.2.7 Einwirkungen auf Bauwerke

Auf jeden Baukörper wirkt eine Vielzahl von **Kräften**. Solche Kräfte nennt man im Bauwesen **Lasten**; in der Norm werden sie als **Einwirkungen** bezeichnet **(Bild 2)**. Die **gesamten Einwirkungen** r ergeben sich aus der Summe der **ständigen Einwirkungen** g (ständigen Lasten) und der **veränderlichen Einwirkungen** q (Nutzlasten).

gesamte Einwirkungen	=	ständige Einwirkungen	+	veränderliche Einwirkungen
r	=	g	+	q

Ständige Einwirkungen sind alle dauernd auf das Bauteil einwirkenden unveränderlichen Lasten. Dazu gehören:

- die Eigenlast des einzelnen Bauteils, z. B. einer Rohdecke einschließlich Fußbodenaufbau und Fußbodenbelag oder einer Stütze einschließlich Putz,

- die Eigenlasten anderer Bauteile, die von oben wirken und die nach unten übertragen werden müssen, z. B. die Last des Daches, der Decken und der Wände,

- der Erddruck, z. B. bei Stützwänden und Kellerwänden, oder der Wasserdruck, z. B. bei einem Schwimmbecken.

Veränderliche Einwirkungen sind Lasten, die in ihrer Größe veränderlich und beweglich oder unbeweglich sind. Dazu gehören

- die Belastungen der Bauteile durch Personen, Einrichtungsgegenstände, Lagergut oder Fahrzeuge,

- der Wind, der an Gebäuden sowohl Druck- als auch Sogkräfte erzeugt sowie

- die Schneelasten, die bei Dächern, Terrassen und Balkonen auftreten.

An einem Balken können **Einzellasten** wirken. Eine Einzellast, die an einem Punkt des Balkens angreift, wird mit F bezeichnet und in kN angegeben.

An einem Balken können aber auch **gleichmäßig verteilte Lasten** (Flächenlasten) angreifen. Diese können sowohl auf der ganzen Balkenlänge als auch auf einem Teil seiner Länge wirken.

Gleichmäßig verteilte Lasten werden jeweils auf 1 m Länge bezogen und in kN/m angegeben. Werden gleichmäßig verteilte Lasten im Schwerpunkt zusammengefasst, spricht man von Ersatzlast. Sie wirkt für die Berechnung der Auflagerkräfte wie eine Einzellast **(Bild 3)**.

Bild 2: Einwirkungen auf Bauwerke

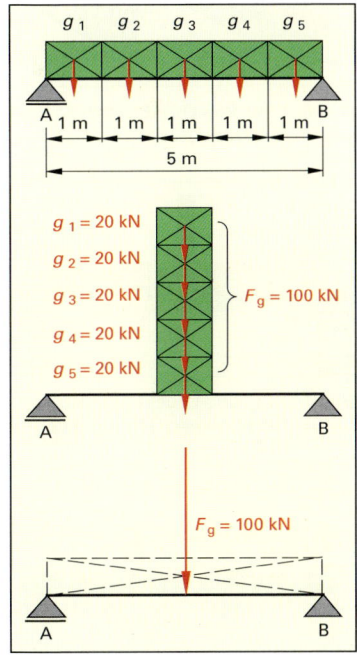

Bild 3: Einzellasten und gleichmäßig verteilte Lasten

Bild 1: Druckspannung und Auflagerkräfte

Bei kleiner Auflagerfläche = großer Druck

Bei großer Auflagerfläche = kleiner Druck

Bild 2: Zugspannungen am Tragseil (Schrägseilbrücke)

liegend - ungünstig   stehend -günstig

Bild 3: Lage von Querschnittsflächen bei Trägern

Bild 4: Zug- und Druckkräfte bei Biegebeanspruchung eines Balkens

Bild 5: Stahleinlagen in einer auskragenden Decke

2.2.8 Festigkeit und Spannung

Wirkt eine Kraft auf einen Körper ein, so wird dieser belastet. Die Zusammenhangskräfte der Moleküle innerhalb des belasteten Körpers (Kohäsion) setzen dabei der äußeren Kraft eine Widerstandskraft entgegen. Damit alle Bauteile die auf sie einwirkenden Kräfte aufnehmen können, müssen sie eine entsprechende Festigkeit haben.

> Unter **Festigkeit** versteht man die Gegenkraft eines Körpers gegen Verformung und Zerstörung von außen.

Bei der Einwirkung der Kraft von außen, z. B. einer Zugkraft auf ein Stahlseil, entsteht im Körper ein Spannungszustand als innerer Widerstand gegen das Zerreißen. Dieser ist umso größer, je kleiner die belastete Fläche ist. Man bezeichnet diesen z. B. bei Druck und Zug als Spannung σ (gesprochen: sigma).

> Unter **Spannung** versteht man die innere Widerstandskraft eines Körpers, bezogen auf seine Querschnittsfläche.

$$\text{Spannung} = \frac{\text{Kraft}}{\text{Querschnittsfläche}}$$

$$\sigma = \frac{F}{A}$$

F in N, MN
A in mm² oder m²
σ in N/mm² oder MN/m²

Die Spannung in einem Körper nimmt mit der Größe der äußeren Belastung zu. Wird die Belastung des Körpers und damit die Spannung zu groß, wird der Körper zerstört. Die bei der Zerstörung des Körpers erreichte Spannung nennt man Bruchspannung.

Damit die Tragfähigkeit von Bauteilen gewährleistet ist, dürfen Baustoffe nur bis zu den für die Bemessung vorgeschriebenen Spannungen belastet werden, wobei diese aus Sicherheitsgründen geringer als die Festigkeiten sind.

Man unterscheidet je nach Art der Beanspruchung Druck-, Zug-, Biege-, Knick-, Scher-, Schub- und Torsionsspannung.

2.2.8.1 Druckbeanspruchung

Wird z. B. ein Fundament durch eine Hauswand belastet, so muss es Druckkräfte aufnehmen. Im Fundament entstehen Druckspannungen. Die Druckfestigkeit ist bei den verschiedenen Werkstoffen unterschiedlich groß. Sie nimmt mit der Dichte und der Zähigkeit des Werkstoffs zu. Zur Aufnahme von Druckkräften sind die Baustoffe Stahl, Beton, Naturstein, Mauersteine und Holz geeignet. Hohe Druckfestigkeiten sind vor allem für Fundamente, tragende Wände, Pfeiler und Stützen erforderlich. Die Druckspannungen, die vom Baugrund aufzunehmen sind, bezeichnet man als Bodenpressung **(Bild 1)**.

2.2.8.2 Zugbeanspruchung

Bauteile, die auf Zug beansprucht werden, sind z. B. Zuganker, Zugseile und Stahleinlagen bei Stahlbeton **(Bild 2)**. Zur Aufnahme von Zugspannungen werden hauptsächlich Stahl und Holz verwendet. Beton und Steine sind dagegen zur Aufnahme von Zugkräften nicht geeignet. Werden Bauteile auf Zug beansprucht, entstehen im Querschnitt Zugspannungen. Wird der Querschnitt durch Bohrungen, Zapfenlöcher oder Ähnliches geschwächt, so wird von der kleinsten Querschnittsfläche ausgegangen.

2.2.8.3 Biegebeanspruchung

Wirken Kräfte an einem Balken senkrecht zur Längsrichtung, so wird der Balken auf Biegung beansprucht, d. h. er biegt sich durch. Balken mit hochkant stehenden Querschnittsflächen sind biegefester und tragen damit besser als solche mit liegenden Querschnittsflächen (**Bild 3,** Seite 40).

Bei einer Biegebeanspruchung treten auf der einen Seite des Balkens Druckkräfte, auf der gegenüberliegenden Seite Zugkräfte auf. In der Mitte des Balkens heben sich Zug- und Druckkräfte auf. Diesen Bereich nennt man neutrale Zone oder Nulllinie (**Bild 4,** Seite 40).

Auf Biegung beanspruchte Bauteile sind z. B. Balken, Decken, Träger, Stürze und Sparren. Sie müssen aus Baustoffen bestehen, die Zugkräfte aufnehmen können. Da Beton keine Zugkräfte aufnehmen kann, werden in Betonbauteilen dort Stahleinlagen vorgesehen, wo Zugkräfte auftreten (**Bild 5,** Seite 40).

2.2.8.4 Knickbeanspruchung

Werden z. B. Pfeiler, Stützen und Streben in ihrer Längsrichtung auf Druck belastet, so können sie nach der Seite hin ausweichen (**Bild 1**). Sie knicken bei Überschreitung der Knickfestigkeit aus.

Die Knickfestigkeit hängt vom Werkstoff, von der Querschnittsform und von der Knicklänge ab. Auf Knickung beanspruchte Bauteile können aus Stahl, Holz, Mauerwerk, bewehrtem oder unbewehrtem Beton bestehen. Runde und quadratische Querschnittsformen sind besonders günstig. Je länger und je dünner, d. h. je schlanker eine Stütze ist, umso eher knickt sie aus.

2.2.8.5 Scherbeanspruchung

Eine Laschenverbindung wird in der Regel auf Zug belastet (**Bild 2**). Durch die auftretenden Kräfte können die Verbindungselemente, z. B. die Bolzen, quer zu ihrer Längsachse abgeschert werden. Diese Kräfte nennt man Scherkräfte. Den inneren Widerstand gegen Scherkräfte bezeichnet man als Scherspannung, ihren Höchstwert als Scherfestigkeit. Scherspannungen können z. B. bei Nägeln, Schrauben, Bolzen, Nieten und Dübeln auftreten.

2.2.8.6 Schubbeanspruchung

Bauteile, wie z. B. Balken, Träger und Decken, werden bei Belastung nicht nur auf Biegung, sondern auch auf Schub beansprucht. Legt man z. B. drei Leisten aufeinander und belastet sie auf Biegung, so stellt man fest, dass sich diese in Richtung der Längsachse zu den Auflagern hin gegeneinander verschieben. Verleimt man diese Leisten miteinander und belastet sie in gleicher Weise, so wird das gegenseitige Verschieben verhindert. Dabei entstehen in den Leimfugen Schubspannungen (**Bild 3**). In Stahlbetonbalken ist für die Aufnahme von Schubkräften eine Bewehrung erforderlich.

2.2.8.7 Torsionsbeanspruchung

Wird z. B. eine Holzschraube in Holz eingedreht, wirken längs der Schraubenachse rechtsdrehende Einschraubkräfte und linksdrehende Reibungskräfte (**Bild 4**). Diese gegeneinander wirkenden Kräfte beanspruchen die Schraube auf Torsion. Torsion tritt bei allen Körpern auf, die ein Drehmoment quer zur Längsachse zu übertragen haben.

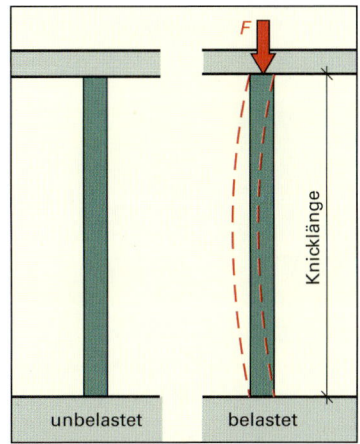

Bild 1: **Knickung bei Stützen**

Bild 2: **Scherbeanspruchung**

Bild 3: **Schubbeanspruchung**

Bild 4: **Torsionsbeanspruchung**

Kippen   Gleiten

Bild 1: Kippen und Gleiten

Bild 2: Flüssigkeitsdruck

Bild 3: Größe des hydrostatischen Drucks

Bild 4: Hydraulische Presse

2.2.8.8 Kippen und Gleiten

Werden z. B. Stützwände oder Mauern durch seitlich einwirkende Kräfte, hervorgerufen z. B. durch Erddruck, Winddruck oder Wasserdruck, belastet, so dürfen sie nicht umkippen. Ihre Standfestigkeit hängt von der Standfläche, von der Höhe und der Eigenlast des Bauteils sowie der Lage des Schwerpunkts im Bauteil ab. Außerdem dürfen Bauteile durch waagerechte oder schräge Kräfte nicht auf ihrer Unterlage z. B. dem Baugrund verschiebbar sein. Der Reibungswiderstand muss so groß sein, dass die Bauteile nicht gleiten **(Bild 1)**.

2.2.9 Druck in Flüssigkeiten

Eine Flüssigkeit lässt sich praktisch nicht zusammendrücken. Ein Druck p, der auf eine eingeschlossene Flüssigkeit ausgeübt wird, pflanzt sich nach allen Seiten hin gleichmäßig fort **(Bild 2)**.

> Der Druck ist innerhalb einer Flüssigkeit überall gleich.

$$\text{Druck} = \frac{\text{Kraft}}{\text{gedrückte Fläche}}$$

$$p = \frac{F}{A}$$

F in N
A in m², cm² oder mm²
p in Pa, bar, N/m²
     N/cm², N/mm²

Einheiten des Druckes sind das Pascal (Pa) und das Bar (bar).

$$1\,\text{Pa} = 1\,\frac{\text{N}}{\text{m}^2}; \ 1\,\text{bar} = 100\,000\,\text{Pa} \ = 100\,\text{kPa} = 0,1\,\text{MPa}$$

$$1\,\text{bar} = 100\,000\,\frac{\text{N}}{\text{m}^2} = 10\,\frac{\text{N}}{\text{cm}^2} = 0,1\,\frac{\text{N}}{\text{mm}^2}$$

Hydrostatischer Druck

Füllt man in ein Gefäß, das seitlich übereinander eine Reihe von Öffnungen besitzt, eine Flüssigkeit, so stellt man fest, dass diese aus den oberen Öffnungen in kleinem Bogen, aus den unteren Öffnungen in größerem Bogen austritt **(Bild 3)**. Dies zeigt, dass im unteren Bereich des Gefäßes ein höherer Druck herrscht als im oberen Bereich. Diese Druckzunahme entsteht dadurch, dass mit zunehmender Höhe h der Flüssigkeitssäule und somit auch die nach unten wirkende Gewichtskraft der Flüssigkeit, der hydrostatische Druck, größer wird.

> Unter dem hydrostatischen Druck versteht man den von der Gewichtskraft einer Flüssigkeit erzeugten Druck.

Im Bauwesen ist dieser hydrostatische Druck vor allem dort zu berücksichtigen, wo Flüssigkeiten auf ein Bauwerk einwirken, z. B. bei Talsperren und beim Einbringen von Frischbeton in die Schalung.

Hydraulische Presse

Bei der hydraulischen Presse wird mit einer kleinen Kraft F_1, die auf einen kleinen Kolben mit der Druckfläche A_1 wirkt, eine große Kraft F_2 an einem großen Kolben mit der Druckfläche A_2 erzeugt **(Bild 4)**.

Daraus folgt: $p = \dfrac{F_1}{A_1}$ oder $p = \dfrac{F_2}{A_2}$.

Das Übersetzungsverhältnis der Kräfte F_1/F_2 ist gleich dem Verhältnis der Kolbenflächen A_1/A_2, da die Spannungen gleich sind.

2.2.10 Wärme

Die Moleküle eines jeden Stoffes sind ständig in Bewegung. Sie bewegen sich bei Stoffen mit hoher Temperatur mit großer, bei Stoffen mit niedriger Temperatur mit geringerer Geschwindigkeit. Wärme ist also nichts anderes als Bewegungsenergie der Moleküle. Einen Körper erwärmen heißt, die Bewegungsenergie seiner Moleküle zu erhöhen.

2.2.10.1 Temperatur und Temperaturmessung

Temperatur und Wärme werden häufig einander gleichgesetzt. Sie haben jedoch verschiedene Bedeutung. Während die Temperatur den jeweiligen Wärmezustand eines Körpers angibt, versteht man unter Wärme die in einem Körper enthaltene Wärmemenge. Die Einheiten der Temperatur sind Kelvin (K) und Grad Celsius (°C). 0 °C entspricht dem Gefrierpunkt des Wassers (Schmelzpunkt). 100 °C entsprechen dem Siedepunkt des Wassers bei normalem Luftdruck (Dampfpunkt).

Die tiefste Temperatur liegt etwa bei – 273 °C; man bezeichnet sie als den **absoluten Nullpunkt**. Bei dieser Temperatur befinden sich alle Stoffe, auch die Gase, in festem Zustand, da hier jede Molekularbewegung aufhört.

Bei der Einheit Kelvin geht man vom absoluten Nullpunkt aus. 0 K ist demnach der absolute Nullpunkt, 273 K entspricht dem Schmelzpunkt, 373 K dem Siedepunkt des Wassers **(Bild 1)**.

Geräte zur Temperaturmessung nennt man **Thermometer**. Man unterscheidet Flüssigkeits- und Metallthermometer sowie elektrische Thermometer und Segerkegel.

2.2.10.2 Wärmemenge

Um feststellen zu können, welche von 2 Wärmequellen mehr Wärme liefert, erhitzt man mit jeder von ihnen eine gleich große Menge Wasser. Dem Wasser, das in gleicher Zeit die höhere Temperatur erreicht hat, wurde eine größere Wärmemenge oder Wärmeenergie zugeführt **(Bild 2)**. Umgekehrt: in 10 l Wasser steckt eine zehnmal größere Wärmemenge als in 1 l Wasser von gleicher Temperatur.

> Die Einheit für Wärmemenge ist das Joule (J).

James Joule hat 1843 nachgewiesen, dass jede Wärmemenge einer bestimmten mechanischen Arbeit entspricht. Deshalb werden Arbeit, Energie und Wärmemenge als Größen gleicher Art betrachtet. Als Einheiten gelten das Joule (J), das Newtonmeter (Nm) und die Wattsekunde (Ws).

	1 J	= 1 Nm	= 1 Ws
1000 J =	1 kJ	= 1 kNm	= 1 kWs
1 kWh =	3600 kWs	= 3600 kNm	= 3600 kJ

2.2.10.3 Spezifische Wärmekapazität

Verschiedenartige Stoffe von gleicher Masse benötigen zu ihrer Erwärmung unterschiedliche Wärmemengen. Abdeckungen aus Aluminium erhalten z. B. bei gleicher Wärmezufuhr durch Sonneneinstrahlung eine höhere Temperatur als Holz oder Putz.

Bild 1: Temperaturskala in K und °C

Bild 2: Unterschied zwischen Temperatur und Wärmemenge

Tabelle 1: Mittlere spezifische Wärmekapazität c von Stoffen	
Stoff	J/kg K
Wasser	4200
Holz	2100
Schaumkunststoffe	1500
Porenbeton	1050
Mauerziegel	1000
Kalksandstein	1000
Beton	1000
Mineralwolle	840
Schaumglas	840
Aluminium	800
Glas	800
Stahl	500

Längenzunahme beim Erwärmen

$\Delta l = l_2 - l_1 \qquad \Delta T = \theta_2 - \theta_1$

Längenabnahme beim Abkühlen

$\Delta l = l_1 - l_2 \qquad \Delta T = \theta_1 - \theta_2$

Bild 1: Längenänderung bei Temperaturänderung

Tabelle 1: Temperaturdehnzahlen von Baustoffen

Baustoff	Temperatur-dehnzahl α in mm/(m · K)
Stahlbeton	0,011
Mauerwerk aus Klinker	0,010
Kalksandstein, Poren-beton, Leichtbeton	0,008
Mauerziegel	0,006
Glas, Fliesen	0,008
Baustahl	0,012
Kupfer	0,017
Aluminium	0,024
Zink, Blei	0,029
Holz, Holzwerkstoffe	0,003

Die zu einer bestimmten Temperaturerhöhung erforderliche Wärmemenge ist also nicht nur von der Masse, sondern auch von der Art des Stoffes abhängig.

> Die spezifische Wärmekapazität ist diejenige Wärmemenge, welche notwendig ist, um 1 kg eines Stoffes um 1 K (≙ 1 °C) zu erwärmen.

Beispiel: Die spezifische Wärmekapazität von Beton ist 1000 J/kg · K **(Tabelle 1,** Seite 43), d. h., zur Erwärmung der Masse von 1 kg Beton um 1 K sind 1000 J erforderlich.

Zur Erwärmung von Holz ist etwa die doppelte Wärmemenge erforderlich wie für die gleiche Masse Porenbeton, d. h., durch Zuführung der gleichen Wärmemenge erreicht Porenbeton die doppelte Temperatursteigerung wie Holz. Dies wirkt sich z. B. als unterschiedliche Längenänderung der Bauteile aus.

2.2.10.4 Wärmespeicherfähigkeit

Ein Bauteil nimmt bei seiner Erwärmung eine bestimmte Wärmemenge auf, die im Bauteil gespeichert wird. Die Wärmespeicherfähigkeit Q eines Bauteils, z. B. einer Wand, hängt ab von der Rohdichte ρ (gesprochen: rho) und von der spezifischen Wärmekapazität c des Baustoffs sowie von der Dicke d des Bauteils.

Eine ausreichende Wärmespeicherfähigkeit von Wänden und Decken ist wichtig für die Behaglichkeit in Wohnräumen.

2.2.10.5 Wärmewirkungen

Wärmeausdehnung

Bei Erwärmung dehnen sich die Körper nach allen Richtungen aus.

Volumenänderung bei festen Körpern

Alle Bauteile dehnen sich bei Erwärmung aus und ziehen sich bei Abkühlung zusammen, d. h., sie verändern bei Temperaturänderung ihr Volumen. Bei Bauteilen ist vor allem die Längenänderung zu berücksichtigen.

Die **Längenänderung** Δl (Δ gesprochen: delta) hängt ab von der Länge l des Bauteils, der Temperaturdifferenz ΔT als Temperaturzunahme oder -abnahme und der Temperaturdehnzahl α (Wärmeausdehnungskoeffizient) des Baustoffes, aus dem das Bauteil besteht **(Bild 1)**.

> Die Temperaturdehnzahl α gibt an, um wie viel Millimeter sich ein 1 Meter langer Körper bei einer Temperaturdifferenz von 1 Kelvin ausdehnt oder zusammenzieht. Einheit: mm/(m · K) **(Tabelle 1)**.

Es dehnt sich z. B. der Kunststoff Polyethylen 17-mal mehr, Aluminium zweimal mehr aus als Stahl. Da Beton etwa die gleiche Wärmeausdehnung besitzt wie Stahl, ist eine Bauweise in Stahlbeton überhaupt erst möglich. Werden Stoffe mit unterschiedlicher Wärmeausdehnung am Bau miteinander verbunden, wie z. B. bei Blechabdeckungen auf Mauerwerk, ist darauf zu achten, dass sich die Stoffe unabhängig voneinander bewegen können. Bei längeren Bauwerkskörpern müssen Dehnfugen vorgesehen werden.

Volumenänderung bei flüssigen Körpern

Flüssigkeiten dehnen sich bei Erwärmung wesentlich mehr aus als feste Körper. Aceton hat eine sehr große, Wasser und Quecksilber haben von den Flüssigkeiten die kleinste Wärmeausdehnung.

Von der Regel, dass sich jeder Körper bei Abkühlung zusammenzieht, macht das Wasser eine Ausnahme (Anomalie des Wassers). Sein Volumen nimmt zwar bei Abkühlung bis zu + 4 °C ab, jedoch bei weiterer Abkühlung von + 4 °C auf 0 °C wieder zu. Wasser hat daher bei + 4 °C seine größte Dichte. Das ist auch der Grund, warum Eis im Wasser schwimmt und zugefrorene Wasserleitungen platzen.

Volumenänderung bei gasförmigen Körpern

Gase dehnen sich bei Erwärmung wesentlich mehr aus als Flüssigkeiten. Ihre Ausdehnung beträgt für jedes °C Temperaturerhöhung $1/273$ ihres Rauminhalts bei 0 °C. Wird z. B. die Luft in einem Raum erwärmt, dehnt sie sich aus. Ihre Dichte wird gegenüber der nicht erwärmten Luft kleiner; die erwärmte Luft steigt deshalb nach oben.

> Ein Gas, das sich in einem abgeschlossenen Behälter z. B. in einer Flasche befindet, kann sich bei Erwärmung nicht ausdehnen. Der Gasdruck steigt, was zum Zerreißen des Behälters führen kann.

Schmelzen und Verdampfen

Die Stoffe treten in drei verschiedenen Zustandsformen, fest, flüssig und gasförmig, auf, die man als **Aggregatzustände** bezeichnet (Seite 33). Die Umwandlung vom einen Zustand in den anderen erfolgt bei bestimmten Temperaturen **(Bild 1)**.

Feste Stoffe werden flüssig, wenn durch Wärmezufuhr die Moleküle so stark in Bewegung versetzt werden, dass sie die Bindung an einen bestimmten Ort innerhalb des Gefüges verlieren. Die Temperatur, bei der dies geschieht, nennt man den **Schmelzpunkt** oder die **Schmelztemperatur (Tabelle 1,** Seite 46).

Um 1 kg eines Stoffes vom festen in den flüssigen Zustand zu überführen, ist eine bestimmte Wärmemenge, die sog. **Schmelzwärme**, erforderlich. Sie beträgt z. B. bei Wasser 335 kJ/kg.

Bei zunehmender Erwärmung einer Flüssigkeit nimmt die Wärmebewegung der Moleküle so zu, dass ihre gegenseitigen Kohäsionskräfte vollständig überwunden werden und die Flüssigkeit gasförmig wird. Diesen Vorgang nennt man Verdampfen (Bild 1). Bei dieser Temperatur ist der **Siedepunkt** oder die **Siedetemperatur** der Flüssigkeit erreicht **(Tabelle 2,** Seite 46). Diejenige Wärmemenge, die man zur Überführung von 1 kg einer Flüssigkeit vom flüssigen in den gasförmigen Zustand zuführen muss, nennt man Verdampfungswärme. Sie beträgt z. B. bei Wasser 2250 kJ/kg.

Kondensieren und Erstarren

Wird einem gasförmigen Körper, z. B. Wasserdampf, Wärme entzogen, so verdichtet er sich bei entsprechender Temperatur zu einer Flüssigkeit, z. B. zu Wasser. Diese Temperatur nennt man den **Kondensa-**

Bild 1: Verschiedene Aggregatzustände

Tabelle 1: Schmelz- bzw. Erstarrungstemperaturen von Stoffen

Stoff	°C
Chrom	1900
Stahl	1450 … 1530
Nickel	1450
Gusseisen	1150 … 1250
Kupfer	1070 … 1093
Aluminium	658
Zink	419
Blei	327
Wasser	0
Quecksilber	– 39
Stickstoff	– 210
Sauerstoff	– 227

Tabelle 2: Siedetemperaturen bei 1013 mbar

Stoff	°C
Wasserstoff	– 253
Sauerstoff	– 196
Stickstoff	– 183
Alkohol	78,4
Aceton	57
Wasser	100
Quecksilber	357
Blei	1525

Bild 1: Verdampfen

Bild 2: Verdunsten

tionspunkt oder **Taupunkt**, die dabei frei werdende Wärme **Kondensationswärme**. Die Kondensationswärme ist gleich der Verdampfungswärme. Im Bauwesen muss vor allem die Kondensation von Wasserdampf an der Innenseite von Außenwänden und im Innern dieser Bauteile beachtet werden. Feuchtigkeit im Bauwerk führt zu Bauschäden und vermindert die Wärmedämmung.

Wird eine Flüssigkeit abgekühlt, so erstarrt sie. Die dabei herrschende Temperatur nennt man **Erstarrungspunkt** (**Bild 1,** Seite 45), bei Wasser **Gefrier-** oder **Schmelzpunkt**.

Schmelzpunkt und Erstarrungspunkt fallen zusammen. Die beim Erstarren frei werdende Wärmemenge ist gleich der Schmelzwärme.

Während sich erstarrende Stoffe zusammenziehen, dehnt sich Wasser beim Gefrieren aus. Porige Baustoffe, deren Poren sich mit Wasser gefüllt haben, können bei Frost durch die Sprengwirkung des Eises zerstört werden.

Verdunsten

Eine Flüssigkeit kann auch unterhalb ihres Siedepunktes, jedoch nur an ihrer Oberfläche, gasförmig werden. Diesen Vorgang nennt man Verdunsten (**Bild 2**). Die Verdunstung erfolgt umso schneller, je trockener und bewegter die umgebende Luft ist und je näher die Flüssigkeitstemperatur beim Siedepunkt liegt. Eine Flüssigkeit verdunstet deshalb bei Raumtemperatur umso schneller, je tiefer ihr Siedepunkt liegt, z. B. bei Alkohol, Nitroverdünnung und Benzin.

Beim Verdunsten werden die Moleküle aus der Flüssigkeitsoberfläche herausgeschleudert und von der Luft aufgenommen (Bild 2). Die dazu erforderliche Bewegungsenergie entnehmen sie der Flüssigkeit in Form von Wärmeenergie. Den damit verbundenen Temperaturabfall nennt man **Verdunstungskälte**. Der Verdunstungsvorgang kann durch Vergrößerung der Flüssigkeitsoberfläche, z.B. durch Aufschneiden des Holzes zur Trocknung, beschleunigt werden.

2.2.10.6 Wärmequellen

Die wichtigste Wärmequelle für die Erde ist die **Sonne**. Sie überträgt die Wärme durch Strahlung; bei senkrechtem Auftreffen der Sonnenstrahlen liefert sie etwa 80 kJ/m² · min. Weitere Wärmequellen sind die in der Erde vorkommenden festen, flüssigen und gasförmigen **Brennstoffe**. Sie sind in der Regel pflanzlichen oder tierischen Ursprungs und geben bei der Verbrennung Wärme ab.

Die bei der Verbrennung von 1 kg eines Brennstoffes frei werdende Wärmemenge bezeichnet man als **Heizwert** des Stoffes. Der Heizwert der Brennstoffe ist verschieden (**Tabelle 1,** Seite 47).

Zunehmende Bedeutung gewinnt die Wärmeerzeugung durch **Wind- und Solarenergie**. Wärmeenergie kann auch durch **Umwandlung anderer Energieformen**, z. B. aus elektrischer Energie, erzeugt werden.

2.2.10.7 Wärmeübertragung

Jeder Körper, der wärmer als seine Umgebung ist, stellt für diese eine Wärmequelle dar. Die Übertragung der Wärme kann durch Wärmestrahlung, Wärmemitführung oder Wärmeleitung geschehen.

Wärmestrahlung

Wärmestrahlen verhalten sich ähnlich wie Lichtstrahlen. Sie übertragen die Wärmeenergie als Strahlung, auch durch materiefreie Räume, und geben diese erst beim Auftreffen auf einen Körper ab (**Bild 1**). Dabei wird die Strahlungsenergie in Wärmebewegung der Moleküle umgesetzt. Die Aufnahmefähigkeit für die Wärmestrahlung hängt überwiegend von der Oberflächenbeschaffenheit der verschiedenen Körper ab. Körper mit dunkler und rauer Oberfläche nehmen einen größeren Teil der Wärmestrahlung auf und erwärmen sich dadurch stärker als helle und glatte Körper, die einen großen Teil der eingestrahlten Wärme zurückwerfen. Als Beispiel kann die Wärmeaufnahme eines schwarzen Auto- und Hausdachs oder schwarze Kleidung bei Sonneneinstrahlung genannt werden. Umgekehrt strahlen dunkle Körper, z. B. Heizkörper, die Wärme leichter ab als helle. Technisch wird die Wärmestrahlung z. B. zur Raumheizung verwendet.

Wärmemitführung

Im Gegensatz zur Wärmestrahlung ist die Wärmemitführung (Konvektion) nur in Gasen oder Flüssigkeiten möglich. Werden diese Gase, z. B. Luft, oder Flüssigkeiten, z. B. Wasser, im Heizungssystem erwärmt, dehnen sich diese aus. Sie werden durch ihre geringere Dichte leichter und steigen nach oben, während kältere und damit schwerere Wasser- bzw. Luftmengen an ihre Stelle treten. Es entsteht eine Gas- oder Flüssigkeitsströmung, die die Wärme von der Wärmequelle wegführt und an weniger warme Stoffe, wie Mauerwerk, Beton, Luft usw., wieder abgibt. Beispiele sind der Schornsteinzug, die Luftumwälzung an Heizkörpern und die Warmwasser-Schwerkraftheizung (**Bild 2**).

Konvektion tritt auch an den Oberflächen von Bauteilen oder in Luftschichten mit unterschiedlich warmen Begrenzungsflächen auf.

Wärmeleitung

Bei der Wärmeleitung erfolgt der Temperaturausgleich durch die Weitergabe der Wärme in einem Stoff von Molekül zu Molekül, ohne dass diese ihren Ort wechseln. Die Wärme wird als Schwingungsenergie von den bei der Wärmequelle liegenden und stark schwingenden Molekülen an benachbarte, schwächer schwingende Moleküle durch Stoßvorgänge weitergegeben (**Bild 3**).

Gute Wärmeleiter sind feste Stoffe mit hoher Dichte, besonders die Metalle. Schlechte Wärmeleiter sind Holz, Kunststoffe, porige Baustoffe. Auch Flüssigkeiten und besonders Gase leiten die Wärme schlecht, wenn die Konvektion verhindert wird. Schlechte Wärmeleiter werden im Bauwesen als Dämmstoffe eingesetzt, um Energieverluste zu vermeiden.

Die Wärmeleitung wird in Watt/(Meter · Kelvin) angegeben.

Die Wärmeleitung eines Stoffes nimmt umso mehr ab,

- je kleiner seine Rohdichte ist,
- je poröser ein Stoff ist,
- je kleiner die Poren sind,
- je geringer sein Feuchtegehalt ist.

Tabelle 1: Heizwerte von Brennstoffen		
Brennstoffart	Menge	kJ
Koks	1 kg	28 596
Briketts	1 kg	20 097
Brennholz	1 kg	14 654
Heizöl, leicht	1 l	37 153
Heizöl, schwer	1 l	39 062
Stadtgas	1 m³	15 994
Erdgas	1 m³	31 736

Bild 1: Wärmeübertragung durch Strahlung

Bild 2: Wärmeübertragung durch Konvektion

Bild 3: Wärmeübertragung durch Leitung (schematische Darstellung)

Bild 1: Wassergehalt der Luft in Abhängigkeit von der relativen Luftfeuchte und der Lufttemperatur

Bild 2: Ausbreitung des Luftschalls (schematisch)

Bild 3: Ausbreitung des Körperschalls

Tabelle 1: A-Schallpegel bekannter Geräusche in dB(A)	
Leise Unterhaltung	40
Übliche Unterhaltungsgespräche	50
Lautes Sprechen	60
Superschallgedämpfter Kompressor	70
Starker Verkehrslärm	80
Baukreissäge	85
Plattenrüttler	95
Motorenprüfstand	100

2.2.11 Luftfeuchtigkeit

Luft hat die Fähigkeit, Wasserdampf aufzunehmen. Die in 1 m³ Luft enthaltene Wasserdampfmenge in g nennt man die **absolute Luftfeuchte**.

Die Aufnahmefähigkeit der Luft für Wasserdampf hängt von der Lufttemperatur ab. Luft mit höherer Temperatur kann mehr Feuchtigkeit speichern als Luft mit tieferer Temperatur. Die sog. **maximale Luftfeuchte** in g/m³ ist erreicht, wenn die Luft keine Feuchtigkeit mehr aufnehmen kann. In diesem Fall ist die Luft gesättigt. So kann z. B. 1 m³ Luft von 20 °C maximal 17,3 g Wasserdampf speichern, bei einer Temperatur von 10 °C tritt die Sättigung dagegen schon bei einem Wasserdampfgehalt von 9,4 g/m³ ein. Wie viel Gramm Wasserdampf die Luft bei verschiedenen Temperaturen maximal aufnehmen kann, ersieht man aus der Sättigungskurve **(Bild 1)**.

In der Regel enthält die Luft jedoch nicht die maximal mögliche Feuchtigkeit, also 100 %, sondern weniger. Dieser Feuchtigkeitsgehalt der Luft wird als Verhältnis der absoluten Luftfeuchte zur maximalen Luftfeuchte in % ausgedrückt und **relative Luftfeuchte** genannt.

$$\text{Relative Luftfeuchte in \%} = \frac{\text{Absolute Luftfeuchte} \cdot 100\,\%}{\text{Maximale Luftfeuchte}}$$

2.2.12 Schall

2.2.12.1 Entstehung des Schalls

Wird eine Stimmgabel angestoßen, führen die beiden freien Gabelenden Hin- und Herbewegungen, so genannte Schwingungen, aus. Diese Schwingungen der Stimmgabel werden an die angrenzenden Luftmoleküle weitergegeben. Dabei entstehen Verdichtungs- und Verdünnungszonen in der Luft, die sich von der Schallquelle weg als Schallwellen ausbreiten. Erreichen diese Schwingungen das Ohr, so werden sie über das mitschwingende Trommelfell als Ton hörbar, wenn die Anzahl der Schwingungen je Sekunde zwischen 16 und 20 000 liegt.

Die Anzahl der Schwingungen je Sekunde bezeichnet man als **Frequenz** des Tones; die Einheit der Frequenz ist das Hertz (Hz). Je größer die Frequenz, desto höher ist der Ton.

Schall, der aus vielen Tönen zusammengesetzt ist, nennt man **Geräusch**. Ein störendes oder unangenehmes Geräusch wird als **Lärm** bezeichnet.

2.2.12.2 Ausbreitung des Schalls

Der Schall braucht, um sich ausbreiten zu können, einen Körper, der die Schwingungen weiterleitet. Schallleitende Körper können gasförmig, flüssig oder fest sein. Der Schall gelangt normalerweise durch schwingende Luftmoleküle an das menschliche Ohr. Er wird deshalb **Luftschall** genannt. Luftschall entsteht z. B. durch vibrierende Stimmbänder beim Sprechen oder Singen, durch die Vibration der Membran im Lautsprecher, durch angeregte Resonanzböden bei Musikinstrumenten. Schall breitet sich nach allen Richtungen aus. Trifft er auf ein Bauteil, so wird ein Teil des auftreffenden Luftschalls reflektiert, d. h. zurückgeworfen, der andere Teil versetzt das Bauteil in Schwingung. Diese Schwingungen werden sowohl in andere Bauteile weitergeleitet, als auch auf der anderen Bauteilseite abgestrahlt bzw. im Bauteil ausgelöscht (**Bild 2,** Seite 48).

Körperschall nennt man den Schall, der sich in festen Körpern, z. B. im Mauerwerk, ausbreitet und durch direkte Anregung, z. B. durch Klopfen, entsteht. Da Körperschall hauptsächlich beim Begehen einer Decke bzw. beim Auftreten auf den Fußboden entsteht, spricht man in diesem Fall auch von **Trittschall** (**Bild 3,** Seite 48).

Körper- und Trittschallschwingungen in Decken und Wänden werden von diesen Bauteilen teilweise ausgelöscht, zum großen Teil wieder als Luftschall abgestrahlt und damit hörbar.

2.2.12.3 Messung des Schalls

Bei der Feststellung der Schallstärke wird der Druck gemessen, den die Schwingungen der Luftmoleküle auf das Messgerät ausüben. Diesen Druck bezeichnet man als **Schalldruck**. Diesem Schalldruck entspricht ein bestimmter **Schallpegel.** Der gemessene Schalldruck wird auf der Skala eines Messgeräts mit einem Messbereich von 1 dB bis 120 dB als Schallpegel dargestellt. Dabei entspricht ein Skalenteil der Einheit von 1 Dezibel (1 dB) **(Bild 1)**.

Bild 1: Vergleich zwischen Schalldruck und Schallpegel

Wie Untersuchungen gezeigt haben, hat das menschliche Gehör die Eigenschaft, tiefe Töne weniger laut zu empfinden als hohe Töne. Der Beginn der Hörempfindung, die **Hörschwelle,** liegt z. B. beim Ton der Frequenz 1000 Hz bei 0 dB. Beim Ton von 100 Hz beginnt sie erst beim Schallpegel von 25 dB.

Diese Besonderheit des menschlichen Gehörs, verschieden hohe Töne unterschiedlich laut zu empfinden, wird dadurch berücksichtigt, dass die bei Lärmmessungen ermittelten Schallpegelwerte in dB noch korrigiert werden. Diese Korrekturwerte sind in DIN 45633 festgelegt. Nach Berücksichtigung der Korrekturwerte erhält man den **bewerteten Schallpegel (A-Schallpegel),** der in dB(A) ausgedrückt wird.

An der Hörschwelle beträgt der A-Schallpegel 0 dB(A), an der Schmerzschwelle 120 dB(A). Bei 65 dB(A) beginnt die Schädigung des vegetativen Nervensystems, bei 90 dB(A) die Schädigung des Gehörs. Ab einer mittleren Lärmbelastung von 80 dB(A) an einem achtstündigen Arbeitstag muss den Mitarbeitern persönlicher Gehörschutz zur Verfügung gestellt werden. Ab 85 dB(A) ist das Tragen des persönlichen Gehörschutzes zwingend vorgeschrieben.

Zum Abschätzen der Höhe des A-Schallpegels können die in **Tabelle 1,** Seite 48, angegebenen Geräusche dienen.

Aufgaben

1 Erläutern Sie den Unterschied zwischen Kohäsion und Adhäsion.

2 Nennen Sie die verschiedenen Lasten, die auf ein Bauwerk einwirken, und geben Sie an, welche Bauteile durch diese statisch beansprucht werden.

3 Erläutern Sie, was man unter Kapillarität versteht und wie sie sich im Bauwesen auswirkt.

4 Erklären Sie, warum sich Bauteile in ihren Maßen immer wieder verändern, und geben Sie an, durch welche Maßnahmen mögliche Schäden am Bauwerk verhindert werden können.

5 Erläutern Sie, was man unter absoluter Luftfeuchte, unter maximaler Luftfeuchte und unter relativer Luftfeuchte versteht.

6 Beschreiben Sie an Beispielen, wie Wärme übertragen werden kann.

7 Erläutern Sie, wie Luft- und Körperschall entsteht und welche Ausbreitungsmöglichkeiten für diese Schallarten bestehen.

2.3 Elektrotechnische Grundlagen

Die Elektrotechnik befasst sich mit technischen Geräten und Anlagen, um elektrische Energie zu erzeugen, zu verteilen sowie zum Betreiben von Maschinen und Geräten. Viele dieser Maschinen, Geräte und technischen Einrichtungen benutzen die elektrische Energie zu ihrem Betrieb, weil sich diese Energie ohne große Verluste in andere Energieformen umwandeln lässt, z.B. in Wärmeenergie oder in mechanische Energie.

Um die Gefahren beim Umgang mit elektrischem Strom zu erkennen und um beim Betrieb von elektrischen Geräten und Maschinen unfallfrei arbeiten zu können, ist es notwendig, die Sicherheitsvorschriften (VDE-Bestimmungen) zu kennen.

Wichtig ist die Einsicht zur Einhaltung der Unfallverhütungsvorschriften. Dazu soll die Kenntnis von der Verteilung des elektrischen Stroms dienen mit Hinweisen zur Betriebs- und Arbeitssicherheit. Es muss die Wirkung des elektrischen Stroms auf den menschlichen Körper bekannt sein, dazu die Maßnahmen zur Ersten Hilfe bei Unfällen und es müssen mögliche Fehler an elektrischen Anlagen erkannt werden.

Zu den Sicherheitsbestimmungen gehören die bauseits und in den Geräten vorhandenen Schutzmaßnahmen, die Schutzarten und die Schutzklassen. Außerdem sind die Schutzmaßnahmen bei den auf der Baustelle vorhandenen elektrischen Anlagen einzuhalten. Alle Beschäftigten auf der Baustelle sind für einen sicheren Umgang mit elektrischem Strom auf der Baustelle verantwortlich.

2.3.1 Verteilung der elektrischen Energie

Zur Verteilung der elektrischen Energie werden Leitungen, Sicherungen und Schaltgeräte benötigt. Die zum geschlossenen Stromkreis erforderlichen Leitungen von den Anschlusspunkten zum Elektrogerät und wieder zurück werden als isolierte Drähte, auch Adern genannt, zu einer gemeinsamen Leitung zusammengefasst. Diese ist zum Schutz vor mechanischen Beschädigungen mit einer Umhüllung versehen. Sie enthält meist eine dritte Ader, welche als Schutzleiter dient und keinen Strom führt.

Die Ortsnetze werden über Hochspannungsleitungen, Schaltanlagen und Transformatoren von den Kraftwerken mit elektrischer Energie versorgt. Der Anschluss einer Verbraucheranlage an das Ortsnetz erfolgt in der Regel über Kabel zum Hausanschlusskasten. Dieser durch Plomben gesicherte Kasten enthält die Hausanschlusssicherung.

Für elektrische Leitungen wird wegen der guten Leitfähigkeit meist Kupfer verwendet. Aber auch Kupferdraht wird bei Stromdurchfluss infolge seines Widerstandes erwärmt. Zu große Ströme können die Leitungen stark erwärmen und dadurch die Isolation beschädigen oder Brände verursachen.

Der in einer Leitung zulässige Strom kann durch Überlastung oder durch Kurzschluss überschritten werden. **Überlastung** tritt auf, wenn die angeschlossenen Geräte insgesamt einen zu großen Strom in der Leitung fließen lassen. **Kurzschluss** ist eine direkte Verbindung zwischen elektrischen Leitungen. Dabei ist nur der geringe Leitungswiderstand wirksam. Die Folge ist ein sehr großer Strom in der Leitung.

Bild 1: Schmelzsicherung

Um Überlastungen der Leitungen und Geräte zu vermeiden, werden sie durch **Sicherungen** geschützt. Sicherungen sind Geräte, die bei Überschreiten des zugelassenen Höchststromes den Stromkreis unterbrechen. Man unterscheidet Schmelzsicherungen (**Bild 1**) und Sicherungsautomaten (Leitungsschutzschalter) (**Bild 3,** Seite 51).

Schmelzsicherungen enthalten im Innern einen dünnen draht- oder bandförmigen Schmelzleiter, der bei zu großem Strom durchschmilzt und den Stromkreis unterbricht (Bild 1). Man unterscheidet je nach Auslöseverhalten flinke, mittelträge und träge Sicherungen.

Die Passschraube in der Sicherungsfassung soll verhindern, dass eine Sicherungspatrone mit unzulässig großem Wert eingeschraubt werden kann (**Bild 1**). Passschrauben und zugehörige Sicherungspatronen sind genormt. Die Passschraube ist nach dem Leitungsquerschnitt bemessen und darf nur durch eine Fachkraft ausgewechselt werden.

Geräteschutzsicherungen (Feinsicherungen) dienen zum Absichern von Geräten der Messtechnik und der Elektronik, z. B. Steuergeräte und elektrische Anlagen bei Kraftfahrzeugen.

> Defekte Sicherungen dürfen nicht geflickt oder überbrückt werden.

Motorschutzschalter haben den Vorteil, dass mit ihnen ein Motor ein- und ausgeschaltet werden kann und der angeschlossene Motor vor Überlastung geschützt ist. Ein Bimetallstreifen wird bei zu großem Strom erwärmt und schaltet über eine Mechanik den Motor ab (**Bild 2**).

Leitungsschutzschalter (**Sicherungsautomaten**) können nach erfolgtem Auslösen wieder eingeschaltet werden. Sie haben einen magnetischen Auslöser, der z. B. bei Kurzschluss den Stromkreis sofort unterbricht, und einen Bimetall-Auslöser, der mit Verzögerung bei längerer Überlastung wirksam wird. Wurde ein Sicherungsautomat durch einen Bimetall-Auslöser abgeschaltet, kann dieser erst nach Abkühlung des Bimetallstreifens wieder eingeschaltet werden (Bild 3).

2.3.2 Betriebs- und Arbeitssicherheit

Unfälle durch elektrischen Strom entstehen meist durch technische Mängel, Unkenntnis, Leichtsinn oder durch Unachtsamkeit. Deshalb sind Kenntnisse über Unfallgefahren und Unfallverhütungsmaßnahmen für alle am Baugeschehen Beteiligten unerlässlich.

Wirkungen des elektrischen Stromes im menschlichen Körper

Fließt elektrischer Strom durch den Menschen, z. B. beim Berühren eines Spannung führenden Leiters, so kann bei Überschreiten einer bestimmten Stromstärke die Atemmuskulatur gelähmt werden. Nichtloslassenkönnen der Leitung, Verkrampfungen der Muskeln, Gleichgewichtsstörungen, Herz- und Atemstillstand können als Folge auftreten.

> **Ströme über 50 mA und Spannungen über 50 V sind lebensgefährlich!**
>
> **Das Arbeiten an unter Spannung stehenden Teilen ist deshalb strengstens verboten.**

Nenn-strom	Farben auf Passschraube und Sicherungseinsatz	
6 A		grün
10 A		rot
16 A		grau
20 A		blau
25 A		gelb
35 A		schwarz
50 A	Pass-schraube	weiß
63 A		Kupfer

Bild 1: Sicherungen und ihre Kennzeichnung

Bild 2: Motorschutzschalter mit Bimetall-Auslöser

Bild 3: Leitungsschutzschalter

Bild 1: Kurzschluss, Körperschluss, Erdschluss, Leiter-schluss

Bild 2: Gefährliche Berührungsspannung

Bild 3: Fehlerstromkreis

Maßnahmen der ersten Hilfe bei Unfällen:

- Stromkreis unterbrechen
- Atemwege freimachen
- Herzmassage, evtl. Atemspende
- schnellste ärztliche Hilfe veranlassen

Fehler an elektrischen Anlagen

Durch Isolationsfehler können an elektrischen Anlagen Kurzschluss, Erdschluss, Leiterschluss und Körperschluss auftreten (**Bild 1**).

Kurzschluss entsteht zwischen zwei unter Spannung stehenden elektrischen Leitern, wenn sie sich ohne Isolation berühren. Die vorgeschaltete Sicherung schaltet den dabei entstehenden großen Kurzschlussstrom ab.

Erdschluss entsteht durch eine direkte Verbindung eines spannungsführenden Leiters mit der Erde bzw. geerdeten Teilen. Auch hier schaltet die Sicherung den Erdschlussstrom ab.

Leiterschluss entsteht z. B. durch die schadhafte Überbrückung eines Schalters, wodurch die Anlage nicht abgeschaltet werden kann.

Körperschluss entsteht, wenn wegen eines Isolationsfehlers Spannung an Teile gelangt, die betriebsmäßig keine Spannung führen, z. B. das Gehäuse (Körper) einer elektrischen Maschine (**Bild 2**). Dabei fließt zunächst kein Strom und die Schutzeinrichtung (Sicherung) spricht nicht an. So bleibt ein Gerät mit Körperschluss bei gut isolierendem Fußboden oft lange unentdeckt.

2.3.3 Schutzmaßnahmen

Bei ordnungsgemäßem Betrieb einer elektrischen Anlage dürfen Personen und Tiere nicht zu Schaden kommen. Ebenso muss eine Gefährdung von Sachwerten unterbleiben. Deshalb sind zur Vermeidung und Verhütung von Unfällen Schutzmaßnahmen vorzusehen. Treten Fehler auf, muss das Bestehenbleiben einer zu hohen Berührungsspannung verhindert oder die Anlage selbsttätig abgeschaltet werden. In **DIN VDE 0100, Teil 410 „Errichten von Starkstromanlagen mit Nennspannungen bis 1000 V"** sind Schutzmaßnahmen gegen elektrischen Schlag festgelegt, die den Menschen gegen direktes Berühren und bei indirektem Berühren schützen sollen.

Der Schutz gegen elektrischen Schlag wird erreicht, wenn Stromkreise mit Spannungen unterhalb der zulässigen Berührungsspannung bei Gleichstrom (DC) von 50 V bzw. bei Wechselstrom (AC) von 120 V (**Spannungsbereich I**) betrieben werden. Diese Schutzmaßnahmen sollen den Menschen gegen direktes Berühren Spannung führender Teile im Betrieb und auch bei indirektem Berühren im Fehlerfall schützen (**Bild 3**). Im Berührungsfall fließt nur ein kleiner, meist ungefährlicher Strom durch den menschlichen Körper. Durch die zunehmende Anwendung von Niedervolt-Halogenbeleuchtungen und den Einsatz von Installationsbussystemen in der Gebäudetechnik hat der Schutz durch Kleinspannung an Bedeutung gewonnen.

Schutzisolierung. Bei der Schutzisolierung werden alle Metallteile, die im Fehlerfall unter Spannung stehen können, durch besondere Maßnahmen isoliert. Die Schutzisolierung wird häufig bei Kleinmaschinen oder Haushaltgeräten angewandt. In Handbohrmaschinen mit Schutzisolierung kann z. B. ein Kunststoffzahnrad im Getriebe die leitende Verbindung zwischen Motor und Bohrspindel verhindern. Zuleitung und Stecker sind bei schutzisolierten Geräten zweiadrig bzw. zweipolig.

Schutzmaßnahme im TN-System. Beim TN-System wird der Neutralleiter N des Transformators direkt geerdet (T von franz. terre = Erde). Die Körper und Gehäuse der angeschlossenen Geräte sind über den Schutzleiter PE (Farbe grüngelb) mit dem Neutralleiter verbunden (**Bild 1**). Die Verbindung kann bei Leitungen mit mehr als 6 mm² Querschnitt auch über einen gemeinsamen PEN-Leiter erfolgen (PEN = PE- und N-Leiter zusammengeschaltet).

Ortsveränderliche Geräte werden über **Schutzkontakt-(Schuko-)Steckvorrichtungen** angeschlossen (**Bild 2**). Dabei muss die Anschlussleitung dreiadrig sein.

Schutztrennung. Bei der Schutztrennung wird ein Trenntransformator zwischen das Netz und das Elektrogerät geschaltet. Dabei erhält man eine ungeerdete Spannung (**Bild 3**). An einen Trenntransformator darf nur **ein Gerät** mit höchstens 16 A Betriebsstrom angeschlossen werden.

Schutztrennung wird bei Baumaschinen, wie z. B. Betonmischern, Betonrüttlern oder Nassschleifmaschinen angewandt.

Schutzschalter. Schutzschalter bieten für den Menschen die größte Sicherheit. Von vielen Energie-Versorgungs-Unternehmen werden deshalb **Fehlerstrom-Schutzschalter** (FI-Schutzschalter) zum Einbau vorgeschrieben. Damit können sowohl Stromnetze als auch Einzelgeräte überwacht und beim Auftreten eines Fehlers abgeschaltet werden (**Bild 4**).

Der Strom in der Zuleitung ist normalerweise genauso groß wie der Strom in der Rückleitung. Im Falle eines Fehlers an einer Maschine, z. B. durch Körperschluss, fließt jedoch ein Teil des Rückstroms über die Erde ab. Der Schutzschalter schaltet dabei innerhalb von 0,2 Sekunden ab. Mit der Prüftaste T kann ein Fehlerstrom simuliert werden. Wird die Prüftaste betätigt, muss der Schalter auslösen.

Um einen guten Personenschutz zu erreichen, sollten FI-Schutzschalter mit einem Ansprechstrom von 30 mA bzw. 10 mA verwendet werden.

Bild 1: Schutz im TN-System

Bild 2: Schutzkontakt

Bild 3: Schutztrennung

Bild 4: Fehlerstrom-Schutzschalter

Tabelle 1: Bildzeichen für IP-Schutzarten

Bild-zeichen	Schutz-art	IP-Schutzart	Bild-zeichen	Schutz-art	IP-Schutzart
●	tropf-wasser-geschützt	IP 31	●●	wasser-dicht	IP 67
■	regen-geschützt	IP 33	●●...bar	druck-wasser-dicht	IP 68
△	spritz-wasser-geschützt	IP 54	▨	staub-geschützt	IP 5x
◢ ◣	strahl-wasser-geschützt	IP 55	◈	staubdicht	IP 6x

x = fehlende Kennziffer

Beispiel für IP-Schutzart:

IP 44 = Schutz gegen Eindringen fester Körper mit Durchmesser > 1,0 mm
Schutz gegen Spritzwasser aus allen Richtungen

Tabelle 2: Schutzklassen

Schutzklasse	I	II	III
Kennzeichen	⏚	▢	⦀
Schutzmaßnahme	Schutz-leiter	Schutz-isolierung	Schutz-klein-spannung
Beispiele	Elektro-motoren	Leuchten, Haushalts-geräte	Klein-geräte bis 50 V

Bild 1: Anschluss-Verteiler-Schrank

(Bildbeschriftung:)
- Sicherungen für Einzelstromkreise
- Zähler
- Schukosteckdosen
- CEE-Drehstromsteckdosen
- Leistungsschild

2.3.4 Schutzarten, Schutzklassen

Elektrische Geräte und Anlagen müssen je nach Einsatz und Aufstellungsort gegen zufällige Berührung sowie gegen das Eindringen von Fremdkörpern und Wasser geschützt werden.

Bei Leuchten, Wärmegeräten, Geräten mit Elektromotor, Elektrowerkzeugen und Geräten für eine elektromedizinische Behandlung können die Schutzarten durch Sinnbilder auf dem Typenschild angegeben werden. Die Schutzarten werden durch eine Kurzbezeichnung beschrieben, die sich aus den Buchstaben **IP** (IP – **I**nternational **P**rotection) und zwei Ziffern für den Schutzgrad zusammensetzt **(Tabelle 1)**.

Elektrische Geräte werden zusätzlich in Schutzklassen eingeteilt **(Tabelle 2)**. Die Schutzklassen geben an, welche Schutzmaßnahmen bei der Installation gegen direktes und indirektes Berühren anzuwenden sind. Man unterscheidet die Schutzklassen I, II und III.

Die Schutzklasse I enthält z. B. alle Geräte mit Metallgehäuse, die eine Anschlussklemme für den PE-Leiter (grüngelber Schutzleiter) mit dem entsprechenden Kennzeichen besitzen müssen.

2.3.5 Elektrische Anlagen auf Baustellen

Alle elektrisch betriebenen Maschinen und Geräte auf einer Baustelle müssen an einem Baustromverteiler angeschlossen sein. Der Baustromverteiler muss den gültigen Bestimmungen (VDE 0612) entsprechen. Das Gehäuse des Baustromverteilers muss aus Metall oder Kunststoff bestehen, ein Holzschrank ist nicht zulässig.

In einem **A**nschluss-**V**erteiler-Schrank (**AV**-Schrank) ist der Anschluss an die Stromversorgung und an die Verteiler untergebracht **(Bild 1)**. Außerdem enthält er den Zähler, FI-Schutzschalter, die Sicherungen sowie die Steckvorrichtungen und Klemmen.

Der Schrank muss verschließbar sein. Besonders wichtig ist eine einwandfreie **Erdungsanlage** für den Baustromverteiler. Die feuerverzinkten Band- oder Staberder sind mit isolierter Kupferlitze von mindestens 16 mm² Querschnitt gut leitend mit der Erdungsklemme des Baustromverteilers zu verbinden. Nach der Einrichtung der Baustelle ist die gesamte elektrische Anlage von einer verantwortlichen Elektro-Fachkraft auf die Richtigkeit der Anschlüsse und Funktion der Schutzmaßnahmen zu prüfen. Das Ergebnis der Prüfung sollte aus rechtlichen Gründen in einem Prüfprotokoll aufgezeichnet werden.

Bei größeren Baustellen ist es vorteilhaft, mehrere Baustromverteiler einzusetzen, damit beim Auslösen eines FI-Schutzschalters nicht die gesamte Anlage abgeschaltet wird. Zu diesem Zweck werden auch Baustromverteiler mit mehreren Schaltkreisen verwendet, die jeweils mit FI-Schutzschaltern ausgestattet sind. Ferner werden Verteiler-Schränke (V-Schrank) eingesetzt, die keine Zähler enthalten.

Elektrogeräte, Steckverbindungen und Leitungen müssen den **VDE-Bestimmungen** (VDE = Verband Deutscher Elektrotechniker) entsprechen und sollen die **VDE-Prüfzeichen** tragen **(Bild 1)**.

Steckverbindungen. Drehstrom-Steckverbindungen müssen der international genormten Rundsteckverbindung nach CEE-Norm (CEE-Internationale **C**ommission für Regeln zur Begutachtung **E**lektrotechnischer **E**rzeugnisse) entsprechen **(Bild 2)**. Sie erlauben die Verwendung großer Ströme und sind in spritzwassergeschützter oder wasserdichter Ausführung möglich. Außerdem genügen sie der Sicherheitsforderung, dass nur Stecksysteme mit der gleichen Spannung zusammenpassen dürfen.

Bild 1: VDE-Prüfzeichen

Bild 2: Drehstromsteckvorrichtung

Für den Zustand der elektrischen Anlagen sind ein Verantwortlicher und ein Stellvertreter zu benennen, die allen im Betrieb beschäftigten Personen bekannt zu machen sind. Der Verantwortliche hat die Aufgabe, täglich durch Betätigen der Prüftasten die Funktion aller FI-Schutzschalter zu prüfen, nach Betriebsschluss die elektrische Anlage abzuschalten und den AV-Schrank abzuschließen. Die Betriebsangehörigen sind regelmäßig auf folgende Grundregeln hinzuweisen:

- Schadhafte Geräte sind sofort außer Betrieb zu nehmen. Errichtung, Änderung und Reparatur von elektrischen Geräten und Anlagen darf nur von einer Elektrofachkraft ausgeführt werden.

- Bei Störungen an der Anlage oder bei ungewöhnlichen Erscheinungen, wie z. B. Brandgeruch, Funken oder auffallenden Geräuschen, ist die Anlage abzuschalten und der Verantwortliche zu benachrichtigen.

- Kabel dürfen nicht geflickt, nicht über scharfe Kanten gezogen werden, weder in den Boden eingegraben, noch auf Zug beansprucht werden.

- Beim Transport von Maschinen ist der Stecker aus der Steckdose zu ziehen. Ortsveränderliche Geräte sind nach Gebrauch wieder vom Netz zu trennen.

- Geräte mit der Aufschrift: „Vor Nässe schützen" dürfen nicht im Regen benutzt oder im Freien aufbewahrt werden.

- Auf elektrischen Maschinen und Elektro-Wärmegeräten dürfen keine Kleidungsstücke oder andere Gegenstände abgelegt werden.

Aufgaben

1 Nennen Sie Gründe, warum auch in der Bautechnik elektrotechnische Kenntnisse erforderlich sind.

2 Erklären Sie die Wirkungen des elektrischen Stroms jeweils an einer technischen Anwendung.

3 Begründen Sie, warum beim Betrieb von elektrischen Anlagen und Geräten Schutzmaßnahmen erforderlich sind.

4 Nennen Sie die Grundregeln, die jeder Betriebsangehörige beim Umgang mit elektrischen Anlagen einzuhalten hat.

5 Geben Sie an, welche Maßnahmen der Ersten Hilfe bei Unfällen an elektrischen Anlagen zu treffen sind.

6 Beschreiben Sie die Vorteile einer Drehstromsteckverbindung nach CEE-Norm.

3 Baustoffe

Die am Bau verwendeten Baustoffe lassen sich in anorganische und organische Baustoffe einteilen (**Tabelle 1**).

Tabelle 1: Einteilung der Baustoffe

anorganische Baustoffe		organische Baustoffe
mineralische Baustoffe	metallische Baustoffe	
natürliche Bausteine	Eisenwerkstoffe	Holz und Holzwerkstoffe
industriell hergestellte Bausteine	Baustahl	Kunststoffe
keramische Stoffe und Porzellan-Email	Betonstahl	Zugabewasser
Glas	Spannstahl	Betonzusatzmittel
Bindemittel	Nichteisenmetalle	Bitumen
Mörtel und Beton		

3.1 Natürliche Bausteine

Als natürliche Bausteine bezeichnet man alle auf der Erde vorkommenden Steine. Wichtig für das Bauen sind ihre Zusammensetzung und ihre Eigenschaften.

3.1.1 Entstehung der Natursteine

Bild 1: Aufbau der Erde

Bild 2: Verformungen durch innere Kräfte

Das Alter der Erde wird auf etwa 4,5 Milliarden Jahre geschätzt. Man nimmt an, dass sie bei einer Explosion im Weltraum als gasförmiger oder flüssiger Glutball entstanden ist. Durch Wärmeabstrahlung in den Weltraum kühlte die Oberfläche ab und wurde fest. Die Erde ist schalenförmig aufgebaut (**Bild 1**).

Der **Erdkern** hat einen Durchmesser von ungefähr 6700 km und besteht vorwiegend aus den Metallen Nickel und Eisen. Die dort herrschenden Temperaturen werden auf bis zu 20 000 °C und der Druck auf bis zu 3,5 Millionen bar geschätzt. Die Dichte des Erdkerns beträgt 11 kg/dm³.

Die **Zwischenschicht** mit etwa 1700 km Dicke und einer Dichte von 5 kg/dm³ bis 6,4 kg/dm³ besteht hauptsächlich aus den Grundstoffen Silicium, Magnesium, Chrom, Eisen, Nickel und Mangan.

Die **Mantelschicht** ist ungefähr 1200 km dick und setzt sich überwiegend aus Verbindungen von Silicium und Magnesium zusammen.

Die **Erdrinde** ist die äußerste, etwa 120 km dicke Schicht. Sie besteht vorwiegend aus Verbindungen von Silicium und Aluminium mit Sauerstoff. Die Dichte liegt zwischen 2,6 kg/dm³ und 3,3 kg/dm³.

Die **Erdoberfläche** bildet eine Kruste mit einer Dicke von etwa 40 km Dicke. Sie setzt sich aus plattenförmigem Festgestein zusammen, das auf flüssigem Magma (Gesteinsschmelze) schwimmt. Innere und äußere Kräfte wirken auf die Erdoberfläche ein, wodurch sie fortwährend verformt und verändert wird.

Innere Kräfte bewirken Hebungen und Senkungen, Auffaltungen und Brüche. Aus diesem Grund lagern z. B. gleichartige Gesteine in verschiedenen Tiefen. Dies führt zu Verschiebungen der Gesteinsschichten (**Bild 2**).

Äußere Kräfte werden hauptsächlich wirksam durch Wasser und Wind. Sie wirken abtragend und aufbauend. Abtragende Kräfte sind fließendes Wasser und Regen, weil sie Stoffe ausschwemmen. Regen und Sonnenwärme bewirken das Verwittern von Gestein. Gefrierendes Wasser sprengt Gestein ab. Wind bläst feine Gesteinsteile weg und lagert sie ab. Aufbauende Kräfte sind fließendes Wasser, das Schlamm, Sand und Kies anschwemmt **(Bild 1)**. Gletscher schieben Geröll zu Moränen zusammen. Abgestorbene Pflanzen und Tiere tragen ebenfalls zur Bildung von Gesteinsschichten bei.

Bild 1: Entstehung der Natursteine

3.1.2 Natursteinarten

Die Natursteine werden nach der Art ihrer Entstehung in Erstarrungsgesteine, Ablagerungsgesteine und Umwandlungsgesteine eingeteilt. Sie können im Bauwesen entweder unbearbeitet oder bearbeitet verwendet werden.

3.1.2.1 Erstarrungsgesteine

Erstarrungsgesteine (Magmagesteine) entstehen, wenn flüssiges Gestein (Magma) an bestimmten Stellen aus dem Erdkern an die Erdoberfläche dringt. Diese Stellen bezeichnet man als Vulkane.

Bild 2: Entstehung der Erstarrungsgesteine

Das im Schlot aufsteigende und aus dem Krater des Vulkans fließende Magma kühlt an der Luft ab und erstarrt zu einem Gestein **(Bild 2)**. Dieses Gestein nennt man **Ergussgestein (Tabelle 1)**. Dabei können besondere Gesteinsformen entstehen, wie z. B. sechseckförmige Basaltsäulen **(Bild 3)**. Durch langsames Abkühlen des Magmas im Schlot des Vulkans und in den Gängen des Schlots entsteht **Tiefengestein** und **Ganggestein**. Ein Teil des Magmas kann als Vulkanauswurf durch die Luft geschleudert werden, kühlt dabei ab und bleibt als schlackenartiges Gestein liegen. Man nennt es **Auswurfgestein** (Eruptivgestein).

Bild 3: Basaltsäulen

Tabelle 1: Erstarrungsgesteine

Arten		Fundorte	Eigenschaften	Verwendung
Tiefengestein Granit		Harz, Fichtelgebirge, Schwarzwald, Sachsen, Spessart, Odenwald	sehr hart, hohe Druckfestigkeit, grau bis graubraun	Pflastersteine, Bordsteine, Treppenstufen
Ganggestein Porphyr		Harz, Saarland, Thüringen, Erzgebirge, Sachsen	sehr hart, hohe Druckfestigkeit, rotbraun bis braungrün	Pflastersteine, Treppenstufen
Ergussgestein Basalt		Siebengebirge, Eifel, Rhön, Erzgebirge, Vogelsberg	sehr hart, hohe Druckfestigkeit, dunkelgrau bis grauschwarz	Mauerwerk, Treppenstufen, Schotter
Auswurfgestein Bims		Neuwieder Becken, Eifel	porös, sehr leicht, hellgrau	Mauerwerk aus Bimssteinen und -platten
Tuff		Neuwieder Becken, Nördlingen, Sachsen	bruchfeucht, sehr weich, erhärtet an der Luft, grau	Verkleidungen, Abdeckungen
Trass (gemahlener Tuff)		Neuwieder Becken	porös, leicht, dunkelgrau	Trasszement

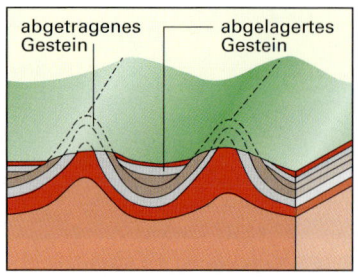

Bild 1: Entstehung der Ablagerungsgesteine

abgetragenes Gestein | abgelagertes Gestein

3.1.2.2 Ablagerungsgesteine

Ablagerungsgesteine (Sedimentgesteine) entstehen aus Erstarrungsgesteinen. Sie werden durch Regen und Wind, Frost und große Temperaturunterschiede gelockert und zerkleinert (Verwitterung). Die oberste Schicht der Erstarrungsgesteine verwittert zuerst, wird durch Wasser weggeschwemmt oder durch Wind weggetragen und als Ablagerungsgestein an tieferen Stellen abgelagert **(Tabelle 1)**. Durch diesen Vorgang können mehrere Schichten abgetragen und an anderer Stelle in umgekehrter Schichtenfolge wieder aufgebaut werden **(Bild 1)**. Die oberste Ablagerungsschicht nennt man Boden. Dabei unterscheidet man Humus, Ton, Lehm, Mergel, Sand und Kies.

Tabelle 1: Ablagerungsgesteine

Arten		Fundorte	Eigenschaften	Verwendung
Sandstein		Spessart, Harz, Bergisches Land, Schwarzwald, Elbsandsteingebirge, Thüringen	vielfarbig, mit zunehmender Dichte witterungsbeständiger	Mauerwerk, Verblendungen
Kalkstein		Schwäbische Alb, Fränkische Alb, Alpen, Weserbergland, Schweizer Jura	Farbe grau bis weiß, mit zunehmender Dichte witterungsbeständiger	Werkstein, Mauerwerk, Schotter, Bindemittel

Bild 2: Entstehung der Umwandlungsgesteine

Erstarrungsgestein — Ablagerungsgestein — hoher Druck — hohe Temperaturen — Umwandlungsgestein

3.1.2.3 Umwandlungsgesteine

Umwandlungsgesteine (metamorphe Gesteine) sind durch hohen Druck und hohe Temperaturen aus Erstarrungs- oder aus Ablagerungsgesteinen entstanden **(Tabelle 2)**. So wird z. B. aus dem

- **Erstarrungsgestein**   **Umwandlungsgestein**
  Granit   ⟶   Gneis
- **Ablagerungsgestein**   **Umwandlungsgestein**
  Kalkstein   ⟶   Marmor
  Sandstein   ⟶   Quarzit
  Ton   ⟶   Tonschiefer **(Bild 2)**.

Tabelle 2: Umwandlungsgesteine

Arten		Fundorte	Eigenschaften	Verwendung
Gneis		Schwarzwald, Erzgebirge, Böhmerwald, Alpen	weiße bis grüne Farbe, druckfest, wetterbeständig	Pflastersteine
Schiefer		Schiefergebirge, Harz, Alpen, Sudeten	dunkelgraue Farbe, leicht spaltbar, wasserdicht	Dachdeckungen, Verkleidungen
Marmor		Italien, Erzgebirge, Griechenland	vielfarbig, oft weiß, gebändert, ritzfest	Fußböden, Wandbekleidungen, Abdeckungen

Bild 3: Quarz

3.1.2.4 Zusammensetzung der Natursteine

Natursteine setzen sich aus Mineralien zusammen. Diese sind fest, meist kristallin, mit dem bloßen Auge erkennbar und bestimmen je nach Art, Menge und Zusammensetzung die Eigenschaften von Natursteinen. Wichtige Mineralien sind

- **Quarz**   Bestandteil von Sand (Quarzsand) und Sandstein
- **Kalkspat**   Bestandteil von Kalkstein, Kreide und Marmor
- **Feldspat**   Bestandteil von Granit, Porphyr, Basalt und Schiefer
- **Ton**   mit Kalk als Mergel, mit Sand als Lehm
- **Glimmer**   Bestandteil von Granit

3.1.2.5 Eigenschaften der Natursteine

Auswahl und Verwendung von Natursteinen hängen von den unterschiedlichen Eigenschaften der jeweiligen Steine ab, aber auch von den Kosten. Diese richten sich nach der Häufigkeit des Vorkommens, nach den technischen Eigenschaften und nach gestalterischen Gesichtspunkten.

```
                    Beurteilung
                       nach
    ┌─────────────────────┴─────────────────────┐
technischen Eigenschaften        gestalterischen Merkmalen
```

- Die **Druckfestigkeit** hängt von der **Dichte** des Gefüges ab. Natursteine haben häufig eine große Dichte und eignen sich deshalb für Bauteile mit hoher Druckbelastung. Allerdings haben die Steine auch ein hohes **Gewicht**. Ihre **Härte** kann mit Hilfe der Mohs'schen Härteskala angegeben werden (Seite 35).

- Die **Witterungsbeständigkeit** hängt von der **Porigkeit** der Steine ab. Porige Steine wie z. B. bestimmte Sandsteine haben ein hohes **Wassersaugvermögen**. Durch Frost und Verwitterung können sie zerstört werden. Durch nicht sachgemäßen Einbau kann Tauwasser auftreten und zu Bauschäden führen.

  Kohlenstoffdioxid (CO_2) und Schwefeldioxid (SO_2) können bei Regen gelöst werden und Säuren bilden, die Natursteine zerstören. Temperaturwechsel können zu Rissbildung führen. Moose, Flechten, Gräser und Baumwurzeln wachsen auf feuchten Natursteinen in feinste Risse und können durch Sprengwirkung die Natursteine schädigen.

- Die **Bearbeitbarkeit** hängt von der Dichte bzw. der Härte ab. Es gibt Natursteinarten, die sich z. B. bruchfeucht leicht sägen lassen (Travertin). Besonders harte Steine, z. B. Basalt oder Granit, erfordern einen großen Aufwand bei ihrer Bearbeitung. Dies geschieht z. B. mit Pressluftgeräten und Werkzeugen mit hohen Standzeiten. Wegen ihres dichten Gefüges lassen sich harte Natursteine polieren und ergeben eine sehr glatte, spiegelnde Oberfläche.

- Die **Oberfläche** kann unterschiedliche Strukturen aufweisen.
- Die **Farbe**, aber auch Textur und Effekte können sehr vielgestaltig sein **(Bild 1)**.

grob gestockt	fein gestockt	geflächt
bossiert	gekrönelt	scharriert
gesägt	geschliffen	poliert
einfarbig	gebändert	Effekte

Bild 1: Oberflächenstrukturen bei Natursteinen

Aufgaben

1. In dem Raum, in dem Sie sich befinden, sind viele Baustoffe sichtbar oder erkennbar. Ordnen Sie diese den organischen und den anorganischen Baustoffen zu.

2. Natursteine haben eine unterschiedliche Entstehung. Nennen Sie die unterschiedlichen Gruppen nach ihrer Entstehung und die dazugehörigen Natursteinarten.

3. Der Maurer hat Natursteine fachgerecht zu verarbeiten. Nach welchen Eigenschaften muss er die Natursteine beurteilen?

4. Benennen und erläutern Sie Gesichtspunkte für die Auswahl von Natursteinen durch den Bauherrn.

5. Nennen Sie Einflüsse, die zur Zerstörung von Natursteinen führen können.

Bild 1: Herstellung von Mauerziegeln

Tabelle 1: Druckfestigkeit und Farbkennzeichnung von Mauerziegeln

Druck-festig-keits-klasse	Druckfestigkeit N/mm²		Farbkenn-zeichnung
	Mittel-wert	kleinster Einzelwert	
4	5,0	4,0	blau
6	7,5	6,0	rot
8	10,0	8,0	schwarzer Stempel
10	12,5	10,0	schwarzer Stempel
12	15,0	12,0	ohne
16	20,0	16,0	schwarzer Stempel
20	25,0	20,0	gelb
28	35,0	28,0	braun

3.2 Industriell hergestellte Steine

Industriell hergestellte Steine unterscheidet man nach gebrannten und nach ungebrannten Steinen.

3.2.1 Gebrannte Steine

Gebrannte Steine sind Mauerziegel z.B. als Voll- und Hochlochziegel der Rohdichteklassen ≥ 1,2, als Wärmedämm- und Hochlochziegel der Rohdichteklassen ≤ 1,0, als hochfeste Ziegel und hochfeste Klinker sowie als Planziegel.

3.2.1.1 Mauerziegel als Voll- und Hochlochziegel

Herstellung

Für die Herstellung von Mauerziegeln ist ein Gemisch aus Lehm und Ton notwendig. Da die beiden Stoffe meist nicht in der richtigen Beschaffenheit und im richtigen Verhältnis zueinander vorkommen, müssen sie aufbereitet werden. Das Gemisch wird zerdrückt, geknetet, unter Zuführung von Wasserdampf geschmeidig gemacht und durch eine Strangpresse gedrückt. Je nach gewünschter Ziegelart erzeugen Kerneinsätze unterschiedliche Lochungen. Den geformten Strang schneidet ein Draht je nach Steinhöhe zu den gewünschten Rohlingen ab. Die Rohlinge müssen je nach Wassergehalt größer geformt sein, da sie beim anschließenden Trocknen und Brennen schwinden. Im Trockenraum wird ihnen bei Temperaturen bis 100 °C das bei der Aufbereitung zugegebene Wasser langsam entzogen, damit sie keine Schwindrisse bekommen. Anschließend brennt man die Rohlinge im Tunnelofen bei Temperaturen von 900 °C bis 1200 °C, damit durch chemische Umbildung von Silikaten die Rohstoffteilchen zusammengebacken werden. Die Farbe der Ziegel wird bestimmt durch die im Rohstoff enthaltenen Metallverbindungen. Die rötliche Färbung der Ziegel entsteht z. B. durch Eisenoxide. Je nach Menge und Zusammensetzung der Eisenoxide sowie der Höhe der Brenntemperatur entstehen Farben von Gelb über Rot bis Dunkelbraun. Für Planziegel werden die Lagerflächen geschliffen. Die gebrannten Steine werden sortiert, auf Paletten gestapelt und versandfertig verpackt **(Bild 1)**.

Eigenschaften

Die Eigenschaften der Mauerziegel sind nach DIN 105 und DIN EN 771-1 genormt.

Druckfestigkeit. Mauerziegel werden in 8 Druckfestigkeitsklassen geliefert, die zur Unterscheidung eine Farbkennzeichnung erhalten **(Tabelle 1)**.

Rohdichte. Bei Mauerziegeln gibt es 7 Rohdichteklassen, die zwischen 1,2 und 2,4 liegen. Dabei geben die Zahlen den höchsten Wert für die jeweilige Rohdichte in kg/dm³ an.

Ziegel sind porig. Da Luft ein schlechter Wärmeleiter ist, wirkt sich die eingeschlossene Luft in den Poren und Lochungen auf die Wärmedämmung günstig aus. Mauerziegel können Wärme aufnehmen, sie über längere Zeit speichern und langsam wieder abgeben. Dasselbe geschieht mit der Luftfeuchtigkeit. Diese Eigenschaften verbessern das Raumklima.

Kapillarität. Porigkeit führt zu Kapillarität, d. h., die Steine nehmen bei Wasseranfall Feuchtigkeit auf. Da Wasser die Wärme besser leitet als Luft, nimmt die Wärmedämmfähigkeit ab. Die Feuchtigkeit kann an den Steinseiten in angrenzende Baustoffe und Bauteile weitergegeben werden und zu Bauschäden führen. Gefriert aufgenommenes Wasser, kommt es zu Abplatzungen.

Frostbeständigkeit. Mauerziegel sind nicht frostbeständig und müssen deshalb bei Verwendung in Außenbauteilen vor Frost in durchfeuchtetem Zustand geschützt werden.

Die **Maße** der Voll- und Hochlochziegel sind von der Maßordnung im Hochbau abgeleitet und richten sich nach den Achtelmetermaßen **(Tabelle 1)**. Ziegel dürfen **zusätzlich Längen** von 90, 145, 190, 210, 290, 390 und 425, **Breiten** von 60, 80, 90, 100, 145, 150, 200, 225, 250, 275 und 425 sowie **Höhen** von 155 und 175 mm haben (alle Maße in mm).

Bei den **Formaten** unterscheidet man je nach Länge, Breite und Höhe der Mauersteine das Dünnformat (DF), das Normalformat (NF) und Formate, die sich aus dem Vielfachen des Dünnformates ergeben (Tabelle 1).

Nach der **Lochung** unterscheidet man Vollziegel mit und ohne Lochung, Hochlochziegel sowie Mauertafelziegel, Handformziegel und Formziegel **(Bild 1)**. Lochungen sparen Rohstoff, Gewicht und erhöhen die Wärmedämmfähigkeit der Steine.

Vollziegel (Mz) sind Vollsteine ohne Lochung im Dünn-, Normal- und 2 DF-Format. Vollziegel dürfen aber auch senkrecht zur Lagerfläche einen Lochanteil haben, der jedoch nicht größer als 15 % der Lagerfläche ist (Bild 1).

Hochlochziegel (HLz) werden mit einem größeren Lochanteil, höchstens jedoch 50 % der Lagerfläche, geliefert. Es gibt je nach Form und Größe drei unterschiedliche Lochungen A, B und C. Zur Kennzeichnung wird das Kurzzeichen des Ziegels um den jeweiligen Kennbuchstaben der Lochung erweitert. Hochlochziegel sind ab dem 2 DF-Format lieferbar.

Mauertafelziegel (T) müssen abweichend von den üblichen Maßen Steinlängen von 247 mm, 307 mm, 372 mm und 497 mm aufweisen. Sie haben mittig zur Breite angeordnete Lochkanäle, an den Stoßflächen können zusätzlich Aussparungen ausgebildet sein. Die Steine sind so zu vermauern, dass sich senkrechte Lochkanäle ergeben. Diese eignen sich als Vergusskanäle.

Tabelle 1: Maße und Formate von Mauerziegeln

Kurz-zeichen	Länge mm	Breite mm	Höhe mm	Steinzahl auf 1 m Höhe
DF	240	115	52	16
NF	240	115	71	12
2 DF	240	115	113	8
3 DF	240	175	113	8
4 DF	240	240	113	8
5 DF	240	300	113	8
6 DF	240	365	113	8
8 DF	240	240	238	4
10 DF	240	300	238	4
12 DF	240	365	238	4
14 DF	425	240	238	4
15 DF	365	300	238	4
18 DF	365	365	238	4
16 DF	490	240	238	4
20 DF	490	300	238	4
21 DF	425	365	238	4

Bild 1: Mauerziegel

DF - Vollstein   NF - Vollstein   2DF - Hochlochziegel

Bezeichnung von Mauerziegeln (Beispiele):

Ziegel DIN 105-100 - Mz 12 - 1,8 - NF

bedeutet Vollziegel der Druckfestigkeitsklasse 12, der Rohdichteklasse 1,8 im Format NF (l = 240 mm, b = 115 mm, h = 71 mm)

Ziegel DIN 105-100 - HLzA 8 - 1,2 - 2 DF

bedeutet Hochlochziegel mit der Lochung A und einer Mindestdruckfestigkeit von 8 N/mm², einer Rohdichte von höchstens 1,2 kg/dm³ im Format 2 DF (l = 240 mm, b = 115 mm, h = 113 mm)

Bild 2: Mauern mit Planziegeln

Bild 1: Planhochlochziegel

Bild 2: Mauertafel-Planziegel

3.2.1.2 Wärmedämmziegel und Hochlochziegel

Bei der **Herstellung** mischt man dem Ziegelrohstoff leicht ausbrenn-
bare Bestandteile bei, wie z. B. Sägemehl. Beim Brennen entstehen
dadurch im Ziegel Luftporen; man nennt solche Ziegel Porenziegel.

Ihre besondere **Eigenschaft** ist die geringe Rohdichte, die zwischen
0,55 kg/dm³ und 1,0 kg/dm³ liegt. Deshalb ist die Wärmedämmfähigkeit höher als die der Mauerziegel. Außer in den üblichen Druckfestigkeiten gibt es Leichtziegel zusätzlich in der Druckfestigkeitsklasse 2.

Maße, Formate und **Lochungen** entsprechen fast denen der Mauerziegel. Sie sind in DIN 105-2 genormt.

Wärmedämmziegel (WDz) erfüllen erhöhte Anforderungen an die
Wärmedämmung unter anderem durch erhöhte Anforderungen an
die Lochung.

Hochlochziegel W (HLzW) haben die Lochung B und erfüllen erhöhte
Anforderungen bezüglich der Wärmedämmung. Sie werden besonders als Großformate ab 8 DF in Form von Blocksteinen hergestellt.

3.2.1.3 Planziegel

Planziegel sind geformte und gebrannte Ziegel mit besonderer Maßhaltigkeit. Die Lagerflächen müssen planeben und planparallel sein;
sie können deshalb mit 1 mm dicken Lagerfugen vermauert werden.
Der Dünnbettmörtel kann durch Tauchen der Planziegel oder durch
Walzen aufgebracht werden (**Bild 2**, Seite 61). Eine Vermörtelung
der Stoßfugen ist wegen der Verzahnung der Steine nicht erforderlich. Planziegel werden in den Rohdichteklassen 0,7 bis 2,0 und den
Druckfestigkeitsklassen 2 bis 28 hergestellt.

Planziegel gibt es als Planvollsteine (PMz), Planhochlochziegel (PHLz),
Mauertafel-Planziegel (PHLzT), Planformziegel, Vormauer-Planziegel
(PVMz) und Planklinker (PKMz). Außerdem werden passende Ergän-
zungs-, Verschiebe- und Winkelziegel hergestellt (**Bild 1** und **Bild 3**).

3.2.1.4 Vormauerziegel

Bei der **Herstellung** wird mit höherer Temperatur als bei Mauerziegel
gebrannt, wodurch als verbesserte **Eigenschaft** ein dichteres Gefüge
entsteht. Die Steine saugen kaum noch Wasser auf und sind frostbeständig. **Maße, Formate** und **Lochungen** entsprechen denen von
Mauerziegeln. **Vormauerziegel (VMz)** und **Vormauer-Hochlochziegel
(VHLz)** gibt es in den Formaten DF, NF und 2 DF. **Verblender** oder
Riemchen sind halbe bzw. längs gespaltene Vormauerziegel mit Breiten von 55 mm bis 90 mm.

3.2.1.5 Klinker und Keramikklinker

Bei der **Herstellung** wird mit einer Temperatur bis zur Sinterung bei
1500 °C gebrannt. Dabei verschmelzen Teile des Rohstoffs zu einer
glasartigen Masse mit nahezu geschlossenen Poren. Klinker haben
als besondere **Eigenschaft** eine sehr geringe Wasseraufnahme und
sind deshalb frostbeständig. Sie haben Rohdichten über 1,2 kg/dm³
und sind den Druckfestigkeitsklassen 36, 48 und 60 zugeordnet.

Maße, Formen und Lochungen entsprechen denen von Mauerziegeln. Sie sind in DIN 105 genormt. Man unterscheidet **Vollklinker (KMz)** und **Keramik-Vollklinker (KK)** sowie **Hochlochklinker (KHLz)** und **Keramik-Hochlochklinker (KHK)**. Sie werden in den Formaten DF, NF und 2 DF hergestellt

Klinker gibt es auch als Kanalklinker, Pflasterklinker, Verblender und als Klinkerplatten in den unterschiedlichsten Formen.

Winkelziegel   Formziegel

Rolladenkasten   Ziegelsturz

WU - Schale   L - Schale

Bild 1: Sonderziegel für besondere Zwecke

3.2.1.6 Sonderziegel

Gebrannte Mauersteine werden als Sonderziegel für Sonderzwecke, mit unterschiedlichen Oberflächen oder mit besonderen bauphysikalischen Eigenschaften, wie z. B. für den Schallschutz, hergestellt.

Gebrannte Mauersteine als **Sonderziegel für besondere Zwecke** können geliefert werden als Anschlagsteine für Türen und Fenster, als Winkelsteine für spitz- und stumpfwinklige Mauerecken, als Steine mit Schrägen oder Rundungen z. B. für Rollschichten bei Fensterbänken, als Deckenziegel und als Schornsteinziegel in Form von Radialziegeln. U-förmige Schalen für Ziegelstürze gibt es in Breiten von 11,5 cm und 17,5 cm. Mit diesen Breiten lassen sich Stürze für alle Wanddicken zusammensetzen. Für Rollladenkästen werden Sonderziegel hergestellt ebenso wie zur Aufnahme von Gurtrollern. Für den Bereich der Deckenauflager gibt es L-Steine mit und ohne zusätzliche Wärmedämmung, für Balken und Ringanker U-Schalen mit und ohne Wärmedämmung **(Bild 1)**.

Gebrannte Mauersteine in **unterschiedlichen Oberflächen** gibt es als Ziegel mit glatter oder rauher Oberfläche, als Formziegel, besandet oder unbesandet. Sie sind in fast allen Farben herstellbar.

Für den **Schallschutz** werden gebrannte Mauersteine hergestellt z. B. als Schallschutzziegel mit einer Rohdichte von 1,6 kg/dm³ bis 2,2 kg/dm³, als Akustikziegel mit einem hohen Lochanteil und als Schallschutz-Füllziegel mit einem Lochanteil bis zu 54 % des Querschnitts. Diese Füllziegel werden schichtweise nach dem Mauern mit einem Verfüllmörtel ausgefüllt **(Bild 2)**.

Bild 2: Versetzen von Plan-Füllziegeln als Schallschutzwand

3.2.1.7 Steingut

Steingut wird aus Ton, Quarzsand und einem geringen Anteil an Feldspat hergestellt. Nach dem Aufbereiten, Mischen und Formen wird das Material bei etwa 1050 °C gebrannt. Der entstandene Scherben ist porig und kann Wasser kapillar aufnehmen. Deshalb erhält die Oberfläche vor einem zweiten Brennen eine Glasur. Diese kann durchsichtig und undurchsichtig sowie mithilfe von Metalloxiden gefärbt sein. Den fertig gebrannten keramischen Baustoff bezeichnet man als Steingut. Steingut hat einen porösen Scherben mit einer hohen Wasseraufnahme von über 10 Masse-Prozent. Durch den porösen Scherben ist ihre Haftfähigkeit gut, ihre Festigkeit und chemische Beständigkeit jedoch geringer. Aus Steingut werden hauptsächlich **Wandfliesen** und **Platten** gefertigt **(Bild 3)**.

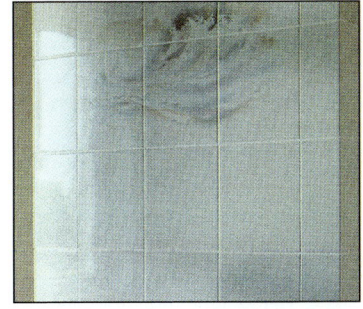

Bild 3: Wandfliesen aus Steingut

Bild 1: Majolikafliesen

Bild 2: Abwasserrohre aus Steinzeug

Bild 3: Waschrinne aus Feuerton

Bild 4: Herstellung ungebrannter Steine

Man unterscheidet **weiße** und **elfenbeinfarbene Fliesen** sowie **Majolikafliesen**. Außerdem gibt es Fliesen mit einfarbiger Glasur und unter der Glasur farbig gestaltete Fliesen. Weiße und elfenbeinfarbene Fliesen haben eine farblose oder gedeckte (gelbe) Glasur. Majolikafliesen haben eine farbig deckende Glasur mit glänzender, matter oder kristalliner Oberfläche **(Bild 1)**.

3.2.1.8 Steinzeug

Steinzeug besteht aus Ton, Quarzsand und Feldspat. Die gemahlenen, gemischten und geformten Rohstoffe werden bei etwa 1300 °C bis zur Sinterung zwei bis drei Tage gebrannt. Durch Aufstreuen von Kochsalz vor dem Brennen bekommt Steinzeug eine gegen chemische Angriffe beständige Glasur. Die Oberfläche wird dadurch hart und verschleißfest. Man erhält einen feinkörnigen, sehr dichten und schweren Scherben, der auch beständig gegen chemische Angriffe ist. Steinzeug hat eine sehr niedrige Wasseraufnahme von höchstens 3 Masse-Prozent und gilt deshalb als frostbeständig.

Man verwendet Steinzeug für **Abwasserrohre** und **Schächte**, für **Ausgussbecken** für Schmutzwasser und chemische Stoffe in Labors sowie für **Fliesen** und die zugehörigen Formstücke **(Bild 2)**. Steinzeugfliesen gibt es glasiert und unglasiert. Sie werden meist als Bodenfliesen verwendet.

Abwasserrohre werden in den Nennweiten DN 100 bis DN 1400 und in Längen von 1,00 m bis 2,50 m hergestellt. Für die Hausentwässerung verwendet man hauptsächlich Rohre in den Nennweiten DN 100 bis DN 200. Sie sind werkseitig mit einer Lippendichtung (Steckmuffe L) versehen, damit auf der Baustelle eine dichte und dauerhafte Rohrverbindung hergestellt werden kann. Beim Einschieben des Rohrendes in die Rohrmuffe wird die Kunststofflippe an das Rohr gepresst und ergibt so einen dichten Anschluss (Bild 2). Bei Rohren ab DN 200 erreicht man die Dichtheit der Abwasserleitung durch Dichtelemente aus Kunststoff, die sowohl auf dem Rohrende als auch in der Muffe aufgebracht sind.

3.2.1.9 Feuerton

Feuerton wird aus Ton, vermischt mit Schamotte, hergestellt. Schamotte ist vorgebrannter Ton, der zermahlen dem Ton zur Magerung beigemischt wird. Die gebrannten Steine sind bis etwa 1700 °C feuerbeständig. Sie eignen sich für Ofenausmauerungen und zum Bau von Schornsteinen. Der Scherben ist porös, weshalb eine dicke weiße oder farbige Porzellanglasur notwendig ist. Feuerton kann dann z. B. für Waschrinnen und Ausgussbecken verwendet werden **(Bild 3)**.

3.2.2 Ungebrannte Steine

Als Rohstoffe für ungebrannte Steine werden Zuschlag, Bindemittel und Zugabewasser gemischt und geformt. Die Erhärtung der Formlinge erfolgt an der Luft bei der Lagerung oder bei entsprechenden Steinen in einem Härtekessel bei erhöhter Temperatur durch eine gesteuerte Dampfdruck-Behandlung. Danach können die Steine palettiert, ausgeliefert und verarbeitet werden **(Bild 4)**.

Zu den ungebrannten Steinen zählen Kalksandsteine, Normalbetonsteine, Leichtbetonsteine und Porenbetonsteine.

3.2.2.1 Kalksandsteine

Für die **Herstellung** wird feiner quarzhaltiger Sand (SiO_2) und als Bindemittel Branntkalk (CaO) in Form von Feinkalk (gemahlener Kalk) verwendet. Das Mischen erfolgt im Zwangsmischer oder in der Löschtrommel. In Pressen erhalten die Steinrohlinge (Presslinge) ihre Form und ihre genauen Abmessungen. Beim Aushärten im Härtekessel verbinden sich die Sandkörner mit dem Kalk zu einer Kalk-Kieselsäure-Verbindung (Calciumhydrosilikat). Temperatur und Druck beschleunigen die Erhärtung. Kalksandsteine können nach Entnahme aus dem Härtekessel ohne Lagerung ausgeliefert und verarbeitet werden.

Die **Eigenschaften** der Kalksandsteine sind nach DIN 106 und DIN EN 771-2 genormt. Sie haben eine weißgraue Farbe, sind scharfkantig und maßhaltig.

Steindruckfestigkeitsklassen (SFK). Kalksandsteine gibt es nach Norm in den Festigkeitsklassen 5 bis 75. Hergestellt werden sie hauptsächlich in den Druckfestigkeiten 12 N/mm² und 20 N/mm².

Steinrohdichteklassen (RDK). Kalksandsteine als Voll- und Blocksteine gehören zu den Rohdichteklassen 1,6 und größer, Loch- und Hohlblocksteine haben eine Rohdichte von 1,6 kg/dm³ und geringer. Je nach Querschnittsminderung durch die Lochung sind Kalksandlochsteine der Rohdichteklasse 1,6 zuzuordnen. Übliche Steinrohdichteklassen sind 1,4 bis 1,8 und 2,0.

Frostbeständigkeit. Kalksandsteine saugen Wasser langsam auf, d. h., sie sind kapillar und deshalb nicht frostbeständig. Vormauersteine und Verblender sind allerdings frostbeständig.

Maße und **Formate** sind auf die Maßordnung im Hochbau abgestimmt und entsprechen denen der gebrannten Steine. Bei Plansteinen (P) sind Längen- und Höhenmaße auf eine 1 mm bis 3 mm dicke Dünnbettmörtelfuge abgestimmt.

Lochungen sind bei Kalksandsteinen herstellungsbedingt nicht durchgehend. Lediglich Grifföffnungen und Grifftaschen sind durchgehend und von der Steinoberseite aus benutzbar (**Bild 1**). Sie sollen bei allen Steinen ab einem Format von 2 DF vorhanden sein.

Kalksand-Vollsteine (KS) sind ungelocht in den Formaten DF bis 5 DF. Ihr Querschnitt darf aber durch Lochung senkrecht zur Lagerfläche um bis zu 15 % gemindert sein; Grifflöcher sind möglich. Sie werden mit Normalmörtel vermauert.

Kalksand-Lochsteine (KS L) haben bei den Formaten 2 DF bis 5 DF außer den Grifföffnungen einen Lochanteil von mehr als 15 % des Querschnitts senkrecht zur Lagerfläche.

Kalksandsteine mit Nut-Feder-System (KS-R) an den Stoßfugenseiten können dort ohne Vermörtelung vermauert werden. Bei der Bestellung der Steine ab dem Format 4 DF ist zur Festlegung der Stoßfugenseite hinter dem Formatkurzzeichen die Wanddicke in Klammern anzugeben. Sowohl KS-R-Steine mit einer Höhe von 113 mm als auch KS-R-Blocksteine mit einer Höhe von 238 mm werden mit einer Lagerfuge aus Normalmörtel vermauert.

DF	NF
2 DF	2 DF
3 DF	3 DF

KS - Vollsteine   **KS - Lochsteine**

8 DF (115)	8 DF (115)
12 DF (175)	12 DF (175)
16 DF (240)	16 DF (240)

KS - R   **KS L - RP**
Blockstein   **Planstein**

Bild 1: Kalksand-Mauersteine

Bezeichnung eines Kalksandsteins (Beispiel):

Kalksandstein DIN V 106 - KS L - 6 - 1,2 - 3 DF

bedeutet Kalksand-Lochstein der Druckfestigkeitsklasse 6, der Rohdichteklasse 1,2 im 3-DF-Format (l = 240 mm, b = 175 mm, h = 113 mm)

KS - R - Planstein
8 DF (150)

240
498
150

KS XL - Planstein

490
998
200

KS - Bauplatte - BP 10

248
498
100

KS XL - PE (100)

498
998
100

KS E - Stein

248
498
d

Bild 1: KS-Steine mit Dünnbettmörtel zu verarbeiten

Bezeichnung eines Kalksandsteins (Beispiel):

KS L-R P - 12 - 1,4 - 8 DF (240)

bedeutet Kalksandplanstein mit Nut-Feder-System an den Stirnseiten, Stoßfugenvermörtelung kann entfallen, Steindruckfestigkeitsklasse 12, Steinrohdichteklasse 1,4 im Format 8 DF für eine Wanddicke von 240 mm

Kalksandsteine-Plansteine (KS-R P) sind mit Dünnbettmörtel zu versetzen und haben eine Höhe von 123 mm oder 248 mm. Alle Stoßfugen sind mit dem Nut-Feder-System versehen und können unvermörtelt bleiben. Dafür ist die Länge des Steins um 2 mm verkürzt. Es gibt die Formate 4 DF bis 20 DF mit den üblichen Steinbreiten und zusätzlich Steine für Wanddicken mit 150 mm und 200 mm.

Kalksandstein XL-Planelemente (KS XL-PE) sind großformatige Regelelemente mit einer Länge von 998 mm. Sie werden in Dünnbettmörtel versetzt. Als **KS XL-Rasterelemente** werden sie in der Regellänge von 498 mm, als Ergänzungselemente in den Längen 373 mm und 248 mm hergestellt. Alle Elemente gibt es in den üblichen Wanddicken und zusätzlich für Wände mit 100 mm, 150 mm und 200 mm Dicke.

Kalksandstein-Bauplatten (KS-BP) können für tragende innere Trennwände eingesetzt werden. Sie haben eine Höhe von 248 mm und eine Dicke von 70 mm oder 100 mm. Es gibt Ergänzungselemente wie bei den XL-Rasterelementen. Bauplatten sind in der Regel mit einem umlaufenden Nut-Feder-System ausgestattet. Die Stoßfugen werden vermörtelt.

Kalksand-Elektroinstallationssteine (KS -E) haben im Abstand von 12,5 cm bzw. 25 cm senkrecht zur Lagerfläche runde Installationskanäle mit einem Durchmesser von 60 mm. Beim Mauern ist darauf zu achten, dass die Kanäle in der ganzen Wandhöhe durchgehend sind. Es entfällt das Schlagen oder Fräsen von Schlitzen.

Kalksand-Fasensteine (KS -F) haben eine beidseitig umlaufende Fase an der Sichtseite von 4 mm bis 7 mm. Um ein gleichartiges Fugenbild zu erzeugen, gibt es Endsteine mit Fasen an der sichtbaren Kopfseite des Steins und Teilsteine mit Fasen sowie U-Schalen für Stürze und Ringgurte. Das Sichtmauerwerk zeigt keine Mörtelfuge, jedoch entsteht durch die 45°-Fase eine Schattenwirkung, die das Mauerwerk gliedert.

Kalksand-Innensichtsteine (FS -IS) haben nur eine kantensaubere Kopf- und Läuferseite. Es gibt die Steine im Format NF und DF bis 5 DF.

Kalksand-Vormauersteine (KS-Vm oder **KS-Vm L)** sind frostbeständige Mauersteine mit mindestens SFK 10. Sie werden bis zum Format 5 DF hergestellt.

Kalksand-Verblender (KS-Vb oder **KS-Vb L)** sind Mauersteine mit SFK 16 und erhöhter Frostwiderstandsfähigkeit für witterungsbeständiges Sichtmauerwerk. Sie werden auch mit bossierter, bruchrauer oder farbiger Sichtfläche angeboten.

Kalksand-Kimmsteine (KS-K) werden zum Höhenausgleich am Mauerfuß eingesetzt. Auf einer 1 cm bis 3 cm dicken Mörtelschicht aus MG III wird mit 498 mm langen Kalksandsteinen, in Höhen von 50 mm, 70 mm, 100 mm oder 123 mm, eine waagerecht und senkrecht ausgerichtete Mauerschicht hergestellt. Auf dieser Schicht kann mit Plansteinen im Dünnbettverfahren weiter gemauert werden. Zur Verbesserung der Wärmedämmung können auch **KS-ISO-Kimmsteine** verwendet werden.

3.2.2.2 Normalbetonsteine

Es gibt genormte Mauersteine und nicht genormte, bauaufsichtlich zugelassene Mauersteine aus Normalbeton **(Bild 1)**.

Genormte Mauersteine aus Beton

Die Mauersteine aus **B**eton werden als **V**ollsteine **(Vn),** als **V**ollblöcke **(Vbn)** und als **H**ohlblöcke **(Hbn)** bezeichnet. Sie werden auch als **P**lansteine **(P)** hergestellt. **V**ormauersteine **(Vm)** und **V**ormauerblöcke **(Vmb)** aus Beton haben eine ebene, werksteinmäßig bearbeitete oder besonders gestaltete Sichtfläche und sind widerstandsfähig gegen Frost **(Tabelle 1)**.

Bild 1: Normalbetonsteine

Tabelle 1: Mauersteine aus Normalbeton für Dickbettmörtel (Auszug aus der Normtabelle)								
Benennung, Kurzzeichen		Roh-dichte-klasse	Druck-festigk.-klasse	mögliche Maße in mm			Format	Besonderheiten
				Länge	Breite	Höhe		
Vollsteine Vn		0,8	2	240	95	113	1,7 DF	ohne Kammern
		bis	bis	490		240	6,8 DF	$h \geq 115$ mm
		2,4	28	240	115	52	DF	
						71	NF	
						113	2 DF	
z. B. NF					140		2 NF	
					150		2,5 DF	
					175		3 DF	
					200	115	3,5 DF	
					240		4 DF	
					300		5 DF	
					490		10 DF	
Vollblöcke Vbn		0,8	2	490	150	238	10 DF	ohne Kammern
		bis	bis	365	175		9 DF	175 mm $\leq h \geq$ 238 mm
		2,4	28	490			12 DF	
				490	200		14 DF	
				240	240		8 DF	
				365			12 DF	
				490			16 DF	
z. B. 8 DF				240	300		10 DF	
				365			15 DF	
				490			20 DF	
				240	490		16 DF	
Hohlblöcke Hbn	1K Hbn	0,9	2	490	115	238	8 DF	mit einer Kammer (1K)
		bis	bis		150		10 DF	bis sechs Kammern (6K)
		2	12	365	175		9 DF	$h =$ 238 mm
	2K Hbn			490			12 DF	
					200		14 DF	
z. B. 2K Hbn				240	240		8 DF	
	3K Hbn			365			12 DF	
	4K Hbn			490			16 DF	
	2K Hbn			240	300		10 DF	
	3K Hbn			365			15 DF	
	4K Hbn			490			20 DF	
z. B. 3K Hbn	6K Hbn			240	490		16 DF	

Bild 1: Sichtmauerwerk aus Beton-
steinen

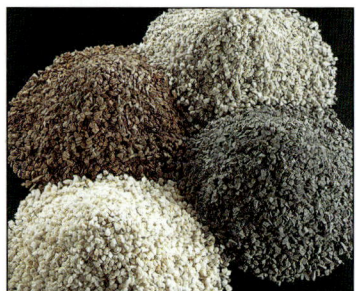

Bild 2: Natursplitt in unterschiedlichen Farben

Bild 3: Betonsteine

Bims

Blähton

Bild 4: Leichtbetonzuschlag

Bauaufsichtlich zugelassene Mauersteine aus Beton

Die Mauersteine eignen sich für Innen- und Außenmauerwerk. Sie werden häufig zu Sichtmauerwerk, z. B. bei zweischaligem Außen- mauerwerk, eingesetzt **(Bild 1)**. Die Besonderheit der Steine ist z. B. ihre Farbe und ihre Oberflächenstruktur. Deshalb wird bei der **Her- stellung** dies bereits berücksichtigt, z. B. durch entsprechende Aus- wahl von farbigem Sand und Natursplitt **(Bild 2)**. Auch durch Zuga- be von Farbmitteln und farbigem Gesteinsmehl kann die Steinfarbe bestimmt werden. Als Bindemittel wird hauptsächlich Weißzement verwendet.

Die **Eigenschaften** dieser bauaufsichtlich zugelassenen Mauersteine sind auf ihre Verwendung abgestimmt. Ihre Oberfläche kann glatt, porig, bruchrau, ausgewaschen oder gestrahlt sein. Es gibt weiße und farbige Steine, wobei fast alle Farbtöne von Braun über Rot bis Weiß herstellbar sind. Für Außenmauerwerk gibt es frostbeständige Steine, die bei besonderer Zusammensetzung auch tausalzbeständig sein können.

Die **Maße** der Betonsteine sind zum einen auf das Achtelmeter der Maßordnung im Hochbau abgestimmt, zum anderen gibt es Zehntel- metermaße nach der Modulordnung.

Mit **Vollsteinen (Vn)** bis 115 mm Steinhöhe können Wanddicken von 95 mm bis 490 mm gemauert werden. Dazu gibt es Steine mit 240 mm und 490 mm Länge.

Vollblöcke (Vbn) sind ohne Luftkammern, haben eine einheitliche Höhe von 238 mm, bei Plansteinen von 248 mm **(Bild 3)**. Die Stein- breiten gibt es von 150 mm bis 490 mm, die Steinlängen von 240 mm bis 490 mm.

Hohlblöcke (Hbn) gibt es je nach Breite als 1-Kammer-Steine bis zu 6-Kammer-Steinen. Die Steinbreite liegt zwischen 115 mm und 490 mm, die Steinhöhe ist gleich bleibend bei 238 mm bzw. 248 mm.

Als **Sondersteine** werden eine Vielzahl von Steinen als so genann- te Betonwaren für bestimmte Verwendungszwecke geliefert, z. B. Schlusssteine, abgeschrägte oder abgerundete Steine, Leitungs- steine, Gesimssteine, Steine für Fensterbänke sowie Stürze.

3.2.2.3 Leichtbetonsteine

Leichtbetonsteine werden für tragendes und nicht tragendes Innen- und Außenmauerwerk hergestellt sowie als Deckensteine, Decken- platten und Fertigbauteile verwendet.

Zur **Herstellung** nimmt man porige Gesteinskörnung. Diese kann **Naturbims (NB)** als natürlicher Zuschlag oder **Blähton (BT)** als künst- lich hergestellter Zuschlag sein **(Bild 4)**. Weiterhin können Hütten- bims, Ziegelsplitt und Lavaschlacke als Zuschlag verwendet werden. Als Bindemittel sind genormte Zemente oder bauaufsichtlich zuge- lassene Bindemittel möglich. Der Frischbeton wird in Formen ein- gebracht und verdichtet. Die Erhärtung erfolgt an der Luft oder in Härtekesseln mit Hilfe von Wasserdampf und unter Druck. Bei Lufter- härtung müssen die Leichtbetonsteine nach 28 Tagen ihre Mindest- druckfestigkeit erreicht haben.

Die **Eigenschaften** von Leichtbetonsteinen sind in DIN V 18151-100, DIN V 18152-100 und DIN EN 771-5 genormt.

Rohdichte. Es gibt 11 Rohdichteklassen, die zwischen 0,45 kg/dm³ und 2,0 kg/dm³ liegen. Dies erreicht man durch Verwendung von stark poriger Gesteinskörnung. Das Bindemittel umhüllt den Zuschlag und verringert dadurch die Kapillarwirkung, sodass die Steine weniger Wasser aufsaugen. Leichtbetonsteine blühen im Allgemeinen nicht aus. Sie haben eine raue Oberfläche und ergeben deshalb einen gut haftenden Putzgrund. Steine mit plangeschliffener Lagerfläche können ohne Mörtel als Trockenmauerwerk versetzt werden (Seite 245).

Druckfestigkeit. Leichtbetonsteine werden in den Druckfestigkeitsklassen 2 bis 20 hergestellt.

Maße. Die Maße von Leichtbetonsteinen sind in der Regel auf die Achtelmetermaße abgestimmt. Sie hängen jedoch von der Art der Vermauerung ab. Bei der Vermauerung mit Normal- oder Leichtmörtel ist eine bis 12 mm dicke Mörtelfuge zu berücksichtigen, bei Vermauerung mit Dünnbettmörtel ist diese Fuge nur 1 bis 3 mm dick. Bei der Herstellung von Trockenmauerwerk sind ebenfalls 2 mm Toleranz zu berücksichtigen.

Man unterscheidet Vollsteine, Vollblöcke und Hohlblocksteine. Alle Steine gibt es auch als Plansteine (P).

Vollsteine (V) sind Leichtbetonsteine ohne Kammern mit einer Höhe bis 115 mm. Sie können an den Stoßfugenseiten ebenflächig, mit Aussparungen (Stirnseitennuten) oder mit Nut- und Federausbildung versehen sein und dürfen einen Griffschlitz haben (**Bild 1**).

Vollblöcke (Vbl) sind Leichtbetonsteine ohne Kammern mit einer Höhe von 238 mm. Die Steine können an den Stoßfugenseiten wie Vollsteine ausgebildet sein.

Vollblöcke mit Schlitzen (Vbl S) haben in gleichem Abstand über die ganze Steinhöhe durchgehende, etwa 1 cm breite Schlitze.

Vollblöcke mit Schlitzen und solche mit besonderen Wärmedämmeigenschaften (Vbl S-W) haben versetzte Schlitze, die nicht durchgehend sein dürfen, damit beim vermauerten Stein ein geschlossener Luftraum bleibt. Für diese Steine darf als Gesteinskörnung ausschließlich **N**aturbims (**NB**), **B**lähton (**BT**) oder ein Gemisch aus beiden (**NB/BT**) verwendet werden. Diese Steine gibt es nur in den Rohdichteklassen 0,5 bis 0,8 (**Bild 2**).

Hohlblöcke (Hbl) sind Mauersteine aus Leichtbeton mit Kammern senkrecht zur Lagerfläche. Es gibt **Ein**kammersteine (**1K**) bis **Sechs**kammersteine (**6K**) (**Bild 3**). Die Kammern müssen auf den ganzen Steinquerschnitt gleichmäßig verteilt und versetzt angeordnet sein. Durch die Luftkammern verringert sich das Gewicht und die Wärmedämmung wird erhöht. An den Stoßflächen können Nuten oder Nut und Feder ausgebildet sein. Hohlblöcke gibt es in den Rohdichteklassen von 0,5 bis 1,4 und in den Druckfestigkeitsklassen 2, 4, 6 und 8 (Bild 3). Hohlblocksteine können werkseitig mit einer durchgehenden Wärmedämmschicht versehen sein. Diese ist so angeordnet, dass durch die Dämmschicht aus Hartschaum sich für den Mauerstein ein mehrschaliger Aufbau ergibt. Dadurch erreicht man an der Außenseite des Mauerwerks einen einheitlichen Putzgrund.

Formate in DF	Abmessungen in mm		
	l	*b*	*h*
1,7 DF	240	95	113
2,5 DF	240	140	113
6,8 DF	490	95	240

Bild 1: Leichtbeton-Vollsteine (Beispiele)

Formate in DF	Abmessungen in mm		
	l	*b*	*h*
10 DF	490	150	238
12 DF	365	240	
15 DF	365	300	
24 DF	490	365	

Bild 2: Leichtbeton-Vollblöcke (Beispiele)

Formate in DF	Abmessungen in mm		
	l	*b*	*h*
9 DF	365	175	238
12 DF	365	240	
20 DF	490	300	
24 DF	490	365	

Bild 3: Leichtbeton-Hohlblöcke (Beispiele)

Bild 1: Herstellung von Porenbeton-steinen

Bild 2: Porenbeton-Planstein

Bild 3: Planstein mit Nut- und Federausbildung (NF)

3.2.2.4 Porenbetonsteine

Aus Porenbeton werden nicht nur Mauersteine, sondern auch Plan-elemente, Dach- und Deckenplatten, geschosshohe Wandtafeln sowie bewehrte Wandplatten und -tafeln hergestellt.

Herstellung

Porenbeton wird aus Zement oder Kalk, feinkörnigem oder feinge-mahlenem quarzhaltigem Sand, Zugabewasser und einem Porenbild-ner gemischt und in Gießformen gefüllt **(Bild 1)**. Das Zugabewasser löscht den Kalk und der Porenbildner aus feinem Aluminiumpulver verbindet sich mit dem kalkhaltigen (alkalischen) Wasser. Dabei bil-det sich Wasserstoff, der den Frischbeton unter Wärme auftreibt und feine Poren mit Durchmessern bis 1,5 mm bildet. Die auf Format ge-schnittenen Steine werden in einen Härtekessel gefahren und mit Hilfe von Wasserdampf bei 190 °C und unter einem Druck von 12 bar ausgehärtet. Danach sind die Steine verarbeitbar.

Eigenschaften

Die Eigenschaften von Porenbetonsteinen sind in DIN V 4165-100 und DIN EN 771-4 genormt.

Druckfestigkeit. Porenbetonsteine werden in den Druckfestigkeits-klassen 2, 4, 6 und 8 geliefert. Die Kennzeichnung erfolgt auf mindes-tens jedem 10. Stein mit einer Farbmarkierung, bei Paketierung der Steine auf der Verpackung oder auf einem beigefügten Beipackzettel.

Rohdichte. Diese liegt zwischen 0,3 kg/dm³ und 1,0 kg/dm³. Der hohe Porenanteil, z. B. 80 % des Volumens bei einer Rohdichte von 0,5 kg/dm³, erhöht die Wärmedämmfähigkeit. Porenbetonsteine sind nicht frostbeständig und sind deshalb vor Witterung zu schützen, z. B. durch Putz, Anstrich, Verblendung oder Verkleidung. Porenbe-tonsteine können leicht bearbeitet werden, z. B. durch Sägen, Hobeln und Bohren.

Maße, Formate

Die Steine können sehr maßgenau hergestellt werden. Ihre Abmes-sungen sind auf die Verarbeitung abgestimmt. Beim Vermauern mit Normal- oder Leichtmörtel ist eine 1 cm bis 1,2 cm dicke Mörtelfu-ge zu berücksichtigen, bei Verwendung von Dünnbettmörtel genügt eine Maßverringerung um 1 mm an den Lager- und Stoßseiten.

Plansteine (PP) sind Vollsteine mit einer Höhe ≤ 249 mm für das Ver-mauern mit Dünnbettmörtel. Die Steine können Griffhilfen und Han-tierlöcher haben **(Bild 2 und 3 und Tabelle 1,** Seite 71).

Porenbeton-Planelemente (PPE) sind großformatige Vollsteine mit einer Höhe über 249 mm und einer Länge von 499 mm und größer **(Tabelle 2 und Bild 1,** Seite 71).

Dach- und Deckenplatten bestehen aus bewehrtem Porenbeton. Sie können die Anforderungen aller Feuerwiderstandsklassen erfüllen und sind entsprechend gekennzeichnet. Die Platten haben in der Regel Längen von 6000 mm oder 7500 mm, eine Breite von 625 mm oder 750 mm und werden in Dicken zwischen 100 mm und 300 mm geliefert. Die Längsseiten der Platten können mit Nut und Feder ver-sehen sein und zusätzlich einen kleinen Vergussquerschnitt haben **(Bild 2,** Seite 71). Für die Ausbildung von Dachscheiben gibt es die Möglichkeit eines formschlüssigen Vergusses.

Tabelle 1: Maße der Porenbeton-Plansteine		
Länge in mm	Breite in mm	Höhe in mm
249	115	124
	120	
299	125	149
312	150	
	175	164
332	200	
374	240	174
	250	
399	300	186
499	365	
	375	199
599	400	
624	500	249

Tabelle 2: Maße der Porenbeton-Planelemente		
Länge in mm	Breite in mm	Höhe in mm
499	115	
	125	374
599	150	
624	175	
	200	499
749	240	
999	250	599
1124	300	
1249	365	624
1374	375	
1499	400	
	500	

b : 115 bis 500 mm

Bild 1: Porenbeton-Planelemente

d : 100 mm bis 300 mm
Staffelung alle 25 mm

Nut und Feder

kleiner Verguss-querschnitt

formschlüssiger Vergussquerschnitt

Bild 2: Dachplatten mit Fugen-ausbildungen

Sonderbauteile aus Porenbeton können auf der Baustelle einfach durch Zuschneiden zu passenden Ausgleichselementen hergestellt werden. Werkseitig hergestellte Sonderbauteile sind

- **U-Schalen** z. B. für Ringanker, Stürze, Aussparungen und Schlitze in Mauerwerk,

- **Mehrzwecksteine,** die wie U-Schalen eingesetzt werden. Bei diesen Steinen kann die Größe des offenen Querschnitts durch Herausbrechen von Steinseiten je nach Bedarf hergestellt werden,

- **Verblendsteine** z. B. zur Verblendung von Deckenauflagern, um einen gleichmäßigen Putzgrund zu erreichen.

Aufgaben

1. Unterscheiden Sie die industriell hergestellten Mauersteine nach der Art ihrer Herstellung.

2. Nennen Sie die Abmessungen der Mauersteine in den Formaten DF bis 5 DF.

3. Es muss eine Türöffnung 88,5 cm x 213,5 cm zugemauert werden. Geben Sie die Anzahl der benötigten Mauersteine an, wenn die Formate NF und 2 DF vorrätig sind.

4. Zählen Sie die unterschiedlichen Eigenschaften von Mauerziegel, Vormauerziegel und Klinkersteinen auf.

5. Erläutern Sie die Unterschiede bei Kalksandsteinen zwischen Loch-, Block-, Plansteinen, Planelementen und Bauplatten.

6. Erläutern Sie die Kurzbezeichnungen KS L, KS-R, KS L-RP, KS-XL und KS-XL-PE.

7. Erläutern Sie die Bedeutung des Kurzzeichens DIN V 106-KS Vm L-12-1,2-2DF.

8. Unterscheiden Sie Betonsteine, Leichtbetonsteine und Porenbetonsteine nach ihren Eigenschaften.

9. Beschreiben Sie die Eigenschaften dieses Mauersteins: Vollblock DIN 18152-100-Vbl S-W 2-0,5-20 DF (300) NB.

10. Zeigen Sie die Verarbeitung von Porenbetonsteinen auf zur Herstellung einer 30 cm dicken Wand mit einer Länge von 186,5 cm.

11. Bei Porenbetonplansteine PP kann in der Kurzbezeichnung der Zusatz NF stehen. Erklären Sie die Bedeutung der Buchstaben.

3.3 Glas

Glas ist ein nach dem Schmelzen erstarrtes Gemenge aus mehreren Rohstoffen. So kann z. B. Fensterglas aus 60 % Quarzsand, 14 % Dolomit, 5 % Kalkstein, 1 % Sulfat, 18 % Natriumkarbonat und Farbmittel zusammengesetzt sein. Glas hat eine Dichte von etwa 2,5 g/cm^3.

3.3.1 Glaserzeugnisse

Die im Bauwesen verwendeten Glaserzeugnisse fasst man unter der Bezeichnung Bauglas zusammen. Man unterscheidet dabei Flachglas, Pressglas, Glasfasern und Schaumglas (**Bild 1**).

Bild 1: Herstellung, Arten und Erzeugnisse von Bauglas

3.3.1.1 Flachglas

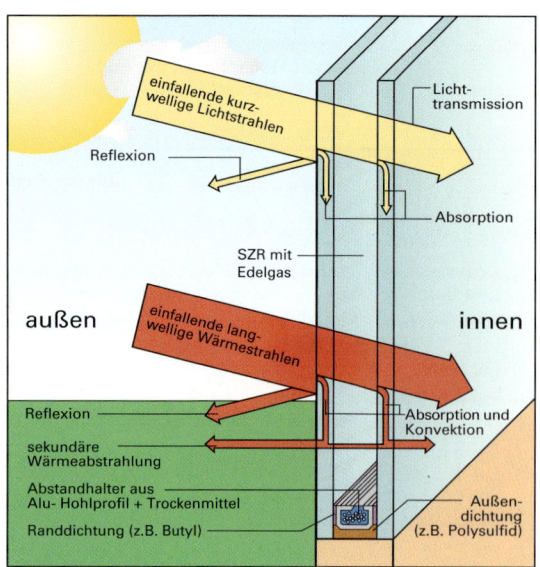

Bild 2: Eigenschaften von Mehrscheibenisolierglas

Alle ebenen und gebogenen Scheiben bezeichnet man als Flachglas. Es wird fast ausschließlich durch Floaten hergestellt.

Eine Flachglasscheibe lässt sowohl die kurzwelligen Lichtstrahlen als auch die langwelligen Wärmestrahlen der Sonne durch. Je nach Dicke der Glasscheibe beträgt die Lichtdurchlässigkeit etwa 70 % bis 90 %. Ein geringer Anteil der Licht- und Wärmestrahlung wird von der Scheibe reflektiert und absorbiert, wobei bei der Wärmestrahlung der absorbierte Teil als Sekundärstrahlung nach außen und innen abgestrahlt wird. Die wärmetechnischen Eigenschaften von Flachglas lassen sich erheblich verbessern, wenn man zwei oder mehrere Glastafeln mit Scheibenzwischenraum (SZR) zusammenfügt und luftdicht zu einer Einheit verbindet. Der Scheibenzwischenraum, der meist zwischen 12 mm und 16 mm beträgt, wird mit einem Edelgas, z.B. Argon oder Krypton, seltener mit Xenon gefüllt. Man spricht dann von **Mehrscheibenisolierglas (Bild 2)**.

Je nach Dicke, Anzahl, Beschichtung, Behandlung und Anordnung der Scheiben unterscheidet man verschiedene Flachglaserzeugnisse.

Wärmeschutzglas ist ein Mehrscheiben-Isolierglas aus zwei oder drei Scheiben. Auf der Innenseite, der dem Raum zugewandten Scheibe, ist eine hauchdünne Edelmetallschicht aufgebracht, z.B. aus Silber, Zinnoxid oder Gold. Diese Wärmefunktionsschicht (Low-E-Beschichtung) ist lichtdurchlässig, reflektiert aber die langwellige Wärmestrahlung aus dem Innenraum weitgehend **(Bild 1)**.

Das **Sonnenschutzglas** entspricht im Aufbau dem Wärmeschutzglas, wobei die Wärmefunktionsschicht auf der Innenseite der äußeren Scheibe aufgebracht ist **(Bild 2)**.

Beim **Schallschutzglas** wird die Schallübertragung durch ein hohes Scheibengewicht reduziert. Schalldämmend wirken auch ungleich dicke Einzelscheiben, ein möglichst großer Scheibenzwischenraum sowie eine Füllung mit Schwergas **(Bild 3)**.

Beim **Sicherheitsglas** wird unterschieden zwischen Einscheibensicherheitsglas und Verbundsicherheitsglas. **Einscheibensicherheitsglas (ESG)** wird durch eine besondere Wärmebehandlung vorgespannt und dadurch schlagfester sowie temperaturunempfindlicher als normales Fensterglas. Beim Bruch entstehen stumpfkantige Glaskrümel. Dieses Glas wird beispielsweise als Verglasung für Turn- und Sporthallen, Glastüren und Duschkabinen verwendet. **Verbundsicherheitsglas (VSG)** ist zwischen 5,5 mm und über 50 mm dick. Es besteht aus zwei oder mehreren Glasscheiben aus Floatglas oder ESG, die durch splitterbindende elastische Kunststoffzwischenschichten zu einer Scheibe verbunden sind. Bei der Zerstörung der Scheibe haften die Bruchstücke fest an der reißfesten Zwischenschicht, sodass keine losen Glassplitter entstehen können. Verbundsicherheitsglas bietet Schutz vor Verletzungen und ist bei entsprechender Dicke auch durchwurfhemmend und durchschusshemmend. Es wird für Brüstungen, Treppengeländer, Überkopfverglasungen und für die Verglasung in Juwelierläden sowie von Bankschaltern verwendet **(Bild 4)**.

Brandschutzglas gibt es als System mit thermisch vorgespanntem, in der Regel im Brandfall durchsichtigem Spezialglas und spezieller Rahmung für die Feuerwiderstandsklassen G 30 bis G 120 nach DIN 4102 bzw. E 15 bis E 120 nach DIN EN 13501-2 (Seite 468). Es sichert den Raumabschluss und verhindert den Rauch- und Flammendurchtritt. Zusätzlichen Hitzeschutz und Feuerwiderstand bis F 120 (EI 120) erreicht man durch Verglasungen mit im Brandfall aufschäumenden Zwischenschichten zwischen den Glasscheiben.

Bild 1: Wärmeschutzglas

Bild 2: Sonnenschutzglas

Bild 3: Schallschutzglas

Bild 4: Sicherheitsglas

Bild 1: Glasstein

Form A, quadratisch voll

Form C, quadratisch offen

Bild 2: Betongläser

3.3.1.2 Pressglas und Profilbauglas

Die wichtigsten im Bauwesen verwendeten Pressglaserzeugnisse sind Glassteine, Betongläser und Glasdachziegel. Profilbauglas wird im Gieß- und Walzverfahren hergestellt.

Glassteine nach DIN EN 1051-1 sind meist quadratische Hohlglaskörper, die aus durch Verschmelzen verbundenen Halbschalen bestehen und luftdicht verschlossen sind. Die Sichtflächen können glatt oder geprägt, die Glasmasse beliebig gefärbt sein. Das durchfallende Licht ist gestreut und blendarm, die Lichtdurchlässigkeit beträgt bis zu 85 %. Die schall- und wärmedämmenden sowie feuerbeständigen Hohlglassteine werden für nichttragende Wände verwendet und deshalb oft als Glasbausteine bezeichnet.

Betongläser sind im Pressverfahren erzeugte Glaskörper, die in einem Stück oder als Hohlkörper aus zwei durch Verschmelzen fest verbundenen Teilen hergestellt werden. Sie haben quadratische oder runde Form und dienen zur Herstellung von Glasstahlbetonplatten **(Bild 2)**.

Die im Handel üblichen Dachziegel können zur Belichtung von Dachräumen auch aus Glas hergestellt werden. Diese Pressglaserzeugnisse werden als **Glasdachziegel** bezeichnet.

Profilbauglas ist ein gegossenes im Maschinenwalzverfahren hergestelltes Glas mit unterschiedlich profilierter Form, mit oder ohne Drahteinlage. Es wird in Breiten zwischen 23 cm und 50 cm und in Längen bis 7 m geliefert. Das Ornamentglas ist lichtdurchlässig, jedoch nicht durchsichtig. Profilbauglas hat einen U-förmigen Querschnitt und eine Glasdicke von 6 mm oder 7 mm. Es ist dadurch selbsttragend und belastbar und für Trennwände, Fassaden- und Dachverglasungen geeignet. Eine Verbesserung der Wärme- und Schalldämmung erreicht man mit zweischalig verbauten Profilbaugläsern.

3.3.1.3 Glasfasern

Glasfasern werden aus Altglas unter Zusatz von Quarzsand, Soda und Kalkstein hergestellt. Die regellos durcheinanderliegenden Fasern schichtet man zu **Glaswolle** auf. Bringt man die Fasern auf Trägerbahnen, z. B auf Bitumenpapier, auf Aluminiumfolie oder auf Wellpapier, und verbindet sie mit diesen durch Kleben oder Steppen, erhält man Matten oder Bahnen. Mit Bindemittel versetzt, kann man die Glasfasern zu Filzen oder Platten verarbeiten. Mineralfasern in verschiedenen Formen eignen sich sehr gut zur Wärme- oder Schalldämmung. Man verwendet sie z. B. als Dämmschicht bei Außenwänden, unter Estrichen, zum Ausfachen von Zwischenwänden, zum Auskleiden von Dachräumen sowie in der Heizungs- und Klimatechnik.

3.3.1.4 Geschäumtes Glas

Schaumglas besteht hauptsächlich aus recyceltem Altglas. Durch Aufschäumen der Glasschmelze entsteht nach dem Abkühlen ein meist dunkelfarbiger, leichter, druckfester, spröd-harter geschlossenzelliger Glasschaum. Schaumglas ist wärmedämmend, wasser- und dampfdicht, frostbeständig, verrottungsfest, schädlingssicher und nicht brennbar. Es wird als Platten in Dicken bis 180 mm hergestellt und beispielsweise als Perimeterdämmung verwendet. Schaumglasschotter eignet sich z. B. als wärmedämmende Tragschichten unter Bodenplatten, Schaumgranulat als Leichtschüttung im Innenausbau.

Aufgaben

1 Nennen Sie Eigenschaften von Glas.

2 Erklären Sie Funktionen von Mehrscheiben-Isoliergläsern sowie deren Aufbau.

3 Erläutern Sie Aufbau und Verwendung von Sicherheitsgläsern.

4 Beschreiben Sie die Handelsformen und die Verwendung von Dämmstoffen aus Glas.

3.4 Bindemittel

Zur Herstellung von Mörtel benötigt man je nach Verwendungszweck unterschiedliche Bindemittel wie z.B. Baukalke, Zemente, Gipse und Mischbinder (**Bild 1**). Für Beton wird in der Regel nur Zement, für Asphaltbeton im Allgemeinen Bitumen verwendet.

3.4.1 Baukalke

Baukalke sind Bindemittel für Mauer- und Putzmörtel. Man unterscheidet Luftkalke und Hydraulische Kalke.

3.4.1.1 Luftkalke

Kalkstein ($CaCO_3$) oder Dolomitkalk werden aufbereitet und in Drehrohröfen bei Temperaturen unter 1250 °C gebrannt. Dabei wird **Kohlenstoffdioxid (CO_2)** ausgetrieben. Es entsteht **Calciumoxid (CaO)**, das als **Branntkalk** bezeichnet wird.

Brennen:
$$CaCO_3 \xrightarrow{\text{+ Wärme}} CaO \;+\; CO_2$$

Calciumcarbonat   Calciumoxid   Kohlenstoffdioxid
Kalkstein   Branntkalk

Den Branntkalkstücken setzt man durch Überbrausen soviel Wasser zu, bis diese zu feinem Pulver zerfallen. Diesen Vorgang nennt man Löschen. Dabei verbindet sich Branntkalk unter Wärmeentwicklung mit Wasser zu **Calciumhydroxid ($Ca(OH)_2$)**, das als **gelöschter Kalk** oder auch als Kalkhydrat bezeichnet wird.

Löschen:
$$CaO \;+\; H_2O \longrightarrow Ca(OH)_2 \;+\; \text{Wärme}$$

Calciumoxid   Wasser   Calciumhydroxid
Branntkalk

Beim Erhärten von Mörtel nimmt das Kalkhydrat **Kohlenstoffdioxid (CO_2)** aus der Luft auf. Es entsteht Kalkstein und Wasser.

Erhärten:
$$Ca(OH)_2 \;+\; CO_2 \longrightarrow CaCO_3 \;+\; H_2O$$

Calcium-   Kohlenstoff-   Calciumcarbonat   Wasser
hydroxid   dioxid   Kalkstein

Das frei werdende Wasser im Mauerwerk wird als **Baufeuchte** bezeichnet und trocknet langsam aus. Durch Zufuhr von Wärme und Kohlenstoffdioxid kann der Erhärtungsvorgang des Mörtels und das Austrocknen des Bauwerks beschleunigt werden (**Bild 2**).

> Luftkalke erhärten langsam an der Luft, nicht dagegen ohne Luftzufuhr, z.B. unter Wasser.

Mörtel aus Luftkalken sind geschmeidig und lassen sich deshalb gut verarbeiten. An Festmörtel wird nach Norm keine Anforderung an die Druckfestigkeit gestellt.

Luftkalke werden als **Weißkalk** und **Dolomitkalk** in verschiedenen Lieferformen gehandelt (**Tabelle 1** und **Tabelle 1,** Seite 76).

Tabelle 1: Luftkalke			
Arten	Kurzzeichen	Arten	Kurzzeichen
Weißkalk 90	CL 90	Dolomitkalk 90-30	DL 90-30
Weißkalk 80	CL 80	Dolomitkalk 90-5	DL 90-5
Weißkalk 70	CL 70	Dolomitkalk 85-30	DL 85-30
		Dolomitkalk 80-5	DL 80-5

Bild 1: Übersicht über die Bindemittel für Mörtel

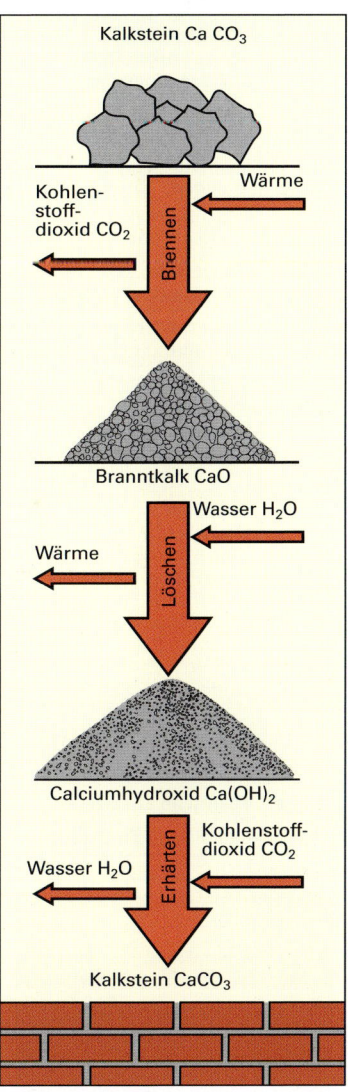

Bild 2: Herstellen und Erhärten von Luftkalken

Tabelle 1: Lieferformen von Baukalken

Luftkalke

Ungelöschter Kalk (Q)
= CaO, MgO
- als **Stückkalk,** nicht gemahlen
- als **Feinkalk,** fein gemahlen

Kalkhydrat (S)
= gelöschter Kalk $Ca(OH)_2$, $Mg(OH)_2$
- in **Pulverform (S)** sackweise oder im Silo
- als **Teig (S PL)**
- als **Suspension** oder **Kalkmilch (S ML),** mit Wasser gemischt

Hydraulische Kalke

Kalke mit hydraulischen Eigenschaften (NHL, HL, FL)
= gelöschter Kalk mit Hydraulefaktoren
- in **Pulverform (S),** sackweise oder im Silo

Natürlicher Hydraulischer Kalk (NHL)
= gebrannter und gelöschter Mergel ohne Zusätze

Hydraulischer Kalk (HL)
= Mischung aus gelöschtem Kalk und Hydraulefaktoren

Formulierter Kalk (FL)
- Hauptbestandteile:
  – Baukalk (CL, NHL)
  – Zemente (CEM I, II, III)
  – Portlandzementklinker (K)
  – Natürliches Puzzolan (P)
  – Natürliches getempertes Puzzolan (Q)
  – Kalkstein (L oder LL)
  – Hüttensand (S)
- Nebenbestandteile:
  – Calciumsulfat (G)
  – Silicastaub (D)
- Organische Zusätze
- Mineralische Zusätze

Portlandhüttenzement
EN 197-1 | CEM II/B-S 32,5 R
25 kg | Zementwerk

Portlandkalksteinzement
EN 197-1 CEM II/A-LL 32,5 R

Bild 1: Zementkennzeichnungen

Dolomitkalk DIN EN 459-1 – DL 90-30 S bezeichnet z. B. einen Dolomitkalk als Kalkhydrat in Pulverform mit einem Gesamtanteil CaO und MgO $\geq$ 90%, davon $\geq$ 30% MgO.

3.4.1.2 Hydraulische Kalke

Durch Brennen von **tonhaltigem Kalkstein** (Mergel), nachfolgendem Löschen und Mahlen entstehen Hydraulische Kalke. Sie enthalten Calciumhydroxide sowie Calciumsilikate und Calciumaluminate. Man nennt sie **Natürliche Hydraulische Kalke (NHL)**.

Die Erhärtung von Mörtel mit Hydraulischen Kalken erfolgt auch ohne Luftzufuhr, z. B. unter Wasser. Die **Silikate (SiO_2), Aluminate (Al_2O_3)** und eventuell beigemischte **Eisenoxide (Fe_2O_3)** verbinden sich mit Wasser zu unlöslichen Stoffen. Man nennt diese drei Stoffe auch hydraulische Stoffe oder **Hydraulefaktoren**. Zur zusätzlichen Erhärtung des Calciumhydroxides benötigen Hydraulische Kalke jedoch Kohlenstoffdioxid aus der Luft.

Hydraulische Kalke (HL) können auch durch Mischen von Calciumhydroxid mit geeigneten puzzolanischen (vulkanischen) oder hydraulischen Stoffen, z. B. Zement, Hochofenschlacke, Flugasche oder Kalksteinmehl, hergestellt werden.

Formulierter Kalk (FL) ist nach DIN EN 459-1 ein aus mehreren Baustoffen zusammengesetzter Hydraulischer Kalk (Tabelle 1). Die verwendeten Hauptbestandteile sind zu benennen und ihr Massenanteil in % auf der Verpackung anzugeben.
Puzzolananteile (Trass) im Formulierten Kalk verringern Ausblühungen. Er wird deshalb bei Natursteinarbeiten, bei Sanierungen sowie in der Denkmalpflege verwendet und ist als Bindemittel für Mauer-, Fugen- und Putzmörtel geeignet.

> Hydraulische Kalke erhärten sowohl an der Luft als auch ohne Luftzufuhr, z. B. unter Wasser.

Hydraulische Kalke (NHL, HL, FL) müssen nach DIN EN 459-1 ihre Druckfestigkeiten nach 28 Tagen erreicht haben (**Tabelle 2**).

Tabelle 2: Druckfestigkeiten Hydraulischer Kalke in N/mm^2

Kalkarten			nach 7 Tagen	nach 28 Tagen
NHL 2	HL 2	FL 2	–	≥ 2 ≤ 7
NHL 3,5	HL 3,5	FL 3,5	–	$\geq 3,5$ ≤ 10
NHL 5	HL 5	FL 5	≥ 2	≥ 5 ≤ 15

3.4.2 Zemente

Zemente sind hydraulische Bindemittel für Mörtel und Beton. Herstellung, Zusammensetzung und Eigenschaften sind in DIN EN 197-1 und DIN 1164-10 genormt und werden überwacht. Zementsäcke und Silozettel sind entsprechend zu kennzeichnen (**Bild 1**).

3.4.2.1 Herstellung

Zur Zementherstellung werden **Kalkstein** und **Ton** benötigt. Ihr Gemisch kommt in der Natur als Mergel vor. Kalkstein wird zum Hauptbestandteil des Zements; im Ton sind die Hydraulefaktoren Siliciumdioxid, Aluminiumoxid und Eisenoxid enthalten.

Kalkstein und Ton müssen im richtigen Mischungsverhältnis aufbereitet werden. Dabei werden die Rohstoffe in großen Lagerhallen nach eigenen Verfahren mehrmals gemischt (homogenisiert), um Schwankungen in der Zusammensetzung zu vermeiden. Anschließend werden sie zu **Rohmehl** fein gemahlen **(Bild 1)**.

Das Brennen des Rohmehls geschieht in einem Drehrohrofen. Er besteht aus einem feuerfest ausgemauerten Stahlrohr mit einem Durchmesser bis zu 6 m und einer Länge von etwa 200 m. Das Rohr ist leicht geneigt und dreht sich eineinhalb bis zweimal in der Minute. Der Ofen wird vom tieferliegenden Ende her mit einer Kohle-, Öl- oder Gasflamme beheizt. Das Rohmehl wird am oberen Ende des Drehrohrofens eingefüllt. Dabei erwärmt es sich auf etwa 800 °C und trocknet. Durch das Drehen des Ofens bewegt sich das Brenngut langsam nach unten und erhitzt sich auf 1100 °C. Dem Kalkstein wird Kohlenstoffdioxid (CO_2) ausgetrieben. Es entsteht Branntkalk (CaO). Im unteren Teil des Ofens steigt die Brenntemperatur auf 1450 °C bis sie sintern. Dabei verbindet sich der Branntkalk mit den Hydraulefaktoren aus dem Ton zu **Zementklinker** (Bild 1). Zementklinker haben eine rundliche Form und einen Durchmesser von etwa ein bis zwei Zentimeter.

Die Zementklinker werden anschließend in Rohrmühlen fein gemahlen. Dabei wird dem Zement bis zu 5 % Gipsstein oder Anhydrit (künstlicher Gipsstein) zugegeben. Dies ist notwendig, um den Beginn des Erstarrens zu verzögern. Der fein gemahlene Zement wird durch Windsichter von restlichen Klinkerkörnern getrennt und in Silos geblasen (Bild 1).

Lagerung. Zement ist hygroskopisch, d. h., er kann Feuchtigkeit aus der Luft und aus dem Boden aufnehmen und bildet dann Zementklumpen. Lassen sich diese zwischen den Fingern zerdrücken, ist der Zement noch zu gebrauchen, jedoch verringert sich die Festigkeit des damit hergestellten Mörtels oder Betons. In Säcken abgefüllter Zement darf im Freien zum alsbaldigen Verbrauch nur gelagert werden, wenn er sorgfältig vor Feuchtigkeit, auch Schlagregen und aufsteigende Bodenfeuchtigkeit, geschützt ist. Deshalb dürfen Zementsäcke nicht unmittelbar auf feuchten Boden aufgesetzt werden. Auch sachgemäß gelagerter Zement verliert erfahrungsgemäß in 3 Monaten etwa 10 % seiner Festigkeit. Beim Umgang mit Zement sind die Gefahrstoffhinweise (H- und P-Sätze) zu beachten.

Bild 1: Zementherstellung

Gefahrstoffhinweise – Zement
(Auszug)

- Verursacht Hautreizungen (H315)
- Verursacht schwere Augenschäden (H318)
- Darf nicht in die Hände von Kindern gelangen (P102)
- Schutzhandschuhe/Schutzkleidung/Augenschutz/Gesichtsschutz tragen (P280)
- Bei Berührung mit den Augen: einige Minuten lang behutsam mit Wasser ausspülen (P305 + P351) Sofort ärztlichen Rat einholen/ärztliche Hilfe hinzuziehen (P315)
- Bei Berührung mit der Haut: mit viel Wasser und Seife waschen (P302 + P352)

3.4.2.2 Arten und Zusammensetzung

Zement ist nach DIN EN 197-1 in fünf Hauptarten unterteilt (**Tabelle 2, Seite 78**). Weitere Einzelheiten sind der Norm zu entnehmen.

CEM I	Portlandzement
CEM II	**Portlandzement mit Beimengung eines weiteren Stoffs oder Portlandkompositzement mit Beimengungen mehrerer Hauptbestandteile**
CEM III	**Hochofenzement**
CEM IV	Puzzolanzement mit Beimengungen von Silicastaub, Puzzolan und Flugasche
CEM V	Kompositzemente mit Beimengungen von Hüttensand, Puzzolan und Flugasche

Hüttensand (S) oder granulierte Hochofenschlacke ist ein latent hydraulischer Stoff, der bei Anregung durch den Branntkalkanteil im Zement hydraulische Eigenschaften erhält.

Silicastaub (D), auch Mikrosilica genannt, ist glasartig erstarrtes Siliciumdioxid (SiO), das entsteht, wenn Filterstaub aus der Herstellung von Siliciummetall abkühlt. Dabei bilden sich fast perfekte Kugeln mit einem Durchmesser von 0,1 µm (ein zehntausendstel Millimeter). 10 mal kleiner sind die Kugeln von künstlich hergestelltem Nanosilica.

Puzzolane (P) kommen in der Natur als vulkanisches Auswurfgestein und als Sedimentgestein vor, werden aber auch industriell hergestellt. In Deutschland wird vorwiegend Trass zugesetzt.

Flugasche (V) erhält man durch elektrostatische oder mechanische Abscheidung von staubartigen Teilchen aus Rauchgasen kohlebefeuerter Anlagen. Die kugeligen, glasartigen Teilchen haben hydraulische Eigenschaften.

Gebrannter Schiefer (T) weist in gemahlenem Zustand ausgeprägte hydraulische Eigenschaften auf.

Kalkstein (L) kann dem Zement beigemischt werden, wenn sein Gehalt an Calciumkarbonat ($CaCO_3$) mehr als 75 % beträgt.

Tabelle 1: Kennfarben von Zementsäcken nach DIN 1164

Festigkeits-klasse	Kennfarbe	Farbe des Aufdrucks
32,5 N	hellbraun	schwarz
32,5 R		rot
42,5 N	grün	schwarz
42,5 R		rot
52,5 N	rot	schwarz
52,5 R		weiß

Tabelle 2: Zusammensetzung und Zementarten nach DIN EN 197 und DIN 1164-10

Haupt zement-arten	Bezeichnung der 27 Produkte (Normalzementarten)		PZ-Klinker K	Hütten-sand S	Silica-staub D	Puzzolane natür-lich P	Puzzolane nat.ge-tempert Q	Flugasche kiesels.-reich V	Flugasche kalk-reich W	gebr. Schie-fer T	Kalkstein L	Kalkstein LL	Nebenbestandteile
CEM I	Portlandzement	CEM I	95–100										0–5
CEM II	Portland-hüttenzement	CEM II/A-S	80–94	6–20									0–5
		CEM II/B-S	65–79	21–35									0–5
	Pl.-silicastaubz.	CEM II/A-D	90–94		6–10								0–5
	Portland-puzzolan-zement	CEM II/A-P	80–94			6–20							0–5
		CEM II/B-P	65–79			21–35							0–5
		CEM II/A-Q	80–94				6–20						0–5
		CEM II/B-Q	65–79				21–35						0–5
	Portland-flugasche-zement	CEM II/A-V	80–94					6–20					0–5
		CEM II/B-V	65–79					21–35					0–5
		CEM II/A-W	80–94						6–20				0–5
		CEM II/B-W	65–79						21–35				0–5
	Portland-schieferzement	CEM II/A-T	80–94							6–20			0–5
		CEM II/B-T	65–94							21–35			0–5
	Portland-kalkstein-zement	CEM II/A-L	80–94								6–20		0–5
		CEM II/B-L	65–79								21–35		0–5
		CEM II/A-LL	80–94									6–20	0–5
		CEM II/B-LL	65–79									21–35	0–5
	Portland-kompositzement	CEM II/A-M	80–94			6–20							0–5
		CEM II/B-M	65–79			21–35							0–5
CEM III	Hochofen-zement	CEM III/A	35–64	36–65									0–5
		CEM III/B	20–34	66–80									0–5
		CEM III/C	5–19	81–95									0–5
CEM IV	Puzzolan-zement	CEM IV/A	65–89			11–35							0–5
		CEM IV/B	45–64			36–55							0–5
CEM V	Komposit-zement	CEM V/A	40–64	18–30		18–30							0–5
		CEM V/B	20–58	31–50		31–50							0–5

Der Anteil von Silicastaub ist auf 10 Prozent begrenzt. Bei CEM II/A-M, CEM II/B-M, CEM IV und CEM V müssen die Hauptbestandteile neben PZ-Klinker durch die Bezeichnung des Zements angegeben werden.

3.4.2.3 Eigenschaften und Verwendung

Festigkeit ist die wichtigste Eigenschaft der Zemente. Nach der Druckfestigkeit werden die Zemente in drei Festigkeitsklassen eingeteilt, wobei die Zahlenwerte die Mindestdruckfestigkeit in N/mm² nach 28 Tagen angeben **(Tabelle 1)**. Für den Baufortschritt ist die schnelle Anfangserhärtung nach 2 Tagen und nach 7 Tagen wichtig **(Bild 1)**. Jede Festigkeitsklasse enthält zwei Zemente, einen Zement mit üblicher Anfangsfestigkeit mit **N** gekennzeichnet, und einen Zement mit hoher Anfangsfestigkeit mit **R** (= **r**apid) gekennzeichnet. Die verschiedenen Festigkeitsklassen der einzelnen Zemente sind an den unterschiedlichen Grundfarben der Säcke bzw. der Lieferscheine und Silokennblätter sowie an der Farbe des jeweiligen Aufdrucks von Normbezeichnung, Lieferwerk, Überwachungszeichen und Gewicht zu erkennen (**Tabelle 1,** Seite 78). Das Gewicht eines gefüllten Zementsackes beträgt 25 kg.

Erstarrungsbeginn für Zemente der Festigkeitsklassen 32,5 und 42,5 ist bei Zimmertemperatur frühestens nach 60 Minuten, für Festigkeitsklasse 52,5 nach 45 Minuten. Das **Erstarrungsende** ist nach mindestens 12 Stunden erreicht. Die Steuerung des Erstarrungsbeginns erfolgt im Zementwerk durch Zumahlung von Anhydrit bzw. Gips.

Erhärten nennt man die weitere Zunahme der Druckfestigkeit des Zements in Mörtel und Beton. Sie ist zeitlich nicht begrenzt. Jedoch gibt es Höchstwerte für die im Prüfalter von 28 Tagen erreichte Druckfestigkeit bei Zementen der Festigkeitsklassen 32,5 und 42,5 (Tabelle 1).

Hydratationswärme entsteht nach dem Mischen von Zement mit Zugabewasser. Der Aluminiumanteil im Zement reagiert sehr schnell mit anderen Stoffen und ist deshalb für die Wärmeentwicklung des Zements maßgebend. Bei niederen Außentemperaturen, z. B. im Winter, ist diese Wärme erwünscht. Im Sommer kann sie jedoch zu Wärmespannungen und damit zu Rissbildung führen. Derselbe Bauschaden kann beim Betonieren massiger Bauteile wie z. B. bei Staudämmen auftreten. Man verwendet deshalb dazu Zemente mit

- niedriger Hydratationswärme **(LH)** und
- sehr niedriger Hydratationswärme **(VLH).**

Sulfatwiderstand haben Zemente mit geringen Anteilen an Aluminiumverbindungen. Solche Zemente haben einen hohen Sulfatwiderstand und werden mit **SR** gekennzeichnet. Dies können Zemente CEM I und CEM III/B sein. Diese Zemente finden z. B. im Grund- und Wasserbau Verwendung.

Alkaligehalt kann nachteilig sein. Deshalb werden Zemente mit einem **n**iedrigen wirksamen **A**lkaligehalt (**NA**-Zemente) dort eingesetzt, wo der Zuschlag alkaliempfindliche Bestandteile enthält.

Tabelle 1: Festigkeitsklassen von Zement nach EN 197-1

Festig-keits-klasse	Druckfestigkeit in N/mm²		
	Anfangsfestigkeit		Normfestigkeit
	2 Tage	7 Tage	28 Tage
32,5 N	–	≥ 16	≥ 32,5 ≤ 52,5
32,5 R	≥ 10	–	
42,5 N	≥ 10	–	≥ 42,5 ≤ 62,5
42,5 R	≥ 20	–	
52,5 N	≥ 20	–	≥ 52,5 –
52,5 R	≥ 30	–	

Bild 1: Festigkeitsentwicklung der Zemente bei 20 °C

Normbezeichnungen beschreiben in Kurzform:

- **Zementart,**
- **Druckfestigkeit** und
- **besondere Eigenschaften.**

Portlandzement EN 197-1 – CEM I 42,5 R
bezeichnet einen Portlandzement nach EN 197-1 mit der Druckfestigkeit von 42,5 N/mm² und einer hohen Anfangsfestigkeit nach 8 Tagen.

Portlandhüttenzement EN 197-1 – CEM II/A-S 32,5
bezeichnet einen Portlandhüttenzement nach EN 197-1 mit 6 % bis 20 % Hüttensand und der Festigkeitsklasse 32,5 mit üblicher Anfangsfestigkeit nach 7 Tagen.

Hochofenzement DIN 1164-10 – CEM III/B 32,5 – LH/SR
bezeichnet einen Hochofenzement nach DIN 1164-10 mit 66 % bis 80 % Hüttensand, der Festigkeitsklasse 32,5 und üblicher Anfangsfestigkeit sowie niedriger Hydratationswärme und hohem Sulfatwiderstand.

Zemente CEM I, CEM II und CEM III		Eigenschaften und Verwendung
Portlandzement	**CEM I**	hat den höchsten Anteil gebrannten Klinkers und ist je nach Mahlfeinheit für alle Anwendungsgebiete einsetzbar. **Weißer Zement** ist Portlandzement der Festigkeitsklasse 42,5 R. Er enthält viel Ton (Kaolin) und kein Eisenoxid.
Portlandhüttenzement	**CEM II**	ist wegen seiner geringeren Wärmeentwicklung für massige Bauteile verwendbar.
Portlandpuzzolanzement	**CEM II**	ergibt einen geschmeidigen, dichten Mörtel, der wenig zu Ausblühungen neigt und sich deshalb für wasserundurchlässigen Mörtel und Beton eignet. In Deutschland wird zur Herstellung das natürliche Puzzolan Trass verwendet mit einem Anteil von höchstens 35%. Dieses erhärtet mit Calciumhydroxid aus dem PZ-Klinker ohne den Korrosionsschutz des Bewehrungsstahls zu mindern.
Portlandflugaschezement	**CEM II**	enthält das künstliche Puzzolan Steinkohlenflugasche (Elektrofilterasche), die wie Trass erhärtet und Ausblühungen verhindert.
Portlandschieferzement	**CEM II**	wird durch das Brennen von Ölschiefer hergestellt und kann einen braunen Farbton haben, ist jedoch meist grauer Zement.
Portlandkalksteinzement	**CEM II**	hat ein gutes Wasserrückhaltevermögen und wird für Sichtbeton und Zementestrich verwendet.
Portlandkompositzement	**CEM II**	hat eine normale Wärme- und Festigkeitsentwicklung sowie eine gute Nacherhärtung.
Hochofenzement	**CEM III**	entwickelt beim Erhärten weniger Wärme und hat deshalb eine etwas geringere Anfangsfestigkeit. Er eignet sich zum Betonieren massiger Bauteile.

3.4.3 Baugipse

Baugipse (Gipsbinder) sind Bindemittel für Putz- und Estrichmörtel. Baugipse enthalten keine hydraulischen Bestandteile wie z. B. Zement. Sie erhärten daher nur an der Luft.

Als Rohstoff wird Gipsstein verwendet. Er kommt in der Natur als kristallwasserhaltiges Calciumsulfat vor. Ein Molekül Calciumsulfat bindet zwei Moleküle Wasser als Kristallwasser. Man bezeichnet es als Calciumsulfat-Dihydrat ($CaSO_4 \cdot 2\,H_2O$). Der Gipsstein wird in Drehrohröfen im Niedertemperaturbereich bis 300 °C und im Hochtemperaturbereich bis 1000 °C gebrannt. Dabei wird dem Gipsstein das Kristallwasser teilweise oder ganz ausgetrieben (**Bild 1**, Seite 81).

Brennen im Niedertemperaturbereich		unter 300 °C		
	$CaSO_4 \cdot 2\,H_2O$ + Wärme	$\longrightarrow$	$CaSO_4 \cdot {}^1\!/_2\,H_2O$	+ $1{}^1\!/_2\,H_2O$
	Calciumsulfat-Dihydrat		Calciumsulfat-Halbhydrat	+ Wasser

Brennen im Hochtemperaturbereich		über 300 °C		
	$CaSO_4 \cdot 2\,H_2O$ + Wärme	$\longrightarrow$	$CaSO_4$	+ $2\,H_2O$
	Calciumsulfat-Dihydrat		Calciumsulfat	+ Wasser

Baugipse sind pulverförmig und von weißer bis grauer Farbe. Beim Mischen von Gipspulver mit Wasser nimmt der Gips unter heftiger Reaktion Wasser auf und erwärmt sich dabei.

Mischen	$CaSO_4 \cdot {}^1\!/_2\,H_2O$ + Wärme + $1{}^1\!/_2\,H_2O$	$\longrightarrow$	$CaSO_4 \cdot 2\,H_2O$ + Wärme
	Calciumsulfat-Halbhydrat + Wasser		Calciumsulfat-Dihydrat

Bei Baugipsen (Gipsbindern) liegt die Verarbeitungszeit vom Mischen bis zum Versteifungsbeginn je nach Gipsart zwischen 8 Minuten und 25 Minuten. Während dieser Zeit lässt sich der Gipsmörtel verarbeiten. Mit Versteifungsbeginn hat er etwa 40 % seiner Endfestigkeit erreicht. Von diesem Zeitpunkt an darf Gips nicht mehr weiter verarbeitet werden, auch nicht bei weiterer Zugabe von Wasser.

Der Versteifungsbeginn kann durch chemische Zusätze bei der Herstellung verzögert werden. Die gleiche Wirkung erreicht man beim Mischen des Gipsmörtels durch Zugabe einer geringen Menge Luftkalk. Warmes Zugabewasser und alte Gipsreste an Werkzeugen und Mörtelkästen verkürzen die Verarbeitungszeit wesentlich.

Die Erhärtungszeit der Baugipse liegt zwischen 1 Stunde und 20 Stunden. Das überschüssige Zugabewasser, das nicht zur Kristallisation gebraucht wird, verdunstet. Gipsmörtel dehnt sich beim Erhärten etwas aus und ergibt deshalb glatte Putzflächen.

Gipsputze können Feuchtigkeit aufnehmen und abgeben. Das Gefüge kann jedoch bei zu häufigem Wechsel zwischen feucht und trocken zerstört werden. Derselbe Schaden entsteht, wenn Gipsbauteile ständig Wasser ausgesetzt sind. Metallteile im Gipsputz wie z.B. Stahleinlagen, Rabitz und Aufhängungen können rosten. Sie müssen daher einen Rostschutz erhalten.

Die Fähigkeit des Gipses Wasser aufzunehmen sowie sein Kristallwassergehalt sind für den Brandschutz von Vorteil. Im Brandfall bilden das aufgenommene Wasser und das frei werdende Kristallwasser eine Schutzzone aus Wasserdampf um die verputzten Bauteile. Gipsputze mit einer Dicke von mindestens 15 mm gelten als feuerhemmend.

Bild 1: Kristallwassermenge in Gips

Baugipse ohne Zusätze (Bild 2)

Stuckgips entsteht durch Brennen im Niedertemperaturbereich und besteht überwiegend aus Calciumsulfat-Halbhydrat. Er wird für Stuck-, Form- und Rabitzarbeiten, für Innenputz oder zur Herstellung von Gipsplatten verwendet.

Putzgips entsteht durch Brennen im Hoch- und Niedertemperaturbereich und besteht aus Calciumsulfat-Halbhydrat. Er beginnt bereits nach 3 Minuten zu versteifen, kann jedoch bedeutend länger als Stuckgips verarbeitet werden. Putzgips wird für Innenputz- und Rabitzarbeiten verwendet.

Werden den Stuck- und Putzgipsen werkseitig Zusatzstoffe und Zuschläge beigemischt, erhält man Gipse mit bestimmten Eigenschaften.

- **Zusatzstoffe** sind Stoffe, die Eigenschaften des Gipses, wie z. B. die Konsistenz, die Haftung oder die Versteifungszeit, günstig beeinflussen.

- **Zuschläge,** wie z. B. Sand, Blähperlite und Blähglimmer, dürfen zugesetzt werden, um z. B. die Ergiebigkeit zu steigern.

Bild 2: Gipsarten nach der Brenntemperatur

- **Gips-Putz-trockenmörtel** versteift langsam und wird für das Herstellen von Innenputzen verwendet. Ihm sind Zusatzstoffe und Zuschläge zugesetzt.

- **Dünnlagen-Gips-Trockenmörtel** wird vorzugsweise für das Herstellen von Innenputzen verwendet. Zur besseren Haftung sind Zusatzstoffe zugesetzt; Zuschläge dürfen beigemischt werden.

- **Gipsmaschinen-putz** wird besonders für das Herstellen von Innenputzen unter Einsatz von Putzmaschinen verwendet. Zusatzstoffe in Form von Verzögerern ermöglichen einen ununterbrochenen Maschineneinsatz bei seiner Verarbeitung. Zuschläge wie z. B. Sand dürfen zugesetzt sein.

- **Gipshandputz** wird als Putz für manuelle Verarbeitung und zum Ansetzen von Gipsbauplatten oder Gipsfaserplatten als Wand-Trockenputz verwendet. Zusatzstoffe bewirken ein langsames Versteifen, ein erhöhtes Wasserrückhaltevermögen und verbessern die Haftung an den Gipsbauplatten.

- **Gips-Mauer-mörtel** wird insbesondere zum Verbinden von Gipswandbauplatten verwendet. Zusatzstoffe bewirken erhöhtes Wasserrückhaltevermögen und langsames Versteifen.

- **Gipsfugen-spachtel** wird insbesondere zum Verspachteln der Fugen zwischen Gipsbauplatten verwendet. Seine Eigenschaften gleichen denen des Fugengipses.

Nicht genormte Baugipse

Estrichgips wird bei einer Temperatur von 1000 °C im Hochtemperaturbereich gebrannt und enthält kein Kristallwasser mehr. Er besteht aus Anhydrit ($CaSO_4$) und geringen Mengen Branntkalk (CaO). Da Anhydrit selbst kein Wasser aufnehmen kann, wirkt der Branntkalkanteil als Anreger. Estrichgips hat eine Erhärtungszeit von 20 Stunden und wird wesentlich härter als die übrigen Gipse. Die Druckfestigkeit muss mind. 25 N/mm² erreichen.

Marmorgips ist Stuckgips, der mit Alaun (Doppelsalz) getränkt und im Hochtemperaturbereich noch einmal gebrannt ist. Dieser rein weiße Gips erhärtet langsam und erreicht eine hohe Festigkeit. Er kann mit Farben gemischt werden. Erhärteter Marmorgips (Stuckmarmor) lässt sich schleifen und polieren und hat ein marmorähnliches Aussehen.

3.4.4 Calciumsulfat-Binder und Calciumsulfat-Compositbinder

Gipsstein ohne Kristallwasser ist Calciumsulfat ($CaSO_4$), auch als Anhydrit bezeichnet. Dieses Calciumsulfat kann in der Natur vorkommen oder wird künstlich hergestellt, z. B. in **R**auchgas**e**ntschwefelungs-**a**nlagen bei Kohlekraftwerken als sogenannter **REA**-Gips.

Calciumsulfat-**B**inder **(CAB)**, auch Gipsbinder genannt, besteht aus Bestandteilen wie z. B. Anhydrit oder Halbhydrat und Zusatzstoffen. Der Calciumsulfatgehalt muss als Massenanteil größer als 85 % sein. Diese Bestandteile des Binders binden durch Hydratation ab. Die Zusatzstoffe, z. B. Füllstoffe, Pigmente und Kunstharze, beeinflussen die chemischen und/oder physikalischen Eigenschaften des mit Calciumsulfat-Binder hergestellten Werkmörtels **(Tabelle 1)**.

Calciumsulfat-**C**ompositbinder **(CAC)** besteht aus Calciumsulfat-Binder und weiteren Zusatzstoffen. Die Bindemittel eignen sich als Calciumsulfat-Werkmörtel (CA) für die Herstellung von Estrich.

Tabelle 1: Festigkeit von Bindern CAB und CAC

Festigkeits-klasse	Mindestdruckfestigkeit in N/mm²	
	nach 3 Tagen	nach 28 Tagen
20	8,0	20,0
30	12,0	30,0
40	16,0	40,0

3.4.5 Mischbinder

Mischbinder ist ein hydraulisches Bindemittel, das fein gemahlenen Trass, Hochofenschlacke oder Hüttensand sowie Kalkhydrat oder Portlandzement als Anreger zur Erhärtung enthält. Mischbinder erhärtet sowohl an der Luft als auch unter Wasser. Seine Druckfestigkeit ist auf mindestens 15 N/mm² nach 28 Tagen festgelegt. Mischbinder kann nur für Mörtel und unbewehrten Beton für Bauwaren verwendet werden.

3.4.6 Putz- und Mauerbinder

Putz- und Mauerbinder (MC) ist ein werkmäßig hergestelltes, hydraulisches Bindemittel. Es besteht im wesentlichen aus Portlandzement und anorganischen Stoffen wie z. B. Gesteinsmehl. Beim Mischen mit Sand und Wasser erhält man einen Mörtel, der für Putz- und Mauerarbeiten geeignet ist.

Putz- und Mauerbinder wird in drei Festigkeitsklassen eingeteilt **(Tabelle 1)**. Die Zugabe luftporenbildender Zusatzmittel verbessert die Verarbeitbarkeit und die Dauerhaftigkeit.

Putz- und Mauerbinder MC 12,5X bezeichnet nach DIN EN 413-1 einen Putz- und Mauerbinder mit der Festigkeitsklasse 12,5 ohne Luftporenbildner.

Tabelle 1: Druckfestigkeit von Putz- und Mauerbinder nach DIN EN 413-1

Art	Druckfestigkeit in N/mm^2 nach			Luft-poren-bildner
	7 Tagen	28 Tagen mind.	28 Tagen max.	
MC 5	–	≥ 5	≤ 15	mit
MC 12,5	≥ 7	≥ 12,5	≤ 32,5	mit
MC 12,5X	≥ 7	≥ 12,5	≤ 32,5	ohne
MC 22,5	≥ 10	≥ 22,5	≤ 42,5	mit
MC 22,5X	≥ 10	≥ 22,5	≤ 42,5	ohne

3.4.7 Bitumen

Bitumen ist ein bei der Aufarbeitung von Erdöl gewonnenes, schwerflüchtiges, dunkelfarbiges Gemisch verschiedener organischer Substanzen. Neben Kohlenstoff und Wasserstoff kommen in Bitumen geringe Mengen Schwefel, Sauerstoff und Stickstoff vor.

3.4.7.1 Herstellung

Destillationsbitumen, auch als Straßenbaubitumen bezeichnet, gewinnt man durch Destillation von Erdöl in mehreren Stufen bei Temperaturen bis 380 °C und unter Vakuum **(Bild 1)**. Es entstehen die weichen bis mittelharten Bitumenarten.

Hochvakuumbitumen und **Hartbitumen** entstehen durch Anwendung eines erhöhten Vakuums bzw. durch Weiterbehandlung in einer zusätzlichen Bearbeitungsstufe, wobei weitere hoch siedende Öle

Bild 1: Bitumenherstellung

abgetrennt werden. Das Ergebnis sind harte bis springharte Bitumensorten, die auch als Industriebitumen bezeichnet werden.

Oxidationsbitumen erhält man in Blasreaktoren aus weichem Destillationsbitumen, in das bei Temperaturen zwischen 230 °C und 290 °C Luft eingeblasen wird. Oxidationsbitumen ist besonders kälte- und wärmeunempfindlich.

Polymermodifiziertes Bitumen (PmB) ist ein Gemisch aus Destillationsbitumen und Polymeren, wobei die Polymere z. B. die Zähigkeit des Bitumens ändern.

Eigenschaften von Bitumen

- thermoviskos
- gute Benetzungsfähigkeit
- Dichte ähnlich wie Wasser
- hohe Wärmedämmung
- weiches Bitumen ist spezifisch leichter als hartes, heißes Bitumen ist leichter als kaltes
- beständig gegenüber Wasser, aggressiven Abwässern, den meisten Säuren, Laugen und Salzen
- nicht beständig gegenüber Fetten, Ölen, Kraftstoffen und einigen organischen Lösemitteln
- altert an der Oberfläche durch Sauerstoff, Licht und Wärme
- schwer entflammbar
- nicht gesundheitsschädlich
- nicht wassergefährdend

Tabelle 1: Kennwerte von Bitumen (Auswahl)

Prüfverfahren / Bezeichnung	Penetration bei 25 °C [$^1/_{10}$ mm]	Erweichungspunkt RuK [°C]	Brechpunkt nach Fraaß max [°C]
Destillationsbitumen (Straßenbaubitumen) nach DIN EN 12591			
160/200	160 bis 220	35 bis 43	– 15
70/100	70 bis 100	43 bis 51	– 10
50/ 70	50 bis 70	46 bis 54	– 8
30/ 45	30 bis 45	52 bis 60	– 5
20/ 30	20 bis 30	55 bis 63	–
Hartbitumen bzw. Hochvakuumbitumen			
HVB 90/100	≤ 7	90 bis 100	
HVB 110/140	≤ 6	110 bis 140	
HVB 150/175	≤ 1	150 bis 175	
Oxidationsbitumen			
OB 85/40	35 bis 45	80 bis 90	– 10
OB 100/25	20 bis 30	95 bis 105	– 15
OB 120/15	10 bis 20	115 bis 125	– 8
Elastomermodifizierte Bitumen nach DIN EN 14023			
PmB 120/200–40 A	120 bis 200	40 bis 48	≤ – 20
PmB 45/80–50 A	45 bis 80	50 bis 58	≤ – 15
PmB 25/55–55 A	25 bis 55	55 bis 63	≤ – 10
PmB 10/40–65 A	10 bis 40	65 bis 73	≤ – 5
PmB 40/100–65 A	40 bis 100	≥ 65	≤ – 15
Plastomermodifizierte Bitumen nach DIN EN 14023			
PmB 45/80–50 C	45 bis 80	≥ 50	≤ – 15
PmB 25/55–55 C	25 bis 55	≥ 55	≤ – 10
PmB 10/40–65 C	10 bis 40	≥ 65	≤ – 5

Bild 1: Nadelpenetration

3.4.7.2 Eigenschaften

Bitumen ist ein **thermoviskoser** Stoff, dessen Konsistenz sich mit der Temperatur kontinuierlich ändert. Diese reicht von hart bei tiefen Temperaturen bis dünnflüssig bei Temperaturen zwischen 150 °C und 200 °C. Diese Zustandsänderung ist in mäßigen Temperaturbereichen beliebig oft wiederholbar und umkehrbar.

Die **Klebewirkung** des Bitumens beruht auf der guten Benetzungsfähigkeit und auf der Änderung seiner Zähigkeit (Viskosität) bei veränderter Temperatur.

Die **Dichte** von Bitumen hängt von der Sorte ab und ändert sich mit der Temperatur. Sie schwankt zwischen 0,86 g/cm³ und 1,11 g/cm³. Die **Wärmedehnung** von Bitumen ist etwa 20- bis 30-mal so groß wie bei Mineralstoffen.

Bitumen ist **beständig** gegenüber Wasser, aggressiven Abwässern, Säuren, Laugen und Salzen. Dies ist z. B. beim Einsatz von Tausalz im Winter wichtig. Die Beständigkeit nimmt mit der Härte des Bitumens zu und bei höheren Temperaturen ab. Bitumen ist **nicht beständig** gegenüber Fetten, Ölen, Kraftstoffen sowie vielen organischen Lösemitteln.

Bitumen **altert** durch Einwirkung von Luftsauerstoff, Licht und Wärme. Der Sauerstoff oxidiert Bestandteile des Bitumens, und durch Wärme verdampfen weiche Ölanteile. Das bewirkt eine **Verhärtung der Bitumenoberfläche** mit geringer Tiefenwirkung. Durch UV-Strahlung wird die Alterung beschleunigt.

Bitumen ist **schwer entflammbar** und keiner Gefahrenklasse zugeordnet.

Das aus dem Erdöl gewonnene Bitumen ist im Gegensatz zum aus der Kohle erzeugten Teer **nicht gesundheitsschädlich.** In der Wasserschutzverordnung wird Bitumen als ein **nicht wassergefährdender** Stoff eingestuft.

3.4.7.3 Prüfverfahren

Die Härte des Bitumens und sein Temperaturverhalten werden mit Hilfe geeigneter Prüfverfahren ermittelt und entsprechende Kennwerte festgelegt **(Tabelle 1)**.

Nadelpenetration (Eindringtiefe)

Dieses Verfahren ermittelt die **Härte** des Bitumens. Sie wird bestimmt durch den Weg, den eine mit 100 g belastete Nadel bei 25 °C in 5 Sekunden im Bitumen zurücklegt **(Bild 1)**. Die Härte des Bitumens wird in $^1/_{10}$ mm angegeben. So hat z. B. die Sorte 70/100 eine Eindringtiefe zwischen 7 mm und 10 mm.

Erweichungspunkt Ring und Kugel (EP RuK)

Der **Übergang vom festen in den flüssigen Zustand** bei Bitumen ist gleitend. Deshalb wird kein Schmelzpunkt, sondern ein Erweichungspunkt bestimmt. Eine in einen Messingring eingebrachte Bitumenschicht wird unter dem Gewicht einer Stahlkugel erwärmt und verformt sich dabei. Der Erweichungspunkt Ring und Kugel ist die Temperatur, bei der die Verformung des Bitumens die festgelegte Größe von 25,4 mm erreicht. Bei Destillationsbitumen liegt er zwischen 35 °C und 63 °C **(Bild 1)**.

Brechpunkt nach Fraaß

Das **Verhalten von Bitumen bei niedrigen Temperaturen** wird nach dem Brechpunkt beurteilt, der den Übergang vom zähplastischen in den starren Zustand kennzeichnet. Ein mit Bitumen beschichtetes Stahlblech wird je Minute um 1 °C abgekühlt und nach jeweils einer Minute durchgebogen. Der Brechpunkt ist die Temperatur in °C, bei der die Bitumenschicht beim Biegen bricht oder Risse zeigt **(Bild 2)**.

3.4.7.4 Verwendung

Bitumen verwendet man als **Straßenbaubitumen,** in **Bautenschutzmitteln** und zur Herstellung von **Dach- und Dichtungsbahnen (Bild 3)**.

Bitumen kann man nur in dünnflüssigem Zustand verarbeiten. Es muss deshalb vor der Verarbeitung erhitzt werden. Um es kalt verarbeiten zu können, muss Bitumen gelöst oder emulgiert werden. Die Erhärtung erfolgt durch Abkühlung, Ausdünsten der Lösemittel oder Verdunstung des Emulsionswassers.

Straßenbaubitumen

Destillationsbitumen wird hauptsächlich zur **Herstellung für Asphalt** im Straßenbau verwendet. Man spricht deshalb von **Straßenbaubitumen**. Es wird nach der Härte in 5 Sorten eingeteilt: **160/220, 70/100, 50/70, 30/45** und **20/30**.

Im dünnflüssigen Heißmischgut bei Temperaturen von 150 °C bis 200 °C wirkt das Bitumen wie ein Schmiermittel und erleichtert den Einbau und die Verarbeitung von Asphalt. Unter 90 °C wird das Bitumen zähplastisch, wirkt als Bindemittel und erreicht dadurch bei Normaltemperatur sein Gebrauchsverhalten.

Für hoch belastete Straßen werden häufig **elastomermodifizierte Bitumensorten** eingesetzt, da deren thermoelastisches Verhalten und die Gesteinshaftung verbessert sind. Der Härtebereich und der Mindestwert für den Erweichungspunkt wird durch die Bezeichnung ausgedrückt **(Tabelle 1**, Seite 84).

> Je höher die Eindringtiefe ist, desto weicher ist das Bitumen.

Bild 1: Erweichungspunkt Ring und Kugel

> Je höher der Erweichungspunkt liegt, desto härter ist das Bitumen.

Bild 2: Brechpunkt nach Fraaß

> Je niedriger der Brechpunkt liegt, umso weicher ist das Bitumen.

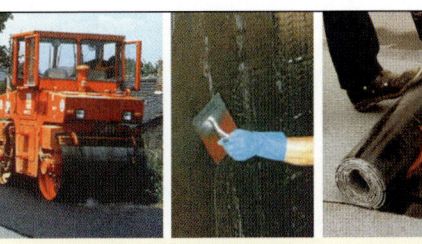

Verwendung von Bitumen:

* Bindemittel für Asphalt,
* Straßenbaubitumen,
* Bautenschutzmittel,
* Dach- und Dichtungsbahnen sowie
* Bitumendachschindeln und Wellplatten.

Bild 3: Verwendung von Bitumen

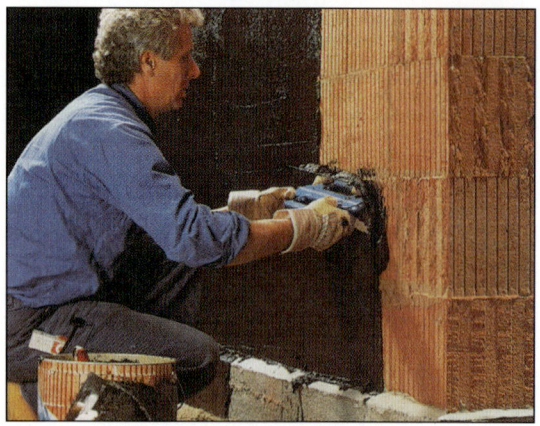

Bild 1: Auftragen einer Dickbeschichtung

mineralische Bestreuung
(als Schutz auf Außenseite)

Bitumendeckmasse
(für Wasserdichtheit, Verarbeitbarkeit bei allen Temperaturen und Widerstandsfähigkeit gegen Witterung)

Trägereinlage
(Armierung; bestimmt mechanisches Verhalten der Bahn)

Bitumendeckmasse

Bild 2: Aufbau einer Dachbahn

Bautenschutzmittel

Bautenschutzmittel sind Erzeugnisse, die meist in flüssiger Form verarbeitet werden und dem Schutz und der Abdichtung von Gebäuden gegen Feuchtigkeit dienen.

Für Bautenschutzmittel auf Bitumenbasis werden Destillationsbitumen verwendet. Sind größere Temperaturschwankungen zu erwarten, wird Oxidationsbitumen bevorzugt. Vorteil der Abdichtung mit bitumenhaltigen Stoffen ist die Elastizität des Bitumens. Je nach Art können Risse bis zu 5 mm Breite überbrückt werden. Man unterscheidet heiß und kalt zu verarbeitende Bautenschutzmittel.

Heiß zu verarbeitende Bautenschutzmittel bestehen aus reinem Bitumen oder Bitumen mit zugesetzten Füllstoffen wie Gesteinsmehl, Glas- oder Mineralwolle oder organischen Fasern. Sie werden an der Verwendungsstelle bis 180°C erwärmt und durch Spritzen, Streichen, Spachteln, Tauchen oder Gießen auf den trockenen Untergrund aufgetragen.

Zur Senkung der Verarbeitungstemperatur kann Destillationsbitumen mit Fluxölen versetzt werden. Das **Fluxbitumen** kann bei Temperaturen zwischen 80°C und 130°C gemischt und zwischen 40°C und 110°C eingebracht werden.

Kalt zu verarbeitende Bautenschutzmittel werden häufiger verwendet. Durch Zusatz geeigneter Stoffe wird die Viskosität des Bitumens so weit herabgesetzt, dass es ohne Erwärmen verarbeitet werden kann. Kalt zu verarbeitende Bautenschutzmittel werden auf Lösemittelbasis oder Emulsionsbasis hergestellt.

Bitumenlösungen entstehen durch Zusatz eines leichtflüchtigen Lösemittels, z. B. Benzin. Das Lösemittel verdunstet, so dass nach kurzer Zeit die ursprüngliche Härte des Ausgangsbitumens wieder erreicht wird. Verwendung finden Bitumenlösungen als Voranstrich auf trockenen Oberflächen aus Beton, Putz, Mauerwerk oder Metall, als dickflüssiger Anstrich bis zur Paste mit Füllstoffen für Flächen, die der Witterung ausgesetzt sind, und als Spachtelmasse und Kitt zum Ausgleichen von Unebenheiten und Hohlräumen sowie zum Abdichten von Fugen.

Bitumenemulsionen werden durch feinste Verteilung von Destillationsbitumen in Wasser unter Zugabe eines Emulgators (Tone oder Bentonite) hergestellt. Unter Zusatz von Füllstoffen dienen sie vor allem als feuchtigkeitsabweisende Aufstriche und Spachtelmassen. In einem Arbeitsgang können so bis zu 7 mm dicke Schichten aufgetragen werden (Dickbeschichtung) **(Bild 1)**. Vorteil der Bitumenemulsionen ist die hohe Benetzungsfähigkeit. Sie haften selbst auf feuchtem Untergrund.

Dach- und Dichtungsbahnen

Dach- und Dichtungsbahnen sind meist 1,00 m breite und bis 10,00 m lange Bahnen, die in Rollen geliefert und stehend gelagert werden. Sie bestehen aus einem Träger, der in Destillationsbitumen (meist 160/220 oder 70/100) getränkt und anschließend beidseitig mit reinem oder mit Zusätzen versehenem Oxidationsbitumen beschichtet wird. Für die Deckschicht werden vermehrt polymermodifizierte Bitumen verwendet **(Bild 2)**.

Als Trägereinlage wird Rohfilzpappe (**R**), **G**lasgewebe (**G**), **G**las**v**lies (**V**), **P**olyester**v**lies (**PV**), **Ku**pferband (**Cu**01), **V**erbundträger aus Glasvlies mit **Ku**pferband (**VCu**) oder **Al**uminiumband (**VAl**), **K**ombinationsträger mit überwiegendem **P**olyesteranteil (**KTP**) oder mit überwiegendem **G**lasanteil (**KTG**) verwendet.

Dachbahnen werden als **n**ackte Bitumenbahn (R 500**N**) oder als beidseitig beschichtete und besandete Bitumendachbahn mit Rohfilzeinlage (R 500) oder Glasvlies (V 13) geliefert. Sie finden Anwendung als mehrlagige Flachdachabdichtung, als Sperrschicht unter der Erdoberfläche, im Mauerwerksbau sowie unter Holzbauteilen.

Dichtungsbahnen (D) und **Dachdichtungsbahnen (DD)** haben als Trägereinlage Glasvlies und Polyestervlies und eine beidseitig dickere Bitumenbeschichtung. Dichtungsbahnen haben zusätzlich eine dünne Einlage aus Kupfer- oder Aluminiumband oder aus Kunststofffolie. Sie finden Anwendung als Bauwerksabdichtungen und werden aufgeklebt **(Bild 1)**.

Schweißbahnen (S) haben als Trägereinlage Glasgewebe, Glas- oder Polyestervlies, Kombinationsträger mit Glas- oder Polyesteranteil. Werden Schweißbahnen als Dampfsperre oder Wurzelschutzbahn eingesetzt, verfügen die Schweißbahnen über eine doppelte Trägereinlage mit Aluminium- oder Kupferband. Sie sind 4 mm oder 5 mm dick und werden durch Erhitzen mit dem Untergrund verschweißt **(Bild 2)**.

Polymerbitumenbahnen mit verschiedenen Trägereinlagen (z. B. Polyester- oder Glasvlies, Kombinationsträger) und beidseitigen Deckmassen aus Polymerbitumen werden für Dachabdichtungen verwendet. Je nach Art des beigefügten Polymers werden sie in Elastomerbitumen- und Plastomerbitumenbahnen unterschieden.

Elastomerbitumenbahnen (PYE) besitzen eine geringe Temperaturempfindlichkeit und haben dadurch ein ausgeprägtes elastisches Verhalten.

Plastomerbitumenbahnen (PYP) werden als Schweißbahnen hergestellt. Vorteile sind eine hohe Wärmestandsfestigkeit, eine gute Kälteflexibilität sowie das gute Alterungsverhalten. Das plastische Verhalten verleiht der Bahn eine hohe Flächenstabilität.

Bei **kaltselbstklebenden Polymerbitumenbahnen (KSP)** wird die untere Deckmasse werkseitig kaltselbstklebend ausgerüstet. Sie finden Anwendung bei temperaturempfindlichen Unterkonstruktionen oder bei schwierigen Dachformen.

Tabelle 1: Dach- und Dichtungsbahnen

Bahnen	Kurzbezeichnungen (Beispiele)	Trägereinlage	Trägermasse
Dachbahn	R 500 N	Rohfilzpappe	500 g/m²
Dichtungsbahn (D) Dachdichtungsbahn (DD)	V 13[1] Cu 01 D G 200 DD	Glasvlies Kupferband 0,1 mm Glasgewebe	60 g/m² – 200 g/m²
Schweißbahn (S x)[2]	PV 200 S 5 V 60 S 4 KTG S 4	Polyestervlies Glasvlies Kombinationsträger (Glas)	200 g/m² 60 g/m² 120 g/m²
Polymerbitumenbahn – Dachdichtungsbahn (DD) – Schweißbahn (S x)[2] – kaltselbstklebend (KSP)	PYE G 200 D PYP PV 200 S 5 PYE VCu S 5 PYP KTP KSP – 2,8	Glasgewebe Polyestervlies Kupferverbundeinlage VCu 0,03 mm Kombinationsträger (Polyester) 2,8 mm	200 g/m² 200 g/m² 60 g/m² 120 g/m²

[1] Bitumendeckschicht 1300 g/m²   [2] x = Dicke in mm

Bild 1: Aufkleben einer Dachdichtungsbahn

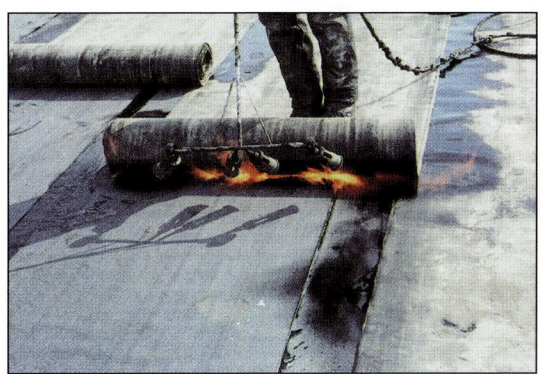

Bild 2: Bitumen-Schweißbahn

Bitumen-Dachschindeln eignen sich für Dachdeckungen für Dächer mit einer Neigung von 15° bis 85°. Sie werden vorwiegend in den Abmessungen 1000 mm x 333 mm in unterschiedlichen Formen und Farbtönen hergestellt.

Bitumen-Wellplatten bestehen aus gepressten Fasermatten, die mit Kunstharz getränkt und mit hartem Destillationsbitumen imprägniert werden. Die 2 m langen Platten werden als leichte Dacheindeckung für Hallen, Scheunen, Carports sowie zur Sanierung von Altdächern usw. und für Wandverkleidung verwendet.

3.4.8 Asphalt

Asphalt ist ein Gemisch aus Bitumen als Bindemittel und Mineralstoffen als Zuschlag. Über 70 % der Bitumenproduktion werden für die Herstellung von Asphalt verwendet.

3.4.8.1 Mineralstoffe

Wie bei Beton bilden die Mineralstoffe als Zuschlag den Hauptbestandteil des Asphalts. Sie haben die Aufgabe, auftretende Kräfte abzuleiten, die Griffigkeit der Fahrbahnoberfläche zu gewährleisten und dem Verschleiß entgegenzuwirken. Deshalb müssen die Mineralstoffe druck- und schlagfest, witterungs- und frostbeständig, widerstandsfähig gegen Polieren und frei von organischen und tonigen Bestandteilen sein sowie eine gute Haftfähigkeit (Affinität) für das Bitumen haben.

In der Baupraxis bezeichnet man Lieferkörnungen für **ungebrochene Mineralstoffe** (Rundkorn) herkömmlich als Kies und Natursand, **gebrochene Mineralstoffe** (Brechkorn) als Schotter, Splitt, Brechsand, Edelsplitt, Edelbrechsand und Füller **(Tabelle 1)**. Edelsplitt und Edelbrechsand sind mehrfach gebrochene Mineralstoffe mit gedrungenem Korn.

Füller ist Gesteinsmehl, dessen Korn kleiner als 0,09 mm ist. Füller verbessern im Mischgut den Feinkornbereich und verringern dadurch die Hohlräume im Asphalt. Außerdem versteifen sie das Bitumen und stabilisieren dessen Eigenschaften bei höheren Temperaturen.

Tabelle 1: Lieferkörnungen für Mineralstoffe[1]

Ungebrochene Mineralstoffe		Gebrochene Mineralstoffe	
Bezeichnung	Korngruppe	Bezeichnung	Korngruppe
Natursand, Kies		**Brechsand, Splitt, Schotter**	
Natursand	0/2	Brechsand-Splitt	0/5
Natursand	2/4	Splitt	5/11
Kies	4/8	Splitt	11/22
Kies	8/16	Splitt	22/32
Kies	16/32	Schotter	32/45
Kies	32/63	Schotter	45/56
		Füller, Edelbrechsand, Edelsplitt	
		Füller	0/0,09
		Edelbrechsand	0/2
		Edelsplitt	2/5
		Edelsplitt	5/8
		Edelsplitt	8/11
		Edelsplitt	11/16
		Edelsplitt	16/22

[1] In den „Technischen Lieferbedingungen für Gesteinskörnungen im Straßenbau" werden aufgrund europäischer Vorgaben nur noch grobe (> 2 mm) und feine (2 mm bis 0,063 mm) Gesteinskörnungen sowie Füller unterschieden.

3.4.8.2 Herstellung von Asphaltmischgut

Die Herstellung von Asphaltmischgut erfolgt in elektronisch gesteuerten Mischanlagen mit Leistungen von bis zu 400 t/Std. Das Bitumen wird in wärmegedämmten Tankwagen heißflüssig angeliefert und in beheizten Tanks zwischengelagert. Die Mineralstoffe werden vordosiert, d.h. laut Rezeptur grob abgemessen, in einer Trockentrommel erhitzt, getrocknet und entstaubt. Das heiße Gestein läuft über eine Siebanlage, wird mit einer Waage genau dosiert in den Mischer gefüllt und bei 170 °C bis 180 °C mit dem zugegebenen Bitumen vermischt **(Bild 1)**.

Bei der Herstellung von Asphaltmischgut wird häufig ausgebauter Asphalt wieder verwendet. Der Anteil an wieder verwendetem Asphalt kann 20 % bis 80 % betragen. Das im recycelten Asphalt enthaltene Bitumen kann aufgrund seines thermoviskosen Verhaltens wieder als Bindemittel nutzbar gemacht werden.

Bild 1. Asphaltmischanlage (Schema)

Bitumentanks
Füllersilo
Sande / Kiese / Splitte
Vordosierung mit Bandwaage
Entstaubung
Aufzugbahn
Mischgut-Silos
Trockentrommel
Heißelevator
Absiebung
Bindemittelzugabe
Füllerzugabe
Mischer
Abzug-Transport

Bild 1: Einbau von Walzasphalt

3.4.8.3 Einbau von Walzasphalt

Transportfahrzeuge mit Abdeckplanen oder geschlossenen Behältern befördern das Asphaltmischgut zur Einbaustelle. So werden Temperaturverluste vermieden, der Fahrtwind abgehalten und Bindemittelverhärtung durch Oxidation verhindert **(Bild 1).**

Straßenfertiger übernehmen das Mischgut vom Kipper, verteilen es mit Schnecken über die Einbaubreite und bauen es mit einer Einbaubohle höhengerecht und vorverdichtet ein. Es sind Einbaubreiten von 2,00 m bis 12,00 m möglich.

Tabelle 1: Schichten der Asphaltbauweise		
Schicht	Dicken (cm)	Funktion
Asphalt-Deckschicht	2 bis 6	Ebenheit, Griffigkeit, Verschleißfestigkeit
Asphalt-Binderschicht	4 bis 10	Schubfestigkeit
Asphalt-Tragschicht	bis 22	Tragfähigkeit

Bevor das eingebaute Mischgut unter 100 °C abgekühlt ist, wird es mit Walzen **verdichtet.** Geeignet sind Glattmantelwalzen, Vibrationswalzen oder Gummiradwalzen.

3.4.8.4 Asphaltmischgutarten

Asphaltbefestigungen werden in verschiedene Schichten unterteilt **(Tabelle 1).** Für die Asphalttragschicht, gegebenenfalls die Asphaltbinderschicht und die Asphaltdeckschicht oder für die Asphalttragdeckschicht ist das jeweils zweckmäßigste Asphaltmischgut in einer optimalen Zusammensetzung herzustellen und einzubauen. Die Bezeichnung für ein Asphaltmischgut setzt sich aus dem Kurzzeichen der zutreffenden Asphaltart und einer Zahl zusammen, die das Größtkorn des Mischgutes angibt. In Deutschland erhält das mit AC benannte Mischgut zusätzlich die Bezeichnung der Asphaltschicht. Außerdem wird die Beanspruchung aller Asphaltmischgutarten mit einem Kennbuchstaben beschrieben **(Tabelle 2).**

Tabelle 2: Bezeichnung von Asphaltmischgut					
Kennung	Beschreibung der Asphaltart	Kennung	Schichtenbezeichnung für AC in Deutschland	Kennung	Beanspruchung
AC	(**A**sphalt **C**oncrete) für sämtliches Asphaltmischgut, dessen Kornzusammensetzung annähernd nach dem Beton-Prinzip erfolgt	AC T	Asphalttragschicht	S	besondere (schwere) Beanspruchungen
SMA	(**S**tone **M**astic **A**sphalt) für Splittmastixasphalt	AC B	Asphaltbinderschicht	N	Normale Beanspruchungen
MA	(**M**astic **A**sphalt) für Gussasphalt	AC D	Asphaltdeckschicht	L	Leichte Beanspruchungen
PA	(**P**orous **A**sphalt) für offenporigen Asphalt	AC TD	Asphalttragdeckschicht	Beispiel für eine Asphaltmischgutbezeichnung: **AC 8 D N** Asphaltbeton für Deckschichten, Größtkorn 8 mm, für Verkehrsflächen mit normaler Beanspruchung	

Asphaltmischgut für Asphaltdeckschichten

Die **Asphaltdeckschicht** ist die oberste Schicht des Straßenoberbaus. Das Asphaltmischgut muss so zusammengesetzt sein, dass die Asphaltdeckschicht ausreichend dicht und verformungsbeständig hergestellt werden kann sowie dauerhaft eben bleibt. Die Oberflächengriffigkeit wird in der Regel durch Abstumpfen mit Splitt erreicht. Unterschieden werden Asphaltbeton, Splittmastixasphalt, Gussasphalt und Offenporiger Asphalt **(Tabelle 1,** Seite 90).

Tabelle 1: Beispiele für Asphaltdeckschichten

Asphaltbeton 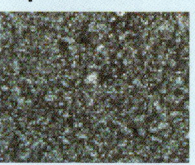	• Verwendung im Straßenbau als Deckschicht für Straßen der Belastungsklassen Bk 0,3 bis Bk 10 (**Tabelle 1**, Seite 91) • Das Mischgut ist aus Gesteinskörnungen bis Korngröße 16 mm, Füller und Bitumen zusammengesetzt. • Die Temperatur des Mischgutes darf bei Anlieferung 140° C nicht unterschreiten. • Nach dem Verdichten mit Walzen bleibt ein Resthohlraumgehalt zwischen 2 und 6 Vol.-%, der für die Standfestigkeit der Schicht erforderlich ist.
Splittmastixasphalt	• Verwendung im Straßenbau als Deckschicht für Straßen mit hoher Beanspruchung. • Das Mischgut besteht aus einem gebrochenen Gesteinskörnungsgemisch mit Ausfallkörnung, Füller, Bitumen (häufig polymermodifiziert) und stabilisierenden Zusätzen, z.B. Faserstoffen. • Im verdichteten Zustand ergibt sich ein in sich abgestütztes, fest verspanntes Gesteinsgerüst mit nur wenig Resthohlraum.
Gussasphalt	• Sehr splittreicher Gussasphalt ergibt standfeste, verschleißfeste und griffige Deckschichten für hochbeanspruchte Fahrbahnen. • Splittarmer Gussasphalt eignet sich für Rad- und Gehwege, Rinnen an wasserführenden Straßen und kleinflächige Umbaumaßnahmen. • Das Mischgut wird vorwiegend aus gebrochenen groben und feinen Gesteinskörnungen und Füller hergestellt und enthält hartes Straßenbaubitumen oder Polymermodifiziertes Bitumen sowie gegebenenfalls Zusätze, die die Holhräume vollständig ausfüllen.
Offenporiger Asphalt	• Verwendung für hoch beanspruchte Fahrbahnen, wenn wegen zu geringer Längs- und Querneigung das Oberflächenwasser nicht schnell genug abfließen kann und in der Deckschicht abgeführt werden muss. Er vermindert die Bildung von Sprühfahnen und Aquaplaning und führt zu spürbarer Lärmminderung. • Das Mischgut enthält bis zu 95 M% gebrochene grobe Gesteinskörnungen. Wegen des offenporigen Gefüges mit einem Hohlraumgehalt von 22 % bis 28 % ist darunter eine Abdichtung, z. B. aus Polymermodifiziertem Bitumen, einzubauen.

Asphaltmischgut für Asphaltbinderschichten

Die **Asphaltbinderschicht** als Zwischenschicht bildet den Übergang von der grobkörnigen Tragschicht zur feinkörnigeren Deckschicht. Das Asphaltmischgut besteht aus einem Gesteinskörnungsgemisch besonders kantenfester gebrochener grobkörniger Gesteinskörnungen mit einem hohen Feinkornanteil. Die Asphaltbinderschichten sollen eine möglichst hohe und dauerhafte Verformungsbeständigkeit aufweisen. Das erfordert einen höheren Verdichtungsaufwand.

Asphaltmischgut für Asphalttragschichten

Für **Asphalttragschichten** genügen geringere Anforderungen an die Eigenschaften der Gesteinskörnungen, da sie keiner direkten Beanspruchung durch Wetter und Verkehr unterliegen. Der Bindemittelgehalt wird so gewählt, dass eine einwandfreie Verdichtung und dauerhafte Bindung gewährleistet wird. Die Zusammensetzung des Mischgutes richtet sich nach der Beanspruchung der Straße, damit eine sehr gute lastabtragende Wirkung und eine hohe Ermüdungsbeständigkeit erzielt wird. Als Größtkorn sind für den Neubau 22 mm oder 32 mm vorgesehen, für das Bauen im Bestand 16 mm.

Asphalttragschichten werden in drei Asphaltmischgut-Arten unterschieden:

Asphaltmischgutart L für leichte Beanspruchungen aus schwacher Verkehrsbelastung. Sie ist aufgrund des vergleichsweise hohen Bindemittelanteils sehr flexibel und somit vorteilhaft für dünne Fahrbahnen.

Asphaltmischgutart N für Straßen mit normaler Beanspruchung wird wegen der guten Verformungsbeständigkeit der Belastungsklasse Bk0,3 bis Bk1,8, aber auch für Rad-und Gehwege sowie ländliche Wege eingesetzt.

Asphaltmischgutart S ist für Verkehrsflächen mit schwerer Beanspruchung wegen der besonders hohen Verformungsbeständigkeit für Straßen der Belastungsklasse Bk3,2 bis Bk100 geeignet (**Tabelle 1**, Seite 91).

Tabelle 1: Zweckmäßige Zuordnung der Asphaltmischgutarten zu Belastungsklassen nach RStO 12[1]

Belastungsklasse	Beanspruchung[2]	Typische Beispiele	Asphalttragschicht	Asphaltbinderschicht	Asphalttragdeckschicht	Asphaltdeckschicht aus			
						Asphaltbeton	Splittmastixasphalt	Gussasphalt	Offenporigem Asphalt
Bk100	> 32	Autobahnen, Schnellstraßen	AC 32 T S AC 22 T S	AC 22 B S AC 16 B S		–	SMA 11 S SMA 8 S	MA 11 S MA 8 S MA 5 S	PA 11 PA 8
Bk32	> 10 und ≤ 32	Industriestraßen							
Bk10	> 3,2 und ≤ 10	Hauptgeschäftsstraßen				AC 11 D S			
Bk3,2	> 1,8 und ≤ 3,2	Verbindungsstraßen		AC 16 B S	–	AC 11 D S AC 8 D S			
Bk1,8	> 1,0 und ≤ 1,8	Sammelstraßen, wenig befahrene Hauptgeschäftsstraßen	AC 32 T N AC 22 T N	(AC 16 B N)		AC 11 D N (AC 8 D S)	SMA 8 N (SMA 11 S)	MA 11 N MA 8 N MA 5 N	
Bk1,0	> 0,3 und ≤ 1,0	Wohnstraßen				AC 11 D N AC 8 D N	(SMA 8 N)	(MA 11 N) (MA 8 N) (MA 5 N)	–
Bk0,3	≤ 0,3	Wohnwege		–	AC 16 T D (≤ 0,1)[2]	AC 8 D L AC 5 D L	(SMA 5 N) (SMA 5 N)	(MA 5 N)	
Rad- und Gehweg			AC 32 T N AC 22 T L		AC 16 T D		–	(MA 5 N)	

[1] RStO (Richtlinien für die Standardisierung des Oberbaus von Verkehrsflächen)
[2] dimensionsrelevante Beanspruchung (in Mio. äquivalente 10-t-Achsübergänge)

( ) Klammerwerte nur in Ausnahmefällen
– Einsatz nicht vorgesehen

Aufgaben

1. Nennen Sie die für die Verwendung im Bauwesen günstigen Eigenschaften von Bitumen und listen Sie auf, für welche bautechnischen Aufgaben Bitumen deshalb eingesetzt werden kann.

2. Bitumen kann nur in dünnflüssigem Zustand verarbeitet werden. Erstellen Sie eine Tabelle der möglichen Verfahren, wie Bitumen flüssig gemacht wird.

3. Erklären Sie, welche Eigenschaften die Bitumensorte PmB 10/40-65 A aufweist.

4. Skizzieren Sie ein Einfamilienhaus im Schnitt und markieren Sie die Stellen, an denen Bautenschutzmittel sowie Dach- und Dichtungsbahnen eingesetzt werden können.

5. Nennen Sie die Bestandteile der Asphaltmischgutarten für Fahrbahndecken und erläutern Sie deren Funktion.

6. Erklären Sie die Unterschiede, die zwischen Asphalttrag-, Binder- und Deckschichten bestehen.

3.5 Gesteinskörnung

Als Gesteinskörnung bezeichnet man Stoffe, die zusammen mit Bindemitteln und Zugabewasser zu Mörtel und Beton verarbeitet werden.

3.5.1 Eigenschaften

Gesteinskörnung wird nach Dichte, Kornform, Korngrößen und Kornfestigkeit beurteilt. Diese Eigenschaften sowie Anforderungen z. B. an den Widerstand gegen Frost, an den Anteil an schädlichen Bestandteilen und an leichtgewichtige organische Verunreinigungen bestimmen die Verwendungsmöglichkeiten.

3.5.1.1 Dichte

Nach der Dichte unterscheidet man normale und schwere Gesteinskörnung sowie leichte Gesteinskörnung, aber auch rezyklierte Gesteinskörnung **(Tabelle 2)**.

3.5.1.2 Kornform

Die Gesteinskörnung soll eine möglichst runde, kugelige Form aufweisen oder kantig, würfelig sein **(Bild 1)**. Sehr flache oder längliche Kornformen haben eine größere Oberfläche.

Tabelle 2: Gesteinskörnung

Gesteinskörnung	Arten (Beispiele)
normale und schwere	Sand, Kies, Brechsand, Splitt, Metallschlacken, Erze, Baryt
leichte	Sand, Blähton, Blähschiefer
rezyklierte	Betonbrechsand, Betonsplitt

rund, kugelig   eckig, würfelig

Bild 1: Kornformen von Gesteinskörnung

Tabelle 1: Gesteinskörnung nach Korngrößen

Bezeichnung	Definition	Beispiele
Feine Gesteinskörnung	$D \leq 4$ mm und $d = 0$	0/1 0/2 0/4
Grobe Gesteinskörnung	$D \geq 4$ mm und $d \geq 2$ mm	2/8 8/16 16/32 4/32
Korngemisch	$D \leq 45$ mm und $d = 0$	0/32 0/45

D = Siebweite des oberen Begrenzungssiebes in mm
d = Siebweite des unteren Begrenzungssiebes in mm

Bild 1: Darstellung einer Korngruppe

Beschriftungen im Bild:
- Überkorn größer als 16 mm mind. 1 Masse-%
- Prüfsieb 16 mm Lochweite
- Korngruppe 8/16 (Größtkorn 16 mm) (Kleinstkorn 8 mm)
- Prüfsieb 8 mm Lochweite
- Unterkorn kleiner als 8 mm

Tabelle 2: Regelanforderungen für Gesteinskörnungen

- Kornzusammensetzung
- Kornform
- Muschelschalengehalt
- Feinanteile
- Frostwiderstand
- Chloridgehalt
- Schwefelhaltige Bestandteile
- Organische Stoffe
- Leichtgewichtige organische Verunreinigungen
- alkaliunempfindlich

Widerstand gegen
- Verschleiß
- Polieren
- Abrieb
- Frost-Tausalz

3.5.1.3 Korngrößen

Gesteinskörnung ist aus Körnern verschiedener Größe zusammengesetzt. Mehrere aufeinander folgende Korngrößen ergeben eine Korngruppe, auch als Lieferkörnung bezeichnet. Zur Ermittlung der Korngrößen einer Korngruppe wird die Größe von zwei Begrenzungssieben angegeben (**Tabelle 1**). Eine Korngruppe, z. B. die Korngruppe 8/16, besteht aus Körnern mit $d = 8$ mm und Körnern mit $D = 16$ mm. Körner mit einer Größe von 16 mm werden als **Größtkorn**, Körner mit einer Größe von etwas mehr als 8 mm als **Kleinstkorn** bezeichnet (**Bild 1**). Mithilfe des Ergänzungssiebsatzes 1 mit den Begrenzungssieben 5,6; 11,2; 22,4 und 45 können weitere Korngruppen gemischt werden.

3.5.1.4 Kornfestigkeit

Die Gesteinskörner müssen so fest sein, dass damit hergestellter Mörtel oder Beton die geforderten Eigenschaften erreicht. Sowohl natürliche als auch künstlich hergestellte Gesteinskörnung erfüllt im Allgemeinen diese Anforderungen. Verwitterte Gesteine, Tone und Schiefer sind ungeeignet und müssen ausgesondert werden.

3.5.1.5 Widerstand gegen Frost

Gesteinskörnung, die rasch Wasser aufsaugt, kann durch Frosteinwirkung zerstört werden. Im Allgemeinen sind natürlich entstandene Sande und Kiese oder daraus durch Brechen gewonnene Gesteinskörnung wenig frostgefährdet.

3.5.1.6 Schädliche Bestandteile

Schädliche Bestandteile stören bei Mörtel und Beton das Erstarren oder Erhärten, setzen seine Festigkeit oder Dichtheit herab, führen zu Absprengungen oder beeinträchtigen den Korrosionsschutz der Bewehrung. Solche Stoffe sind z. B. Lehm, Ton und Humus.

3.5.1.7 Regelanforderungen

Für die Gesteinskörnung gibt es verschiedene Anforderungskategorien. Diese müssen für jede hergestellte Gesteinskörnung angegeben werden. Zur fehlerfreien Verwendung können verschiedene Kategorien ausgewählt werden.

Zur Vereinfachung sind alle Eigenschaften, für die mehrere Anforderungen erfüllt werden müssen, sogenannte **Regelanforderungen,** aufgestellt worden (**Tabelle 2**). Diese Regelanforderungen sind vom Hersteller der Gesteinskörnungen einzuhalten.

Gesteinskörnungen müssen als alkaliunempfindlich eingestuft sein. Dies gilt für natürliche und recyclierte Gesteinskörnungen. Freie Kieselsäure aus der Gesteinskörnung kann mit im Porenwasser des Betons gelöstem Alkalihydroxid zu Silikaten führen. Dadurch entsteht eine Volumenvergrößerung, die zur Schädigung des Betons führen kann, z. B. durch Risse und Abplatzungen. Es ist deshalb die Einhaltung der »**Alkalirichtlinie**« vorgeschrieben.

3.5.1.8 Geometrische Anforderungen

Alle Gesteinskörnungen werden durch Angabe der Korngröße, ausgedrückt als Verhältnis d/D, beschrieben (Tabelle 1, Seite 92). Die Bezeichnungen der Korngruppen entsprechen den Siebgrößen des **Grundsiebsatzes** und des **Ergänzungssiebsatzes (Bild 1)**.

Für die **feine Gesteinskörnung** (Sand) muss der Hersteller seine mittlere Sieblinie angeben. Diese für seinen Betrieb typische Kornzusammensetzung muss stets die vorgegebenen Grenzabweichungen einhalten. Die so festgelegte feine Gesteinskörnung erhält eine Sortennummer und kann nur mithilfe einer neuen Sortennummer abgeändert werden.

Bei **groben Gesteinskörnungen** unterscheidet man zwischen enggestuften und weitgestuften Gesteinskörnungen.

- **Enggestufte grobe Gesteinskörnungen** entsprechen z. B. den Korngruppen 2/8, 8/16 und 16/32 **(Bild 2)**.

- **Weitgestufte grobe Gesteinskörnungen** erstrecken sich über eine Reihe weiter auseinander liegender Siebe **(Bild 3)**. Dabei muss zusätzlich ein bestimmter Siebdurchgang durch ein „Mittleres Sieb" eingehalten werden.

Bild 1: Grundsiebsatz mit Ergänzungssiebsatz 1

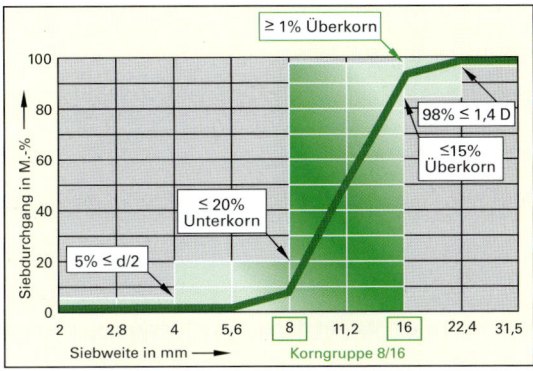

Bild 2: Beispiel einer enggestuften groben Gesteinskörnung

Bild 3: Beispiel einer weitgestuften groben Gesteinskörnung

3.5.2 Prüfung

Gesteinskörnungen werden in der Regel mit den geforderten Eigenschaften angeliefert. Eine Beurteilung nach Augenschein ist noch notwendig.

Nach Augenschein lässt sich auf der Baustelle die Dichtheit oder Porigkeit des Gesteins prüfen. Durch leichte Hammerschläge kann die Kornfestigkeit beurteilt werden. Die Kornoberfläche kann glatt oder rau sein. Sie soll sauber und nicht mit anderen Stoffen verschmutzt sein. Die Kornform soll rund oder würfelig sein. Der Anteil flacher oder länglicher Körner darf nicht mehr als die Hälfte der Gesteinskörnung betragen. Bei der Beurteilung der Sauberkeit ist darauf zu achten, dass die Gesteinskörnung kein Holz, Laub, Humus sowie keine tonigen oder schiefrigen Bestandteile enthält.

3.5.3 Oberflächenfeuchte

Bei der Bestimmung der Zugabewassermenge zur Herstellung von Mörtel und Beton muss die Oberflächenfeuchte der Gesteinskörnung berücksichtigt werden. Unter Oberflächenfeuchte versteht man Wasser an der Oberfläche des Gesteins und zwischen den Gesteinskörnern.

Die **genaue Oberflächenfeuchte** einer Gesteinskörnung lässt sich durch den **Darrversuch** bestimmen. Dazu wird der Gesteinskörnung eine Probe entnommen. Diese wird gewogen, im Darrofen getrocknet und wieder gewogen. Der Gewichtsunterschied in Prozent, bezogen auf die trockene Probemenge, ergibt die Oberflächenfeuchte.

Die Oberflächenfeuchte ist von der Korngröße, der Lagerung und der Witterung abhängig. Ein Korngemisch 0/32 hat normalerweise eine Oberflächenfeuchte von etwa 3%. Das ergibt bei einer Menge an Gesteinskörnung von 2000 kg je m³ fertigem Beton eine Wassermenge von ungefähr 60 Liter.

3.5.4   Arten

Man unterscheidet Gesteinskörnung aus natürlichem Gestein und industriell hergestellte Gesteinskörnung.

3.5.4.1 Gesteinskörnung aus natürlichem Gestein

Ungebrochene Gesteinskörnung ist aus Gruben, Flussläufen und Seen gewonnene feine und grobe Gesteinskörnung (Sand und Kies) mit runder, kugeliger Form. Als leichte Gesteinskörnung kann Naturbims und Lavaschlacke verwendet werden.

Gebrochene Gesteinskörnung ist Brechsand, Splitt, Schotter und Steinschlag. Er ist im Gegensatz zu ungebrochene Gesteinskörnung scharfkantig. Edelbrechsand und Edelsplitt sind mehrfach gebrochenes Gestein.

3.5.4.2 Industriell hergestellte Gesteinskörnung

Industriell hergestellte Gesteinskörnung mit dichtem und porigem Gefüge ist ungebrochen und gebrochen.

Dichte Gesteinskörnung ist z. B. in entsprechende Korngrößen gebrochene Hochofenschlacke und Hüttensand. Sie entsteht durch Abschrecken heißer Hochofenschlacke mit Wasser.

Porige Gesteinskörnung ist z. B. Hüttenbims, Sinterbims und Ziegelsplitt. Hüttenbims entsteht, wenn man Wasser durch heiße Hochofenschlacke presst. Die Schlacke wird dadurch mit feinen Poren durchsetzt. Sinterbims wird aus zusammengeschmolzenen Abfallprodukten, z. B. aus Müllverbrennungsschlacke, hergestellt. Ziegelsplitt wird aus Bruchabfall von Ziegeleien und aus Abbruchziegeln gewonnen.

3.5.5   Gesteinskörnung für Mörtel

Zur Herstellung von Feinmörtel wird feine Gesteinskörnung bis 4 mm Korngröße verwendet. In besonderen Fällen benötigt man Grobmörtel mit Gesteinskörnung bis 8 mm Korngröße. Am häufigsten wird für Mörtel feine Gesteinskörnung verwendet. Dazu eignen sich Grubensand (ungewaschen und gewaschen) sowie Flusssand.

Ungewaschener Grubensand enthält lehmige und tonige Bestandteile; er eignet sich für Mauermörtel. Gewaschener Gruben- und Flusssand wird für Zementmörtel und Putzmörtel verwendet. Häufig wird ungewaschene feine Gesteinskörnung mit gewaschener feiner Gesteinskörnung verbessert.

Bild 1: Prüfsiebsatz

Bild 2: Quadratlochsieb und Maschensieb (Ausschnitte)

3.5.6   Gesteinskörnung für Beton

Bei Gesteinskörnung für Beton ist die Kornzusammensetzung wichtig. Außerdem muss bei der Herstellung von Beton die Oberfläche des Korngemisches berücksichtigt werden.

3.5.6.1 Kornzusammensetzung

Gesteinskörnung für Beton ist aus verschiedenen Korngrößen zusammengesetzt. Die Kornzusammensetzung wird durch einen **Siebversuch** ermittelt. Dazu benötigt man einen Prüfsiebsatz aus 10 quadratischen Sieben mit einem Auffangkasten **(Bild 1)**. Die oberen 5 Siebe sind Quadratlochsiebe mit Lochweiten von 63 mm, 31,5 mm (Nennweite 32 mm), 16 mm, 8 mm und 4 mm. Die unteren 5 Siebe sind Maschensiebe mit Lochweiten von 2 mm, 1 mm, 0,5 mm, 0,25 mm und 0,125 mm **(Bild 2)**.

Zur Durchführung des Siebversuchs wird aus dem Haufen aus Gesteinskörnungen an verschiedenen Stellen eine bestimmte Probemenge entnommen (Durchschnittsprobe). Die Probemenge wird

Tabelle 1: Siebversuch für Korngruppe 0/32

Versuch	Gesamt-rückstand g	Siebrückstände in g								
		0,25	0,5	1	2	4	8	16	31,5	63
Probe-Kennzeichen/Korngruppe 0/32 mm ③ „grob- bis mittelkörnig"										
1	10 000	9 740	8 770	8 190	7 360	6 480	4 950	2 900	0	0
2	10 000	9 670	8 800	8 210	7 440	6 500	5 000	2 840	0	0
3	10 000	9 690	8 830	8 200	7 400	6 520	5 050	2 960	0	0
Summe	30 000	29 100	26 400	24 600	22 200	19 500	15 000	8 700	0	0
Rückstand %		97	88	82	74	65	50	29	0	0
Durchgang %		3	12	18	26	35	50	71	100	100

nach dem Trocknen auf das oberste Sieb gegeben. Der Siebsatz wird über eine Wippe hin und her bewegt, bis kein Korn mehr durch die Siebe fällt. Die Rückstände auf den einzelnen Sieben werden nacheinander auf der Waage abgewogen. Man beginnt dabei mit dem obersten Sieb und schüttet jeweils den Inhalt des nächsten Siebes dazu, sodass die Kornmenge mit der bereits vorhandenen Kornmenge verwogen wird (additive Wägung). Die Rückstände aller Siebe einschließlich des Inhalts des Auffangkastens müssen wieder das Gewicht der Probemenge ergeben. Bei einem Siebversuch mit der Korngruppe 0/32 ergeben sich die in **Tabelle 1** eingetragenen Werte. Werden diese in ein Schaubild eingetragen, erhält man die **Sieblinie**.

Zur Herstellung von Beton sind bestimmte Kornzusammensetzungen erforderlich. Diese sind in DIN 1045-2 als **Grenzsieblinien** festgelegt. Man unterscheidet 4 Schaubilder für ein jeweiliges Größtkorn von 8 mm, 16 mm, 31,5 mm und 63 mm **(Bild 1)**.

Ein Schaubild enthält 3 Sieblinien, die mit A, B und C bezeichnet sind. Die Sieblinie A stellt ein grobes, B ein mittleres und C ein feines Korngemisch dar. Kornzusammensetzungen zwischen den Sieblinien A und B im Bereich ③ sind grob- bis mittelkörnig, zwischen B und C im Bereich ④ mittel- bis feinkörnig. Außerhalb der Sieblinien A und C liegende Kornzusammensetzungen in den Bereichen ① grobkörnig und ⑤ feinkörnig.

Gesteinskörnungen aus Restbeton entstehen durch Auswaschen und Aufbereiten von **Restmörtel und Restbeton** im Transportbetonwerk. Wiederverwendet werden darf nur Gesteinskörnung größer als 0,2 mm. Der Zementleim muss ausgewaschen und ein gleichmäßiges Untermischen möglich sein. Er ist der größten Korngruppe gleichmäßig in so kleinen Mengen beizumischen, dass das Ergebnis von Erstprüfungen eingehalten werden kann.

Gesteinskörnungen aus Restbeton dürfen nur dort bei der Betonherstellung zusätzlich verwendet werden, wo auch ursprüngliche Gesteinskörnungen

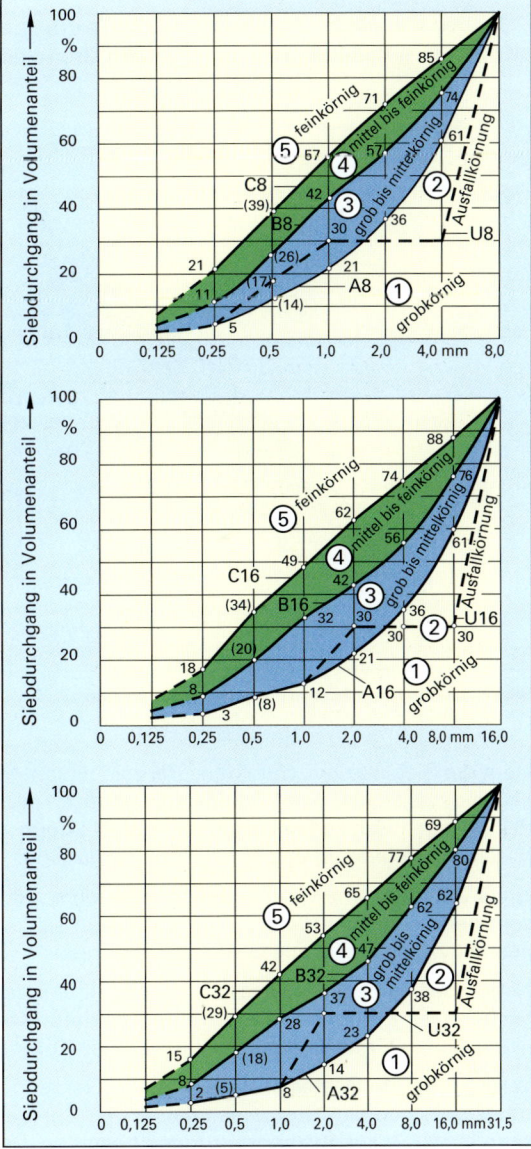

Bild 1: Sieblinien nach DIN 1045-2

verarbeitet wurden. Dabei sind die entsprechenden Richtlinien des Deutschen Ausschusses für Stahlbeton einzuhalten. Dasselbe gilt für die Wiederverwendung von **Restwasser**.

In manchen Fällen verwendet man Kornzusammensetzungen, bei denen eine oder mehrere Korngruppen fehlen. Solche Korngemische bezeichnet man als **Ausfallkörnung**. Die Sieblinie dieses Korngemisches ist

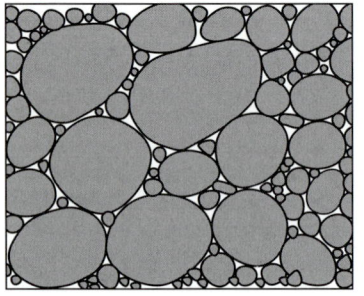

mit U gekennzeichnet. Die Sieblinie U verläuft im Bereich der fehlen-den Korngruppen waagerecht und wird deshalb als **unstetige Sieb-linie** bezeichnet. Im Gegensatz zu den unstetigen Sieblinien werden Sieblinien, die alle Korngruppen enthalten, als **stetige Sieblinien** be-zeichnet.

Das Korngemisch soll ein möglichst dichtes, hohlraumarmes **Korn-gefüge** (Kornhaufwerk) ergeben. Ein Korngemisch wird am dichtes-ten, wenn die jeweils entstehenden Hohlräume mit möglichst großen Körnern ausgefüllt werden **(Bild 1)**. Durch dieses Korngefüge erhält der Beton vorwiegend seine Festigkeit.

Bild 1: Dichtes Korngefüge

Zur Beurteilung eines Korngemisches wird dessen Sieblinie in das dem Größtkorn entsprechende Schaubild eingetragen **(Bild 2)**.

Bild 2: Sieblinie und Ermittlung der Korngruppen

Liegt die Sieblinie zwischen den Grenzsieblinien A und B, so ist das Korngemisch **grob- bis mittelkörnig**, liegt sie zwischen B und C ist das Korngemisch **mittel- bis feinkörnig**. Verläuft die Sieblinie oberhalb C, ist das Korngemisch zu **feinkörnig** und daher **ungünstig**; verläuft die Sieblinie unterhalb A, gilt das Kornge-misch als **grobkörnig** und ist ebenfalls **ungünstig**.

Unter Zuhilfenahme von Sieblinien kann nicht nur eine **vorhandene Gesteinskörnung** nach ihrer Kornzu-sammensetzung **beurteilt** werden, sondern es kann auch ein **gewünschtes Korngemisch zusammen-gestellt** werden, z. B. eine Gesteinskörnung aus 4 Korngruppen (Bild 2).

Neben der Kornzusammensetzung können aus der Sieblinie auch Werte über die **Größe der Kornober-fläche** eines Korngemisches ermittelt werden (**Körnungsziffer K** und **D-Summe**). Diese Werte ergeben einen Anhalt für den Wasseranspruch eines Korngemisches.

Werkgemischte Gesteinskörnung ist ein Gemenge aus ungebrochenen oder gebrochenen Körnern und muss zwischen den Grenzsieblinien A und C liegen mit einem Größtkorn von 45 mm. Dieses Gemenge kann auch nur aus zwei Korngruppen bestehen. Daraus ergibt sich für das Transportbetonwerk die Mög-lichkeit, weniger Korngruppen vorhalten zu müssen und damit seine Wirtschaftlichkeit zu steigern.

3.5.6.2 Größtkorn

Größtkorn zu groß — Größtkorn richtig ausgewählt

Bild 1: Auswahl des Größtkorns am Beispiel einer 50 mm dicken Betonplatte

Das Größtkorn in der Gesteinskörnung ist so zu wählen, wie Mischen, Fördern, Einbringen und Verdichten des Betons es erfordern.

- Das Größtkorn sollte $1/3$ der kleinsten Bauteilabmessung nicht überschreiten **(Bild 1)**.
- Der überwiegende Teil der Gesteinskörnung soll bei Stahlbeton kleiner als der Abstand der Bewehrungsstäbe oder
- bei geringer Betondeckung kleiner als der Abstand zwischen Bewehrung und Schalung sein.

3.5.6.3 Mehlkorngehalt

Der **Mehlkorngehalt** in der Gesteinskörnung setzt sich zusammen aus dem **Kornanteil bis 0,125 mm**, gegebenenfalls dem Betonzusatzstoff und dem im Betongemisch enthaltenen Zement.

Feinanteile (Füller, Gesteinsmehl) können dem Korngemisch nach DIN 4226-100 zugegeben werden. Füller ist eine Gesteinskörnung, deren überwiegender Teil durch das **0,063-mm-Sieb** hindurch geht. Für die Zugabe sind vom Hersteller des Korngemisches bestimmte Grenzwerte einzuhalten

Beton muss eine bestimmte Menge Mehlkorn enthalten, damit er gut verarbeitbar ist und ein dichtes Gefüge erhält. Dies ist z. B. bei Sichtbeton, bei Beton mit hohem Wassereindringwiderstand, bei Beton für dünnwandige und engbewehrte Bauteile und bei Beton, der über längere Strecken oder in Rohrleitungen gefördert wird, wichtig.

Ein zu hoher Mehlkorngehalt erfordert mehr Zementleim und kann sich nachteilig auswirken, z. B. bei Frostangriff mit oder ohne Taumittel und bei Betonangriff durch Verschleißbeanspruchung. Deshalb ist für Betone bis Festigkeitsklasse C50/60 bei den Expositionsklassen XF und XM sowie bei allen Betonen ab Festigkeitsklasse C55/67 der Mehrkorngehalt zu begrenzen. Für alle anderen Betone beträgt der höchstzulässige Mehlkorngehalt 550 kg/m³.

3.6 Zugabewasser

Als Zugabewasser bezeichnet man die Wassermenge, die man beim Mischen zugibt. Hierfür kann das in der Natur vorkommende Wasser verwendet werden, soweit es nicht Bestandteile enthält, die das Erhärten oder andere Eigenschaften des Betons ungünstig beeinflussen. Solche Bestandteile können als Humussäure in Moorwasser oder als Industrieabwasser in Flüssen auftreten. Meerwasser darf nicht für Stahlbeton verwendet werden, weil durch den Chloridgehalt der Rostschutz der Bewehrung nicht gewährleistet ist. Trinkwasser ist stets geeignet, nicht dagegen Mineralwasser und Wasser aus Schwefelquellen.

Bei der Ermittlung der Zugabewassermenge ist die **Eigenfeuchte** der Gesteinskörnung zu berücksichtigen. Die Eigenfeuchte setzt sich aus Oberflächenfeuchte und Kernfeuchte zusammen. Unter der **Oberflächenfeuchte** versteht man das Wasser an der Kornoberfläche oder zwischen den Gesteinskörnern. Bei stationären Mischanlagen wird die Oberflächenfeuchte durch radiometrische Messverfahren laufend festgestellt. Dabei wird nukleare Strahlung beim Durchgang durch die Gesteinskörnung geschwächt. Je nach Feuchtegehalt ist der Strahlendurchgang unterschiedlich hoch und ergibt entsprechende Messwerte für die Oberflächenfeuchte.

Die **erforderliche Menge an Zugabewasser** ergibt sich aus dem Wasseranspruch abzüglich der Oberflächenfeuchte der Gesteinskörnung. Eine Kontrolle des Wassergehalts ist auf der Baustelle durch Prüfung der Frischbetonkonsistenz möglich.

Tabelle 1: Betonzusatzmittel		
Art	Kurz-bezeichnung	Kennfarbe
Betonverflüssiger	BV	gelb
Luftporenbildner	LP	blau
Dichtungsmittel	DM	braun
Erstarrungsverzögerer	VZ	rot
Erstarrungsbeschleuniger	BE	grün
Einpresshilfen	EH	weiß
Stabilisierer	ST	violett
Chromreduzierer	CR	rosa
Recyclinghilfen	RH	schwarz
Schaumbildner	SB	orange

Verwendung von Betonverflüssiger

- **gleicher Wasserzementwert**
  - Verflüssigung des Frischbetons bei gleichem Wassergehalt
  - größeres Ausbreitmaß
  - Änderung der Konsistenz
  - leichteres und schnelleres Einbringen des Frischbetons

  Anwendung bei engliegender Bewehrung und bei dünnen Bauteilen

- **geringerer Wasserzementwert**
  - Beibehaltung der Konsistenz
  - geringerer Wassergehalt
  - geringeres Schwinden
  - höhere Druckfestigkeit
  - höhere Frühfestigkeit
  - höhere Dichtheit
  - höhere Dauerhaftigkeit

  Anwendung bei hochfestem Beton und bei Betonfertigteilen

Bild 1: Wirkung von Fließmitteln

3.7 Betonzusätze

Die Eigenschaften des Frisch- und Festbetons können durch Betonzusatzmittel und Betonzusatzstoffe beeinflusst werden.

3.7.1 Betonzusatzmittel

Betonzusatzmittel sind flüssige oder pulverförmige Stoffe, die vorwiegend bestimmte Frischbetoneigenschaften, wie z. B. die Verarbeitbarkeit oder den Erstarrungsbeginn, günstig beeinflussen. Da sie jedoch andere wichtige Betoneigenschaften ungünstig beeinflussen können, muss die Menge der Zusatzmittel immer durch eine Erstprüfung ermittelt werden. Die Erstprüfung sollte die jeweilige Baustellensituation berücksichtigen, da z. B. unterschiedliche Außentemperaturen wesentlichen Einfluss auf die Wirkung der Betonzusatzmittel haben können. Betonzusatzmittel werden je nach Dauer ihrer Wirkung nur in geringen Mengen entweder dem Zugabewasser oder der fertigen Betonmischung beigegeben. Flüssige Betonzusatzmittel sind frostgeschützt zu lagern. Es dürfen nur Betonzusatzmittel mit gültigem Prüfzeichen verwendet werden **(Tabelle 1)**.

3.7.1.1 Betonverflüssiger (BV)

Betonverflüssiger setzen die Oberflächenspannung des Wasser herab und ermöglichen dadurch eine Verminderung der Wasserzugabe um bis zu 10 %. Die Verarbeitbarkeit des Frischbetons wird verbessert, obwohl der Wasserzementwert gleich bleibt. Durch die Verminderung der Wasserzugabe wird der Wasserzementwert geringer, der Beton dafür dichter. Die Entmischungsgefahr des Frischbetons wird geringer, das Bluten verhindert. Man unterscheidet Plastifizierer und Fließmittel.

Plastifizierer werden bei Betonen mit steifer Konsistenz eingesetzt. Sie machen Mörtel und Beton homogener (gleichmäßiger) und plastischer. Der Beton lässt sich leichter pumpen und verdichten; die Sichtbetonqualität wird verbessert.

Fließmittel (FM) sind besonders stark wirkende Verflüssiger **(Bild 1)**. Sie ermöglichen bei normaler Zugabewassermenge die Herstellung eines Betons in fließfähiger Konsistenz (Fließbeton). Dadurch kann der Beton unter erschwerten Bedingungen leichter und wirtschaftlicher eingebaut werden. Auch wird die Umweltbelastung durch Lärm geringer, da einfachere Maschinen und Geräte zum Einsatz kommen.

Bei Verwendung von Fließmittel ist jedoch zu beachten, dass seine Wirkung nach 45 Minuten abgebaut ist. Deshalb erfolgt die Fließmittelzugabe bei Transportbeton erst auf der Baustelle.

Bild 1: Luftporen (stark vergrößertes Betongefüge)

3.7.1.2 Luftporenbildner (LP)

Luftporenbildner erzeugen je nach Größtkorn 3 % bis 5 % sehr kleine geschlossene Luftporen im Beton. Ihr Abstand soll unter 0,2 mm liegen (**Bild 1**). Diese Luftporen wirken wie Kugeln in einem Kugellager, wodurch der Frischbeton geschmeidiger wird und sich besser verarbeiten lässt. Außerdem dienen die Luftporen dem Druckausgleich beim Gefrieren des Kapillarwassers im Beton. Es erhöht sich der Widerstand gegen Frost und Taumittel. Betone mit Luftporenbildner werden deshalb besonders im Straßen- und Brückenbau eingesetzt. Für besonders porigen Leichtbeton werden jedoch schaumbildende Stoffe eingesetzt.

3.7.1.3 Verzögerer (VZ)

Verzögerer schieben den Erstarrungszeitpunkt hinaus, indem sie die Wärmeentwicklung verlangsamen. Dadurch laufen die Hydratationsvorgänge langsamer ab und die Verarbeitungszeit verlängert sich. Die Wirkung von Verzögerer hängt vom verwendeten Zement und von der jeweiligen Außentemperatur auf der Baustelle ab. Verzögerer setzt man bei Werkmörtel und Transportbeton ein. Außerdem wird er bei der Herstellung massiger Bauteile, z. B. im Brückenbau, sowie für das Betonieren bei hohen Außentemperaturen, z. B. im Sommer, verwendet (**Bild 2**).

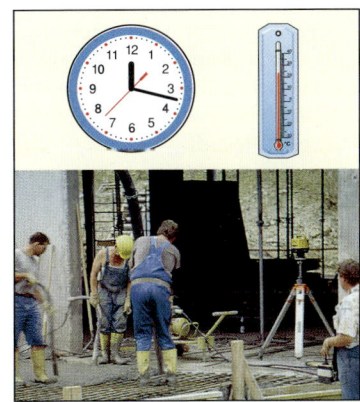

Bild 2: Einbringen von Beton mit Verzögerer an einem Sommertag

3.7.1.4 Beschleuniger (BE)

Beschleuniger verkürzen die Erstarrungszeit. Sie enthalten Bestandteile, die die Korrosion der Bewehrung fördern. Deshalb dürfen Beschleuniger nicht für Stahlbeton eingesetzt werden. Sie können z. B. bei Betonfertigteilen zur Frühfestigkeitssteigerung, bei Reparaturmörtel zum Schließen wasserundichter Stellen sowie bei Spritzbeton eingesetzt werden.

3.7.1.5 Dichtungsmittel (DM)

Dichtungsmittel setzen die Wasseraufnahme des Betons herab und vermindern die Kapillarwirkung. Sie erweisen sich aber nach längerer Zeit als wenig wirksam.

3.7.1.6 Einpresshilfen (EH)

Einpresshilfen für Einpressmörtel erleichtern im Spannbetonbau das Einpressen des Zementmörtels und verbessern das Fließen in den Spannkanälen. Durch mäßiges Quellen des Mörtels beim Erhärten verhindert man Hohlräume im oberen Bereich der Spannkanäle (**Bild 3**).

3.7.1.7 Stabilisierer (ST)

Stabilisierer machen den Frischbeton homogener und gleitfähiger. Damit lässt er sich besser verarbeiten und leichter pumpen. Sichtbe-

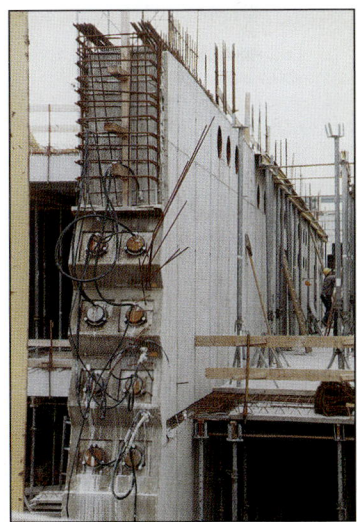

Bild 3: Spannbetonwand mit Schläuchen zur Kontrolle der vollständigen Verfüllung mit Einpressmörtel

tonflächen werden glatter. Stabilisierer werden vor allem bei Leichtbeton eingesetzt, da durch den besseren inneren Zusammenhalt die Körner von leichter Gesteinskörnung beim Glätten nicht aufschwimmen und sich ein weiterer Arbeitsgang erübrigt.

3.7.2 Betonzusatzstoffe

Unter Betonzusatzstoffen versteht man mineralische und organische Stoffe, die bestimmte Betoneigenschaften beeinflussen. So können sie z. B. den Gehalt an Mehlkorn erhöhen, die Konsistenz und Verarbeitbarkeit des Frischbetons verändern und sich bei Festbeton auf die Druckfestigkeit, die Dichte, die Abriebfestigkeit, den Wassereindringwiderstand und die Farbe auswirken. Sie dürfen aber die Erhärtung des Zements, seine Druckfestigkeit und die Beständigkeit gegen Abrieb sowie den Korrosionsschutz der Bewehrung nicht beeinträchtigen oder verringern. Deshalb dürfen nur genormte oder bauaufsichtlich zugelassene Betonzusatzstoffe verwendet werden. Da Betonzusatzstoffe (Füller) in größeren Mengen zugegeben werden, sind sie bei der Stoffraumberechnung zu berücksichtigen und die Eigenschaften des Festbetons durch eine Erstprüfung nachzuweisen.

Mineralische Betonzusatzstoffe sind Gesteinsmehl, feingemahlener Trass und Hochofenschlacke. Außerdem wird im Betonwerk immer häufiger **Steinkohlenflugasche (SFA)** zugegeben. Bei deren Verwendung muss nach DIN 1045 ein Mindestzementgehalt und ein höchstzulässiger Wasserzementwert eingehalten werden. Entsprechendes gilt für die Verwendung von **Silicastaub (SF = s**ilica **f**ume), einem pulverförmigen Betonzusatzstoff.

Organische Betonzusatzstoffe sind z. B. Kunstharzzusätze, die Zugabewasser einsparen und die Verarbeitbarkeit des Frischbetons verbessern.

Farbmittel benutzt man zum Einfärben des Betons. Es dürfen nur Farbmittel verwendet werden, die zementecht sind, d. h. sie dürfen den Zement nicht angreifen und ihre Farbe nicht verlieren. Farbmittel sind meist Metalloxide, wie z. B. Eisenoxid für Rot, Gelb, Braun und Schwarz, Chromoxid für Grün, Kobalt-Aluminium-Chromoxid für Blau oder Titandioxid für Weiß. Je feinkörniger Farbmittel sind, desto größer ist ihre Farbwirkung, die aber nur am erhärteten Beton beurteilt werden kann.

Aufgaben

1 Beschreiben Sie, welche Gesteinskörnungen zu einer Korngruppe gehören.

2 Beurteilen Sie die Gesteinskörnung bei ihrer Anlieferung.

3 Erläutern Sie den Begriff Eigenfeuchte bei der Gesteinskörnung.

4 Beschreiben Sie die Ermittlung der genauen Oberflächenfeuchte einer Gesteinskörnung.

5 Wie überprüfen Sie die genaue Zusammensetzung einer Gesteinskörnung?

6 Sie sollen eine Gesteinskörnung anhand der Sieblliniendiagramme aus der Norm überprüfen. Beschreiben Sie den Vorgang sowie den Zweck der Überprüfung.

7 Eine Gesteinskörnung soll gemischtkörnig sein. Nennen Sie die Vor- bzw. Nachteile einer zu feinen sowie einer zu groben Körnung.

8 Wonach ist das Größtkorn für eine Gesteinskörnung auszuwählen?

9 Betonverflüssiger werden sehr häufig eingesetzt. Beschreiben Sie die unterschiedlichen Wirkungen, die dabei auftreten können.

10 Im Hochsommer ist eine Straßenbrücke zu betonieren. Der Beton erhärtet bei hohen Temperaturen sehr schnell. Nennen Sie Möglichkeiten, wie Beton langsamer erhärtet, um z. B. Risse zu vermeiden.

3.8 Mörtel

Mörtel ist ein Gemisch aus Bindemittel, Gesteinskörnung bis höchstens 4 mm Korngröße und Zugabewasser, gegebenenfalls auch Zusatzstoffen und Zusatzmitteln.

3.8.1 Mörtelherstellung

Mörtel wird werkmäßig hergestellt oder auf der Baustelle gemischt.

3.8.1.1 Baustellenmörtel

Bei der Herstellung auf der Baustelle hat das Zumessen der Bindemittel und der Gesteinskörnung mit Waage oder Zumessbehälter (nicht mit der Schaufel) zu erfolgen, um eine gleichmäßige Mörtelzusammensetzung zu erreichen. Die Mörtelbestandteile sind in der Reihenfolge Zugabewasser, Bindemittel, Gesteinskörnung in die Mischmaschine einzubringen und so lange zu mischen, bis ein gleichmäßiges Gemisch entstanden ist.

3.8.1.2 Werkmauermörtel

Bei werkmäßig hergestelltem Mauermörtel muss bei der Dosier- und Mischanlage eine Mischanweisung vorliegen, aus der die erforderlichen Gewichte der Mauermörtelbestandteile und die notwendige Mischzeit ersichtlich ist. Dem Werkmauermörtel darf auf der Baustelle keine Gesteinskörnung, keine Zusatzstoffe und keine Zusatzmittel mehr beigegeben werden. Jeder Lieferung von Werkmauermörtel muss ein Begleitzettel beigefügt sein, auf dem Lieferwerk, genaue Bezeichnung der Bestandteile und Menge des Mauermörtels sowie Hinweise für die Weiterverarbeitung vermerkt sind. Werkmauermörtel kann als Nassmörtel und als Trockenmörtel geliefert werden **(Bild 1)**.

Nassmörtel wird gebrauchsfertig (kellenfertig) mit Transportmischfahrzeugen zur Baustelle befördert und in besondere Mörtelübergabebehälter umgefüllt. Durch werkmäßige Zugabe von Verzögerer kann eine Verarbeitungszeit bis zu 36 Stunden erreicht werden.

Trockenmörtel ist ein Gemisch von Bindemittel und Gesteinskörnung. Dieses Gemisch kommt sackweise und in Silos auf die Baustelle und ist dort trocken und witterungsgeschützt so zu lagern, dass eine ordnungsgemäße Verwendung über eine Zeitspanne von mindestens 4 Wochen sichergestellt ist.

Werden die Mörtelausgangsstoffe einzeln oder teilweise vorgemischt in getrennten Kammern eines Silos auf die Baustelle geliefert, spricht man von **Mehrkammer-Silomörtel**. Diese Mörtelbestandteile sind in einem vom Werk fest eingestellten Mischungsverhältnis zu dosieren und dürfen nur mit der vom Mörtelhersteller angegebenen Wassermenge gemischt werden.

Bild 1: Werkmauermörtel

3.8.2 Mauermörtel

Mauermörtel hat die Aufgabe, Mauersteine miteinander zu verbinden und fest in ihrer Lage zu halten. Mit Mauermörtel lassen sich Maßabweichungen bei Mauersteinen ausgleichen. Mauermörtel ist in DIN 1053 genormt.

3.8.2.1 Mörtelgruppen und ihre Anwendung

Bei Mauermörtel unterscheidet man nach DIN 1053-1 fünf Mörtelgruppen mit unterschiedlicher Druckfestigkeit. Die geforderte Druckfestigkeit ergibt sich aus Art und Menge der verwendeten Bindemittel und Gesteinskörnungen (**Tabelle 1,** Seite 102).

- **Mörtel der Mörtelgruppe I** enthält nur Kalk als Bindemittel. Da keine Anforderungen an die Druckfestigkeit gestellt werden, sind diese Mörtel nicht zulässig bei Mauerwerk für mehr als zwei Vollgeschossen und für Wanddicken unter 24 cm, wobei bei zweischaligen Außenwänden die Dicke der Innenschale maßgebend ist. Weiterhin ist mit diesem Mörtel das Mauern von Außenschalen, Kellermauerwerk, Gewölbe und Mauerwerk nach Eignungsprüfung nicht zulässig.
- **Mörtel der Mörtelgruppe II** und **II a** enthalten Kalk und Zement als Bindemittel. Sie haben eine ausreichende Druckfestigkeit und können für normal belastetes Mauerwerk sowohl für Innen- als auch für Außenwände verarbeitet werden.
- **Mörtel der Mörtelgruppe III** und **III a** haben Zement als Bindemittel. Beide Mörtelgruppen haben das gleiche Mischungsverhältnis, jedoch werden an die Gesteinskörnung in Gruppe IIIa erhöhte Anforderungen gestellt. Sie können wegen ihrer hohen Druckfestigkeit besonders für hochbelastetes Mauerwerk, wie z. B. für kurze Wände (Pfeiler) und Auflager, verwendet werden.

Mörtel unterschiedlicher Gruppen dürfen auf einer Baustelle nur dann gemeinsam verwendet werden, wenn keine Verwechslungsgefahr besteht. Sollen Mörtel mit anderen Mischungsverhältnissen verarbeitet werden, sind diese stets, wie Mörtel der Mörtelgruppe III a, einer Eignungsprüfung zu unterziehen.

3.8.2.2 Eigenschaften von Frischmauermörtel

Frischmauermörtel ist noch nicht erhärteter Mauermörtel. Er soll geschmeidig und gut verarbeitbar sein, am Mauerstein haften, sich nicht entmischen, kein Wasser absondern und nicht zu früh erhärten. Diese Eigenschaften sind abhängig vom Kornaufbau, dem Bindemittel, der Konsistenz, den beigemischten Zusatzmitteln und der Lagerzeit des Frischmauermörtels.

Tabelle 1: Mörtelgruppen für Baustellenmauermörtel nach DIN 1053-1-A (Anhaltswerte für die Zusammensetzung in Raumteilen)

Mörtelgruppe MG	Mörtelart	Luft- u. Wasserkalk		Hydraulischer Kalk (HL2)	Hydr. Kalk (HL5) Putz- u. Mauerbinder (MC5)	Zement	Sand	Mindestdruckfestigkeit nach 28 Tagen N/mm²	
		Kalkteig	Kalkhydrat					Güteprüfung	Eignungsprüfung
I	Kalkmörtel	1	–	–	–	–	4	–	–
		–	1	–	–	–	3		
		–	–	1	–	–	3		
		–	–	–	1	–	4,5		
II	Kalkzementmörtel	1,5	–	–	–	1	8	2,5	3,5
		–	2	–	–	1	8		
		–	–	2	–	1	8		
		–	–	–	1	–	3		
II a		–	1	–	–	1	6	5	7
		–	–	–	2	1	8		
III	Zementmörtel	–	–	–	–	1	4	10	14
III a		–	–	–	–	1	4	20	25

Tabelle 2: Mörtelklassen nach DIN EN 998-2

Mörtelklasse	Druckfestigkeit N/mm²
M 1	1
M 2,5	2,5
M 5	5
M 10	10
M 15	15
M 20	20
M d	d

d = eine vom Hersteller angegebene Druckfestigkeit > 20 N/mm² in Stufen von 5 N/mm²

3.8.2.3 Eigenschaften von Festmörtel

Festmörtel ist erhärteter Mörtel. Er muss mit dem Mauerstein eine feste Verbindung haben, dampfdurchlässig sein und die geforderte Druckfestigkeit erreichen. Dies lässt sich durch eine Güteprüfung nachweisen. Werden an die Druckfestigkeiten von Mörtel der Gruppen MG II, IIa und III höhere Anforderungen gestellt, sind Eignungsprüfungen durchzuführen. Dabei wird die für das Erreichen einer bestimmten Druckfestigkeit erforderliche Zusammensetzung bestimmt. Nach DIN EN 998-2 erfolgt die Einteilung der Mauermörtel in **Mörtelklassen (Tabelle 2)**. Das verwendete Bindemittel hat dabei keine Bedeutung.

3.8.2.4 Mauermörtelarten

Mauermörtel werden nach ihrer Verwendung unterschieden.

- **Normalmauermörtel (G)** besitzt keine besonderen Eigenschaften und kann nach Rezept zusammengesetzt sein (Tabelle 1, Seite 102). Mauerwerk mit Normalmauermörtel ist nicht frostbeständig.

- **Leichtmauermörtel (L)** ist ein Mauermörtel nach Eignungsprüfung. Man verwendet leichte Gesteinskörnungen, wie z. B. Blähton oder Hüttenbims. Leichtmauermörtel darf nicht zum Mauern von Gewölben und der Witterung ausgesetztem Sichtmauerwerk verwendet werden. Die Eigenschaften des Leichtmauermörtels verbessert man mit Zusatzmitteln, z. B. werden Plastifizierer, Verzögerer oder Luftporenbildner zugegeben.

  Leichtmauermörtel ist als LM 21 und als LM 36 lieferbar. Die Zahlenwerte weisen auf die Rechenwerte von 0,21 W/m · K bzw. 0,36 W/m · K für die Wärmeleitfähigkeit der Leichtmauermörtel hin **(Tabelle 1)**.

- **Dünnbettmörtel (T)** besteht aus Zement und feiner Gesteinskörnung mit einem Größtkorn von 2,0 mm. Außerdem enthält er chemische Zusätze, die z. B. den Mauermörtel plastischer machen und ein zu starkes Aufsaugen von Wasser aus dem Mauermörtel durch die Mauersteine verhindern. Ihre Verarbeitungszeit beträgt mindestens 4 Stunden, die Korrigierbarkeitszeit beim Versetzen der Mauersteine mindestens 7 Minuten. Dünnbettmörtel werden als Trockenmörtel in Säcken geliefert und müssen angerührt werden **(Bild 1)**. Sie eignen sich zum Mauern von Plansteinen, sind jedoch für Gewölbe nicht zugelassen.

- **Fugenmörtel** enthält Puzzolanzement oder Trass, um dem Mörtel eine höhere Dichtheit zu geben. Die feine Gesteinskörnung soll eine Korngröße von unter 2,0 mm haben. Durch entsprechende Zusatzmittel kann seine wasserabweisende Eigenschaft erhöht werden.

3.8.3 Estrichmörtel

Estrichmörtel wird als Frischmörtel auf Rohdecken bzw. Rohböden aufgebracht. Der Festmörtel kann als Estrich entweder unmittelbar begangen werden oder er dient als Unterlage für Bodenbeläge. Estrichmörtel besteht aus Bindemittel und Gesteinskörnung, gegebenenfalls mit Zugabewasser und Mörtelzusätzen. Als Bindemittel eignen sich Zement, Gipsbinder (Seite 82), Bitumen (Seite 83) und Kunstharze.

Mörtel für **Zementestrich (CT)** wird aus Zement, Gesteinskörnung bis zu einem Größtkorn von 16 mm und Zugabewasser hergestellt. Bei Mörtel mit einem Größtkorn von 8 mm und von 16 mm ist eine bestimmte Korntrennung üblich **(Tabelle 2)**. Wie bei Beton sollte das Größtkorn nicht größer als $1/3$ der Estrichdicke sein. Zementestriche gibt es in verschiedenen Festigkeitsklassen **(Tabelle 3)**. Sie können nach Güteprüfung hergestellt werden; ab CT 40 ist eine Eignungsprüfung vorgeschrieben. Sollen besonders verschleißfeste Estriche hergestellt werden, verwendet man Zementestriche ab der Festigkeitsklasse CT 55 und mischt entsprechende Hartstoffe, wie z. B. harte Natursteine (A), dichte Metallschlacken (M), Elektrokorund und Siliciumkarbid (KS), bei. Verwendet man für Zementestriche als Gesteinskörnung besondere Natursteine und schleift die erhärtete Oberfläche, spricht man von **Terrazzo**.

Tabelle 1: Anforderungen an Leichtmauermörtel

	bei Eignungsprüfung	
	LM 21	LM 36
Druckfestigkeit nach 28 Tagen in N/mm²	≤ 7	≤ 7
Trockenrohdichte nach 28 Tagen in kg/dm³	≤ 0,7	≤ 1,0
Wärmeleitfähigkeit in W/(m · K)	≤ 0,21	≤ 0,36

Bild 1: Anrühren von Dünnbettmörtel

Tabelle 2: Gesteinskörnung für Estrichmörtel

Größtkorn	Korntrennung
8 mm	je zur Hälfte 0/2 und 2/8
16 mm	zu je einem Drittel 0/2, 2/8 und 8/16

Tabelle 3: Festigkeitsklassen der Zementestriche

Festigkeitsklasse	Druckfestigkeit in N/mm²		
	bei Güteprüfung		bei Eignungsprüfung
	Nennfestigk.	Serienfestigk.	
CT 12	12	≥ 15	18
CT 20	20	≥ 25	30
CT 30	30	≥ 35	40
CT 40	40	≥ 45	50
CT 50	50	≥ 55	60
CT 55 M	55	≥ 70	80
CT 65 A	65	≥ 70	80
CT 65 KS	65	≥ 70	80

3.8.4 Putzmörtel

Putzmörtel ist ein Gemisch aus einem oder mehreren Bindemitteln, Gesteinskörnung mit Korngrößen zwischen 0,25 mm und 4 mm sowie Wasser, gegebenenfalls auch Zusätzen. Putzmörtel wird wie Mauermörtel als Werkputzmörtel oder werkmäßig hergestellter Mörtel nach Güteprüfung oder nach Eignungsprüfung hergestellt. Für die verschiedenen Putzmörtel gibt es Abkürzungen (**Tabelle 1**).

Tabelle 1: Abkürzungen für Putzmörtel	
Ab-kürzungen	Putzmörtelarten
GP	Normalputzmörtel
LW	Leichtputzmörtel
CR	Edelputzmörtel
OC	Einlagenputzmörtel für außen
R	Sanierputzmörtel
T	Wärmedämmputz

Tabelle 2: Putzmörtel nach DIN EN 998-1		
Druckfestig-keitsklasse	Normdruckfestigkeit nach DIN EN 998-1	Hauptbinde-mittel
CS I	0,4 bis 2,5 N/mm²	Luftkalk (Kalkhydrat)
CS II	1,5 bis 5 N/mm²	Hydraulischer Kalk
CS III	3,5 bis 7,5 N/mm²	Baukalk und Zement
CS IV	≥ 6 N/mm²	Zement

Ist **Baukalk** oder **Zement** das Hauptbindemittel für Putzmörtel, gilt nach DIN 18550 für Putztrockenmörtel der Putzmörtelgruppen P I bis P III die europäische Putzmörtelnorm DIN EN 998-1. Danach werden Putzmörtel für Innen- und Außenputze in Druckfestigkeitsklassen von CS I bis CS IV eingeteilt (**Tabelle 2**).

Bei Mörteln für Kunstharzputze werden **organische Bindemittel** verwendet. Man unterscheidet nach DIN 18558: P Org 1 für Außen- und Innenputze sowie P Org 2 für Innenputze.

Ist **Gips** das Hauptbindemittel, gelten für die damit hergestellten Gips-Trockenmörtel der Putzmörtelgruppe P IV DIN EN 998-1 und DIN EN 13279-1. Als Bindemittel kann Gipsbinder zusammen mit Baukalk verwendet werden. Für Gips- und Gipsbinder-Trockenmörtel gibt es zahlreiche Arten mit Kurzzeichen (**Tabelle 3**).

Tabelle 3: Gipsbinder und Gips-Trockenmörtel nach DIN EN 13279-1		
Bezeichnung	Kurzzeichen	Erläuterungen
Gipsbinder	A	– zur Direktverwendung auf der Baustelle – zur Weiterverarbeitung, z. B. zu Gipsplatten
Gips-Trockenmörtel	B	– für Gipshandputz – für Gipsmaschinenputz
Gips-Putztrockenmörtel	B1	≥ 50 % Calciumsulfat als Hauptbindemittel ≤ 5 % Baukalk
gipshaltiger Putztrockenmörtel	B2	≤ 50 % Calciumsulfat als Hauptbindemittel ≥ 5 % Baukalk
Gipskalk-Putztrockenmörtel	B3	wie Gips- und gipshaltiger Putztrockenmörtel ≥ 5 % Baukalk
Gipsleicht-Putztrockenmörtel	B4	mit anorganischen oder organischen Leichtzuschlägen
gipshaltiger Leicht-Putztrockenmörtel	B5	–
Gipskalkleicht-Putztrockenmörtel	B6	–
Gips-Trockenmörtel für Putz mit erhöhter Oberflächenhärte	B7	–
Gips-Trockenmörtel für besondere Zwecke	C	wie z. B. für Gips-Mauermörtel, Gips-Trockenmörtel für Akustikputz, Wärmedämmputz, Brandschutzputz, Dünnlagenputz

Aufgaben

1. Nennen Sie die verschiedenen Mörtelgruppen und die jeweils dazu verwendeten Bindemittel.

2. Werkmörtel kann in unterschiedlichen Formen auf die Baustelle geliefert werden. Beschreiben Sie diese Formen und die notwendigen Schritte bis zu einem verarbeitbaren Mauermörtel.

3. Für welche Arbeiten sind die unterschiedlichen Mauermörtelgruppen zugelassen?

4. Für Kalkzementmörtel gibt es unterschiedliche Druckfestigkeiten. Erklären Sie dies.

5. Ordnen Sie den einzelnen Putzmörtelarten die jeweils zugelassenen Bindemittel zu.

3.9 Holz

Holz ist ein Baustoff, der seit Jahrtausenden im Bauwesen vielfältig eingesetzt wird. Dachkonstruktionen, auch Wände, Decken und Treppen, werden aus Holz erstellt **(Bild 1)**. Im Innenausbau ist Holz ein häufig verwendeter Baustoff. Daneben wird Holz im Schalungsbau genutzt.

Die Einsatzmöglichkeiten des natürlichen Rohstoffes Holz haben sich durch Weiterverarbeitung zu Holzwerkstoffen wie Span-, Faser- und Sperrholzplatten noch erweitert. Gründe für die vielseitige Anwendung von Holz sind günstige technische Eigenschaften, ansprechendes Aussehen und ökologische Vorteile.

Um Holz und Holzwerkstoffe fachgerecht einsetzen zu können, sind Kenntnisse über das Wachstum und den Aufbau des Holzes sowie über die Eigenschaften verschiedener Hölzer und Holzwerkstoffe erforderlich.

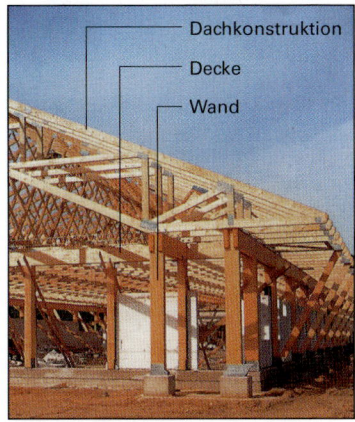

Bild 1: Konstruktionen aus Holz

3.9.1 Wachstum und Aufbau des Holzes

Der Baum bildet seine zum Wachstum notwendigen Aufbaustoffe selbst. Dazu nimmt er durch Spaltöffnungen an der Unterseite der Blätter Kohlenstoffdioxid auf. Außerdem entnimmt er dem Boden durch die Saugkraft der Wurzeln Wasser und leitet es bis in die Blätter. Der Wassertransport erfolgt durch den Sog, der durch die Verdunstung des Wassers in den Blättern ensteht und durch Diffusion und Kapillarwirkung unterstützt wird. Das Wasser enthält Nährsalze und Spurenelemente, wie z. B. Stickstoff, Phosphor, Kalium, Calcium, Magnesium und Eisen, die zum Aufbau organischer Stoffe und zur Lebenserhaltung des Baumes erforderlich sind.

Der Baum wandelt mit Hilfe des Blattgrüns (Chlorophyll) und des Sonnenlichtes Wasser und Kohlenstoffdioxid in Zucker und Stärke um und gibt dabei Sauerstoff ab. Zusammen mit den Nährsalzen werden daraus Zellulose und andere organische Stoffe wie Lignin, Harze und Fette gebildet. Die chemische Umwandlung der aufgenommenen Stoffe in organische Stoffe nennt man **Assimilation** bzw. **Fotosynthese**; dabei ist Sonnenenergie erforderlich **(Bild 2)**.

Das Wachstum der Bäume beginnt in unseren Breitengraden im Frühjahr und dauert bis zum Spätsommer und Herbst. Während der Wintermonate ruht das Wachstum. Das **Längenwachstum** beginnt mit dem Austrieb der End- oder Triebknospen des Stammes, der Äste und der Zweige. In den Knospen befinden sich die Wachstums- oder Vegetationszonen, in denen sich die Zellen fortlaufend teilen und danach strecken.

Das **Dickenwachstum** erfolgt im **Kambium**. Diese dünne Wachstumsschicht umschließt die Holzteile des Baumes und bildet nach innen Holzzellen und nach außen Bastzellen. Wie auch beim Längenwachstum teilen und strecken sich die Zellen. Im **Bast** werden die Aufbaustoffe abwärts zu den Wachstumszonen und in die Speicherzellen der Äste, des Stammes und der Wurzeln geleitet. Die Bastschicht bildet nach außen die Rinde, deren abgestorbene Teile als **Borke** bezeichnet werden **(Bild 3)**.

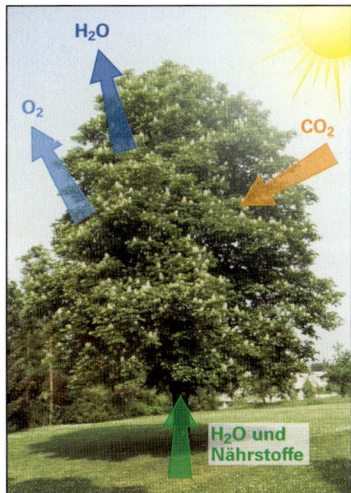

Bild 2: Ernährung des Baumes

Bild 3: Dickenwachstum

Mittel-
lamelle
Zellwand
Tüpfel-
öffnung
(Porus)
Scheibe
(Torus)
Tüpfel-
kammer
Tüpfel-
membran
(Margo)

Tüpfel geöffnet und geschlossen

**Bild 1: Hoftüpfel einer Nadelholz-
zelle**

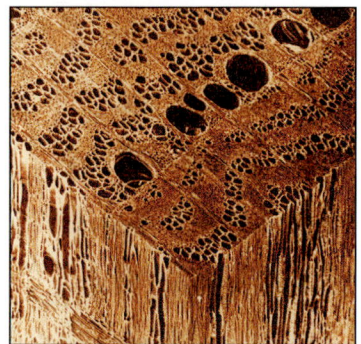

Bild 2: Holzzellen beim Laubholz

grobporiges, ringporiges Holz

zerstreut-, feinporiges Holz

Bild 3: Poren im Laubholz

3.9.1.1 Holzzellen

Holzzellen müssen verschiedene Aufgaben erfüllen und sind deshalb verschieden aufgebaut. Laub- und Nadelhölzer weisen außerdem unterschiedliche Zellen auf.

Benachbarte Zellen sind durch **Tüpfel** miteinander verbunden. Tüpfel sind paarweise angeordnete, durchlässige Dünnstellen in den Zellwänden, die den Wasser- und Stofftransport zwischen den Zellen ermöglichen.

Bei Laubhölzern bestehen die Tüpfel meist nur aus einem feinen, netzartigen Fasergeflecht mit sehr kleinen Öffnungen, das den Stoffaustausch durch Diffusion zulässt.

Nadelholztüpfel werden als **Hoftüpfel** bezeichnet. Bei diesen befindet sich zwischen den Zellwandöffnungen (Porus) eine durchlässige Mittellamelle mit einer Schließhaut (Torus) **(Bild 1)**. Bei Verletzungen des Baumes und beim Austrocknen von gefälltem Holz erfolgt ein Tüpfelverschluss. Deshalb sind manche Nadelhölzer schwer imprägnierbar.

Das abwärts gerichtete **Leitungssystem im Bast** besteht im Laubholz aus **Siebröhren,** in Nadelhölzern aus **Siebzellen.** Siebröhren haben unverdickte und unverholzte Zellwände. Sie bilden durch längs und quer angeordnete Öffnungen ein durchlässiges Röhrensystem zum Transport der Nährstoffe **(Bild 2)**. Die gleiche Aufgabe haben bei den Nadelhölzern lange schlanke, an den Enden zugespitzte Siebzellen, mit zahlreichen feinen Tüpfeln an den Längswänden.

Die **Holzmasse der Nadelhölzer** besteht vor allem aus den **Tracheiden.** Diese Zellen, die nur bei Nadelhölzern vorkommen, geben dem Holz die Festigkeit und übernehmen die Saftleitung aufwärts. Sie sind lang gestreckt und bilden etwa 95 % der Holzmasse. Die Nähr- und Wuchsstoffe werden in vorwiegend quer zur Faserrichtung angeordneten **Speicherzellen** abgelagert, die gebündelt bei manchen Laubhölzern als Holzstrahlen erkennbar sind.

Die **Holzmasse der Laubhölzer** weist kein so einfaches Gefüge wie die entwicklungsgeschichtlich älteren Nadelhölzer auf. Laubhölzer haben neben **Stütz-** und **Speicherzellen** spezielle, lang gestreckte **Leitzellen,** die den Saft leiten und auch als Tracheen, Gefäße oder Poren bezeichnet werden **(Tabelle 1)**. Die Größe und Verteilung dieser Leitzellen hat auf die Holzstruktur einen großen Einfluss. Man unterscheidet deshalb grobporige und feinporige sowie ringporige und zerstreutporige Hölzer **(Bild 3)**. Feinporige Hölzer sind z. B. die Hainbuche und die Rotbuche sowie der Ahorn; zu den grobporigen Hölzern zählen beispielsweise die Eiche und die Esche.

Tabelle 1: Holzzellen von Laubbäumen

Bezeichnung	Aufgabe	Form
Stützzellen	bewirken die Festigkeit des Holzes	langgestreckt, zugespitzt, dickwandig, bilden die **Holzfasern**
Leitzellen	leiten Saft	lang, röhrenförmig, teilweise im Hirnholz als **Poren** und im Längsholz als feine Nadelrisse sichtbar
Speicherzellen	speichern Nährstoffe	dünnwandig, hell, vorwiegend vom Mark ausgehende **Holzstrahlen**

3.9.1.2 Aufbau des Holzes

Die beim Dickenwachstum gebildeten Holzzellen umschließen ringförmig die abgestorbene Markröhre, aus der sich der Baum entwickelt hat. Die im Frühjahr und Frühsommer entstandenen Holzzellen sind weiträumig, dünnwandig und von heller Farbe (Frühholz). Das Holz ist deshalb weich und leicht. Die im Spätsommer gebildeten Zellen sind dickwandig, engräumig und von dunkler Farbe (Spätholz). Das Spätholz ist deshalb entsprechend härter und schwerer als das Frühholz.

Das gesamte Dickenwachstum eines Jahres ergibt sich aus dem **Frühholz** und dem **Spätholz** und wird als **Jahrring** oder auch als Jahresring bezeichnet. An der Zahl der Jahrringe lässt sich das Alter eines Baumes bestimmen, wenn diese am Stammquerschnitt dicht über dem Boden gezählt werden **(Bild 1)**. Holz aus Tropengebieten wachsen nicht im Jahresrhythmus und zeigen deshalb keine Jahrringbildung.

Die äußeren Jahrringe dienen der Saft- bzw. Wasserführung des Baumes. Dieser Teil des Baumes wird als **Splintholz** bezeichnet. Bei einer großen Zahl von Baumarten tritt mit zunehmendem Alter eine Verkernung des Holzes ein. Die älteren inneren Jahrringe stellen die Saft- bzw. Wasserführung ein und werden mit Ablagerungsstoffen, wie z. B. Gerb- und Farbstoff, Harz, Wachs und Fett gefüllt. Diese dunklen inneren Holzschichten nennt man **Kernholz**. Kernholz ist schwerer, fester und dauerhafter als Splintholz und arbeitet weniger.

Bäume, die neben dem Splintholz auch Kernholz (Farbkernholz) aufweisen, bezeichnet man als **Kernholzbäume**. Zu den Kernholzbäumen zählen z. B. Kiefer, Lärche und Eiche **(Bild 2)**.

Bei manchen Baumarten geht das Splintholz vom Mark bis zum Kambium durch. Zu diesen gleichmäßig harten **Splintholzbäumen** gehören z. B. Weißbuche, Linde, Birke und Ahorn.

Bei anderen Baumarten tritt zwar eine Verkernung, aber keine deutliche Farbveränderung ein. Diese Bäume, z. B. Fichte, Tanne und Rotbuche, bezeichnet man als **Reifholzbäume**.

Wird ein Baumstamm in verschiedene Richtungen geschnitten, zeigt sich deutlich der Aufbau des Holzes **(Bild 3)**. Man unterscheidet:

- **Quer- oder Hirnschnitt**

  Mark, Jahrringe, Bast und Rinde sind ringförmig sichtbar.

  Eventuell sind Kern- und Splintholz, Holzstrahlen (Markstrahlen) und Poren erkennbar.

- **Radial- oder Spiegelschnitt**

  Jahrringe ergeben parallele Streifen. Manchmal sind durch angeschnittene Holzstrahlen „Spiegel" sichtbar.

- **Sehnen- oder Fladerschnitt**

  Wegen der Verjüngung des Stammes entsteht eine parabelförmige Zeichnung, die Fladerung genannt wird.

Sind in den Schnitten, bedingt durch üppiges Wachstum, breite Jahrringe zu sehen, spricht man von **grobjährigem** Holz. Schmale Jahrringe ergeben **feinjähriges** Holz. Feinjähriges Holz ist besonders wertvoll, da es wenig arbeitet und sich beim Schwinden kaum verformt.

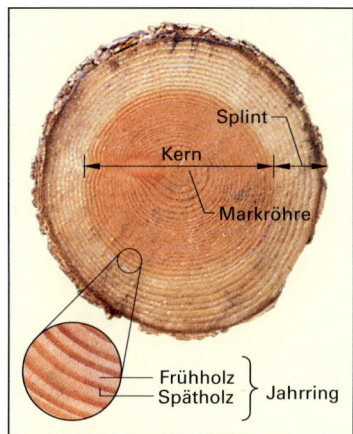

Bild 1: Stammquerschnitt mit Jahrringen

Bild 2: Splintholzanteil von Bäumen

Bild 3: Schnittebenen bei Vollholz

107

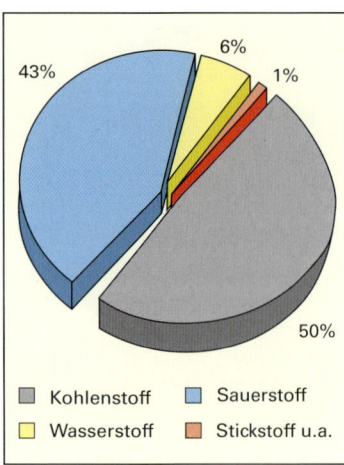

6%
43%
1%
50%

- Kohlenstoff
- Sauerstoff
- Wasserstoff
- Stickstoff u.a.

**Bild 1: Chemische Zusammen-
setzung der Holzsubstanz**

3.9.1.3 Zusammensetzung des Holzes

Holzzellen bestehen aus den Zellwänden und dem wässerigen Zell-inhalt, dem **Zellsaft** (Protoplasma), der bei frischem Holz mehr als die Hälfte der Holzmasse betragen kann.

Die **Holzsubstanz** wird durch das Holzgerüst der Zellwände gebildet. Sie besteht bei allen Hölzern aus der gleichen Menge chemischer Elemente, aus denen verschiedene Verbindungen hervorgehen (**Bild 1**). Diese Bestandteile der Holzsubstanz sind die Cellulose (Zellulose) und celluloseähnliche Stoffe (Hemicellulose), das Lignin und Holzin-haltsstoffe wie Harz, Terpentin, Fett, Wachs, Farbstoffe und anorgani-sche Spurenelemente.

- **Cellulose**   bildet das Holzgerüst
- **Lignin**   bewirkt Druckfestigkeit (Verholzung)
- **Holzinhaltsstoffe**   beeinflussen Farbe, Geruch, Widerstandsfä-higkeit gegen Insekten und Pilze

3.9.1.4 Ökologische Bedeutung des Holzes

Die Erhaltung und Pflege des Waldes hat nicht nur wirtschaftliche Bedeutung, sondern ist auch ökologisch sehr sinnvoll, da Wälder da-ran mitwirken, den Lebensraum für Menschen, Tiere und Pflanzen zu erhalten und damit einen wichtigen Beitrag zum Schutz der Umwelt leisten. Neben der **Nutz- und Schutzfunktion** dient der Wald auch als Erholungsraum für den Menschen (**Bild 2**).

Wälder sind zur Erhaltung des ökologischen Gleichgewichtes erfor-derlich, da sie zur **Reinhaltung der Luft** und zur **Verbesserung des Klimas** sowie zum **Schutz der Landschaft** maßgeblich beitragen.

- Bäume binden Kohlenstoff durch Aufnahme von CO_2 und Abgabe von Sauerstoff an die Luft. Der CO_2-Anteil der Atmosphäre und damit der Treibhauseffekt wird verringert (Seite 29).
- Der Wald bindet Ruß- und Staubteilchen.
- Der Oberboden wird vor Abtragung durch Naturkräfte (Erosion) geschützt und damit eine Verkarstung verhindert.
- Die Entstehung von Schnee- und Geröll-lawinen wird eingeschränkt (**Bild 3**).
- Der Wald hält die Bodenfeuchtigkeit lange und gibt das Wasser nur langsam ab. Das bewirkt ein ausgeglichenes Klima und ver-meidet das Absinken des Grundwasserspiegels.
- Die Gefahr von Überschwemmungen, insbesondere bei der Schneeschmelze, wird eingeschränkt.

Der Einsatz von Holz im Bauwesen ist aus der Sicht des **Umwelt-schutzes** auch deshalb sinnvoll, weil Holz ein **nachwachsender Roh-stoff** ist und dadurch auf andere Rohstoffe, deren Vorrat begrenzt ist, verzichtet werden kann.

Außerdem wird bei der Herstellung, Verarbeitung und Entsorgung von Holz vergleichsweise wenig Energie verbraucht. Da Holz verhält-nismäßig leicht und fast überall verfügbar ist, ist auch der **Energie-verbrauch** durch den Transport **gering**. Durch die Weiterverarbeitung von Restholz zu Holzwerkstoffen wird Abfall vermieden.

Wald

bietet   bewirkt

- Rohstoffe   - CO_2-Senkung
- Brennholz   - saubere Luft
- Sauerstoff   - Bodenschutz
- Lebensraum für   - Klimaschutz
   Pflanzen und Tiere   - Trinkwasserschutz
- Erholungsraum   - Lärmschutz
- Arbeitsplätze   - Hochwasserschutz

Vorteile für
Ökonomie, Ökologie und Lebensqualität

Bild 2: Bedeutung des Waldes

**Bild 3: Lawinenverbau als „Ersatz"
für fehlenden Bergwald**

Bild 1: Schnitte am Baumstamm

3.9.2 Eigenschaften des Holzes

Zur Unterscheidung der Holzarten dienen Maserung, Farbe und Geruch sowie eine Reihe von technischen Eigenschaften, wie Dauerhaftigkeit, Dichte, Härte und Festigkeit. Eine weitere typische Eigenschaft ist das „Arbeiten des Holzes".

Die unterschiedlichen Eigenschaften ermöglichen eine vielseitige Verwendung des Holzes. Dazu sind jedoch umfassende Kenntnisse über die verschiedenen Holzarten erforderlich.

3.9.2.1 Dauerhaftigkeit

Werkgerecht verarbeitetes Holz ist dauerhaft. Bei häufigem Wechsel von Feuchtigkeit und Trockenheit wird die Dauerhaftigkeit allerdings wesentlich herabgesetzt (Tabelle 1). Dagegen hat Holz, das unter Wasser verbaut wird, eine lange Lebensdauer. Grundsätzlich ist Kernholz dauerhafter als Splintholz, da für die Dauerhaftigkeit vorrangig die Inhaltsstoffe maßgebend sind, die ausschließlich im Kernholz vorhanden sind.

Die Dauerhaftigkeit des Holzes wird hauptsächlich durch Pilze und Insekten eingeschränkt. Durch eine zusätzliche Behandlung mit Holzschutzmitteln kann deshalb die Lebensdauer des Holzes verlängert werden.

3.9.2.2 Dichte

Beim Holz wird zwischen Dichte und Rohdichte unterschieden. Die **Dichte** bezieht sich auf die reine Holzsubstanz, also die Zellwandsubstanz ohne Zellhohlräume. Sie beträgt bei allen Holzarten etwa 1,56 kg/dm³, da die Zellwandsubstanz bei allen Holzarten aus den gleichen Grundstoffen besteht. Unter **Rohdichte** versteht man die Dichte eines Holzes einschließlich seiner Zellhohlräume. Die Rohdichte ist von der Holzart und dem jeweiligen Feuchtegehalt des Holzes abhängig. Im Allgemeinen werden die Werte der Rohdichte von lufttrockenem Holz angegeben (Tabelle 2).

Die Rohdichte wirkt sich auf weitere Eigenschaften des Holzes, z. B. Festigkeit, Härte, Bearbeitbarkeit und Wärmeleitfähigkeit, aus.

Tabelle 1: Dauerhaftigkeit verschiedener Holzarten

Dauerhaftigkeit	Holzarten
sehr dauerhaft	Robinie, Teak
dauerhaft	Eiche, Eibe
mäßig dauerhaft	Lärche, Kiefer
wenig dauerhaft	Tanne, Fichte
nicht dauerhaft	Birke, Pappel, Buche, Esche

Tabelle 2: Rohdichte verschiedener Holzarten

Holzart	kg/dm³
Fichte, Tanne	0,47
Kiefer	0,52
Erle	0,53
Lärche	0,59
Ahorn	0,61
Birke	0,65
Nussbaum	0,66
Esche	0,69
Eiche	0,67
Rotbuche	0,69
Weißbuche	0,77
W. Red cedar	0,37
Redwood	0,43
Oregon pine	0,51
Limba	0,55
Ramin, Sipo	0,60
Iroko	0,63
Pitch pine	0,65

Tabelle 1: Härte verschiedener Holzarten

Weichhölzer		Harthölzer	
sehr weich	weich	hart	sehr hart
Pappel Linde Balsa	Fichte Tanne Kiefer Lärche	Ahorn Eiche Esche Rotbuche	Weißbuche

Tabelle 2: Bemessungswerte der Festigkeiten f_d in N/mm² nach Eurocode 5

Beanspruchung von **Nadelholz**	Festigkeitsklasse	
	C24	C30
Biegung	14,76	18,46
Zug parallel	8,92	11,69
Zug rechtwinklig	0,22	0,24
Druck parallel	12,92	14,76
Druck rechtwinklig	1,53	1,66
Schub	2,46	2,46

Beanspruchung von **Laubholz**	Festigkeitsklasse	
	D30	D40
Biegung	18,46	24,61
Zug parallel	11,07	14,76
Zug rechtwinklig	0,36	0,36
Druck parallel	14,76	16,61
Druck rechtwinklig	3,26	3,38
Schub	2,40	2,58

Werte für mittlere Lasteinwirkungsdauer, z. B. für Nutzlasten von Wohn- und Bürogebäuden und einer Holzfeuchte entsprechend Nutzungsklasse 1 und 2 (Seite 130) sowie einem Sicherheitsbeiwert von 1,3.

3.9.2.3 Härte

Unter Härte des Holzes versteht man den Widerstand, den es dem Eindringen eines anderen Körpers, z.B. einer Werkzeugschneide, entgegensetzt. Bearbeitbarkeit und Abrieb sind demnach von der Härte abhängig.

Die Härte des Holzes ist umso größer, je größer die Rohdichte und je kleiner sein Feuchtegehalt ist. Langsam gewachsenes Holz mit dickwandigen Zellen ist in der Regel härter als schnell gewachsenes Holz. Splintholz ist weicher als Kernholz.

In der Praxis wird zwischen Harthölzern und Weichhölzern unterschieden **(Tabelle 1)**.

3.9.2.4 Festigkeit

Unter Festigkeit des Holzes versteht man seinen Widerstand gegen Verformung durch äußere Kräfte (Einwirkungen). Die Festigkeit des Holzes nimmt, wie die Härte, in der Regel mit steigender Rohdichte zu und mit zunehmender Holzfeuchte ab. Unregelmäßiger Wuchs, Astigkeit und Risse mindern die Festigkeit des Holzes.

Je nach Belastungsart unterscheidet man insbesondere Druck-, Zug-, Biege-, Schub- und Torsionsfestigkeit (Seiten 40 und 41). Beginnt bei einer dieser Beanspruchungen eine Zerstörung des Holzgefüges, ist die Festigkeitsgrenze überschritten. In der Produktnorm DIN EN 388 sind hierfür **charakteristische Festigkeitskennwerte** angegeben **(Tabelle 3)**. Sie berücksichtigen die Qualität des Holzes gemäß den Sortierklassen nach DIN 4074 (Seite 128). Um die Tragfähigkeit von Bauteilen aus Holz zu gewährleisten, werden nach Eurocode 5, DIN EN 1995, Festigkeitskennwerte auf **Bemessungswerte** abgemindert **(Tabelle 2)**. Diese Bemessungswerte der Festigkeiten müssen mindestens den Bemessungswerten der Einwirkungen entsprechen.

Tabelle 3: Charakteristische Festigkeitswerte in N/mm² für Nadelholz nach DIN EN 388

Festigkeitsklasse	C14	C16	C18	C20	C22	C24	C27	C30	C35	C40	C45	C50
Biegung	14	16	18	20	22	24	27	30	35	40	45	50
Zug parallel	7,2	8,5	10	11,5	13	14,5	16,5	19	22,5	26	30	33,5
Zug rechtwinklig	0,4											
Druck parallel	16	17	18	19	20	21	22	24	25	27	29	30
Druck rechtwinklig	2,0	2,2	2,2	2,3	2,4	2,5	2,5	2,7	2,7	2,8	3,1	3,0
Schub	3,0	3,2	3,4	3,6	3,8	4,0						

Die Eigenschaften gelten für Holz mit einem bei 20 °C und 65 % relativer Luftfeuchte üblichen Feuchtegehalt auf der Grundlage von Hockkantbiegeprüfungen. Die Werte für die Schubfestigkeit sind für Holz ohne Risse angegeben.

3.9.2.5 Leit- und Dämmfähigkeit

Bei der bauphysikalischen Bewertung eines Baustoffes ist das Leit- bzw. Dämmverhalten gegenüber Wärme, Schall und Elektrizität wichtig (**Tabelle 1**).

Tabelle 1: Leit- und Dämmfähigkeit des Holzes

Eigenschaft	Wärmedämmung	Schalldämmung	Elektrische Leitfähigkeit
Bewertung	sehr gut 1 cm Fichtenholz dämmt wie 15 cm Beton	gute Schallausbreitung geringes Dämmvermögen	trockenes Holz leitet kaum, feuchtes Holz leitet besser
Ursache/ Bedeutung	viele Hohlräume im trockenen Holz	geringes Gewicht und hohe Biegesteifigkeit	Feuchtemessung mithilfe des elektrischen Widerstandes möglich

**Tabelle 2: Fasersättigungs-
bereich**

Holzart	Feuchte
Rotbuche, Hainbuche Birke	32 % – 35 %
Fichte, Tanne	30 % – 34 %
Kiefer, Lärche	26 % – 28 %
Eiche, Esche, Nussbaum	23 % – 25 %

In der Praxis wird zur Vereinfachung als Fasersättigung eine Holzfeuchte von 30 % bezeichnet.

Bild 1: Holzschwund beim Trocknen

3.9.2.6 Arbeiten des Holzes

Holz ist hygroskopisch, d.h., es kann Feuchtigkeit abgeben und Feuchtigkeit aufnehmen. Die Abgabe bzw. Aufnahme der Feuchtigkeit beginnt dann, wenn zwischen dem Feuchtegehalt des Holzes und dem Feuchtegehalt der das Holz umgebenden Luft ein Unterschied (Feuchtigkeitsgefälle) besteht.

Frisch eingeschlagenes Holz enthält je nach Holzart, Standort und Alter eines Baumes zwischen 50 % und mehr als 100 % Wasser, bezogen auf die trockene Holzmasse. Das Wasser befindet sich als „freies Wasser" in den Zellhohlräumen und als „gebundenes Wasser" in den Zellwänden. Bedingt durch das röhrenartige Zellgefüge des Holzes wird beim Trocknen das freie Wasser verhältnismäßig rasch abgegeben. Enthält das Holz kein freies Wasser mehr, beträgt die Holzfeuchte je nach Holzart etwa 23 % bis 35 %. Dieser Feuchtebereich wird als **Fasersättigungsbereich** bezeichnet (**Tabelle 2**).

Die Abgabe des gebundenen Wassers erfolgt dagegen sehr langsam, weil es nur durch Diffusion über die Zellwände nach außen gelangen kann. Wenn das Wasser aus den Fasern abgegeben wird, also unterhalb der **Fasersättigung von etwa 30 % Holzfeuchte,** verringert sich das Volumen und die Form des Holzes ändert sich, das Holz **schwindet (Bild 1)**. Dabei kann das Holz sich **werfen** bzw. verziehen und **reißen**. Bei Aufnahme von Feuchtigkeit vergrößert sich das Volumen des Holzes wieder, es **quillt**. Schwinden und Quellen bezeichnet man als „Arbeiten des Holzes".

Das Schwinden erfolgt nicht in allen Richtungen gleichmäßig. In **Richtung des Faserverlaufs** (längs bzw. axial) beträgt der größte Schwund etwa **0,1 % bis 0,3 %,** in **Richtung der Holzstrahlen** (radial) rund **5 %** und in **Richtung der Jahrringe** (tangential) ungefähr **10 %** (**Bild 1,** Seite 112). Dies sind Durchschnittswerte, die für darrtrockenes Holz gelten, d. h. für Holz, das bis zu einem Feuchtegehalt von 0 % getrocknet wurde.

Bei einigen Holzarten weichen die Schwindmaße jedoch erheblich von den Durchschnittswerten ab. Da sich die Schwind- und Quellmaße im bauwichtigen Bereich von etwa 5 % bis 25 % Holzfeuchte (**Tabelle 1,** Seite 113) linear verändern, gibt man häufig diese für verschiedene Holzarten bezogen auf 1 % Holzfeuchteänderung an (**Tabelle 1,** Seite 112).

Bild 1: Maximale Größenänderung durch Schwund bei einer Trocknung von 30 % auf 0 % Holzfeuchte

Tabelle 1: Schwindmaße je 1 % Holzfeuchteänderung		
Holzart	radial	tangential
Tanne	0,14 %	0,28 %
Lärche	0,14 %	0,30 %
Eiche	0,18 %	0,34 %
Fichte	0,19 %	0,36 %
Kiefer	0,19 %	0,36 %
Rotbuche	0,20 %	0,41 %
Esche	0,21 %	0,38 %

Durch das unterschiedlich große Schwinden in radialer und tangentialer Richtung ergeben sich verschiedene **Formänderungen**. Rundhölzer reißen auf und bilden Trocken- oder Schwundrisse, Kantholzquerschnitte verformen sich je nach Verlauf der Jahrringe **(Bild 2)**.

Herzbretter und Herzbohlen werden durch das Schwinden dünner, der Rinde zu mehr als dem Herz zu. Außerdem tritt ein geringer Breitenschwund ein. In der Herzzone reißt das Holz auf. Mittelbretter und Mittelbohlen knicken im Bereich der einseitig geschlossenen Jahrringe ab und werden nach außen dünner und schmäler. Bei Seitenbrettern und -bohlen zeigt sich das Schwinden durch starkes Rundziehen in Richtung des Jahrringverlaufs **(Bild 3)**.

Bei starkem und vor allem bei schnellem Schwinden kann Schnittware an ihren Hirnenden aufreißen, es bilden sich Hirn- oder Endrisse.

Splintholz schwindet stärker als Kernholz. Unterschiedliche Wuchsbedingungen bewirken auch verschieden starkes Schwinden und Quellen. Je weniger das Holz arbeitet, umso besser ist sein **Stehvermögen** bzw. seine Dimensions- und Formbeständigkeit.

Bild 2: Schwinden von Rundhölzern und Kanthölzern

- Holz schwindet und quillt in tangentialer Richtung etwa doppelt so viel wie in radialer Richtung.
- Das Arbeiten des Holzes in Längsrichtung ist so gering, dass es konstruktiv meist nicht berücksichtigt werden muss.
- Beim Schwinden verformen sich Seitenbretter und -bohlen stets so, dass die rechte Seite rund und die linke Seite hohl wird.

Herzbrett — Herzzone

Mittelbrett — linke Seite / rechte Seite

Seitenbrett — linke Seite / rechte Seite

Bild 3: Schwundformen von Brettern und Bohlen

Aufgaben

1 Ordnen Sie Holzarten bezüglich ihrer Härte in Gruppen ein.
2 Holzarten mit großer Rohdichte sind hart und fest. Erklären Sie, ob dieser Zusammenhang auch zwischen der Rohdichte und der Dauerhaftigkeit vorhanden ist.
3 Nennen Sie Gründe für die Festigkeitsminderung des Holzes.
4 Beschreiben Sie, welche Holzeigenschaft als Arbeiten des Holzes bezeichnet wird und erläutern Sie die Ursachen.
5 Erklären Sie, wie sich ein Mittelbrett durch Schwinden verformt.
6 Ermitteln Sie die Abmessungen eines Herzbrettes aus Kiefernholz (280 mm/30 mm), das von 20 % auf 8 % Holzfeuchte getrocknet wurde.

3.9.3 Holztrocknung

Frisches Holz ist zum Bauen nicht geeignet, da es stark schwindet und von Schädlingen befallen wird. Damit keine Schäden entstehen, muss ihm deshalb soviel Feuchtigkeit entzogen werden, dass sein Feuchtegehalt beim Einbau etwa dem seiner späteren Nutzung entspricht **(Tabelle 1)**. Dies erfolgt durch Trocknen des Holzes.

Welche Soll-Holzfeuchte einem vorhandenen Raumklima entspricht, kann mit einem Raum-Thermo-Hygrometer festgestellt werden **(Bild 1)**.

3.9.3.1 Bestimmung der Holzfeuchte

Die Holzfeuchte kann mit Hilfe der Darrprobe oder mithilfe von Messgeräten bestimmt werden.

Bei der **Darrprobe** entnimmt man dem Holz mehrere kleine Probestücke und wiegt diese. Man erhält so das Nassgewicht. In einem elektrisch beheizten Trockenofen oder auf einer Wärmeplatte trocknet man diese Holzproben so lange, bis das Gewicht nicht mehr abnimmt. Das nach dem Trocknen festgestellte Gewicht ist das Trockengewicht oder Darrgewicht mit einem Feuchtegehalt von 0 %. Bei der prozentualen Berechnung der Holzfeuchte wird der Wassergehalt der Probestücke in g auf ihr Darrgewicht in g bezogen.

Bei batteriebetriebenen **elektrischen Feuchtemessern** wird über zwei Elektroden Strom durch das Holz geleitet. Da die elektrische Leitfähigkeit des Holzes durch die Holzfeuchte verändert wird, lassen sich die Feuchtewerte an einer Skala oder als Zahlenwerte ablesen **(Bild 2)**.

3.9.3.2 Trocknungsvorgang

Bis zur Fasersättigung trocknet Holz sehr rasch. Die Abgabe des gebundenen Wassers erfolgt dagegen nur sehr langsam, weil es nur durch Diffusion nach außen gelangen kann. Das Wasser an der Holzoberfläche wird durch Verdunstung an die Luft abgegeben. Das Verdunsten des Wassers ist im Wesentlichen abhängig von der Luftfeuchtigkeit, der Lufttemperatur, der Luftbewegung und von der Größe der Holzoberfläche.

Zwischen der Holzfeuchte und der relativen Luftfeuchte stellt sich ein Ausgleich ein. Holz gibt so lange Feuchtigkeit an die umgebende Luft ab oder nimmt von ihr so lange Feuchtigkeit auf, bis ein Ausgleich zwischen beiden erreicht ist. Diesen Zustand bezeichnet man als **Feuchtegleichgewicht**. In unserem Klima beträgt die relative Luftfeuchtigkeit von März bis September etwa 70 %, die Temperatur im Durchschnitt etwa 15 °C. Das Feuchtegleichgewicht ist bei diesen Durchschnittswerten bei etwa 15 % Holzfeuchte erreicht **(Bild 3)**. Während der Wintermonate tritt jedoch das Feuchtegleichgewicht bereits bei einer Holzfeuchte von etwa 20 % ein. Holz, das im Freien oder in offenen Schuppen getrocknet worden ist, bezeichnet man als **lufttrocken**.

Da Holz nur trocknet, solange die umgebende Luft Feuchtigkeit bzw. Wasserdampf aufnehmen kann, ist bei der Holztrocknung dafür zu sorgen, dass feuchte Luft entfernt und wasseraufnahmefähige Luft an das Holz herangeführt wird. Dies geschieht bei der natürlichen Holztrocknung durch die natürliche Luftbewegung und bei der künstlichen Trocknung durch Gebläse.

Tabelle 1:	Soll-Holzfeuchte in Prozent für Holzbauteile
Pergolen	12 % bis 24 %
Dachstühle	12 % bis 18 %
Fenster und Außentüren	12 % bis 15 %
Möbel	8 % bis 12 %
Parkett	7 % bis 11 %
Treppen, Innenausbau	6 % bis 10 %
Schalungsplatten	≥ 7 %

Bild 1: Thermo-Hygrometer

Bild 2: Elektrisches Feuchtemessgerät mit Rammsonde

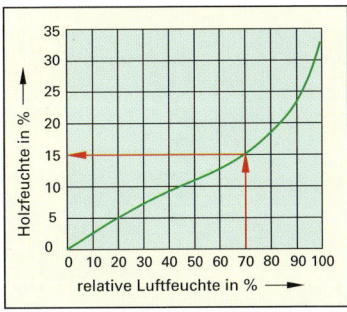

Bild 3: Feuchtegleichgewicht bei einer Lufttemperatur von 15 °C

Bild 1: Blockstapel mit Unterbau

Bild 2: Kastenstapel

Bild 3: Kammertrockner

Bild 4: Vakuumtrockner

3.9.3.3 Natürliche Holztrocknung

Bei der natürlichen Holztrocknung oder Freilufttrocknung wird das Schnittholz im Freien oder in offenen Schuppen gelagert. Die Trocknung dauert mehrere Monate, bei harten Laubhölzern einige Jahre. Um Trockenschäden zu vermeiden und um eine gute Trocknung zu erreichen, muss der Trockenplatz zweckmäßig angelegt werden. Außerdem ist das Holz richtig zu stapeln.

Der **Schnittholztrockenplatz** muss tragfähig, eben und trocken sein. Eine Befestigung mit Kies, Schotter oder Steinpflaster ist deshalb zweckmäßig. Wegen der Gefahr des Pilz- und Insektenbefalls sind Bewuchs, Sägemehl und Rinde fernzuhalten.

Der standfeste **Stapelunterbau** muss so angelegt sein, dass sich die Hölzer nicht durchbiegen und ausreichende Bodenfreiheit vorhanden ist **(Bild 1)**.

Die Stapel sollten quer zur Hauptwindrichtung angeordnet sein, damit die Durchlüftung zwischen den Stapelleisten möglich ist. Als Stapelleisten eignen sich besonders Fichtenleisten mit quadratischem Querschnitt, da diese nicht falsch aufgelegt werden können. Große Leistenquerschnitte fördern die Trocknung.

Stapelleisten müssen auf ganzer Schnittholzbreite und senkrecht übereinander angeordnet werden, damit sich das Holz nicht durchbiegt und verzieht. Lange Leisten ermöglichen eine Querverbindung zwischen den einzelnen Stapeln und vermindern so die Gefahr des Einsturzes.

Gegen Niederschläge ist eine Abdeckung sowie ein leichtes Längsgefälle der Stapel sinnvoll. Die Abdeckung schützt auch gegen direkte Sonneneinstrahlung. Um Risse zu vermeiden, ist das Hirnholz besonders zu schützen.

Beim Stapeln von Schnittholz unterscheidet man den Blockstapel und den Kastenstapel. Beim **Blockstapel** werden frisch eingeschnittene, unbesäumte Bretter und Bohlen stammweise aufgestapelt (Bild 1). Besäumte Schnittware wird in der Regel zu quaderförmigen **Kastenstapeln** aufgeschichtet **(Bild 2)**.

3.9.3.4 Künstliche Holztrocknung

Unter künstlicher Holztrocknung, auch technische Holztrocknung genannt, versteht man das Trocknen des Holzes in Trockenanlagen. **Kammertrockner,** in denen dem Holz in einer gedämmten Kammer erwärmte Luft zugeführt wird, die dabei Feuchte aufnimmt und dampfgesättigt wieder ausgetauscht wird, haben die größte praktische Bedeutung **(Bild 3)**. Mit **Vakuumtrocknern** erreicht man durch den verminderten Luftdruck kürzere Trockenzeiten **(Bild 4)**.

Die künstliche Holztrocknung bietet große Vorteile. Es können Holzfeuchten erreicht werden, die weit unter lufttrocken liegen. Die Trockenzeiten werden auf wenige Tage oder Stunden verkürzt und der Feuchtegehalt kann genau vorgegeben werden.

Wie die einzelnen Einrichtungen der Trockenkammer aufeinander abgestimmt werden müssen, hängt von der Holzart ab, die getrocknet werden soll, von der Dicke des Trockengutes, von der Anfangsfeuchte und der gewünschten Endfeuchte.

3.9.4 Holzarten

Die Holzarten werden in europäische und außereuropäische Nadelhölzer und Laubhölzer eingeteilt.

3.9.4.1 Europäische Nadelhölzer

Die gebräuchlichsten europäischen Nadelholzarten Fichte, Tanne, Kiefer und Lärche haben teilweise ähnliche Eigenschaften. Sie lassen sich leicht trocknen und gut bearbeiten, schwinden wenig bis mäßig und haben ein gutes Stehvermögen. Außerdem sind sie leicht, elastisch und fest. Deshalb sind sie vielseitig als Bauholz, Möbelholz und Holz für den Innenausbau verwendbar.

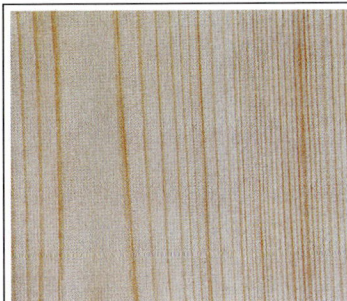

Fichtenholz (PCAB) hat nur einen geringen Farbunterschied zwischen Kern- und Splintholz und weist häufig Harzgallen auf. Gehobeltes Holz hat glänzende Längsschnittflächen. Die Astquerschnitte sind meist oval.

Das Holz ist weich, nur mäßig witterungsfest und nicht beständig gegen Pilze und Insekten. Es ist recht gut zu beizen, aber schlecht zu imprägnieren, insbesondere trockenes Holz und Kernholz.

Fichtenholz ist das häufigste Bau- und Konstruktionsholz und wird ebenfalls im Innenausbau, z. B. für Wand- und Deckenverkleidungen und Fußböden sowie als Industrieholz, verwendet.

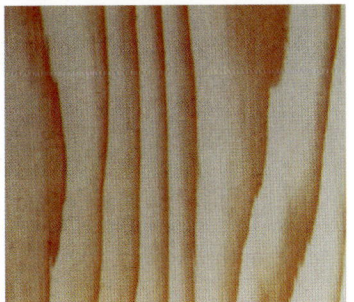

Tannenholz (ABAL) ist langfaserig und häufig grobjährig. Es ist nicht harzig und hat deshalb keine Harzgallen. Seine gehobelten Flächen haben ein mattes Aussehen, die meist runden Äste sind dunkler und härter als die der Fichte. Frisches Holz hat einen sehr unangenehmen Geruch und ist deshalb von dem nach Harz riechenden Fichtenholz leicht zu unterscheiden.

Tannenholz ist chemisch beständig, jedoch nicht witterungsfest und wird von Insekten und Pilzen befallen. Es ist mäßig gut zu imprägnieren.

Das Holz wird wie Fichtenholz eingesetzt, jedoch nicht für Fußböden.

Kiefernholz (PNSY) zeigt eine markante Zeichnung. Nach kurzer Lagerung und vor allem durch Lichteinwirkung dunkelt das Kernholz stark nach und ist deutlich vom Splintholz zu unterscheiden. Gehobeltes Kiefernholz ist matt bis wachsig glänzend. Es ist sehr harzig und fühlt sich fettig an. Harzgallen sind häufig.

Kiefernholz ist sehr gut zu bearbeiten. Aufgrund des Harzgehaltes ist das Kernholz ziemlich dauerhaft. Das Splintholz wird gerne von Insekten befallen, ist nicht witterungsfest und neigt bei unsachgemäßer Lagerung zum Verblauen, ist jedoch recht gut zu tränken.

Das Holz eignet sich besonders für Fenster, Türen, Tore, Masten, Rammpfähle, Schwellen, Treppen, Fußböden und Holzwerkstoffe.

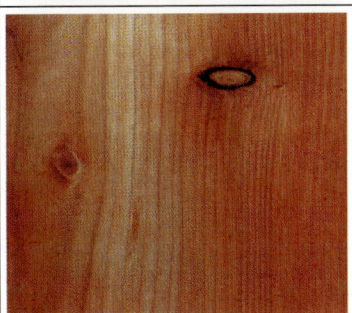

Lärchenholz (LADC) hat eine sehr lebhafte Zeichnung, da vor allem im breiten rötlichen Kernholz der farbliche Unterschied zwischen Früh- und Spätholz auffallend groß ist. Gehobelte Flächen haben ein teils mattes, teils glänzendes Aussehen. Das harzhaltige Holz hat im frischen Zustand einen angenehm aromatischen Geruch.

Lärchenholz wird selten von Insekten und Pilzen befallen und ist sehr säurebeständig. Es ist noch dichter, härter, zäher, harzreicher und witterungsbeständiger als Kiefernholz, jedoch auch schwerer zu imprägnieren.

Es ist besonders gut für Bauteile im Außenbereich geeignet.

Europäische Laubhölzer sind sehr vielfältig und unterscheiden sich im Aussehen und den Eigenschaften erheblich. Im Bauwesen werden häufig harte und feste Hölzer wie Eiche, Esche und Buche verwendet, da diese Hölzer wegen ihren günstigen technischen Eigenschaften als Konstruktionsholz und für Werkzeuge geeignet sind.

Für die Verwendung im Innenausbau und für Furniere sind neben den technischen Eigenschaften vor allem die Textur und die Farbe des Holzes maßgebend. Deshalb sind hier z. B. Ahorn, Birke, Erle, Ulme (Rüster) und viele Obstbaumarten wie beispielsweise Nuss-, Kirsch- und Birnbaum anzutreffen.

Eichenholz (QCXE) hat einen gelbbraunen bis lederbraunen, stark nachdunkelnden Kern und einen schmalen grauweißen Splint. Das grobporige Holz riecht säuerlich. Im Radialschnitt zeigen sich angeschnittene Holzstrahlen als mattglänzende »Spiegel«.

Eichenkernholz ist hart, schwer, sehr fest, elastisch und dauerhaft. Es schwindet mäßig und hat ein gutes Stehvermögen. Das ringporige Holz ist gut zu beizen und zu imprägnieren. Eichensplintholz ist sehr anfällig für Schädlinge und nicht witterungsbeständig.

Eichenholz wird als Bauholz sowie für Türen, Tore, Fenster, Treppen, Fußböden und im Brücken- und Wasserbau eingesetzt.

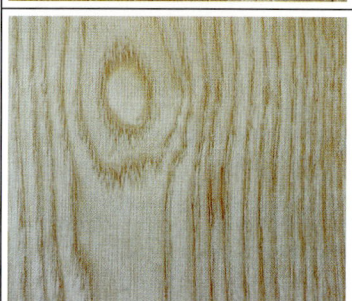

Eschenholz (FXEX) ist grobporig und markant gestreift oder gefladert. Splint und Kernholz sind meist gleich weißlich bis gelblich gefärbt. Im Kern kann sich ein dunkelbrauner Falschkern ausbilden.

Eschenholz ist hart und abriebfest, schwer, fest sowie sehr zäh, hochelastisch und gut zu biegen. Es schwindet mäßig, hat ein gutes Stehvermögen und ist gut beiz- und polierbar. Das Holz ist jedoch nicht witterungsfest und wird von Pilzen und Insekten befallen.

Eschenholz wird als Massivholz und Furnier im Innenausbau, z. B. für Wand- und Deckenverkleidungen, Treppen und Parkett verwendet. Besonders geeignet ist es für Werkzeugstiele und Sportgeräte.

Rotbuchenholz (FASY) hat frisch eingeschnitten eine gelbweiße Farbe, die gelbbraun nachdunkelt. Durch Dämpfen bekommt das Holz eine rötlichbraune Färbung. Splint- und Reifholz sind farblich kaum zu unterscheiden. Die Zeichnung ist gleichmäßig.

Rotbuchenholz ist hart, fest und zäh. Es lässt sich gut verarbeiten, beizen und imprägnieren; gedämpft ist es sehr gut zu biegen. Es arbeitet stark und neigt zu Rissen und Verformungen.

Rotbuchenholz wird vielseitig eingesetzt. Es wird für Treppen, Parkett, Holzpflaster und Kranbahnschwellen sowie für die Herstellung von Furnieren und Span-, Faser- und Sperrholzplatten verwendet.

Hainbuchenholz (CPBT) oder Weißbuchenholz ist im Splint und im Reifholz gelblichweiß bis grauweiß gefärbt. Das Holz ist feinporig und wenig gemasert.

Hainbuchenholz ist sehr fest, zäh, schwer spaltbar und außerordentlich hart. Es schwindet beim Trocknen stark und reißt und wirft sich. Das Holz ist nicht witterungsbeständig, anfällig für Insekten und Pilze und neigt zum Verstocken.

Hainbuchenholz wird dort eingesetzt, wo große Druckfestigkeit, Abriebfestigkeit und Härte erforderlich sind, z. B. Hobelsohlen, Werkzeugheften und -stielen sowie für Keile und Unterlagshölzer.

Obwohl aus ökologischen Gründen viele Menschen die Verwendung von einheimischen Holzarten bevorzugen, werden in Deutschland auch Hölzer aus Übersee eingebaut, da diese teilweise sehr günstige Eigenschaften haben. Die Handelsnamen sind oft Fehlnamen, beispielsweise sind Brasilkiefer und Oregon Pine keine Kiefern und Western Red Cedar ist keine Zeder.

Außereuropäische Nadelhölzer können beispielsweise in großen Abmessungen astrein geliefert werden. Das Schwindverhalten und das Stehvermögen ist bei vielen Holzarten günstig. Es gibt Holzarten, die sehr witterungsbeständig sind und Pilzen und Schadinsekten widerstehen können.

Oregon Pine (PSMN) hat einen gelbbraunen bis rotbraunen, stark nachdunkelnden Kern und einen schmalen weißen bis gelblichgrauen Splint. Früh- und Spätholz unterscheiden sich deutlich.

Das Holz ist hart, fest und auch im Außenbereich recht dauerhaft. Es schwindet wenig und hat ein gutes Stehvermögen, ist aber nur schwer zu imprägnieren. Aus dem harzhaltigen Holz kann auch noch nachträglich Harz austreten. Bei Berührung mit Eisenwerkstoffen entstehen Verfärbungen.

Oregon pine wird für Türen, Fenster, Treppen, Fußböden, Wandverkleidungen und Pergolen sowie für Furniere und Sperrholz verwendet.

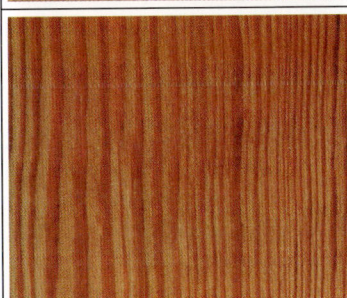

Pitch Pine (PNPL) hat einen gelblichbraunen bis braunen mattglänzenden Kern und einen breiten gelblichen Splint, der auch als Red Pine gehandelt wird. Durch das deutlich abgegrenzte dunkle Spätholz entstehen markante Streifen oder Fladern.

Das Holz ist hart, schwer, sehr fest und harzig. Das Kernholz ist witterungsbeständig und gut zu imprägnieren. Es schwindet gering und hat ein gutes Stehvermögen.

Pitch pine wird gerne im Schiffsbau, für Fenster, Türen, Tore, Treppen und stark beanspruchte Fußböden verwendet. Red Pine wird im Innenausbau verwendet, z. B. für Fußböden und Wandverkleidungen.

Redwood (SESM) hat einen rötlich bis violetten einheitlich gefärbten Kern, der rötlich braun nachdunkelt, und einen sehr schmalen hellen Splint. Das Holz ist sehr gleichmäßig, feinjährig sowie gerbstoffreich und harzfrei.

Die gute Bearbeitbarkeit von Redwood entspricht der der Kiefer. Das Holz schwindet wenig, hat ein gutes Stehvermögen, ist witterungsbeständig, gut zu imprägnieren und beständig gegen Pilz- und Insektenbefall. Es verfärbt sich aber bei Berührung mit Eisen und Alkalien.

Das Holz wird für Innenverkleidungen ebenso wie für Außenwand-, Balkon- und Garagenverkleidungen sowie für Sperrholz verwendet.

Western Red Cedar (THPL) hat einen farblich stark variierenden gelblichbraunen bis dunkel rotbraunen Kern und einen sehr schmalen weißen braunstreifigen Splint. Es ist harzfrei und hat einen stark aromatischen Geruch, der zu seinem Fehlnamen geführt hat.

Das Holz ist weich und leicht zu bearbeiten, spröde, schwindet wenig und hat ein gutes Stehvermögen. Es ist witterungsfest und beständig gegen Pilz- und Insektenbefall, verfärbt sich aber durch alkalische Stoffe wie Mörtel. Bei Berührung mit Eisenwerkstoffen entstehen ebenfalls Holzverfärbungen und Korrosion.

Hauptverwendung ist für Wand- und Deckenverkleidungen.

Außereuropäische Laubhölzer sind häufig dann einheimischen Hölzern überlegen, wenn große astfreie Holzabmessungen benötigt werden oder besondere Dauerhaftigkeit sowie Widerstandsfähigkeit gegen Insekten und Pilze erforderlich sind. Somit kann auch bei hoher Feuchtebelastung häufig auf vorbeugenden chemischen Holzschutz verzichtet werden.

Das Angebot von außereuropäischen Laubhölzern ist sehr groß. Besonders im Innenausbau, im Möbelbau sowie für Sperrholz und Furniere werden z. B. Iroko oder Kambala, Limba, Ramin, Mahagoni sowie Abachi, Gabun, Makore, Meranti, Palisander, Sapelli, Sen, Teak und Zebrano eingesetzt.

Iroko (MIXX) oder **Kambala** hat einen grüngelben bis olivbraunen stark nachdunkelnden Kern und einen gelbgrauen Splint. Die Holzstruktur des großporigen Holzes ist ziemlich grob.

Das Holz ist hart, fest, zäh, schwindet mäßig und hat ein gutes Stehvermögen. Das Kernholz ist besonders widerstandfähig gegen Pilze und Insekten, ist aber schwer zu imprägnieren. Feuchtes Holz bewirkt Metallkorrosion und Verfärbungen. Auch Mörtelspritzer verfärben das Holz. Holzstaub führt zu Hautreizungen.

Iroko wird für Türen, Tore, Pfosten, Treppen, Parkett sowie für große Tische und Bänke, für Hafenanlagen und im Schiffsbau verwendet.

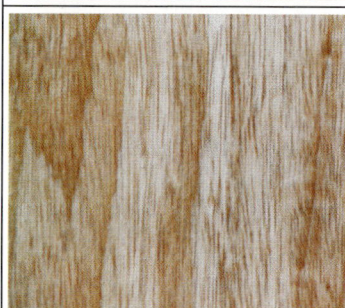

Limba (TMSP) ist meist über den gesamten Querschnitt gleichmäßig gelb gefärbt, sodass sich Kern- und Splintholz nicht unterscheiden. Das Kernholz kann aber auch braun gestreift oder gefärbt sein.

Das Holz ist mäßig hart, fest, elastisch, schwindet wenig und hat ein gutes Stehvermögen. Es ist nicht witterungsbeständig und nicht beständig gegen Insekten- und Pilzbefall. Das Holz ist besonders bläueanfällig.

Limba wird vielfältig im Innenausbau, beispielsweise für Zierleisten und Bekleidungen sowie als Furnier für Sperrtüren, Sperrholz und Betonschalungsplatten eingesetzt.

Ramin (GYBN) ist ein auffällig gleichmäßig gezeichnetes, geradfaseriges und hellfarbendes Holz. Splint und Kern sind gelblichbraun und kaum zu unterscheiden

Das Holz ist hart und fest, gut zu bearbeiten, leicht zu beizen und zu imprägnieren. Es schwindet stark, hat ein nur mäßiges Stehvermögen und neigt zur Rissbildung. Das Holz ist nicht witterungsbeständig und anfällig gegen Insekten und Pilze. Bläuepilze führen zu schwarzblauen Verfärbungen.

Ramin wird zu Profilbrettern im Innenausbau, für Furniere und Sperrholz sowie hauptsächlich für Profilleisten verwendet.

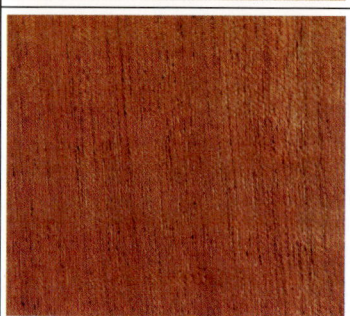

Sipo-Mahagoni (ENUT) wird auch als Utile gehandelt. Es hat einen hellbraun bis rotbraunen nachdunkelnden Kern und meist einen schmalen hellgrauen Splint. Das Holz ist durch Wechseldrehwuchs dekorativ gestreift.

Das Holz ist hart und fest, schwindet wenig und hat ein gutes Stehvermögen. Es ist witterungsfest und beständig gegen Pilz- und Insektenbefall.

Sipo-Mahagoni ist für außen und innen gleichermaßen geeignet. Es wird für Türen, Tore, Fenster, Verkleidungen sowie als Sperrholz und Furnier, z. B. für Türen, verwendet.

3.9.5 Holzfehler

Holzfehler sind Abweichungen vom normalen und gesunden Wuchs eines Baumes. Diese mindern den Nutzwert und die Güte des Holzes und werden deshalb bei der Einteilung bzw. Sortierung des Rundholzes und des Schnittholzes in Güte- bzw. Sortierklassen entsprechend bewertet. Holzfehler sind im Wesentlichen fehlerhafte Stammbildungen, Fehler innerhalb des Holzgefüges sowie Fehler, die durch äußere Einwirkungen entstanden sind. Außerdem werden Harzgallen, Äste, Risse und der Befall durch Holzschädlinge als Fehler bewertet.

Fehlerhafte Stammbildungen sind vor allem die Abholzigkeit, die Krummschäftigkeit, der Bajonettwuchs, die Gabelung, die Zwieselung und der Drehwuchs (**Bild 1**). Bei der Spannrückigkeit und beim exzentrischen Wuchs sind die Wuchsfehler besonders im Stammquerschnitt gut erkennbar (**Bild 2**). Das Schnittholz solcher Stämme weist häufig eine geringere Biegefestigkeit auf. Auch wirft und verzieht es sich stark, sodass es nur eingeschränkt nutzbar ist.

Fehler im Holzgefüge sind z. B. Druck- oder Rotholz, Ring- oder Kernschäle sowie Stern- oder Kernrisse und die Kernfäule (Bild 2).

Durch äußere Einwirkungen entstandene Fehler sind Verletzungen des Stammes und die meist nachfolgende Wundüberwallung sowie die Entstehung von Frostleisten, verursacht durch Frostrisse (Bild 2).

Harzgallen mindern den Wert des Holzes, weil das Harz bei Erwärmung weich wird und verläuft, vor allem aber, weil Werkzeuge beim Bearbeiten des Holzes verkleben (**Bild 3**).

Äste nennt man die Teile eines Baumes, die seine Krone bilden. Äste im Rundholz und im Schnittholz sind nur die Teile der Äste, die im Holz eingeschlossen sind (Bild 3). Man unterscheidet gesunde und kranke Äste. Gesunde Äste sind mit dem Holz verwachsen, kranke sitzen meist locker im Holz, sind schwarz oder haben einen schwarzen Rand. Ihrer Form nach spricht man von Rund-, Oval- und Flügelästen.

Risse entstehen meist durch unsachgemäßes Fällen und Transportieren des Langholzes sowie durch unsachgemäßes Trocknen des Rundholzes und des Schnittholzes (Seite 112). Sie können beim verbauten Holz auch durch große Belastungen verursacht werden. Risse verlaufen in der Regel in Faserrichtung sowohl radial als auch entlang der Jahrringe.

| Abholzigkeit | Krummschäftigkeit | Bajonettwuchs |
| Gabelung | Zwieselung | Drehwüchsigkeit |

Bild 1: Fehlerhafte Stammbildung

| Spannrückigkeit | Exzentrischer Wuchs | Kernrisse |
| Kernfäule | Wundüberwallung | Frostleiste |

Bild 2: Wuchsfehler

Tangentialschnitt	Rundast	Ovalast
Radialschnitt	Flügelast	Kranker Ast
Harzgallen		**Äste**

Bild 3: Harzgallen und Äste

Aufgaben

1 Erklären Sie, wie man die Holzfeuchte ermitteln kann.

2 Bestimmen Sie die Holzfeuchte, die sich bei Freilufttrocknung bei einer Lufttemperatur von 15 °C und 50 % Luftfeuchte einstellt.

3 Beschreiben Sie das Stapeln von Schnittholz.

4 Erläutern Sie die Vorteile der technischen Holztrocknung gegenüber der Freilufttrocknung.

5 Nennen Sie Holzarten, die Harz enthalten und erläutern Sie, welche Vorteile und welche Nachteile sich durch den Harzgehalt des Holzes ergeben.

6 Beschreiben Sie Holzfehler.

7 An ein bestehendes Gebäude soll ein Balkon angebaut werden. Wählen Sie eine geeignete Holzart und begründen Sie Ihre Entscheidung.

Bild 1: Durch Schädlinge zerstörtes Holz

Bild 2: Günstige Wachstumsbedingungen für Pilze

Bild 3: Myzelgeflecht eines weißen Porenschwammes

3.9.6 Holzschädlinge

Holz kann von Pilzen oder von tierischen Schädlingen (Insekten) befallen werden. Der Befall ist meist nicht nur ein Schönheitsfehler, da das Holz fast immer an Festigkeit verliert oder bis zum völligen Zerfall zerstört wird **(Bild 1)**.

3.9.6.1 Holzzerstörende Pilze

Pilze können ihre zum Leben notwendigen Aufbaustoffe nicht selbst erzeugen, da sie kein Blattgrün besitzen. Sie sind auf die organischen Stoffe anderer Pflanzen angewiesen. Pilze können zwar auf Sonnenlicht verzichten, benötigen jedoch zu ihrer Entwicklung eine gewisse Feuchtigkeit und Wärme **(Bild 2)**.

Bei Pilzen unterscheidet man die Sporen, aus denen sie entstehen, die Fruchtkörper, in denen die Sporen gebildet werden, und die Pilzkörper. Letztere sind meist hautartige Gebilde mit einem Geflecht von wurzelartigen Fäden und Strängen, dem Myzelgeflecht, mit deren Hilfe die Pilze ihre Nahrung der befallenen Pflanze entziehen **(Bild 3)**.

Pilze können am stehenden Holz die Zellulose (Rotfäule) oder das Lignin (Weißfäule) zerstören. Rot- und weißfaules Holz ist nicht verwendbar. Außerdem können Pilze gefälltes, eingeschnittenes und verarbeitetes Holz befallen. Letztere nennt man auch Gebäudepilze. Sie zerstören ebenfalls das Lignin (Weißfäule oder Korrosionsfäule) oder die Zellulose (Braun- oder Destruktionsfäule).

Pilze am gefällten und eingeschnittenen Holz

Die **Rotstreifigkeit** kommt vor allem bei frisch gefällten Fichten vor. Unentrindete und feucht lagernde Stämme sind besonders gefährdet. Der die Rotstreifigkeit verursachende Pilz zersetzt vornehmlich den Zellsaft, greift aber auch auf die Zellwände über und mindert dadurch die Festigkeit des Holzes. Rotstreifiges Holz sollte nur für Bauteile verwendet werden, die keinen besonderen Belastungen ausgesetzt sind.

Die **Blaustreifigkeit** wird vom Bläuepilz verursacht **(Bild 1,** Seite 121). Er ernährt sich vom Zellinhalt des Holzes, weshalb er in der Regel nur den nährstoffreichen Splint von frisch eingeschnittenem Holz befällt, vorzugsweise Kiefernholz. Er entwickelt sich besonders dann, wenn das Holz zu lange in der Rinde liegen bleibt oder wenn frisch eingeschnittene Schnittware gleich gestapelt wird. Verblautes Holz verliert zwar kaum an Festigkeit, ist aber leicht anfällig für andere Pilze. Anstrichschichten können, insbesondere bei hoher Holzfeuchte, durch den Bläuepilz abgehoben werden.

Das **Verstocken** entsteht am gelagerten Baumstamm durch holzzerstörende Pilze als bräunlich und weißlich-fleckige Verfärbung des Splintholzes von Laubhölzern, besonders der Rotbuche. Die Festigkeit des Holzes ist vermindert.

Gebäudepilze

Der gefährlichste Pilz, der verarbeitetes Holz zerstören kann, ist der **Echte Hausschwamm (Bild 1)**. Er befällt vorwiegend Nadelholz. Jedoch vermag er fast alle zellulosehaltigen Stoffe, mit Ausnahme von Eichenkernholz, in kurzer Zeit würfelbrüchig zu machen.

Die Sporen des Hausschwammes werden vor allem durch den Wind verbreitet. Sie brauchen zu ihrer Entwicklung viel Feuchtigkeit, genügend Wärme und stehende Luft (Bild 2, Seite 120). Ist ein Bauteil befallen, kann der Pilz sehr zählebig sein. Er kann dann längere Zeit Nahrungs-, Feuchtigkeits- und Wärmemangel überstehen, sogar seine zum weiteren Wachstum notwendige Feuchtigkeit selbst erzeugen und dadurch auf trockenes Holz übergreifen. Außerdem ist er imstande, Mauerwerk zu durchdringen. Hohe Temperaturen bringen ihn zum Absterben.

Wegen der Gefährlichkeit des Hausschwammes müssen nach einem Befall umfassende Sanierungsmaßnahmen getroffen werden. Dazu gehören der Ausbau und das Verbrennen von befallenem Holz, das Abflammen von Mauerwerk sowie Schutzimprägnierungen.

Weniger gefährliche Arten der Gebäudepilze sind der Keller- oder Warzenschwamm, der weiße Porenschwamm und der Tannenblättling. Sie benötigen zu ihrer Entwicklung immer sehr feuchtes Holz (Bild 1 und Bild 2, Seite 120).

Echter Hausschwamm

Brauner Warzenschwamm

Tannenblättling

Bläuepilz

Bild 1: Pilze und ihr Schadensbild

Hausbockkäfer (verkleinert)

Gewöhnlicher Nagekäfer (vergrößert)

Splintholzkäfer (vergrößert)

Holzwespe (verkleinert)

Vollinsekten und Larven sowie ihr Schadensbild

Bild 1: Holzzerstörende Insekten

3.9.6.2 Holzzerstörende Insekten

Holzzerstörende Insekten sind verschiedene Falter-, Käfer- und Wespenarten. Durch ihren Fraß stören sie den befallenen Baum in seinem Wachstum, mindern den technischen Wert des Holzes oder zerstören es völlig. Bei den Faltern sind es die Raupen, die Schäden verursachen, bei den Käfern und Wespen die Larven. Holzschädlinge, die nur stehendes Holz befallen, nennt man Baum- oder Forstschädlinge. Dazu zählen z. B. der Kiefernspinner, der Borkenkäfer und die Holzwespe. Es ist wichtig, die Holzschädlinge und die von ihnen am gelagerten oder verarbeiteten Holz verursachten Schäden zu kennen.

Der bis zu 22 mm große **Hausbock** gilt als der gefährlichste Schädling des Bauholzes **(Bild 1)**. Das Weibchen dieses Käfers legt etwa 200 Eier vorwiegend in feine Risse von Nadelhölzern z. B. von Dachstühlen. Aus den Eiern entwickeln sich Larven mit einem nach hinten verjüngten Körper. Die erwachsenen Larven haben eine Länge von 15 mm bis 30 mm. Sie benötigen zu ihrer Entwicklung meist drei bis fünf Jahre, bei geringem Eiweißgehalt des Holzes aber auch erheblich länger. Dabei zernagen sie das Splintholz völlig und schädigen auch das Reifholz, lassen jedoch eine dünne Außenschicht übrig. Dadurch wird der Befall oft erst an den Ausfluglöchern bemerkt. Diese sind oval, meist ausgefranst und haben einen Durchmesser von 5 mm bis 10 mm.

Von den vielen Arten der Nage-, Klopf- oder Pochkäfer ist der etwa 3 mm bis 5 mm große **Gewöhnliche Nagekäfer** der Gefährlichste (Bild 1). Man findet ihn in Laub- und Nadelhölzern, jedoch meist nur im Splintholz. Seine 4 mm bis 6 mm lange engerlingartig gekrümmte Larve wird im Volksmund als kleiner Holzwurm bezeichnet und das befallene Holz als wurmstichig. Da das Weibchen des Käfers bis zu 50 Eier ablegt und die Larven zu ihrer Entwicklung zwischen 2 und 8 Jahren benötigen, entstehen große Schäden. Man erkennt den Befall an den vielen kleinen kreisrunden Bohrlöchern mit einem Durchmesser von etwa 2 mm sowie an den vielen Häufchen feinsten Bohrmehls, das bei Erschütterungen aus diesen Löchern rieselt. Der Gewöhnliche Klopfkäfer zerstört vor allem das Holz von Möbeln und Innenausbauten, die ausreichend feucht und eiweißhaltig sind.

Zu den 3 mm bis 6 mm großen Splintholzkäfern zählen der einheimische **Parkettkäfer** und der durch Importhölzer eingeschleppte **Braune Splintholzkäfer** (Bild 1, Seite 122). Sie befallen in der Regel nur den Splint von Laubhölzern, insbesondere von außereuropäischen Laubholzarten. Europäische Nadelhölzer werden nicht geschädigt. Die Larven sind in Größe und Form mit den Nagekäferlarven vergleichbar. Sie zernagen das Holz in Richtung der Holzfaser und verstopfen die Fraßgänge mit feinstem Fraßmehl. Dadurch ist der Befall oft nur schwer zu entdecken. Nach einer Entwicklungszeit von 4 bis 18 Monaten verlässt der Käfer das Holz durch ein kreisrundes Loch mit einem Durchmesser von etwa 1 mm bis 1,5 mm. Wegen der kurzen Entwicklungszeit und weil er auch Holz mit geringer Holzfeuchte befällt, kann sich der Splintholzkäfer rasch ausbreiten.

Der etwa 13 mm große **Scheibenbock** (Blauer Scheibenbock, Veränderlicher Scheibenbock) befällt in der Hauptsache frisch gefälltes, unentrindetes Nadelholz, seltener Laubholz (**Bild 1**). Die Larven entwickeln sich zwischen Rinde und Splintholz, in das sie nur zum Verpuppen wenige Zentimeter hakenförmig eindringen. Altes, abgelagertes Holz wird durch den Scheibenbock nicht befallen. Da die Entwicklung der Larve mehrere Jahre dauern kann, findet man frische Fluglöcher auch hin und wieder bei verbautem Holz. Diese Fluglöcher sind glattrandig, von ovaler Form und haben einen Durchmesser von 4 mm bis 6 mm.

Weniger gefährlich sind die bis 40 mm großen **Holzwespen,** da sie nur stehendes Nadelholz oder frisch gefällte Stämme befallen (Bild 1, Seite 122). Ihre runden Ausfluglöcher haben einen Durchmesser von etwa 4 mm bis 7 mm, die Fraßgänge der Larven sind fest mit Bohrmehl verstopft. Da die Larven dieses Schädlings bis zu ihrer Entwicklung zur Wespe zwei bis vier Jahre brauchen, kann es vorkommen, dass sie erst im gefällten, geschnittenen oder verarbeiteten Holz ausfliegen. Schäden entstehen häufig dadurch, dass sie sich stets nach oben durchfressen und dabei Bodenbeläge und Dichtungsbahnen durchdringen können.

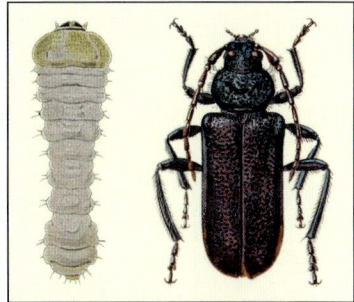

Bild 1: Larve und Käfer des Blauen Scheibenbockes

Aufgaben

1 Nennen Sie die Holzschädlingsarten.

2 Erläutern Sie die Wachstumsbedingungen von Pilzen.

3 Nennen Sie Holzarten, die von der Rotstreifigkeit, der Blaustreifigkeit und dem Verstocken befallen werden und erläutern Sie die Verwendungsmöglichkeiten des befallenen Holzes.

4 Beschreiben Sie die Maßnahmen, mit denen der echte Hausschwamm bekämpft wird.

5 Nennen Sie holzzerstörende Insekten am gelagerten und verarbeiteten Holz.

6 Begründen Sie, warum der Hausbock am verbauten Holz so gefährlich ist.

7 Beschreiben Sie einen Scheibenbockbefall.

8 Nennen Sie Verwendungsmöglichkeiten von Holz, das von Holzwespen befallen ist. Begründen Sie Ihre Entscheidung.

3.9.7 Holzschutz

Maßnahmen, die Holz oder Holzwerkstoffe vor der Zerstörung durch Pilze oder Insekten schützen, bezeichnet man als Holzschutz. Dabei unterscheidet man zwischen Holzschutz vor einem Befall und dem bekämpfenden Holzschutz nach einem Befall durch Schädlinge (**Bild 2**).

Maßnahmen, die das Brennen bzw. Entflammen von Holz und Holzwerkstoffen verhindern oder einschränken, bezeichnet man als Brandschutz.

Bild 2: Holzschutzarten

**Bild 1: Fachwerkwand mit hinter-
lüfteter Verbretterung**

**Bild 2: Spritzwassergeschützter
Stützenfuß**

Bild 3: Balkenauflager

3.9.7.1 Vorbeugender Holzschutz

Holzschutz, der den Befall des Holzes und der Holzwerkstoffe verhindert, bezeichnet man als vorbeugenden Holzschutz. Die wichtigsten vorbeugenden Maßnahmen sind neben der richtigen Holzauswahl, Holztrocknung und Lagerung (Seite 114), das werkgerechte Einbauen von Holz und Holzwerkstoffen (konstruktiver Holzschutz) sowie das Verwenden von Holzschutzmitteln (chemischer Holzschutz).

Vorbeugender Holzschutz durch bauliche Maßnahmen

Vorbeugender baulicher Holzschutz besteht vor allem in der Verwendung von Holz, das gesund, frei von Rinde und Bast sowie ausreichend trocken ist. Außerdem muss zum Schutz gegen Schädlingsbefall durch geeignete konstruktive Maßnahmen eine spätere Durchfeuchtung ausgeschlossen werden. Das ist erreichbar, indem man den Zutritt von Feuchtigkeit verhindert oder die rasche Ableitung des Wassers bzw. eine Austrocknung des Bauteils ermöglicht.

Wird Holz im Freien verwendet, sollte es so verarbeitet werden, dass es nach Möglichkeit vor Niederschlägen geschützt ist. Genügend große Dachüberstände, zurückspringende Sockel und die Überdeckung des sehr saugfähigen Hirnholzes, beispielsweise bei Sparren- und Pfettenköpfen, sind notwendige Maßnahmen **(Bild 1)**. Zum Schutz vor Spritzwasser muss der Abstand vom Boden zu Pfosten und anderen Holzbauteilen mindestens 30 cm betragen **(Bild 2)**. Ist der Schutz vor Regenwasser nicht möglich, sollten Bauweisen gewählt werden, bei denen das Wasser schnell und vollständig ablaufen kann. Dies erreicht man z. B. durch geeignete Profile sowie abgeschrägte Unterkanten bei Außenverschalungen (Bild 1) und Wassernasen bei vorspringenden Holzbauteilen.

Werden Holzteile, die dem Regen ausgesetzt sind, mit einem Anstrich versehen, sollten nur solche Mittel verwendet werden, die die Poren nicht verschließen. Diese offenporigen Mittel ermöglichen das Verdunsten eingedrungener Feuchtigkeit aus dem Holz.

Um die Aufnahme von Baufeuchte aus dem Mauerwerk und Beton zu verhindern, müssen unter Hölzern waagerechte Sperrschichten angeordnet werden (Bild 1). Gegen aufsteigende Baufeuchte unter Balkenköpfen eignen sich Sperrstoffe, wie z. B. Bitumenbahnen. Außerdem sollen Balkenköpfe an der Hirnseite und an den Seitenflächen einen Abstand von etwa 2 cm vom Mauerwerk haben, so dass der Balkenkopf gut umlüftet wird **(Bild 3)**. Insbesondere bei luftdichten Wandanschlüssen in beheizten Gebäuden ist an der Hirnseite von Balkenköpfen eine zusätzliche Wärmedämmung erforderlich, damit keine Wärmebrücke und somit Tauwasser entsteht. Bei Dächern und Fassaden kann durch eine Hinterlüftung anfallendes Tauwasser abgeführt werden (Seite 466).

> **Konstruktiver Holzschutz = Schutz vor Feuchtigkeit durch**
>
> ● **Einbau von trockenem Holz,**
>
> ● **Schutz vor Niederschlägen und Spritzwasser sowie vor kapillarer Feuchte,**
>
> ● **Verhinderung von Tauwasserbildung und**
>
> ● **ausreichende Belüftung.**

Vorbeugender Holzschutz durch chemische Schutzmittel

Nach DIN 68800 müssen Holzbauteile, die zur Standsicherheit beitragen und besonders gefährdet sind, zusätzlich zu den baulichen Maßnahmen mit chemischen Holzschutzmitteln geschützt werden. Zu den besonders gefährdeten Bauteilen zählen z. B. solche in Außenbereichen und in feuchten Räumen. Nach dem Anwendungsbereich und damit dem Maß der Gefährdung sind die Bauteile in die **Gebrauchsklassen** 0 bis 5 eingeteilt und damit die Anforderungen an die Holzschutzmittel festgelegt (**Tabelle 1**). Holzteile, die durch Niederschläge, Spritzwasser oder dergleichen beansprucht werden, gehören zu den Gebrauchsklassen 3 bis 5, solche ohne diese Beanspruchungen zu den Gebrauchsklassen 0 bis 2.

Holz, das innen verbaut ist und ständig trocken bleibt, wird unter bestimmten Voraussetzungen der Gebrauchsklasse 0 zugeordnet (Tabelle 1). Für dieses Holz sind keine vorbeugenden chemischen Holzschutzmaßnahmen erforderlich. Bei Einhaltung von baulichen Maßnahmen nach DIN 68800-2 gilt dies bis zur Gebrauchsklasse 3.1 ebenfalls. Auch bei Verwendung von bestimmten splintarmen oder splintfreien Farbkernhölzern mit hoher Dauerhaftigkeit kann auf chemischen Holzschutz verzichtet werden.

Tabelle 1: Anwendung und Wirksamkeit von Holzschutzmitteln

Gebrauchsklasse	Anwendungsbereiche	Anforderungen an das Holzschutzmittel	erforderliche Prüfprädikate für tragende Bauteile
GK 0	Räume mit üblichem Wohnklima: Holzbauteile durch Bekleidung abgedeckt oder zum Raum hin kontrollierbar	keine Holzschutzmittel erforderlich	
GK 1	Innenbauteile (Dachkonstruktionen, Geschossdecken Innenwände) ohne Bewitterung oder Befeuchtung	insektenvorbeugend	Iv
GK 2	Bauteile unter Dach ohne Bewitterung, gelegentliche Befeuchtung durch Umgebungsfeuchte	insektenvorbeugend, pilzwidrig, evtl. bläuewidrig	Iv, P, B
GK 3.1	Außenbauteile mit Bewitterung ohne Erd- und Wasserkontakt, ohne Wasseranreicherung	insektenvorbeugend, pilzwidrig, witterungsbeständig, evtl. bläuewidrig	Iv, P, W, B
GK 3.2	Außenbauteile mit Bewitterung ohne Erd- und Wasserkontakt, mit Wasseranreicherung		
GK 4	Holzteile mit ständigem Erd- und/oder Süßwasserkontakt	insektenvorbeugend, pilzwidrig, witterungsbeständig, moderfäulewidrig	Iv, P, W, E
GK 5	Holzteile ständig dem Meerwasser ausgesetzt	wie GK 4 mit zusätzlicher Wirksamkeit gegen Holzschädlinge im Meerwasser	

Die Wirksamkeit der Holzschutzmittel gegen holzzerstörende Insekten und holzzerstörende Pilze wird in Kurzform in **Prüfprädikaten** beschrieben:

Iv = gegen **I**nsekten **v**orbeugend wirksam,

P = gegen **P**ilze vorbeugend wirksam,

W = auch für Holz, das der **W**itterung ausgesetzt ist, jedoch nicht im ständigen Erdkontakt und nicht im ständigen Kontakt mit Wasser ist,

E = auch für Holz, das **e**xtremer Beanspruchung ausgesetzt ist (im ständigen Erdkontakt und/oder im ständigen Kontakt mit Wasser) sowie bei Schmutzablagerungen in Rissen und Fugen und

B = gegen Ver**b**lauung an verarbeitetem Holz wirksam.

Holzschutzmittel teilt man im Wesentlichen in wasserlösliche Salze und in gebrauchsfertig gelieferte, lösemittelhaltige bzw. ölige Holzschutzmittel ein (**Tabelle 1,** Seite 126).

Der Schutz des Holzes ist von der Eindringtiefe der Schutzmittel abhängig. Man unterscheidet 6 **Eindringtiefeklassen,** den Oberflächenschutz (NP 1), den Randschutz (NP 2) mit einer Eindringtiefe von einigen Millimetern sowie den Tiefschutz mit einer Eindringtiefe von mindestens 6 mm (NP 3) bzw. 25 mm (NP 4). Beim Vollschutz (NP 5) muss der gesamte Holzquerschnitt, bei Farbkernhölzern mindestens jedoch das gesamte Splintholz durchtränkt sein (**Bild 1,** Seite 126).

Tabelle 1: Holzschutzmittel

Arten	wasserlösliche Salze	ölige Mittel
Anwendungs-bereiche	saftfrisches, feuchtes und halbtrockenes Holz	trockenes oder halbtrockenes Holz
Wirkungen auf andere Baustoffe	können Metalle oder Glas angreifen	können Kunststoffe anlösen
Einbring-verfahren	Spritzen, Sprühen und Fluten (nur in stationären Anlagen zulässig), Streichen, Tauchen, Trogtränkung, Kesseldruck-, Wechseldruck- und Vakuumtränkung	

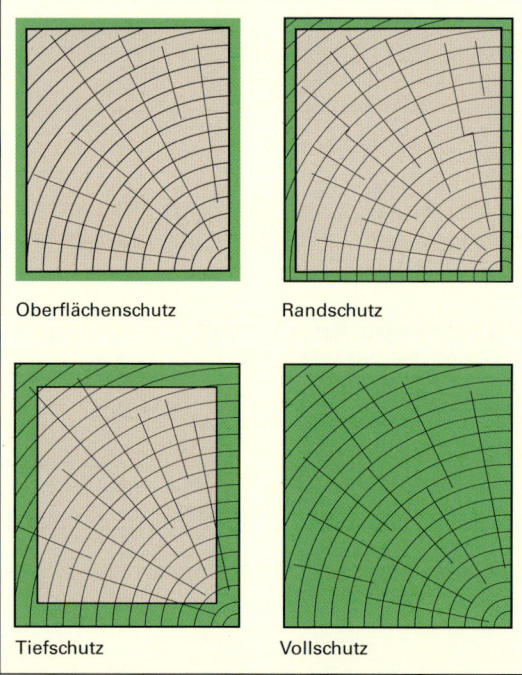

Oberflächenschutz

Randschutz

Tiefschutz

Vollschutz

Bild 1: Beispiele für Eindringtiefenanforderungen

Abbeilen

Ausbürsten

Bild 2: Holzsanierung bei einem Insektenbefall

Die erreichbare Eindringtiefe richtet sich nach der holzartbedingten Tränkbarkeit, der Holzfeuchte und dem Einbringverfahren (Tabelle 1). Die nach der Gebrauchsklasse erforderliche Einbringmenge bzw. Eindringtiefe muss durch entsprechende Holzschutzmittel und Einbringverfahren sichergestellt und nachgewiesen werden. Bauteile aus Holz ohne hohe natürliche Dauerhaftigkeit müssen deshalb ab der Gebrauchsklasse 4 immer einen Vollschutz durch Druckimprägnierung (NP 6) erhalten, bei der auch das Kernholz teilweise getränkt wird. Treten bei Hölzern ohne Vollschutz Trockenrisse auf, muss eine Nachimprägnierung erfolgen. Dies ist auch erforderlich, wenn geschützte Hölzer nachträglich bearbeitet wurden.

Bei schwer imprägnierbaren Holzarten, wie beispielsweise Fichte und Douglasie sowie bei Schnitthölzern, deren Kern- und Reifholz sichtbar sind, ist eine mechanische Vorbehandlung (Perforation) zweckmäßig. Dadurch erreicht man eine größere Aufnahme und Eindringtiefe sowie eine gleichmäßigere Verteilung des Holzschutzmittels. Wird nichtwitterungbeständiges Holzschutzmittel verwendet, ist das Bauholz vor Niederschlägen zu schützen.

Chemische Holzschutzmittel, auch Imprägnierungsmittel genannt, enthalten biozide Wirkstoffe, d.h., sie wirken als **Berührungs-, Atmungs- und Fraßgifte**. Es dürfen deshalb nur solche Holzschutzmittel angewendet werden, die nach dem Biozidrecht verkehrsfähig sind. Dies setzt voraus, dass die Wirksamkeit der Holzschutzmittel von einer Materialprüfanstalt nachgewiesen wurde. Außerdem muss die gesundheitliche Unbedenklichkeit bei vorschriftgemäßer Anwendung überprüft sein.

3.9.7.2 Holzschutz nach dem Befall durch Holzschädlinge

Alle Maßnahmen zum Schutz von bereits befallenem Holz werden als bekämpfender Holzschutz bezeichnet. Die von Schädlingen befallenen Teile des Holzes oder der Holzwerkstoffe sind, wenn möglich, abzubeilen und mit einer Drahtbürste auszubürsten oder zu ersetzen **(Bild 2)**. Die noch verbleibenden Teile müssen nachfolgend mehrmals mit entsprechenden Holzschutzmitteln satt gestrichen oder besprüht werden. Zusätzlich kann man durch Einbohren von Löchern in das befallene Holz das Holzschutzmittel in das Innere des Bauteils einbringen (Bohrloch-Verfahren). Hierbei werden gerade oder schräge Bohrlöcher mit einem Durchmesser bis 15 mm im Abstand von etwa 20 cm ins Holz eingebohrt. Die Bohrlöcher werden mehrmals verfüllt und anschließend verdübelt

Da Holzschutzmittel giftige Stoffe enthalten, müssen auf dem Gebinde und in einem Sicherheitsdatenblatt gemäß der Gefahrstoffverordnung **Gefahrenhinweise (H-Sätze)** und **Sicherheitshinweise (P-Sätze)** vorhanden sein, die Vorgaben für die Verarbeitung und Verwendung machen. Diese Angaben über Verarbeitung, Einsatzbereich, die notwendige Schutzkleidung sowie die Entsorgung der Reste und Gebinde sind zwingend einzuhalten. Um Gesundheitsschäden und Gefahren für die Umwelt beim Umgang mit chemischen Holzschutzmitteln zu vermeiden, ist Folgendes zu berücksichtigen:

- Das Berühren chemischer Holzschutzmittel mit ungeschützten Händen ist zu vermeiden. Besondere Vorsicht ist beim Vorhandensein von offenen Wunden und Hautabschürfungen erforderlich.

- Beim Arbeiten mit Holzschutzmitteln sind undurchlässige Schutzhandschuhe und entsprechende Oberbekleidung anzuziehen.

- Beim Spritzen und Sprühen sind Schutzbrille und Atemschutzmaske zu tragen.

- Sind Spritzer auf die Haut oder in die Augen gekommen, ist sofort gründlich mit Wasser zu spülen und ein Arzt aufzusuchen.

- Beim Umgang mit Holzschutzmittel darf weder gegessen, getrunken noch geraucht werden.

- Nach der Arbeit sind Hände und Gesicht sorgfältig zu reinigen.

- Treten beim Arbeiten Kopfschmerzen, Übelkeit, Schwindelgefühl und andere Beschwerden auf, ist sofort für Frischluft zu sorgen und ein Arzt aufzusuchen. Diesem sind das Technische Merkblatt und das Sicherheitsdatenblatt vorzulegen.

- Holzschutzmittel dürfen weder in den Boden noch in das Grund- oder Oberflächenwasser gelangen. Deshalb sind erforderlichenfalls entsprechende Abdeckungen anzubringen. Unverbrauchte Holzschutzmittelreste müssen durch besonders konzessionierte Firmen beseitigt werden.

Aufgaben

1 Erklären Sie, welche Maßnahmen als vorbeugender Holzschutz bezeichnet werden und nennen Sie Beispiele für baulichen Holzschutz.

2 Begründen Sie den Nutzen von Hinterlüftungen von Fassaden und Dächern.

3 Nennen Sie die Prüfprädikate für vorbeugenden Holzschutz.

4 Beschreiben Sie die Sanierung von durch Insekten befallenen Holzbauteilen.

5 Begründen Sie, warum mit Holzschutzmitteln vorsichtig umgegangen werden muss.

6 Beschreiben Sie, welche Holzschutzmaßnahmen bei der Errichtung eines Carports zu beachten sind und begründen Sie diese Maßnahmen.

3.9.8 Handelsformen des Vollholzes

Vollholz wird in Baurundholz und Schnittholz eingeteilt. Außerdem werden aus Vollholz Hobelwaren und Leisten hergestellt.

3.9.8.1 Baurundholz

Baurundholz kann ungeschnitten oder ein- bzw. zweiseitig besäumt sein (**Bild 1**). Die verbleibenden Rundholzflächen müssen bei eingebauten Baurundhölzern frei von Rinde und Bast sein. Baurundhölzer werden z. B. als Pfosten und Sprieße verwendet.

Holzfehler, z. B. Krümmung, Äste, Risse und Schädlingsbefall mindern die Güte, insbesondere die Tragfähigkeit des Holzes. Deshalb wird Baurundholz (Nadelholz) nach DIN 4074, Teil 2, aufgrund festgelegter Gütemerkmale in die drei Güteklassen I bis III eingeteilt, d. h. in Baurundholz mit besonders hoher, gewöhnlicher oder geringer Tragfähigkeit.

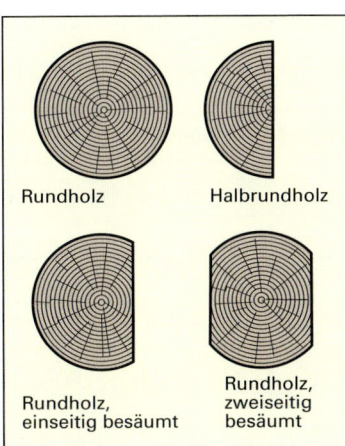

Rundholz   Halbrundholz

Rundholz,   Rundholz,
einseitig besäumt   zweiseitig
                        besäumt

Bild 1: Baurundholz

Tabelle 1: Schnittholzeinteilung nach DIN 4074

Holz-erzeugnis	Dicke d bzw. Höhe h	Breite b
Latte	$d \leq 40$ mm	$b < 80$ mm
Brett	$d \leq 40$ mm	$b \geq 80$ mm
Bohle	$d > 40$ mm	$b > 3\,d$
Kantholz	$b \leq h \leq 3\,b$	$b > 40$ mm

Bild 1: Schnittholz nach DIN 4074

Tabelle 2: Sortierklassen nach DIN 4074-1 für Nadelschnittholz Festigkeitsklassen nach DIN EN 338

visuelle Sortierung Sortierklasse nach DIN 4074-1		maschinelle Sortierung		Festig-keits-klasse nach DIN EN 338
Kanthölzer Bohlen	Latten	Sortier-klasse	charakter. Biege-festigkeit in N/mm²	
S 7, S 7K	–	C 16 M	16	C 16
S 10, S 10K	S 10	C 24 M	24	C 24
S 13, S 13K	S 13	C 30 M	30	C 30
–	–	C 35 M	35	C 35
–	–	C 40 M	40	C 40

Tabelle 3: Standardquerschnitte für Konstruktionsvollholz

Dicke in mm	Breite in mm						
	100	120	140	160	180	200	240
60	x	x	x	x	x	x	x
80		x	x	x	x	x	x
100	x			x	x	x	x
120		x		x		x	x
140			x				x

3.9.8.2 Schnittholz

Nadelschnitthölzer mit einer Mindestdicke von 6 mm, deren Querschnitte nach der Tragfähigkeit bemessen werden, sind in DIN 4074, Teil 1 aufgeführt. Nach den Abmessungen wird dieses Schnittholz in Latten, Bretter, Bohlen und Kanthölzer eingeteilt (**Tabelle 1, Bild 1**). Kanthölzer schließen bei dieser Einteilung die herkömmlichen Bezeichnungen Balken für große Kantholzquerschnitte sowie Kreuzhölzer (Rahmen) mit ein (**Bild 1**, Seite 129).

Die Tragfähigkeit des Schnittholzes wird nach DIN 4074 mit Hilfe von Sortiermerkmalen festgestellt. Sortiermerkmale sind z. B. Äste, Jahrringbreiten, Faserneigung, Risse, Verfärbungen, Druckholz, Insektenfraß, Krümmung und Querschnittsschwächung durch Baumkante. Die zulässige Baumkante wird hierbei schräg gemessen und als Bruchteil der größeren Querschnittsseite angegeben. Sie muss frei von Rinde und Bast sein.

Aufgrund von festgelegten **Sortierkriterien** für die genannten Merkmale werden Kanthölzer und Bohlen sowie Latten bei der **visuellen Sortierung** nach Augenschein in **Sortierklassen** eingeteilt (**Tabelle 2**). Vorwiegend hochkant (K) biegebeanspruchte Bretter und Bohlen werden zusätzlich gekennzeichnet, z. B. S 10K.

Bei der **maschinellen Sortierung** werden die Eigenschaften durch besonders zugelassene Sortiermaschinen festgestellt, aber auch zusätzlich die Sortiermerkmale Baumkante, Risse, Verfärbungen, Insektenfraß durch Frischholzinsekten und Krümmung berücksichtigt. Maschinell sortiertes Nadelschnittholz wird gemäß DIN EN 338 nach Festigkeitsklassen eingeteilt. Die Sortierklassen für maschinelle Sortierung erhalten den Zusatz M und beziehen sich auf die **charakteristische Biegefestigkeit** in N/mm² (Tabelle 2).

Um Holzkonstruktionen, insbesondere sichtbare Holzbauteile aus Vollholz, wirtschaftlich und mängelfrei herstellen zu können, wurde das Bauprodukt **Konstruktionsvollholz** (KVH) geschaffen. Konstruktionsvollholz ist ein güteüberwachtes, durch Keilzinkung verklebtes Schnittholz aus Nadelholz der Sortierklasse S 10, an das gegenüber der DIN 4074 zusätzliche oder erhöhte Anforderungen gestellt werden. Solche Anforderungen sind beispielsweise eine Holzfeuchte von etwa 15 %, herzfreier oder herzgetrennter Einschnitt, Beschränkung von Rissbreiten und Baumkanten sowie für sichtbaren Einbau die gehobelte und gefaste Oberfläche (KVH Si). Um Vorratshaltung und rasche Lieferung zu ermöglichen, wird Konstruktionsvollholz in standardisierten Querschnitten produziert (**Tabelle 3**).

Zweiseitig eingeschnittenes Bauschnittholz ergibt Bretter bzw. Bohlen mit Baumkante, die als **unbesäumte** Schnittware bezeichnet werden **(Bild 1)**. Dabei unterscheidet man von außen nach innen die **Schwarte**, die **Seitenbretter** mit liegenden Jahrringen und das Herzbrett oder die **Herzbohle** mit stehenden Jahrringen. Wird beim Einschneiden das Mark durchtrennt, entstehen anstelle des Herzbrettes zwei **Mittelbretter**, die ebenfalls stehende Jahrringe aufweisen. Nach der DIN EN 844-3 wird Schnittholz mit stehenden Jahrringen (Wachstumsringen) als **Rift** bezeichnet, sind die Jahrringe um höchstens 10° geneigt, als **Edelrift**.

Häufig werden Bretter oder Bohlen besäumt, d. h. ohne Baumkante gehandelt. Bei **konisch besäumter** Schnittware verlaufen die Sägeschnitte (Besäumschnitte) entlang der Baumkante, bei **parallel besäumter** Schnittware parallel zueinander. Die dem Herz zugewandte Seite der Bretter und Bohlen wird als **rechte Seite,** die der Rinde zugewandte Seite als **linke Seite** (Splintseite) bezeichnet. Bretter und Bohlen werden ungehobelt (sägerau) und gehobelt aus europäischen Nadel- und Laubhölzern angeboten. Übliche Maße von Brettern und Bohlen aus Nadelholz sind bei Lieferanten häufig ab Lager zu beziehen **(Tabelle 1)**.

Bild 1: Schnittholzbezeichnungen

Tabelle 1: Übliche Lagermaße von Brettern und Bohlen aus Nadelholz		
Bezeichnung	Dicken in mm	Längen in mm
Bretter	16, 18, 22, 24, 28, 38	1500 bis 6000 in Stufen von 250 oder 300
Bohlen	44, 48, 50, 63, 70, 75	

3.9.8.3 Hobelwaren und Leisten

Hobelwaren sind Bretter, die einseitig oder zweiseitig gehobelt und deren Kanten glatt oder profiliert sind **(Bild 2)**. Sie sind einbaufertig und müssen meist nur in der Länge zugeschnitten werden.

Am häufigsten werden Profilbretter mit Schattennut verarbeitet. Außerdem gehören zu den Hobelwaren gefälzte und gespundete Bretter (Fußbodenriemen), Fasebretter, Stülpschalungsbretter, Akustik-, Glattkant- und -Profilbretter.

Leisten sind mit quadratischem oder rechteckigem Querschnitt und als Dreikantleisten sowie als Profilleisten im Handel. Gebräuchliche Profile sind Rund-, Halbrund-, Viertelrundstäbe, Sockelleisten, Hohlkehlen-, Winkel- und Abschlussleisten **(Bild 3)**.

Profilbrett mit Schattennut

gefälztes Brett

gespundetes Brett

gespundetes Fasebrett

gespundetes Stülpschalungsbrett

Akustik- Profilbrett

Bild 2: Hobelwaren

Aufgaben

1 Unterscheiden Sie Schnittholzarten nach ihren Abmessungen.
2 Begründen Sie die Berücksichtigung der Baumkante bei der Holzeinteilung in Sortierklassen.
3 Erläutern Sie die Vorteile von Konstruktionsvollholz gegenüber gewöhnlichem Schnittholz.
4 Erläutern Sie die Schnittholzbezeichnungen Seitenbrett, besäumtes Herzbrett und Rift.

Dreikantleiste Viertelrundstab Sockelleiste

Hohlkehlenleiste Winkelleiste Abschlussleiste

Bild 3: Profilleisten

Absperren
der Furniere

dreilagiges Furniersperrholz

**Bild 1: Begrenzung des Arbeitens
der Holzwerkstoffe am Beispiel des Furniersperrholzes**

Tabelle 1: Nutzungsklassen

NK	Klimabedingungen
1	**Trockenbereich:** 20 °C und relative Luftfeuchte selten > 65 %, z. B. in geschlossenen beheizten Bauwerken
2	**Feuchtbereich:** 20 °C und relative Luftfeuchte selten > 85 %, z. B. bei überdachten offenen Bauwerken
3	**Außenbereich:** höhere Holzfeuchten als in NK 2, z. B. bei der Witterung ausgesetzten Konstruktionen

Tabelle 2: Handelsübliche Furnierdicken von Messerfurnieren

mm	Holzart
0,50	Nussbaum, Mahagoni, Makore, Palisander
0,55	Ahorn, Birke, Buche, Birnbaum, Kirschbaum, Afromosia, Sen, Teak
0,60	Eiche, Erle, Esche, Pappel, Rüster, Limba
0,65	Eiche, Linde, Pappel
0,70	Abachi
0,90	Kiefer, Lärche, Fichte
1,00	Tanne

3.9.9 Furniere und Holzwerkstoffe

Der natürliche Werkstoff Holz weist nicht nur Fehler im Gefüge, sondern auch unerwünschte und je nach Faserrichtung sehr unterschiedliche Eigenschaften auf. Damit man eine hohe Holzausnutzung und für die jeweiligen Verwendungszwecke bestmögliche Eigenschaften erreicht, zerlegt man den Rohstoff Vollholz. Durch Schälen, Messern, Sägen, Hobeln, Zerspanen und Zerfasern werden als Zwischenprodukte Furniere, Stäbe und Bretter für Mittel- und Decklagen, Holzwolle, Späne oder Fasern gewonnen. Diese werden, meist unter Zugabe von Klebstoffen oder anderen Bindemitteln, unter Druck zu Holzwerkstoffen zusammengefügt. Holzwerkstoffe sind plattenförmige oder stabförmige Produkte mit gleichmäßigen, der Verwendung angepassten Eigenschaften. Da Holzwerkstoffe in der Regel so aufgebaut sind, dass das Arbeiten des Holzes stark eingeschränkt wird, können großflächige Bauteile damit hergestellt werden **(Bild 1)**.

Herkömmlich hat man vor allem die genormten Holzwerkstoffe Sperrholz, Spanplatten, Holzfaserplatten und Holzwolleleichtbauplatten unterschieden. Den Bedürfnissen neuzeitlichen Bauens entsprechend wurden neue Holzwerkstoffe wie Brettsperrholz, Furnierschichtholz, Furnierstreifenholz, Spanstreifenholz, Langspanplatten und mineralisch gebundene Holzwerkstoffe entwickelt. Diese können aufgrund bauaufsichtlicher Zulassungen auch für tragende und aussteifende Zwecke verwendet werden.

Holzwerkstoffe im Bauwesen müssen je nach Anwendungsbereich unterschiedlich feuchtebeständig sein. Dies erreicht man insbesondere durch die Art des verwendeten Klebstoffes. Die Verwendbarkeit von Holzwerkstoffen bei unterschiedlichen Klimabedingungen wird durch die Beschreibung von Feuchtebeständigkeitsbereichen und die Zuordnung zu **Nutzungsklassen** zum Ausdruck gebracht **(Tabelle 1)**. Nicht direkt bewitterte Holzwerkstoffe können bei Eignung für bestimmte Feuchtebeständigkeitsbereiche und Einhaltung von Feuchtegrenzwerten der Gebrauchsklasse 0 zugerechnet und ohne chemischen Holzschutz verwendet werden.

3.9.9.1 Furniere

Furniere sind dünne Holzblätter, die durch Schälen, Messern oder Sägen von einem Stamm oder Stammteil abgetrennt werden. Nach der Art ihrer Verwendung unterscheidet man zwischen Deckfurnieren und Absperrfurnieren.

- **Deckfurniere** werden auf Platten beidseitig aufgeklebt. Sie dienen vor allem dem Verschönern und Veredeln von Holzflächen. Außerdem werden wertvolle Hölzer wirtschaftlicher genutzt. Die Dicken liegen bei Messerfurnieren je nach Holzart zwischen 0,5 mm und 1,0 mm, bei Sägefurnieren bei meist mehr als 1,5 mm **(Tabelle 2)**.

- **Absperrfurniere** sollen das Arbeiten von Holzflächen verhindern oder einschränken. Die Dicken dieser Furniere liegen zwischen 1,5 mm und 3,5 mm, in Sonderfällen bis zu 8,0 mm.

- **Schälfurniere** dienen vorwiegend der Sperrholzherstellung.

- **Messerfurniere** werden häufig, **Sägefurniere** dagegen selten, als Deckfurniere im Möbel- und Innenausbau verwendet.

3.9.9.2 Sperrholz

Als Sperrholz bezeichnet man Platten, die aus mindestens drei kreuzweise verklebten Holzlagen bestehen. Durch das kreuzweise Verkleben wird das Arbeiten des Holzes eingeschränkt, da die Schwind- und Quellrichtungen der einzelnen Holzlagen entgegengesetzt verlaufen und sich gegenseitig **absperren** (Seite 130). Außerdem ist die Belastbarkeit in Längs- und Querrichtung nicht so unterschiedlich wie bei Vollholz. Damit sich diese Platten nicht verziehen, müssen sie symmetrisch aufgebaut sein.

Furniersperrholz (VP) besteht je nach Dicke in der Regel aus 3, 5, 7, 9 und mehr Furnierlagen **(Bild 1)**. **Stabsperrholz (ST)** und **Stäbchensperrholz (STAE)** sind aus einer Mittellage aus verklebten Holzstreifen und mindestens zwei Sperrfurnieren aufgebaut (Bild 1). Beim Stabsperrholz bilden 7 mm bis 30 mm breite Stäbe die Mittellage. Die Mittellage von Stäbchensperrholz besteht aus bis zu 7 mm dicken Rundschälfurnieren und ergibt dadurch vorwiegend stehende Jahrringe.

Sperrholz wird z. B. für Beplankungen bei Holzhäusern in Tafelbauart, im Innenausbau und als Schalmaterial verwendet. Die Einsatzmöglichkeit ist von der Dauerhaftigkeit des Holzes, der Qualität der Verklebung, von Festigkeitseigenschaften und der Oberflächenbeschaffenheit abhängig.

Nach EN 636 sind für Sperrholzplatten die Nutzungsklassen 1, 2 oder 3 (Tabelle 1, Seite 130) sowie die vorgesehene Verwendung anzugeben. Danach werden Platten für tragende Zwecke mit dem Kennbuchstaben S und Platten für allgemeine Zwecke mit NS gekennzeichnet. Ein Bausperrholz für tragende Zwecke im Außenbereich erhält somit beispielsweise die Kennzeichnung EN 636-3 S. Zusätzlich können Festigkeitseigenschaften oder durch die Erscheinungsklassen E (praktisch fehlerfrei), I, II, III oder IV die Qualität des Deckfurniers angegeben sein.

Betonschalungsplatten aus Sperrholz sind stets wetterfest verleimt. Außerdem sind ihre Oberflächen und Kanten kunstharzvergütet. Dadurch sind die Platten wiederholt einsetzbar.

Als **Brettsperrholz (BSP)** bezeichnet man mehrschichtige Massivholzplatten (SWP), die aus mindestens drei kreuzweise miteinander verklebten Brettlagen aus Nadelholz bestehen **(Bild 2)**. Sie werden als großformatige Platten in Dicken bis 600 mm hergestellt und vorzugsweise im Holztafelbau verwendet.

Bild 1: Sperrholz

Bild 2: Brettsperrholz

3.9.9.3 Spanplatten

Spanplatten sind Holzwerkstoffe, die aus kleinen Holzspänen oder aus verholzten Faserstoffen wie Flachs oder Hanf hergestellt sind. Die Späne oder Faserstoffe werden mit Kunstharz als Bindemittel vermischt und unter Druck und Wärme zu Platten gepresst.

Spanplatten, deren Rohstoffe nur aus Holzspänen bestehen, bezeichnet man als Holzspanplatten. Diese können verschieden aufgebaut sein und hergestellt werden. Danach unterscheidet man Flachpressplatten, Strangpressplatten und Langspanplatten **(Bild 3)**.

Flachpressplatten für das Bauwesen gibt es einschichtig, mehrschichtig oder mit stetigem Übergang in der Struktur. Einschichtige

Bild 3: Flachpressplatte

Bild 1: Strangpressplatte

Deckfurniere   Holzspäne

Bild 2: Langspanplatte

Bild 3: Poröse Holzfaserplatte

Rückseite

Bild 4: Harte Holzfaserplatte

Bild 5: MDF-Platte

Spanplatten haben durchgehend Späne gleicher Größe, Dreischicht-platten außen feine Späne (Seite 131). Die Oberfläche der Platten kann geschliffen oder ungeschliffen sein. Nach dem Verwendungs-zweck werden 7 Plattentypen unterschieden. Im Trockenbereich sind das Platten für allgemeine Zwecke (P 1), für Inneneinrichtungen (P 2) und für tragende Zwecke (P 4 und P 6). Im Feuchtbereich unter-scheidet man Platten für nichttragende Zwecke (P 3) und für tragende Zwecke (P 5 und P 7). Die Plattentypen P 6 und P 7 sind als hoch be-lastbare Platten klassifiziert.

Flachpressplatten werden vielseitig verwendet, z. B. für leichte Wandkonstruktionen, Deckenverkleidungen, Dachschalungsplatten und als Schalungen im Betonbau. Sie werden auch mit Nut und Fe-der beispielsweise als Fußboden-Verlegeplatten geliefert. Leichte Flachpressplatten (LF) werden als Verkleidungen zur Verbesserung der Raumakustik montiert.

Strangpressplatten werden als Vollplatten (ES) oder als Röhrenplat-ten (ET) hergestellt **(Bild 1)**. Die Oberflächen der Platten können un-geschliffen, geschliffen, furniert, beschichtet oder beplankt sein. Sie werden im Innenausbau, z. B. für Türen, verwendet.

Langspanplatten, auch **OSB-Platten** genannt (**O**riented **S**trand **B**oards), sind Flachpressplatten, die aus langen schlanken, etwa 75 mm langen und 35 mm breiten Langspänen in Furnierdicke be-stehen **(Bild 2)**. Durch eine besondere Streuung liegen die langen Flachspäne in den Außenschichten vorwiegend in Längsrichtung der Platte und in der Mittelschicht in Querrichtung. Dadurch weist die Platte in Längsrichtung die größere Biegefestigkeit auf.

OSB-Platten werden in Dicken von 6 mm bis 30 mm geliefert und für Beplankungen von Wänden, Decken, Fußböden und Dächern, auch als Sichtflächen, verwendet.

3.9.9.4 Faserplatten

Holzfaserplatten werden aus Holzfasern oder anderen holzhaltigen Fasern hergestellt. Sie erhalten ihren Zusammenhalt durch Verfil-zung der zerfaserten Rohstoffe und durch die Bindekraft fasereigener oder zugesetzter Klebstoffe. Durch unterschiedliche Pressdrücke und Temperaturen oder die Zugabe besonderer Stoffe, z. B. Kunstharze, Wachse oder Bitumen, werden unterschiedliche Eigenschaften er-zielt. Danach unterscheidet man poröse, harte und mitteldichte Fa-serplatten.

Poröse Holzfaserplatten (SB) haben wegen ihres lockeren Gefüges eine geringe Rohdichte **(Bild 3)**. Man verwendet sie vor allem zur Wärme- und Schalldämmung. Faserplatten, denen zur Verbesserung der Feuchtebeständigkeit Bitumen zugegeben wird, bezeichnet man als **Bitumen-Holzfaserplatten**.

Harte Holzfaserplatten (HB) haben eine Rohdichte von mehr als 800 kg/m³ **(Bild 4)**. Die meist zwischen 3 mm bis 4 mm dicken Plat-ten haben eine glatte Oberfläche (Sichtseite) und auf der Rückseite eine Siebnarbe (Siebseite). Harte Holzfaserplatten werden im Innen-ausbau für Decken- und Wandverkleidungen, für Trennwände und Türen verwendet.

Mittelharte sowie **mitteldichte Holzfaserplatten** (MB bzw. MDF) wer-den im Möbelbau und für Verkleidungen im Innenausbau eingesetzt, bei denen sehr glatte Oberflächen gefordert sind **(Bild 5)**.

3.9.9.5 Holzwerkstoffe für tragende Bauteile

Holzwerkstoffe wurden bisher vor allem für raumabschließende oder aussteifende Beplankungen von Tragwerken verwendet. Die Holzwerkstoffe Furnierschichtholz, Spanstreifen- und Furnierstreifenholz werden für tragende Bauteile, beispielsweise für Stützen, Scheiben, Pfetten, Balken oder Fachwerkstäbe eingesetzt.

Bild 1: Furnierschichtholz

Furnierschichtholz (FSH) wird aus etwa 3 mm dicken Schälfurnieren aus Nadelholz hergestellt **(Bild 1)**. Im Gegensatz zum Furniersperrholz werden beim Furnierschichtholz die Furnierlagen zum größten Teil (Typ Q) oder alle (TYP S) in gleicher Faserrichtung verklebt. Die Platten werden in Dicken von 21 mm bis 89 mm und in Längen bis 23 m geliefert. Sie sind sehr fest und werden deshalb vor allem für hochbelastete Tragstäbe oder Tragscheiben verwendet. Furnierschichtholz vom Typ Q wird auch als tragende und aussteifende Platten sowie für Beläge genutzt.

Bild 2: Furnierstreifenholz

Furnierstreifenholz (PSL) ist ein stabförmiger Holzwerkstoff, der im Standardquerschnitt von b/h von 280 mm/483 mm in bis zu 20 m Länge hergestellt wird **(Bild 2)**. Kleinere Querschnitte werden daraus vom Hersteller herausgeschnitten und geschliffen. Die ungefähr 3 mm dicken und 2,50 m langen, längs ausgerichteten, miteinander verklebten schmalen Furnierstreifen bewirken nicht nur die sehr hohe Biege- und Zugfestigkeit des Furnierstreifenholzes, sondern auch ein dekoratives Aussehen. Es wird für stabförmige Konstruktionselemente wie Pfetten, Stützen, Fachwerkstäbe und Biegeträger eingesetzt.

Bild 3: Spanstreifenholz

Spanstreifenholz, auch Langspanholz (LSL) genannt, besteht aus etwa 0,8 mm dicken, miteinander verklebten Spänen von etwa 30 cm Länge aus Pappelholz **(Bild 3)**. Die Platten werden in Dicken von 32 mm bis 89 mm und einer Länge von bis zu 10,67 m geliefert. Spanstreifenholz kann sowohl für balkenförmige als auch für plattenförmige Bauteile verwendet werden.

3.9.9.6 Mineralisch gebundene Holzwerkstoffe

Holzwerkstoffe mit den mineralischen Bindemitteln Zement, Gips oder Magnesit werden z. B. dort eingesetzt, wo höhere Anforderungen an den Brandschutz gestellt werden. Zementgebundene Platten sind außerdem wenig feuchteempfindlich.

Bild 4: Zementgebundene Flachpressplatte

Zementgebundene Flachpressplatten bestehen aus Holzspänen aus Nadelholz **(Bild 4)**. Die Platten werden in Dicken zwischen 8 mm und 40 mm, meist 1,25 m breit, geliefert. Durch den Zement als Bindemittel sind sie ohne zusätzliche Holzschutzmittel für die Verwendung in allen Gefährdungsklassen als Beplankung geeignet (Seite 123).

Bild 5: Holzwolleleichtbauplatte

Holzwolleleichtbauplatten (HWL) bestehen aus Holzwolle und Zement oder Magnesit als Bindemittel **(Bild 5)**. Sie werden auch als Mehrschicht-Leichtbauplatten (ML) mit einer Mittellage aus Hartschaum oder Mineralfasern meist im Format 2000 mm/500 mm, 2000 mm/600 mm oder 1000 mm/600 mm geliefert. HWL-Platten werden in Dicken von 15 mm bis 50 mm, ML-Platten in Dicken von 25 mm bis 175 mm hergestellt. Sie werden als Wärme-, Brand- und Schallschutzplatten sowie als verlorene Schalung und als Putzträger eingesetzt.

3.10 Metalle

Metalle haben als Werkstoffe für die Herstellung von Bauteilen eine große Bedeutung. Auch die im Bauwesen eingesetzten Werkzeuge und Maschinen bestehen überwiegend aus Metallen. Man unterscheidet Eisenwerkstoffe und Nichteisenwerkstoffe.

Bild 1: Metalle (Übersicht)

Bild 2: Eisen- und Stahlherstellung

3.10.1 Eisenwerkstoffe

Eisenwerkstoffe erhalten durch verschiedenartige Herstellungs- und Weiterverarbeitungsverfahren, durch Beimengungen anderer Stoffe (Legieren) und durch Wärmebehandlung verschiedene, dem Verwendungszweck angepasste Eigenschaften, wie z. B. für den Stahlbau oder für den Stahlbeton- und Spannbetonbau. Man unterscheidet hierbei Stähle und Eisen-Guss-Werkstoffe **(Bild 1)**.

Eisen (Fe) kommt in der Natur als Erz vor. Eisenerze sind chemische Verbindungen des Eisens mit anderen Elementen, hauptsächlich mit Sauerstoff; sie enthalten außerdem noch Bestandteile, wie z. B. Quarz, Ton, Schiefer und Kalk.

Im Hochofen werden die Eisenerze in Roheisen umgewandelt. Der Hochofen wird von oben mit Eisenerzen, Zuschlägen (hauptsächlich Kalk) und Koks beschickt. Durch Einblasen von Heißluft verbrennt der Koks. Es entsteht dabei Kohlenstoffmonoxid (CO) und Kohlenstoffdioxid (CO_2). Das Kohlenstoffoxid entzieht dem Eisenerz Sauerstoff (Reduktion). Die Gase steigen nach oben und werden als Gichtgas abgezogen. Das Eisen nimmt Kohlenstoff auf, wird flüssig und sammelt sich als Roheisen im untersten Teil des Hochofens, dem Gestell. Die Zuschläge binden beim Schmelzen die Verunreinigungen der Eisenerze und die bei der Verbrennung entstehenden Rückstände. Daraus bildet sich die Hochofenschlacke. Sie schwimmt wegen ihrer geringeren Dichte über dem flüssigen Roheisen und läuft über eine Rinne ab. Das Roheisen wird etwa alle 3 bis 4 Stunden abgestochen und weiterverarbeitet. Erzeugnisse des Hochofens sind Roheisen, Hochofenschlacke und Gichtgas. Je nach Erzart entsteht graues oder weißes Roheisen **(Bild 2)**. Graues Roheisen ist siliciumhaltig, hat eine graue Bruchfläche, ist gut gießbar und wird in Eisengießereien zu Gusseisen weiterverarbeitet. Weißes Roheisen ist manganhaltig, hat eine weiße, strahlige Bruchfläche und ist Ausgangsstoff für die Stahlherstellung. Hochofenschlacke wird zu Baustoffen weiterverarbeitet, z. B. zu industriell hergestellten Gesteinskörnungen und zu Bindemitteln.

3.10.1.1 Gusseisen

Im Bauwesen kommen als Gusswerkstoffe im Wesentlichen Grauguss und Temperguss zur Verwendung **(Bild 1,** Seite 135). Aus **Grauguss** (GGL) werden Druckrohre mit Muffen (LA = Leichte Ausführung) oder mit Flanschen (FF-Rohre) für die Gas- und Wasserversorgung, Schachtdeckel und Bodenabläufe hergestellt. Für Abwasserleitungen verwendet man Gussabflussrohre (GA), die als gerade Rohre und als Formstücke geliefert werden **(Bild 2,** Seite 135). Bei Gussabflussrohren sind gegenüber den seither gebräuchlichen leichten Normal-Abflussrohren (LNA) die Baulängen der Formstücke und die Muffen kürzer und damit das Gewicht geringer. **Temperguss** (GT) hat durch besondere Wärmebehandlung (tempern = glühen) stahlähnliche Eigenschaften. Er ist zäh und in geringem Maße biegbar. Aus Temperguss werden Beschläge, Schlösser, Schlüssel und Fittings (Rohrverbindungsstücke bei der Sanitärinstallation) gefertigt (Bild 2, Seite 135).

3.10.1.2 Stahl

Zur Herstellung von Stahl wird weißes Roheisen verwendet. Roheisen aus mehreren Hochofenabstichen wird vor der Weiterverarbeitung in einem Roheisenmischer gemischt (**Bild 2,** Seite 134). Man erhält dadurch eine gleichmäßigere Zusammensetzung. Roheisen hat einen Kohlenstoffgehalt zwischen 3% und 4,3% sowie meist unerwünschte oder zu hohe Beimengungen an Silicium, Mangan, Schwefel und Phosphor. Bei der Umwandlung von Roheisen in Stahl wird der Kohlenstoffgehalt auf weniger als 1,5% gesenkt und die unerwünschten Beimengungen werden fast vollständig verbrannt. Dies geschieht durch verschiedene **Verfahren.** Man verwendet dazu das Sauerstoff-Blasverfahren und das Elektro-Verfahren.

Beim **Sauerstoff-Blasverfahren,** auch LD-Verfahren (**L**inz-**D**onawitz) genannt, wird in einen birnenförmigen Behälter mit ca. 350 t Fassungsvermögen mithilfe einer wassergekühlten Lanze Sauerstoff von oben auf die Roheisenschmelze geblasen. Dabei entstehen Temperaturen bis zu 2000°C. Zur Abkühlung der Schmelze gibt man Schrott und Eisenerze zu. Da zum Frischen keine Luft verwendet wird, enthalten LD-Stähle fast keinen Stickstoff; sie sind schmied- und schweißbar (Bild 2, Seite 134).

Beim **Elektrostahl-Verfahren** wird die Stahlschmelze in einem Ofen durch Lichtbogen oder Induktion aufgeheizt. Das Elektroverfahren ermöglicht wegen der erreichbaren Temperaturen von ca. 3000 °C die Erschmelzung besonders reiner Stähle, die man als Edelstähle bezeichnet. Dieses Verfahren wird hauptsächlich zur Herstellung von legierten Stählen angewendet (Bild 2, Seite 134).

Der flüssige Stahl wird in Formen zu Blöcken vergossen. Diese werden zu Blechen, Profilen und Drähten weiterverarbeitet.

Bild 1: Herstellung von Gusseisen

Bild 2: Gusserzeugnisse

3.10.1.3 Stahlarten

Nach der Zusammensetzung unterscheidet man unlegierten Stahl und legierten Stahl (**Bild 3**), nach seiner Verwendung Werkzeugstahl und Baustahl (**Bild 4**). Die Stähle werden in verschiedenen Handelsformen geliefert.

Unlegierter Stahl

Er besteht, von Verunreinigungen abgesehen, nur aus Eisen und Kohlenstoff. Bei einem Kohlenstoffgehalt von 0,6% bis 1,7% ist er durch Wärmebehandlung härtbar und deshalb für Schneidwerkzeuge, wie z.B. für Meißel, geeignet. Liegt der Kohlenstoffgehalt unter 0,6%, ist der Stahl nur eingeschränkt härtbar. Unlegierter Stahl wird z.B. zur Herstellung von Drahtstiften, Schrauben und Beschlägen verwendet.

Legierter Stahl

Außer Eisen und Kohlenstoff enthält legierter Stahl Metalle, die seine Eigenschaften verbessern. So wird z.B. durch Nickel, Chrom, Vanadium, Molybdän und Wolfram die Zugfestigkeit und meist auch die Härte erhöht. Stähle mit hohem Nickel- und Chromgehalt (zusammen bis 26%) sind nicht rostend. Solche Stähle werden für Geländer, Behälter und Rohrleitungen verwendet. Stähle mit sehr hohen Zusätzen von Chrom und Wolfram sind wärmebeständig, eignen sich besonders für Schneidwerkzeuge, wie z.B. für Sägeblätter.

Bild 3: Einteilung der Stähle nach der Zusammensetzung

Bild 4: Einteilung der Stähle nach der Verwendung

Tabelle 1: Zusatzsymbole für die Kerbschlagarbeit nach DIN EN 10027

Prüftemperatur in °C (Symbol)	Kerbschlagarbeit in J		
	27 (Symbol J)	40 (Symbol K)	60 (Symbol L)
+20 (R)	JR	KR	LR
0 (O)	JO	KO	LO
−20 (2)	J2	K2	L2
−30 (3)	J3	K3	L3
−40 (4)	J4	K4	L4
−50 (5)	J5	K5	L5
−60 (6)	J6	K6	L6

Tabelle 2: Handelsformen von Formstählen

Bezeichnung	Form	Kurzzeichen/ Normbezeichnung	Abmessungen in mm
Schmale I-Träger		**I** I-Profil DIN 1025-1 DIN EN 10034	h von 80 bis 600 b von 42 bis 215
Mittelbreite I-Träger		**IPE** IPE-Profil DIN 1025-5 DIN EN 10034	h von 80 bis 600 b von 46 bis 220
Breite I-Träger		**IPB** IPB-Profil DIN 1025-2 DIN EN 10034	h von 100 bis 1000 b von 100 bis 300
Breite I-Träger leichte Ausführung		**IPBl** IPB-Profil DIN 1025-3 DIN EN 10034	h von 96 bis 990 b von 100 bis 300
Breite I-Träger verstärkte Ausführung		**IPBv** IPB-Profil DIN 1025-4 DIN EN 10034	h von 120 bis 1008 b von 106 bis 302
Gleichschenkliger L-Stahl		**L** Winkel DIN EN 10056	$a \times t$ von 20 × 3 bis 250 × 35
Ungleichschenkliger L-Stahl		**L** Winkel DIN EN 10056	$a \times b \times t$ von 40 × 20 × 4 bis 200 × 150 × 15
U-Stahl		**U** U-Profil DIN 1026-1 DIN EN 10279	$h \times b$ von 30 × 15 bis 400 × 110
Gleichschenkliger T-Stahl		**T** T-Profil DIN EN 10055	$b = h$ von 30 bis 140

Werkzeugstahl

Werkzeugstahl ist unlegierter oder legierter härtbarer Stahl. Vor dem Härten kann Werkzeugstahl spanend verarbeitet werden.

Baustahl

Als Baustahl wird jeder nicht härtbare Stahl bezeichnet. Auf Baustahl, auch als Massenstahl bezeichnet, entfällt über 90 % der Stahlerzeugung. Baustahl wird für allgemeine Bauzwecke, aber auch für Maschinenteile verwendet. Er wird unlegiert und legiert hergestellt.

Die Bezeichnung eines Baustahles setzt sich zusammen aus dem Kennbuchstaben S, der Mindeststreckgrenze und Zusatzsymbolen für die Kerbschlagarbeit. Die Kerbschlagarbeit wird durch eine Baustoffprüfung ermittelt (**Tabelle 1**). Beim Kerbschlagbiegeversuch schlägt bei vorgegebener Prüftemperatur ein Pendelhammer auf eine gekerbte Stahlprobe. Aus dem Versuchsergebnis ergibt sich die aufgebrachte Kerbschlagarbeit. Sie sinkt mit abfallender Temperatur und stellt ein Maß für die Widerstandsfähigkeit des Werkstoffes gegen eine schlagende Beanspruchung dar.

Bezeichnungsbeispiel: S235J2

S   Stahl für den Stahlbau
235 Mindeststreckgrenze in N/mm²
J   Mindest-Kerbschlagarbeit 27 J
2   Prüftemperatur −20 °C

3.10.1.4 Handelsformen von Baustahl

Stahl wird durch **Walzen, Strangpressen** oder **Ziehen** zu Halbzeugen mit genormten Handelsformen weiterverarbeitet. Die am häufigsten verwendeten Halbzeuge sind Formstähle, Stabstähle, Hohlprofile, Bleche und Drähte.

Formstähle (Profilstähle) sind Stähle mit I-, L-, U- und T-förmigem Querschnitt. Diese Stähle werden mit einem entsprechenden Kurzzeichen und meist mit der Höhenmaßzahl h bezeichnet (**Tabelle 2**).

Beispiel:

Bezeichnung für ein I-Profil mit breiten parallelen Flanschflächen der Nennhöhe h = 200 mm nach

DIN 1025   IPB 200 DIN 1025
EURONORM 53-62   HE 200 B

Stabstähle als gewalzte Rund-, Quadrat- und Sechskantstähle werden in Stangen bis 8 m Länge geliefert. Flachstahl hat einen rechteckigen Querschnitt. Die Stäbe werden von 3 m bis 12 m Länge hergestellt.

Hohlprofile sind Rohre mit runder Querschnittsform oder Quadrat- bzw. Rechteck-Hohlprofile. Hohlprofile können nahtlos oder mit geschweißter Längsnaht hergestellt werden.

3.10.2 Betonstahl

Für die Bewehrung des Betons wird Betonstahl verwendet **(Bild 1)**. Die Betonstahlsorten sind nach DIN 488 mit B500A und B500B genormt, nach DIN 1045 mit BSt500A und BSt500B. Man unterscheidet Betonstabstahl, Betonstahl in Ringen und Bewehrungsdraht, Betonstahlmatten sowie Gitterträger. Für Spannbeton wird Spannstahl verwendet.

3.10.2.1 Betonstabstahl

Betonstabstahl **(S)** hat eine Streckgrenze von 500 N/mm². Er wird als BSt500B hergestellt.

Das Verfahren zur Herstellung bleibt dem Hersteller überlassen. Als Beispiele für Herstellungsverfahren können genannt werden

- Warmwalzen ohne Nachbehandlung (U),
- Warmwalzen und aus der Walzhitze wärmebehandelt (T),
- Kaltverformen wie Verwinden (Kw) oder Recken (Kr) der warmgewalzten Stähle ohne wesentliche Querschnittsverminderung und
- Kaltwalzen oder Kaltziehen von Walzdraht mit wesentlicher Querschnittsverminderung.

Die Oberfläche von Betonstabstahl B500B weist 2 Reihen von Schrägrippen mit oder ohne Längsrippen auf oder 4 Reihen von Schrägrippen ohne Längsrippen **(Bild 2)**. Die Schrägrippen sind zur Stabachse in einem Winkel von 40° bis 70° geneigt. Betonstabstähle haben einen nahezu kreisförmigen Querschnitt mit Stabdurchmessern von 6 mm bis 16 mm, 20 mm, 25 mm, 28 mm, 32 mm und 40 mm **(Tabelle 1)**. Sie werden in walzgeraden Stäben mit Regellängen von 12 m bis 15 m und in allen gewünschten Sonderlängen geliefert. Alle Betonstabstähle sind schweißgeeignet. Für besondere Bewehrungsarbeiten kann auch der schweißgeeignete Baustahl S235JR mit glatter Oberfläche verwendet werden.

Es gibt Betonstahl BSt500A mit normaler Duktilität und BSt500B mit hoher Duktilität. Mit Duktilität wird die Dehn- und Verformbarkeit des Betonstahls gekennzeichnet. Die Betonstabstähle unterscheiden sich sowohl in den Anforderungen an die Gesamtdehnung bei Höchstkraft als auch im Verhältnis der Zugfestigkeit zur Streckgrenze (R_m/R_e). Danach liegt die prozentuale Stahldehnung bei Höchstkraft für BSt500B bei 8 %.

Wichtige Kenngrößen für die Beurteilung der Festigkeitseigenschaften von Betonstahl sind die Zugfestigkeit R_m und die Streckgrenze R_e. Diese Größen können mithilfe des Zugversuchs ermittelt und im **Spannungs-Dehnungs-Diagramm** als Linie dargestellt werden **(Bild 1,** Seite 138). Dabei zeigt sich, dass bei kleinen Belastungen die Spannung und die Dehnung des Stahls im gleichen Verhältnis zunimmt (Proportionalitätsbereich). Bei Entlastung geht der Stahl in seine ursprüngliche Form zurück, er verhält sich elastisch. Wird der Stahl über die Proportionalitätsgrenze P hinaus belastet, nimmt die Dehnung bis zur Elastizitätsgrenze E bei gleichbleibender Erhöhung der Spannung stärker zu.

Betonstahl	
nach DIN 488	nach DIN 1045
Betonstabstahl	
B500A B500B	BSt500B S
Betonstahlmatten	
B500A	BSt500A M
Betonstahl in Ringen Bewehrungsdraht	
B500A B500B	z.B. BSt500A+G z.B. BSt500B+P

Bild 1: Betonstahlsorten nach Normen

Bezeichnung von Betonstabstahl nach DIN 1045

BSt500B

Betonstabstahl mit erhöhter Duktilität einer Streckgrenze von 500 N/mm² und einer Zugfestigkeit von 550 N/mm²

Bild 2: Oberfläche von Betonstabstahl

Tabelle 1: Abmessungen und Gewichte von Stäben

Nenn-durchmesser d_s in mm	Nennquer-schnitt A_s in cm²	Nenn-masse in kg/m
6,0	0,283	0,222
8,0	0,503	0,395
10,0	0,785	0,617
12,0	1,131	0,888
14,0	1,54	1,208
16,0	2,01	1,58
20,0	3,14	2,47
25,0	4,91	3,85
28,0	6,16	4,83
32,0	8,04	6,31
40,0	12,57	9,86

Bild 1: Spannungs-Dehnungs-Diagramm

Bild 2: Bewehrungsstab BSt500B+P mit Tiefrippung

Bild 3: Betonstahlmatten

Bild 4: Randausbildung bei Randsparmatten

Tabelle 1: Maschengröße von Betonstahlmatten		
Mattenart	Abstände in mm der	
	Längsstäbe	Querstäbe
Q-Matten	150	150
Q 636A	100	150
R-Matten	150	250

Es tritt bei Betonstahl eine vernachlässigbar kleine Längenänderung ein. Bei weiterer Belastung bis zur **Streckgrenze S** (R_e) bei 500 N/mm² verformt sich Betonstahl plastisch, d.h., die Längenänderung bleibt. Ab dem Punkt S nimmt die Dehnung zunächst stark zu, ohne dass die Belastung sich erhöht. Der Betonstahl streckt sich in der Länge, er „fließt". Diesen Bereich nennt man deshalb Fließbereich. Bei weiterer Belastung steigt die Spannung bis zur Bruchgrenze B. Dieser Höchstwert der Spannung oder die maximale Belastung des Betonstahls wird als **Zugfestigkeit** R_m bezeichnet. Wird die Zugfestigkeit überschritten, sinkt die Spannung bis zur Zerreißgrenze Z, an der der Betonstahl reißt. Der Stahl hat dabei seine größte Längenänderung erreicht.

Betonstähle dürfen wegen der bleibenden Längenänderung und der Bruchgefahr nicht bis zu ihrer Zugfestigkeit belastet werden. Die zulässige Spannung liegt im Proportionalitätsbereich. Das Verhältnis von Zugfestigkeit zu zulässiger Spannung ergibt einen Wert für die Sicherheit. Im Stahlbetonbau wird jedoch mit einem Bemessungswert von 435 N/mm² gerechnet.

3.10.2.2 Betonstahl in Ringen, Bewehrungsdraht

Betonstahl in Ringen entspricht den Eigenschaften von Betonstabstahl. Er muss jedoch 3 Reihen von Schrägrippen aufweisen und kann eine **g**latte Oberfläche, z.B. B500A+**G**, oder eine **p**rofilierte Oberfläche, z.B. B500B+**P**, haben. Er wird in Durchmessern von 4 mm bis 12 mm bzw. 16 mm hergestellt. Gerippter Betonstahl wird meist in Ringen geliefert, deren Gewicht mit dem Kunden vereinbart werden kann.

Bewehrungsdraht ist glatter und profilierter Betonstabstahl. Er wird in Ringen oder gerade gerichtet in Stäben geliefert.

Beide Lieferformen verarbeitet man hauptsächlich zu werkmäßig hergestellten Bewehrungen, z.B. Bügel, weiter.

3.10.2.3 Betonstahlmatten

Betonstahlmatten aus Betonstahl B500A sind werkmäßig vorgefertigte, flächige Bewehrungen in rechteckiger Form. Dazu werden Stabstähle mit einer Streckgrenze von 500 N/mm² und einer Zugfestigkeit von 550 N/mm² mit Durchmessern zwischen 6 mm und 10 mm als Längs- und Querstäbe an den Kreuzungspunkten meist durch Widerstandspunktschweißung (RP) scherfest miteinander verbunden **(Bild 2)**.

Betonstahlmatten werden als rechteckige Matten angeboten mit einer Länge von 6,00 m und einer Breite von 2,30 m bzw. 2,35 m. Am Anfang und Ende einer Matte stehen die Stäbe bei Q-Matten 75 mm (bei Q 636A 62,5 mm) und bei R-Matten 125 mm über. Die seitlichen Überstände links und rechts betragen bei allen Matten 25 mm.

Je nach Anordnung der Längs- und Querstäbe unterscheidet man

● **Q-Matten** mit **q**uadratischen Feldern, 150 mm Seitenlänge und gleichen Stabdurchmessern in Längs- und Querrichtung **(Bild 3)**. Ausnahme ist Q 636A mit rechteckigen Feldern 100 mm/150 mm, Längsstäben ⌀ 9 mm und Querstäben ⌀ 10 mm **(Tabelle 1)**.

● **R-Matten** mit **r**echteckigen Feldern 150 mm/250 mm, Stabdurchmessern zwischen 6 mm und 10 mm in Längsrichtung als Tragstäbe und mit Durchmessern von 6 mm bzw. 8 mm für die Querstäbe (Verteilerstäbe).

Die verschiedenen Mattentypen werden mit **Kurzzeichen** benannt. Diese Kurzzeichen bestehen aus den Anfangsbuchstaben der Mattennamen Q oder R, danach eine Zahl, die den Stahlquerschnitt der Tragstäbe in mm² auf 1 m Mattenbreite angibt. Der Buchstabe hinter der Zahl für den Stahlquerschnitt kennzeichnet die Dehn- und Verformbarkeit des Betonstahls, als Duktilität bezeichnet. Der Buchstabe A steht für normale Duktilität, B für erhöhte Duktilität **(Bild 1)**.

Zur Kennzeichnung erhält jede Betonstahlmatte eine witterungsbeständige, schwer zerstörbare Kunststoffetikette **(Bild 2)**. Daraus sind außer dem Mattenkurzzeichen die Nummer des Herstellerwerks sowie die Überwachungsstelle (Ü-Zeichen) ersichtlich.

Betonstahlmatten, die an den Längsrändern Stäbe mit kleineren Stabdurchmessern haben, bezeichnet man als **Randsparmatten (Bild 4,** Seite 138). Bei Q-Matten (Q 424A, Q 524A, Q 636A) sind links und rechts an den Rändern der Matte 4 Stäbe angeordnet, bei R-Matten (R 424A, R 524A) jeweils 2 Stäbe. Beim Verlegen werden im Randsparbereich Matten gleichen Typs übereinandergelegt. Damit übernehmen im Stoßbereich 2 Stäbe mit kleinerem Durchmesser die auftretenden Einwirkungen auf.

Beschreibung des Kurzzeichens R 335A

- Betonstahlmatte mit rechteckigen Feldern, dem Abstand der Längsstäbe von 150 mm und der Querstäbe von 250 mm
- Durchmesser der Längsstäbe (Tragstäbe) 8 mm und einem Stabquerschnitt von 3,35 cm²/m Matte
- Durchmesser der Querstäbe 6 mm
- A bedeutet normale Duktilität
- R 335A ist eine Lagermatte mit einer Länge von 6,00 m und einer Breite von 2,30 m

Bild 1: Beispiel für ein Mattenkurzzeichen

Bild 2: Kennzeichnung von Betonstahlmatten

Tabelle 1: Betonstahl-Lagermatten aus B500A und B500B

Mattentyp / Mattenbezeichnung	Querschnitte cm²/m $\frac{längs}{quer}$	Abmessungen m $\frac{Länge}{Breite}$	Randeinsparung (Längsrichtung)	Mattenaufbau in Längsrichtung und Querrichtung — Stababstände mm $\frac{längs}{quer}$	Stabdurchmesser mm — Innenbereich	Randbereich	Anzahl der Längsrandstäbe — links	rechts	Überstände mm Anfang/Ende links/rechts	Gewicht kg je m²	Matte
Q 188A	$\frac{1,88}{1,88}$			$\frac{150}{150}$	$\frac{6,0}{6,0}$					3,02	41,7
Q 257A	$\frac{2,57}{2,57}$		ohne	$\frac{150}{150}$	$\frac{7,0}{7,0}$					4,12	56,8
Q 335A	$\frac{3,35}{3,35}$	6,00 2,30		$\frac{150}{150}$	$\frac{8,0}{8,0}$				$\frac{75}{25}$	5,38	74,3
Q 424A	$\frac{4,24}{4,24}$			$\frac{150}{150}$	$\frac{9,0}{9,0}$	7,0	4	4		6,12	84,4
Q 524A	$\frac{5,24}{5,24}$		mit	$\frac{150}{150}$	$\frac{10,0}{10,0}$	7,0	4	4		7,31	100,9
Q 636A	$\frac{6,36}{6,28}$	6,00 2,35		$\frac{100}{125}$	$\frac{9,0}{10,0}$	7,0	4	4	$\frac{62,5}{25}$	9,36	132,0
R 188A	$\frac{1,88}{1,13}$			$\frac{150}{250}$	$\frac{6,0}{6,0}$					2,43	33,6
R 257A	$\frac{2,57}{1,13}$		ohne	$\frac{150}{250}$	$\frac{7,0}{6,0}$					2,99	41,2
R 335A	$\frac{3,35}{1,13}$	6,00 2,30		$\frac{150}{250}$	$\frac{8,0}{6,0}$				$\frac{125}{25}$	3,64	50,2
R 424A	$\frac{4,24}{2,01}$		mit	$\frac{150}{250}$	$\frac{9,0}{8,0}$	8,0	2	2		4,87	67,2
R 524A	$\frac{5,24}{2,01}$			$\frac{150}{250}$	$\frac{10,0}{8,0}$	8,0	2	2		5,49	75,7

Beschreibung (Darstellung) von Listenmatten in Tabellenform

Mattenaufbau			Umriss		Überstände	
Stab-abstand in mm	Stabdurch-messer Innen Rand in mm	Stabanzahl am Rand links rechts	Länge Breite in mm		Anfang links in mm	Ende rechts in mm
200	10,0 / 8,0	3 / 3	7,60		25	350
450	9,0		2,45		25	25

Bild 1: Beispiel für die Bestellung von Listenmatten

Bild 2: Bewehrungselemente zur Unterstützung der oberen Bewehrung

Kurzbe-zeich-nung	Länge L m	Breite B m	Abstand Längsstäbe a_L mm	b mm	Quer-stäbe a_Q mm	Stabdurch-messer längs/quer mm	Quer-schnitte quer cm²/m	Gewicht kg
HS 1	5,00	1,25	3 x 100	600	150	6,0/6,0	1,88	18,315
HS 2	5,00	1,85	3 x 150	900	150	6,0/6,0	1,88	22,844
HS 3	5,00	1,85	3 x 150	900	150	8,0/8,0	3,35	40,646

Bild 3: HS-Matten

Betonstahlmatten werden als Lagermatten, Listenmatten, Zeichnungsmatten und als verlegefertige Bewehrungselemente geliefert.

Lagermatten sind ab Lager lieferbare normalduktile oder hochduktile Betonstahlmatten mit festliegenden Stabquerschnitten und Abmessungen sowie festliegendem Aufbau **(Tabelle 1,** Seite 139).

Listenmatten sind normalduktile oder hochduktile Matten, deren Stabdurchmesser, Stababstände und Abmessungen nach den Anforderungen frei wählbar sind **(Bild 1)**.

Vorratsmatten vereinen die Vorteile von Lager- und Listenmatten. Durch seitliche Überstände an zwei Seiten der Matte ist ein Ein-Ebenen-Stoß möglich, der zu einer Gewichtsersparnis führt. Diese Matten sind besonders wirtschaftlich und sind deshalb beim Hersteller auf Lager. Sie werden als Vorratsmatten Typ B bezeichnet und eignen sich für flächige Boden-, Decken- oder Wandbewehrungen ab der Betonfestigkeitsklasse C20/25.

Unterstützungskörbe und **Unterstützungsschlangen** sind verlegefertige, linienförmige, 2,00 m lange Bewehrungselemente, welche die Lage der oberen Bewehrung gewährleisten. Sie werden in der Regel auf die untere Bewehrung aufgestellt, damit an der Unterseite des Betonbauteils keine Roststellen entstehen können. Diese Bewehrungselemente belasten allerdings die untere Bewehrung. Deshalb müssen die Abstandhalter im Aufstellungsbereich der Unterstützungen angebracht werden. Sind die zu unterstützenden Bewehrungsstäbe d_s = 6,6 mm, erfolgt die linienförmige Unterstützung alle 50 cm, bei d_s = 6,5 mm wird alle 70 cm unterstützt **(Bild 2)**.

Unterstützungskörbe sind lieferbar mit einer Unterstützungshöhe h zwischen 5 cm und 40 cm, abgestuft in cm-Schritten **(Bild 2)**.

Unterstützungsschlangen gibt es in den Unterstützungshöhen h zwischen 2 cm und 40 cm.

HS-Matten werden für Schlaufen und Eckverbindungen verwendet **(Bild 3)**. Dabei werden die Matten zu U-förmigen Körben mit einer Länge von 5,00 m gebogen.

3.10.2.4 Prüfung von Betonstahl

Bei Betonstahl wird in der Regel im Herstellerwerk die Oberflächengestalt, die Streckgrenze, die Zugfestigkeit, die Bruchdehnung und die Verformbarkeit geprüft.

Die Verformbarkeit des Betonstabstahls wird durch den Rückbiegeversuch mithilfe einer Biegemaschine geprüft. Dabei biegt man die Stabstähle um Biegerollen mit in DIN 488 festgelegten Durchmessern um 90°. Die Biegerollendurchmesser betragen bei 6 mm bis 12 mm Stabdurchmesser 5 d_s, bei 14 mm bis 16 mm Stabdurchmesser 6 d_s und bei 20 mm bis 28 mm Stabdurchmesser 8 d_s. Anschließend werden die Proben künstlich gealtert, indem man sie 30 Minuten lang auf einer Temperatur von 250 °C hält. Nach Abkühlung auf Raumtemperatur biegt man die Proben um einen Winkel von mindestens 20° zurück. Die Proben dürfen weder brechen noch Risse zeigen.

Bild 1: Spannstäbe und -litze

3.10.3 Spannstahl

Spannstahl unterscheidet sich von Betonstabstahl durch seine wesentlich größeren Festigkeiten. Diese liegen zwischen St 835/1030 und St 1570/1770. Spannstähle werden als Drähte und Stäbe mit Durchmessern zwischen 5 mm und 36 mm hergestellt. Alle Spannstähle bedürfen einer bauaufsichtlichen Zulassung.

Drähte und **Stäbe** haben eine runde Querschnittsform, die Oberfläche kann glatt, mit Gewinderippen oder profiliert sein **(Bild 1)**. Spanndrähte können einzeln oder gebündelt als Litzen verwendet werden. Litzen werden aus 2, 3, 5 oder 7 Spanndrähten mit einem Höchstdurchmesser von 15,7 mm hergestellt. Dabei werden die Drähte miteinander verseilt. Litzen sind in Stangen oder Ringen lieferbar. Die einzelnen Drähte können blank, verzinkt oder mit Kunststoff (PE) ummantelt sein **(Bild 2)**. Innerhalb des PE-Mantels lässt sich zusätzlich ein Korrosionsschutz in Form einer Fettschicht aufbringen **(Bild 3)**. Bei Verwendung solcher Litzen kann das spätere Einpressen von Zementmörtel entfallen.

Bild 2: Litze mit Kunststoffummantelung

Bild 3: Litze mit Kunststoffummantelung und Fettschicht

3.10.4 Rippenstreckmetall

Rippenstreckmetall wird aus Bandstahl hergestellt. Dabei werden Bleche gewalzt, die in Längsrichtung mehrere Sicken erhalten. Je nach Sicken unterscheidet man Vollripp und Lochripp mit 10 mm Sickenhöhe und Flachripp mit 4 mm Sickenhöhe **(Bild 4)**. Zwischen den Sicken wird der Stahl aufgeschnitten und aufgekantet, sodass eine feingliedrige Oberfläche entsteht. Rippenstreckmetall gibt es in Tafeln von 60 cm Breite und 2,50 m Länge. Es ist gegen Rost durch Verzinken oder aufgesprühtes Bitumen geschützt. Für Bauteile mit hoher Durchfeuchtung gibt es rostfreies Rippenstreckmetall aus Edelstahl. Es eignet sich als Putzträger für Wände, ebene und gewölbte Decken, als verlorene Schalung im Stahlbetonbau und zur Abschalung bei Arbeitsfugen.

Bild 4: Rippenstreckmetall

Aufgaben

1 Beschreiben Sie das Spannungs-Dehnungs-Diagramm für Betonstabstahl und erklären Sie die Bedeutung der Punkte P, E, S und Z.

2 Erklären Sie die Kurzzeichen B500A, Q 257A und R 524A.

3 Beschreiben Sie den Aufbau und die Abmessungen der Betonstahlmatte R 524A (Q 636A).

4 Nennen Sie den Unterschied zwischen Lager-, Listen- und Vorratsmatten.

Bild 1: Einteilung der Nichteisenmetalle

Tabelle 1: Nichteisen-Schwermetalle

Metall	Eigenschaften	Verwendung
Kupfer ρ = 8,9 g/cm³	rot glänzend weich, zäh, dehnbar wärme- und stromleitend korrosionsbeständig weich und hart lötbar	Abdeckungen, Verwahrungen Dachrinnen, Regenrohre Rohrleitungen Legierungen mit Zink → Messing
Zink ρ = 7,1 g/cm³	silber glänzend weich, gut bearbeitbar große Wärmedehnung korrosionsbeständig gut weich lötbar	Abdeckungen, Verwahrungen Dachrinnen, Regenrohre Zinküberzug für Stahlbauteile Legierungen mit Kupfer und Titan → Titanzink
Blei ρ = 11,3 g/cm³	blaugrau, hohe Dichte weich, gut bearbeitbar oxidiert schnell korrosionsbeständig **giftig !!**	Dachanschlüsse Abdichtung für Abwasser und Kanalisation Legierungen mit Zinn → Weichlot
Nickel ρ = 8,8 g/cm³	gelblich-weiß	Legierungswerkstoff für nicht rostenden Stahl
Chrom ρ = 7,2g/cm³	bläulich-weiß silber glänzend, hart korrosionsbeständig	Überzugswerkstoff für Metalle → galvanisch Vernickeln → galvanisch Verchromen

Tabelle 2: Nichteisen-Leichtmetalle

Metall	Eigenschaften	Verwendung
Aluminium ρ = 2,7g/cm³	silbrig, matt weich wärme- und stromleitend korrosionsbeständig schweißbar	Dacheindeckungen Wandverkleidungen als Folie für Sperrschichten Legierungen mit Magnesium
Aluminium-Legierungen	silbrig-weiß, matt hohe Festigkeit gut bearbeitbar korrosionsbeständig gut gieß- und formbar	Fenster- und Türrahmen, Regenschutzschienen, Abdeckungen, Jalousien, Wandplatten, Türdrücker, Fensteroliven

3.10.5 Nichteisenmetalle

Nichteisenmetalle (NE-Metalle) werden nach ihrer Dichte in Schwermetalle und in Leichtmetalle eingeteilt (**Bild 1**). Die wichtigsten Nichteisen-Schwermetalle sind Kupfer, Zink, Blei, Nickel und Chrom (**Tabelle 1**). Von den Nichteisen-Leichtmetallen wird im Bauwesen am häufigsten Aluminium verwendet (**Tabelle 2**).

Kupfer (Cu) ist weich, zäh und sehr dehnbar. Kupfer besitzt eine hohe Leitfähigkeit für Wärme und elektrischen Strom und ist korrosionsfest. Es bildet mit der Kohlensäure der Luft eine dünne, wasserunlösliche braungrüne Schutzschicht, die Patina. Kommt Kupfer mit Essigsäure in Berührung, so entsteht wasserunlöslicher giftiger Grünspan. Legierungen aus Kupfer und Zink (Messing) eignen sich z. B. für Gas- und Wasserarmaturen sowie für Beschläge und Schrauben.

Zink (Zn) sieht silberglänzend aus. Es hat von allen Metallen die größte Wärmeausdehnung. Zink überzieht sich an der Luft mit einer festhaftenden, grauen und dichten Schicht, die vor Korrosion schützt.

Wird Zink mit geringen Mengen von Titan und Kupfer legiert, so erhält man Titanzink. Dieses ist härter, hat eine geringere Wärmedehnung und ist damit formbeständiger als reines Zink. Deshalb wird Titanzink häufig für Dacheindeckungen verwendet.

Blei (Pb) sieht blaugrau aus und ist das schwerste Nichteisenmetall. Es überzieht sich an der Luft mit einer dunkelgrauen Oxidschicht, die Blei eine gute Korrosionsbeständigkeit auch gegen Säuren verleiht. Bleiverbindungen sind giftig. Daher sind beim Umgang mit Blei und Bleiverbindungen besondere Vorschriften zu beachten.

Nickel (Ni) ist ein gelblich-weißes, **Chrom (Cr)** ein bläulich-weißes, silberglänzendes Metall. Mit Nickel und Chrom legierter Stahl ist nichtrostend und eignet sich z. B. zur Herstellung von rostbeständigen Behältern.

Aluminium (Al) hat eine matte Oberfläche. Es besitzt eine gute elektrische Leitfähigkeit und ist ein guter Wärmeleiter. An der Luft überzieht sich Aluminium mit einer Oxidschicht und wird dadurch korrosionsbeständig.

Aluminium verwendet man in Form von Blechen zur Dacheindeckung und für Wandverkleidungen, für Sperrschichten in Form von Folien.

Aluminium-Legierungen mit Magnesium und Silicium haben eine hohe Festigkeit und sind korrosionsbeständig.

3.10.6 Korrosion

Unter Korrosion versteht man die Veränderung von Werkstoffen durch chemische oder elektrochemische Vorgänge. Der Grad der Korrosion hängt wesentlich davon ab, ob die Werkstoffe z.B. von mehr oder weniger feuchter Luft (Witterungskorrosion), von Meerwasser oder von aggressiven Wässern umgeben sind (Bild 1).

Außer Kupfer werden alle Nichteisenmetalle von frischem Mörtel und Beton angegriffen. Sie müssen deshalb durch Anstriche oder durch Abkleben mit Papier oder Folie so lange geschützt werden, bis der Mörtel oder der Beton erhärtet ist.

Bild 1: Korrosion von Metallen

3.10.6.1 Chemische Korrosion

Viele Metalle werden an der Oberfläche von Sauerstoff durch Oxidation chemisch verändert. Außerdem können bei diesen Vorgängen Flüssigkeiten (Wasser, Säuren, Laugen, Salzlösungen), Gase bzw. Dämpfe chemisch wirksam sein. Höhere Temperaturen beschleunigen den Korrosionsablauf.

Bei der Oxidation von Kupfer, Zink, Blei oder Aluminium entsteht an der Oberfläche eine dichte, schwer zerstörbare Oxidhaut, die diese Metalle gegen weitere Korrosion schützt (Bild 2).

Eisenwerkstoffe bilden bei chemischer Korrosion an feuchter Luft Eisenoxidhydrat FeO(OH). Daraus entsteht über weitere chemische Prozesse eine Rostbildung des Stahls. Rost ist eine lockere, poröse Schicht und bietet keinen Schutz gegen weitere chemische Korrosion (Bild 3).

Edelmetalle, z.B. Gold und Silber, sind besonders widerstandsfähig gegen chemische Korrosion. Je edler ein Metall ist, desto weniger neigt es zur Korrosion.

Bild 2: Korrosion durch Oxidation

Bild 3: Korrosion von Stahl

3.10.6.2 Elektrochemische Korrosion

Bei der elektrochemischen Korrosion muss eine elektrisch leitende Flüssigkeit (Elektrolyt) zwischen zwei verschiedenen Metallen vorhanden sein. Elektrolyte sind z. B. Regenwasser, Luftfeuchtigkeit oder Handschweiß. Bei der elektrochemischen Korrosion ergeben sich ähnliche Vorgänge wie in einem galvanischen Element.

Ein galvanisches Element besteht aus zwei verschiedenen Stoffen als Elektroden, z.B. aus einer Cu-Platte und aus einer Zn-Platte und einem Elektrolyt, z.B. Kupfersulfat ($CuSO_4$) (Bild 1, Seite 144). In diesem Element entsteht eine elektrische Spannung zwischen der Cu-Platte (Plus-Pol) und der Zinkplatte (Minus-Pol). Zink als „Minuspolmetall" wird zersetzt, das „Pluspolmetall" Kupfer bleibt erhalten. Auch mit anderen Metallen lassen sich galvanische Elemente zusammenstellen. Gleiche Metalle ergeben keine Spannung.

Je nach den verwendeten Metallen erhält man verschieden hohe elektrische Spannungen. Vergleicht man Metalle mit dem elektrisch neutralen Wasserstoff, so zeigt sich, dass zwischen Wasserstoff und den jeweiligen Metallen eine verschieden hohe elektrische Spannung besteht. Diese Spannungsunterschiede lassen sich in der Spannungsreihe darstellen (Bild 4). Mithilfe der Spannungsreihe lässt sich für jedes galvanische Element die Spannung berechnen.

Bild 4: Elektrochemische Spannungsreihe

Bild 1: Kontaktkorrosion durch Elementbildung

Bild 2: Interkristalline Korrosion

Bild 3: Korrosionsschutzmaßnahmen

Bild 4: Konstruktiver Korrosionsschutz

Ein Element aus Kupfer und Zink ergibt z. B. 1,10 Volt. Metalle, die Pluspole bilden, werden als edle Metalle, solche, die Minuspole bilden, als unedle Metalle bezeichnet. Je größer der Abstand eines Metalls in der Spannungsreihe von Wasserstoff ist, umso edler bzw. unedler ist das Metall. Je weiter die beiden Metalle eines galvanischen Elements in der Spannungsreihe auseinander liegen, desto rascher wird das unedlere Metall zerstört. Bei der elektrochemischen Korrosion unterscheidet man die Kontaktkorrosion und die interkristalline Korrosion.

Kontaktkorrosion

Werden verschiedene Metalle ohne isolierende Zwischenlage mit einem Elektrolyt in Berührung gebracht, so entsteht durch die Berührung der Metalle Korrosion (Kontaktkorrosion). Würde z. B. Kupferrohr mit einer verzinkten Rohrschelle befestigt, so würde bei feuchter Luft oder bei Regen die Rohrschelle durch Kontaktkorrosion zerstört. Deshalb sollten grundsätzlich nur gleiche Metalle miteinander verbunden werden **(Bild 1)**.

Interkristalline Korrosion

Die Kristalle eines metallischen Werkstoffs, z. B. einer Legierung wie Messing, können stofflich verschieden sein. Kommt ein Elektrolyt hinzu, so entsteht zwischen den einzelnen Kristallen eine elektrische Spannung wie in einem galvanischen Element. Die Minuspol-Kristalle werden aufgelöst und das Gefüge des Werkstoffs wird dadurch zerstört. Diese Art der Korrosion wird als interkristalline Korrosion bezeichnet **(Bild 2)**. Diese kann gleichmäßig an der Oberfläche auftreten. Tritt die interkristalline Korrosion nur an einzelnen Stellen auf, so können trichterförmige Krater und Durchlöcherungen entstehen. Man spricht dann von Lochfraß.

3.10.6.3 Korrosionsschutz

Durch Korrosion werden große Schäden verursacht. Deshalb werden Maßnahmen getroffen, um die Korrosion besonders bei metallischen Werkstoffen zu verhindern. Die Lebensdauer von Bauteilen, wie z. B. von Metalleindeckungen oder von Dachrinnen, hängt im Wesentlichen davon ab, inwieweit man die Korrosion vermindern bzw. verhindern kann. Bei allen Verfahren des Korrosionsschutzes wird versucht, die Bildung galvanischer Elemente zu vermeiden **(Bild 3)**.

Konstruktive Korrosionsschutzmaßnahmen

Unter konstruktivem Korrosionsschutz versteht man z. B. eine entsprechende Auswahl der Werkstoffe, damit ein Berühren zweier verschiedener Metalle unter Feuchtigkeit vermieden wird, was auch durch Einbringen einer isolierenden Zwischenschicht erreicht werden kann. Weiterhin ist es möglich, durch eine bestimmte Einbaulage von Bauteilen ein Festsetzen von Schmutz und Feuchtigkeit zu verhindern **(Bild 4)**. Ebenso wird die Bewehrung durch eine ausreichende Betondeckung vor Korrosion geschützt..

Korrosionsschutz durch Oberflächenbeschichtung

Bauteile können durch Konservierungsschichten, durch nichtmetallische Überzüge und durch metallische Überzüge vor Korrosion geschützt werden.

Konservierungsschichten sind z. B. Anstriche mit Ölfarben, Öllacken und Kunstharzlacken. Vor dem Auftrag der Anstriche müssen die Werkstoffoberflächen sorgfältig von Rost und anderen Verunreinigungen gesäubert werden. Bei Stahlwerkstoffen verhindert man eine Rostbildung durch einen Rostschutzanstrich und einen wasserabweisenden Deckanstrich. Bei Hohlprofilen kann Korrosion durch Hohlraumversiegelung behindert werden.

Nichtmetallische Überzüge sind meist dickere Schutzschichten und können durch Aufbringen von Kunststoff oder Bitumen, z. B. bei Öltanks und Rohren zur Wasserversorgung, erreicht werden.

Werkstücke aus Aluminium und Aluminiumlegierungen, wie z. B. Tür- und Fenstergriffe, kann man durch **Eloxieren** vor Korrosion schützen (**Eloxal = el**ektrisch **ox**idiertes **Al**uminium). Im Gegensatz zu galvanischen Überzügen wächst die Eloxalschicht mehr als zwei Drittel ihrer Dicke in den Werkstoff hinein **(Bild 1)**. Durch Zusätze im Schwefelsäurebad können verschiedene Färbungen der Eloxalschicht erreicht werden.

Bild 1: Überzüge

Bild 2: Feuerverzinkungsanlage (schematisch)

Metallische Überzüge können durch **Tauchen** in geschmolzenem Metall (Schmelztauchverfahren), durch **Aufspritzen** des flüssigen Metalls oder durch **galvanisches Vermetallen** (Galvanisieren) hergestellt werden. Beim Schmelztauchverfahren werden Werkstücke in flüssiges Metall, z. B. Zink, mit etwa 450 °C getaucht (Feuerverzinken). Dabei setzt sich eine dünne Schicht des Überzugsmetalls an der Oberfläche des Werkstücks fest. Dieses Verfahren erfordert metallisch blanke Oberflächen. Deshalb müssen Bauteile vorher entfettet sowie Rost und Zunder in Beizbädern entfernt werden. Feuerverzinkte Werkstücke erkennt man an dem eisblumenartigen Muster ihrer Oberfläche **(Bild 2)**.

Bei Stahlbaukonstruktionen wird das Überzugsmetall auch aufgespritzt. Dabei wird das der Spritzpistole in Drahtform zugeführte Metall durch eine Gasflamme oder mithilfe elektrischer Energie verflüssigt, durch Druckluft zerstäubt und aufgespritzt.

Aufgaben

1 Nennen Sie Baustoffe, die aus Hochofenschlacke hergestellt werden können.

2 Zählen Sie die Verwendung von Gusseisen im Bauwesen auf.

3 Erklären Sie die Bedeutung des Kurzzeichens IPB 100 DIN 1025.

4 Zeigen Sie die Verwendung von Betonstahl in seinen unterschiedlichen Formen auf.

5 Erklären Sie die Bedeutung des Kurzzeichens B500A.

6 Erklären Sie die Bedeutung der Kurzzeichen Q 257A und R 188A.

7 Nennen Sie die Vorteile von Randsparmatten.

8 Listen Sie die notwendigen Angaben auf für die Bestellung von Listenmatten.

9 Geben Sie die Außenabmessungen von Lager- und Listenmatten an.

10 Nennen Sie Bewehrungselemente und ihre Verwendung.

11 Beschreiben Sie den Rückbiegeversuch zur Prüfung von Betonstahl.

12 Nennen Sie den Unterschied zwischen Betonstahl und Spannstahl.

13 Listen Sie Nichteisenmetalle auf, die im Bauwesen verwendet werden.

14 Erklären Sie, warum für Bauflaschnerarbeiten Titanzink statt reinem Zink verwendet wird.

15 Geben Sie Gründe an, warum beim Umgang mit Blei besondere Vorsicht notwendig ist.

16 Warum müssen Nichteisenmetalle vor frischem Mörtel geschützt werden?

17 Unterscheiden Sie Korrosionsarten bei Metallen und geben Sie den Unterschied an.

18 Die Beachtung der Spannungsreihe bei Metallen hilft Korrosionsschäden zu vermeiden. Zählen Sie Beispiele auf.

19 Durch welche Maßnahmen können Metalle vor Korrosion geschützt werden?

Bild 1: Verwendung von Kunststoffen (Beispiele)

Kunststoffe werden im Bauwesen als Werkstoffe, als Halbzeuge und als Bauteile verwendet.

Werkstoffe sind z. B. Fußbodenbeschichtungsmassen, Dichtungsmassen für Dehnungsfugen, Zusätze für Mörtel und Beton und Fliesenkleber.

Halbzeuge sind z. B. Abwasserrohre, Dränrohre, Bodenbeläge, Dichtungsbahnen und Platten zur Wärme- und Schalldämmung.

Bauteile sind z. B. Lichtschächte, Regenabläufe und Fenster. Auch komplette Bauteile für Baderäume werden aus Kunststoffen gefertigt **(Bild1)**.

3.11.1 Aufbau, Eigenschaften und Bezeichnung

Kunststoffe sind Stoffe, die künstlich (synthetisch) aus den Erzeugnissen des Erdöls, des Erdgases und den Ausgangsstoffen Kohle, Kalk, Wasser und Luft hergestellt werden. Fast alle Kunststoffe enthalten, wie die natürlichen organischen Stoffe, als wichtigste Elemente Kohlenstoff und Wasserstoff.

Sie zählen deshalb ebenfalls zu den organischen Stoffen. Es gibt aber auch Kunststoffe, bei denen z. B. Silicium das wichtigste Element ist. Zu dieser Gruppe gehören die Silikone.

Kunststoffe bestehen, wie viele natürliche organische Stoffe, aus sehr großen Molekülen, die aus vielen Atomen zusammengesetzt sind. Man nennt sie deshalb **Makromoleküle** (griech.: makro, groß). Makromoleküle können **fadenförmige** oder **raumnetzartige** Gestalt haben.

Nach DIN EN ISO 1043 haben Kunststoffe Kurzbezeichnungen, die von ihren chemischen Namen abgeleitet sind. Man bezeichnet z. B. **P**oly**v**inyl**c**hlorid mit **PVC** und **P**henol-**F**ormaldehydharz mit **PF** (**Tabellen 1,** Seiten 147, 148, 149, 150).

> Kunststoffe sind durch chemische Umwandlung (Synthese) hergestellte, organische, makromolekulare Stoffe. Sie bestehen im Wesentlichen aus den Elementen Kohlenstoff (C), Wasserstoff (H), Sauerstoff (O), Stickstoff (N), Schwefel (S) und Silicium (Si).
>
> Form, Größe und Anordnung der Makromoleküle bestimmen neben der chemischen Zusammensetzung die Eigenschaften der Kunststoffe.

Durch die entsprechende chemische Zusammensetzung und das Herstellungsverfahren des Kunststoffes oder durch Mischen verschiedener Kunststoffe lässt sich fast jede Stoffeigenschaft erzielen.

> Typische Eigenschaften der Kunststoffe sind:
> - geringe Dichte,
> - verschiedene mechanische Eigenschaften,
> - elektrisch isolierend,
> - wärmedämmend,
> - korrosions- und chemikalienbeständig,
> - gut umformbar und bearbeitbar,
> - einfärbbar und
> - glatte, dekorative Oberfläche.
>
> Kunststoffe besitzen aber auch Eigenschaften, die ihre Einsetzbarkeit begrenzen:
> - meist geringe Wärmebeständigkeit,
> - zum Teil brennbar,
> - meist keine hohe Festigkeit und
> - zum Teil unbeständig gegen Lösemittel.

Die hohe Widerstandsfähigkeit der Kunststoffe ist zwar für deren Gebrauch ein Vorteil, für ihre Beseitigung jedoch ein Nachteil. Durch das Ansteigen der Kunststoffproduktion ist die Entsorgung zu einem Problem des Umweltschutzes geworden.

3.11.2 Arten

Die Kunststoffe werden in der Regel nach ihren mechanischen Eigenschaften und dem Verhalten bei Erwärmung in Thermoplaste, Duroplaste und Elastomere eingeteilt.

3.11.2.1 Thermoplaste

Bei niedriger Temperatur liegen die Fadenmoleküle dicht und fast unbeweglich aneinander. Der Kunststoff ist **hart** und **spröde**. Mit zunehmender Temperatur bewegen sich die Molekülfäden immer mehr, die Anziehungskräfte zwischen ihnen werden geringer. Der Kunststoff ist **elastisch**. Bei weiterer Erwärmung verringern sich die Anziehungskräfte so sehr, dass die einzelnen Molekülfäden aneinander vorbeigleiten, der Kunststoff ist plastisch. Da die Molekülfäden sich auch bei weiterer Temperaturerhöhung in ihrer Bewegungsfreiheit behin-

Bild 1: Aufbau und Verhalten der Thermoplaste

dern, wird der Kunststoff nur **zähflüssig,** jedoch nicht gasförmig. Bei Abkühlung verlaufen die Zustandsänderungen umgekehrt. Sie lassen sich beliebig oft wiederholen, sofern nicht durch Überhitzung die Molekülfäden auseinanderbrechen und damit die **chemische Zersetzung** des Kunststoffes eintritt **(Bild 1)**.

Thermoplaste können in festem Zustand spanend bearbeitet werden. Im plastischen Zustand lassen sie sich durch Biegen, Ziehen und Blasen spanlos verformen. Ist der Kunststoff weich, verarbeitet man ihn durch Spritzen, Pressen, Walzen oder Schäumen.

Tabelle 1: Wichtige Thermoplaste

Bezeichnung	Eigenschaften	Bearbeitbarkeit	Verwendung (Beispiele)
Polyvinyl-chlorid (PVC) Hart-PVC (PVC-U) ρ = 1,38 kg/dm^3	bis 80 °C hart, bis 165 °C plastisch-weich, beständig gegen Säuren, Laugen, Salze, Alkohole, Benzine und Öle, alterungsbeständig, witterungsbeständig, nicht beständig gegen Lösemittel wie Benzol und Aceton (wirken quellend)	biegen spanen schweißen kleben	Rohre Dränrohre Bedachungen Dachrinne Fenster Behälter
Weich-PVC mit bis zu 50% Weichmacheranteil (PVC-P) ρ = 1,25 kg/dm^3	bis zu 40 °C gummielastisch-weich, lederartig, versprödet allmählich, nicht so chemikalienfest wie Hart-PVC, wird von den meisten Lösemitteln angegriffen	kleben schweißen schneiden	Bodenbeläge, Folien, Dichtungsbahnen Fugenbänder, Profile
Polyvinyl-acetat (PVAC) ρ = 1,2 kg/dm^3	wenig hart, erweicht bei etwa 80 °C, bei normaler Temperatur elastisch bis mäßig hart, durchscheinend weiß	als Dispersionsmittel mit Wasser mischbar streichen	Zusatzmittel für Putz, Beton und Estrich Haftbrücken Holzklebstoffe

Polystyrol (PS) $\rho = 1{,}05\ kg/dm^3$ geschäumtes Polystyrol (PS-E) hat etwa 95 % Luft $\rho = 0{,}02\ kg/dm^3$	bis etwa 70 °C wärmebeständig, farblos, glasklar, Oberfläche glänzend, hart und spröde, splittert bei Bruch, schlag- und stoßempfindlich, bedingt beständig gegen Säuren, Laugen und Salze, wird von fast allen Lösemitteln angegriffen	(Splitter-gefahr) schweißen kleben schäumen	Platten für Wärme- und Schallschutz Schalkörper Verpackungen Zusatzmittel für Leichtbetone
Polyethylen (PE) $\rho = 0{,}90\ kg/dm^3$ Hochdruck-PE PE-LD (weich), Niederdruck-PE PE-HD (hart)	bei normaler Temperatur fest, schmilzt bei etwa 115 °C, bei – 50 °C noch elastisch, milchig-weiß, matt-glänzend, durchscheinend, fühlt sich wachsartig an, beständig gegen Säuren, Laugen und Salze, bedingt beständig gegen Lösemittel	spanen schweißen nicht kleben	PE-LD: Schläuche Bautenschutzfolien PE-HD Rohre Behälter Gehäuse
Polymethylmethacrylat (PMMA) (Acrylglas) $\rho = 1{,}18\ kg/dm^3$	bei normaler Temperatur fest, über 90 °C plastisch-zäh, lichtecht, glasklar, schwer zerbrechlich, staubempfindlich, kratzempfindlich, witterungsbeständig, beständig gegen schwache Säuren und Laugen, Öl, Benzin, wird von einigen Lösemitteln angegriffen	spanen schweißen kleben	Leuchten Verglasungen Lichtkuppeln Schutzbrillen
Polyisobutylen (PIB) $\rho = 0{,}93\ kg/dm^3$	gummielastisch, plastisch bis etwa 50 °C, beständig gegen Säuren und Laugen, nicht beständig gegen Lösemittel, Öle und Benzine	spachteln spritzen	dauerelastische Fugendichtungsmassen Dichtungsbahnen

3.11.2.2 Duroplaste

Duroplaste lassen sich in ausgehärtetem Zustand auch bei stärkerer Erwärmung nicht mehr erweichen und schmelzen. Sie bestehen aus raumnetzartig ausgebildeten Makromolekülen, die in der Regel aus verschiedenen flüssigen Vorprodukten, z.B. Phenol und Formaldehyd, unter Einwirkung von Wärme und Druck oder mithilfe von chemischen Mitteln, z.B. Härter, hergestellt werden (**Bild 1**).

Die Eigenschaften der Duroplaste können durch Beimischen von Füllstoffen, z.B. Gesteinsmehl, Holzmehl oder Textilschnitzel, für die verschiedensten Verwendungsmöglichkeiten abgewandelt werden. Duroplaste lassen sich durch Sägen, Feilen und Hobeln spanend bearbeiten. Man kann sie kleben und aufschäumen, aber nicht schweißen. Nicht vollständig ausgehärtete Kunstharze können in Formpressen spanlos geformt und ausgehärtet werden.

Die wichtigsten Duroplaste sind die Phenol-Formaldehydharze, die Harnstoff-Formaldehyd- und Melamin-Formaldehydharze, die Epoxidharze und die Polyurethane. Besondere Bedeutung haben die Kunststoffschäume. Sie verbinden die Eigenschaften der Kunststoffe mit den Schaumstoffeigenschaften. Schaumstof-

Bild 1: Aufbau und Verhalten der Duroplaste

fe unterscheidet man nach der Kunststoffart, dem Gefügeaufbau, dem mechanischen Verhalten und dem Herstellungsverfahren. Schäume mit geschlossenzelligem Gefügeaufbau verhindern einen Luftaustausch und die Kapillarwirkung. Man verwendet sie daher vorwiegend zur Wärmedämmung, als Dampfsperre und als Schalkörper. Offenzellige Schaumstoffe eignen sich mehr zur Schallschluckung. Struktur- oder Integralschäume, meist aus Polyurethan, haben innen ein geschlossenzelliges, in der Außenzone ein dichtes, fast zellenfreies Gefüge. Man stellt daraus selbst tragende Bauteile her, wie z. B. Türen und Stühle sowie Imitationen von Holzbalken und Türfüllungen.

Nach dem mechanischen Verhalten unterscheidet man harte, halbharte und elastisch-weiche Schäume. Harte Schaumstoffe fertigt man aus Phenol- und Harnstoffharzen. Polyurethanharze können sowohl für harte, als auch für weiche und elastische Schäume verwendet werden.

Kunststoffschäume werden als Platten oder Formteile auf großen Gieß- oder Spritzanlagen gefertigt. Häufig verschäumt man Polyurethane aus Kartuschen mit Handdruck- oder Druckluftpistolen als Ortschaum direkt auf der Baustelle. So können Fugen oder Hohlräume, z. B. Installationsschlitze, ausgefüllt oder Türzargen und andere Bauteile befestigt werden (Montageschaum) (**Bild 2,** Seite 151).

Tabelle 1: Wichtige Duroplaste

Bezeichnung / Eigenschaften	Bearbeitbarkeit	Verwendung (Beispiele)
Phenol-Formaldehydharz (PF) $\rho = 1{,}4 \ kg/dm^3$ gelb-braun, dunkelt nach, hart und spröde, unlöslich, unschmelzbar, schwer entflammbar, selbstlöschend, typischer Geruch, witterungsbeständig	spanen kleben nicht schweißen	Hartschaumplatten — Ortschaum Kunstharzbeton — Holzklebstoffe
Harnstoff-Formaldehydharz (UF) **Melamin-Formaldehydharz (MF)** $\rho = 1{,}5 \ kg/dm^3$ farblos, glasklar, dunkelt nicht nach, hart und spröde, unlöslich, nicht schmelzbar, geruchlos	kleben schäumen nicht schweißen	Pressmassen, z.B. Essgeschirr Schichtpress-stoffplatten — Holzklebstoffe
Ungesättigte Polyesterharze (UP) $\rho = 1{,}3 \ kg/dm^3$ farblos, glasklar, hart und spröde, nicht schmelzbar, unlöslich, mit Glasfaser verstärkt hohe Festigkeit (GF-UP), linear vernetzt thermoplastisch	GF-PU bedingt spanen kleben nicht schweißen	Industrieestriche — Bedachungen Klebemörtel — Verkleidungen
Epoxidharze (EP) $\rho = 1{,}3 \ kg/dm^3$ honiggelb, in flüssigem Zustand giftig, hart und spröde, unschmelzbar, unlöslich, beständig gegen Säuren, Laugen und Lösemittel, bei der Verarbeitung entweichen giftige Dämpfe!	kleben spanen nicht schweißen	Zusatzstoffe für Mörtel und Betone Kleber — Behälter
Polyurethanharze (PUR) $\rho = 1{,}26 \ kg/dm^3$ honiggelb, durchsichtig, je nach Vernetzung hart und zäh oder weich und gummielastisch, bei linearer Vernetzung thermoplastisch, beständig gegen schwache Säuren und Laugen sowie gegen fast alle Lösemittel, mit Flammschutzmitteln normal entflammbar (B2), PUR-Hartschaum schwer entflammbar (B1)	schäumen kleben schweißen spanen	Hartschaumplatten zur Wärmedämmung — Ortschaum Dichtungs- und Beschichtungsmassen

3.11.2.3 Elastomere

Elastomere sind Kunststoffe mit elastischen Eigenschaften. Sie lassen sich leicht verformen; wird die Spannung aufgehoben, nehmen sie wieder ihre ursprüngliche Form ein. Elastomere unterscheiden sich von den übrigen elastischen Kunststoffen dadurch, dass ihre Gummielastizität weitgehend temperaturunabhängig ist. So bleibt z. B. Silikonkautschuk in einem Temperaturbereich von – 60 °C bis + 250 °C unverändert elastisch.

Bild 1: **Aufbau und Verhalten der Elastomere**

Die Elastomere bestehen ähnlich wie die Duroplaste aus räumlich vernetzen Makromolekülen. Das Molekülnetz ist jedoch bei den Elastomeren weitmaschiger und loser als bei den Duroplasten (**Bild 1**). Beim Verformen werden die Maschen auseinander gezogen, ohne dass sich dabei die Verbindungsstellen lösen. Nach der Verformung ziehen sich die Maschen gummiartig in ihre ursprüngliche Lage zurück, der Kunststoff nimmt seine ursprüngliche Form wieder an.

Tabelle 1: Wichtige Elastomere		
Bezeichnung	Eigenschaften / Verarbeitbarkeit	Verwendung (Beispiele)
Styrol-Butadien-Kautschuk (SBR)	gummielastisch, abriebfester, wärme- und alterungsbeständiger als Naturkautschuk, beständig gegen Öle und Benzine, unangenehmer Geruch	Fahrzeugreifen Gummifedern Schläuche
Butyl-Kautschuk (IIR)	gummielastisch bis dauerplastisch, aufschäumbar, spritz- und spachtelbar, zum Teil klebrig bleibend, beständig gegen Säuren und Laugen	Fugendichtungsmassen Fugendichtungsbänder
Chloropren-Kautschuk (CR)	gummielastisch, witterungsbeständig, spritz- und spachtelbar, beständig gegen Öle und Benzine, hohe mechanische Dämpfung	Schwingungsdämpfung Dichtungsprofile
Polysulfid-Kautschuk (SR)	gummielastisch bis plastisch-elastisch, schwarz, spritz- und spachtelbar, witterungsbeständig	Abdichtung von Bewegungsfugen Fertigteilbau Versiegelungen
Polyurethan-Kautschuk (PUR)	bräunlich, gummielastisch, sehr abriebfest, alterungsbeständig, beständig gegen Säuren, Laugen und Lösemittel, gieß-, spritz- und spachtelbar	Fugendichtungen im Betonbau Fugenabdeckungen
Silikon-Kautschuk (SI)	gummielastisch bis plastisch-elastisch von –90 °C bis +180 °C, transparent, mittelhart, wasser- und klebstoffabweisend, spritz- und spachtelbar	Anschlussfugen Versiegelungen

3.11.2.4 Silikone

Die Silikone gehören zu einer Kunststoffgruppe, die eine andere Zusammensetzung als die übrigen Kunststoffe hat und bei der in der Hauptsache die Kohlenstoffatome durch Siliciumatome ersetzt sind.

Die Eigenschaften der Silikone hängen von der Länge ihrer Makromoleküle und dem Grad ihrer Vernetzung ab. Silikone mit fadenförmigen Makromolekülen sind die **Silikonöle,** schwach vernetzte Makromoleküle ergeben die **Silikonkautschuke** und stark vernetzte Makromoleküle die **Silikonharze.**

Silikone sind ölige bis gummielastische wasserklare bis milchig-trübe Stoffe. Sie sind Wasser abstoßend und temperaturbeständig von −90 °C bis +180 °C. Bereits geringe Mengen von Silikonöl machen Lacke, Papiere und Textilien wasserabstoßend. Silikonharzlösungen werden deshalb häufig als wasserabstoßende Überzüge für Mauerwerk und Beton verwendet.

Eine häufige Verwendungsart der Silikonkautschuke sind die **Silikon-Versiegelungsmassen.** Diese werden zum wasserdichten Verschließen von Fugen, insbesondere von Bewegungsfugen sowie zum Abdichten von Glasfälzen im Fensterbau verwendet **(Bild 1).**

Silikonkautschuke lassen sich auch als Schaumstoffe herstellen. Silikonschaumstoffe werden als Platten, Rechteckprofile oder Rundschnüre gehandelt.

Die im Bauwesen überwiegend verwendeten Kunststoffschäume bestehen jedoch in der Hauptsache aus Duroplasten, wie z. B. aus Polyurethanharzen oder aus Phenolharzen. Diese gibt es als Ein- und Zweikomponentenschäume. Sie eignen sich zum Ausfüllen von Hohlräumen und zum Befestigen von Bauteilen (Montageschaum) **(Bild 2).**

Bild 1: Einbringen einer Silikon-Versiegelungsmasse

Bild 2: Ausschäumen einer Fuge mit einem Zweikomponentenschaumstoff

Aufgaben

1 Beschreiben Sie die Verwendungsmöglichkeiten der Kunststoffe in der Bautechnik und begründen Sie diese jeweils.

2 Stellen Sie die Vor- und Nachteile der Kunststoffe einander gegenüber.

3 Begründen Sie die Notwendigkeit einer fachgerechten Entsorgung der Kunststoffreste auf der Baustelle.

4 Die Kunststoffe teilt man nach ihrem physikalischen Verhalten in drei Gruppen ein. Ordnen Sie die in der Bautechnik verwendeten Kunststoffe diesen drei Gruppen zu und beschreiben Sie deren Verarbeitung und Verwendung.

5 Schaumkunststoffe werden in der Bautechnik vielseitig verwendet. Erläutern Sie deren Einsatzmöglichkeiten anhand der jeweiligen Schaumstoffarten.

6 Die Verwendung von Kunststoffen in der Bautechnik gefährdet die Gesundheit der Menschen. Nehmen Sie dazu Stellung.

7 Erläutern Sie die Vorteile der Kunststoffe gegenüber den herkömmlichen Baustoffen anhand von Beispielen.

8 Nennen Sie Beispiele für die Verwendung von Thermoplasten, Duroplasten und Elastomeren in der Bautechnik.

Bild 1: Bauvorhaben

Tabelle 1: Arten von Bauplanungen	
Planungsart	Planungsbeispiele
Hochbauplanung	Wohnhäuser, Geschäftshäuser, Verwaltungsgebäude, Industriegebäude, Schulen, Sporthallen
Ingenieurbauplanung	Brücken, Behälter, Kläranlagen, Stützwände, Schleusen
Tief-, Straßen- und Landschaftsbauplanung	Ortsentwässerungen, Straßen, Wege, Deponien, Uferbefestigungen
Fachplanung	Heizungs-, Sanitär- und Elektroinstallationen, Klimaanlagen, Fördereinrichtungen

4 Bauplanung

Unter Bauplanung versteht man den Vorgang, ein Bauvorhaben gedanklich zu entwickeln und zu gestalten, um es in Plänen und Berechnungen darzustellen **(Bild 1)**. Die Bauplanung wird auch während der Baudurchführung weitergeführt und fortgeschrieben. Für jedes Bauvorhaben ist eine Bauplanung erforderlich.

4.1 Arten der Bauplanung

Man unterscheidet je nach Bauvorhaben vier verschiedene Bereiche von Bauplanungen, die Hochbauplanung, die Ingenieurbauplanung, die Tief-, Straßen- und Landschaftsbauplanung sowie die Fachplanung **(Tabelle 1)**.

Die Hochbauplanung wird von Hochbauingenieuren (Architekten), die Ingenieurbauplanung von Bauingenieuren (Statikern), die Tief-, Straßen- und Landschaftsbauplanung von Tief- und Straßenbauingenieuren sowie von Landschaftsplanern durchgeführt. Die Fachplanungen übernehmen die jeweiligen Fachingenieure z. B. für Heizung, Sanitär, Elektro- oder Maschinenbau.

Bei den meisten Bauvorhaben greifen mehrere Planungsbereiche ineinander, wobei der Ingenieurbereich, in dessen Aufgabengebiet das Projekt liegt, die Koordination und Federführung übernimmt.

4.2 Grundlagen der Bauplanung

Die Grundlagen einer Bauplanung bilden die rechtlichen und technischen Baubestimmungen hinsichtlich der Funktion und Gestalt des Bauprojektes. Die baurechtlichen Bestimmungen (Rechtsnormen) werden durch Bund, Länder und Gemeinden erlassen. Die bautechnischen Bestimmungen (anerkannte Regeln der Technik) sind für den Planer weitgehend verbindlich, wodurch gewährleistet ist, dass Planung und Durchführung den jeweiligen Anforderungen an Sicherheit und Gebrauchstauglichkeit entsprechen **(Bild 1,** Seite 153).

4.2.1 Baurechtliche Grundlagen

Die baurechtlichen Grundlagen sind in erster Linie die Gesetze und Verordnungen des Bundes (Bauplanungsrecht), wie z. B. das Raumordnungsgesetz, das Baugesetzbuch, die Baunutzungsverordnung, die Umweltschutzgesetze sowie diejenigen Gesetze und Verordnungen der Länder (Bauordnungsrecht), wie z. B. die Bauordnungen, das Denkmalschutzgesetz sowie das Straßenbaugesetz. Aus diesen Grundlagen heraus entwickeln die Gemeinden (Kommunen) ihre städtebaulichen Planungen (Bauleitplanungen). Solche Planungen sind z. B. der Flächennutzungsplan und der Bebauungsplan. Diese Pläne sind von den Gemeinden eigenverantwortlich aufzustellen, sobald es für die städtebauliche Entwicklung oder die städtebauliche Ordnung des Gemeindegebietes erforderlich ist.

4.2.1.1 Baugesetzbuch (BauGB)

Das Baugesetzbuch enthält in 4 Kapiteln die rechtlichen Grundlagen des Städtebaues für die Bundesrepublik Deutschland. Im ersten Kapitel „Allgemeines Städtebaurecht" wird insbesondere das Verfahren der gesamten Bauleitplanung geregelt. Das zweite Kapitel „Besonderes Städtebaurecht" behandelt das Verfahren bei städtebaulichen Sanierungs- und Entwicklungsmaßnahmen. Im dritten Kapitel „Sonstige Vorschriften" wird das Verfahren der Wertermittlung für Grundstücke und Bauland sowie das Verfahren bei den zuständigen Kammern der Gerichte geregelt. Das vierte Kapitel „Überleitungs- und Schlussvorschriften" beinhalten die Überleitungsvorschriften der bisherigen Fassung in das neue Baugesetzbuch. In den Schlussvorschriften werden Sonderregelungen für einzelne Länder sowie für die Bundeshauptstadt Berlin getroffen. Das BauBG enthält auch die Vorgaben des Europarechtsanpassungsgesetzes (EAG-Bau), das insbesondere die Prüfung von Umweltauswirkungen auf räumliche Planungen vorschreibt.

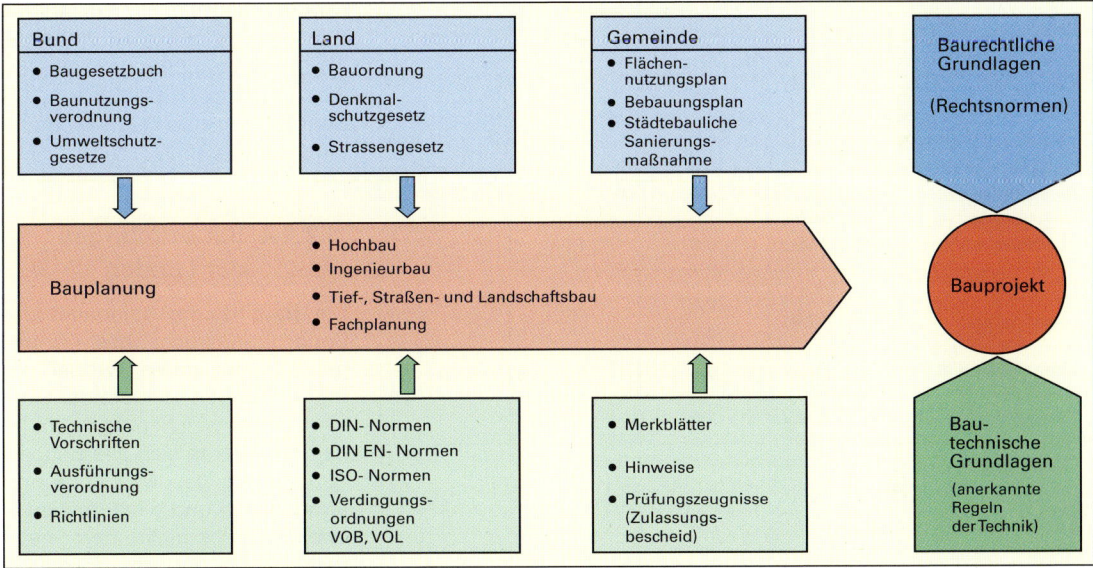

Bild 1: Grundlagen der Bauplanung

4.2.1.2 Verordnung über die bauliche Nutzung der Grundstücke (Baunutzungsverordnung BauNVO)

Die Baunutzungsverordnung enthält ergänzende Regelungen zum Baugesetzbuch insbesondere in Bezug auf die Inhalte und Festlegungen des Flächennutzungsplanes und des Bebauungsplanes. Im ersten Abschnitt „Art der baulichen Nutzung" wird nach Bauflächen und Baugebieten unterschieden (**Tabelle 1,** Seite 154). Weiterhin werden die zulässigen baulichen Nutzungen festgelegt.

Der zweite Abschnitt „Maß der baulichen Nutzung" legt die Grundflächenzahl, die Geschossflächenzahl oder die Baumassenzahl in Bezug auf die Grundstücksfläche eines Baugrundstückes fest (**Bild 1,** Seite 154). Die Zahl der Vollgeschosse sowie die Höhe baulicher Anlagen werden durch Festsetzung im Bebauungsplan bestimmt.

Der dritte Abschnitt „Bauweise, überbaubare Grundstücksfläche" legt Gebäudeformen und Abstandsflächen fest. Der letzte Abschnitt regelt insbesondere jeweils die Überleitungsvorschriften für Bauleitpläne, deren Aufstellung oder Änderung bereits eingeleitet ist.

Tabelle 1: Arten der baulichen Nutzung § 1 BauNVO

Bauflächen (FNP)	Baugebiete (Beb.-Pl.)	
Wohnbauflächen (W)	Kleinsiedlungsgebiete	(WS)
	Reine Wohngebiete	(WR)
	Allgemeine Wohngebiete	(WA)
	Besondere Wohngebiete	(WB)
Gemischte Bauflächen (M)	Dorfgebiete	(MD)
	Mischgebiete	(MI)
	Kerngebiete	(MK)
Gewerbliche Bauflächen (G)	Gewerbegebiete	(GE)
	Industriegebiete	(GI)
Sonderbauflächen (S)	Sondergebiete	(SO)

Baugebiete (Beb.-Pl.) Beispiele		Grundflächenzahl GRZ	Geschossflächenzahl GFZ	Baumassenzahl BMZ
Kleinsiedlungsgebiet	(WS)	0,2	0,4	–
Reines Wohngebiet Allgemeines Wohngebiet Ferienhausgebiet	(WR) (WA)	0,4	1,2	–
Besonderes Wohngebiet	(WB)	0,6	1,6	–
Dorfgebiet Mischgebiet	(MD) (MI)	0,6	1,2	–
Urbanes Gebiet	(MU)	0,8	0,3	–
Kerngebiet	(MK)	1,0	3,0	–
Gewerbegebiet Industriegebiet Sonstiges Sondergebiet	(GE) (GI)	0,8	2,4	10,0
Wochenendhausgebiet		0,2	0,2	–

Grundflächenzahl **GRZ** Geschossflächenzahl **GFZ** Baumassenzahl **BMZ**

$$GRZ = \frac{Grundfläche}{Grundstücksfläche} \quad GFZ = \frac{Geschossfläche}{Grundstücksfläche} \quad BMZ = \frac{Baumasse}{Grundstücksfläche}$$

Bild 1: Obergrenze für die Bestimmung des Maßes der baulichen Nutzung (Auszug)

4.2.1.3 Umweltschutzgesetze

Die Umweltschutzgesetze des Bundes, wie z. B. das Gesetz über die Umweltverträglichkeitsprüfung, das Immissionsschutzgesetz, das Naturschutzgesetz, das Abfallbeseitigungsgesetz, beinhalten die Gesamtziele des Umweltschutzes bereits auf räumlicher Planungsebene. Diese Gesetze mit den entsprechenden Planungen sind danach auch auf der Ebene der Bauleitplanungen zwingend zu beachten und umzusetzen. So ist z. B. bei bestimmten Vorhaben das Gesetz über die Umweltverträglichkeitsprüfung (UVPG) als Bestandteil der Bauleitplanung nach BauGB § 2 (4) anzuwenden und ein Umweltbericht nach BauGB § 2a der Begründung zum Bauleitplanentwurf beizufügen.

4.2.1.4 Bauordnungen der Länder

Die Bauordnung beinhaltet das Bauordnungsrecht des jeweiligen Bundeslandes, wobei die Bauordnungen der Länder voneinander abweichen. In ihrem Inhalt orientieren sich alle Bauordnungen an der Musterbauordnung (MBO) und gliedern sich in zwei Rechtsbereiche, dem materiellen Recht und dem formellen Recht. Dabei beinhaltet der materielle Rechtsteil die Anforderungen an das Bauwerk und der formelle Rechtsteil das Verfahren zur Erteilung von Baugenehmigungen. Danach wird z. B. die Landesbauordnung von Baden-Württemberg (LBO B-W) in 9 Teile gegliedert (**Tabelle 1,** Seite 155).

Ergänzt wird die Landesbauordnung durch weitere Landesgesetze und Verordnungen wie z. B. das Landesdenkmalschutzgesetz, das insbesondere den Umgang mit alter (historischer) Bausubtanz regelt.

Tabelle 1: Gliederung der Landesbauordnung von Baden-Württemberg (LBO)

Teil	Vorschriften (Auszug)	Inhalt (Auszug)
1. Teil Allgemeine Vorschriften	– Abgrenzung des Anwendungsbereiches der Bauordnung – Klären der Begriffe zu baulichen Anlagen – Festlegung allgemeiner Anforderungen	– Die LBO gilt für alle baulichen Anlagen, mit Einschränkungen, z. B. bei öffentlichen Verkehrsanlagen. – Bauliche Anlagen sind mit dem Erdboden verbundene, aus Baustoffen und Bauteilen hergestellte Anlagen.
2. Teil Das Grundstück und seine Bebauung	– Aussagen über die Bebaubarkeit von Grundstücken – Grundlagen zur Ermittlung von Abstandsflächen – Festlegung der Höhenlage baulicher Anlagen	– Gebäude dürfen nur errichtet werden, wenn das Grundstück nach öffentlich-rechtlichen Vorschriften bebaubar ist, wenn es an einer öffentlichen Verkehrsfläche liegt oder die Zufahrt öffentlich-rechtlich gesichert ist.
3. Teil Allgemeine Anforderungen an die Bauausführung	– Aussagen über die Gestaltung baulicher Anlagen – Bedingungen zum Betrieb der Baustelle bei der Bauausführung – Hinweise zur Standsicherheit, dem Erschütterungs-, Wärme-, Schall- und Brandschutz	– Bauliche Anlagen sind so zu gestalten, dass das Verhältnis von Baumassen und Bauteilen zueinander nicht verunstaltend wirkt und das gesamte Straßen-, Orts- oder Landschaftsbild durch deren Gestaltung nicht beeinträchtigt wird. – Erhaltungspflicht von Bepflanzungen aus ökologischen Gründen. – Jede bauliche Anlage muss für sich allein standsicher und dauerhaft sein.
4. Teil Bauprodukte und Bauarten	– Bestimmungen über die Verwendung von Bauprodukten – Regelung der allgemeinen bauaufsichtlichen Zulassung sowie der Verwendbarkeit von Bauprodukten und Bauarten im Einzelfall – Anerkennung von Prüf-, Zertifizierungs- und Überwachungsstellen	– Bauprodukte dürfen nur verwendet werden, wenn sie dem Bauproduktengesetz, der für die EG gültigen Produktenrichtlinie oder den technischen Regeln der Bauregelliste entsprechen. – Für nicht geregelte Bauprodukte oder Bauarten ist eine allgemeine bauaufsichtliche Zulassung oder eine Zustimmung im Einzelfall erforderlich.
5. Teil Der Bau und seine Teile	– Regelungen zum Brandschutz von Wänden, Decken, Stützen und Dächern – Aussagen über die Verkehrs-, Betriebs- und Brandsicherheit von Treppen, Fluren, Gängen, Rampen und Aufzugsanlagen – Aussagen über die Betriebs- und Brandsicherheit von Feuerungsanlagen	– Wände, Decken, Stützen und Dächer müssen entsprechend den Erfordernissen des Brandschutzes widerstandsfähig gegen Feuer sein. – Brandwände müssen so beschaffen und angeordnet sein, dass sie bei einem Brand ihre Standsicherheit nicht verlieren und der Verbreitung von Feuer entgegenwirken.
6. Teil Einzelne Räume, Wohnungen und besondere Anlagen	– Mindestanforderungen an Aufenthaltsräume, Wohnungen, Toilettenräume und Bäder – Schaffung notwendiger Stellplätze und Garagen – Barrierefreie Anlagen	– Mindestmaße für lichte Raumhöhen, notwendige Fenster sowie Anforderungen an Aufenthaltsräume in Unter- und Dachgeschossen sind einzuhalten. – Festlegung der Anzahl der Stellplätze für Wohnungen und sonstige Nutzungen. – Anlagen und Einrichtungen sollen ohne fremde Hilfe für einen bestimmten Personenkreis wie kleine Kinder oder behinderte Menschen benutzbar sein.
7. Teil Am Bau Beteiligte, Baurechtsbehörden	– Aufgaben und Abgrenzung der Rechte und Pflichten des Bauherrn, des Entwurfsverfassers, des Unternehmers und des Bauleiters – Aufbau, Aufgaben, Befugnisse und Zuständigkeit der Baurechtsbehörden	– Der Bauherr hat zur Vorbereitung, Überwachung und Ausführung eines Bauvorhabens einen geeigneten Entwurfsverfasser, Unternehmer und Bauleiter zu bestellen. – Die Baurechtsbehörden haben zu überwachen, dass die baurechtlichen Vorschriften über die Errichtung und den Abbruch von baulichen Anlagen eingehalten und die erlassenen Anordnungen befolgt werden.
8. Teil Verwaltungsverfahren, Baulasten	– Festlegung der genehmigungspflichtigen Vorhaben, der verfahrensfreien Vorhaben, des Kenntnisgabeverfahrens und des vereinfachten Baugenehmigungsverfahrens – Vorgaben zum Bauantragsverfahren, den Bauvorlagen und der Baugenehmigung – Angaben zur Bauüberwachung, den Bauabnahmen und der Übernahme von Baulasten	– Genehmigungspflichtige Vorhaben bedürfen der Baugenehmigung. – Verfahrensfreie Vorhaben, wie z. B. Gebäude ohne Aufenthaltsräume oder Schuppen, dürfen eine festgelegte Größenordnung nicht überschreiten. – Beim Kenntnisgabeverfahren ist das Vorhaben mit den entsprechenden Bauvorlagen der Gemeinde lediglich zur Kenntnis zu geben.
9. Teil Rechtsvorschriften, Ordnungswidrigkeiten, Übergangs- und Schlussvorschriften	– Abstecken des Befugnis- und Bestimmungsrahmens der Baurechtsbehörden – Festsetzung örtlicher Bauvorschriften durch die Gemeinde – Ahndung von Ordnungswidrigkeiten – Überprüfung bestehender oder begonnener baulicher Anlagen auf eine Anpassung an die geltende Bauordnung	– Die Gemeinde kann durch Satzung, wie z. B. Bauvorschriften über die äußere Gestaltung von Gebäuden, die Zulässigkeit von Werbeanlagen oder die Festlegungen zur Wahrung der erhaltenswerten Eigenart eines Ortsteiles festlegen. – Bei wesentlicher Änderung bestehender Bauteile oder baulicher Anlagen kann die Anpassung an die neue Bauordnung verlangt werden.

4.2.1.5 Flächennutzungsplan (FNP)

Im Flächennutzungsplan wird die beabsichtigte städtebauliche Entwicklung der Gemeinde in den Grundzügen aufgezeigt (BauGB § 5 (1)) **(Bild 1)**. Dabei wird das Planungsgebiet nach dem voraussehbaren Bedarf in die verschiedenen Bauflächen, wie z. B. in Wohnbauflächen, gewerbliche Bauflächen sowie in Verkehrsflächen, Grünflächen, Ver- und Entsorgungsflächen eingeteilt **(Bild 2)**. Diese werden nach der Planzeichenverordnung im zeichnerischen Teil des FNP dargestellt **(Bild 3)**.

Als vorbereitender Bauleitplan besitzt der Flächennutzungsplan keine Rechtsverbindlichkeit gegenüber dem Bürger, sondern bindet nur die Gemeinde selbst.

Bild 1: Flächennutzungsplan (Auszug)

Bild 2: Bauflächen

Bild 3: Planzeichen

4.2.1.6 Städtebauliche Sanierungsmaßnahmen

Städtebauliche Sanierungsmaßnahmen dienen der Behebung städtebaulicher Missstände in einem Gemeindegebiet (BauGB § 136 (2)). Solche Gebiete werden im Rahmen der Bauleitplanung durch die Gemeinde förmlich festgelegt und als Sanierungssatzung beschlossen. Die Vorbereitung und Durchführung einer Sanierungsmaßnahme erfordern neben den vorbereitenden Untersuchungen die Bestimmung von Ziel und Zweck der Sanierung. Die Ergebnisse werden in einem Rahmenplan (Bebauungsplan) mit den entsprechenden Erörterungen festgelegt.

Hier werden insbesondere auch der Denkmalschutz im Rahmen von Modernisierung, Instandsetzung oder Ensembleschutz ganzer Gebäudegruppen in erhöhtem Maße berücksichtigt.

Nach Durchführung der erforderlichen Ordnungsmaßnahmen wie Bodenordnung, Umzug von Bewohnern oder Herstellung der Erschließungsanlagen können die Baumaßnahmen verwirklicht werden.

4.2.1.7 Bebauungsplan (Beb.-Pl.)

Der Bebauungsplan als verbindlicher Bauleitplan enthält die rechtsverbindlichen Festsetzungen für die städtebauliche Ordnung eines Baugebietes innerhalb der Gemeinde (BauGB § 8 (1)) und ist aus dem Flächennutzungsplan zu entwickeln (**Bild 1**). Im Bebauungsplan werden Bestimmungen über Art und Maß der baulichen Nutzung, über Bauweise, über Grundstückszuschnitt, über öffentliche Flächen, über Freiflächen, über Flächen für Umweltschutzanlagen genau festgesetzt (**Bild 2**). Diese Bestimmungen können sogar für übereinander liegende Geschosse baulicher Anlagen gesondert getroffen werden. Die Festsetzungen sind mit den vorgeschriebenen Planzeichen zu erklären (**Bild 3**). Gemeinsam mit einer Begründung wird der Bebauungsplan als Satzung von der Gemeinde beschlossen.

Bild 1: Bebauungsplan (Auszug)

Bild 2: Festsetzungen

Bild 3: Planzeichen

4.2.1.8 Veränderungssperre, Zurückstellung von Baugesuchen

Da die Aufstellung von Bebauungsplänen viel Zeit beansprucht, können die städtebaulichen Vorstellungen einer Gemeinde, z.B. für ein Gebiet im Innenbereich, das bauleitplanerisch noch nicht in einem Bebauungsplan erfasst ist, durch unerwünschte Fremdplanungen einer geordneten städtebaulichen Entwicklung zuwider laufen. Zur Sicherstellung der Planungshoheit muss die Gemeinde deshalb in der Lage sein, solche Vorhaben zu verhindern. Dafür stehen der Gemeinde zwei Planungsinstrumente als Sicherungsmöglichkeiten nach den §§ 14–18 Baugesetzbuch (BauGB) zur Verfügung, das sind die **Veränderungssperre** und die **Zurückstellung von Baugesuchen**.

STADT **NN**

S a t z u n g

der Stadt NN über eine Veränderungssperre in Bereich des Bebauungsplans „NN-Straße", Gemarkung NN

Nachdem vom Gemeinderat der Stadt NN am .... der Beschluss über die Aufstellung des Bebauungsplans „NN- Straße", Gemarkung NN gefasst worden ist, hat er am .... aufgrund des § 14 Abs. 1 und § 16 des Baugesetzbuches (BauGB) in Verbindung mit § 4 der Gemeindeordnung für Baden-Württemberg folgende Veränderungssperre als Satzung beschlossen:

§ 1
Anordnung der Veränderungssperre

Der Gemeinderat der Stadt NN hat in einer Sitzung am .... beschlossen, den Bebauungsplan „NN-Straße", Gemarkung Buchen aufzustellen. Zur Sicherung der Planung in diesem Bereich wird eine Veränderungssperre angeordnet.

§ 2
Anordnung der Veränderungssperre

Der räumliche Geltungsbereich der Veränderungssperre erstreckt sich auf den gesamten Geltungsbereich des Bebauungsplans „NN-Straße". (s. beil. Lageplan, Anlage 1)

§ 3
Inhalt und Rechtswirkungen der Veränderungssperre

1. Im räumlichen Geltungsbereich der Veränderungssperre dürfen:
   a) Vorhaben im Sinne des § 29 BauGB nicht durchgeführt oder bauliche Anlagen nicht beseitigt werden.
   b) Erhebliche oder wesentlich wertsteigernde Veränderungen von Grundstücken und baulichen Anlagen, deren Veränderungen nicht genehmigungs-, zustimmungs- oder anzeigepflichtig sind, nicht vorgenommen werden.

2. In Anwendung des § 14 Abs. 2 BauGB kann von der Veränderungssperre eine Ausnahme zugelassen werden, wenn überwiegende öffentliche Belange nicht entgegenstehen. Die Entscheidung hierüber trifft die Baugenehmigungsbehörde im Einvernehmen mit der Gemeinde.

§ 4
Inkrafttreten

Die Satzung über die Veränderungssperre tritt mit der öffentlichen Bekanntmachung in Kraft. Sie tritt außer Kraft, sobald und soweit die Bauleitplanung für das von der Veränderungssperre betroffene Gebiet rechtsverbindlich abgeschlossen ist, spätestens jedoch zwei Jahre nach ihrem Inkrafttreten, sofern diese Frist nicht verlängert wird.

M = 1 : 2000

Hinweis:
Für die Geltendmachung der Verletzung von Vorschriften ist zunäcst § 215 BauGB maßgebend. Danach werden unbeachtlich
1. eine nach § 214 Abs. 1 Satz 1 Nr. 1 bis 3 BauGB beachtliche Verletzung der dort bezeichneten Verfahrens- und Formvorschriften
2. eine unter Berücksichtigung des § 214 Abs. 2 BauGB beachtliche Verletzung der Vorschriften über das Verhältnis des Bebauungsplans und des Flächennutzungsplans und
3. nach § 214 Abs. 3 BauGB beachtliche Mängel des Abwägungsvorgangs.

Bild 1: Öffentliche Bekanntmachung (Beispiel)

Mit der Anwendung dieser Planungsinstrumente kann verhindert werden, dass durch bauliche Aktivitäten, z. B. von Bauträgern oder sonstigen Investoren, die Planung der Gemeinde unterlaufen wird.

Als Voraussetzung für eine **Veränderungssperre** ist die Beschlussfassung für die Aufstellung eines Bebauungsplanes über den Planungsbereich erforderlich, in dem das Bedürfnis der Sicherung der künftigen städtebaulichen Entwicklung besteht. Dieser Aufstellungsbeschluss ist öffentlich bekannt zu geben.

Nun kann die Gemeinde zur Sicherung ihrer Planung für den künftigen Planungsbereich eine Veränderungssperre als Satzung beschließen und ortsüblich bekannt geben (**Bild 1**). Die Veränderungssperre ist hinreichend zu begründen und muss ein Mindestmaß an Konkretisierung aufweisen.

Danach dürfen Vorhaben, welche die Errichtung, Änderung oder Nutzungsänderung zum Inhalt haben, nicht durchgeführt oder bauliche Anlagen nicht beseitigt werden. Ebenso dürfen wertsteigernde Veränderungen von Grundstücken und baulichen Anlagen nicht vorgenommen werden, auch wenn deren Veränderung nicht genehmigungs-, zustimmungs- oder anzeigepflichtig ist.

Eine Veränderungssperre tritt nach zwei Jahren außer Kraft. Diese Frist kann um ein Jahr verlängert werden. Die Veränderungssperre tritt in jedem Fall außer Kraft, sobald die Bebauungsplanung für das Gebiet rechtskräftig ist.

Wird jedoch eine Veränderungssperre nicht beschlossen, obwohl die Voraussetzungen hierfür gegeben sind, oder ist eine beschlossene Veränderungssperre noch nicht in Kraft getreten, kann die Gemeinde die **Zurückstellung von Baugesuchen** bei der zuständigen Baugenehmigungsbehörde verlangen.

Die Genehmigungsbehörde muss dann auf Antrag der Gemeinde die Entscheidung über das Baugesuch bis zu zwölf Monaten zurückstellen. Hierzu gehören insbesondere Entscheidungen über Anträge auf Erteilung einer Baugenehmigung oder eines Vorbescheides. Die Zurückstellung ist nur möglich, solange das Bebauungsplanverfahren noch nicht abgeschlossen und einem Bauantrag noch nicht stattgegeben worden ist.

4.2.2 Technische Grundlagen

Die technischen Grundlagen bestehen in erster Linie aus den Technischen Vorschriften, Ausführungsverordnungen und Richtlinien sowie aus den Normen und dem technischen Teil der Verdingungsordnungen. Ergänzt werden diese durch Merkblätter, Hinweise und Prüfzeugnisse.

Technische Grundlagen dienen der Sicherheit von Menschen, der Standsicherheit und Dauerhaftigkeit von Bauwerken sowie der Qualitätsverbesserung im gesamten bautechnischen Bereich. Die technischen Grundlagen haben insbesondere bei der Baudurchführung große Bedeutung.

4.2.2.1 Technische Vorschriften, Ausführungsverordnungen, Richtlinien

Technische Vorschriften werden durch die Ministerien verbindlich eingeführt wie z. B. die „Verordnung über energiesparenden Wärmeschutz und energiesparende Anlagentechnik bei Gebäuden (**En**ergie**e**inspar**v**erordnung – **EnEV**)", in der die energiebezogenen Merkmale eines Gebäudes dargestellt werden **(Bild 1)**. Ausführungsverordnungen ergänzen z. B. die Bauordnungen der Länder und beschreiben die Mindestanforderungen insbesondere in Bezug auf die Betriebs- und Brandschutzsicherheit. Beispiele sind die „**A**llgemeine **A**usführungs**v**erordnung" (**AVO**) oder die „**Ga**ragen**v**erordnung" (**GaVO**). Richtlinien werden von den Ministerien eingeführt und empfohlen. Als Vertragsbestandteil sind diese bei der Planung und Ausführung entsprechend zu beachten. Beispiele sind die „**R**ichtlinien für die **A**nlage von **L**andstraßen" (**RAL**) oder die „**R**ichtlinien für den **L**ärmschutz an **S**traßen" (**RLS**).

4.2.2.2 DIN-Normen, Vergabeordnungen

DIN-Normen werden durch Fachausschüsse vom Deutschen Institut für Normung e.V. erarbeitet und gelten als verbindliche Empfehlungen für die am Bau Beteiligten. Diese sichern und aktualisieren das allgemein zugängliche technische Fachwissen und sind z. B. als Baustoffnormen oder Ausführungsnormen für die technisch einwandfreie Bauausführung unentbehrlich. Dabei wird nach dem Ursprung und Wirkungsbereich in nationale Normen (**DIN**), in europäische Normen (**DIN EN**) oder internationale Normen (**DIN EN ISO**) unterschieden. Wichtige Normen für Planung und Ausführung betreffen z. B. die Bereiche Mauerwerksbau, Beton- und Stahlbetonbau sowie den Wärmeschutz. Vergabeordnungen, wie z. B. die „**V**ergabe- und **V**ertrags**o**rdnung für **B**auleistungen" (**VOB**), regeln die Vergabe sowie die „Allgemeinen Vertragsbedingungen für die Ausführung von Bauleistungen" (Seite 163). Weiterhin werden durch die „**A**llgemeinen **T**echnischen **V**ertragsbedingungen für Bauleistungen" (**ATV**) die Grundlagen für Lieferungen und Leistungen festgelegt **(Bild 2)**.

4.2.2.3 Merkblätter, Hinweise, Prüfzeugnisse

Merkblätter werden von den Fachverbänden, z. B. der Baustoffhersteller, herausgegeben und dienen der fachmännischen Beratung bei der Verarbeitung der Baustoffe **(Bild 3)**. Hinweise beziehen sich z. B. auf Einzelprodukte. Diese werden vom Hersteller erarbeitet und müssen beachtet werden, da sonst eine Produkthaftung ausgeschlossen ist. Prüfzeugnisse bestätigen die allgemeinen bauaufsichtlichen oder baurechtlichen Zulassungen von Bauteilen oder Baustoffen wie z. B. von Feuerschutzabschlüssen (T 30-Tür).

4.3 Phasen der Bauplanung mit Baudurchführung

Die Gesamtplanung einer Baumaßnahme gliedert sich in die Phase der eigentlichen Bauplanung und in die Phase der Baudurchführung. An der Schnittstelle beider Phasen steht das Genehmigungsverfahren. Nach erfolgter baurechtlicher und bautechnischer Genehmigung des Bauprojektes (Bauvorhabens) kann dieses in das Bauobjekt (Bauwerk) umgesetzt werden **(Bild 1,** Seite 160).

Bild 1: Verwaltungsvorschrift

Bild 2: Vergabe- und Vertragsordnung

Bild 3: Merkblatt

Planungsstufen	Hochbau (H)	Ingenieurbau (I)	Tief-, Straßen- und Landschaftsbau (T, S)
1. Grundlagenermittlung Klären der Aufgabenstellung Auswählen der an der Planung Beteiligten	Zusammenstellung planungswirksamer Grundlagen rechtlicher und technischer Art Auswahl der Fachingenieure Ideenskizzen, Ausführungskonzepte		
2. Vorplanung (H, I, T) **Generaler Entwurf (S)** Erarbeiten von Lösungsmöglichkeiten und Konzepten Einbeziehen von Leistungen der Fachingenieure Vorverhandlung mit Behörden Ermitteln der Kosten	Vorentwurf mit Alternativen unter Berücksichtigung der Funktion und der Bauphysik	Vorentwurf in statisch-konstruktiver Hinsicht unter Berücksichtigung der Standsicherheit	Entwurf in tief- und straßenbautechnischer Hinsicht unter Berücksichtigung ökologischer Zusammenhänge
	Kostenschätzung nach DIN 276		Kostenvoranschlag
3. Entwurfsplanung (H, I, T) **Vorentwurf (S)** Durcharbeiten des Planungskonzeptes mit Projektbeschreibung Zusammenfassen der Entwurfsunterlagen Zusammenstellen der Kosten	Darstellung des Gesamtentwurfes ggf. mit Detailplänen Optimierung der Varianten/Alternativen	Erarbeiten der Tragwerkslösung Überschlägige statische Berechnung Festlegen von Hauptbauteilabmessungen	Erarbeiten des Lage- und Höhenplanes mit Knotenpunkten, Landschaftsplänen und Kunstbauwerken
	Kostenberechnung nach DIN 276		Kostenanschlag mit Finanzierungsplan
4. Genehmigungsplanung (H, I) **Bauentwurf (S)** **Hauptentwurf (T)** Vervollständigen der Planunterlagen Beschreibungen und Berechnungen unter Verwendung der Beiträge von Fachingenieuren Erarbeiten und Einreichen der für die Genehmigung erforderlichen Vorlagen	Bauantrag mit Baubeschreibung Angaben über Feuerungsanlagen Lageplan schriftlicher Teil Lageplan zeichnerischer Teil Bauvorlagezeichnungen Standsicherheitsnachweis Nachweis entsprechend der Verordnung über energiesparenden Wärmeschutz und energiesparende Anlagetechnik bei Gebäuden (Energieeinsparverordnung – EnEV) Grundstücksentwässerungsplan Statistischer Erhebungsbogen Sonstige Anlagen und Nachweise		Tief- und Straßenbauplanung mit: Erläuterungsbericht Übersichtskarte Kostenanschlag Finanzierungsplan Bemessung der Querschnitts mit Plandarstellung Lageplan Höhenplan Bodenerkundung Sonderpläne Entwurf von Kunstbauwerken

BAUPROJEKT

Genehmigungsverfahren in baurechtlicher und bautechnischer Hinsicht	Baugenehmigung mit Baufreigabe	Planfeststellung mit Genehmigungsvermerk

Planungsstufen	Hochbau (H)	Ingenieurbau (I)	Tief-, Straßen- und Landschaftsbau (T, S)
5. Ausführungsplanung Darstellen des Objektes mit allen für die Ausführung erforderlichen Angaben Einbeziehen der Beiträge von Fachingenieuren	Erstellen von Ausführungs- und Detailzeichnungen Darstellen der Konstruktionen mit Einbau- und Verlegeanleitung Aufstellen von Stahl- oder Stücklisten		Durcharbeiten der Sonderpläne Erstellen der Ausführungs- und Konstruktionspläne für Kunstbauwerke
6. Vorbereiten und Mitwirken bei der Vergabe Aufstellen von Leistungsbeschreibungen Angebotsbearbeitung	Ermitteln und Zusammenstellen von Mengen Erstellen der Leistungsverzeichnisse nach Leistungsbereichen Erstellen des Kostenanschlages aus Einheits- oder Pauschalpreisen der Angebote		
7. Objektüberwachung Überwachen der Ausführung des Objektes Abnahme von Bauleistungen Übergabe des Objektes	Ausführungsüberwachung in Bezug auf Übereinstimmung mit der Baugenehmigung, Ausführungsplanung, Leistungsbeschreibung und einschlägigen Vorschriften Überwachen der Bauzeiten Führen des Bautagebuches		
8. Objektbetreuung und Dokumentation Objektbegehung zur Mängelbeseitigung Mitwirken bei der Freigabe von Sicherheitsleistungen	Mängelbeseitigung innerhalb der Gewährleistungsfristen Zusammenstellung der Planliste und Fotodokumentation Aufbereiten und Ermitteln von Kostenrichtwerten		

Bauplanung

Baudurchführung

Bild 1: Phasen der Bauplanung mit Baudurchführung

4.4 Baugenehmigungsverfahren

Das Baugenehmigungsverfahren, z.B. in Baden-Württemberg, erfolgt nach den Vorgaben der Landesbauordnung. Es wird mit dem **Einreichen des Bauantrages** einschließlich der Bauvorlagen bei der Gemeinde des Bauortes eingeleitet und endet mit der **Baugenehmigung** durch die Baurechtsbehörde. Die Gültigkeit einer Baugenehmigung ist auf 3 Jahre begrenzt. Mit der Bauausführung darf jedoch erst dann begonnen werden, wenn der **Baufreigabeschein** ausgestellt ist. Im Rahmen der **Bauabnahmen** durch die Baurechtsbehörde werden die Abnahme bestimmter Bauteile oder Bauarbeiten sowie die Abnahme der baulichen Anlagen nach ihrer Fertigstellung durchgeführt **(Bild 1)**.

Weiterhin regelt die LBO das **Kenntnisgabeverfahren** und das **Vereinfachte Baugenehmigungsverfahren**. Bei beiden Verfahren reicht der Bauherr die Bauvorlagen bei der Gemeinde ein. Sofern keine Hindernisgründe vorhanden sind, kann beim Kenntnisgabeverfahren nach 2 Wochen mit dem Bau begonnen werden. Bei Vorhaben im Vereinfachten Baugenehmigungsverfahren, bei dem lediglich ausgewählte Vorschriften von der Baurechtsbehörde geprüft werden, darf der Baubeginn erst nach Erteilung des Baufreigabescheins erfolgen. Die Verfahren gelten insbesondere für Wohngebäude im Geltungsbereich eines qualifizierten Bebauungsplanes. Die öffentlich-rechtlichen Bauvorschriften sind auch hier einzuhalten. Die erforderlichen Bauvorlagen werden in der **Verfahrensverordnung** (LBO VVO) festgelegt. Danach sind z. B. für ein Hochbauvorhaben mit dem Bauantrag der Lageplan, die Bauzeich-

Bild 1: Baugenehmigungsverfahren in B-W

nungen, die Baubeschreibung, der Standsicherheitsnachweis und die anderen bautechnischen Nachweise, z. B. der Wärmeschutznachweis sowie die Darstellung der Grundstücksentwässerung, vorzulegen.

Der **Lageplan** (M 1: 500) besteht aus einem zeichnerischen Teil als Auszug aus dem Liegenschaftskataster und einem schriftlichen Teil. Im zeichnerischen Teil sind insbesondere die bestehenden und geplanten baulichen Anlagen auf dem Grundstück und den Nachbargrundstücken darzustellen. Dabei sind für die geplanten Anlagen die Abmessungen, Höhenlage, Grenz- und Gebäudeabstände sowie Zufahrten anzugeben. Weiterhin sind Ver- und Entsorgungsleitungen und Anlagen zur Aufnahme und Beseitigung von Abwasser darzustellen. Der schriftliche Teil beinhaltet z. B. die Bezeichnung des Grundstückes und der Nachbargrundstücke mit Angaben der Eigentümer, **Baulasten,** soweit sich öffentlich-rechtliche Verpflichtungen des angrenzenden Grundstückseigentümers ergeben, Festsetzungen des Bebauungsplanes insbesondere die Berechnung der Flächenbeanspruchung des Grundstückes nach Grundflächen-, Geschossflächen- oder Baumassenzahl für vorhandene und geplante Anlagen.

In den **Bauzeichnungen** (M 1:100) sind die Grundrisse aller Geschosse mit Angabe der vorgesehenen Nutzung der Räume darzustellen, wobei Treppen, Schornsteine, Feuerstätten, Behälter für brennbare Flüssigkeiten, Aufzugschächte, Aborte, Badewannen und Duschen einzuzeichnen sind. Weiterhin sind die Schnitte mit Geschosshöhen, Treppenverlauf und Geländedarstellung sowie die Ansichten mit Wandhöhen, Dachneigung und Firsthöhen Bestandteil der Bauzeichnungen. In allen Bauzeichnungen sind die wesentlichen Maße, Baustoffe und Konstruktionsarten anzugeben.

Die **Baubeschreibung** erläutert das Bauvorhaben insbesondere in Bezug auf die Konstruktion mit Zuordnung in die zutreffende **Gebäudeklasse** (GKL) als Grundlage für das Brandschutzkonzept, die Feuerungsanlagen, die haustechnischen Anlagen und die Nutzung. Weiterhin sind die **Berechnungen** des umbauten Raumes und der Grundflächen nach DIN 277 beizufügen.

Der **Standsicherheitsnachweis** (Statik) enthält die Darstellung der gesamten Tragkonstruktion des Bauvorhabens mit den erforderlichen Berechnungen und Konstruktionszeichnungen. Dies gilt ebenso für den Nachweis des Wärme- und Schallschutzes soweit dies zur Beurteilung des Bauvorhabens erforderlich ist.

Ist sich jedoch ein Bauherr im Unklaren, ob aus baurechtlichen oder planungsrechtlichen Gründen ein Bauvorhaben überhaupt Aussicht auf Genehmigung hat, kann vor Einreichen des Bauantrages ein schriftlicher Bescheid, der Bauvorbescheid, zu einzelnen Fragen des Vorhabens bei der Baurechtsbehörde beantragt werden.

4.5 Planmaßstäbe

Die bevorzugten Planmaßstäbe sind je nach Planungsbereich und Planungsstufe unterschiedlich. Sie sind in den Bauordnungen, den Planungsrichtlinien, den Leistungsbildern für Architekten und Ingenieure festgelegt oder können im Einzelfall projektbezogen nach Art und Größe des Bauvorhabens vereinbart werden (**Tabelle 1**).

Tabelle 1: Bevorzugte Planmaßstäbe

Planungs-bereich	Planungsstufen		
	Vorentwurfsplanung	Entwurfsplanung	Ausführungsplanung
Hochbau, Ingenieurbau	Lageplan $\quad$ M 1 : 1000 $\qquad$ M 1 : 500	Lageplan $\quad$ M 1 : 500	Übersichtspläne $\quad$ M 1 : 100
	Grundrisse, Schnitte Ansichten $\quad$ M 1 : 200	Grundrisse, Schnitte, Ansichten, Haus- und Grundstücks-entwässerung, Positionspläne $\quad$ M 1 : 100	Grundrisse, Schnitte, Ansichten, Verlegepläne $\quad$ M 1 : 50
	Systemübersicht des Tragwerkes $\quad$ M 1 : 100		Konstruktionspläne $\quad$ M 1 : 50 Schal- und Be-wehrungspläne $\quad$ bis $\quad$ M 1 : 20
	Einzeldarstellung, $\quad$ bis Planausschnitt $\quad$ M 1 : 50	Einzeldarstellung, $\quad$ bis Typenzeichnung $\quad$ M 1 : 50	Detailpläne, $\quad$ M 1 : 20 Knotenpunkte $\quad$ bis $\quad$ M 1 : 1
Tief- und Straßenbau, Landschafts-planung	Übersichtskarte $\quad$ M 1 : 10000	Übersichtskarte $\quad$ M 1 : 10000	Lageplan $\quad$ M 1 : 1000 oder $\quad$ M 1 : 500
	Lageplan $\quad$ M 1 : 5000	Lageplan $\quad$ M 1 : 1000	
	Höhenplan $\quad$ M 1 : 1000 : 100	Höhenplan $\quad$ M 1 : 1000 : 100 oder $\quad$ M 1 : 500 : 50	Höhenplan $\quad$ M 1 : 500 : 50
	Ausbau-querschnitt $\quad$ M 1 : 50	Rohrleitungspläne $\quad$ M 1 : 500 oder $\quad$ M 1 : 100	Absteckplan, Gestaltungsplan, Bestandspläne der Leitungen $\quad$ M 1 : 500 oder $\quad$ M 1 : 100
		Straßenknoten, Querprofile $\quad$ M 1 : 100	Straßenknoten, Deckenhöhenplan $\quad$ M 1 : 100
		Ausbauquerschnitt $\quad$ M 1 : 50	Einzeldarstellung $\quad$ M 1 : 50 bis $\quad$ M 1 : 5
	Die Planmaßstäbe für Kunstbauwerke und Entwässerungsbauwerke entsprechen denen bei Hoch- und Ingenieurbauten.		

4.6 Baukostenplanung

Die Baukostenplanung wird entsprechend den Phasen der Bauplanung und Baudurchführung erarbeitet. Dabei werden die Kosten der Baumaßnahme nach dem jeweiligen Bearbeitungsstand ermittelt.

Grundlage der stufenweisen Kostenplanung sind für Hochbaumaßnahmen die DIN 276 (Kosten im Hochbau). Aufgabe der Baukostenplanung ist es, auf der Grundlage einer **Kostengliederung** entsprechend dem jeweiligen Planungs- und Ausführungsstand eine **Kostenermittlung** zu erstellen, die es dem Auftraggeber (Bauherrn) ermöglicht, einen entsprechenden Finanzierungsplan aufzustellen und soweit erforderlich fortzuschreiben. In der **Kostenfeststellung** werden nach Abschluss aller Leistungen die tatsächlichen Baukosten festgestellt.

Die Kostengliederung dient der systematischen Auflistung aller Aufwendungen (Gesamtkosten), die mit dem Bauen verbunden sind. Sie ist entsprechend dem Bauablauf geordnet. Die einzelnen Abschnitte umfassen abgegrenzte Kostenbereiche und ermöglichen so einen Vergleich verschiedener Bauvorhaben untereinander.

Dabei gliedern sich die Gesamtkosten im Hochbau in folgende **7 Kostengruppen (Tabelle 1).** Die einzelnen Kostengruppen werden wiederum in einzelne Untergruppen unterschieden. Für die Kostenplanung von Ingenieurbauten findet die DIN 276 ebenfalls Anwendung. Bei Tief- und Straßenbauplanungen oder Landschaftsbauplanungen gelten jedoch in der Regel andere Kostengliederungen. Diese werden z.B. für Straßenbaumaßnahmen in 9 Hauptgruppen eingeteilt **(Tabelle 2).**

Tabelle 1: Kostengruppen im Hochbau	
100	Grundstück
200	Herrichten und Erschließen
300	Bauwerk – Baukonstruktionen
400	Bauwerk – Technische Anlagen
500	Außenanlagen
600	Ausstattung und Kunstwerke
700	Baunebenkosten

Tabelle 2: Kostengruppen im Straßenbau	
1	Grunderwerb
2	Untergrund, Unterbau, Entwässerung
3	Oberbau
4	Brücken
5	Stützwände
6	Tunnel
7	Sonstige Bauwerke
8	Ausstattung
9	Sonstige besondere Anlagen und Kosten

Die Kostenermittlung dient dazu, Kosten in tatsächlicher Höhe (Brutto, einschließlich Umsatzsteuer) festzustellen. Die Kostengliederung bildet die Grundlage für die Kostenermittlung. Als Bezugsgrößen dienen z.B. die Grundflächen oder Rauminhalte nach DIN 277 sowie die genauen Mengenermittlungen für die einzelnen Gewerke. Je nach Stand der Planung oder Bauausführung unterscheidet man verschiedene Arten von Kostenermittlungen.

Die auf der Grundlage einer Kostenfeststellung ermittelten **Kostenrichtwerte,** wie z.B. Kosten je Längeneinheit (€/km Straße), Kosten je Flächeneinheit (€/m² Nutzfläche), Kosten je Rauminhalt (€/m³ Bruttorauminhalt) oder Kosten je Nutzungseinheit (€/Wohnung) können wiederum bei Kostenschätzungen für ähnliche Bauwerke eingesetzt werden. Dabei ist jedoch zu beachten, dass die Richtwerte dem sich ändernden Kostengefüge der Bauwirtschaft, z.B. infolge von Preisänderungen, angepasst bzw. fortgeschrieben werden.

4.7 Ausschreibung, Vergabe und Abrechnung von Bauleistungen (AVA)

Zur ordnungsgemäßen Abwicklung von Bauleistungen werden zwischen Auftraggeber (AG) oder Bauherr und Auftragnehmer (AN) oder Unternehmer Bauverträge abgeschlossen. Die gemeinsame Grundlage zur Ausgestaltung dieser Verträge bildet in der Regel die „Vergabe- und Vertragsordnung für Bauleistungen" (VOB).

Die VOB regelt die Einzelheiten der Vergabe in Bezug auf das Ausschreibungs-, Vergabe- und Abrechnungsverfahren. Sie beinhaltet auch die Verfahrensregelungen, mit denen die Bestimmungen der Europäischen Gemeinschaft für den Baubereich in der Bundesrepublik Deutschland umgesetzt werden.

Sie ist in 3 Teile gegliedert **(Bild 1).** Die VOB ist kein Gesetz, sondern ein Normenwerk, das im Auftrag des Deutschen Vergabe- und Vertragsausschusses für Bauleistungen (DVA) vom DIN Deutsches Institut für Normung e.V. herausgegeben wird. Die VOB gilt nur, wenn sie ausdrücklich im Bauvertrag vereinbart ist. Während der Teil A, der auch die EG-Bestimmungen enthält, nicht Vertragsbestandteil wird, sind Teil B und Teil C Bestandteile des Bauvertrages.

Bild 1: Gliederung der VOB

Bild 1: Verfahrensschritte nach VOB

In der VOB werden insbesondere das Ausschreibungs- und Angebotsverfahren sowie die Bauausführung, die Bauabnahmen, die Mängelbeseitigung, die Abrechnung und die Mängelansprüche geregelt **(Bild 1)**.

4.7.1 Ausschreibung und Vergabe

Der Hauptteil der Ausschreibung von Bauleistungen sind die Leistungsbeschreibungen. Dabei unterscheidet man nach VOB/A § 7 die Leistungsbeschreibung mit **Leistungsverzeichnis** und die Leistungsbeschreibung mit **Leistungsprogramm (Bild 2)**. Die gebräuchlichste Art der Leistungsbeschreibung erfolgt durch das Leistungsverzeichnis.

Dieses ist in überschaubare Abschnitte (Titel) nach Leistungsbereichen oder Einzelgewerken zu gliedern und entsprechend dem Bauablauf zu ordnen. Danach kann das Leistungsverzeichnis für den Rohbau einer Hochbaumaßnahme z. B. in die Abschnitte Erdarbeiten, Entwässerungskanalarbeiten, Abdichtungsarbeiten, Betonarbeiten, Mauerarbeiten sowie Stundenlöhne und Stoffkosten gegliedert sein.

Neben dem Leistungsverzeichnis werden der Ausschreibung noch weitere Unterlagen für die Vertragsregelung beigefügt. Dies sind die „Besonderen Vertragsbedingungen", welche die VOB/B ergänzen. Die „Allgemeinen Technischen Vertragsbedingungen" (ATV) können durch die „Zusätzlichen Technischen Vertragsbedingungen" (ZTV) ergänzt werden.

Bild 2: Beschreibung von Bauleistungen

Diese Ausschreibungsunterlagen sind für die Einholung von Angeboten für Bauleistungen erforderlich und müssen als Information für den Unternehmer (Bieter) umfassend und eindeutig sein. Die Erstellung einer Leistungsbeschreibung kann sowohl durch frei formulierte Texte als auch durch standardisierte Texte erfolgen. Dabei werden Bauleistungen positionsweise aufgelistet, die Art der Leistung eindeutig beschrieben und die nach Plan ermittelten Mengen eingesetzt. Leistungsbeschreibungen mit freien Texten sind für gleiche Leistungen oftmals unterschiedlich verfasst und werden nicht immer von den Bietern im gleichen Sinne verstanden. Leistungsbeschreibungen mit Standardtexten werden aus den **Standardleistungsbüchern (StLB)** für die Leistungsbereiche des Hochbaues oder dem **Standardleistungskatalog (StLK)** für den Straßen- und Brückenbau übernommen. Das Standardleistungsbuch ist eine Sammlung von standardisierten Textteilen (Textbausteine), aus denen Texte zur Beschreibung der Leistung zusammengesetzt werden können. Diese sind auf der Grundlage der VOB/C aufgebaut und bestehen aus technisch einwandfreien, normengerechten, wettbewerbsneutral und eindeutig formulierten Texten.

Für die EDV-Anwendung sind die standardisierten Textteile mit drei- bzw. zweistelligen Schlüsselnummern gekennzeichnet (**Bild 1**).

Die standardisierten Beschreibungen des StLB sind in höchstens 5 Textteile (T 1 bis T 5) gegliedert. Diese können entsprechend der zu beschreibenden Leistung zu einer Standardleistungsbeschreibung zusammengefügt werden (**Bild 2**).

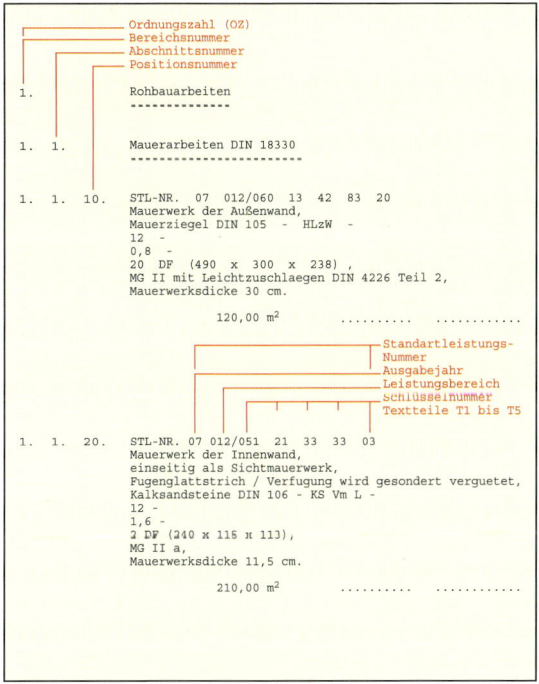

```
                 Ordnungszahl (OZ)
                 Bereichsnummer
                 Abschnittsnummer
                 Positionsnummer

1.               Rohbauarbeiten
                 --------------

1. 1.            Mauerarbeiten DIN 18330
                 -----------------------

1. 1. 10.        STL-NR. 07 012/060 13 42 83 20
                 Mauerwerk der Außenwand,
                 Mauerziegel DIN 105  - HLzW -
                 12 -
                 0,8 -
                 20 DF (490 x 300 x 238) ,
                 MG II mit Leichtzuschlaegen DIN 4226 Teil 2,
                 Mauerwerksdicke 30 cm.

                         120,00 m²        .........  ...........

                                 Standartleistungs-
                                 Nummer
                                 Ausgabejahr
                                 Leistungsbereich
                                 Schluesselnummer
                                 Textteile T1 bis T5

1. 1. 20.        STL-NR. 07 012/051 21 33 33 03
                 Mauerwerk der Innenwand,
                 einseitig als Sichtmauerwerk,
                 Fugenglattstrich / Verfugung wird gesondert verguetet,
                 Kalksandsteine DIN 106 - KS Vm L -
                 12 -
                 1,6 -
                 2 DF (240 x 115 x 113),
                 MG II a,
                 Mauerwerksdicke 11,5 cm.

                         210,00 m²        .........  ...........
```

Bild 1: Aufbau standardisierter Texte

```
LV- Datei: EUROPA01  Europa-Muster-Bau, Haan
VN: 10              Verwaltungs- und Auslieferungsgebaude  Seite: 1
  1. 2.       Betonarbeiten DIN 18331
                    LEISTUNGSVERZEICHNIS

OZ   UB/K  Leistungsbeschreibung   Einh.-Preis   Gesamtbetrag

1. 2           Betonarbeiten DIN 18331

               STL-Nr. 07 013/000 01 02
               Wenn in der Leistungsbeschreibung nichts anderes
               angegeben ist, wird Beton/Stahlbeton
               getrennt nach Beton (einschl. Schalung) und Bewehrung
               abgerechnet.
1. 2. 10. STL-Nr. 07 013/030 01 11 30 08
               Ortbeton des Streifenfundamentes,
               obere Betonfläche waagerecht,
               aus unbewehrtem Beton
               als Normalbeton DIN EN 206-1
               C16/20,
               Breite ueber 40 bis 100 cm.

                         80,000 m³        .........  ...........

1. 2. 20. STL-Nr. 07 013/037 00 21 30 04
               Ortbeton der Wand,
               aus Stahlbeton
               als Normalbeton DIN EN 206-1
               C20/25,
               Dicke 25 cm.

                         260,00 m²        .........  ...........

1. 2. 30. STL-Nr. 07 013/080 11 11 20 03
               Ortbeton der Deckenplatte,
               Unterseite waagerecht,
               obere Betonflaeche waagerecht,
               aus Stahlbeton
               als Normalbeton DIN EN 206-1
               C20/25,
               Dicke 18 cm.

                         260,00 m²        .........  ...........
                                                    _____
               Betonarbeiten DIN 18331
                                                    ===========
```

Bild 2: Standardleistungsbeschreibung (Auszug)

4.7.1.1 Arten der Ausschreibung und Vergabe

Die Vergabe- und Vertragsordnung für Bauleistungen unterscheidet 3 Arten von Ausschreibungs- und Vergabeverfahren: die **Öffentliche Ausschreibung**, die **Beschränkte Ausschreibung** und die **Freihändige Vergabe**. Bei der Öffentlichen Ausschreibung wird eine unbeschränkte Anzahl von Unternehmen zur Abgabe eines Angebotes zugelassen. Im Rahmen einer Beschränkten Ausschreibung nimmt lediglich eine begrenzte Anzahl ausgewählter Unternehmer am Vergabeverfahren teil. Die Freihändige Vergabe wird dort angewendet, wo eine spezielle Bauleistung gefordert wird, aber keine Wettbewerbssituation vorhanden ist.

Diese 3 Arten der Ausschreibung und Vergabe sind für die öffentlichen Auftraggeber verbindlich und je nach Art und Umfang der Bauleistungen anzuwenden. Die privaten Bauherren und Unternehmen orientieren sich an diesen Verfahren, wobei hier die Beschränkte Ausschreibung bevorzugt wird (**Bild 3**).

Öffentliche Ausschreibung	Beschränkte Ausschreibung	Freihändige Vergabe
Öffentliche Bekanntmachung der Ausschreibung	Übersenden der Ausschreibungsunterlagen an eine beschränkte Anzahl von Unternehmern	Aufforderung eines geeigneten Unternehmers zur Abgabe eines Angebotes
Anforderung der Ausschreibungsunterlagen und Abgabe des Angebotes durch den Unternehmer		
Öffnung der Angebote	Abgabe der Angebote	Abgabe des Angebotes
Prüfen und Werten der Angebote	Öffnung der Angebote	
Auftragserteilung	Prüfen und Werten der Angebote	Prüfen des Angebotes
	Auftragserteilung	Auftragserteilung

Bild 3: Ausschreibungs- und Vergabeverfahren

4.7.1.2 Arten der Bauverträge

Bauverträge werden in der VOB nach Leistungsvertrag, Stundenlohnvertrag und Selbstkostenerstattungsvertrag eingeteilt. Beim Leistungsvertrag wird außerdem nach dem Einheitspreisvertrag und dem Pauschalvertrag unterschieden, wobei der Einheitspreisvertrag bevorzugt abgeschlossen wird.

Bei Stundenlohnverträgen werden feste Verrechnungssätze für alle Aufwendungen vereinbart.

Selbstkostenerstattungsverträge beinhalten neben den Selbstkosten der einzelnen Bauleistungen auch einen vereinbarten Satz für Wagnis und Gewinn (**Bild 1**).

Leistungsvertrag		Stundenlohnvertrag	Selbstkostenerstattungsvertrag
Einheitspreisvertrag	Pauschalvertrag		
Für Bauleistungen, die nach der Mengeneinheit über den jeweiligen Einheitspreis abgerechnet werden	Für Bauleistungen, die nach gesamter Leistung über einen Pauschalpreis abgerechnet werden	Für Bauleistungen geringen Umfanges mit überwiegendem Lohnkostenanteil	Für Bauleistungen, deren Umfang nicht genau bestimmt werden kann, da eine klare Kostenermittlung nicht möglich ist

Bild 1: Arten der Bauverträge

4.7.2 Abrechnung

Nach VOB Teil B hat der Auftragnehmer seine Leistungen prüfbar abzurechnen. Dafür sind im Zuge des Baufortschrittes und nach Erbringung der Leistungen durch Aufmaße (Mengenberechnungen) die ausgeführten Leistungen nach VOB Teil C zu ermitteln.

Dabei versteht man unter Ermittlung der Mengen das Erfassen aller in das Bauwerk eingegangenen oder mit dem Bauwerk verbundenen Baustoffe und Bauteile. Mengen sind z. B. Mauerwerk in m^2, Ortbeton in m^2 oder m^3, Schalung in m^2, Entwässerungsleitungen in m, Einbauteile in Stück oder Betonstahlmatten in kg.

Für die Mengenermittlungen werden die Abmessungen oder Stückzahlen am fertigen Bauwerk zugrunde gelegt. Da sie in der Regel nach Werkplänen erfasst werden, bilden diese Zeichnungen die Abrechnungsgrundlage. Zusammen mit dem Aufmaß werden die Mengen unter Berücksichtigung der Abrechnungsbestimmungen nach VOB Teil C, den „Allgemeinen Technischen Vertragsbedingungen für Bauleistungen", zusammengestellt. Diese Bestimmungen gewährleisten die einheitliche Ermittlung der Mengen für alle Leistungsbereiche einer Baumaßnahme, wie z. B. Erdarbeiten, Mauerarbeiten, Betonarbeiten und legen „Nebenleistungen" und „Besondere Leistungen" fest.

Nebenleistungen sind dabei mit den Einheitspreisen der vertraglich vereinbarten Leistungen abgegolten. **Besondere Leistungen,** z. B. das Beseitigen von Hindernissen oder das Sichern von Leitungen, Kanälen oder Pflanzungen, werden jedoch zusätzlich vergütet.

Die Abrechnung wird durch das verantwortliche Ingenieurbüro oder Bauamt geprüft und bildet damit die Grundlage für die Feststellung der tatsächlichen Kosten des jeweiligen Gewerkes.

Aufgaben

1 Unterscheiden Sie die Grundlagen der Bauplanung und nennen Sie Beispiele.

2 Erläutern Sie die Regelungen der Baunutzungsverordnung.

3 In welche Rechtsbereiche gliedern sich die Bauordnungen der Länder?

4 Unterscheiden Sie zwischen Flächennutzungsplan und Bebauungsplan.

5 In welche zwei Phasen gliedert sich die Gesamtplanung einer Baumaßnahme?

6 Begründen Sie den Zweck städtebaulicher Sanierungsmaßnahmen.

7 Mit dem Antrag auf Baugenehmigung sind eine Reihe von Unterlagen vorzulegen. Nennen Sie diese und erklären kurz deren Inhalte.

8 Erläutern Sie den Verfahrensablauf für ein Bauvorhaben bis zur Endabnahme.

9 Nennen Sie die Stufen der Baukostenplanung sowie Gründe für deren Ermittlung.

10 Gliedern Sie die VOB nach deren Teile und beschreiben Sie die Inhalte.

11 Erläutern Sie die drei Ausschreibungsverfahren nach VOB.

12 Unterscheiden Sie zwischen Einheitspreisvertrag und Pauschalvertrag.

13 Eine Gemeinde möchte sich städtebaulich weiterentwickeln und verschiedene Baugebiete ausweisen. Beschreiben Sie den Verfahrensablauf.

14 Zeigen Sie für die Rohbauarbeiten eines selbst gewählten Bauprojektes die Abwicklung nach VOB auf.

5 Baubetrieb

Übernimmt eine Bauunternehmung den Auftrag für die Ausführung von Bauleistungen, sind zur Umsetzung der Bauplanung in das fertige Bauwerk, neben den handwerklichen Tätigkeiten, auch organisatorische Abläufe zu planen **(Bild 1)**. Alle Maßnahmen, die für einen reibungslosen und wirtschaftlichen Bauablauf erforderlich sind, fasst man unter dem Begriff Baubetrieb zusammen. Wichtige Bereiche des Baubetriebes sind die Arbeitsvorbereitung und die Bauüberwachung. Für die Bauausführung sind außerdem Maßnahmen zur Unfallverhütung, zum Lärmschutz und Umweltschutz von großer Bedeutung.

5.1 Arbeitsvorbereitung

Als Arbeitsvorbereitung bezeichnet man alle Maßnahmen vor Beginn der Bauarbeiten, die eine wirtschaftliche und termingerechte Bauausführung gewährleisten. Durch die Arbeitsvorbereitung wird dafür gesorgt, dass Arbeitskräfte, Baustoffe und Bauhilfsstoffe sowie Maschinen und Geräte zur rechten Zeit in der erforderlichen Zahl und Menge am richtigen Ort verfügbar sind. Zur Arbeitsvorbereitung gehören im Wesentlichen die Auswahl der Bauverfahren, die Planung des zeitlichen Bauablaufes (Ablaufplanung) sowie die Planung der Baustelleneinrichtung. Jedes Bauwerk erfordert eine eigene Arbeitsvorbereitung, da Bauwerke und Baustellenbedingungen stets unterschiedlich sind.

5.1.1 Bauverfahren

Unter Bauverfahren versteht man die Art und Weise, wie Baustoffe und Bauteile zu einem Bauwerk zusammengefügt werden können. Von den möglichen Bauverfahren ist das technisch und wirtschaftlich günstigste Verfahren zu wählen. Die Wahl des Bauverfahrens richtet sich im Wesentlichen nach den zur Verfügung stehenden Arbeitskräften, nach den Baustoffen, Geräten und Maschinen sowie nach der Bauzeit **(Tabelle 1)**. Außerdem soll das Verfahren die Sicherheit der Beschäftigten gewährleisten und möglichst umweltverträglich sein. Dabei ist z. B. zu entscheiden, ob

- die Baugrubensicherung durch geböschte Wände oder Verbau (Spundwände) erfolgen soll,

- der Beton zur Einbaustelle mithilfe von Kran, Förderband oder Betonpumpe gefördert wird,

- das Mauerwerk in konventioneller Arbeitstechnik oder das Vermauern großformatiger Block- und Plansteine mit dem Versetzgerät erfolgt.

Bild 1: Baustelle für die Erstellung eines Betriebsgebäudes

Tabelle 1: Einflussfaktoren auf die Wahl der Bauverfahren (Beispiele)

Außerbetriebliche Vorgaben

- Art des Bauwerks (z. B. Hochbau, Industriebau)
- Ausführungszeichnungen, Leistungsverzeichnis
- Umfang der Baumaßnahme, Fertigungsmengen
- Bauvertrag, Termine, Vertragsstrafen
- Ergebnisse der Baugrunduntersuchung, Einfluss auf Erdarbeiten und Bauwerksgründung, Grundwasserstände (Wasserhaltung)
- Lage der Baustelle, Zu- und Abfahrt, Verkehrsanbindung
- verfügbare Flächen für Baustelleneinrichtung und Baustofflagerung
- Sonderbedingungen, z. B. Umweltschutzauflagen, Winterbaumaßnahmen, Lärmschutzmaßnahmen
- Behördliche Auflagen, z. B. Verkehrsbeschränkungen, Sicherung eines Baudenkmals
- vom Bauherrn vorgegebene Bauverfahren

Betriebliche Vorgaben

- Angebotskalkulation
- Verfügbarkeit des Personals, der Maschinen und Baugeräte sowie Einrichtungen zur Vorfertigung
- Bereitschaft zum Erwerb oder Leasing von Maschinen und Geräten neuester Technologie
- Vergabe von Teilleistungen an Subunternehmer, z. B. Baugrubensicherung durch Spundwände

Die Zeit, in der ein Bauwerk zu erstellen ist, wird als Bauzeit bezeichnet. Sie setzt sich aus den Zeitabschnitten der Einzelleistungen zusammen. Dabei ist zu berücksichtigen, dass verschiedene Einzelleistungen zeitlich nebeneinander ablaufen können. Man spricht dabei von Überschneidungen. So kann z. B. mit dem Einschalen einer Kellerdecke schon begonnen werden, wenn erst ein Teil der Kellerwände hochgezogen ist. Auch das Bewehren kann schon vor Ende der Schalarbeiten beginnen. Der zeitliche Bauablauf wird berechnet und kann zeichnerisch dargestellt werden.

5.1.2.1 Ermittlung der Bauzeit

Die Bauzeit ist abhängig von den zu erbringenden Bauleistungen. Um diese zu ermitteln, wird das Bauwerk in Bauwerksteile und Bauabschnitte aufgeteilt. Hierfür sind die notwendige Zeit, auch Fertigungszeit genannt, sowie deren Überschneidung zu ermitteln. Dazu werden in einem **Arbeitsverzeichnis** die Positionen des Leistungsverzeichnisses in Fertigungsschritte aufgegliedert und der Zeitbedarf ermittelt **(Bild 1)**. Es enthält Angaben über die **Bauleistung** (Menge) und über den **Aufwand** (Arbeitszeit je Mengeneinheit). Daraus wird die Zahl der erforderlichen Arbeitsstunden ermittelt. Aus der täglichen Arbeitszeit und der Anzahl der zur Verfügung stehenden Arbeitskräfte ergibt sich die Fertigungszeit. Die Bauzeit ergibt sich, indem man die einzelnen Fertigungszeiten zusammenzählt und davon die jeweiligen Überschneidungen abzieht.

Bei vertraglich vorgegebener Bauzeit kann durch Verlängerung der täglichen Arbeitszeit oder durch Bereitstellung einer größeren Anzahl von Arbeitskräften die Fertigungszeit angepasst werden.

Bauteil (Abschnitt)	Arbeitsvorgang	Menge	Aufwand in h/Einheit	erf. Arbeitszeit / h	Arbeitszeit h / Tag	Anzahl der Arbeitskräfte	Fertigungszeit / Tage
Wände EG	Mauern 36,5	67,3 m³	3,20	215,4	8	5	5,4
	Mauern 11,5	32,7 m²	0,60	19,6	8	5	0,5
Stb- Decke	Schalen	181 m²	0,75	135,7	8	5	3,4
über EG	Bewehren	3,1 t	20,0	62	8	5	1,6
$h = 16$ cm	Betoneinbau	29 m³	0,9	26,1	8	5	0,65

Bild 1: Arbeitsverzeichnis (Auszug)

Bild 2: Balkenplan für die Rohbauarbeiten eines Einfamilienhauses (Auszug)

5.1.2.2 Darstellung der Bauzeit

Liegen alle Fertigungszeiten und Überschneidungen fest, kann die Bauzeit für einzelne Fertigungsabschnitte im Bauzeitenplan dargestellt werden. Man unterscheidet dabei z. B. den Balkenplan (Balkendiagramm) und das Weg-Zeit-Diagramm (Liniendiagramm). Bei umfangreichen Bauvorhaben wird außerdem die Netzplantechnik angewendet. Die Darstellung der Bauzeit im Bauzeitenplan macht den Bauablauf überschaubar und erleichtert die Terminüberwachung.

Der **Balkenplan** wird am häufigsten verwendet. Diese Darstellung des Baufortschrittes heißt Balkenplan, weil die einzelnen Fertigungszeiten in zeitlicher Reihenfolge in der Form von Balken mit entsprechender Länge dargestellt werden. Bei dieser grafischen Darstellung werden die Zeiten in Tagen oder Wochen in der Waagerechten und die jeweiligen Fertigungsabschnitte senkrecht untereinander abgetragen (**Bild 2**, Seite 168).

Werden die Arbeitszeiten für ein Geschoss zusammengefasst, z. B. das Betonieren und Mauern der Untergeschosswände und das Einschalen, Bewehren und Betonieren der Massivdecke über dem Unterge-

schoss, nehmen diese eine Fertigungszeit von zusammen 14 Arbeitstagen ein. Fasst man die einzelnen Teilarbeitsvorgänge zu einem Balken zusammen, bezeichnet man die Länge dieses Balkens als Fertigungsabschnitt UG (**Bild 1**). Werden alle Fertigungsabschnitte in einem Balkenplan dargestellt, kann daraus der Baufortschritt abgelesen werden.

Bild 1: Balkenplan für Fertigungsabschnitt UG

Das **Weg-Zeit-Diagramm** eignet sich besonders für Bauvorhaben mit ausgeprägter Fertigungsrichtung, wie z. B. Rohrleitungen, Straßen, Tunnel und Stützwände. Es wird besonders im Tief- und Straßenbau verwendet. Die waagerechte Achse wird auch als Wegachse und die senkrechte Achse als Zeitachse bezeichnet. Das Weg-Zeit-Diagramm ermöglicht die Darstellung des Arbeitsfortschrittes. Im Gegensatz zum Balkendiagramm kann beim Weg-Zeit-Diagramm zu jedem beliebigen Zeitpunkt der Fortschritt der Bauarbeiten abgelesen werden. Außerdem ist die jeweilige Entfernung zwischen den verschiedenen Arbeitsgruppen erkennbar, womit mögliche Behinderungen vermieden werden können. Es kann z. B. bei einem Tunnelbau einer U-Bahn-Strecke abgelesen werden, dass nach vier Monaten Bauzeit eine Tunnelstrecke von 480 m Länge und der Bau des Gleiskörpers auf eine Länge von 380 m fertig gestellt ist (**Bild 2**).

Bild 2: Weg-Zeit-Diagramm (Ausschnitt)

Für einen **Netzplan** muss jeder einzelne Arbeitsabschnitt erfasst und in eine zeitliche Abhängigkeit zu den anderen Arbeitsabschnitten gebracht werden, z. B. durch frühestmögliche und spätestmögliche Anfangsdaten und Enddaten eines Bauabschnittes. Durch die Aneinanderreihung jener Bauabschnitte, welche den Bauendtermin bestimmen, kann der „Kritische Weg" dargestellt werden. Die Erstellung von Netzplänen erfolgt mithilfe von EDV-Anlagen, aus denen jeder einzelne Arbeitsabschnitt abrufbar ist, z. B. die Mauerarbeiten im zweiten Obergeschoss (**Bild 3**). Die Datenverarbeitungstechnik ermöglicht bei Störungen des Bauablaufes, z. B. bedingt durch Witterungseinflüsse, eine schnelle Überarbeitung bzw. Anpassung.

Bild 3: Darstellung eines Arbeitsabschnittes aus einem Netzplan

Symbol	Bezeichnung
	ausgebaute Straße
	befestigter Weg
	Turmdreh-kran (TDK)
	Grenze
	Zaun (Bauzaun)
	Böschung
	Kies, Sand
	Aushub, Oberboden
Hy	Wasser
T	Telefon
	Baustromverteiler
Mauersteine	Baustoffe
San	Sanitäre Einrichtungen 15 m²
Polier T	Baustellenunterkünfte z.B. Polier 15 m²
	Lagerfläche für Stabstahl
Zi	Zimmerplatz mit Kreissäge
	Silo für Bindemittel oder Fertigmörtel
	Zwischensilo für Betonübergabe
	Lagerfläche für Betonstahlmatten
	Lagerfläche für Fertigteile
	Lagerfläche für Schalung

Bild 2: Symbole und Abkürzungen für Baustelleneinrichtungen

5.1.3 Baustelleneinrichtung

Unter der Baustelleneinrichtung versteht man alle Lager-, Transport-, Fertigungs- und Sicherheitseinrichtungen, die zur Erstellung eines Bauwerks gebraucht werden.

5.1.3.1 Planung der Baustelleneinrichtung

Übernimmt eine Baufirma den Auftrag für die Ausführung eines Bauwerks, sind neben den handwerklichen Tätigkeiten auch organisatorische Abläufe zu planen. Dies bezeichnet man als **Arbeitsvorbereitung.** Die Arbeitsvorbereitung sorgt dafür, dass Arbeitskräfte, Baustoffe und Bauhilfsstoffe sowie Maschinen und Geräte zum richtigen Zeitpunkt in der erforderlichen Menge und Anzahl am richtigen Ort verfügbar sind. Zur Planung der Baustelleneinrichtung müssen der Platzbedarf, Aufstellungsorte von Maschinen und Geräten, Wasser- und Stromversorgung, Telefonanschluss, Baustellenunterkünfte und Sanitärcontainer festgelegt werden **(Bild 1)**. Dies hängt von der Lage und Größe des Grundstücks, von der Größe des Bauprojekts und von der möglichen Erschließung des Baugrundstücks ab. Mithilfe von Symbolen und Abkürzungen wird die Baustelleneinrichtung in einer Zeichnung dargestellt **(Bild 2)**. Das Aussehen einer Baustelle ist wie eine Visitenkarte des Betriebs. Aufgeräumte Baustellen ersparen lange Suchzeiten, tragen zur Sicherheit bei und verbessern das Image der Baufirma bei Bauherren, Behörden und zukünftigen Kunden.

Wichtig für die Planung und Ausführung sind die Vorgaben des Arbeits**sicher**heit- und des **Ge**sundheitsschutz-**Ko**ordinators **(SiGeKo)**.

Bild 1: Beispiel für eine Baustelleneinrichtung

5.1.3.2 Erschließung der Baustelle

Mit der Erschließung der Baustelle wird für einen reibungslosen Verkehr zur, von und auf der Baustelle gesorgt. Für die Anlieferung und den Transport von Baustoffen, Maschinen und Geräten werden auf der Baustelle Baustraßen angelegt. Diese können als Stichstraße, als Umfahrt oder als Durchfahrt ausgebildet sein. Die Baustraßen müssen den Belastungen durch die schwersten Fahrzeuge standhalten. Die Breite einspuriger Baustraßen liegt mit beidseitigem Sicherheitsabstand bei 3,50 m, im Bereich einer Ausweichbucht ist mindestens eine Breite von 6,00 m vorzusehen (**Bild 1**).

Lange Baustraßen sollten so breit angelegt sein, dass Fahrzeugbegegnungen möglich sind. Bei Stichstraßen sind ausreichend bemessene Wendemöglichkeiten, z. B. mit einem Wendehammer, vorzusehen (**Bild 2**).

Der Anschluss der Baustraße an das öffentliche Straßennetz wird so angelegt, dass der Straßenverkehr möglichst wenig gestört wird. Verkehrsgefährdende Verschmutzungen müssen weitestgehend vermieden werden. Notfalls sind Verunreinigungen ständig zu beseitigen.

5.1.3.3 Verkehrssicherung der Baustelle

Für Bauarbeiten an der Straße selbst, für Arbeiten neben oder über der Straße, für Arbeiten an Leitungen und für Vermessungsarbeiten müssen Verkehrsflächen vorübergehend abgesperrt werden. Diese Absperrungen sind vom Bauunternehmer oder seinen Mitarbeitern verantwortlich zu planen, einzurichten und wieder abzubauen. Die Sicherungsmaßnahmen dienen dem Schutz der Verkehrsteilnehmer, der Arbeitskräfte sowie zur Vermeidung von Sachschäden an den Baustelleneinrichtungen im Arbeitsbereich und an Fahrzeugen.

Für die Verkehrssicherung ist von Mitarbeitern der Bauunternehmung ein schriftlicher Antrag mit einem Verkehrszeichenplan anzufertigen. Die Genehmigung erfolgt durch die zuständige Verkehrsbehörde, der Straßenverkehrsbehörde oder der Straßenbaubehörde als verkehrsrechtliche Anordnung an die Bauunternehmung (**Bild 3**).

> Bei der Planung der Verkehrssicherung von Baustellen sind u. a. folgende Grundsätze zu beachten:
>
> Der Verkehr darf möglichst nicht behindert werden und soll flüssig an der Baustelle vorbeifahren können.
>
> Die Fahrbahnbreite beträgt für eine Fahrspur mindestens 2,75 m, bei Begegnungsverkehr für beide Fahrspuren mindestens 5,50 m.
>
> Die Verkehrsgeschwindigkeit kann auch innerorts herabgesetzt werden, z. B. auf 30 km/h.

Eine Verletzung der Verkehrssicherungspflicht kann zur Folge haben

- eine zivilrechtliche Haftung, z. B. Schadenersatz,
- eine strafrechtliche Haftung, z. B. Freiheits- oder Geldstrafe,
- eine Ordnungswidrigkeit, z. B. Bußgeld, und
- arbeitsrechtliche Folgen für Mitarbeiter der Bauunternehmung, z. B. Rüge, Abmahnung oder Kündigung.

Bild 1: Baustellenerschließung mit einer Ausweichbucht

Bild 2: Baustellenerschließung mit einer Stichstraße

Bild 3: Verkehrsrechtliche Anordnung an die Bauunternehmung

Bild 1: Verkehrszeichen und Verkehrseinrichtungen aus der StVO
(Beispiele für Baustelleneinrichtungen innerhalb von Ortschaften)

Ein **Verkehrszeichenplan** soll zeichnerisch darstellen, welche Verkehrszeichen an welchen Stellen in welchen Abständen aufgestellt werden müssen. Als Grundlage dienen Regelpläne der **R**ichtlinie für die **S**icherheit von **A**rbeitsstellen an Straßen (**RSA**).

Die **Verkehrszeichen** müssen der Straßenverkehrsordnung entsprechen (**Bild 1**). Beim Aufstellen ist Folgendes zu beachten:

- Verkehrszeichen sind fortlaufend in Fahrtrichtung aufzustellen.

- Sie dürfen nicht gehäuft auftreten.

- An einem Pfosten sollen möglichst nur zwei Schilder befestigt werden.

- Die Aufstellung der Schilder erfolgt am rechten Fahrbahnrand.

- Die Entfernung zur Baustelle ist vorgeschrieben (**Tabelle 1**).

- Das Gefahrzeichen Nr. 123 (Baustelle) ist grundsätzlich erforderlich.

- Das Gefahrzeichen Nr. 101 (Gefahrstelle) ist nur bei besonderer Gefährdung erforderlich, wenn ein Zusatzzeichen die besondere Gefährdung angibt, z.B. Verkehrsführung geändert.

- Streckenverbote, z.B. Geschwindigkeitsbegrenzung, sind am Ende der Baustelle wieder aufzuheben.

- Alle Verkehrszeichen und Verkehrseinrichtungen sind regelmäßig zu reinigen und zu warten.

- Die verwendeten Verkehrszeichen müssen voll retroreflektierend sein und dürfen keine Beschädigungen aufweisen.

- Nach Beendigung der Bauarbeiten wird das zuerst aufgestellte Zeichen zuletzt entfernt.

Tabelle 1: Aufstell-Entfernungen von Verkehrszeichen

Zeichen	Straßen		
	mit zwei und mehr Fahrstreifen in einer Richtung	mit zwei Fahrstreifen	in geschwindigkeitsreduziertem Bereich
123	70 m bis 100 m	50 m bis 70 m	30 m bis 50 m
120, 121	–	30 m bis 50 m	–
274, 276	30 m bis 50 m	50 m bis 70 m	–
131	–	30 m bis 50 m	30 m bis 50 m
112	30 m bis 50 m	10 m bis 30 m	10 m bis 30 m
208, 308	–	0 m bis 10 m	0 m bis 10 m
274, 280, 282	10 m bis 20 m	0 m bis 10 m	–

Zur Baustellensicherung gehören weiterhin Verkehrseinrichtungen wie Absperrschranken, Leiteinrichtungen und Warnleuchten.

Absperrschranken (Zeichen 600) haben rot-weiß-rote Schraffen (Bild 1, Seite 172). Die Oberkante der Schranke soll 1,0 m über der Straße sein.

Sie werden verwendet für

- Vollsperrung (Quersperrung) einer Fahrbahn,
- Absperrung von Gehwegen und Radwegen,
- Teilabsperrung der Fahrbahn,
- Absperrung von Aufgrabungen und
- für Längsabsicherung entlang von Gefahrstellen.

Leiteinrichtungen sind Leitbaken (Zeichen 605) und Leitkegel (Zeichen 610).

Leitbaken sind in der Regel 1,0 m hoch und 25 cm breit mit schrägen rot-weiß-roten Schraffen, die immer zur Fahrbahn hin abfallen.

Sie werden zur Verkehrsführung auf Fahrbahnen und bei Querabsperrung an der Seite, an der vorbei gefahren werden darf, mit einem Abstand von 25 cm zur Fahrbahnbegrenzung und einem Längsabstand von höchstens 1,0 m aufgestellt.

Leitkegel werden bei Arbeitsstellen von kürzerer Dauer, z.B. bei Tagesbaustellen, wie Leitbaken eingesetzt. Je nach Straßenart sind unterschiedliche Höhen und Ausstattung vorgeschrieben. Außerdem sind Warnleuchten mit gelbem Blitzlicht möglich.

Warnleuchten sind notwendig, um Absperrungen bei schlechten Sichtverhältnissen und bei Dunkelheit sichtbar zu machen.

Warnleuchten sind einzusetzen

- bei Vollsperrung in einer Fahrtrichtung mit fünf Warnleuchten im Abstand von höchstens 1,0 m auf der Absperrschranke und rotem Dauerlicht,
- bei Teilabsperrung pro Fahrstreifen mit mindestens drei Warnleuchten auf der Absperrschranke und gelbem Dauerlicht,
- bei Längsabsperrung innerhalb geschlossener Ortschaften alle 10,0 m auf Absperrschranken und Leitbaken, mindestens jedoch auf der Anfangs- und der Endbake,
- bei Längsabsperrung außerhalb geschlossener Ortschaften
  - im Verziehungsbereich bis zur Abschrankung auf jeder Leitbake,
  - danach bei einem Bakenabstand von höchstens 20,0 m auf jeder 2. Leitbake,
- vor Arbeitsstellen zur rechtzeitigen Warnung als Vorwarn-Blinkleuchten mindestens 2,5 m hoch neben der Fahrbahn.

Bei einer Baustelle innerhalb einer geschlossenen Ortschaft im geschwindigkeitsreduzierten Bereich könnte nach Absprache mit der zuständigen Behörde ein Verkehrszeichenplan wie dargestellt aussehen **(Bild 1)**. Anfang und Ende der Baustelle sind mit 0 gekennzeichnet; der Abstand der Verkehrsschilder wird als Meterangabe in Fahrtrichtung geschrieben.

Bild 1: Beispiel eines Verkehrs-
zeichenplans

unten drehend | unten drehend / ausfahrbarer Turm

Nadelausleger | Laufkatzausleger

für kleinere und mittlere Baustellen

oben drehend oben kletternd | oben drehend oben kletternd

stationär | stationär

Laufkatzausleger | Laufkatzausleger und Knickausleger

für Großbaustellen und hohe Bauwerke

Bild 1: Hochbaukrane (TDK)

Nadelausleger
3000 kg
1800 kg
1300 kg
20 m 30 m 40 m
Katzausleger
2500 kg 1780 kg 1250 kg
Ausladung
Hakenhöhe

Bild 2: Tragfähigkeit eines Krans mit Katzausleger und eines Krans mit Nadelausleger (Beispiel)

Bild 3: Aufstellen eines Schnelleinsatzkrans

5.1.3.4 Fördergeräte und Hebezeuge

Mithilfe von Fördergeräten können Baustoffe und Bauteile waagerecht, senkrecht oder schräg auf der Baustelle befördert werden. Dazu zählen neben Schubkarren und Hubwagen motorbetriebene Geräte wie Förderband und Seilwinde.

Zu den Hebezeugen gehören Schnellbauaufzug und Krane. Ihre Größe ist für die Baustelle so zu bemessen, dass die schwersten Teile noch bewegt werden können. Steht nur eine bestimmte Größe des Hebezeugs zur Verfügung, müssen Größe und Gewicht der zu bewegenden Teile, wie z. B. Schalungen oder Fertigteile, auf die Größe des Hebezeugs abgestimmt werden.

Turmdrehkrane (TDK) sollen alle zu bewegenden Teile an jeden Arbeitsplatz auf der Baustelle heben können. Ist dies durch einen Kran nicht möglich, sind mehrere einzusetzen. Ausladung, Tragfähigkeit, Hubhöhe, aber auch Fahrgeschwindigkeit sind wichtige Kenngrößen für deren Auswahl.

Turmdrehkrane, auch Hochbaukrane genannt, gibt es als Untendreher oder als Obendreher. Dabei ist der Ballast als Gegengewicht zur Last entsprechend unten bzw. oben angeordnet. Kann der Turm durch Einbau von Zwischenstücken dem Baufortschritt angepasst werden, spricht man von einem Kletterkran **(Bild 1)**.

Der Schwenkbereich des Krans wird durch den Ausleger bestimmt.

● Der Nadelausleger ist ein schräg gestellter Ausleger, der durch Ändern der Schrägstellung seine Last im Schwenkbereich befördern kann. Die Tragfähigkeit ändert sich jedoch mit der Schrägstellung **(Bild 2)**.

● Der Laufkatzausleger ist meist ein waagrechter Ausleger, dessen an Seilen bewegliches Hubwerk als Laufkatze bezeichnet wird. Ein zweiteiliger Katzausleger kann auch als Knickausleger Lasten befördern; er bleibt damit auch bei größeren Bauwerkshöhen einsatzfähig.

Schnelleinsatzkrane sind kleiner als Turmdrehkrane. Sie können mit Turm, zusammengeklapptem Ausleger und Ballast als Anhänger auf der Straße transportiert werden. Vorteil ist das schnelle Auf- und Abbauen und dadurch ein rasches Umsetzen **(Bild 3)**.

Fahrzeugkrane, auch als Mobil- oder Autokrane bezeichnet, sind für rasch wechselnde Einsätze von kurzer Dauer geeignet sowie bei beengten Baustellenverhältnissen. Sie sind selbstfahrend und können deshalb sehr schnell umgesetzt werden.

Der Standort eines Kranes ist so zu wählen, dass das gesamte Bauwerk und die Betonübergabe sowie auch Baustraße, Lagerflächen und Bearbeitungsflächen in seinem Schwenkbereich liegen. Der Kran kann stationär oder auf einer Kranbahn fahrbar aufgestellt werden. Bei der Aufstellung eines Turmdrehkranes sind die Sicherheitsabstände zu Baugrube, Bauwerk, Gerüsten und elektrischen Freileitungen einzuhalten. Außerdem muss dafür gesorgt werden, dass der Schwenkbereich des Ballastkastens zuzüglich 50 cm freigehalten wird **(Bild 1)**.

Der Kranbetrieb erfordert ein hohes Maß an Sicherheit. Grundsätzlich ist Personenbeförderung sowie das Betreten und Bedienen durch Unbefugte verboten. Die wichtigsten Sicherheitsmaßnahmen sind:

- vorschriftsmäßiges Anschlagen der Lasten **(Bild 2)**,
- sicheres Aufnehmen und Transportieren der Lasten durch geeignete Fördermittel,
- Sichern gegen ungewollte Kranbewegungen sowie Notendschalter und Lastmomentbegrenzer keinesfalls entfernen,
- Führen, Prüfen und Warten des Krans nur von Personen, die im Kranbetrieb geschult sind,
- vom Kranführer nicht zu beobachtender Krantransport nur auf Zeichen eines Einweisers vornehmen,
- beim Verlassen des Steuerstandes die Steuereinrichtungen in Null- bzw. Leerlaufstellung bringen und
- bei Kranruhestellung Lasthaken hochziehen, Drehwerksbremse lösen und Ausleger in die weiteste Stellung bringen.
- Schrägziehen von Lasten ist unzulässig.

Bild 1: Sicherheitsabstände für den Kranaufbau

Bild 2: Anschlagen von Lasten

5.1.3.5 Unterkünfte und Magazine

Zu den Einrichtungen auf der Baustelle gehören

- Tagesunterkünfte für Arbeitskräfte,
- Wohn- und Schlafcontainer für nicht ortsansässige Arbeitskräfte **(Bild 3)**,
- Sanitärcontainer mit Waschraum, WC und Trockenmöglichkeit für Arbeitskleidung,
- Baubüro und Polierunterkunft,
- Magazin für Werkzeuge und Geräte, Betriebsstoffe und Kleinteile sowie
- Baustoffmagazine.

Bild 3: Wohn- und Schlafcontainer

Bild 1: Anleitung zur Ersten Hilfe

Bild 2: Grundriss eines Sanitärcontainers (Beispiel)

Bild 3: Magazincontainer

Um bei Arbeitsunfällen schnelle Hilfe leisten zu können, sind alle Beschäftigten über die notwendigen Schritte zu unterweisen. Der Aushang „Anleitung zur Ersten Hilfe" enthält Rufnummern und Adressen des Rettungsdienstes, des nächstgelegenen Krankenhauses, des Durchgangsarztes **(Bild 1)**. Außerdem müssen Ersthelfer benannt sein, der Standort der Verbandskästen und Krankentragen sowie eventuelle Flucht- und Rettungswege. Verbandskästen sind je nach Beschäftigtenzahl in ausreichender Zahl vorzuhalten.

In **Tagesunterkünften** muss für jede regelmäßig auf der Baustelle anwesende Arbeitskraft außer den notwendigen Einrichtungen eine freie Bodenfläche von mindestens 0,75 m² vorhanden sein. Zu den Einrichtungen zählen Tische, die sich leicht reinigen lassen, Sitzgelegenheiten mit Rückenlehne, Kleiderhaken oder Kleiderschränke und Abfallbehälter. Von 15. Oktober bis 30. April müssen die Unterkünfte beheizt werden können. Tagesunterkünfte können Container oder Bauwagen sein.

Sanitärcontainer beinhalten Waschgelegenheiten mit fließendem kalten und warmen Wasser **(Bild 2)**. Dabei ist eine Wasserzapfstelle für jeweils 5 Arbeitskräfte vorzusehen. Weiterhin müssen Einrichtungen zum Trocknen der Arbeitskleidung vorhanden sein. Waschräume müssen zu lüften, zu befeuchten und zu beheizen sein. Auf jeder Baustelle oder in deren Nähe muss mindestens eine abschließbare Toilette zur Verfügung stehen.

Unterkünfte und Sanitärcontainer müssen den hygienischen Anforderungen entsprechend gereinigt werden. Verunreinigungen und Ablagerungen sind unverzüglich zu beseitigen.

Baubüro und Polierunterkunft liegen am besten bei der Baustelleneinfahrt. Von hier aus sollten ankommende und abfahrende Fahrzeuge, Magazine und die gesamte Baustelle überblickt werden können.

Baubüro, Baustellenunterkünfte für Polier und Arbeitskräfte sowie Sanitärcontainer müssen außerhalb des Schwenkbereichs des Krans liegen. Auch dürfen auf den Dächern der Unterkünfte und Container keine Baustoffe gelagert werden.

Bei der Aufstellung der **Magazine** ist auf kurze Wege zu achten. Bei größeren Baustellen empfiehlt sich deshalb die Verwendung kleinerer Werkzeugcontainer, die mit dem Kran an die jeweiligen Arbeitsschwerpunkte umgesetzt werden können **(Bild 3)**.

5.1.3.6 Lager- und Werkflächen

Auf der Baustelle muss ausreichend Platz für Lager- und Werkflächen bereitgestellt werden, um fortwährendes Arbeiten zu gewährleisten.

Lagerflächen sollen eben, trocken und tragfähig sein, mit Fahrzeugen leicht erreichbar sein und im Schwenkbereich des Krans liegen. Alle Baustoffe und Bauteile, die mithilfe des Krans auf der Baustelle befördert werden, sind bodenfrei zu lagern, damit das Kranseil leicht angeschlagen werden kann.

Mauersteine werden hauptsächlich auf Paletten angeliefert und können übereinander gestapelt werden **(Bild 1)**. Sie werden je nach Art, Format und Druckfestigkeitsklasse getrennt gelagert. Mauersteine sind vor Regen, Frost oder Schnee sowie vor Verschmutzungen zu schützen.

Betonstahl wird getrennt nach Stabstahl, Matten, Körben und Profilstählen auf Kanthölzern gelagert. Stabstähle und Bügel sind möglichst getrennt nach Bauteilen und positionsweise zu lagern. Betonstahlmatten können stehend oder liegend gelagert werden **(Bild 2)**. Bei stehender Lagerung ist ein standsicheres Stützgerüst notwendig, liegend gelagerte Matten sind gegen seitliches Verrutschen zu sichern. Betonstahl ist vor Verschmutzungen zu schützen und darf z. B. nicht mit Schalöl in Berührung kommen.

Schalungen, Schalelemente und Gerüste sind getrennt in der Nähe der Baustelle zu lagern. Kanthölzer, Bretter, Schaltafeln und Stützen werden nach Abmessungen getrennt in Transportgestellen (Rungen) angeliefert und entsprechend gestapelt. Schalmaterial aus Holz wird stets auf Stapelhölzern aufgeschichtet.

Fertigteile, z. B. Brüstungselemente oder Fertigschornsteine, werden entsprechend ihrer Lage in eingebautem Zustand gelagert. So werden z. B. Fassadenelemente und Wandbauelemente stehend, Fertigplattendecken und Treppenelemente liegend gelagert **(Bild 3)**. Sind Fertigteile übereinander zu stapeln, müssen die Stapelhölzer senkrecht übereinander angeordnet werden. Alle Fertigteile sind wegen ihres Gewichts in der Nähe der Baustraße und des Krans zu lagern.

Bei „just in time"-Anlieferung sind Standflächen für Mobilkran und Transportfahrzeuge vorzusehen.

Weitere Lagerflächen können z. B. für Dämmbaustoffe oder Sand notwendig sein. Sand muss gegen Verunreinigungen durch Oberboden, Lehm, Laub sowie gegen Gefrieren geschützt sein.

> **Silos für Fertigmörtel** sind in sicherem Abstand zur Baugrube und eventuell auf einem eigenen Fundament so aufzustellen, dass sie nicht kippen oder umfallen können.

Werkflächen sind auf allen Baustellen vorzusehen für die Holzbearbeitung, z. B. zur Herstellung von Schalungen. Zwar werden die Schalungen meist fertig angeliefert, zum Anpassen an vorhandene Bauteile ist aber in jedem Fall Platz für eine Kreissäge und eventuell einen Schaltisch vorzusehen. Diese sind in der Nähe der Holzlagerflächen vorzusehen, am besten neben den Brettstapeln (Bild 1, Seite 170). Für Schnitt- und Brennholz sind entsprechende Gitterboxen zur Lagerung bzw. zum Abtransport bereit zu halten.

Bild 1: Beispiel von palettiert angelieferten Mauersteinen

2 DF
60 Steine

3 DF
42 Steine

stehende Lagerung

liegende Lagerung

Bild 2: Lagern von Betonstahlmatten

Deckenbauteile

Treppenbauteile

Abstandhalter

Wandtafeln

Stützböcke

80°

Wandbauelemente

Bild 3: Lagern von Fertigteilen

Straßenaufbruch 13,6 Mio. t (6,8%)
Bauabfälle auf Gipsbasis 0,7 Mio. t (0,3%)
Baustellen-abfälle 14,6 Mio. t (7,2%)
Bauschutt 54,6 Mio. t (27,0%)
Gesamtmenge 202 Mio. t
Boden und Steine 118,5 Mio. t (58,7%)

Bild 1: Mineralische Bauabfälle 2014

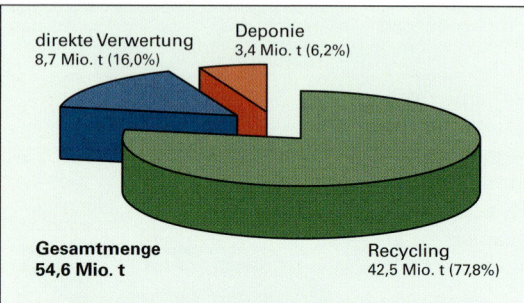

direkte Verwertung 8,7 Mio. t (16,0%)
Deponie 3,4 Mio. t (6,2%)
Gesamtmenge 54,6 Mio. t
Recycling 42,5 Mio. t (77,8%)

Bild 2: Verwertung und Beseitigung von Bauschutt 2014

Bild 3: Sammlung von Bauabfällen in Containern

Bild 4: Abbruch und Wiederaufbereitung von Beton

5.1.3.7 Baustoffrecycling

Beim Bauen entstehen **Bodenaushub** sowie **Abfälle**, z. B. durch Verschnitt, Verpackungen und Bauhilfsstoffe; beim Sanieren fallen außerdem **Abbruchabfälle** an (**Bild 1**). Die Vermeidung bzw. Wiederaufbereitung von Abfällen spart Rohstoffe und Deponieraum (**Bild 2**). Der umweltverträgliche Umgang mit Bau- und Abbruchabfällen sowie Bodenaushub ist deshalb ein Ziel beim **Ökologischen Bauen** und wird als Recycling bezeichnet.

Recyclingmaßnahmen dienen somit dem Umweltschutz und der Kostenersparnis und sind außerdem gesetzlich vorgeschrieben.

Nach dem Kreislaufwirtschafts- und Abfallgesetz gilt bei der Abfallbehandlung folgende Reihenfolge:

1. Abfälle sind möglichst zu **vermeiden**.
2. Unvermeidbare Abfälle sind zu **verwerten**, wenn möglich stofflich ⇒ **Wiederaufbereitung**, andernfalls energetisch ⇒ **Energiegewinnung**.
3. Nicht verwertbare Abfälle sind zu **beseitigen**.

Die **Vermeidung** von Abfällen ist beispielsweise durch Wiederverwendung von Schalungen, verschnittarme Bauausführung und den Wiedereinbau von Bodenaushub möglich. Auch die Verwendung von schadstoffarmen Produkten, die man wieder aufbereiten kann, verringert die Abfallmenge.

Die **Verwertung** setzt das getrennte Bereitstellen, Sammeln, Fördern und Lagern von Abfällen voraus und ist deshalb bereits bei der Baustelleneinrichtung einzuplanen (**Bild 3**). Dazu werden häufig Container eingesetzt. Eine Wiederaufbereitung ist insbesondere bei mineralischen Abfällen für verschiedene Verwendungszwecke möglich. Beton und Ziegel werden hierzu in Brech- und Siebanlagen in geeigneten Körnungen getrennt (**Bild 4**).

Nach der Gewerbeabfallverordnung sind Glas, Kunststoffe, Metalle, Beton und Ziegel zu trennen. Ziegel können auch als Gemische mit Fliesen und Keramik sowie mit Beton gelagert und verwertet werden.

Baustoffe, die gefährliche Stoffe enthalten, müssen gesondert gesammelt und aufbereitet bzw. entsorgt werden. Zu diesem **Sondermüll** gehören beispielsweise teer- oder asbesthaltige Baustoffe, alte Mineralfaserdämmstoffe sowie Holz, das mit chemischen Schutzmitteln gegen Feuer oder Holzschädlinge behandelt wurde.

- Bei der Planung und bei der Bauausführung kann zur Abfallvermeidung beigetragen werden.
- Je sortenreiner Abfälle gesammelt werden, desto besser kann man sie wieder verwerten.

5.2 Überwachung der Bauausführung

Durch die Überwachung der Bauausführung wird gewährleistet, dass das Bauvorhaben plangerecht und kostengünstig erstellt wird. Die Bauüberwachung erstreckt sich über die Bauausführung bis zur Endabnahme bzw. zum Aufmaß und zur Abrechnung. Die Zuständigkeit liegt beim Bauleiter des Auftragnehmers, der Teilbereiche im Rahmen der kooperativen Mitarbeit auf Meister, Polier und Vorarbeiter übertragen kann. Bei der Bauausführung kommt dem Berichtswesen eine besondere Bedeutung zu. Außer der betrieblichen Überwachung der Bauausführung findet eine Überprüfung durch den Bauleiter des Auftraggebers und eine Baukontrolle durch Behörden statt.

5.2.1 Berichtswesen

Das Berichtswesen umfasst vorwiegend die Niederschrift im Bautagebuch und die Leistungsmeldung. Da unterschiedliche Bauleistungen an verschieden große Bauvorhaben auszuführen sind, muss das Berichtswesen objektbezogen organisiert werden.

5.2.1.1 Bautagebuch

Das Bautagebuch wird in Buchform geführt, um Seitenveränderungen auszuschließen. Es kann deshalb zur späteren Nachprüfung in technischer und rechtlicher Hinsicht herangezogen werden. Im Bautagebuch wird jeder Bautag beschrieben **(Bild 1)**. Neben dem Ort der Baustelle, dem Datum und den Witterungsverhältnissen wird insbesondere die Anzahl der eingesetzten Arbeitskräfte, Geräte und Maschinen festgehalten. Über die ausgeführten Leistungen wird getrennt nach vertraglichen und außervertraglichen Leistungen berichtet. Anordnungen, Behinderungen und besondere Vorkommnisse sind festzuhalten. Jede Seite des Bautagebuches ist von den jeweiligen Vertretern der Auftraggeber und Auftragnehmer zu unterzeichnen.

Bild 1: Seite eines Bautagebuches (Auszug verkleinert)

5.2.1.2 Leistungsmeldung

Alle Bauarbeiten auf der Baustelle, ob Leistungen, Nebenleistungen oder außervertragliche Leistungen, werden in der Leistungsmeldung erfasst. Die Leistungsmeldung, die meist monatlich oder wöchentlich erstattet wird, dient der Kontrolle des Baufortschrittes und der Kostenüberwachung. Die einfachste Art der Leistungsmeldung ist der Rapport, der z. B. vom Polier auszufüllen ist **(Bild 1)**. Auf dem Rapportzettel werden die Einzelleistungen oder Teilleistungen mit Angabe der Zahl der Arbeitskräfte und der für die jeweilige Arbeit benötigten Zeit notiert. Baustoffe, Geräte- und Maschineneinsatz werden ebenfalls festgehalten.

Baustelle: Wohnhaus Müller							Rapport Nr. 15
Auftraggeber: Herr Müller							Bauunternehmung Jan Scholz GmbH xxxxx Bergstetten
Wochentag: Di	Datum: TT.MM.JJ					Baufirma	
Name	Sum- me Std.	Polier Std.	Vor- arb. Std.	Fach- arb. Std.	Bau- helfer Std.	Masch. Std.	Beschreibung der Leistung
Amann, Vorarbeiter	8		4	4	4,5		Mauern
Belser, Facharbeiter	8		2,5	2,5	2,5		Schalen
Straub, Bauhelfer	8		1,5	1,5	1		Betonieren
Aufgestellt am: TT.MM.JJ *Becker*			Anerkannt am: TT.MM.JJ *Müller*			Verrechnet am: TT.MM.JJ *Halder*	

Bild 1: Rapport (Auszug verkleinert)

5.2.2 Baukontrolle

Beim Bauen sind eine Vielzahl von Vorschriften und Bestimmungen einzuhalten. Dazu gehören insbesondere die technischen Vorschriften, wie z. B. die **Normen,** die behördlichen **Baubestimmungen,** wie z. B. die **Landesbauordnung** (LBO) mit ihren Ausführungsverordnungen sowie die **Unfallverhütungsvorschriften** (UVV) der Bau-Berufsgenossenschaften. Die Überprüfung der Einhaltung dieser Vorschriften und Bestimmungen nennt man Baukontrolle.

Innerhalb der Baukontrolle arbeiten Architekt, Bauleiter und Statiker mit dem Unternehmer eng zusammen. Das **Bauaufsichtsamt,** z. B. Stadtbauamt oder Kreisbauamt, kontrolliert in technischer und baurechtlicher Hinsicht. Das **Gewerbeaufsichtsamt** und die **Berufsgenossenschaft** überprüfen z. B. das Einhalten der UVV, des Jugendarbeitsschutzgesetzes und des Arbeitszeitverordnungsgesetzes sowie die sanitären und hygienischen Einrichtungen auf der Baustelle. Auf die Kennzeichnung von Gefahren durch Gefahrensymbole sowie auf die Bekanntmachung des Rettungsdienstes wird bei der Baukontrolle besonderer Wert gelegt.

Aufgaben

1 Erläutern Sie, warum für jedes Bauvorhaben eine eigene Arbeitsvorbereitung notwendig ist.

2 Nennen Sie Bauverfahren aus den Gewerken Stahlbetonbau und Mauerwerksbau.

3 Vergleichen Sie die Arten von Bauzeitenplänen hinsichtlich der Grob- bzw. Feinplanungsziele.

4 Begründen Sie, warum Baustelleneinrichtungspläne maßstäblich darzustellen sind.

5 Erläutern Sie, unter welchen Baustellenbedingungen Turmdrehkrane (TDK) bzw. Fahrzeugkrane wirtschaftlich eingesetzt werden können.

6 Stellen Sie dar, warum Bearbeitungsflächen nur teilweise im Schwenkbereich des Turmdrehkrans (TDK) liegen dürfen.

7 Nennen Sie Vorschriften, die beim Aufstellen und beim Betrieb eines TDK zu beachten sind.

8 Erklären Sie, warum bei einem stationären TDK Lagerung und Einbaustelle schwerer Bauteile besonders zu beachten sind.

9 Machen Sie Vorschläge für Eintragungen ins Bautagebuch, die im Streitfalle der Beweissicherung dienen können.

5.3 Sicherheitstechnik

Bei Arbeiten auf Baustellen kann es zu Unfällen kommen, die mehr oder weniger schwere Verletzungen mit sich bringen oder zum Tode führen können. Um solche Unfälle zu vermeiden, haben die **Bau-Berufsgenossenschaften** Vorschriften erlassen, die Unternehmer und ihre Betriebsangehörigen verpflichten, diese einzuhalten und zu beachten. Dazu gehören vor allem die allgemeinen **Unfallverhütungsvorschriften** (UVV) und Vorschriften über das **Verhalten bei Unfällen.** Zur Vermeidung von Unfällen werden Gefahrenquellen am Arbeitsplatz durch Verbotszeichen **(Bild 1),** Gebotszeichen **(Bild 2)** und Warnzeichen **(Bild 3)** gekennzeichnet.

5.3.1 Unfallverhütung

- **Unfallverhütungsvorschriften** sowie diesbezügliche Anordnungen müssen beachtet werden. Es ist alles zu unterlassen, was einen selbst oder was Mitarbeiter gefährden könnte.
- Gefährliche Arbeiten dürfen nur von **zuverlässigen und geeigneten Personen** ausgeführt werden. Jugendliche dürfen nur dann mit solchen Arbeiten betraut werden, wenn sie dauernd unter Aufsicht eines erwachsenen Fachmannes stehen.
- Maschinen und Geräte, wie z. B. Krane, Erdbaugeräte, Betonmischer, darf nur bedienen und warten, wer damit **vertraut und dazu berechtigt** ist. Dabei sind die jeweiligen Bedienungsanweisungen zu beachten.
- **Schutzvorrichtungen** müssen benutzt werden. Sie dürfen nicht eigenmächtig abgeändert werden und sind nur zu dem Zweck zu benutzen, für den sie bestimmt sind. Fehlende Schutzvorrichtungen und Mängel an ihnen sind umgehend dem Verantwortlichen des Betriebes zu melden.
- Das **Reinigen laufender Maschinen** ist verboten. Stehende Maschinen dürfen nur dann gereinigt werden, wenn ein versehentliches Ingangsetzen ausgeschlossen ist.
- Der **Aufenthalt im Gefahrenbereich** von Maschinen, z. B. von Baggern und Ladern, ist nicht erlaubt. Hebezeuge für Lasten dürfen nicht zum Befördern von Personen benutzt werden.
- In der **Nähe von beweglichen Maschinenteilen** ist eng anliegende Kleidung zu tragen.
- Auf der Baustelle ist das **Tragen eines Schutzhelms** vorgeschrieben.
- Auf Baustellen sollten **Schutzschuhe** angezogen werden. Bei Arbeiten, die durch Splitter, Funken oder ätzende Flüssigkeiten Augenverletzungen verursachen können, sind **Schutzbrillen** zu tragen.
- Zum Schutz vor gesundheitsschädlichem Staub, vor Gasen oder Dämpfen müssen **Atemschutzgeräte** benutzt werden.
- Der **Genuss von alkoholischen Getränken** ist auf Baustellen verboten. **Rauchverbote** sind zu beachten.
- Der Arbeitsplatz sowie die Wege auf der Baustelle sind frei zu halten, Baustoffe sind übersichtlich und sicher zu lagern.
- **Öffnungen** in Decken und Gerüstanlagen, Treppenhäuser und Fahrstuhlschächte müssen **abgedeckt und abgesperrt** sein. Gerüstböden, Laufstege und Treppen sind gegen Abstürzen mit einem Seitenschutz zu versehen.

Bild 1: Verbotszeichen

Bild 2: Gebotszeichen

Bild 3: Warnzeichen

Zur persönlichen Schutzausrüstung von Bauarbeitern gehören:	
Kopfschutz	Helm
Fußschutz	Bauschutzschuh mit Zehenschutz-kappe und durchtrittsicherer Sohle (Bild 1)
Augenschutz	Geschlossene Schutzbrillen
Gehörschutz	Watte, Stöpsel oder Kapsel (je nach Lärmanfall)
Atemschutz	Filtermasken
Handschutz	Unterschiedli-che Handschuhe je nach Arbeits-anfall
Körperschutz	Winter- und Wetterschutz-bekleidung, Warnkleidung

Bild 1: Bauschutzschuh

- Das Hinunterspringen auf Gerüstböden ist verboten. Sie dürfen nicht durch Bauschutt oder Baustoffe überlastet sein. Schutzgerüste dürfen nicht belastet werden.
- Mängel an **elektrischen Einrichtungen** sind sofort dem Verantwortlichen zu melden. Bewegliche Anschlussleitungen, Stecker und Kupplungen sind schonend zu behandeln. Elektrische Leitungen dürfen nicht über scharfe Kanten gezogen und nicht eingeklemmt werden.

5.3.2 Verhalten bei Unfällen

- Verletzte sind umgehend aus dem Gefahrenbereich zu bergen. Es ist Hilfe herbeizuholen oder ein Arzt zu rufen.
- Richtige erste Hilfe kann oft lebensrettend sein.
- Zur Vermeidung weiterer Unfälle ist die Unfallstelle sofort abzusichern.
- Bei Herzstillstand, z. B. durch einen Elektrounfall und bei Aussetzen der Atmung, ist sofort mit Wiederbelebungsversuchen zu beginnen und der nächste Arzt zu rufen.
- In jedem Betrieb sind ausreichend Verbandskästen für erste Hilfe bereitzuhalten, die gegen Verunreinigungen und Witterungseinflüsse zu schützen sind. Der Inhalt ist stets zu ergänzen.
- In Betrieben mit mehr als zehn Beschäftigten sind die Vorschriften über erste Hilfe durch Anschlag an gut sichtbarer Stelle bekannt zu machen. Auf diesem Anschlag sollten Aufbewahrungsort des Verbandskastens, Name des in erster Hilfe ausgebildeten Betriebshelfers, Anschriften und Rufnummern der nächstliegenden Ärzte, Krankenhäuser und Rettungsstellen angegeben sein.
- Ein Verletzter hat die Verletzung seinem Arbeitgeber oder dessen Stellvertreter zu melden, sobald er hierzu in der Lage ist.
- Ein Verletzter hat seine Arbeit zu unterbrechen, solange er nicht sachgemäß versorgt ist.
- Verlangt die Berufsgenossenschaft oder in ihrem Auftrag der Arbeitgeber von einem Verletzten, einen bestimmten Arzt oder ein bestimmtes Krankenhaus aufzusuchen, so ist dieser besonders nach schwereren Unfällen verpflichtet, dem zu entsprechen.

5.4 Gerüste

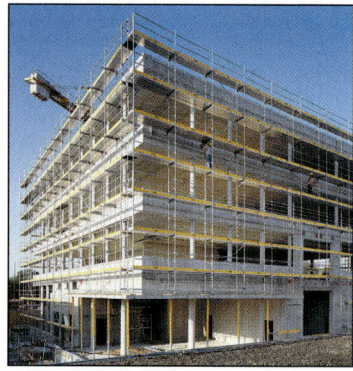

Bild 2: Arbeitsgerüst

Gerüste (DIN 4420) sind Einrichtungen, von denen aus Arbeiten an einem Bauwerk durchgeführt werden können oder die dem Schutz von Personen und Geräten dienen. Man unterscheidet daher **Schutzgerüste** und **Arbeitsgerüste (Bild 2)**. Gerüste werden an der Baustelle aus Einzelteilen zusammengesetzt und nach ihrer Verwendung wieder auseinander genommen. Sie können flächig (Fassadengerüste) oder räumlich (Raumgerüste) ausgebildet sein.

Gerüste sind nach den „Anerkannten Regeln der Technik" herzustellen, in Stand zu halten sowie auf- und abzubauen. Sie müssen so tragfähig und räumlich ausgesteift sein, dass sie alle Lasten, auch während des Auf- und Abbaus, aufnehmen können. Gerüste müssen betriebssicher und gegen Beschädigungen durch Baustellenbetrieb und Fahrzeugverkehr gesichert sein.

5.4.1 Schutzgerüste

Schutzgerüste sind Gerüste, die als **Fanggerüste** Personen gegen tieferen Absturz sichern oder als **Schutzdächer** Personen, Maschinen und Geräte gegen herabfallende Gegenstände schützen.

5.4.1.1 Fanggerüste

Fanggerüste (FG) sind notwendig, wenn

- die Absturzhöhe mehr als 5,00 m beträgt,
- bei Arbeiten auf Dächern die Absturzhöhe mehr als 3,00 m beträgt und wenn
- bei anderen Arbeitsplätzen die Absturzhöhe mehr als 2,00 m beträgt.

Unter der Absturzhöhe versteht man den Abstand von Geländeoberkante bis zur Mauerkrone des fertigen Mauerwerks oder bei Betonarbeiten bis zur Oberkante der Schalung. Mit dem Baufortschritt verlagert sich der Arbeitsplatz nach oben, wodurch sich die Absturzhöhe vergrößert. Überschreitet die Absturzhöhe 3,00 m, muss das Fanggerüst nachgezogen werden. Die Breite des Fanggerüstes richtet sich nach dem lotrechten Abstand zwischen Gerüstbelag und Absturzkante **(Bild 1)**. Je größer dieser ist, desto breiter muss der durch die Breitenklasse festgelegte Gerüstbelag sein (Seite 185).

Als Gerüstbelag für Fanggerüste dürfen Holzbohlen verwendet werden, deren Stützweiten sich nach deren Abmessungen und der Absturzhöhe richten. Neben Holzbohlen können Horizontalrahmen aus Metall mit Brettbelägen, Horizontalrahmen aus U-Profilen mit eingepasster und genieteter Sperrholzplatte oder Stahlböden aus genoppten, rutschsicheren Stahlblechen verwendet werden (Bild 1, Seite 182).

Der Abstand zwischen Bauwerk und Gerüstbelag darf höchstens 30 cm betragen. Besteht Absturzgefahr auch zum Bauwerk hin, ist der Gerüstbelag nach innen zu verbreitern (Bild 1). Verläuft der Seitenschutz senkrecht, kann er wie bei Arbeitsgerüsten ausgebildet werden; schräger Seitenschutz ist als geschlossene Schutzwand aus mindestens 30 mm dicken Brettern oder aus Bohlen herzustellen.

Als Fanggerüste sind Standgerüste, fahrbare Gerüste, Auslegergerüste, Konsolgerüste und Hängegerüste geeignet. Auch mit Bohlen abgedeckte Balkenlagen, Trägerlagen und Untergurte von Dachbindern können als Fanggerüste dienen.

Als Schutz gegen Absturz von Personen können anstelle von Fanggerüsten auch Fangnetze angebracht werden. Wegen der Gefahr des Hinunterfallens von Werkzeugen und Baustoffen ist die Fläche unter dem Fangnetz abzusperren.

5.4.1.2 Dachfanggerüste

Dachfanggerüste (DG) sind bei Dacharbeiten vorgeschrieben, wenn die Traufhöhe mehr als 3,00 m über dem Gelände liegt. Nach den Unfallverhütungsvorschriften darf der Belag des Dachfanggerüstes nicht mehr als 1,50 m unterhalb der Traufkante liegen. Die Mindestbreite der Belagfläche muss 60 cm betragen **(Bild 2)**.

Bild 1: Fanggerüste

Bild 2: Dachfanggerüste

Bild 1: Schutzdach

Bild 2: Schutzdach-Bauteile

**Bild 3: Belastung eines Arbeits-
gerüsts**

Die Schutzwand muss einen Abstand b von mindestens 70 cm von der Traufkante haben und diese mindestens um 1,50 m abzüglich b überragen. Die Gesamthöhe der Schutzwand ab Oberkante Belagfläche darf 1,00 m jedoch nicht unterschreiten.

Als Schutzwand eignen sich z. B. Auffangnetze oder Drahtgeflechte mit einer Maschenweite von höchstens 10 cm. Bei Drahtgeflechten muss der Nenndrahtdurchmesser mindestens 2,5 mm betragen. Die Netze und Geflechte werden von einem in der obersten Reihe durch jede Masche gefädelten Gerüstrohr gehalten.

5.4.1.3 Schutzdächer

Schutzdächer sind erforderlich bei Arbeiten über Verkehrsflächen, wie z. B. über Gehwegen, Eingängen und Einfahrten sowie über Arbeitsstellen und Aufzügen. Schutzdächer bestehen aus Abdeckung und Bordwand **(Bild 1)**.

Die Abdeckung muss so dicht und bis zum Bauwerk ausgelegt werden, dass z. B. unter dem Schutzdach tätige Personen durch herabfallenden Schmutz oder Mörtel nicht belästigt werden. Die Breite der Abdeckung ist nach den örtlichen Verhältnissen zu wählen und muss waagerecht gemessen mindestens 1,50 m betragen. Außerdem muss die Abdeckung mindestens 0,60 m breiter sein als das Gerüst bzw. die darüber liegende Arbeitsstätte.

An der Außenseite der Abdeckung ist eine mindestens 0,60 m hohe Bordwand anzubringen. Die Bordwand kann schräg oder senkrecht ausgeführt werden, falls nicht das ganze Schutzdach schräg ist **(Bild 2)**.

5.4.2 Arbeitsgerüste

Arbeitsgerüste sind Gerüste, die als Arbeitsplatz dienen. Sie müssen außer den beschäftigten Personen und deren Werkzeugen auch für die jeweils erforderlichen Baustoffe Platz bieten und diese tragen **(Bild 3)**.

Arbeitsgerüste können als Bockgerüste, Stahlrohr-Kupplungsgerüste, Auslegergerüste, Hängegerüste und Konsolgerüste ausgebildet sein. Die nicht genormten Stangengerüste und Leitergerüste sind unwirtschaftlich und in Deutschland deshalb nicht mehr üblich. Man unterscheidet bei den Arbeitsgerüsten je nach Belastung 6 Lastklassen. Um ein Brechen von Gerüstbelägen zu vermeiden, sind für einzelne Lastklassen Höchstwerte für gleichmäßig verteilte Verkehrslasten sowie für konzentrierte einzelne Lasten festgelegt (**Tabelle 1,** Seite 185). Für Gerüste der Lastklassen 4 bis 6 darf auch die größte zulässige Flächenpressung von Teilflächen nicht überschritten werden.

Bei der Ermittlung der Belastung von Belagsflächen ist für Personen kein Nachweis der Flächenpressung erforderlich. Personen dürfen deshalb bei der Berechnung mit 1 kN angesetzt werden (Bild 3). Werden Lasten mit dem Kran oder anderen Hebezeugen abgesetzt, ist ein Zuschlag von 20 % zu berücksichtigen. Die Teilflächenlast ergibt sich aus dem Gewicht der Einzellast dividiert durch die Grundrissfläche der Einzellast. Sie braucht für die Lastklassen 1 bis 3 nicht nachgewiesen werden (Beispiel zur Ermittlung der Lastklasse, Seite 185).

Gerüste der **Lastklasse 1** dürfen nur für Inspektionsarbeiten, wie z. B. zur Vermessung oder zur Kontrolle der Fassade eines Gebäudes, eingesetzt werden. Nur eine Person mit leichtem Werkzeug darf ein Gerüstfeld betreten. Mit Gerüsten der **Lastklasse 2** können Wartungsarbeiten, wie z. B. das Reinigen von Fassaden, unternommen werden. Es dürfen Arbeiten durchgeführt werden, bei denen keine Lagerung von Baustoffen oder Bauteilen auf dem Gerüstbelag erforderlich ist.

Gerüste der **Lastklasse 3** können z. B. für Putz- und Stuckarbeiten, Beschichtungs-, Verfugungs- oder Ausbesserungsarbeiten, für Bewehrungs- und Montagearbeiten oder als Betoniergerüst eingesetzt werden. Sollen Baustoffe auf dem Gerüstbelag gelagert werden, dürfen diese nicht mit dem Kran dort abgesetzt werden und es muss eine freie Durchgangsbreite von 20 cm erhalten bleiben. Werden für maschinelle Putzarbeiten von diesen Gerüsten aus Spritzeinrichtungen verwendet, müssen diese auch bei der Mindestbreite von 60 cm ergonomisch einwandfrei bedient werden können.

Gerüste der **Lastklassen 4, 5 und 6** sind für Mauer-, Putz-, Fliesen- und Naturwerksteinarbeiten sowie für schwere Montagearbeiten erforderlich. Für die vorgesehene Benutzung muss ein Gerüst ausreichend breit sein. Zur Festlegung der Gerüstbreite dienen nach DIN EN 12811 **Breitenklassen,** z. B. W06, W09, W12 usw., wobei die Zahl die Mindestbreite in Dezimetern angibt. Die Mindestbreite vergrößert sich bei auf dem Gerüst abgesetzten Lasten um eine freie Durchgangsbreite von 20 cm. Außerdem ist zu beachten, dass die Gerüstbeläge aus Holzbohlen und -brettern zulässige Stützweiten nicht überschreiten **(Tabelle 2)**. Der ordnungsgemäße Zustand des Gerüsts ist nach der Montage in einem Prüfprotokoll festzuhalten. Als Nachweis der Prüfung kann am Gerüst ein Schild mit den entsprechenden Kennwerten angebracht werden.

5.4.2.1 Gerüstbauteile

Man unterscheidet tragende Gerüstbauteile, den Gerüstbelag, den Seitenschutz, Verbindungsmittel für Gerüstbauteile, Verankerungen und Leitern **(Bild 1)**. Häufig werden Komplettsysteme zum Gerüstbau verwendet, die allen Anforderungen der DIN EN 12811 und den Sicherheitsvorschriften der Bau-Berufsgenossenschaften genügen.

Tragende Gerüstbauteile

Als tragende Gerüstbauteile verwendet man korrosionsgeschützte Stahl- oder Aluminiumrohre. Die Wanddicke von Stahlrohren muss mindestens 2 mm und die Wanddicke von Aluminiumrohren mindestens 2,5 mm betragen.

Tabelle 1: Lastklassen bei Arbeitsgerüsten nach DIN EN 12811-1

Last-klasse	Verkehrslasten auf Gerüstlagen			
	gleichmäßig verteilte Last in kN/m²	konzentrierte Last in kN auf Fläche von		Teil-flächenlast in kN/m²
		0,50 m x 0,50 m	0,20 m x 0,20 m	
1	0,75	1,50	1,00	–
2	1,50	1,50	1,00	–
3	2,00	1,50	1,00	–
4	3,00	3,00	1,00	5,00
5	4,50	3,00	1,00	7,50
6	6,00	3,00	1,00	10,00

Tabelle 2: Zulässige Stützweite in m für Gerüstbeläge aus Holzbohlen oder -brettern

Last-klasse	Brett- oder Bohlenbreite cm	Brett- oder Bohlendicke cm				
		3,00	3,50	4,00	4,50	5,00
1, 2, 3	20	1,25	1,50	1,75	2,25	2,50
	24 und 28	1,25	1,75	2,25	2,50	2,75
4	20	1,25	1,50	1,75	2,25	2,50
	24 und 28	1,25	1,75	2,00	2,25	2,50
5	20, 24, 28	1,25	1,25	1,50	1,75	2,00
6	20, 24, 28	1,00	1,25	1,25	1,50	1,75

Beispiel zur Ermittlung der erforderlichen Lastklasse

Vorhandene Belastung:		Gleichmäßig verteilte Last
Gewicht einer Person	1,00 kN	Belagsfläche eines Gerüstfeldes: 2,50 m · 0,90 m = 2,25 m²
Gewicht des Steinpakets	4,00 kN	Gleichmäßig verteilte Last:
Gewicht des Mörtelkübels	0,80 kN	7,00 kN : 2,25 m² = 3,11 $\frac{kN}{m^2}$
20 % Zuschlag für Krantransport	0,96 kN	
Werkzeug	0,24 kN	**Ergebnis** Nach Tabelle 1 ergibt sich ein Gerüst der **Lastklasse 5**
	7,00 kN	

Bild 1: Gerüstbauteile

Bild 1: Gerüstbeläge

(Beschriftungen im Bild: Vollholzbohle, Stahlboden, Hohlkasten, Aluboden, GG 6, Stahl-Horizontalrahmen)

Bild 2: Seitenschutz

(Beschriftungen im Bild: Geländerholm, ≤ 0,47 m, ≥ 0,15 m, ≤ 0,47 m, ≥ 1,00 m, ≤ 0,30 m, 20 cm, Mindestbreite der Belagfläche, Zwischenholm, Bordbrett)

Bild 3: Kupplungen

(Beschriftungen im Bild: Normalkupplung, Drehkupplung)

Unfallverhütungsvorschriften beim Gebrauch von Leitern:

- Leitern müssen mindestens 1,00 m über den Austritt hinausragen.
- Schadhafte Leitern sind aus dem Verkehr zu ziehen.
- Leitern sind standsicher aufzustellen und gegen Abrutschen, Umstürzen, Schwanken und Durchbiegung zu sichern.
- Angebrochene Holme und Wangen dürfen nicht geflickt werden.

Senkrecht stehende Bauteile nennt man Ständer, waagerechte Bauteile Riegel, wobei man Längsriegel und Querriegel unterscheidet. Ständer benötigen meist eine Fußplatte. Diese werden in der Regel auf ausreichend große Bohlenstücke gestellt; sie können mit Holzkeilen in der Höhe verändert werden. Bei Stahlrohrständern geschieht dies über eine Spindel zwischen Fußplatte und Ständer. Zur Aussteifung werden Längsstreben und Querstreben angebracht.

Der **Gerüstbelag** kann aus Vollholzbohlen, Holztafeln, Stahlböden, Hohlkästen, Aluminiumböden oder Stahl-Horizontalrahmen mit geteilten Holzbelägen bestehen **(Bild 1)**. Metallbeläge werden durch Riffelungen oder Lochungen rutschverhindernd hergestellt. Der Gerüstbelag mit einer Mindestdicke von 30 mm liegt auf Zwischenquerriegeln. Diese sind mit den Längsriegeln so zu verbinden, dass sie nicht abrollen können. Der Gerüstbelag muss dicht verlegt sein und darf weder ausweichen noch wippen. Die Mindestbreite der Belagfläche ist von der Lastklasse abhängig. Bei Materiallagerung muss ein freier Durchgang von mindestens 20 cm vorgesehen werden.

Der **Seitenschutz** besteht aus Geländerholm, Zwischenholm und Bordbrett mit einem jeweils lichten Abstand von höchstens 47 cm. Das mindestens 15 cm breite Bordbrett ist gegen Umfallen zu sichern. Der Geländerholm muss 1,00 m über dem Gerüstbelag angebracht werden **(Bild 2)**. Gerüste ab 2,00 m über dem Boden müssen mit einem Seitenschutz, auch an den Kopfseiten, versehen sein. Beträgt der Abstand zwischen Bauwerk und Belag mehr als 30 cm, ist auch an der Innenseite ein Seitenschutz vorzusehen.

Verbindungsmittel für Gerüstbauteile sind Kupplungen **(Bild 3)**, Bolzen und Konsolen. Damit lassen sich Gerüstfelder verlängern und unverschieblich aneinander befestigen. Diagonalen zur Aussteifung der Gerüste sind an den Knoten mit den vertikalen und horizontalen Traggliedern zu verbinden.

Verankerungen sind zum Befestigen der Gerüste am Bauwerk erforderlich. Der waagerechte und senkrechte Abstand der Verankerungen liegt je nach Gerüstart bei höchstens 6,00 m. Der oberste Gerüstbelag soll nicht mehr als 1,50 m über der letzten Verankerung liegen. Die Verankerungen sind versetzt anzuordnen. Sie können mit Fensterarmen oder Giebelsteifen hergestellt werden. Fensterarme sind zwischen Fensterleibungen festgespannt; Giebelsteifen werden an Mauerhaken befestigt, die mit Dübeln im Mauerwerk angebracht werden.

Leitern dienen dem sicheren Zugang von Gerüsten. Sie müssen als Gerüstinnenleitern unter einem Anstellwinkel von 65° bis 75° eingebaut werden und dürfen nur bis zum nächsthöheren Gerüstfeld reichen. Die Leiterdurchstiegsöffnungen im Gerüstbelag müssen mit Klappen versehen werden. Die Klappen sind zu schließen, wenn das Gerüstfeld als Arbeits- oder Fanggerüst verwendet wird.

Beträgt die Aufstiegshöhe zu einem Gerüstfeld nicht mehr als 5,00 m, darf eine Anlegeleiter parallel oder rechtwinklig zum Gerüst als Gerüstaußenleiter verwendet werden. Die Außenleiter muss auf einer ausreichend breiten und tragfähigen Fläche aufgestellt werden.

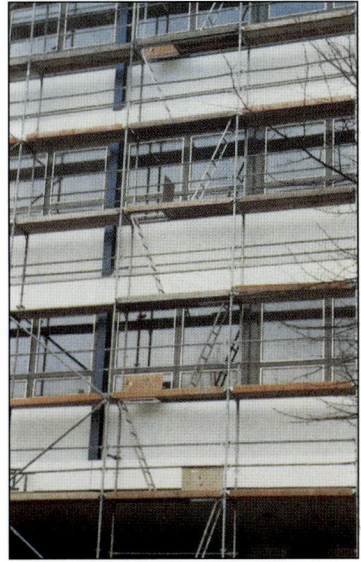

Bild 1: Innerer Leitergang

Bild 2: Bockgerüst

Gerüstinnenleitern dürfen durch maximal zwei Gerüstlagen miteinander verbunden werden. Der innere Leitergang kann übereinander oder versetzt angeordnet werden **(Bild 1)**. Zunehmend werden Gerüstsysteme mit integriertem Treppenaufstieg verwendet. Diese bieten ergonomische Vorteile für den Benutzer und sparen Arbeitszeit beim Auf- und Abstieg.

5.4.2.2 Gerüstarten

Nach dem Tragsystem unterscheidet man bei Gerüsten

- Standgerüste (S), z. B. Bockgerüste und Stahlrohrgerüste,
- Auslegergerüste (A) und
- Konsolgerüste (K).

Standgerüste (S)

Bockgerüste werden aus stählernen Gerüstböcken und darüber gelegtem Belag hergestellt **(Bild 2)**. Bockgerüste werden als Arbeits- und Schutzgerüst verwendet.

Die Gerüstböcke sind auf einer sicheren Unterlage aufzustellen. Mehr als 2 Böcke dürfen nicht übereinander gestellt werden, wobei die Gesamthöhe nicht größer als 4,00 m sein darf. Die Böcke müssen miteinander ausreichend verstrebt sein. Bei ausziehbaren Böcken muss der ausziehbare Teil miterfasst werden. Der Abstand der Böcke darf 2,75 m nicht überschreiten, bei ausgezogenen Böcken darf er nicht größer als 2,00 m sein.

Belagbretter mit einer Dicke von 3 cm dürfen bei Mauer- und Putzarbeiten nur bis 1,00 m frei tragen. Ist der Abstand der Böcke größer, müssen sie durch Kanthölzer mit den Mindestabmessungen 10 cm/10 cm unterstützt werden.

Stahlrohr-Kupplungsgerüste sind Arbeits- und Schutzgerüste aus Stahlrohren und Kupplungen **(Bild 3,** Seite 186 und **Bild 1,** Seite 188). Sie dürfen für alle Arbeiten verwendet werden.

Stahlrohre dienen als Ständer, als Längs- und Querriegel zur Aussteifung des Gerüsts und zur Verankerung. Die Stöße der Ständer sind in die Nähe der Knotenpunkte zu legen. Die Längsriegel müssen über zwei Felder laufen und mit jedem Ständer verbunden sein. Querriegel sind vor Maueröffnungen sicher zu lagern. Mit einem Ständer verbundene Querriegel dürfen erst zum Abrüsten entfernt werden.

Bild 1: Stahlrohr-Kupplungsgerüst

Bild 2: Fußplatte mit Ständer und Spindelfuß

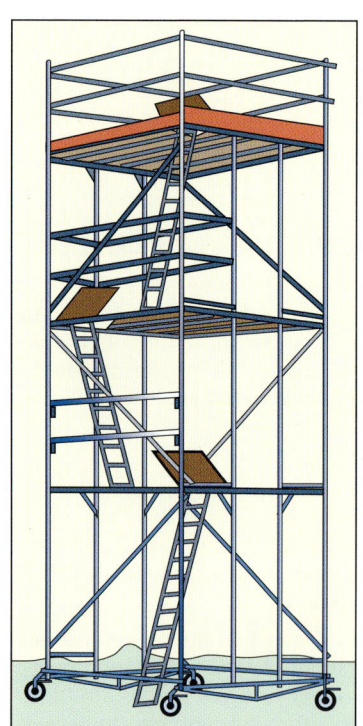

Bild 3: Rahmengerüst als Fahrgerüst

Knotenverbindungen (Kupplungen) werden zur Herstellung von recht- und schiefwinkligen Anschlüssen verwendet (Bild 1).

Stahlrohr-Kupplungsgerüste sind in Längsrichtung in der äußeren senkrechten Ebene und unter unverankerten Gerüstlagen waagerecht durch Streben gegen Verschieben zu sichern. Die Streben sind in den Knotenpunkten und an den Fußpunkten der Ständer so anzuschließen, dass die Kräfte zum Boden abgeleitet werden. Jeder Ständer ist unverschiebbar auf eine Fußplatte zu setzen (**Bild 2**).

Stahlrohr-Kupplungsgerüste können je nach Bauart und Belastung bis zu einer Höhe von 100,00 m errichtet werden. Für Gerüste mit Höhen über 20,00 m müssen Stahlrohre mit 4 mm Wanddicke verwendet werden.

Rahmengerüste (RG) sind Systemgerüste aus Stahl- oder Aluminiumrohren, die zu unverschieblichen Vertikalrahmen zusammengeschweißt sind. Die 1,00 m, 1,50 m oder 2,00 m hohen Vertikalrahmen werden mit Horizontalrahmen oder Längsriegeln zu einem Gerüstfeld von 1,25 m, 2,00 m, 2,50 m oder 3,00 m Länge verbunden. An genau festgelegten Punkten werden Diagonalstreben eingehängt, sodass das Gerüst auf ebenen Flächen genau lotrecht steht. Unebenheiten der Stellfläche lassen sich durch Spindelfüße ausgleichen. Nach Auflegen des Gerüstbelags können Vertikalrahmen für das nächste Stockwerk aufgesteckt werden. Auch der Seitenschutz ist auf die Gerüstfeldbreite abgestimmt und einhängbar. Werden anstelle der Spindelfüße Rollen angebracht, erhält man ein Fahrgerüst (**Bild 3**). Rahmengerüste sind aufgrund ihres geringen Gewichts schnell auf- und abgebaut.

Modulsysteme (MS) sind Gerüste, bei denen an den Ständern in regelmäßigen Abständen vorgefertigte Knotenpunkte zum Einhängen anderer Gerüstbauteile in horizontaler und diagonaler Richtung angebracht sind. Vorteile sind die einfache Anwendung für Rundbauten und die Verwendungsmöglichkeit für das Mauertaktverfahren, bei dem der Maurer immer in der idealen Arbeitshöhe steht (**Bild 4**).

Bild 4: Taktverfahren dem Baufortschritt folgend

Auslegergerüste

Auslegergerüste (A) sind Gerüste, die aus dem Bauwerk auskragen (**Bild 1**). Sie dürfen als Arbeitsgerüste für eine Belastung von höchstens 2,0 kN/m² und als Schutzgerüste verwendet werden.

Als Ausleger dürfen nur Stahlprofile I 80, IPE 80, I 100 und IPE 100 verwendet werden; Ausleger aus Holz sind unzulässig. Die Auskragung der Auslegergerüste darf maximal 1,30 m betragen; der Auslegerabstand darf 1,50 m nicht überschreiten. Die Belagebene muss vollflächig mit Brettern oder Bohlen der Mindestdicke 3,5 cm ausgelegt sein.

Die Verankerung der Ausleger ist nicht in Element-Decken, sondern nur in Stahlbeton-Massivdecken erlaubt. Sie müssen so befestigt sein, dass sie sich weder lotrecht noch waagerecht abheben oder verschieben können. Je Ausleger sind 2 Verankerungsbügel aus B500B oder S 235 JR mit einem Mindestdurchmesser von 10 mm anzuordnen, die in die Decke einbetoniert werden (**Bild 2**). Die Haken der Bügel müssen unter die untere Bewehrung greifen.

Konsolgerüste

Konsolgerüste (K) sind Gerüste, die auf Konsolen aufliegen (**Bild 3**). Sie dürfen als Arbeitsgerüste für eine Belastung von höchstens 2,0 kN/m² und als Schutzgerüste verwendet werden.

Die einzelnen Konsolen sind aus Holz oder Stahl in Form von rechtwinkligen Dreiecken gefertigt. Für eine zu überbrückende Öffnung von bis zu 2,25 m sind 2 Holzbalken 12 cm x 12 cm der Sortierklasse S 10 bzw. ein Stahlträger I 100 oder IPE 100 zu verwenden. Die Auskragung der Konsolgerüste darf maximal 1,30 m und der Konsolabstand höchstens 1,50 m betragen.

Konsolgerüste dürfen nur an Stahlbetondecken befestigt werden. Je Konsole müssen 2 Einhängeschlaufen aus B500B oder S 235 JR mit einem Mindestdurchmesser von 10 mm angeordnet werden, die mindestens 50 cm in die Decke hineinragen und an der Deckenbewehrung verankert werden müssen (Bild 3).

Der Gerüstbelag muss vollflächig mit mindestens 3,5 cm dicken Brettern oder Bohlen ausgelegt sein. Der Belag darf nicht ausweichen oder wippen. Das Absetzen von Lasten mit Hebezeugen ist bei Konsolgerüsten und Auslegergerüsten verboten. Im Bereich von Wandöffnungen bis 2,25 m sind die Konsolfüße auf Holzbalken oder Stahlträger abzustützen (**Bild 4**).

Für zu überbrückende Öffnungen bis 1,00 m kann ein Kantholz 10 cm x 10 cm verwendet werden, bis 2,25 m entweder zwei Kanthölzer 10 cm x 12 cm oder ein Stahlträger I 100 bzw. IPE 100.

Bild 1: Auslegergerüst

Bild 2: Verankerung von Auslegern

Bild 3: Konsolgerüst

Bild 4: Abstützung der Konsolfüße

Bild 1: Sicherheitsabstand von spannungsführenden Teilen

1 m bis 1000 Volt Spannung
3 m bei 1000 bis 110000 Volt Spannung
4 m bei 110000 bis 220000 Volt Spannung
5 m bei 220000 bis 380000 Volt Spannung
5 m bei unbekannter Spannungsgröße

**Arbeitsgerüst nach
DIN EN 12811-1
Breitenklasse W09
Lastklasse 5**

**Gleichmäßig verteilte Last
4,5 kN/m²**

**Gerüstbaubetrieb Hinauf
12345 Hochstand
Tel. 98 76 54**

Bild 2: Kennzeichnung von Gerüsten

Prüfung der Gerüste vor Benutzung

Verwendete Bauteile
- Beschaffenheit
- Kennzeichnung
- Maße

Standsicherheit
- Tragfähigkeit von Untergrund und Aufhängepunkten
- Verankerungen
- Abstände von Ständern und Konsolen
- Aussteifungen
- Ausführung

Arbeitssicherheit
- Kennzeichnung der Lastklasse und Breitenklasse
- Seitenschutz
- Aufstiege
- Auflagerung der Beläge
- Eckausführung
- Abstand zwischen Bauwerk und Belag
- Schutzwand im Dachfanggerüst
- Ausbildung der Beläge in Abhängigkeit von der Absturzhöhe

5.4.2.3 Auf- und Abbau von Gerüsten

Unter Aufrüsten versteht man das Aufstellen von Gerüsten; Abrüsten nennt man den Abbau der Gerüste. Gerüstbauarbeiten dürfen nur unter sachkundiger Aufsicht durchgeführt werden. Der verantwortliche Unternehmer hat für eine Gerüstausführung, die den Anerkannten Regeln der Technik entspricht, zu sorgen.

Ständer müssen eine sichere und unverrückbare Unterlage erhalten, z. B. Fußplatten, Bohlen oder Kanthölzer. Ist ein mehrlagiger Unterbau erforderlich, ist er kippsicher auszubilden. Schrägstützen sind gegen Ausweichen zu sichern. Es ist verboten, Gerüste auf nicht tragfähigen Decken oder Gewölben aufzustellen. Verankerungen und Verstrebungen sind fortlaufend mit dem Gerüstaufbau einzubauen. Die Zeitspanne für Tätigkeiten, bei denen Absturzgefahr besteht, ist so kurz wie möglich zu halten. Während des Auf- und Abrüstens an Verkehrswegen sind Warnzeichen anzubringen und für die Wegbenutzer Schutzvorkehrungen zu treffen. Gerüste an öffentlichen Wegen sind bei Dunkelheit zu beleuchten. Öffentliche Anlagen, wie z. B. Feuermelder, Hydranten und Kabelschächte, müssen jederzeit zugänglich bleiben. Bei Arbeiten in der Nähe von spannungsführenden Leitungen sind die Sicherheitsabstände einzuhalten (**Bild 1**).

Gerüste sind nach der Fertigstellung deutlich erkennbar zu kennzeichnen (**Bild 2**). Vor der Benutzung hat sowohl der Gerüstersteller als auch der Gerüstbenutzer das Gerüst auf einwandfreie Beschaffenheit der Bauteile, Standsicherheit, Arbeitssicherheit und auf augenfällige Mängel zu prüfen. Werden Mängel festgestellt, darf das Gerüst bis zu deren Beseitigung nicht benutzt werden. Sinnvoll ist die Erstellung eines Prüfprotokolls und eines Verankerungsprotokolls bei Gerüstübergabe an Fremdnutzer.

Bei der Benutzung von Gerüsten gelten folgende Regeln:
- Gerüste dürfen vor Fertigstellung nicht benutzt werden.
- Sie sind fortlaufend zu überwachen, besonders nach längeren Arbeitsunterbrechungen und Stürmen.
- Arbeitsplätze auf Gerüsten dürfen nur über sichere Zugänge betreten und verlassen werden.
- Auf Gerüsten dürfen nur die zum Arbeiten notwendigen Baustoffe gelagert werden.
- Auf Gerüstböden darf nicht abgesprungen, etwas hinauf- oder heruntergeworfen werden.
- Konstruktive Änderungen an Gerüsten darf nur der Gerüstersteller vornehmen.
- Auf Gerüsten, die als Fanggerüst oder Schutzdächer verwendet werden, dürfen keine Baustoffe oder Geräte abgesetzt oder gelagert werden.

Aufgaben

1. Erläutern Sie die Notwendigkeit der persönlichen Schutzausrüstung an möglichen Gefahrenquellen auf der Baustelle.
2. Führen Sie die Gerüstarten tabellarisch mit ihren Einsatzbereichen auf und skizzieren Sie die notwendigen Bauteile.
3. Prüfen Sie, wie viel kg Steine bei einem Gerüst der Lastklasse 4 mit einer Belagfläche von 2,50 m x 0,85 m neben der Belastung durch zwei Personen, einem Mörtelkübel von 2,5 kN und 0,2 kN Werkzeug mit dem Kran aufgesetzt werden dürfen.

5.5 Bauvermessung

Vermessungsarbeiten sind z. B. die Lagemessung (Horizontalmessung), Höhenmessung (Vertikalmessung), Aufnahme von Geländeflächen, Bauabsteckung, Vermarkung und Sicherungsmessung. Dabei sind Längen- und Winkelmessungen sowie Höhenmessungen auszuführen. Unter Lagemessung versteht man das Aufmessen von Punkten eines Geländes und deren Eintragung in einen Plan sowie das Einmessen von Punkten im Gelände nach einem vorliegenden Plan. Die Lage der Punkte im Gelände wird durch Längen- und Winkelmessung ermittelt und durch Fluchtstäbe oder Pflöcke gekennzeichnet. Ihre Höhenlage wird durch Höhenmessung bestimmt. Das Festlegen von Punkten im Gelände, z. B. Gebäudeecken, nennt man Abstecken.

5.5.1 Abstecken von Punkten

Unter Abstecken von Punkten im Gelände versteht man z. B. das Einfluchten von Zwischenpunkten, das Verlängern einer Strecke und das Bestimmen von Schnittpunkten. Grundlage des Absteckens bilden Festpunkte im Gelände.

5.5.1.1 Bezeichnen von Punkten im Gelände

Das ganze Land ist durch ein Netz von Punkten in einzelne Dreiecke (Dreiecksnetz) aufgeteilt. Diese Punkte nennt man Trigonometrische Punkte (TP); sie werden entweder als Hochpunkte, z. B. Kirch- und Aussichtsturmspitzen, oder als Bodenpunkte festgelegt. Die Bodenpunkte sind in der Regel durch einen Granitstein mit eingemeißeltem Kreuz und unterlagerter Platte eindeutig festgelegt. Sie dienen vorwiegend der Landesvermessung.

Bei Vermessungsarbeiten auf der Baustelle richtet man sich nach Grenzsteinen oder nach vorübergehend eingemessenen Festpunkten, wie z. B. eingeschlagene Holzpfähle und einbetonierte Metallrohre.

Für die Dauer der Vermessung werden Hilfspunkte geschaffen und durch Fluchtstäbe gekennzeichnet, die in der Mitte des zu kennzeichnenden Punktes lotrecht aufzustellen sind **(Bild 1)**. Dies geschieht durch Hineinstoßen der Stahlspitzen in den Boden. Zum Aufstellen von Fluchtstäben auf befestigten Flächen oder über Festpunkten und Grenzsteinen verwendet man Fluchtstabhalter. Wird ein Festpunkt nur in einer Richtung benutzt, so genügt es, den Stab genau in Fluchtrichtung vor oder hinter den Festpunkt, z. B. einem Grenzstein, in den Boden zu stecken. Das Einloten der Fluchtstäbe erfolgt mit dem Schnurlot oder mit dem Lattenrichter. Sind diese Hilfsmittel nicht verfügbar, so wird der Stab möglichst weit oben mit Daumen und Zeigefinger gehalten, damit er sich lotrecht einpendeln kann.

Bild 1: Fluchtstab

5.5.1.2 Fluchten

Voraussetzung für das Fluchten ist das Sichtbarmachen einer Strecke AB im Gelände. Dies geschieht durch Markieren des Anfangspunktes A und des Endpunktes B mithilfe von Fluchtstäben. Diese müssen von einem Standort aus eingesehen werden können. Beim Fluchten unterscheidet man das Einfluchten von Zwischenpunkten, das Verlängern einer Strecke, das gegenseitige Einfluchten und das Bestimmen des Schnittpunktes zweier Geraden.

Das **Einfluchten von Zwischenpunkten** ist dann notwendig, wenn lange Strecken ausreichend gekennzeichnet oder wenn Punkte, z. B. Gebäudeecken, markiert werden müssen **(Bild 2)**. Das Einfluchten von Zwischenpunkten wird in der Regel von einem Beobachter (Einweisender) und einem Helfer (Einzuweisender) ausgeführt. Beim Einfluchten stellt sich der Beobachter einige Schritte hinter einen der die Strecke markierenden Fluchtstäbe mit Blickrichtung auf den anderen

Bild 2: Einfluchten von Zwischenpunkten

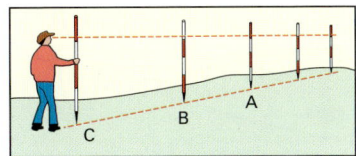

Bild 3: Verlängern einer Strecke

Fluchten zwischen zwei Gebäuden

Fluchten über eine Anhöhe

Bild 1: Einfluchten

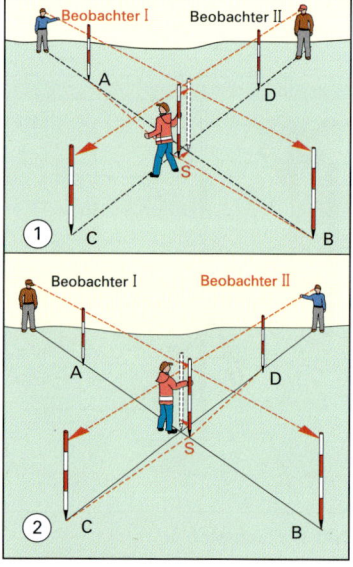

Bild 2: Bestimmung des Schnittpunktes

Zählnadeln

Richtstab

Messband

Bild 3: Messen mit dem Messband

Fluchtstab. Der Helfer stellt sich innerhalb der Strecke, jedoch außerhalb der Flucht auf. Er blickt in Richtung zum Beobachter und hält dabei den einzuweisenden Fluchtstab lotrecht zwischen den Fingern. Das Einweisen des Stabes in die Flucht erfolgt bei kürzeren Strecken auf Zuruf, bei längeren Strecken auf Handzeichen des Beobachters. Nach dem Einweisen wird mittels Lot oder Lattenrichter geprüft, ob der eingewiesene Fluchtstab lotrecht steht. Anschließend kontrolliert der Beobachter nochmals die Flucht, wobei gegebenenfalls die Stabstellung durch erneute Einweisung korrigiert werden muss. Beim Einfluchten mehrerer Zwischenpunkte müssen die vom Beobachter weiter entfernten Fluchtstäbe zuerst eingewiesen werden.

Das **Verlängern einer Strecke** AB, z. B. über A hinaus bis C, sollte höchstens um die Hälfte ihrer Länge erfolgen, da darüber hinaus nur mit optischen Geräten die erforderliche Genauigkeit erzielt werden kann (**Bild 3,** Seite 191). Zur Ausführung genügt eine Person, die sich mit dem Fluchtstab C in Verlängerung von AB stellt und durch Selbsteinweisen den Fluchtstab einrückt, einlotet und kontrolliert.

Zum **gegenseitigen Einfluchten** (Fluchten aus der Mitte) sind zwei Beobachter erforderlich (**Bild 1**). Diese Methode wird angewendet, wenn eine Gerade an beiden Endpunkten durch Sichthindernisse, z. B. Bauwerke, begrenzt ist oder wenn beide Endpunkte nicht einzusehen sind, z. B. im Bergland. Dabei weisen sich die beiden Beobachter gegenseitig über Hilfspunkte in die Flucht ein. Der Beobachter I stellt seinen Fluchtstab C' außerhalb der Flucht AB auf und weist den Beobachter II mit dem Stab D' in die Flucht C'A ein. Danach weist der Beobachter II den Beobachter I mit dem Fluchtstab C' in die Flucht D'B ein. Dieses gegenseitige Einfluchten wird fortgesetzt, bis in beiden Richtungen keine Abweichungen mehr auftreten und die Stäbe C und D in der Flucht der Geraden AB stehen.

Zur Bestimmung des **Schnittpunktes zweier Geraden** im Gelände sind in der Regel zwei Beobachter und ein Helfer erforderlich (**Bild 2**). Der Schnittpunkt S liegt sowohl auf der Geraden AB als auch auf der Geraden CD. Daher weisen der Beobachter I, der von A nach B und der Beobachter II, der von D nach C fluchtet, den Helfer in S wechselseitig ein. Der Schnittpunkt ist gefunden, wenn der Fluchtstab S zugleich in der Geraden AB und in der Geraden CD steht.

5.5.2 Längenmessung

Bei der Längenmessung werden Strecken direkt mit Messlatten oder Messbändern, indirekt mit Hilfsfiguren, z. B. über rechtwinklige Dreiecke, mit optischen (Basislatte) oder elektronischen Entfernungsmessern gemessen. Außerdem werden Laserinstrumente zur Längenmessung eingesetzt.

Das Messen von geraden Strecken wird beim Abstecken und Aufmessen im Gelände durchgeführt. Strecken werden in der Regel waagerecht und in der Flucht gemessen. Ausnahmen, bei denen man in der Neigung misst, sind z. B. das Aufmessen geneigter Flächen bei der Mengenermittlung und bei der Streckenteilung (Stationierung) im Straßenbau.

Beim **Messen mit Messlatten** wird die zu messende Strecke zunächst in ihrem Anfangs- und Endpunkt sowie gegebenenfalls in einem oder mehreren Zwischenpunkten abgesteckt. Die Messung beginnt grundsätzlich mit der rot/weißen Latte eines Messlattenpaares. Zum Bedienen beider Latten genügt eine Person, die durch Zielfluchten die

Latte in Richtung bringt und sie dann am Anfangspunkt, z. B. Mitte des Fluchtstabes oder Grenzsteines, anlegt. Die weiß/rote Latte wird in gleicher Weise in Richtung gebracht. Die weitere Messung erfolgt durch lückenloses Aneinanderreihen der Latten eines Lattenpaares, wobei jeweils beim Aufnehmen einer rot/weißen Latte eine Fünferzahl und beim Aufnehmen einer weiß/roten Latte eine Zehnerzahl ausgerufen wird. Dadurch können Fünfmeterfehler vermieden werden. Am Endpunkt werden die ganzen Meter und Dezimeter an der Latte, die Zentimeter von der nächstliegenden Dezimetermarke aus mit dem Meterstab ermittelt.

Wird die Längenmessung im geneigten Gelände mit Messlatten durchgeführt, spricht man von **Staffelmessung (Bild 1)**. Nach diesem Verfahren werden z. B. Grundstücksgrößen für den Grundstücksverkehr und zur Erstellung von Lageplänen ermittelt. Dabei werden die Längen stets in der Horizontalprojektion gemessen. Unter Horizontalprojektion versteht man das Abbild der Länge in der Ebene. Bei der Staffelmessung benötigt man ein Messlattenpaar, eine Wasserwaage, ein Senklot sowie mehrere Fluchtstäbe. Die Messung wird in der Regel von zwei Messgehilfen ausgeführt und erfolgt bergab. Am oberen Anfangspunkt wird die rot/weiße Messlatte in Messrichtung gelegt, mit der Wasserwaage waagerecht ausgerichtet und mithilfe eines Fluchtstabes in Lage gehalten. Danach wird der Endpunkt dieser Latte mittels Schnurlot auf die Erdoberfläche gelotet und die weiß/rote Latte an den so ermittelten Zwischenpunkt angelegt, in Richtung gebracht, waagerecht eingerichtet und in Lage gehalten sowie ihr Endpunkt auf den Boden gelotet. Dieser Vorgang wiederholt sich, bis die ganze Strecke gemessen ist. Dabei ist es vorteilhaft, die Messlatten stets hochkant zu verwenden, um deren Durchbiegung zu vermeiden.

Zum **Messen mit Messband** sind zwei Helfer erforderlich (**Bild 3,** Seite 192). Der eine legt die Nullmarke des Bandes am Streckenanfang an und weist den anderen Helfer in die Flucht ein. Beim Anlegen des Bandes ist stets auf die Lage der Nullmarke zu achten. Das Band muss dabei so gespannt werden, dass es nicht durchhängt. Der Endpunkt des Bandes wird durch eine Zählnadel markiert und das Band um eine Länge vorgerückt. Dieser Vorgang wird wiederholt. Die Länge der Strecke errechnet sich aus der Anzahl der Bandlänge plus der Restablesung des letzten Bandes.

Langenmessungen in flach geneigtem Gelände werden häufig mit geeichten Stahlmessbändern ausgeführt. Dabei gelten die Regeln wie beim Messen mit Messlatten. Die Messgenauigkeit wird z. B. durch Temperatur, unterschiedliche Zugkraft und den Durchhang des Bandes beeinflusst. Wird z. B. mit einem bei + 20 °C geeichten Band eine Strecke von 20 m bei + 30 °C gemessen, ergibt sich eine Ungenauigkeit von + 2,3 mm. Wenn bei einem 20-m-Band eine Zugkraft von 100 N anstelle 50 N aufgebracht wird, ergibt sich je Bandlänge ein Fehlereinfluss von + 2 mm. Ist die Zugkraft zu gering und stellt sich auf 20 m Bandlänge z. B. ein Durchhang von 20 cm ein, wird das Messergebnis um – 5 mm beeinflusst. Mit zunehmender Anzahl der Bandlagen einer Messung wird der Einfluss der Ungenauigkeiten größer. Deshalb eignet sich dieses Verfahren nur für kürzere Strecken.

Bild 1: **Staffelmessung**

Die **elektronische Streckenmessung** bietet eine hohe Genauigkeit auch bei großen Strecken (**Bild 2**). Elektronische Entfernungsmesser bestehen aus dem Messgerät (Sender) und dem Reflektor (Empfänger). Vom Instrument, das über einem Messpunkt zentriert ist, wird ein Signal, z. B. ein Infrarot-Lichtstrahl ausgesendet, das von einem am nächsten Messpunkt aufgestellten Reflektor in das Messgerät zurückgeworfen wird. Gleichzeitig wird der Zenitwinkel gemessen. Aus der Laufzeit der elektromagnetischen Wellen zwischen Sender und Reflektor sowie dem Zenitwinkel wird die horizontale Entfernung in einem angeschlossenen Rechner ausgewertet und das Messergebnis angezeigt. Wechselnde Wetterverhältnisse können das Messergebnis beeinflussen, deshalb müssen entsprechende Daten, z. B. Temperatur, Luftfeuchtigkeit und Luftdruck, in das Messgerät eingegeben werden. Bei Instrumenten, die dem Stand der Technik entsprechen, ist dies nicht erforderlich.

Bild 2: **Elektronische Streckenmessung**

Messlatten

Bauwinkel

Bogenschlag

Pentagonprisma

Dosen-
libelle

Seh-
schlitz

Stahlrohrstab

Kreuzscheibe

**Bild 1: Abstecken von rechten
Winkeln**

5.5.3 Winkelmessung

Die Einheiten des Winkels sind der Grad und das Gon. Der Vollkreis umfasst bei der Sexagesimalteilung 360°, bei der Zentesimalteilung, die seit 1937 im Vermessungswesen vorgeschrieben ist, 400 gon.

1° (Grad)	=	60′ (Minuten);		1′	=	60″ (Sekunden)
1 Vollkreis	=	360°	= 21 600′		=	1 296 000″
1 Vollkreis	=	400 gon	= 4000 dgon		=	40 000 cgon
	=	4 000 000 mgon				

Umrechnung von Grad in Gon und umgekehrt:

$$1° = \frac{10}{9} \text{ gon} \qquad\qquad 1 \text{ gon} = \frac{9°}{10}$$

Das Abstecken eines rechten Winkels ist auf der Baustelle von besonderer Bedeutung. Je nach der geforderten Genauigkeit kann dies mittels Längenmesszeugen, mit der Kreuzscheibe und dem Winkelprisma durchgeführt werden. Für beliebig große Winkel benutzt man Nivellierinstrumente mit Horizontalkreis und den Theodolit.

5.5.3.1 Abstecken von rechten Winkeln mit Längenmesszeugen

Beim Abstecken von rechten Winkeln mit **Längenmesszeugen** geht man vom Lehrsatz des Pythagoras aus, danach ist ein Dreieck rechtwinklig, wenn sein Seitenverhältnis 3:4:5 ist (Verreihung) **(Tabelle 1)**.

Tabelle 1: Verreihungszahlen in Metern

1 Teil	3 Teile	4 Teile	5 Teile
0,20	0,60	0,80	1,00
0,30	0,90	1,20	1,50
0,40	1,20	1,60	2,00
0,60	1,80	2,40	3,00
1,00	3,00	4,00	5,00

Beim Abstecken wird zunächst die Gerade AB mit Fluchtstäben gekennzeichnet und der Punkt C, in dem der rechte Winkel errichtet werden soll, als Zwischenpunkt eingemessen und markiert **(Bild 1)**. Dann misst man auf der Strecke AB von C aus 3,00 m ab und erhält einen Hilfspunkt. Von diesem Hilfspunkt aus misst man mit einer Latte 5,00 m und von C aus gleichzeitig mit einer anderen Latte 4,00 m so ab, dass die Endpunkte der beiden Latten in Punkt D zusammenfallen. Die Strecke CD steht somit senkrecht auf der Strecke AB.

Ein rechter Winkel kann auch mit dem so genannten **Bauwinkel** errichtet werden (Bild 1). Bei diesem sind drei Bretter zu einen Dreieck mit dem Seitenverhältnis 3 : 4 : 5 fest miteinander verbunden. Beim Errichten eines rechten Winkels wird der Bauwinkel mit dem kurzen Schenkel in einem gegebenen Punkt auf der Strecke AB angelegt, wobei der lange Schenkel in Richtung der gesuchten Senkrechten weist.

Ein rechter Winkel kann auch durch den so genannten **Bogenschlag** errichtet werden (Bild 1). Dabei wird auf einer Geraden AB von einem Zwischenpunkt C aus, in dem der rechte Winkel errichtet werden soll, eine Strecke a, z. B. 5 m in Richtung nach A und B, abgemessen und markiert. Um die so ermittelten Hilfspunkte H_1 und H_2 beschreiben zwei Helfer Kreisbögen mit gleichen Radien, z. B. 10 m, indem sie je ein Messband an H_1 bzw. H_2 befestigen, es straffen und aufeinander zugehen. Die beiden Bänder schneiden sich in Punkt D, die Strecke CD steht senkrecht auf der Strecke AB.

5.5.3.2 Abstecken rechter Winkel mit Kreuzscheibe und Winkelprisma

Die Kreuzscheibe erlaubt im Gegensatz zum Winkelprisma Steilsichten bis zu 35 gon, deshalb kann sie auch im hügeligen Gelände benutzt werden.

Beim Abstecken eines rechten Winkels mit der **Kreuzscheibe** wird diese in Punkt C auf der Geraden AB eingewiesen und durch Einspielen der Dosenlibelle lotrecht gestellt (**Bild 2,** Seite 194 und **Bild 1**). Ein Sehschlitzpaar wird in die Flucht der Geraden AB ausgerichtet und nach A und B kontrolliert. Durch die Ziellinie des zweiten Sehschlitzpaares liegt die Richtung der in C zu errichtenden Senkrechten fest, sie wird mit einem Fluchtstab in D markiert. Zur Überprüfung des rechten Winkels wird eine Wiederholung der Absteckung mit der um 100 gon gedrehten Kreuzscheibe durchgeführt.

Beim Abstecken eines rechten Winkels mit dem **Rechtwinkelprisma** wird dieses vom Beobachter in Punkt C auf der Geraden AB bzw. EF zentriert (**Bild 1**). Dabei richtet er das Prisma auf Augenhöhe so ein, dass dessen Glasspitze in Richtung A weist. Bei festem Boden bedient er sich des im Handgriff eingehängten Schnurlotes, bei lockerem Boden ist auch die Verwendung eines Lotstabes möglich. Durch Spiegelung im Prisma werden die sich deckenden Stäbe A und E sichtbar. Der Helfer wird in Lotrichtung eingewiesen, indem der Beobachter ihn über das Prisma hinweg durch Zuruf oder Handzeichen so lenkt, dass der von ihm gehaltene Fluchtstab mit dem Spiegelbild des Stabes A eine lotrechte Linie bildet. Durch Stellen des Fluchtstabes wird der Punkt in D markiert.

Ist von einem Punkt im Gelände, z. B. von einem Grenzstein aus, ein rechter Winkel, z. B. auf eine Aufnahmelinie herzustellen, bezeichnet man dies als Fällen eines Lotes. Das Lot wird durch Selbsteinweisung unter Zuhilfenahme eines Winkelprismas gefällt. Dabei bewegt sich der Beobachter auf der Aufnahmelinie solange hin und her, bis der Fluchtstab, der den Grenzpunkt kennzeichnet, mit den Fluchtstäben der Aufnahmelinie eine lotrechte Linie bilden.

Zum Abstecken rechter Winkel und zum Fällen von Loten eignen sich z. B. das Pentagonprisma und das Doppelpentagonprisma oder das Kreuzvisier.

5.5.3.3 Abstecken beliebig großer Winkel

Beliebig große Winkel können mit dem **Nivellierinstrument** mit Horizontalkreis, dem Theodolit und näherungsweise über das Bogenmaß mithilfe des Meterstabes ermittelt werden.

Bei der näherungsweisen Bestimmung eines beliebigen Winkels mit dem Meterstab reißt man einen Kreisbogen mit dem Radius von 57,3 cm auf (**Bild 2**). Bei diesem Radius entspricht 1 cm der Bogenlänge einem Mittepunktswinkel von 1°. Bei einer Bogenlänge, z. B. von 19 cm, ergibt sich ein Winkel von 19°.

Eine genaue Winkelmessung erfolgt mit dem Nivellierinstrument mit Horizontalkreis oder dem Theodolit. Ist ein Winkel in Grad angegeben, muss er zuvor in Gon umgerechnet werden.

Mit den Nivellierinstrument soll z. B. ein Winkel von 40 gon abgesteckt werden. Dazu wird auf der Strecke AB im Scheitel B das Instrument zentriert und horizontiert (**Bild 3**). Bei der Aufstellung wird der Gon-Teilstrich null in Richtung des Punktes A eingerichtet. Zum Abtragen des Winkels wird das Fernrohr im Uhrzeigersinn gedreht,

Bild 1: Abstecken eines rechten Winkels

Bild 2: Abstecken beliebig großer Winkel mit dem Meterstab

Bild 3: Abstecken eines Winkels mit dem Nivellierinstrument

bis Gon-Teilstrich 40 im Blickfeld abgelesen wird. Das Fernrohr wird festgestellt. Durch Vergleich der senkrechten Strichkreuzachse mit der Fluchtstabachse wird Punkt C abgesteckt (**Bild 3,** Seite 195).

Mit dem Theodolit können zusätzlich beliebige Winkel in der Vertikalen gemessen werden. Er setzt sich aus dem Unterbau und dem Oberbau zusammen (**Bild 1**). Die Aufstellung über einem Messpunkt erfolgt mittels Stativ, wobei die Zentrierung durch Schnurlot, starres Lot oder optisches Lot erfolgen kann. Der Unterbau besteht aus der Grundplatte mit den Stellschrauben zur Horizontierung, dem Horizontalkreis und der Einrichtung zur Aufnahme des Oberbaues. Der Oberbau besteht hauptsächlich aus dem Fernrohrträger mit dem kippbaren Messfernrohr und dem Vertikalkreis, der sich beim Auf- und Abkippen des Fernrohres mitbewegt. Außerdem ist eine Dosen- und eine Röhrenlibelle angebracht.

Bild 1: Theodolit

Bild 2: Höhenmessung mit der Setzlatte

Bild 3: Schlauchwaage

Am Theodolit unterscheidet man Stehachse, Kippachse und Zielachse. Zur fehlerfreien Horizontal- und Vertikalwinkelmessung ist es notwendig, dass die Stehachse lotrecht, die Kippachse waagerecht und die Zielachse senkrecht auf der Kippachse ist. Die Stehachse (Drehachse) wird durch Einspielen der Dosen- bzw. Röhrenlibelle senkrecht gestellt.

Wird der Theodolit zur Messung eines Polygonzuges verwendet, gehören zur Messausrüstung außerdem mindestens drei Stative und zwei Zieltafeln. Als Polygonzüge werden geknickte Linienzüge im Gelände bezeichnet, die durch Messen von Strecken und Winkeln festgelegt sind. Jeder Polygonpunkt wird durch Berechnung seiner x- und y-Werte in ein Koordinatensystem eingebunden.

5.5.4 Höhenmessung

Aufgabe der Höhenmessung (Nivellement) ist die Ermittlung des Höhenunterschiedes zwischen zwei Punkten, wobei als Höhenunterschied der lotrechte Abstand zwischen einem höher liegenden und einem tiefer liegenden Punkt bezeichnet wird. Sie ist notwendig, um z. B. Bauwerke in ihrer Höhenlage zu bestimmen, im Straßenbau Neigungen zu ermitteln, bei Abwasserleitungen ausreichendes Gefälle herzustellen und bei Tunnelbauten mit beidseitigem Vortrieb gleiche Anschlusshöhe zu erreichen. Auf Baustellen müssen auch Punkte bestimmt werden, deren Höhenunterschied null ist, z. B. bei Deckenplatten, Unterzügen und Trägern. Ausgangspunkt jeder Höhenmessung ist ein Höhenfestpunkt, der durch die Landesvermessung festgelegt und auf den Amsterdamer Pegel bezogen ist. Diesen bezeichnet man als **NN** = **N**ormal**n**ull. Höhenfestpunkte können z. B. als Höhenmarken, Mauerbolzen, Pfeilerbolzen, unterirdische Festlegung und Rohrfestpunkte gekennzeichnet sein. Oberirdische Festpunkte sind meist an öffentlichen Gebäuden angebracht, wie an Kirchen, Rathäusern und Bahnhöfen. Auf der Baustelle ist es notwendig, einen Höhenbezugspunkt festzulegen, auf den die Höhenunterschiede am Bauwerk bezogen werden. Diese Höhenunterschiede werden als relative Höhen bezeichnet, im Gegensatz zu den absoluten, die sich auf Normalnull beziehen.

Für die Höhenmessung auf der Baustelle verwendet man die Wasserwaage und Setzlatte, Schlauchwaage, Visiertafeln und das Nivellierinstrument.

Wasserwaage und **Setzlatte** eignen sich zur Höhenmessung über kurze Strecken im steil geneigten Gelände, wie z. B. an Böschungen (**Bild 2**). Die Setzlatte wird in der Mitte des Höhenfestpunktes A angelegt und mit der Wasserwaage horizontal ausgerichtet. An einer Latte oder an einem Fluchtstab, der in Punkt B eingelotet ist, wird von UK Setzlatte die lotrechte Entfernung auf den Punkt B gemessen.

Die **Schlauchwaage,** deren Funktion auf dem Gesetz der kommunizierenden Röhren beruht, wird vorwiegend zur Festlegung von Punkten gleicher Höhenlage verwendet, z. B. beim Versetzen von Fertigteilen und Anbringen eines Meterrisses (**Bild 3,** Seite 196). Das eine Ende der Schlauchwaage wird an einem Festpunkt angehalten und mit dem anderen wird in der Höhe so lange verfahren, bis sich der Wasserspiegel auf Höhe des Festpunktes einstellt. Beim Füllen des Schlauches mit Wasser ist darauf zu achten, dass das Entlüftungsventil geöffnet ist, damit die Luft entweichen kann. Bei der Handhabung ist zu beachten, dass der Schlauch nicht abgeknickt wird.

Das Festlegen von Höhen durch **Visierkreuze** wird häufig im Straßen- und Kanalbau angewendet, wenn zwischen zwei Festpunkten beliebig viele Zwischenpunkte gleicher Höhenlage (waagerechte Gerade) oder eine Gerade gleicher Neigung abzustecken ist **(Bild 1).** Bei diesem Verfahren benötigt man einen Satz Visiertafeln. Die beiden Festpunkte sollten nicht wesentlich weiter als 50 m auseinander liegen. Der Anfangspunkt A wird mit einer schwarzen Krücke, der Endpunkt B mit einer schwarz/weißen Tafel markiert. Der Zwischenpunkt wird in der Höhe so eingefluchtet, dass die Oberkante der Krücke mit dem Grenzstrich der Tafel übereinstimmt. Sind mehrere Zwischenpunkte zu bestimmen, so werden diese in gleicher Weise festgelegt.

Das **Nivellierinstrument** (analoges Nivellier) verwendet man für umfangreiche und genaue Höhenbestimmungen **(Bild 2).** Ist das Instrument mit einem Horizontalkreis ausgestattet, kann es auch zur Winkelmessung in der Horizontalen eingesetzt werden. Außerdem können manche, mit Zusatzeinrichtungen ausgestattete Instrumente zur Tachymetrie in flachem Gelände eingesetzt werden. Unter Tachymetrie versteht man Verfahren zur schnellen Geländeaufnahme durch gleichzeitige Entfernungs- und Höhenmessung. Digitalnivelliere mit digitaler Messwertanzeige ermöglichen Höhen- und Distanzmessungen mit digitaler Bildverarbeitung und automatischer Datenregistrierung. Mit entsprechender Software können die gespeicherten Daten weiterverarbeitet werden.

Ein Nivellierinstrument besteht aus dem eigentlichen Instrument und dem Stativ. Das Instrument setzt sich aus dem Unterbau und dem Oberbau zusammen. Das Fernrohr mit aufgesetzter, fest verbundener Röhrenlibelle oder eingebautem Kompensator (Ziellinienregler) bezeichnet man als Oberbau. Teile des Fernrohres sind Objektiv, Strichkreuz und Okular. Die Fokussierung, d.h. die Scharfeinstellung, erfolgt über einen Drehknopf. Der Unterbau besteht aus der Grundplatte mit den Fußschrauben, der Dosenlibelle und der drehbaren Lagerung des Fernrohrträgers. Zielachse und Stehachse bilden einen rechten Winkel.

Ist ein Teilkreis vorhanden, so ist dieser dem Unterbau zugeordnet. Ein Nivellierinstrument kann weitere Einrichtungen aufweisen, welche die Handhabung erleichtern, wie z. B. ein Beobachtungsprisma für die Dosenlibelle, Seitenfeintrieb, Feststellschraube und Vorsatzlinsen für den Einsatz im Nahbereich.

Die Grobhorizontierung des Nivellierinstruments geschieht mithilfe der Dosenlibelle durch Betätigung der Fußschrauben. Bei Instrumenten ohne Ziellinienregler erfolgt die Feinhorizontierung mit der Röhrenlibelle, die ebenfalls über die Fußschrauben angesprochen wird. Instrumente mit automatischer Horizontierung haben einen eingebauten Kompensator. Dieser ersetzt die Röhrenlibelle und stellt nach dem Einspielen der Dosenlibelle unter Einwirkung der Schwerkraft die Feinhorizontierung selbsttätig ein.

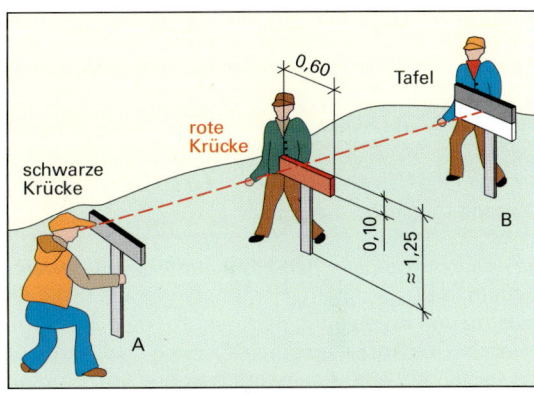

Bild 1: Festlegen von Höhen mit Visierkreuzen

Bild 2: Nivellierinstrument

Durch Nivellieren werden vorwiegend Höhenunterschiede zwischen verschiedenen Punkten oder Punkte gleicher Höhe eingemessen. Höhenunterschiede werden von einer horizontalen Ziellinie (Instrumentenhorizont) mittels lotrecht über den Messpunkten stehenden Nivellierlatten ermittelt. Punkte gleicher Höhenlage misst man vom Instrumentenhorizont aus durch gleiche Abstiche ein.

Soll z. B. von einen Höhenfestpunkt A, dessen Höhe über NN 551,78 m beträgt, die Höhe des Punktes B ermittelt werden, stellt man das Nivellierinstrument in der Mitte zwischen A und B auf **(Bild 1)**. Man hält zunächst die Nivellierlatte auf Punkt A und liest daran R = 2,51 m ab. **R** bedeutet Rückblick, weil man in Bezug auf den zu bestimmenden Höhenpunkt B nach rückwärts blickt. Nun wird die Latte nach Punkt B umgesetzt und durch das Fernrohr V = 1,29 m abgelesen. **V** bedeutet Vorblick, weil man in Bezug auf den zu bestimmenden Höhenpunkt B vorwärts blickt.

Bild 1: Höhenbestimmung mit dem Nivellierinstrument

Den Höhenunterschied Δh errechnet man

Höhenunterschied = Rückblick − Vorblick
$$\Delta h = R - V$$
$$\Delta h = 2,51\ m - 1,29\ m$$
$$\Delta h = 1,22\ m$$

Die Höhe des Punktes B beträgt

Höhe B = Höhe A + Höhenunterschied
$$H_B = H_A + \Delta h$$
$$H_B = 551,78\ m + 1,22\ m$$
$$H_B = 553,00\ m\ \ddot{u}b.\ NN$$

Bei der Durchführung einer Höhenmessung mit dem Nivellierinstrument ist zu beachten:

- Zielweiten gleich groß festlegen (Nivellieren aus der Mitte).
- Zielweiten nicht wesentlich größer als 50 m wählen, Messgenauigkeit des Instruments beachten.
- Stative standsicher aufbauen und Erschütterungen vermeiden.
- Nivellierinstrumente sorgfältig horizontieren.
- Nivellierlatten stets horizontal stellen, gegebenenfalls einen Metallfuß als Lattenunterlage verwenden.

Ist es nicht möglich, den Höhenunterschied zweier Punkte mit nur einer Instrumentenaufstellung zu ermitteln, muss der Instrumentenstandpunkt (IS) mehrmals gewechselt werden (Instrumentenwechsel). Bei jeder neuen Aufstellung des Instrumentes gilt der zuletzt vermessene Punkt der vorangegangenen Höhenmessung als Ausgangspunkt. Der neu bestimmte Ausgangspunkt wird als Wechselpunkt (WP) bezeichnet. Da es sich um eine Aneinanderreihung von Einzelaufstellungen handelt, ergibt sich der Gesamthöhenunterschied aus der Summe der Höhenunterschiede Δh.

Bild 2: Nivellement mit Instrumentenwechsel

Ablauf eines Nivellements mit Instrumentenwechsel (**Bild 2,** Seite 198):

- Nivellierlatte auf dem Festpunkt A lotrecht aufstellen.
- Nivellierinstrument unter Beachtung der Zielweiten im Punkt IS_1 aufstellen.
- Rückblick R_1 in das Feldbuch **(Bild 1)** eintragen.
- Nivellierlatte in WP_1 aufstellen.
- Vorblick V_1 in das Feldbuch eintragen.
- Instrumentenwechsel nach Standpunkt IS_2 vornehmen und Latte am WP_1 drehen.
- Rückblick R_2 in das Feldbuch eintragen.
- Nivellierlatte auf Wechselpunkt WP_2 aufstellen.
- Vorblick V_2 in das Feldbuch eintragen.

FELDBUCH Ort: **Biberach** Witterung: **sonnig** Blatt: **1**
Längen- Nivellement
mit Instrument: **Zeiss Ni 2** 383612
angeschlossen an: **HP A** mit NN + **512,78 m**

Punkt	Ablesung in m			Instrumen-tenhorizont	Höhe d. Pkt. in m ü. NN	Bemer-kungen
	Rückblick	Zw. Punkt	Vorblick			
A					512,78	HP
	3,73		0,79	516,51	515,72	WP_1
	3,46		0,53	519,18	518,65	WP_2
B	1,36		3,39	520,01	516,62	

Σ R =	8,55	Σ V =	4,71	HP = 512,78	Datum: **TT.MM.JJ**
Δ h =	3,84			Δ h = 3,84	Beobachter: *Huber*
				516,62	

Bild 1: Feldbuch (Auszug)

5.5.5 Bauvermessung mit Laser-Instrumenten

Das Wort **Laser** ist eine Zusammensetzung aus dem Anfangsbuchstaben der englischen Bezeichnung »**L**ight **a**mplification by **s**timulated **e**mission of **r**adiation«. Dies bedeutet Lichtverstärkung durch erzwungene Strahlenanregung. Zum Betrieb des Lasers ist ein Steuergerät notwendig, das aus einem Akku gespeist werden kann. Im Bauwesen werden Helium-Neon-Laser und Diodenlaser eingesetzt. Im Gegensatz zu den Helium-Neon-Lasern brauchen Diodenlaser keinen Transformator, um die Betriebsspannung zu erhöhen. Außerdem haben sie den Vorteil, dass der Laserstrahl besser sichtbar ist. Laserstrahlen können bei direkter Einwirkung auf die Augen die Sehkraft gefährden, deshalb müssen die von der Berufsgenossenschaft herausgegebenen Sicherheitsvorschriften eingehalten werden. Laserinstrumente haben den Vorteil, dass die ausgesandten Strahlen sichtbar sind bzw. durch Detektoren (Empfänger) erfasst werden können. Bei eingerichtetem Instrument können Messvorgänge rasch und fehlerfrei ausgeführt werden.

Mit **Baulasern** werden Vermessungsarbeiten auf der Baustelle durchgeführt. Der Vorteil liegt hauptsächlich darin, dass die Arbeiten von einer Person vorgenommen werden können. Wegen der verschiedenen Bauaufgaben des Hoch-, Ingenieur- und Innenausbaus sowie des Tief- und Straßenbaus wurden unterschiedliche Lasertypen entwickelt, die praxisorientierte Einsatzschwerpunkte abdecken. Im Hochbau kommen vorwiegend Rotationslaser, im Tiefbau Kanalbaulaser zum Einsatz.

Rotationslaser sind horizontal, vertikal und mit Neigung einstellbar **(Bild 2)**. Die rotierenden Prismensysteme, mit einer Rotationsgeschwindigkeit mit bis zu 800 U/min, erzeugen eine horizontale oder vertikale Kreisebene. Bei horizontal rotierendem Strahl erhält man z. B. in einem Raum eine horizontale, durchgehende Bezugsebene, die es ermöglicht, an jeder Stelle in den verschiedensten Lagen zum Instrument eine Höhenablesung vorzu-

Rotations-laser

sichtbarer Laserstrahl

bis ca. 250 m

Hand-empfänger

Bild 2: Rotationslaser

Zieltafeln

30,000%

Automatik-Kanalbaulaser

Bild 3: Kanal-Bau-Laser

nehmen. Mit einer vertikalen Bezugsebene lassen sich z. B. Schalungen, Trennwände, Stützen und Fassaden ausrichten. Mit einem Lotstrahl kann das Instrument auf einem bestimmten Punkt zentriert, mit einem Referenzstrahl können rechte Winkel angetragen werden. Vorteile bringt eine Selbstnivellier-Automatik mit Pendelkompensator, der im Selbsthorizontierbereich Neigungen schneller ausgleichen kann als Geräte mit elektromotorischer Horizontierung. Die Genauigkeit des Lasers ist im Zusammenhang mit der des Detektors (Empfänger) zu sehen. Da es für die Prüfung von Rotationslasern noch keine DIN-Norm gibt, ist man auf die Angaben der Hersteller angewiesen. Die Reichweiten werden mit 100 m bis 600 m angegeben. Durch ausgewähltes Zubehör, wie z. B. Zielzeichen, Fernbedienung, Adapter, Befestigungsklammern, Ladegerät und Transportkoffer, lassen sich Erleichterungen erzielen.

Kanal-Bau-Laser sind auf Vermessungsarbeiten ausgerichtet, die eine ausgeprägte Längsrichtung aufweisen, wie z. B. das Verlegen von Rohren zwischen zwei Schächten. Sie sind horizontal, vertikal und mit vorgegebener Neigung einstellbar (**Bild 3,** Seite 199). Außerdem kann ein Referenzstrahl lot- und winkelrecht zur Instrumentenachse eingerichtet werden. Eine Drehung der Vertikalebene, wie bei Rotationslasern, ist nicht möglich. Das Instrument ist mit einer Selbstnivellier-Automatik ausgestattet. Die Reichweiten betragen 100 m bis 300 m. Zur Grundausstattung gehören z. B. Zielzeichen, Fernbedienung, Ladegerät und Transportkoffer.

Bild 1: Arbeiten mit dem Kanal-Bau-Laser

Anbringen eines Meterrisses

Ausrichten einer Deckenabhängung

Bild 2: Arbeiten mit dem Rotationslaser

Laser im Kanalbau

Das Instrument wird auf einem Stativ oder einer Grundplatte mit Vertikalsäule aufgesetzt (**Bild 1**). Zum Verlegen von Rohren wird der Laserstrahl so ausgerichtet, dass er die Rohrachse angibt. In Rohren mit größerem Durchmesser oder in Schächten ist das Instrument an der Vertikalsäule in der Höhe verstellbar. Für den Einsatz in Gräben mit geringer Tiefe oder auf der Erdoberfläche wird das Stativ verwendet. Es können Neigungen im Bereich von – 10% bis + 30% eingestellt werden. Kommt der Kanal-Bau-Laser vom richtigen Niveau ab, korrigiert die Selbstnivellier-Automatik die Ausrichtung innerhalb eines bestimmten Bereichs selbstständig. Außerhalb des selbst nivellierenden Bereichs schaltet das Gerät ab und muss neu eingestellt werden. Das Planieren einer Rohrgrabensohle erfolgt mit einer Schablone, die so über das zu erstellende Planum geführt wird, dass der Laserstrahl stets genau auf eine Markierung trifft. Bei auf Rohrachse eingerichtetem Instrument ist der Höhenunterschied bis zur Sohle zu berücksichtigen. Das Verlegen der Rohre erfolgt mithilfe eines Zielzeichens. Dieses wird ins Rohrende so eingesetzt, dass Zielachse und Rohrachse übereinstimmen. Um das zu verlegende Rohr in Richtung und Neigung zu bringen, verschiebt man es so lange, bis der Zielstrahl in die Mitte des Zielzeichens trifft.

Laser im Hochbau

Der Rotationslaser kann entweder auf einem Stativ stehen oder z. B. an einem Pfeiler befestigt werden (**Bild 2**). Die Grobhorizontierung des Instruments erfolgt mithilfe der Dosenlibelle durch Betätigung der Fußschrauben, die Feinhorizontierung automatisch durch den eingebauten Kompensator. Diese Laserinstrumente eignen sich bei horizontaler Ausrichtung z. B. für Ausschachtungs- und Planierarbeiten, Anbringen von Meterrissen, Einbau von Estrichen und Ausrichten von Rasterdecken, bei vertikaler Ausrichtung zum Hochloten von Festpunkten, was z. B. beim Führen von Gleitschalungen und Anlegen von senkrechten Schächten sowie beim Einbau von Aufzugschienen vorteilhaft ist.

Beim Ausrichten von Rasterdecken wird das Instrument ungefähr in der Raummitte aufgestellt und eingerichtet (Bild 2). Die durch den rotierenden Laserstrahl ausgesandte waagerechte Bezugsebene ist an jeder Stelle des Raumes zugänglich. Der Strahl kann über Zieltäfelchen aufgefangen und die Deckenelemente danach ausgerichtet werden. Ähnlich geschieht auch das Anbringen eines Meterrisses (Bild 2).

Geografisches Informations-System

Mit dem Geografischen Informations-System (GIS) können Geodaten, z. B. von Grundstücken und Gebäuden erfasst, bearbeitet und verwaltet werden. Weitere Daten werden z. B. durch tachymetrische Gebäudeaufnahmen, GPS-Vermessungen und Fotogrammetrie gewonnen. Diese Geobasisdaten können verknüpft werden, z. B. mit Daten über Eigentümer, Topografie und Lage sowie über Fachdaten der Verwaltungen. Die Daten werden bei Vermessungsämtern auf Landes-, Regional- und Kommunalebene sowie bei privaten Vermessungsbüros gepflegt, d. h. aktualisiert und für die GIS-Nutzung angeboten. Verwaltungen, Planungsbüros und Baufirmen ist dadurch eine rasche Bearbeitung, z. B. bei Planungen im Tief- und Straßenbau, bei der Straßen- und Kanalunterhaltung oder beim Auffinden erdüberdeckter Ver- und Entsorgungsleitungen, möglich. Mithilfe von Höhendaten können zusätzlich räumliche Darstellungen und Modelle erzeugt werden.

5.5.6 Aufnahme von Längs- und Querprofilen

Zur Planung, zum Bau und zur Mengenermittlung im Tiefbau, z. B. beim Bau von Straßen, Brücken und Abwasserkanälen, ist es notwendig, die Oberflächenform des Geländes zeichnerisch darzustellen. Dabei werden durch das Gelände lotrechte Schnitte geführt. Diese verlaufen in der Längs- und Querachse des Bauwerks. Die zeichnerische Darstellung eines Schnittes bezeichnet man als Profil. Je nach Lage der Schnitte unterscheidet man Längs- und Querprofile. Grundlage für die Ermittlung der Profile sind meist Lagepläne mit Höhenlinien oder Erhebungen vor Ort.

Mit CAD-GIS-Programmen können über digitale Geländemodelle Höhenlinien, Profile und Mengenberechnungen durchgeführt und automatisch erstellt werden. Querprofile werden entlang des Längsprofils in vorgegebenem Abstand erzeugt. Berechnungen können bei Bedarf prüffähig protokolliert werden.

5.5.6.1 Aufnahme von Längsprofilen

Zur Aufnahme von Längsprofilen werden je nach Geländeform in bestimmten Abständen, z. B. 20 m, sogenannte Stationierungspunkte festgelegt (**Bild 1**). Diese Punkte werden markiert und deren Höhen über NN durch Höhenmessung ermittelt. Die Messergebnisse werden z. B. im Feldbuch protokolliert.

Um in der Zeichnung die Höhe im Verhältnis zur Länge deutlicher zu machen, wählt man in der Regel für die Abstände der Stationierungspunkte den Maßstab 1 : 1000 und für die Höhen den Maßstab 1 : 100.

Das Profil wird über einer Bezugslinie (Horizont) angeordnet. Dieser Bezugslinie ist ein bestimmtes Höhenmaß, z. B. 540 m über NN, zugeordnet. Auf dem Horizont werden die Stationierungspunkte eingemessen und jeweils die Senkrechte dazu mit dem Höhenmaß errichtet. Die ermittelten Höhenpunkte sind geradlinig miteinander zu verbinden.

Bild 1: Längsprofil

Bild 2: Querprofil

5.5.6.2 Aufnahme von Querprofilen

Quer zur Längsachse, mit Blick in Stationierungsrichtung, wird das Querprofil geführt (**Bild 2**, Seite 201). Im Stationierungspunkt, z. B. 0 + 100, wird mit Hilfe eines Rechtwinkelinstrumentes die Querachse abgesteckt. Mit einem Höhenmessinstrument werden je nach Geländeform mehrere Höhenmaße rechts und links des Stationierungspunktes ermittelt, ins Feldbuch eingetragen und ausgewertet. Das Querprofil wird ähnlich wie das Längsprofil dargestellt, wobei jedoch für die Längen- und Höhenmaße der gleiche Maßstab gewählt wird. Während das Längsprofil eine Übersicht der Erdbewegungen über die gesamte Baumaßnahme ermöglicht, werden Querprofile z. B. zur Abrechnung der Erdarbeiten, getrennt nach Auftrag und Abtrag, benötigt. Verläuft das Gelände über der geplanten Ebene, z. B. Straße, muss Erdreich abgetragen werden, wobei ein Einschnitt entsteht, den man als **Abtrag** bezeichnet. Liegt die geplante Ebene über dem vorhandenen Gelände, muss Erdreich zu einem Damm aufgeschüttet werden, die bezeichnet man als **Auftrag**.

5.5.7 Bauabsteckung

Bei der Bauabsteckung werden die in den Zeichnungen enthaltenen Maßangaben in das Gelände übertragen und markiert **(Bild 1).** Dabei handelt es sich in der Hauptsache um Gebäudeecken, Gebäudeachsen und Höhen.

Bei der Absteckung von Gebäuden geht man vom Absteckplan, der aus dem Lageplan entwickelt wird, aus. Dieser enthält Angaben über Lage und Größe des Gebäudes sowie andere Angaben, z. B. Grenzabstände, Baulinien und Höhenangaben. Das Abstecken erfolgt von einer Bezugslinie aus, z. B. von der Grundstücksgrenze oder Baulinie. Von der Bezugslinie aus, die auch Absteckungsachse genannt wird, überträgt man mithilfe von Rechtwinkelinstrumenten und Messband die im Absteckplan angegebenen Punkte in das Baugelände. Die so gefundenen Punkte werden markiert. Durch Kontrollmessung, z. B. durch Ermittlung der Diagonalen, wird die Absteckung überprüft. Zur Sicherung wichtiger Messpunkte werden z. B. in Verlängerung der Hauptgebäudefluchten weitere Punkte markiert. Von diesen Sicherungspunkten aus können Hauptmesspunkte, die durch Baumaßnahmen verloren gingen, nachträglich wieder eingemessen werden. Bevor die Fundamente ausgeschachtet werden, muss das Schnurgerüst erstellt und eingeschnitten werden.

Bild 1: Abstecken eines Gebäudes

5.5.8 Schnurgerüst

Schnurgerüst im ebenen Gelände

Das Schnurgerüst dient zur genauen Festlegung eines Gebäudegrundrisses im Gelände. Um den Standort des Schnurgerüstes zu ermitteln, werden zunächst vom Geometer die Gebäudeecken abgesteckt und mit Pflöcken markiert. Danach kann für jede Gebäudeecke ein Schnurbock erstellt werden. Er besteht in der Regel aus drei Rundhölzern und zwei waagerecht daran befestigten Bohlen. Die Rundhölzer werden parallel zu den Gebäudefluchten, senkrecht und unverrückbar, in den Boden eingeschlagen oder eingegraben (**Bild 1,** Seite 203). Der Abstand der Rundhölzer von den Gebäudefluchten ist abhängig vom Arbeitsraum, von der Beschaffenheit des Baugrunds und damit von der Böschungsbreite der Baugrube. Um ein Abbrechen der Böschungskante zu vermeiden, ist ein ausreichend breiter Sicherheitsstreifen zu berücksichtigen.

Bild 1: Schnurgerüst

Die Schnurgerüstbohlen nagelt man etwa 50 cm über der späteren Fußbodenhöhe des Erdgeschosses an die Rundhölzer; gegenüberliegende Bohlen werden gleich hoch angebracht. Dies erreicht man mithilfe eines Nivellierinstrumentes. Bohlenpaare, die die Längsflucht des Gebäudes markieren, werden in der Regel tiefer gesetzt als die Bohlenpaare für die Gebäudebreite.

Nach Fertigstellung des Schnurgerüstes schneidet der Geometer nach den Maßen des Absteckplans die Lage des Gebäudes am Schnurgerüst ein. Durch jeweils zwei gegenüberliegende Nägel, Kerben oder Fluchtschnurhalter in den Schnurgerüstbohlen wird die äußerste Wandflucht des Erdgeschossgrundrisses festgelegt (Bild 1). Diese Wandflucht markiert die Gebäudeflucht des Rohbaus; sie wird als **Haus**grund bezeichnet. Die entsprechen Markierungen am Schnurgerüst müssen mit **HG** gekennzeichnet sein. Von diesen Markierungen aus werden alle anderen Maße, wie z.B. Breite der Fundamente oder Kellerwände, eingeschnitten und markiert.

Am Schnurgerüst wird vom Geometer außerdem eine Höhenmarke abgetragen. Die Markierung geschieht z.B. durch einen waagerechten Sägeschnitt und einen eingeschlagenen Nagel an einem Rundholz. Diese Höhenmarke kennzeichnet die **O**berfläche des **F**ertig**fuß**bodens im Treppenraum des Erdgeschosses **(OFF)**. Sie wird mit ± 0,00 und einer Höhenangabe in Metern über NN angegeben.

Nach den am Schnurgerüst festgelegten Maßen wird das Gebäude erstellt. Dazu wird in je zwei gegenüberliegenden Markierungen meist ein verzinkter Draht eingelegt und gespannt. Über eine so markierte Wandflucht kann mithilfe eines Schnurlotes jeder Punkt dieser Flucht nach unten gelotet und markiert werden. Dabei sollte das Lot immer zum senkrechten Schnitt der Kerbe hin aufgelegt oder Fluchtschnurhalter verwendet werden **(Bild 2)**. Maßabweichungen können dadurch klein gehalten werden. Längere Drähte werden zuerst gezogen, weil sie mehr durchhängen; kürzere Drähte werden über den längeren gespannt. Die Drähte dürfen sich an den Kreuzungsstellen nicht berühren, da sonst Messfehler entstehen können.

Bild 2: Verstellbarer Fluchtschnurhalter

Das Schnurgerüst wird auch zum Ausrichten der Kellerwandschalung benutzt.

Sämtliche Höhen werden mit Setzlatte und Wasserwaage, mit dem Nivellierinstrument oder mit dem Laserinstrument von der Höhenmarke am Schnurgerüst abgenommen und z. B. an Pflöcken im Erdreich oder durch Messstriche an der Schalung oder Bauteilen festgehalten. Nach dem Anlegen der Erdgeschosswände kann das Schnurgerüst abgebaut werden.

Bild 1: Schnurgerüst in schwach geneigtem Gelände

Schnurgerüst im geneigten Gelände

Auch bei Schnurgerüsten am Hang müssen die Schnurgerüstbretter in einer waagerechten Ebene liegen, um Mess- und Übertragungsfehler zu vermeiden. Die Schnurgerüstböcke in **schwach geneigtem Gelände** sind zur Talseite hin höher anzulegen und mithilfe dicker Pfähle standsicher zu erstellen. Ein Schnurgerüstbock kann bis Mannhöhe von Stehleitern aus errichtet und benutzt werden. Die Aussteifung ist mit kreuzweise angeordneten Gerüstbrettern vorzunehmen **(Bild 1)**. Es sind dann keine zusätzlichen Arbeitsgerüste für das Erstellen, Einschneiden oder Fluchten notwendig. Die Schnurgerüstböcke in **stark geneigtem Gelände** kön-

Bild 2: Schnurgerüst in stark geneigtem Gelände

nen nur von zusätzlichen Arbeitsgerüsten aus erstellt und benutzt werden **(Bild 2)**. Auch zum Einschneiden und Fluchtanlegen ist das Arbeitsgerüst notwendig. Häufig werden Arbeitsgerüst und Schnurgerüstbock als ein gemeinsames Gerüst erstellt. Hierbei sind die Vorschriften des Gerüstbaues zu beachten.

Die Erstellung eines Schnurgerüstes, insbesondere in stark geneigtem Gelände, erfordert einen hohen Aufwand. Im ebenen und schwach geneigten Gelände werden deshalb vermehrt Schnurgerüstböcke nach der Art von Stahlrohrgerüsten aufgestellt. Durch eine spezielle Verankerung im Erdreich und Aussteifungsdiagonalen wird die Sicherung gegen Einsinken und Verschieben erreicht. Schnurgerüstdielen werden in stufenlos höhenverstellbare Gabelformstücke eingelegt, horizontal ausgerichtet und mittels Klemmen in Lage gehalten. In stark geneigtem Gelände wird meist der Arbeitsraum so breit ausgeführt, dass das Schnurgerüst auf Ebene der Baugrubensohle erstellt werden kann. Der Mehraushub an Boden ist meist kostengünstiger als eine aufwendige Holzkonstruktion mit Arbeitsgerüst. Außerdem kommt dem Ausrichten der Schalung bei Verwendung von Größenflächenschalungen nur noch eine geringe Bedeutung zu. Mit Baulasern ist die Kontrolle der Schalung genauer und schneller zu bewerkstelligen.

Aufgaben

1 Geben Sie an, welche Messungen durchzuführen sind, um einen Punkt im Gelände eindeutig zu bestimmen.

2 Beschreiben Sie das Einfluchten von mehreren Zwischenpunkten in eine Strecke AB.

3 Fertigen Sie eine Skizze einer Längenmessung mit Messlatten im geneigten Gelände.

4 Erklären Sie die geometrischen Zusammenhänge für das Abstecken beliebiger Winkel mit dem Meterstab.

5 Erläutern Sie, warum die Schlauchwaage zum Anbringen eines Meterrisses bei winkligen Grundrissen besonders geeignet ist.

6 Zeigen Sie an einem Beispiel, wie der Höhenunterschied beim Nivellement errechnet wird.

7 Beschreiben Sie ein Nivellement mit Instrumentenwechsel einschließlich der Auswertung im Feldbuch.

8 Erklären Sie, warum mit Rotationslasern Höhen für verschiedene Arbeiten gleichzeitig abgenommen werden können.

9 Unterscheiden Sie Längs- und Querprofile nach der Lage zum Bauwerk und der Maßstäbe bei der zeichnerischen Darstellung.

10 Begründen Sie, warum bei der Bauabsteckung Sicherungspunkte außerhalb des Baufeldes markiert werden.

11 Beschreiben Sie das Erstellen eines Schnurgerüstes in ebenem Gelände.

12 Unterscheiden Sie die Ausführung eines Schnurgerüstes in schwach bzw. stark geneigtem Gelände.

6 Baugrund, Gründungen, Entwässerung

6.1 Baugrund

Baugrund ist der natürlich entstandene Boden, auf dem Bauwerke errichtet werden. Böden unterscheidet man nach ihren stofflichen Bestandteilen in organische Böden und anorganische Böden (**Bild 1**).

Bei der Errichtung von Bauwerken muss das Tragverhalten des Baugrundes berücksichtigt werden. Wegen seines unterschiedlichen Verhaltens bei Belastung teilt man den Boden als Baugrund in **Bodenarten** nach gewachsenem Boden, Fels und geschüttetem Boden ein (**Bild 2**). Da der Baugrund oft aus nichtbindigem oder bindigem Boden besteht, ist das Tragverhalten dieser Böden vor allem bei Wasseraufnahme zu beachten.

Nichtbindiger Boden besteht aus Körnern unterschiedlicher Größe, die sich gegenseitig berühren. Der nichtbindige Boden hält kein Wasser und die Reibung zwischen den Körnern wird beim Vorhandensein von Wasser kaum beeinflusst (**Bild 3**). Da diese Böden nicht aufweichen, ist ihre Tragfähigkeit nicht vom Feuchtigkeitsgehalt, sondern nur von der Dichte der Lagerung abhängig.

Bindiger Boden besteht aus Schluff und Ton mit plättchenartigem Aufbau (Tonplättchen). Durch die Beschaffenheit der Oberfläche der Tonplättchen kann bindiger Boden Wasser aufnehmen und halten. Bei Wasseraufnahme weicht die Oberfläche der Tonplättchen auf, wodurch sich die Reibung zwischen den Plättchen verringert. Dadurch ändert sich die Konsistenz und die Tragfähigkeit des Bodens verschlechtert sich. Bei abnehmendem Wassergehalt verbessert sich die Tragfähigkeit des Bodens entsprechend (Bild 3).

6.1.1 Baugrube, Baugrubensicherung

6.1.1.1 Baugrube

Fundamente und Kellerräume liegen unterhalb der Geländeoberkante. Deshalb muss Erdreich ausgehoben und eine Baugrube hergestellt werden. Sind genaue Angaben über die Beschaffenheit und Schichtenfolge des Bodens erforderlich, müssen Bodenuntersuchungen wie Bohrungen, Sondierungen oder Schürfungen durchgeführt werden (**Bild 4**).

Dem anstehenden Baugrund entsprechend wird dann über die Gründungsart oder den Maschineneinsatz entschieden.

Bild 1: Boden

Bild 2: Bodenarten

Bild 3: Nichtbindiger und bindiger Boden

Bild 4: Schürfgrube (abgeböscht)

Bild 1: Arbeitsraum bei verbauter und abgeböschter Baugrube

Bild 2: Baugrubentiefe bis 1,25 m

Bild 3: Baugrubentiefe bis 1,75 m

Bild 4: Varianten der Abböschung

Außerdem muss geprüft werden, ob auf dem Baugrundstück Ver- und Entsorgungsleitungen, wie z. B. Gas-, Wasser- und Abwasserleitungen oder Erdkabel, im Erdreich verlegt sind. Danach kann die Baustellenvermessung und das Abtragen des Oberbodens im Bereich der Bau-, Arbeits- und Lagerfläche erfolgen. Als Oberboden (Mutterboden) bezeichnet man die oberste Schicht des belebten Bodens. Sie ist besonders reich an Bodenlebewesen und enthält Humus oder Ton. Diese Schicht kann bis zu 40 cm dick sein. Oberboden sollte nach Möglichkeit auf dem Baugrundstück gelagert werden, da er später zum Andecken des Geländes wieder benötigt wird.

Das Ausheben der Baugrube geschieht fast ausnahmslos mit Ladefahrzeugen oder Baggern. Der Aushub muss gegebenenfalls mit Lastkraftwagen abtransportiert werden.

Beim Ausheben der Baugrube ist darauf zu achten, dass die Baugrubenwände, z. B. durch Abböschung oder durch Verbau, gesichert werden. Anhaltende Niederschläge, wasserführende Schichten, Frost und Erschütterungen begünstigen den Einsturz von Erdmassen.

Der Boden der Baugrube (Baugrubensohle) muss waagerecht, profilgerecht und eben sein. Dazu werden Pflöcke auf gleicher Höhe in die Baugrubensohle eingeschlagen. Die Höhe der Pflöcke wird mithilfe eines Nivellier- oder Laserinstruments vom Bezugspunkt abgenommen und mit der Nivellierlatte oder dem Empfänger übertragen. Je nach Baugrubentiefe ergibt sich ein Abstichmaß von Oberkante Pflock zu Oberkante Boden. Dadurch wird ein genaues Einebnen (Planum) der Baugrubensohle erreicht. Grund-, Schicht- und Oberflächenwasser sind zu sammeln und abzuleiten.

Um genügend Bewegungsfreiheit zu haben, muss ein ausreichend breit bemessener **Arbeitsraum** rund um das Bauwerk vorhanden sein. Dieser Arbeitsraum muss von der Außenseite der Schalwandkonstruktion bis zum Verbau mindestens 60 cm oder bis zum Fuß der abgeböschten Baugrubenwand mindestens 50 cm betragen **(Bild 1)**.

6.1.1.2 Baugrubensicherung

Baugruben und Gräben, die tiefer als 1,25 m sind, müssen beim Ausheben des Bodens gegen das Einstürzen oder gegen das Nachrutschen von Boden z. B. nach UVV gesichert werden. Auf jeder Seite der Baugrube muss ein mindestens 60 cm breiter Schutzstreifen geschaffen und freigehalten werden. Bei Gräben bis zu einer Tiefe von 80 cm darf einseitig auf den Schutzstreifen verzichtet werden. In allen Fällen ist dafür zu sorgen, dass am Rande der Baugrube gelagerter Aushub oder Oberboden nicht in die Baugrube zurückrollen kann **(Bild 2)**.

Die Sicherung von Baugruben und Gräben mit einer Tiefe von mehr als 1,25 m erfolgt häufig durch Abböschung der Gruben- und Grabenwände beim Lösen von Boden und Fels. Der dabei erforderliche **Böschungswinkel** richtet sich nach den geotechnischen Eigenschaften des Baugrundes. Diese Eigenschaften sind in den **Homogenbereichen** zusammengefasst. Ebenso sind die äußeren Einflüsse, wie Witterung oder Erschütterungen, auf die Böschung zu berücksichtigen. Die Homogenbereiche mit ihren Kennwerten geben Hinweise und Richtwerte für die Bearbeitbarkeit des Baugrundes. Danach werden die Böschungswinkel festgelegt sowie Wahl und Einsatz von Geräten und Maschinen für den Erdbau bestimmt **(Tabelle 1,** Seite 207**)**.

Bei Baugrubentiefen bis 1,75 m kann der über 1,25 m hinausgehende Teil bei standfestem Boden unter 45° abgeböscht werden **(Bild 3)**.

Tabelle 1: Böschungswinkel bei verschiedenen Boden- und Felsarten nach DIN 4124

Eintei-lung	Bezeichnung	Beschreibung	Böschungswinkel	Auflockerung in %	Faktor
Boden	Oberboden	Oberste Schicht des Bodens besteht aus Humus mit Bodenlebewesen sowie aus Kies-, Sand-, Schluff- und Tongemisch.	Für diese Boden-arten sind keine Böschungswinkel festgelegt	15	1,15
	Fließende Bodenarten	Flüssiger bis breiiger Boden, wasserhaltend		–	–
	Leicht lösbare Bodenarten	Nichtbindige bis schwachbindige Sande, Kiese und Sand-Kies-Gemische mit bis zu 15 % Beimengun-gen an Schluff und Ton mit Korngrößen kleiner 0,063 mm und mit höchstens 30 % Masseanteil an Steinen mit Korngrößen über 63 mm bis 200 mm.	$b = h$ $45°$	15	1,15
	Mittelschwer lösbare Bodenarten	Gemische aus Sand, Kies, Schluff und Ton. Bindige Bodenarten von leichter bis mittlerer Plas-tizität sind je nach Wassergehalt weich bis fest.		20 bis 25	1,20 bis 1,25
	Schwer lösbare Bodenarten	Leicht und mittelschwer lösbare Bodenarten mit mehr als 30 % Masseanteil an Blöcken der Korn-größe über 200 mm bis 630 mm. Ausgeprägt plastische Tone von weich bis halb-fest.	$b = 0,58 \cdot h$ $60°$	30 bis 35	1,30 bis 1,35
Fels	Leicht lösbarer Fels und vergleich-bare Bodenarten	Felsarten, die einen inneren, mineralisch gebun-denen Zusammenhalt haben, jedoch stark klüftig, brüchig, weich oder verwittert sind.	$b = 0,18 \cdot h$ $80°$	40 bis 50	1,40 bis 1,50
	Schwer lösbarer Fels	Felsarten, die hohe Festigkeit haben und nur wenig klüftig oder verwittert sind. Haufwerke aus großen Blöcken mit Korngrößen über 630 mm.			

Bei mindestens steifem bindigen Boden können Baugruben bis 1,75 m Tiefe durch Varianten der Mindestanforderungen an Abböschungen gesichert werden, wenn dadurch zusätzlich Boden entfernt wird (**Bild 4,** Seite 206).

Bei Böden, deren Zusammenhalt sich durch Aus-trocknen, Eindringen von Wasser, Frost oder durch Bildung von Gleitflächen verschlechtern kann, sind entsprechend flachere Böschungen oder Böschun-gen mit Abstufungen (Bermen) herzustellen. Die Breite dieser nahezu waagerechten Böschungsab-sätze richtet sich nach statischen Erfordernissen oder der Nutzung (**Bild 1**). Bei Baugrubentiefen über 5,00 m oder bei Abweichungen vom vorge-schriebenen Böschungswinkel ist die Standsicher-heit nachzuweisen. Treten zusätzliche Belastungen oder Erschütterungen auf oder ist mit starken Aus-waschungen der abgeböschten Baugrubenwände zu rechnen, sind die Böschungsflächen z. B. mit Fo-lien zu belegen oder durch Auftragen einer dünnen Betonschicht (Torkretieren) zu befestigen (**Bild 2**).

Bei Baugruben von mehr als 1,25 m Tiefe sind Lei-tern oder Treppengänge erforderlich. Leitern müs-sen mindestens einen Meter über den Grubenrand hinausragen. Da die Abböschungen auf dem Bau-grundstück viel Platz erfordern, können Baugru-benwände auch durch Verbau gesichert werden. Dies ist auch bei wasserhaltenden oder gleichkör-nigen Böden notwendig.

Bild 1: Böschung mit Berme

Bild 2: Böschungsbefestigung

Verbauansicht

Sicherung des Verbaus

Bild 1: Verbau zwischen Stahlträgern

Bild 2: Spundwand

Bild 3: Bohrpfahlwand

Der Verbau ist eine senkrecht stehende Wand aus Balken oder Stahlträgern, die mit mindestens 5 cm dicken, vollkantigen Bohlen vollflächig belegt sind. Dadurch wird das Einstürzen einer Baugrubenwand verhindert.

Um ein Abbrechen der Baugrubenkante zu vermeiden, müssen die Bohlen des Verbaus die Baugrubenwand mindestens 5 cm überragen. Bei einer Graben- oder Grubentiefe von über 2,00 m muss der Überstand über die Geländeoberfläche mindestens 10 cm betragen. Die Bohlen sollen mit ihrer ganzen Fläche am Erdreich anliegen.

Der **Verbau mit waagerechter Verschalung** (Verbohlung) muss stets mit dem Aushub fortschreitend eingebaut werden. Dabei ist spätestens bei einer Tiefe von 1,25 m zu beginnen.

Beim **Verbau zwischen gerammten** oder **in Bohrlöchern eingesetzten Stahlträgern (Berliner Verbau)** werden die Bohlen waagerecht zwischen die Flanschen der Stahlträger eingesetzt. Die Bohlen müssen so lang sein, dass die Auflagertiefe mindestens einem Viertel der Flanschbreite entspricht. Die Bohlen sind mit Hölzern und Keilen zu verspannen, wobei die Keile durch Latten gesichert werden **(Bild 1)**.

Beim **Verbau mit senkrechter Verschalung** in schmalen Baugruben werden senkrecht stehende Bohlen in die Baugrubensohle eingeschlagen und im Abstand von mindestens 1,75 m über waagerechte Gurthölzer abgesteift. Die Gurthölzer müssen einen Mindestquerschnitt von 12 cm x 16 cm haben. Der Verbau ist dem Aushub folgend durchzuführen. Die Ausführungsvorschriften entsprechen denen des Verbaus mit waagerechter Verschalung.

Wird die Baugrube durch **Spundwände** gesichert, so werden vor Beginn der Ausschachtungsarbeiten Spundprofile in den Boden eingerammt. Spundprofile oder Spundbohlen besitzen an den Längsseiten sogenannte Schösser, die beim Einrammen als Führung dienen. Durch die Aufnahme hoher Zug- und Druckkräfte senkrecht zur Längsachse ist eine Aussteifung oder Verankerung nur in großen Abständen erforderlich. Spundwände haben den Vorteil, dass sie weitgehend wasserdicht sind und deshalb bei Wasserbauten zur Baugrubensicherung eingesetzt werden können **(Bild 2)**.

Tiefe Baugruben neben stark befahrenen Straßen und bebauten Grundstücken werden auch durch **Bohrpfahlwände** gesichert. Dazu werden Löcher in die Erde gebohrt, bewehrt und ausbetoniert. Die Pfähle können unmittelbar nebeneinander oder in Abständen stehen, wobei die Zwischenräume als Betonwände ausgebildet sind **(Bild 3)**.

6.1.1.3 Homogenbereiche von Boden und Fels

Während die Bodenarten nach DIN 1054 und DIN 4020 Auskunft über die Tragfähigkeit des Baugrundes geben, gilt DIN 18300 „Erdarbeiten" für die **Homogenbereiche** der Bodenschichten. Damit werden die **geotechnischen Eigenschaften** des Bodens (Baugrundes) durch die spezifischen Kennwerte von Boden und Fels vor dem Lösen beschrieben und entsprechend eingeteilt **(Tabelle 1)**.

Tabelle 1: Baugrundkennwerte für Homogenbereiche im Bodengutachten (Beispiele)

Bestimmung von Boden Anzugebende Kennwerte und Eigenschaften	Bestimmung von Fels Anzugebende Kennwerte und Eigenschaften
– Ortsübliche Bezeichnung – Kornverteilung mit Haupt- und Nebenanteilen – Massenanteil der Steine und Blöcke – Dichte und Wichte – Wassergehalt – Konsistenz, Plastizität – Lagerungsdichte – Organischer Anteil – Bodengruppe	– Ortsübliche Bezeichnung – Benennung von Fels – Geologische Struktur – Mineralogische Zusammensetzung – Farbe und Korngröße – Dichte und Wichte – Verwitterung – Druckfestigkeit – Gesteinskörperform

Im Rahmen der projektbezogenen Baugrunduntersuchung werden diese durch den Bodengutachter im **geotechnischen Bericht** (Bodengutachten) festgelegt und dargestellt. Sind umweltbeeinflussende Inhaltsstoffe in Boden- oder Felsschichten vorhanden, so sind diese bei der Einteilung in Homogenbereiche zu berücksichtigen.

Die Homogenbereiche werden wahlweise mit Ziffern oder Buchstaben im Schichtenaufbau des Bodengutachtens für das jeweilige Bauprojekt gekennzeichnet **(Bild 1)**.

Vergleichende Darstellung der Bodenschichten eines Baugrundes nach Homogenbereichen

Bodenschichten		Homogenbereiche DIN 18300 (neu)	Bodenklassen DIN 18300 (alt)	Höhenangabe NN-Bezug
	Mu		Bodenklasse 1	▽ 374,70
	L	A Mutterboden Lehm Kies Schluff	Bodenklasse 3	▽ 373,20
	GU		Bodenklasse 4	▽ 368,10
	Mst	B Mergelstein	Bodenklasse 6	

Bild 1: Beispiel für Homogenbereiche nach DIN 18300 (neu) und Bodenklassen nach DIN 18300 (alt)

Nach den Kennwerten der einzelnen Homogenbereiche wird dann für das Lösen, Laden, Transportieren, Verfüllen und Verdichten von Boden und Fels über die Geräteauswahl und das Bauverfahren durch den Auftragnehmer entschieden.

Der Homogenbereich als begrenzter Bereich des Baugrundes, der aus einzelnen oder mehreren Boden- oder Felsschichten besteht, kann innerhalb einer Leistungsposition zusammengefasst werden, wenn für das Lösen, Laden, Transportieren, Verfüllen und Verdichten gleiche Leistungsaufwendungen erforderlich sind.

So sind beispielsweise nach Bild 1 die Böden: Mutterboden, Lehm, Kies, Schluff nach Bodengutachten im Homogenbereich **A** dargestellt und werden daher auch unter einer entsprechenden Leistungsposition im Leistungsverzeichnis erfasst und beschrieben.

Bild 1: Druckspannungen unter einem Fundament

Bild 2: Setzung, ungleichmäßig

Bild 3: Kompressionsversuch

Bild 4: Grundbruch

6.1.2 Druckverteilung im Boden

Durch die Bauwerkslasten entstehen im Fundament Druckspannungen, die möglichst gleichmäßig auf den Baugrund verteilt werden sollen. Man nimmt vereinfachend an, dass die Druckverteilung unter einem Winkel von ungefähr 45° erfolgt. In Wirklichkeit verteilt sich der Druck jedoch in einer zwiebelähnlichen Form unter dem Gründungskörper. Dabei ergeben sich Linien gleich großer Druckspannungen, Isobaren genannt. Der Verlauf dieser Isobaren wird auch als „Druckzwiebel" bezeichnet (**Bild 1**). Aus dem Isobarenverlauf ist ersichtlich, dass die Druckspannungen unter der Fundamentsohle am größten sind. Bei einem Einzelfundament sind die Spannungen in einer Tiefe von etwa der doppelten Fundamentbreite fast abgeklungen. Bei Streifenfundamenten hingegen ist eine Tiefe von etwa der dreifachen Breite erforderlich. Isobaren verschiedener Gründungskörper dürfen sich nicht überlagern, da es im Schnittbereich zu einer Erhöhung der Druckspannungen kommt. Dies kann zu Setzungen der Gebäude führen.

6.1.3 Gebäudesetzung und Grundbruch

Der Boden als Baugrund muss die Kräfte und Lasten eines Bauwerkes aufnehmen. Dabei kann der Baugrund unter diesen Lasten zusammengedrückt werden und sich verformen. Das Gebäude senkt sich gleichmäßig um wenige Millimeter. Dies bezeichnet man als Setzung.

Gleichmäßige Setzungen gefährden normalerweise ein Gebäude nicht und es treten auch keine Setzungsschäden auf. Überlagern sich jedoch Spannungen aus zwei benachbarten Fundamenten oder Gebäuden oder treten unter einem Bauwerk ungleiche Bodenschichtungen auf, so kann dies **ungleichmäßige Setzungen** zur Folge haben. Dabei können Gebäude sich zur Seite neigen oder es entstehen Setzungsrisse. Es können sich sogar Bauschäden ergeben, die eine Nutzung des Bauwerks nicht mehr zulassen (**Bild 2**).

Die bindigen und nichtbindigen Böden zeigen ein unterschiedliches Zeit-Setzungsverhalten, das durch den Kompressionsversuch nachgewiesen werden kann (**Bild 3**). Bei der Belastung bindiger Böden wird das Porenwasser, das sich zwischen den einzelnen Körnchen oder Plättchen befindet, herausgepresst. Das Entweichen des Porenwassers dauert sehr lange. Deshalb können Setzungen von Bauwerken auf bindigem Boden über Jahre andauern. Das Setzungsmaß kann, je nach Porenwasseranteil im bindigen Boden, sehr groß sein. So hat sich z. B. das Holstentor in Lübeck, fertiggestellt im Jahre 1477, über Jahrhunderte hinweg um etwa 1,50 m gesetzt.

Bei der Belastung nichtbindiger Böden können keine großen Setzungen auftreten. Die Körner dieser Böden liegen eng nebeneinander. So wird die Auflast von Korn zu Korn weitergegeben und verteilt. Das Korngerüst kann durch die Auflast allenfalls etwas enger zusammengedrückt werden. Dies geschieht jedoch bereits bei der Belastung des Bodens.

Um der Setzungsgefahr bei der Gründung auf bindigem Boden zu entgehen, wird in der Praxis häufig der bindige Boden bis zu einer gewissen Tiefe durch einen nichtbindigen Boden ausgetauscht (Bodenaustausch). Wird die Belastbarkeit des Baugrundes überschritten, tritt der **Grundbruch** ein. Dabei weicht der Bodenkörper entlang einer Gleitfuge seitlich aus und das Bauwerk sinkt ein oder stürzt zusammen (**Bild 4**).

6.1.4 Verhalten des Bodens bei Frost

Gegen Frost ist durchfeuchteter bindiger Boden besonders empfindlich. Frost dringt je nach klimatischen Verhältnissen etwa 0,80 m bis 1,20 m in den Boden ein. Bis zu dieser Tiefe, der **Frosttiefe**, kann das im Boden vorhandene Wasser gefrieren. Dabei vergrößert sich das Volumen des Wassers um etwa 10 % (Seite 49). Da im durchfeuchteten Porenraum des bindigen Bodens kein Platz für die Volumenvergrößerung vorhanden ist, wird der Boden angehoben. Man spricht dabei von Frosthebungen **(Bild 1)**.

Eislinsen entstehen dadurch, dass durch die Kapillarwirkung weitere Feuchtigkeit aus dem frostfreien Bereich des Bodens nachsteigt und beim Eintreten in die Frostzone gefriert. Diese Frosthebungen werden durch Eislinsen verursacht, die je nach Feuchte und Kapillarität des Bodens verschieden groß sein und zu erheblichen Bauschäden führen können. Frostschäden sind meistens erst nach dem Auftauen des Bodens, z. B. als Hebungen von Gartenmauern, als Risse in Baukörpern oder als Straßenschäden, erkennbar **(Bild 2)**.

Bild 1: Frosthebung

6.1.5 Wasserhaltung

Die Erstellung von Bauwerken erfordert in der Regel trockene Baugruben. Gelangen Oberflächenwasser, Hangwasser oder Grundwasser in die Baugrube, besteht die Gefahr, dass Böschungen abrutschen und Baugrubenwände einstürzen. Um das auszuschließen, muss das Eindringen von Wasser in die Baugrube verhindert bzw. in die Baugrube eingedrungenes Wasser entfernt werden. Alle Maßnahmen zur Trockenhaltung der Baugrube bezeichnet man als Wasserhaltung.

Bild 2: Frostschäden

Man unterscheidet bei der Entwässerung von Baugruben oder Gräben die offene Wasserhaltung und die Grundwasserabsenkung. Bei der **offenen Wasserhaltung** wird das anfallende Oberflächenwasser oder Schichtenwasser an einem Tiefpunkt der Baugrube, dem Pumpensumpf, außerhalb des Gebäudegrundrisses gesammelt und aus der Baugrube gepumpt. Eine Baugrube ist deshalb so anzulegen, dass sie Gefälle zu diesem Tiefpunkt hat **(Bild 3)**. Am Baugrubenrand können Dränleitungen oder Gräben angelegt werden, in denen sich das an der Böschung austretende Schichten- oder Sickerwasser sammelt und zum Pumpensumpf geleitet wird. Durch diese Maßnahmen wird gewährleistet, dass das Planum der Baugrube nicht versumpft und die Gründungsarbeiten ordnungsgemäß ausgeführt werden können. Eine offene Wasserhaltung ist auch dann möglich, wenn die Baugrube geringfügig im Grundwasserbereich liegt.

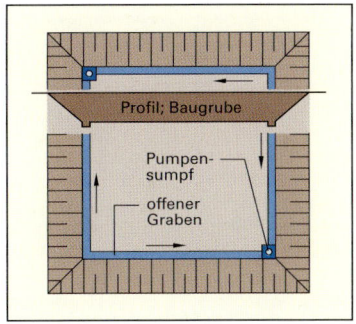

Bild 3: Offene Wasserhaltung

Liegt die Baugrubensohle tiefer als der vorhandene Grundwasserspiegel, so ist bei Böden mit einer bestimmten Wasserdurchlässigkeit eine **Grundwasserabsenkung** mit Beginn der Erdarbeiten erforderlich. Der Grundwasserspiegel wird dabei über Saugrohre, die in geringen Abständen um die Baugrube angeordnet und durch eine Ringleitung mit einer Saugpumpe verbunden sind, um mindestens 50 cm unter die Baugrubensohle abgesenkt **(Bild 4)**. Dadurch kann die Baugrube für die Gründungsarbeiten trocken gehalten werden. Es ist jedoch zu beachten, dass Grundwasserabsenkungen zu Bauwerkssetzungen, Beeinträchtigung der Wasserversorgung sowie zu Veränderungen der Umwelt führen können.

Bild 4: Grundwasserabsenkung

6.2 Gründungen

Bild 1: Beanspruchungen bei Streifenfundamenten

Bild 2: Einbindetiefe bei Fundamenten

Gründungen haben die Aufgabe, die Standsicherheit des Bauwerks zu gewährleisten und ungleichmäßige Setzungen zu verhindern. Von der Gründung werden die am Bauwerk auftretenden Lasten aufgenommen und in den Baugrund übertragen. Sie wird als Flachgründung oder als Tiefgründung ausgeführt. Dabei werden die Bauwerke nach dem Schwierigkeitsgrad der Konstruktion, den Baugrundverhältnissen und weiteren Merkmalen in die **G**eotechnischen **K**ategorien GK1, GK2 und GK3 eingeteilt.

6.2.1 Flachgründungen

Bei Flachgründungen werden die Bauwerkslasten unmittelbar auf den tragfähigen Baugrund übertragen. Zu den Flachgründungen zählen Streifenfundamente, Einzelfundamente, Fundamentplatten und Wannengründungen. Flachgründungen werden bei einfachen oder durchschnittlichen Bauwerken angewendet. Sie müssen den Merkmalen der Geotechnischen Kategorie GK1 oder GK2 entsprechen.

Streifenfundamente

Streifenfundamente werden unter Bauteilen, wie z.B. unter Wänden angeordnet, die gleichmäßig belastet sind **(Bild 1)**. Sie haben einen rechteckigen Querschnitt und sind in der Länge fortlaufend (linienförmig). Streifenfundamente sind meist aus unbewehrtem Beton hergestellt. Sie werden in der Regel gegen das Erdreich betoniert. Müssen sie Einzellasten (Punktlasten) aufnehmen, ist eine Bewehrung erforderlich.

Für die Abmessungen eines Fudaments ist neben den ständigen und veränderlichen Einwirkungen auf das Bauwerk die Tragfähigkeit des Baugrundes, der Bemessungswert der Sohldruckbeanspruchung, maßgebend. Mithilfe der Regelung für die vereinfachte Fundamentbemessung nach DIN EN 1997-1 darf der Wert der Sohldruckbeanspruchung $\sigma_{E,d}$ dem Wert des Sohlwiderstandes $\sigma_{R,d}$ gegenübergestellt werden. Es gilt: $\sigma_{E,d} \leq \sigma_{R,d}$

Der Sohlwiderstand, der nicht überschritten werden darf, ist davon abhängig, welche der unterschiedlichen Bodenarten als Baugrund ansteht. Die Bemessungswerte des Sohlwiderstandes z.B. für Einzel- oder Streifenfundamente sind für die Gründungsbemessung maßgebend (**Tabelle 1**, Seite 213). Diese berücksichtigen auch die Einbindetiefe, das Maß von der Fundamentsohle bis zur Baugrubensohle der Fundamente **(Bild 2)**.

Die **Sohldruckbeanspruchung** $\sigma_{E,d}$ wird aus dem Verhältnis von Einwirkung (kN je Meter Fundamentlänge bei Streifenfundamenten) zu Fundamentfläche ermittelt. Damit der **zulässige Sohlwiderstand** $\sigma_{R,d}$ nicht überschritten wird, muss das Fundament die **erforderliche Fundamentfläche** haben. Diese wird aus dem Verhältnis von Einwirkung und Sohlwiderstand berechnet. Daraus folgt, dass bei kleinerem

Tabelle 1: Sohlwiderstand in kN/m² bei Streifenfundamenten je nach Einbindetiefe; Fundamentbreite 0,50 m (Beispiele)	
Bindige Böden, halbfest	240 bis 390
Gemischtkörnige Böden, halbfest	310 bis 500
Nichtbindige Böden	280 bis 560
Fels, je nach Felsart und Gefüge, für Einzelfundamente	500 bis 5000

Bild 1: Übertragung und Verteilung der Last

Sohlwiderstand sich eine größere Fundamentfläche, bei größerem Sohlwiderstand oder kleinerer Einwirkung sich eine kleinere Fundamentfläche ergibt. Die Last, die auf das Fundament übertragen wird, verteilt sich von den Wandfußpunkten auf die Fundamentsohle. Die Fundamenthöhe ergibt sich bei Streifenfundamenten aus unbewehrtem Beton aus dem doppelten Abstand zwischen Wandfußpunkt und Außenkante des Fundaments, als Überstand e bezeichnet. Dabei geht man davon aus, dass die aufgehende Wand mittig auf dem Fundament sitzt und die Auflast sich unter einem Winkel von 63,5° auf die Fundamentsohle verteilt (**Bild 1**).

Fundamenthöhe $h \geq 2 \times$ Überstand e

Die Fundamenthöhe muss unter Umständen höher sein als statisch erforderlich, z. B. um in frostfreier Tiefe gründen zu können. Auch die Fundamentbreite ist z. B. auf die Dicke der Wand oder auf die Aushubgeräte abzustimmen. Bei hohen Fundamenten kann durch Abtreppung oder durch eine andere Ausbildung, wie z. B. durch Abschrägen, Baustoff gespart werden. Abtreppungen erfordern aber einen erhöhten Schalungsaufwand (**Bild 2**).

Die Abmessungen der Fundamente sind bei einfachen Bauwerken aus den Ausführungszeichnungen zu ersehen. Für größere Bauwerke oder für Fundamente, die verschiedene Höhenlagen haben, ist eine Fundamentzeichnung notwendig. In einem Fundamentplan sind alle Fundamente mit den aufgehenden Bauteilen eingezeichnet.

Mithilfe des Schnurgerüsts können in der Baugrube Fundamente eingemessen werden. Fundamentgräben werden von Hand oder maschinell ausgehoben. Dabei sind die Wände des Fundamentgrabens senkrecht, die Fundamentsohle waagerecht auszuführen. Liegt die Baugrubensohle auf gleicher Höhe wie die Fundamentsohle, müssen Fundamente geschalt werden. Bewehrte Fundamente in Fundamentgräben sind ebenfalls zu schalen, um die erforderliche Betondeckung sicher einhalten zu können. Weiterhin ist zum Einbau der Bewehrung eine Sauberkeitsschicht unter dem Fundament einzubringen.

Der Fundamentgraben muss kantig sein und immer waagerecht verlaufen. Deshalb müssen Streifenfundamente in geneigtem Gelände abgetreppt werden. Die Abtreppung hat so zu erfolgen, dass die Fundamentsohle immer im frostfreien Bereich 0,80 m bis 1,20 m unter Gelände geführt wird. Auch Fundamente für untergeordnete Bauwerke oder Bauteile, wie z. B. für Garagen, für Freitreppen oder für Kellerabgänge, sind entsprechend auszuführen.

Liegt die Gründungssohle des zu errichtenden Bauwerks tiefer als die Fundamente angrenzender Gebäude, so ist eine Unterfangung erforderlich (**Bild 3**). Dabei werden die bestehenden Fundamente abschnittsweise mit Mauerwerk aus Vollsteinen oder mit Beton unterfangen. Die Unterfangungsabschnitte sind in einem Arbeitsgang in ganzer Höhe herzustellen. Außerdem müssen Fundamente einer dauernden Durchfeuchtung widerstehen können und beständig gegen aggressive Wässer sein.

Bild 2: Abgetrepptes Fundament

Bild 3: Unterfangung

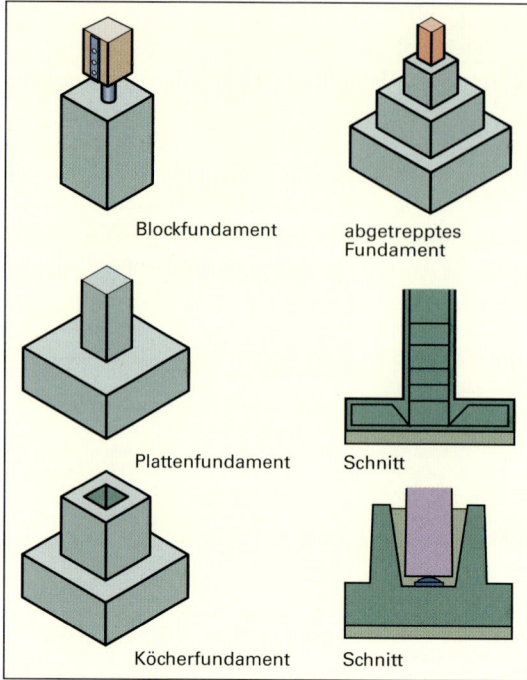

Bild 1: Einzelfundamente

(Bildbeschriftungen: Blockfundament, abgetrepptes Fundament, Plattenfundament, Schnitt, Köcherfundament, Schnitt)

Bild 2: Fundamentplatte

(Bildbeschriftungen: Randausbildung R, Gebäude, R)

Bild 3: Wannengründung

(Bildbeschriftungen: Randausbildung R, Gebäude, R)

Einzelfundamente

Bei punktförmiger Belastung einer Gründung, wie z. B. durch Stützen und Pfeiler aus Stahlbeton, Mauerwerk, Stahl oder Holz, werden Einzelfundamente angeordnet. Dabei unterscheidet man Blockfundamente, abgetreppte und abgeschrägte Fundamente, Plattenfundamente sowie Köcherfundamente (**Bild 1**).

Blockfundamente werden oft beim Wohnhausbau, wie z. B. unter Balkonpfeilern oder Kaminen sowie beim Bau von Freianlagen, wie z. B. Pergolen, verwendet. Erfordern hohe Einzellasten größere Fundamentflächen, so können abgetreppte Fundamente oder abgeschrägte Fundamente unter erheblicher Einsparung von Beton angeordnet werden. Der Lastverteilungswinkel von 63,5° lässt sich bei diesen Fundamenten besonders gut herstellen. Aus schalungstechnischen Gründen finden abgetreppte Fundamente wenig Anwendung.

Plattenfundamente sind eine sehr wirtschaftliche Gründungsart für große Einzellasten, wie z. B. unter Stützen. Durch die geringe Plattendicke sind diese Fundamente sowohl gegen Bruch der Platte außerhalb des Lastverteilungswinkels unter einem Winkel von 45° als auch gegen Durchstanzen der aufgestellten Stütze zu bewehren.

Einzelfundamente für Stützen im Fertigteilbau werden meist als **Köcherfundamente** (Becher- oder Hülsenfundamente) ausgeführt. Diese Fundamente sind bewehrt und bestehen aus einer lastverteilenden Fundamentplatte und einem ebenfalls bewehrten Köcher zur Einspannung der Stütze.

Fundamentplatten

Fundamentplatten eignen sich als Gründungen bei wenig tragfähigem Baugrund oder bei Baugrund aus unterschiedlichen Bodenarten (**Bild 2**). Bei Gründungen mit Fundamentplatten wird die Last des Bauwerks auf die gesamte Platte verteilt und somit die vorhandene Bodenpressung herabgesetzt. Fundamentplatten (Sohlplatten) sind unter dem ganzen Bauwerk durchgehende Stahlbetonplatten.

Wannengründungen

Wannengründungen sind notwendig, wenn außer senkrechten auch waagerechte Lasten, z. B. durch Wasserdruck, aufgenommen werden müssen (**Bild 3**). Diese Beanspruchungen werden von der Fundamentplatte und den Umfassungswänden ins Erdreich übertragen. Dazu sind Fundamentplatte, Umfassungswände und Zwischenwände der Wanne durch ihre Bewehrung zu einem geschlossenen Gründungskörper verbunden und können z. B. als **Weiße Wanne** ausgeführt werden (Seite 455).

6.2.2 Tiefgründungen

Tiefgründungen sind notwendig, wenn ein Bauwerk z. B. auf stark wasserhaltigem oder moorigem Boden gegründet werden muss. Dabei durchstößt man die wenig tragfähigen Bodenschichten bis auf darunter liegendem, höher belastbarem Baugrund gegründet werden kann. Man unterscheidet Pfeilergründungen, Pfahlgründungen, Druckluft- oder Senkkastengründungen.

Mithilfe von **Pfeilergründungen** werden Balkenroste, vor allem unter Wandecken und Wandkreuzungen, abgestützt **(Bild 1)**. Dazwischen liegende Wände können z. B. durch aufliegende Stahlbetonbalken abgefangen werden. Die Pfeiler sind aus Beton oder Stahlbeton.

Bild 1: Pfeilergründung

Bei den **Pfahlgründungen** stehen die Pfähle in der Regel so tief im Erdreich, dass sie ihre Lasten auf tragfähigen Boden übertragen können (Spitzendruckpfahl). Besteht der Baugrund nur aus weichen Schichten, können die Lasten des Bauwerks durch die Reibung zwischen der Pfahloberfläche und dem Erdreich in den Baugrund übertragen werden (Reibungspfahl). Man spricht hierbei auch von schwebender Gründung. Zu Pfahlgründungen verwendet man Ortbetonpfähle oder Fertigpfähle **(Bild 2)**.

Ortbetonpfähle, die man auch als Bohrpfähle bezeichnet, werden in den Baugrund betoniert. Dabei werden Löcher bis zu 2,50 m Durchmesser und bis zu 50 m Tiefe gebohrt. Bei nicht genügend festen Bodenarten muss zur Sicherung ein Stahlrohr mit eingeführt werden, das beim Betonieren wieder gezogen wird. Ortbetonpfähle können unbewehrt oder bewehrt sein.

Fertigpfähle werden eingerammt, eingerüttelt, eingeschwemmt oder in ein vorbereitetes Bohrloch eingestellt. Sie können aus Holz, Stahl, Stahlbeton oder Spannbeton hergestellt sein. Stahlbetonfertigpfähle gibt es mit rundem, quadratischem, rechteckigem und doppel-T-förmigem Querschnitt.

Bei **Druckluft- oder Senkkastengründungen** wird das Fundament auf dem Baugelände als unten offener, kastenförmiger Körper (Caisson) betoniert **(Bild 3)**. Zum Absenken des Kastens wird der Boden unter dem Kasten ausgehoben oder ausgespült. Um ein Eindringen von Wasser zu verhindern, wird durch Druckluft in bzw. unter dem Kasten ein entsprechender Gegendruck erzeugt. Dieses Gründungsverfahren eignet sich vor allem für Schachtbauwerke in Böden mit hohen Schichten aus Schluff, Sand und Kies. So wurden z. B. Abwasserpumpwerke oder U-Bahn-Schächte im Rahmen der städtebaulichen Sanierungs- und Entwicklungsmaßnahmen von Berlin erstellt.

Bild 2: Pfahlgründung

6.2.3 Fundamenterder

Für jedes Gebäude ist nach DIN 18014 zur Sicherheit ein Schutzpotenzialausgleich und eventuell ein Potenzialausgleich, z. B. für den Gebäudeblitzschutz, erforderlich. Dazu wird ein Fundamenterder zum Schutz vor Korrosion in den Beton des Fundaments als Ringleiter eingebettet **(Bild 1)**. Dieser Fundamenterder besteht aus Rundstahl mit mindestens 10 mm Durchmesser oder aus Bandstahl mit den Mindestmaßen 30 mm x 3,5 mm. Der Stahl darf sowohl verzinkt als auch unverzinkt sein, muss aber mit einer Betondeckung von mindestens 5 cm eingebaut werden. Müssen Teile des Fundamenterders miteinander verbunden werden, kann dies durch mechanisch feste

Bild 3: Druckluftgründung

Bild 1: Fundamenterder

und elektrisch leitende Schweiß-, Schraub- oder Klemmverbindungen geschehen.

In **unbewehrten Fundamenten** erfolgt die Lagefixierung durch Abstandhalter. Wird der Beton mit Rüttler verdichtet, dürfen als Klemmverbindung keine Keilverbinder verwendet werden.

In **bewehrten Fundamenten** ist der Fundamenterder mit der Bewehrung in Abständen von 2,00 m dauerhaft elektrisch leitend zu verbinden.

Sind die Fundamente wärmegedämmt, z. B. mit einer Perimeterdämmung, wird der Erder, als Ringerder bezeichnet, außerhalb des Fundaments erdfühlig bzw. in der Sauberkeitsschicht verlegt. Für **Ringerder** ist korrosionsfester Werkstoff, z. B. nichtrostender Edelstahl, zu verwenden.

Im Hausanschlussraum ist eine 1,50 m lange Anschlussfahne einzubauen als Verbindungsleiter zur elektrischen Anlage (Seite 520). Für den Blitzschutz sind die Anschlussfahnen außerhalb des Gebäudes mindestens 1,50 m über den Spritzwasserbereich zu führen. Alle Anschlussfahnen sind in die Werkzeichnungen einzutragen und zu bemaßen.

Der Einbau von Fundament- und Ringerdern kann durch einen Elektro- oder einen Blitzschutzfachbetrieb sowie durch die Bauunternehmung erfolgen. Der Einbau ist zu dokumentieren, das Ergebnis der Durchgangsmessung sowie Pläne und/oder Fotos sind beizufügen.

Bild 2: Abwasserarten

Alle Baugrundstücke sind nach DIN 1986 „Entwässerungsanlagen für Gebäude und Grundstücke" zu entwässern. Abwässer werden in der Kanalisation zusammengefasst, schadlos abgeführt und in Kläranlagen gereinigt.

6.3.1 Abwasserarten

Nach dem Grad der Verunreinigung unterscheidet man zwischen Schmutzwasser als häusliches und industrielles Abwasser und Oberflächenwasser aus Regen und Schnee. Schmutzwasser mit Oberflächenwasser zusammengeleitet, bezeichnet man als Mischwasser.

6.3.1.1 Häusliches Abwasser

Häusliches Abwasser ist Schmutzwasser aus Haushalten. Es enthält überwiegend Bade-, Spül-, Toiletten- und Waschrückstände. Wegen der zunehmenden Verwendung von chemischen Stoffen und wegen des hohen Tagesbedarfs von etwa 125 l bis 250 l Wasser pro Person müssen Wohngebäude vorschriftsmäßig entwässert werden. Das häusliche Abwasser wird der Kläranlage zugeleitet **(Bild 2)**.

Europäische Wassercharta (Auszug)

„Wasser verschmutzen heißt, den Menschen und allen anderen Lebewesen Schaden zuzufügen." „Verwendetes Wasser ist den Gewässern in einem Zustand wieder zurückzuführen, der ihre weitere Nutzung für den öffentlichen wie für den privaten Gebrauch nicht beeinträchtigt."

6.3.1.2 Industrielles Abwasser

Industrielles Abwasser ist Schmutzwasser aus Gewerbe- und Industriebetrieben. Dieses Abwasser enthält oft chemische Verunreinigungen oder hat eine hohe Temperatur. Häufig kommen, je nach Art der Betriebe, Benzine, Öle und Säuren in das Abwasser. Durch Reinigungs- oder Abscheideanlagen, wie z. B. Benzinabscheider und Fettabscheider, muss verhindert werden, dass Abwässer dieser Art in die Kanalisation gelangen können. Die Anforderungen an die Entwässerungsleitungen sowie an deren vorschriftsmäßige Verlegung sind sehr hoch. Bei Undichtheit oder unsachgemäßer Ableitung kann das Grundwasser oder das Wasser in Bächen und Flüssen verunreinigt werden (**Bild 2,** Seite 216).

6.3.1.3 Oberflächenwasser

Oberflächenwasser ist Abwasser von Regen und Schnee, das direkt an der Oberfläche, wie z. B. an der Dachfläche, Hoffläche und Straßenfläche, anfällt. Diese Abwässer sind aufzufangen und der Kanalisation zuzuleiten.

Weiterhin ist es bei wasserdurchlässigen Böden möglich, das Oberflächenwasser der Dach- und Hofflächen durch Versickerungseinrichtungen wie Sickerteiche und Rigolen dem Grundwasser wieder direkt zuzuführen. Rigolen sind Sickerleitungen in Sickergräben, denen Oberflächenwasser zum Einstauen und Versickern zugeführt wird. Das stärker verschmutzte Niederschlagswasser von Straßen wird bei diesem Verfahren weiterhin der Kanalisation zugeleitet.

6.3.2 Abwasserableitungsverfahren

Entsprechend der Ableitung von Schmutz- und Regenwasser unterscheidet man das Trennverfahren und das Mischverfahren. Die Wahl des Ableitungsverfahrens richtet sich nach den Bestimmungen der Abwassersatzung der jeweiligen Gemeinde.

6.3.2.1 Trennverfahren

Werden Schmutz- und Regenwasser getrennt abgeleitet, spricht man vom Trennverfahren. Dabei ist lediglich das Schmutzwasser durch die Kläranlage zu reinigen. Eine gleichmäßigere Belastung der Kläranlage und des schmutzwasserführenden Kanals wird dadurch sichergestellt. Das Regenwasser wird in die nächste Vorflut, wie z. B. in den Graben, Bach oder See, geleitet. Für dieses Entwässerungsverfahren sind zwei parallel verlaufende höhenmäßig versetzte Kanäle erforderlich (**Bild 1**).

Bild 1: Trennverfahren

Bild 2: Entwässerungsplan nach Trennverfahren

217

Bild 1: Mischverfahren

6.3.2.2 Mischverfahren

Beim Mischverfahren wird Schmutz- und Regenwasser in einem Kanal über die Ortsentwässerung als Mischwasser in die Kläranlage abgeleitet und dort gereinigt. Für dieses Abwasserableitungsverfahren ist nur ein Kanal erforderlich, der jedoch einen entsprechend großen Querschnitt haben muss. Bei diesem Verfahren wird auch Straßenschmutz, z. B. Reifenabrieb, zur Kläranlage geführt und dort gereinigt (**Bild 1**).

6.3.3   Abwasserleitungen

Die Abwasserleitungen bestehen aus verschiedenen Leitungsteilen wie Rohren, Formstücken, Übergängen und Kontrolleinrichtungen. Dabei unterscheidet man je nach Lage und Einbau im Gebäude und Grundstück zwischen Lüftungsleitungen, Regenfallleitungen, Fallleitungen, Grundleitungen und dem Anschlusskanal. Kontrolleinrichtungen sind Reinigungsverschlüsse in Rohren, Kontrollschächte innerhalb des Gebäudes sowie der Kontrollschacht vor der Grundstücksgrenze im Übergang der Grundleitung zum Anschlusskanal (Seite 509).

Beim **Mischverfahren** werden Regen- und Schmutzwasserleitungen in der Regel erst außerhalb des Gebäudes in der Grundleitung vor dem Kontrollschacht zusammengeführt. Vom Kontrollschacht aus wird das Abwasser als Mischwasser im Anschlusskanal zum öffentlichen Straßenkanal weitergeleitet (**Bild 2**).

Beim **Trennverfahren** dürfen Regen- und Schmutzwasser nur getrennt abgeleitet werden (**Bild 2**, Seite 217).

Bild 2: Entwässerungsplan nach Mischverfahren

Tabelle 1: Teile der Entwässerungsanlage	
Anschlusskanal	Kanal, vom öffentlichen Straßenkanal bis zur ersten Kontrolleinrichtung auf dem Grundstück
Grundleitung	Leitung, die das Abwasser zum Kontrollschacht führt. Sie ist auf dem Grundstück im Erdreich sowie unter dem Baukörper verlegt.
Fallleitung	Lotrechte Leitung, die durch ein oder mehrere Geschosse führt, über Dach entlüftet wird und das Abwasser einer Grundleitung zuführt.
Regenfallleitung	Innen- oder außenliegende lotrechte Leitung zum Ableiten des Regenwassers von Dachflächen, Balkonen und Loggien
Lüftungsleitung	Leitung, die die Entwässerungsanlage über Dach be- und entlüftet, aber kein Abwasser aufnimmt

Bei der Verlegung der Abwasserleitungen ist auch die Dränung des Gebäudes zu berücksichtigen (Seite 464). Da diese Sicker- und Stauwasser aufnimmt, darf die Dränleitung jedoch nur ausnahmsweise an das öffentliche Abwassernetz angeschlossen werden. Die Abwasserleitungen sind in frostfreier Tiefe einzubauen. Dabei ist die frostfreie Tiefe das Maß von Geländeoberkante bis Oberkante Rohrscheitel.

6.3.3.1 Rohrleitungsteile

Beim Bau von Grund- und Anschlussleitungen werden außer Rohren auch Formstücke benötigt. Formstücke sind Abzweige, Bögen und Übergangsstücke **(Tabelle 1)**.

Die Leitungsteile mit Muffen werden entsprechend der Entwässerungszeichnung zur kompletten Haus- und Grundstücksentwässerung zusammengefügt. Dabei sind vor allem die Nennweite (DN), das erforderliche Gefälle, die Gefällerichtung sowie der entsprechende Baustoff zu berücksichtigen **(Bild 1)**. Rohrleitungsteile werden aus Steinzeug, Beton und Stahlbeton, PVC, PE oder Faserzement hergestellt.

Die Einsatzbereiche dieser Werkstoffe als Abwasserrohre und Formstücke in Gebäuden und auf Grundstücken sind begrenzt. In DIN 1986 werden die zulässigen Verwendungsbereiche verschiedener Baustoffe ohne weiteren Nachweis vorgegeben **(Tabelle 2)**.

Tabelle 1: Leitungsteile

Rohr		für Leitungsteile mit geradlinigem Leitungsverlauf
Abzweig		für die Zusammenführung zweier Leitungen mit gleicher oder unterschiedlicher Nennweite
Bogen		für die Richtungsänderung von Leitungen
Übergangsstück		für die Vergrößerung der Nennweiten von Leitungen

Tabelle 2: Verwendung von Werkstoffen für Abwasserleitungen

Werkstoff	Verwendung
Stahlbeton, Steinzeug, PVC-hart, PE-hart	Grundleitung, Anschlussleitung
Faserzement	Grundleitung, Anschlussleitung, Fallleitung
Beton	Grundleitung, Anschlussleitung nur für Regenwasser

Bild 1: Rohrleitungsteile

Bild 2: Entwässerungszeichnung (Ausschnitt)

Tabelle 3: Sinnbilder wichtiger Leitungsteile

Benennung	Darstellung	
	im Grundriss	im Schnitt
Schmutzwasserleitung		
Regenwasserleitung		
Mischwasserleitung		
Fallleitung	O	je nach Leitungsart wie vor
Werkstoffwechsel	PVC STZ	PVC STZ
Nennweitenänderung	100 150	100 150
Reinigungsrohr		
Ablauf oder Entwässerungsrinne mit Geruchsverschluss		
Rückstauverschluss für fäkalienfreies Abwasser		

Die Wahl des Baustoffes ist abhängig vom Entwässerungsverfahren, dem Einbau in Gebäuden und im Erdreich sowie vom Leitungsdurchmesser. Die Ausführung der Haus- und Grundstücksentwässerung wird in der Entwässerungszeichnung dargestellt. Dabei werden für die einzelnen Leitungsteile Sinnbilder und Zeichen verwendet (**Tabelle 3**, Seite 219).

Werden Entwässerungsleitungen verlegt, so sind die einzelnen Leitungsteile entsprechend den Angaben in der Entwässerungszeichnung anzuordnen und vorschriftsmäßig einzubauen (**Bild 2,** Seite 219).

6.3.4 Herstellen des Rohrgrabens

Abwasserleitungen sind frostfrei zu verlegen. Deshalb müssen Abwasserleitungen mindestens 0,80 m bis 1,20 m tief im Erdreich liegen. Um einen einwandfreien Abfluss zu gewährleisten, müssen Abwasserrohre in einem Mindestgefälle von 1 % bis 2 % verlegt werden (**Tabelle 1**). Wesentlich größere Gefälle führen durch mitgeführte Sinkstoffe im Abwasser zu erhöhtem Abrieb an der Rohrwandung und zu Ablagerungen auf der Rohrsohle.

Rohrgräben sind je nach Tiefe und Bodenart gegen Einstürzen zu sichern. Dabei gelten für Aushub und Sicherungsmaßnahmen die gleichen Unfallverhütungsvorschriften wie bei den Baugruben (Seite 207). Rohrgräben über 1,25 m Tiefe müssen je nach Bodenart verschieden abgeböscht oder durch Verbau gesichert werden. Nur in standfestem, gewachsenem Boden kann man bei Gräben bis 1,75 m Tiefe auf den Verbau verzichten, wenn die oberen Grabenkanten bis auf 1,25 m herab ausreichend abgeböscht sind oder wenn der Grabenrand durch einen Teilverbau gesichert ist (**Bild 1**). Rohrgräben, die tiefer als 1,75 m sind, müssen verbaut werden. Dabei unterscheidet man wie bei den Baugruben den waagerechten Verbau mit Bohlen und den senkrechten Verbau mit Bohlen oder Kanaldielen.

Um Kosten beim Verbau von Rohrgräben zu sparen, werden vorgefertigte Verbaugeräte aus Stahl verwendet, die man mit dem Bagger oder Mobilkran in den Graben einsetzt. Diese Verbaugeräte bestehen aus zwei fest oder verstellbar verstrebten Seitenteilen. Sie werden dem Ausheben des Grabens und dem Verlegen der Rohre folgend umgesetzt (**Bild 1**, Seite 221).

In den Leitungsgräben muss ein ausreichend breiter Arbeitsraum vorhanden sein. Die Arbeitsraumbreite soll dabei auf beiden Seiten des Rohres gleich sein und ist damit beidseitig je zur Hälfte zu berücksichtigen.

Die Ermittlung der Mindestgrabenbreite ist einerseits abhängig vom Leitungsdurchmesser und dem Mindestarbeitsraum zwischen Rohr und Grabenwand oder Grabenverbau (**Tabelle 1**, Seite 221).

Andererseits ist die Breite des Grabens ohne Berücksichtigung des Rohrdurchmessers von der erforderlichen Grabentiefe abhängig (**Tabelle 2**, Seite 221).

Tabelle 1: Mindestgefälle von Entwässerungs-leitungen		
Nennweite (DN)	Misch- und Schmutzwasser	Regenwasser
DN 100	2 %	1 %
DN 125	1,5 %	1 %
DN 150	1,5 %	1 %
DN 200	1 %	1 %

Bild 1: Sicherung der Rohrgrabenkanten

6.3.5 Verlegen der Rohre

Rohre für Grundleitungen und für den Anschlusskanal sind in der Regel aus PVC, Steinzeug oder Beton. Sie werden in Muffen zusammengesteckt, wobei ein Dichtungselement aus Kunststoff in der Muffe oder auf dem aufzusteckenden Rohr angebracht ist. Muffenlose Rohre werden mit Dichtungsmanschetten verbunden (**Bild 2**).

Bild 2: Rohrverbindungen

Abwasserrohre verlegt man auf der Rohrgrabensohle in einem Sand-Kies-Bett. Dabei ist darauf zu achten, dass Muffenrohre mit der Muffe entgegen der Richtung des Wasserlaufs vom Straßenkanal zum Gebäude hin verlegt werden. Alle Rohre müssen in einem gleichmäßigen Gefälle z. B. von 2 % (1 : 50) verlegt werden, damit ein einwandfreier Ablauf des Abwassers gewährleistet ist. Eine Leitung darf nur in eine andere Leitung mit größerer Nennweite mithilfe eines Übergangsstücks eingeführt werden. Richtungsänderungen und das Zusammenführen von Leitungen sind nur unter Verwendung von Formstücken zulässig. Es dürfen Abzweige mit höchstens 45° verwendet werden; Doppelabzweige sind unzulässig. Richtungsänderungen sind mit 15°-, 30°- oder 45°-Bogen auszuführen. Bogen mit 90° sind nur für den Übergang von Fallleitungen in Grundleitungen zulässig.

Die Abwasserrohre dürfen bei Durchführungen durch Decken, Wände und Fundamente nicht fest eingebaut werden, um Schäden bei Setzungen des Gebäudes zu verhindern. Deshalb werden Schutzrohre (Futterrohre) mit größerer lichter Weite eingebaut. Die Rohre können an den gefährdeten Stellen auch mit weichen Werkstoffen (Deformationsmatten) abgedeckt werden.

Einzelelement   Verbauter Graben

Bild 1: Grabenverbaugerät

6.3.6 Kontrolleinrichtungen

Als Kontrolleinrichtungen bei der Haus- und Grundstücksentwässerung unterscheidet man Reinigungsöffnungen und Schächte.

Reinigungsöffnungen sind Formstücke, die z. B. beim Übergang einer Fallleitung in eine Grundleitung, bei langen Grundleitungen im Abstand von etwa 40 m, bei Richtungsänderungen von mehr als 45° sowie vor dem öffentlichen Abwasserkanal einzubauen sind. Damit diese Reinigungsöffnungen zugänglich sind, müssen sie meistens in Schächte eingebaut werden. Schächte sind Bauwerke, die der Kontrolle von Entwässerungsleitungen dienen. Sie sind bei Richtungsänderung sowie zur Überbrückung von größeren Höhenunterschieden anzuordnen.

Schächte müssen standsicher sein und sind mit einer Abdeckung zu verschließen. Schächte mit geschlossenen Rohrdurchführungen müssen tagwasserdicht sein. Schächte mit offenem Gerinne sollen Abdeckungen mit Lüftungsöffnungen haben. Bei Entwässerungsanlagen im Trennverfahren sind getrennte Kontrollschächte anzuordnen. Reinigungsrohre oder offene Gerinne dürfen hier nicht in einem gemeinsamen Schacht verlegt werden. Besteigbare Schächte können einen runden, rechteckigen oder quadratischen Querschnitt haben. Die Schachtquerschnitte sind von der Schachttiefe abhängig.

Tabelle 1: Mindestgrabenbreite bezüglich Leitungsdurchmesser

Äußerer Leitungs- bzw. Rohrschaftdurchmesser D (m)	Mindestgrabenbreite b (m)		
	Verbauter Graben	Unverbauter Graben	
		$\beta > 60°$	$\beta \leq 45°$
≤ 0,225	D+0,40	D+0,40	
> 0,225 bis ≤ 0,350	D+0,50	D+0,50	D+0,40
> 0,350 bis ≤ 0,700	D+0,70	D+0,70	D+0,40
> 0,700 bis ≤ 1,200	D+0,85	D+0,85	D+0,40
> 1,200	D+1,00	D+1,00	D+0,40

Tabelle 2: Mindestgrabenbreite bezüglich Grabentiefe

Grabentiefe (m)	Mindestgrabenbreite (m)
bis 1,00	keine Vorgabe
über 1,00 unter 1,75	0,80
über 1,75 unter 4,00	0,90
über 4,00	1,00

Bild 1: Kontrollschacht aus Betonfertigteilen

Labels in Bild 1:
- Abdeckung (Schachtdeckel)
- Auflagerring
- Schachthals
- Schachtringe
- Übergangsring
- Schachtunterteil
- Schachtkonus
- Fertigteilringe
- Steigeisen
- offener Durchfluss (Steinzeug-Halbschale)
- Gerinnebeton
- Fundamentplatte
- Sauberkeitsschicht

Bild 2: Rohrgrabenverfüllung

Labels in Bild 2:
- OK Grabenverfüllung ▼ Gelände
- Hauptüberfüllung: Verfüllung z.B. mit geeigneten u. verdichtungsfähigem Aushub Verdichtung in Lagen; Schütthöhe von 20...50 cm je nach Verdichtungsgerät
- Leitungszone: Verfüllung mit Korngemisch ≤ 22 mm bis DN 200 ≤ 40 mm ab DN 200 bis DN 600
- Beginn der mechanischen Verdichtung mit leichtem Verdichtungsgerät ab ≥ 30 cm Rohrscheitel
- Abdeckzone ≥ 15 cm ü. Rohrscheitel ≥ 10 cm Rohrmuffe
- Seitenverfüllung mit oberer Bettungsschicht zur seitl. Rohrunterstützung
- untere Bettungsschicht ≥ 10 cm
- ▲ Grabensohle

Schächte bis zu einer Tiefe von 0,80 m haben einen Querschnitt von mindestens 0,60 m x 0,80 m und brauchen keine Steigvorrichtung. Schächte mit größerer Tiefe haben einen Mindestdurchmesser von 1,00 m oder einen Mindestquerschnitt von 0,90 x 0,90 m bzw. 0,80 x 1,00 m. Hier sind alle 25 cm Steigeisen versetzt anzuordnen. Schächte, die tiefer als 1,60 m sind, können nach oben verjüngt werden. Häufig werden Schächte aus Betonfertigteilen nach DIN 4034-1 hergestellt **(Bild 1)**. Sie bestehen aus Schachtunterteil mit Durchfluss, Schachtringen, Schachthals, Auflagering und Schachtabdeckung. Die Ringe werden mit Mörtel der Mörtelgruppe III oder mit eingebauten Dichtringen versetzt. Die erforderliche Schachtabdeckung ist auf die anfallende Verkehrslast abzustimmen.

Der Durchfluss im Schachtunterteil ist als Rinne so auszubilden, dass das Abwasser sich nicht ausbreiten kann. Innerhalb von Gebäuden haben Schächte einen geschlossenen Durchfluss. Der Rohrleitungsanschluss an einen Schacht muss gelenkig sein, damit mögliche Setzungen oder Verlagerungen des Schachtes ohne Nachteil für die Rohrleitung aufgenommen werden können. Dies erreicht man durch Anordnung von Muffen unmittelbar vor Eintritt und nach Austritt der Rohrleitung oder durch entsprechende Gelenkstücke.

6.3.7 Verfüllen des Rohrgrabens

Vor dem Verfüllen des Rohrgrabens muss die Leitung in der Leitungszone eingebettet werden. Dazu wird ein geeigneter Boden oder Kiessand mit einem Größtkorn bis z. B. 22 mm in Schüttlagen zwischen 10 cm bis 15 cm eingefüllt. Durch gleichmäßiges Stampfen zu beiden Seiten der Rohre wird so verdichtet, dass diese sich nicht verschieben können.

Die Verfüllung über der Abdeckzone bis etwa 30 cm über Rohrscheitel erfolgt durch weitere Schüttlagen. In dieser Höhe kann eine mechanische Verdichtung der Verfüllung mit leichtem Verdichtungsgerät (Rüttelplatten) erfolgen. Danach erfolgt die weitere Hauptverfüllung in Verdichtungslagen von 20 cm bis 50 cm bis zur vorgesehenen Oberkante des Grabens **(Bild 2)**.

Aufgaben

1 Unterscheiden Sie die verschiedenen Abwasserarten.

2 Erläutern Sie die beiden Abwasserableitungsverfahren.

3 Ermitteln Sie die Mindestgrabenbreite für einen verbauten Graben, in den Rohre mit einem Rohrschaftdurchmesser zwischen 22,5 cm und 35 cm verlegt werden.

4 Begründen Sie die Forderung für einen gelenkigen Rohrleitungsanschluss am Schacht.

5 Nennen Sie die verschiedenen Formstücke und deren Verwendung bei Abwasserleitungen.

6 Unterscheiden Sie bei der Rohrgrabenverfüllung die verschiedenen Schüttlagen der Leitungszone.

7 Machen Sie Vorschläge für die Sicherung von Rohrgräben.

7 Mauerwerksbau

Im Mauerwerksbau werden Bauteile aus künstlichen und natürlichen Mauersteinen hergestellt.

7.1 Maßordnung

Künstliche Mauersteine, wie z. B. Mauerziegel, sind in ihren Abmessungen nach der Maßordnung im Hochbau in DIN 4172 auf die Längeneinheit Meter abgestimmt. Mauermaße berechnet man als Baurichtmaße und als Rohbaumaße.

7.1.1 Baurichtmaße und Steinformate

Baurichtmaße sind die Grundlage für alle Rohbau- und Ausbaumaße. Die Baurichtmaße sind durch das **A**chtel**m**eter (**am**) festgelegt **(Bild 1)**.

> **Ein Achtelmeter beträgt 12,5 cm.**
> Baurichtmaße sind Vielfache oder die Hälfte eines Achtelmeters.

Im herkömmlichen Mauerwerksbau sind zwischen den Mauersteinen Mörtelfugen erforderlich. Um die Baurichtmaße einhalten zu können, müssen Länge, Breite und Höhe der Mauersteine jeweils um eine Fugenbreite kleiner sein. Die sich aus den Baurichtmaßen ergebenden Abmessungen der Mauersteine bezeichnet man als **Steinformate**.

Alle weiteren Formate ergeben sich als Vielfache der Beträge von Länge/Breite/Höhe in **am**.

Beispiele für die Berechnung der Steinformate:

Stein-format	Länge x Breite x Höhe			=	Vielfache von am
DF	2 x	1 x	$\frac{1}{2}$	=	1
2 DF	2 x	1 x	1	=	2
3 DF	2 x	$1\frac{1}{2}$ x	1	=	3
16 DF	4 x	2 x	2	=	16

7.1.2 Rohbaumaße

Als **Rohbaumaße** bezeichnet man die am gemauerten Bauteil vorhandenen Abmessungen (**Bild 2**, Seite 223). Diese weichen je nach der Form des gemauerten Bauteils wegen der zu berücksichtigenden Fugenbreite von den Baurichtmaßen ab.

7.1.2.1 Mauerdicken

Die Mauerdicke hängt von der Anordnung und Anzahl der verwendeten Mauersteine ab (**Bild 2**).

Bild 1: Baurichtmaße und Achtelmetermaße

> **Steinformate** sind
> - **D**ünnformate (**DF**) mit 24 cm/11^5 cm/5^{2}cm
> - **N**ormalformate (**NF**) mit 24 cm/11^5 cm/7^{1}cm

Mauersteinlänge nach Baurichtmaß:	2 am
Tatsächliche Steinlänge:	25 cm – 1 cm = 24 cm
Mauersteinbreite nach Baurichtmaß:	1 am
Tatsächliche Steinbreite:	12,5 cm – 1 cm = 11,5 cm

Bild 2: Mauerdicken mit klein- und mittelformatigen Steinen

Die Länge einer **Maueröffnung** beträgt

Anzahl der am x 12,5 cm + 1 Stoßfuge

Beispiel: $3 \times 12,5 \text{ cm} + 1 \text{ cm} = 38,5 \text{ cm}$

3×12^5 | 1

38^5

Die Länge einer **Mauervorlage** beträgt

Anzahl der am x 12,5 cm

Beispiel: $3 \times 12,5 \text{ cm} = 37,5 \text{ cm}$

3×12^5

37^5

Die Länge einer **kurzen Wand** beträgt

Anzahl der am x 12,5 cm - 1 Stoßfuge

Beispiel: $3 \times 12,5 \text{ cm} - 1 \text{ cm} = 36,5 \text{ cm}$

3×12^5

36^5 | 1

Bild 1: Maueröffnungen, Mauervorlage und kurze Wand (Mauerpfeiler)

Bild 2: Mauerlängen als Rohbaumaße

Die kleinste Mauerdicke beträgt 11,5 cm, wenn der Stein als **Läufer** vermauert wird (**Bild 2,** Seite 226). Wird der Stein als **Binder** vermauert, ergibt sich eine Mauerdicke von 24 cm. Dasselbe Maß erhält man, wenn zwei Läufer einschließlich Längsfuge nebeneinander liegen. Weitere Mauerdicken ergeben sich durch Verwendung von großformatigen Steinen.

7.1.2.2 Mauerlängen

Bei Mauerlängen unterscheidet man Maueröffnungen, Mauervorlagen und kurze Wände oder Mauerpfeiler (**Bild 1**). Mauerlängen werden als Vielfache von am (12,5 cm) angegeben. Die jeweiligen **Rohbaumaße** werden aus den entsprechenden Baurichtmaßen errechnet (Bild 2). Bei der Berechnung ist zu berücksichtigen, ob die Breite einer Stoßfuge abgezogen oder dazugerechnet werden muss.

7.1.2.3 Mauerhöhen

Mauerhöhen werden durch die Schichthöhe und die Anzahl der Schichten bestimmt. Die Schichthöhe ergibt sich aus der Steinhöhe einschließlich Lagerfuge. Die Dicke der Lagerfuge ist je nach verwendetem Steinformat unterschiedlich. Sie errechnet sich nach der Anzahl der Steine je Meter Mauerhöhe und beträgt beim Dünnformat 1,05 cm, beim Normalformat 1,23 cm, bei mittel- und großformatigen Steinen 1,2 cm (**Bild 3**). Die Anzahl der Schichten ist abhängig von der Mauerhöhe und dem gewählten Steinformat. Die Schichtanzahl errechnet sich aus der Mauerhöhe : Schichthöhe.

Beispiele für die Berechnung der Schichtanzahl:

Mauerhöhe 2,62⁵ m   Steinformat 3 DF

$$\text{Schichtanzahl} = \frac{262,5 \text{ cm}}{12,5 \text{ cm}} = 21$$

Steinformate und Steinmaße	DF 24/11⁵/5²	NF 24/11⁵/7¹	2 DF bis 6 DF	8 DF bis 20 DF
+ 50 ▽				
Steine mit Fugen				
+ 25 ▽				
Steine mit Fugen				
+ 0 ▽				
Steinhöhen in cm	5²	7¹	11³	23⁸
Schichthöhe in cm	6²⁵	8³³	12⁵	25
Schichten je m	16	12	8	4

Bild 3: Schichthöhen

7.2 Mauerverbände

Mauerwerk entsteht durch regelmäßiges waagerechtes und flucht-
gerechtes Aneinanderreihen sowie durch senkrechtes Aufschichten
und Vermörteln von Mauersteinen.

Werden Mauersteine so in die Mauerflucht gelegt, dass man ihre
Längsseite sieht, sind die Steine als **Läufer** vermauert. Läufer stoßen
mit ihren Breitseiten (Kopfseiten oder kurz nur Kopf genannt) zusammen. Diese Fugen werden als **Stoßfugen** bezeichnet. Liegen Läufer
bei größeren Mauerdicken mit ihren Längsseiten nebeneinander,
werden diese Fugen als **Längsfugen** bezeichnet. Sieht man die Kopfseite der Mauersteine in der Maueransicht, sind die Steine als **Binder**
vermauert. Binder stoßen mit ihren Längsseiten in Stoßfugen zusammen. Alle waagerecht angeordneten Steine einer bestimmten Mauerlänge ergeben die **Mauerschicht (Bild 1)**. Die waagerechten Fugen
zwischen den Mauerschichten heißen **Lagerfugen**.

Bild 1: Mauerschichten

Beim Mauern lassen sich Maßabweichungen der Steine in der
Mörtelfuge ausgleichen. Im erhärteten Mörtel sitzt der Stein fest und
unverrückbar. Das Mauerwerk erreicht seine geforderte Festigkeit, wenn die Mauersteine außerdem im **Mauerverband** gemauert
sind.

Durch einen Mauerverband werden Lasten und Kräfte nicht nur senkrecht, sondern gleichmäßig auf den ganzen Mauerquerschnitt verteilt **(Bild 2)**. Dies wird durch Versetzen der senkrecht übereinander-
liegenden Stoß- und Längsfugen erreicht. Diesen Versatz nennt man
Überbindemaß (ü); er muss mindestens 4,5 cm betragen **(Bild 3)**.
Werden höhere Mauersteine verwendet, so gilt $ü \geq 0,4\ h_{St}$ **(Tabelle 1)**.
Nach DIN 1053 dürfen **keine Fugenüberdeckungen** auftreten. Sie gefährden die Tragfähigkeit des Mauerwerks.

Bild 2: Lastverteilung im Mauerwerk

Bild 3: Überbindemaße

Die Steine einer Schicht sollen gleiche Höhe haben. An Wandenden
und unter Stürzen ist jedoch eine zusätzliche Lagerfuge in jeder zweiten Schicht zum **Längen- und Höhenausgleich** zulässig **(Bild 4)**.

Die Mauersteine müssen an Wandenden mit einer Breite von min-
destens 11,5 cm aufliegen (Bild 4). Steine und Mörtel müssen von
der gleichen Art und Festigkeit sein wie im übrigen Mauerwerk. In
Schichten mit Längsfugen darf die Steinhöhe nicht größer als die
Steinbreite sein. Abweichend davon muss die Aufstandsbreite von
Steinen mit einer Höhe von 23,8 cm mindestens 11,5 cm betragen.
Das Überbindemaß ist nach DIN 1053 einzuhalten.

Tabelle 1: Überbindemaße		
Steinhöhe h cm	$ü$ nach DIN 1053	$ü$ in am
5,2	≥ 4,5	1/2
7,1		
11,3	≥ 4,52	
23,8	≥ 9,52	1

Je nach Anordnung der Mauersteine ergeben sich unterschiedliche
Mauerbilder, die man als Mittenverbände bezeichnet. Nach der Verwendung des Mauerwerks im Bauwerk unterscheidet man Endver-
bände, rechtwinklige und schiefwinklige Maueranschlüsse sowie
Schornsteinverbände. Bei Sichtmauerwerk bieten Zierverbände besondere Gestaltungsmöglichkeiten.

**Bild 4: Längen- und Höhenausgleich
an Wandenden**

7.2.1 Mittenverbände

Bei den Mittenverbänden unterscheidet man den Läuferverband, den
Binderverband, den Blockverband und den Kreuzverband.

Bild 1: Binderverband

Bild 2: Läuferverbände mit Klein- und Mittelformaten

Bild 3: Blockverband mit kleinformatigen Steinen

7.2.1.1 Binderverband

Beim Binderverband bestehen alle Schichten aus Bindern (**Bild 1**). Die Schichten sind gegeneinander mit einem Überbindemaß von $1/2$ am versetzt. Dieser Verband ergibt bei klein- und mittelformatigen Steinen eine Mauerdicke von 24 cm. Er wird selten ausgeführt. Dagegen treten bei mittel- und großformatigen Steinen häufig reine Binderverbände auf, z. B. bei 36,5 cm dicken Wänden.

7.2.1.2 Läuferverband

Beim Läuferverband bestehen alle Schichten aus Läufern. In der Regel werden zwei übereinander liegende Mauersteine bei allen Steinformaten um 1 am oder um $1/2$ am versetzt (**Bild 2**). Das Überbindemaß muss jedoch mindestens 4,5 cm betragen. Der Läuferverband wird für 11,5 cm dicke Wände aus kleinformatigen Steinen und für 17,5 cm dicke Wände aus mittelformatigen Steinen angewendet. Eine Wanddicke von 30 cm wird mit klein- und mittelformatigen Steinen hergestellt. Großformatige Steine lassen sich für 24 cm, 30 cm und 36,5 cm dicke Wände im Läuferverband vermauern.

7.2.1.3 Blockverband

Beim Blockverband wechseln Läufer- und Binderschichten regelmäßig miteinander ab. Man beginnt mit der Binderschicht. Die darüber liegende Schicht ist die Läuferschicht. Sie besteht aus zwei nebeneinander liegenden Läuferreihen. Die Läufer sind gegenüber den Bindern um $1/2$ am versetzt (**Bild 3**). Diese Regel gilt bei 24 cm dicken Wänden und bei Verwendung von kleinformatigen Steinen, bei Wänden über 30 cm Wanddicke auch für mittelformatige Steine.

7.2.1.4 Kreuzverband

Der Kreuzverband entsteht, wenn die Läuferschicht gegenüber der Binderschicht um $1/2$ am und außerdem die Läuferschichten untereinander um 1 am versetzt angeordnet werden **(Bild 1)**. Der Kreuzverband ist nur bei Mauerdicken ab 24 cm möglich und erst nach 4 Mauerschichten erkennbar.

Wird der Kreuzverband bei Mauerdicken ab 36⁵ cm angewendet, liegen bei klein- und mittelformatigen Steinen Läufer und Binder in derselben Schicht. In der Maueransicht sieht man aber weiterhin in der Binderschicht Binder und in der Läuferschicht Läufer. Innerhalb einer Mauerschicht dürfen hier die Stoßfugen über die ganze Mauerdicke durchgehen. Der Kreuzverband wiederholt sich alle 4 Schichten.

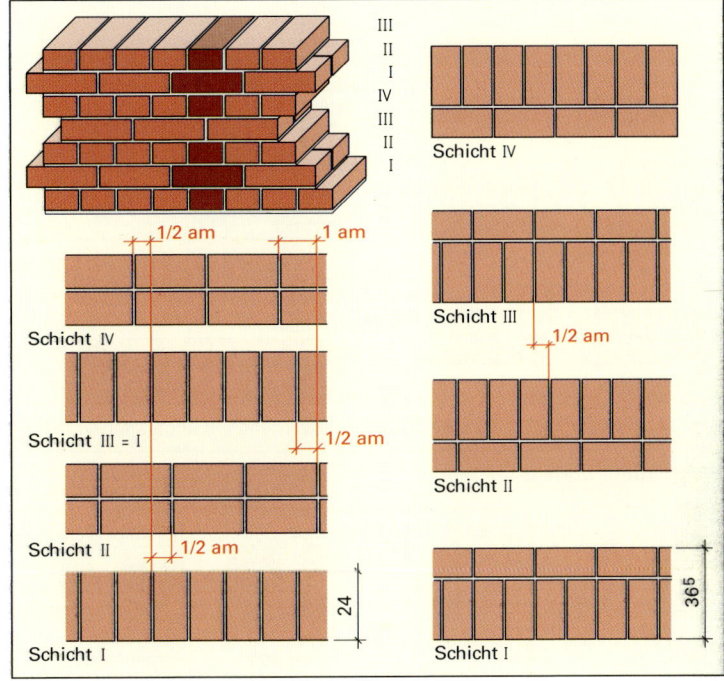

Bild 1: Kreuzverband mit kleinformatigen Steinen

7.2.2 Endverbände

Die beiden Schmalseiten einer freistehenden Mauer bezeichnet man als Mauerenden. Ist die freistehende Wand kurz, spricht man von Mauerpfeiler (kurze Wände). Ähnliche Regeln gelten für das Mauern von Vorlagen und Nischen.

7.2.2.1 Mauerenden

Das Mauern von Mauerenden geschieht im **Dreiviertelsteinverband**. Dabei enden die Läuferschichten jeweils mit Dreiviertelsteinen und die Binderschichten mit ganzen Steinen **(Bild 2)**. Auf der Baustelle können zwei nebeneinander liegende Dreiviertelsteine im 2 DF-Format auch durch einen 3 DF-Stein ersetzt werden. Dies ist wirtschaftlicher, da keine Steine geschlagen werden müssen und kein Verhau entsteht. Der Dreiviertelsteinverband kann angewendet werden, wenn die Mauerlänge ein Vielfaches von 1 am ist.

Ist bei Mauerdicken ab 24 cm die Mauerlänge ein Vielfaches von $1/2$ am, kann das Mauerende nur mit dem **umgeworfenen Verband** ausgeführt werden. Man beginnt an einem Mauerende wie beim Dreiviertelsteinverband. Läuferschichten beginnen mit Dreiviertelsteinen, Binderschichten mit ganzen Steinen. Am anderen Mauerende wird die Läuferschicht jedoch mit Bindern abgeschlossen, die Binderschicht mit Dreiviertelsteinen als Läufer **(Bild 1,** Seite 228).

Bei der Verwendung von mittelformatigen Steinen, z. B. bei einer 30 cm dicken Wand aus 2 DF- und 3 DF-Steinen, liegen beide Steinformate in derselben Schicht ne-

Bild 2: Dreiviertelsteinverbände

Bild 1: Umgeworfene Verbände

Bild 2: Verbände rechteckiger und quadratischer Mauerpfeiler

Bild 3: Verbände bei Vorlagen, Nischen und Schlitzen

beneinander. Die Läuferschichten enden am einen Mauerende mit Läufern und am anderen mit Bindern. Der Verband ist umgeworfen. Jede folgende Schicht ist jeweils um 180° gedreht anzuordnen.

7.2.2.2 Mauerpfeiler

Mauerpfeiler sind Bauteile mit einem Mindestquerschnitt von 11,5 cm/36,5 cm bzw. 17,5 cm/ 24 cm (Bild 2). Wegen der Tragfähigkeit muss nach DIN 1053 das Überbindemaß mindestens 4,5 cm betragen. Fugenüberdeckungen sind nicht zulässig. Für rechtwinklige Mauerpfeiler gelten die gleichen Verbandsregeln wie für Mauerenden. Das wichtigste dabei ist, dass Läufer und Binder schichtweise wechseln. Auch quadratische Mauerpfeiler werden in der ersten Schicht wie kurze Mauerenden angelegt. Jede weitere Schicht liegt um 90° bzw. 180° gedreht auf der vorhergehenden Schicht.

7.2.2.3 Vorlagen und Nischen

Bei Vorlagen und Nischen wird die Dicke der Mauer vergrößert oder verkleinert. Nischen von geringer Breite werden als Schlitze bezeichnet und wie Nischen gemauert. Beim Mauern von Vorlagen läuft die äußere Läuferschicht durch; ihre Regelfuge liegt $1/2$ am vor Beginn der Vorlage (Bild 3). In der Binderschicht bindet die Vorlage in die Mauer ein, z. B. mit Dreiviertelsteinen.

Bei Mauernischen und Schlitzen gehen sowohl Läufer- als auch Binderschichten durch und werden auf Nischenbreite bzw. Schlitzbreite zurückgesetzt. Jede Schicht endet wie beim Mauerende im Dreiviertelsteinverband oder im umgeworfenen Verband. Die Größe von Mauernischen und Schlitzen ist nach DIN 1053 begrenzt (Seite 239).

7.2.3 Rechtwinklige Maueranschlüsse

Bei rechtwinkligen Maueranschlüssen gilt als Regel, dass diejenige Schicht durchgeführt wird, die in der Ansicht Läufer zeigt. Die rechtwinklig daran anschließende Schicht ist eine Binderschicht. An der Innenecke ergibt sich bei klein- und mittelformatigen Steinen ein Versatz von $^1/_2$ am bzw. 1 am zur Regelfuge, bei großformatigen Steinen von 1 am. Die darüber liegende Schicht wird nach den Verbandsregeln so angeordnet, dass an der Sichtseite über der Läuferschicht eine Binderschicht liegt und umgekehrt.

7.2.3.1 Mauerecken

Bild 1: Eckverbände bei ein-Stein dicken Wänden

Die Mauerecke wird so angelegt, dass bei einer ein Stein dicken Mauer jede Schicht abwechselnd durchläuft. Dies gilt für klein-, mittel- und großformatige Steine **(Bild 1)**. Bei zwei und drei Stein dickem Mauerwerk wird die Flucht der durchbindenden Schicht nicht verändert und die Flucht der einbindenden Schicht schließt sich an. Stoß- und Längsfugen der einbindenden Schicht sind in der Ecke so anzulegen, dass keine Fugenüberdeckungen entstehen und der Verband eingehalten werden kann **(Bild 2)**. Bei Mauerwerk aus kleinformatigen Steinen werden an der Mauerecke wie beim Mauerendverband Dreiviertelsteine verwendet; bei mittelformatigen Steinen müssen keine Teilsteine eingeschlagen werden. Auf diese Weise lassen sich sowohl der Blockverband als auch der Kreuzverband herstellen.

Bild 2: Mauerecke bei zwei- und drei-Stein dicken Wänden

7.2.3.2 Mauereinbindungen

Bei Mauereinbindungen (Maueranschluss, Mauerstoß) sollten die durchgehende und die einbindende Mauer gleichzeitig angelegt und hochgeführt werden. Andernfalls ist die einbindende Mauer abzutreppen. Jede zweite Schicht der schließenden Mauer ist einzubinden. Dadurch wird in der Mauereinbindung der Verbund gesichert. Unabhängig von der Dicke des Mauerwerks ist bei klein- und mittelformatigen Steinen die Regelfuge der durchgehenden Schicht um 1/2 am, bei großformatigen Steinen um 1 am versetzt (**Bild 1**).

Ist eine Mauer anzuschließen, die mit der durchlaufenden Mauer keinen Regelfugenversatz ermöglicht, kann z. B. das Steinformat am Maueranschluss gewechselt werden.

Bild 1: Verbände bei Mauereinbindungen

7.2.3.3 Mauerkreuzungen

Bei rechtwinkligen Mauerkreuzungen laufen die Schichten abwechselnd durch (**Bild 2**). Die jeweilige Regelfuge der durchgehenden Schicht ist um 1/2 am bei kleinformatigen, um 1/2 am bzw. 1 am bei mittelformatigen und um 1 am bei großformatigen Steinen gegenüber der anstoßenden Schicht zu versetzen.

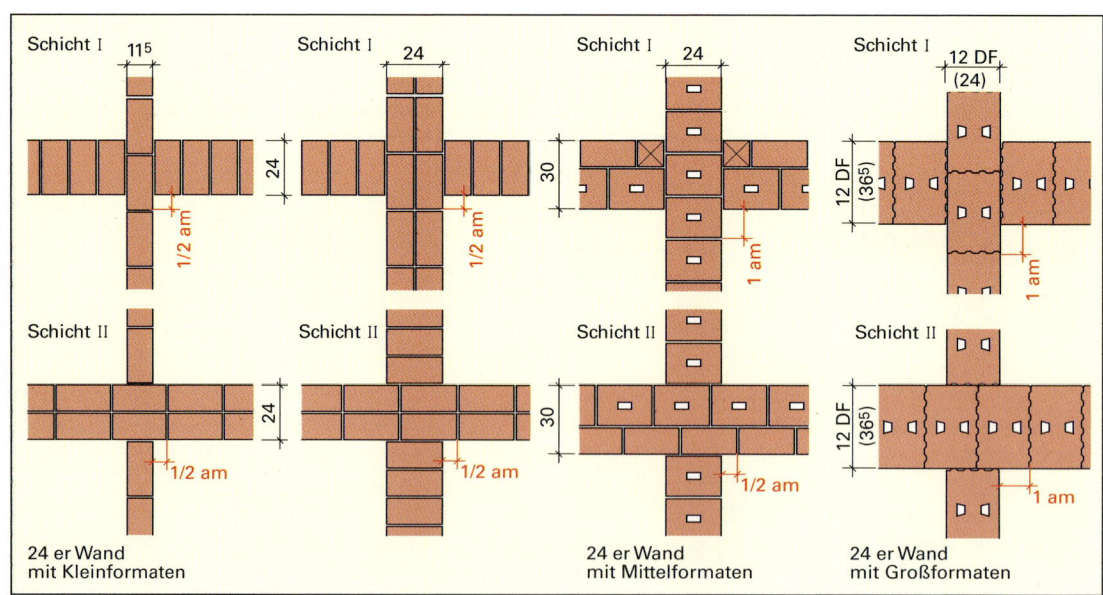

Bild 2: Verbandregeln rechtwinkliger Mauerkreuzungen

7.2.4 Schiefwinklige Maueranschlüsse

Bei schiefwinkligen Maueranschlüssen unterscheidet man Mauerecken, Mauereinbindungen und -kreuzungen.

7.2.4.1 Schiefwinklige Mauerecken

Spitzwinklige Mauerecken werden von der äußeren Ecke aus angelegt. Der Eckstein der durchlaufenden Schicht sollte mit seiner längeren Seite etwa einem Dreiviertelstein entsprechen. Dieses Maß erhält man,

Bild 1: Spitzwinklige Mauerecke

wenn zum schrägen Maß *b* des zugeschnittenen Steins noch ¹/₂ am addiert wird **(Bild 1)**.

Stumpfwinklige Mauerecken werden von der Innenecke aus angelegt. Fugenüberdeckungen werden vermieden, wenn die Regelfuge der durchgehenden Schicht um mindestens ¹/₂ am von der Innenecke versetzt ist **(Bild 2)**. Im Übrigen gelten die gleichen Verbandsregeln wie bei rechtwinkligen Mauerecken.

Bild 2: Stumpfwinklige Mauerecke

7.2.4.2 Schiefwinklige Mauereinbindungen

Bei schiefwinkligen Mauereinbindungen wird die einbindende Schicht bis zur Läuferreihe der durchlaufenden Schicht durchgeführt. Um Fugenüberdeckungen zu vermeiden, ist die letzte Regelfuge der durchlaufenden Schicht um mindestens ¹/₂ am von der Innenecke versetzt. Die Regelfuge der anschließenden Schicht liegt jeweils an der Innenecke **(Bild 3)**. Die Schichten laufen abwechselnd durch bzw. binden ein.

Bild 3: Schiefwinklige Mauereinbindung

Bild 1: Schiefwinklige Mauerkreuzung

7.2.4.3 Schiefwinklige Mauerkreuzungen

Bei schiefwinkligen Mauerkreuzungen gibt es keine Fugenüberdeckungen, wenn die jeweiligen Regelfugen um mindestens $1/2$ am von der Innenecke versetzt sind **(Bild 1)**. Des weiteren können die Regeln für den schiefwinkligen Mauerstoß angewendet werden.

Bei Verwendung von großformatigen Mauersteinen ist der Abstand der letzten Regelfuge zur Innenecke von 1 am einzuhalten.

7.2.5 Schornsteinverbände

Schornsteine sind in fachgerechtem Verband so zu mauern, dass die Innenwandungen des Schornsteins lotrecht, eben und rauchdicht sind. Als Grundregeln gelten, dass das Überbindemaß von 4,5 cm eingehalten wird, möglichst ganze Mauersteine verwendet und notwendige Viertelsteine an den Außenseiten der Schornsteinwangen vermauert werden. An den inneren Ecken jeder Mauerschicht darf jeweils nur eine Fuge liegen; Kreuzfugen sind zu vermeiden. Schornsteinzungen müssen in die Wangen einbinden.

Schornsteinverbände werden in Verbände für frei stehende Schornsteine und in Verbände für Schornsteine im Mauerwerk unterteilt.

Der Mauerverband für **frei stehende Schornsteine** hängt von der Anzahl der Schornsteinrohre ab **(Bild 2)**. Ist ein Schornsteinrohr mit 11,5 cm dicken Wangen zu mauern, wird der Verband umlaufend gelegt, d. h. die zweite Schicht läuft entgegengesetzt zur ersten. Ist eine Schornsteingruppe mit 11,5 cm dicken Wangen und Zungen zu mauern, wird jede zweite Schicht um 180° zur ersten gedreht. Schornsteine und Schornsteingruppen können auch mit 24 cm dicken Wangen und Zungen gemauert werden. Dabei werden die ganzen Mauersteine wie bei 11,5 cm dicken gemauerten Wangen als Binder versetzt. Die Schichten sind gleich, doch wird bei rechteckigen Schornsteinquerschnitten jede zweite Schicht um 180°, bei quadratischen Schornsteinquerschnitten jede folgende Schicht um 90° gedreht.

Der Mauerverband der **Schornsteine im Mauerwerk** hängt von der Dicke des anschließenden Mauerwerks ab. Man spricht von Mauern ohne Vorlage, wenn das Mauerwerk mindestens so dick ist wie der Schornstein in seinen Wangenaußenmaßen. Hier kann der Schornsteinquerschnitt im Wandinneren ausgespart bleiben **(Bild 1,** Seite 233). In der Läuferschicht liegen an beiden Seiten der Schornsteingruppe Dreiviertelsteine als Läufer, in der Binderschicht Dreiviertelsteine als Binder. Diese Verbandsregel gilt für Schornsteingruppen mit der vielfachen Länge des Achtelmeter. Ist die Länge der Schornsteingruppe durch $1/2$ am teilbar, wird nach den Regeln des umgeworfenen Verbands gemauert. In jeder Schicht liegen auf der einen Seite der Schornsteingruppe Dreiviertelsteine als Läufer, auf der anderen Seite Dreiviertelsteine als Binder. Man spricht von **Mauern mit Vorlage,** wenn

Bild 2: Schornsteinverbände für frei stehende Schornsteine mit 11,5 cm und 24 cm dicken Wangen

das Mauerwerk dünner ist als der Schornstein in seinen Wangenaußenmaßen, wie z. B. bei 24 cm und 30 cm dickem Mauerwerk. In der Regel liegt die Vorlage als Läufer in der Läuferschicht vor der Mauerflucht. In der Binderschicht bindet die Vorlage mit Dreiviertelsteinen als Binder ein. Diese Verbandsregeln gelten für Schornsteingruppen mit vielfachen Längen von am. Ist die Länge der Schornsteingruppe durch $^1/_2$ am teilbar, wird nach den Regeln des umgeworfenen Verbands gemauert.

7.2.6 Zierverbände

Zierverbände werden bei Verblendungen und zur Zierde gemauert und bleiben unverputzt. Außer den üblichen Verbänden gehören auch die historischen Verbände dazu.

Zierverbände dienen der Verschönerung des Mauerwerks, z.B. bei Umfassungsmauern oder bei der Ausfachung im Fachwerkbau. Als Zierverbände und Verblendverbände eignen sich die historischen Verbände.

Der **Gotische Verband** ist ein Verband mit Läufer-Binder-Schichten **(Bild 2)**. In jeder Schicht liegen abwechselnd Läufer und Binder nebeneinander. Die Binder sind von Schicht zu Schicht um $1^1/_2$ am versetzt anzuordnen. Durch Versetzen von nur $^1/_2$ am kann das Erscheinungsbild des Gotischen Verbandes beruhigt werden, z. B. wenn die Binder in einer Senkrechten übereinander liegen oder eine Schräge bilden.

Beim **Märkischen Verband** liegt in jeder Schicht zwischen zwei Läufern ein Binder **(Bild 3)**. Das Versetzmaß wird auf $1^1/_2$ am festgelegt. Dadurch liegen in jeder zweiten Schicht die Binder übereinander. Durch Verkürzen des Versatzmaßes auf $^1/_2$ am entstehen veränderte Erscheinungsformen des Märkischen Verbandes.

Bild 1: Schornsteinverbände im Mauerwerk ohne und mit Vorlagen

Bild 2: Gotischer Verband und Abwandlungen

Bild 3: Märkischer Verband und Abwandlungen

Bild 4: Schlesischer Verband und Abwandlungen

Bild 5: Holländischer Verband und Abwandlungen

Bild 6: Wilder Verband

233

Beim **Schlesischen Verband** liegt in jeder Schicht zwischen drei Läufern ein Binder (**Bild 4,** Seite 233). Die Binder können schichtweise um $1/2$ am, $11/2$ am oder $21/2$ am versetzt angeordnet werden.

Beim **Holländischen Verband** wechseln Läufer-Binder-Schichten und Binderschichten regelmäßig miteinander ab (**Bild 5,** Seite 233). Die Binder jeder Läufer-Binder-Schicht liegen übereinander.

Soll bewusst Unregelmäßigkeit im Zierverband vorherrschen, wird im sogenannten **Wilden Verband** gemauert (**Bild 6,** Seite 233). Dabei wechseln in jeder Schicht Läufer und Binder unregelmäßig miteinander ab.

Tabelle 1: Charakteristische Druckfestigkeit f_k von Mauerwerk aus Vollziegeln, Kalksand-Vollsteinen und -Blocksteinen mit NM in N/mm²

Steinfestig-keitsklasse	Mörtelgruppe			
	NM II	NM IIa	NM III	NM IIIa
	Mörtelklasse			
	M2,5	M5	M10	M20
2	–	–	–	–
4	2,8	3,2	3,5	4,0
6	3,6	4,0	4,5	5,0
8	4,2	4,7	5,3	5,9
10	4,8	5,4	6,0	6,8
12	5,4	6,0	6,7	7,5
16	6,4	7,1	8,0	8,9
20	7,2	8,1	9,1	10,1
28	8,8	9,9	11,0	12,4
36	10,2	11,4	12,7	14,3
48	10,2	11,4	15,1	16,9
60	10,2	11,4	15,1	16,9

Tabelle 2: Charakteristische Druckfestigkeit f_k von Mauerwerk aus Mauerziegeln mit LM in N/mm²

Steinfestig-keitsklasse	Mörtelgruppe	
	LM 21	LM 36
	Mörtelklasse	
	M5	M5
2	1,4	1,4
4	2,3	2,3
6	3,0	3,0
8	3,6	3,6

Tabelle 3: Charakteristische Druckfestigkeit f_k von Mauerwerk aus Porenbeton mit DM in N/mm²

Steinfestig-keitsklasse	Dünnbettmörtel
	Mörtelklasse M10
2	1,8
4	3,0
6	4,1
8	5,1

7.3 Mauerwerk

Ein Mauerwerk muss tragfähig, gebrauchstauglich und dauerhaft hergestellt sein. Es dürfen nur Baustoffe verwendet werden, die den Normen entsprechen. Bei nicht genormten Baustoffen muss deren Eignung in Bezug auf Festigkeit und Verwendbarkeit nachgewiesen werden.

7.3.1 Mauerwerksfestigkeit

Die Druckfestigkeit von Mauersteinen und Mauermörtel bestimmt im Wesentlichen das Tragverhalten des Mauerwerks. Übliche Mauersteine haben Druckfestigkeiten von 2 N/mm² bis 28 N/mm² und Mauersteine für besondere Anforderungen 36 N/mm² bis 60 N/mm². Die Druckfestigkeiten von Mauermörtel liegen bei Güteprüfung zwischen 2,5 N/mm² für MG II und 20 N/mm² für MG IIIa, bei Eignungsprüfung zwischen 3,5 N/mm² für MG II und 25 N/mm² für MG IIIa.

Für ein Mauerwerk kann die charakteristische Druckfestigkeit rechnerisch ermittelt werden. Neben den Druckfestigkeiten von Mauerstein und Mauermörtel werden hierbei die Mauersteinabmessungen und die Lochbilder der Mauersteine berücksichtigt. Nach DIN EN 1996-3/NA darf die charakteristische Druckfestigkeit nach einer vereinfachten Methode bestimmt werden, bei welcher die Mauerwerksfestigkeit in Abhängigkeit von Steinfestigkeitsklasse und Mörtelklasse tabellarisch zu erfassen ist (**Tabelle 1, Tabelle 2 und Tabelle 3**).

7.3.2 Tragfähigkeit gemauerter Wände

Wände und Pfeiler aus Mauerwerk sind so zu bemessen, dass die Standsicherheit des Bauwerks gewährleistet ist. Dabei müssen sämtliche Einwirkungen von den Bauteilen aufgenommen und sicher abgeleitet werden.

Den Einwirkungen muss das Bauteil einen ausreichenden inneren Widerstand entgegensetzen. Um ein Versagen der Bauteile zu vermeiden, muss der Bemessungswert der Einwirkungen E_d kleiner, höchstens aber gleich groß sein wie der Bemessungswert des Tragwiderstands R_d.

$$E_d \leq R_d$$

Neben dem Tragverhalten sind zusätzlich die Funktionen der Wände hinsichtlich des Wärme-, Schall-, Brand- und Feuchteschutzes zu beachten.

Die Tragfähigkeit eines Mauerwerks kann stets mit dem **genaueren Berechnungsverfahren** nach DIN EN 1996-1-1/NA berechnet werden. Hierbei können sich besonders günstige Abmessungen des Mauerwerks ergeben. Sind gewisse Voraussetzungen erfüllt, ist die Ermittlung der Tragfähigkeit auch mit dem **vereinfachten Berechnungsverfahren** nach DIN EN 1996-3/NA möglich.

Das vereinfachte Berechnungsverfahren **(Tabelle 1)** darf nur angewandt werden, wenn

- die Gebäudehöhe h_m (Mittel von First- und Traufhöhe) über Gelände nicht mehr als 20 m beträgt,
- die Stützweiten der auf den Wänden aufliegenden Decken in der Regel 6,0 m und die der Dächer 7,0 m nicht überschreiten,
- die lichte Geschosshöhe des Erdgeschosses 3,2 m nicht überschreitet bzw. 4,0 m bei einer Gesamthöhe des Gebäudes von mehr als 7,0 m,
- die Wände rechtwinklig zur Wandebene durch Decken und Dach in horizontaler Richtung gehalten werden, z.B. durch Ringbalken,
- die Auflagertiefe von Decken und Dach auf den Wänden mindestens 0,4 t, jedoch nicht weniger als 75 mm beträgt,
- die charakteristischen Werte der veränderlichen Einwirkungen auf Decke und Dach 5,0 kN/m² nicht überschreiten,
- die Dicke der Wand und die Druckfestigkeit des Mauerwerks in allen Geschossen gleich sind, die Wände übereinander stehen und
- der Endkriechwert des Mauerwerks Φ_∞ nicht größer als 2,0 ist.

7.3.3 Vereinfachter Tragfähigkeits-nachweis

Der Nachweis des Grenzzustandes der Tragfähigkeit für gemauerte Bauteile erfolgt über den Vergleich der **einwirkenden Normalkraft N_{Ed}** mit der vom Bauteil **aufnehmbaren Normalkraft N_{Rd}**.

$$N_{Ed} \leq N_{Rd}$$

Der Bemessungswert der einwirkenden Normalkraft N_{Ed} setzt sich aus den Werten der ständigen

Tabelle 1: Anwendungsgrenzen für das vereinfachte Berechnungsverfahren nach DIN EN 1996-3/NA

Bauteil	Voraussetzungen			
	Wand-dicke t in mm	Lichte Wand-höhe h in m	Aufliegende Decke	
			Stützweite l_f in m	Nutzlast[1] q_k in kN/m²
Tragende Innenwände	≥ 115 < 240	≤ 2,75	≤ 6,00	≤ 5,0
	≥ 240	–		
Tragende Außenwän-de und zweischalige Haustrenn-wände	≥ 115[2] < 150[2]	≤ 2,75	≤ 6,00	≤ 3,0
	≥ 150 < 175			
	≥ 175 < 240			≤ 5,0
	≥ 240	≤ 12 · t		

[1] Einschließlich Zuschlag für nichttragende innere Trennwände
[2] Als einschalige Außenwand nur bei eingeschossigen Garagen und vergleichbaren Bauwerken, die nicht zum dauernden Aufenthalt von Menschen vorgesehen sind; als Tragschale zweischaliger Außen- und Haustrennwände bis maximal zwei Vollgeschossen zuzüglich ausgebautes Dachgeschoss; aussteifende Querwände im Abstand ≤ 4,50 m bzw. Randabstand von einer Öffnung ≤ 2,0 m

Tabelle 2: Teilsicherheitsbeiwerte γ_F der Einwirkungen

Einwirkung	ungünstig	günstig
ständig (G)	$\gamma_G = 1{,}35$	$\gamma_G = 1{,}00$
veränderlich (Q)	$\gamma_Q = 1{,}50$	$\gamma_Q = 0$

Tabelle 3: Teilsicherheitsbeiwerte γ_M für Baustoffeigenschaften

Einwirkung	γ_M
ständig und vorübergehend	$\gamma_M = 1{,}5$
außergewöhnlich[1]	$\gamma_M = 1{,}3$

[1] Lastfall Brand
Lastfall Schnee im Norddeutschen Tiefland

Bild 1: Ausmittige Lasteinleitung

F Auflagerlast
l Stützweite der Geschossdecke
a Deckenaufla-gertiefe
t Wanddicke

Tabelle 1: Beiwert Φ_1 zur Berücksichtigung der Ausmittigkeit der Einwirkung	
Bedingung	Φ_1
Decke oberhalb des obersten Geschosses	$\Phi_1 = 0{,}333$
$f_k \geq 1{,}8$ N/mm^2	$\Phi_1 = 1{,}6 - l/6 \leq 0{,}9 \cdot a/t$
$f_k < 1{,}8$ N/mm^2	$\Phi_1 = 1{,}6 - l/5 \leq 0{,}9 \cdot a/t$
konstruktive Zentrierung der Deckenlast	$\Phi_1 = 0{,}9 \cdot a/t$

[1] l Stützweite der angrenzenden Geschossdecke in m

Bild 1: Einseitig gehaltene Wand

$h_{ef} = 2{,}0 \cdot h$

Bild 2: Zweiseitig gehaltene Wand

$h_{ef} = \rho \cdot h$

Bild 3: Dreiseitig gehaltene Wand

$b' \leq 15t$

$$h_{ef} = \frac{1}{1+\left(\dfrac{\rho \cdot h}{3 \cdot b'}\right)} \cdot \rho \cdot h$$

$$h_{ef} \geq 0{,}3 \cdot h$$

Bild 4: Vierseitig gehaltene Wand

$b \leq 30t$

$$h_{ef} = \frac{1}{1+\left(\dfrac{\rho \cdot h}{3 \cdot b}\right)^2} \cdot \rho \cdot h$$

für $h \leq b$

$$h_{ef} = \frac{b}{2}$$

für $h > b$

Lasten N_{Gk} und der veränderlichen Lasten N_{Qk} zusammen, die mit Teilsicherheitsbeiwerten γ_F (**Tabelle 2**, Seite 235) multipliziert werden.

$$N_{Ed} = \gamma_G \cdot N_{Gk} + \gamma_Q \cdot N_{Qk}$$

Für den Regelfall der ungünstigen Einwirkungen ergibt sich für die einwirkende Normalkraft:

$$N_{Ed} = 1{,}35 \cdot N_{Gk} + 1{,}50 \cdot N_{Qk}$$

Sind die charakteristischen Nutzlasten der Decken aus Stahlbeton $\leq 3{,}0$ kN/m^2, darf vereinfachend berechnet werden:

$$N_{Ed} = 1{,}40 \cdot (N_{Gk} + N_{Qk})$$

Der Bemessungswert der aufnehmbaren Normalkraft N_{Rd} ergibt sich aus der Querschnittsfläche der Wand, dem Bemessungswert der Druckfestigkeit und einem Abminderungsfaktor.

$$N_{Rd} = A \cdot f_d \cdot \Phi$$

• Querschnittsfläche A

$$A = l \cdot t$$

l Wandlänge

t Wanddicke

Ist A kleiner als 1000 cm^2, so muss N_{Rd} um 20 % abgemindert werden.

• Bemessungswert der Druckfestigkeit f_d

$$f_d = \eta \cdot f_k / \gamma_M$$

$\eta = 0{,}85$ Dauerstandsfaktor zur Berücksichtigung der Langzeitwirkung

f_k charakteristische Druckfestigkeit des Mauerwerks (**Tabelle 1, Tabelle 2, Tabelle 3**, Seite 234)

γ_M Teilsicherheitsbeiwert für Baustoffeigenschaften (**Tabelle 3**, Seite 235)

• Abminderungsbeiwert $\Phi = \min(\Phi_1, \Phi_2)$
Der kleinere Wert ist maßgebend.

Φ_1 Abminderungsbeiwert zur Berücksichtigung der Ausmittigkeit der Einwirkung (**Bild 1**, Seite 235; **Tabelle 1**)

Φ_2 Abminderungsbeiwert zur Berücksichtigung der Schlankheit

$\Phi_2 = 0{,}85 \cdot a/t - 0{,}0011 \cdot (h_{ef}/t)^2$

h_{ef} Knicklänge in Abhängigkeit der Halterung der Wand (**Bild 1, Bild 2, Bild 3, Bild 4**)

Die Knicklänge wird mithilfe des Abminderungsfaktors ρ bestimmt (**Tabelle 1**, Seite 237).

Beispiel:

Tragende Innenwand t = 24 cm, Porenbeton, Festigkeitsklasse 8, Dünnbettmörtel **(Bild 1)**

Aus der statischen Berechnung: N_{Gk} = 29,9 kN, N_{Qk} = 20,0 kN

q_k = 5,0 kN/m² (Nutzlast der Decke)

Bemessungswert der einwirkenden Normalkraft N_{Ed}

q_k = 5,0 kN/m² ≥ 3,0 kN/m²

N_{Ed} = 1,35 · 29,9 kN + 1,50 · 20,0 kN   (γ_F, Tabelle 2, Seite 235)

N_{Ed} = 70,4 kN

Bemessungswert der aufnehmbaren Normalkraft N_{Rd}

A = 125 cm · 24 cm = 3000 cm²

f_d = 0,85 · 5,1 N/mm²/1,5   (f_k, Tabelle 3, Seite 234,

γ_M, Tabelle 3, Seite 235)

f_d = 2,89 N/mm² = 0,289 kN/cm²

f_k = 5,1 N/mm² ≥ 1,8 N/mm²

Φ_1 = 1,6 – 5,88/6 = 0,620   (Tabelle 1, Seite 236)

Φ_1 = 0,9 · 17,5 cm/24 cm = 0,656 ≥ 0,620

dreiseitig gehaltene Wand, ρ = 0,90   (h_{ef}, Bild 3, Seite 236, ρ, Tabelle 1)

$$h_{ef} = \frac{1}{1 + \left(\dfrac{0,90 \cdot 2,75\ \text{m}}{3 \cdot 1,25\ \text{m}}\right)^2} \cdot 0,90 \cdot 2,75\ \text{m}$$

h_{ef} = 1,724 m

Φ_2 = 0,85 · 17,5 cm/24 cm – 0,0011 · (172,4 cm/24 cm)²

Φ_2 = 0,563

Φ = Φ_2 = 0,563 (Φ = min (Φ_1, Φ_2), der kleinere Wert ist maßgebend)

N_{Rd} = 3000 cm² · 0,289 kN/cm² · 0,563

N_{Rd} = 488 kN

Nachweis der Tragfähigkeit

70,4 kN ≤ 488 kN

Tabelle 1: Abminderungs-faktor ρ	
Wanddicke t in mm	ρ[1]
≤ 175	0,75
> 175 ≤ 250	0,90
> 250	1,00

[1] Mindestauflagertiefen a
t < 240 mm $a = t$
t ≥ 240 mm a ≥ 175 mm

Wandansicht

Horizontalschnitt

24

1,25

Vertikalschnitt

17⁵

5,76   24

18

2,75

Stützweite 5,88 m

18

Bild 1: Mauerwerkswand (Beispiel)

7.3.4 Mauerwerk für Wände

Bei gemauerten Wänden unterscheidet man tragende Wände und nichttragende Wände sowie je nach Lage im Gebäude Außenwände und Innenwände.

7.3.4.1 Tragende Wände

Tragende Wände sind überwiegend auf Druck beanspruchte scheibenartige Bauteile, die mehr als ihre Eigenlast aus einem Geschoss zu tragen haben und auch horizontale Kräfte, wie z. B. Wind, aufnehmen **(Bild 2)**.

Tragende Innen- und Außenwände sind mit einer Dicke von mindestens 11,5 cm auszuführen, sofern aus Gründen der Standsicherheit, der bauphysikalischen Anforderungen und des Brandschutzes nicht größere Dicken erforderlich sind. Die Lasten tragender Wände sollen über Fundamente in den Baugrund übertragen werden.

Wohnungstrennwand
Innenwand nicht tragend
Innenwand tragend
Außenwand tragend
Außenwand aussteifend

Bild 2: Wände aus Mauerwerk

Bild 1: Mindestmaße für aussteifende Wände

Als **kurze Wände** gelten Wände oder Mauerpfeiler, deren Querschnittsflächen kleiner als 1000 cm² sind. Gemauerte Querschnitte kleiner als 400 cm² sind als tragende Wände unzulässig. Die Mindestmaße tragender Pfeiler sind 11,5 cm x 36,5 cm bzw. 17,5 cm x 24 cm.

Aussteifende Wände dienen der Knickaussteifung tragender Wände oder der Aussteifung des Gebäudes. Sie gelten stets auch als tragende Wände. Aussteifende Wände müssen mindestens eine wirksame Länge von $1/5$ der lichten Geschosshöhe h_S und eine Dicke von $1/3$ der auszusteifenden Wand haben, jedoch mindestens 11,5 cm dick sein. Wird eine aussteifende Wand durch Öffnungen unterbrochen, muss die verbleibende Wand zwischen den Öffnungen mindestens so breit sein wie $1/5$ des arithmetischen Mittels der lichten Öffnungshöhen (**Bild 1**).

Bei **Kellerwänden,** die durch horizontalen Erddruck beansprucht werden, darf die Bemessung mithilfe einer vereinfachten Methode berechnet werden, wenn folgende Bedingungen erfüllt sind:

- Die lichte Höhe h der Kellerwand ist nicht höher als 2,60 m und ihre Wanddicke t beträgt mindestens 24 cm.

- Die Kellerdecke wirkt als aussteifende Scheibe und kann die aus dem Erddruck entstehenden Kräfte aufnehmen.

- Die Verkehrslasten auf die Geländeoberfläche im Bereich der Kellerwände sind nicht mehr als 5 kN/m² und außerdem ist keine Einzellast größer als 15 kN im Abstand von weniger als 1,50 m zur Wand vorhanden (**Bild 2**).

- Die Geländeoberfläche steigt ausgehend von der Wand nicht an und die Anschütthöhe ist nicht größer als 1,15 mal die Wandhöhe.

- Auf die Kellerwand wirkt kein hydraulischer Druck.

- Am Wandfuß ist keine Gleitfläche vorhanden, z. B. infolge einer Feuchtigkeitssperre, oder es werden Maßnahmen ergriffen, z. B. durch den Einbau von besandeter Bitumenpappe bzw. mineralischer Dichtungsschlämme, die die Schubkraft aufnehmen können.

Bild 2: Lastannahmen für Kellerwände

Bild 3: Ausfachungswände

7.3.4.2 Nichttragende Wände

Unter nichttragenden Wänden versteht man scheibenartige Bauteile, die überwiegend nur durch ihre Eigenlast beansprucht und nicht zur Gebäudeaussteifung oder zur Knickaussteifung tragender Wände herangezogen werden. Nichttragende Wände dürfen keine Lasten aus anderen Bauteilen aufnehmen, müssen aber die auf ihre Fläche einwirkenden Lasten auf angrenzende tragende Bauteile, wie z. B. Deckenscheiben, abtragen. Sie kommen als **nichttragende Außenwände** (Ausfachungswände) im Fachwerk (**Bild 3**) und Skelettbau vor (Seite 261) sowie als **nichttragende innere Trennwände** zur Abgrenzung von Räumen. Solche Wände mit geringer Dicke und geringem Gewicht bezeichnet man als leichte Trennwände. Sie haben meist nur geringfügige wärme-, schall- und brandschutztechnische Anforderungen zu erfüllen.

Bei nichttragenden Außenwänden darf auf eine Berechnung verzichtet werden, wenn

- die Wände an allen vier Seiten gehalten sind, z. B. durch Verzahnung, Versatz oder Anker,
- abhängig von der Höhe über Gelände und der Wanddicke, die Größe der vorgeschriebenen Wandfläche eingehalten und
- Normalmörtel mindestens der Mörtelgruppe IIa, Dünnbettmörtel oder Leichtmörtel LM 36 verwendet wird.

7.3.4.3 Schlitze und Aussparungen

Schlitze und Aussparungen können die Standsicherheit und das Tragverhalten der Wände sowie den Wärme- und Schallschutz beeinträchtigen. In Schornsteinwangen sind Schlitze und Aussparungen unzulässig. Sie können gemauert, gefräst oder mit speziellen Werkzeugen hergestellt werden.

Im Verband gemauerte lotrechte Schlitze und Aussparungen dürfen unter Einhaltung bestimmter Vorschriften ab Wanddicken von 17,5 cm hergestellt werden (Bild 1). Dabei kann die Breite eines Schlitzes auf mehrere kleine Schlitze aufgeteilt werden. Die Gesamtbreite darf aber, auf 2 m Wandlänge bezogen, nicht überschritten werden. Der Abstand gemauerter Schlitze und Aussparungen von Öffnungen muss die 2fache Schlitzbreite, jedoch mindestens 24 cm betragen; der Abstand von Schlitzen und Aussparungen untereinander muss mindestens der Schlitzbreite entsprechen.

Für ohne rechnerischen Nachweis hergestellte Schlitze und Aussparungen gelten folgende Regeln:

- Lotrechte Schlitze und Aussparungen, die nachträglich hergestellt werden, dürfen nicht tiefer als 3 cm und nicht breiter als 20 cm sein.

- In hochbelasteten Bereichen, wie z. B. unter Auflagern, sowie in kurzen Wänden dürfen keine Schlitze und Aussparungen angeordnet werden.

- Waagerechte Schlitze, die nachträglich hergestellt werden, können bei Wanddicken von 17,5 cm und darüber ohne rechnerischen Nachweis ausgeführt werden, wenn sie nicht länger als 1,25 m und nicht tiefer als 3 cm sind.

- Schlitze, die bis höchstens 1 m über den Fußboden reichen, dürfen bei Wanddicken von 24 cm und darüber bis 8 cm tief und bis 12 cm breit ausgeführt werden.

- Waagerechte Schlitze sind nur bis zu einem Abstand von 40 cm unter der Decke oder über dem Fußboden zulässig (Bild 2).

Schlitze sind nach dem Einbringen von Wärme- und Schalldämmstoffen fachgerecht zu schließen durch Mauerwerk, plattenförmige Baustoffe oder durch auf Rabbitz aufgebrachten Putz.

Bild 1: Anordnung von Schlitzen und Aussparungen

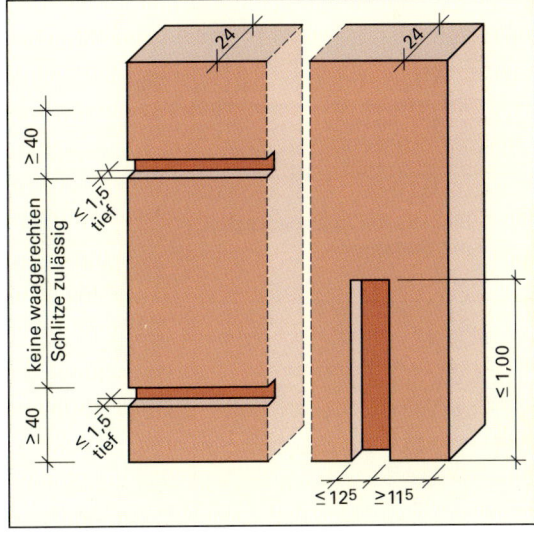

Bild 2: Waagerechte und senkrechte Schlitze ohne rechnerischen Nachweis (Beispiele)

Bild 1: Eingebauter vorgefertigter Sturz

Bild 2: Abmessungen von vorgefertigten Stürzen

Bild 3: Eingebauter Rollladenkasten mit Gurtsteinen

mit Ziegelschale   als Fertigteil

Bild 4: Rollladenkästen

7.3.4.4 Fertigteile im Mauerwerk

Fertigteile können im Mauerwerksbau als Ergänzungsbauteile zur Vervollständigung von Wänden dienen, wie z. B. Stürze, Rollladenkästen und Gurtsteine, Sohlbänke sowie Abdeckungen für freistehende Wände. Weitere Fertigteile im Mauerwerksbau sind z. B. Gewölbekeller und Lichtschächte.

Stürze

Maueröffnungen, wie z. B. Türen, erhalten eine tragende Überdeckung, die man als Sturz bezeichnet. Stürze können als Stahlbetonfertigstürze oder als vorgefertigte Stürze eingebaut werden. Sie können scheitrecht (waagerecht) sein oder die Form von Rundbogen, Segment-, Korb- oder Spitzbogen haben.

Stahlbetonstürze werden als Fertigteile geliefert oder auf der Baustelle hergestellt. Ihre Breite entspricht der jeweiligen Wanddicke; die Höhe ist der Schichthöhe des Mauerwerks angepasst. Wegen der unten liegenden Bewehrung sind Ober- und Unterseite des Sturzes zu kennzeichnen, um ein falsches Einbauen zu verhindern.

Vorgefertigte Stürze, auch als Flachstürze bezeichnet, bestehen aus U-förmigen Schalen, sind bewehrt und mit Beton verfüllt. Für die Schalen wird derselbe Baustoff verwendet wie für die Wand, z. B. Ziegel oder Kalksandstein. Die Schalen entsprechen in ihren Abmessungen NF, 2-DF und 3-DF-Mauersteinen und werden in Längen zwischen 1,00 m und 3,00 m, abgestuft alle 25 cm, geliefert. Die Tiefe des Auflagers sollte mindestens 11,5 cm betragen **(Bild 1)**. Ein vorgefertigter Sturz bildet nach der Übermauerung den Zuggurt des fertigen Sturzes. Bis zu seiner vollen Tragfähigkeit nach etwa 7 Tagen ist ab 1,25 m Spannweite eine Montageunterstützung erforderlich, ab 2,50 m zwei Unterstützungen. Für Außenmauerwerk ab 30 cm Wanddicke gibt es wärmedämmende Stürze **(Bild 2)**.

Rollladenkästen

Rollladenkästen sind Fertigteile im Mauerwerksbau, die über Fenster- und Türöffnungen den Einbau von Rollläden ermöglichen. Sie sollen den Wärmeschutz der Wand im Bereich des Rolladens sicherstellen. Rollladenkästen sind deshalb aus dem gleichen Baustoff wie die Mauersteine hergestellt oder sie bestehen aus Leichtbeton, beplankt mit Platten oder Blendern aus dem Wandbaustoff. Sie können auch aus Hartschaumdämmstoffen in Verbund mit Hartfaserplatten gefertigt sein **(Bild 3)**. In allen Fällen ermöglichen innen und außen angebrachte Putzschienen eine entsprechende Weiterbearbeitung. Rollladenkästen sind formstabil, selbst tragend, witterungsunempfindlich und entsprechen den Wärme-, Schall- und Brandschutzvorschriften **(Bild 4)**. Sie sind den jeweiligen Wanddicken angepasst, ihre Länge entspricht der Öffnungsbreite zuzüglich der herstellerbedingten Auflagertiefe. Der Gurtstein zur Aufnahme des Gurtwicklers wird auf der rechten oder linken Leibungsseite in die Wand eingesetzt, wodurch auf dieser Seite des Rollladenkastens die Auflagertiefe größer wird.

Sohlbänke

Unter einer Sohlbank versteht man den oberen äußeren Abschluss einer Fensterbrüstung **(Bild 1)**. Sohlbänke als Fertigteile können aus Beton- oder Naturwerkstein sein. Sie sollten ausreichend über die fertig geputzte Außenwand überstehen und eine Tropfkante an der Unterseite aufweisen. Sohlbänke werden im Gefälle nach außen zur Tropfkante hin in Mörtel versetzt. Die Sohlbank sollte seitlich am unverputzten Mauerwerk anstoßen, damit der Putz die Fuge überdeckt und diese schlagregensicher ist. Bei Sichtmauerwerk ist die Fuge mit Dichtstoffen zu schließen.

Bild 1: Sohlbank

Abdeckungen für frei stehendes Mauerwerk

Frei stehendes Mauerwerk ist von oben gegen Witterungseinflüsse durch Abdeckungen zu schützen. Solche Abdeckungen können als Rollschicht mit Gefälle nach einer Seite, als Gurt in Ortbeton, mit Dachziegeln oder Blechen pultartig oder satteldachartig sowie mit Stahlbetonfertigteilen hergestellt werden. Die Fertigteile können unterschiedliche Formen aufweisen, sollten jedoch auf jeder Seite ausreichend weit überstehen, damit der Einbau einer Tropfkante möglich ist **(Bild 2)**. Soll aus gestalterischen Gründen die Abdeckung nicht über die Wand überstehen, ist die Lagerfuge für das Fertigteil mit Dichtstoff plastisch zu schließen.

Bild 2: Abdeckung für frei stehendes Mauerwerk

Lichtschächte

Lichtschächte sind U-förmige Fertigteile aus Beton oder glasfaserverstärktem Kunststoff. Sie dienen der Belichtung und Belüftung von Räumen unter der Erdgleiche. Lichtschächte können auf aus der Kellerwand auskragende Betonplatten aufgesetzt sein, an die Wand angedübelt oder mit entsprechenden Beschlägen in die Fertigelemente von Kellerfenstern eingehängt werden **(Bild 3)**. Sie sollten wegen möglicher Setzungen im Bereich des aufgefüllten Arbeitsraumes immer am Bauwerk befestigt sein. Die Lichtschachtsohle liegt als Spritzwasserschutz 15 cm tiefer als die Fensterbrüstung und sollte immer entwässert werden. Bei an der Wand befestigten Lichtschächten lässt man in der Regel den Boden offen und bedeckt ihn nur mit Grobkies. Wegen der Unfallgefahr ist der Lichtschacht mit einem Gitterrost abzudecken.

Bild 3: Lichtschacht

Aufgaben

1 Nennen Sie die Faktoren, die die Druckfestigkeit des Mauerwerks bestimmen.

2 Führen Sie den Tragfähigkeitsnachweis für die zweiseitig gehaltene, tragende Wand im Obergeschoss eines Bürogebäudes mit den folgenden Angaben:

   Baustoffe: Kalksand-Vollsteine, Festigkeitsklasse 12, Mörtelklasse M10

   Beanspruchungen: N_{Gk} = 45,3 kN, N_{Qk} = 61,2 kN, q_k = 5,0 kN/m² (Nutzlast der Decke)

   Abmessungen: Wanddicke t = 17,5 cm, Wandlänge l = 1,365 m, lichte Wandhöhe h = 2,73 m

3 Nennen Sie die Aufgaben, die „tragende Wände" und „aussteifende Wände" zu erfüllen haben.

4 Erklären Sie die Begriffe „nichttragende Außenwand" und „nichttragende innere Trennwand".

5 Geben Sie an, warum für das Herstellen von Schlitzen und Aussparungen im Mauerwerk Einschränkungen gelten.

6 In einer Wand aus 24 cm dickem Sichtmauerwerk mit 2DF-Steinen ist eine 2,01 m breite Tür mit einer Öffnungsüberdeckung durch einen vorgefertigten Sturz vorgesehen. Beschreiben Sie die Herstellung des Sturzes.

Bild 1: Werkzeuge zum Mauern

7.4 Mauern

Unter Mauern versteht man das Herstellen von Bauteilen aus künstlichen und natürlichen Mauersteinen.

7.4.1 Arbeitsmittel

Zum Mauern sind Hilfsmittel erforderlich, die man als Werkzeuge und Geräte sowie als Rüstzeug bezeichnet.

7.4.1.1 Werkzeuge und Geräte

Werkzeuge zum Mauern sind Mauerkelle, Mauerhammer, Wasserwaage, Schnurlot und Fluchtschnur, Bauwinkel, Setzlatte oder Richtscheit, Schichtmaßlatte, Schlauchwaage und Stahlbandmaß **(Bild 1)**.

Geräte für Mauerarbeiten sind Arbeitshilfen, wie z. B. Schaufel, Mörtelkasten und Schubkarren sowie Baumaschinen. Dazu zählen Mörtelmischmaschine, Förderband, Bauaufzug, Kran, Greif- und Versetzzange, Steinsäge, Trenn- und Schleifmaschine.

7.4.1.2 Rüstzeug

Erreicht das Mauerwerk eine Höhe, bei der nicht mehr zügig und fachgerecht gemauert werden kann, ist ein Rüstzeug erforderlich. Dazu gehören Gerüst und Leiter. Die Gerüste müssen sich leicht erstellen lassen, sicher und fest stehen sowie Personen und Baustoffe tragen können. Im Mauerwerksbau werden üblicherweise Bockgerüste aus Holz oder Stahl verwendet. Neben den in der Höhe festgelegten Holzböcken werden häufig höhenverstellbare Stahlböcke eingesetzt. Zum Besteigen dieser Gerüste müssen Leitern vorhanden sein, die mindestens 1 m über den Gerüstbelag hinausragen. Zunehmend werden ergonomisch gestaltete Gerüste eingesetzt. Dabei sind Mauersteine und Mörtelkasten auf einer höheren Ebene angeordnet als der Standplatz des Maurers **(Bild 2)**. Dadurch kann er Steine und Mörtel immer in einer für ihn günstigen Körperhaltung abnehmen, ohne sich häufig bücken zu müssen. Außerdem sind die Gerüste dem Arbeitsfortschritt entsprechend höhenverstellbar und verfahrbar.

Bild 2: Ergonomisches Mauergerüst

7.4.2 Arbeitsplatz

Beim Einrichten des Arbeitsplatzes ist zuerst die Stellfläche für Steine und Mörtel festzulegen. Der Mörtelkasten steht rechts vom Steinstapel, sodass die linke Hand den Stein greifen und die rechte Hand die Kelle führen kann. Der Abstand der Geräte und Baustoffe von der zu erstellenden Mauer sollte 50 cm bis 60 cm betragen. Dieses Maß reicht als Breite für den Arbeitsraum des Maurers aus **(Bild 3)**. Wird mit großformatigen Steinen gemauert, muss der Arbeitsraum größer sein. Dasselbe gilt, wenn großformatige Steine mit Greif- und Versetzzange vermauert werden.

Bild 3: Arbeitsplatz und Arbeitsraum

7.4.3 Arbeitsverfahren

Beim Mauern ist sicherzustellen, dass das hergestellte Mauerwerk die geforderte Druckfestigkeit erreicht. Neben den herkömmlichen Techniken ermöglichen neuere Verfahren ein wirtschaftlicheres Mauern.

7.4.3.1 Anlegen und Hochmauern

Vor dem **Anlegen** des Mauerwerks werden alle notwendigen Maße, z. B. für Mauerecken, Mauereinbindungen und Öffnungen, auf der Bodenplatte oder den Geschossdecken eingemessen und angezeichnet.

Beim Anlegen der ersten Schicht versetzt man die Mauersteine oder Höhenausgleichssteine (Kimmsteine) in einem Mörtelbett MG III waagerecht und nach der eingemessenen Mauerflucht aus. Das Mörtelbett und die Kimmsteine ermöglichen den Ausgleich von Unebenheiten. Rechtwinklige Mauerecken, Mauereinbindungen und Mauerkreuzungen richtet man mithilfe von Bauwinkel und Meterstab aus. Der rechte Winkel lässt sich mit dem Meterstab durch Abmessen eines Dreiecks mit dem Seitenverhältnis 3:4:5 (Verreihung) überprüfen.

Ist in eine Mauerschicht gegen aufsteigende Feuchtigkeit eine Sperrschicht einzubauen, so wird dazu eine genormte mineralische Dichtungsschlämme empfohlen oder eine besandete Bitumenpappe. Diese wird in Rollen entsprechend der jeweiligen Mauerdicke geliefert. Zum Schutz der Bitumenpappe gegen Durchstoßen wird unter der Pappe und darüber eine Mörtelschicht aufgebracht (**Bild 1**). Sie dient gleichzeitig zum Ausgleich von Maßtoleranzen bei der nächsten Mauerschicht. Ein Mauerverband aus 2 Schichten, gemauert mit Mauersteinen mit geringerer Wasseraufnahme und wasserabweisendem Mörtel, gilt ebenfalls als Sperrschicht.

Das Hochmauern geschieht meist in mehreren Arbeitschritten. Man beginnt an den Mauerecken, die einige Schichten vorausgemauert und zur Mauerflucht hin angetreppt werden (**Bild 2**). Um das Maß für die Mauerhöhe einhalten zu können, gibt es Schichtmaßlatten, auf denen die Schichthöhen der einzelnen Steinformate markiert sind. Sie werden lotrecht an den Mauerecken aufgestellt und dienen als Lehren beim Hochmauern. Die Flucht zwischen den Mauerecken wird mit der Fluchtschnur markiert (**Bild 3**). Sie muss immer gespannt sein, damit die Schichthöhe eingehalten wird.

Beim Mauern sind allgemein anerkannte Regeln zu beachten:

- Mauersteine sind stets waagerecht und lotrecht zu vermauern.

- Es sind nur gleichartige Mauersteine zu verwenden. Mischmauerwerk aus unterschiedlichen Steinarten ist zu vermeiden.

- Bei stark saugfähigen Steinen, wie z.B. bei Mauerziegeln, ist durch Vornässen der Steine ein vorzeitiger und zu hoher Wasserentzug aus dem Mörtel einzuschränken oder es ist ein Mörtel mit verbessertem Wasserrückhaltevermögen zu verwenden oder das Mauerwerk ist nachzubehandeln.

- Lagerfugen sind stets vollflächig herzustellen und dürfen nicht aus zwei am Rand aufgebrachten Mörtelstreifen bestehen, damit die geforderte Mauerdruckfestigkeit erreicht wird (**Bild 4**).

Bild 1: Sperrschicht mit Bitumenpappe

Bild 2: Mauerecke vorausgemauert

Bild 3: Anbringen der Fluchtschnur

Bild 4: Lagerfuge

Bild 1: Verzahnungen

liegende Verzahnung

stehende Verzahnung

Lochverzahnung

Stockverzahnung

- Längsfugen und Stoßfugen sind satt zu verfüllen, um die Anforderungen an die Wand hinsichtlich des Schlagregenschutzes sowie des Wärme-, Schall- und Brandschutzes erfüllen zu können.

- In einer Schicht sind Mauersteine von gleicher Höhe zu verwenden, damit die Lagerfuge durchgeht.

- Ein versetzter Mauerstein soll möglichst wenig „bewegt" und nicht mehr abgehoben werden.

- Frisches Mauerwerk ist rechtzeitig vor Frost zu schützen, z. B. durch Abdecken. Gefrorene Baustoffe und Frostschutzmittel dürfen nicht verwendet werden. Durch Frost geschädigtes Mauerwerk ist vor dem Weiterbau abzutragen.

- Die Verbindung zweier Wände in Längsrichtung sowie rechtwinklig zueinander kann durch liegende und stehende Verzahnung sowie durch Lochverzahnung und Stockverzahnung geschehen (Bild 1).

Stoßfuge vermörtelt

Stoßfuge knirsch
Mörteltasche vermörtelt

Stoßfuge verzahnt
knirsch versetzt

Bild 2: Stoßfugenausbildung bei großformatigen Steinen

7.4.3.2 Mauern mit großformatigen Steinen

Die Verwendung großformatiger Mauersteine vermindert den Zeitaufwand beim Mauern, den Fugenanteil im Mauerwerk sowie die Mörtelmenge. Großformatige Steine zum Mauern von Hand dürfen aus Gründen des Gesundheitsschutzes nicht mehr als 25 kg wiegen. Für schwere Mauersteine verwendet man deshalb Versetzgeräte (Bild 1 und Bild 2, Seite 248).

Großformatige Steine können einzeln vermauert werden. Dabei wird der Mörtel für die Lagerfuge vollflächig aufgetragen und der Mörtel für die Stoßfuge auf die beiden äußeren Steinflanken aufgegeben. Bei Reihenverlegung der Steine bereitet man das Mörtelbett für die Lagerfuge für mehrere Steine gleichzeitig mit dem Mörtelschlitten vor und die Steine werden knirsch (dicht) aneinander gesetzt. Die Vermörtelung geschieht durch Verfüllen der Mörteltaschen. Steine mit Verzahnung werden ebenfalls knirsch versetzt und bleiben ohne Stoßfugenvermörtelung (Bild 2). Allerdings müssen die Fugen, wenn sie größer als 5 mm sind, nachträglich beidseitig vermörtelt werden.

Die Steine einer Schicht sollen auf gleicher Höhe liegen. An Wandenden können zur Einhaltung des Mauerverbands Ergänzungssteine versetzt oder ganze Mauersteine auf Maß gesägt werden. Außerdem ist in jeder zweiten Schicht zum Längen- und Höhenausgleich eine zusätzliche Lagerfuge zulässig (Bild 4, Seite 225). Das Überbindemaß ist einzuhalten.

Der Mauerverband ist von der Mauerdicke und dem verwendeten Steinformat abhängig. Das 36,5 cm sowie 30 cm dicke Mauerwerk kann im Binderverband gemauert werden. Dabei liegt jede Stoßfuge mittig über dem Stein der darunter liegenden Schicht. Das 24 cm dicke Mauerwerk wird im Läuferverband gemauert, wobei das Überbindemaß 11,5 cm beträgt. An den Mauerenden, bei Mauereinbindungen und in Mauermitte ermöglichen Ergänzungssteine einen regelgerechten Verband ohne Verhau (Bild 3). Bei Ziegelmauerwerk lassen sich in Mauermitte Lücken zwischen 10 cm und 25 cm durch Verschiebesteine schließen. Um die vorgeschriebenen Mauerwerksdruckfestigkeiten zu erreichen, sind die üblichen Verbandsregeln anzuwenden.

Ergänzungssteine 30/24/11⁵

Anschluss

49⁵/30/23⁵
49⁵/24/23⁵

Schicht II

Stoßfugenvermörtelung

Schicht I

Bild 3: Ergänzungssteine

Die bauphysikalischen, bautechnischen und wirtschaftlichen Anforderungen an das Mauerwerk verlangen eine hohe Qualität und bedürfen einer genauen Arbeitsvorbereitung. So muss z.B. darauf geachtet werden, dass der Putzgrund möglichst aus einem gleichartigen Baustoff besteht und dass die Vorschriften zur Energieeinsparung eingehalten werden **(Bild 1)**. Daneben sind die Schallschutznormen, z.B. bei den Innenwänden, den Mauereinbindungen und den Anschlusspunkten zu anderen Bauteilen, zu beachten **(Bild 2)**. Außerdem sind die Kosten für die Mauerwerksarbeiten möglichst niedrig zu halten. Deshalb muss bei der Arbeitsvorbereitung jedes Detail genau geplant und Art, Abmessungen und Menge der Baustoffe exakt festgestellt und bestellt werden, damit die Lieferung termingerecht auf der Baustelle eintrifft. Diese Aufgaben sind von dem Bauunternehmen zu erledigen und für einen reibungslosen Ablauf und eine kurze Bauzeit wichtig.

Wanddicke 30,0 cm
1.Schicht   2.Schicht

Wanddicke 36,5 cm
1.Schicht   2.Schicht

Wanddicke 42,5 cm
1.Schicht   2.Schicht

Bild 1: Beispiele für Mauerverbände an Wandecken mit großformatigen Steinen

Faserdämmstoff WLG ≤ 040 d ≥ 6,0 cm

Mauerwerksanker mind. jede 2.Schicht

Mörtelverfüllung

Planstein 24 cm Füllbeton ≥ C12/15

Planstein 36,5 cm

Mauerwerksanker mind. jede 2.Schicht

Mörtelverfüllung

Planstein 24 cm Füllbeton ≥ C12/15

Planstein 36,5 cm

Mauerwerksanker mind. 1 Anker je Schicht

ca. 2 cm Stoßfuge satt vermörtelt

Planstein 17,5 cm Füllbeton ≥ C12/15

17⁵

3

17⁵

≥ 30 mm Trennfuge mineralische Faserdämmplatte Typ T (Trittschalldämmplatte)

Planstein 36,5 cm

Bild 2: Beispiele für Anschlüsse bei Trennwänden

**Bild 1: Auftragen des Dünnbett-
mörtels mit Zahnkelle**

Bild 2: Versetzen des Plansteins

**Bild 3: Versetzen von Plansteinen
ohne Mörtel**

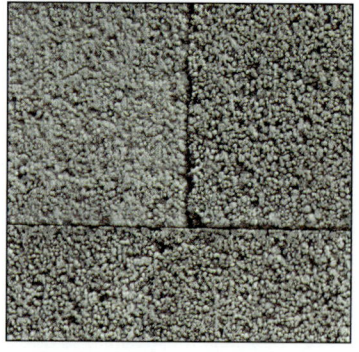

Bild 4: Oberflächenstruktur

7.4.3.3 Mauern mit Plansteinen

Durch die Verwendung maßgenauer, großformatiger Mauersteine, wie z. B. Plansteine, kann die Lager- und Stoßfugendicke auf 1 mm bis 3 mm verringert werden. Dadurch ist es möglich, die Maße der Steinformate den Rohbaumaßen anzupassen; die tatsächlichen Steinlängen und Steinhöhen sind jedoch 1 mm bis 2 mm kleiner.

Plansteine werden mit Dünnbettmörtel vermauert **(Bild 1)**. Dünnbettmörtel ist nach DIN 1053-1 genormt, entspricht der Mörtelgruppe III und wird als Trockenmörtel auf die Baustelle geliefert. Er wird vollflächig mit Mörtelschlitten, Zahnkelle, Mörtelwalze oder durch Eintauchen in den Dünnbettmörtel aufgebracht. Das Mörtelbett ist jeweils nur so breit aufzutragen, dass an den beiden äußeren Steinkanten jeweils 0,5 cm bis 1 cm frei bleiben, damit der Mörtel bei Belastung durch den Mauerstein nicht hervorquillt.

Die Plansteine werden auf das Mörtelbett der Lagerfuge aufgesetzt, ausgerichtet und angedrückt. Die Stoßfuge kann vermörtelt sein. Das Versetzen der Steine hat sehr sorgfältig zu geschehen, da durch den geringen Mörtelauftrag ein nachträgliches Ausrichten der Steine fast nicht mehr möglich ist. Um das Versetzen zu erleichtern, können Plansteine mit Nut und Feder versehen sein. Sie werden beim Versetzen von oben so dicht zusammengeschoben und aneinander gedrückt, dass kein Mörtel in die Stoßfuge gelangen kann und die Steine knirsch vermauert sind. Für das Vermauern von Plansteinen ist auf der Bodenplatte oder der Geschossdecke eine planebene Mauerschicht herzustellen. Dazu werden alle Steine der 1. Schicht zum besseren Höhenausgleich in Normalmörtel verlegt. Das weitere Mauern mit Plansteinen erfolgt nach den üblichen Verbandsregeln **(Bild 2)**.

Mauerwerk mit Plansteinen hat als nahezu fugen- und mörtelloses Bauteil keine Wärmebrücken. Es lässt sich schneller, einfacher, genauer und damit wirtschaftlicher herstellen. Das Mauerwerk trocknet wegen des geringen Mörtelanteils schneller aus und ergibt einen ausgezeichneten Putzgrund.

7.4.3.4 Mauern von Trockenmauerwerk

Bestimmte großformatige Plansteine können ohne Mörtel verbaut werden **(Bild 3)**. Die Steine werden trocken aufeinander gesetzt, ausgerichtet und mit einem Fäustelschlag fixiert. Dabei verkrallen sich die Steine wegen ihrer rauen Oberflächenstruktur **(Bild 4)**. Allerdings muss die 1. Mauerschicht, wie bei Plansteinen, zum genauen Höhenabgleich und Ausrichten auf einer Mörtelschicht angelegt werden.

Trockenmauerwerk ist zugelassen für Gebäude mit höchstens 3 Geschossen, zuzüglich einem Kellergeschoss. Die Gebäudehöhe über Erdgleiche darf 10 m nicht überschreiten. Es dürfen tragende und aussteifende Wände auf diese Weise gemauert werden; sie müssen durch scheibenartig ausgebildete Decken gehalten und belastet sein. Außenwände sind ab 24 cm Wanddicke, aussteifende Innenwände und zweischalige Haustrennwände ab 17,5 cm, Kellerwände ab 30 cm Wanddicke zugelassen.

Vorteilhaft ist bei Trockenmauerwerk besonders die Kosteneinsparung beim Versetzen der Steine. Da keine Baufeuchte durch Mörtel eingebracht wird, gibt es bei Frost keine Bauunterbrechung.

7.4.3.5 Mauern mit Vermörtelung durch Gießmörtel

Mauerwerk kann mit einer Vermörtelung der Lagerfuge hergestellt werden, ohne dass der Mörtel mit der Kelle aufgebracht werden muss. Planebene Mauersteine aus üblichen Wandbaustoffen werden trocken zu Einsteinmauerwerk im Läuferverband versetzt. Die Steine haben eine oder mehrere Reihen Verfüllöffnungen für Mörtel. Diese Öffnungen müssen übereinander angeordnet sein. An der Unterseite der Mauersteine sind Aussparungen, die eine möglichst große Ausbreitung des Mörtels auf der Lagerfuge ermöglichen (Bild 1). Der Mörtel aus den Mörtelgruppen II, II a und III muss dazu möglichst fließfähig sein. Dies erreicht man nicht nur durch Zugabe von Wasser, sondern auch durch Verwendung von Kalkhydrat und Zusatzmitteln, wie z. B. Verflüssiger.

Die Eignung des Mörtels muss auf jeder Baustelle nachgewiesen werden. Dazu ist ein Probemauerwerk zu errichten und mit dem vorgesehenen Mörtel auszugießen. Es ist sicherzustellen, dass Einfüllöffnungen und Horizontalaussparungen mit Mörtel ausgefüllt sind. Beim Abbruch des Probemauerwerks wird geprüft, wie weit die Hohlräume verfüllt wurden. Danach ist eventuell die Konsistenz des Mörtels zu verändern.

Durch die Verfüllung der Wände mit Mörtel wird ein höheres Wandgewicht erreicht. Dies wirkt sich auf den Schallschutz günstig aus. Dieses Mauerwerk eignet sich deshalb besonders für Wohnungs- und Haustrennwände. Für wärmedämmendes Mauerwerk als Außenwände verwendet man Steine mit einer durchgehenden Dämmschicht aus Hartschaum oder Kork.

Wände mit Vermörtelung durch Gießmörtel sind bauaufsichtlich zugelassen. Für ihre Verwendung und Ausführung sind die Angaben im Zulassungsbescheid zu beachten.

Bild 1: Mauerwerk mit Vermörtelung durch Gießmörtel

7.4.3.6 Mauern mit Schalungssteinen

Im **Mauerwerksbau** können Wände mit mauersteinartigen Schalungssteinen hergestellt werden. Die Steine haben senkrechte Hohlräume und Queraussparungen und sind aus haufwerksporigem Leichtbeton oder Normalbeton gefertigt (Bild 2). Sie können allseitig glatte Flächen haben oder an den Stoß- und an den Lagerflächen mit Nut und Feder versehen sein. Die Steine werden je nach Bauart und Oberflächenausbildung trocken versetzt, mit Mörtel der üblichen Mörtelgruppen oder mit Dünnbettmörtel im Läuferverband vermauert.

Die Hohlräume werden im Mauerwerksbau mit Beton C 8/10, C 12/15 oder LC 12/13 und den Konsistenzen F 1, F 2, F 3 oder F 4 verfüllt und mit Innenrüttler verdichtet. Die Betonsäulen in den Schalungssteinen sind durch Querfließen des Betons über die Queraussparungen miteinander verbunden. Die Verfüllhöhe hängt von der Bauart der Steine ab und geht vom schichtweisen bis zum geschosshohen Verfüllen. Mauerwerk mit Schalungssteinen bedarf einer bauaufsichtlichen Zulassung.

Im **Betonbau** können auch Schalungssteine aus anderen Baustoffen verwendet werden, z. B. aus Holzspanbeton oder aus Hartschaum (Bild 3). Die Betonverfüllung geschieht hier nach DIN 1045 und erfolgt mit Beton C 12/15 und C 20/25.

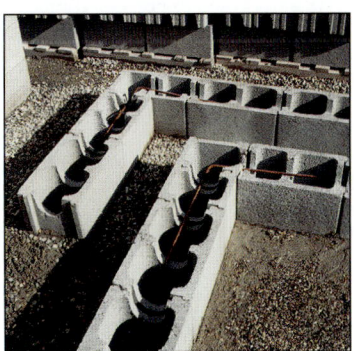

Bild 2: Mauerecke mit Schalungssteinen

Bild 3: Mauereinbindung mit Schalungssteinen aus Holzspanbeton

Bild 1: Versetzen einer Steinreihe mit der Greifzange eines Versetzgerätes

Bild 2: Versetzen von Steinreihen

Fuge satt
vermörtelt ≥ 1,5 cm

Flachstahlanker
Edelstahl

Bild 3: Wände aus Plansteinen mit Stumpfstoßtechnik versetzt

Bild 4: Mauertafeln

7.4.3.7 Rationelles Mauern

Das Mauern von Hand mit klein- und mittelformatigen Steinen erfordert einen hohen Zeitaufwand. Eine Steigerung der Arbeitsleistung und eine Entlastung des Maurers erreicht man durch das **Mauern mit großformatigen Steinen und Versetzgeräten (Bild 1)**. Versetzgeräte sind auf der jeweiligen Arbeitsfläche verfahrbare und schwenkbare Leichtkrane mit einer Tragkraft bis etwa 30 kN. Mit der zugehörigen Greifzange können bei jedem Hub bis zu 2 m lange Steinreihen knirsch in einem Arbeitsgang versetzt werden **(Bild 2)**. Das Mörtelbett kann aus Normal- oder Dünnbettmörtel sein. Um ebene Mauerflächen zu erhalten, ist es von Vorteil, wenn die Stoßflächen der Steine mit Verzahnungen oder Nut und Feder ausgebildet sind und in den Lagerfugen konische Zentrierbolzen in gleichartig ausgebildete Nuten an den Unterseiten der Steine eingreifen.

Eine weitere Rationalisierung ist durch **Mauern in Stumpfstoßtechnik** möglich. Dabei können Wände ohne Verzahnung stumpf aneinander gestoßen werden **(Bild 3)**. Der Vorteil liegt im Arbeitsablauf. Die Wände brauchen nur in Flucht gemauert zu werden. Dabei lassen sich Versetzgeräte einsetzen. An Mauerstößen und Mauerkreuzungen sind keine Verbände erforderlich. Beim Mauern der einzelnen Wände sind unterschiedliche Schichthöhen und unterschiedliche Baustoffe möglich. Allerdings sind Bedingungen für die Aussteifung und Standsicherheit des Gebäudes einzuhalten. Bei Anwendung der Stumpfstoßtechnik empfiehlt es sich aus baupraktischen Gründen Flachanker aus Edelstahl von 30 cm Länge im Stoßbereich der Wände in jeder Schicht einzulegen. Außerdem ist der Stumpfstoß aus statischen Gründen und Schallschutzgründen zu vermörteln.

7.4.3.8 Fertigbauteile aus Mauerwerk

Im Mauerwerksbau gelten vorgefertigte geschosshohe und raumbreite Bauteile, einschließlich Brüstungen und Giebelschrägen, als Fertigbauteile. Diese Bauteile werden nach ihrer Herstellung zur Baustelle transportiert und dort zu einem standsicheren Bauwerk montiert.

Fertigbauteile können senkrecht stehend zu einem Einsteinmauerwerk hergestellt werden. Solche Bauteile werden als **Mauertafeln** bezeichnet **(Bild 4)**.

Zur **Herstellung von Mauertafeln** werden im Verband gemauerte großformatige Mauersteine mit Mörtel der Mörtelgruppen IIa, III und IIIa verwendet. Die Stoßfugen können vermörtelt oder die Mauersteine knirsch versetzt sein. Für die Lagerfugen kann Normalmauermörtel, Dünnbettmörtel oder Leichtmauermörtel verwendet werden **(Bild 1)**. Schlitze und Aussparungen dürfen aus Transportgründen nur durch Fräsen, durch Vermauern geschnittener Steine oder durch Formsteine, Bohrungen für Transportanker mit Durchmesser 32 mm nur mit Kernbohrern oder durch Fräsen hergestellt werden. Im Fuß- und Kopfbereich der Mauertafeln ist für Transport und Montage eine Bewehrung einzubauen. In der Lagerfuge oberhalb der ersten und unterhalb der letzten Steinschicht ist jeweils als Regelbewehrung mindestens ein Betonstabstahl mit einem Durchmesser von 6 mm erforderlich. Als Korrosionsschutz beträgt die Mörteldeckung zur Wandoberfläche mindestens 3,0 cm bei Verwendung von Normalmauermörtel. Zur Verankerung sind gerade Stabenden ausreichend. Bei Verwendung von Leichtmauermörtel muss die Mörteldeckung mindestens 5,0 cm betragen; zur Verankerung sind Endhaken notwendig. Für die Herstellung von Mauertafeln eignen sich alle Arten von Mauersteinen, wenn die Bedingungen für Wärme-, Schall- und Brandschutz erfüllt sind.

Der **Transport der Mauertafeln** kann erfolgen, wenn die Transportsicherheit, z. B. durch eine Eignungsprüfung, nachgewiesen ist **(Bild 2)**. Zum Transport sind die Tafeln mit dem Kran umzusetzen. Dazu müssen die Tafeln so aufgehängt werden, dass eine gleichmäßige Lastverteilung gegeben ist. Die Aufhängepunkte sollen nicht weiter als 2,0 m auseinanderliegen. Bei ungünstig liegenden Maueröffnungen, z. B. bei Tür- und Fensteröffnungen und schmalen Mauerpfeilern im Randbereich, sind die Gesamtstabilität der Wandtafel und die Verlagerung des Schwerpunkts durch eine Zulagebewehrung und durch zusätzliche Aufhängevorrichtungen auszugleichen. Zur Aufhängung mit Trageschlaufen werden deren Ankerseile in vertikalen Vergusskanälen einbetoniert oder Tragebolzen aus Stahl mit einem Durchmesser von 28 mm durch vorgebohrte Löcher in der untersten Steinreihe gesteckt. Diese Bohrlöcher haben einen lichten Randabstand von mindestens 20 mm, zur Stoßfuge mindestens $\frac{1}{4}$ der Steinlänge oder mindestens 60 mm und zum Stirnrad der Tafel mindestens 100 mm. Mithilfe einer Traverse und Ketten kann das Fertigbauteil

Bild 1: Fertiggestellte Mauertafeln mit Trageschlaufen

Bild 2: Transport von Mauertafeln

Bild 3: Aufhängung mit Tragbolzen

Bild 1: Versetzen einer Wandtafel

Bild 2: Kellergeschoss aus Wandtafeln

bei ausreichender Festigkeit angehoben und versetzt werden (**Bild 3**, Seite 248). Die Größe der Mauertafeln wird von den Transportmöglichkeiten und den zur Verfügung stehenden Hebezeugen bestimmt. Je nach Steinart sind Mauertafeln von bis zu 24 m² Größe möglich.

Die **Montage der Mauertafeln** erfolgt auf vorbereiteten Fundamenten, Bodenplatten und Geschossdecken (**Bild 1**). Vor dem Versetzen sind die erste Lagerfuge mit Feuchtesperre und Mörtelausgleichschicht vorzubereiten. Bevor die versetzten Tafeln aus dem Krangeschirr ausgehängt werden, müssen im oberen Drittel der Tafeln an mindestens zwei Stellen Vorrichtungen zur Sicherung gegen Umsturz vorhanden sein. Windlasten und weitere horizontale Kräfte sind sicher abzuleiten (**Bild 2**). An Wandecken und Einbindungen von Querwänden werden die Fugen mit Füllmörtel vergossen. Deshalb ist es von Vorteil, die Längenmaße der Mauertafeln den Raummaßen anzupassen. Sind Mauertafeln in der Länge zu stoßen, kann dies durch verzahnte Ausbildung der seitlichen Tafelränder erfolgen (**Bild 3**).

Der Füllmörtel muss ein einwandfreies Einbringen und ein dichtes Gefüge mit der erforderlichen Verbundwirkung sicherstellen. Er soll eine sehr weiche bis fließfähige Konsistenz aufweisen, aber keine Entmischungserscheinungen zeigen. Außerdem müssen die vorgegebenen Druckfestigkeiten für Transport und Standsicherheit zum erforderlichen Zeitpunkt erreicht sein.

Fertigbauteile können auch liegend aus Ziegeln und Beton mit Tragbewehrung hergestellt werden. Für diese als **Vergusstafeln** bezeichneten Elemente gelten die gleichen Bestimmungen für Transport und Montage wie für Mauertafeln.

Bild 3: Verzahnte Ausbildung der seitlichen Tafelränder

Aufgaben

1 Beschreiben Sie Möglichkeiten, wie beim Mauern Kosten eingespart werden können.

2 Zeigen sie die Vorteile der Stumpfstoßtechnik auf.

3 Erläutern Sie die Vorteile, die das Bauen mit Mauertafeln bietet.

4 Beschreiben Sie die Vorteile und die Nachteile bei der Herstellung von Wänden als Trockenmauerwerk und mit Schalungssteinen.

7.5 Mauerwerksarten

Man unterscheidet einschaliges und zweischaliges Mauerwerk (**Bild 1**) sowie Mauerbögen und Gewölbe.

7.5.1 Einschaliges Mauerwerk

Einschaliges Mauerwerk ist über die ganze Wanddicke tragfähig und eignet sich für Außenwände wie für Innenwände. Die Wände können als Hintermauerwerk oder als Sichtmauerwerk hergestellt werden.

7.5.1.1 Hintermauerwerk

Für Hintermauerwerk eignen sich alle Steinarten und alle Steinformate. Innerhalb eines Geschosses sollte zur Vereinfachung von Ausführung und Überwachung das Wechseln der Steinarten möglichst eingeschränkt werden. Die Wände werden in der Regel verputzt, um einen ebenen und glatten Untergrund zu erhalten. Die Außenseite des Mauerwerks ist gegen Witterung zu schützen, z. B. durch Putz oder Bekleidung.

7.5.1.2 Sichtmauerwerk

Bei **Innenwänden** kann einschaliges Sichtmauerwerk mit verputzter Rückseite in allen Wanddicken und aus allen Steinarten hergestellt werden. Soll das Sichtmauerwerk beidseitig unverputzt bleiben, ist bei 11,5 cm und 17,5 cm dickem Mauerwerk eine Steinauswahl zu treffen. Da die Mauersteine als Läufer vermauert werden, müssen sie an beiden Längsseiten fehlerfrei sein. Dies ist besonders schwierig, da herstellungsbedingt bei diesen Steinen in der Regel nur eine Längsseite und die beiden Kopfseiten als Sichtfläche geeignet sind.

Bei **Außenwänden** sind an der Außenseite für das Sichtmauerwerk frostbeständige Steine zu verwenden. Jede Mauerschicht muss mindestens zwei Steinreihen gleicher Höhe aufweisen, zwischen denen zur Erhöhung der Schlagregensicherheit eine durchgehende, schichtweise versetzte, mit Gießmörtel hohlraumfrei vermörtelte 2 cm dicke Längsfuge verläuft (**Bild 2**). Dadurch erhöht sich die Mauerdicke jeweils um 1 cm, z. B. von 30 cm auf 31 cm oder von 36,5 cm auf 37,5 cm. Alle Fugen müssen vollfugig und haftschlüssig vermörtelt sein.

Bild 1: Mauerwerksarten

Bild 2: Einschaliges Sichtmauerwerk (Außenwand)

Für die **Herstellung von Sichtmauerwerk** sind folgende Regeln zu beachten:

- Mauersteine für Sichtmauerwerk müssen sorgfältig transportiert und gestapelt werden, um das Abstoßen und Abplatzen von Kanten zu vermeiden.
- Bei beidseitigem Sichtmauerwerk ist es häufig notwendig, geeignete Steine auszusuchen.
- Zum Vermauern wird Mörtel der Mörtelgruppe II oder IIa verwendet.
- Teilsteine müssen mit der Trennscheibe oder mit der Steinsäge zugeschnitten werden.
- Beim Versetzen der Steine sind gleiche Fugendicken einzuhalten.
- Es ist vollfugig, aber möglichst ohne überquellenden Mörtel zu mauern, um Verschmutzungen der Steine so gering wie möglich zu halten.
- Durch Augenschein ist stets nachzuprüfen, ob die Stoßfugen lotrecht übereinander liegen.
- Sichtmauerwerk ist nach Fertigstellung durch Abdecken vor eindringender Feuchtigkeit zu schützen.

Bild 1: Sofortiger Fugenglattstrich

Bild 2: Auskratzen der Mauerfugen

Das **Verfugen des Sichtmauerwerks** kann unmittelbar im Anschluss an die Fertigstellung einer Mauerschicht erfolgen. Dabei wird der Mörtel der vollfugig gemauerten Mörtelfuge mit einer Fugenkelle, einem Stück Wasserschlauch oder Kabel angedrückt und glattgestrichen **(Bild 1)**.

Eine nachträgliche Verfugung ist möglich, wenn der Mörtel von Stoß- und Lagerfugen mindestens 1,5 cm tief flankensauber ausgekratzt wurde **(Bild 2)**. Der zur Verfugung verwendete Mörtel entspricht normalerweise dem Mauermörtel. Er sollte nicht zu feinkörnig und nicht zu fett sein, damit keine Schwindrisse entstehen und Kapillarität auftritt. Es empfiehlt sich die Verwendung von werkgemischtem Vormauermörtel, eventuell mit Trasszusatz.

Die Fugen sind in zwei Arbeitsgängen zu verfüllen. Man spricht auch von zweilagigem Einbügeln des Fugenmörtels. Beim ersten Arbeitsgang mit der Reihenfolge Stoßfugen/Lagerfuge ist durch kräftiges Eindrücken von Fugenmörtel der dichte Anschluss mit den Innenfugen herzustellen. Beim zweiten Arbeitsgang mit der Reihenfolge Lagerfuge/Stoßfugen ist der Fugenmörtel durch Bügeln mit dem Fugeisen zu verdichten und bündig mit den Steinen abzuschließen **(Bild 3)**.

Eine **Reinigung des Sichtmauerwerks** ist nach Erhärtung des Mauer- und Fugenmörtels meist notwendig. Zunächst sind erhärtete Mörtelreste mit der Kelle vorsichtig zu entfernen. Gelingt dies nicht, kann mit einem Reinigungsstein der gleichen Steinart durch Reiben versucht werden, die Verunreinigung zu beseitigen. Danach ist eine Nassreinigung mit Wasser unter Zusatz eines Reinigungsmittels mithilfe einer Wurzelbürste erforderlich. Auch eine Dampfstrahlreinigung ist möglich. Größere Verschmutzungen durch Mörtel können meist nur durch Absäuern beseitigt werden. Dabei ist nach folgenden Regeln zu verfahren:

- Sehr gutes Benetzen des Sichtmauerwerks mit Wasser **von unten nach oben,** damit die Poren sich mit Wasser füllen und gefüllt bleiben.

- Absäuern mit 6%iger Essigsäure, besonderen Steinreinigungsmitteln oder verdünnter Salzsäure (1 : 20) **von unten nach oben.** Kalksandsteine und Betonsteine dürfen nicht abgesäuert werden.

- Nach dem Absäuern ist das Mauerwerk **von unten nach oben** gründlich nachzuspülen.

- Beim Absäuern ist Schutzkleidung (Gummistiefel, -handschuhe und -schürze) sowie Schutzbrille zu tragen.

Bild 3: Mit dem Fugeisen verdichtete Fuge

Das **Schützen des Sichtmauerwerks** kann erst vorgenommen werden, wenn die Steine und Fugen vollständig trocken sind. Als Schutz kann ein deckender Anstrich dienen, der das Mauerwerk jedoch farblich verändert, oder eine farblose Imprägnierung, z. B. mit Silicon (Seite 151). Diese bewirkt eine Verminderung der Wasseraufnahmefähigkeit des Mauerwerks. Dazu wird eine glasklare Silicon-Harz-Lösung auf das Sichtmauerwerk durch Spritzen oder Streichen aufgetragen, die nach dem Verdunsten des Lösemittels einen hauchdünnen unsichtbaren Film bildet. Die wasserabweisende Wirkung hält in der Regel mehrere Jahre. Die Atmungsfähigkeit des Mauerwerks bleibt erhalten. Beim Imprägnieren des Mauerwerks sind die Unfallverhütungsvorschriften zu beachten.

- Gesicht und Hände sind vor Berührung mit Silicon-Harz-Lösung zu schützen.

- Offenes Feuer und offenes Licht sind vom Arbeitsplatz fernzuhalten.

- Mit Silicon-Harz-Lösung verschmutzte Kleidung ist sofort zu reinigen.

7.5.1.3 Anschlüsse bei Mauerwerk

Im Mauerwerksbau gibt es Anschlüsse des Mauerwerks im Bereich der Erdgleiche, im Bereich der Geschossdecken und im Bereich von Wand zur Decken- oder Dachkonstruktion. Alle Anschlüsse sind so auszuführen, dass keine Wärmebrücken entstehen und die Außenseite des Mauerwerks einen einheitlichen Putzgrund aufweist. Damit wird die Entstehung von Rissen durch Witterungseinwirkung und Temperaturschwankungen verhindert.

Im **Bereich der Erdgleiche** (Sockel- oder Spritzwasserbereich) geht die Kellerwand in die Erdgeschosswand über. Je nach Höhenlage der Erdgleiche wird der Spritzwasserbereich von 30 cm über Erdgleiche unterschiedlich ausgeführt **(Bild 1)**. Dabei kann das Mauerwerk der Kellerwand und des Erdgeschosses in einer Flucht liegen (HG = Hausgrund). Außenputz und Sockelputz werden 30 cm über Erdgleiche durch eine Putzschiene getrennt. Die beiden Putze unterscheiden sich in der Regel durch eine unterschiedliche Oberflächenstruktur und Farbe sowie durch unterschiedlichen Aufbau und unterschiedliche Zusammensetzung. Hat das Mauerwerk des Erdgeschosses einen Überstand von 2,5 cm gegenüber der Kelleraußenwand, entsteht eine Abtropfkante. Statt eines Sockelputzes kann der Spritzwasserbereich auch als Sichtmauerwerk oder als Betonwand ausgeführt sein.

Im **Bereich der Geschossdecke** gibt es unterschiedliche Konstruktionen, weil die Deckendicken von Stahlbetonvollplatten nicht auf das Achtelmetermaß des Mauerwerks abgestimmt sind. Es bleibt eine Höhe von 25 cm für die Abmauerung der Decke. Beträgt die Deckendicke 18 cm bzw. 16 cm, ist unter der Decke eine Ausgleichsschicht von 7 cm bzw. 9 cm notwendig. Diese kann entweder mit der Decke betoniert sein, mit DF- oder NF-Mauersteinen ausgeglichen oder mit besonderen L-förmigen Mauersteinen (L-Schalen) hergestellt werden **(Bild 2)**. Die Maße der L-Schalen sind den üblichen Deckendicken angepasst. Die Abmauerung der Außenseite geschieht mit NF-, 2-DF-Steinen oder L-Schalen. Die zwischen Abmauerung und Stahlbetondecke liegende Wärmedämmung besteht betonseitig aus einer 2 cm dicken Hartschaumplatte und einer 5 cm dicken Faserdämmschicht sowie einem Wärmedämmblock unter der Decke.

Im **Bereich von Wand zur Decken- oder Dachkonstruktion** müssen in allen Außen- und Querwänden zur Aufnahme von Zugkräften durch äußere Lasten, z. B. durch Wind oder durch Verformungsunterschiede bei Stahlbetonvollplatten, Ringanker oder Ringbalken gelegt werden. Dies ist wichtig z. B. bei Bauten mit mehr als zwei Vollgeschossen, bei einer Länge des Bauwerks von mehr als 18 Meter oder bei Wänden, deren Öffnungsbreiten größer als 60 % der Wandlänge ist.

Ringanker sind im Mauerwerksbau unmittelbar unter der Decke anzuordnen und bestehen aus bewehrtem Mauerwerk oder aus Stahlbeton **(Bild 3)**. Bei Ausführung in Stahlbeton werden U-förmige Steine aus den üblichen Wandbaustoffen versetzt, mit mindestens 2 Betonstabstählen ⌀ 10 mm bewehrt und ausbetoniert.

Ringbalken sind notwendig, wenn aus Gründen der Formveränderung der Dachdecke unter den Deckenauflagern Gleitschichten aus Folien oder unbesandeter Bitumenpappe angeordnet werden. Sie sind stets anzuordnen, wenn durch horizontal wirkende Beanspruchung Biegung im Bauteil hervorgerufen wird.

Bild 1: Mauerwerk im Bereich der Erdgleiche

Bild 2: Mauerwerk im Bereich der Geschossdecke

Bild 3: Mauerwerk im Bereich des Sparrenwiderlagers

7.5.2 Zweischaliges Mauerwerk

Bild 1: Mauerwerksarten mit Belastung

Zweischaliges Mauerwerk eignet sich sowohl für Haustrennwände als auch für Außenwände. 11,5 cm und 17,5 cm dicke Tragschalen für Haustrennwände und Außenwände dürfen höchstens 2,75 m hoch sein und nur über zwei Vollgeschosse einschließlich einem ausgebauten Dachgeschoss gehen. Bei Außenwänden wird die Vorsatzschale häufig als Sichtmauerwerk witterungsbeständig ausgeführt

7.5.2.1 Haustrennwände

Trennwände, z. B. zwischen Reihenhäusern und zwischen nebeneinander liegenden Wohnungen, bestehen aus zwei voneinander getrennten Wänden im Abstand von mindestens 3 cm **(Bild 1)**. Sie sollen ausreichenden Schallschutz gewährleisten und dem Brandschutz dienen. Zweischalige Trennwände können ab einer Dicke von 11,5 cm je Wandschale z. B. mit großformatigen Steinen mindestens der Rohdichteklasse 1,0 gemauert sein. Es sind auch unterschiedlich dicke Wandschalen, z. B. aus 17,5 cm und 24 cm dickem Mauerwerk möglich oder es lassen sich Betonfertigteilwände zusammen mit Mauerwerksschalen verwenden. Voraussetzung für einen guten Schallschutz ist eine möglichst 4 cm bis 6 cm dicke Schalenfuge, die über dem Fundament beginnt und über die gesamte Gebäudehöhe reicht. Dieser Hohlraum darf nicht mit biegesteifen Baustoffen verfüllt werden, auch Mörtelreste dürfen nicht zwischen die Schalen fallen. Dies kann verhindert werden, z. B. mithilfe einer Abdeckleiste in der Fuge, die beim Mauern schichtweise hochgezogen wird. Auch eine mineralische Dämmplatte kann vor dem Hochziehen der zweiten Mauer gegen die schon hochgemauerte Wand gestellt werden. Im Bereich der Geschossdecken verbessert eine Verbreiterung der Schalenfuge den Schallschutz (Bild 1). Die Schalenfuge darf unverfüllt bleiben, wenn die beiden Trennwände eine flächenbezogene Masse je Trennwand von mindestens 200 kg/m² besitzen. Ansonsten können Mineralwolle-Trittschallplatten, möglichst mehrschichtig und mit versetzten Fugen, verlegt werden. Hartschaumplatten und Holzfaserplatten sind wegen ihrer hohen Steifigkeit zur Verbesserung des Schallschutzes weniger geeignet.

Bild 2: Hochmauern von zweischaligen Trennwänden

7.5.2.2 Außenwände

Zweischaliges Mauerwerk für Außenwände kann ohne oder mit senkrechter Luftschicht ausgeführt werden. Häufig wird zwischen den beiden Schalen eine Dämmschicht angeordnet. Die nichttragende Außenschale als Vormauerschale muss der Witterung standhalten; deshalb sind frostbeständige Steine zu vermauern. Die Außenschale muss eine Mindestdicke von 9 cm haben; die Mindestlänge von kurzen Wänden (Pfeilern), die nur Lasten der Außenschale zu tragen haben, beträgt 24 cm. Mauerwerk mit weniger als 11,5 cm Wanddicke darf nicht höher als 20 m über Gelände geführt werden und ist alle 6 m Höhe abzufangen **(Bild 3)**. Bei Gebäuden mit 2 Vollgeschossen darf das Giebeldreieck bis 4 m Höhe ohne zusätzliche Abfangung ausgeführt werden. Die Außenschale darf höchstens 1,5 cm über Auflager stehen. Außenschalen mit einer Wanddicke von 11,5 cm sollen alle 12 m abgefangen werden. Sie dürfen 2,5 cm über ihr Auflager stehen.

Bild 3: Abfangung der Vormauerschale

Werden zur geschosshohen Verankerung der Außenschale bauaufsichtlich zugelassene Anker verwendet, kann die Abfangung z. B. mit Edelstahlkonsolen entfallen. Die in sich beweglichen Anker, die die Verformungsunterschiede der beiden Schalen aufnehmen, sind jeweils mindestens 60 mm tief in Mörtel einzubetten **(Bild 1)**.

Bild 1: In sich beweglicher Anker

Die Außenschale ist mit der Innenschale zu verankern. Für die Verankerung sind je m² Mauerwerk mindestens 5 Drahtanker aus nichtrostendem Stahl mit einem Durchmesser von mindestens 4 mm beim Hochmauern der Innenschale zu vermauern. Die Drahtanker werden im Lagerfugenmörtel verlegt mit Abständen in der Senkrechten von höchstens 25 cm und in der Waagerechten von höchstens 75 cm. An allen freien Rändern des Mauerwerks, z. B. an Mauerecken und Maueröffnungen, sind zusätzlich 3 Drahtanker je Meter Randlänge vorzusehen **(Bild 2)**. Ist der Wandbereich höher als 12 m über Gelände und liegt der Abstand der Mauerwerksschalen zwischen 7 cm und 12 cm, sind Anker mit 4 mm Durchmesser zu verwenden. Beträgt der Abstand zwischen 12 cm und 15 cm, sind 7 Maueranker je m² Wandfläche einzulegen. Werden die Drahtanker in Leichtmörtel eingebettet, ist dafür LM 36 erforderlich. Damit über die Drahtanker keine Feuchtigkeit in die Innenschale gelangen kann, sind auf die Drahtanker Kunststoffscheiben so aufzustecken, dass z. B. Tauwasser in der Luftschicht abtropfen kann **(Bild 3)**.

Bild 2: Anordnung der Verankerung

Bei einer **zweischalige Außenwand mit Putzschicht** ist die Innenschale eine mindestens 11,5 cm dicke Wand, die in der Regel zuerst gemauert wird. Auf der Außenseite der Innenschale ist eine zusammenhängende Putzschicht als Feuchtigkeitssperre aufzubringen. Die Außenschale besteht aus einer mindestens 9 cm dicken Verblendung aus frostbeständigen Mauersteinen **(Bild 4)**. Da die Baustoffe der Innen- und Außenschale unterschiedliche Verformungseigenschaften zeigen, sind die beiden Schalen durch eine Luftschicht (etwa Fingerbreite) zu trennen.

Bild 3: Drahtanker

Eine **zweischalige Außenwand mit Kerndämmung** besteht aus Innen- und Außenschale, die durch eine Dämmschicht getrennt sind **(Bild 1**, Seite 256). Beide Mauerschalen sollten mindestens 11,5 cm dick sein. Sie sind durch Drahtanker miteinander zu verbinden. Die Dämmschicht, auch Kerndämmung genannt, bleibt ohne Luftschicht und darf eine Dicke von 15 cm nicht überschreiten. Werden Dämmplatten, wie z. B. Mineralfaserplatten oder Hartschaumplatten verwendet, ist es besser, nur einseitig umgebogene Drahtanker einzumauern. Die Dämmplatten können dann über die noch geraden Enden der Anker geschoben werden. Erst danach biegt man die Enden mit geeignetem Werkzeug um, wobei die umgebogene Schenkellänge mindestens 2,5 cm lang sein soll. Wird der Raum zwischen den Mauerschalen mit Dämmschüttung gefüllt, ist diese jeweils mit dem Hochmauern der Außenschale lagenweise einzubringen. Die Schüttung besteht aus wasserabweisendem Leichtzuschlag, z. B. aus vulkanischem Gestein. Durch lagenweises Hinterfüllen und Stochern ist eine lückenlose Hinterfüllung zu gewährleisten.

Bild 4: Zweischalige Außenwand mit Putzschicht

Am Fußpunkt einer zweischaligen Außenwand mit Kerndämmung sind eine waagerechte Feuchtigkeitssperre und in der Außenschale offene Stoßfugen oder Lüftungssteine vorzusehen, damit gegebenenfalls Feuchtigkeit entweichen kann. Die Größe dieser Öffnungen

Bild 1: Zweischalige Außenwand mit Kerndämmung

Bild 2: Fußpunkt einer zweischaligen Außenwand mit Kerndämmung

Bild 3: Zweischalige Außenwand mit Luftschicht

Bild 4: Zweischalige Außenwand mit Luftschicht und Dämmschicht

sollte mindestens 50 cm² je 20 m² Wandfläche, Fenster und Türen mit eingerechnet, haben **(Bild 2)**.

Eine **zweischalige Außenwand mit Luftschicht** besteht aus einer mindestens 9 cm dicken Außenschale, einer mindestens 11,5 cm dicken Innenschale und einer dazwischen liegenden 6 cm bis 15 cm dicken Luftschicht **(Bild 3)**. Innen- und Außenschale müssen miteinander verankert sein.

Für die Hinterlüftung sind in der Außenschale unten und oben offenen Stoßfugen anzuordnen. Nach DIN 1053 sollen auf eine zu hinterlüftende Fläche von 20 m², Fenster und Türen eingerechnet, die oberen und unteren Lüftungsöffnungen jeweils mindestens 75 cm² Gesamtquerschnitt betragen. Der erforderliche Lüftungsquerschnitt wird bei einer Vormauerschale erreicht, wenn die Stoßfugen der ersten und letzten Schicht offenbleiben. Dies gilt für Steine mit einer Höhe von 11,3 cm. Werden dünnformatige Steine im Läuferverband vermauert, sind die Stoßfugen der beiden unteren bzw. der beiden oberen Schichten offen zu halten. Außerdem ist zu beachten, dass auch unterhalb von Fenstern und oberhalb von Stürzen die Hinterlüftung durch offene Stoßfugen gesichert wird. Anstelle von offenen Stoßfugen können auch Lüftersteine vermauert werden.

Da trotz aller Vorsichtsmaßnahmen doch noch Mörtelreste an den Fußpunkt der Luftschicht fallen können, sollen die Stoßfugen erst in der zweiten und dritten Schicht der Vormauerschale offen bleiben, um eine vollkommene Hinterlüftung zu gewährleisten. Aus Gründen des Wetter- und Spritzwasserschutzes wird außerdem im Sockelbereich empfohlen, die offenen Stoßfugen erst oberhalb von 10 cm über Erdgleiche beginnen zu lassen und mit einer waagerechten Feuchtigkeitssperre abzudichten, um anfallendes tropfbares Wasser abzuführen.

Eine **zweischalige Außenwand mit Luftschicht und Dämmschicht** besteht aus zwei miteinander verankerten Mauerschalen mit dazwischen liegender Luftschicht und Dämmschicht **(Bild 4)**. Die Mindestdicke für die Außenschale beträgt 9 cm, für die Innenschale 11,5 cm und für die Luftschicht 4 cm, wenn überquellender Mörtel abgestrichen ist. Die Dämmschicht sollte nicht mehr als 11 cm dick sein, da Luft- und Dämmschicht zusammen 15 cm nicht überschreiten sollen. Die auf der äußeren Seite der Innenschale angebrachte Dämmschicht vermindert den Wärmeverlust der Innenräume. Die strömende Luft vor der Dämmung führt Feuchtigkeit ab, damit kein Tauwasser entstehen kann. Die Lüftung ist durch entsprechende Öffnungen am Fuß und an der Mauerkrone der Außenschale zu sichern.

Bei der Herstellung von zweischaligen Außenwänden mit Hinterlüftung sind die Dämmplatten dicht zu stoßen und an der Innenschale anzukleben oder mit Krallenplatten an den Ankern zu befestigen. Außerdem ist die Kunststoffscheibe auf die Anker aufzustecken, sodass Tauwasser in der Mitte der Luftschicht abtropfen kann.

Werden z. B. beim nachträglichen Dämmen von Außenwänden Einschlaganker verwendet, sind diese mit aufgesteckten Hülsen in vorgebohrte Löcher mit Kunststoffdübeln einzuschlagen. Die Hülsen schützen vor Verbiegen beim Einschlagen und können zum nachträglichen Umbiegen der Ankerenden verwendet werden.

7.5.2.3 Ausbildung der Hinterlüftung

Die Hinterlüftung der Vormauerschale dient dem Feuchteschutz. Aufsteigende Luft soll eventuell vorhandene Feuchtigkeit zur Außenluft abführen. Die Luftschicht zwischen Vormauerschale und Wärmedämmung bzw. Hintermauerschale muss mindestens 6 cm und darf höchstens 15 cm dick sein. Wenn auf einer Wandseite der Luftschicht der überquellende Mauermörtel abgestrichen wird, darf die Dicke der Luftschicht bis auf 4 cm vermindert werden. Die Luftschicht darf nicht durch Mörtelbrücken verringert oder unterbrochen werden. Deshalb ist sie beim Hochmauern durch Abdecken oder andere geeignete Maßnahmen gegen herabfallenden Mörtel zu schützen.

Damit Luft zirkulieren kann, sind in der Vormauerschale unten und oben Lüftungsöffnungen, z.B. offene Stoßfugen, anzuordnen. Auf 20 m² Wandfläche, einschließlich Fenster und Türen, sind Lüftungsöffnungen von jeweils 7500 mm² vorzusehen. Dies gilt auch für die Brüstungsbereiche in der Vormauerschale. Die Luftschicht beginnt erst 10 cm über Erdgleiche und wird ohne Unterbrechung bis zum Dach hochgeführt (Bild 1). Im Brüstungsbereich sind unterhalb der Brüstungsabdeckung die oberen Lüftungsöffnungen für dieses Wandstück anzuordnen. Bei geringen Höhen kann auf die Hinterlüftung verzichtet werden.

Bild 1: Hinterlüftetes zweischaliges Mauerwerk ohne und mit Fensteröffnung

7.5.2.4 Ausbildung des Sockelbereichs

Im Sockelbereich von zweischaligen Wänden ist auf die Ausbildung des Fußpunkts der Verblendschale besonderer Wert zu legen. Die Standsicherheit der Verblendschale, die Ableitung von Wasser aus Schlagregen sowie die Ableitung von Feuchtigkeit aus der Luftschicht ist zu gewährleisten.

Die Standsicherheit des Mauerwerks für die Verblendschale ist gegeben, wenn die Aufstandsfläche so beschaffen ist, dass ein Abrutschen der Verblendschale nicht möglich ist. Die erste Lage der Drahtanker ist so tief wie möglich anzuordnen. Verblendschalen mit einer Dicke von 11,5 cm dürfen 2,5 cm über ihr Auflager vorstehen, mit weniger als 11,5 cm Dicke nur 1,5 cm. Dieser Überstand bildet eine Tropfnase zur besseren Ableitung von Wasser aus Schlagregen (Bild 2).

Die Ableitung von Feuchtigkeit aus der Luftschicht erfolgt über die für die Hinterlüftung notwendigen Öffnungen. Dazu wird eine Dichtungsbahn L-förmig oder Z-förmig über der Aufstandsfläche des Verblendmauerwerks eingebaut. Die Dichtungsbahn beginnt an der Vorderkante der Aufstandsfläche und wird an der Hintermauerschale mindestens 15 cm hochgeführt und befestigt. Meist verwendet man hierfür Schweißbahnen.

Bild 2: Sockelbereich bei zweischaligem Mauerwerk

Horizontalschnitt durch Fensteröffnung
bei zweischaligem Mauerwerk mit Kerndämmung

Horizontalschnitt durch Fensteröffnung bei zweischaligem Mauerwerk mit Luftschicht und Wärmedämmung

Belüftungs- u. Entwässerungs-öffnung

Fertigsturz

Fensterbank

Entlüftungs-fuge

Vertikalschnitt durch Fensteröffnung

Bild 1: Beispiele für Schnitte durch einen Fensteranschluss

Wird zweischaliges Mauerwerk mit Kerndämmung ausgeführt, sollen ebenfalls Entwässerungsöffnungen angeordnet werden. Auf 20 m² Wandfläche, Fenster und Türen eingeschlossen, sind im Fußpunktbereich Öffnungen mit einer Fläche von 5000 mm² vorzusehen. Da es bei der Kerndämmung in der Regel nur eine fingerspaltbreite Luftschicht oder gar keinen Luftspalt gibt, ist es besonders bei losen Wärmedämmstoffen notwendig, auf die Funktionsfähigkeit der Entwässerung zu achten.

7.5.2.5 Mauerwerksanschlüsse bei Fenstern und Türen

Mauerwerksanschlüsse bei Öffnungen für Fenster und Türen sind wegen unterschiedlicher Verformungen von Verblendschale und Hintermauerwerk durch Temperaturunterschiede mit besonderer Sorgfalt auszuführen. Es empfiehlt sich, das Mauerwerk an den Wandleibungen und an der Sturzleibung zum Schutz gegen Schlagregen und Wind mit einem Maueranschlag auszubilden (**Bild 1**). Dabei ist in der Regel das Verblendmauerwerk um ½ am länger als das Hintermauerwerk auszuführen. Je nach Konstruktion des zweischaligen Mauerwerks kann als Abschluss des Verblendmauerwerks auch ein rechtwinklig zur Verblendschale versetzter Mauerstein den Zwischenraum abdecken (Bild 1). Beide Mauerschalen sind durch eine etwa 3 cm dicke Dämmschicht voneinander getrennt, damit Bewegungen im Bauwerk aufgenommen werden können und keine Wärmebrücke entsteht.

Die Blendrahmen von Fenster und Türen werden rundum mit einem geringen Abstand zum Mauerwerk eingebaut und mit Montageschrauben und Dübeln befestigt. Die Fuge wird mit Wärmedämmstoff ausgefüllt. Blendrahmen, Rollladenlaufprofile und Abdeckleisten decken den Zwischenraum zwischen den Wandschalen ab. Die Fugen zu den Mauerschalen sind mit komprimierten Dichtbändern und elastischen Dichtstoffen zu schließen, um Schlagregen- und Winddichtheit zu erreichen.

Für die Fensterbank gibt es Formsteine in Mauersteinqualität oder Metallabdeckungen. Den oberen Anschluss stellt man mit Fertigstürzen, gemauerten Stürzen, aber auch mit Stahlbetonfertigteilen her, die mit Verblendern verkleidet sind. Bei größeren Öffnungsbreiten verwendet man Stahlwinkel, die an der Hintermauerschale oder an Decken als Konsole befestigt sind. Auf die Stahlwinkel werden dann Mauersteine im entsprechenden Verband aufgemauert.

7.5.2.6 Einbau von Abfangungen

Das Verblendmauerwerk ist mit einer Dicke von 9 cm bzw. 11,5 cm sehr schlank und muss neben der Eigenlast noch Einwirkungen aus Winddruck und Windsog aufnehmen. Damit diese Einwirkungen die Standsicherheit nicht gefährden, sind Abfangungen des Verblendmauerwerks notwendig. Sie werden vom Tragwerksplaner festgelegt.

Verblendmauerwerk mit weniger als 11,5 cm Dicke darf nicht höher als 20 m über Gelände geführt werden; es soll in Höhenabständen von 6 m abgefangen werden. Bei Gebäuden bis zu zwei Geschossen darf ein Giebeldreieck bis 4 m Höhe ohne zusätzliche Abfangung ausgeführt werden.

Bei **Verblendmauerwerk mit 11,5 cm Dicke** soll die Verblendschale in Höhenabständen von 12 m abgefangen werden. Ist die Verblendschale nicht höher als zwei Geschosse oder wird sie alle zwei Geschosse abgefangen, darf sie bis zu einem Drittel ihrer Dicke über ihr Auflager vorstehen.

Abfangungen dienen zur sichtbaren oder zur unsichtbaren Unterstützung von Mauerwerk für Verblendschalen sowie von gemauerten Stürzen und Fertigteilstürzen **(Bild 1)**. Meist sind die Abfangungen Metallwinkel; sie werden mit Konsolen befestigt. Wegen der Korrosionsgefahr und der fehlenden Möglichkeit einer Wartung, müssen Abfangungen aus Edelstahl hergestellt sein. Sie werden an der Hintermauerschale befestigt (Bild 1). Die Befestigung kann durch Einmörteln der Konsolen oder durch Schrauben und Dübel geschehen. Sie sind so konstruiert, dass sie den unterschiedlichen Bauweisen von zweischaligem Mauerwerk angepasst werden können. Die Dicke der Luftschicht und der Wärmedämmung kann zwischen Hintermauerwerk und Tragwinkel für das Verblendmauerwerk ohne Unterbrechung durchgeführt werden. Für Sonderfälle gibt es Einzelabfangungen, in der Lagerfuge durchlaufende Abfangungen, Eckabfangungen und Fertigteilabfangungen.

7.5.2.7 Ausbildung von Bewegungsfugen

Bei der Planung und Ausführung von zweischaligem Mauerwerk muss darauf geachtet werden, dass es nicht zu Spannungen aus Zwängungen im Mauerwerk kommt. Deshalb sollen nach DIN 1053-1 Bewegungsfugen, auch als Dehnfugen bezeichnet, vertikal und horizontal angeordnet werden. Die Aufgabe von Bewegungsfugen ist es, entstehende Spannungen rissefrei auszugleichen. Solche Spannungen können z. B. durch Ausdehnung bei Temperaturerhöhung, durch Schwinden bei Austrocknung und Erhärtung des Mauerwerks sowie durch Kriechen bei Lasteinwirkung entstehen.

Unterschiedlich starke Sonneneinstrahlung auf die Außenwände von Gebäuden durch jahreszeitlich und im Wechsel von Tag und Nacht bedingte Erwärmung oder Abkühlung erzeugen Spannungen, die zu Rissbildung führen können. Am stärksten davon betroffen ist die Westfassade, danach folgen Südfassade, Ost- und Nordfassade. Die Anordnung der **senkrechten Bewegungsfugen** an den Gebäudeecken berücksichtigt dies **(Bild 2)**. Der Abstand von Bewegungsfugen ist je nach Wandaufbau und Wandbaustoff begrenzt **(Tabelle 1,** Seite 260). Sollte an einer Gebäudeecke keine Bewegungsfuge möglich sein, kann die Fuge innerhalb der Wandfläche liegen. Die Abstände der Bewegungsfugen müssen jedoch eingehalten werden (Bild 1, Seite 260).

Bild 1: Beispiel einer Abfangung

Bild 2: Anordnung von Bewegungsfugen

Bild 1: Anordnung von Bewegungsfugen an Gebäudeecken (Systemskizze)

Bild 2: Anordnung von Bewegungsfugen

Bild 3: Ausbildung von Bewegungsfugen

Tabelle 1: Empfohlene Abstände für senkrechte Bewegungsfugen in der Verblendschale

Wandaufbau bei zweischaligem Mauerwerk	Abstände für Bewegungsfugen in m bei		
	Mauerziegeln	Kalksandsteinen, Porenbeton- und Betonsteinen	Leichtbeton-steinen
– mit Putzschicht			
– mit Luftschicht	10 bis 12	6 bis 8	4 bis 6
– mit Luftschicht und Wärmedämmung			
– mit Kerndämmung	6 bis 8	5 bis 8	–

Senkrechte Bewegungsfugen können bis zu 36,5 cm um die Gebäudeecken angeordnet werden. Sie dürfen aber nicht weiter als die Hälfte des empfohlenen Fugenabstands entfernt sein und sollen 5,00 m nicht überschreiten (**Bild 1**). Bei langen Fassaden lassen sich diese Fugen in die Gestaltung des Bauwerks einbinden. So können Bewegungsfugen z. B. bei Balkonen, Fensterbrüstungen und Türen, bei Baustoffwechsel und beim Anschluss anderer Bauteile und Bauwerke eingeplant werden (**Bild 2**).

Waagerechte Bewegungsfugen sind notwendig bei Fassaden mit Abfangungen bis 12 m Höhe, bei Baustoffwechsel und unter Sohlbänken bei Fenstern (Bild 2).

Die **Breite von Bewegungsfugen** richtet sich nach den zu erwartenden Längenänderungen der gemauerten Wände und nach dem elastischen Verhalten des Fugendichtstoffs. Für senkrechte Bewegungsfugen wird eine Breite von 20 mm bis 35 mm empfohlen, für waagerechte Fugen eine Breite von 15 mm bis 30 mm.

Bei der **Ausbildung der Bewegungsfugen** ist darauf zu achten, dass kein Mörtel in den Fugen bleibt. Dies erreicht man am besten durch Einlegen von Hartschaumstreifen, die aber nach dem Erhärten des Mörtels in jedem Fall entfernt werden müssen. Die Fugen können offen bleiben, wenn sie nicht breiter als 15 mm sind und die Wandschichten hinter dem Verblendmauerwerk ausreichend gegen eindringende Feuchtigkeit geschützt sind, z. B. durch Folien oder durch eine Luftschicht (**Bild 3**). Zum Schließen von Bewegungsfugen verwendet man elastische Dichtstoffe, wie z. B. Silikon-Kautschuk oder Polysulfid-Kautschuk. Die Fuge wird mit einem elastischen Hinterfüllstoff, z. B. mit einer Moosgummischnur oder einem besonderen Lippenprofil, geschlossen. Der Hinterfüllstoff soll satt an den Fugeninnenseiten anliegen und die Tiefe des Dichtstoffes berücksichtigen (**Bild 4**). Der Dichtstoff schließt die Fuge nach außen ab.

		2,0 bis 3,5	3,5 bis 5,0	5,0 bis 6,5	6,5 bis 8,0
Breite der Haftfläche — Dichtstoff — Hinterfüllprofil	Fugenabstand in m				
	Fugenbreite b_F in mm	20	25	30	35
	Tiefe des Dichtstoffs t_D in mm	10	12	15	15
Bei größeren Fugenbreiten sind die Anweisungen des Dichtstoffherstellers zu beachten.					

Bild 4: Fugenausbildung

7.5.3 Ausfachungen

Unter Ausfachung versteht man das Ausfüllen zwischen tragenden Bauteilen wie z.B. zwischen Stützen und Decken im Fachwerk-, Skelett- und Stahlbau (**Bild 1**). Ausfachungswände sind nichttragende Wände, die ihre Eigenlast und Windlasten, wie z. B. bei Außenwänden, auf tragende Bauteile ableiten. Auf einen statischen Nachweis kann verzichtet werden, wenn

- die Wände vierseitig gehalten sind, z. B. durch Verzahnung, Versatz oder Anker,
- Normalmörtel MG IIa, Dünnbettmörtel oder Leichtmörtel LM 36 verwendet wird und
- der zulässige Größtwert für die jeweilige Ausfachungsfläche nicht überschritten wird (**Tabelle 1**). Dieser ist abhängig von der Wanddicke, der Höhe über Gelände und dem Verhältnis

$$\varepsilon = \frac{\text{größere Seite der Wandfläche}}{\text{kleinere Seite der Wandfläche}}$$

Für die Ausfachung der Außenwände eigen sich alle frostbeständigen Mauersteine. Werden andere Baustoffe verwendet, ist für entsprechenden Witterungsschutz zu sorgen. Vor dem Mauern der ersten Schicht ist immer eine Bitumenpappe einzulegen.

7.5.3.1 Ausfachungen im Fachwerkbau

Die Ausfachungflächen werden begrenzt durch Holzpfosten, Schwellen, Riegel, Streben, Pfetten und Balken. Sie sind in der Regel 90 cm bis 120 cm breit und bis zu einem Geschoss hoch. Da Holz arbeitet, kann eine gemauerte Ausfachung nicht bis an das Holz herangeführt werden. Es ist deshalb üblich, eine Verankerung aus Ankerschiene und Anker zu verwenden. An den seitlichen Holzbauteilen werden Ankerschienen befestigt, in die Anker aus Edelstahl im Abstand von 2 bis 3 Schichten eingehängt werden. An den Holzpfosten angebrachte Dreikantleisten oder eingeschlagene Nägel sind häufig verwendete Möglichkeiten, um die Ausfachungswände zu halten. Die Fuge zwischen der Ausmauerung und den Holzbauteilen muss mit Mineralwolle gefüllt und elastisch geschlossen werden. Wird zum Schließen der Fuge ein selbstklebendes Dichtungsband aus Schaumstoff verwendet, ist dieses bereits vor dem Hochmauern an den Holzbauteilen anzubringen.

7.5.3.2 Ausfachungen im Skelettbau

Ausfachungen im **Stahlbetonskelettbau** sind in der Regel großflächiger. Die Verankerung bei Stahlbetonstützen erfolgt durch Einbinden in seitliche Aussparungen oder wie beim Fachwerkbau durch Verankerungen (**Bild 2**). Dabei werden die Ankerschienen vor dem Betonieren in die Schalung der Stütze eingebaut.

Ausfachungen im **Stahlskelettbau** binden in die Flanschen der Stahlprofile der Stützen ein oder werden von zusätzlich angebrachten Stahlwinkeln gehalten (**Bild 3**). Statt Mauerwerk für die Ausfachung können auch großflächige Platten, Wandtafeln oder vorgefertigte Wandbauteile eingesetzt werden.

Bild 1: Ausfachung im Stahlbetonskelettbau

	Größte zulässige Werte[1] der Ausfachungsfläche in m² bei einer Höhe über Gelände von			
Wand-dicke	0 bis 8 m		8 bis 20 m	
d	$\varepsilon = 1{,}0$	$\varepsilon = \geq 2{,}0$	$\varepsilon = 1{,}0$	$\varepsilon = 2{,}0$
mm				
115[2]	12	8	8	5
175	20	14	13	9
240	36	25	23	16
≥ 300	50	33	35	23

Tabelle 1: Größte zulässige Werte der Ausfachungsfläche von nichttragenden Außenwänden ohne Nachweis

[1] Bei Seitenverhältnissen 1,0 < ε < 2,0 dürfen die größten zulässigen Werte der Ausfachungsflächen geradlinig interpoliert werden.

[1] Bei Verwendung von Steinen der Festigkeitsklasse n ≥ 12 dürfen die Werte dieser Zeile um 1/3 vergrößert werden.

Stahlbetonstütze — U-förmige einbetonierte Schiene
dauerelastischer Fugendichtstoff
Anker

Bild 2: Verankerung mit Ankerschiene und Anker

dauerelastischer Fugendichtstoff
IPE 140
Mineral-fasermatte, fest gestopft

Bild 3: Verankerung in den
Flanschen der Stahlprofile

Bild 1: Bogenformen

7.5.4 Mauerbögen und Gewölbe

Mit gemauerten Bögen und Gewölben werden Maueröffnungen überdeckt und Räume überspannt. Bei Bögen unterscheidet man Segmentbogen und Rundbogen; Sonderformen sind der scheitrechte Bogen, der Spitzbogen und der Korbbogen (**Bild 1**). Beim Gewölbe unterscheidet man z. B. das Tonnengewölbe und das Kappengewölbe. Das Tonnengewölbe gleicht in Art und Ausführung dem Rundbogen, das Kappengewölbe dem Segmentbogen. Bögen und Gewölbe werden in der Regel mit Mauersteinen in DF oder NF gemauert. Für Bögen mit kleinem Bogenhalbmesser und für Gewölbe ist es zweckmäßiger, Keilsteine zu verwenden.

7.5.4.1 Segmentbogen

Der Segmentbogen wird auf einem Lehrbogen aus Holz gemauert, der dieselbe Wölbung wie der zu mauernde Bogen hat (**Bild 2**). Um den Lehrbogen aus Brettern herstellen zu können, sind Bogenhalbmesser R_L und Bogenmittelpunkt, Leierpunkt genannt, zu ermitteln. Halbmesser und Mittelpunkt sind von der Länge der Maueröffnung, Spannweite genannt, und von der Höhe des Bogens h, Stichhöhe oder Stich genannt, abhängig.

Nach dem Bogenmittelpunkt richten sich beide Widerlager und alle Steinlagen aus. Das Widerlager ist so auszuführen, dass die obere Bogenfläche am Widerlager auf eine Lagerfuge trifft. Die Mauersteine sollen beim Ausrichten eine untere Fugenbreite von mindestens 0,5 cm und eine obere Fugenbreite von höchstens 2 cm bilden. Die Anzahl der Schichten wird aus der Schichthöhe und der Bogenlänge ermittelt. Die Schichtanzahl kann errechnet werden. Es ist immer von einer ungeraden Anzahl von Schichten auszugehen. Diese wird nun auf den Lehrbogen jeweils von links und rechts bis zum Scheitel abgetragen. Kontrolle hat man durch die Lage der mittleren Schicht, die mittig im Scheitel des Bogens liegen muss. Beim Mauern der Schichten gelten im Allgemeinen die Verbandsregeln für Pfeiler. Die Schichten werden abwechselnd rechts und links, beginnend mit Läuferschichten, gemauert, um den Lehrbogen gleichmäßig zu belasten und die Schlussschicht im Scheitel mauern zu können. Alle Steine und Schichten sind vollfugig und dicht mit Mörtel der Mörtelgruppen II, IIa oder III auszuführen.

Rundbogen und Korbbogen werden wie Segmentbogen mithilfe einer Bogenlehre gemauert.

Bild 2: Segmentbogen

7.5.4.2 Scheitrechter Bogen

Eine besondere Form gemauerter Bögen sind scheitrechte Bögen. Ein scheitrechter Bogen gilt als waagerechter Sturz mit geringer Stichhöhe. Die Stichhöhe ist abhängig von der Spannweite und beträgt etwa 2 cm. Der Lehrbogen für den scheitrechten Bogen besteht aus einem mit geringem Stich eingebauten Brett (**Bild 3**). Der Stich kann auch aus einem Sandbett bestehen. Die Widerlagerflächen scheitrechter Bögen werden schräg angeordnet, wodurch sich eine gewisse Vorspannung im Bogen ergibt. Günstig für die Neigung der Widerlager ist ein Verhältnis von 4 : 1 bis 6 : 1.

Bild 3: Scheitrechter Bogen mit Lehrgerüst

7.6 Natursteinmauerwerk

Mauerwerk aus Natursteinen ergibt bei richtiger Auswahl und werkgerechter Verarbeitung der Steine Mauern von großer Beständigkeit. Natursteine für Mauerwerk dürfen nur aus gesundem Gestein bestehen. Ungeschützt der Witterung ausgesetztes Mauerwerk aus Natursteinen muss witterungsbeständig sein.

7.6.1 Mauersteine aus Naturstein

Zu den wichtigsten natürlichen Bausteinen gehören Granit, Porphyr, Tuffstein und Basalt als Erstarrungsgesteine sowie Kalkstein und Sandstein als Sedimentgesteine. Die Eigenschaften der Natursteine bestimmen im Wesentlichen ihre Verwendung und die Art ihrer Verarbeitung **(Tabelle 1)**.

Tabelle 1: Eigenschaften und Verwendung von Natursteinen

Arten und Bestandteile	Eigenschaften	Verwendung
Granit Feldspat Quarz Glimmer	sehr druckfest, hart bis sehr hart, witterungsbeständig Gefüge meist grob-, mittel- und feinkörnig Dichte 2,6 kg/dm³ bis 2,8 kg/dm³ Druckfestigkeit 160 N/mm² bis 210 N/mm² Farbe häufig schwarzgrau, weißgrau, teilweise gelblich, grünlich, rötlich, schwer bearbeitbar, gut polierfähig	Außenmauerwerk Säulen Widerlager Treppenstufen Denkmäler
Porphyr Feldspat Quarz	sehr hart, sehr dauerhaft, druckfest, splitterig, feinkörnig, dicht, Dichte 2,5 kg/dm³ bis 2,8 kg/dm³ Druckfestigkeit 180 N/mm² bis 300 N/mm² Farbe rötlich, braungrün bis schwärzlich schwer bearbeitbar, polierfähig	Mauerwerk Sockel Treppenstufen Werksteine
Tuffstein vulkanisches Auswurfgestein	porig und leicht, oft witterungsbeständig und feuerfest fein bis grobkörnig, Dichte 1,8 kg/dm³ bis 2,0 kg/dm³ Druckfestigkeit 20 N/mm² bis 30 N/mm² Farbe grau, hellgelb, rötlich bis bläulich lässt sich bruchfeucht leicht bearbeiten	Bekleidungen Abdeckungen Verblendungen Ausfachungen
Basalt schwarzer Augit, Feldspat, Olivin	hart, zäh, druckfest, Gefüge körnig, dicht, auch glasig Dichte 3,0 kg/dm³ bis 3,1 kg/dm³ Druckfestigkeit 250 N/mm² bis 400 N/mm² Farbe graublau bis schwarz, bruchfrisch grünlich schwer bearbeitbar, gut polierfähig	Mauerwerk Treppenstufen Sockel Werksteine
Kalkstein kohlensaurer Kalk mit Beimengungen wie Sande, Kohle, Oxide	meist dicht, fest, witterungsbeständig meist körnig, porig, Dichte 1,7 kg/dm³ bis 2,85 kg/dm³ Druckfestigkeit 20 N/mm² bis 180 N/mm² Farbe weiß bis grau, teils gelblich, grünlich, rötlich gut bearbeitbar, gut polierbar	Mauerwerk Bekleidungen Verblendungen Werksteine
Sandstein Quarzkörner mit tonigen oder kalkigen Bindemitteln	meist zäh, fest und teilweise witterungsbeständig Gefüge tonig oder kalkig, fein- bis grobkörnig Dichte 2,0 kg/dm³ bis 2,9 kg/dm³ Druckfestigkeit 30 N/mm² bis 200 N/mm² Farbe gelblich bis bräunlich, gut bearbeitbar	Mauerwerk Treppenstufen Verblendungen Werksteine

7.6.2 Verarbeitung

Natursteine sind entsprechend ihrer ursprünglichen Lage und Schichtung zu verwenden. Beim Versetzen der Natursteine sollen Lagerfugen und Steinschichtungen rechtwinklig zur Richtung der Druckkräfte liegen. Auch darf der Naturstein mit seiner Lagerfläche nicht als Ansichtsfläche vermauert werden, da er an dieser Fläche leicht verwittert. Natursteine sind wegen ihrer geringen Zugfestigkeit in den Abmessungen zu begrenzen. In der Regel beträgt das Verhältnis von Steinhöhe zu Steinlänge höchstens 1 : 5.

Um Natursteine für Mauerwerk verwenden zu können, müssen sie in der Regel an Kanten und Flächen bearbeitet werden. Dies geschieht im Steinbruch oder im Natursteinwerk. Auf der Baustelle wird häufig nur noch die am Mauerwerk sichtbare Fläche des Natursteines bearbeitet. Zum groben Bearbeiten der Steinflächen nimmt man Bossier- und Stockhämmer. Setzer, Krönel, Scharrier- und Zahneisen werden zur Bearbeitung der Sichtfläche, dem Haupt, verwendet **(Bild 1)**. Mit Steinsägen schneidet man größere Bruchsteine nach den vorgegebenen Abmessungen zu. Mit Fräs-, Hobel-, Schleif- und Poliermaschinen bearbeitet man die später am Mauerwerk sichtbaren Flächen. Die Oberflächen von harten Gesteinen bleiben häufig bruchrau oder sie werden bossiert, gestockt, gesägt und gefräst, geschliffen und poliert. Die Oberflächen von weichen Gesteinen werden oft bossiert, abgerieben, gesägt und gefräst. Natursteinmauerwerk muss im Verband gemauert werden **(Bild 2)**.

Bild 1: Werkzeuge zum Bearbeiten von Natursteinen

Bild 2: Natursteine im handwerklichen Verband

Bild 3: Trockenmauerwerk

Bild 4: Bruchsteinmauerwerk

Die wichtigsten Verbandsregeln sind:

- In der Sichtfläche des Mauerwerks dürfen jeweils nicht mehr als drei Fugen zusammenstoßen.
- Stoßfugen dürfen höchstens über zwei Schichten durchgehen. Sie sind um 10 cm bzw. 15 cm zu versetzen.
- Ein Läufer muss mindestens mit seiner Steinhöhe einbinden.
- Läufer sollen mit ihrer größeren Fläche im Lagerfugenmörtel liegen.
- Ein Binder muss um das 1,5fache seiner Steinhöhe, mindestens aber 30 cm tief, einbinden.
- Läufer- und Binderschichten können abwechseln, oder zwei Läufer und ein Binder wechseln in jeder Schicht regelmäßig.
- Mörtelnester dürfen im Inneren der Mauer nicht entstehen, Zwischenräume sind mit Steinstücken auszufüllen.
- Regelmäßiges Natursteinmauerwerk ist zu verfugen.

7.6.3 Mauerwerksarten

Man unterscheidet nach der Art der Ausführung und nach der Bearbeitung der Steine Trockenmauerwerk, Bruchsteinmauerwerk, Schichtenmauerwerk und Verblendmauerwerk.

Natursteinmauerwerk wird je nach seiner Ausführung in die Güteklassen N 1 bis N 4 eingestuft mit festgelegten Mindeststeinfestigkeiten und Grundwerten für die einzelnen Mörtelgruppen. Die Mindestdicke von tragendem Natursteinmauerwerk ist 24 cm, der Mindestquerschnitt 0,1 m².

7.6.3.1 Trockenmauerwerk und Bruchsteinmauerwerk

Beim **Trockenmauerwerk** werden die nur wenig bearbeiteten Steine ohne Mörtel mit möglichst engen Fugen im Verband aufeinander geschichtet. Die verbleibenden Hohlräume zwischen den größeren Steinen müssen durch kleinere Steine ausgefüllt werden **(Bild 3)**. Trockenmauerwerk darf nur bei Schwergewichtsmauern, z. B. Stützmauern, angewendet werden. Die sichtbare Fläche des Trockenmauerwerks kann mit einer Neigung von mindestens 10° zur Senkrechten ausgeführt werden.

Beim **Bruchsteinmauerwerk** (N 1) werden annähernd regelmäßige Bruchsteine mit Mörtel lagerhaft im Verband vermauert. Läufer- und Binderschichten wechseln miteinander ab **(Bild 4)**. Die sich ergebenden unregelmäßigen Fugen werden mit Mauermörtel voll ausgefüllt. Das Mauerwerk ist in Höhenabständen von 1,50 m abzugleichen, d. h., die Lagerfläche geht über die ganze Mauerlänge durch. Für die

Mauerecken werden größerere lagerhafte Steine verwendet, die wechselseitig überbinden sollen.

Eine besondere Form ist das **Zyklopenmauerwerk (Bild 1)**. Die nur wenig bearbeiteten Bruchsteine werden im ganzen Mauerwerk satt in Mörtel vermauert, wobei sich nur wenige Lagerfugen ergeben.

Bild 1: Zyklopenmauerwerk

7.6.3.2 Schichtenmauerwerk

Beim Schichtenmauerwerk unterscheidet man hammerrechtes, unregelmäßiges und regelmäßiges Schichtenmauerwerk sowie Quadermauerwerk. Bei hammerrechtem und unregelmäßigem Schichtenmauerwerk dürfen die Schichthöhen innerhalb einer Schicht wechseln, jedoch ist das Mauerwerk in Höhenabständen von höchstens 1,50 m abzugleichen.

Bild 2: Hammerrechtes Schichtenmauerwerk

Für **hammerrechtes Schichtenmauerwerk** (N 2) verwendet man Steine, die mindestens 12 cm tief bearbeitete Lagerflächen haben. Diese sollen etwa rechtwinklig zueinander stehen. Die Steinabmessungen liegen etwa zwischen 25 cm x 10 cm x 7 cm und 80 cm x 40 cm x 40 cm; die Fugendicke beträgt höchstens 4 cm **(Bild 2)**. Das Verhältnis Fugenhöhe zu Steinlänge darf den Wert 0,2 nicht überschreiten.

Bild 3: Unregelmäßiges Schichtenmauerwerk

Für **unregelmäßiges Schichtenmauerwerk** (N 3) werden Steine vermauert, die mindestens 15 cm tief bearbeitete Lagerflächen und Stoßflächen haben. Diese sollen zueinander und zur Sichtfläche etwa rechtwinklig stehen. Die Fugen verlaufen waagerecht und senkrecht und haben eine Dicke von höchstens 3 cm. Die Schichthöhen sollen nur geringfügig voneinander abweichen **(Bild 3)**.

Bild 4: Regelmäßiges Schichtenmauerwerk

Für **regelmäßiges Schichtenmauerwerk** (N 3) sind die Steine an Lager- und Stoßflächen in ganzer Tiefe zu bearbeiten. Auf mindestens 15 cm Tiefe müssen die Lager- und Stoßflächen parallel bzw. rechtwinklig zueinander verlaufen. Jede einzelne Schichthöhe muss gleichbleibend über die Mauerlänge durchgehen **(Bild 4)**.

Bild 5: Quadermauerwerk

Für **Quadermauerwerk** (N 4) dürfen nur allseitig bearbeitete, auf die ganze Mauertiefe maßgerecht verlaufende Steine vermauert werden. Es wechseln Läufer- und Binderschichten ab. Die einzelnen Schichthöhen können unterschiedlich sein, müssen aber jeweils über die ganze Mauerlänge gleich bleiben **(Bild 5)**.

Aufgaben

1. Erläutern Sie den Unterschied in der Bauart zwischen einer zweischaligen Außenwand und einer Gebäudetrennwand.
2. Beschreiben Sie die Herstellung einer einschaligen Außenwand in Sichtmauerwerk.
3. Erläutern Sie die Arbeitsgänge beim Verfugen von Sichtmauerwerk.
4. Erklären Sie, wie Sichtmauerwerk gereinigt und geschützt werden kann.
5. Nennen Sie Bogenformen im Mauerwerksbau.
6. Erläutern Sie die Regeln, nach denen die Schichten eines Bogens gemauert werden.
7. Erklären Sie die Funktionen und die Ausbildung einer Haustrennwand.
8. Beschreiben Sie die unterschiedlichen Ausführungsarten von zweischaligen Außenwänden.
9. Nennen Sie die Eigenschaften, die Natursteine für Außenmauerwerk aufweisen müssen.
10. Beschreiben Sie die Unterschiede der einzelnen Natursteinmauerwerksarten.

Bild 1: Anwendungsbeispiele für Gabionenwände

Bild 2: Abstandhalter und Diagonalstäbe

Bild 3: Gabionen mit Rückversatz

Bild 4: Gabionen zur Wandverkleidung

Gabionen sind Körbe aus Stahl, die mit Steinen befüllt werden. Sie finden Verwendung z. B. als Wände zur Böschungssicherung, als Lärmschutzwände, Grundstückseinfriedungen oder als Sichtschutzwände sowie als Wandverkleidung (**Bild 1**). Gabionen können wie Schwergewichtsmauern belastet werden und sind wegen der Hohlräume zwischen den Steinen wasserdurchlässig.

Die Stahlkörbe bestehen aus korrosionsgeschützten, mattenförmig verschweißten Stahlstäben. 4 Seitenteile mit je einer Boden- und Deckelmatte ergeben einen Gabionenkorb mit einer Länge zwischen 50 cm und 300 cm, einer Breite von 50 cm und 100 cm sowie einer Höhe von 50 cm. Je nach Belastung der Mattenteile sind die Stabdurchmesser der Körbe 3,5 mm, 4,5 mm oder 5 mm dick. Die Maschenweite der Matten hängt von der Größe des vorgesehenen Füllguts ab und beträgt in mm 100/100 oder 50/50. Um die Form und Maßhaltigkeit der Körbe zu gewährleisten, sind an den Längsseiten Stäbe als Abstandhalter und an den Ecken Diagonalstäbe einzubauen (**Bild 2**). Die zu Körben zusammengesetzten Matten werden durch 6 mm dicke, gerade oder gewendelte Stäbe mit Ösen zusammengehalten, mit denen sich Knoten zum Verschluss bilden lassen.

Die Befüllung der Körbe kann mit Natursteinen oder Pflanzerde geschehen. Natursteine sollten frost- und witterungsbeständig sein und die Korngröße über der Maschenweite liegen. Größere Hohlräume sollten vermieden werden. Die Sichtseite kann geschichtet werden, die Hinterfüllung lässt sich z. B. mit Gesteinen kleinerer Korngröße herstellen. Bei Befüllung mit Erde ist durch Einlegen von Vlies, Kokos- oder Jutematten diese Füllung gegen Ausschwemmen zu sichern. Gleichzeitig wird die Bepflanzung feucht gehalten.

Gabionenwände erhalten eine frostfreie Gründung oder werden auf tragfähigen Untergrund mit einer Frostschutzschicht aufgesetzt. Die Körbe können übereinander bzw. nebeneinander angeordnet sein. In diesen Fällen können Boden- und Deckelmatte bzw. Stirnmatte entfallen. Gabionenwände als Schwergewichtswände zur Böschungssicherung können mit einer Neigung bis zu 10° oder mit einem Versatz zur Böschung hin versetzt werden (**Bild 3**). Sie sollten jedoch in jedem Fall über die ganze Wandhöhe eine Dränschicht sowie ein Dränrohr am Wandfuß erhalten. Werden schmale Gabionenkörbe als Wandverkleidung verwendet, ist eine genau senkrechte Anordnung und eine sichere Verankerung an der tragenden Wand wichtig, um die Einwirkungen aus Windsog übertragen zu können (**Bild 4**).

7.7 Instandsetzung von Mauerwerk

Bestehendes Mauerwerk kann durch langjährige Einwirkungen auf verschiedene Art geschädigt sein. Häufige Schäden am Mauerwerk sind offene Fugen, Risse, Verwitterungen und Durchfeuchtungen sowie in deren Folge Abplatzungen, Salzanreicherungen und Ausblühungen (**Bild 1**).

Bevor Sanierungen geplant und durchgeführt werden, sind die Schadensbilder zu beurteilen und die Schadensursachen festzustellen. Hierzu ist eine Bauwerksbesichtigung mit einer Bestands- und Schadensaufnahme erforderlich.

7.7.1 Bestandsaufnahme

Eine Bestands- und Schadensaufnahme ist die Grundlage für die Ausführungsplanung von Sanierungsarbeiten. Dazu wird das Gebäude systematisch in Augenschein genommen. Eine Kontrollliste (Checkliste) kann die Arbeit unterstützen. Die Schäden werden in einer **Dokumentation** festgehalten. Diese beschreibt die geschädigten Bauteile, deren Lage im Gebäude, die Schadensbilder und den Umfang der Schädigung.

In vorhandene Grundrisse, Schnitte und Bauwerksansichten werden die Schäden eingetragen. Eine Auflistung der Schäden, Fotos und **Schadens-** bzw. **Bestandsskizzen** können die Dokumentation ergänzen.

Bei der Schadensaufnahme wird der Bauzustand zunächst visuell beurteilt. Am Mauerwerk sind Absprengungen, Absanden und Risse durch Augenschein zu erkennen (Bild 1). Hohlstellen im Mauerwerk sind durch Abklopfen feststellbar. Zusätzlich können auch endoskopische Untersuchungen oder Sondierungsbohrungen erforderlich sein. Einfache Untersuchungen, z. B. Feuchtemessungen oder das Messen von Bauwerksrissen mit dem **Rissbreitenmesser** (Risslineal) können vor Ort vorgenommen werden (**Bild 2**). Aus dem Verlauf der Risse kann man auf die Ursachen schließen (**Bild 3**). Zur Feststellung, ob Bauwerksbewegungen abgeklungen sind, können beispielsweise **Gipsmarken** gesetzt werden (**Bild 4**). Der Nachweis von Salzen in Mauerwerk und Putz ist problemlos vor Ort, beispielsweise durch Teststreifen, möglich. Der Anteil der Salze, die Salzbelastung, muss durch Laboruntersuchungen festgestellt werden.

Bei größeren Schädigungen, sind Fachingenieure, z. B. Tragwerksplaner oder Bauphysiker, mit weiteren Untersuchungen zu beauftragen. Außerdem ist festzulegen, welche Laboruntersuchungen erforderlich sind.

Offene Fugen und Natursteinverwitterung

Abplatzungen und Ausblühungen

Bild 1: Schäden am Sichtmauerwerk

Bild 2: Rissmessung mit dem Rissbreitenlineal

Setzungsrisse bei ungleichem Baugrund

Hebung und Setzung bei nicht frostsicherem Baugrund

Schwindrisse im Putz

Schubriss/Fugenriss wegen Temperaturspannungen

Bild 3: Ursache von Rissen und Risseverlauf

neuer Riss

alter Riss

Bild 4: Beobachtung von Bauteilbewegungen mit Gipsmarken

Bild 1: Risse und Fehlstellen an Sichtmauerwerk

Bild 2: Rissesanierung mit Spiralankern

Bild 3: Sanierung von Natursteinmauerwerk durch Steinersatz und Restauriermörtel

Bild 4: Durchfeuchtetes Sockelmauerwerk

7.7.2 Mauerwerkssanierung

Aufgrund der Bestandsaufnahme werden die Sanierungsmaßnahmen festgelegt und durchgeführt.

Offene Fugen und **Risse** verfüllt man meist mit mineralisch gebundenem Mörtel. Dieser Mörtel darf nur wenig schwinden und muss gut an mineralischen Untergründen haften. Weitere Anforderungen sind eine gute Fließfähigkeit, eine geringe Sedimentationsneigung sowie eine hohe Sulfatbeständigkeit. Außerdem muss der Mörtel bezüglich seiner Festigkeit und Kapillarität auf das Mauerwerk abgestimmt sein.

Ist Mauerwerk zu festigen und sind Hohlstellen zu verfüllen, wie z.B. bei denkmalgeschützten Bauwerken, so wird der Mörtel durch Bohrlöcher injiziert. Zur Verfestigung des Mauerwerks können auch Silicatlösungen und Reaktionsharze dienen.

Ist die Standsicherheit des Mauerwerks durch Risse gefährdet, so ist eine **Vernadelung** bzw. **Verankerung** erforderlich (**Bild 1**). Diese erfolgt mit Betonstabstahl von mindestens 8 mm Durchmesser, der rechtwinklig zum Rissverlauf eingebaut und vermörtelt wird. Anstelle von Betonstabstahl können auch sehr zugfeste verdrillte Spiralanker aus Edelstahl mit Ankermörtel in etwa 5 cm tief eingefräste Mauernuten eingebaut werden (**Bild 2**).

Fehlstellen im Mauerwerk sind durch Steine und Mörtel zu ergänzen, die an die Eigenschaften des vorhandenen Mauerwerks angepasst sind. Verwitterter Naturstein kann auch bis auf den tragfähigen Stein abgespitzt und mit Restauriermörtel, auch als Reparaturmörtel bezeichnet, ergänzt werden. Dieser wird mit einigen Millimeter Überstand angetragen und nach dem Erhärten steinmetzmäßig überarbeitet (**Bild 3**).

Bei **verputztem Mauerwerk** können Schäden und Risse ebenso verfüllt und gegebenenfalls vernadelt werden wie bei Sichtmauerwerk. Es ist häufig zweckmäßig ein risseüberbrückendes Beschichtungssystem aufzubringen, das Schäden kostengünstig überdeckt. Dabei kann zugleich der Wärmeschutz der Fassade verbessert werden.

Bei **Kelleraußenwänden** und bei Mauerwerk im Sockelbereich sind häufig Durchfeuchtungen erkennbar. Außerdem können Ausblühungen und Absprengungen durch schädliche Salze wie Chloride, Nitrate und Sulfate auftreten (**Bild 4**). **Durchfeuchtetes Mauerwerk** muss trockengelegt werden. Hierfür sind unterschiedliche Maßnahmen zur Horizontalabdichtung üblich. Starke Salzbelastungen müssen verringert und Ausblühungen beseitigt werden. Ist Mauerwerk sehr salzbelastet und nicht mehr tragfähig, kann ein Mauerwerksaustausch erforderlich sein.

7.7.3 Mauerwerkstrockenlegung

Wird Mauerwerk durch kapillar aufsteigende Feuchte belastet, so kann eine **nachträgliche Horizontalabdichtung** Abhilfe schaffen. Zu den anerkannten Verfahren zählen mechanische Horizontalsperren und Injektionsverfahren.

Mechanische Horizontalsperren entstehen durch das Auftrennen der Wand und das Herstellen oder die Erneuerung von horizontalen Abdichtungen. Dadurch wird der kapillare Feuchtetransport vollständig unterbrochen und das darüberliegende Mauerwerk kann austrocknen. Bewährt haben sich das:

- Mauersägeverfahren,
- Blecheinschlagverfahren und
- Kernbohrverfahren.

Gleiches gilt für den Mauerwerksaustausch, bei dem die Wand ebenfalls in ganzer Breite aufgestemmt und eine Dichtungsbahn eingelegt wird.

Beim **Mauersägeverfahren** wird zunächst das Mauerwerk getrennt. Dies kann mit Schwertsägen, Kreissägen oder Seilsägen erfolgen, die mit Hartmetall oder Diamant bestückt sind **(Bild 1)**. In weichen Gesteinen und in Lagerfugen ist ein trockener Schnitt möglich, bei Schnitten in Hartgesteinen ist eine Wasserkühlung notwendig. Das Auftrennen muss abschnittsweise erfolgen, damit die Standsicherheit nicht gefährdet wird. Danach werden in die Schnittfugen, die je nach Verfahren bis 20 mm dick sein können, Dichtungsplatten oder -bahnen mit mindestens 10 cm Überlappung eingelegt. Geeignet sind glasfaserverstärkte Kunststoffplatten oder Polymerbitumen-Abdichtungsbahnen. Die Restfuge muss kraftschlüssig verkeilt und mit Quellmörtel verpresst werden **(Bild 2)**.

Beim **Blecheinschlagverfahren** (Chromstahlblechverfahren) werden 1,5 mm dicke korrosionsbeständige Edelstahlplatten in einem Arbeitsgang in durchgehende Mörtelfugen des Mauerwerks eingeschlagen **(Bild 3)**. Durch die hohe Schlagfrequenz von ca. 20 Schlägen je Sekunde werden unverträgliche Erschütterungen vermieden. Die Dichtheit der Horizontalsperre wird durch eine Überlappung der gewellten Bleche von mindestens 2 cm sichergestellt.

Das **Kernbohrverfahren** wird wegen des hohen Aufwands selten eingesetzt. Hierbei werden parallele, seitlich überlappende Kernbohrungen hergestellt und mit Dichtmörtel gefüllt.

Es ist zu beachten, dass bei all diesen Verfahren das Mauerwerk völlig durchtrennt wird und somit auch alle senkrecht in der Wand angeordneten Ver- und Entsorgungsleitungen.

schienengeführte Schwertsäge

fahrbare Schwertsäge

Diamantsägeseil

Bild 1: Mauersägen

Schlitz verkeilen   Schlitz verpressen

Bild 2: Sägeschlitz beim Mauersägeverfahren

Bild 3: Blecheinschlagverfahren

Bild 1: Herstellen einer Bohrlochreihe

Bild 2: Drucklose Injektion

Bild 3: Druckinjektion

Bild 4: Setzen von Injektionspackern

Durch **Mauerwerksinjektion** kann kapillar aufsteigende Feuchtigkeit ebenfalls weitgehend unterbunden werden. Das Injektionsmittel muss sich dabei so im Mauerquerschnitt verteilen, dass eine horizontale Sperrschicht aufgebaut wird. Dieses Ziel erreicht man auf unterschiedliche Weise, z.B. durch:

- Verstopfen der Kapillarporen,
- Verengen der Poren, wodurch die kapillare Steiggeschwindigkeit so reduziert ist, dass mehr Wasser auf der Bauteiloberfläche verdunstet als aufsteigt und/oder
- Unterbrechen des Kapillartransports durch wasserabweisende Stoffe in den Poren (Hydrophobieren).

Als **Injektionsmittel** werden sowohl chemisch reagierende als auch physikalisch erhärtende Stoffe verwendet. Marktüblich sind niedrig viskose Stoffe, z.B. erwärmtes Paraffin, Silikonate und Siliconmikroemulsionen sowie Kaliumsilikate oder Kunstharze.

Die Injektionen werden in Bohrlöcher mit einem Durchmesser von etwa 20 mm eingebracht. Die Bohrkanäle können waagerecht oder in einem Winkel von bis zu 45° geneigt eingebohrt werden. Sie werden in einer Reihe oder in zwei Reihen im Abstand von 10 cm bis 12,5 cm angeordnet **(Bild 1)**.

Vorteilhaft bei Injektionsverfahren ist der verhältnismäßig geringe mechanische Aufwand. Die Bohrlöcher können von innen oder von außen in beliebiger Höhe angebracht und befüllt werden.

Nachteilig ist es, dass die teuren Injektionsmittel in Hohlräume fließen oder durch Fugen und Risse abfließen können und die Wirkung dadurch unterbleibt. Häufig sind deshalb diese Hohlräume vorher mit einem sehr fließfähigen Injektionsmörtel zu verfüllen (Mehrstufeninjektion). Bei manchen Verfahren ist es auch erforderlich, dass nasses Mauerwerk durch Heißluft oder Heizstäbe aufgeheizt und vorgetrocknet wird, bevor eine Injektion erfolgen kann.

Bei geringem Durchfeuchtungsgrad ist eine **drucklose Injektion** mit Trichtern oder Flaschen möglich **(Bild 2)**. Sind die Kapillarporen jedoch schon stark mit Wasser gefüllt, können die Injektionsmittel nur durch eine **Druckinjektion** im Mauerwerk verteilt werden **(Bild 3)**. Dazu müssen Bohrlochdübel, **Injektionspacker** genannt, gesetzt werden **(Bild 4)**.

Neben den beschriebenen Sanierungsmaßnahmen gegen kapillar aufsteigende Feuchte gibt es auch Verfahren, die in der Fachwelt umstritten sind. Dazu zählen elektrophysikalische und thermische Verfahren ebenso wie das Herstellen von Lüftungskanälen.

7.7.4 Beseitigung von Salzen und Ausblühungen

Damit Mauerwerk trocken bleibt, muss der Feuchtenachschub unterbrochen werden. Neben der Herstellung von Horizontalsperren können bei Mauerwerkssanierungen weitere Maßnahmen erforderlich sein. Beispielsweise muss bei Mauerwerk unter der Erdgleiche sichergestellt werden, dass die **Vertikalabdichtung** intakt ist. Außerdem kann das Verlegen einer **Dränleitung** notwendig sein **(Bild 1)**.

Stark salzhaltiges Mauerwerk kann aus der Luft so viel Wasser aufnehmen, dass das Porengefüge vollständig gesättigt wird. Deshalb muss **salzbelasteter Putz abgeschlagen** werden. Zweckmäßig ist auch das Auskratzen der Mörtelfugen und das Abstrahlen der Wand, da Mörtel besonders viel Salz speichern kann **(Bild 2)**. Eine Entsalzung von Mauerwerk ist beispielsweise auch durch feuchte **Salzkompressen** möglich **(Bild 3)**. Ein **Sanierputz** kann ebenfalls dazu beitragen, dass Wasser verdunsten kann und Salze schadlos gespeichert werden.

Wasserlösliche Salze, die sich an der Oberfläche von Mauerwerk ablagern und auskristallisieren, werden **Ausblühungen** genannt. Ausblühungen können ebenso wie sonstige Fassadenverschmutzungen sehr gut durch mechanische Verfahren wie Abbürsten oder Abstrahlen mit Druckluft und Granulat beseitigt werden. Auch die Reinigung durch Dampfstrahlen oder mit dem Hochdruckwasserstrahlverfahren ist üblich. Außerdem ist es möglich, Fassaden durch chemische Reinigungsmittel (Säuren, Tenside) zu behandeln.

7.7.5 Mauerwerksaustausch

Für Mauerwerk, das im Sockelbereich sehr stark geschädigt ist, kann ein Mauerwerksaustausch sinnvoll sein **(Bild 4)**. Dazu stemmt man abschnittsweise die Wand auf, so dass tragende Pfeiler stehen bleiben. Dabei ist sehr sorgsam vorzugehen und stets auf die Standsicherheit des Gebäudes zu achten. Unterfangungen können erforderlich sein.

In die freigestemmten Segmente werden Dichtungsbahnen eingelegt und dann das Mauerwerk wieder aufgemauert. Wenn das neue Mauerwerk ausreichend tragfähig ist, werden die restlichen alten Mauerwerksteile ausgestemmt und erneuert. Der Abdichtungsstoß muss mindestens 5 cm überlappen.

Vorteilhaft bei diesem Verfahren ist, dass das stark mit Salzen belastete, hygroskopisch wirkende Mauerwerk entfernt wird und dadurch eine Austrocknung erfolgen kann.

Bild 1: Wassereintritt durch Mängel an der Vertikalabdichtung und Dränung

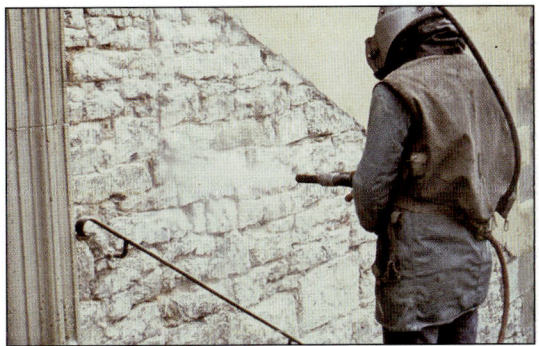

Bild 2: Mörtelentfernung durch Abstrahlen

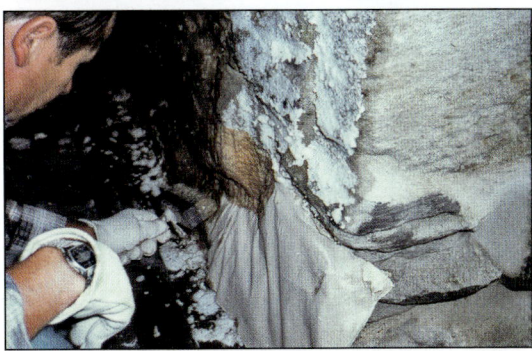

Bild 3: Anlegen einer Salzkompresse

Bild 4: Mauerwerksaustausch

8 Schalungsbau

Bild 1: CAD-Schalplan

Bild 2: Einsatz der Systemschalung

Bild 3: Herstellung systemloser Schalung

Um ein Bauteil aus Beton herstellen zu können, ist für die Aufnahme des Frischbetons eine Schalung erforderlich. Die Schalung ist ein Hilfsmittel, das nur kurzzeitig eingesetzt wird. Ihre Herstellung erfordert jedoch in der Regel einen großen Aufwand.

Die Schalung muss jeweils auf die unterschiedlichen Bauteile, z.B. auf Fundamente, Wände, Stützen, Decken und Unterzüge, abgestimmt sein. Damit die Schalung der gewünschten Form entspricht, werden vorher **Schalpläne** erstellt, welche die Form des zu schalenden Bauteils zeigen. Sie bilden die Grundlage für **Schalungspläne**, nach denen die Schalungsarbeiten ausgeführt werden. Bei Verwendung von Systemschalungen können die Schalungspläne mit CAD-Programmen erstellt werden **(Bild 1)**.

Wirtschaftlich vorteilhaft ist der Einsatz der **Systemschalung**. Diese besteht aus Schaltafeln, Schalungsträgern und Zubehörteilen, die zu Schalungselementen vorgefertigt für Wand- und Deckenschalungen zusammengesetzt werden **(Bild 2)**. Um die Wirtschaftlichkeit des Schalungseinsatzes zu gewährleisten, sollten die Schalungsarbeiten gut vorgeplant werden. Bei flächigen Bauteilen, wie z.B. Wänden und Decken, sind Vorsprünge durch Stützen und Balken zu vermeiden. Wandeinbindungen, Richtungsänderungen oder Unterbrechungen der Bauteile sind so zu planen, dass sie den Abmessungen der Systemteile entsprechen, da jedes Abweichen vom Modulsystem einen erhöhten Arbeitsaufwand bedeutet. Bereits bei der Planung der Schalung ist auch das Ausschalen, die Wiederverwendbarkeit und Lagerung der oft größeren Schalungselemente zu berücksichtigen.

Die **systemlose Schalung** wird z.B. bei weniger umfangreichen Bauarbeiten eingesetzt. Sie eignet sich auch für Schalungen, die nur einmal benutzt werden und für deren Ausführung die Systemschalung unwirtschaftlich oder nicht ausführbar ist **(Bild 3)**. Eine systemlose Schalung wird aus Schalbrettern, Holzträgern und Kanthölzern zusammengebaut.

8.1 Schalungsteile

Die Schalung muss das Gewicht des Frischbetons aufnehmen und den während des Betonierens entstehenden Belastungen, wie z.B. beim Rütteln, standhalten. Sie darf sich auch nach dem Betonieren in ihrer Form und Lage nicht verändern. Diese Aufgaben werden durch das Zusammenwirken von Schalhaut und Tragkonstruktion erfüllt.

8.1.1 Schalhaut

Die Schalhaut ist der Teil der Schalung, der beim Betonieren mit dem Frischbeton unmittelbar in Berührung kommt. Sie gibt dem Bauteil die Form und bestimmt das Aussehen der Oberfläche. Die Schalhaut muss beim Betonieren und während der Erhärtungszeit des Betons maßhaltig und dicht bleiben sowie die auftretenden Lasten gleichmäßig auf die Tragkonstruktion verteilen. Die Schalhaut wird aus Schalungsplatten zusammengesetzt, die sich im Wesentlichen in Werkstoff, Größe und Verbindungsmöglichkeit unterscheiden.

Bild 1: Vorgefertigte Schalungsplatten

8.1.1.1 Schalungsplatten

Schalungsplatten können aus Schalbrettern in unterschiedlicher Größe auf der Baustelle hergestellt werden. Als Schalbretter verwendet man in der Regel etwa 20 mm bis 24 mm dicke Bretter aus Fichten- oder Tannenholz. Die Bretter können ungehobelt (sägerau) oder einseitig gehobelt sein. Sie werden auf einem Arbeitstisch, dem Schaltisch, mit Brettlaschen zusammengenagelt.

Vorgefertigte Schalungsplatten (Schaltafeln) verringern die Schalungsarbeit und können vielfach wieder verwendet werden **(Bild 1)**. Sie werden einzeln verlegt, z.B. bei Deckenschalungen oder aufgestellt, z.B. bei Fundament- oder Wandschalungen.

Schalungsplatten aus Vollholz bestehen aus beidseitig gehobelten Brettern. Die Bretter werden an den Stirnkanten durch ein Stahl- oder Kunststoffprofil zusammengehalten. Gleichzeitig werden dadurch Kanten und Ecken geschützt (Bild 1).

Schalungsplatten aus Sperrholz gibt es in verschiedenen Dicken und unterschiedlichem Schichtaufbau (Seite 131). Oberflächen und Kanten der Platten sind mit Kunstharz beschichtet, um das Eindringen von Feuchtigkeit zu verhindern und sie gegen Aufsplittern zu schützen. Schalungsplatten aus Sperrholz mit und ohne Beschichtung ergeben glatte Sichtbetonflächen. Sie können mehrmals und beidseitig verwendet werden.

Bild 2: Rahmenelement

8.1.1.2 Rahmenelemente

Rahmenelemente sind Schalungsplatten, bei denen die Schalhaut und der sie aussteifende Rahmen ein Schalungselement bilden. Man unterscheidet kombinierte Schalungsplatten und Ganzstahl-Schalungsplatten. Bei den kombinierten Schalungsplatten ist die Schalhaut aus Holz auf einem Stahl- oder Aluminiumrahmen befestigt **(Bild 2)**. Bei Ganzstahl-Schalungsplatten ist die Schalhaut aus Stahlblech mit dem Rahmen aus Stahlprofilen verschweißt. Diese Platten können lackiert, verzinkt oder mit einem anderen Überzug versehen werden. Die Maße der Rahmenelemente sind werkgenormt. Mithilfe von Ausgleichstafeln und Füllstücken können diese zu einer großflächigen **Rahmenschalung,** z.B. für Wände, montiert werden.

8.1.1.3 Schalkörper

Für besondere Deckenkonstruktionen, wie z.B. für Kassettendecken, verwendet man entsprechend geformte Schalkörper (Verdrängungskörper), z.B. aus Hartfaserplatten oder Kunststoff. Für Decken mit größeren Dicken eignen sich Hohlkörper aus zylinderförmig gewickelten Blechen **(Bild 3)**.

Bild 3: Schalkörper

Voraussetzungen u.a.:
Frischbetonrohwichte 25 kN/m³, Verdichtung mit Innenrüttler
dichte Schalung

Bild 1: Frischbetondruck auf lotrechte Schalungen (nach DIN 18218)

Beispiel für die Ermittlung des Frischbetondrucks und der Steiggeschwindigkeit

1. Gesucht wird der zulässige Betondruck p_b.

   Vorgaben:
   Konsistenz: plastisch
   Steiggeschwindigkeit v_b: 4 m/h

   zulässiger Betondruck p_b: 60 kN/m²

2. Gesucht wird die zulässige Steiggeschwindigkeit v.

   Vorgaben:
   Konsistenz: sehr weich, fließfähig
   zulässiger Betondruck: 50 kN/m²

   zulässige Steiggeschwindigkeit v_b: 2,0 m/h

Bild 2: Beispiele für Schalungsträger aus Holz

Wenn das Entfernen dieser Schalelemente nicht möglich oder unwirtschaftlich ist, belässt man diese im Bauteil. In solchen und ähnlichen Fällen spricht man dann von **verlorener Schalung**.

8.1.2 Tragkonstruktion

Die Tragkonstruktion hat die Aufgabe, die Lasten von Schalung, Bewehrung und Frischbeton sowie von Arbeitskräften, Geräten und Maschinen aufzunehmen und auf den Untergrund zu übertragen. Daneben muss die Tragkonstruktion die beim Betonieren auftretenden Erschütterungen sowie den Frischbetondruck aufnehmen **(Bild 1)**. Dieser muss besonders berücksichtigt werden bei vertikalen Schalungen, z.B. bei Wänden, Stützen und Fundamenten.

Der Frischbetondruck ist abhängig von:

- Betonzusammensetzung (Gesteinskörnung, Zement, Konsistenz, Betonzusatzmittel, Frischbetontemperatur),
- Schüttquerschnitt,
- Oberflächenbeschaffenheit der Schalhaut,
- Neigung und Steifigkeit der Schalung,
- Schütthöhe und Steiggeschwindigkeit (Einbau lagenweise oder kontinuierlich),
- Rüttelart (Innen- oder Außenrüttler), Rütteltiefe.

Die Tragkonstruktion besteht aus Schalungsträgern, Schalungsstützen und der Aussteifung der Schalhaut wie z.B. Riegel, Schalungszwingen und Verankerung.

8.1.2.1 Schalungsträger

Schalungsträger unterstützen die Schalhaut und tragen zur Aussteifung bei. Sie können aus Holz, Stahl oder Aluminium hergestellt sein **(Bild 2)**.

Schalungsträger aus Holz gibt es als Kanthölzer der Sortierklasse S 10 mit unterschiedlichen Abmessungen (Seite 128). Häufiger setzt man Vollwand- oder Fachwerkträger (Gitterträger) aus Holz ein, z.B. für Wand- und Deckenschalungen. Vollwandträger und Fachwerkträger haben ein höheres Tragvermögen als Kanthölzer. Die Träger bestehen aus einem Ober- und Untergurt und einem Steg. Ober- und Untergurt werden aus Vollholz gefertigt.

Bei Vollwandträgern verwendet man für den Steg z.B. dreilagig verleimtes Sperrholz oder spezielle Spanplatten. Gurte und Stege werden durch Zinkung und Verleimung miteinander verbunden.

Die Träger werden in verleimter Ausführung mit einer Höhe bis zu 26 cm und in Längen bis etwa 6,00 m gehandelt. Reicht die Trägerlänge z.B. bei einer Deckenschalung nicht aus, werden zwei Schalungsträger durch Übergreifen auf die gewünschte Länge gebracht **(Bild 1)**.

Schalungsträger aus Metall gibt es als Stahl- und Aluminiumträger **(Bild 2)**. Sie sind bei nicht sachgemäßer Behandlung anfällig gegen Verformung. Ihr Einsatz erfordert daher auch beim Ausschalen erhöhte Sorgfalt.

Schalungsträger aus Stahl weisen eine besondere Profilierung auf, sodass bei geringem Gewicht eine ausreichende Steifigkeit gewährleistet ist. Eingesetzt werden sie für Wandschalungen.

Schalungsträger aus Aluminium sind leichte, profilierte, stranggepresste Träger für Decken, die sich in der Länge durch Überlappung stufenlos verstellen lassen. Ohne Unterstützung sind Spannweiten bis zu 3,70 m zu erreichen. Die breite Auflagefläche der Träger verhindert seitliches Kippen. In das Trägerprofil ist eine Leiste eingelegt, sodass die Schalhaut angenagelt werden kann. Ist die Schalhaut aus Metall oder sind Trägeranschlüsse notwendig, verwendet man Klemmschrauben.

Bild 1: Trägerstoß

Träger aus Aluminium

Stahlträger

Bild 2: Schalungsträger aus Metall

8.1.2.2 Schalungsstützen

Schalungsstützen dienen der Unterstützung. Dazu verwendet werden Metallstützen aus Aluminium oder Stahl **(Bild 3)**. Die Lastaufnahme am Stützenkopf und der Lastabtrag am Stützenfuß müssen stets mittig erfolgen.

Schalungsstützen aus Metall bestehen meist aus zwei ineinandergesteckten Rohren (Innen- und Außenrohr) mit Kopf- und Fußplatte und sind in der Höhe verstellbar. Das Innenrohr ist ausziehbar und kann mit einem Steckbolzen grob eingestellt werden. Die Feineinstellung erfolgt mithilfe eines Gewindes. Metallstützen sind je nach Größe zwischen 1,70 m und 5,50 m stufenlos verstellbar. Kopf- und Fußplatten sind mit Nagellöchern versehen. Statt einer angeschweißten Kopfplatte zur Aufnahme der Schalungsträger gibt es z.B. auch aufgesetzte Kopfgabeln, die sich absenken lassen (Absenkköpfe) und dadurch das Ausschalen vereinfachen. Aufsteckbare und ausklappbare Stützenfüße ermöglichen ein freies und standsicheres Aufstellen. Durch Anschrauben von Gelenken mit Verbindungsstücken am Stützenkopf und Justierstücken am Stützenfuß sind die Stützen auch als Schrägstützen oder Streben geeignet. Sie können dann auch Zugkräfte aufnehmen.

Absenkkopf

Höhenjustierung

Bild 3: Stützen aus Metall

Die Tragfähigkeit der Stützen ist hauptsächlich abhängig von der Profildicke des Innen- und Außenrohres. Dabei stellt die Steckverbindung (Steckbolzen mit -loch) von Innen- und Außenrohr eine Schwächung der Stütze dar. Nach DIN 1045-T3 dürfen ausziehbare Stützen nur verwendet werden, wenn sie ein gültiges Prüfzeichen tragen. Ihre Tragfähigkeit (charakteristische Tragfähigkeit $R_{y,k}$ regelt EN 1065. Danach werden Stützen in 4 Stützenklassen A bis D eingeteilt. Bei Stützen der Klasse A und B ist die zulässige Tragfähigkeit abhängig von der Auszugslänge l_{max} **(Tabelle 1)**. Für Stützen der Klasse C und D gilt die Tragfähigkeit für alle Auszugslängen. Diese Stützen können in jeder Auszugslänge die festgelegte Traglast aufnehmen.

Tabelle 1: Tragfähigkeit einer Stütze nach EN 1065 (Auszug)		
Klasse	Auszugslänge l_{max} in m	Tragfähigkeit $R_{y,k}$ in kN
A 25	2,50	20,4
A 30	3,00	17,0
A 35	3,50	14,6
A 40	4,00	12,8

Bild 1: Rüststütze

Bild 2: Einsatz von Lasttürmen

Bild 3: Stahlriegel

Bild 4: Schalungszwingen

Sind Stützen für große Bauhöhen und hohe Traglasten erforderlich, z.B. für Brücken und Hallenbauten, werden Rüststützen oder Lasttürme verwendet.

Rüststützen bestehen aus drei oder vier Metallrohren, die in sich ausgesteift sind **(Bild 1)**. Rüststützen sind durch Zusammensetzen verschieden langer Zwischenstücke in ihrer Länge veränderbar und können bis zu einer Höhe von etwa 20 m aufgebaut werden. Kopf- und Fußstücke sind zur Feineinstellung der Höhenlage mit einer Spindel ausgestattet.

Lasttürme (Stützentürme) werden aus Stahlrohrrahmen mit verschiedenen Bauhöhen aufeinandergesteckt. Diagonalstäbe dienen der Aussteifung. Lasttürme können frei stehen und je nach Belastung Rüsthöhen zwischen 4,00 m und 10,00 m erreichen. Die Feineinstellung der Höhenlage erfolgt mithilfe von Spindeln an Kopf- und Fußstücken. Lasttürme werden auf der Baustelle zusammengebaut. Dabei ermöglichen festmontierte Aufstiegshilfen ein sicheres Arbeiten. Nach Fertigstellung werden sie mit dem Kran versetzt. Werden sie an Bauteilen befestigt oder untereinander verbunden, entstehen Lehrgerüste, mit denen sich noch größere Rüsthöhen erreichen lassen **(Bild 2)**.

8.1.2.3 Riegel

Riegel gehören zur Tragkonstruktion der Wandschalung **(Bild 3)**. Riegel sind miteinander verschweißte Stahlprofile. Sie werden meist in waagerechter Lage hochkant zur Schalfläche angeordnet, halten die Schalung in ihrer Lage und dienen zur Aufnahme der Verankerung. Mithilfe von Zubehörteilen wie Elementverbinder und Ausgleichslaschen können Schalelemente miteinander verbunden werden (Bild 3). Sind besonders geformte Schalungen, wie z.B. Rundschalungen, herzustellen, verwendet man Gelenkriegel (Bild 3). Damit können die Richtungsänderungen stufenlos angepasst werden. Gelenkriegel bestehen aus kurzen Stahlprofilen, die mit Bolzen und Stellschrauben druck- und zugfest miteinander verbunden sind.

8.1.2.4 Schalungszwingen

Schalungszwingen dienen zur Aussteifung und Lastenaufnahme bei Schalungen mit rechteckigem Querschnitt, wie z.B. bei Balken, Unterzügen, Fundamenten und Stützen. Sie werden aus Flach- oder Winkelstahl gefertigt. Die Zwingen bestehen meistens aus einem beweglichen und einem feststehenden Schenkel **(Bild 4)**. Beim Spannen wird der bewegliche Schenkel so weit verschoben, bis beide Schenkel flächig an der Schalung anliegen.

Bei der Systemschalung verwendet man Zwingen, die einen Dreiecksverband bilden. Durch Feststellen der Zwinge wird der Schalungsdruck über ein Strebenprofil auf den Querträger übertragen (Bild 4, Seite 275).

8.1.2.5 Aussteifung

Jede Schalung muss gegen horizontal und schräg angreifende Kräfte, wie z.B. Windkräfte, gesichert werden. Dies geschieht durch die Aussteifung oder Verschwertung mithilfe von Dreiecksverbänden. Die Aussteifung erfolgt durch Stahlstützen. Diese werden als Richtstützen bezeichnet und sind mit Verbindungsstücken mit Justierstreben ausgestattet, um einen besseren Anschluss an die Schalelemente zu gewährleisten. Es gibt auch zweiteilige Stützen (**Bild 1**).

Bild 1: Wandaussteifung

8.2   Herstellen der Schalung

Um eine Schalung wirtschaftlich herstellen zu können, muss diese sorgfältig geplant werden. Es ist darauf zu achten, dass möglichst viele Schalungsteile vorgefertigt werden können. Zusätzlich muss das Ausschalen, die Wiederverwendbarkeit und Lagerung sowie die Transportbreiten der oft größeren Schalungselemente berücksichtigt werden (**Bild 2**).

8.2.1   Einschalen

Das Einschalen der Bauteile beginnt mit der Festlegung von Fluchtpunkten und Höhenpunkten. Bei Bauteilen im Untergeschoss oder Erdgeschoss können diese vom Schnurgerüst abgenommen werden, in den Obergeschossen erhält man sie z.B. durch Einmessen von vorhandenen Bauteilen aus. Nach diesen Punkten kann die Lage von Wänden und Stützen mit einer Risslinie auf der Rohdecke markiert werden. Diese Risslinie legt Außenkante Betonbauteil bzw. Vorderkante Schalhaut fest. Die Schalung wird entweder an Ort und Stelle aus Einzelteilen hergestellt oder aus bereits vorgefertigten Schalungsteilen zusammengebaut (**Bild 3**).

Bild 2: Transport von Schalungselementen

Die Schalhaut muss so dicht hergestellt werden, dass die feinen Betonbestandteile beim Einbringen und Verdichten nicht aus den Fugen fließen. Werden an die Betonflächen Anforderungen an das Aussehen gestellt (Sichtbeton), muss dies schon bei der Planung und beim Einschalen, z.B. bei der Anordnung der Verankerung, beachtet werden. Außerdem muss die Schalhaut maßgenau und formbeständig sein. Sie ist so gut auszusteifen, dass sie sich während des Betonierens und Verdichtens nicht verformen kann. Dies geschieht bei der Rahmenschalung durch besondere Spanneinrichtungen, z.B. Schnellspanner oder Universalspanner (Bild 3).

Die richtige Höhenlage bei Balken- und Deckenschalungen erreicht man durch Aufwärtsdrehen der Gewinde bei Metallstützen. Wand- und Stützenschalungen müssen senkrecht stehen bleiben. Dies erreicht man durch eine geeignete Aussteifung mit schräggestellten Schalungsstützen oder Richtstützen.

Um die Standsicherheit der Schalung zu gewährleisten, müssen eine liegende Schalung, wie z.B. eine Deckenschalung, ausgesteift und eine stehende Schalung, wie z.B. eine Wandschalung oder Stützenschalung, verspannt werden. Für die Verspannung gibt es verschiedene Möglichkeiten.

Bild 3: Zusammenbau der Schalelemente

Verspannen mit Zwingen

Verspannen mit Absprießungen

Bild 1: Verspannen

Ankerplatte Ankerstab

Distanzrohr mit Konus

Ankerstab
mit Spannkonus Ankerstab
mit Wassersperre

Bild 2: Teile von Schalungsankern

Anker-
platte

Hüllrohr

Anker-
stab

Konen

Wasser-
sperre

**Bild 3: Möglichkeiten der Schalungs-
verankerung**

8.2.2 Verspannen

Seitliche Schalungen müssen wegen des auftretenden Frischbetondrucks so befestigt werden, dass sie in ihrer vorgesehenen Lage bleiben. Beim Einbringen des Betons treten außer dem Schalungsdruck
weitere Kräfte auf, z.B. bei plötzlichen Veränderungen der Schüttge-
schwindigkeit und beim Verdichten durch Rütteln. Bei geringen
Schalhöhen, z.B. bei Fundamenten, Balken und Unterzügen, können
die auftretenden Kräfte noch durch aufgenagelte Brettlaschen, Verrö-
delungen, Schalungszwingen und Absprießungen aufgenommen
werden **(Bild 1)**.

Bei großen Schalhöhen, z.B. bei Wänden, sind Verspannungen notwendig. Verspannungen werden auf Zug beansprucht und bestehen
deshalb aus Stahl. Anzahl und Abstände der Verspannungen richten
sich nach dem Betondruck und der Schalungskonstruktion. Es sind
mindestens im oberen und unteren Bereich der Schalung Verspannungen anzuordnen. Verspannungen werden hauptsächlich mithilfe
von Schalungsankern ausgeführt. Ein Schalungsanker besteht aus
Ankerstab, Ankerverschluss und Abstandhalter (Distanzrohr) **(Bild 2)**.

Die **Ankerstäbe** müssen die Kräfte aufnehmen, die der Beton auf die
Schalung ausübt. Bei der Systemschalung werden Ankerstäbe verwendet, die ein aufgewalztes, grobes Gewinde mit abgerundeten Ge-
windeflanken aufweisen. Die Ankerstäbe werden in sortierten Längen oder Sonderlängen angeboten. Sie können je nach Durchmesser
Zugkräfte bis zu 250 kN aufnehmen und sind nach dem Ausschalen
wieder verwendbar. Gleichwertige Flach- oder Profilstähle dürfen
ebenfalls als Anker verwendet werden.

Die **Ankerverschlüsse** dienen der Kraftübertragung auf den Schalungsrahmen oder die Schalungsträger. Sie werden durch Schrauben
in ihrer Lage gehalten. Vor dem Verschrauben werden Abstandhalter
(Distanzrohre) mit konischen Enden auf den Ankerstab geschoben.
Diese verhindern, dass die Schalung beim Verschrauben zusammengedrückt wird.

Abstandhalter sind Druckstäbe, die den Zugspannungen der Ankerstäbe entgegenwirken. Sie haben die Aufgabe, Schalungsteile im
vorgeschriebenen Abstand zu halten. Abstandhalter bestehen meistens aus Kunststoff oder Faserzement und sind häufig als Hüllrohre
für Ankerstäbe ausgebildet. Ihre Querschnittsfläche soll mindestens
5 cm^2 betragen, damit sie den Anpressdruck auf die Schalhaut übertragen können. Reicht die Querschnittsfläche zur Druckübertragung
nicht aus, können z.B. konische Endstücke (Konen) mit größerer
Querschnittsfläche aus Kunststoff aufgesetzt werden. Abstandhalter
dürfen nicht ausknicken. Deshalb sind ihre Querschnitte rund, sechs-
eckig oder sternförmig.

Anstelle der Distanzrohre können auch Konen aus Beton in Verbindung mit zweiteiligen Ankerstäben verwendet werden. Die Konen
haben ein Innengewinde, in das die Ankerstäbe eingeschraubt werden können. Sie liegen mit ihrem größeren Radius auf der Schalhaut.
Das Mittelteil des Ankers verbleibt nach dem Ausschalen im Beton,
während die Konen und Endstäbe herausgedreht werden. Die verbleibenden konischen Löcher werden mit Mörtel oder Stopfen geschlossen.

Bei wasserdichtem Beton kann auf dem im Beton verbleibenden Mit-
telstab eine Platte aus Faserzement oder ein geripptes Kunststoffrohr
aufgebracht werden. Dieses Teil dient dann als Wassersperre **(Bild 3)**.

8.2.3 Schalen von Aussparungen

Aussparungen sind Öffnungen, Schlitze und Nischen in Bauteilen. Aussparungen in Wänden, Decken und Fundamenten dienen meist der Durchführung von Leitungen der Hausinstallation für Gas, Wasser, Strom, Heizung und Abwasser. Größere Aussparungen in Wänden sind für Türen und Fenster notwendig **(Bild 1)**. Bei Schalungen für Aussparungen befindet sich die Schalhaut außen und die Aussteifung innen. Aussparungen jeder Größe müssen im Betonbau geschalt werden

Die Schalhaut wird aus einzelnen Schalungselementen zusammengesetzt. Schalungen für Aussparungen müssen dicht an der Schalung des Bauteils anliegen und können mit Brettlaschen, Kanthölzern und Keilen oder verstellbaren Stahlrahmen ausgesteift sein. Durch Anbringen von Diagonalstreben ist die Form und Maßhaltigkeit der Aussparungen zu sichern. Bei der Herstellung von Aussparungen ist zu berücksichtigen, dass sie auf einfache Weise wieder entfernt werden können.

Schalungen für Aussparungen in Wänden müssen in der Breite der Wanddicke entsprechen. Sie werden an einer Seite der Wandschalung befestigt. Nach dem Einbau der Bewehrung kann die andere Seite der Wandschalung aufgestellt werden. Bei Schalungen für breite Aussparungen sind Öffnungen anzuordnen, die das Verdichten des Betons unterhalb der Schalung und das Entweichen der eingeschlossenen Luft ermöglichen.

Häufig werden statt Aussparungen auch Fertigbauteile, z.B. Einbaurahmen für Kellerfenster, in die Schalung eingesetzt. Auf diese Weise lässt sich der Aufwand für das Herstellen und Entfernen der Schalungen verringern. Aussparungen sind nachher wieder dicht zu schließen. Im Grundwasserbereich werden die Leibungen der Aussparungen konisch ausgebildet, sodass die größere Fläche auf der Wasserseite zu liegen kommt.

Schalungen für Aussparungen in Decken entsprechen in Herstellung und Einbau denen für Wände. Damit das Abziehen und Scheiben des Betons nicht behindert wird, muss die Höhe der Schalung der Deckendicke entsprechen. Bleibt eine Aussparung an der Betonoberfläche sichtbar, empfiehlt es sich, an der Sichtseite ringsum auf Gehrung geschnittene Dreikantleisten oder Kunststoffprofile zur Brechung der Betonkante anzubringen.

Aussparungen, z.B. für Installationsleitungen, werden nach dem Einbau der Leitungen wieder geschlossen. Dabei sind Maßnahmen zum Schallschutz zu berücksichtigen. Statt Schalungen aus Holz können Verdrängungskörper aus geschäumtem Kunststoff, Pappe oder Metall verwendet werden **(Bild 2)**. Die Verdrängungskörper sind gegen Verschieben oder Aufschwimmen zu sichern. Dazu können sie an der Schalhaut oder an der Bewehrung befestigt werden.

Bild 1: Aussparungen für Türen und Fenster

Verdrängungskörper aus Metall

Verdrängungskörper aus Kunststoff

Bild 2: Verdrängungskörper

8.3 Ausschalen

Das Ausschalen geschieht in der Regel in umgekehrter Reihenfolge wie das Einschalen. Damit beim Ausschalen möglichst keine Schalungsteile zerstört oder beschädigt werden, ist es wichtig, bereits beim Einschalen den Ausschalvorgang mit einzuplanen. Nagelverbindungen müssen wieder gelöst und die Schalhaut von der Betonoberfläche abgehoben werden. Manchmal ist der Einbau von schmalen Brettern in die Schalhaut sehr hilfreich, weil sich dadurch beim Ausschalen Platz zum Lösen der Schalhaut ergibt.

Tabelle 1: Ausschalfristen für Balken und Platten[1] (nach DBV-Merkblatt)

Bauteil- temperatur ϑ in °C	Festigkeitsentwicklung des Betons $r \geq f_{cm2}/f_{cm28}$		
	schnell $r \geq 0,50$	mittel $r \geq 0,30$	langsam $r \geq 0,15$
$\vartheta \geq 15$	4	8	14
$15 > \vartheta \geq 5$[2]	6	12	20

[1] Gelten für Balken und Platten bis 6 m Spannweite und bei max. 70 % Lastausnutzung.
[2] Bei Lufttemperaturen $\vartheta_m < +5°C$ ist die Ausschalfrist um die Tage zu verlängern, an denen die Bauteiltemperatur $\vartheta < +5°C$ betrug.

Bauteile dürfen erst ausgeschalt werden, wenn der Beton ausreichend erhärtet ist. Dies ist dann der Fall, wenn die zum Zeitpunkt des Ausschalens auf das Bauteil einwirkenden Lasten aufgenommen werden können und sich keine unzulässigen Risse im Beton bilden. Empfohlen werden Anhaltswerte für die Ausschalfristen, die sich an der Festigkeitsentwicklung r (Seite 307) des Betons und der Bauteiltemperatur (ϑ) orientieren **(Tabelle 1)**. Sie sind gegebenenfalls zu verlängern. So muss die Ausschalfrist z.B. verdoppelt werden, wenn die Betontemperatur während der Erhärtungszeit überwiegend unter +5°C lag. Ist der erhärtende, ungeschützte Beton Frost ausgesetzt, so sind die Ausschalfristen um die Dauer des Frostes zu verlängern. Die Entscheidung über den Zeitpunkt des Ausschalens trifft der verantwortliche Bauleiter, nachdem er sich von der ausreichenden Festigkeit des Betons überzeugt hat.

Für das Ausschalen gelten folgende Regeln:

- Die Ausschalfristen sind zu beachten.
- Die Unfallverhütungsvorschriften sind einzuhalten, z.B. unnötig langer Aufenthalt unter der auszuschalenden Fläche ist verboten, bei Ausschalarbeiten ist ein Schutzhelm zu tragen.
- Wände, Stützen und Konsolen sind zuerst auszuschalen. Erst danach folgen Bauteile wie Balken, Unterzüge und Decken.
- Um Durchbiegungen und damit Rissbildung bei frisch ausgeschalten Decken zu vermeiden, sind bei Stützweiten über 3 m Hilfsstützen aufzustellen. Für Platten und Balken bis 8 m Stützweite genügt eine mittig angeordnete Hilfsstütze.
- In Geschossbauten sollten die Hilfsstützen möglichst übereinander stehen und solange verbleiben, bis der Beton ausreichend erhärtet ist.

Bei Deckenschalungen ist zunächst die Tragkonstruktion abzusenken und auszubauen. Dies wird durch Stützen mit Absenkköpfen vereinfacht. Ruckartiges Abschlagen von Tragkonstruktion und Schalhaut ist verboten. Zum Lösen großflächiger Schaltafeln gibt es mechanische Trennhilfen, z.B. Gewindebolzen, die an der Schalhaut befestigt sind. Durch Drehen des Bolzens wird die Schalhaut von der Betonoberfläche weggedrückt und das Ausbauen der Schalung erleichtert. Ausgeschalte Schalungsteile sind auszunageln und aus dem Bauwerk zu entfernen. Dazu stehen besondere Behälter und Transportgestelle zur Verfügung, deren Einsatz Arbeitszeit einspart.

Bild 1: Reinigung der Schalung

8.3.1 Wartung und Lagern der Schalung

Nach der Überprüfung der Schalung auf Standfestigkeit und Maßgenauigkeit ist jede Schalung unmittelbar vor dem Betonieren von Abfällen wie Schalholz, Sägemehl und Laub zu säubern. Dazu sind nach DIN 1045 vor allem am Fuß von Stützen und Wänden, am Ansatz von Auskragungen und an der Unterseite von tiefen Balkenschalungen Reinigungsöffnungen anzuordnen. Die Öffnung sollte so bemessen sein, dass das ausgeschnittene Schalungsteil leicht eingesetzt werden kann und dicht schließt.

Die Schalungsteile sind vor einem neuen Einsatz von Betonresten zu säubern **(Bild 1)**. Dies kann schonend z.B. mit Wasserdruck geschehen. Beim Reinigen von Hand werden die Oberflächen von Schalungsplatten stark beansprucht. Betonhobel können Riefen bilden und Holzteile abheben. Deshalb sind sie nur für ungehobelte Bretter und Tafeln geeignet. Handschalungsreiniger, wie z.B. spezielle Schleifmaschinen oder rotierende Bürsten, können auch für oberflächenvergütete Schalungen verwendet werden.

Die Wartung der Systemschalung wird auch von den Lieferfirmen angeboten. Der Leistungsumfang der Wartung umfasst z.B. die Reinigung der Schalung, die Reparatur oder Auswechslung schadhafter Teile der Schalung **(Bild 1)**.

Zur Pflege der Schalung gehört die Behandlung mit Trennmitteln. Diese verschließen die Poren der Schalhaut und vermindern so das Haften zwischen Schalhaut und Frischbeton. Dadurch ist der Kraftaufwand beim Ausschalen geringer und es werden Beschädigungen von Betonoberfläche und Schalung vermieden. Außerdem schützen Trennmittel die Schalhaut vor Korrosion und Fäulnis. Betontrennmittel sind Öle, Pasten, Wachse und Beschichtungen. Als Öle werden z.B. biologisch abbaubare Paraffinöle, synthetische und pflanzliche Öle mit oder ohne Lösemittel verwendet. Die Auswahl des Trennmittels richtet sich meistens nach der Saugfähigkeit der Schalhaut. Aufgebracht werden diese Trennmittel üblicherweise mit Hochdruckspritzen.

Bild 1: Wartung der Schalung im Lieferwerk

Pasten und Wachse sind dickflüssig bis fest. Überwiegend eingesetzt werden sie für hochwertige Sichtbetonflächen und stark verwinkelte Schalhäute. Sie werden mit Bürsten, Lappen oder maschinell sehr dünn aufgetragen und haften besser als flüssige Trennmittel. Dabei sind die Angaben der Hersteller zu beachten. Ein Besprühen anschließender Bauteile mit Trennmitteln muss vermieden werden.

8.4 Schalungen für Bauteile

8.4.1 Fundamentschalungen

Streifen-, Einzelfundamente oder Fundamentplatten werden eingeschalt, wenn die Fundamentsohle in Höhe der Baugrubensohle liegt. Dies kann bei systemloser Schalung mit Brettern, Bohlen oder Schaltafeln geschehen, die von Kanthölzern, Gurthölzern, Streben und Pflöcken oder Schalungszwingen in ihrer Lage gehalten werden. Wirtschaftlicher ist der Einsatz von Systemschalungen. Deren Modulsystem ist so aufgebaut, dass auch Bauteile mit geringer Bauteilhöhe eingeschalt werden können **(Bild 2)**. Eine fluchtgerechte Aussteifung der Schaltafeln erfolgt entweder durch eine Verstrebung gegen das angrenzende Erdreich oder durch im oberen Bereich der Schalung angeordnete Flachanker. Den Betondruck nehmen Schalungsanker auf.

Bild 2: Schalung von Fundamenten

8.4.2 Wandschalungen

Wandschalungen bestehen aus zwei gleichartigen Schalungsteilen, die gegeneinander aufgestellt werden. Ihr Abstand entspricht der Wanddicke. Man unterscheidet ebene Wandschalungen und gekrümmte Wandschalungen.

8.4.2.1 Ebene Wandschalungen

Ebene Wandschalungen können als Rahmen- oder Trägerschalung ausgeführt werden. Bei der **Rahmenschalung** können durch die Kombination verschiedener Module Wandschalungen für unterschiedliche Wandhöhen und -längen erstellt werden **(Bild 3)**. Die einzelnen Schaltafeln werden durch Spanner miteinander verbunden. Der Längenausgleich erfolgt mit Ausgleichsblechen, Passhölzern und besonderen Spanneinrichtungen. Der Betondruck wird von Schalungsankern aufgenommen. Der Höhenausgleich (Aufstockung) erfolgt

Bild 3: Ausführung einer Rahmenschalung

Bild 1: **Schalung von Wandeinbindungen, Wandecken und Stirnabschalungen**

Bild 2: **Wandschalung mit Arbeitsbühne**

mithilfe kleinerer Elemente. Daneben besteht die Möglichkeit, die Elemente liegend oder stehend einzusetzen. Um eine genügend große Aussteifung an den Aufstockungen zu erreichen, werden Stahlprofile, z.B. Klemm- oder Richtschienen, eingebaut.

Betoniert man Wände in Abschnitten, sind Wandanschlüsse zu schalen. Dabei übergreift die umgesetzte Schalung das Wandende. Die Sicherung des Schalungsendes erfolgt durch Verankerung. Kann das Ende nicht mit normalen Rahmenelementen geschalt werden, verwendet man Universalelemente, die in den Querriegeln ein Lochraster für die Verankerung aufweisen.

Beim Einschalen von Wandeinbindungen und Wandecken benötigt man passende Eckprofile oder ebenfalls Universalelemente **(Bild 1)**.

Zur rechtwinkligen Eckausbildung stehen Elemente für Innen- und Außenecken zur Verfügung. Ein möglicherweise erforderlicher Längenausgleich erfolgt mit Passstücken aus Holz oder Stahl. Die an den Ecken auftretenden Zugkräfte werden aufgenommen durch den Einbau zusätzlicher Elementspanner, Klemmschienen oder Eckzwingen, die mit den angrenzenden Wandelementen verbunden sind.

Spitze oder stumpfe Ecken schafft man mit starren Eckstücken oder Scharnierecken, die dem jeweiligen Winkel angepasst werden können.

Zur Ausbildung von Wandenden (Stirnabschalungen) werden Formstücke zwischen die Schaltafeln eingepasst und durch Schalungsanker, Klemmschienen oder Stahlriegel mit der Schalung verspannt. Die Art der Verspannung richtet sich nach der Größe der Zugkraft, die durch den Frischbetondruck auf die Abschalung entsteht. Auch hierbei eignen sich Universalelemente zum Abschalen (Bild 1).

Bei der Schalung von Außenwänden im Geschossbau muss die äußere Schalung ohne Aufstandsfläche an der Deckenstirnseite übergreifen. Die Befestigung der Außenschalung (Schließschalung) erfolgt an vorher einbetonierten Schalungsankern oder durch Verankerung unterhalb der Decke an bereits vorhandenen Abspannstellen der Wandschalung.

Daneben besteht die Möglichkeit, die Schalung auf **Faltbühnen** abzustellen. Faltbühnen sind Arbeits- und Schutzgerüste. Die Konsolenaufhängung greift in Verankerungen, die in die fertige Decke einbetoniert wurden. Durch Verschrauben mit Ankerkonen wird die Faltbühne gesichert. Die Sicherung der Schließschalung erfolgt entweder durch die Verankerung am inneren Teil der Schalung (Stellschalung) oder durch Abstützung auf der Faltbühne **(Bild 2)**.

Trägerschalungen zur Herstellung von Wandschalungen bestehen aus Vollwand- oder Fachwerkträgern, die mit einer Schalungshaut belegt sind. Anders als bei der Rahmenschalung sind neben der üblichen Sperrholzplatte auch andere Schalhautarten möglich, z.B. Mehrschichtplatten mit glatter oder strukturierter Oberfläche für hochwertige Sichtbetonoberflächen. Zur Aussteifung werden die Träger mit rechtwinklig zu diesen verlaufenden Stahlriegeln verbunden.

Trägerschalungen werden in verschiedenen Elementbreiten und -höhen angeboten, sodass die Schalung den jeweiligen Wandlängen und -höhen angepasst werden kann **(Bild 1)**. Die horizontale Verbindung der Elemente erfolgt mit Stahllaschen, die an den Stahlriegeln angebolzt werden. Die vertikale Verbindung der Elemente (Aufstockungen) erfolgt durch Laschung der Träger oder durch den Einbau vertikal verlaufender Stahlriegel bzw. Stahlzwingen. Auch die Ausbildung spitzer und stumpfer Ecken ist durch Verwendung z.B. von Gelenkkupplungen ebenso möglich wie Stirnabschalungen und Wandanschlüsse **(Bild 2)**.

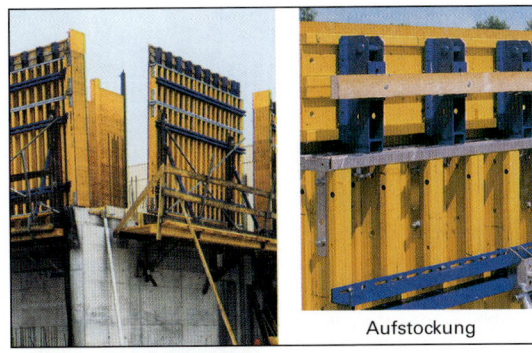

Aufstockung

Bild 1: Ausführung einer Trägerschalung

Innenecke   Außenecke

Bild 2: Eckausbildung bei der Trägerschalung

8.4.2.2 Gekrümmte Wandschalungen

Gekrümmte Wandschalungen, auch Rundschalungen genannt, kommen meist im Ingenieurbau vor, z.B. beim Bau von Klärbecken, Wasserbehältern und Türmen. Rundschalungen können als Trägerschalung oder als Rahmenschalung ausgeführt werden. Zur Anpassung der Schalhaut an den geforderten Radius werden Holzschablonen gefertigt, die der Krümmungsform für ein Trägerschalungselement entsprechen. Durch gleichmäßiges Anspannen der Spindeln, die an den Trägern befestigt sind und ständiger Kontrolle mit der Schablone wird das Element in die Form gebracht **(Bild 3)**.

Bild 3: Vorbereiten einer Rundschalung

Für die Auswahl der Schalhaut ist der Radius maßgebend. Für kleine Radien eignen sich Sperrholzplatten ab 4 mm Dicke. Diese lassen sich leicht biegen. Für größere Radien kann man eine Schalhaut bis 21 mm Dicke einsetzen.

Die Herstellung von Rundschalungen mit der Rahmenschalung ist nur für größere Radien möglich und nur da, wo ein genauer Kurvenverlauf des Bauteils nicht erforderlich ist, da die Rahmen nicht gebogen werden können. Die Rundung wird durch Bogenbleche erreicht, die zwischen den Schalungselementen eingebaut werden und mit der Oberfläche der Schalhaut abschließen. Durch Spanneinrichtungen können die Bogenbleche leicht gekrümmt werden. Dadurch entsteht ein polygonaler Verlauf der Schalung **(Bild 4)**.

Bogenblech Rahmenelement

Bild 4: Rundschalung als Rahmenschalung

Bild 1: Ausführung von Stützenschalungen

Bild 2: Schalung von Rundstützen

Bild 3: Schalung von Balken

8.4.3 Stützenschalungen

Zur Herstellung von Stützenschalungen (Säulen-schalungen) mit quadratischen oder rechteckigen Querschnitten eignen sich sowohl die Träger- als auch die Rahmenschalung. Entsprechen die Abmessungen den Elementbreiten der Rahmenschalung, so kann man entsprechende Grundelemente einsetzen. Die Elemente werden wie bei Wandecken mit Außenecken und Spannern zusammengehalten. Weichen die Abmessungen von den Standardgrößen ab, setzt man Säulen- bzw. Universalelemente ein. Die Schalungsrahmen lässt man windmühlenflügelartig an den Ecken überstehen **(Bild 1)**.

Bei Stützen aus Trägerschalung wird der Betondruck von Riegeln aufgenommen. Müssen Schalungen für Stützen mit besonderen Querschnittsformen hergestellt werden, wählt man als Grundform der Schalung einen rechteckigen oder quadratischen Querschnitt. Die besondere Querschnittsform lässt sich dann durch den Einbau entsprechender Aussparungen erzielen.

Zum Einschalen von Rundstützen (Rundsäulenschalung) werden z.B. kunststoffvergütete Kartonrohre mit Reißleine, zweiteilige Stahlelemente unterschiedlicher Höhe oder Wickelrohre aus Blech verwendet **(Bild 2)**.

8.4.4 Balkenschalungen

Balken, Stürze und Unterzüge können auf herkömmliche Weise mit Schalungsteilen aus Holz oder mit kleineren Elementen der Rahmenschalung hergestellt werden.

Bei Balkenschalungen erstellt man zunächst einen Schalboden in Höhe der Balkenunterseite. Der Schalboden besteht in der Regel aus Schaltafeln in der Breite des Balkens und liegt auf Querhölzern (Kopfhölzern), die von Längshölzern getragen werden. Stützen tragen die Lasten auf den Untergrund ab. Die beiden seitlichen Schalungsschilder bestehen aus Schaltafeln, die zur Aufnahme des Betondrucks durch horizontale oder vertikale Schalungsträger verstärkt sind. Diese werden auf die Querhölzer gestellt und mit besonderen Balkenzwingen gegen den Schalungsboden gepresst. Die Balkenzwingen sind so konstruiert, dass sie ein seitliches Verschieben der Seitenschalung verhindern und der Betondruck von den Querträgern aufgenommen wird **(Bild 3)**. Bei Balken, die man nicht mit der Decke zusammen betoniert, können besondere Schalungszwingen auf die Schalung aufgesetzt werden. Um eine Verformung der Balkenschalung zu verhindern, müssen hierbei jedoch Abstandhalter in die Schalung eingebaut werden.

8.4.5 Deckenschalungen

Deckenschalungen werden aus Schaltafeln und Schalungsträgern hergestellt **(Bild 1)**. Durch Stützen unter den Trägern werden die Lasten auf den Untergrund abgetragen. Das Herstellen der Deckenschalung beginnt mit dem Aufstellen der Hauptstützen, die zum Aufstellen mit Stützbeinen versehen sind. In die Kopfgabeln der Hauptstützen werden die Längsträger (Jochträger) eingelegt und in der Höhe ausgerichtet (Bild 1). Anschließend können die Zwischenstützen aufgestellt werden.

Danach können auf die Längsträger die Querträger aufgelegt werden (Bild 1). Der Abstand der Stützen und damit die Spannweite der Längs- und Querträger richtet sich nach deren Tragfähigkeit und Verlegeabstand und der Deckendicke.

Nach dem Auflegen der Längs- und Querträger werden die Schalplatten verlegt. Dabei ist darauf zu achten, dass unter jedem Plattenstoß ein Querträger angeordnet ist, damit die Platte bei Belastung am Stoß nicht hochschlagen kann (Bild 1). Restflächen werden mit Plattenzuschnitten geschlossen.

Bei der Paneelschalung handelt es sich um ein System, bei dem Längs- und Querträger eine Einheit bilden, die auf den Stützen aufgelegt wird. Die Schalhaut ist entweder ähnlich wie bei der Rahmenschalung an diesen Elementen befestigt oder kann nach Aufstellen des Tragsystems verlegt werden **(Bild 2)**.

Bei einem anderen System wird die Einschalzeit dadurch verkürzt, dass die Maße der Schaltafeln (Paneele), die Stützenabstände und die Abstände der Längs- und Querträger genau aufeinander abgestimmt sind. Eine Markierung an den Trägern gibt den entsprechenden Abstand von Trägern und Stützen an, sodass ein Einmessen von Trägern und Stützen nicht mehr erforderlich ist. Die Verwendung von Stützen mit absenkbaren Stützenköpfen (Absenkköpfe) erleichtert zusätzlich das Ausschalen der Decke.

8.4.6 Treppenschalungen

Treppenschalungen werden auf der Baustelle als systemlose Schalung hergestellt. Geradläufige Treppen werden an der Unterseite wie Decken geschalt. Die Tragkonstruktion für die Schalhaut besteht meist aus Kanthölzern und Stahlstützen. Die Stützen unter dem schrägen Treppenlauf werden rechtwinklig zur Laufunterseite angesetzt und am Fuß unterkeilt.

Verlegen der Längsträger

Verlegen der Querträger

Verlegen der Schaltafeln

Bild 1: Einschalen einer Decke

Bild 2: Paneelschalung

Bild 1: Treppenschalung

Wichtige Regeln für die Herstellung von Sichtbetonflächen:

- Neue, saugende Holzschalung ist z.B. durch ein geeignetes Trennmittel vorzubehandeln.
- Trennmittel sind dünn und gleichmäßig aufzutragen.
- Bei Brettschalung ist eine dichte Spundung, z.B. untergefügte Keilspundung, vorzusehen.
- Neue und alte Schalungen sollten wegen des unterschiedlichen Einflusses auf die Farbe nicht zusammen verwendet werden.
- Ansichtsflächen sind vor Rostfahnen, z.B. von der Anschlussbewehrung, zu schützen.
- Die Schalungsanker sollen in einem regelmäßigen Abstand, z.B. in einem vorgegebenen Raster, eingebaut werden.

Bild 2: Sichtbetonstrukturen

Eine sorgfältige Verschwertung der Stützen verhindert deren Ausweichen oder Verschieben **(Bild 1)**.

Als Schalung für die Treppenstufen werden Stirnbretter angebracht, deren Breite der Stufenhöhe entspricht. Die Stirnbretter befestigt man an Drängebrettern, die auf den seitlichen Abschalungen des Treppenlaufs angenagelt sind. Um ein Ausbiegen der Stirnbretter beim Betonieren zu verhindern, müssen diese durch Annageln eines Brettes in der Laufmitte gesichert werden. Das unterste Stirnbrett ist gegen die Treppenhauswand abzusteifen. Bei größeren Treppenbreiten erfolgt die Sicherung der Stirnbretter mit Kanthölzern oder Holzträgern und Drängebrettern. Die Drängebretter können sowohl senkrecht als auch waagerecht angeordnet werden (Bild 1).

Gewendelte Treppen erfordern einen hohen Schalaufwand. Die Unterseite des Laufes hat eine geschwungene Form, zu deren Einschalung Lehren notwendig sind. Die Form der Lehren wird durch Aufreißen des Verlaufs der Treppenunterseite und die Lage der Stufen ermittelt.

8.4.7 Schalung für Sichtbeton

Sichtbetonflächen können glatt oder strukturiert sein **(Bild 2)**. Die Anforderungen an die Sichtbetonflächen müssen in der Leistungsbeschreibung erfasst werden. Festgelegt werden z. B. die Geschlossenheit der Oberfläche, die Struktur und die farbliche Gestaltung der Sichtbetonfläche. Als Schalhaut für glatte Sichtbetonflächen eignen sich Schalungsplatten wie kunstharzbeschichtete Sperrholzplatten mit Stab-, Stäbchen- oder Furniermittellage (Seite 131) sowie Schalungsplatten aus Metall. Will man scharfe Kanten vermeiden, so werden Dreikantleisten oder Kantenprofile aus Kunststoff in die Ecken der Schalung eingelegt. Auf ein sorgfältiges Verdichten ist zu achten, um z.B. Kiesnester und sich abzeichnende Schüttlagen zu verhindern. Bei Arbeitsfugen werden auch trapezförmige Leisten an der Schalhaut befestigt.

Als Schalhaut für strukturierte Betonoberflächen verwendet man meistens Vorsatzschalungen (Matrizen) aus elastischen Kunststoffen wie Polyurethan, Polysulfid oder Naturkautschuk (Seite 150) in verschiedenen Strukturen. Diese sind häufig ein Abguss natürlicher Stoffe, wie z.B. Strohmatten, Bambusgeflechte und sandgestrahlte Holzbretter (Bild 2). Auch natursteinähnliche Formen können auf diese Weise nachgebildet werden.

Wird eine strukturierte Betonoberfläche mechanisch bearbeitet, z.B. durch Abschlagen von Kanten, entsteht eine gebrochene Sichtfläche (Abrissbeton) (Bild 2).

8.4.8 Großflächenschalung von Wänden und Decken

Der Einsatz einer Großflächenschalung muss so vorbereitet werden, dass ein sicheres Arbeiten möglich ist. Deshalb sind alle bei der Planung, Vorbereitung und Ausführung beschäftigten Personen mit dieser Arbeitsweise ausreichend vertraut zu machen.

Großflächenschalungen werden häufig mit dem Kran transportiert **(Bild 1)**. Dies erfordert besondere Aufmerksamkeit. Aber auch beim Aufstellen der Schalung bestehen Unfallgefahren durch Umkippen, vor allem beim Besteigen und beim Anschlagen. Es sind daher die Unfallverhütungsvorschriften für das Arbeiten mit Großflächenschalungen der Bauberufsgenossenschaft einzuhalten. Beim Transport und Aufbau von Großflächenschalungen ist zu beachten:

Bild 1: Transport von Großflächenschalungen

- An der Baustelle muss eine Montageanweisung für die Großflächenschalung vorliegen.
- Anschlagmittel dürfen erst gelöst werden, wenn die Schalelemente standsicher abgestützt sind.
- Lose Kleinteile sind von der Schalung zu entfernen oder gegen Herabfallen zu sichern.
- Schalelemente dürfen beim Aufnehmen und Ablegen nicht betreten werden.
- Personentransporte mit dem Schalelement sind verboten.
- Bei starkem Wind ist die Schalung z.B. mit Leitseilen zu führen, gegebenenfalls ist der Kranbetrieb einzustellen.
- Anschlagmittel dürfen erst gelöst werden, wenn die Schalelemente abgestützt sind.
- Schalelemente dürfen nur auf tragfähigem Untergrund aufgestellt werden.
- Wandschalelemente sind an beiden Enden oberhalb des Schwerpunktes abzustützen.
- Das Hochklettern an der Schalungskonstruktion ist verboten.
- Arbeiten von der Leiter aus sind auf ein Mindestmaß zu begrenzen.
- Beim Ausschalen sind vor dem Ausbau der Verankerung die Schalelemente gegen Umstürzen zu sichern.

Bei Großflächenschalungen unterscheidet man ebene Großflächenschalungen und räumliche Schalungen, die aus fertigen Systemelementen zusammengebaut werden. Für besondere Bauvorhaben, z.B. für Tunnelanlagen oder Brückenbauwerke, wird die Schalung aus Systemelementen und einer speziell für dieses Objekt gefertigten Trägerkonstruktion gefertigt. Diese Schalungen bezeichnet man auch als Objektschalungen.

8.4.8.1 Großflächige Wandschalungen

Mit ebenen Großflächenschalungen werden Wände und Decken geschalt. Großflächenschalungen für Wände können als Rahmen- und Trägerschalung ausgeführt werden **(Bild 2)**. Dabei werden zwei gleichgroße Schalelemente mit der Schalhaut gegeneinander gestellt. Der Abstand der Schalflächen entspricht der Wanddicke. Die Standflächen für die Schalelemente müssen eben und tragfähig sein. Die einzelnen Schalelemente werden durch Richtstützen, die einen druck- und zugfesten Dreiecksverband bilden, gesichert. Die erforderlichen Arbeitsgerüste, die DIN 4420 entsprechen müssen, sind meistens an den Schalelementen befestigt.

Bild 2: Großflächenschalung als Rahmenschalung

Bild 1: Ankerlose Schalung

Einschalen

Ausschalen

Bild 2: Einsatz von Klappstützen

Bild 3: Transport eines Schaltisches

Ankerlose Schalung (einhäuptige) Schalung

Ist eine Verspannung der gegenüberliegenden Schalungselemente zur Aufnahme des Betondrucks nicht möglich, z.B. beim Betonieren gegen vorhandene Wände oder bei massigen Bauteilen, so wird die Schalung als ankerlose Schalung (einhäuptige Schalung) ausgeführt **(Bild 1)**. Der Frischbetondruck wird dabei am Fußpunkt der Schalung von den Ankern aufgenommen, die in den Untergrund eingelassen sind. Die Anker werden mit den Abstützböcken verschraubt. Auch über Querriegel können die Zugkräfte der Verankerung in die Abstützböcke eingeleitet werden (Bild 1).

Die Anzahl der erforderlichen Anker und die Abstände der Abstützböcke sind von der Größe des Frischbetondrucks abhängig. Am hinteren Ende der Abstützböcke wirken Druckkräfte auf den Untergrund, die von diesem aufgenommen werden müssen. Darum muss vor dem Aufstellen der Schalung geprüft werden, ob der Untergrund für diese Belastung ausreichend tragfähig ist. Zur Aufnahme von seitlichen Kräften während des Betonierens werden die Abstützböcke untereinander verschwertet.

8.4.8.2 Großflächige Deckenschalungen

Großflächige Deckenschalungen können in Form von Schaltischen und als Schubladenschalungen ausgeführt werden. Bei Schaltischen handelt es sich um großflächige Schalelemente, bei denen die Schalhaut, die Trägerkonstruktion und die Abstützung eine Einheit bilden. Diese kann entweder mit dem Kran oder auf Rollen zum Einsatzort transportiert werden. Voraussetzung für ihren Einsatz auf der Baustelle sind Räume, die jeweils mindestens an einer Seite offen sind, damit der Schaltisch nach Gebrauch ausgefahren werden kann.

Für Räume, die z.B. durch Brüstungen teilweise geschlossen sind, gibt es Schaltische mit umklappbarer Tragkonstruktion (Klappstützen) **(Bild 2)**. Kann die Schalung nicht aus dem Bauteil gefahren werden, benötigt man zum Ausschalen eine besondere Umsetzgabel, die an das Tragseil des Krans angehängt werden kann **(Bild 3)**.

Bei der Schubladenschalung wird die Deckenschalung mit kurzen Stahlstützen auf Wandkonsolen abgestützt. Die Stahlstützen sind zur Höhenverstellung mit Spindeln versehen. Zur Befestigung der Konsolen müssen in den seitlichen Wänden Anker vorhanden sein. Beim Ausschalen wird die Schalung abgesenkt und ausgefahren. Schubladenschalungen eignen sich bei der Schottenbauweise und für Decken in großer Höhe, bei denen eine Unterstützung nicht möglich oder unwirtschaftlich ist.

8.4.8.3 Objektschalungen

Schalungen für besondere Bauwerke, wie z.B. für Brücken oder Tunnel, werden meist für einen einmaligen Einsatz hergestellt. Ausgeführt werden sie als ebene, gewölbte oder räumliche Schalungen. Dazu können auch Elemente der Systemschalung, z.B. Schalungsträger, Stützen und Lasttürme, verwendet werden. Häufig muss jedoch die Tragkonstruktion wegen der besonderen Form und der großen Last der Schalung und ihrer Aussteifung für den besonderen Einsatz gefertigt werden. Die Unterstützung der Schalung (Tragkonstruktion) wird dann aus Stahlprofilen mit verschiedenen Querschnittsformen hergestellt (Bild 1).

8.4.9 Kletterschalung

Bei der Schalung, z.B. von hohen Wänden, die mehrfach nach oben umgesetzt wird, kann man die Kletterschalung einsetzen. Diese besteht aus einem Wandschalungselement, einer Klettereinrichtung und gegebenenfalls einer untergehängten Arbeitsbühne. Das Wandschalungselement kann als Großflächenschalung bis zu 25 m² groß sein und trägt am oberen Teil das zum Betonieren notwendige Gerüst. Die Klettereinrichtung richtet sich nach der Bauart der Kletterschalung. Man unterscheidet nicht selbstkletternde und selbstkletternde Schalungen.

Bei den **nicht selbstkletternden Schalungen** werden großflächige Schalelemente abschnittsweise mit dem Kran umgesetzt. Zum Klettern ist eine Kletterkonsole erforderlich. Diese besteht aus verschiedenen Stahlprofilen, die zu einer ausgesteiften Dreieckskonstruktion zusammengefügt wird. Am vorderen Ende des horizontalen Profils befindet sich die Aufhängevorrichtung, die mit einer Verankerung im Beton fest verschraubt wird. Am Fußpunkt der Schrägstreben wird die Last auf das fertige Bauteil übertragen (Bild 2).

Die Kletterkonsole bildet mit den Trägern und dem Bohlenbelag gleichzeitig auch das Arbeitsgerüst. Auf diesem lassen sich die Wandschalungselemente beim Ausschalen von der Wand wegkippen oder wegfahren. Dadurch ergibt sich ein Arbeitsraum, von dem aus die Schalhaut gewartet und die Bewehrung des folgenden Wandabschnitts eingebaut werden kann. Die Arbeitsbühne (Nachlaufbühne) unterhalb des Arbeitsgerüstes wird in die Konsole eingehängt. Von hier aus können Nacharbeiten, z.B. das Schließen von Ankerlöchern, durchgeführt werden.

Bei den **selbstkletternden Schalungen** bilden Schalelement und Arbeitsgerüst ein System, das mit einem hydraulisch betriebenen Hubsystem angehoben wird. Dieses besteht aus einer Kletterstange und dem Hubmechanismus. Beim Umsetzen der Schalung hebt der Hubmechanismus zuerst die Kletterstange und danach das Arbeitsgerüst mit der Schalung an der Kletterstange auf die neue Arbeitshöhe. Während des Kletterns sind Konsole und Kletterstange an Kletterschuhen gesichert, welche im fertigen Beton verankert sind (Bild 2).

Kletterschalungen eignen sich für hohe Bauteile wie Wände, Treppenhäuser, Fahrstuhlschächte und Brückenpfeiler.

Bild 1: Beispiele für Objektschalung

Bild 2: Kletterschalung

Bild 1: Gleitschalung

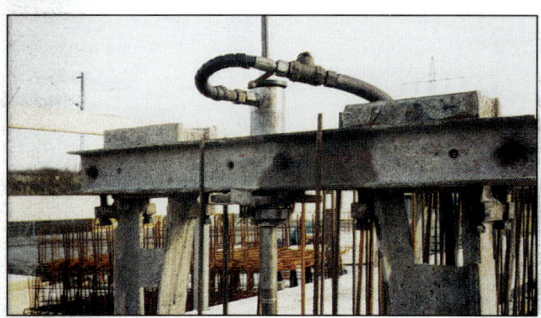

Bild 2: Hebevorrichtung

Bei der Gleitschalung werden im Gegensatz zur Kletterschalung die Schalelemente nicht umgesetzt, sondern nach oben gezogen, wobei der Betoniervorgang nicht unterbrochen werden darf. Die Gleitschaltung besteht aus Wandschalung, Tragjoch mit Arbeitsbühnen und der Gleiteinrichtung (**Bild 1**).

Als Schalung werden 1,20 m bis 1,50 m hohe Wandschalelemente eingesetzt. Das Tragjoch hält die beiden Wandschalelemente im Wandabstand und nimmt den seitlichen Schalungsdruck auf, da eine Verankerung der Wandschalungselemente nicht möglich ist. Am Tragjoch befinden sich die Arbeitsbühnen für das Betonieren und die Nacharbeitsbühnen. Zur Gleiteinrichtung gehören Kletterstange und Hebevorrichtung. Die Kletterstange wird in einem Hüllrohr geführt und wieder ausgebaut. Der umgebende Beton macht ein Ausknicken unmöglich.

Die Hebevorrichtung ist mit dem Tragjoch fest verbunden, arbeitet hydraulisch und überträgt die Lasten auf die Kletterstange (**Bild 2**). Beim Gleiten bewegen sich Wandschalung und Arbeitsbühnen gleichzeitig nach oben. Die Gleichmäßigkeit der Hubbewegung kann z. B. durch Laser überwacht werden. Der Beton wird in Schichthöhen zwischen 20 cm und 30 cm eingebracht. Die Gleitgeschwindigkeit richtet sich nach der für das Bewehren und Betonieren notwendigen Zeit. Sie liegt zwischen 15 cm/h und 30 cm/h. Der Beton im unteren Bereich der Schalung muss ausreichend erhärtet sein. Gleitschalungen werden bei hohen Bauteilen eingesetzt, deren Querschnittsabmessungen annähernd gleich bleiben, wie z. B. bei Silobauten, Brückenpfeilern und Aufzugstürmen.

Aufgaben

1 Erläutern Sie den Unterschied zwischen Systemschalung und systemloser Schalung.

2 Beschreiben Sie die Funktion der Teile einer Schalung.

3 Nennen Sie die Faktoren, welche den Frischbetondruck beeinflussen.

4 Ermitteln Sie den zulässigen Frischbetondruck für die Konsistenzbereiche F1 bis F4 bei einer Steiggeschwindigkeit von 5 m/h.

5 Durch welche Maßnahmen erfüllt man die Anforderungen an die Schalhaut?

6 Geben Sie die Regeln für das Ausschalen von Bauteilen an.

7 Erläutern Sie die Ausführungsmöglichkeiten ebener Wandschalungen.

8 Erklären Sie die Unterschiede des Einsatzes der Trägerschalung gegenüber der Rahmenschalung bei einer runden Schalung.

9 Erläutern Sie die Ausführungsmöglichkeiten für die Herstellung einer Stützenschalung.

10 Erläutern Sie Ausführungsmöglichkeiten der Großflächenschalung. Welche Vorschriften gelten für den Transport der Schalelemente?

11 Beschreiben Sie den Einsatz ankerloser Schalung.

12 Erläutern Sie die Unterschiede zwischen Kletterschalung und Gleitschalung.

9 Betonbau

Beton ist ein im Bauwesen vielfältig verwendeter Baustoff. Er wird hergestellt aus einem Gemisch aus Zement, Wasser (Zementleim) und einer Gesteinskörnung. Zum Erreichen bestimmter Eigenschaften können diesem Gemisch Zusatzmittel bzw. Zusatzstoffe beigefügt werden. Durch Erhärten des Zementleims entsteht ein künstlicher Stein mit einem festen Gefüge **(Bild 1)**. Den Baustoff Beton verwendet man für unbewehrten und bewehrten Beton sowie für Bauteile aus Spannbeton. Beton eignet sich auch für die Herstellung von Fahrbahnen und Bauteilen unter Wasser.

Die Anforderungen, die an das Betonbauteil gestellt werden, bestimmen weitgehend die erforderlichen Eigenschaften des Betons.

Bild 1: Betonzusammensetzung

9.1 Arten und Normung

Üblicherweise wird **Normalbeton** als Beton bezeichnet. Als Gesteinskörnung verwendet man überwiegend Sand und Kies. Durch die Auswahl leichter Gesteinskörnung, z. B. Blähton, erhält man **Leichtbeton** mit guten wärmetechnischen Eigenschaften.

Im Reaktorbau oder bei Röntgenräumen müssen Bauteile das Austreten von Strahlung verhindern. Für diese Bauteile eignet sich z. B. **Schwerbeton** mit Gesteinskörnungen aus Eisenerz oder Schwerspat **(Tabelle 1)**.

Für bestimmte Bauteile verwendet man Beton mit besonderen Eigenschaften, z. B. Wasserundurchlässigkeit, hoher Frostwiderstand oder hoher Widerstand gegen chemische Angriffe.

Zur Vereinheitlichung und Sicherung der Qualität wurden Normen entwickelt. Diesen unterliegen sowohl die Herstellung des Betons und seine Verarbeitung als auch die Eigenschaften des frischen und des erhärteten Betons.

Beton wird in Deutschland nach **DIN 1045 „Tragwerke aus Beton, Stahlbeton und Spannbeton"** hergestellt und verarbeitet. Sie gilt als Norm für die Anwendung nationaler Regeln auf der Grundlage der europäischen Norm **DIN EN 206 „Beton"**. Diese Norm ist eine Stoffnorm und regelt die Festlegung, Eigenschaften, Herstellung und Konformität von Beton. DIN EN 206 ist auf **DIN EN 1992** (Eurocode 2) **„Planung von Stahlbeton- und Spannbetontragwerken"** enthaltenen Regeln für die Bemessung und Ausführung von Betonbauten abgestimmt und gilt nur in Verbindung mit dieser **(Bild 2)**.

Tabelle 1: Betonarten nach Gesteinskörnungen

Betonart	Gesteinskörnung	Rohdichte (kg/dm³)
Normalbeton	Kies, Sand, Splitt, Schotter	$> 2{,}0, \leq 2{,}6$
Leichtbeton	z. B. Blähschiefer, Blähton	$\leq 0{,}8, \leq 2{,}0$
Schwerbeton	z. B. Eisenerz, Schwerspat	$> 2{,}6$

Bild 2: Europäische Regeln für den Betonbau (Auszug)

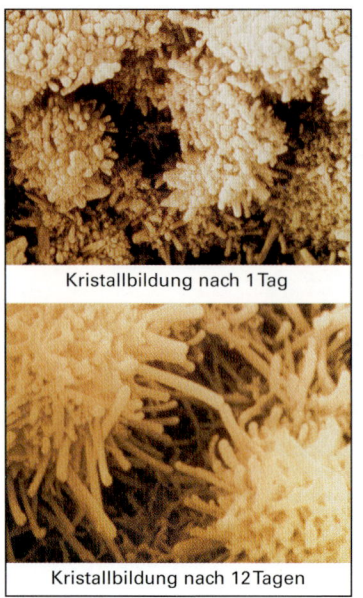

Kristallbildung nach 1 Tag

Kristallbildung nach 12 Tagen

Bild 1: Kristallnadelbildung

Ansteifen

Zementgel plastisch

1 Stunde

Erstarren

Zementgel erstarrt

12 Stunden

Erhärten

Zementstein Anfangs- festigkeit

3 Tage

7 Tage

Zementstein End- festigkeit

28 Tage

Bild 2: Erhärten des Betons

Die Regelungen dieser beiden Euro-Normen dürfen nur dann zusammen mit DIN-Normen für Beton und Stahlbeton angewendet werden, wenn dies ausdrücklich gestattet wird.

DIN EN 206 gilt für Normalbeton, Schwerbeton und Leichtbeton mit geschlossenem Gefüge. Sie darf auch für vorgefertigte Bauteile aus Beton angewendet werden. Sie gilt jedoch nicht für Betonwaren, wie Mauersteine oder Rohre.

Die Prüfverfahren zur Bestimmung von Eigenschaften des Betons sind in weiteren EN-Normen, z. B. **DIN EN 12350 „Prüfen von Frischbeton, Teile 1 bis 7,** geregelt.

9.2   Frischbeton

Beton in verarbeitbarem Zustand bezeichnet man als Frischbeton. Für diesen sind bestimmte Regelungen, z. B. Verarbeitungsvorschriften und Nachbehandlungsmaßnahmen, festgelegt, damit der erhärtete Beton auch die erwarteten Eigenschaften erreicht.

9.2.1 Erhärtungsphasen

Beim Mischen der Betonbestandteile entsteht aus Zement und Wasser der **Zementleim,** der die Gesteinskörner vollständig umhüllt und den Raum zwischen ihnen ausfüllt. Durch das Erhärten des Zementleims entsteht aus **Frischbeton** der **Festbeton.** Da zum Erhärten Wasser notwendig ist, spricht man auch von **Hydratation.**

Der Erhärtungsvorgang des Betons erfolgt in drei Phasen, dem **Ansteifen,** dem **Erstarren** und dem **Erhärten.** Während dieses Vorganges bilden sich Kristalle, die das Wasser binden. Bei diesem chemisch-physikalischen Prozess wird Wärme (Hydratationswärme) freigesetzt.

Das **Ansteifen** beginnt unmittelbar nach dem Mischen der Betonbestandteile. Es verbinden sich die Zementkörner an ihrer Oberfläche mit einem Teil des Wassers zu **Hydraten,** die man als **Zementgel** bezeichnet.

Beim **Erstarren** wachsen die Hydrate mehr und mehr zusammen und überbrücken teilweise die Hohlräume zwischen den Zementkörnern, Gelporen genannt. Gleichzeitig bilden sich aus dem Zementgel sechseckförmige Kristalle und das plastische Zementgel verfestigt sich. Das Erstarren darf frühestens 1 Stunde nach dem Mischen beginnen.

Das **Erhärten** beginnt mit der Bildung langfaseriger Kristalle (Kristallnadeln), die sich gegenseitig verfilzen und dadurch das feste Gefüge bewirken **(Bild 1).** So wird aus dem Zementgel der Zementstein.

Mit dem Erhärten werden die Gesteinskörner in ihrer Lage fixiert. Die Erhärtung oder Hydratation ist beendet, wenn alle Zementkörner in Zementstein umgewandelt sind. Dieser chemisch-physikalische Vorgang kann sehr lange dauern **(Bild 2).**

292

Zur vollständigen Hydratation muss neben bestimmten Temperaturbedingungen genügend Wasser vorhanden sein. Portlandzement z. B. benötigt eine Wassermenge von etwa 40 % seines Gewichts. Von dieser Menge wird etwa 25 % chemisch gebunden, etwa 15 % verbleibt in den Kristallen.

Die Hydratation läuft bei hohen Temperaturen beschleunigt ab, da sich schneller langfaserige Hydrate bilden können. Die Folge ist eine höhere Anfangsfestigkeit. Bei niedrigen Temperaturen verlangsamt sich die Hydratation, die Anfangsfestigkeit wird dabei später erreicht. Bei Temperaturen unter 5 °C kann sich kein Gel mehr bilden.

Bei vorzeitigem Austrocknen des Betons wird die Gelbildung unterbrochen. Der Beton „verdurstet". Er erreicht nicht die geforderte Endfestigkeit, was sich z. B. am Absanden der Betonoberfläche zeigt. Zu wenig Wasser kann außerdem zur Volumenverringerung des Zementgels, d.h. zum Schwinden führen. Dabei trocknet Wasser aus den Gelporen aus. Das Schwinden ist umso größer, je höher der Gelanteil ist. Wird jedoch wieder Wasser aufgenommen, spricht man vom Quellen, d. h. von einer Volumenvergrößerung. Allerdings ist das Quellen wesentlich geringer als das Schwinden. Die Volumenveränderungen können zu Spannungen im Beton und zur **Rissbildung** führen.

9.2.2 Wasserzementwert

Die zur vollständigen Hydratation erforderliche Wassermenge ist abhängig von der Zementmenge. Das Massenverhältnis von Wasser zu Zement bezeichnet man als **Wasserzementwert**.

Der Betonmischung können zur Verringerung der erforderlichen Zementmenge Zusatzstoffe wie Flugasche (f) und/oder Silicastaub (s) beigefügt werden. Nach DIN 1045 können diese Zusatzstoffe beim Mindestzementgehalt bzw. höchstzulässigen Wasserzementwert begrenzt angerechnet werden (**Tabelle 1**, Seite 314). Die Begrenzung erfolgt duch Anrechnungsbeiwerte k_f und k_s. Das sich ergebende Verhältnis von Wasser zu Zement und den angerechneten Zusatzstoffen bezeichnet man als **äquivalenten Wasserzementwert $(w/z)_{eq}$**.

Der Wasserzementwert bestimmt die Festigkeit des zu Zementstein erhärtenden Zementleims und damit die spätere Festigkeit des Betons. Beim erhärteten Beton (Festbeton) soll der Zementstein die Gesteinskörner fest verbinden und den Raum zwischen ihnen ausfüllen. Das festeste Gefüge entsteht bei einem w/z-Wert von 0,4. Bei hohem Wasserzementwert ist der Raum zwischen zwei Zementkörnern so groß, dass er bei vollständiger Hydratation des Zements nicht geschlossen werden kann. Es verbleibt **Überschusswasser,** welches verdunstet und **Hohlräume** hinterlässt. Diese Hohlräume, auch als **Poren** oder **Kapillare** bezeichnet, vermindern die Druckfestigkeit des Betons und erhöhen seine Kapillarität **(Bild 1).** Bei Betonen mit zu hohem Wasserzementwert sammelt sich außerdem beim Einbringen von Beton Überschusswasser an der Oberfläche und Zementteilchen setzen sich ab. Man spricht vom **Bluten.**

Ein zu hoher Zementgehalt im Beton ist außerdem nicht nur unwirtschaftlich, sondern auch ungünstig, weil Zement beim Erhärten schwindet. Dadurch wächst die Gefahr der **Schwindrissbildung.**

Kapillare im Beton durch zu hohen Wasser- und Zementgehalt führen zu einer **Verringerung der Druckfestigkeit** des Festbetons. Auch seine Wassersaugfähigkeit nimmt zu. Das fördert bei Stahlbeton die **Korrosionsgefahr** für die Bewehrung.

$$\text{Wasserzementwert} = \frac{\text{Masse des Wassers (kg)}}{\text{Masse des Zements (kg)}}$$

$$w/z\text{-Wert} = \frac{W}{Z}$$

$$\text{Äquivalenter Wasserzementwert } (w/z)_{eq} = \frac{W}{z + (k_f \cdot f) + (k_s \cdot s)}$$

w/z-Wert 0,85 — starke Saugfähigkeit

w/z-Wert 0,50 — geringe Saugfähigkeit

Gesteinskorn — Zementkorn — Gesteinskorn

Kapillarporen im Beton

Bild 1: Beton mit verschiedenen w/z-Werten

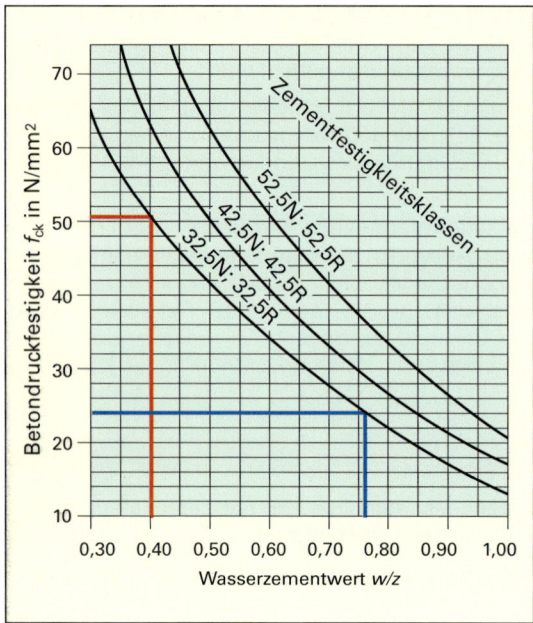

Bild 1: Einfluss des *w/z*-Wertes auf die Festigkeit des Betons (nach Walz)

Bild 2: Veränderung der Konsistenz einer Betonmischung (Beispiel)

DIN 1045 lässt einen maximalen *w/z*-Wert von 0,75 zu. Beton mit einem *w/z*-Wert von 0,75 hat jedoch nur etwa die Hälfte der Festigkeit eines Betons mit einem *w/z*-Wert von 0,40 **(Bild 1)**. Nach DIN 1045 ist zum Schutz der Bewehrung vor Korrosion, z. B. bei bestimmten Außenbauteilen, ein *w/z*-Wert von 0,60 einzuhalten.

DIN 1045 legt für Betone bestimmter Druckfestigkeitsklassen Mindestmengen für Zement fest. Für einen Standardbeton der Festigkeitsklasse C 16/20 ist ein Mindestzementgehalt von 240 kg/m³ vorgeschrieben. Der günstigste *w/z*-Wert von 0,40 ergibt sich durch Zugabe von 96 Liter (kg) Wasser. Der so gemischte Beton ist sehr steif und lässt sich nur schwer verdichten.

Wenn die Bedingungen einen plastischen Zustand des Frischbetons erfordern, lässt sich die richtige Wassermenge und Zementzugabe für eine Betonmischung mithilfe des *w/z*-Wertes ermitteln.

Beispiel:

Einen vorgegebenen Wasserzementwert von 0,40 erhält man z. B. bei der Herstellung von 1 m³ Beton mit 140 kg Zement (32,5 R) und 56 Liter (56 kg) Wasser. Gibt man zur Verbesserung der Verarbeitbarkeit weitere 50 Liter Wasser hinzu, so steigt der *w/z*-Wert auf 0,76. Die Betondruckfestigkeit sinkt auf etwa die Hälfte. Um den Festigkeitsverlust auszugleichen und den ursprünglichen *w/z*-Wert wieder zu erreichen, müssen dem Beton zusätzlich 125 kg Zement zugefügt werden **(Bild 2)**.

> Soll die Verarbeitbarkeit des Frischbetons verbessert werden, darf bei einer Betonmischung nicht einfach die Zugabewassermenge erhöht werden, da sich dadurch der Wasserzementwert erhöht und die Druckfestigkeit verringert. Es muss gleichzeitig auch mehr Zement zugegeben werden, um den vorgegebenen *w/z*-Wert beizubehalten.

9.2.3 Konsistenz

Die Konsistenz (Steifigkeit) dient als Maß für das Zusammenhaltevermögen und die Verarbeitbarkeit des Frischbetons. Sie ist so zu wählen, dass der Beton ohne sich zu entmischen verarbeitet und unter den jeweiligen Bedingungen verdichtet werden kann. Dies erreicht man durch eine geeignete Zementleimmenge in einer Betonmischung. Die für eine bestimmte Konsistenz erforderliche Zementleimmenge ist vor allem von der Zusammensetzung (Sieblinie) des Gesteinskörnung abhängig.

Sandreiche Gesteinskörnungen z. B. erfordern mehr Zementleim als weniger sandreiche Gesteinskörnungen zum Erreichen gleicher Konsistenz. Daneben bestimmt auch die Kornform und Rauigkeit der Kornoberfläche die für eine bestimmte Konsistenz erforderliche Zementleimmenge. Gemische gleicher Sieblinien aus ungebrochener Gesteinskörnung erfordern geringere Zementleimmengen als Gesteinskörnungen aus gebrochenem Material für die gleiche Konsistenz. Da die Verbesserung der Fließfähigkeit des Betons allein durch erhöhte Zugabe von Zementleim sich auch nachteilig auf den Beton auswirken kann, z. B. erhöhte Bereitschaft zur Schwindrissbildung, wird Beton mit guten Fließeigenschaften und gutem Zusammenhaltevermögen (Fließbeton) ein Fließmittel (FM) zugemischt. Um die Zementmenge zu verringern, ist auch die Zugabe von Flugasche (FA) zulässig.

9.2.3.1 Konsistenzklassen

Konsistenzklassen nach DIN 1045

DIN 1045 unterscheidet bei Frischbeton **4 bzw. 6 Konsistenzklassen** (Steifigkeitsbereiche). Die Bezeichnung der Konsistenzklasse richtet sich nach dem jeweiligen Prüfungsverfahren. Mit der **Verdichtungsprüfung** wird das **Verdichtungsmaß v** und der **Ausbreitprüfung** das **Ausbreitmaß a** festgestellt. Anhand der Prüfungsergebnisse kann der Beton der entsprechenden Konsistenzklasse zugeordnet werden. Abweichend von DIN EN 206 fügt DIN 1045 den Konsistenzklassen Konsistenzbeschreibungen hinzu **(Tabellen 1 und 2)**.

Konsistenzklassen nach DIN EN 206

Im Geltungsbereich der DIN EN 206 sind neben der Verdichtungsprüfung und der Ausbreitprüfung auch die **Slump-Prüfung** (Setzversuch) und die **Vebé-Prüfung** zur Bestimmung der Konsistenz des Betons üblich. Darum erweitert DIN EN 206 die Bezeichnung der Konsistenzklassen gegenüber DIN 1045 um die **Setzmaßklasse** und die **Setzzeitklasse**, ohne Konsistenzbeschreibungen vorzunehmen **(Tabelle 3)**. Eine Zuordnung der Beschreibung der Konsistenz der Setzmaßklasse und der Setzzeitklasse hinsichtlich der Konsistenzbeschreibung in DIN 1045 ist nur eingeschränkt möglich.

Tabelle 1: Verdichtungsmaßklassen nach DIN 1045

Klasse	Verdichtungs-maß v	Konsistenz-beschreibung
C0	≥ 1,46	sehr steif
C1	1,45 bis 1,26	steif
C2	1,25 bis 1,11	plastisch
C3	1,10 bis 1,04	weich

Tabelle 2: Ausbreitmaßklassen nach DIN 1045

Klasse	Ausbreitungsmaß a (Durchmesser in mm)	Konsistenz-beschreibung
F1	≤ 340	steif
F2	350 bis 410	plastisch
F3	420 bis 480	weich
F4	490 bis 550	sehr weich
F5	560 bis 620	fließfähig
F6	≥ 630	sehr fließfähig

Tabelle 3: Konsistenzklassen nach DIN EN 206

Beschreibung der Konsistenz nach DIN 1045 (gilt nicht für DIN EN 206)	sehr steif	steif	plastisch	weich	sehr weich	fließfähig	sehr fließfähig
Ausbreit-Klasse (Ausbreitversuch)		F1	F2	F3	F4	F5	F6
Ausbreitmaß a (Durchmesser) in mm		≤ 340	350 bis 410	420 bis 480	490 bis 550	560 bis 620	≥ 630
Verdichtungs-Klasse (Verdichtungsprüfung)	C0	C1		C2	C3		
Verdichtungsmaß v	≥ 1,46	1,45 bis 1,26		1,25 bis 1,11	1,10 bis 1,04		
Setzmaß-Klasse (Slump-Versuch)			S1	S2	S3	S4	S5
Setzmaß in mm			10 bis 40	50 bis 90	100 bis 150	160 bis 210	≥ 220
Vebé-Klasse (Vebé-Prüfung)	V0	V1	V2	V3	V4		
Setzzeit in Sekunden	≥ 31	30 bis 21	20 bis 11	10 bis 6	5 bis 3		

Verdichten des Probekörpers	Ermitteln des Durchmessers

Bild 1: Ermitteln des Ausbreitmaßes

Abziehen des Probekörpers	Ermitteln des Absinkmaßes

Bild 2: Ermitteln des Verdichtungsmaßes

Abziehen der Form	Messen des Höhen- unterschieds

Bild 3: Ermitteln des Setzmaßes (Slump)

9.2.3.2 Prüfung der Konsistenz

Die Konsistenz ist beim ersten Einbringen des Betons und beim Herstellen von Probekörpern zu überprüfen. Während des Betoniervorgangs ist sie ständig durch Augenschein zu kontrollieren, um Abweichungen vom üblichen Aussehen feststellen zu können. Je nach Konsistenzart eignen sich unterschiedliche Versuche, deren Durchführung in **DIN EN 12350 „Prüfung von Frischbeton, Teile 1 bis 7"** festgelegt ist.

Beim **Ausbreitversuch** wird ein kegelstumpfförmiger Behälter mit Beton in 2 Lagen gefüllt, die mit je 10 Stößen einzustampfen sind. Der verwendete Ausbreittisch ist 70 cm x 70 cm groß. Überstehender Beton wird mit einem Stahllineal eben abgezogen. Danach nimmt man den Behälter senkrecht nach oben ab. Die Tischplatte wird 15-mal an einer Seite um 4 cm angehoben und wieder fallengelassen. Dabei breitet sich der Beton kuchenartig aus. Der Mittelwert aus zwei rechtwinklig zueinander gemessenen Durchmessern des Betonkuchens ergibt das **Ausbreitmaß *a* (Bild 1)**. Durch Vergleich mit Tabellenwerten lässt sich die vorhandene Konsistenz ermitteln und die Übereinstimmung mit der geforderten Konsistenz feststellen. Dieser Versuch ist geeignet für Konsistenzen zwischen plastisch und fließfähig.

Beim **Verdichtungsversuch** wird ein prismatischer Behälter von 40 cm Höhe und 20 cm x 20 cm Querschnittsfläche mit Beton lose gefüllt und auf dem Rütteltisch verdichtet. Danach misst man in den 4 Ecken des Behälters das Absinken des Betons. Der Mittelwert ist das **Absinkmaß *s***. Die Füllhöhe *h* ergibt sich aus $h = 40\ \text{cm} - s$. Das **Verdichtungsmaß *v*** oder den Verdichtungsgrad erhält man aus dem Verhältnis der Behälterhöhe zur Füllhöhe **(Bild 2)**.

Der Verdichtungsversuch eignet sich für weiche, plastische und steife, aber nicht für fließfähige Betone.

Beim **Slump-Versuch** (Setzversuch) zur Feststellung der **Setzmaßklassen** wird ein kegelstumpfförmiger Behälter von 30 cm Höhe in 3 Lagen gefüllt, mit jeweils 25 Stößen verdichtet und die Form abgezogen. Die Zeit vom Füllen bis zum Hochziehen der Form sollte nicht mehr als 150 Sekunden betragen. Der Beton fällt beim Abziehen kegelstumpfförmig zusammen. Das Setzmaß ist das Maß von Oberkante Behälter bis Oberkante abgesunkener Beton **(Bild 3)**. Der Slump-Versuch wird bei weichen und plastischen Betonen durchgeführt.

Bei der **Vebé-Prüfung** (Setzzeitversuch) zur Einordnung der Konsistenz in eine der **Setzzeitklassen**

(Vebé) wird eine kegelstumpfförmige Metallform wie beim Slumpversuch gefüllt und von der Probe abgezogen. Die Form steht in einem Behälter. Eine Glasscheibe, die sich an einem Schwenkarm vertikal frei bewegen kann, wird auf die Oberfläche des Betons aufgesetzt. Danach wird der Rütteltisch eingeschaltet. Die Setzzeit ist die Zeit, bis zu der die Glasscheibe die Oberfläche der Betonprobe völlig bedeckt (**Bild 1**). Es kann auch das Setzmaß gemessen werden.

Die Vebé-Prüfung ist für Beton mit steifer und steifplastischer Konsistenz geeignet.

9.2.4 Transportbeton

Beton wird überwiegend in Transportbetonwerken hergestellt und als **Transportbeton** bezeichnet (**Bild 2**). Die Herstellung des Transportbetons umfasst das Lagern und Dosieren der Ausgangsstoffe und das Mischen des Betons.

Zement ist hygroskopisch (wasseranziehend). Bei Feuchtigkeitsaufnahme bilden sich Klumpen, die das Erhärtungsvermögen beeinträchtigen. Die Anlieferung des Zements erfolgt feuchtegeschützt in Spezialfahrzeugen. Mit Druckluft wird der Zement in Silos umgefüllt. Die Silos sind entsprechend der Zementart gekennzeichnet, um Verwechslungen auszuschließen.

Gesteinskörnungen müssen nach Korngruppen getrennt gelagert werden, damit die Sieblinienbereiche eingehalten werden können und ein Vermischen verhindert wird. Sie sind frei von Verunreinigungen, z. B. durch Erdreich und Laub, anzuliefern. Sie werden im Freien in Sternlagern oder in Bunkern oder Silos gelagert. Die Lagerung der Gesteinskörnungen in Bunkern und Silos hat den Vorteil gleichbleibender Eigenfeuchte.

Das **Dosieren** geschieht in Transportbetonwerken mithilfe elektronisch gesteuerten Dosierungsanlagen nach einer dokumentierten **Mischanweisung**, die alle Einzelheiten über die Art und Menge der Ausgangsstoffe enthält (**Bild 3**). Die Dosierung der Betonbestandteile Zement und Gesteinskörnung erfolgt grundsätzlich nach Massenanteilen in kg. Das Zugabewasser einschließlich dem Recyclingwasser, das keine für den Beton schädlichen Bestandteile enthalten darf, wird nach dem Volumen zugemessen.

Das **Mischen des Betons** erfolgt mit Teller- oder Trogmischern solange, bis eine gleichmäßige Mischung entstanden ist. Normalbeton gilt nach 30 Sekunden als gleichmäßig durchmischt. Die Mischzeit beginnt mit dem Zeitpunkt, an dem sich alle Mischungsbestandteile im Mischer befinden. Die Zusammensetzung des Betons darf nach dem Entleeren des Mischers ohne Rücksprache mit dem Betonwerk nicht mehr verändert werden.

Bild 1: Ermitteln der Setzzeit (Vebé-Prüfung)

Bild 2: Transportbetonwerk (schematisch)

Bild 3: Steuerungsanlage in einem Transportbetonwerk

9.2.5 Lieferung von Transportbeton

Wird Beton nicht auf der Baustelle hergestellt, so wird er von einem Transportbetonwerk geliefert. Dort ist es möglich, auch geringe Mengen Beton (ab $1/3$ m³) zu mischen und abzugeben. Da die Frischbetonzusammensetzung nach dem Mischen nicht mehr verändert werden darf, ist der Beton vor der Herstellung hinsichtlich seiner Eigenschaften bzw. seiner Zusammensetzung festzulegen.

9.2.5.1 Festlegung des Betons

Die Anforderungen, die an das herzustellende Betonbauteil gestellt werden, bestimmen die Eigenschaften, die der zu liefernde Beton erfüllen muss. Sie ergeben sich einerseits aus der jeweiligen **Expositionsklasse**. Hierbei wird der Beton hinsichtlich schädigenden Umgebungsbedingungen, z.B. Feuchtigkeitseinwirkung oder chemische Einflüsse durch Tausalz oder sulfathaltige Stoffe eingeteilt (siehe Seite 314). Andererseits müssen besondere Bedingungen, z.B. Transport- und Einbaubedingungen sowie Anforderungen an die Betonausgangstoffe, berücksichtigt werden. Festgelegt werden kann der Beton nach seinen erforderlichen Eigenschaften und nach seiner Zusammensetzung. Es ist aber auch möglich, den Beton als Standardbeton festzulegen. Aus der Festlegung des Betons ergibt sich die Verantwortung dafür, inwieweit der gelieferte Beton die an ihn gestellten Anforderungen erfüllt.

Beton nach Eigenschaften wird festgelegt, indem der Verwender des Betons die Anforderungen bestimmt, die der Beton erfüllen muss. Dabei ist für Normalbeton als Regelanfall anzugeben:

Grundlegende Anforderungen	Zusätzliche Anforderungen
• Bezug auf DIN EN 206-1 und DIN 1045-2	• Zementart bzw. Zementklasse
• Druckfestigkeitsklasse	• Festigkeitsentwicklung
• Expositionsklassen	• Wärmeentwicklung während der Hydratation
• Nennwert des Größtkorns der Gesteinskörnung	• verzögertes Ansteifen
• Feuchtigkeitsklassen WO oder WF oder WA	• Wassereindringwiderstand
• Art der Verwendung des Betons (z. B. unbewehrter Beton, Stahlbeton, Spannbeton)	• Abriebwiderstand
	• Spaltzugfestigkeit
	• andere technische Anforderungen (z. B. besondere Einbringungsverfahren, besondere Anforderungen an die Oberflächenbeschaffenheit)

Beton nach Zusammensetzung wird festgelegt, indem der Besteller die Betonausgangstoffe und die Betonzusammensetzung zum Erreichen der Eigenschaften bestimmt. Er ist verantwortlich dafür, dass der gelieferte Beton die erwarteten Eigenschaften erfüllt. Der Betonhersteller garantiert die festgelegte Betonzusammensetzung. Dazu ist dem Betonhersteller anzugeben:

Grundlegende Anforderungen	Zusätzliche Anforderungen
• Bezug auf DIN EN 206-1 und DIN 1045-2	• Herkunft der Betonausgangstoffe
• Zementgehalt	• zusätzliche Anforderungen an die Gesteinskörnung
• Zementart und Festigkeitsklasse des Zements	
• *w/z*-Wert oder Konsistenzklasse	• Anforderung an die Frischbetontemperatur bei Lieferung
• Art der Gesteinskörnung	
• Nennwert des Größtkorn der Gesteinskörnung	• andere technische Eigenschaften
• Verwendung von Zusatzmitteln oder -stoffen	

Standardbeton ist nur begrenzt einsetzbar. Seine Verwendung beschränkt sich auf Betonteile aus Normalbeton der Druckfestigkeitsklasse ≤ C16/20 und der Expositionsklasse ≤ XC2. Soll Standardbeton geliefert werden, so ist dem Betonwerk anzugeben:

- Druckfestigkeitsklasse
- Expositionsklassen
- Festigkeitsentwicklung
- Nennwert des Größtkorns der Gesteinskörnung
- Feuchtigkeitsklassen WO oder WF oder WA

9.2.5.2 Bestellung

Da die Frischbetonzusammensetzung während der Lieferung nicht mehr verändert werden darf, ist vor der Bestellung ein geeigneter Beton auszuwählen.

Im Transportbetonwerk nimmt der für die Disposition zuständige Mitarbeiter die Bestellung des Betons entgegen. Bei der Bestellung sind **Empfänger, Anschrift der Baustelle,** gegebenenfalls **Anfahrtsweg sowie Liefertermin** und **Betonmenge** anzugeben. Wenn keine anderen Vereinbarungen getroffen werden, wählt man die **Betonsorte** entsprechend dem **Sortenverzeichnis** des Transportbetonwerks aus **(Tabelle 1)**.

Dies beinhaltet Angaben über Art und Festigkeitsklasse des Zements und Art der Gesteinskörnung. Darüber hinaus wird der Besteller des Betons über die Art und Menge der Zusatzmittel bzw. Zusatzstoffe sowie die Konsistenz und die Festigkeitsentwicklung des Betons informiert. Diese Angaben, auf der Grundlage der Forderungen der EN 201, sind erforderlich, damit der sachgerechte Einbau sichergestellt werden kann und erforderliche Nachbehandlungsmaßnahmen geplant werden können.

Tabelle 1: Betonsortenverzeichnis (Auszug)

Beton-Sorten-Nr.	Festig-keits-klasse C	Zement-und Zusatz-stoff-gehalt (kg/m³)	Konsis-tenz	Zement Art, Festig-keits-klasse	Zement Gehalt (kg/m³)	Wasser Gehalt (kg/m³)	w/z-Wert	Zusatz-stoff Art	Zusatz-stoff Gehalt (kg/m³)	Gesteinskörnung (trocken) Art, Sieblinienbereich Größtkorn (mm)	Gesteinskörnung (trocken) Gehalt (kg/m³)	Zusatz-mittel Art	Zusatz-mittel Gehalt % v. Z. G.	Festig-keits-entwick-lung
Beton für unbewehrte Bauteile – steife Konsistenz															
1111	8/10	120	C1	CEM I 32,5 R	100	140	1,40	FA	20	Kies A/B 32	2170	–	–	–
2111	16/20	180	C1	CEM I 32,5 R	150	150	1,00	FA	30	Kies A/B 32	2090	–	–	–
3111	16/20	205	C1	CEM I 32,5 R	175	150	0,86	FA	30	Kies A/B 32	2070	–	–	–
Stahlbeton – weiche Konsistenz															
23221	16/20	250	F2	CEM I 32,5 R	250	176	0,70	–	–	Kies A/B 16	1975	BV	0,5	mittel
24221	25/30	320	F2	CEM I 32,5 R	260	175	0,67	FA	60	Kies A/B 16	1890	BV	0,5	mittel
Stahlbeton – weiche Konsistenz – für Außenbauteile															
24311	25/30	300	F2	CEM I 32,5 R	300	165	0,55	–	–	Kies A/B 32	1950	BV	0,5	mittel
25222	35/45	320	F2	CEM I 42,5 R	315	170	0,53	–	–	Kies A/B 16	1925	BV	0,5	mittel
26222	35/45	320	F2	CEM I 42,5 R	315	170	0,53	–	–	Kies A/B 16	1870	BV	0,5	schnell

9.2.5.3 Transport

Der werkgemischte Frischbeton wird in Transportbetonmischern (Fahrmischer) zur Baustelle befördert **(Bild 1)**.

Bei Baustellenbeton kann der Beton auch mit dem Lkw zu einer Nachbarbaustelle transportiert werden. Der Beton ist während des Beförderns vor schädlichen Witterungseinflüssen (Hitze, Kälte, Niederschlag, Wind) zu schützen. Es darf insbesondere kein Zementleim verloren gehen.

Bild 1: Fahrmischer

9.2.5.4 Übergabe

Kontrolle des Lieferscheins

Der Abnehmer auf der Baustelle erhält vor dem Entladen einen nummerierten Lieferschein **(Bild 1)**. Dieser ist von dem Beauftragten des Lieferers bzw. Abnehmers zu unterschreiben.

Bild 1: Transportbeton-Lieferschein

Nach DIN 1045 muss der Lieferschein je nach Festlegung des Betons insbesondere nachfolgende Angaben enthalten:

- Name des Betonwerks, ggf. mit Nachweis der Überwachung durch z. B. Güte- oder Überwachungszeichen,
- Empfänger der Lieferung und Baustelle,
- Betonmenge in m³ verdichteten Frischbetons,
- Expositionsklasse(n),
- Betonfestigkeitsklasse,
- Konsistenz des Betons und Festigkeitsentwicklung,

- Angabe, Einzelheiten oder Verweis auf die Angaben bei der Bestellung, z. B. Nummer der Betonsorte,
- Eignung (z. B. für unbewehrten oder bewehrten Beton),
- Name des Abnehmers,
- Fahrzeugnummer,
- Datum und Uhrzeit des Be- bzw. Entladens.

Kontrolle des gelieferten Betons

Vor dem Entleeren des Mischfahrzeuges wird eine Probe zur Prüfung des gelieferten Betons entnommen (**Bild 1**). Damit werden Prüfkörper hergestellt und es wird die Konsistenz überprüft. Ist die Konsistenz des Betons zum Zeitpunkt der Übergabe höher als festgelegt, ist der Beton zurückzuweisen. Bei Beton mit steiferer Konsistenz lässt DIN 1045 eine Veränderung der Konsistenz zu. Dies gilt für die Zugabe von Zusatzmitteln und Wasser in Verantwortung des Herstellers. Dazu muss das Mischfahrzeug über eine geeignete Dosiereinrichtung verfügen. Der Beton muss nach der Zugabe erneut durchmischt werden. Die nachträgliche Zugabe ist auf dem Lieferschein zu vermerken.

Auf der Baustelle ist dafür zu sorgen, dass die Mischfahrzeuge spätestens 90 Minuten nach der ersten Wasserzugabe zum Zement vollständig entleert sind. Bei Transport des Betons in Fahrzeugen ohne Rührwerk muss Beton steifer Konsistenz spätestens 45 Minuten nach dem Mischen vollständig entladen sein. Bei warmer Witterung oder starker Sonneneinstrahlung muss diese Zeit verkürzt werden, um ein Austrocknen des Betons zu verhindern.

Bild 1: Kontrolle des Betons

9.2.6 Einbau

Vor dem Einbau des Betons sind wichtige **Vorarbeiten** durchzuführen (**Bild 2**):

- Alle Verunreinigungen sind aus der Schalung zu entfernen.

- Holzschalungen werden vorgenässt, damit die Fugen durch das Quellen des Holzes dicht werden und der Feinmörtel beim Verdichten nicht austreten kann. Außerdem entzieht eine trockene Holzschalung einen Teil des Wassers und erschwert das Ausschalen. Dies wird durch das Aufsprühen eines Trennmittels verhindert.

- Die Schalung mit ihren Spannstellen und Aussteifungen ist auf ihre Standsicherheit zu prüfen.

- Bei Stahlbetonarbeiten ist nachzuprüfen, ob die Bewehrung mit genügend Abstandhaltern versehen ist. Verunreinigungen, z. B. Schalöle, die den Verbund zwischen Beton und Bewehrung beeinträchtigen, sind sorgfältig zu entfernen.

- Bei Deckenplatten sind Abziehlehren einzubauen, welche die Betondeckung der oberen Bewehrungslage sicherstellen.

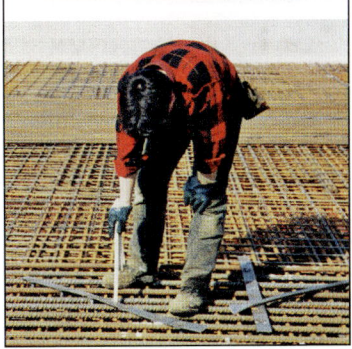

Bild 2: Vorarbeiten

9.2.6.1 Fördern

Das Fördern beginnt mit der Entleerung des Fahrzeuges an der Baustelle und endet an der jeweiligen Einbaustelle. Der Frischbeton darf sich beim Fördern nicht entmischen, darum ist die Art des Förderns von der jeweiligen Konsistenz des Frischbetons abhängig. Außerdem ist die Wahl des Fördermittels, z. B. Krankübel, Pumpe, Förderband oder Rutsche, abhängig von der jeweiligen Baustelle, der Einbauleistung, der Förderhöhe und der Förderweite.

In **Krankübeln** wird vorwiegend plastischer und weicher Beton gefördert (**Bild 3**). Der Einsatz von **Förderbändern** ist vorwiegend für plastischen Beton geeignet.

Bild 3: Fördern mit Krankübel

Bild 1: Pumpen von Beton

Bild 2: Einbringen und Verdichten

mit Kartätsche

mit Flügelglätter

Bild 3: Glätten der Betonoberfläche

Beton kann auch an den Einbauort gepumpt werden (**Bild 1**). Betonpumpen sind meist auf einem Lkw-Fahrgestell montiert und besitzen hydraulisch bewegbare zwei- oder dreiteilige Knickausleger. Das Fördern mit **Betonpumpen** erfordert eine besondere Betonzusammensetzung. Gepumpter Beton muss gut zusammenhalten, soll kein Wasser absondern, sich gut verformen lassen und eine gleichmäßige Konsistenz (plastisch) aufweisen. Weicher Beton mit hohem Wasserzusatz ist für das Pumpen ungeeignet, da er sich unter dem Pumpdruck entmischen und eine Verstopfung der Rohrleitung verursachen kann.

Betonverflüssiger oder Fließmittel verbessern die Pumpfähigkeit und erleichtern das Einbringen des Betons. Außerdem bewirkt der verringerte *w/z*-Wert ein geringeres Schwinden des Frischbetons.

Die Gesteinskörnung sollte im Sieblinienbereich ③ liegen, das Größtkorn 32 mm und die Kornform möglichst rund sein.

9.2.6.2 Einbringen

Nach dem Fördern beginnt das Einbringen in das Bauteil und Verdichten des Betons (**Bild 2**). Um Betriebsunterbrechungen zu verhindern, müssen Maschinen und Geräte auf ihre Funktionstüchtigkeit geprüft werden. Bei größeren Betonierabschnitten sind Ersatzgeräte bereitzustellen.

Bei wandartigen Bauteilen sollte der Beton in Lagen gleicher Dicke möglichst waagerecht eingebracht werden. Die Dicke der Schüttlagen ist von der Art der Verdichtungsgeräte abhängig. Sie beträgt bei Innenrüttlern höchstens 50 cm, bei Außenrüttlern höchstens 20 cm.

Der Betoneinbau soll vom verdichteten Beton weg erfolgen, da sonst Luft eingeschlossen wird und Entmischungen auftreten. Anschließend ist die Oberfläche zu glätten (**Bild 3**).

Während des Betonierens ist darauf zu achten, dass Bewehrung, Verankerungen und Schalung nicht verschoben werden. Beim Betonieren von Schrägen wird mit der **Schleppschalung** gearbeitet.

Gewölbte und gebogene Bauteile müssen symmetrisch von den Kämpfern und Auflagern zum Scheitel hin betoniert werden, damit die Form der Schalung erhalten bleibt. Kann ein Bauteil nicht in einem Arbeitsgang betoniert werden, so sind **Arbeitsfugen** einzuplanen.

Wegen der Entmischungsgefahr soll der Beton beim Einbringen möglichst sanft in die Schalung gleiten. Der Beton sollte bei Wänden und Stützen beim Einbringen nicht gegen die Schalung prallen.

Die **Fallhöhe** sollte möglichst gering sein, damit sich der Beton nicht entmischt. Rutschen oder Verteilungsschläuche von Pumpen sind bis kurz über die Einbaustelle zu führen **(Bild 1)**. Bei Fallhöhen über 2 m werden Fallrohre eingesetzt, um ein Entmischen des Betons zu verhindern.

Arbeitsfugen

Kann ein Bauteil oder Bauwerk nicht in einem Arbeitsgang betoniert werden, so sind unvermeidbare Arbeitsfugen bereits vor der Bauausführung einzuplanen (Seite 462). Sie sind so herzustellen, dass durch eine dichte und feste Verbindung zwischen Alt- und Neubeton die Kräfte zuverlässig übertragen werden. Dies kann durch Abtreppungen, Verzahnungen oder durch den Einbau von Fugenbändern erreicht werden. Dazu verwendet man z. B. Kunststoffbänder aus PVC oder Kunstkautschuk und gepresste Injektionsschläuche (Seite 463). Ein Abschrägen der Fuge ist vor allem bei Fundamenten wegen der Gleitgefahr zu unterlassen. Die Fugenfläche ist aufzurauen und die Zementfeinschicht und lose Betonteile sind zu entfernen. Muss an trockenen, älteren Beton anbetoniert werden, so ist dieser vorher genügend lange anzufeuchten, damit dem jungen Beton kein Wasser entzogen wird. Zum Zeitpunkt des Anbetonierens sollte die Oberfläche des älteren Betons etwas angetrocknet sein und nur noch matt glänzen. Herausstehende Anschlussbewehrung ist von Betonresten gründlich zu säubern, damit diese sich mit dem frischen Beton gut verbindet.

9.2.6.3 Verdichten

Die wichtigsten Eigenschaften des Festbetons, seine Druckfestigkeit und Wasserundurchlässigkeit, sind von einer guten Verdichtung abhängig. Bei Stahlbeton muss die Bewehrung hohlraumfrei von Beton umschlossen sein, damit der Korrosionsschutz gewährleistet ist.

Voraussetzung für eine gute Verdichtung ist eine Betonzusammensetzung, bei der die kleineren Bestandteile die Hohlräume zwischen den größeren Körnern ausfüllen. Der Zementmörtel sorgt dabei für die Umlagerung des Korngefüges. Außerdem muss noch genügend Zementmörtel vorhanden sein, der die noch verbliebenen kleinen Hohlräume schließt. Die Verdichtungsmöglichkeit von Beton ist begrenzt. Beton mit 1 % bis 1,5 % Luftporenanteil in fein verteilter Form bezeichnet man als vollständig verdichtet.

Geräte zur Betonverdichtung

Verdichtungsgeräte erzeugen mechanische Schwingungen, die auf den Frischbeton übertragen werden. Die Schwingungen werden in der Regel durch Fliehkräfte erzeugt, wobei eine Masse in einem bestimmten Abstand zum Schwerpunkt des Schwingungserzeugers rotiert.

Der Antrieb kann durch Verbrennungs-, Elektro- oder Druckluftmotoren erfolgen. Nach ihrem Einsatz unterscheidet man **Innenrüttler** (Tauchrüttler), **Außenrüttler** (Schalungsrüttler), **Oberflächenrüttler** (Rüttelbohlen) und **Stampfer (Bild 2)**.

Bei elektrischen Verdichtungsgeräten sind entsprechende Schutzmaßnahmen erforderlich.

Bild 1: Richtige Fallhöhe

Maschinen-
stampfer   Außenrüttler

Innenrüttler

Bild 2: Verdichtungsgeräte

Bild 1: Verdichten mit dem Maschinenstampfer

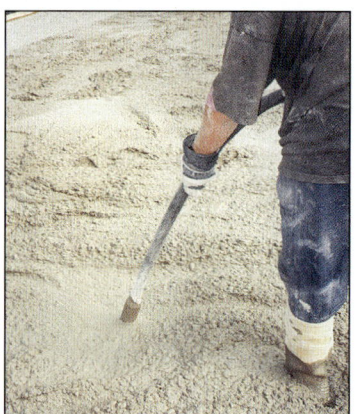

Bild 2: Verdichten mit dem Innenrüttler

50 cm bis 60 cm

50 cm bis 60 cm

Bild 3: Abstände der Eintauchstellen

Verdichtungsverfahren

Beton kann entsprechend seiner Konsistenz nach verschiedenen Verfahren verdichtet werden.

Durch **Stampfen** mit **Maschinen- oder Handstampfern** kann steifer Beton verdichtet werden **(Bild 1)**.

Voraussetzung für den Einsatz von Maschinenstampfern sind verhältnismäßig große Querschnittsabmessungen der Bauteile, die nicht oder nur schwach bewehrt sind. Es ist lagenweise zu stampfen. Die fertig verdichtete Lage sollte nicht dicker als 15 cm sein. Das Stampfen kann beendet werden, wenn der Beton weich wird und eine geschlossene Oberfläche aufweist.

Durch **Rütteln** wird plastischer Beton verdichtet. Beim Verdichten mit dem **Innenrüttler** wird die Rüttelflasche in den frisch eingebrachten Beton eingetaucht **(Bild 2)**. Dabei breiten sich Schwingungen kreisförmig aus. Die Rüttelflasche sinkt durch ihr Eigengewicht in den Beton und beim langsamen Herausziehen schließt sich die Eintauchstelle.

Die Größe des Rüttlers ist auf die Bauteilabmessungen und auf den Abstand der Bewehrung abzustimmen. Große Rüttler lassen sich bei enger Schalung nicht einsetzen, da diese von den erzeugten Kräften auseinandergedrückt würde. Bei geringen Abständen der Bewehrungsstäbe sind Rüttelflaschen mit kleinem Durchmesser vorzusehen und die Abstände der Eintauchstellen entsprechend zu verkleinern. Gegebenenfalls sind besondere Rüttelgassen notwendig.

Beim Verdichten mit Innenrüttlern ist folgendermaßen zu verfahren:

- **Beton ist gleichmäßig zu verteilen, dann zu verdichten.** Beton niemals mit dem Rüttler verteilen (Entmischungsgefahr).

- **Die Rüttelflasche ist rasch einzutauchen und dabei senkrecht zu führen.** Es ist so lange zu rütteln, bis keine Luftblasen mehr austreten und sich an der Rüttelstelle eine ebene kreisförmige Fläche bildet.

- **Die Rüttelflasche ist langsam herauszuziehen,** damit sich eine **geschlossene** Oberfläche bilden kann, an der sich eine geringfügige Menge Mörtelschlempe ansammelt.

- **Die Abstände der Eintauchstellen sind so zu wählen, dass keine unverdichteten Zwickel verbleiben (Bild 3).** Als Faustformel kann bei Geräten mittlerer Leistungsstärke angenommen werden, dass der Abstand der Eintauchstellen in cm nicht größer sein sollte, als der Flaschendurchmesser in mm beträgt. In der Praxis wird ein **Abstand** von 50 cm bis 60 cm als obere Grenze angesehen.

- **Zu langes Rütteln kann zum Entmischen des Betons führen.** Dabei setzt sich wässriger Zementleim an der Oberfläche ab.

- **Die Rüttelflasche ist nur 10 cm bis 20 cm an die Schalung heranzuführen,** da diese sonst mitschwingen würde und sich der Beton im Bereich der Schalhaut entmischen könnte. Dies würde zu ungleichmäßigen Betonoberflächen führen, die insbesondere bei Sichtbeton unerwünscht sind.

- **Rüttelgeräte dürfen nicht gegen die Bewehrung geführt werden.** Dadurch könnte die Rüttelflasche beschädigt werden. Außerdem könnte sich der Beton von der Bewehrung teilweise lösen. Dies würde durch Abscheiden von Wasser im unmittelbaren Bereich der Bewehrungsstähle sichtbar werden (**Bild 1**).

- **Bei Bauteilen, die in mehreren Lagen geschüttet werden, z.B. Wände, soll die nachfolgende Betonschicht spätestens nach einer Stunde gerüttelt werden.** Der Rüttler muss 10 cm bis 20 cm in die untere, bereits verdichtete Schicht eingetaucht werden (**Bild 2**). Dadurch wird die vorhandene Mörtelschlempe der unteren Schicht mit der neuen Schüttlage vermischt und eine gute Verbindung der Lagen erreicht.

- **Die Schütthöhen sind auf die Verdichtungswirkung der Innenrüttler abzustimmen.** Bei Geräten mittlerer Leistung, wie sie auf Baustellen des Wohnungs- und Industriebaus verwendet werden, soll die Schütthöhe zwischen 40 cm und 60 cm liegen.

- **Frischer Beton kann nachverdichtet werden.** Dadurch werden Hohlräume unter waagerechten Bewehrungsstäben sowie Schrumpf- und Senkrisse geschlossen. Ein Nachrütteln ist nur möglich, solange der Beton wieder plastisch wird und sich nach dem Herausziehen der Rüttelflasche wieder schließt.

- **Nach Beendigung des Rüttelvorganges ist der Rüttler aus dem Beton herauszunehmen und erst dann abzuschalten.**

Bild 1: Verdichten an Rüttelgassen, Rütteln an Schalung und Bewehrung vermeiden

Bild 2: Betonieren mehrerer Lagen

Außenrüttler werden hauptsächlich bei der Herstellung von Betonfertigteilen und im Betonwerk eingesetzt. Da die Verdichtungswirkung in der Tiefe nur etwa 25 cm beträgt, eignet sich diese Verdichtungsart vorwiegend für schlanke Bauteile, wie z. B. Wände, Balken und Bauteile mit hochwertigen Sichtbetonflächen. Die Rüttler werden an den Schalungssteifen befestigt (**Bild 3**). Dadurch ist eine gleichmäßige Fortleitung der Schwingungen gewährleistet. Es ist darauf zu achten, dass der Außenrüttler senkrecht zur Hauptaussteifung wirkt. Der Abstand der Außenrüttler richtet sich nach der Größe der Rüttler, nach der Betonzusammensetzung und der Art der Schalung. Der Beton soll steifer sein als bei der Anwendung von Innenrüttlern. Es sollte z. B. der Wasserzementwert um 0,40 und das Ausbreitmaß zwischen 28 cm und 36 cm liegen.

Durch **Stochern** wird vor allem weicher und fließfähiger Beton verdichtet (**Bild 4**). Dieser darf nicht mit den üblichen Rüttelgeräten verdichtet werden, da sonst eine Entmischung eintritt. Der beim Schütten zusammenhängend bis fließende Beton muss bereits während des Einbringens gestochert werden, bis alle Luftblasen vollständig entwichen sind und ein gleichmäßig dichtes Gefüge entstehen kann.

Selbstverdichtender Beton (SVB)

Das Rütteln mit Innenrüttlern muss entfallen, wenn man selbstverdichtenden Beton einsetzt. Durch Zugabe bestimmter Mengen Hochleistungsfließmittel in Verbindung mit hohem Mehlkorngehalt der Gesteinskörnung erhält der selbstverdichtende Beton eine besonders gute Fließfähigkeit (Viskosität), ohne sich zu entmischen.

Es entstehen porenfreie Oberflächen der Betonbauteile. Selbstständiger Höhenausgleich über mehrere Meter erleichtert das Verteilen des Betons. Mit selbstverdichtendem Beton lassen sich auch Bauteile mit engliegender Bewehrung oder komplizierten Bauformen ohne besonderen Verdichtungsaufwand herstellen.

Bild 3: Außenrüttler

Bild 4: Verdichten durch Stochern

9.2.6.4 Nachbehandeln

Der frisch eingebrachte und verdichtete Beton (junger Beton) muss nachbehandelt und vor schädigenden Einflüssen geschützt werden, damit die geforderten Eigenschaften des Festbetons auch erreicht werden. Dies gilt nicht nur für die oberflächennahen Bereiche, sondern auch für den Innenbereich der betonierten Bauteile. So wird z. B. durch starke Sonneneinstrahlung oder starken Wind dem frischen Beton rasch Feuchtigkeit entzogen. Dadurch wird die Festigkeitsentwicklung nachteilig beeinflusst und es besteht die Gefahr, dass sich an der Oberfläche Frühschwindrisse bilden, die sich bis in das Innere des Bauteils fortsetzen können. Diese vermindern die Festigkeit und verringern die Wasserundurchlässigkeit, die Witterungsbeständigkeit und die Widerstandsfähigkeit gegen chemische Angriffe. Außerdem neigt die Oberfläche des Betons zu starkem Absanden. Auch der noch frische Beton nicht geschalter, freiliegender Oberflächen muss gegen Regen geschützt werden.

Mit den Nachbehandlungsmaßnahmen soll unmittelbar nach dem Einbau begonnen werden.

Abdecken mit Jutebahnen

Besprühen

Abdecken mit Dämm-Matten

Bild 1: Maßnahmen der Nachbehandlung

Maßnahmen zur Nachbehandlung sind:

- Aufbringen feuchter Abdeckungen,
- gleichmäßiges Besprühen (nicht Anspritzen) mit nicht zu kaltem Wasser,
- Feuchthalten der Holzschalung,
- Stahlschalung vor starker Sonneneinstrahlung schützen,
- Abdecken mit Dämm-Matten,
- Abdecken mit Kunststoff-Folien,
- Auftragen von schutzfilmbildenden Nachbehandlungsmitteln und
- Belassen des Frischbetons in der Schalung über die Ausschalfristen hinaus.

Die Nachbehandlungsmaßnahmen verhindern:

- vorzeitiges Austrocknen, vor allem durch Wind und Sonneneinstrahlung,
- ein hohes inneres Temperaturgefälle,
- niedrige Temperaturen oder Frost im Beton und rasches Abkühlen in den ersten Tagen nach dem Betonieren,
- Auswaschen durch Regen und fließendes Wasser und
- Erschütterungen oder Stöße (z. B. frühes Ausschalen, starker Lkw-Verkehr), die zur Rissbildung führen und den Verbund zwischen Bewehrung und Beton beeinträchtigen.

Die Maßnahmen der Nachbehandlung können einzeln oder zusammen angewendet werden **(Bild 1)**.

Dauer der Nachbehandlung

DIN 1045-3 legt für die **Dauer der Nachbehandlung** Mindestfristen in Tagen fest **(Tabelle 1)**. Grundlage dafür sind entweder die Oberflächentemperatur υ oder die Frischbetontemperatur υ_{fb} zum Einbauzeitpunkt. Die Dauer der Nachbehandlung richtet sich nach den Expositionsklassen (Seite 312) und der Festigkeitsentwicklung des Betons r bei 20 °C. Diese ergibt sich aus dem Verhältnis der Mittelwerte der Druckfestigkeiten nach 2 Tagen und nach 28 Tagen (f_{cm2}/f_{cm28}). Dabei dürfen Zwischenwerte eingeschaltet werden. Für Betonoberflächen, die einer Verschleißbeanspruchung entsprechend der Expositionsklasse XM ausgesetzt sind, muss der Beton solange nachbehandelt werden, bis die Festigkeit des oberflächennahen Betons 70 % der charakteristischen Festigkeit des Betons erreicht hat. Dies ist z. B. der Fall bei Industriefußböden, die durch luftbereifte Fahrzeuge, Gabelstapler oder Kettenfahrzeuge befahren werden. Wird kein genauer Nachweis geführt, müssen die Werte der Tabelle 1 verdoppelt werden.

Tabelle 1: Mindestdauer für die Nachbehandlung von Beton bei den Expositionsklassen nach DIN 1045-3 (außer X0, XC1 und XM)

Festigkeitsentwicklung des Betons $r = f_{cm2}/f_{cm28}$		schnell $r \geq 0{,}50$		mittel $r \geq 0{,}30$		langsam $r \geq 0{,}15$		sehr langsam $r < 0{,}50$
Oberflächentemperatur υ in °C [3)4)]	Frischbetontemperatur υ_{fb} in °C [5)]	Mindestdauer in Tagen [1)]						
$\upsilon \geq 25$		1		2		2		3
$25 > \upsilon \geq 15$	$\upsilon_{fb} \geq 15$	1	1	2	2	4	4	5
$15 > \upsilon \geq 10$	$15 > \upsilon_{fb} \geq 10$	2	2	4	4	7	7	10
$10 > \upsilon \geq 5$ [2)]	$10 > \upsilon_{fb} \geq 5$	3	4	6	8	10	14	15

[1)] Bei mehr als 5 h Verarbeitungszeit ist die Nachbehandlungsdauer angemessen zu verlängern.
[2)] Bei Temperaturen unter + 5 °C ist die Nachbehandlungsdauer um die Zeit zu verlängern, während derer die Temperatur unter + 5 °C lag.
[3)] Anstelle der Oberflächentemperatur des Betons darf die Lufttemperatur angesetzt werden.
[4)] Gilt nicht für X0, XC1 und XM.   [5)] Gilt nur für XC2, XC3, XC4 und XF1

9.2.6.5 Recycling von Restbeton

Nicht mehr benötigter Frischbeton wird gegen Gebühr zurückgeführt und in werkseigenen Recyclinganlagen durch Auswaschen entmischt **(Bild 1)**. Der von Zement befreite Restzuschlag und das Restwasser werden wiederverwendet. Dies dient der umweltfreundlichen Herstellung von Beton.

9.2.6.6 Betonieren unter besonderen Bedingungen

Nicht selten kommt es vor, dass unter besonderen Bedingungen betoniert werden muss. Solche Bedingungen liegen vor z. B. bei kühler Witterung und bei der Herstellung von massigen Bauteilen (Massenbeton).

Bild 1: Recyclinganlage eines Betonwerkes

Betonieren bei kühler Witterung und bei Frost

Die Umgebungstemperatur des Betons hat auf die Festigkeitsentwicklung des Betons einen erheblichen Einfluss. Bei niedrigen Betontemperaturen erhärtet der Beton langsamer als bei mittleren. So benötigt z. B. ein Beton, der bei 5 °C gelagert wird, etwa die doppelte Zeit, bis er die gleiche Festigkeit erreicht hat, wie ein Beton mit einer Lagerungstemperatur von 20 °C.

Treten Temperaturen unterhalb des Gefrierpunktes auf, so kann die Hydratation zum Stillstand kommen. Außerdem dehnt sich das nicht gebundene Wasser im Frischbeton nach mehrfachen Frost-Tauwechseln aus. Die Folge sind Gefügelockerungen, Festigkeitsverluste und Frostabsprengungen. Ist der Beton bereits soweit erhärtet, dass seine Druckfestigkeit mehr als 5 N/mm² beträgt, so ist er gegenüber einmaligem Gefrieren ausreichend widerstandsfähig. Die Ausschalfrist ist jedoch um die Zeitspanne zu verlängern, in der die Betontemperatur unter 0 °C abgesunken war. Daher muss dafür gesorgt werden, dass der Beton gerade bei niedrigen Temperaturen zügig erhärtet und ein Durchfrieren erst dann eintritt, wenn der Beton genügend Festigkeit aufweist. Der Beton ist einen Monat lang vor Schnee und Regen zu schützen und darf im ersten Winter nicht mit Streusalz in Verbindung kommen.

Tabelle 1: Erforderliche Temperaturen des Frischbetons

Zement-gehalt/-art	Lufttemperatur	Frischbeton-temperatur
> 240 kg/m³	+ 5 °C bis – 3 °C	> + 5 °C bis ≤ + 30 °C
< 240 kg/m³ oder LH-Zemente	+ 5 °C bis – 3 °C	≥ + 10 °C bis ≤ + 30 °C
allgemein	< – 3 °C	+ 10 °C bis ≤ + 30 °C

Zusätzlich gilt:
Frischbeton darf erst dann durchfrieren, wenn seine Temperatur vorher 3 Tage lang +10 °C nicht unterschritten hat oder seine Druckfestigkeit ≥ 5 N/mm² beträgt.

Nach DIN 1045-3 darf die Temperatur des Frischbetons in Abhängigkeit von der Lufttemperatur und der Zementmenge bzw. der Zementart bestimmte Werte nicht unterschreiten (Tabelle 1).

Bei Maßnahmen zur Erwärmung des Frischbetons, außer Dampfzuführung, darf die Temperatur des Frischbetons jedoch + 30 °C nicht überschreiten. Die Frischbetontemperatur muss also mindestens + 5 °C betragen und darf + 30 °C nicht überschreiten. Betontemperaturen über + 30 °C führen zu einem schnellen Ansteifen und Erstarren, zu schlechter Verarbeitbarkeit, zu größerem Schwinden, zu höheren Frühfestigkeiten und zu geringer Endfestigkeit.

Zum Schutz des frischen Betons sind darum folgende Maßnahmen zu ergreifen:

Maßnahmen bei der Betonherstellung

- Das Zugabewasser bzw. die Gesteinskörnung sind zu erwärmen. Nie gefrorene Gesteinskörnung verwenden!

- Es sind Zemente höherer Festigkeitsklassen zu verwenden. Diese erhärten schneller und entwickeln mehr Wärme als Zemente niedriger Festigkeitsklassen.

- Der Zementgehalt ist zur Beschleunigung der Festigkeitsentwicklung zu erhöhen.

- Der Wasserzementwert ist herabzusetzen. Das führt zu schnellerem Erstarren und Erhärten bei gleichzeitig höherer Wärmeentwicklung.

- In besonderen Fällen sind Erstarrungsbeschleuniger (BE) nach vorheriger Eignungsprüfung zuzugeben. Bei Spannbeton sind allerdings chlorhaltige Erstarrungsbeschleuniger verboten.

Maßnahmen bei Transport und Einbringung

- Die Transportgeräte sind gegen Wärmeentzug zu dämmen. Transportbänder und offene Rutschen sollen nicht verwendet werden.

- Der vorgewärmte Beton ist möglichst in eine vorgewärmte Schalung einzubauen und sofort zu verdichten.

- Schalungsflächen und Bewehrung sind von Schnee und Eis freizuhalten, z. B. mit Warmluft- oder Flammgeräten, jedoch nie mit Wasserstrahl.

- Es darf nicht gegen gefrorene Bauteile oder gefrorenen Grund betoniert werden.

- Die Betontemperatur ist in den ersten 3 Tagen möglichst auf + 10 °C zu halten. Angrenzende Räume sind zu beheizen.

9.2.6.7 Sonderbetoniertechniken

Als Sonderbetoniertechniken bezeichnet man Betonierverfahren, die in einem oder mehreren Teilarbeitsgängen von der üblichen Betonverarbeitung abweichen.

Vakuumbeton

Unter Vakuumbeton versteht man ein Betonierverfahren, bei dem im Innern des Betons ein Unterdruck erzeugt wird, während gleichzeitig der atmosphärische Druck auf die Betonoberfläche einwirkt. Dadurch wird dem Frischbeton ein Teil des nicht zur Hydratation erforderlichen Wassers entzogen (**Bild 1**). Durch die besondere Behandlung des Frischbetons wird z. B. die Schwindrissbildung vermindert. Es entstehen dichte und verschleißfeste Betonoberflächen. Außerdem erreicht man durch dieses Verfahren schon sehr früh hohe Festigkeiten, wodurch sich die Ausschalfristen verkürzen, eine frühzeitige Nutzung der Oberfläche möglich ist und der Beton eine hohe Frostbeständigkeit erhält.

Der Frischbeton wird zunächst in üblicher Weise eingebaut, verdichtet und abgezogen. Unmittelbar nach dem Abziehen werden auf der Betonoberfläche Filtermatten aus Kunststoff ausgelegt. Diese haben auf der dem Beton abgewandten Seite luftgefüllte Noppen. Durch winzige Löcher in den Filtermatten wird das überschüssige Wasser abgesogen. Auf die Filtermatten werden „Vakuumteppiche", das sind wasser- und luftundurchlässige, synthetische Spezialgewebe, aufgelegt und mit einer Schlauchleitung an ein Vakuum-Aggregat (Unterdruckpumpe) angeschlossen. Dieses Gerät erzeugt zwischen Betonoberfläche und Vakuumteppich einen Unterdruck. Aus der Differenz zwischen Unterdruck und normalem Luftdruck ergibt sich ein Druck von etwa 0,09 N/mm², der den Beton zusammendrückt. Das überschüssige Wasser wird über Dränkanäle, die sich zwischen Vakuumteppich und Filtermatten bilden, durch die Löcher gepresst. Über die Schlauchleitung wird es zur Vakuumpumpe geleitet und in einem Behälter aufgefangen. Nach Entfernen der Vakuumanlage wird die Betonoberfläche geglättet und nachbehandelt (**Bild 2**).

Angewendet wird dieses Verfahren z. B. bei der Herstellung der Fahrbahnplatten von Brücken sowie verschleißfester Böden im Industrie- und Verwaltungsbau und in Parkhäusern. Der Einbau eines Estrichs entfällt wegen der hohen Qualität der Oberfläche. Durch die geringe Wassereindringtiefe eignet sich dieses Verfahren auch zum Bau von Kläranlagen und Reinwasserspeichern.

Bild 1: Prinzip des Vakuumverfahrens

Einbringen des Betons und Abziehen

Auslegen von Filtermatte und Vakuumteppich

Glätten der bearbeiteten Oberfläche

Bild 2: Arbeitsschritte beim Vakuumverfahren

Bild 1: Einbau von Unterwasserbeton

Bild 2: Einbau von Unterwasserbeton (schematisch)

Bild 3: Nassspritzverfahren im Tunnelbau

Unterwasserbeton

Unterwasserbeton wird eingesetzt bei Betonierarbeiten in ruhig stehendem Wasser. Der Frischbeton muss unter Wasser so eingebaut werden, dass vor dem Erhärtungsbeginn kein Auswaschen des Zementleims oder der Feinstteile stattfinden kann. Erforderlich ist ein gut zusammenhaltender Beton mit einem Mindestzementgehalt von 350 kg/m³, einem w/z-Wert $\leq 0,60$ und einer weich bis fließfähigen Konsistenz. Im Allgemeinen werden für diesen Beton Zemente der Festigkeitsklasse $\geq 42,5$ R verwendet. Bei einer geeigneten Kornzusammensetzung ist dieser Beton wasserundurchlässig. Wegen der Gefahr einer starken Wasseranreicherung im oberflächennahen Bereich des Frischbetons darf dieser nicht verdichtet werden.

Der Einbau muss zügig mit gleichmäßigem Betonfluss erfolgen. Unterwasserbeton kann z. B. im Pumpverfahren eingebracht werden **(Bild 1)**. Bei diesem Verfahren wird durch den Druck einer Betonpumpe der Frischbeton jeweils in die bereits vorhandene Betonmasse hineingedrückt. Man verwendet dazu leistungsstarke Betonpumpen mit Knickausleger. Damit der Auslauf an der Baugrubensohle erfolgt, wird am Schlauchende ein Stahlrohr befestigt, dessen Länge größer ist als die Wassertiefe. Dadurch wird verhindert, dass die Förderleitung durch den Pumpendruck aus der Betonmasse herausgehoben wird **(Bild 2)**. Der Betonierfortschritt wird mithilfe einer Peileinrichtung, z. B. mit Laser, überwacht.

Angewendet wird Unterwasserbeton für Bauwerke und Bauwerksteile, für die eine Wasserhaltung unzweckmäßig ist. Das Anwendungsgebiet umfasst z. B. die Herstellung von Sohlplatten bei Tunnel- und Hafenanlagen, das Betonieren von Bohrpfählen im Grundwasserbereich, bei Uferbefestigungen und Kläranlagen.

Spritzbeton

Spritzbeton kann z. B. im Trockenspritzverfahren (Torkretieren) und im Nassspritzverfahren eingebracht werden. Beim **Trockenspritzverfahren** wird ein Trockengemisch aus Gesteinskörnung und Zement im Luftstrom durch Schläuche gedrückt, vor dem Austreten mit Wasser vermengt und unter Schleuderdruck auf die vorbereitete Auftragsfläche gespritzt.

Beim **Nassspritzverfahren** wird anstelle eines Trockengemisches ein fertig gemischter Beton verwendet. Spritzbeton eignet sich zum Auftragen dünner Betonschichten auf Flächen jeder Neigung, z. B. bei Sanierungsarbeiten, zur Sicherung von Böschungen und im Tunnelbau **(Bild 3)**.

9.3 Festbeton

Unter Festbeton versteht man den erhärteten Beton. Er muss den für das Bauteil vorher festgelegten Anforderungen entsprechen **(Bild 1)**.

9.3.1 Eigenschaften

Beton hat die Aufgabe, Lasten zu übertragen. Gefordert wird daher eine der Beanspruchung entsprechende Druckfestigkeit. Wird Beton durch Biegung auf Zug belastet, bekommt er Risse oder bricht. Formänderungen unter Belastung bezeichnet man als **Kriechen,** Formänderungen aufgrund der Volumenverringerung des Betons während des Hydratationsvorgangs als **Schwinden.**

Um die Widerstandsfähigkeit gegenüber Rissbildung durch Formveränderungen zu verbessern, kann **Faserbeton** eingesetzt werden.

Hierbei handelt es sich um Beton, bei dem zusätzlich zur Gesteinskörnung Fasern beigemischt werden. Als Fasern verwendet man Stahlfasern, Fasern aus Faserbeton, Glasfasern, Kunststofffasern oder Kohlenstofffasern.

Diese Fasern können zwar die Bewehrung nicht ersetzen, vermindern jedoch die Rissbildung und erhöhen die Zugfestigkeit des Betons oder der Gesteinskörnung.

Das Gefüge des Betons soll so dicht sein, dass Korrosionsschutz gewährleistet ist. Bei Verwendung von Beton für Außenbauteile wird **Frostbeständigkeit** gefordert. Bei guter Verdichtung ist der Porengehalt im Beton zwar gering, **Wasserundurchlässigkeit** lässt sich zielsicher z. B. nur durch Zugabe von Zusatzmitteln und Zusatzstoffen und Auswahl der Gesteinskörnung eines geeigneten Sieblinienbereiches erreichen.

Beton hat wegen seiner großen Rohdichte eine schlechte Wärmedämmfähigkeit, jedoch eine gute Luftschalldämmung. Sein starres Gefüge bewirkt eine unzureichende Körper- und Trittschalldämmung von Bauteilen, z. B. bei Geschossdecken im Wohnungsbau.

Die **Druckfestigkeit** ist die wichtigste Eigenschaft des Betons. Diese ist von der Zementfestigkeitsklasse, dem Wasserzementwert und der Kornzusammensetzung der Gesteinskörnung abhängig. Beton aus grobkörniger Gesteinskörnung hat weniger Berührungsstellen der Körner und es entstehen mehr Hohlräume (Haufwerksporen), als bei Beton aus gemischtkörniger Gesteinskörnung. Diese müssen mit Zementleim ausgefüllt werden. Es ist darum eine Kornzusammensetzung der Regelsieblinie Bereich ③ anzustreben, weil dann bei möglichst vielen Berührungspunkten der Gesteinskörner wenig Luftporen vorhanden sind.

Beton – Einsatz im Hochbau

Beton – Einsatz im Ingenieurbau

Beton – Einsatz im Tiefbau

Bild 1: Beispiele für den Einsatz von Beton

Klärbecken aus wasserundurchlässigem Beton

Fahrbahn aus Beton mit hohem Frost-Tausalz-Widerstand

Klärschlamm-Faulbehälter aus Beton mit hohem Widerstand gegen chemische Angriffe

Bild 1: Einsatz von Beton mit besonderen Eigenschaften

Das Erhärten beginnt 12 Stunden nach dem Mischen des Betons. Nach 3 Tagen hat er, z. B. bei Verwendung von Zement CEM 32,5 R und einer Außentemperatur von + 20 °C zwischen 50 % und 60 % seiner Festigkeit erreicht. Nach 7 Tagen beträgt seine Festigkeit 65 % bis 85 % und nach 28 Tagen muss der Beton seine **Mindestdruckfestigkeit** erreicht haben. Eine weitere Erhärtung ist möglich. Diese wird für die zulässige Beanspruchung des Betons jedoch nicht mehr berücksichtigt.

Betone mit besonderen Eigenschaften

Wenn an Bauteile besondere Anforderungen, wie z. B. Wasserundurchlässigkeit oder Widerstandsfähigkeit gegen chemische Stoffe oder starke mechanische Beanspruchungen, gestellt werden, verwendet man geeigneten Beton aus den Expositionsklassen XD, XF, XA oder XM **(Bild 1)**.

Wasserundurchlässiger Beton (WU-Beton) für Bauteile mit einer Dicke von etwa 10 cm bis 40 cm muss so dicht sein, dass die Wassereindringungstiefe 50 mm nicht überschreitet. Um dies zu erreichen, darf der Wasserzementwert nicht über 0,60, bei dickeren Bauteilen nicht über 0,70 liegen.

Beton mit hohem Frostwiderstand ist zu verwenden, wenn dieser in durchfeuchtetem Zustand schroffen Frost-Tau-Wechseln ausgesetzt ist. Wenn die Bauteile zusätzlich noch durch Tausalze beansprucht werden, verwendet man **Beton mit hohem Frost- und Tausalzwiderstand**. In beiden Fällen ist wasserundurchlässiger Beton notwendig. Die Gesteinskörnung muss erhöhten Frostwiderstand (eF) aufweisen. Der Wasserzementwert darf die in der Norm festgelegten Grenzwerte nicht überschreiten. Gegebenenfalls ist eine begrenzte Zugabe von luftporenbildenden Betonzusatzmitteln erforderlich. Für Beton, der einem starken Frost-Tausalz-Angriff, wie z. B. bei Betonfahrbahnen und Parkdecks, ausgesetzt ist, sind Zementarten CEM I, CEM II der Festigkeitsklasse 32,5 N oder CEM III der Festigkeitsklasse 42,5 N zu verwenden.

Beton mit hohem Widerstand gegen chemische Angriffe wird festgelegt durch die Dichte und den w/z-Wert des Betons. Bei starker SO_4-Belastung der Bauteile, z. B. durch Rauchgase, schadstoffbelastete Böden und Industrieabwässer, wird Zement mit hohem Sulfatwiderstand gefordert.

Beton für hohe Gebrauchstemperaturen bis 250 °C ist mit Gesteinskörnungen herzustellen, die eine möglichst kleine Wärmeausdehnung haben, z. B. mit Kalkstein. Der Beton ist doppelt so lange nachzubehandeln, wie dies unter ungünstigsten Bedingungen gefordert wird. Vor der ersten Erhitzung soll der Beton ausgetrocknet sein.

Zur Vermeidung von Rissen soll die erste Erhitzung langsam erfolgen.

Beton mit hohem Verschleißwiderstand muss besonders starker mechanischer Beanspruchung stand-halten, z. B. durch starken Verkehr, rutschendes Schüttgut, durch stark strömendes und Feststoffe führendes Wasser sowie häufige Stöße, durch die Bewegung schwerer Gegenstände. Die Körner der Gesteinskörnung bis 4 mm Korngröße müssen überwiegend aus Quarz oder aus Stoffen mindestens gleicher Härte be-stehen. Für das gröbere Korn sollen Gestein oder künstlich hergestellte Stoffe mit hohem Verschleißwi-derstand verwendet werden. Bei besonders hoher Beanspruchung sind Hartstoffe geeignet, wie z. B. Me-tallschlacken oder Metallspäne.

Bei allen Gesteinskörnungen wird eine mäßig raue Oberfläche und eine gedrungene Form der Körner ge-fordert. Die Gesteinskörnung soll möglichst grobkörnig sein und nahe der Sieblinie A oder bei Ausfall-körnung zwischen den Sieblinien B und U liegen. Der Beton ist nach dem Einbau mindestens doppelt so lange wie üblicherweise gefordert nachzubehandeln.

9.3.2 Festbetonklassifizierung

Neben der Klassifizierung des Betons nach der Rohdichte und der Konsistenz wird der Beton nach der Druckfestigkeit (Druckfestigkeitsklassen) und den Umgebungsbedingungen (Expositionsklassen sowie Feuchtigkeitsklassen) eingeteilt.

9.3.2.1 Druckfestigkeitsklassen

Die geforderte Mindestdruckfestigkeit richtet sich nach den Anforderungen an den Beton im Bauteil. In DIN EN 206 wird Beton mit C (Concrete) abgekürzt und die Betone in **Festigkeitsklassen** eingeteilt (**Tabelle 1**). Die Zuordnung des Betons in die jeweilige Festigkeit erfolgt durch **Festigkeitsprüfungen** an erhärteten Probekörpern nach 28 Tagen Lagerung. Nach DIN 1045 wird die Druckfestigkeit an Probewürfeln mit einer Kantenlänge von 150 mm festgestellt, wenn nichts anderes vereinbart wird. Nach DIN EN 206 sind auch zylindrische Prüfkörper mit 150 mm Durchmesser und 300 mm Höhe zulässig. Die jeweilige Festigkeit wird als charakteristische Festigkeit des Probekörpers angegeben und bei zylindrischen Probekörpern mit $f_{ck,cyl}$ und bei würfelförmigen Probekörpern mit $f_{ck,cube}$ bezeichnet. Es ist diejenige Festigkeit, die erwartungs-gemäß nur von 5 % aller möglichen Messwerte unterschritten wird.

Tabelle 1: Druckfestigkeitsklassen für Normalbeton (C) und Schwerbeton (HC) nach DIN EN 206

Druckfestigkeits-klasse	Charakteristische Mindestdruckfestig-keit von Zylindern $f_{ck,cyl}$ N/mm²	Charakteristische Mindestdruckfestig-keit von Würfeln $f_{ck,cube}$ N/mm²	Druckfestig-keitsklasse	Charakteristische Mindestdruckfestig-keit von Zylindern $f_{ck,cyl}$ N/mm²	Charakteristische Mindestdruckfestig-keit von Würfeln $f_{ck,cube}$ N/mm²
C8/10	8	10	C45/55	45	55
C12/15	12	15	C50/60	50	60
C16/20	16	20	C55/67	55	67
C20/25	20	25	C60/75	60	75
C25/30	25	30	C70/85	70	85
C30/37	30	37	C80/95	80	95
C35/45	35	45	C90/105	90	105
C40/50	40	50	C100/115	100	115

9.3.2.2 Expositionsklassen und Feuchtigkeitsklassen

Betonbauteile sind äußeren Einflüssen ausgesetzt. Diese können zu Schäden am Bauteil führen. Ist z. B. ein Betonbauteil ständiger Feuchtigkeit und Frost ausgesetzt, so wird die dichte Betonstruktur zerstört und die Bewehrung nicht mehr vor Korrosion geschützt. Auch chemische Einflüsse, z. B. Tausalz oder Meer-wasser, können Schäden an Bauteilen hervorrufen.

Für die Zusammensetzung des Betons sind daher Einflüsse zu berücksichtigen, denen das spätere Bauteil ausgesetzt ist. Unterschieden werden Einwirkungen auf die Bewehrung im Beton (Bewehrungskorrosion) sowie auf den Beton selbst (Betonangriff). Die unterschiedlichen Umgebungsbedingungen werden nach der Art des schädigenden Einflusses in acht Klassen eingeteilt. Diese bezeichnet man als **Expositionsklas-sen**, abgekürzt X (**Tabelle 1,** Seite 314).

Einige Gesteinskörnungen enthalten alkaliempfindliche Bestandteile, die in Verbindung mit bestimmten Zementarten zu einer Volumensvergrößerung und damit der Zerstörung des Betongefüges (Alkali-Kieselsäure-Reaktion) führen. Die Größe dieses Einflusses hängt unter anderem ab von den das Bauteil umgebenden Feuchtigkeitsbedingungen. DIN 1045 legt Feuchtigkeitsklassen (W) fest und beschreibt die Bedingungen, denen ein Bauteil ausgesetzt ist. Geeignete Maßnahmen zur Vermeidung von Schäden, z. B. Verwendung von NA-Zementen oder Vergrößerung der Betondeckung, sind in der Alkali-Richtlinie des DafStB festgelegt.

1 Kein Korrosions- oder Angriffsrisiko (XO = **O**hne Angriff),

2 Bewehrungskorrosion, ausgelöst durch Karbonatisierung (XC = **C**arbonation),

3 Bewehrungskorrosion, verursacht durch Chloride, ausgenommen Meerwasser (XD = **D**eicing Salt),

4 Bewehrungskorrosion, verursacht durch Chloride aus Meerwasser (XS = **S**eawater),

5 Frostangriff mit oder ohne Taumittel (XF = **F**reezing),

6 Chemischer Betonangriff, z. B. durch natürliche Böden oder Abwässer (XA = Chemical **A**cid) und

7 Betonangriff durch Verschleißbeanspruchung (XM = **M**ecanical Abrasion),

8 Betonkorrosion durch schädigende Alkalireaktion bei Feuchtigkeitsklassen WO, WF, WA und WS.

Ein Betonbauteil kann jedoch auch mehreren Einflüssen ausgesetzt sein. Dies kann dann durch die Kombination von Expositionsklassen und Feuchtigkeitsklassen ausgedrückt werden. Damit der Beton für ein Bauteil die gewünschte Eigenschaft erreicht, legt DIN 1045 Grenzwerte für den Mindestzementgehalt und höchstzulässige *w/z*-Werte für die zu verwendenden Druckfestigkeitsklassen fest **(Tabelle 1)**. Kleinere Mindestzementgehalte sind bei Anrechnung von Betonzusatzstoffen möglich (Seite 100).

Tabelle 1: Expositionsklassen und Grenzwerte für die Zusammensetzung und Eigenschaften von Beton nach DIN 1045

Expositions- klasse	Beschreibung der Umgebung	Druck- festigkeits- klasse	Mindest- zement- gehalt in kg/m³	Höchst- zulässiger *w/z*-Wert	Bauteile (Beispiele)
1 Kein Korrosions- oder Angriffsrisiko					
XO	für Beton ohne Bewehrung	C8/10	–	–	Fundamente (ohne Frosteinwirkung), Innenbauteile, unbewehrt
2 Bewehrungskorrosion, ausgelöst durch Karbonatisierung					
XC1	trocken/ständig nass	C16/20	240	0,75	Innenbauteile mit üblicher Luftfeuchte einschließlich Küchen, Bäder und Waschküchen, bewehrt
XC2	nass, selten trocken	C16/20	240	0,75	Fundamente, Kellerwände im Erdbereich unter GOK, bewehrt, Sohlplatten (ohne Frosteinwirkung)
XC3	mäßige Feuchte	C20/25	260	0,65	Bauteile mit Zugang der Außenluft, bewehrt
XC4	wechselnd nass und trocken	C20/25	280	0,60	Bauteile im Freien, bewehrt, Bauteile mit hohem Wassereindringwiderstand, Kellerwände über GOK
3 Bewehrungskorrosion, verursacht durch Chloride, ausgenommen Meerwasser					
XD1	mäßige Feuchte	C30/37	300	0,55	Bauteile im Freien, mit Einwirkung von Frost (horizontal), Tausalzsprühnebel
XD2	nass, selten trocken	C35/45	320	0,50	
XD3	wechselnd nass und trocken	C35/45	320	0,45	Bauteile im Freien, mit Einwirkung von Frost (vertikal), Tausalzsprühnebel
4 Bewehrungskorrosion, verursacht durch Chloride aus Meerwasser					
XS1	salzhaltige Luft, aber kein unmittelbarer Kontakt mit Meerwasser	C30/37	300	0,55	Außenbauteile in Küstennähe, z. B. Wehr- und Sperrwerkspfeiler
XS2	unter Wasser	C35/45	320	0,50	Bauteile in Hafenanlagen, die ständig unter Wasser liegen, z. B. Sperrwerkssohlen
XS3	Tidebereiche, Spritzwasser- und Sprühnebel- bereiche	C35/45	320	0,45	Kaimauern in Hafenanlagen, Schleusenwände

Tabelle 1: Expositionsklassen und Grenzwerte für die Zusammensetzung und Eigenschaften von Beton nach DIN 1045

Exposi-tions-klasse	Beschreibung der Umgebung	Druck-festigkeits-klasse	Mindest-zement-gehalt in kg/m³	Höchst-zulässiger w/z-Wert	Bauteile (Beispiele)
5 Frostangriff mit und ohne Taumittel					
XF1	mäßige Wasser-sättigung, ohne Taumittel	C25/30	280	0,60	Außenbauteile
XF2	mäßige Wasser-sättigung, mit Taumittel	C25/30	300	0,55	Bauteile im Sprühnebel- oder Spritzwasserbereich von Taumittel behandelten Verkehrsflächen, soweit nicht XF4, Bauteile im Sprühnebelbereich von Meerwasser
		C35/45	320	0,50	
XF3	hohe Wasser-sättigung, ohne Taumittel	C25/30	300	0,55	Offene Wasserbehälter, Bauteile in der Wasser-wechselzone von Süßwasser
XF4	hohe Wasser-sättigung, mit Taumittel	C30/37	320	0,50	Verkehrsflächen, die mit Taumittel behandelt werden, überwiegend horizontale Bauteile im Spritzwasserbereich von Taumittel behandelten Verkehrsflächen
6 Betonkorrosion durch chemischen Angriff					
XA1	chemisch schwach angreifende Umgebung	C25/30	280	0,60	Kellerwände im Erdreich und wasserundurchlässi-ge Baukörper mit schwachem chemischen Angriff, Behälter von Kläranlagen, Güllebehälter
XA2	chemisch mäßig angreifende Umgebung	C35/45	320	0,50	Kellerwände im Erdreich und wasserundurchlässi-ge Baukörper mit mäßigem chemischen Angriff, Betonbauteile, die mit Meerwasser in Berührung kommen
XA3	chemisch stark angreifende Umgebung	C35/45	320	0,45	Industrieabwasseranlagen mit chemisch angrei-fenden Abwässern, Gärfuttersilos, Kühltürme mit Rauchgasableitung
7 Betonkorrosion durch Verschleißbeanspruchung					
XM1	mäßige Verschleiß-beanspruchung	C30/37	300	0,55	Tragende oder aussteifende Industrieböden mit Beanspruchung durch luftbereifte Fahrzeuge
XM2	starke Verschleiß-beanspruchung	C30/37	300	0,55	Tragende oder aussteifende Industrieböden mit Beanspruchung durch luft- oder vollgummibereifte Gabelstapler
		C35/45	320	0,45	
XM3	sehr starke Verschleiß-beanspruchung	C35/45	320	0,45	Oberflächen, die häufig mit Kettenfahrzeugen befahren werden
8 Betonkorrosion infolge Alkali-Kieselsäure-Reaktion					
Feuchtigkeits-klasse	Umgebung				Beispiele
WO	Beton, der nach normaler Nachbehandlung nicht länger feucht und nach Austrocknen während der Nutzung weitgehend trocken bleibt				Innenbauteile des Hochbaus, Außenbauteile ohne Einwirkung von Niederschlags-wasser, Oberflächenwasser und Bodenfeuchte
WF	Beton, der während der Nutzung häufig oder längere Zeit feucht ist				Ungeschützte Außenbauteile, Innenbauteile in Feuchträumen
WA	Beton, der zusätzlich zu der Beanspruchung nach Klasse WF häufiger oder langzeitiger Alkalizufuhr von außen ausgesetzt ist				Betonbauteile mit Meerwassereinwirkung, Tausalz-Einwirkung, z. B. Parkhäuser
WS	Beton, der hoher dynamischer Beanspruchung und direktem Alkalieintrag ausgesetzt ist				Bauteile unter Tausalzeinwirkung mit zusätzlich hoher dynamischer Beanspruchung, z. B. Betonfahr-bahnen

**Bild 1: Prüfstelle eines Transport-
betonwerks**

9.4 Qualitätssicherung

Zur Sicherung der Qualität des Betons unterliegt dieser einer ständigen Kontrolle. Die Kontrolle des Betons erfolgt sowohl im Transportbetonwerk als auch durch das Bauunternehmen. Dazu können eigene Prüfstellen (Eigenüberwachung) eingerichtet werden **(Bild 1)**. Daneben kann als Fremdüberwachung eine anerkannte Prüfstelle mit der Überwachung beauftragt werden. Die Qualitätssicherung umfasst die Produktionskontrolle und die Konformitätskontrolle.

9.4.1 Produktionskontrolle

Bei der Produktionskontrolle im Transportbetonwerk werden in einer **Erstprüfung** durch eine anerkannte Überwachungsstelle die Eignung des Personals, die Lagerung der Ausgangsstoffe sowie die Dosierungs- und Mischeinrichtungen überprüft. Auch die Einrichtungen zur Durchführung von Betonprüfungen werden kontrolliert.

In einem Bewertungsbericht werden die Ergebnisse der Kontrolle aufgezeichnet. Werden alle Anforderungen an die Herstellung von Beton erfüllt, so erhält das Transportbetonwerk eine **Zertifizierung des Betons** durch eine Zertifizierungsstelle **(Bild 2)**. In **Regelüberwachungen** wird überprüft, ob die Voraussetzungen für eine normgerechte Produktion aufrecht erhalten bleibt.

DIN EN 206-1
DIN 1045-2

Bild 2: Zertifizierungszeichen

9.4.2 Konformitätskontrolle

Zur Produktionskontrolle im Transportbetonwerk gehört auch die Überwachung des hergestellten Betons in Form einer Konformitätskontrolle. Hierbei wird überprüft, ob der hergestellte Beton mit der Festlegung übereinstimmt. Geprüft wird nach genormten Prüfverfahren nach einem vorher festgelegten Prüfplan. Unterschieden wird dabei die Konformitätskontrolle des Betons nach Eigenschaften und der Konformitätskontrolle des Betons nach Zusammensetzung und Standardbeton. Dabei werden überprüft:

für Beton nach Eigenschaften (Regelfall):
- Druckfestigkeit,
- Spaltzugfestigkeit,
- Rohdichte,
- Wasserzementwert,
- Zementgehalt,
- Konsistenz,
- Luftporengehalt,
- Chloridgehalt.

für Beton nach Zusammensetzung und Standardbeton:
- Zementgehalt,
- Nennwert des Größtkorns,
- Kornverteilung oder Sieblinie,
- Wasserzementwert,
- Gehalt an Zusatzstoffen/Zusatzmitteln,
- Konsistenz.

Tabelle 1: Überwachungsklassen für Normal- und Schwerbeton nach DIN 1045

	Überwachungsklasse 1	Überwachungsklasse 2	Überwachungsklasse 3
Druckfestigkeitsklasse	≤ C25/30	≥ C30/37 und ≤ C50/60	≥ C55/67
Expositionsklasse	X0, XC, XF1	XS, XD, XA XM ≥ XF2	–
Besondere Eigenschaften		z. B. WU-Beton, Unterwasserbeton	–

Auf der Baustelle muss nach DIN 1045 das Unternehmen neben der Überwachung z. B. von Gerüsten, Schalungen und Bewehrung auch eine Konformitätskontrolle des gelieferten Betons durchführen.

Beim Einbau von Standardbeton beschränkt sich die Überwachung auf den richtigen Einbau und die Überprüfung der Lieferscheine.

Wird Beton nach Zusammensetzung oder Beton nach Eigenschaften eingebaut, so müssen einerseits die Betoneigenschaften und andererseits der fachgerechte Einbau des Betons kontrolliert werden. Die Art der Überwachung und deren Häufigkeit ist abhängig von der jeweiligen **Überwachungsklasse (Tabelle 1)**.

9.4.2.1 Konformitätskontrolle für Frischbeton

Die Überwachung der Konformität des Betons mit dem gelieferten Beton findet sowohl im Betonwerk als auch auf der Baustelle statt. Die Art, der Umfang und der Zeitpunkt der Prüfung sind unterschiedlich festgelegt und richten sich nach der Art der Festlegung des Betons und der Überwachungsklasse **(Tabelle 2)**. Das Unternehmen muss dabei über eine ständige Überwachungsstelle (Eigenüberwachung) verfügen. Die Eignung unterliegt der Kontrolle durch eine anerkannte Prüfstelle (Fremdüberwachung).

Tabelle 1: Umfang und Häufigkeit der Frischbetonprüfung auf der Baustelle nach DIN 1045-3

Gegenstand	Prüfverfahren	Häufigkeit der Prüfung für Überwachungsklasse		
		1	2	3
Lieferschein	Augenscheinprüfung	jedes Lieferfahrzeug		
Konsistenz	Augenscheinprüfung	Stichprobe	beim ersten Einbringen, bei der Herstellung von Prüfkörpern, in Zweifelsfällen	
	nach DIN EN 12350	nur in Zweifelsfällen		
Frischbeton-rohdichte	nach DIN EN 12350	bei der Herstellung von Prüfkörpern und in Zweifelsfällen		
Gleichmäßig-keit des Betons	Augenscheinprüfung	Stichprobe	jedes Lieferfahrzeug	
	Eigenschaftsvergleich	nur in Zweifelsfällen		

Wird Beton nach Zusammensetzung als Transportbeton an die Baustelle geliefert, so erfolgt die Durchführung der Prüfung des Betons durch den Unternehmer wie die Prüfung des Betons nach Eigenschaften im Betonwerk.

9.4.2.2 Konformitätsprüfung für Festbeton

Die durchzuführenden Güteprüfungen dienen dem Nachweis, dass der für den Einbau hergestellte Beton die geforderten Eigenschaften erreicht. Die Erhärtungsprüfung gibt einen Anhalt über die Festigkeit des Betons im Bauwerk zu einem bestimmten Zeitpunkt. Sie wird mit Probekörpern oder am Bauteil selbst durchgeführt.

Erhärtungsprüfung mit Probekörpern

Bei der Festigkeitsprüfung nach DIN EN 12390 werden Probekörper in einer Presse bis zu ihrer Zerstörung belastet. An einer Messuhr oder einem Display kann die zur Zerstörung notwendige Kraft abgelesen werden **(Bild 1)**. Daraus lässt sich die Druckfestigkeit, d.h. das Verhältnis von Kraft zur Flächeneinheit in N/mm², ermitteln. Die Druckfestigkeit ist an mehreren Probekörpern festzustellen.

Bild 1: Erhärtungsprüfung

Probekörper sind in der Regel Würfel mit einer Kantenlänge von 15 cm. Im Geltungsbereich der DIN EN 206 sind auch zylindrische Probekörper mit 150 mm Durchmesser und 300 mm Länge zur Prüfung zugelassen **(Bild 2)**.

Die nach dem Abdrücken festgestellte Würfeldruckfestigkeit wird mit $f_{ck,cube}$ bezeichnet. Bei Verwendung von zylindrischen Probekörpern wird sie mit $f_{ck,cyl}$ bezeichnet. Die Druckfestigkeitsprüfung wird in der Regel nach 28 Tagen durchgeführt. Dieser Wert ist für die Einteilung des Betons in die Festigkeitsklassen maßgebend.

Prüfwürfel   Prüfzylinder

Bild 2: Formen für Prüfkörper

Betonfamilien

Die Überwachung des Betons kann vereinfacht und verbessert werden, wenn man Betone zu Betonfamilien zusammenfasst. Dies gilt insbesondere bei der Verwendung zahlreicher Betone unterschiedlicher

Bohrkern

Bild 1: Entnahme eines Bohrkerns

Zusammensetzung. Veränderungen der Eigenschaften bei der Produktion können frühzeitiger erkannt werden als dies bei getrennter Prüfung einzelner Betone möglich ist. Grundlage zur Bildung einer Betonfamilie sind z. B. die Verwendung von Zementen gleicher Art, Festigkeitsklasse und Herkunft, Gesteinskörnungen gleicher Art und Herkunft. Auch Betone mit einem begrenzten Bereich von Festigkeitsklassen, z. B. C8/10 bis C25/30, können zu einer Betonfamilie zusammengefasst und zueinander in Beziehung gesetzt werden. Dazu ist für jede Betonfamilie ein Referenzbeton festzulegen, auf dessen Prüfergebnisse die Ergebnisse der anderen Mitglieder der Familie umgerechnet werden müssen.

Erhärtungsprüfung an Bauteilen

Bild 2: Prüfung mit dem Rückprallhammer

Soll die Druckfestigkeit des Betons am bereits fertigen Bauteil geprüft werden, können Proben herausgestemmt und in Würfelform geschnitten werden. Eine weitere Möglichkeit besteht darin, zylinderförmige Probekörper als Bohrkerne dem Bauteil zu entnehmen (**Bild 1**). Diese werden nach Abgleichen der Oberfläche zur Feststellung der Druckfestigkeit abgepresst.

Bei der zerstörungsfreien Prüfung wird am fertigen Bauteil mit dem Rückprallhammer die Oberflächenhärte ermittelt. Dabei ist der vorne herausragende Schlagbolzen möglichst rechtwinklig zur Betonoberfläche anzusetzen (**Bild 2**). Diese ist vorher gegebenenfalls abzuschleifen. Durch Druck gegen den Beton wird eine Feder gespannt, die den Schlagbolzen auslöst und gegen den Beton schlagen lässt. Der Bolzen prallt zurück. Bei noch angedrücktem Rückprallhammer wird die Rückprallstrecke abgelesen.

Je größer die Rückprallstrecke, desto härter ist der Beton. Bei diesem Prüfverfahren schließt man von der Oberflächenhärte auf die Druckfestigkeit des Betons.

Aufgaben

1 Erläutern Sie den Erhärtungsvorgang und die Festigkeitsentwicklung des Betons.

2 Beschreiben Sie die Bedeutung einer zu hohen Zugabewassermenge für die Eigenschaften des Betons.

3 Erläutern Sie Möglichkeiten zur Veränderung der Konsistenz eines Betons.

4 Nennen Sie die Prüfverfahren für Betone mit plastischer bzw. steifer Konsistenz.

5 Begründen Sie die Tatsache, dass die Bestandteile des Betons nach Masseteilen und nicht nach Raumteilen zugegeben werden.

6 Geben Sie die Gesichtspunkte an, nach denen ein geeigneter Beton ausgewählt wird.

7 Beschreiben Sie in diesem Zusammenhang die Bedeutung der Zuordnung eines Betons zu einer Expositionsklasse.

8 Nennen Sie die erforderlichen Maßnahmen bei der Übergabe von Transportbeton auf der Baustelle.

9 Erklären Sie die Art der Baustelle für ihre Zuordnung zu einer Überwachungsklasse.

10 Erläutern Sie die Maßnahmen, die vor dem Einbringen des Betons erforderlich sind.

11 Nennen Sie die Regeln für das Verdichten des Betons.

12 Begründen Sie die Nachbehandlungsregeln des eingebrachten Betons.

13 Erläutern Sie die Möglichkeiten der Nachbehandlung des Betons.

14 Erläutern Sie die Vorteile des Vakuumverfahrens.

15 Erläutern Sie die Verwendbarkeit von Standardbeton.

16 Zu welchem Zeitpunkt erfolgt die Druckfestigkeitsprüfung?

9.5 Leichtbeton

Beton mit einer Trockenrohdichte von höchstens 2,0 kg/dm³ und einer Gesteinskörnung aus dichtem oder porigem Gefüge wird in DIN 1045 als Leichtbeton mit der Kurzbezeichnung LB, in EN 206 mit der Kurzbezeichnung LC bezeichnet. Leichtbeton besitzt gegenüber Normalbeton einen erheblich größeren Porenanteil. Außerdem unterscheidet sich dieser von Normalbeton durch seine Zusammensetzung und seine Eigenschaften.

9.5.1 Leichtbetonarten

Den unterschiedlichen Verwendungszwecken entsprechend gibt es verschiedene Leichtbetonarten mit unterschiedlicher Art der Porigkeit (**Bild 1**). Dazu gehören Porenbeton, haufwerksporiger Leichtbeton mit dichter oder poriger Gesteinskörnung und Leichtbeton mit dichtem Gefüge und poriger Gesteinskörnung.

Porenbeton

Aus **Porenbeton** werden z. B. Mauersteine, Bauplatten und bewehrte Decken- oder Dachplatten hergestellt (**Bild 2**).

Haufwerksporiger Leichtbeton

Haufwerksporiger Leichtbeton entsteht durch Verwendung von Gesteinskörnungen mit gleicher Korngröße oder mit einer kleinen Abstufung der Korngröße. Die Zementleimmenge wird so bemessen, dass sie zur Umhüllung der Gesteinskörner ausreicht. Die Porenräume zwischen den Gesteinskörnern werden nicht gefüllt.

Haufwerksporiger Leichtbeton mit porigen Gesteinskörnungen wird wegen der guten wärmedämmtechnischen Eigenschaften und des geringen Gewichts bei der Herstellung von Stahlleichtbetondielen für Dach- und Deckenplatten, Mauersteinen und Wandplatten für leichte Trennwände eingesetzt.

Haufwerksporiger Leichtbeton mit dichter Gesteinskörnung dient beispielsweise zur Herstellung von Sickerrohren und Mauersteinen.

Leichtbeton und Stahlleichtbeton mit dichtem Gefüge und porigen Gesteinskörnungen

Leichtbeton mit dichtem Gefüge und porigen Gesteinskörnungen wird im Wohnungsbau als unbewehrter Leichtbeton, Stahlleichtbeton und Spannleichtbeton verwendet. Stahlleichtbeton und Spannleichtbeton werden auch als Konstruktionsleichtbeton bezeichnet. Aus Leichtbeton mit dichtem Gefüge werden Wandelemente, Wände und Decken gefertigt. Wegen des geringen Gewichts lassen sich auch Bauteile mit größeren Abmessungen als Fertigteile herstellen (**Bild 3**).

9.5.2 Zusammensetzung

Leichtbeton mit dichtem Gefüge und porigen Gesteinskörnungen wird aus Leichtgesteinskörnungen (Seite 91), Zement und Zugabewasser hergestellt. Die Zusammensetzung des Leichtbetons erfolgt immer aufgrund einer Eignungsprüfung. Das Größtkorn der Leichtgesteinskörnungen ist auf einen Korndurchmesser von 25 mm be-

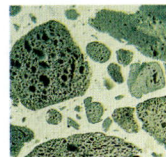

Porenbeton Porige Gesteinskörnung mit Haufwerksporen

Dichte Gesteinskörnung mit Haufwerksporen Porige Gesteinskörnung gefügedicht

Bild 1: Leichtbeton mit unterschiedlicher Porigkeit

Bild 2: Verlegen von Porenbetondachplatten

Bild 3: Bauteile aus Konstruktionsleichtbeton

Tabelle 1: Anhaltswerte für Festigkeits- und Rohdichteklassen bei Leichtbeton

Festig-keits-klasse	Rohdichteklasse	
	mit Natursand	mit Leichtsand
LC 8/9	–	ab 1,0
LC 8/9	ab 1,4	ab 1,2
LC 16/18	ab 1,4 oder ab 1,6	ab 1,2 oder ab 1,4
LC 25/28	ab 1,6	ab 1,4
LC 35/38	ab 1,4 oder ab 1,6	ab 1,4 oder ab 1,6
LC 40/44	ab 1,6	ab 1,6

Tabelle 2: Rohdichteklassen von Stahlleichtbeton

Roh-dichte-klassen	Grenzwerte der Trockenrohdichte in kg/dm³
D 1,0	≥ 0,80 und ≤ 1,00
D 1,2	> 1,00 und ≤ 1,20
D 1,4	> 1,20 und ≤ 1,40
D 1,6	> 1,40 und ≤ 1,60
D 1,8	> 1,60 und ≤ 1,80
D 2,0	> 1,80 und ≤ 2,00

Tabelle 3: Rechenwerte der Wärmeleitfähigkeit

Roh-dichte-klassen	Rechenwert der Wärmeleitfähigkeit λ_R in W/mK
D 1,0	0,49
D 1,2	0,62
D 1,4	0,79
D 1,6	1,0
D 1,8	1,3
D 2,0	1,6

Die Werte gelten nur für Gesteinskörnungen mit porigem Gefüge ohne Quarzsandzusatz.

schränkt. Für Leichtbeton höherer Festigkeit verwendet man nur Korngrößen bis 16 mm.

Die Leichtgesteinskörnung wird getrennt nach Korngruppen zugegeben. Ersetzt man einen Teil der groben Gesteinskörnung durch feine Leichtgesteinskörnung (Leichtsand) oder durch Natursand, kann eine weitere Steigerung der Druckfestigkeit erreicht werden. Allerdings erhöht sich dadurch auch die Rohdichte des Leichtbetons **(Tabelle 1)**.

Der Zementgehalt bei unbewehrtem Beton muss aus Gründen der Verarbeitbarkeit je m³ verdichteten Beton mindestens 200 kg betragen. Durch eine Erhöhung des Zementgehaltes, z. B. von 20 %, kann die Festigkeit etwa um 10 % gesteigert werden. Wegen der Wärmeentwicklung beim Erhärten in Verbindung mit der geringen Wärmeableitung soll der Zementgehalt 450 kg/m³ nicht überschreiten. Abminderungen der Zementmenge wie sie bei der Zusammensetzung von Normalbeton möglich sind, z. B. bei Zement der Festigkeitsklasse 42,5 R, sind nicht zulässig. Sind Bauteile aus Stahlleichtbeton oder Spannleichtbeton korrosionsfördernden Einflüssen, wie z. B. wechselnder Durchfeuchtung oder aggressiver Gase, ausgesetzt, so muss der Leichtbeton als wasserundurchlässiger Beton hergestellt werden.

Leichtbeton erfordert wegen des starken Saugverhaltens der Gesteinskörnung mehr Zugabewasser als Normalbeton. Die zur Zementerhärtung erforderliche Wassermenge entspricht etwa der des Normalbetons. Zusätzlich muss bei Leichtbeton noch soviel Wasser zugegeben werden wie die Leichtgesteinskörnung in 30 Minuten aufnehmen kann. Bei zu geringer Wassermenge besteht die Gefahr des „Verdurstens". Wegen des Korrosionsschutzes der Bewehrung, die aus Betonstabstählen und Betonstahlmatten hergestellt werden kann, ist eine Mindestzementmenge von 300 kg/m³ fertigen Betons einzuhalten.

Zusatzmittel, z. B. Fließmittel, müssen wegen der Saugfähigkeit der Gesteinskörner höher dosiert werden als bei Normalbeton.

9.5.3 Eigenschaften

Rohdichte

Stahlleichtbeton und Spannleichtbeton wird in 6 Rohdichteklassen mit Rohdichten zwischen 0,8 kg/m³ und 2,0 kg/m³ eingeteilt. Die Bezeichnung der Rohdichteklassen entspricht der oberen Grenze der jeweiligen Trockenrohdichte **(Tabelle 2)**. Diese wird festgestellt an Prüfmischungen, bei denen man Gesteinskörnung verwendet, die bei 105 °C getrocknet wurde.

Wärmedämmfähigkeit

Die Wärmedämmfähigkeit hängt mit der Rohdichte des Leichtbetons zusammen **(Tabelle 3)**. Je mehr Luft eingeschlossen ist und je kleiner die Luftporen sind, desto höher ist die Wärmedämmfähigkeit. Sie ist bei Leichtbeton etwa 3- bis 5-mal größer als bei Normalbeton.

Feuerwiderstand

Der Widerstand gegen Feuer beruht auf der Wärmedämmfähigkeit des Leichtbetons. Die Lufteinschlüsse verringern die Wärmeleitfähigkeit und bewirken dadurch einen besseren Schutz der Bewehrungsstäbe vor Überhitzung.

Frost-Tausalzwiderstand

Der Frost-Tausalzwiderstand bei Leichtbeton mit dichtem Gefüge entspricht dem von Normalbeton. Bei offenporigem Leichtbeton kann sich eingedrungenes Wasser beim Gefrieren im Porenraum ausdehnen, ohne Schäden zu verursachen.

Druckfestigkeit

Während bei Normalbeton die Druckfestigkeit durch die Festigkeit des Zementsteins und nicht durch die Festigkeit der Gesteinskörnung bestimmt wird, hängt die Druckfestigkeit des Leichtbetons von der Festigkeit der Gesteinskörner ab.

Da bei Leichtbeton die Druckfestigkeit des Zementsteins bereits nach 7 Tagen die Druckfestigkeit der Gesteinskörnung erreicht hat, nimmt danach die Druckfestigkeit nur noch unwesentlich zu.

Leichtbeton wird in 14 Festigkeitsgruppen eingeteilt **(Tabelle 1)**.

Tabelle 1: Druckfestigkeitsklassen für Leichtbeton (nach DIN EN 206)

Druck-festig-keits-klasse	Druckfestig-keit von Zylindern $f_{ck, cyl}$	Druckfestig-keit von Würfeln $f_{ck, cube}$	Anwendung	
LC 8/9	8	9	Für unbewehrte Bauteile[1]	Nur bei vorwiegend ruhenden Lasten
LC 12/13	12	13	Unbewehrter Leichtbeton, Stahlleichtbeton	
LC 16/18	16	18		
LC 20/22	20	22		
LC 25/28	25	28		
LC 30/33	30	33		
LC 35/38	35	38	Unbewehrter Leichtbeton, Stahl-leichtbeton und Spannleichtbeton	Auch bei nicht vorwiegend ruhenden Lasten
LC 40/44	40	44		
LC 45/50	45	50		
LC 50/55	50	55		
LC 55/60[2]	55	60	[1] Bei Stahlleichtbeton nur für unbelastete Bauteile	
LC 60/66	60	66		
LC 70/77	70	77	[2] Für hochdruckfesten Leichtbeton	
LC 80/88	80	88		

9.5.4 Verarbeitung

Leichtbeton wird wie Normalbeton verarbeitet. Wegen seines geringen Eigengewichts verteilt sich Leichtbeton beim Einbringen in die Schalung nicht so gut wie Normalbeton. Zudem ist seine Oberfläche schwieriger zu glätten als bei Normalbeton. Bei der Verarbeitung von Leichtbeton muss Folgendes beachtet werden:

- Die Betondeckung muss wegen der Porosität der Gesteinskörnung im Allgemeinen 0,5 cm größer sein als bei Normalbeton.
- Die Einbringstellen müssen gegenüber Normalbeton enger beieinander liegen.
- Die einzubringenden Lagen sind in der Höhe auf 50 cm beschränkt.
- Der Abstand der Rüttelstellen ist gegenüber Normalbeton zu halbieren, da sich die Schwingungen im Leichtbeton weniger gut ausbreiten.
- Die Rüttelzeiten sind wegen der Entmischungsgefahr zu verkürzen, da grobe Gesteinskörnung durch Rütteln zum Aufschwimmen neigt.
- Eine sorgfältige Nachbehandlung ist besonders wichtig, weil infolge der geringen Wärmeleitfähigkeit die Hydratationswärme nicht so schnell abgeführt werden kann. Dadurch entsteht zwischen Außenfläche und Kern des Bauteils ein größeres Temperaturgefälle, welches zu Rissbildung führen kann.

Aufgaben

1 Erläutern Sie die unterschiedlichen Leichtbetonarten.

2 Nennen Sie die Unterschiede zwischen Leichtbeton und Normalbeton hinsichtlich der Zusammensetzung.

3 Beschreiben Sie Merkmale des Konstruktionsleichtbetons.

4 Geben Sie Anwendungsbereiche für den Einsatz von Leichtbeton an.

5 Erläutern Sie Unterschiede zwischen den Eigenschaften von Leichtbeton und Normalbeton.

6 Begründen Sie Regelungen für die Zement- und Wasserzugabe bei Leichtbeton.

7 Unterscheiden Sie die Festigkeitsentwicklung des Leichtbetons von der des Normalbetons.

8 Erläutern Sie die Regeln, die bei der Verarbeitung von Leichtbeton einzuhalten sind.

9 Begründen Sie die besondere Sorgfalt bei der Nachbehandlung des Leichtbetons.

10 Stahlbetonbau

Unter Stahlbetonbau versteht man das Herstellen von Bauwerken oder Bauteilen aus bewehrtem Beton **(Bild 1)**. Stahlbeton kann in Ortbauweise hergestellt oder für Fertigteile verwendet werden. Stahlbetonbauteile müssen ausreichend tragfähig sein und den bauphysikalischen Anforderungen genügen. Außerdem sollen sie ansprechend gestaltet sowie wirtschaftlich in Herstellung und Instandhaltung sein.

10.1 Stahlbeton

Stahlbeton ist ein Verbundbaustoff, dessen Tragfähigkeit durch das Zusammenwirken von Stahl und Beton erreicht wird. Stahleinlagen, die als Bewehrung bezeichnet werden, können aus Betonstabstählen oder Betonstahlmatten bestehen. Die Bewehrung nimmt Zugkräfte auf, erhöht die Druckfestigkeit des Betons und schränkt die Rissbildung am Bauteil ein. Der Beton darf nur Druckkräfte aufnehmen. Er bildet die Form des Bauteils, übernimmt den Rostschutz der Bewehrung und dient dem Brandschutz.

Voraussetzungen für ein dauerhaftes Zusammenwirken von Stahl und Beton sind z.B. gegeben durch:

- etwa gleich große Wärmedehnung von Stahl und Beton im Bereich der Gebrauchstemperaturen,
- den schubfesten Verbund zwischen Beton und Bewehrung infolge Haftverbund (Adhäsion), Reibungsverbund (Reibungswiderstand) und Scherverbund (dübelartige Verzahnung von Stahloberfläche und Beton) und
- den Rostschutz der Bewehrung durch den umgebenden Beton (Betondeckung).

Bild 1: Stahlbetonbauteile

Mindestanforderungen an die Baustoffe und deren Verarbeitung schreibt DIN 1045 „Tragwerke aus Beton, Stahlbeton und Spannbeton" und Eurocode 2 vor:

- Die Mindestbetonfestigkeitsklassen in Abhängigkeit der Expositionsklassen sind zu beachten.
- Grenzwerte des Zementgehaltes und des Wasser-Zement-Wertes sind einzuhalten.
- Das Größtkorn der Gesteinskörnung darf $1/3$ der kleinsten Bauteilabmessung nicht überschreiten.
- Der überwiegende Teil der Gesteinskörnung soll kleiner sein als der Abstand der Bewehrungsstäbe untereinander bzw. der Abstand zwischen Bewehrung und Schalung.
- Die Oberfläche der Betonstähle muss frei von losem Rost, Öl, Fett und sonstigen Verschmutzungen sowie frei von Eis sein.

Bild 2: Spannungen (Trajektorien) in Stahlbetonbalken

Da die Bauteile in einem Bauwerk unterschiedlichen Einwirkungen (Aktionskräfte) ausgesetzt sind, stellen sich entsprechend unterschiedliche Spannungen durch die Reaktionskräfte ein. Die meisten Stahlbetonbauteile, z.B. Balken, Platten und Plattenbalken, werden auf Biegung beansprucht. Dabei entstehen aufgrund äußerer Einwirkungen, z.B. Eigenlast und Nutzlast, Biegemomente und Querkräfte, die im Innern des Balkens Biegezug-, Biegedruck- und Schubspannungen hervorrufen. Diese Spannungen treten gemeinsam auf, ihr Verlauf kann durch Linien der Hauptspannungsrichtungen (Trajektorien) dargestellt werden (**Bild 2**, Seite 322). Die Bewehrung sollte dem Kraftfluss der Zugspannungen folgend eingebaut werden, was nur näherungsweise möglich ist.

Für die Bemessung im Stahlbetonbau geht man von Annahmen aus, auf die sich die Rechenverfahren der Statik anwenden lassen. Bei reiner Biegung stellt sich eine Druck- und Zugzone ein. In der Zugzone erfährt der Stahl eine Dehnung, der Beton in der Druckzone eine Stauchung (**Bild 1**).

Die Verbundfestigkeit bewirkt gleiche Verformungen unter äußeren Einwirkungen. Da die Dehnfähigkeit von Stahl jedoch wesentlich größer ist als die des Betons, bekommt dieser, bei Ausnutzung der zulässigen Stahlspannung in der Zugzone, Risse. Damit der Rostschutz und das Aussehen nicht beeinträchtigt werden, ist eine Beschränkung der Rissbreiten vorgeschrieben. Diese kann z.B. durch Anordnung einer Mindestbewehrung, Abminderung der zulässigen Stahlspannung, Begrenzung der Stabdurchmesser und der Stababstände erreicht werden.

Die Tragfähigkeit und Dauerhaftigkeit von Stahlbetonbauteilen lässt sich durch die Wahl höherer Betonfestigkeitsklassen steigern.

10.1.1 Lage und Form der Bewehrung

Das Bewehren setzt die Kenntnis des Kräfteverlaufes in Stahlbetonbauteilen voraus. Die Lage und die Form der Bewehrung ist von der Beanspruchung abhängig und ist für jedes Bauteil zu bestimmen.

Bewehrung bei auf Biegung beanspruchter Bauteile

Bei einem auf Biegung beanspruchten Bauteil, z.B. einem Türsturz (Balken), entstehen im Innern des Bauteils Biegemomente und Querkräfte. Der im Beispiel genannte Türsturz wird als Träger auf zwei Stützen mit gleichmäßig verteilten Lasteinwirkungen betrachtet. Diese vereinfachte Betrachtungsweise bezeichnet man als statisches System (**Bild 2**).

Bei diesem Türsturz sind die Biegemomente in Trägermitte am größten und nehmen zu den Auflagern hin ab. Der Balken biegt sich durch. Dabei wird er im oberen Bereich gestaucht. Es entsteht Druck, auch Biegedruck genannt. Diesen Bereich nennt man deshalb Druckzone. Im unteren Bereich wird der Träger gedehnt. Man spricht in diesem Bereich von Zug oder Biegezug. Diesen Bereich bezeichnet man deshalb als Zugzone (Bild 2).

Die Querkräfte verlaufen quer (rechtwinklig) zur Trägerachse. Sie sind bei einem gleichmäßig belasteten Träger auf zwei Stützen an den Auflagern am größten und nehmen zur Trägermitte hin auf null ab. Die Querkräfte bewirken im Träger in Längsrichtung Längsschubspannungen und in Querrichtung Querschubspannungen. Die beiden Spannungen zusammen ergeben die Schubspannung. Diese verläuft schräg zur Trägerachse und wird als Schub bezeichnet. Der Schub bewirkt schräg verlaufende Zugspannungen (**Bild 1**, Seite 324). Die Schubkräfte werden von lotrechten Bügeln allein und zusammen mit aufgebogenen Stäben oder durch Schrägbügel aufgenommen. Außerdem werden die Bügelabstände häufig in Richtung des Auflagers enger gewählt (**Bild 2**, Seite 324).

Bild 1: Spannungen bei reiner Biegung

Bild 2: Biegung infolge Gleichlast

Türsturz — gleichmäßig verteilte Last

A   B
statisches System als Träger auf zwei Stützen

Querkräfte

Längsschubspannungen

Querschubspannungen

Schub   Schub

schräg wirkende Zugspannungen

Bild 1: Schub infolge Biegung

Biegedruck

Schub   Schub

Biegezug

Spannungen im Bauteil (schematisch)

④ Bügel   ① Montage-
                    stäbe

② aufgebogene   ③ gerade
    Tragstäbe   Tragstäbe

Lage der Bewehrung im Bauteil

**Bild 3: Auf Biegung beanspruchter Träger auf zwei
Stützen**

Um die Tragfähigkeit des Trägers zu gewährleisten, muss dort, wo Zug und Schub auftreten, Bewehrung eingelegt werden **(Bild 3)**. Die Bewehrung besteht in der Regel aus geraden Tragstäben, aufgebogenen Tragstäben, Bügeln und Montagestäben. Gerade Tragstäbe nehmen Zugkräfte auf. Aufgebogene Tragstäbe nehmen zusätzlich im Bereich der Aufbiegungen Schubkräfte auf. Bügel dienen hauptsächlich der Schubsicherung und stellen den Zusammenhang zwischen der Druck- und Zugzone her. Montagestäbe erleichtern die Herstellung und den Einbau der Bewehrung.

In Bauwerken gibt es außer Trägern auf zwei Stützen noch andere Bauteile, die auf Biegung beansprucht werden, z.B. über mehrere Stützen durchlaufende Träger und Kragträger **(Bild 1,** Seite 325). Um die Lage und Form der Bewehrung bestimmen zu können, ermittelt man die Querkräfte und Biegemomente und stellt sie zeichnerisch dar (Bild 1, Seite 325). Biegemomente, die unterhalb der Trägerachse liegen, erzeugen im unteren Bereich Zug; solche die oberhalb liegen, im oberen Bereich Zug. Momente, die unterhalb der Trägerachse liegen, nennt man Feldmomente; Momente, die oberhalb der Trägerachse liegen, Stützmomente. Die jeweils im Bereich der Biegemomente auftretenden Zugkräfte müssen durch die Bewehrung aufgenommen werden. Die jeweils in Auflagernähe entstehenden Schubspannungen müssen ebenfalls durch Bewehrung abgedeckt werden.

Vorwiegend auf Biegung beanspruchte Bauteile sind z.B. Balken, wie Stürze und Riegel; Platten wie Decken und Treppenläufe; Plattenbalken wie z.B. Unterzüge.

(Bild 1, Seite 325)

10.1.2 Betondeckung

Die Bewehrungsstäbe müssen zur Sicherung des Verbundes, des Korrosionsschutzes und zum Schutz gegen Brandeinwirkung eine ausreichend dicke und dichte Betondeckung erhalten. Stahlbetonbauteile müssen außerdem dauerhaft gegen chemische und physikalische Einflüsse sein. Diese Einflüsse sind in Umgebungsbedingungen klassifiziert. Dabei wird zwischen Bewehrungskorrosion

lotrechte Bügel ohne/ mit   schräge Bügel
aufgebogenen Stäben

Bild 2: Schubsicherung im auflagernahen Bereich

auslösenden und Betonangriff verursachenden Einflüssen unterschieden. Zur Gewährleistung der Dauerhaftigkeit sind je nach Expositionsklasse Mindestbetonfestigkeitsklassen und Mindestwerte der Betondeckung festgelegt (**Tabelle 1** und **Tabelle 2**, Seite 326). Als Betondeckung wird der Abstand der äußersten Bewehrungsstäbe, z.B. der Bügel, von der Schalung bzw. der Sauberkeitsschicht bezeichnet. Man unterscheidet zwischen dem Mindestmaß c_{min} und dem Nennmaß c_{nom} (**Bild 1**, Seite 326). Das Nennmaß setzt sich aus dem Mindestmaß und dem Vorhaltemaß Δc_{dev} zusammen, das für die Expositionsklasse XC1 1,0 cm und der Expositionsklassen XC2, XC3, XC4, XD und XS 1,5 cm beträgt. Mit dem Vorhaltemaß werden eventuelle Abweichungen bei der Planung und Ausführung berücksichtigt. Auf den Bewehrungszeichnungen wird das Verlegemaß c_v angegeben, das mindestens dem Nennmaß der Betondeckung entsprechen muss.

Schichten aus natürlichen oder künstlichen Steinen, Holz oder haufwerkporigem Beton dürfen nicht auf die Betondeckung angerechnet werden. Eine Vergrößerung der Betondeckung kann z.B. aus Gründen des Brandschutzes, bei Betonflächen aus Waschbeton oder bei Flächen die steinmetzmäßig bearbeitet werden, notwendig sein.

Die Betondeckung wird durch Abstandhalter im Bauteil gewährleistet, außerdem werden Verschiebungen der Bewehrung beim Einbringen und Verdichten des Betons verhindert. Punktförmige Abstandhalter werden für untere Bewehrungen, z.B. von Platten, Balken und Fundamenten sowie für Bewehrungen bei Seitenschalungen, z.B. bei Balken, Stützen und Wänden, verwendet. Als Abstandhalter für die obere Bewehrung von Platten eignen sich linienförmige Unterstützungskörbe aus Betonstahlmatten, je nach Einbauart mit oder ohne korrosionsgeschützten Standfüßen. Bei dicken Platten, z.B. Sohlplatten, baut man besondere Formen wie z.B. Rundstahlböcke ein.

Abstandhalter sind Einbauhilfen aus Kunststoff, Faserbeton oder Beton. Sie sollen einfach und schnell eingebaut werden können, widerstandsfähig gegen Bruch sein und keine Verformungen unter Last aufweisen. Abstandhalter dürfen keine Beschädigungen an der Schalhaut verursachen.

Abstandhalter aus Kunststoff sind am gebräuchlichsten, da sie hinsichtlich der Handhabung und des Zeitaufwandes beim Anbringen vorteilhaft sind (**Bild 1**, Seite 327). Die Bewehrung wird in einer dafür vorgesehenen Aussparung festgehalten. Die Berührungsfläche mit der Schalung ist gering. Kunststoff-Abstandhalter sind so geformt, dass sich eine Verzahnung mit dem Beton ergibt. Sie können bei Frost spröde oder brüchig werden oder sich bei hohen

Bild 1: Auf Biegung beanspruchte Bauteile

Temperaturen verformen. Dies wirkt sich z.B. beim Bauen im Winter nachteilig aus, besonders dann, wenn eingeschalte und bewehrte Bauteile durch Wärmeerzeuger schnee- und eisfrei gehalten werden müssen.

Für Wände, die mit Betonstahlmatten bewehrt werden, gibt es Abstandhalter, die sowohl den Abstand der Matten untereinander als auch den Abstand zur Schalung gewährleisten. Solche Abstandhalter ersetzen S-Haken.

Tabelle 1: Maße der Betondeckung in cm und Mindestfestigkeitsklasse des Betons in Abhängigkeit der Expositionsklassen (Auszug)

Expositionsklasse/ Beschreibung der Umgebung		Beispiele für die Zuordnung von Expositionsklassen	Betondeckung in mm			Mindestfestig- keitsklasse des Betons
			c_{min}	Δc_{dev}	c_{nom}	
Bewehrungskorrosion, ausgelöst durch Karbonatisierung						
XC1	trocken oder ständig nass	Innenräume mit normaler Luftfeuchte; Bauteile ständig unter Wasser	10	10	**20**	C16/20
XC2	nass, selten trocken	Teile von Wasserbehältern, Gründungsbauteile	20	15	**35**	C16/20
XC3	mäßige Luftfeuchte	Offene Hallen, Garagen, Innenräume mit hoher Luftfeuchte	20	15	**35**	C20/25
XC4	wechselnd nass und trocken	Beregnete Außenbauteile Bauteile in Wasserwechselzone	25	15	**40**	C25/30
Bewehrungskorrosion, ausgelöst durch Chloride, ausgenommen Meerwasser						
XD1	mäßige Feuchte	Bauteile im Sprühnebelbereich von Verkehrsflächen; Einzelgaragen	40	15	**55**	C30/37[1]
XD2	nass, selten trocken	Schwimmbecken und Solebäder, Bauteile die chloridhaltigen Industriewässern ausgesetzt sind	40	15	**55**	C35/45[1]
XD3	wechselnd nass und trocken	Bauteile im Spritzwasserbereich von taumittelbe- handelten Straßen, direkt befahrende Parkdecks[2]	40	15	**55**	C35/45[1]
Bewehrungskorrosion, ausgelöst durch Chloride aus Meerwasser						
XS1	salzhaltige Luft, kein Kontakt mit Meerwasser	Außenbauteile in Küstennähe	40	15	**55**	C30/37[1]
XS2	unter Wasser	Bauteile in Hafenbecken, ständig unter Wasser	40	15	**55**	C35/45[1]
XS3	Gezeitenzonen	Kaimauern in Hafenanlagen	40	15	**55**	C35/45[1]
Bewehrungskorrosion durch Verschleißbeanspruchung (ohne betontechnische Maßnahmen)						
XM1	mäßiger Verschleiß	Direkt befahrene Bauteile mit mäßigem Verkehr	Erhöhung von c_{min} um 5 mm			C30/37[1]
XM2	starker Verschleiß	Durch schwere Gabelstapler direkt befahrene Bauteile, direkt beanspruchte Bauteile in Industrieanlagen, Silos	Erhöhung von c_{min} um 10 mm			C30/37[1]
XM3	sehr starker Verschleiß	Durch Kettenfahrzeuge häufig direkt befahrene Bauteile	Erhöhung von c_{min} um 15 mm			C35/45[1]

[1] Bei Verwendung von Luftporenbeton (LP), z.B. aufgrund gleichzeitiger Anforderungen aus der Expositionsklasse XF eine Festigkeitsklasse niedriger.

[2] Ausführung von Parkdecks nur mit zusätzlichen Maßnahmen, z.B. rissüberbrückende Beschichtungen.

Tabelle 2: Betondeckung c der Bewehrung [cm] in Abhängigkeit der Stabdurchmesser d_s [mm]

Expositions- klasse	Stabdurchmesser d_s [mm]	Mindestmaße c_{min} [cm]	Nennmaße c_{nom} [cm]
XC 1	bis 10	1,0	2,0
	12, 14	1,5	2,5
	16, 20	2,0	3,0
	25	2,5	3,5
XC 2, XC 3	bis 20	2,0	3,5
XC 4	bis 25	2,5	4,0
XD 1, XD 2, XD 3	bis 28	4,0	5,5

Treffen mehrere Expositionsklassen für ein Bauteil zu, ist jeweils die Expositions- klasse mit der höchsten Anforderung maßgebend.

Bild 1: Betondeckung c der Bewehrung

Abstandhalter aus Faserbeton und Beton besitzen eine gute Haftfähigkeit im Beton. Sie sind besonders für Sichtbetonbauteile geeignet (Bild 1). Bei der Bauausführung ist zu beachten, dass je kleiner die Höhe eines Bauteils ist, die Abstandhalter sorgfältiger einzubauen sind. Beispielsweise verringert 1 cm Abweichung von der geplanten Lage der Bewehrung die Tragfähigkeit eines 20 cm hohen Querschnittes um etwa 10 %, eines 100 cm hohen Querschnittes nur um etwa 1 %.

Bild 1: Abstandhalter

10.1.3 Bewehrungsrichtlinien

Um die hohen Anforderungen im Stahlbetonbau zu gewährleisten, sind für die Planung und Ausführung der Bewehrung Bewehrungsrichtlinien zu beachten. Daneben gibt es Bestimmungen, z.B. über Stababstände, Biegungen, Verankerungen und Stöße.

Allgemeine Bewehrungsrichtlinien

Damit die Bewehrung ihre Aufgaben erfüllen kann, müssen neben der Lage im Bauteil auch Regeln für die Verarbeitung beachtet werden.

Bild 2: Unterstützungen bei Platten

- Die Bewehrung muss frei sein von Bestandteilen, die den Verbund beeinträchtigen können, wie z.B. Schmutz, Fett, Eis und losem Rost. Leicht angerostete Stähle wirken sich auf den Verbund nicht nachteilig aus, stören gegebenenfalls jedoch bei Sichtbetonbauteilen.
- Die Bewehrung ist nach den geprüften Bewehrungszeichnungen herzustellen, einzubauen und zu einem steifen Gerippe zu verbinden. Die Zug- und Druckbewehrung (Hauptbewehrung) sind mit Quer- und Verteilerstäben oder Bügeln mit Bindedraht zu verbinden.
- Für das Biegen von Haken, Winkelhaken und Schlaufen sowie von Schrägstäben und anderen Krümmungen sind Mindestwerte der Biegerollendurchmesser (D_{min}) einzuhalten.
- Endende Bewehrungsstäbe sind ausreichend im Beton zu verankern.
- Die Bewehrung, insbesondere die obere Bewehrungslage von Platten, ist gegen Herunterdrücken durch Unterstützungen zu sichern.
- Wird bei engliegender Bewehrung der Beton durch Innenrüttler verdichtet, so sind Rüttelgassen vorzusehen. Bei Häufung der obenliegenden Bewehrung, z.B. über Stützen bei Plattenbalken, sind außerdem zum Einbringen des Betons Lücken einzuplanen.
- Der Verbund zwischen Bewehrung und Beton ist durch eine ausreichend dicke und dichte Betondeckung zu sichern, die gleichzeitig dauerhaften Korrosionsschutz gewährleistet.
- Zur Sicherung der Betondeckung müssen genügend Abstandhalter eingebaut werden.
- Montagebewehrung und Abstandhalter müssen so angeordnet sein, dass sie die Lage der Bewehrung beim Einbringen und Verdichten des Betons sichern.
- Bei Bauteilen, die auf dem Baugrund hergestellt werden, wie z.B. Fundamentplatten, ist das Erdreich durch eine Sauberkeitsschicht abzudecken. Diese besteht in der Regel aus einer mindestens 5 cm dicken Betonschicht.

10.1.3.1 Stababstände

Damit parallele Bewehrungsstäbe ausreichend von Beton umgeben sind, muss ihr lichter Abstand a mindestens 20 mm betragen bzw. gleich dem Stabdurchmesser d_s sein (**Bild 1,** Seite 328). Wird zur Betonherstellung eine Gesteinskörnung mit einem Größtkorndurchmesser $d_g \geq 16$ mm verwendet, müssen die Mindestabstände außerdem 5 mm größer sein als der Größtkorndurchmesser. Kann diese Forderung wegen der verfügbaren Querschnittsbreite des Bauteils nicht eingehalten werden, ist die Bewehrung mehr-

Bild 1: Stababstände

Bild 2: Mindestwerte der Biegerollendurchmesser D_{min}

Bild 3: Lage der Schweißpunkte

lagig auszuführen. Dabei werden die Stäbe unter Einhaltung der Mindestabstände übereinander verlegt und die Lagenabstände durch Einbau von Querstäben mit entsprechendem Durchmesser gesichert. Bei dichter Bewehrung ist für den späteren Betoneinbau eine Rüttelgasse vorzusehen.

Müssen Stahleinlagen gestoßen werden, sollen im Stoßbereich die Betonstähle möglichst dicht aneinander liegen (**Bild 1**). Der Abstand darf nicht größer als 4 d_s sein. Vollstöße sollen nicht in hochbeanspruchten Bereichen liegen.

Die Höchstwerte der Stababstände werden wegen der Beschränkung der Rissbreite für den Einzelfall, unter Beachtung der Expositionsklassen ermittelt. Für einzelne Bauteile, wie z.B. Platten, Stützen und Wände, sind Größtabstände in der Norm vorgegeben.

10.1.3.2 Biegungen

Der Kräfteverlauf im Bauteil kann es notwendig machen, dass die Bewehrung an bestimmten Stellen auf- bzw. abgebogen oder in einer Krümmung verlegt werden muss. Dies ist z.B. erforderlich zur Verankerung, zur Zugkraft- bzw. Schubkraftdeckung und zur Umlenkung von Kräften sowie an Rahmenecken. Dabei müssen Stäbe unter einem vorgegebenen Biegewinkel bzw. Biegeradius gebogen werden. Das Biegen der Bewehrung ist eine Kaltverformung, bei der das Werkstoffgefüge der äußeren Fasern gestreckt und der inneren Fasern gestaucht wird. Um die dabei auftretenden Spannungen in Grenzen zu halten, müssen Rundstäbe um drehbare Biegerollen gebogen werden, deren Durchmesser D_{min} in Eurocode 2 festgelegt sind (**Bild 2**). Dies gilt für das Biegen von Haken, Winkelhaken, Schlaufen und Bügeln sowie für Aufbiegungen von Schrägstäben und anderen Krümmungen. Für die Mindestwerte der Biegerollendurchmesser sind entweder die Biegefähigkeit des Stahles oder die dem Beton zumutbaren Pressungen im Bereich der Krümmungen maßgebend. An Abbiegestellen, die auf Zug beansprucht werden, entstehen im Beton erhebliche Kräfte, die man als Spaltzugkräfte bezeichnet. Diese können aufgenommen bzw. verringert werden, indem man bei außenliegenden Stäben den Biegerollendurchmesser oder die seitliche Betondeckung größer wählt.

Ein Haken an einem Betonstabstahl mit einem Durchmesser d_s = 14 mm muss wegen der Werkstoffeigenschaften des Stahles über eine Biegerolle von 4 · d_s = 4 · 14 mm ≈ 60 mm gebogen werden. Ein schräg aufgebogener Bewehrungsstab mit d_s = 16 mm und einer seitlichen Betondeckung von 6 cm ist wegen der Eigenschaften des Betons über eine Biegerolle von 15 · 16 mm = 240 mm zu biegen.

Bei Biegungen an geschweißter Bewehrung muss verhindert werden, dass eine Dehnung oder Stauchung an der Schweißstelle entsteht. Deshalb ist neben dem Biegerollendurchmesser auch ein Mindestabstand der Schweißpunkte vom Krümmungsanfang vorgeschrieben. Werden geschweißte Betonstahlmatten gebogen, dürfen die Abbiegungen erst in einem Abstand von ≥ 4 d_s des gebogenen Stabes vom nächstgelegenen Schweißpunkt beginnen. Man kann davon abweichen, wenn bei außen liegenden bzw. innen liegenden Schweißpunkten der Krümmungsdurchmesser mindestens 20 d_s beträgt (**Bild 3**).

Die Verankerung der Bewehrungsstäbe im Beton ist Voraussetzung für eine sichere Aufnahme der Kräfte durch die Bewehrung. Sie kann durch Verbund zwischen Beton und Stahl erfolgen. Möglich sind dabei gerade Stabenden, Haken, Winkelhaken, Schlaufen mit und ohne angeschweißte Querstäbe. Eine besondere Form der Verankerung sind Ankerkörper.

Der Verbund zwischen Betonstahl und Beton ist im Wesentlichen von der Oberflächengestalt des Betonstahls, der Betonfestigkeitsklasse, den Abmessungen des Bauteils sowie von der Lage und dem Neigungswinkel der Stäbe beim Betonieren abhängig. Bemessungswerte der zulässigen Verbundspannung sind in DIN 1045 bzw. in Eurocode 2 festgelegt. Durch die Zuordnung der Stäbe in zwei Verbundbereiche werden die Setzungsvorgänge im Frischbeton berücksichtigt (**Bild 1**).

Verbundbedingungen

Den guten Verbundbedingungen werden alle Stäbe zugeordnet, die beim Betonieren ≥ 45° gegen die Waagerechte geneigt sind. Flacher als 45° geneigte Stäbe und waagerechte Stäbe gehören nur dann zu den „guten" Verbundbedingungen, wenn sie beim Betonieren entweder höchstens 30 cm über Unterkante des Frischbetons oder mindestens 30 cm unter der Oberseite des Bauteils oder eines Betonierabschnittes liegen. Liegend gefertigte Bauteile mit einer Höhe ≤ 50 cm werden ebenfalls den „guten" Verbundbedingungen zugeordnet, wenn sie mit Außenrüttlern verdichtet werden.

Den „mäßigen" Verbundbedingungen gehören alle Stäbe an, die nicht den „guten" Verbundbedingungen zuzuordnen sind, sowie alle horizontalen Stäbe in Bauteilen, die im Gleitbauverfahren hergestellt werden.

Verankerungslänge

Das Grundmaß der Verankerungslänge $l_{b,rqd}$ ist maßgebend für die Verankerung voll ausgenutzter Bewehrungsstäbe mit geraden Stabenden. Es dient als Bezugsgröße für die Berechnung der Verankerungslänge im Einzelfall. Die Verankerungslänge ist abhängig von der Stahlsorte, dem Stabdurchmesser, dem Verbundbereich und der Betonfestigkeitsklasse (**Tabelle 1**).

Wenn die eingebaute Bewehrung (vorh A_s) größer ist als die erforderliche Bewehrung (erf A_s), wird die Zug- bzw. Druckkraft in den Stäben kleiner, als aufgrund der zulässigen Verbundspannungen möglich

Tabelle 1: Grundmaß der Verankerungslänge $l_{b,rqd}$ in cm für Betonstabstahle B500B

Stab-∅ d_s [mm]	Verbund-bedin-gungen	Betonfestigkeitsklasse				
		C16/20	C20/25	C25/30	C30/37	C35/45
6	gute	33	29	25	22	20
	mäßige	47	41	35	32	28
8	gute	44	38	32	29	26
	mäßige	63	54	46	42	37
10	gute	55	48	41	37	32
	mäßige	78	68	58	52	46
12	gute	66	57	49	44	39
	mäßige	94	81	69	63	55
14	gute	77	67	57	51	45
	mäßige	109	95	81	73	64
16	gute	87	76	65	58	52
	mäßige	125	108	92	83	74
20	gute	109	95	81	73	64
	mäßige	156	135	115	104	92
25	gute	136	119	101	91	80
	mäßige	195	169	144	130	115
28	gute	153	133	113	102	90
	mäßige	218	189	161	145	128

gute Verbundbedingungen				mäßige Verbundbedingungen	
Stäbe mit $\alpha \geq 45°$	Stäbe mit $\alpha < 45°$ im Bauteil oder Betonierabschnitt mit			Stäbe mit $\alpha < 45°$ im Bauteil oder Betonierabschnitt mit	
	$h \leq 30$ cm	30 cm $< h \leq 60$ cm	$h \geq 60$ cm	30 cm $< h \leq 60$ cm	$h \geq 60$ cm
	alle Stäbe	Stäbe ≤ 30 cm über der Unterkante	Stäbe ≥ 30 cm unter der Oberkante	Stäbe > 30 cm über der Unterkante	Stäbe < 30 cm unter der Oberkante

Bild 1: Verbundbedingungen

Verankerungsart Stabendausbildung	Bei-werte α_i
gerade Stabenden Verankerungslänge l_{bd}	1,0
angeschweißter Querstab innerhalb l_{bd}	0,7
zwei angeschweißte Querstäbe innerhalb l_{bd} $\geq 5\,d_s$ ≥ 5 cm ≤ 10 cm	0,5
Haken ü $\geq 5\,d_s$ D_{min} $\alpha \geq 150°$	0,7 (1,0)
angeschweißter Querstab innerhalb l_{bd} D_{min}	0,5 (0,7)
Winkelhaken ü $\geq 5\,d_s$ D_{min} $\alpha \geq 90°$	0,7 (1,0)
angeschweißter Querstab innerhalb l_{bd} D_{min}	0,5 (0,7)
Schlaufen D_{min}	0,7 (1,0)
angeschweißter Querstab innerhalb l_{bd} D_{min} Draufsicht	0,5 (0,7)

Klammerwerte gelten, wenn Betondeckung rechtwinklig zur Krümmungsachse < 3 d_s bzw. kein Querdruck oder keine enge Verbügelung vorhanden ist.

Bild 1: Verankerungslänge l_{bd} bei Zugstäben

wäre. In diesem Falle darf die Verankerungslänge $l_{b,rqd}$ im Verhältnis $A_{s,erf}/A_{s,vorh}$ verkürzt werden.

$$l_{bd} = \alpha \cdot l_{b,rqd} \cdot \frac{A_{s,erf}}{A_{s,vorh}} \geq l_{b,min}$$

Mindestwert der Verankerungslänge für Zugstäbe $l_{b,min} \geq 10 \cdot d_s$

Ist z.B. für die Stützbewehrung eines Durchlaufbalkens $b/h = 30$ cm/50 cm in C20/25 - BSt500B ein Stahlquerschnitt von 10,2 cm² erforderlich und werden 4 Stäbe $\varnothing$ 20 mit A_s = 12,6 cm² eingebaut, so darf die Verankerungslänge verringert werden:

$l_{b,rqd}$ (mäßige Verbundbedingungen) = 134 cm (Tabelle 1, Seite 329)

tatsächliche Verankerungslänge l_{bd} = 134 cm · 10,2 cm²/12,6 cm²

l_{bd} = 108 cm für ein Stabende.

Verankerungsarten

Bei geripptem Betonstahl sind Verankerungen durch gerade Stabenden, Haken, Winkelhaken, Schlaufen, mit und ohne angeschweißte Querstäbe zulässig (**Bild 1**). Die Verankerung bei Matten aus glatten oder profilierten Stäben kann im Gegensatz zu Matten aus Rippenstäben nur durch angeschweißte Stäbe erfolgen.

Gerade Stabenden bilden die einfachste Verankerungsmöglichkeit, wenn die erforderliche Verankerungslänge zur Verfügung steht (**Bild 1**). Haken, Winkelhaken und Schlaufen haben wegen der gekrümmten Stabenden den Vorteil, dass die Verankerungslänge gegenüber geraden Stabenden verkürzt werden darf. Durch die Verankerung mit einem angeschweißten Querstab innerhalb der Verankerungslänge oder zwei angeschweißten Querstäben in engen Abständen kann durch die Mitwirkung der Querbewehrung die Verankerungslänge wesentlich verringert werden.

Die zulässige Verkürzung bei Zugstäben ist von der Stabendausbildung abhängig und wird durch den Beiwert α berücksichtigt (Bild 1).

Allgemein gilt:

$$l_{bd} = \alpha_i \cdot l_{b,rqd} \cdot \frac{A_{s,erf}}{A_{s,vorh}} \geq l_{b,min}$$

Bei einem voll ausgenutzten Stabstahl $\varnothing$ 16 mm aus B500B in Beton C20/25 ergibt sich bei guten Verbundbedingungen für ein gerades Stabende ein Verankerungsmaß von 75 cm, bei der Anordnung eines Winkelhakens eine Verankerungslänge von 75 cm · 0,7 = 52,5 cm (**Bild 1,** Seite 331).

Wird die Verankerung mittels Haken oder Winkelhaken ausgeführt (Bild 1), müssen zur Ermittlung der Schnittlänge die Hakenzuschläge addiert werden (Seite 334).

Verankerung aufgebogener Stäbe

Für aufgebogene und abgebogene Stäbe, die der Schubsicherung dienen, sind andere Verankerungslängen maßgebend. Im Bereich von Betonzugspannungen ist das 1,3-fache Maß der Verankerungslänge für gerade Stabenden erforderlich, im Bereich von Betondruckspannungen das 0,6-fache (**Bild 2,** Seite 331).

Verankerungen am Endauflager

Zur Aufnahme der vorhandenen Zugkraft muss an Endauflagern ein Teil der Feldbewehrung über die rechnerische Auflagerlinie (R) geführt und dort verankert werden **(Bild 3)**. Die Lage der Auflagerlinie ist abhängig von der Deckendicke und der Wanddicke. Sie darf näherungsweise in Wandmitte, wie bei Zwischenlagern, angenommen werden. Die über die rechnerische Auflagerlinie zu führende Bewehrung muss mindestens 25 % der Feldbewehrung bei Balken und 50 % der Feldbewehrung bei Platten entsprechen.

Man unterscheidet zwischen direkter Auflagerung, z. B. auf Wänden, und indirekter Auflagerung, z. B. Querbalken auf Längsbalken. Die Verankerungslänge wird von der Auflagervorderkante gemessen und beträgt bei

direkter Auflagerung $\quad l_{bd,dir} \geq \tfrac{2}{3}\, l_{bd} \geq 6{,}7\, d_s$

indirekter Auflagerung $\quad l_{bd,indir} \geq l_{bd} \geq 10\, d_s$.

Ankerkörper werden nur in Sonderfällen verwendet. Sie bestehen z. B. aus Stahlplatten, Stahlprofilen oder Querstäben, die an den zu verankernden Stahl geschweißt werden. Ihre Anwendung kann z. B. im Fertigteilbau bei sehr kleinen Auflagertiefen notwendig werden.

Verankerung an Zwischenauflagern

An Zwischenauflagern durchlaufender Bauteile, z. B. Platten oder Balken, an Endauflagern mit anschließenden Kragarmen und an eingespannten Auflagern ist mindestens ein Viertel der größten Feldbewehrung, bei Platten ohne Schubbewehrung mindestens die Hälfte, hinter die Auflagervorderkante zu führen und zu verankern (Bild 3). Das Verankerungsmaß beträgt mindestens 6 d_s von der Vorderkante des Auflagers gemessen.

Bild 1: Verankerung eines Rippenstabes

Bild 2: Verankerungslängen gerader Stabenden

Bild 3: Verankerung an Auflagern

10.1.3.4 Stöße von Bewehrungen

Wenn sich die Bewehrung nicht aus einem Stück herstellen lässt, sind Bewehrungsstöße erforderlich. Stöße sollen möglichst nicht an Stellen hoher Beanspruchung angeordnet werden und in Längsrichtung gegeneinander versetzt sein. Das kraftschlüssige Stoßen von Bewehrungsstäben kann durch indirekte oder direkte Stoßverbindungen erfolgen.

Indirekte Stöße werden durch Übergreifen, d.h. durch Nebeneinanderlegen der Stäbe über eine gewisse Länge, erreicht. Bei Übergreifungsstößen wird der Beton für die Kraftübertragung zwischen den gestoßenen Stäben zusätzlich beansprucht. Die Ausführung kann mit geraden Stabenden, Haken, Winkelhaken und Schlaufen sowie mit geraden Stabenden und angeschweißten Querstäben, z.B. bei Betonstahlmatten, erfolgen (**Bild 1,** Seite 332).

Direkte Stöße werden durch das Verbinden der Stabenden durch Schweißen oder mithilfe von Schrauben und Muffen hergestellt (**Bild 2,** Seite 332). Axiale Stöße mit Schraub- und Pressmuffenverbindungen erfordern Betonstähle mit gewindeförmigen Rippen, mit konischem oder zylindrischem Gewinde an den Stoßenden sowie aufgepresste oder überzogene Muffen. Die Verbindungen müssen bauaufsichtlich zugelassen sein. Bei direkten Stößen wird der Beton nicht zusätzlich beansprucht.

Bild 1: Indirekte Stöße

Bild 2: Direkte Stöße

Bild 3: Längsversatz der Bewehrungsstäbe im Stoßbereich

Bild 4: Stöße bei Betonstahlmatten

Nach der zu übertragenden Kraft werden Zug- und Druckstöße unterschieden. Erfolgt der Stoß über die Stirnflächen der Stäbe, dürfen nur Druckkräfte übertragen werden.

Übergreifungslänge l_s

Die Übergreifungslänge indirekter Stöße ist in DIN 1045 festgelegt. Bei Rippenstäben sollen Übergreifungsstöße in Längsrichtung gegeneinander versetzt sein. Sie gelten als längsversetzt, wenn der Längsabstand der Stoßmitten mindestens der 1,3-fachen Übergreifungslänge entspricht (**Bild 3**).

Übergreifungsstöße geschweißter Betonstahlmatten

Werden Lagermatten als Bewehrung verwendet, sind zur Anpassung an die Abmessungen der Bauteile Mattenstöße in Längs- und Querrichtung notwendig. Durch den Einbau von Listen- und Zeichnungsmatten kann die Anzahl der Mattenstöße vermindert werden. Bei Übergreifungsstößen geschweißter Betonstahlmatten unterscheidet man zwischen der Ausbildung der Stöße von Stäben in Längsrichtung und in Querrichtung. Grundsätzlich können Mattenstöße als Ein-Ebenen-Stöße oder Zwei-Ebenen-Stöße ausgeführt werden, wobei der Zwei-Ebenen-Stoß die Regelausführung ist.

Ein-Ebenen-Stöße sind Mattenstöße, bei denen die zu stoßenden Stäbe in einer Ebene nebeneinander liegen (**Bild 4**). Sie können durch Verwendung von Matten mit langen Überständen, z.B. Listenmatten, oder durch wechselseitiges Verschwenken der Matten hergestellt werden, wobei die Querstäbe einmal oben und einmal unten zu liegen kommen. Da die Stoßlängen nach den Stoßregeln für Betonstabstähle ohne Berücksichtigung der im Stoßbereich vorhandenen angeschweißten Querstäbe zu bemessen sind, bleibt die Anwendung auf Sonderfälle beschränkt.

Zwei-Ebenen-Stöße sind Mattenstöße, bei denen die zu stoßenden Stäbe übereinander liegen (Bild 4). Dabei werden die mit Querstäben versehenen Mattenenden übereinander gelegt. Es dürfen Vollstöße bei Betonstahlmatten mit $a_s \leq 12 \text{ cm}^2/\text{m}$ ausgeführt werden. Bei mehrlagiger Mattenbewehrung sind die Stöße der einzelnen Mattenlagen um mindestens der 1,3-fachen Übergreifungslänge zu versetzen. Einzelheiten über die Übergreifungslängen bei Zugstößen sind in DIN 1045 festgelegt (**Tabelle 1,** Seite 333).

Meist wird jedoch noch nach der Maschenregel verfahren. Dies hat den Vorteil, dass sich die Maschen annähernd überdecken und leicht miteinander verbunden werden können (Tabelle 1, Seite 332).

Die Übergreifungslänge der Querbewehrung als Verteilerbewehrung ist kürzer als bei der Längsbewehrung. Verteilerstöße bei Lagermatten mit Randeinsparung sind vom Abstand der Längsrandstäbe und den seitlichen Überständen der Querstäbe abhängig. Innerhalb der Übergreifungslänge $l_{s,q}$ müssen mindestens zwei Querstäbe liegen. Die statisch nicht erforderliche Querbewehrung von Betonstahlmatten darf bei Platten und Wänden an einer Stelle gestoßen werden.

Bei der Anordnung der Trag- und Verteilerstöße ist darauf zu achten, dass nicht mehr als drei Matten aufeinander zu liegen kommen.

10.1.3.5 Stabbündel

Stabbündel bestehen aus zwei oder drei einzelnen Rippenstäben mit Durchmessern von $d_s \leq 28$ mm. Die Einzelstäbe berühren sich und müssen z.B. durch Bindedraht zusammengehalten werden. Die Bündelung von Bewehrungsstäben wird in der Regel dann angewendet, wenn die Zugkraft so groß ist, dass der erforderliche lichte Abstand zwischen den Einzelstäben nicht mehr eingehalten werden kann. Damit bei Stabbündeln keine größere Beanspruchung des umgebenden Betons als bei Einzelstabbewehrung auftritt, müssen der Abstand der Stabbündel a untereinander sowie die Betondeckung c_{nom} vergrößert werden. Außerdem kommt der Verankerung, dem Stoß und der Verbügelung von Stabbündeln große Bedeutung zu. Deshalb sind die Angaben in den Bewehrungszeichnungen unbedingt zu beachten. Durch die vergrößerte Betondeckung könnten in der Zugzone Risse auftreten. Deshalb wird bei Stabbündeln mit größeren Stahlquerschnitten in der Zugzone stets eine zusätzliche **Hautbewehrung** angeordnet. Diese muss aus einer engmaschigen geschweißten Betonstahlmatte aus gerippten Stäben mit einer Maschenweite von < 15 cm bestehen (**Bild 1**). Eine Hautbewehrung wird notwendig, wenn Stabbündel aus 2 Stäben mit 28 mm Einzeldurchmesser gebildet werden.

10.1.4 Bewehren

Das Bewehren umfasst das Vorbereiten der Bewehrung, die Vorfertigung von Bewehrungseinheiten und den Einbau der Bewehrung.

Grundlage für die Ausführung und Abrechnung ist die Bewehrungszeichnung (**Bild 1**, Seite 334). Sie umfasst die Bewehrung im Bauteil, den Biegeplan und die Stahlliste (**Bild 2**, Seite 334).

Für die Darstellung der Bewehrung wird eine vereinfachte Form gewählt (**Bild 3**, Seite 334). Die Bewehrungszeichnung gibt außerdem Auskunft über Festigkeitsklasse des Betons, Stahlsorte, Anzahl und Durchmesser sowie Form und Lage der Bewehrungsstähle, Mindestdurchmesser der Biegerollen, Unterstützung der oberen Bewehrung und Betondeckung der Stahleinlagen. Bewehrungszeichnungen werden im Ingenieurbüro erstellt und von einem Prüfingenieur geprüft.

10.1.4.1 Vorbereiten der Bewehrung

Das Vorbereiten der Bewehrung umfasst das Lagern, das Messen und Schneiden sowie das Biegen des Betonstahls. Der Stahl wird im einbaufertigen Zustand angeliefert, kann aber auch auf der Baustelle gebogen werden.

Tabelle 1: Übergreifungslängen von Zwei-Ebenen-Stößen – Beton C20/25 gute Verbundbedingungen

Übergreifungslänge l_s [cm]

Mattenbezeichnung		Randeinsparung	Mattenlängsrichtung Tragstoß	Mattenquerrichtung Tragstoß
Q	Q 188A	ohne	29	29
	Q 257A		34	34
	Q 335A		38	38
	Q 424A	mit	43	50
	Q 524A		50	50
	Q 636A		51	57
				Verteilerstoß
R	R 188A	ohne	29	15
	R 257A		34	15
	R 335A		38	15
	R 424A	mit	43	25
	R 524A		50	25

Maschenregel, Anzahl der Maschen

			Tragstoß	Tragstoß
Q	Q 188A	ohne	1	2
	Q 257A		2	2
	Q 335A		2	3
	Q 424A		2	3
	Q 524A	mit	3	3
	Q 636A		4	6
				Verteilerstoß
R	R 188A	ohne	1	1
	R 257A		1	1
	R 335A		1	1
	R 424A	mit	1	2
	R 524A		1	2
Q	Bei Q-Matten werden in der Regel in Längs- und Querrichtung Tragstöße ausgeführt.			
R	Bei R-Matten werden meist nur in Längsrichtung Tragstöße, in Querrichtung nur Verteilerstöße ausgeführt.			

Bild 1: Bewehrung mit Stabbündeln

Pos. ⑤ Sturz im EG *b/h* = 24 cm/37⁵ cm
2 x ausführen

Längsschnitt

20 | 20 | 16 (20) | 20 16 ⌀ 8

① 2 ⌀ 10

37⁵

② 2 ⌀ 12   ③ 2 ⌀ 14

25 | 2,51 | 25

2,95

Schnitt A – A

④ ① 2 ⌀ 10

② 2 ⌀ 12
③ 2 ⌀ 14

24

① 2 ⌀ 10 - *l* = 2,95 m insges. 4 St
49   49
39   39   45° (29)
1,39
2,95

② 2 ⌀ 12 - *l* = 3,15 m insges. 4 St
2,95

③ 2 ⌀ 14 - *l* = 2,95 m insges. 4 St

18 9
8
31 | 31
18

④ 16 ⌀ 8/20 - *l* = 1,15 m
insges. 32 St

Beton   C20/25
Betonstahl   B500B
Betondeckung c_{nom} = 3 cm

Bild 1: Bewehrungszeichnung (Auszug)

Betonstahl - Gewichtsliste Nr.: *zu Plan EG - Nr.3*   Bauvorhaben: *Wohn- und Geschäftshaus*
Betonstahlsorte : *B500B*
Bauteil : *Stahlbetonstürze im EG*   Bauherr: *Hans Müller, B-Stadt*

Pos. Nr.	An- zahl	d_s mm	Einzel- länge m	Gesamt- länge m	Gewichtsermittlung in kg für					
					d_s= 8 mm mit 0,395 kg/m	d_s= 10 mm mit 0,617 kg/m	d_s= 12 mm mit 0,888 kg/m	d_s= 14 mm mit 1,210 kg/m	d_s= 16 mm mit 1,580 kg/m	d_s= 20 mm mit 2,470 kg/m
1	4	10	2,95	11,80		7,28				
2	4	12	3,15	12,60			11,19			
3	4	14	2,95	11,80				14,28		
4	32	8	1,15	36,80	14,54					
Gewicht je Durchmesser in kg					14,54	7,28	11,19	14,28		
Gesamtgewicht in kg							47,29			

Aufgestellt: *Tostensen* . . . . . .   *B-Stadt* . . . .   *den* . . . . . .

Bild 2: Betonstahlliste

Bewehrungsstab in der Ansicht

Haken- länge
schräge Länge
Aufbiege- höhe
Stabdurch- messer
Biegewinkel

Darstellung in der Bewehrungszeichnung

45°

Beispiel :

Ø14 B500B; *l* = 4,10 m, *s* = 10 cm

Positions- nummer
Stabanzahl
Stabdurch- messer

Stababstand
Schnittlänge
Stahlsorte

Biegemaße sind Außenmaße

Bild 3: Darstellung der Einzelstabbewehrung

Lagern

Das Lagern des unbearbeiteten Betonstahls nach Stabdurchmessern getrennt erfolgt auf besonderen Lagerflächen, die möglichst an der Zufahrtsstraße und im Schwenkbereich des Krans liegen sollen (Seite 170). Betonstahlmatten können liegend oder stehend gelagert werden.

Messen und Schneiden

Um den Stahl richtig ablängen zu können, ist die Ermittlung der Schnittlänge erforderlich. Als Schnittlänge bezeichnet man die Länge der Stahleinlage in ungebogenem Zustand; als Kurzzeichen wird *l* verwendet (**Bild 1,** Seite 335). Bei geraden Stäben werden zum größten Längenmaß gegebenenfalls die Hakenzuschläge addiert. Diese betragen bei Haken, je nach Stabdurchmesser, etwa 10 d_s bis 12 d_s, bei Winkelhaken ungefähr 8 d_s. Bei aufgebogenen Stäben ist außerdem die schräge Aufbiegelänge zu berücksichtigen (**Bild 2,** Seite 335). Dabei wird die Aufbiegehöhe *h* stets von außen nach außen gemessen. Je nach Höhe des Bauteils kann die Aufbiegung unter 30°, 45° oder 60° erfolgen. Um den Verschnitt möglichst gering zu halten, sollte darauf geachtet werden, dass die Lagerlängen von 12 m bzw. 14 m ohne Abfall durch die ausgewiesenen Schnittlängen teilbar sind. Bevor mit dem Ablängen der Bewehrung begonnen wird, ist es zweckmäßig die Maßangaben in der Bewehrungszeichnung zu überprüfen.

Das Messen und Schneiden erfolgt auf dem Messtisch und an der Schneidemaschine. Schnittlängen werden nach Biegeplan angerissen und die Stäbe auf Länge geschnitten. Dabei sind die zulässigen Maßtoleranzen zu beachten. Die Abmaße (Maßabweichungen) der Bewehrungsstäbe dürfen die Grenzabmaße nicht überschreiten (**Tabelle 1,** Seite 335). Als Grenzabmaß wird die Differenz zwischen dem zulässigen Höchst- bzw. Mindestmaß und dem Nennmaß (Sollmaß) bezeichnet. Danach werden die Betonstabstähle auf Betonstahlschneidemaschinen abgelängt. Zum Schneiden von dünnen Stahlstäben eignet sich die Handschneidemaschine. Motorenschneidemaschinen werden bei umfangreicheren Arbeiten und größeren Stabdurchmessern verwendet. Außerdem gibt es auch automatisch arbeitende Schneidemaschinen. Zum Ablängen von Betonstahlmatten verwendet man Schneidemaschinen, die von Hand oder hydraulisch betätigt werden. Es können auch Betonstahlmatten-Schneider, die wie Bolzenschneider arbeiten, verwendet werden.

Biegen

Das Biegen von Betonstabstahl erfolgt auf Handbiegeplatten oder mit Motorbiegemaschinen. Zum Nachbiegen von Hand auf der Baustelle dient auch die Doppelklaue oder das Kröpfeisen.

Die Biegeeinrichtung besteht aus dem drehbaren Biegeteller, auf dem Biegerollen verschiedener Durchmesser aufgesteckt werden können, und dem Exzenter (**Bild 2**). Beim Biegen drückt der Exzenter den Stab gegen die Biegerolle. Dabei wird der Stab durch die feste Rolle (Widerlager) am Ausweichen gehindert. Das Herstellen von Aufbiegungen kann durch entsprechende Vorrichtungen in einem Arbeitsgang erfolgen. Mithilfe von Zusatzeinrichtungen lassen sich Ringe, Bügel und Spiralen biegen. Zur Fertigung von Bügeln gibt es besondere Biegemaschinen.

Bei mehrfach gebogenen Stäben, z.B. bei Bügeln, ist es zweckmäßig, einen Probestab zu biegen und die Außenmaße nachzumessen. Dabei dürfen die Maßabweichungen der Stäbe die zulässigen Grenzabmaße nicht überschreiten (**Tabelle 2**).

Zum Biegen von Betonstahlmatten werden besondere Biegemaschinen verwendet. Je nach Menge, Stabdicke, Mattenbreite und Stababstand können Handbiegemaschinen oder Motorbiegemaschinen eingesetzt werden. Motorbiegemaschinen ermöglichen

$l_s = (h - d_s) \cdot 2{,}00$

$l_s = (h - d_s) \cdot 1{,}414$

$l_s = (h - d_s) \cdot 1{,}154$

$a = (h - d_s) \cdot 1{,}732$

$a = h - d_s$

$a = (h - d_s) \cdot 0{,}577$

Aufbiegungen mit schräger Länge l_s und Grundmaß a

Bild 1: Ermittlung der Schnittlänge l

Bild 2: Biegeeinrichtung mit Biegevorgang

Tabelle 1: Grenzabmaße Δl [cm] der Schnittlängen beim Ablängen der Bewehrungsstäbe

Stablänge l [m]	≤ 5,00	> 5,00
Grenzabmaß Δl • allgemein	± 1,50	± 2,00
Grenzabmaß Δl • bei Passlängen	+ 0 bis – 0,50	+ 0 bis – 1,00

Tabelle 2: Grenzabmaße Δl [cm] der gebogenen Bewehrungsstäbe

Stabdurchmesser d_s [mm]	≤ 14	> 14	≤ 14	> 14	≤ 10	> 10
Grenzabmaß Δl • allgemein	+ 0 bis – 1,50	+ 0 bis – 2,50	+ 0 bis – 1,00	+ 0 bis – 2,00	+ 0 bis – 1,00	+ 0 bis – 1,50
Grenzabmaß Δl • bei Passlängen	+ 0 bis – 1,00	+ 0 bis – 1,50	+ 0 bis – 1,00	+ 0 bis – 2,00	+ 0 bis – 0,50	+ 0 bis – 1,00

[1] Bei diesem Maß ist das Grenzabmaß der zugehörigen Bügel zu beachten.

das Biegen von Matten bis zu 12 mm Stabdurchmesser und Biegebreiten bis 6,00 m. Der Biegevorgang erfolgt über einen abrollenden Biegebalken, an dem drei Biegewinkel bis zu 180° voreinstellbar sind. Dazu werden auf seitlich stufenlos verstellbare Biegefinger auswechselbare Biegedorne aufgesteckt. Diese sind auf den Stababstand der zu biegenden Matte einzustellen. Das Biegen von Betonstahlmatten erfolgt nach einer Biegeskizze, die Positionsnummer, Biegeform, Abmessungen sowie Biegerollendurchmesser angibt.

10.1.4.2 Einbau der Bewehrung

Um die Tragfähigkeit von Stahlbetonbauten zu erreichen, muss die Bewehrung genau nach Zeichnung eingebaut werden. Dazu ist es notwendig, die einzelnen Bewehrungsstäbe zu steifen und unverschieblichen Bewehrungsgerippen bzw. Bewehrungskörben zu verbinden. Dies geschieht durch verschiedene Verbindungsarten.

Bild 1: Drillstab und Draht-
verschlüsse

Bild 2: Verknüpfungsarten

Verbindungsarten

Bei den Verbindungsarten unterscheidet man z.B. das Rödeln und das Schweißen. Bei Betonstahlmatten sind die sich kreuzenden Bewehrungsstäbe bereits werkmäßig mittels elektrischer Widerstandsschweißung scherfest miteinander verbunden.

Das **Rödeln** (Flechten) wird hauptsächlich mit der Flechterzange oder Monierzange unter Verwendung von Bindedraht ausgeführt. Bindedraht ist geglühter Draht in Dicken von 1 mm bis 2 mm. Zum Rödeln eignet sich auch der Drillstab, man verwendet dabei Drahtverschlüsse **(Bild 1)**. Drahtverschlüsse sind mit Schlaufen versehene Bindedrähte in Längen von 8 cm bis 30 cm. Beim Rödeln ist darauf zu achten, dass die Drahtenden nicht in die Betondeckung hineinragen.

Es gibt verschiedene Verknüpfungsarten, die man auch als Knoten bezeichnet **(Bild 2)**.

Der **einfache Eckschlag** (Heftmasche) wird zum Befestigen von Tragstäben an Verteilerstäben bzw. Montagestäben verwendet. Der Eckschlag mit doppeltem Bindedraht (Heftmasche mit doppeltem Bindedraht) wird angewendet, wenn Stäbe herangezogen werden müssen, und bei Bewehrungsstäben größeren Durchmessers. Der **doppelte Eckschlag,** doppelte Heftmasche oder Kreuzmasche genannt, eignet sich in der Regel bei engmaschiger Bewehrung und bei Bewehrungsstäben mit größerem Durchmesser. Der doppelte Eckschlag mit doppeltem Bindedraht unterscheidet sich vom doppelten Eckschlag nur dadurch, dass der Bindedraht doppelt genommen wird. Der **Nackenschlag** (Heranholemasche) wird vorwiegend bei Stützen- und Balkenbewehrungen angewendet. Dabei werden die Tragstäbe in die Bügelecken gezogen; gleichzeitig wird ein Verschieben der Stäbe verhindert. Der **doppelte Nackenschlag** unterscheidet sich vom Nackenschlag dadurch, dass der Bindedraht doppelt genommen wird. Die Zugmasche (Hängemasche) verhindert das Rutschen der Stäbe. Sie wird besonders dann angewendet, wenn eine unbedingte Unverschieblichkeit der Stäbe verlangt wird.

Das **Schweißen** von Betonstahl auf der Baustelle ist eine weitere Verbindungsart. Durch Schweißen erreicht man eine weitgehende Formbeständigkeit. Am häufigsten eingesetzte Schweißverfahren sind das Abbrennstumpfschweißen (RA), das Metall-Aktivgasschweißen (MAG) und das Lichtbogenhandschweißen (E). Schweißverbindungen an Betonstahl dürfen nur durch entsprechend ausgebildetes Personal vorgenommen werden.

Verlegen der Bewehrung

Das Bewehren kann stabweise oder mit vorgefertigten Bewehrungseinheiten, z.B. Körben, erfolgen. Es ist anzustreben, einen möglichst großen Anteil der Bewehrung zu solchen Einheiten zusammenzufassen und vorzufertigen. Dabei werden die Körbe, z.B. für Stützen und Balken, auf einem wettergeschützten Fertigungsplatz hergestellt. Bei der Herstellung von Körben ist die Anzahl der Verbindungsstellen von der Steifigkeit der Bewehrung abhängig. Im Allgemeinen werden die Stäbe an jeder zweiten Kreuzung miteinander verbunden, wobei darauf zu achten ist, dass die Verbindungsstellen gegeneinander versetzt sind. Zur Sicherung der Betondeckung und Lage der Bewehrung sind Abstandhalter, Unterstützungen (Unterstützungskörbe, Stehbügel) und Lagesicherungen (S-Haken, U-Haken) in ausreichender Anzahl einzubauen.

Aufgaben

1 Erläutern Sie die Anforderungen an Baustoffe und deren Verarbeitung nach DIN 1045.

2 Beschreiben Sie die Spannungszustände, die an einem Einfeldträger mit Kragarm infolge Gleichlast auftreten.

3 Führen Sie aus, warum mehrere Stäbe mit kleinerem Stabdurchmesser günstiger sind als wenige Stäbe mit großem Stabdurchmesser.

4 Begründen Sie, warum sowohl die Betondeckung als auch die Bewehrungsrichtlinien unbedingt eingehalten werden müssen.

5 Erläutern Sie, warum beim Biegen von Betonstählen die Mindestwerte der Biegerollendurchmesser zu beachten sind.

6 Führen Sie aus, wie sich die Lage der Bewehrungsstäbe (Verbundbereiche) auf die Verankerungslänge l_b auswirkt.

7 Beschreiben Sie die Möglichkeiten der Stabendausbildung von Verankerungen und deren Auswirkung auf die Verankerungslänge $l_{b,net}$.

8 Begründen Sie, warum bei indirekten Bewehrungsstößen der umgebende Bauwerksbeton durch die Übertragung der Kräfte zusätzlich beansprucht wird.

10.1.5 Bewehrung von Stahlbetonbauteilen

Damit die Bewehrung ihre Aufgabe erfüllen kann, muss sie dem Kräfteverlauf im Bauteil entsprechend angeordnet sein, den Bewehrungsrichtlinien entsprechen und auf die Einbaubedingungen im Bauteil abgestimmt sein. Nach dem Zweck der Bewehrung unterscheidet man zwischen Haupttragbewehrung, konstruktiver Bewehrung und Transportbewehrung.

Für die Standsicherheit von Bauwerken wichtige Bauteile sind z.B. Fundamente, Stützen, Wände, Platten, Treppen, Balken und Plattenbalken.

10.1.5.1 Fundamente

Fundamente können bewehrt oder unbewehrt ausgeführt werden. Sie müssen bewehrt werden, wenn das Fundament nicht in der für die Druckverteilung erforderlichen Fundamenthöhe ausgeführt werden kann oder setzungsempfindlicher Baugrund ansteht. Der Baugrund ist vor dem Einbau der Bewehrung mit einer ≥ 5 cm dicken Sauberkeitsschicht abzudecken.

Fundamente werden meist als mittig belastete Streifenfundamente und Einzelfundamente ausgeführt.

Streifenfundamente

Streifenfundamente unter Wänden erhalten an der Fundamentsohle in Querrichtung eine Biegezugbewehrung und in Längsrichtung eine Verteilerbewehrung **(Bild 1)**. Eine zusätzliche obere Bewehrung ist einzubauen, wenn in der aufgehenden Wand Öffnungen sind, z.B. Türen.

Bild 1: Bewehrung von Streifenfundamenten

Bild 1: Bewehrung von quadratischen Einzelfundamenten

Bild 2: Knicklänge bei Stahlbetonstützen

Streifenfundamente unter einer Reihe von Einzelstützen werden meist als Fundamentbalken ausgeführt (Bild 1, Seite 337). Dabei wird die Bewehrung in Längsrichtung wie bei durchlaufenden Balken als Biegezugbewehrung ausgebildet. In Querrichtung werden Bügel eingebaut, die im Bereich der Stützen geringeren Abstand haben können.

Die Anschlussbewehrung für Wände und Stützen ist gleichzeitig mit der Fundamentbewehrung einzubauen (Bild 1, Seite 337).

Einzelfundamente

Mittig belastete Einzelfundamente haben meist eine quadratische Grundfläche mit der Seitenlänge b. Man geht von einem zweiachsigen Lastabtrag aus, wobei die Biegemomente von der Stütze zum Rand des Fundaments hin abnehmen. Daraus ergibt sich ein mittlerer Bereich, der stärker beansprucht ist als die Randbereiche. Der mittlere Bereich wird mit $2 \cdot b/4$, der Randbereich mit einer Breite von $b/4$ angenommen. Die Bewehrung wird in Längs- und Querrichtung über der Fundamentsohle angeordnet. Meist werden Einzelstäbe gleichen Durchmessers mit Winkelhaken an beiden Enden eingebaut. Dabei ist der Bewehrungsabstand s im Randbereich doppelt so groß wie im Mittelbereich, z. B. $s = 10$ cm/20 cm oder $s = 12,5$ cm/25 cm. Die einzelnen Stäbe werden zunächst über die ganze Breite des Fundamentes mit dem im Randbereich einzuhaltenden Abstand verlegt. Danach legt man im Bereich unter der Stütze mit der Breite $b/2$ je Zwischenraum einen weiteren Stab ein (**Bild 1**).

10.1.5.2 Stahlbetonstützen

Stützen sind lotrecht stehende Bauteile, deren Querschnittsabmessungen im Verhältnis zur Höhe, die auch als Länge bezeichnet wird, klein sind. Sie werden als stabförmige Druckglieder bezeichnet. Meist dienen sie anderen Bauteilen, z.B. Balken und Unterzügen, als Auflager und leiten deren Lasten weiter. Dabei handelt es sich vorwiegend um eine Druckbeanspruchung in Stützenlängsrichtung, die als Normalkraft (N) bezeichnet wird. Außerdem können Stützen auf Biegung sowie durch Horizontallasten, z.B. Windlasten und Anprallasten, beansprucht werden. Nach der Art der Belastung unterscheidet man mittig und ausmittig belastete Stützen. Bei schlanken Druckgliedern besteht zusätzlich die Gefahr des Ausknickens. Mit Knicken bezeichnet man das plötzliche seitliche Ausweichen einer Stütze unter Belastung. Ein Ausknicken kann bereits bei einer Belastung, die weit unter der zulässigen Druckspannung von Beton liegt, erfolgen.

Als Kennwert der Knickgefahr dient allgemein die Schlankheit, die als Verhältnis der Höhe bzw. Länge des Bauteils zu seiner Dicke ausgedrückt wird. Bei Stützen tritt anstelle der Länge die freie Knicklänge. Die freie Knicklänge (s_k) richtet sich danach, ob die Stütze eingespannt oder gelenkig gelagert ist (**Bild 2**, Seite 338). Im Stahlbetonbau bezeichnet man als Gelenke solche Verbindungen, die aufgrund ihrer Bewehrung nur Zug- und Druckkräfte, jedoch keine Biegemomente auf andere Bauteile übertragen können.

Je nach Art der Herstellung, unabhängig von der Belastung und Knickgefahr, sind Mindestdicken für Stützen vorgeschrieben (**Tabelle 1**). Stützen können unbewehrt, bügelbewehrt, umschnürt bzw. wendelbewehrt ausgeführt werden.

In Hochbauten kommen meist bügelbewehrte Stützen zur Ausführung. Die Bewehrung besteht aus Längsstäben und Bügeln. Der Betonquerschnitt trägt zusammen mit der Längsbewehrung die Last. Die Bügel haben die Aufgabe, die Längsstäbe am Ausknicken zu hindern.

Bei geschosshohen Stützen endet die Längsbewehrung am Stützenkopf und wird im anschließenden Bauteil verankert. Bei durchlaufenden Stützen müssen mindestens die Eckstäbe über die Geschossdecke als Anschlussbewehrung für die darüber liegende Stütze geführt werden. Die hierfür notwendigen Stäbe müssen gekröpft werden. Unmittelbar unter und über Balken oder Platten, auf einer Höhe gleich der größeren Stützenabmessung und bei Übergreifungsstößen der Längsstäbe $d_{sl} > 14$ mm ist der Bügelabstand $s_{bü}$ mit dem Faktor 0,6 zu vermindern.

Längsstäbe sind vorwiegend in den Ecken anzuordnen und zur Knickaussteifung durch Bügel zu halten. Jede Stützenecke ist mit mindestens einem Stab, jedoch mit höchstens fünf Stäben zu bewehren. Die Stabdurchmesser sind von den Querschnittsabmessungen der Stütze abhängig. Bei Stützen mit einer Querschnittshöhe h von ≥ 20 cm beträgt der Stabdurchmesser $d_{sl} \geq 12$ mm.

Bei der Anordnung der Stäbe dürfen Größtabstände nicht überschritten werden. Die Größtabstände der Längsstäbe dürfen höchstens 30 cm betragen, jedoch genügt für Querschnitte, deren Breite 40 cm nicht überschreitet, je ein Bewehrungsstab in den Ecken (**Bild 1**). Müssen Längsstäbe gekröpft werden, sind an den unteren Knickpunkten Zusatzbügel anzuordnen (Bild 2, Seite 339).

Bügel können Einzelbügel oder Bügel aus Betonstahlmatten sein. Der Mindestbügeldurchmesser ist von der Art der Bewehrung und dem Durchmesser der Längsstäbe abhängig. Er beträgt für Einzelbügel ≥ 6 mm, für Betonstahlmatten ≥ 5 mm und bezogen auf den Durchmesser der Längsstäbe $\geq 0,25$ max d_{sl}, wobei der größere Wert maßgebend ist.

Die Längsbewehrung muss durch die Querbewehrung, die ausreichend zu verankern ist, umschlossen werden. Jeder Bügel muss mit einem Haken geschlossen sein. Die Haken sollen über die Stützenhöhe versetzt angeordnet werden. Sind mehr als drei Längsstäbe in einer Stützenecke angeordnet, müssen die Haken versetzt sein. Mit Bügeln können in jeder Stützenecke bis zu fünf Längsstäbe gegen

Tabelle 1: Ausführungsregeln für Stahlbetonstützen
Mindestabmessungen für Stützen mit Vollquerschnitt
Stehend betonierte Ortbetonstützen • $h \geq 20$ cm Liegend betonierte Fertigteilstützen • $h \geq 14$ cm
Mindeststabdurchmesser der Längs- und Querbewehrung
Längsbewehrung • min $d_{sl} \geq 12$ mm Querbewehrung (Bügel, Schlaufen oder Wendeln) • min $d_{sq} \geq 6$ mm bzw. $\geq 0,25$ max d_{sl} Bei Verwendung von Betonstahlmatten als Bügelbewehrung muss $d_{sq} \geq 5$ mm betragen.
Mindeststababstände der Längsbewehrung
rechteckige Stützen mit $h \leq 40$ cm • mindestens 1 Stab je Ecke rechteckige Stützen allgemein • $s \leq 30$ cm und mindestens 1 Stab je Ecke kreisförmige Stützen • $s \leq 30$ cm und mindestens 6 Stäbe
Mindeststababstände der Querbewehrung (Bügel, Schlaufen oder Wendeln)
• $s_q \leq 12$ min $d_{sl} \leq b_{min} \leq 30$ cm der kleinere Wert ist maßgebend

Bild 1: Verbügelung mehrerer Längsstäbe

Bild 1: Bügelbewehrung

Bild 2: Bewehrung einer Innenstütze

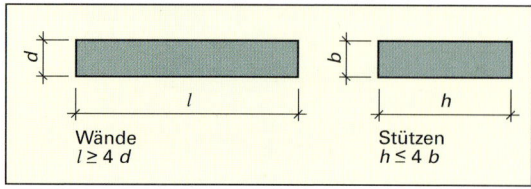

Bild 3: Bezeichnung von Druckgliedern

Knicken gesichert werden. Dabei darf jedoch der Achsabstand vom letzten Stab zum Eckstab höchstens gleich dem 15-fachen Bügeldurchmesser $d_{sbü}$ sein (**Bild 1**). Weitere Längsstäbe und solche in größerem Abstand vom Eckstab sind durch Zwischenbügel bzw. S-Haken zu sichern. Diese dürfen im doppelten Abstand der Hauptbügel liegen (Bild 1).

Der Bügelabstand $s_{bü}$ darf höchstens gleich der kleinsten Querschnittsbreite b der Stütze oder dem 12-fachen Durchmesser d_{sl} der Längsstäbe mit dem kleinsten Stabdurchmesser, bzw. ≤ 30 cm sein, wobei der kleinste Wert maßgebend ist (Bild 1). Geringere Bügelabstände sind z. B. bei endender Längsbewehrung, an Übergreifungsstöße und im Bereich am Stützenfuß und Stützenkopf, erforderlich.

Einbau der Bewehrung

Die Stützenbewehrung sollte grundsätzlich als Bewehrungskorb hergestellt werden. Die Vorfertigung eines Bewehrungskorbes erfolgt in Teilarbeitsgängen durch:

- Auflegen der Längsbewehrung (Tragstäbe) einer Stützenseite auf Montageböcke,
- Festlegen der Bügelabstände durch Anzeichnen an den Längsstäben unter Beachtung veränderlicher Abstände,
- Überhängen und Befestigen der Bügel (Bügelhaken versetzt anordnen),
- Einschieben von Diagonalstäben zur Aussteifung des Korbes,
- Anbringen der Abstandhalter an die Bügel und
- Überprüfen der Bewehrung.

10.1.5.3 Stahlbetonwände

Wände sind scheibenförmige Bauteile, die vorwiegend auf Druck beansprucht werden. Nach DIN 1045 unterscheiden sich Wände von Stützen durch das Verhältnis ihrer Wandlänge l und ihrer Wanddicke d. Auf Druck beanspruchte Bauteile, auch Druckglieder genannt, deren Breite größer ist als die fünffache Dicke, werden als Wände, solche mit einem kleineren Verhältnis als Stützen bezeichnet (**Bild 3**). Wände bilden die seitliche Begrenzung umbauter Räume. Wände als lotrechte Scheiben und Decken als waagerechte Scheiben steifen sich gegenseitig aus und bewirken damit die Tragfähigkeit und Standsicherheit eines Bauwerks.

Nach den Aufgaben unterscheidet man tragende, aussteifende und nichttragende Wände. Vorwiegend auf Biegung beanspruchte scheibenförmige Bauteile bezeichnet man als Stützwände.

Werden Wände biegesteif mit der Sohlplatte verbunden, entstehen Becken oder Gerinne, wie sie z. B. im Kläranlagenbau Verwendung finden (Seite 595). Bei rahmenartigen Bauwerken, z. B. bei Wasserbehältern (Seite 581), werden Sohlplatte, Wände und Deckenplatte biegesteif miteinander verbunden. Ist dabei Wasserundurchlässigkeit gefordert, können die Schwindspannungen rissefrei aufgenommen werden, wenn im Bereich des Wandfußpunktes eine horizontale Bewehrung in engem Stababstand eingebaut wird.

Tragende Wände sind Bauteile zur Aufnahme von lotrechten Lasten oder zur Abtragung waagerechter Lasten. Lotrecht wirkende Lasten sind z.B. Eigen- und Verkehrslasten von Decken, waagerecht wirkende Lasten sind z.B. Windlasten. Tragwände müssen den statischen Anforderungen entsprechen. Die Tragfähigkeit wird hauptsächlich durch die Wanddicke und die Schlankheit bestimmt. Dabei dürfen die Mindestwanddicken nach DIN 1045 nicht unterschritten werden **(Tabelle 1)**.

Tragende Außenwände müssen neben ihrer Tragfähigkeit auch die Anforderungen des Wärme-, Feuchte-, Schall- und Brandschutzes erfüllen.

Wände können bewehrt oder unbewehrt ausgeführt werden. Sie müssen bewehrt werden, bei Beanspruchung auf Zug, bei Knickgefahr, bei ausmittiger Belastung und wenn sie nicht ausgesteift sind.

Die Bewehrungsführung richtet sich nach Art der Belastung. Dabei unterscheidet man zwischen druckbeanspruchten Wänden, biegebeanspruchten Wänden und Wänden, die auf Druck und Biegung beansprucht werden. Auf Druck beanspruchte Wände, z.B. Innenwände, werden wie Stützen, auf Biegung beanspruchte Wände, z.B. Stützwände, werden wie Platten bewehrt. Bei auf Druck und Biegung beanspruchten Wänden, z.B. Kelleraußenwänden, richtet sich die Bewehrung nach der überwiegenden Belastungsart.

Druckbeanspruchte Wände erhalten auf beiden Seiten eine Bewehrung. Diese besteht aus der Hauptbewehrung (Längsbewehrung), die auch als Druckbewehrung bezeichnet wird, und der Querbewehrung.

Die Hauptbewehrung verläuft lotrecht in Richtung der Beanspruchung, die Querbewehrung rechtwinklig dazu. Sie dient hauptsächlich der Lastverteilung und der Vermeidung von Schwindrissen. Durch S-Haken oder Steckbügel werden die äußeren Bewehrungsstäbe im Innern der Wand verankert. In Ecken und an freien Rändern ist eine Zusatzbewehrung erforderlich.

Die **Hauptbewehrung** besteht aus Längsstäben, deren Mindestdurchmesser d_{sl} bei Einzelstäben 8 mm und bei Betonstahlmatten 5 mm betragen muss. Längsstäbe dürfen höchstens 20 cm Abstand haben. Sie dürfen in erster Lage außen stehend angeordnet werden, wenn die Betondeckung mindestens dem 2-fachen Stabdurchmesser entspricht oder die Durchmesser der Tragstäbe höchstens 14 mm aufweisen. Bei Verwendung von Betonstahlmatten dürfen Tragstäbe stets außen stehen. Ansonsten sind Längsstäbe in zweiter Lage einzubauen, wobei sie von der Querbewehrung umfasst werden **(Bild 1)**.

Die **Querbewehrung** muss mindestens ¼ des Durchmessers der lotrechten Bewehrung (d_{sl}) betragen. Auf jeder Seite der Wand sind jedoch mindestens Querstäbe im Abstand $s \leq 35$ cm, mit Durchmessern von 6 mm bei Einzelstäben, anzuordnen **(Bild 3**, Seite 342).

Die außenliegenden Bewehrungsstäbe beider Wandseiten sind an mindestens 4 versetzt angeordneten Stellen je m² Wandfläche mit **S-Haken** zu verbinden. Bei dicken Wänden kann die Verankerung mit Steckbügeln im Innern der Wand erfolgen,

Tabelle 1: Mindestwanddicken für tragende Wände in cm

Festig-keits-klasse des Betons	Her-stellung	Wände aus			
		unbewehrtem Beton		Stahl-beton	
		Decken über Wänden nicht durch-laufend	durch-laufend	Decken über Wänden nicht durch-laufend	durch-laufend
C12/15	Ortbeton	20	14	–	–
ab C16/20	Ortbeton	14	12	12	10
	Fertigteil*)	12	10	10	8

*) Mindestdicke von Trag- und Vorsatzschalen von Sandwichtafeln ≥ 7 cm

Bild 1: Lage der Hauptbewehrung

Bewehrungsrichtlinien für Stahlbetonwände:

- **Längsbewehrung:** Mindestdurchmesser $d_{sl} \geq 8$ mm, Stababstand $s_l \leq 20$ cm, je Wandseite.

- **Querbewehrung:** $d_{sq} \geq 0,25\ d_{sl}$, Abstand ≤ 35 cm.

- **Verankerung** der außenliegenden Bewehrungsstäbe beider Wandseiten durch vier versetzt angeordnete S-Haken je m²-Wandfläche, bei dicken Wänden vorzugsweise mit Steckbügeln. S-Haken können bei Tragstäben mit d_s 14 mm entfallen, wenn die Betondeckung mindestens $2\ d_s$ beträgt.

- **Zulagebewehrung** z. B. an Wandenden, Türen und Fenstern durch U-förmige Steckbügel und Eckstäbe.

wobei die freien Bügelenden die Verankerungslänge 0,5 $l_{b,rqd}$ aufweisen müssen **(Bild 1)**. S-Haken können entfallen, wenn die Tragstäbe einen Durchmesser von höchstens 14 mm haben und ihre Betondeckung mindestens dem 2-fachen Stabdurchmesser entspricht.

An freien Rändern, z.B. an Wandenden, Fenstern und Türen, sind zusätzlich zur Hauptbewehrung Eckstäbe mit einem Durchmesser von ≥ 12 mm anzuordnen und durch U-förmige Steckbügel zu sichern. Der Abstand der Steckbügel sollte höchstens gleich der Wanddicke d oder dem 12-fachen Durchmesser der Eckstäbe sein. Die Einbindelänge der freien Bügelenden muss der 2-fachen Querschnittshöhe in der Wand bzw. der Verankerungslänge $l_{b,rqd}$ entsprechen **(Bild 2)**.

Wandecken und Anschlüsse von Querwänden erfordern eine Zusatzbewehrung. Diese wird in der Regel mit Eckwinkeln oder Steckbügeln ausgeführt. Bei Hochbauten sind meist Stabdurchmesser von 8 mm in einem Abstand von 20 cm ausreichend (Bild 2).

Bild 1: Verbügelung der Bewehrung

Bild 2: Zusatzbewehrung an Wandecken und Wandanschlüssen

Bild 3: Bewehrung einer Stahlbetonwand

Über mehrere Geschosse durchlaufende Wände erfordern dann eine Anschlussbewehrung für die darüber liegende Wand, wenn Biegezugkräfte übertragen werden müssen.

Einbau der Bewehrung

Zur Bewehrung von Wänden werden häufig Betonstahlmatten verwendet. Wo dies nicht möglich ist, wird eine Einzelstabbewehrung eingebaut. In der Regel stellt man die Bewehrung an die Schalung einer Wandseite. Das Bewehren mit Einzelstäben geschieht in folgenden Arbeitsgängen:

- Ausrichten der Anschlussbewehrung,
- Befestigen einiger Längsstäbe an der Schalung unter Einhaltung der Betondeckung,
- Anbringen einiger Querstäbe,
- Befestigen der Abstandhalter,
- Einbauen der restlichen Längs- und Querstäbe,
- Bewehren der anderen Wandseite und
- Anbringen der S-Haken.

Beim Bewehren von Wänden darf das Bewehrungsgerippe nicht als Standplatz benutzt werden. Für Bewehrungsarbeiten muss ab einer bestimmten Höhe ein Gerüst erstellt werden. Werden Stäbe mit Nägeln an die Schalung geheftet, müssen diese wegen des Korrosionsschutzes vor dem Betonieren entfernt werden.

Für Kellerwände im Wohnbau werden zunehmend geschosshohe Wandtafeln mit einer Breite bis zu 2,50 m aus im Fertigteilwerk gegeneinander betonierten Gitterträgerelementen eingesetzt und anschließend mit Ortbeton ausgegossen. Diese Mischbauweise verbindet die Vorteile des Fertigteilbaus mit denen der Ortbetonbauweise. Die arbeitsaufwendige Schal- und Bewehrungsarbeit wird dabei ins Fertigteilwerk verlegt. Die fertig vergossene Wand hat eine glatte Oberfläche, die raumseitig keiner weiteren Bearbeitung bedarf. Mit Standard-, Eck-, Tür- und Fensterelementen sowie mit Passstücken kann jede Grundrissform gestaltet werden (Seite 376).

10.1.5.4 Stützwände

Stützwände dienen zur Abstützung des Erdreiches, z.B. bei Straßen, in Einschnitten oder Zufahrten zu Tiefgaragen. Da sie meist einseitig durch Erddruck belastet sind, werden Stützwände vorwiegend auf Biegung beansprucht. Die Ausführung erfolgt häufig als Winkelstützwand.

Eine Winkelstützwand besteht aus einer Sohlplatte, die auch als Fuß bezeichnet wird und der aufgehenden Wand **(Bild 1)**. Sohlplatte und Wand sind biegesteif miteinander verbunden und bilden einen rechten Winkel. Nach der Art der Fußausbildung wird zwischen Winkelstützwänden mit erdseitigem und solchen mit luftseitigem Fuß unterschieden. Eine Fußverbreiterung über die Dicke der Wand hinaus, auch als Sporn bezeichnet, verbessert insbesondere die Kippsicherheit der Stützwand. Die Erdauflast bei Winkelstützwänden mit erdseitigem Fuß trägt ebenfalls zur Kippsicherheit bei. Bei diesen Stützwänden werden die Wand auf der Erdseite, die Sohlplatte oben und der Sporn unten auf Zug beansprucht **(Bild 2)**. Der gefährdete Querschnitt liegt zwischen Sohlplatte und aufgehender Wand. Da hier in der Regel eine Arbeitsfuge entsteht, ist bei der Ausführung an dieser Stelle besondere Sorgfalt notwendig.

Stützwände sind vorwiegend biegebeanspruchte Bauteile. Sie erhalten eine Biegezugbewehrung und eine konstruktive Bewehrung. Die Biegezugbewehrung wird auf der Zugseite der Stützwand eingelegt und besteht aus der Hauptbewehrung und der Querbewehrung.

Bild 1: Fußausbildung von Stützwänden

Bild 2: Zugbeanspruchung bei einer Winkelstützwand

Bild 1: Bewehrung einer Winkelstützwand

Bild 2: Verbügelung von Fugenbändern

Die **Hauptbewehrung** der Wand ist lotrecht stehend, die der Sohlbewehrung liegt in Querrichtung. Durchmesser und Abstände der Bewehrungsstäbe werden der Bewehrungszeichnung entnommen. Größtabstände im Bereich der größten Biegebeanspruchung sind einzuhalten. Sie dürfen 25 cm bei einer Bauteildicke $h \geq 25$ cm und 15 cm bei einer Bauteildicke $h \leq 15$ cm nicht überschreiten.

Die **Querbewehrung** verläuft rechtwinklig zur Hauptbewehrung. Sie muss mindestens 20% des Querschnitts der Hauptbewehrung betragen. Die Querbewehrung ist im Abstand $s_q \leq 25$ cm anzuordnen.

Die **konstruktive Bewehrung** befindet sich an der Luftseite der Stützwand und in der Sohlplatte unten. Hierfür eignet sich besonders eine Bewehrung aus Betonstahlmatten mit quadratischen Feldern (Q-Matte). Außerdem muss am oberen Wandabschluss eine Randbewehrung aus zwei Stäben, z.B. mit je 14 mm Durchmesser, angeordnet und durch Steckbügel gesichert werden. Die Bewehrung der aufgehenden Wand wird meist durch S-Haken oder Bügel verbunden. In der Sohlplatte werden zur Sicherung der oberen Bewehrungslage Unterstützungen (Seite 327) eingebaut **(Bild 1)**.

Bei Stützwänden mit größerer Höhe muss die Bewehrung getrennt in Sohlbewehrung mit Anschlussbewehrung und Wandbewehrung eingebaut werden. Die Anschlussbewehrung muss dabei so weit über OK-Sohlplatte ragen, dass das Übergreifungsmaß l_s mit der Wandbewehrung eingehalten ist. Es entspricht in der Regel dem Verankerungsmaß $l_{b, rqd}$.

Bei Stützwänden mit luftseitigem Fuß (Bild 1, Seite 343) wird die Wand auf der Erdseite und die Sohlplatte unten auf Zug beansprucht. Die Biegezugbewehrung wird entsprechend dem Kräfteverlauf eingebaut, die konstruktive Bewehrung an der Luftseite der Stützwand und in der Sohlplatte oben.

Werden Stützwände durch Fugen getrennt und mit Fugenbändern geschlossen, muss der Fugenbandbereich zusätzlich mit Bügeln umwehrt werden **(Bild 2)**. Die Fugenabstände sind auf die zu erwartenden Formänderungen aus Schwinden, Kriechen und Temperatureinflüssen abzustimmen. Direkter Sonneneinstrahlung ausgesetzte Stützwände erfordern geringere Fugenabstände als solche in geschützter Lage.

10.1.6 Decken

Decken trennen die einzelnen Geschosse eines Bauwerks. Als scheibenförmige Bauteile übernehmen sie außerdem in vielen Fällen die Aussteifung des Baukörpers. Decken bestehen aus der Rohdecke, der Unterdecke und der Oberdecke. Die **Rohdecke** bildet das Tragwerk. Sie hat die Aufgabe, Eigenlasten und Nutzlasten auf die Auflager abzuleiten. **Unterdecken** bestehen z.B. aus Putz, Holzverkleidungen oder Plattenwerkstoffen. Dazu gehört auch der jeweils erforderliche Unterbau, wie Putzträger, Lattenroste und Abhängungen. Zur **Oberdecke** gehören Estriche und Bodenbeläge. Oberdecken und Unterdecken übernehmen vor allem die Aufgaben des Schall- und Wärmeschutzes (Seiten 455, 471). Rohdecken werden als Massivdecken und Fertigteildecken ausgeführt. Massivdecken bestehen aus Stahlbeton, in manchen Fällen auch aus Spannbeton, wobei Zwischenbauteile aus Normalbeton, Leichtbeton oder Deckenziegeln Verwendung finden können. Massivdecken stellt man aus Ortbeton, aus Fertigbauteilen und als Fertigteile her. Bei Massivdecken unterscheidet man im Wesentlichen Stahlbeton-Vollplatten, Stahlbeton-Hohlplatten, Plattenbalkendecken, Stahlbetonrippendecken, Stahlbetonbalkendecken und Stahlsteindecken.

10.1.6.1 Stahlbeton-Vollplatten

Die **Deckendicke** *h* wird nach den statischen Erfordernissen berechnet. Mindestdicken sind in der Norm festgelegt. Sie betragen im Allgemeinen 7 cm. Platten, die mit Personenkraftwagen befahren werden, z. B. bei Garagenzufahrten oder bei Schachtabdeckungen, müssen mindestens 10 cm, bei schwereren Fahrzeugen mindestens 12 cm dick sein. Die Mindestdicke von Plattendecken richtet sich auch wegen der zulässigen Durchbiegung nach der Stützweite und dem statischen System **(Tabelle 1)**.

Der Beiwert für das statische System wird mit **K** bezeichnet. Eurocode 2 gibt auf der Grundlage von Verformungsberechnungen Biegeschlankheitsgrenzen an, die den Bewehrungsgehalt der Biegebewehrung und die Betondruckfestigkeitsklasse berücksichtigen. Mit dem Beiwert K werden Grenzwerte für normale und für erhöhte Anforderungen vorgegeben. Geschossdecken im Wohnungsbau sollten wegen des Schallschutzes mindestens 16 cm dick ausgeführt werden. Decken, die Trennwände tragen, werden den erhöhten Anforderungen zugerechnet, wenn störende Risse in den Trennwänden nicht durch andere Maßnahmen vermieden werden können.

Die **Auflagertiefe** von Plattendecken ist von der Größe der Auflagerkraft und von der Tragfähigkeit des Auflagers abhängig. Die Auflagertiefe muss außerdem zur Verankerung der Bewehrung ausreichend sein. Bei der Auflagerung auf Mauerwerk oder Beton der Festigkeitsklassen C12/15 und C16/20 muss die Auflagertiefe mindestens 7 cm betragen. Bei höheren Betonfestigkeitsklassen und auf Stahl sind mindestens 5 cm Auflagertiefe erforderlich. Bei Stützweiten bis zu 2,50 m kann unter bestimmten Voraussetzungen auch eine Auflagertiefe von 3 cm ausreichend sein.

Die Gestaltung der **Deckenauflager** im Mauerwerksbau richtet sich auch nach den Forderungen des Wärmeschutzes und der Rissesicherheit. Bei Wanddicken über 24 cm darf die Decke nicht über die ganze Wanddicke aufgelagert werden, da sich sonst im Bereich der Deckenstirnseite Risse bilden können. Um dies zu verhindern, ist zwischen Deckenstirnseite und Vormauerung ein etwa 5 cm dicker Dämmstreifen einzubauen **(Bild 1)**. Vormauerung und Dämmstreifen dienen gleichzeitig dem Wärmeschutz. Bei Deckenspannweiten über 6,00 m sind wegen der zu erwartenden Deckenverformung Maßnahmen zur Zentrierung des Deckenauflagers zu treffen, z. B. durch Anordnung eines Filzstreifens am Rande des Deckenauflagers.

Einachsig gespannte Platten haben ihre Auflager auf zwei gegenüber liegenden Wänden oder Trägern. Die Lasten werden im Wesentlichen in einer Richtung, der Spannrichtung l_{eff}, abgetragen. Bei gleichmäßiger Belastung der Platte verteilt sich die Last hälftig auf die beiden Auflager **(Bild 1**, Seite 346). Dies erfordert eine Tragbewehrung, die in Spannrichtung verläuft. Für Beanspruchungen, die quer zur Spannrichtung wirken, sowie zur Lastverteilung, wird rechtwinklig zur Tragbewehrung eine Querbewehrung angeordnet. Diese wird auch als Verteilerbewehrung bezeichnet. Sie besteht aus dünneren Stäben als die Stäbe der Tragbewehrung. Plattendecken werden vorzugsweise mit Betonstahlmatten bewehrt, die bei einachsig gespannten Decken in Tragrichtung größere Stabquerschnitte als in der Querrichtung haben.

Berechnung der statischen Nutzhöhe *d* bei Deckenplatten aufgrund der Durchbiegungsbeschränkung

Beiwerte K für statisches System	
bei normalen Anforderungen	**bei erhöhten Anforderungen**
$d \geq l / (K \cdot 35)$	$d \geq l^2 / (K^2 \cdot 150)$

Beiwerte K für statisches System
0,4 bei Kragträger l_k
1,0 bei Einfeldträger l_{eff}
1,3 bei Durchlaufträger, Einfeld $l_{eff,1}$ $l_{eff,2}$
1.5 bei Durchlaufträger, Mittelfeld $l_{eff,1}$ $l_{eff,2}$ $l_{eff,3}$

Berechnung der Dicke *h* der Deckenplatte

$$erf\ h\,[cm] = d + c_{nom} + d_{sl}/2$$

h = Dicke der Deckenplatte
d = Statische Nutzhöhe

Bild 1: Berechnung der erforderlichen Plattendicke

Bild 2: Deckenauflager bei Mauerwerk

Bild 1: Lastabtrag bei einachsig und zweiachsig gespannten Platten

Zweiachsig gespannte Platten tragen die Lasten in rechtwinklig zueinander verlaufenden Richtungen ab. Sie können z.B. an vier, an drei und als Kragplatten an zwei benachbarten Rändern aufliegen. Beton und Bewehrung werden in zwei Richtungen, den Spannrichtungen $l_{eff,x}$ und $l_{eff,y}$, beansprucht. Bei Platten über quadratischem Grundriss wird die Last F gleichmäßig auf alle vier Auflager verteilt **(Bild 1)**. Bei Platten über rechteckigem Grundriss stellt sich die Hauptbeanspruchung stets über der kürzeren Spannrichtung ein. Ist z.B. das Verhältnis der Stützweiten $l_{eff,x}$ und $l_{eff,y}$ wie 1 : 2, so wird die Last F auf die kürzere Spannrichtung zu je $^8/_{18}$ F und in der längeren Spannrichtung zu je $^1/_{18}$ F abgetragen (Bild 1). Nach diesen Beanspruchungen muss die Bewehrung bemessen werden. Für zweiachsig beanspruchte Platten werden meist Betonstahlmatten verwendet, die annähernd gleiche Stabquerschnitte aufweisen. Eine bessere Anpassung an den Kräfteverlauf kann durch Verwendung von Listenmatten erreicht werden.

Teilweise vorgefertigte Plattendecken bestehen aus einer mindestens 4 cm dicken Fertigplatte und einer statisch mitwirkenden Ortbetonschicht. Plattendecken eignen sich für einfeldrige und durchlaufende Decken, die einachsig oder zweiachsig gespannt sind. Die Fertigplatten werden fabrikmäßig im Fertig-

Bild 2: Einachsig gespannte Platte aus vorgefertigten Plattenstreifen

Bild 3: Zweiachsig gespannte Platte aus vorgefertigten Plattenstreifen

teilwerk in der erforderlichen Länge und mit einer Breite bis zu 2,50 m sowie auf der Baustelle auch in Raumgröße hergestellt. Sie enthalten bereits ganz oder teilweise die untere Tragbewehrung sowie die Verbundbewehrung. Als Verbundbewehrung werden z.B. Gitterträger aus Stahl oder Bügel aus Betonstahl so eingebaut, dass sie aus der Fertigteilplatte in den Ortbeton hineinreichen. Bei einachsig gespannten Platten befindet sich die gesamte Tragbewehrung in der Fertigplatte. Die Plattenstöße erhalten vor dem Einbringen des Ortbetons eine Fugenbewehrung **(Bild 2)**. Bei zweiachsig gespannten Platten ist die Tragbewehrung nur teilweise, und zwar nur in einer Richtung, in der Fertigplatte enthalten. Die Tragbewehrung in der anderen Richtung muss nach dem Verlegen der Fertigplatten als Einzelstabbewehrung eingebaut werden **(Bild 3)**. Die obere Bewehrung als Randbewehrung und Eckbewehrung oder Stützbewehrung ist ebenfalls vor Ort einzubauen. Nachdem die Bewehrung verlegt ist, wird der Ortbeton in der erforderlichen Dicke eingebracht.

Durch Verwendung von teilweise vorgefertigten Plattendecken lassen sich die Vorteile der Vorfertigung mit denen der Ortbetonbauweise verbinden. Das Verlegen der Platten auf der Baustelle erfolgt ohne Schalung mit Hilfsunterstützungen, deren Anzahl und Abstände vorwiegend von der Stützweite und der Dicke der Ortbetonschicht abhängig sind. Werden besondere, bauaufsichtlich zugelassene Gitterträger verwendet, ist es möglich, Platten mit Spannweiten bis zu 5 m ohne Montageunterstützungen zu verlegen. Dies ist besonders bei großen Geschosshöhen wirtschaftlich, da die Mehrkosten für die Gitterträger in der Regel geringer sind als die Kosten für die Montageunterstützungen. Die Fertigplatten müssen im Montagezustand mindestens 3,5 cm aufliegen, dies kann auch durch Auflagerung auf einer Hilfsunterstützung geschehen. Im endgültigen Bauzustand, d. h. nach Aufbringen der Ortbetonschicht, müssen die Auflagertiefen denen für Vollplatten entsprechen (Seite 345). Dies wird durch überstehende Bewehrung oder Gitterträger erreicht.

Pilzdecken sind Stahlbetonplatten von mindestens 15 cm Dicke, die punktförmig auf gleichmäßig angeordneten Rand- und Innenstützen aufliegen. Die Stützen können am Stützenkopf eine ringsum laufende Verstärkung haben, wodurch das Aussehen eines Pilzes entsteht **(Bild 1)**. Fehlt die Stützenkopfverstärkung, spricht man von **Flachdecken (Bild 2)**.

Bild 1: Pilzdecke

Bild 2: Flachdecke

10.1.6.2 Stahlbeton-Hohlplatten

Zur Herabsetzung der Eigenlast werden bei größeren Stützweiten und höheren Belastungen Stahlbetonplatten mit Hohlräumen ausgeführt **(Bild 3)**. Die Hohlplatten haben durchlaufende Ober- und Unterschichten, die in Tragrichtung, zum Teil auch in Querrichtung, mit Stegen zu einer Einheit verbunden sind. Ober- und Unterschichten sind mindestens 6,5 cm dick, die Stege mindestens 8 cm breit. Im Bereich vor den Auflagern und über tragenden Innenwänden können keine Hohlräume angeordnet werden. Die an diesen Stellen wirkenden Spannungen müssen durch Vollbetonstreifen aufgenommen werden. Zur Bildung der Hohlräume werden wasserdichte Papprohre, Rohre aus profiliertem Stahlblech oder Körper aus Hartschaumstoff verwendet. Um zu verhindern, dass die Hohlkörper beim Betonieren hochgetrieben werden, müssen sie auf die Schalung abgespannt werden.

Die als Fertigteile hergestellten Spannbeton-Hohlplatten sind in der Regel 33,3 cm oder 50 cm breit und haben für gewöhnlich eine Höhe bis zu 20 cm (Bild 3). Die Schmalseiten der Platten, die konisch genutet oder ineinander greifend geformt sein können, müssen mit Fugenmörtel vergossen werden.

Stahlbeton - Hohlplatten

Spannbeton - Hohlplatten - Fertigteile

Bild 3: Hohlplattendecken

10.1.6.3 Plattenbalkendecken

Plattenbalkendecken bestehen im Querschnitt aus einer Stahlbeton-Vollplatte mit unterseitigen Stahlbetonbalken **(Bild 4)**. Der Abstand der Balken richtet

Bild 4: Plattenbalkendecke

Bild 5: Doppelstegplatte als Fertigteil

sich meist nach der Größe der Einwirkungen, z. B. der Nutzlasten. Die Querschnittsabmessungen der Balken beeinflussen den Abstand, der mehr als 3 m betragen kann. Die Platte muss mindestens 7 cm dick sein. In Spannrichtung, die in der Regel quer zu den Balken verläuft, erhält die Platte eine Tragbewehrung. Platten sind an die Balken schubfest anzuschließen. Die Balken können schmal ausgebildet werden, da die Verbindung mit der Platte ein seitliches Ausweichen verhindert. Plattenbalkendecken werden häufig bis zu 2,50 m Breite als Fertigteile hergestellt. Sie werden als Doppelstegplatten bzw. als Trogplatten bezeichnet (**Bild 5**, Seite 347). Die Balken können bei Fertigteilen in den Viertelspunkten der Plattenbreite mit einem Abstand von ungefähr 1,25 m oder als Randbalken angeordnet sein.

10.1.6.4 Stahlbetonrippendecken

Plattenbalkendecken, bei denen die Balken in geringen Abständen nebeneinander liegen, bezeichnet man als Rippendecken (**Bild 1**). Rippendecken dürfen für die Schnittgrößenermittlung vereinfacht als Vollplatten betrachtet werden, wenn die Gurtplatte zusammen mit den Rippen eine ausreichende Torsionssteifigkeit besitzt. Dies ist der Fall, wenn gleichzeitig der Rippenabstand 150 cm nicht übersteigt, die Rippenhöhe unter der Gurtplatte die vierfache Rippenbreite nicht übersteigt sowie die Dicke der Gurtplatte mindestens 1/10 des lichten Abstands zwischen den Rippen oder 5 cm beträgt. Dabei ist der größere Wert immer maßgebend. Die Schubbewehrung der Rippen, die aus Bügelkörben, Einzelbügeln oder aus strebenartig angeordneten Bewehrungsstäben bestehen kann, greift normalerweise in die Druckplatte ein. Die für die Druckplatte erforderliche Querbewehrung sollte unter den Montagestäben der Stegbewehrung liegen.

Bild 1: Stahlbetonrippendecke aus Ortbeton

Bild 2: Ortbetonrippendecken mit Zwischenbauteilen

Stahlbetonrippendecken sind nur für Verkehrslasten bis 5 kN/m² zulässig. Die Auflagertiefe der Tragrippen muss mindestens 10 cm betragen. Wird die Decke am Auflager durch aufgehende Umfassungswände belastet, ist ein Betonstreifen anzuordnen, der häufig als Ringanker ausgebildet wird. Bei durchlaufenden Rippendecken sind im Bereich der Innenstützen Verbreiterungen der Stege oder Massivstreifen erforderlich.

Stahlbetonrippendecken können einachsig oder zweiachsig gespannt sein. Bei den zweiachsig gespannten kreuzen sich Längs- und Querrippen in gleichen oder annähernd gleichen Abständen. Die häufiger angewandte einachsig gespannte Art hat in der Regel bei Stützweiten bis zu 4 m oder, wenn die Verkehrslast 2,75 kN/m² nicht überschreitet, bis zu 6 m keine Querrippen. Bei größeren Stützweiten müssen Querrippen angeordnet werden. Ihr Abstand s_q ist von der Verkehrslast, vom Rippenabstand und von der Deckendicke abhängig. Der lichte Querrippenabstand darf die 10-fache Deckendicke h_0 nicht überschreiten. Stahlbetonrippendecken werden ohne Zwischenbauteile und mit Zwischenbauteilen sowohl aus Ortbeton als auch mit vorgefertigten Rippen hergestellt.

Bei **Ortbeton-Rippendecken ohne Zwischenbauteile** ist eine Schalung erforderlich, die eine dem Deckenquerschnitt entsprechende Form aufweist. Man verwendet dazu hauptsächlich Schalbleche und Schalkörper.

Bei **Ortbeton-Rippendecken mit Zwischenbauteilen** wird der Raum zwischen den Rippen mit Zwischenbauteilen aus Leichtbeton oder mit Deckenziegeln ausgefüllt (**Bild 2**). Die Deckenziegel und Deckensteine sind mit vorstehenden Fußleisten versehen. Sie werden auf einer Voll- oder Streifenschalung verlegt. In den von den Fußleisten und Seiten der Zwischenbauteile gebildeten Raum wird die Tragbewehrung eingelegt und der Beton eingebracht.

Bei den Zwischenbauteilen für Ortbetonrippendecken unterscheidet man statisch nicht mitwirkende und statisch mitwirkende Zwischenbauteile.

Statisch nicht mitwirkende Zwischenbauteile dienen der Verbesserung des Schall- und Wärmeschutzes. Über statisch nicht mitwirkenden Zwischenbauteilen muss eine mindestens 5 cm dicke, mit Querbewehrung versehene Druckplatte aufbetoniert werden.

Bei statisch mitwirkenden Zwischenbauteilen, wie z.B. bei entsprechend beschaffenen Deckenziegeln, ist eine aufbetonierte Druckplatte nicht erforderlich. Die Deckenziegel sind im oberen Bereich verstärkt. Außerdem haben sie eine Stoßfugenaussparung, die zusammen mit den Rippen ausbetoniert wird, wodurch eine Druckzone entsteht. Die nach DIN 1045 vorgeschriebene Querbewehrung wird in diesem Fall in den Aussparungen der Stoßfugen verlegt.

Rippendecken mit vorgefertigten Rippen benötigen beim Verlegen in bestimmten Abständen Querunterstützungen. Zwischen den ganz oder teilweise vorgefertigten Rippen, die mit der Trag- und Schubbewehrung versehen sind, verlegt man Deckenziegel oder Zwischenbauteile aus Beton **(Bild 1)**. Diese sitzen meist mit einem Falz auf den an der Unterseite verbreiterten Rippenfertigteilen. Nach dem Verlegen der Bauteile betoniert man den Raum im oberen Bereich der Rippen aus. Ähnlich wie bei Ortbeton-Rippendecken können die Zwischenbauteile statisch nicht mitwirkend oder statisch mitwirkend sein. Dementsprechend besteht die Druckplatte aus Ortbeton oder aus oberseitig verstärkten Zwischenbauteilen mit ausbetonierten Stoßfugen.

10.1.6.5 Stahlbetonbalkendecken

Decken aus Stahlbeton- oder Spannbetonbalken unterscheiden sich von Rippendecken durch die fehlende Druckplatte. Zur Verbesserung der Tragfähigkeit der Balken kann deren Druckzone bis auf das 1,5-fache der Deckendicke, höchstens aber auf 35 cm, verbreitert werden. Balkendecken kann man aus dicht nebeneinander verlegten Fertigteilbalken, aus Fertigteilbalken mit Zwischenbauteilen und aus Ortbeton mit Zwischenbauteilen fertigen.

Aneinander liegende Fertigteilbalken haben meist die Form eines Doppel-T-Trägers **(Bild 2)**. In der Regel ist der obere Flansch wegen der aufzunehmenden Druckkräfte größer bemessen als der untere, in dem die Tragbewehrung liegt. Zur Fertigstellung der Decke ist auf den verlegten Balken ein Überbeton mit Querbewehrung erforderlich.

Bei **Stahlbetonbalkendecken aus Ortbeton** werden ähnlich wie bei den Rippendecken aus Ortbeton Zwischenbauteile mit Fußleisten verlegt **(Bild 1, Seite 350)**. In den freien Raum zwischen ihren Seitenflächen wird die Bewehrung eingelegt und der Ortbeton eingebracht. Durch die Form der Zwischenbauteile wird die Druckzone der Balken in der Regel verbreitert. Bei einigen besonders zugelassenen Fertigteilsystemen werden zur Verbreiterung der Druckzone oberflächenverstärkte Zwischenbauteile mit vermörtelbaren Stoßfugen eingebaut.

Bei **Balkendecken mit vorgefertigten Balken und Zwischenbauteilen** muss der Raum zwischen Bal-

Bild 1: Rippendecken mit vorgefertigten Rippen

Bild 2: Decke aus aneinander liegenden Fertigteilbalken

Bild 1: Balkendecke aus Ortbeton

Bild 2: Decke aus vorgefertigten Balken und Zwischenbauteilen

Bild 3: Stahlsteindecke

ken und Zwischenbauteil nach dem Verlegen ausbetoniert werden **(Bild 2)**. Häufig sind die Zwischenbauteile so geformt, dass die Balken durch den Ortbeton eine verbreiterte Druckzone erhalten. Da ein Überbeton im Normalfall nicht erforderlich ist, bleiben die Oberflächen der Zwischenbauteile im Rohzustand der Decke sichtbar. Die Balken bestehen meist nur in ihrem unteren Teil aus Fertigbeton. Durch die herausragende Schubbewehrung ergibt sich ein guter Verbund mit dem Ortbeton.

10.1.6.6 Stahlsteindecken

Stahlsteindecken werden meist aus statisch mittragenden Deckenziegeln, zum Teil auch aus Deckensteinen aus Beton, von höchstens 25 cm Gesamtbreite hergestellt **(Bild 3)**. Die Deckenziegel bzw. Deckensteine sind im oberen Bereich oder über die ganze Querschnittshöhe so ausgebildet, dass sie Druckkräfte aufnehmen können. Bei der Fertigstellung der Decke müssen zu diesem Zweck die Stoßfugenaussparungen mit Beton vergossen werden. Eine Querbewehrung in den Stoßfugen ist bei größerer Belastung erforderlich. Stahlsteindecken werden außer aus Ortbeton auch als plattenförmige Fertigteile hergestellt, die unter der Bezeichnung „Ziegel-Elementdecken" angeboten werden. Die Elemente werden fabrikmäßig in Dicken von 16,5 cm bis 24 cm, in der erforderlichen Länge und mit einer Breite bis zu 2,50 m hergestellt. Mit einer Deckendicke von z. B. 24 cm lassen sich Raumweiten bis 7,30 m überspannen. Montageunterstützungen sind in der Regel nicht notwendig, jedoch Randunterstützungen entlang von Rollladenkasten, Stürzen und Unterzügen. Im Bereich auskragender Balkone werden zur Aufnahme der einbindenden oberen Bewehrung Massivstreifen auf Flach-Deckensteinen ausgebildet.

Aufgaben

1 Erklären Sie, unter welchen Voraussetzungen Stahlbeton-Hohlplatten vorteilhaft sind.

2 Nennen Sie den Mindestabstand der Balken einer Plattenbalkendecke.

3 Erläutern Sie, welche Aufgabe statisch mitwirkende Zwischenbauteile bei Stahlbetonrippendecken haben.

4 Erklären Sie, wodurch sich Balkendecken und Rippendecken aus Stahlbeton unterscheiden.

5 Beschreiben Sie, wozu man eine verlorene Schalung verwendet.

6 Nennen Sie die größte Breite von Deckenziegeln bei Stahlsteindecken.

10.1.6.7 Bewehrung von Stahlbetonplatten

Platten sind vorwiegend auf Biegung beanspruchte Bauteile. Hinsichtlich der Tragwirkung wird zwischen einachsig gespannten und zweiachsig gespannten Platten unterschieden. Nach der Anzahl der Deckenfelder, die überspannt werden, ergeben sich Einfeldplatten und Mehrfeldplatten. Platten, die über ein Endauflager auskragen, bezeichnet man als Kragplatten.

Nach der Lage der Bewehrung in der Platte unterscheidet man zwischen der unteren und oberen Bewehrung. Die untere Bewehrung wird auch als Feldbewehrung, die obere als Stützbewehrung bezeichnet. Deckenplatten im Hochbau werden vorwiegend mit Betonstahlmatten bewehrt.

Einachsig gespannte Platten

Die Bewehrung einachsig gespannter Platten besteht aus der Hauptbewehrung und der Querbewehrung **(Bild 1)**. Als Hauptbewehrung werden die Stäbe bezeichnet, die in Spannrichtung liegen und die Biegezugspannungen aufnehmen. Die Querbewehrung wird rechtwinklig zur Hauptbewehrung angeordnet und dient der Lastverteilung. Außerdem nimmt die Querbewehrung die quer zur Spannrichtung entstehenden Beanspruchungen auf. Die Hauptbewehrung wird deshalb auch als Tragbewehrung, die Querbewehrung als Verteilerbewehrung bezeichnet. Für die Bewehrung von Platten gelten die Bewehrungsrichtlinien nach DIN 1045 **(Tabelle 1)**.

Die **Hauptbewehrung** besteht aus Tragstäben, deren Durchmesser und Abstände der Bewehrungszeichnung zu entnehmen sind. Bei der Anordnung der Stäbe dürfen Größtabstände nicht überschritten und Mindestabstände nicht unterschritten werden. Der Betonstahlquerschnitt der Hauptbewehrung wird auf 1 m Plattenstreifen angegeben und mit dem Kurzzeichen a_s bezeichnet.

Die **Querbewehrung** besteht aus Stäben mit geringerem Querschnitt als bei der Tragbewehrung. Bei Betonstahl-Lagermatten sind die nach DIN 1045 zulässigen Stababstände und Querschnitte bereits bei der Herstellung der Matten berücksichtigt.

Eine zusätzliche Bewehrung ist z.B. als Randbewehrung, als Zulagebewehrung und als untere Bewehrung in Kragplatten erforderlich.

Die Randbewehrung wird als obere Bewehrung bei Endauflagern eingebaut. Sie ist eine Einspannbewehrung und dient zur Sicherung unbeabsichtigter Einspannungen der Platte, z.B. in Mauerwerk. Die Randbewehrung bezeichnet man auch als Abreißbewehrung. Ihre Länge sollte etwa $^1/_5$ der Plattenstützweite, ihr Querschnitt mindestens 25% der Feldbewehrung betragen **(Bild 1,** Seite 352). Meist werden hierfür Restmatten verwendet.

Die Zulagebewehrung unter Einzel- und Streckenlasten wird in der Regel in der Bewehrungszeichnung angegeben. Ist dies nicht der Fall, sind Stäbe in Längs- und Querrichtung anzuordnen.

Die Zulagebewehrung an freien, ungestützten Rändern von Platten, z.B. am Rand von Kragplatten, besteht aus einer Randlängsbewehrung und einer bügelartigen Umfassung. Zur Einfassung der Randbewehrung können Steckbügel oder entsprechend gebogene Bewehrungsstäbe verwendet werden, wobei die freie Schenkellänge der 2-fachen Plattendicke entsprechen soll **(Bild 2,** Seite 352).

Die Zulagebewehrung ist auch bei Öffnungen und Aussparungen, z.B. bei Kamindurchführungen, notwendig. Auch Kragplatten müssen zusätzlich bewehrt werden. Die Zulagebewehrung wird als untere Bewehrung eingelegt. Hierfür eignen sich besonders Q-Matten.

Bild 1: Lage der Bewehrung

Tabelle 1: Bewehrungsrichtlinien für einachsig gespannte Platten

Hauptbewehrung

- Größtabstände s (Achsabstände)
  $s_{l, max} \leq 15$ cm bei Plattendicken $h \leq 15$ cm
  $s_{l, max} \leq 25$ cm bei Plattendicken $h \geq 25$ cm
  Zwischenwerte sind linear zu interpolieren.

- Mindestabstände a (lichte Abstände)
  gleichlaufende Bewehrungsstäbe, ausgenommen Bewehrungsstäbe im Stoßbereich, die sich berühren dürfen
  $a \geq 20$ mm $\geq d_s$ bzw.
  $a \geq d_g + 5$ mm (für $d_g > 16$ mm)

- Bewehrung am Auflager
  $\geq 50\%$ der Feldbewehrung sind über das Auflager zu führen und zu verankern

Querbewehrung

- Mindest-Querbewehrung
  bei gleichmäßig verteilter Belastung
  $a_{sq} \geq 20\%$ des Querschnitts der Hauptbewehrung
  bei Betonstahlmatten muss $d_s \geq 5$ mm sein

- Größtabstände $s_{q, max} \leq 25$ cm

Außerdem kann eine konstruktive **Einspannbewehrung** (obere Randbewehrung) und eine **Randbewehrung** an freien ungestützten Plattenrändern erforderlich sein.

Bild 1: Randbewehrung

Bild 2: Einfassbewehrung an freien Rändern von Platten

einlagige Feldbewehrung

zweilagige Feldbewehrung als Zulagestaffelung

zweilagige Feldbewehrung als verschränkte Staffelung

Bild 3: Bewehrungsanordnung bei Betonstahlmatten

Einachsig gespannte Einfeldplatte

Einfeldplatten erhalten im unteren Plattenbereich eine Feldbewehrung, die in der Bewehrungszeichnung als untere Bewehrung bezeichnet wird. Entsteht an den Auflagern eine Einspannung, ist eine Randbewehrung als obere Bewehrung erforderlich **(Bild 1)**.

Die Feldbewehrung kann entsprechend dem Kräfteverlauf abgestuft werden. In diesem Fall muss jedoch mindestens die Hälfte der Bewehrung von Auflager zu Auflager geführt werden. Werden Betonstahlmatten als Lagermatten für die Feldbewehrung verwendet, unterscheidet man nach der Anordnung der Matten zwischen einlagigen und zweilagigen Bewehrungen. Die einlagige Bewehrung stellt die wirtschaftlichste Lösung hinsichtlich des Arbeitsaufwandes beim Bewehren dar. Bei zweilagiger Bewehrung kann die Feldbewehrung durch Staffelung abgestuft und dadurch Betonstahl eingespart werden.

Man unterscheidet die Zulagestaffelung und die verschränkte Staffelung. Eine zweilagige Mattenbewehrung mit Zulagestaffelung besteht aus einer Grundmatte und einer Zulagematte. Durch verschränkt angeordnete Matten erreicht man eine zweilagige Bewehrung mit verschränkter Staffelung **(Bild 3)**.

Einachsig gespannte Durchlaufplatte

Bei durchlaufenden Platten ist eine Feldbewehrung und eine Stützbewehrung erforderlich. Die Stützbewehrung und die Randbewehrung werden in der Bewehrungszeichnung als obere Bewehrung ausgewiesen. Die Stützbewehrung verläuft über den Tragwänden im oberen Plattenbereich und darf dem Kräfteverlauf entsprechend abgestuft werden. Sie ist durch eine ausreichende Anzahl von Unterstützungskörben in ihrer Lage zu sichern.

Verwendet man Betonstahlmatten als Lagermatten für die Stützbewehrung, unterscheidet man wie bei der Feldbewehrung verschiedene Bewehrungsanordnungen **(Bild 1,** Seite 353).

Die Randbewehrung wird im Bereich der Plattenecken verstärkt, wobei man meist eine halbe Q-Matte als Eckbewehrung anordnet. Diese soll die Plattenecken gegen Abheben sichern, da bei Belastung die Gefahr besteht, dass die Plattenecken sich aufwölben.

Bei Hochbauten werden häufig Zweifeldplatten ausgeführt, deren Belastung gleichmäßig verteilt ist. Dabei wird zwischen Durchlaufplatten mit gleichen und ungleichen Stützweiten unterschieden. Durchlaufplatten mit gleichen Stützweiten erhalten in beiden Feldern eine Bewehrung mit gleichem Querschnitt und eine Stützbewehrung, die in der Regel einen größeren Querschnitt aufweist als die Feldbewehrung. Die Stützbewehrung wird mittig über der Tragwand angeordnet.

Bei Durchlaufplatten mit ungleichen Stützweiten erhalten die Felder mit geringerer Stützweite eine Bewehrung mit geringerem Querschnitt. Die Stützbewehrung ragt weiter in das kleinere Feld **(Bild 2,** Seite 353).

Wird eine durchlaufende Platte teilweise auf einem Überzug **(Bild 4,** Seite 357) beidseitig aufgelagert, muss die Feldbewehrung mit geringer Neigung gekröpft und genügend weit über die untere Bewehrung des Überzuges geführt werden. Die Stützbewehrung ist wegen der Verbügelung des Überzuges als Einzelstabbewehrung auszuführen. Dabei ist zu beachten, dass Einzelstäbe eine größere Verankerungslänge erfordern als Betonstahlmatten.

einlagige Stützbewehrung

zweilagige Stützbewehrung als Zulagestaffelung

zweilagige Stützbewehrung als verschränkte Staffelung

Zulagematte / Grundmatte

Matten verschränkt angeordnet

Bild 1: Bewehrungsanordnung bei Betonstahlmatten (Stützbewehrung)

Randbewehrung

Schnitt

untere Bewehrung

obere Bewehrung

Bild 2: Zweifeldplatte mit einlagiger Bewehrung

Randbewehrung

Schnitt

untere Bewehrung

obere Bewehrung

Bild 3: Zweifeldplatte mit zweilagiger Bewehrung

Sind große Bewehrungsquerschnitte erforderlich, kann die Bewehrung zweilagig ausgebildet werden. Bei gestaffelter Feldbewehrung ist der einlagige Teil der Bewehrung im Bereich des Endauflagers stets kleiner als am Mittelauflager. Auch bei zweilagiger Stützbewehrung ragt diese weiter in das kleinere Deckenfeld **(Bild 3)**. Durch die Verwendung von abgestuften Listenmatten, sogenannten Feldsparmatten, lässt sich mit einer einlagigen Bewehrung der Stahlquerschnitt dem Zugkraftverlauf anpassen.

Einachsig gespannte Einfeldplatte mit Kragarm

Die Hauptbewehrung einer Einfeldplatte mit Kragarm besteht aus der Feldbewehrung und der Stützbewehrung im Bereich der Auskragung. Außerdem ist eine zusätzliche Bewehrung der Kragplatte unten, eine Verbügelung der freien Ränder und eine Randbewehrung erforderlich. Die Hauptbewehrung kann einlagig **(Bild 1,** Seite 354) oder zweilagig **(Bild 2,** Seite 354) ausgebildet werden.

Bild 1: Einfeldplatte mit Kragarm, einlagige Bewehrung

Bild 2: Einfeldplatte mit Kragarm, zweilagige Bewehrung

Zweiachsig gespannte Einfeldplatte

Zweiachsig gespannte Platten unter gleichmäßig verteilter Belastung erhalten eine untere Bewehrung als Hauptbewehrung und eine obere Bewehrung als Eckbewehrung und Randbewehrung **(Bild 3)**.

Die **Hauptbewehrung** wird durch zwei Lagen sich kreuzender Tragstäbe gebildet. Bei quadratischen Platten ergeben sich in beiden Richtungen gleiche Stabquerschnitte. Rechteckplatten werden in Richtung der kürzeren Spannweite mehr beansprucht als in Richtung der längeren Spannweite. Man spricht deshalb

Bild 3: Zweiachsig gespannte Einfeldplatte

von einer Haupttragrichtung und einer Nebentragrichtung. In Haupttragrichtung gelten für die Größtabstände der Bewehrungsstäbe die Vorschriften für die einachsig gespannten Platten. Bewehrungsstäbe in der Nebentragrichtung sind in zweiter Lage einzubauen. In Haupt- und Nebentragrichtung gelten für die Größtabstände der Bewehrungsstäbe die Vorschriften für einachsig gespannte Platten.

Die **Eckbewehrung,** auch Drillbewehrung genannt, ist notwendig, um Risse in den Plattenecken zu verhindern. Wird die Eckbewehrung konstruktiv angeordnet, muss der Querschnitt der Hauptbewehrung entsprechend vergrößert werden.

Die **Randbewehrung** über den Endauflagern ist wie bei einachsig gespannten Platten anzuordnen.

Für die Bewehrung zweiachsig gespannter Platten werden meist Betonstahlmatten verwendet, wobei die Bewehrung einlagig oder zweilagig ausgeführt werden kann (**Bild 3**, Seite 354).

Treppenplatten

Treppen aus Stahlbeton können mit tragenden Stufen oder nichttragenden Stufen auf Laufplatten hergestellt werden. Nichttragende Stufen werden auf tragende Laufplatten aufgelagert. Durch die Laufplatte werden die Lasten aufgenommen und abgeleitet. Häufig werden U-förmige Podesttreppen ausgeführt.

In der Regel werden Treppenplatten in Längsrichtung gespannt. Es entsteht eine geknickte Platte, die meist als einachsig gespannte Platte bewehrt wird. An den Knickstellen ist eine zusätzliche Bewehrung erforderlich. An Knickstellen unterscheidet man ausspringende Ecken (Grate) und einspringende Ecken (Kehlen). Im Bereich der ausspringenden Ecke wird die Bewehrung umschließend durchlaufend, im Bereich der einspringenden Ecke sich kreuzend und im Bauteil selbst gerade weiterverlaufend, eingelegt (**Bild 1**).

Treppenplatten können auf den Stirnseiten des Treppenhauses aufliegen und über die Treppenhauslänge gespannt sein oder auf Podesten aufliegen.

Über die Treppenhauslänge gespannte Platten werden als Treppenplatten mit gleich gespannten Podesten bezeichnet (**Bild 1,** Seite 356). Die Hauptbewehrung wird von Auflager zu Auflager geführt. Bei Treppenplatten, die auf quer gespannten Podesten aufliegen, wird die Hauptbewehrung der Treppenplatte in der Podestplatte verankert (**Bild 2,** Seite 356). Die Podestplatten sind entweder auf zwei gegenüberliegenden Rändern aufgelagert und einachsig gespannt oder an drei Rändern aufgelagert und zweiachsig gespannt.

Die Bewehrung erfolgt wegen der Knickstellen meist als Einzelstabbewehrung. Die Hauptbewehrung der Treppenlauf- und Podestplatten kann mit Betonstahlmatten ausgeführt werden. Dabei ist zu beachten, dass Matten ohne Randsparbereiche verwendet werden oder Einzelstäbe im Bereich der Randeinsparung zugelegt werden. Häufig ordnet man an den Knickstellen zur Lastverteilung unten durchlaufende Zulagestäbe an.

Bild 1: Bewehrung an Knickstellen

Bild 2: Schneideskizzen für Betonstahl-Lagermatten (Ausschnitt)

Bild 1: Bewehrung einer Treppenlaufplatte mit gleich gespannten Podesten

Bild 2: Bewehrung einer Treppenlaufplatte mit quer gespannten Podesten

Einbau der Bewehrung

Zur Bewehrung flächenartiger Bauteile, wie z.B. Massivplatten, eignen sich vorwiegend Betonstahlmatten, insbesondere Lagermatten oder Vorratsmatten, da diese in der Regel stets verfügbar sind.

Das Bewehren erfolgt nach der geprüften Bewehrungszeichnung. Bei Verwendung von Lagermatten ist außerdem zur Vorbereitung der Bewehrung eine Schneideskizze erforderlich (**Bild 2**, Seite 355).

Bei einlagiger Mattenbewehrung liegen die Tragstäbe zur Betonaußenfläche hin. Bei zweilagiger Mattenbewehrung können die Tragstäbe in einer Ebene oder in verschiedenen Ebenen angeordnet sein (**Bild 1**). Das Verlegen der unteren Bewehrung wird in der Regel von einer Ecke eines Deckenfeldes aus unter Einhaltung der vorgeschriebenen Überdeckung vorgenommen. Lagert das Deckenfeld z.B. auf einem Stahlbetonbalken auf, müssen die Tragstäbe in die Balkenbewehrung eingreifen. Dabei dürfen die Stäbe der Querbewehrung im Bereich der Bügel aufgeschnitten werden. Das Verlegen der oberen Bewehrung erfolgt wie bei der unteren Bewehrung, jedoch auf standfesten Unterstützungskörben, deren Unterstützungshöhe auf die Dicke der Decke und der Bewehrungslage abgestimmt sein muss. Die Abstände der Unterstützungskörbe richten sich nach der Steifigkeit der Bewehrung und der Art des Betoneinbaus. Bewehrungen aus dünneren Stäben erfordern geringere Abstände als Bewehrungen aus dickeren Stäben. Vor Betonierbeginn ist die Bewehrung durch den verantwortlichen Bauleiter zu überprüfen.

10.1.7 Stahlbetonbalken und Stahlbetonplattenbalken

Balken überspannen Öffnungen in Bauwerken, nehmen Lasten auf und tragen diese über Auflager in die unterstützenden Bauteile wie Stützen und Wände ab. Meist haben sie rechteckigen Querschnitt mit der Breite b und der Dicke h, die auch als Höhe bezeichnet wird (**Bild 2**). Da Balken vorwiegend auf Biegung beansprucht werden, sollten sie hochkant angeordnet werden. Die Querschnittsmaße sind gegenüber der Balkenlänge klein. Deshalb spricht man auch von stabförmigen Biegeträgern. Balken können im auflagernahen Bereich durch Querschnittsvergrößerungen, auch Vouten genannt, verstärkt werden.

Plattenbalken sind Balken, die im oberen Bereich des Balkens durch Platten verbreitert sind (**Bild 3**). Die Tragwirkung des Plattenbalkens beruht auf dem Zusammenwirken von Balken und Platte. Deshalb müssen Platte und Balken durch Bewehrung schubfest miteinander verbunden sein. Die Plattendicke muss mindestens 7 cm und die Auflagertiefe des Balkens mindestens 10 cm betragen. Plattenbalken werden in der Regel in einem Arbeitsgang hergestellt. Man unterscheidet einseitige und beid-

Bild 1: Tragstäbe bei zweilagiger Bewehrung

Bild 2: Stahlbetonbalken mit Voute

Bild 3: Plattenbalken

Bild 4: Überzug

seitige Plattenbalken. Die Breite des Balkens (Steges) wird mit b_w, die gesamte Dicke (Höhe) des Plattenbalkens mit h_1 und die Breite der Platte, die an der Übertragung der Kräfte mitwirkt, mit b_{eff} bezeichnet.

Durch die schubfeste Verbindung werden die im oberen Bereich des Balkens auftretenden Biegedruck-
kräfte zum Teil in die Platte eingeleitet. Dadurch steht zur Aufnahme der Druckkräfte ein größerer mit-
wirkender Betonquerschnitt zur Verfügung. Dieser bewirkt, dass sich die Nulllinie in Richtung der Platte
verschiebt und die Tragbewehrung in der Zugzone des Balkens wirksamer wird. Werden Plattenbalken
als Durchlaufträger ausgeführt, beteiligt sich die Platte nur in den Feldern an der Aufnahme der Biege-
druckspannungen. Im Bereich der Stützung liegt die Platte in der Zugzone, wodurch die Druckkräfte allein
vom Balken mit der Breite b_w aufgenommen werden müssen. Ist die Ausführung eines Plattenbalkens mit
unterseitigem Steg nicht möglich, kann dieser auch oberhalb der Platte angeordnet werden. Man spricht
dabei von einem Stahlbetonüberzug (**Bild 4,** Seite 357). Beim Stahlbetonüberzug als Träger auf zwei Stützen werden die Kräfte nur vom Balken aufgenommen. Wird der Träger über mehrere Felder gespannt,
beteiligt sich im Bereich der Stützung die Platte mit der Breite b_{eff} an der Aufnahme der Kräfte.

Balken und Plattenbalken sind vorwiegend biegebeanspruchte Bauteile, bei denen die Last in Längsrichtung abgetragen wird. Die Bewehrung besteht hauptsächlich aus der Längsbewehrung und der Bügelbewehrung. Außerdem ist in hohen Querschnitten eine Stegbewehrung erforderlich.

Die **Längsbewehrung** wird als Zugbewehrung, Stegbewehrung und Montagebewehrung angeordnet.

Die Zugbewehrung nimmt Biegekräfte auf. Sie kann aus Einzelstäben oder Stabbündeln bestehen, deren
Gesamtquerschnitt mit A_s bezeichnet wird. Bewehrungsstäbe der Zugbewehrung sollen höchstens in zwei
Lagen übereinander angeordnet werden, wobei die Mindeststababstände einzuhalten sind.

Nach der Biegeform unterscheidet man gerade und aufgebogene Stäbe. Gerade Stäbe nehmen Zugkräfte, aufgebogene zusätzlich im Bereich der Aufbiegungen Schubkräfte auf. Stäbe werden meist unter 45°
aufgebogen. Bei hohen Trägern können Aufbiegungen unter 60° zweckmäßig sein. Aufgebogene Stäbe
sollen möglichst innen liegen und in den Bügelecken sollten nur gerade Stäbe angeordnet werden. Die
Zugbewehrung darf dem Kräfteverlauf entsprechend abgestuft werden, wobei die Abstufung mit geraden
Stabenden oder aufgebogenen Stabenden erfolgen kann. Dabei müssen die Stabenden mit dem entsprechenden Verankerungsmaß im Beton verankert werden. Mehrere Stäbe mit geringerem Durchmesser
ergeben eine bessere Abstufung als wenige mit
größerem Durchmesser. Ein Teil der Zugbewehrung ist von Auflager zu Auflager zu führen, und
zwar bei Endauflagern mindestens ein Drittel, bei
Zwischenauflagern mindestens ein Viertel der Feldbewehrung.

Sollen aufgebogene Stäbe zur Aufnahme der
Schubkräfte herangezogen werden, müssen die
Aufbiegestellen in einem in DIN 1045 festgelegten
Abstand vom Auflager entfernt liegen **(Bild 1)**. Aufgebogene Stäbe sind nur dann als Schubbewehrung wirksam, wenn sie im auflagernahen Bereich
durch enger liegende Bügel ergänzt werden.

Die Stegbewehrung ist zur Vermeidung von Rissen
an den Seitenflächen in Balken und Stegen bei Plattenbalken mit mehr als 1 m Höhe anzuordnen. Sie
besteht aus Längsstäben, deren Querschnitt mindestens 8 % des Querschnitts der Zugbewehrung
betragen soll. Die Stäbe der Stegbewehrung dürfen
in einem Abstand von höchstens 20 cm verlegt
werden.

Die Montagebewehrung ermöglicht das Binden
eines steifen Bewehrungskorbes. Montagestäbe
werden in den oberen Ecken der Bügel angeordnet.
Bei Durchlaufbalken sollen die Montagestäbe möglichst nicht gestoßen werden, damit sie zur Stütz-

Bild 1: Bewehrungsführung in Balken und Plattenbalken

bewehrung herangezogen werden können. Sind

Stöße unumgänglich, sollen die Stoßstellen im Bereich der Endauflager zur Feldmitte hin liegen und verschwenkt angeordnet werden.

Die **Bügelbewehrung** dient vorwiegend der Schubsicherung. Bügel umfassen den Balkenquerschnitt in ganzer Breite und Höhe, sichern den Zusammenhang zwischen Druck- und Zugzone und helfen Schwindrisse zu vermeiden. Außerdem ermöglichen sie die Herstellung eines steifen Bewehrungskorbes. Bügelbewehrungen können aus Einzelstäben, aus Betonstahlmatten oder aus Bügelmatten bestehen. Nach der Biegeform unterscheidet man offene und geschlossene Bügel. Meist werden geschlossene Bügel eingebaut. Bügel können z.B. zwei- oder vierschnittig angeordnet werden. Bei niedrigen, breiten Balken sind mehrschnittige Bügel notwendig **(Bild 1)**. Bügel können lotrecht oder meist unter 45° zur Balkenachse geneigt angeordnet werden. Die Bügelabstände werden der Bewehrungszeichnung entnommen. Das Schließen der Bügel soll nach den Ausführungsbeispielen der Norm erfolgen **(Bild 2)**.

zweischnittige Bügel   vierschnittige Bügel

Bild 1: Bügelanordnung

Stahlbetonbalken

Stahlbetonbalken werden als Einfeldbalken, Durchlaufbalken und Kragbalken ausgeführt **(Bild 1,** Seite 360). Biegezugkräfte werden von der Längsbewehrung aufgenommen, Schubkräfte von lotrechten Bügeln, aufgebogenen Stäben oder Schrägbügeln. Häufig werden die Bügelabstände in Richtung des Auflagers verringert.

Die Bewehrung kann vorgefertigt oder stabweise eingebaut werden. Die Vorfertigung des Korbes erfolgt in folgenden Teilarbeitsgängen:

- Aufstellen von Montageböcken in entsprechendem Abstand,
- Auflegen der Montagestäbe,
- Anreißen der Bügelabstände auf den Montagestäben unter Beachtung veränderlicher Abstände,
- Aufziehen der Bügel und Festbinden mit Bindedraht,
- Einlegen der geraden und aufgebogenen Längsstäbe,
- Verbinden der Stäbe an den Kreuzungspunkten,
- Anbringen der unteren und seitlichen Abstandhalter,
- Überprüfen des Bewehrungskorbes nach Zeichnung und
- Kennzeichnen durch Positionsschild.

Der stabweise Einbau in die Schalung erfolgt in folgenden Teilarbeitsgängen:

- Säuberung der Schalung,
- Antragen der Bügelabstände in der Schalung,
- Einbringen der Bügel und Ausbiegen der Bügelschenkel,
- Einbau der oberen Eckstäbe bzw. Montagestäbe,
- Verlegen der Abstandhalter für die unten liegende Bewehrung,
- Einbauen der geraden und aufgebogenen Längsstäbe,
- Befestigen der seitlichen Abstandhalter,
- Abbiegen der offenen Bügelschenkel,
- Einbiegen der Endhaken,
- Ausrichten der Bewehrung und Verbinden an den Knotenpunkten und
- Überprüfen der Bewehrung nach Zeichnung.

Schließen in der Druckzone

Schließen in der Zugzone

Schließen bei Plattenbalken

Bild 2: Schließen von Bügeln

Bild 1: Bewehrung eines Durchlaufbalkens

Bild 2: Stützbewehrung

Plattenbalken

Die Bewehrung von Einfeld-Plattenbalken erfolgt wie bei Balken. Bei durchlaufenden Plattenbalken wird etwa die Hälfte der Stützbewehrung außerhalb der Stegbreite, zu beiden Seiten des Steges, in die Platte gelegt. Dabei ist zu beachten, dass sich für die Verankerung der Stäbe unterschiedliche Längen ergeben, da meist die Stäbe in der Platte dem Bereich guter Verbundbedingungen, die im Steg dem Bereich mäßiger Verbundbedingungen zuzuordnen sind. Außerdem sollte im Bereich der Zwischenauflager die Schubbewehrung aus Bügeln und nicht durch aufgebogene Längsstäbe gebildet werden (**Bild 2**). Diese Bewehrungsanordnung hat den Vorteil, dass die Bewehrung in einer Lage eingelegt und eine Rüttelgasse gebildet werden kann. Die Bügelhöhe ist so zu wählen, dass die Betondeckung der Platte, auch bei zweilagiger Bewehrung, eingehalten wird.

Aufgaben

1. Vergleichen Sie Streifenfundamente unter Wänden mit denen unter Stützenreihen hinsichtlich des Kräfteverlaufs und der Lage der Hauptbewehrung.

2. Erklären Sie, wie die Bewehrung quadratischer Einzelfundamente ausgeführt werden muss, damit sich eine gleichmäßige Bodenpressung einstellt.

3. Zeichnen Sie eine Stütze 40 cm/50 cm mit der Mindestbewehrung nach DIN 1045 und aller zur Ausführung notwendiger Angaben.

4. Erläutern Sie anhand des Kräfteverlaufes die Bewehrungsführung bei einer Winkelstützwand.

5. Ermitteln Sie aufgrund der Durchbiegungsbeschränkung die Plattendicke h einer Zweifeld-Stahlbetonplatte mit $l_{eff, 1} = l_{eff, 2} = 5{,}75$ m.

6. Unterscheiden Sie einachsig gespannte und zweiachsig gespannte Platten bezüglich des Lastabtrags und der Anordnung der Biegezugbewehrung.

7. Stellen Sie dar, welche konstruktiven und betrieblichen Vorteile durch den Einbau von teilweise vorgefertigten Plattendecken erzielt werden können.

8. Vergleichen Sie die einlagige und zweilagige Bewehrungsanordnung in Bezug auf den Kräfteverlauf und den Aufwand beim Einbau der Bewehrung.

9. Erläutern Sie die Bewehrungsführung einer Treppe mit gleich gespannten Podesten und einer Treppe mit quer gespannten Podesten.

10. Unterscheiden Sie Balken und Plattenbalken hinsichtlich ihres Tragverhaltens.

11. Beurteilen Sie die Ausführung der Schubbewehrung mit aufgebogenen Tragstäben mit der aus eng liegenden Bügeln am Mittelauflager eines durchlaufenden Balkens.

12. Skizzieren Sie die Anordnung der Stützbewehrung aus 12 $\varnothing$ 16 in einem Plattenbalken $b_w/h_1/h_2 = 30$ cm/ 60 cm/20 cm.

10.2 Instandsetzung von Stahlbetonbauten

Treten an Stahlbetonbauteilen nach einer bestimmten Nutzungsdauer Schäden auf, ist eine Instandsetzung erforderlich. Ein Schaden liegt dann vor, wenn die Standsicherheit, die Dauerhaftigkeit oder das Aussehen beeinträchtigt sind **(Bild 1)**. Die meisten Schäden an Außenbauteilen entstehen infolge Korrosion. Der Korrosionsschutz der Bewehrung ist dann gewährleistet, wenn die in den Poren des Betongefüges enthaltene Feuchtigkeit basisch bzw. alkalisch reagiert und einen pH-Wert von über 10 aufweist **(Bild 2)**. Frischbeton hat wegen seines Anteils an Calciumhydroxid ($Ca(OH)_2$) einen pH-Wert von 12,5 bis 13,5 und ist deshalb hochalkalisch. Der Frischbeton umgibt die Bewehrung und bewirkt auf den Stahloberflächen die Bildung einer dünnen Eisenoxidschicht (Fe_2O_3), welche die Korrosion des Betonstahls verhindert. Diese Eisenoxidschicht bezeichnet man als **Passivschicht**. Auch bei der Hydratation bzw. Erhärtung des Betons entsteht Calciumhydroxid ($Ca(OH)_2$), was zur Erhaltung der alkalischen Wirkung des Betons beiträgt. Die Menge an Calciumhydroxid ($Ca(OH)_2$) im Festbeton ist umso größer, je höher der Zementgehalt bzw. die Betonfestigkeitsklasse ist.

Bild 1: Bauschaden

10.2.1 Einwirkungen auf Stahlbetonbauteile

Beim Stahlbeton können sowohl das Betongefüge als auch die Bewehrungsstähle Schäden aufweisen. Die Schäden werden vorwiegend von Witterungseinflüssen verursacht, die zu chemischen und physikalischen Einwirkungen führen. Fehler bei der Planung, Bemessung und Ausführung der Bauteile begünstigen die Schadensentwicklung.

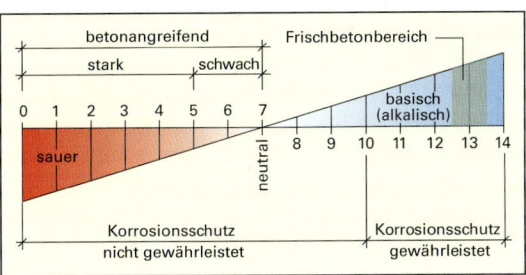

Bild 2: pH-Wert und Korrosionsschutz

10.2.1.1 Chemische Einwirkungen

Einwirkungen, die zu chemischen Reaktionen führen, erfolgen meist von außen auf das Bauteil über einen längeren Zeitraum. Von außen dringen z.B. säurebildende Gase wie Kohlenstoffdioxid (CO_2), Schwefeldioxid (SO_2) oder Stickstoffoxide (NO_x) ein, die ihre Wirkung in Verbindung mit der Luftfeuchtigkeit entfalten. Bei Verwendung von Tausalzen können z.B. mit dem Spritzwasser Chloride in die Betonoberfläche gelangen. Auch betonangreifende Substanzen aus Böden und Wässern können Betonschäden zur Folge haben. Man spricht allgemein von chemischen Angriffen, wenn auf den Beton einwirkende Stoffe mit dem Zementstein, der Gesteinskörnung oder dem Betonstahl chemisch reagieren. Wichtige chemische Reaktionen sind dabei die Karbonatisierung, die Reaktionen mit Chloriden und die Rostbildung.

Bild 3: Karbonatisierungsverlauf

Bild 1: Entstehung eines Bauschadens durch chemische Einwirkungen

Bild 2: Korrodierte Bewehrung

Als **Karbonatisierung** wird die chemische Reaktion des Calciumhydroxids ($Ca(OH)_2$) mit dem Kohlenstoffdioxid (CO_2) der Luft bezeichnet. Dabei dringt das in der Luft enthaltene Kohlenstoffdioxid (CO_2) in die Poren des Betons ein und verbindet sich mit dem Calciumhydroxid ($Ca(OH)_2$) des Zementsteins zu Calciumcarbonat ($CaCO_3$) und Wasser (H_2O).

Karbonatisierung				
$Ca(OH)_2$ + H_2O	+ CO_2	→	$CaCO_3$	+ $2\,H_2O$
Kalzium- Wasser	Kohlen-		Kalzium-	Wasser
hydroxid	stoffdioxid		karbonat	

Mit diesem Vorgang, der sich nach innen fortsetzt, ist eine Senkung des pH-Wertes auf etwa 8 bis 9 verbunden, wobei sich die alkalische Wirkung des Betons verringert und die Auflösung der Passivschicht beginnt. Dies hat zur Folge, dass der Korrosionsschutz der Bewehrung nicht mehr gewährleistet ist **(Bild 1)**. Die Karbonatisierung ist grundsätzlich nicht zu verhindern, sondern nur zu verzögern, wobei diese bei höheren Betonfestigkeitsklassen langsamer verläuft und eine geringere Eindringtiefe hat als bei Beton mit niedriger Festigkeitsklasse **(Bild 3,** Seite 361). Zur Feststellung der Karbonatisierungstiefe werden frische Bruchflächen mit einer Indikatorflüssigkeit, z. B. mit einer Phenolphthalein-Lösung, besprüht. Karbonatisierte Betonteile verfärben sich dabei nicht.

Chloride gelangen meist über chloridhaltige Tausalze in den Beton. Reichert sich an der Oberfläche des Bewehrungsstahles der Chloridgehalt an, kann die Passivschicht auch in einer hoch alkalischen Umgebung örtlich zerstört werden. Chloridverbindungen verursachen Lochkorrosion. Diese ist nicht durch Absprengungen des Betons erkennbar, da sie vom Lochgrund aus den Betonstahl auflöst (Unterrosten). Häufig ist bereits ein großer Teil des Bewehrungsquerschnitts zerstört, bevor die Schädigung erkannt wird. Chloridverbindungen sind meist an Verkehrsbauwerken wie z. B. Betonstraßen, Massivbrücken und Parkhäusern, festzustellen. Bei Wandbauteilen ist insbesondere die Spritzwasserzone gefährdet, da der Feuchtegehalt dort höher ist. Solche Bereiche zeichnen sich durch eine deutlich hellere Farbe von der übrigen Betonoberfläche ab.

Rost entsteht, wenn Sauerstoff bzw. Feuchtigkeit auf den Betonstahl einwirken. Mit der Rostbildung ist eine Volumenvergrößerung verbunden, die zu Absprengungen der Betondeckung führt **(Bild 1)**.

Rostbildung				
$2\,Fe$	+ $1,5\,O_2$	+ H_2O	→	$2\,Fe\,O(OH)$
Eisen	Sauerstoff	Wasser		Eisenhydroxid

Das Volumen des Rostes ist etwa 2,5-mal größer als das des Betonstahls.

10.2.1.2 Physikalische Einwirkungen

Physikalische Einwirkungen haben ihre Ursache meist in den Witterungsbedingungen oder ergeben sich durch nicht vorhersehbare Belastungen oder mechanische Beanspruchungen des Bauteils.

Extreme Temperaturen sowie schroffe Temperaturwechsel führen zu Formänderungen. Insbesondere Frosteinwirkungen in durchfeuchtetem Zustand des Bauteils verursachen Spannungen, die sich bei einem

Frost-Tausalzangriff verstärken. Auch Schwinden und Kriechen des Betons kann zu Formänderungen führen. Niederschläge, Schwankungen der Luftfeuchtigkeit und Wind gehören ebenso zu den physikalischen Einwirkungen. Werden die dadurch bedingten Formänderungen nicht durch entsprechende Fugen oder Gleitschichten aufgefangen, entstehen Schäden. Auch größere Durchbiegungen schlanker Bauteile sowie Setzungen des Baugrundes können zu Schäden führen. Die meisten Schäden wirken sich auf die Dichtheit und Dicke der Betondeckung aus. Mechanische Beanspruchungen von Bauteilen ergeben sich durch Verschleiß.

10.2.1.3 Fehler bei der Bauausführung

Schäden an Stahlbetonbauteilen werden auch durch fehlerhafte Planung und mangelhafte Bauausführung verursacht, z.B. durch:

- unsachgemäße Ausbildung von Auflagern, Fugen und Gleitschichten,
- Verwendung eines Betons mit zu hohem w/z-Wert, z.B. durch unzulässige Wasserzugabe,
- Nichteinhaltung der vorgeschriebenen Betondeckung und
- Fehler beim Einbau, der Verdichtung und der Nachbehandlung des Betons.

10.2.1.4 Korrosion der Bewehrung

Korrosion an der Bewehrung tritt auf, wenn infolge fortschreitender **Karbonatisierung** die Passivschicht auf der Stahloberfläche ganz oder teilweise aufgelöst ist. Durch eine zu geringe oder schadhafte Betondeckung, durch physikalische Einflüsse verursachte **Risse** in der Betonoberfläche oder durch stark porösen Beton können dann **schädliche Salze,** wie z.B. Chloride, an die Bewehrung gelangen und diese zerstören. Außerdem können **Feuchtigkeit** und **Sauerstoff** eindringen, was zum **Rosten** des Betonstahls führt.

10.2.2 Planung einer Instandsetzungsmaßnahme

Grundlage der Planung einer Instandsetzungsmaßnahme ist eine Bestandsaufnahme. Dazu gehören die Erfassung des Gebäudezustandes sowie Bauwerks- und Laboruntersuchungen.

Die **Erfassung des Gebäudezustandes** erstreckt sich z.B. auf Schmutzfahnen, Durchfeuchtungen, Ausblühungen, Abwitterungen, Gefügeauflösungen, Rostverfärbungen, Betonabplatzungen, Korrosion an der Bewehrung, Fehlstellen im Betongefüge, Hohlstellen, Schäden an Fugen und Pflanzenbewuchs.

Bauwerksuntersuchungen können z.B. die Prüfung der oberflächennahen Schichten auf Dichtheit, Feuchtigkeitsgehalt, Oberflächenfestigkeit, Abreißfestigkeit, Karbonatisierungstiefe, Betondeckung und Lage der Bewehrung sowie den Chloridgehalt umfassen. Bei Rissen ist die Entstehung, die Lage, der Verlauf, das Rissbild, die Rissbreite und die Risstiefe zu ermitteln.

Laboruntersuchungen erfordern eine Probeentnahme. An Bohrkernen können die Festbetoneigenschaften genau festgestellt sowie Schadstoffe und Gefügestörungen im Beton erkannt werden. Man begnügt sich meist, die Bewehrungsstäbe im Bauteil freizulegen, zu entrosten und den verbleibenden Stabquerschnitt zu ermitteln. Die Wahl der Schutz- und Instandsetzungsmaßnahmen des Verfahrens und der Instandsetzungsstoffe muss auf das Schadensbild abgestimmt sein **(Tabelle 1)**.

Tabelle 1: Instandsetzungsmaßnahmen bei verschiedenen Schadensbildern

Geringe Ausführungsmängel an der Betonoberfläche, wenige kleine Risse zeichnen sich ab. Korrosionsschäden liegen nicht vor, die Bewehrung liegt noch im alkalischen Bereich des Betons.	Korrosionsschäden sind vorhanden, die Betonoberfläche weist einzelne Abplatzungen auf, die Tragfähigkeit ist nicht beeinträchtigt, die Bewehrung liegt noch größtenteils im alkalischen Bereich des Betons.	Betonoberfläche ist stark zerstört und weist Ausbrüche auf gesamter Fläche auf, die Bewehrung ist so stark korrodiert, dass sie verstärkt werden muss, das Betongefüge ist porös und mit Rissen durchzogen.
Maßnahmen		
↓	↓	↓
vorbeugender Oberflächenschutz	Instandsetzung der Oberfläche	Instandsetzung des Gesamtbauteils

Bild 1: Betonabplatzung

karbona-
tisierter
Beton

Alkalischer Beton

- Untergrund vorbereiten und prüfen

- Bewehrung freilegen und entrosten

- Haftbrücke auftragen
- Korrosionsschutz auf Bewehrung aufbringen
- Reparaturmörtel einbringen

Oberflächengestaltung
- Feinspachtel oder Beschichtung

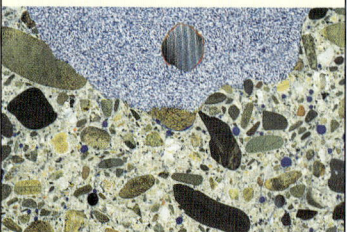

Bild 2: Arbeitsgänge bei der Spachtelmethode

10.2.3 Instandsetzungsverfahren

Instandsetzungsmaßnahmen werden je nach Schadensbild unterteilt in **Betonschutz** und **Betoninstandsetzung,** wobei verschiedene Verfahren angewendet werden. Instandsetzungsmaßnahmen, bei denen Stoffe aufgetragen werden müssen, erfordern einen Haftverbund mit dem Altbeton.

Oberflächenschutz erfolgt z. B. durch Füllen von Rissen mittels Tränkung (ohne Druck) mit Epoxidharz oder Injektionen (unter Druck) mit Epoxidharz oder Zementleim, Imprägnierung (nicht-filmbildende Hydrophobierung), Versiegelung (Poren des Betons werden teilweise ausgekleidet) und Beschichtungen (Dünnbeschichtung Schichtdicke $d < 1$ mm oder Dickbeschichtung auf Grundierung 1 mm $< d < 5$ mm).

Instandsetzung nicht tiefgehender einzelner Schäden (Bild 1) geschieht durch Anwendung der **Spachtelmethode,** d.h. punktförmige Ausbesserung mit Reparaturmörtel **(Bild 2)**. Die Spachtelmethode, auch als Betonersatzmethode bezeichnet, erfordert einen Haftverbund mit dem Altbeton und zusätzlich einen Oberflächenschutz.

Instandsetzung zusammenhängender Schäden erfolgt durch flächiges Auftragen von Mörtel- oder Betonschichten, z. B. als Spritzbeton, auf den angefeuchteten Altbeton (**Bild 3**, Seite 310, **Bild 1**, Seite 365). Der Auftrag kann in mehreren Lagen von 3 cm bis 5 cm Dicke erfolgen. Abschließend wird eine Feinmörtelschicht und ein Oberflächenschutz aufgebracht (**Bild 2,** Seite 356). Eine Nachbehandlung ist erforderlich.

10.2.4 Ausführung der Instandsetzungsmaßnahme

Instandsetzungen, insbesondere an Verkehrsbauten, sind von Fachbetrieben verantwortlich auszuführen, z. B. nach DafStb-Richtlinie „Schutz und Instandsetzung von Betonbauteilen", ZTV-SIB „Zusätzliche Technische Vorschriften und Richtlinien für Schutz und Instandsetzung von Betonbauteilen" und ZTV-RISS „Zusätzliche Technische Vertragsbedingungen und Richtlinien für das Füllen von Rissen in Betonbauteilen".

10.2.4.1 Vorbereitung des Untergrundes

Die Vorbereitung des Untergrundes besteht im Wesentlichen aus:

- Reinigen der Betonoberfläche und Entfernen von Anstrich- und Beschichtungsresten sowie von Bewuchs,
- Abklopfen der Betonoberfläche auf Hohlstellen und Stellen verminderter Festigkeit,
- Entfernen minderfester Schichten, wie z. B. Zementschlämmen,
- Abtragen schadhafter Betonteile, z. B. karbonisiertem Beton und Beton mit hohem Chloridgehalt,
- Freilegen der korrodierten Bewehrungsstäbe,
- Entrosten der freigelegten Bewehrung und
- Säubern des Untergrundes von losen Teilen und Staub.

Für diese Arbeiten stehen verschiedene Verfahren zur Verfügung, wie z. B. Hochdruckreinigen, Hochdruckwasserstrahlen, trockene

Strahlverfahren, Druckluftstrahlen mit Granulat und Wasser, Kugel-strahlen, Fräsen, Stemmen und Flammstrahlen.

Nach Abschluss der vorbereitenden Arbeiten ist der Untergrund zu überprüfen, ob er die Eigenschaften für die vorgesehene Instandsetzungsmaßnahme erfüllt. Es können z.B. folgende Eigenschaften gefordert sein:

- Der Beton sollte etwa der Festigkeitsklasse C25/30 entsprechen.
- Die Abreißfestigkeit sollte annähernd 1,5 N/mm^2 betragen.
- Die Oberfläche sollte fest und mäßig rau sein.

Bild 1: Auftragen von Spritzbeton

10.2.4.2 Wiederherstellen des Korrosionsschutzes

Für den Korrosionsschutz ist die Bewehrung freizulegen, zu entrosten und vorzubehandeln. Das Freilegen wird in einem Arbeitsgang mit der Untergrundvorbereitung ausgeführt. Das Entrosten darf nur mechanisch durch Handentrosten, Sandstrahlen oder Hochdruckwasserstrahlen erfolgen. Besonders sorgfältig sind Kreuzungsstellen zu behandeln. Chloride sind mit Hochdruckreiniger zu entfernen. Beim Entrosten werden die Stahloberflächen so behandelt, dass sie einen vorgeschriebenen Reinheitsgrad, d.h. in der Regel metallisch blank, aufweisen. Unmittelbar nach dem Entrosten ist der Korrosionsschutz aufzubringen.

Wird der Korrosionsschutz wie im Betonbau durch die Einbettung der Bewehrung in eine ausreichend dicke, dichte alkalische Betonschicht hergestellt, ist eine Beschichtung nicht erforderlich. Diese Betonschicht kann z.B. als Spritzbeton aufgebracht werden **(Bild 1)**.

Erfolgt der Korrosionsschutz durch eine Beschichtung, wird diese in mindestens zwei Schichten aufgetragen. Für die Beschichtung werden Stoffe auf Epoxidharzbasis sowie zementgebundene und mit Kunstharz versetzte Schlämmen verwendet.

Zur Auswahl stehen eine Vielzahl von Produkten und Systemen. Die Verarbeitungsanweisungen der Hersteller müssen befolgt werden, insbesondere sind die angegebenen Grenzwerte für die Temperatur und die Feuchte einzuhalten. Die meisten Verfahren erfordern eine Haftbrücke zwischen Altbeton und der aufzubringenden Beton- und Reparaturmörtelschicht.

vorbereiteter Untergrund
Haftbrücke zwischen Altbeton und Reparaturmörtel
Korrosionsschutz der Bewehrung
entrostete Bewehrung
Reparaturmörtel
Feinspachtel
Oberflächen-schutz

Bild 2: Instandsetzung eines Bauteils

Aufgaben

1 Nennen Sie wichtige Punkte, die bei der Planung und Bauausführung von Betonbauteilen zu beachten sind, um Bauschäden zu vermeiden.

2 Erläutern Sie den Zusammenhang zwischen der Karbonatisierung des Betons und der Rostbildung an der Bewehrung.

3 Bestimmen Sie anhand Bild 3, Seite 360, die mittlere Karbonatisierungstiefe eines Bauteils nach 15 Jahren, wenn für die Herstellung Beton C25/30 (C35/45) verwendet wurde.

4 Begründen Sie, warum Instandsetzungsmaßnahmen nur aufgrund einer umfassenden Bestandsaufnahme geplant werden können.

5 Nennen Sie Eigenschaften, die der Untergrund aufweisen muss, damit eine Instandsetzung erfolgreich durchgeführt werden kann.

6 Beschreiben Sie, wie der Korrosionsschutz bei der Betonersatzmethode bzw. beim Spritzbetonauftrag erreicht wird.

7 Ordnen Sie den beiden Begriffen „Schützen" und „Instandsetzen" von Bauteilen die entsprechenden Schadensbilder zu.

8 Begründen Sie, warum bei Instandsetzungs-Systemen das Auftragen eines Oberflächenschutzes empfohlen wird.

Bild 1: Tragverhalten von Stahlbeton- bzw. Spannbetonbauteilen

Bild 2: Ausmittige Vorspannung

Bild 3: Mittige Vorspannung

10.3 Spannbeton

Spannbeton entsteht durch das Zusammenwirken von Beton und hochfestem Stahl, der vorgespannt wird. Der hierfür verwendete Stahl wird als Spannstahl, das einbaufertige Element zur Erzeugung der Vorspannung im Bauteil als Spannglied bezeichnet. Die Vorspannung wird erzeugt, indem die Spannglieder gespannt und in gespanntem Zustand mit dem Beton verbunden werden. Dadurch entsteht im Innern des Bauteils ein Spannungszustand, der im ganzen Bauteilquerschnitt Druck erzeugt. Bauteile werden vorwiegend in Längsrichtung vorgespannt. In Spannbetonbauteilen ist außer der Spannbewehrung eine Bewehrung aus Betonstahl, die als schlaffe Bewehrung bezeichnet wird, erforderlich.

Beim Spannbeton werden nach DIN 1045 verschiedene Arten unterschieden. Die Unterscheidung erfolgt nach dem Grad der Vorspannung, nach dem Zeitpunkt des Spannens und nach der Art der Verbundwirkung zwischen Spannglied und Beton. Die Unterscheidungsmerkmale beziehen sich auf die Größe der eingeleiteten Spannkräfte und die Technik des Vorspannens.

10.3.1 Prinzip des Spannbetons

Das Prinzip des Spannbetons beruht darauf, im Beton vor der Belastung dort Druck zu erzeugen, wo unter Belastung Zug auftreten würde. Dadurch können die Festigkeiten der Baustoffe voll ausgenutzt werden. Dies ermöglicht kleinere Betonquerschnitte und geringere Eigenlasten als beim Stahlbeton, bei dem aufgrund des Verbundes auf der Zugseite mit zunehmender Biegung Risse entstehen können (**Bild 1**).

Unter Gebrauchslast wird der gesamte Querschnitt auf Druck beansprucht. In der Zugzone des Bauteils treten deshalb im Beton keine Risse auf. Durch die Anordnung der Spannglieder im Querschnitt kann die Eigenspannung des Bauteils unterschiedlich beeinflusst werden.

Nach der Anordnung der Spannglieder unterscheidet man ausmittige und mittige Vorspannungen. Bei ausmittiger Vorspannung kann in der Zugzone, z. B. eines biegebeanspruchten Bauteils, eine so große Druckspannung erzeugt werden wie die später durch die Belastung erzeugte Zugspannung (**Bild 2**). Unter dieser Gebrauchslast entsteht dann keine Zugspannung, sondern es erfolgt ein Abbau der Druckspannung. Bei mittiger Vorspannung werden die Spannglieder in der Schwerachse des Bauteils angeordnet (**Bild 3**). Dadurch wird im gesamten Betonquerschnitt gleichmäßig Druck erzeugt. Unter Gebrauchslast baut sich in der Zugzone des Trägers die Druckspannung ganz oder teilweise ab, in der Druckzone entsteht zusätzlich Druck. Die ausmittige Vorspannung erfordert gegenüber der mittigen Vorspannung eine geringere Spannkraft und wird in der Regel bei biegebeanspruchten Bauteilen angewendet. Die Lage der Spannglieder richtet sich nach dem Verlauf der Biegemomente **(Bild 1)**. Die mittige Vorspannung bleibt auf Bauteile beschränkt, bei denen die Momente keine vorbestimmte Richtung haben, wie z.B. bei Spannbetonmasten infolge wechselnder Belastung.

10.3.2 Arten des Spannbetons

Nach der Art der Verbundwirkung und dem Zeitpunkt des Spannens der Spannglieder wird nach DIN 1045 unterschieden zwischen Vorspannen mit sofortigem Verbund, Vorspannen ohne Verbund, Vorspannen mit nachträglichem Verbund, Spannen vor dem Erhärten des Betons im Spannbett und Spannen nach dem Erhärten des Betons. Meist wird das Spannen vor dem Erhärten des Betons und das Spannen nach dem Erhärten des Betons mit nachträglichem Verbund angewendet.

Spannen vor dem Erhärten des Betons

Dieses Verfahren erfordert besondere Einrichtungen, wie z.B. ein Spannbett. Als Spannbett wird eine Anlage bezeichnet, die in der Hauptsache aus zwei unverschieblichen Widerlagern und einer Spannpresse besteht **(Bild 2)**. Die Spannglieder bzw. Spanndrähte werden zusammen mit der schlaffen Bewehrung in die Schalung eingebaut und gespannt. Sie verlaufen in der Regel geradlinig. Anschließend kann betoniert werden, wobei unmittelbarer Verbund zwischen Spannglied und Beton entsteht. Der Beton muss mindestens der Festigkeitsklasse C30/37 entsprechen. Nach dem Erhärten des Betons werden die Verankerungen der Spannglieder gelöst, wodurch die Spannkraft über Haftverbund auf den Beton übergeht. Dieses Verfahren wird in Betonwerken zur serienmäßigen Herstellung von Trägern verwendet. Es wird auch als Spannen im Spannbett mit sofortigem Verbund bezeichnet.

Spannen nach dem Erhärten des Betons mit nachträglichem Verbund

Dieses Verfahren wird in der Regel zur Herstellung von Spannbetonbauteilen auf der Baustelle angewendet. Die Spannglieder werden in Hüllrohren, die als Gleitkanäle dienen, verlegt **(Bild 3)**. Danach kann betoniert werden, wobei der Beton mindestens der Festigkeitsklasse C25/30 entsprechen muss. Die Arbeitsweise beim Einbau der Spannglieder ist von den Baustellenbedingungen und der Länge der Spannglieder abhängig. Kürzere Spannglieder können zusammen mit der schlaffen Bewehrung, längere Spannglieder nach der Herstellung der schlaffen Bewehrung, eingebaut werden. Außerdem besteht die Möglichkeit, die Spannbewehrung nach

Bild 1: Spanngliedführung in einem Zweifeldträger

Bild 2: Vorspannen im Spannbett

Bild 3: Vorspannen mit nachträglichem Verbund

Tabelle 1: Mindestbetonfestigkeiten f_{cmj} [MN/m²] beim Vorspannen

Betonfestigkeitsklasse	C25/30	C30/37	C35/45	C40/50
Zylinderdruckfestigkeit beim Teilvorspannen	13	15	17	19
Zylinderdruckfestigkeit beim endgültigen Vorspannen	26	30	34	38

Bild 1: Hüllrohre

Ansicht eines Spanngliedes	
Regeldar- stellung	—— – ·· — ·· ——
Ansicht einer Spanngliedver- ankerung	
Spannanker	▷— ·· — ·· —
Festanker	▷— ·· — ·· —
Schnitt durch ein Spannglied	
Spannglied im Hüllrohr	○
Spannbett- vorspannung	+
Schnitt durch eine Spannglied- verankerung	
Spannanker	⊕
Festanker	⊕

**Bild 2: Darstellung von Spann-
gliedern**

Verlegen von Spanngliedern

Spannglieder

Bild 3: Spannglieder

dem Erhärten des Betons in einbetonierte Hüllrohre einzubringen **(Bild 1)**. Man spricht hier vom Einschießen der Spannbewehrung. Wenn der Beton eine bestimmte Festigkeit erreicht hat, werden die Spannglieder mithilfe hydraulischer Pressen gespannt und anschließend verankert **(Tabelle 1,** Seite 367). Nach dem Spannen und Verankern wird das Hüllrohr mit Mörtel ausgepresst. Dadurch entsteht der Verbund zwischen Beton und Spannglied. Für die Darstellung der Spannglieder in Bewehrungszeichnungen werden Symbole nach DIN EN ISO 3766 verwendet **(Bild 2)**.

10.3.3 Baustoffe

Die Nutzung der Eigenschaften des Betons und des Stahls bis zur zulässigen Beanspruchungsgrenze erfordert die Verwendung von hochwertigen Baustoffen.

Zur Herstellung des Betons dürften alle Normenzemente der Festigkeitsklassen 42,5 und 52,5 sowie Portland- und Portlandhüttenzement der Festigkeitsklasse 32,5 verwendet werden. Die Zusammensetzung der Gesteinskörnung sollte durch Eignungsprüfung bestimmt werden. Gesteinskörnung und Zugabewasser müssen frei von schädlichen Bestandteilen sein. Der w/z-Wert ist möglichst niedrig zu halten. Betonzusatzmittel dürfen nur dann verwendet werden, wenn im Prüfbescheid die Verwendung für Spannbeton zugelassen ist.

Bei Spannbeton werden besondere Anforderungen an den erhärteten Beton gestellt. Diese sind hohe Druckfestigkeit und geringe Neigung zum Schwinden und Kriechen. Das **Schwinden** des Betons wird verursacht durch das Austrocknen des jungen Betons. Das Schwindmaß ist wesentlich vom Wassergehalt des Betons, der Luftfeuchtigkeit und den Abmessungen des Bauteils abhängig. Das **Kriechen** des Betons tritt unter dauernd einwirkender Last auf. Das Kriechmaß ist insbesondere abhängig von den Abmessungen des Bauteils, dem Erhärtungsgrad des Betons und der Belastung. Schwinden und Kriechen verursachen eine Verkürzung des Bauteils, die beim Spannen des Bauteils berücksichtigt werden muss.

Als **Spannstahl** für Spannglieder darf nur Stahl verwendet werden, für den eine bauaufsichtliche Zulassung vorliegt (Seite 141). Da Spannglieder zur Erzeugung der Vorspannung dienen, müssen Spannstähle besondere Eigenschaften aufweisen, wie z. B. eine sehr hohe Zugfestigkeit und einen guten Haftverbund mit dem Beton.

Der **Einpressmörtel** dient beim Vorspannen mit nachträglichem Verbund zur Herstellung des Verbundes und als Korrosionsschutz. Er wird in die Hüllrohre so eingepresst, dass die Hohlräume zwischen den Spannstählen und zwischen den Spannstählen und dem Hüllrohr vollständig ausgefüllt sind. Dies erfordert einen Mörtel, der genügend fließfähig ist und sich beim Einpressen nicht absetzt. Der erhärtete Mörtel muss eine Druckfestigkeit von $\geq$ 30 N/mm² aufweisen sowie dicht und außerdem frostbeständig sein. Als Einpressmörtel verwendet man ein Wasser-Zement-Gemisch mit einem w/z-Wert $\leq$ 0,4, dem ein für Spannbeton zugelassenes Zusatzmittel, z. B. EH, zugegeben wird.

10.3.4 Spannglied

Die Stahleinlagen, die zur Erzeugung der Vorspannung in einem Bauteil dienen, werden als Spannglieder bezeichnet **(Bild 3)**. Spannstahl für die Vorspannung mit sofortigem Verbund wird ohne Hüllrohre einbetoniert. Bei der Vorspannung mit nachträglichem Verbund muss der Spannstahl in Hüllrohren geführt werden. Man unterscheidet Spannglieder aus Einzelstäben und Bündeln. Bündel können aus glatten oder gerippten Drähten oder aus Litzen hergestellt werden. Spannstahl muss sauber und frei von schädigendem Rost sein und darf nicht nass werden. Die Herstellung von Fertigspanngliedern muss deshalb in Hallen erfolgen.

Hüllrohre werden aus gewelltem Stahlblech und aus Kunststoff hergestellt. Es werden vorwiegend kreisförmige Hüllrohre aus Stahl mit wendelförmiger Profilierung verwendet (**Bild 1**, Seite 368). Hüllrohre aus Kunststoff, meist Polyethylen (PE) oder Polypropylen (PP), sind nicht genormt und müssen für das jeweilige Spannverfahren zugelassen sein. Hüllrohre müssen dicht sein, damit beim Betonieren kein Zementleim eindringen kann und sie dürfen durch den Betoneinbau keine Beschädigungen erfahren. Um beim späteren Auspressen der Hüllrohre ein Entweichen der Luft zu ermöglichen, müssen bei längeren Spanngliedern Entlüftungsröhrchen eingebaut werden.

Verankerungen dienen sowohl dem Verankern der Spanndrähte als auch dem Einleiten der Spannkräfte in das Bauteil. Man unterscheidet Spannanker und Festanker. Während Festanker lediglich die Spannstähle im Bauteil verankern (**Bild 2**), benötigt man Spannanker zum Spannen und Verankern der Spannstähle. Spannanker, auch als Spannköpfe bezeichnet, bestehen in der Regel aus Ankerplatte und Ankerkörper (**Bild 1**). Die Ankerplatte schließt betonseitig über einen Übergangsstutzen an das Hüllrohr an. Der Ankerkörper ist so ausgebildet, dass die Spannstahlenden nach dem Spannen festgehalten werden können. Die Ankerplatte enthält bei Bündelspanngliedern eine Vorrichtung zum Spreizen der Spannstähle. Häufig verwendete Verankerungen sind Gewindeverankerungen, Keilverankerungen und Schlaufenverankerungen. Die Verankerung größerer Spannkräfte erfordert eine Wendelbewehrung im Krafteinleitungsbereich. Dadurch wird die Kraft verteilt und die Verbundwirkung erhöht.

10.3.5 Vorspannen

Unter Vorspannen versteht man das Aufbringen der Spannkraft und das Verankern der Stabenden über den Spannanker im erhärteten Beton. Das Vorspannen beim Spannbeton mit nachträglichem Verbund kann erst erfolgen, wenn der Beton eine bestimmte Festigkeit erreicht hat (Tabelle 1, Seite 367). Die Vorspannung wird nach einem Spannprogramm aufgebracht. Über den Spannvorgang wird ein Spannprotokoll geführt.

Spannvorrichtungen

Für das Spannen der Spannbewehrung werden fast ausschließlich hydraulische Spannpressen verwendet (**Bild 1,** Seite 370). Beim Spannen müssen Spannkraft und Spannweg genau messbar sein. Als Widerstandsfläche für die Pressen dienen die Ankerplatten der Spannglieder. Die Presskraft ist auf die Spannkraft der Spannglieder abzustimmen, die Art der Pressen auf deren Querschnitt und die Art ihrer Verankerung.

10.3.6 Spannvorgang

Die Vorspannung eines Bauteils muss so erfolgen, dass die Druckspannungen im gesamten Betonquerschnitt gleichmäßig zunehmen.

Gewindeverankerung

- Entlüftungsröhrchen
- Hüllrohr
- Spannstahl
- Ankerkörper
- Mutter
- Gewinde

Keilverankerung

- Einpressöffnung
- Hüllrohr
- Wendelbewehrung
- Ankerplatte
- Ankerkörper
- Keil
- Spannstahllitzen

Bild 1: Spannanker

Verankerung durch aufgestauchte Köpfe

- Spannglied
- Fächerwendel

Bild 2: Festanker

Deshalb werden die Spannglieder nacheinander in der im Spannprogramm ausgewiesenen Reihenfolge gespannt. Das Vorspannen erfolgt stufenweise. Ist die volle Vorspannkraft erreicht, werden die Stabenden an den Verankerungsstellen festgehalten und anschließend die Hüllrohre mit Mörtel ausgepresst.

Das Auspressen soll wegen des Korrosionsschutzes baldmöglichst erfolgen. Es ist dafür zu sorgen, dass die Temperatur im Hüllrohr und im umgebenden Bauwerksbeton auf mindestens +5°C gehalten wird. Der Auspressvorgang muss von einer Seite aus zügig und ohne Unterbrechung ausgeführt werden. Vor dem Auspressen wird der Spannkanal mit Wasser gespült und mit Druckluft ausgeblasen. Mit der Einpresspumpe wird der Mörtel mit geringem Druck, langsam und gleichmäßig, direkt vom Mischer über einem Pumpenschlauch und die Einpressöffnung in das Hüllrohr gefördert. Die Einpressöffnung liegt in der Regel in der Ankerplatte des Spanngliedes. Über die Entlüftungsröhrchen, die meist an hoch liegenden Spanngliedpunkten angeordnet sind, kann der Auspressfortschritt überwacht werden. Die Entlüftungsöffnungen werden geschlossen, wenn der Mörtel genügend weit vorgedrungen ist. Tritt der Mörtel an dem der Einpressöffnung gegenüberliegenden Ende des Spanngliedes in gleich bleibender Konsistenz aus, kann das Einpressen beendet werden.

Bild 1: Hydraulische Spannpresse

Bild 2: Brückenüberbau und Fahrbahnplatte

10.3.7 Vorteile des Spannbetons

Der Spannbeton stellt eine Weiterentwicklung des Stahlbetons dar. Beim Stahlbeton können wegen der geringen Zugfestigkeit des Betons die Eigenschaften von Beton und Stahl nur teilweise, beim Spannbeton jedoch voll genutzt werden. Vergleicht man Stahlbeton und Spannbeton miteinander, ist Spannbeton für Bauteile mit größeren Spannweiten vorteilhafter. Die Wirtschaftlichkeit des Spannbetons ist in der höheren Tragfähigkeit bei gleichzeitiger Materialeinsparung begründet. Sein Vorteil in bautechnischer Hinsicht ist besonders die geringe Verformung der Bauteile, die Rissefreiheit der Betonoberfläche und der damit verbundene Korrosionsschutz. Ohne Spannbeton wären schlanke weit gespannte Bauteile und Bauwerke, z.B. im Brückenbau **(Bild 2)** und Fertigteilbau, nicht wirtschaftlich herzustellen.

Aufgaben

1 Vergleichen Sie Stahlbeton- und Spannbetonbauteile hinsichtlich ihres Verhaltens unter Biegebeanspruchung.

2 Begründen Sie, warum sich das Spannbettverfahren vorwiegend für die Herstellung von Fertigteilen eignet.

3 Erläutern Sie die Verfahren des Vorspannens mit sofortigem Verbund und mit nachträglichem Verbund. Nennen Sie die Anwendungsgebiete.

4 Zeichnen Sie die Spanngliedführung in einem auf Biegung beanspruchten Zweifeldträger einschließlich der Spannungsdiagramme.

5 Nennen Sie die Vorteile der ausmittigen Spanngliedführung bei einem auf Biegung beanspruchten Bauteil.

6 Führen Sie aus, welche Arten von Verankerungen unterschieden werden und welche Aufgaben sie zu erfüllen haben.

7 Beschreiben Sie, welchen Einfluss das Schwinden und Kriechen des Betons auf die Größe der aufzubringenden Spannkraft hat.

8 Nennen Sie die Vorteile und Anwendungsgebiete von Spannbetonbauteilen.

11 Betonfertigteilbau

Im Betonfertigteilbau werden Bauwerke oder Gebäudeteile aus vorgefertigten Stahlbeton- oder Spannbetonelementen zusammengefügt, wobei man verschiedene Bauweisen unterscheidet. Dabei kommt der Montage bzw. Verbindung der Fertigteilelemente in den Knotenpunkten besondere Bedeutung zu **(Bild 1)**.

11.1 Fertigteilbauweisen

Bei der Erstellung von Bauwerken mit Betonfertigteilen unterscheidet man hauptsächlich die Skelettbauweise und die Tafelbauweise. Wird ein Gebäude nur aus Fertigbauteilen erstellt, spricht man vom Vollmontagebau. Beim Teilmontagebau fertigt man tragende Bauteile, wie z.B. Decken aus Ortbeton.

Eine weitere Bauart im Betonfertigteilbau ist die Zellenbauweise. Bei der Zellenbauweise werden raumgroße Elemente, die vollständig ausgebaut sein können, zusammengefügt. Diese Bauweise ermöglicht eine fabrikmäßige Vorfertigung des gesamten Bauwerks. Die Zellenbauweise hat sich wegen des hohen Montageaufwandes, der geringen Veränderbarkeit bei einer Umnutzung und den hohen Baukosten im Betonfertigteilbau kaum durchgesetzt.

Bei der Planung von Betonfertigteil-Bauwerken werden besonders aus Gründen der Wirtschaftlichkeit folgende **Planungsgrundsätze** beachtet:

- gleichmäßiges Planungsraster des Tragwerks
- aussteifende Kernbauwerke, z.B. für Treppen, Aufzüge und Nasszellen dem Raster anpassen
- große Anzahl gleicher Elemente (Serien) verwenden
- Transportabmessungen und Montagegewichte berücksichtigen
- Standardquerschnitte und Standardknotenpunkte nach dem „Typenprogramm Fertigteilbau" einsetzen.

11.1.1 Skelettbauweise

Die Skelettbauweise wird meist für großräumige Gebäude, wie z.B. Industriehallen sowie für Gebäude mit veränderbaren Grundrissen, z.B. für Fabrikationsgebäude, Schulen und Verwaltungsbauten, angewendet. Bei dieser Bauweise ersetzt man die üblichen Ortbetonteile durch vorgefertigte Skelettbauteile, wie z.B. durch Köcherfundamente, Stützen, Unterzüge, Deckenplatten, Dachbinder und Pfetten.

Diese werden im Montageverfahren auf der Baustelle zu einem Tragskelett zusammengefügt. Dabei ist vor allem auf die kraftschlüssige Verbindung zwischen den einzelnen Skelettbauteilen zu achten **(Bild 2)**.

Bild 1: Betonfertigteilbau

Bild 2: Skelettbauweise

Bild 1: Fertigteilquerschnitte (Beispiele)

Stütze, Unterzug — b_o (400 bis 800), h (300 bis 800), b (300 bis 600)

Binder — h (600 bis 1800), b_u (190 bis 250)

Pfette — b_o (190 bis 270), 1:20, h (400 bis 800), b_u (150 bis 190)

Deckenplatte, (TT - Platte) — Systemmaß B 2400, 1:20, R≥50, h (400 bis 800), 1200

Auflager Deckenplatte - Unterzüge — Deckenplatte, Unterzug

Unterzug Rechteckquerschnitt — Stütze

Auflager Stütze - Fundament — Stütze, Köcherfundament

Auflager Unterzug - Stütze — Stütze, Unterzug Trogquerschnitt

Bild 2: Verbindungsstellen im Skelettbau

Deckenelemente werden zu Deckenscheiben verbunden und übernehmen die horizontale Aussteifung. Die vertikale Aussteifung erfolgt durch Wandscheiben oder Erschließungskerne, die in Ortbeton ausgeführt werden.

Um möglichst wirtschaftlich zu bauen, wurde ein „Typenprogramm Skelettbau" mit festgelegten Betonfertigteilquerschnitten für die Planung und Fertigung von Skelettbauten erarbeitet **(Bild 1)**.

Dabei unterscheidet man

- lastaufnehmende Elemente, z.B. Deckenplatten,
- lastübertragende Elemente, z.B. Unterzüge,
- lastabtragende Elemente, z.B. Stützen und
- lastverteilende Elemente, z.B. Köcherfundamente.

Fundamente werden meist in Ortbeton als Einzelfundamente in Form von Köcher- oder Blockfundamenten ausgeführt.

Stützen werden als Quadrat- oder Rechteckquerschnitte hergestellt. Dabei sind meist Konsolen auf Höhe der Geschosse angeordnet. Die Stützen können geschosshoch oder über mehrere Geschosse durchgehend sein.

Unterzüge werden vorwiegend mit rechteckiger oder trogförmiger Querschnittsform ausgeführt. Dabei können die verfügbare Konstruktionshöhe oder die Auflagerung der Deckenplatten maßgebend sein.

Deckenelemente werden als Stahlbeton- und Spannbetonplatten gefertigt. Es werden vorwiegend Doppelstegplatten (TT-Platten), Trogplatten und Hohlplatten verwendet. Diese werden durch Fugenverguss oder eine örtlich aufgebrachte Überbetonschicht zu Scheiben verbunden.

Ebenso wie für die Betonfertigteilquerschnitte gibt es auch für die Verbindungsstellen einheitliche Ausführungen, wie z.B. die Ausbildung des Auflagers von Deckenplatte und Unterzug, von Unterzug und Stütze oder von Stütze und Fundament **(Bild 2)**.

Die Montage der Skelettbauteile beginnt mit dem Einstellen und dem genauen Ausrichten der Stützen in den Köcherfundamenten. Nach dem Vergießen der Köcher werden Unterzüge, Deckenplatten, Dachbinder und Pfetten montiert und an den Knotenverbindungen vergossen oder verschraubt. Dadurch wird die Standsicherheit des Tragskeletts erreicht.

11.1.2 Tafelbauweise

Die Tafelbauweise wird bei Systembauten wie Bürogebäuden oder großen Wohngebäuden eingesetzt. Bei dieser Bauweise werden selbsttragende Wand- und Deckentafeln verwendet. Diese Scheiben sind so aneinander und übereinander angeordnet, dass sich nach dem Verguss der Stöße ein standfestes Bauwerk ergibt **(Bild 1)**.

Für Verbindungen und Knotenpunkte sind besondere Detailangaben unter Beachtung der statischen, bauphysikalischen und ausführungstechnischen Anforderungen an die Konstruktion erforderlich **(Bild 1,** Seite 374).

Man unterscheidet Außenwandtafeln, Innenwandtafeln und Deckentafeln **(Bild 2)**.

Als **Außenwandtafeln** verwendet man zur besseren Wärmedämmung Tafeln aus Stahlleichtbeton mit einschaligem Aufbau oder Tafeln aus Stahlbeton mit mehrschichtigem Aufbau (Sandwichtafeln).

Innenwandtafeln sind einschalig und werden aus Stahlbeton oder Stahlleichtbeton hergestellt. Je nach Wanddicke können sie als tragende oder aussteifende Wandtafeln eingesetzt werden. Nichttragende Innenwände werden meist in leichter Bauweise als Ständerwände montiert.

Deckentafeln werden als teilweise vorgefertigte Plattenelemente mit Ortbetonschicht, als Stahlbetonvollplatten oder als Stahlbetonröhrenplatten eingebaut und zu Scheiben verbunden. Weiterhin werden zur Erschließung der einzelnen Geschosse vorgefertigte Treppenläufe montiert.

Je nach dem geplanten Innenausbau werden in den Tafelelementen bereits Türzargen, Hüllrohre für die Leitungsführung oder Leerrohre für die Kabelführung vorgesehen. Die Verbindung der Elemente an den Stößen erfolgt z.B. durch Bewehrungsschlaufen, Anker, Dübel, Schrauben oder Bolzenschlösser, mit oder ohne Fugenverguss. Besonderer Wert ist auf die Ausbildung und den Verguss der Wand- und Deckenstöße nach der Montage zu legen. Auf die richtige Lage der Anschlussbewehrung muss bereits bei der Montage äußerst sorgfältig geachtet werden **(Bild 2,** Seite 374).

Der Fugenverguss erfolgt mit feinkörnigem Beton oder mit Mörtel der Mörtelgruppe III. Anschlussbewehrungen an Stößen und Ecken sowie Auflagertiefen von Deckentafeln sind nach DIN 1045 auszuführen, denn davon ist die Standsicherheit des Gebäudes abhängig.

Bild 1: Tafelbauweise

Bild 2: Elemente der Tafelbauweise

Bild 1: Knotenpunkte im Tafelbau

Bild 2: Ausbildung der Knotenpunkte

Bild 3: Bauteilfuge

Die für ein Bauwerk benötigten Fertigteile werden in einem Fertigteilverzeichnis zusammengestellt und im Fertigteilwerk hergestellt, zur Baustelle transportiert und dort nach Verlegezeichnungen montiert.

11.2.1 Herstellung

Die Betonfertigteile sind nach den Expositionsklassen von Beton herzustellen und der Konformitätskontrolle sowie der Konformitätsprüfung unterworfen (Seite 316 bis 318). Weiterhin ist die Maßgenauigkeit unter Berücksichtigung der zulässigen Maßtoleranzen zu beachten. Die Fertigung erfolgt nach Element-Schalplänen und Element-Bewehrungsplänen. In diesen sind zusätzlich Angaben z.B. über den Einbau von Transport- und Montageankern enthalten.

Für die Herstellung der Stahlbeton-Fertigteile werden zunächst die erforderlichen Schalungen oder Formen gerichtet. Diese können aus Holz oder Stahl bestehen. Der Aufbau der Schalung erfolgt auf großen Rütteltischen, die mechanisch hochgekippt werden können. Danach werden die Bewehrungsteile in die Schalung eingebaut. Zusätzlich sind Montagehilfen, wie z.B. Hülsen und Gewinde, vorschriftsmäßig mit der Bewehrung zu verankern. Nach Abnahme der Bewehrung und der Montageverankerung durch den verantwortlichen Werksleiter oder Statiker werden die Betonfertigteile betoniert und verdichtet. Durch die Verwendung von Betonen hoher Betonfestigkeitsklassen und Einsatz der Dampfhärtung können die Fertigteile in kurzer Zeit von der Fertigungshalle auf den Lagerplatz gebracht werden.

Die Abmessungen der Fertigteile werden durch die Transportbedingungen und die Tragkraft der Hebezeuge bei der Montage bestimmt. Für den üblichen Straßentransport dürfen eine Transportbreite von 2,50 m, eine Transporthöhe von 4,00 m und eine Transportlänge von 30 m nicht überschritten werden.

11.2.2 Montage

Auf der Baustelle werden die Fertigteile nacheinander entsprechend dem Verlege- oder Montageplan durch Baustellenkrane oder Autokrane in das Bauwerk eingefahren. Die Unfallverhütungsvorschriften bei der Montage von Fertigteilen sind einzuhalten.

Entsprechend der Fertigteilbauweise wird zunächst die Rohmontage ausgeführt.

Dabei werden die einzelnen Konstruktionsteile z.B. mit Lasergeräten einnivelliert, ins Lot gebracht und mittels Keilen, Unterlegscheiben, Abstützböcken oder Schrägspießen ausgerichtet **(Bild 1)**.

Bei der Endmontage werden die erforderlichen Stoßbewehrungen eingelegt und die Stöße vergossen, Wandscheiben dicht untermörtelt oder Stützen in Köcherfundamenten vergossen. Sonstige Verankerungsmittel wie Stahlwinkel oder Stahllaschen werden fest verschraubt. Nach Erhärtung des Knotenvergusses werden die Konstruktionshilfen entfernt und eventuell aufgetretene Beschädigungen ausgebessert.

Beim Montagestoß der einzelnen Elemente entstehen Fugen. Diese sind witterungsbeständig zu schließen. Sie müssen den erforderlichen Feuchte- und Wärmeschutz gewährleisten sowie die Bewegungen, z.B. durch Wärmeausdehnung der Elemente, aufnehmen.

Die Fugenbreite wird bereits bei der Herstellung der Wandtafeln berücksichtigt **(Tabelle 1)**.

Tabelle 1: Richtwerte der Fugenabmessungen				
Fugenab-messungen	Fertigteillänge			
	bis 2 m	2 m bis 4 m	4 m bis 6 m	6 m bis 8 m
Breite (*b*) mm	15	20	25	30...35
Tiefe (*t*) mm	10	12	15	15

Durch die hohe Beanspruchung der Bauteilfugen müssen zu deren Abdichtung hochwertige dauerelastische Dichtstoffe verwendet werden (Seite 150 und 462). Vor dem Ausfüllen der Fugen mit dem Dichtstoff ist eine Hinterfüllschnur aus Schaumgummi als hinteres Trägermaterial einzubringen. Die trockenen Betonflächen sind mit einem geeigneten Haftgrund (Primer) vorzustreichen. Danach wird die dauerelastische Dichtungsmasse mit Druckluftspritzen eingebracht **(Bild 3,** Seite 374).

Fertigteilstütze (Fuß)

Stützenköcher

Fertigteilstütze ausgerichtet

Bild 1: Stützenmontage

Aufgaben

1 Beschreiben Sie die beiden wichtigsten Fertigteilbauweisen.

2 Erklären Sie den Unterschied zwischen Vollmontagebau und Teilmontagebau.

3 Unterscheiden Sie die Elemente der Skelettbauweise bezüglich deren Belastung und vergleichen Sie diese mit dem Mauerwerksbau.

4 Welche Voraussetzungen gewährleisten die Standsicherheit von Bauwerken im Fertigteilbau?

5 Nennen Sie die Elemente der Tafelbauweise.

6 Beschreiben Sie den Ablauf der Fertigteilherstellung und vergleichen Sie diesen mit der Herstellung von Ortbetonbauteilen.

7 Unterscheiden Sie zwischen Rohmontage und Endmontage im Fertigteilbau.

8 Erläutern Sie die Anforderungen an die Bauteilfugen und deren Ausführung.

Als **Elementwand** bezeichnet man zwei Fertigteilplatten, die durch Gitterträger auf Abstand gehalten werden. Diese Elemente weisen jeweils nach außen eine Sichtseite und zum Zwischenraum hin eine raue Seite auf **(Bild 1)**. Nach der Montage der Platten auf der Baustelle wird der Zwischenraum mit Ortbeton verfüllt und damit eine massive Betonwand ohne aufwendige Schalung hergestellt. Die fertige Wand wirkt statisch als Verbundbauteil. Elementwände lassen sich jedem Grundriss anpassen.

Die **Konstruktion von Elementwänden** ist durch eine allgemeine bauaufsichtliche Zulassung geregelt. In dieser Zulassung sind die Dicke der Fertigteilplatten, die gesamte Wanddicke und die Abmessungen der Gitterträger beschrieben. Die Dicke der Fertigteilplatten beträgt je nach Expositionsklasse und der erforderlichen Betondeckung zwischen 5 cm und 8 cm. Die Verfüllung mit Ortbeton ist mindestens 10 cm, bei Verwendung von Fließbeton mindestens 7 cm dick. Daraus ergibt sich in der Praxis für die Elementwand eine Mindestdicke von 20 cm. Die Gitterträger werden in einem Achsabstand von höchstens 62,5 cm verlegt; zu den beiden Fertigteilrändern gilt der halbe Achsabstand. Daraus ergibt sich beim Einbau von 4 Gitterträgern eine Fertigungsbreite von 2,50 m.

Bild 1: Elementwand mit Gitter-
trägern im Montagezustand

Bild 2: Elementwand mit Element-
decke

Unbewehrte Elementwände erfordern zur Aufnahme des Frischbetondrucks beim Einbringen des Ortbetons sowie zur Sicherung bei Transport und Montage eine Mindestbewehrung, die aus Gitterträgern und einer Plattenbewehrung besteht. Elementwände für übliche Beanspruchungen sind meist unbewehrt und werden in Längen von 2,50 m bis 14,00 m hergestellt. Bei Kelleraußenwänden ist die Beanspruchung durch Wasser und durch Erddruck zu berücksichtigen.

Bewehrte Wände haben die Bewehrung ganz oder teilweise in den Fertigteilplatten. An Plattenstößen und Wandecken werden aufgrund festgelegter Konstruktionsregeln Bügel im Ortbetonkern eingebaut.

Wände nach WU-Richtlinie werden am Fußpunkt, im Bereich der Arbeitsfuge zwischen Bodenplatte und Wand, mindestens 30 mm hoch, z. B. mit Unterlagen aus Faserzement, aufgeständert. Dadurch unterläuft der Kernbeton die Wandplatten, wobei in dieser Fuge der volle Betonquerschnitt entsteht **(Bild 3**, Seite 461**)**. Die Abdichtungen der horizontalen und vertikalen Fugen werden meist innen liegend eingebaut. Für das Einbringen des Kernbetons gelten die Regeln des Ortbetons.

Vom Hersteller der Elementwände sind ein **Versetzplan** und eine **Montageanleitung** mitzuliefern. **Vor dem Versetzen** ist die Ebenheit der Boden- bzw. Deckenplatte auf Genauigkeit zu prüfen. Am höchsten Punkt der Platte ist mit dem Versetzen zu beginnen. Die Wandelemente sind zum Höhenausgleich an mindestens 4 Auflagerpunkten zu unterstützen. Das Krangehänge muss ausreichend lang sein und zwischen den beiden Gehängesträngen einen Winkel von weniger als 60° aufweisen. Die Lage der zu stellenden Wandelemente für die Wandinnenseite wird auf dem Boden, z. B. mit einer Schlagschnur, markiert. Anschlaghölzer oder Drängebretter sichern die Lage und Flucht.

Das **Versetzen der Elementwände** sollte möglichst an einer Außenecke beginnen. Jedes Element ist mit mindestens 2 Schrägstützen zu sichern **(Bild 2)**. Auf Ebenheit an den Stößen und Einhaltung der Maße, z. B. der Geschosshöhen, ist zu achten. Zur Sicherung gegen Aufweiten der Ecken sind Stahlwinkel anzubringen. Vor dem Einbringen des Ortbetons sind die Innenseiten der Fertigteilplatten vorzunässen. Die zulässige Betoniergeschwindigkeit laut Versetzplan ist unbedingt einzuhalten.

12 Holzbau

12.1 Bearbeitung von Holz

Hölzer müssen vor der Bearbeitung gemessen und angerissen werden. Die wichtigsten Bearbeitungsarten sind Sägen, Fräsen, Stemmen, Bohren, Hobeln und Schleifen. Dies kann von Hand oder mit Hilfe von Maschinen erfolgen.

12.1.1 Messen und Anreißen

Zum Messen von Hölzern wird meist der **Gliedermaßstab** verwendet. Winkelrechte Risse für Abbundschnitte und Holzverbindungen erfolgen mit dem **Zimmermannswinkel** (Winkeleisen). Er ist 3,5 cm breit und hat ungleiche Schenkellängen. Häufig haben Zimmermannswinkel am kurzen Schenkel ovale Anreißlöcher, mit denen parallele Risse im Abstand von vollen oder halben Zentimetern möglich sind, beispielsweise zum Anreißen (Anstreichen) von Zapfen oder Überblattungen. Schräge Risse werden mit dem **Schrägmaß** (Stellschmiege) übertragen. Das Schrägmaß besteht aus beweglichen Schenkeln, die mit einer Flügelmutter in jedem beliebigen Winkel fixiert werden können **(Bild 1)**.

12.1.2 Sägen

Mit Sägen können Holz, Holzwerkstoffe und andere Baumaterialien durchtrennt werden.

12.1.2.1 Handsägen

Der wichtigste Teil einer Säge ist das Sägeblatt mit den Sägezähnen. Das Sägeblatt besteht aus gehärtetem Werkzeugstahl. Ein Sägezahn hat die Form eines Dreiecks bzw. eines Keils mit der Zahnspitze, der Zahnbrust, dem Zahnrücken und dem Zahngrund **(Bild 2)**. Durch die Dicke des Sägeblattes ergibt sich an der Zahnspitze eine Schneide, die beim Sägen das Holz zerspant. Außerdem müssen Sägen **geschränkt** werden, damit sie beim Sägen nicht klemmen und an der Risslinie geführt werden können **(Bild 3)**. Dabei werden die Zähne abwechselnd nach links und rechts ausgebogen. Dadurch wird die Schnittbahn breiter, das Sägeblatt hat Luft.

Der Winkel, der von der Zahnbrust und der Zahnspitzenlinie gebildet wird, heißt **Schnittwinkel**. Vom Schnittwinkel sowie von der Größe der Zähne ist die Schnittwirkung abhängig **(Bild 4)**. Bei einem großen Schnittwinkel schneidet die Säge beim Vorwärts- und Zurückführen, d.h., die Bezahnung wirkt auf **Stoß und Zug**. Mit der Verkleinerung des Schnittwinkels ändert sich die Sägewirkung. Dabei greift die Säge nur noch beim Vorwärtsstoßen an, sie arbeitet **auf Stoß (Tabelle 1**, Seite 378).

Mit der Größe der Sägezähne nimmt die Schnittwirkung zu, aber der Schnitt wird grob und unsauber. Was man bei großer Bezahnung an Zeit spart, muss man an Kraftaufwand zulegen. Für feine, saubere Schnitte, insbesondere bei Hartholz, verwendet man Sägen mit kleiner Bezahnung, die nur wenig weit geschränkt sind. Weiches und feuchtes Holz verlangt dagegen große Zähne und einen weiten Schrank.

Bild 1: Werkzeuge zum Messen und Anreißen

Bild 2: Sägezahnteile

Bild 3: Schnittbahn bei geschränkter und bei ungeschränkter Säge

Bild 4: Schnittwinkel an Sägezähnen

Tabelle 1: Schnittwirkungen von Sägezähnen	
Schnittwinkel	Schnittwirkung
120°	auf Stoß und Zug
100°	schwach auf Stoß
90°	auf Stoß
< 90°	stark auf Stoß

Bild 1: Teile einer Gestellsäge

Bild 2: Heftsägen

Bild 3: Handkreissäge

Alle Sägeblätter müssen bei ihrer Verwendung eine gewisse Steifigkeit haben, sie dürfen nicht flattern. Man erreicht das z.B. durch das Einspannen in einen Bügel bzw. in ein Gestell.

Bügelsägen

Bügelsägen haben einen ovalen Stahlbügel, mit dessen Hilfe das Sägeblatt gestreckt bzw. gespannt wird. Ihre Sägeblätter sind mit Sonderzahnungen ausgestattet, die nicht geschärft werden müssen. Die Zähne stehen auf Zug und Stoß. Der Schnitt der Bügelsägen ist grob. Man verwendet sie vor allem zum Ablängen von Brettern, Rund- und Kanthölzern.

Gestellsägen

Gestellsägen sind die Spannsägen, Absatzsägen, Schweifsägen und Schittersägen **(Bild 1)**.

Spannsägen haben verhältnismäßig große, auf Stoß stehende Sägezähne. Die Spannsägeblätter arbeiten deshalb mit einem gröberen Schnitt und mit einer guten Schnittleistung. Sie eignen sich darum vornehmlich zum Längsschneiden von Brettern.

Absatzsägen haben etwa halb so große Zähne wie die Spannsägen und stehen schwach auf Stoß. Sie eignen sich für Arbeiten, die einen feinen, sauberen und genauen Schnitt verlangen.

Schweifsägen haben ein schmales Sägeblatt mit auf Stoß gerichteten kleinen Zähnen. Man verwendet sie zum Schneiden von Schweifungen.

Schittersägen sind Gestellsägen, deren Bezahnung auf Zug und Stoß stehen. Ihre Zähne sind verhältnismäßig groß. Sie werden deshalb zum Ablängen von Brettern und Bohlen, Kanthölzern und Rundhölzern geringeren Durchmessers verwendet.

Heftsägen

Für Arbeiten, bei denen das Sägegestell hinderlich ist, werden Heftsägen verwendet. Zu den Heftsägen zählen Fuchsschwänze, Feinsägen, Rückensägen und Japansägen. Sie erhalten ihre Steifigkeit durch die Dicke des Blattes oder durch einen aufgesetzten Rücken. Japansägen haben ein dünnes Sägeblatt mit gehärteten Zähnen. Da sie nur auf Zug sägen, bleiben sie mit und ohne Rücken gerade **(Bild 2)**.

12.1.2.2 Sägemaschinen

Sägemaschinen gibt es als Handmaschinen und als ortsfeste Maschinen. Zu den Handsägemaschinen gehören Handkreissägen, Handbandsägen, Kettensägen und Stichsägen. Zu den ortsfesten Maschinen zählen Kreissägen, Bandsägen und Abbundmaschinen.

Kreissägen werden vor allem für das Schneiden von Hart- und Weichholz längs und quer zur Faser sowie von Holzwerkstoffen verwendet. Für die unterschiedlichen Werkstoffe werden Kreissägeblätter mit verschiedenen Zahngrößen und Zahnformen eingesetzt. Hartmetallbestückte Sägeblätter haben häufig wechselseitig abgeschrägte Schneiden. Sägeblätter mit Hartmetallschneiden werden am meisten verwendet, denn sie haben höhere Standzeiten. Außerdem brauchen sie nicht geschränkt zu werden, da die Hartmetallschneiden seitlich über das Sägeblatt überstehen.

Handkreissägen gibt es für verschiedene Sägeblattgrößen (**Bild 3, Seite 378**). Die Schnitttiefe kann eingestellt werden. Außerdem kann der Auflagetisch bis zu 45° geneigt werden, damit Schrägschnitte möglich sind. Zum Schneiden nach einem Riss sind Handkreissägen mit einem Führungszeiger ausgestattet. Ein Parallelanschlag ermöglicht Schnitte parallel zu einer Kante. Der Spaltkeil verhindert weitgehend ein Hochschleudern der Maschine und ermöglicht ihre sichere Führung. Durch einen selbsttätig schließenden Blattschutz ist der Zahnkranz des Sägeblattes bei laufender, aber nicht arbeitender Maschine voll abgedeckt. Diese Schutzvorrichtungen dürfen nicht blockiert oder entfernt werden.

Für das Schneiden von Kanthölzern mit großem Querschnitt eignen sich besonders Handkreissägen mit einer Doppelauflage (Bild 3, Seite 378). Die Sägeblätter dieser Maschinen können bis zu 45° bzw. 60° geneigt werden. Durch die Doppelauflage und den großen Schwenkbereich der Maschinen können Gehrungen und Kerven angeschnitten werden. Zusatzwerkzeuge wie Abplattköpfe und Kervenfräsköpfe ermöglichen das Fräsen von geraden und schrägen Zapfen sowie das Nuten und Fälzen von dicken Hölzern. Für diese Arbeiten werden aber auch spezielle **Nutfräsmaschinen** sowie **Kervenfräsmaschinen** eingesetzt.

Mit **Zweimannhandkreissägen** kann man Schnitte bis zu 240 mm Tiefe ausführen.

Eine Sonderform der Handkreissäge ist die kleine, leichte **Schattenfugensäge (Bild 1)**. Mit dieser Maschine lassen sich bereits eingebaute Wand- und Deckenverkleidungen parallel zur Decke bzw. zur Wand sägen. Da damit Schattenfugen von nur 12 mm hergestellt werden können, entfällt das arbeitsaufwendige Einpassen und Zuschneiden von Passleisten.

Handbandsägen werden vor allem für Profilierungen eingesetzt (**Bild 2**). Außerdem können damit tiefe und schräge Schnitte an Kanthölzern ausgeführt werden. Handbandsägen sind für den Zweimann-Einsatz gebaut. Bandsägen mit Auflagetisch können von einer Person bedient werden.

Kettensägen mit Tisch, auch **Schwertsägen** genannt, eignen sich zum Sägen von geraden oder schrägen Querschnitten vor allem von Kanthölzern (**Bild 3**). Dazu kann der Sägetisch mithilfe einer Kippvorrichtung bis 60° geneigt werden. Die Sägekette wird um das Kettenschwert geführt, ein Spaltkeil verhindert ein Festklemmen der Sägekette.

Kettensägen ohne Tisch sind Handmaschinen, die zur Vermeidung des Rückschlagens mit einem Krallenanschlag ausgerüstet sind und vorwiegend für grobe Ablängschnitte verwendet werden.

Stichsägen verwendet man vorwiegend zum Sägen von Ausschnitten in Brettern und Platten (**Bild 4**). Je nach Werkstoff muss ein entsprechendes Sägeblatt mit der richtigen Bezahnung verwendet werden.

Die Sägeblätter der Stichsäge arbeiten durch eine Auf- und Abwärtsbewegung und durch eine zusätzliche Pendelbewegung. Einschnitte in Bretter und Platten sind ohne Vorbohren möglich. Das Neigen der Fußplatte ermöglicht Schrägschnitte. Durch Zusatzausrüstungen sind Parallelschnitte und kreisrunde Ausschnitte durchführbar. Stichsägen können, wie viele andere Handmaschinen, auch mit Akkus betrieben werden.

Bild 1: Schattenfugensäge

Bild 2: Handbandsäge

Bild 3: Kettensäge

Bild 4: Pendelstichsäge

Bild 1: Formatkreissäge

Bild 2: Baukreissäge

Bild 3: Spaltkeil bei Baukreissägen

Bild 4: Abbundmaschine

Kreissägen können als Tischkreissägen oder Formatkreissägen ortsfest in den Werkstätten oder als bewegliche Baukreissägen eingesetzt werden (**Bild 1** und **Bild 2**).

An Kreissägen muss der gesamte Zahnkranz des Sägeblattes bis auf die Schneidstelle verdeckt sein. Dies wird durch die untere und obere Sägeblattverkleidung erreicht. Die obere Sägeblattverkleidung besteht aus dem Spaltkeil und der Schutzhaube. Der Spaltkeil aus gehärtetem Stahlblech darf nicht dicker als die Schnittfuge und nicht dünner als das Sägeblatt sein. Werden verschieden dicke Sägeblätter verwendet, sind entsprechend dicke Spaltkeile einzusetzen, damit beim Schneiden das Holz nicht klemmt und zurückschlägt. Der Spaltkeil muß in der Sägeblattebene waagerecht und senkrecht zu verstellen sein (**Bild 3**). Der Abstand zwischen Spaltkeil und Zahnkranz darf bei ortsfesten Tisch- und Formatkreissägen nicht mehr als 8 mm betragen, bei Baukreissägen nicht mehr als 10 mm. Der obere Teil des Sägeblattes muss mit einer Schutzhaube abgedeckt sein, damit hoch geschleuderte Späne oder Werkstoffteile abgefangen werden können.

Zu den Einrichtungen von Kreissägen gehören der Längsanschlag und der Quer- und Gehrungsanschlag. Der Quer- und der Gehrungsanschlag können in verschiedenen Winkeln eingestellt und festgestellt werden. Beide Anschlageinrichtungen können so umgelegt werden, dass der Sägetisch frei ist. Die Höhenverstellung des Sägeblattes erfolgt durch eine Spindel mit Drehgriff. Beim Verstellen der Schnitthöhe wird mit dem Sägeblatt auch der Spaltkeil und die Schutzhaube gehoben bzw. gesenkt.

Baukreissägen sind Kreissägen von einfacher und leichter Bauart. Sie sollen durch ein Schutzdach vor Niederschlägen und Verschmutzung geschützt werden.

Als **Formatkreissägen** werden ortsfeste Tischkreissägen bezeichnet, die in Zimmereibetrieben vielseitig einsetzbar sind und sehr genaue und saubere Sägeschnitte ermöglichen.

Abbundmaschinen sind programmgesteuerte spezielle Kreissägen für Schnitthölzer mit Auflagetisch, Förder- und Spanneinrichtungen. Mit einem schwenkbaren Sägeblatt lassen sich senkrechte, waagerechte und schräge Schnitte ausführen. Die Sägen sind mit Fräs-, Stemm-, Bohr- und Hobelmaschinen zu Fertigungsstraßen kombiniert (**Bild 4**).

Arbeitsregeln beim Einsatz von Tischkreissägen

- Der Arbeitsplatz und der Sägetisch müssen frei von Werkstücken und Werkstückteilen sein.
- Vor dem Arbeiten ist zu prüfen, ob Sägeblatt, Spaltkeil und Schutzhaube richtig eingesetzt und eingestellt sind.
- Das Benutzen von Sägeblättern mit Rissen, Zahnlücken oder Brandflecken ist verboten.
- Werkstücke müssen beim Bearbeiten voll aufliegen und sicher geführt werden können.
- Zum Schneiden von schmalen Werkstücken muss der Schiebestock benützt werden.
- Anschläge bzw. Schiebevorrichtungen sind stets zu verwenden. Zum Schneiden von Keilen ist die Keillade einzusetzen.

12.1.3 Hobeln

Zum Hobeln werden verschiedene Handhobelarten und Hobelmaschinen eingesetzt.

12.1.3.1 Handhobel

Handhobel bestehen aus dem Hobelkasten aus Holz mit Maul und Spanloch oder einem Hobelkörper aus Metall sowie aus dem Hobeleisen und seiner Befestigung (**Bild 1**). Die vordere Seite des Hobeleisens nennt man die Spiegelseite, die entgegengesetzte Seite den Rücken. Die am unteren Teil des Eisens angeschliffene Fläche ist die Fase. Spiegelseite und Fase bilden die Schneide (**Bild 2**).

Der Schnittwinkel beträgt bei den meisten Hobelarten etwa 45°. Vom Keilwinkel hängt die Standzeit der Schneide ab. Er beträgt ungefähr 25°. Bei diesem Winkel entspricht die Länge der Fase etwa der doppelten Hobeleisendicke. Als Freiwinkel bezeichnet man den Winkel, den die Fase des Hobeleisens mit der Hobelsohle bildet. Ist der Freiwinkel zu klein, ist beim Hobeln ein größerer Kraftaufwand notwendig (**Bild 2**).

Vor der Schneide des Hobeleisens entsteht beim Abtrennen des Hobelspans im Holz ein vorauseilender Riss (**Bild 3**). Die Hobelmaulvorderkante drückt beim Hobeln auf die Holzfläche und knickt den abgetrennten Span um. Je feiner der Span sein soll, desto kleiner muss das Hobelmaul sein. Beim Doppelhobeleisen bricht ein zweites Eisen, die Klappe, den abgehobenen Span unmittelbar hinter der Schneide, damit er nicht einreißen kann (**Bild 4**).

Hobelarten

Die wichtigsten Hobel sind der Schrupphobel, der Schlichthobel, der Doppelhobel, der Putzhobel und der Simshobel (**Tabelle 1**).

Tabelle 1: Handhobelarten

Hobel	Merkmale	Verwendung
Schrupphobel	bogenförmige Schneide, weit vorstehendes Eisen	Vorhobeln mit dickem Span
Schlichthobel	einfaches Hobeleisen, Hobelmaul etwa 1 mm	Hobeln von rohen Flächen (schlichten)
Doppelhobel	Doppelhobeleisen, Hobelmaul etwa 1 mm	Hobeln auch gegen die Faser möglich
Putzhobel	kurzer Hobel mit Doppelhobeleisen, Schnittwinkel 50°	Glätten gehobelter Flächen (Putzen), Einpassarbeiten
Simshobel	schmaler Hobel, Hobel so breit wie Hobeleisen	Fälze und Profile nachhobeln

12.1.3.2 Hobelmaschinen

Mit der stationären **Abrichthobelmaschine** werden Hölzer eben gehobelt und winkelrecht gefügt. Dazu wird das Holz über einen von der Messerwelle geteilten Hobeltisch geschoben. Zur Vermeidung von Unfällen müssen die Messerwelle weitgehend abgedeckt und Schutzeinrichtungen zur sicheren Führung der Hölzer benutzt werden (**Bild 5**).

Bild 1: Teile eines Hobels

Bild 2: Winkel am Hobeleisen

Bild 3: Spanbildung beim Hobeln

Bild 4: Doppelhobeleisen mit Klappe

Bild 5: Abrichthobelmaschine

Bild 1: Handhobelmaschine

Bild 2: Stemmwerkzeuge

Bild 3: Kettenstemmmaschine

Bild 4: Kettenschlitzfräse

Die ebenfalls ortsfeste **Dickenhobelmaschine** eignet sich zum Aushobeln von Schnittholz auf gleiche Dicke.

Zum Hobeln von Kanthölzern, insbesondere von Sparren- und Pfettenköpfen, wird die **Handhobelmaschine** (Balkenhobel) verwendet **(Bild 1)**. Balkenhobel gibt es in Hobelbreiten von 82 mm bis 350 mm. Die Spandicke kann von 0 mm bis 3 mm eingestellt werden.

12.1.4 Stemmen

Die wichtigsten Werkzeuge und Maschinen zum Stemmen sind der Stechbeitel, der Stemmbeitel, der Hohlbeitel, der Lochbeitel sowie die Stoß- oder Stichaxt und die Kettenstemmmaschine.

12.1.4.1 Stemmwerkzeuge

Stemmwerkzeuge (Beitel) bestehen aus einer Klinge aus Werkzeugstahl und einem Heft aus Weißbuchenholz oder Kunststoff **(Bild 2)**. Zwei Zwingen (Metallringe) umschließen das Heft, damit es nicht aufgespalten wird. Die Krone verhindert das Eindringen der Klinge in das Heft.

Beitel werden nach der Form der Klingen unterschieden. Der **Stechbeitel** (Stecheisen) hat in der Regel eine an den Längsseiten abgefaste Klinge (Bild 2). Stechbeitel gibt es in Breiten von 2 mm bis 50 mm. Der **Stemmbeitel** (Stemmeisen) wird für schwerere Arbeiten verwendet. Seine Klinge ist deshalb nicht gefast. Der Hohlbeitel (Hohleisen) hat eine Klinge, deren Querschnitt einem Kreisringausschnitt entspricht. Der **Hohlbeitel** eignet sich daher zum Nachstechen von Hohlkehlen und zum Einlassen runder Beschläge. Der **Lochbeitel** (Locheisen), dessen Dicke größer ist als die Breite, eignet sich besonders zum Ausstemmen von Zapfenlöchern.

Die **Stoß-** oder **Stichaxt** verwendet man zum Abspalten von Holzteilen angeschnittener Zapfen und Abplattungen sowie zum Verputzen aus- oder abgestemmter Holzteile (Bild 2). Ihre Schneidfläche ist einseitig angeschliffen.

12.1.4.2 Kettenstemmmaschinen

Die Kettenstemmmaschine arbeitet wie eine Fräsmaschine **(Bild 3)**. Die sichere Führung und genaue Bearbeitung wird durch einen großflächigen Seitenanschlag und die eingebaute Dosenlibelle ermöglicht. Kettenstemmmaschinen können mit einem Führungsgestell ausgerüstet sein, welches das Anschlagen und das Verschieben der Maschine sowie den Rückhub erleichtert. Die Fräsgarnitur besteht aus der Fräskette, mit der das Zapfenloch ausgefräst wird, dem Kettenrad und der Führungsschiene. Die Fräskette kann in ihrer Breite nicht verändert werden, weshalb für jede Zapfenlochbreite eine entsprechende Kette aufgezogen werden muss. Die Zapfenlochtiefe dagegen kann mit einem Tiefenanschlag eingestellt werden. Durch Verschieben der Maschine kann jede Zapfenlochlänge ausgefräst werden.

Zum Herstellen von Schlitzen in Holzquerschnitten werden **Kettenschlitzfräsen** verwendet, die in Aufbau und Funktion den Kettenstemmmaschinen ähnlich sind **(Bild 4)**.

12.1.5 Bohren

Bohren ist ein spanabhebendes Arbeitsverfahren durch sich vorwiegend zentrisch drehende und schneidende Werkzeuge.

12.1.5.1 Bohrerarten

Schlangenbohrer haben eine Gewindespitze, ein oder zwei Vorschneider und ein oder zwei Spanabheber **(Bild 1)**. Die Gewindespitze gibt dem Bohrer eine gute Führung und zieht ihn in das Holz ein. Durch die Vorschneider und die Spanabheber werden das Bohrloch ausgeschnitten und die Späne abgehoben Die Förderschlange transportiert die Späne selbsttätig aus dem Bohrloch, sodass der Bohrer nicht so leicht verstopft. Es gibt auch Schlangenbohrer, bei denen das Schlangengewinde durch breitkantige Spiralwindungen ersetzt wird.

Spiralbohrer können eine Zentrierspitze oder eine Dachspitze haben **(Bild 2)**. **Spiralbohrer mit Zentrierspitze** verwendet man zum Bohren von Holz und Holzwerkstoffen. Dagegen eignen sich **Spiralbohrer mit Dachspitze** besonders zum Bohren von Metallen. **Bohrer mit Hartmetallschneiden** verwendet man zum Bohren von Stein und Beton **(Bild 2)**. Anstelle des zylindrischen Schaftes können diese Bohrer einen Aufnahmeschaft mit Vertiefungen für den Einsatz in Bohrmaschinen mit Schnellspannfutter aufweisen.

Die **Forstnerbohrer** haben einen niederen zylindrischen Schneidkopf mit einer kurzen Zentrierspitze, zwei Spanabhebern und zwei Umfangschneidern **(Bild 3)**. Diese Bohrer verwendet man zum Ausbohren von Ästen und zum Bohren von Holzwerkstoffen. In der Regel werden sie in Bohrmaschinen eingespannt.

Die **Langlochfräsbohrer** kann man nur in Langlochbohrmaschinen einsetzen (Bild 3). Sie haben im Allgemeinen zwei gerade Spannuten, die glatt sein können oder mit Spanbrechern versehen sind. Man verwendet die Langlochfräsbohrer in der Hauptsache zum Herstellen von Zapfenlöchern.

12.1.5.2 Bohrmaschinen

Handbohrmaschinen gibt es als Normalläufer, als Mehrgangmaschinen und als Maschinen mit elektronischer Drehzahlsteuerung. Die Bohrer werden in ein Bohrfutter eingespannt, das meist für einen Bohrerschaft bis zu 13 mm eingerichtet ist. Zum Bohren eignen sich Spiralbohrer sowie Forstnerbohrer. Bohrmaschinen mit Drehzahlsteuerung eignen sich auch zum Eindrehen und Lösen von Holzschrauben.

Handschlagbohrmaschinen sind mit Schlageinrichtungen ausgestattet, die den Bohrvorgang durch kurze Schläge in Axialrichtung des Bohrers unterstützen. Dadurch kann man mit Hartmetall bestückten Bohrern Löcher in Mauerwerk und Beton bohren.

Handbohrmaschinen mit einem Gestell werden in Zimmereibetrieben vor allem zum Bohren von Löchern für Schraubenbolzen oder Stabdübel eingesetzt **(Bild 4)**. Das häufig abnehmbare Führungsgestell kann meist zum Bohren schräger Löcher bis 45° verstellt werden. Die Bohrtiefe ist einstellbar. Die Maschine kann sowohl für Rechtsals auch für Linkslauf geschaltet werden. Neben Schlangenbohrern können besondere Fräsköpfe eingesetzt werden, mit denen man Ringnuten und Ringdübellöcher bohrt.

Bild 1: Schlangenbohrer

Bild 2: Spiralbohrer

Bild 3: Forstnerbohrer und Langlochfräsbohrer

Bild 4: Handbohrmaschine mit Gestell

12.1.6   Schleifen

Durch Schleifen wird die Oberfläche von Werkstoffen geglättet. Geräte zum Schleifen sind der Schleifklotz aus Holz oder Kork, in der Hauptsache aber Schleifmaschinen.

12.1.6.1 Schleifmittel

Schleifmittel sind Glas, Flint, Granat, Korund und Siliciumkarbid. Sie werden nach Größe sortiert und auf Papiere oder auf Textilgewebe aufgeleimt. Nach den einzelnen Korngrößen (Körnungen) bezeichnet man die Schleifmittel mit Kornnummern. Je kleiner die Nummer der Körnung ist, desto gröber ist der Schliff **(Tabelle 1)**.

12.1.6.2 Maschinen zum Schleifen

Schleifmaschinen gibt es als Hand-Bandschleifer, Schwingschleifer (Rutscher), Exzenterschleifer (Tellerschleifer) und Dreieckschleifer **(Tabelle 2)**. Mit ihnen können alle Holzarten, Holzwerkstoffe, lackierte Flächen, Metalle und auch Kunststoffe geschliffen werden.

Durch die eingebaute Staubabsaugung wird der angefallene Schleifstaub in einem Staubsack aufgefangen oder direkt von einem Absauggerät erfasst. Bei Schwing-, Exzenter- und Dreieckschleifern wird der Schleifstaub durch Bohrungen im Schleifschuh bzw. Schleifteller und entsprechender Lochung in den meist selbsthaftenden Schleifblättern aufgenommen.

12.1.7   Unfallverhütungsvorschriften

Tabelle 1: Schleifmittel-körnungen	
Bezeichnung	Kornnummer
grob	24...40
mittel	60...80
fein	100...180
sehr fein	220...400

Tabelle 2: Schleifmaschinen	
Maschinentyp	Verwendung
Bandschleifer	für große Flächen
	mit Auflageschleifrahmen umrüstbar zum stationären Schleifen von kurzen Werkstücken und Leisten
Schwingschleifer	Feinschleifen
	Lackzwischenschliff
Exzenterschleifer	hohe Schleifleistung
	auch für gewölbte Flächen und zum Polieren
Dreieckschleifer	für Innenecken

- Das Bedienen, Instandhalten und Einrichten von Holzbearbeitungsmaschinen ist nur Personen gestattet, die mindestens 18 Jahre alt, körperlich geeignet und zuverlässig sind. Sie müssen in der Bedienung dieser Maschinen vorher durch eine hierzu befähigte Person gründlich unterwiesen sein.
- Auszubildende ab dem 15. Lebensjahr dürfen jedoch zum Zweck ihrer Ausbildung Holzbearbeitungsmaschinen unter Anleitung und Aufsicht eines Fachkundigen bedienen.
- Jeder, der eine Maschine einschaltet oder an ihr arbeitet, hat darauf zu achten, dass niemand gefährdet wird. Bevor eine Maschine verlassen wird, ist sie auszuschalten.
- An Maschinen tätige Personen dürfen nicht angesprochen oder gestört werden, solange sie das Werkstück dem laufenden Werkzeug von Hand zuführen.
- Maschinen und Maschinenwerkzeuge sind vor ihrer Benutzung auf ihren ordnungsmäßigen Zustand und besonders auf ihre Unfallsicherheit zu prüfen. Das Arbeiten an Maschinen ohne die vorgeschriebenen Schutzvorrichtungen ist verboten. Mängel sind abzustellen oder sofort zu melden. Eine nicht einsatzbereite Maschine ist durch Anbringen eines Schildes „Nicht benutzen!" zu kennzeichnen.
- Vor dem Beseitigen von Störungen ist die Maschine stillzusetzen. Lose Splitter, Späne und Abfälle dürfen aus der Nähe sich bewegender Werkzeuge nicht mit der Hand entfernt werden.

Bei Handmaschinen ist außerdem zu beachten:

- Elektrisch betriebene Handmaschinen müssen vor Feuchtigkeit geschützt werden.
- Kabel und Stecker sind vor jeder Inbetriebnahme der Maschinen auf ihren einwandfreien Zustand zu prüfen. Kabel müssen so verlegt werden, dass sie vor Beschädigung geschützt sind und keine Stolperstellen bilden. Beim Wechseln eines Werkzeuges ist unbedingt der Netzstecker zu ziehen.
- Bei Handkreissägen muss nach dem Arbeiten der Blattschutz selbsttätig das Sägeblatt abdecken.
- Vor dem Einschalten der Maschinen ist zu prüfen, ob der Werkzeugspannschlüssel entfernt ist.
- Kleine Werkstücke sind beim Bearbeiten festzuspannen.

12.2 Verbindungsmittel

Verbindungsmittel im Holzbau sind Nägel und Klammern, Schrauben und Dübel sowie Nagelplatten, Stahlbleche und Stahlblechformteile.

12.2.1 Nägel

Nägel sind aus unlegiertem Stahldraht hergestellte stiftförmige Verbindungsmittel. Die im Holzbau vorwiegend verwendeten Nägel nach DIN EN 10230-1 werden deshalb herkömmlich auch als **Drahtstifte** bezeichnet **(Bild 1)**. Nägel können unbeschichtet, verzinkt oder beispielsweise mit Metallpigmenten angereichertem Lack überzogen sein.

Nägel unterscheiden sich durch die unterschiedlichen Formen, die Nagelkopf, Nagelschaft und Nagelspitze haben können. Für Nagelverbindungen nach DIN EN 1995, Eurocode 5, sind Nägel mit flachem **Senkkopf** und rundem **Flachkopf** zulässig, deren Kopfoberfläche glatt oder geriffelt sein kann. Nägel mit **Stauchkopf** eignen sich besonders zum Versenken. Die Nagelspitze ist häufig als Diamantspitze ausgebildet. Der Schaft von Nägeln ist meist glatt und hat einen runden Querschnitt, kann aber auch geraut, angerollt, gerillt oder verdrillt und im Querschnitt vierkantig oder oval sein. Nägel mit angerolltem Schaft werden als Sondernägel bezeichnet (Bild 1).

Zu den **Sondernägeln** zählen die **Schraubnägel** und die **Rillennägel** (Bild 1). Sie haben einen profilierten Schaft. Darum ist die Haftfestigkeit von Sondernägeln in Holz erheblich größer als die von Drahtstiften; sie dürfen deshalb höher belastet werden. Kurze Rillennägel, die sich insbesondere zur Befestigung von Lochblechen und Stahlblechformteilen eignen, werden auch als **Kammnägel** oder **Ankernägel** bezeichnet **(Bild 2)**.

Als **Maschinenstifte** bezeichnet man Nägel in loser Form mit rundem Schaft für die Verwendung in automatischen Nagelmaschinen nach DIN 1143-1. Außerdem gibt es besondere Maschinenstifte in Streifen oder Rollen, die mit Druckluftmagazinnaglern eingeschlagen werden **(Bild 3)**.

Neben den allgemein üblichen Nägeln gibt es viele Sonderausführungen wie Breitkopfstifte, auch als Dachpapp-, Schiefer- und Gipsdielenstifte bezeichnet, Leichtbauplattenstifte und gehärtete Stahlnägel verschiedener Formen (Bild 1). Außerdem gibt es Nägel z. B. aus Edelstahl, Kupfer und Aluminium.

Nägel werden nach Gewicht gehandelt. Das Füllgewicht der Nagelpakete liegt je nach der Größe der Drahtstifte zwischen 1 kg und 10 kg. Die Nagelgröße für Nägel nach DIN EN 10230-1 wird für Schaftdurchmesser und Nagellänge in mm angegeben.

12.2.2 Klammern

Klammern sind Verbindungsmittel, die nur mithilfe eines Klammernaglers eingetrieben werden können. Diese werden meist mit Druckluft betrieben. Nach der Form der Klammern unterscheidet man Schmal-, Normal- und Breitrückenklammern **(Bild 4)**. Klammern werden vor allem zum Befestigen von Platten aus Holzwerkstoffen und von Vertäfelungen eingesetzt. Sie dürfen nach Eurocode 5 auch für tragende Verbindungen verwendet werden.

Bild 1: Nägel

Bild 2: Kammnägel, Ankernägel

Bild 3: Druckluftmagazinnagler

Bild 4: Klammern

Bild 1: Teile der Holzschraube

Bild 2: Holzschrauben

Bild 3: Senkkopfschrauben im Holzbau mit Fräsrippen

Bild 4: Kopfformen von Holzschrauben

Bild 5: Spannplattenschrauben, Schnellbauschrauben

12.2.3 Schrauben

Schraubenverbindungen sind haltbarer als Verbindungen mit Draht-stiften und Klammern. Auch lassen sie sich wieder leicht lösen. Schrauben unterscheidet man im Wesentlichen nach dem verwende-ten Werkstoff, der Art des Gewindes und der Kopfform.

Holzschrauben sind aus unlegiertem Stahl (St), aus einer Kupfer-Zink-Legierung (Cu-Zn) oder aus einer Aluminium-Legierung (Al-Leg). In der Regel sind sie blank, sie können auch mit einem Oberflächen-schutz versehen sein, z.B. brüniert oder verzinkt. Holzschrauben bestehen aus dem Schraubenkopf, dem Schaft und dem Gewinde **(Bild 1)**. Bei **genormten Schrauben** unterscheidet man nach der Kopf-form **Senk-Holzschrauben, Halbrund-Holzschrauben, Linsensenk-Holzschrauben** mit einfachem Schlitz (DIN 97 bis 95) oder mit Kreuz-schlitz (DIN 7997 bis 7995) sowie **Sechskant-Holzschrauben (Bild 2)**. Sechskant-Holzschrauben werden auch als Schlüsselschrauben bezeichnet, da sie mit Schraubenschlüsseln sehr fest angeschraubt werden können.

Auf den Holzschraubenverpackungen sind die Form der Holzschrau-be, der Schaftdurchmesser und die Länge in Millimeter, die Art des Werkstoffes, die DIN-Nummer sowie die Stückzahl angegeben. Die Länge wird von der Spitze bis dahin gemessen, wo der Kopf mit dem Holz bündig ist (Bild 1).

Im Holzbau gibt es neben den genormten **Holzschrauben** eine Viel-zahl **mit bauaufsichtlicher Zulassung**. Sie sind für die jeweilige Ver-wendung optimiert und können beispielsweise Fräsrippen an Kopf und Schaft, eine veränderliche Gewindesteigung oder eine Bohrspit-ze aufweisen und dadurch ohne Vorbohren mit geringem Kraftauf-wand eingedreht werden **(Bild 3)**.

Für die Montage mit Akkuschraubern werden häufig Kopfausbil-dungen mit Innenstern (Innensechsrund bzw. Torx) oder Innensechs-kant (Inbus) mit **Senkkopf, Zylinderkopf** oder **Tellerkopf** verwendet **(Bild 4)**.

Spanplattenschrauben (Spax-Schrauben) sind aus gehärtetem ober-flächengeschütztem Stahl. Sie haben ein scharfkantiges Gewinde, einen verhältnismäßig kurzen oder keinen Schaft und einen Senk-kopf, meist mit Kreuzschlitz oder Innenstern für eine Montage mit Akkuschraubern. Die Zentrierspitze der Schrauben ermöglicht ein gerades Eindrehen. Durch geringen Druck beim Eindrehen wird das Aufreißen der Spanplatten weitgehend verhindert **(Bild 5)**.

Schnellbauschrauben, die zur Befestigung von Gipsplatten verwen-det werden, sind den Spanplattenschrauben ähnlich, haben aber meist einen Trompetenkopf (Bild 5). Zum Eindrehen in dickwandige Metallprofile gibt es Schnellbauschrauben mit Bohrspitze.

Sechskantschrauben mit Schaft nach DIN 931 werden auch als **Schraubenbolzen** oder **Bauschrauben** bezeichnet **(Bild 1**, Seite 387**)**. Man verwendet sie zum Verbinden stark beanspruchter Bauteile, wie z. B. von verdübelten Balken. Schraubenbolzen haben einen Schaft mit metrischem Gewinde, einen sechskantigen Kopf und eine sechs-kantige Schraubenmutter. Da sich beim Festschrauben der Schrau-benkopf und die Schraubenmutter in das Holz eindrücken würden, muss auf beiden Seiten eine quadratische oder runde Unterlegschei-be unterlegt werden.

Flachrundschrauben dienen vorwiegend zum Verbinden von Beschlagteilen mit Holz, meist zum Anschlagen von Türen und Toren (**Bild 1**). Sie werden auch als **Schlossschrauben** bezeichnet. Flachrundschrauben sind unter dem Schraubenkopf mit einem Vierkant versehen. Dieser verhindert beim Anziehen der Schraubenmutter das Mitdrehen der Schrauben.

Steinschrauben haben auf der einen Seite ein Gewinde und eine Schraubenmutter, auf der anderen Seite eine Kralle (Bild 1). Sie werden vor allem zum Verbinden von Schwellen mit Massivdecken verwendet, wobei die Kralle in die Decke einbetoniert wird.

Bild 1: Schraubenbolzen, Flachrund- und Steinschraube

12.2.4 Dübel besonderer Bauart und Stabdübel

Dübel sind Verbindungsmittel, die vorwiegend zum Anschluss von glatt anliegenden Stäben verwendet werden, z.B. von Kanthölzern aus Vollholz oder Brett- und Balkenschichtholz. Nach Eurocode 5 unterscheidet man Dübel besonderer Bauart und Stabdübel.

Dübel besonderer Bauart werden überwiegend auf Druck und Abscheren beansprucht. Die Beanspruchung von Stabdübeln erfolgt dagegen, wie bei Schraubenbolzen, vorwiegend auf Biegung.

Dübel besonderer Bauart

Bei Dübeln besonderer Bauart unterscheidet man nach DIN EN 912 die Ring- und Scheibendübel vom Typ A und Typ B und die Scheibendübel mit Zähnen und Dornen mit den Typenbezeichnungen C. Dübel vom Typ A und B liegen in Ausfräsungen der zu verbindenden Hölzer und werden deshalb herkömmlich auch als Einlassdübel bezeichnet. Scheibendübel mit Zähnen oder Dornen vom Typ C können ohne besondere Fräsarbeit in das Holz eingetrieben werden. Sie werden deshalb auch Einpressdübel genannt.

Bild 2: Einlassdübel

Ringdübel, Dübeltyp A1

Einlassdübel werden aus Aluminium-Gusslegierungen hergestellt. **Ringdübel** vom Typ A 1 haben eine linsenförmige Querschnittsfläche (**Bild 2**). **Scheibendübel** vom Typ B 1 werden nur einseitig ins Holz eingelassen. Sie haben einen umlaufenden Flansch und auf der gegenüberliegenden Fläche eine zylindrische Nabe (**Bild 3**).

Scheibendübel, Dübeltyp B1

Bild 3: Einseitiger Einlassdübel

Einpressdübel sind **Scheibendübel,** die meist aus kreisrunden (Typ C 1), seltener aus ovalen (Typ C 3 und C 4) oder quadratischen (Typ C 5) Stahlblechscheiben mit wechselseitig aufgebogenen dreieckigen Zähnen bestehen. Häufig werden auch Scheibendübel aus Tempergussringen mit Dornen (Typ C 10) verwendet (**Bild 4**).

Insbesondere für die Verbindung von Holz mit Stahlteilen sind **einseitige Scheibendübel** besonderer Bauart aus Stahl (Typ C 2) und Temperguss (Typ C 11) geeignet (**Bild 5**).

Scheibendübel mit Zähnen Dübeltyp C1 — Scheibendübel mit Dornen Dübeltyp C10

Bild 4: Einpressdübelarten

Stabdübel

Stabdübel sind nicht profilierte zylindrische Stahlstäbe mit einem Durchmesser von mindestens 6 mm und höchstens 30 mm, Vorzugsmaße sind 6, 8, 10, 12, 16, 20 und 24 mm. Sie sind an den Enden gefast, dürfen aber auch mit Kopf und Mutter oder beidseitig mit Muttern versehen sein (Passbolzen). Stabdübel werden im Holz mit dem Nenndurchmesser des Stabdübels vorgebohrt und in diese Löcher eingetrieben. Häufig werden sie zur Verbindung von Holz mit Stahlteilen eingesetzt.

Scheibendübel mit Dornen Dübeltyp C11

Bild 5: Einseitiger Einpressdübel

Bild 1: Nagelplatte

Bild 2: Stahlblechformteile

**Bild 3: Kraftschlüssige Dübelver-
bindung mit Spreizdübel**

Bild 4: Verankerungen

12.2.5 Nagelplatten

Nagelplatten eignen sich zur Herstellung von Dach- und Wandkonstruktionen sowie für Lehrgerüste in Fachwerkbauweise. Sie bestehen aus verzinktem oder korrosionsbeständigem Stahlblech von mindestens 1,0 mm Nenndicke. Diese Bleche besitzen nagel- oder dübelartige Ausstanzungen, sodass einseitig etwa rechtwinklig zur Plattenebene abgebogene Nägel entstehen **(Bild 1)**.

Die Brauchbarkeit der Nagelplatten muss durch eine bauaufsichtliche Zulassung nachgewiesen werden. In der Zulassung sind z.B. die Form der Nagelplatten und deren zulässige Belastungen sowie die Mindestdicken der Hölzer festgelegt.

12.2.6 Stahlbleche und Stahlblechformteile

Vollholz und Brettschichtholz dürfen nach Eurocode 5 mit korrosionsgeschützten Stahlblechen und Stahlblechformteilen durch Nagelung verbunden werden.

Ebene Stahlbleche

Ebene Bleche werden z.B. als Knotenbleche im konstruktiven Holzbau eingesetzt. Die Bleche werden in verschiedenen Größen ohne und mit vorgebohrten Löchern geliefert. Nach Eurocode 5 werden dicke und dünne Stahlbleche unterschieden. Als dünn gelten Stahlbleche, deren Dicke nicht größer ist als die Hälfte des Verbindungsmitteldurchmessers. Die Nagelung erfolgt mit Drahtstiften, Maschinenstiften oder Sondernägeln (Seite 385).

Stahlblechformteile

Stahlblechformteile sind kaltgeformte Stahlbleche, die mit Sondernägeln an Holzbauteile angenagelt werden. Die korrosionsgeschützten Stahlblechformteile haben eine Blechdicke zwischen 2 mm und 4 mm. Sie sind gelocht, damit sie einfach an Holzbauteilen angenagelt werden können. Entsprechend ihren unterschiedlichen Verwendungszwecken sind sie verschieden geformt. Häufig verwendete Stahlblechformteile sind Winkelverbinder, Balkenschuhe, Universalbeschläge und Sparrenpfettenanker **(Bild 2)**.

12.2.7 Verankerungselemente und Dübel

Holzkonstruktionen müssen an Bauwerken verankert und mit unterschiedlichen Baustoffen verbunden werden. Hierzu stehen geeignete Verankerungselemente, beispielsweise Bolzenanker, Schwerlastanker, Betonschrauben, Ankerschienen und verschiedene, dem Verankerungsgrund angepasste Dübelarten zur Verfügung.

Man unterscheidet bei Befestigungssystemen je nach Wirkungsweise der Verankerung folgende Verbindungen:

- Die **kraftschlüssige Verbindung**, bei der das Spreizteil des Dübels oder eine Ankerhülse gegen die Bohrlochwand gepresst wird und Spreizkräfte und Haftreibung erzeugt **(Bild 3)**.

- Die **formschlüssige Verbindung**, bei der sich das Verankerungselement dem Untergrund bzw. dem Bohrloch anpasst **(Bild 4)**.

- Die **stoffschlüssige Verbindung**, bei welcher der Anker durch Mörtel oder Kunstharz verbunden wird (Bild 4).

Ankerschienen aus verzinktem Stahl oder nichtrostendem Edelstahl bestehen aus einem C-Profil mit Kopfbolzenankern auf der Rückseite. Sie können mit der Profilöffnung an die Betonschalung genagelt und einbetoniert werden. Mit Hammerkopfschrauben, die beliebig in das C-Profil eingefädelt und dort durch eine Vierteldrehung und Anziehen der Mutter fixiert werden, entsteht eine formschlüssige Verbindung **(Bild 1)**. Mit Ankerschienen werden neben Holzkonstruktionen beispielsweise auch Fassadenelemente, Betonfertigteile und Versorgungsleitungen befestigt.

Betonschrauben mit Sechskant- oder mit Innenstern- oder Innensechskant-Kopfausbildung sind für die Befestigung von Holzkonstruktionen ebenfalls geeignet. Sie können ohne Dübel, nach Reinigung des Bohrloches, direkt in den Beton geschraubt werden (Bild 4, Seite 388).

Kunststoffdübel aus Nylon werden im Bauwesen vielfältig verwendet. Universaldübel bewirken eine Verankerung durch Spreizkräfte im zylindrischen Bohrloch sowie durch Formschluss mittels der Profilierung der Dübel und durch das Schraubengewinde. Neben den Universaldübeln gibt es solche für die Hohlraum-Montage sowie für sehr poröse Untergründe, z. B. Porenbeton. Für die Vorsteckmontage werden Dübel ohne Rand verwendet. Für die Durchsteckmontage nutzt man Dübel mit Rand, ebenso bei Untergründen mit Hohlräumen, damit die Dübel nach dem Einschlagen flächenbündig sind.

Bild 1: Pfettenverankerung mit Ankerschiene auf Beton

Bild 2: Kunststoffdübel

Aufgaben

1 Erläutern Sie die Sicherheitseinrichtungen bei Kreissägen.

2 Nennen Sie unterschiedliche Nagelarten und deren Verwendung.

3 Beschreiben Sie Unterscheidungsmerkmale von Holzschrauben.

4 Erklären Sie den Zweck von Unterlegscheiben bei Schraubenbolzen sowie des Vierkantansatzes bei Flachrundschrauben.

5 Beschreiben Sie tabellarisch Arten und Anwendung von Dübeln, Nagelplatten und Stahlblechformteilen im Holzbau.

6 Sie wollen ein kleines Gartenhaus für Kinder errichten.
   Erstellen Sie eine Liste der notwendigen Werkzeuge und Maschinen und legen Sie fest, welche verschiedenen Verbindungsmittel Sie benötigen. Begründen Sie Ihre Entscheidungen.

12.3 Holzverbindungen

Holzverbindungen haben die Aufgabe, zusammentreffende Bauschnitthölzer, z. B. Kanthölzer, unverschieblich miteinander zu verbinden. Nach Lage und Richtung der zu verbindenden Hölzer unterscheidet man Längsverbindungen und Eckverbindungen sowie Verbindungen an Abzweigungen und an Kreuzungen. Stahlblechformteile und Laschen aus gelochten Stahlblechen ersetzen häufig die zimmermannsmäßigen Holzverbindungen.

Verbindungen, die Kräfte von einer bestimmten Größe und Richtung, z. B. Druckkräfte, zu übertragen haben, bezeichnet man auch als Anschlüsse, die zu verbindenden Hölzer als Stäbe, z. B. als Druckstäbe. Spitzwinklig auftreffende Druckstäbe können mit einem Versatz angeschlossen werden. Weitere Holzverbindungen entstehen durch Anschlüsse von Hölzern mit Verbindungsmitteln.

senkrechter Zapfen

Blattstoß

Zapfenblatt

Bild 3: Längsverbindungen

Bild 1: **Längsverbindungen bei Gerberpfetten**

Bild 2: **Eckverbindungen**

Nach der Art der Verbindungsmittel nennt man diese Stabdübel- und Bolzenverbindungen, Dübelverbindungen und Nagelverbindungen. Im Holzbau verwendet man auch verklebte Bauteile. Da diese besondere Vorzüge haben, gewinnt die Bauholzverklebung zunehmend an Bedeutung.

12.3.1 Längsverbindungen

Man unterscheidet Längsverbindungen über Auflagern und Längsverbindungen neben Auflagern. Über Auflagern wendet man den senkrechten Zapfen, den Blattstoß und zum Teil auch noch das Zapfenblatt an (**Bild 3**, Seite 389). Zur Sicherung dieser Verbindungen können oben oder seitlich Bauklammern aus Flach- oder Rundstahl eingetrieben werden. Häufig werden Hölzer auch nur stumpf gestoßen und mit Bauklammern gesichert. Wirken jedoch an der Verbindungsstelle größere Zugkräfte, z. B. bei Pfetten im Dachstuhl, stößt man die beiden Hölzer über dem Auflager stumpf zusammen und verbindet sie durch seitlich angenagelte Brettstücke oder durch Lochplattenstreifen aus rostgeschütztem Stahl.

Pfetten können auch als **Gerber- oder Gelenkpfetten** ausgebildet werden. Bei diesen liegt der Längsstoß an einer rechnerisch bestimmten Stelle neben dem Auflager, an der keine Biegkräfte übertragen werden **(Bild 1)**. Dort verbindet man die Pfetten durch ein gerades oder ein schräges Blatt. Die eingehängte Pfette wird durch einen Schraubenbolzen gehalten, den man auch Gelenkbolzen nennt. Der Gelenkbolzen mit den Unterlegscheiben muss die Lasten aus der aufgehängten Pfette aufnehmen können.

Gerberpfetten mit aufliegendem Stoß sind nicht zweckmäßig, da die Gefahr besteht, dass die Pfetten am Blattrand einreißen. Beim aufgehängten Stoß besteht dagegen keine Einreißgefahr.

Für die Verbindung von Gerberpfetten verwendet man auch Stahlblechformteile, die man als **Gerberverbinder** bezeichnet. Diese werden an die stumpf gestoßenen Pfetten genagelt (Bild 1).

12.3.2 Eckverbindungen

Eckverbindungen werden nötig, wenn zwei Bauhölzer an einer Ecke rechtwinklig oder annähernd rechtwinklig in einer Ebene zusammentreffen. Gebräuchliche Eckverbindungen sind der Scherzapfen, das glatte Eckblatt und das Druckblatt **(Bild 2)**. Mit dem Scherzapfen oder mit dem glatten Eckblatt werden aufliegende oder auskragende Enden von Schwellen, Pfetten und Sparren verbunden. Zur Sicherung der Verbindungen können Nägel oder Schraubenbolzen verwendet werden. Das Druckblatt hat schräg ineinander greifende Flächen. Es eignet sich besonders zur Verbindung belasteter, voll aufliegender Schwellen.

12.3.3 Abzweigungen

Bei der Abzweigung wird ein recht- oder spitzwinklig auftreffendes Kantholz meist oberflächengleich mit einem anderen verbunden. Nach der herkömmlichen Holzbauweise verwendet man dazu hauptsächlich die Verzapfung, bei untergeordneten Konstruktionen auch das Blatt. Außerdem werden Kantholzträger mithilfe von Blechformteilen verbunden.

Bei **Verzapfungen** beträgt die Dicke des Zapfens ungefähr ein Drittel der Holzdicke. Zapfen haben meist eine Länge von 4 cm bis 5 cm. Das Zapfenloch wird etwa 1 cm tiefer ausgestemmt, damit die Druckkraft nicht über den Zapfenquerschnitt, sondern über den größeren Restquerschnitt abgetragen wird.

Bei der Verzapfung unterscheidet man den normalen, über die ganze Holzbreite reichenden Zapfen und den **abgesteckten Zapfen,** der für Verzapfungen an Holzenden angewendet wird **(Bild 1)**. Treffen bei einer Zapfenverbindung die Hölzer nicht rechtwinklig zusammen, z.B. bei Kopfbändern, muss der Zapfen rechtwinklig **abgestirnt** werden (Bild 1).

Bei der Verzapfung von Hölzern in Balken- und Sparrenlagen muss der Zapfen die gesamte Last aufnehmen. Günstiger ist es, solche Verbindungen unter Verwendung von **Balkenschuhen** aus rostgeschütztem Stahl herzustellen **(Bild 6)**. Diese werden mit Sondernägeln so befestigt, dass Verdrehungen verhindert werden. Außerdem wird der Balkenquerschnitt nicht durch Zapfenlöcher geschwächt.

normaler Zapfen

abgesteckter Zapfen

Abstirnung

Bild 1: Verzapfungen

12.3.4 Kreuzungen

Hölzer können sich oberflächengleich oder mit versetzter Oberfläche als aufliegende bzw. anliegende Hölzer kreuzen. Oberflächengleiche Kreuzungen können voll **überblattet** werden, sofern die Querschnittsschwächung keine Rolle spielt **(Bild 2)**. Aufliegend kreuzende Hölzer, z.B. Schwellen auf Balken, werden vorteilhafterweise mit 10 cm bis 12 cm langen **Dollen** aus Hartholz oder Stahl verbunden **(Bild 3)**.

Seitlich anliegende, zum Teil auch aufliegende Hölzer, bekommen einen festen Sitz, wenn sie **verkämmt** werden **(Bild 4)**. Dazu werden die Berührungsflächen beider Hölzer 1,5 cm bis 2 cm tief ausgeblattet. Die Verbindung ist unverschieblich und wird in der Regel durch einen Schraubenbolzen zusammengehalten.

Bei Kreuzungen von geneigten mit waagerechten Hölzern, wie sie hauptsächlich bei Sparren mit Pfetten vorkommen, erhalten die Sparren einen der Neigung entsprechenden Einschnitt, den man als **Kerve** (Kerbe, Sattel) bezeichnet **(Bild 5)**. Die Tiefe von Sparrenkerven beträgt bei normalen Sparrenhöhen von 16 cm bis 20 cm 2,5 cm bis 3,5 cm. Zur Befestigung dient ein Nagel, der mindestens 12 cm (Haftlänge) in die Pfette eindringen sollte oder ein Sparrenpfettenanker.

Bild 2: Überblattung

ø3 cm

Dollen
Schwelle
Deckenbalken

Bild 3: Verbindung mit Dollen

Bild 5: Sparrenkerve

Bild 6: Abzweigung mit Balkenschuh

Pfosten

Zange

Bild 4: Verkämmung

Bild 1: Stirnversatz

Bild 2: Fersenversatz

Bild 3: Doppelter Versatz

12.3.5 Versatz

Beim Versatz wird ein spitzwinklig auftreffender Druckstab durch eine oder mehrere Passflächen an seiner Stirnseite mit dem anderen Holz verbunden. Nach Zahl und Lage der Passflächen unterscheidet man den Stirnversatz, den Rück- bzw. Fersenversatz und den doppelten Versatz.

Beim **Stirnversatz** erhält der aufnehmende Stab eine keilförmige Ausklinkung, in die der Druckstab eingepasst wird **(Bild 1)**. Die Stirnfläche soll dabei in der Winkelhalbierenden des stumpfen Außenwinkels liegen. Die gleiche Richtung soll auch der Heftbolzen haben, der die Verbindung gegen seitliches Verschieben sichert. Zum Anreißen des Versatzes zieht man zu den beiden Schenkeln des zu halbierenden Winkels jeweils im gleichen Abstand eine Parallele. Die Verbindungslinie von deren Schnittpunkt mit dem Scheitel des stumpfen Winkels ist die Winkelhalbierende (Bild 1). Die Lage des Heftbolzens ergibt sich, wenn man den Abstand dieser Winkelhalbierenden vom Scheitel des spitzen Anschlusswinkels in drei gleiche Teile teilt. Den Heftbolzen legt man etwa durch den zweiten Drittelpunkt parallel zur Winkelhalbierenden (Bild 1).

Durch die eingeleitete Druckkraft wird das vor der Versatzfläche liegende **Vorholz** auf **Abscheren** beansprucht (Bild 1). Da die Festigkeit bei Beanspruchung auf Abscheren in Faserrichtung nur etwa ein Zehntel der Druckfestigkeit beträgt, muss die Vorholzlänge (Scherfläche) entsprechend groß sein. Da außerdem mit der Bildung von Trockenrissen gerechnet werden muss, sollte die Vorholzlänge nur in Ausnahmefällen 20 cm unterschreiten.

Beim **Rück-** oder **Fersenversatz** wird die Versatzfläche rechtwinklig zur Unterfläche des Druckstabs angeschnitten **(Bild 2)**. Da beim Fersenversatz wegen des außermittigen Anschlusses für den Druckstab Spaltgefahr besteht, darf dieser mit der freien Schnittfläche nicht aufsitzen, sondern muss eine Fuge aufweisen.

Der **doppelte Versatz** setzt sich in der Regel aus einem Stirn- und einem Fersenversatz zusammen **(Bild 3)**. Die Richtung der Versatzflächen ist die gleiche wie beim jeweiligen Einzelversatz. Der Fersenversatz muss aber mindestens 1 cm tiefer eingelassen werden, damit dessen Scherfläche unter der des Stirnversatzes liegt. Der Heftbolzen läuft parallel zur Versatzstirne etwa in der Mitte zwischen der Winkelhalbierenden und dem Scheitel des spitzen Anschlusswinkels.

Die **Tiefe von Versatzeinschnitten** t_v ist nach der Bemessungsnorm beschränkt. Maßgebend dafür sind der Anschlusswinkel α und die Höhe h des ausgeklinkten Stabes **(Tabelle 1)**.

Tabelle 1: Versatztiefen nach DIN EN 1995, Eurocode 5

Anschluss			
	$\alpha \leq 50°$	$\alpha > 60°$	beidseitig
Versatztiefe t_v	$t_v \leq {}^h/_4$	$t_v \leq {}^h/_6$	$t_v \leq {}^h/_6$

12.3.6 Stabdübel- und Bolzenverbindungen

Bei den Stabdübel- und Bolzenverbindungen werden Hölzer, die mit ihren Seitenflächen aneinander liegen, durch zylindrische Verbindungsmittel aus Stahl, wie z.B. Stabdübel, Passbolzen und Schraubenbolzen, verbunden (Seiten 386 und 387). Diese Stabdübel und Bolzen müssen dabei verhindern, dass sich die Hölzer in der Verbindungsfläche, die man auch als Scherfläche bezeichnet, verschieben können. Dabei wirken die Kräfte rechtwinklig zur Stabdübel- oder Bolzenachse und beanspruchen die Stabdübel und Bolzen auf Biegung. Bei den angeschlossenen Hölzern werden die Kräfte auf die Bohrlochwandungen übertragen.

Die Anzahl der an einer Verbindungsstelle anzuordnenden Stabdübel und Bolzen hängt von der Größe der zu übertragenden Kraft ab. Dabei müssen jedoch in der Regel mindestens zwei dieser Verbindungsmittel vorhanden sein **(Bild 1)**.

An einer Verbindungsstelle können mehrere Scherflächen nebeneinander liegen. Nach der Zahl der Scherflächen, die jeweils durch die gleichen Verbindungsmittel verbunden werden, unterscheidet man einschnittige, zweischnittige und mehrschnittige Stabdübel- und Bolzenverbindungen **(Bild 2)**. Nach Eurocode 5 müssen einschnittige tragende Stabdübelverbindungen mit mindestens vier Stabdübeln hergestellt werden.

Für Bolzenverbindungen verwendet man hauptsächlich Schraubenbolzen aus Stahl mit genormten Durchmessern von 12 mm, 16 mm, 20 mm, 22 mm und 24 mm. Damit sich Kopf und Mutter der Schraubenbolzen nicht in das Holz eindrücken können, müssen tragfähige Stahlscheiben unterlegt werden. Die Vorzugsmaße dieser Unterlegscheiben sind für die verschiedenen Bolzendurchmesser angegeben **(Tabelle 1)**.

Bild 1: Stabdübelverbindung

Bild 2: Bolzenverbindungen

Tabelle 1: Vorzugsmaße für Unterlegscheiben für tragende Bolzenverbindungen in mm

Bolzendurchmesser	M 12	M 16	M 20	M 22	M 24
Dicke der Scheibe	6	6	8	8	8
Außendurchmesser der Scheibe	58	68	80	92	105
Innendurchmesser der Scheibe	14	18	22	25	27

Um das Aufspalten der zu verbindenden Hölzer durch Stabdübel oder Bolzen zu verhindern, müssen diese Verbindungsmittel festgelegte **Mindestabstände** haben. Diese gelten untereinander, vom beanspruchten und vom unbeanspruchten Rand bzw. Stabende (Hirnholzende). Die Mindestabstände sind abhängig von der Kraftrichtung, von der Faserrichtung des Holzes und vom Stabdübeldurchmesser bzw. vom Bolzendurchmesser d **(Bild 3)**. Wegen der Spaltgefahr des Holzes bei mehreren hintereinander angeordneten Stabdübeln wird bei der Bemessung außerdem die tatsächliche Anzahl auf die wirksame Anzahl abgemindert.

Für tragende Schraubenbolzen sind teilweise untereinander und vom Hirnholzende größere Abstände einzuhalten als für Stabdübel und Passbolzen **(Bild 4)**.

Bild 3: Mindestabstände bei Stabdübeln und Passbolzen

Bild 4: Mindestabstände bei tragenden Bolzen

**Bild 1: Schlupf bei Bolzen-
verbindungen**

**Bild 2: Holzverbindung mit Dübel
und Bolzen**

**Bild 3: Dübelverbindung an
Rahmenecke**

**Tabelle 1: Maße bei Dübel-
verbindungen**

Außen-durch-messer d_c in mm	Bolzen-durch-messer d_b in mm	Dübelab-stand/Vor-holzlänge $a_{\parallel}$ in mm
50	10 bis 16	≥ 75
62	10 bis 20	≥ 93
75	10 bis 24	≥ 113
95	10 bis 30	≥ 143
117	10 bis 30	≥ 190
140	10 bis 30	≥ 210
165	10 bis 30	≥ 248
Werte für runde Einpressdübel, Dübeltyp C1		

Die Löcher für Stabdübel und Bolzen werden rechtwinklig zur Scher-fläche vorgebohrt. Man verwendet dazu Aufsatzbohrmaschinen mit Parallelführung. Für Stabdübel sind die Löcher in Holz und beim gleichzeitigen Bohren von Hölzern und Stahlteilen entsprechend dem Stabdübeldurchmesser zu bohren.

Auch Löcher für Bolzen müssen gut passend gebohrt werden, ein Spiel von 1 mm darf nicht überschritten werden. Bei Bolzenverbin-dungen wirkt es sich ungünstig aus, wenn der Bolzen im Bohrloch etwas Spiel hat. Ebenfalls ungünstig ist es, dass durch das Schwin-den der Hölzer die Klemmwirkung der Bolzen nachläßt. Dadurch ent-steht in der Scherfläche ein Schlupf, der bewirkt, dass die Bolzen-schäfte nur noch auf die Randzonen der Bohrlochwände drücken **(Bild 1)**. Wegen der damit verbundenen Nachgiebigkeit dürfen Bol-zenverbindungen nicht uneingeschränkt verwendet werden. Für ein-fache Bauten, wie Schuppen und Unterstellräume, sowie für Gerüste sind sie jedoch geeignet. Allerdings müssen die Bolzen im fertigen Bauwerk mehrmals nachgezogen werden.

12.3.7 Dübelverbindungen

Dübel sind Verbindungsmittel aus Metall, die man zusammen mit Schraubenbolzen vorwiegend zum Anschluss glatt anliegender Höl-zer verwendet **(Bild 2)**. Die Kraftübertragung erfolgt durch die Dübel, während die Schraubenbolzen durch ihre Klemmwirkung verhindern müssen, dass die Dübel verkanten können. Bei Scheibendübeln mit Zähnen oder Dornen beteiligen sich auch die Bolzen an der Tragwir-kung. Laschen aus Flach- oder Profilstahl werden ebenfalls mithilfe von Dübeln an Holzstäbe angeschlossen. Dazu werden einseitige Dübel verwendet. Dübel gibt es in verschiedenen Formen und Arten (Seite 386).

Bei der Herstellung von Dübelverbindungen mit Einpressdübeln wer-den zuerst die Bolzenlöcher durch die zu verbindenden Hölzer ge-bohrt. Danach legt man die Hölzer wieder auseinander und fräst wenn nötig das Bett für die Grundplatte ein. Je nach Bauart und Grö-ße treibt man dann die Dübel in eines der zu verbindenden Hölzer mit Hilfe eines Schlagaufsatzes ganz oder teilweise ein. Zum endgültigen Zusammenpressen der fluchtgerecht angelegten Verbindung ver-wendet man besondere Spannbolzen mit großen Unterlagsplatten. Verbindungen mit mehreren oder mit großen Einpressdübeln wer-den mit hydraulischen Pressen zusammengedrückt. Bei Verbindun-gen mit einer größeren Anzahl von Dübeln, was z.B. bei Rahmen-ecken aus Brettschichtholz vorkommt, verwendet man vorteilhafter ringförmige Einlassdübel, da bei Einpressdübeln der Pressdruck zu groß würde **(Bild 3)**.

Bei der **Anordnung der Dübel** müssen bestimmte Abstände der Dü-bel untereinander und von den Holzrändern (Vorholz) eingehalten werden. Diese **Mindestabstände** nach Eurocode 5 sind von der Dü-belart und dem Dübeldurchmesser sowie von der Faser- und Kraft-richtung abhängig **(Tabelle 1)**.

Zu jedem Dübel gehört in der Regel ein **Schraubenbolzen,** dessen Durchmesser abhängig von der Dübelgröße gewählt werden kann (Tabelle 1). Unter Kopf und Mutter der Schraubenbolzen sind **Unter-legscheiben** anzuordnen. Der Durchmesser bzw. die Seitenlänge der Unterlegscheibe muss mindestens das Dreifache, die Unterlegschei-bendicke drei Zehntel des Bolzendurchmessers betragen.

Beim Anziehen der Schraubenbolzen von Düberverbindungen sollten sich die Unterlegscheiben etwa 1 mm tief in das Holz eindrücken. Die Schraubenbolzen müssen in der Regel einige Monate nach dem Einbau nachgezogen werden, damit ihre Klemmwirkung auch nach dem Schwinden der Hölzer voll erhalten bleibt. Auf das Nachziehen der Bolzen darf verzichtet werden, wenn die Holzfeuchte beim Einbau nicht mehr als 5 % über der zu erwartenden Holzausgleichsfeuchte liegt.

Die Schraubenbolzen von Dübelverbindungen werden durch den Dübelmittelpunkt geführt. Werden mehrere Dübel mit einem Durchmesser von mindestens 130 mm hintereinander angeordnet, so sind an den Enden der Hölzer zusätzliche Klemmbolzen erforderlich.

Je nach der Größe der an der Verbindungsstelle wirkenden Kraft können kleinere oder größere Dübel eingebaut werden. Die gebräuchlichsten Dübel haben einen Durchmesser zwischen 50 mm und 165 mm. In Zeichnungen wird die Dübelgröße durch Symbole gekennzeichnet **(Tabelle 1).**

Tabelle 1: Zeichensymbole für Dübel besonderer Bauart	
Symbol	Dübelnennmaß
	⌀ 40 mm bis 55 mm
	⌀ 56 mm bis 70 mm
	⌀ 71 mm bis 85 mm
	⌀ 86 mm bis 100 mm
	Nennmaße > 100 mm

12.3.8 Tragende Nagelverbindungen

Im Allgemeinen sind bei Nagelverbindungen mindestens zwei Nägel erforderlich. Die Befestigung von Schalungen, Latten und Windrispen sowie von Sparren, Pfetten und dergleichen ist mit einem Nagel zulässig, wenn die Bauteile mit insgesamt mindestens zwei Nägeln angeschlossen sind. Nagelverbindungen werden einschnittig und zweischnittig ausgeführt. Dabei richtet sich die Nagelgröße nach der Holzdicke und nach der Einschlagtiefe. Bei der Anordnung der Nägel müssen bestimmte Abstände eingehalten werden.

Bei tragenden Nagelverbindungen sollten die Löcher ab einer Rohdichte des Holzes von 500 kg/m³ oder einem Nageldurchmesser größer 6 mm gemäß Eurocode 5 vorgebohrt werden. Das Bohrloch muss dabei etwa ein Fünftel kleiner sein als der Durchmesser des Nagelschafts. Weil die Hölzer durch die Vorbohrung nicht so leicht aufspalten können, dürfen die Nägel näher beieinander liegen. Die Tragkraft der Nägel kann außerdem erhöht und die Holzdicke verringert werden.

Einschnittige Nagelverbindungen kommen hauptsächlich vor, wenn Druck- oder Zugstäbe aus Brettern oder Bohlen an Kanthölzer angeschlossen werden müssen **(Bild 1).** Die Nägel dringen dabei nur durch eine Anschlussfuge. Sie werden dort quer zum Schaft beansprucht und können sich bei zu großer Krafteinwirkung verbiegen. Da in der Verbindungsfuge im Nagelschaft außerdem Scherspannungen auftreten, bezeichnet man dessen Querschnittsfläche als Scherfläche. Bedingt durch die paarweise Anordnung der Stäbe, liegen sich an Kantholzgurten häufig zwei einschnittige Nagelverbindungen gegenüber.

Zweischnittige Nagelverbindungen werden insbesondere verwendet, wenn Konstruktionen ganz oder überwiegend aus Brettern oder Bohlen hergestellt werden. Dabei verbinden die Nägel drei aneinander liegende Hölzer **(Bild 2).** Die Nagelschäfte haben zwei Scherflächen, weil sie in beiden Verbindungsfugen durch gleichgerichtete Kräfte beansprucht werden. Deshalb ist die Tragfähigkeit eines zweischnittig beanspruchten Nagels doppelt so groß wie die eines einschnittigen. Damit zweischnittige Nagelverbindungen nicht auseinandergedrückt werden können, treibt man die Hälfte der Nägel von der Vorderseite, die andere von der Rückseite aus ein.

Bild 1: Einschnittige Nagelverbindung

● Nägel vorne
○ Nägel hinten

Bild 2: Zweischnittige Nagelverbindung

Bild 1: Holzdicken und Einschlagtiefe

Bild 2: Nageleinschlagtiefe bei Beanspruchung auf Herausziehen

Bild 3: Mindestabstände nicht vorgebohrter Nägel

12.3.8.1 Mindestholzdicken und Einschlagtiefen

Da Holz beim Einschlagen von Nägeln aufspalten kann und Bretter von Nagelverbindungen auf Lochleibungsfestigkeit beansprucht werden, müssen **Mindestholzdicken** eingehalten werden **(Bild 1)**. Diese sind vom Nageldurchmesser d abhängig. Die Holzdicke von Nadelholzbauteilen muss bei Nagelverbindungen ohne Vorbohrung mit Nägeln mit rundem Querschnitt mindestens 9 d betragen. Bei Nagelverbindungen mit vorgebohrten Nagellöchern sind jedoch geringere Brettdicken zulässig, da die Spaltgefahr geringer ist. Gleiches gilt für Kiefernholz sowie für andere Nadelholzarten, wenn ausreichend große Nagelabstände zum Rand rechtwinklig zur Faser eingehalten werden.

Die Entfernung der Nagelspitze von der nächstliegenden Scherfläche bezeichnet man als **Eindringtiefe t_{pen}** (Bild 1). Sie richtet sich ebenfalls nach dem Nageldurchmesser d. Bei zweischnittigen Verbindungen ist für den Nachweis der Tragfähigkeit der kleinere Wert aus Seitenholzdicke und Einschlagtiefe maßgebend. Bei Einschlagtiefen unter 4 d darf die der Nagelspitze nächstliegende Scherfuge nicht in Rechnung gestellt werden. Nägel, die von beiden Seiten in nicht vorgebohrte Nagellöcher eingeschlagen sind, dürfen sich im Mittelholz übergreifen, wenn der Abstand von der Nagelspitze zur Scherfläche noch mindestens 4 d beträgt (Bild 1).

Bei **Beanspruchung auf Herausziehen** sollte die wirksame **Nageleindringtiefe t_{pen}** mindestens 12 d betragen. Für bestimmte Sondernägel reicht jedoch, wegen der durch die Profilierung bewirkten größeren Haftkraft, eine Einschlagtiefe von 8 d aus. Dies gilt für Nagelung rechtwinklig zur Faserrichtung des Holzes und für Schrägnagelung **(Bild 2)**. Parallel zur Faserrichtung des Holzes eingeschlagene Nägel dürfen nicht zur Kraftübertragung herangezogen werden.

12.3.8.2 Mindestnagelabstände

Zur gleichmäßigen Anordnung von mehreren Nägeln auf der Verbindungsfläche können **Nagelrisslinien** dienen **(Bild 3)**. Damit nicht zwei hintereinander liegende Nägel in der gleichen Faser sitzen, kann man sie an den Kreuzungspunkten der Nagelrisslinien in beiden Richtungen um die halbe Nageldicke versetzen.

Die **Mindestabstände,** die bei der Anordnung der Nägel eingehalten werden müssen, hängen von der Rohdichte des Holzes ab. Außerdem sind der Faserverlauf des Holzes und die Kraftrichtung zu berücksichtigen. Weiterhin muss beachtet werden, ob Hirnholzenden bzw. Holzränder durch die an der Verbindungsstelle wirkende Kraft beansprucht oder unbeansprucht sind. Da bei beanspruchten Rändern und Stabenden die Gefahr des Aufreißens besteht, sind größere Mindestabstände einzuhalten (Bild 3).

12.3.8.3 Herstellung von Nagelverbindungen

Bei der Herstellung von Nagelverbindungen sollen die Nägel rechtwinklig zur Holzfaserrichtung eingetrieben werden. Der Nagelkopf muss mit der Holzoberfläche bündig abschließen und wird nicht versenkt, damit die Holzfasern nicht beschädigt werden. Aus dem gleichen Grund dürfen vorstehende Nagelspitzen nur auf besondere Anordnung umgeschlagen werden. Dies erfolgt immer rechtwinklig zur Faser. Bei Schrägnagelung muss der Abstand zum beanspruchten Rand mindestens 10 d betragen (Bild 2).

12.3.8.4 Nagelverbindungen mit Stahlblechen

Bei Nagelverbindungen mit Stahlblechen unterscheidet man im Wesentlichen drei Arten, nämlich Verbindungen mit außen liegenden oder mit eingeschlitzten Blechen mit mindestens 2 mm Dicke sowie Verbindungen mit eingeschlitzten Blechen mit weniger als 2 mm Dicke.

Außen liegende Bleche sind in der Regel vorgelocht (**Bild 1**). Sie werden über die stumpf aneinander stoßenden Hölzer mit einer entsprechenden Zahl von Drahtstiften oder Sondernägeln genagelt. Bei **eingeschlitzten Blechen mit einer Mindestdicke von 2 mm** müssen die Löcher für die Nägel gleichzeitig durch die Holz- und Blechteile vorgebohrt werden. Der Bohrlochdurchmesser entspricht dabei dem Schaftdurchmesser der Nägel. **Eingeschlitzte Bleche mit weniger als 2 mm Dicke,** von denen häufig mehrere an einer Anschlussstelle liegen, können ohne Vorbohren durchgenagelt werden (**Bild 2**). Solche Verbindungen dürfen jedoch nur mithilfe besonders entwickelter Schlitzgeräte und aufgrund einer amtlichen Zulassung hergestellt werden, wie das z. B. bei der Greim-Bauweise der Fall ist.

12.3.9 Nagelplattenverbindungen

Nagelplatten werden für die rationelle Herstellung von Holzfachwerkbindern aus einteiligen Holzquerschnitten eingesetzt (**Bild 3**). Dazu werden Holzstäbe gleicher Dicke zugeschnitten, imprägniert und passgenau zusammengefügt. Die Holzfeuchte der Stäbe darf hierbei in der Regel 20 % nicht überschreiten und der Dickenunterschied nicht mehr als 1 mm betragen. Außerdem dürfen die Stäbe keine Baumkante aufweisen.

Nagelplatten sind stets beidseitig symmetrisch anzuordnen und mittels geeigneter Pressen so einzupressen, dass die Nägel auf ihrer gesamten Länge im Holz sitzen. Das Einschlagen von Nagelplatten mit dem Hammer oder dergleichen ist unzulässig.

Die Verbindung mit Nagelplatten ergibt an den Knotenpunkten zug-, druck- und schubfeste Anschlüsse bzw. Stöße ohne Schwächung des tragenden Holzquerschnitts.

Nagelplattenbinder werden von Lizenzbetrieben industriell hergestellt, fertig auf die Baustelle geliefert und dort montiert. Wegen ihrer wirtschaftlichen Herstellung haben sie die Nagelbrettbinder weitgehend ersetzt.

Bild 1: Verbindung mit gelochten Stahlblechen

Bild 2: Nagelverbindung mit eingeschlitzten Stahlblechen (Greim)

Bild 3: Nagelplattenverbindung

Aufgaben

1 Erklären Sie, für welche Verbindungen Verzapfungen verwendet werden und wie Sparren-Pfetten-Kreuzungen ausgeführt werden.

2 Beschreiben Sie die Versatzarten und begründen Sie die konstruktive Ausbildung.

3 Bestimmen Sie die Versatztiefen für eine Strebe, die an ein 18 cm hohes Kantholz unter einem Winkel von 45° mit einem doppelten Versatz angeschlossen wird.

4 Ein Kantholz wird mit sechs Stabdübeln mit 12 mm Durchmesser rechtwinklig an zwei Bohlen (Zangen) angeschlossen. Skizzieren Sie die Holzverbindung in der Ansicht. Tragen Sie die Mindestabstände der Stabdübel sowie die sich daraus ergebenden Mindestbreiten der Hölzer in die Skizze ein.

5 Beschreiben Sie, welche Beanspruchungen bei Holzverbindungen mit stabförmigen Verbindungsmitteln, z. B. Passbolzen, auftreten.

6 Begründen Sie das Nachziehen der Schraubenbolzen bei Verbindungen mit Dübeln besonderer Bauart.

7 Ermitteln Sie die Nageleinschlagtiefe, die bei einem Sparrennagel 7 x 220 erforderlich ist.

8 Erklären Sie die Aufgabe von Nagelrisslinien.

9 Erläutern Sie die Herstellung von Bindern mit Nagelplatten.

10 Wählen Sie geeignete Holzverbindungen für das Tragwerk eines Holzsteges (bzw. Dachbinders) und begründen Sie die Auswahl.

Bild 1: Dachtragwerk aus Brett-schichtholzbinder

Bild 2: Kohäsion und Adhäsion beim Verkleben

Diagram labels: Pressdruck, Kohäsion, Werkstoff, Adhäsion, Kohäsion, Klebstoff, Adhäsion, Kohäsion, Werkstoff, Pressdruck

Eigenschaften von Polyvinyl-acetat-Leimen (PVAC-Leimen)	
Vorteile	Nachteile
• leicht und ohne Gesundheits-gefahren zu verarbeiten	• Berührung mit Eisenwerkstoffen bewirkt Holz-verfärbungen
• schimmelfest	• hitzeempfindlich
• lang lagerfähig	• frostempfindlich
• elastische Ver-bindung mit heller Fuge	• nur wenig feuchtebeständig

12.4 Bauholzverklebung

Durch Verkleben bzw. Verleimen können tragende Bauteile aus Holz, z. B. Träger und Stützen, in verschiedenen Arten und Formen sowie mit großen Querschnittsmaßen und Längen hergestellt werden. Brettschichtholz spielt hierbei wegen seiner vielseitigen Verwendbarkeit eine besondere Rolle **(Bild 1)**. Außerdem werden Stegträger und Fachwerkträger sowie Wand- und Flachdachelemente zum Bau vorgefertigter Häuser verklebt.

12.4.1 Klebstoffe

Klebstoffe sind Stoffe, mit denen man andere feste Werkstoffe ohne Veränderung ihres Gefüges miteinander verbinden kann. Das Verkleben beruht auf **Adhäsionskräften,** die zwischen der Oberfläche der zu verklebenden Werkstoffteile und der Oberfläche des Klebstofffilms auftreten. Außerdem werden innerhalb des Klebstofffilms beim Erhärten **Kohäsionskräfte** wirksam **(Bild 2)**. Durch mechanische Verankerung des Klebstoffes, z. B. in den Holzporen, kann sich die Fugenfestigkeit erhöhen. Damit der Klebstoff die Oberflächen der zu verklebenden Werkstoffe **benetzen** kann, muss der Klebstoff beim Verkleben flüssig sein. Das Festwerden des Klebstoffes nennt man **Abbinden** bzw. **Aushärten**. Dazu sind meist hoher Druck und häufig Wärme notwendig.

Klebstoffe werden nach verschiedenen Gesichtspunkten unterschieden, z. B. nach der chemischen Zusammensetzung, der Verarbeitungsweise oder der Erhärtung. In der Praxis ist eine Unterteilung der Klebstoffe in Leime und Kleber üblich. Als **Leime** werden in Wasser gelöste oder dispergierte Klebstoffe bezeichnet. **Kleber** enthalten meist organische Lösungsmittel.

Klebstoffe aus natürlichen Rohstoffen, z. B. Glutin- und Kaseinleime, sind im Bauwesen ohne Bedeutung. Stattdessen werden künstlich hergestellte Klebstoffe verwendet. Diese synthetischen Klebstoffe teilt man hauptsächlich in thermoplastische Klebstoffe und duroplastische Klebstoffe sowie in Kleber ein.

12.4.1.1 Thermoplastische Klebstoffe

Thermoplastische Klebstoffe werden hergestellt, indem man thermoplastische Kunststoffe, z. B. Polyvinylacetat, in feinster Form in Wasser (Dispersionsmittel) verteilt (Seite 22). **Polyvinylacetatleime** nennt man deshalb auch **Dispersionsklebstoffe**. Wegen ihres milchigen Aussehens werden sie auch als **Weißleime** bezeichnet.

Das Erhärten der Dispersionsklebstoffe ist ein physikalischer Vorgang, bei dem das Wasser von den zu verklebenden Werkstoffen aufgenommen wird. Die Verleimtemperatur darf hierbei etwa 8 °C nicht unterschreiten, da sonst die Fuge weiß wird und der Klebstoff seine Klebekraft verliert (Weißpunkt). Damit Holz das im Klebstoff enthaltene Wasser aufnehmen kann, sollte die Holzfeuchte nicht mehr als 12 % bis 15 % betragen. Wärme beschleunigt die Wasserverdunstung und damit das Abbinden. Der Klebstoff bleibt thermoplastisch, er wird beim Erhitzen wieder weich, aber nicht mehr flüssig. Durch Einwirken von Wasser lassen sich Dispersionsklebstoffe zwar nicht mehr lösen, aber anquellen. Deshalb werden diese gebrauchsfertig gelieferten Klebstoffe vorwiegend als Montageleime im Innenausbau verwendet.

12.4.1.2 Duroplastische Klebstoffe

Aus den Rohstoffen Phenol, Harnstoff, Melamin oder Resorcin, die jeweils mit Formaldehyd eine chemische Verbindung eingehen, werden duroplastische Klebstoffe hergestellt. Der Klebstoff wird dann beispielsweise als **Phenol-Formaldehyd-Harzleim** bezeichnet. Bei der Herstellung der duroplastischen Kunstharze wird der chemische Vorgang der Kondensation unterbrochen. Durch Zugabe eines Härters oder durch Wärme wird diese chemische Reaktion wieder in Gang gebracht und bis zur vollständigen Aushärtung fortgesetzt. Duroplastische Klebstoffe werden auch als **Kondensationsleime** bezeichnet.

Härter sind Säuren oder Salze, die entweder im Klebstoff bereits enthalten sind oder als Härterpulver bzw. Härterlösung dem Klebstoff vor dem Auftragen beigemischt werden (Untermischverfahren). Sie können aber auch vor dem Verkleben auf einen der zu verklebenden Werkstoffteile aufgestrichen werden, während der Klebstoff auf die andere Fläche aufgetragen wird (Vorstrichverfahren).

Da die Kondensation dieser Klebstoffe auch bei normaler Raumtemperatur und ohne Härter langsam weiter läuft, sind diese Leime zeitlich nur begrenzt lagerfähig. Sie sind teilweise auch für wetterfeste Verklebungen geeignet und werden besonders für die Herstellung von Holzwerkstoffen und im Holzleimbau verwendet **(Tabelle 1)**.

12.4.1.3 Kleber

Kleber können aus duroplastischen Kunstharzen aufgebaut sein wie die **Epoxidharz**-Klebstoffe und die **Polyurethan**-Klebstoffe (Isocyanat-Klebstoffe) oder aus thermoplastischen Kunstharzen wie beispielsweise die **Polychloropren**-Klebstoffe.

Kleber aus **duroplastischen Kunstharzen** erhärten durch chemische Reaktionen (Polyaddition) und ergeben hochfeste Klebungen.

Die **thermoplastischen Kleber** sind in der Regel **Kontaktkleber**. Diese sind bei der Verarbeitung auf beiden Seiten der zu verklebenden Werkstoffe aufzutragen. Danach muss der Kleber ablüften, d.h., das sehr flüchtige Lösungsmittel muss verdunsten. Erst wenn sich der Kleberauftrag trocken anfühlt, werden die Werkstoffteile unter kurzem starkem Pressdruck zusammengefügt und verklebt. Deshalb können mit Kontaktkleber auch nicht saugfähige Werkstoffe wie Metalle oder Kunststoffe geklebt werden.

Kleber, die ohne Härter verarbeitet werden, bezeichnet man als **Einkomponentenkleber,** solche mit einem Härterzusatz als **Zweikomponentenkleber**. Durch den Härter erhalten die Verklebungen eine erhöhte Anfangshaftung und Wärmebeständigkeit, außerdem sind sie widerstandsfähiger gegen Feuchtigkeit.

Kleber werden nicht nur im Holzbau, sondern auch für das Befestigen von Fliesen, Bodenbelägen sowie im Leichtmetallbau häufig eingesetzt.

Beim Verwenden von Klebstoffen sind die Verarbeitungsvorschriften der Herstellerfirmen und das Sicherheitsdatenblatt genau zu beachten, da viele Klebstoffe gesundheitsschädigende oder leicht entzündliche Bestandteile enthalten **(Bild 1)**. Außerdem ist eine sachgerechte Entsorgung der Klebstoffreste sicherzustellen.

Tabelle 1: Verwendung von Kondensationsklebstoffen und Klebern	
Kunstharz	Verwendung
Phenol	Sperrholz, Spanplatten Faserplatten, Mehrschichtplatten
Harnstoff	Sperrholz, Furnierschichtholz, Spanplatten, Faserplatten und Brettschichtholz für Innenräume
Melamin	Spanplatten, Mehrschichtplatten, feuchtebeständiges Brettschichtholz
Resorcin	Bausperrholz, Brettschichtholz, das hoher Feuchte und chemischen Angriffen ausgesetzt ist
Epoxid	Holz-Stahl-Verbindungen, für dicke Fugen, z.B. bei Holzsanierungen
Polyurethan	Spanstreifenholz, Spanplatten P 5 und P 7, Brettschichtholz
Polychloropren	Holz-Kunststoffverklebungen

Schutzmaßnahmen im Umgang mit duroplatischen Leimen sowie mit Klebern:

- Augen und Haut vor Kontakt mit Klebstoffen schützen
- Ausreichend Belüftung sicherstellen oder Atemschutz verwenden
- Gefäße getrennt lagern und nicht offen stehen lassen
- Zündquellen fernhalten
- Während der Arbeit nicht essen, trinken oder rauchen

| Ätzwirkung | Flamme | Gesundheitsgefahr |

Bild 1: Gefahrensymbole auf Klebstoffgebinden

Bild 1: Rechte und linke Brettseiten bei Brettschichtholz

rechte Seite
linke Seite
rechte Seite
linke Seite
linke Seite
rechte Seite

15 mm bis 20 mm

Bild 2: Keilzinkung

Bild 3: Brettschichtholz-Bogenbinder

12.4.2 Brettschichtholz

Brettschichtholz besteht aus mindestens drei Nadelholzbrettern, zumeist Fichtenholz, deren Breitflächen so miteinander verklebt sind, dass jeweils eine linke und eine rechte Seitenfläche aneinander liegen. Das Brett, dessen linke Seite bei dieser Abfolge außen liegen würde, muss jedoch bei Verwendung in Nutzungsklasse 3 gewendet werden, da dort zur Verringerung der Rissbildung nur rechte Brettflächen liegen dürfen (**Bild 1**). Die Dicke der einzelnen gehobelten Bretter, die man auch als **Lamellen** bezeichnet, liegt in der Regel bei 33 mm, höchstens jedoch bei 45 mm. Zur Herstellung dieser Lamellen werden meist regelmäßig gewachsene Brettabschnitte mittels verklebter Keilzinkung zusammengefügt (**Bild 2**).

Um das Arbeiten, vor allem aber das Schwinden bei Brettschichtholz gering zu halten, müssen die zu verklebenden Bretter eine Holzfeuchte haben, die der relativen Luftfeuchtigkeit am Einbauort entspricht (Seite 113). Außerdem härten Holzleime besser aus, wenn das Holz beim Verkleben eine geringe Holzfeuchte aufweist. Deshalb dürfen für konstruktive Leimverbindungen nur Hölzer mit höchstens 15 % Feuchte verwendet werden. Zur Erzielung dieser Feuchtigkeitsgehalte ist die künstliche Holztrocknung unerlässlich. Beim Transport, bei der Lagerung und bei der Montage ist sicherzustellen, dass sich die Feuchte von Bauteilen aus Brettschichtholz durch länger einwirkende Einflüsse aus Bodenfeuchte, Niederschlägen sowie infolge Austrocknung nicht unzuträglich verändert.

Brettschichtholz wird in Breiten bis 30 cm und Querschnittshöhen von bis zu 2 m hergestellt. Die Bauteillängen können bis 60 m betragen, wobei neben den technischen Möglichkeiten auch die Transportfrage eine Rolle spielt. Stützweiten von mehr als 100 m sind durch Anordnung von Montagestößen möglich. Deshalb ist Brettschichtholz bei vielen weit gespannten Bauwerken, wie z. B. bei Industriebauten, Hallenbädern, Sporthallen, Kirchen und Brücken, einsetzbar. Da sich die einzelnen Brettlamellen beim Pressen biegen lassen, können aus Brettschichtholz auch gekrümmte Bauteile, sogenannte Bogenbinder, hergestellt werden (**Bild 3**).

Brettschichtholz hat eine gute Formbeständigkeit, höhere Festigkeitswerte als Vollholz sowie eine gestalterisch wirkende, schwindrissarme Oberfläche (**Tabelle 1**). Da es auch im Brandfall eine geringere Rissbildung als Vollholz aufweist, bleibt die schützende Verkohlungsschicht besser erhalten. Dadurch sind nach DIN 4102 feuerhemmende Konstruktionen der Feuerwiderstandklassen F 30 und F 60 mit geringen Querschnittsflächen ohne zusätzliche Schutzmaßnahmen möglich.

Da fehlerhafte Verklebungen schwerwiegende Folgen haben können, dürfen geklebte tragende Holzbauteile nur aufgrund eines **besonderen Befähigungsnachweises** hergestellt werden. Dieser erstreckt sich auf die räumliche und maschinelle Betriebsausstattung sowie auf entsprechend geschulte Fachkräfte. Außerdem dürfen im Holzleimbau nur besonders geprüfte, anerkannte Klebstoffe verwendet werden. Geeignet sind ausschließlich duroplastische Kunstharzklebstoffe (Kondensationsleime) sowie Polyurethanklebstoffe. Für Verklebungen, die dem normalen Raumklima ausgesetzt sind, haben sich Harnstoffharzklebstoffe bewährt, die eine helle Fuge ergeben, für alle anderen Anwendungsbereiche sind nur Resorcin- und Melaminharzklebstoffe sowie Polyurethanklebstoffe zugelassen.

Tabelle 1: Festigkeit von Brettschichtholz in N/mm²	
Festigkeitsklassen nach charakteristischer Biegefestigkeit	
Homogenes Brettschichtholz	Kombiniertes[1] Brettschichtholz
GL24h	GL24c
GL28h	GL28c
GL32h	GL32c
GL36h	GL36c
[1] unterschiedliche Festigkeitsklassen von inneren und äußeren Lamellen	

Auch bei der Verwendung von Holzschutzmitteln sind besondere Sorgfalt und Sachkenntnis notwendig. Es dürfen nur solche Schutzmittel aufgebracht werden, deren Verträglichkeit mit den jeweiligen Leimen nachgewiesen ist. Dazu zählen fast ausschließlich ölige Holzschutzmittel. Diesen sind zum Teil Farbpigmente zugesetzt, die eine Tönung des Holzes ermöglichen, ohne dessen Poren zu verschließen. Um zusätzliche Erwärmung und die damit verbundenen erhöhten Schwindbewegungen zu vermeiden, sollen freistehende Bauteile aus Brettschichtholz jedoch nicht mit schwarz färbenden Holzschutzmitteln behandelt werden.

In Innenräumen verbautes Brettschichtholz benötigt in der Regel keinen chemischen Holzschutz.

Bild 1: Balkenschichtholz

12.4.3 Verklebte Kanthölzer

Zur Herstellung von sichtbaren Konstruktionen, bei denen ein gleichmäßiges Oberflächenbild und gutes Stehvermögen erforderlich ist, werden getrocknete Kanthölzer aus Nadelholz zu formstabilen und maßhaltigen Elementen verleimt. Dazu werden beispielsweise zwei kerngetrennte bzw. kernfreie Halbhölzer, deren rechte Seiten nach außen gedreht wurden, mit Polyurethanklebstoff zu **Balkenschichtholz** bzw. Lamellenholz (Duo-Balken) verklebt **(Bild 1)**. Ebenso verklebte Hölzer aus drei Lamellen bezeichnet man als Trio-Balken. In gleicher Weise entstehen durch vier nach außen gewendete Kreuzhölzer sogenannte **Kreuzbalken (Bild 2)**. Der typische Querschnitt der Kreuzbalken mit der rautenförmigen Aussparung ergibt sich dadurch, dass die Splintseiten schräg abgehobelt werden. Deshalb kann auch Holz mit Fehlkanten ohne Nachteil verwertet werden.

Durch Keilzinkung können Elemente in beliebiger Länge hergestellt werden. Balkenschichtholz gibt es in Lieferlängen bis 18 m, Kreuzbalken sind bis 15 m Länge zugelassen. Verklebte Kanthölzer sind aufgrund bauaufsichtlicher Zulassungen für tragende Bauteile verwendbar. Balkenschichtholz wird meist in der Sortierklasse S 10 angeboten. Kreuzbalken werden wie Brettschichtholz sortiert und in die Sortierklassen KB 11 und KB 14 eingeteilt.

Bild 2: Kreuzbalken

12.4.4 Stegträger und Fachwerkträger

Aus statischen Gründen ist es zweckmäßig, I-förmige verklebte Träger herzustellen. I-förmige Träger aus Brettschichtholz und aus verklebten Vollholzbohlen haben nur geringe Bedeutung. Jedoch werden einige bauaufsichtlich zugelassene Sonderkonstruktionen häufig als Sparren, Pfetten und Flachdachträger für Spannweiten bis etwa 12 m, zum Teil auch bis 20 m verwendet. Dazu zählen der Doppel-T-Träger und Fachwerkträger. Außerdem werden für die Schalung von Decken und Wänden spezielle Fachwerkträger und Stegträger hergestellt (Seite 274).

Doppel-T-Träger haben Stege aus Langspan-Platten (OSB-Platten), aus Flachpressplatten für das Bauwesen oder auch aus Hartfaserplatten, die in Keilnuten der Gurte eingeklebt sind **(Bild 3)**. Die Gurte bestehen aus Furnierschichtholz oder aus Nadelholz der Sortierklasse S 10.

Dreieckstrebenträger (DSB) sind **Fachwerkträger**, die mit parallelen Gurten und in Sattel- oder Pultdachform hergestellt werden (Bild 3). Die Streben des Dreieckstrebenträgers werden in die Einfräsungen der Gurte eingezapft und verklebt.

Bild 3: Stegträger und Fachwerkträger

Bild 1: Haus in Holzbauweise

Bild 2: Traditioneller Fachwerkbau

Bild 3: Fachwerkwand

Bild 4: Schwellenauflager auf Betonsockel

12.5 Holzkonstruktionen

Aus Holz werden vorwiegend Dachkonstruktionen und Treppen hergestellt (Seiten 486 und 435). Aber auch zur Errichtung von Wänden und zum Einziehen von Decken sind Holz und Holzwerkstoffe geeignet. Deshalb werden Holzkonstruktionen nicht nur mit der üblichen Massivbauweise kombiniert, sondern auch ganze Gebäude, außer dem Keller und dem Sockel, in Holzbauweise errichtet **(Bild 1)**.

12.5.1 Holzwände

Holzwände können tragende, nichttragende, aussteifende und raumabschließende Funktion haben.

Bei den Holzskelettbauweisen bestehen sie in der Regel aus stabförmigen tragenden Hölzern mit gleichen Rasterabständen. Die raumabschließende Funktion wird bei Holzskelettbauten durch die Ausfachungen bzw. Beplankungen übernommen. Zum Holzskelettbau zählen neben dem traditionellen Fachwerk die Ständerbauweise sowie die Holzrahmenbauweisen **(Bild 2)**. Aus dem Holzrahmenbau hat sich die Tafelbauweise entwickelt.

Die Holzskelettbauweisen haben die historische massive Blockbauweise weitgehend verdrängt. Jedoch haben sich aus dieser auch neue Konstruktionen wie der Brettstapelbau oder die Holzblocktafelbauweise entwickelt.

12.5.1.1 Fachwerkwand

Fachwerkwände bestehen aus Pfetten (Rahmenhölzer, Rähm), Pfosten (Stiele, Ständer), Schwellen, Streben und Riegel **(Bild 3)**. Die Verbindungen der Hölzer erfolgen durch Zapfen, Versätze und verschiedene Arten von Überblattungen und Stöße.

Die senkrechten Lasten werden im Fachwerkbau von den **Pfetten,** den geschossweise angeordneten **Pfosten** und den **Schwellen** aufgenommen und abgeleitet. Zur Aufnahme von waagerechten Kräften, z.B. Windlasten, werden Fachwerkwände in ihrer Längsrichtung durch **Streben** ausgesteift. Streben sind schräg stehende Hölzer, die in den Endfeldern mit dem Strebenkopf nach außen gerichtet angeordnet sind. Dadurch entstehen unverschiebliche Dreiecke und die Druckkräfte werden direkt in die Schwellen abgeleitet. Zur Unterteilung der einzelnen Abschnitte, die man Gefache nennt, verwendet man **Riegel.** Diese verhindern das Ausknicken der Pfosten als Gefacheriegel oder begrenzen Tür- und Fensteröffnungen als Sturz- und Brüstungsriegel. Die Anschlüsse von Sturz- und Brüstungsriegel werden mit Zapfen ausgeführt. Bei modernen Varianten des Fachwerks werden die Riegel mittels Balkenschuhen angeschlossen und die Längsaussteifung durch Verschalung erreicht. Bei vorgefertigten Fachwerkwänden können die Stäbe auch mit Nagelplatten verbunden werden.

Beim Herstellen einer Fachwerkwand ohne äußere Beplankung ist darauf zu achten, dass die Schwellen etwa 2 cm über den Sockel vorstehen **(Bild 4)**. Dadurch wird erreicht, dass Spritzwasser an der Schwellenunterkante abtropfen kann. Damit aufsteigende Feuchtigkeit nicht in die Schwellen eindringen kann, muss eine Abdichtungsbahn unterlegt werden. Die Gefache der Fachwerkwände werden in der Regel ausgemauert.

12.5.1.2 Holzskelettbau

Aus dem Fachwerk haben sich verschiedene Konstruktionen im Holzskelettbau entwickelt. Bei der Ständerbauweise z.B. gehen die Stiele über zwei Geschosse durch.

Holzskelettkonstruktionen erlauben einen großen Rasterabstand der Stützen und Träger. Diese tragenden Bauteile aus Vollholz, Konstruktionsvollholz oder Brettschichtholz werden mit Stabdübeln, Dübeln besonderer Bauart und Schrauben, Winkelstählen, Stahlblechformteilen oder Hakenplatten verbunden. Die Stützen können einteilig oder als Doppelstützen, geschosshoch oder durchlaufend, ausgeführt werden. Daran werden, je nach Konstruktionsart, durchgehende Einzelträger oder Doppelträger als Zangen angeschlossen **(Bild 1)**. Auch Konstruktionen mit zwischengesetzten Riegeln sind möglich. Auf die Träger werden die Deckenbalken aufgelegt. Zur Aufnahme der Windlasten müssen Holzskelettwände ausgesteift werden. Dies erreicht man durch Streben oder durch Diagonalverbände aus Stahl bzw. durch Verschalung der Wände.

12.5.1.3 Holzrahmenbau

Bei der Holzrahmenbauweise, auch als Gerippe- oder Rippenkonstruktionen bezeichnet, werden die Wände geschosshoch **auf der Baustelle hergestellt**. Alle Rahmenhölzer des Tragskeletts haben die gleichen Querschnittsmaße, mindestens 6/12 cm, häufig 6/16 cm oder größer. Diesen Querschnitt nennt man **Regelquerschnitt (Bild 2)**. Die Pfosten haben üblicherweise einen Rasterabstand von 62,5 cm und werden mit Schwellen und Riegel oder Rähme gleichen Querschnitts verbunden. Falls erforderlich, z. B. bei Eckpfosten, wird das Gerippe aus mehreren Bohlen des Regelquerschnitts zusammengesetzt. Die Verbindung der Hölzer erfolgt mit Nägeln, gelegentlich auch mit genagelten Stahlblechen. Während beim Fachwerk und beim Holzskelettbau die Tragglieder stabförmig sind, handelt es sich beim Holzrahmenbau um eine **Scheibenbauweise**.

Da auf Streben zur Aussteifung verzichtet wird, ist eine **Beplankung** der Wände notwendig. Hierzu sind für die Beplankung im Außenbereich Sperrholzplatten (VP), Massivholzplatten (SWP) und zementgebundene Spanplatten geeignet, für Innenwände auch Gipsplatten, MDF-Platten und kunstharzgebundene Spanplatten, insbesondere OSB-Platten.

Bild 1: Skelettbau mit Stützen und Doppelträgern

Bild 2: Holzrahmenbau mit Regelquerschnitten im Rasterabstand

Bild 3: Außenwandaufbau beim Holzrahmenbau

Bild 1: Werksfertigung von Wänden in Tafelbauweise

Kopfrippe (Rähm)

Rippe (Stiel)

Fußrippe (Schwelle)

Beplankung

einseitig beplankt

zweiseitig beplankt

Bild 2: Aufbau einer Holztafel

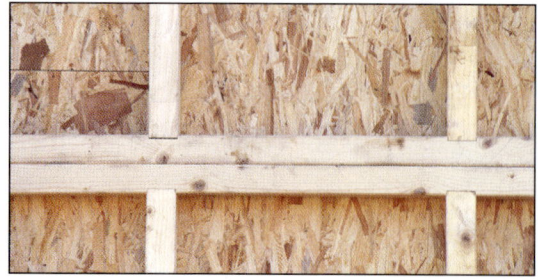

Bild 3: Fixierung der Stiele

Auf der äußeren Beplankung werden eine Windsperre sowie ein Witterungsschutz, z. B. eine Verschalung auf Lattenrost, angebracht (**Bild 3**, Seite 403). Die Hohlräume zwischen den tragenden Rahmenhölzern werden mit wärmedämmenden Mineralfaserplatten ausgefüllt. An der Innenseite der Wärmedämmung wird eine PE-Folie als Dampfsperre angeordnet.

12.5.1.4 Holztafelbau

Der Holztafelbau ist eine **Fertigteilbauweise**, der die Konstruktionsprinzipien der Holzrahmenbauweise übernimmt und mit hohem Vorfertigungsgrad umsetzt (**Bild 1**). Die raumhohen, meist großformatigen Wandtafeln, werden **industriell vorgefertigt** und auf der Baustelle zusammengefügt. Dabei bilden Hölzer und Beplankung ein tragendes Element, das als **Holztafel** bezeichnet wird. Die Wandtafeln bestehen, ähnlich der Rippenbauweise, aus Holzrahmen mit Wärmedämmung und beidseitiger Beplankung aus Brettern, Holzwerkstoffen oder Gipsplatten.

Für Planung und Ausführung von Wohngebäuden wurde ein standardisiertes Konstruktionssystem mit Details entwickelt, die in einem „Holzrahmenbau-Katalog" des deutschen Zimmerer-Verbandes zusammengefasst sind.

Das **Traggerippe** von Holztafeln besteht aus vertikalen **Stielen** (Rippen) und horizontalen Hölzern, die oben als **Kopfrippe** (Rähm) und unten als **Fußrippe** (Schwelle) bezeichnet werden. Zwischen den Stielen wird die Dämmung eingebracht. Das Standardrastermaß von Mitte zu Mitte Stiel ergibt sich aus dem Standard-Plattenmaß von 1250 mm x 2500 mm und beträgt 625 mm (**Bild 2**). Damit kann die Beplankung in den Rasterfeldern ohne Verschnitt auf jedem zweiten Stiel stumpf gestoßen werden. Dieses Rastermaß ist jedoch unabhängig von den Planungsmaßen der Grundrissgestaltung. Durch den Einbau von zusätzlichen Wandstielen sind die Wandlängen und die Position der Fenster- und Türöffnungen frei wählbar.

Es ist vorteilhaft, die Stiele in Schwelle und Rähm einzulassen, damit diese beim Schwinden am Verdrehen behindert werden (**Bild 3**). Dies ermöglicht auch ein schnelleres Positionieren der Ständer bei der Fertigung der Wandelemente.

Kommt Bauschnittholz für das Traggerippe zum Einsatz, ist bei dessen Bestellung auf die Merkmale und Eigenschaften, insbesondere auf die Holzfeuchte, zu achten.

Meist werden deshalb Konstruktionsvollholz (KVH®) oder MassivHolz (MH®) für das Gerippe der Tafeln verwendet. Diese sind bezüglich ihrer Merkmale, wie Holzfeuchte, Maßhaltigkeit, Tragfähigkeit und Scharfkantigkeit, besonders den Anforderungen des Holztafelbaus angepasst und werden als Standardquerschnitte auf Lager bevorratet. Außerdem stehen für das Gerippe auch BS-Holz, Furnierstreifenholz und Furnierschichtholz zur Verfügung, die besonders beim mehrgeschossigen Holztafelbau Verwendung finden.

Die Wahl der Querschnitte des Traggerippes ist im Allgemeinen von der gewünschten Wärmedämmwirkung und somit von der Dicke der Zwischendämmung abhängig. Bei hoch gedämmten Wänden werden deshalb auch häufig sehr schmale, aus Holzwerkstoffen gefertigte Doppel-T-Träger mit großer Bautiefe verwendet.

Für die **Beplankung** werden die gleichen Werkstoffe verwendet wie beim Holzrahmenbau. Die mittragende Beplankung dient zur Aussteifung der Holztafeln, verringert die Knickgefahr der Stiele in Wandebene und übernimmt einen Teil der vertikalen Lasten. Nach dem Tragverhalten und der Diffusionsfähigkeit der Beplankungen unterscheidet man verschiedene **Konstruktionssysteme (Bild 1)**.

Beim **dampfdiffusionsdichtem** Aufbau ist die tragende Beplankung außen angebracht und an der Innenseite der Wand eine Dampfsperre eingebaut.

Um die Luftdichtheit der Außenwände bei Installationen nicht zu gefährden, kann auf der Innenseite eine **Installationsebene** angeordnet werden, die eine zusätzliche Dämmung ermöglicht **(Bild 2 und Bild 3)**.

Beim **dampfdiffusionsoffenen** Aufbau muss der Dampf vom Innenraum nach außen diffundieren können. Deshalb müssen die Schichten von innen nach außen immer diffusionsoffener werden. Darum ist die tragende Beplankung innen angebracht, übernimmt bei abgeklebten Stößen die Funktion einer Dampfbremse und gewährleistet die Luftdichtheit (Bild 1).

Rippen und Beplankung werden im Werk mit Nägeln, Klammern, Schrauben oder durch Verleimung verbunden. Aus wirtschaftlichen Gründen wird beim Holztafelbau die Vorfertigung möglichst kompletter Wände angestrebt. Die **Fertigung** in witterungsunabhängigen Montagehallen bietet für den Zimmerer nicht nur angenehme Arbeitsbedingungen, sondern vermeidet auch eine Durchfeuchtung der Elemente bei Regen **(Bild 4)**.

Bild 1: Konstruktionssysteme

Bild 2: Installationsebene

Bild 3: Sockelbereich

Bild 4: Fertigungshalle mit Montagetisch

Bild 1: Nagelbrücke beim Abnageln der Beplankung

1 — vorgefertigte Wand

Klebedichtband

4

vorgefertigte Wand

Langschaft-schraube

3

2

1 bis 4 = Montage-reihenfolge

3

Bild 2: Montageschritte bei Eckanschluss

Klebedichtband

4

1

2

vorgefertigte Wand

1 bis 4 = Montage-reihenfolge

3

Bild 3: Montageschritte bei Längsanschluss

Montageholz

Schrauben oder Rillennägel

Bild 4: Anschluss Innenwand an Außenwand

Je nach Ausstattung der Holzbaubetriebe werden die Wandelemente nur einseitig beplankt oder bis zur komplett geschlossenen Wand mit Dämmung, Fenster, Installationen, Türen und Außenbekleidung vorgefertigt. Eine besonders rationelle Fertigung ermöglichen halb- oder vollautomatische Montagetische mit Nagelbrücken (**Bild 1**).

Die **Montage** der vorgefertigten Wandtafeln auf der Baustelle erfolgt in der Regel geschossweise und die Elemente werden mit Sondernägeln, Sechskantholzschrauben oder Schraubenbolzen verbunden.

Bei Gerippebauweisen ist besondere Sorgfalt auf die Fugenausbildung zu legen. Insbesondere bei Wand- und Deckenanschlüssen sind Undichtigkeiten sowie Wärme- und Schallbrücken zu vermeiden. Die **Schwelle im Sockelbereich** ist vor aufsteigender Feuchte mit einer Sperrschicht zu schützen. Um das Spritzwasser von der Holzkonstruktion fernzuhalten, muss diese einen Bodenabstand von mindestens 30 cm aufweisen (Bild 3, Seite 405).

Für ein genaues Aufstellen der Holztafelwände ist eine **Montageschwelle** vorteilhaft. Diese muss mit Holzschutzmitteln behandelt sein oder aus einer Holzart mit ausreichender Resistenz bestehen, beispielsweise Lärche, Douglasie oder Eiche. Die Montageschwelle wird häufig auf einem Quellmörtelbett mit aufliegender Sperrschicht mittels Unterkeilungen waagerecht ausgerichtet und mit Bolzenankern befestigt (Bild 3, Seite 405). Dadurch können Unebenheiten von Bodenplatte oder Decke ausgeglichen und eine winddichte Fuge hergestellt werden. Danach werden die Wandelemente auf die Montageschwelle gesetzt und die Längs- und Eckstöße miteinander verbunden (**Bilder 2 und 3**).

Eine rationelle Möglichkeit ist das Verschrauben mit Langschaftschrauben oder Winkeln mit Rippe, die mit Rillennägeln befestigt werden. Anschlüsse von Innenwänden an Außenwänden können auch durch Abnageln der Beplankung an Montagehölzern ausgeführt werden (**Bild 4**).

Die Zugkräfte, die durch Horizontalkräfte entstehen, beispielsweise durch Windkräfte bei Außenwänden, sollen nahe am Randstiel in die Bodenplatte eingeleitet werden. Deshalb müssen am Traggerippe Zugverankerungen angebracht werden.

12.5.1.5 Blockbauweisen

Da Holz ein nachwachsender Baustoff ist, der ausreichend zur Verfügung steht, Kohlenstoffdioxid bindet und bei seiner Bereitstellung wenig Energie verbraucht, sind aus ökologischer Sicht massive Bauteile aus Holz sinnvoll. Deshalb wurden aus der traditionellen Blockbauweise die neuen Techniken des Blocktafelbaus, die Brettstapelbauweise und verklebte Brettschichtholzwände entwickelt.

Blockhauswände können als massive Vollwände mit Nut- und Federausbildung und vorkomprimierten Fugenbändern zur Winddichtigkeit ausgeführt werden. In der Regel werden sie jedoch als Doppelblockwand mit Kerndämmung oder mit raumseitig angeordneter Wärmedämmung und zusätzlicher Verschalung hergestellt. Die übereinander gefügten Hölzer werden mittels Rundstählen miteinander verschraubt und die Ecken überblattet oder überkreuzt ausgebildet **(Bild 1)**.

Überkreuzte Ecke   Überblattete Ecke

Bild 1: Eckausbildung bei Blockhauswänden

Holzblocktafelwände werden aus bauaufsichtlich zugelassenen raumhohen Tafelelementen hergestellt, die im Rastermaß von 12,5 cm gefertigt werden **(Bild 2)**. Diese Holzblocktafeln bestehen aus drei, vier, fünf oder sieben mit Polyurethan-Klebstoff verklebten Brettlagen. Die Lamellen der inneren Brettlagen sind auf Abstand verklebt, sodass in den Lufthohlräumen Installationen verdeckt geführt werden können. Das Bausystem wird durch verklebte Schwellen- und Rahmenhölzer sowie Eckpfosten und Brüstungsprofile ergänzt. Die Holzblocktafeln bilden das tragende Wandelement, das außen durch eine Wärmedämmung mit Windsperre und Fassadenbekleidung ergänzt wird und innen verkleidet werden kann. Eine innenseitige Dampfsperre ist wegen der feuchteausgleichenden Wirkung der Holzmasse nicht erforderlich.

Bild 2: Aufbau von Holzblocktafeln

Brettstapelwände bestehen aus stehend angeordneten 8 cm bis 12 cm breiten Seitenbrettern der Sortierklasse S 10. Sie haben meist eine Dicke zwischen 24 mm und 33 mm. Die Bretter werden in der Regel mit Drahtstiften nach DIN EN 10230-1 oder mit Sondernägeln zweischnittig durch versetzte Nagelung (Zick-Zack-Nagelung) zu Brettstapel-Elementen bis 2,40 m Breite vernagelt **(Bild 3)**. Oben und unten wird meist ein lastverteilendes Rähm angebracht. Zur Verbindung sowie zur Aussteifung der Brettstapel ist eine außenseitige Beplankung üblich **(Bild 4)**. Die äußere und innere Verkleidung erfolgt wie bei Holzblocktafelwänden.

Brettbreite = Wanddicke

Schnitt

Zick-Zack-Nagelung

Stumpfstoß

Bild 3: Nagelung bei Brettstapeln

Brettschichtholzwände werden aus großformatigen, beidseitig gehobelten Elementen errichtet, die in der Regel mit Federn miteinander verbunden werden. Die Wandelemente bestehen aus verklebten Nadelholzlamellen, die waagerecht oder senkrecht angeordnet sein können. Brettschichtholzwände weisen neben der guten Wärmedämmung eine hohe Passgenauigkeit und Belastbarkeit auf.

12.5.1.6 Leichte Trennwände

Unbelastete Innenwände aus mit Gipsplatten oder Holzwerkstoffplatten beplankten Holzgerippekonstruktionen werden als leichte Trennwände bezeichnet. Die Wände werden meist als Ständerwände mit senkrecht angeordneten Kanthölzern ausgeführt, seltener als Riegelwände, bei denen die Hölzer waagerecht eingebaut werden **(Bild 1,** Seite 408 und Seite 549**)**. Streben sind nicht erforderlich, da die Beplankung die Aussteifung bewirkt. Als Kantholzquerschnitte sind 6 cm/6 cm bzw. 6 cm/8 cm üblich.

Putzsystem

Bitumen-Holzfaserplatte

poröse Holzfaserplatte

Holzwerkstoff als Aussteifung und Windsperre

Brettstapelwand

Bild 4: Beispiel für den Wandaufbau einer Brettstapelwand

Bild 1: Leichte Trennwand

Bild 2: Anordnung der Balken (Dachbalkenlage)

Bild 3: Verankerung von Balken

12.5.2   Holzdecken

Holzdecken werden meist als Balkendecken herge-stellt. Jedoch werden Holzdecken auch als massive Holzkonstruktionen oder als Holz-Beton-Verbund-konstruktionen ausgeführt.

12.5.2.1 Holzbalkendecken

Holzbalkendecken haben eine geringe Eigenlast und werden trocken eingebaut. Sie werden vorwie-gend im Fachwerk- und Holzskelettbau verwendet. Auch im Mauerwerksbau und im Holztafelbau wer-den Holzbalkendecken eingezogen.

Balkenlagen

Holzbalkendecken im Wohnungsbau unterscheidet man nach ihrer Lage im Gebäude. Die **Geschoss-balkenlage** trennt zwei Vollgeschosse voneinander. Die **Dachbalkenlage** trennt das Dachgeschoss vom obersten Vollgeschoss. Bei Kehlbalkendächern bil-det die **Kehlbalkenlage** den oberen Abschluss des Dachraumes.

Balkenanordnung und Deckenkonstruktion

Innerhalb der Balkenlage werden die Balken ent-sprechend ihrer Anordnung und nach der Art ihrer Auflagerung verschieden bezeichnet **(Bild 2)**.

Streichbalken liegen neben aufgehenden Wänden. Der Mindestabstand zur Wand soll 2 cm betragen.

Giebelbalken sind an den Giebelwänden angeord-nete Streichbalken.

Wandbalken bilden den oberen Abschluss von Wänden. Bei Fachwerkwänden und bei Balken unter den Pfosten eines Dachstuhls nennt man die-se auch Bundbalken.

Zwischenbalken liegen zwischen Streich-, Giebel- oder Wandbalken.

Ganzbalken nennt man die von Außenwand zu Außenwand ohne Stoß durchlaufenden Balken.

Stoßbalken sind Balken, die auf Zwischenwänden gestoßen werden.

Wechsel sind quer zu den Längsbalken angeordne-te Balken. Sie werden meist eingezapft oder mit Balkenschuhen angeschlossen und bilden das Auf-lager von nicht durchgehenden Balken.

Stichbalken schließen an Wechseln oder Giebel-balken an und liegen auf Wänden auf.

Füllhölzer werden eingebaut, wenn der Abstand von Balken zu den Wänden zu groß wird.

Holzbalkendecken müssen mit den Außenwänden verankert werden (**Bild 3,** Seite 408). Die Verankerung im Mauerwerk wird durch Stahlanker im Abstand von etwa 3 m erreicht. Dies entspricht auf der Gebäudelängsseite einer Verankerung von jedem vierten Balken. Bei der Verankerung von Giebelwänden sind die Giebelanker über drei Balken hinweg zu befestigen. Erfolgt die Verankerung der Balkenlage auf einem betonierten Ringanker, werden in der Regel Ankerwinkel aus Stahl verwendet (Bild 3, Seite 408). An Balkenauflagern auf Mauerwerk und Beton ist der Schutz der Balken vor Durchfeuchtung sicherzustellen (Seite 124).

Neben der Holzbalkendecke aus Vollholz oder Konstruktionsvollholz werden auch Balkendecken aus Brettschichtholz, Furnierschichtholz oder Furnierstreifenholz hergestellt. Diese werden mit Holzwerkstoffen beplankt, damit eine Scheibenwirkung entsteht. Bei größeren Spannweiten können auch Doppel-T-Träger oder Hohlkastenträger eingesetzt werden.

12.5.2.2 Massive Holzdecken

Um eine weitgehende Vorfertigung zu ermöglichen und den Einbau zu erleichtern sowie eine bessere Tragfähigkeit und höheren Schall- und Brandschutz zu erreichen, wurden verschiedene massive Holzdeckensysteme entwickelt. Dazu zählen:

- genagelte **Brettstapeldecken (Bild 1),**
- Elementdecken aus **wabenförmig vernagelten Bohlen** mit Distanzklötzen **(Bild 2),**
- Decken aus verschraubten **Kreuzbalken** mit Nut und Feder **(Bild 3),**
- Deckenelemente aus **Brettschichtholz,** ähnlich wie Brettschichtholzwände,
- großformatige **Brettsperrholz-Elemente** aus kreuzweise verklebten Nadelholzbrettern oder
- **Holzrippenplatten-Deckenelemente** aus verklebten Lamellen **(Bild 4)** sowie
- verschiedene **Holz-Beton-Verbundkonstruktionen,** bei denen eine Stahlbetonplatte kraftschlüssig mit einer Rippen- oder Plattendecke aus Holz verbunden ist.

Bild 1: Brettstapeldecke mit schwimmendem Estrich

Bild 2: Wabendecke mit Betonfüllung

Bild 3: Kreuzbalkendecke

Bild 4: Holzrippenplatten-Deckenelemente

Aufgaben

1 Erläutern Sie, welche Kräfte beim Verkleben von Werkstoffen wirksam sind.

2 Beschreiben Sie das unterschiedliche Abbindeverhalten von Weißleim und Kondensationsklebstoffen.

3 Nennen Sie für Dispersionsklebstoffe, Kondensationsklebstoffe und Kontaktkleber je eine zweckmäßige Anwendung und begründen Sie diese.

4 Erläutern Sie den Aufbau und die Verwendung von Brettschichtholz.

5 Erklären Sie die Vorteile von Lamellenhölzern und Kreuzbalken gegenüber Vollholzquerschnitten.

6 Nennen Sie die Hölzer von Fachwerkwänden und erläutern Sie deren Aufgaben.

7 Welche Balkenarten unterscheidet man?

8 Wie wird eine Balkenlage verankert?

9 Wählen Sie je eine Wand- und eine Deckenkonstruktion für ein Wohnhaus in Holzbauweise und stellen Sie die Vorteile dieser Bauweisen dar.

13 Stahlbau

Schraube	M10	M16	M24	M30
Darstellung	✳	⬥	⬥	⊕
Niet	ø10	ø16	ø24	ø30
Darstellung	+	◆	◆	⊕

Bild 1: Darstellung von Schrauben und Nieten

Schaftlänge
Gewindeauslauf
Gewindelänge

Schraube

Mutter
Scheibe
Kopf

Trägeranschluss

Bild 2: Schraubverbindungen

Halb-rundniet   Senkniet   Linsen-senkniet

Bild 3: Nietformen

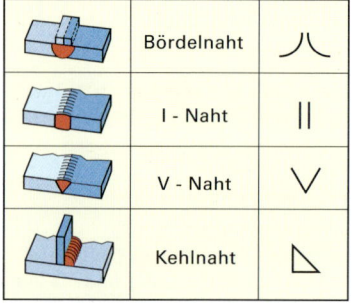

	Bördelnaht	⋏
	I - Naht	‖
	V - Naht	⋁
	Kehlnaht	◺

Bild 4: Schweißnähte (Beispiele)

Der Stahlbau ist eine Montagebauweise, bei der einzelne Stahlbauteile zu einem Tragskelett zusammengefügt werden. Außerdem werden einzelne tragende Bauteile aus Stahlprofilen hergestellt. Stahltragwerke haben den Vorteil, dass nachträgliche Änderungen, wie z.B. Umbauten oder Aufstockungen, durch entsprechende Verstärkungen der bereits vorhandenen Bauteile vorgenommen werden können. Der Stahlbau findet Anwendung bei Bauwerken mit großen Spannweiten, wie z.B. bei Industriehallen oder Tribünenüberdachungen.

13.1 Stahlbearbeitung

Als wichtigste am Bau vorkommende Metallbearbeitungsverfahren gelten das Fügen, Trennen und Umformen.

13.1.1 Fügen

Unter Fügen versteht man das Verbinden von Werkstoffen, wobei die Verbindung fest oder beweglich, lösbar oder unlösbar und dicht sein kann. Bei den Metallverbindungen unterscheidet man das Schrauben, das Nieten, das Löten, das Schweißen und das Kleben. Für die Darstellung von Schrauben und Nieten verwendet man Symbole **(Bild 1)**.

Schrauben ist eine Verbindungsart, die hauptsächlich in der Bauschlosserei und im Stahlbau angewendet wird. Bei einer Schraubenverbindung können die zu verbindenden Teile entweder Durchgangslöcher besitzen und durch Schraube und Mutter zusammengehalten werden oder ein Teil der Verbindung ist mit einem Innengewinde versehen, in das die Schraube eingeschraubt wird **(Bild 2)**. Schraubverbindungen müssen gegen selbsttätiges Lösen gesichert werden.

Nieten ergibt unlösbare Verbindungen. Nietverbindungen wendet man im Stahlbau, z.B. bei Konstruktionen von Aufzügen und Kranen, an. Ähnlich wie bei den Schrauben gibt es bei den Nieten je nach Form und Werkstoff zahlreiche Arten, z.B. Halbrund-, Senk- und Linsensenkniet aus Stahl oder Aluminium **(Bild 3)**.

Schweißen ist das unlösbare Verbinden gleichartiger Werkstoffe in plastischem oder flüssigem Zustand unter Anwendung von Wärme. Schweißverbindungen sind fest und dicht, außerdem lässt sich dabei Werkstoff sparen **(Bild 4)**. Beim Schweißen von Metallen unterscheidet man das Schmelzschweißen und das Pressschweißen.

13.1.2 Trennen

Von den vielen Verfahren zum Trennen und zum spanenden Formen von Metallen werden auf der Baustelle nur wenige davon angewendet. Es sind dies z.B. das Schneiden und das Sägen beim Trennen von Profilstäben, Rohren und Blechen sowie das Bohren und das Feilen.

Zum **Schneiden** von Blechen, besonders bei bogenförmigen Schnitten, werden heute hauptsächlich elektrische Blechscheren bzw. Knabber oder die Handschere benutzt. Dickere Bleche und Profilstäbe trennt man auf der Hebelschere, durch Trennscheiben oder durch Brennschneiden.

Beim **Sägen** von Hand benutzt man die Bügelsäge. Das Sägeblatt ist fein gezahnt, im Bereich der Zahnreihe gewellt und gehärtet. Durch das Wellen schneidet sich das Sägeblatt frei. Beim Sägen soll das Sägeblatt unter leichtem Druck möglichst ganz durchgezogen werden, damit sich alle Zähne gleichmäßig abnutzen.

Zum **Bohren** von Metallen auf der Baustelle benutzt man Spiralbohrer, die in elektrisch betriebenen Handbohrmaschinen eingeschraubt sind. Da jedoch beim Bohren mit der Handbohrmaschine keine einwandfreie Führung des Werkzeuges möglich ist, sollen nur Bohrungen mit Durchmessern unter 10 mm und Metallteile geringer Dicke gebohrt werden.

Das **Feilen** wird angewendet, wenn z.B. an Blechen oder Profilstählen scharfe Ecken oder Kanten angeschrägt bzw. Grate entfernt, Ungenauigkeiten oder Schweißnähte nachgearbeitet werden müssen.

13.1.3 Umformen

Unter Umformen versteht man die Formveränderung eines Werkstoffes ohne Spanabnahme, bei Metallen z.B. das Schmieden und das Biegen. Auf der Baustelle vorkommende Umformverfahren sind das Biegen der Flachstähle und das Biegen von Rohren.

Das **Biegen** der Stähle wird meist auf elektrisch betriebenen Biegemaschinen ausgeführt, seltener jedoch auf Handbiegemaschinen. Rohre werden in der Werkstätte auf hydraulisch betriebenen Rohrbiegevorrichtungen gebogen.

13.2 Bauarten

Im Stahlbau bestehen die meisten Tragwerke aus einem Stahlskelett. Je nach Bauart des Stahlskeletts unterscheidet man die Fachwerkbauweise und die Rahmenbauweise.

13.2.1 Fachwerkbauweise

Bei der Fachwerkbauweise werden Stäbe so angeordnet, dass sie Dreiecke bilden. Auf diese Weise entstehen unverschiebliche Fachwerkfelder **(Bild 1)**. Durch Aneinanderreihen von Fachwerkfeldern erhält man Fachwerkträger (Fachwerkbinder), mit denen große Stützweiten überspannt werden können. Dabei unterscheidet man hauptsächlich Paralleltäger, Trapezträger und Dreiecksträger **(Bild 2)**. Je nach Lage der Stäbe spricht man vom oberen

Bild 1: Hallenskelett in Fachwerkbauweise

Bild 2: Fachwerkträger

Bild 3: Knotenpunkte bei Fachwerkträgern

Bild 1: Hallenskelett in Rahmenbauweise

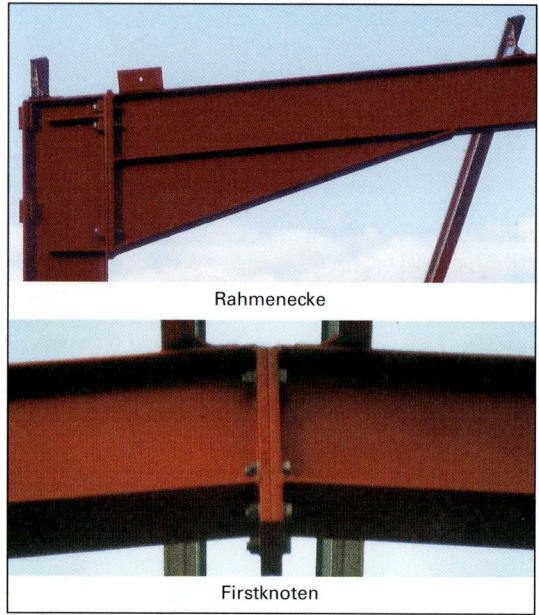

Rahmenecke

Firstknoten

Bild 2: Knotenpunkte im Rahmenbau

eingespannte Stütze   gelenkig gelagerte Stütze

Bild 3: Stützenfußausbildung

und unteren Begrenzungsstab, dem Ober- und Untergurt, sowie von den Diagonalstäben und den Vertikalstäben. Die Stäbe werden an den Knotenpunkten miteinander verschweißt oder verschraubt (**Bild 3,** Seite 411). Die Fachwerkträger verbindet man über Kopfplatten durch Schrauben mit den lastabtragenden Stahlstützen.

Die Stützen werden über Fußplatten durch Schrauben auf den Fundamenten gelenkig gelagert. Werden mehrere solcher Binder auf Stützen hintereinander in einem bestimmten Achsenabstand angeordnet, ergeben sich beliebig lange freie Räume. Durch die Anordnung von Fachwerkfeldern in Hallenquer- und Hallenlängsrichtung sowie in der Dachebene erhält man ein ausgesteiftes Tragskelett.

13.2.2 Rahmenbauweise

Die Bauteile bei der Rahmenbauweise bestehen aus Stahlprofilen, die an den Eckpunkten biegesteif miteinander verbunden sind. Dadurch entsteht ein unverschieblicher Rahmen. Die Rahmenfüße (Stützenfüße) können eingespannt oder gelenkig ausgebildet sein. Bei den Stäben unterscheidet man die meist senkrecht stehenden Rahmenstiele, die gleichzeitig als Stützen dienen und die waagerecht oder geneigt angeordneten Rahmenriegel, welche die Decken- oder Dachkonstruktion tragen (**Bild 1**).

Die Ausbildung der biegesteifen Rahmenecken erreicht man durch das Einfügen von Aussteifungsblechen. Dabei unterscheidet man vollgeschweißte Rahmenecken, Rahmenecken mit angeschweißten Riegeln sowie ausgerundete Rahmenecken mit Kopfplatten und Verschraubungen zwischen Stiel und Zwischenaussteifungen. Die Stoßverbindung der beiden Rahmenriegel am Firstknoten erfolgt ebenfalls über Kopfplatten und Verschraubungen (**Bild 2**).

Stützenfüße haben zur Befestigung auf den Fundamenten und zur Lastverteilung angeschweißte Stahlplatten. Eingespannte Stützenfüße können entweder in Köcherfundamente eingestellt und mit Beton vergossen oder durch Verankerungen befestigt werden. Die Verankerung besteht aus im Fundament einbetonierten Stahlprofilen und eingehängten, in Aussparungen verschieblichen Ankerschrauben. Beim Aufstellen des Rahmens werden die Fußplatten mit den Ankerschrauben verschraubt. Nach dem Verschrauben gießt man die Aussparungen mit Beton aus. Bei gelenkig gelagerten Rahmenfüßen werden die Stahlplatten mit Ankerschrauben auf das Fundament geschraubt (**Bild 3**).

13.2.2.1 Knotenpunkte

Den Stahlbau kennzeichnet ein hoher Vorfertigungsgrad im Herstellerwerk. Transport- und montagebedingt sind die Größen der Stahlbauteile begrenzt in ihren Abmessungen und in ihrem Gewicht. Es wird angestrebt, möglichst große Einzelbauteile zu fertigen, auf die Baustelle zu transportieren und dort zusammenzufügen. Die Knotenpunkte, das sind die Verbindungsstellen der Stahlbauteile, sind sorgfältig zu planen und auszuführen.

13.2.2.2 Arten der Verbindungen

Bei Stahlbauverbindungen unterscheidet man den Bauteilstoß und den Bauteilanschluss. Der Bauteilstoß dient dazu, einzelne Bauteile so zusammenzusetzen, dass ein größeres Bauelement entsteht (**Bild 1**). Werden verschiedene Bauelemente verbunden, so handelt es sich um einen Anschluss (**Bild 2**). Bei Verbindungen von mehr als zwei Einzelbauteilen ist es folglich möglich, dass sowohl der Stoß als auch der Anschluss ausgeführt werden, z. B. ein über einer Stütze gestoßener, durchlaufender Träger. Als Fügetechnik kommen vor allem als lösbare Verbindung das Schrauben und als unlösbare Verbindung das Schweißen infrage.

13.2.2.3 Ausführung der Verbindungen

Es ergeben sich für die Ausführung der Anschlussdetails beispielsweise einer zweistöckigen Stahlhalle mehrere Varianten (**Bild 3**). Das Bauwerk besitzt fünf parallel angeordnete Stockwerkrahmen, bestehend aus Rahmenstiel, Rahmenriegel und Querriegel. Die Anschlüsse der Riegel an die Rahmenstiele und der Firstknoten sind biegesteif auszuführen und auf der Baustelle herzustellen. Das ist mit einer Schraubverbindung und mit einer Schweißverbindung gleichfalls möglich (**Bild 4, Bild 5, Bild 6 und Bild 1**, Seite 414). Um eine sichere Lasteinleitung zu gewährleisten, werden an Lasteinleitungspunkten Aussteifungsbleche angeordnet. Sie verhindern ein Beulen des Stahlgurtes und werden deshalb als Beulsteife bezeichnet (Bild 4).

Für die Wahl der geeigneten Verbindung sind mehrere Kriterien zu berücksichtigen, die im Ergebnis verschiedene, teils gegensätzliche Anforderungen an die Anschlussdetails stellen. Diese Anforderungen sind sorgfältig gegeneinander abzuwägen.

Im Sinne einer **korrosionsschutzgerechten Konstruktion** ist ein Schweißnahtanschluss einer Schraubverbindung vorzuziehen. Bei einer Schweißnaht werden die einzelnen Stahlbauteile im Regelfall nur über ihre Stirnflanken verbunden, während die Schraubverbindung stets sich überlappende Kontaktflächen erfordert.

Bild 1: Trägerstoß

Bild 2: Trägeranschluss

1 Rahmenecke
2 Firstknoten
3 Anschluss Querriegel
4 Anschluss Längsriegel
5 Anschluss Längsverband
6 Anschluss Dachverband
7 Anschluss Dachpfette

Dachpfette
Dachverband
Rahmenstiel
Rahmenriegel
Querriegel
Giebelstütze
Längsriegel
Längsverband

Bild 3: Stockwerkrahmen

Rahmenriegel
Rahmenstiel
Beulsteife

Bild 4: Rahmenecke und Firstknoten als geschweißte Verbindungen

Montagezustand

Bild 5: Rahmenecke als geschraubte Verbindung

Montagezustand

Bild 6: Firstknoten als geschraubte Verbindung

Bild 1: Anschluss Querriegel an Rahmenstiel als geschweißte und als geschraubte Verbindung

Bild 2: Anschluss Längsriegel an Rahmenstiel als geschraubte Verbindung

Bild 3: Anschluss Längsverband an Rahmenstiel als geschraubte Verbindung

Bild 4: Anschluss Dachverband an Rahmenriegel als geschraubte Verbindung

Bild 5: Anschluss Dachpfette an Rahmenriegel als geschraubte Verbindung

So muss für eine Schraubverbindung das Trägerende mit einer angeschweißten Kopfplatte ausgebildet werden, mittels derer der Riegel an den Rahmenstiel geschraubt wird (**Bild 1**). An der Kontaktfläche besteht eine Korrosionsgefahr, wenn der Stahl der Freibewitterung ausgesetzt ist. Auch bei nicht durchgezogenen Schweißnähten, wodurch sich Schlitze bilden können, ist diese vorhanden. Das Korrosionsschutzsystem ist entsprechend auszulegen.

Mit Blick auf eine **montagegerechte Konstruktion** empfiehlt sich die Anschlussausführung mittels Schrauben. Sie ist gegenüber der Schweißnaht einfacher und schneller auszuführen. Bei Schweißnahtanschlüssen sind die Bauteile vor dem Verbinden durch Schweißpunkte in ihrer Lage zu fixieren. Eine fest vorgegebene Schweißnahtfolge ist einzuhalten, damit die durch das Erwärmen und anschließende Abkühlen in das Bauteil eingebrachten Eigenspannungen so gering wie möglich sind. Werden Schraubverbindungen verwendet, so ist eine Demontage zum Zwecke der Nutzungsänderung oder des Gebäudeabbruches ohne großen Aufwand möglich.

Die aufgestellten Stockwerkrahmen (**Bild 3**, Seite 413) werden über Längsriegel miteinander gekoppelt. Für den Anschluss wird eine geschraubte Montageverbindung angewendet (**Bild 2**). Am Steg des Rahmenstiels ist hierzu ein angeschweißtes Anschlussblech vorhanden.

Für die **Aussteifung des Gesamtbauwerks** sind Verbände vorgesehen. Sie sind in Hallenlängsrichtung angeordnet. Der **Längsverband** in den Endfeldern der Wandebene besteht aus Diagonalstreben, die je nach Beanspruchung Zug- oder Druckkräfte aufnehmen können. Zusammen mit dem Längsriegel bilden die Diagonalen ein Fachwerk und leiten Horizontalbeanspruchungen, z.B. aus Wind, ab. Der Anschluss wird als geschraubte Montageverbindung mit Anschlussblech am Rahmenstiel ausgeführt (**Bild 3**). In den Endfeldern der Dachebene befindet sich der **Dachverband.** Dieser besteht aus Diagonalstäben, die nur Zugkräfte übertragen. In diesem Fall sind stets zwei sich kreuzende Diagonalen anzuordnen. Der Anschluss an den Rahmenriegel wird gelenkig ausgeführt (**Bild 4**). Dazu werden die mit einer Öse versehenen Stabenden an den Steg des Rahmenriegels in angeschweißte Anschlusslaschen eingeführt und verschraubt. In der Querrichtung ist das Gebäude infolge der Rahmentragwirkung ausreichend ausgesteift.

Die Dachpfetten als tragende Elemente der Dachhaut werden auf die Rahmenbinder mittels Schraubverbindung montiert. Der Schraubanschluss erfolgt jeweils durch die Gurte von Dachpfette und Rahmenriegel (**Bild 5**).

13.3 Einbau von Stützen und Trägern

Für den Einbau von Stahlstützen und Stahlträgern als tragende Bauteile verwendet man genormte Baustähle wie Formstähle oder Hohlprofile (Seite 136).

13.3.1 Stahlstützen

Für Stahlstützen in herkömmlichem Mauerwerks- oder Betonbau können sowohl Formstähle als auch Hohlprofile eingesetzt werden **(Bild 1)**. Sie können große Druckkräfte aus Decke oder Wand aufnehmen, sind einfach einzubauen und ermöglichen einen zügigen Baufortschritt. Vor dem Einbau werden Kopf- und Fußplatten als Stahlblech aufgeschweißt und die Stützen mit einem Anstrich als Korrosionsschutz versehen. Haben Stahlstützen große Belastungen aufzunehmen, wie z. B. bei Abfangungen, können die Profile durch aussteifende Bleche an Kopf- und Fußplatten verstärkt werden. Häufig werden Hohlprofile als schlanke Druckglieder unter Fußpfetten bei großen Dachüberständen oder als Eckstützen weit auskragender Balkone verwendet. Die gängigsten Größen von Hohlprofilstützen sind vorgefertigt lieferbar.

13.3.2 Stahlträger

Stahlträger aus Formstählen werden als I-Profile für Stahlträgerdecken, Stahlverbundträger oder Stahlträger-Stürze eingesetzt. Bei Stahlträgerdecken werden meist schmale und hohe I-Profile in bestimmten Achsenabständen verlegt und in den Feldern (Kappen) mit Beton ausgegossen. Diese Kappen sind zur besseren Lastübertragung meist stichbogenförmig oder mit Vouten ausgebildet. Weiterhin können auch Schalungsplatten aus Leichtbeton oder Ton (Hourdisplatten) zwischen die Felder eingelegt und danach mit einem Aufbeton versehen werden. Sollen Deckenkonstruktionen bei großer Spannweite möglichst geringe Eigenlast haben, werden Stahlbetondeckenplatten, z. B. als Fertigteile, auf I-Profile aufgelegt. Diese sind dann nur im Stoßfugenbereich der Deckenplatte auszugießen. Die Stahlbetondeckenplatten müssen dabei eine Mindestdicke von 5 cm haben **(Bild 2)**.

Bei Stahlverbundträgern werden Stahlträger und Deckenplatte miteinander verbunden. Dabei wird der Verbund z.B. durch Kopfbolzendübel, die auf den oberen Flansch des Trägers geschweißt sind, hergestellt. Man erreicht dadurch eine erhebliche Gewichtseinsparung beim Stahlträger sowie eine wesentliche Verringerung der Durchbiegung der Decke **(Bild 3)**. Diese Deckenkonstruktionen können in Ortbeton als Plattendecken mit Aufbeton oder als Fertigteildecken mit entsprechendem Fugenverguss ausgeführt werden.

Bei Umbaumaßnahmen, Abfangungen oder über großen Öffnungen werden oft Stahlträger als Stürze verwendet. Dabei sind vor allem die Auflager als Lastverteiler sorgfältig vorzubereiten. Entsprechend der Wanddicke werden ein oder mehrere I-Profile aufgelegt und zwischen den Flanschen ausgemauert oder mit Beton vergossen (**Bild 1**, Seite 416).

Bild 1: Hohlprofilstützen

- Binder
- Kopfplatte
- Hohlprofil
- Fußplatte
- Fundament

Voutenausbildung I - Profil

Stichbogenausbildung

- Schalungselement
- Überbeton

Achsabstand

- Fertigteilplatte
- I - Profil

Deckenplatte auf Stahlträger

Bild 2: Stahlträgerdecken

Ortbeton — Kopfbolzendübel

- Fertigteilplatte
- I - Profil

Bild 3: Stahlverbundträger

Bild 1: Verbunddecken-Querschnitte

Stahltrapezprofil mit
hinterschnittener
Querschnittsgeometrie

Spannrichtung

Spannrichtung

Stahlrohr
Beton

Rechteck-
Hohlprofil
Beton

Rechteck-
Hohlprofil
Beton
Stahlprofil

Bild 2: Verbundstützen-Querschnitte aus betongefüllten
Stahl-Hohlprofilen

Stahlprofil
Stahlbeton

Stahlprofil mit
halbiertem Stahl-
profil zusammen-
gefügt
Stahlbeton

Stahlprofil
Stahlbeton

Bild 3: Verbundstützen-Querschnitte aus kammerbetonierten und einbetonierten Stahlprofilen

13.5.3 Stahlverbunddecken

Es handelt sich bei Stahlverbunddecken um Stahlprofilbleche mit Aufbeton (Bild 1). Verbunddecken
können gleichzeitig Obergurte von Verbundträgern
sein.

Die Profilbleche dienen während des Bauzustandes
als Schalungselemente. Nach der vollständigen Erhärtung des Betons wirken die beiden Verbundbaustoffe zusammen. Stahlprofilbleche bilden hierbei
entweder vollständig oder zusammen mit einer unteren Bewehrungslage die Zugbewehrung.

Die Verbundwirkung wird durch die Formgebung
der Profilbleche erreicht. Auf den Rippenstegen der
Trapezprofilbleche können Noppen, Nocken oder
Sicken eingewalzt bzw. eingeprägt sein. Es gibt
auch Ausführungsarten mit Öffnungen in den oberen Rippengurten, wodurch sich Betondübel ausbilden. Dies setzt voraus, dass sich unterhalb der Gurte eingelegte Flachstähle befinden. Mit schwalbenschwanzförmigen Sicken (hinterschnittene Querschnittsgeometrie) erzielt man infolge der Deckendurchbiegung eine Klemmwirkung.

Die Verbundmittel (Bild 1, Seite 417) werden z.B. als
Endverankerung angeordnet. Dazu sind diese auf zur
Unterstützung dienende Stahlträger aufgeschweißt.

13.5.4 Stahlverbundstützen

Stahlverbundstützen sind entweder mit Beton gefüllt oder von diesem ummantelt. Als Querschnitte
für Verbundstützen gibt es betongefüllte Hohlprofile, in Hohlprofile einbetonierte Stahlprofile (Bild 2),
teilweise einbetonierte Querschnitte (Kammerbeton) und vollständig einbetonierte Querschnitte
(Bild 3).

Der Betonkern von betongefüllten Hohlprofilen ist
oftmals nicht bewehrt. Kammerbeton und Ummantelungsbeton hingegen sind Stahlbetonteile.

Es wird angestrebt, die Lasten gleichmäßig in das
Stahlprofil und in den Beton einzuleiten, damit ein
zuverlässiger Verbund über die gesamte Stützenlänge vorhanden ist. Dazu dienen Anschlusskonstruktionen mit Kopfplatten aus Stahl. Betongefüllte Stahl-Hohlprofile erhalten Dübel in den Lasteinleitungsbereichen, z.B. an den Kopf- und Fußplatten am Ende der Bauteile.

Für Stahlträger mit Kammerbeton und einbetonierte
Stahlträger sind über die gesamte Stützenlänge Verbundmittel in den Profilkammern der Stahlprofile anzuordnen. Diese befinden sich vorzugsweise an den
Stegen der Stahlprofile. Der Beton wird mit Längsstäben und Bügeln bewehrt, wobei die Bügelbewehrung mit dem Steg des Stahlprofils kraftschlüssig
mittels Schweißnaht verbunden sein muss.

13.3　Einbau von Stützen und Trägern

Für den Einbau von Stahlstützen und Stahlträgern als tragende Bauteile verwendet man genormte Baustähle wie Formstähle oder Hohlprofile (Seite 136).

13.3.1　Stahlstützen

Für Stahlstützen in herkömmlichem Mauerwerks- oder Betonbau können sowohl Formstähle als auch Hohlprofile eingesetzt werden **(Bild 1)**. Sie können große Druckkräfte aus Decke oder Wand aufnehmen, sind einfach einzubauen und ermöglichen einen zügigen Baufortschritt. Vor dem Einbau werden Kopf- und Fußplatten als Stahlblech aufgeschweißt und die Stützen mit einem Anstrich als Korrosionsschutz versehen. Haben Stahlstützen große Belastungen aufzunehmen, wie z. B. bei Abfangungen, können die Profile durch aussteifende Bleche an Kopf- und Fußplatten verstärkt werden. Häufig werden Hohlprofile als schlanke Druckglieder unter Fußpfetten bei großen Dachüberständen oder als Eckstützen weit auskragender Balkone verwendet. Die gängigsten Größen von Hohlprofilstützen sind vorgefertigt lieferbar.

Bild 1: Hohlprofilstützen

13.3.2　Stahlträger

Stahlträger aus Formstählen werden als I-Profile für Stahlträgerdecken, Stahlverbundträger oder Stahlträger-Stürze eingesetzt. Bei Stahlträgerdecken werden meist schmale und hohe I-Profile in bestimmten Achsenabständen verlegt und in den Feldern (Kappen) mit Beton ausgegossen. Diese Kappen sind zur besseren Lastübertragung meist stichbogenförmig oder mit Vouten ausgebildet. Weiterhin können auch Schalungsplatten aus Leichtbeton oder Ton (Hourdisplatten) zwischen die Felder eingelegt und danach mit einem Aufbeton versehen werden. Sollen Deckenkonstruktionen bei großer Spannweite möglichst geringe Eigenlast haben, werden Stahlbetondeckenplatten, z. B. als Fertigteile, auf I-Profile aufgelegt. Diese sind dann nur im Stoßfugenbereich der Deckenplatte auszugießen. Die Stahlbetondeckenplatten müssen dabei eine Mindestdicke von 5 cm haben **(Bild 2)**.

Bei Stahlverbundträgern werden Stahlträger und Deckenplatte miteinander verbunden. Dabei wird der Verbund z.B. durch Kopfbolzendübel, die auf den oberen Flansch des Trägers geschweißt sind, hergestellt. Man erreicht dadurch eine erhebliche Gewichtseinsparung beim Stahlträger sowie eine wesentliche Verringerung der Durchbiegung der Decke **(Bild 3)**. Diese Deckenkonstruktionen können in Ortbeton als Plattendecken mit Aufbeton oder als Fertigteildecken mit entsprechendem Fugenverguss ausgeführt werden.

Bei Umbaumaßnahmen, Abfangungen oder über großen Öffnungen werden oft Stahlträger als Stürze verwendet. Dabei sind vor allem die Auflager als Lastverteiler sorgfältig vorzubereiten. Entsprechend der Wanddicke werden ein oder mehrere I-Profile aufgelegt und zwischen den Flanschen ausgemauert oder mit Beton vergossen (**Bild 1**, Seite 416).

Bild 2: Stahlträgerdecken

Bild 3: Stahlverbundträger

Bild 1: Stahlträger-Sturz

einschalige Außenwand

Anschluss an hohes Profil

zweischaliges Verblendmauerwerk
mit Luftschicht und Dämmung

Bild 2: Ausfachungen

13.3.3 Wandausbildung

Die Wandausbildung bei einem Stahlskelettgebäude richtet sich in der Regel nach der Nutzung des Gebäudes und nach gestalterischen Gesichtspunkten. Dabei wird die übliche Ausmauerung des Tragskeletts immer mehr von großformatigen Wandtafelsystemen aus Porenbeton und aus Trapezblechen oder von Stahlsandwichelementen abgelöst. Diese werden in der Regel vor den Stützen montiert. Die Außenwände müssen die auf ihre Fläche wirkenden Windlasten sicher auf das angrenzende Tragskelett ableiten. Falls erforderlich müssen sie auch die Anforderungen an Wärme-, Schall- und Brandschutz erfüllen. Die Wanddicke ist auf die Stahlprofile des Skeletts abzustimmen und muss mindestens 11,5 cm betragen. Im Stahlskelettbau werden die Felder ganz oder teilweise geschlossen. Man spricht dabei von Ausfachung, die aus Mauerwerk und anderen Wandbaustoffen bestehen kann.

Die Anschlüsse der Ausmauerung an die Stahlbauteile müssen so ausgebildet sein, dass Bewegungen des Stahlskeletts möglich sind, ohne am Mauerwerk Schäden zu verursachen. Deshalb sind zwischen Mauerwerk und Stahlprofil Dämmstreifen anzuordnen. Zur Verbindung zwischen Mauerwerk und Stahlskelett sowie zur Aussteifung des Mauerwerks werden Anker, Bewehrungsstäbe oder Flachstahl in die Lagerfugen des Mauerwerks eingelegt (Seite 260). Ausfachungen mit Mauerwerk können einschalig oder zweischalig ausgeführt werden **(Bild 2)**.

Bei der Ausmauerung im Skelettbau dürfen die zulässigen Größtwerte der Ausfachungsflächen nicht überschritten werden. Diese betragen z. B. bei einer Gebäudehöhe bis 8,00 m und einer Wanddicke von 24 cm zwischen 25 m² und 36 m².

13.4 Schutzmaßnahmen

Der Schutz der Stahlkonstruktion erfolgt durch Beschichtungen oder durch metallische Überzüge. Beschichtungen sind mehrere zusammenhängende Schichten, die durch Streichen, Tauchen oder Spritzen aufgebracht werden. Dazu gehören die Grundbeschichtung und die Deckbeschichtung. Als Grundbeschichtung verwendet man z. B. Zinkchromat und als Deckbeschichtung Aluminiumpulver oder Eisenglimmer. Beschichtungen dürfen nur auf entsprechend vorbereitete Oberflächen aufgebracht werden. Diese muss frei von Schmutz, Staub, Öl, Rost und Zunder ein. Metallische Überzüge als dauerhaften Korrosionsschutz erhält man durch Feuerverzinken. Das Feuerverzinken erfolgt in Zinkbädern bei Temperaturen von etwa 450°C. Es erfordert eine metallisch blanke Oberfläche, die frei von Fett und sonstigen Verunreinigungen sein muss. Im Zinkbad entstehen auf den Stahlflächen Eisen-Zink-Legierungsschichten. Um einen noch besseren Korrosionsschutz zu erreichen, kann der Zinküberzug beschichtet werden (Seite 145).

Aufgaben

1 Nennen Sie Verbindungsmöglichkeiten im Stahlbau.

2 Unterscheiden Sie den konstruktiven Aufbau von Fachwerkbauweise und Rahmenbauweise.

3 Beschreiben Sie die Ausführung einer biegesteifen Rahmenecke.

4 Nennen und erklären Sie Vorteile und Nachteile von Schraub- und Schweißverbindungen.

5 Erläutern Sie die Ausführungsarten der Stahlskelettausmauerung.

6 Nennen Sie Korrosionsschutzmaßnahmen.

13.5 Stahlverbundbau

Ein Stahlverbundbauteil besteht aus Baustahl und Beton. Der Beton kann bewehrt oder unbewehrt ausgeführt sein. Die Vorspannung des Betons durch Spannglieder ist möglich. In der Regel wird Ortbeton verwendet; es gibt auch Konstruktionen mit Fertigteilen aus Beton.

Als Bauteile werden Stahlverbundträger, Stahlverbunddecken und Stahlverbundstützen hergestellt.

Der Stahlverbundbau erlaubt im Vergleich zum Stahlbetonbau bei großen Stützweiten geringere Querschnittsabmessungen. Durch einen hohen Vorfertigungsgrad der Stahl-Elemente ab Werk und anschließendem Montieren auf der Baustelle werden kurze Montagezeiten ermöglicht. Des Weiteren reduziert sich der Schalungsaufwand, da die Stahl-Elemente als verlorene Schalung und als Traggerüst dienen können und die Lasten des Frischbetons und die des Baustellenbetriebes aufnehmen.

Gegenüber Stahlkonstruktionen können durch den eingebrachten Beton ein höherer Korrosionsschutz des Stahls erzielt und die bauphysikalischen Eigenschaften der Bauteile, insbesondere die erzielbare Feuerwiderstandsdauer, verbessert werden.

Kopfbolzendübel

Blockdübel mit Ankerschlaufe

T-Dübel mit Hakenanker

Winkeldübel mit gebogenem Ankerstab

Bild 1: Verbundmittel (Auswahl)

13.5.1 Verbundsicherung

Bei Stahlverbundbauteilen muss sichergestellt sein, dass Baustahl und Beton im Verbund zusammenwirken. Dies wird durch Verdübelung erreicht.

Die Dübel sind auf die dem Beton zugewandten Stahloberflächen angeordnet. Für Dübel gibt es verschiedene Ausführungsarten (**Bild 1**). Sie werden im Werk oder auf der Baustelle aufgebracht, im Regelfall geschweißt. Nach Aufstellen der Stahlkonstruktion bzw. der Dübelmontage erfolgt das Betonieren.

Handelt es sich um Stahlverbundbauteile mit Beton-Fertigteilen, ist der sogenannte Reibungsverbund anzuwenden. Die Fertigteile werden auf den Stahlteilen mit hochfesten Schrauben befestigt, die planmäßig vorgespannt werden.

Verbundträger mit Stahlbetonvollplatte

Verbundträger mit gevouteter Stahlbetonvollplatte

Verbundträger mit Kammerbeton und Stahlbetonvollplatte

Bild 2: Verbundträger-Querschnitte

13.5.2 Stahlverbundträger

Ein Stahlverbundträger besteht in der Regel aus einem Walz- oder Schweißprofil mit oben liegender Stahlbetonplatte (**Bild 2 und Bild 3**). Die Betonplatte kann unterschiedliche Querschnittsgeometrien aufweisen, z. B. die Form einer Vollplatte oder die einer gevouteten Platte.

Aus Gründen des Brandschutzes kann es erforderlich sein, dass Stahlprofile mit in den Kammern des Stahlprofils eingelassenem Beton verwendet werden.

Stahlbetonplatte

Obere Bewehrungslage
Untere Bewehrungslage

Kopfbolzendübel, zweireihig

Stahlprofil

Bild 3: Verbundträger mit Verbundsicherung

Bild 1: Verbunddecken-Querschnitte

Bild 2: Verbundstützen-Querschnitte aus betongefüllten Stahl-Hohlprofilen

Bild 3: Verbundstützen-Querschnitte aus kammerbetonierten und einbetonierten Stahlprofilen

13.5.3 Stahlverbunddecken

Es handelt sich bei Stahlverbunddecken um Stahlprofilbleche mit Aufbeton (**Bild 1**). Verbunddecken können gleichzeitig Obergurte von Verbundträgern sein.

Die Profilbleche dienen während des Bauzustandes als Schalungselemente. Nach der vollständigen Erhärtung des Betons wirken die beiden Verbundbaustoffe zusammen. Stahlprofilbleche bilden hierbei entweder vollständig oder zusammen mit einer unteren Bewehrungslage die Zugbewehrung.

Die Verbundwirkung wird durch die Formgebung der Profilbleche erreicht. Auf den Rippenstegen der Trapezprofilbleche können Noppen, Nocken oder Sicken eingewalzt bzw. eingeprägt sein. Es gibt auch Ausführungsarten mit Öffnungen in den oberen Rippengurten, wodurch sich Betondübel ausbilden. Dies setzt voraus, dass sich unterhalb der Gurte eingelegte Flachstähle befinden. Mit schwalbenschwanzförmigen Sicken (hinterschnittene Querschnittsgeometrie) erzielt man infolge der Deckendurchbiegung eine Klemmwirkung.

Die Verbundmittel (Bild 1, Seite 417) werden z. B. als Endverankerung angeordnet. Dazu sind diese auf zur Unterstützung dienende Stahlträger aufgeschweißt.

13.5.4 Stahlverbundstützen

Stahlverbundstützen sind entweder mit Beton gefüllt oder von diesem ummantelt. Als Querschnitte für Verbundstützen gibt es betongefüllte Hohlprofile, in Hohlprofile einbetonierte Stahlprofile (**Bild 2**), teilweise einbetonierte Querschnitte (Kammerbeton) und vollständig einbetonierte Querschnitte (**Bild 3**).

Der Betonkern von betongefüllten Hohlprofilen ist oftmals nicht bewehrt. Kammerbeton und Ummantelungsbeton hingegen sind Stahlbetonteile.

Es wird angestrebt, die Lasten gleichmäßig in das Stahlprofil und in den Beton einzuleiten, damit ein zuverlässiger Verbund über die gesamte Stützenlänge vorhanden ist. Dazu dienen Anschlusskonstruktionen mit Kopfplatten aus Stahl. Betongefüllte Stahl-Hohlprofile erhalten Dübel in den Lasteinleitungsbereichen, z. B. an den Kopf- und Fußplatten am Ende der Bauteile.

Für Stahlträger mit Kammerbeton und einbetonierte Stahlträger sind über die gesamte Stützenlänge Verbundmittel in den Profilkammern der Stahlprofile anzuordnen. Diese befinden sich vorzugsweise an den Stegen der Stahlprofile. Der Beton wird mit Längsstäben und Bügeln bewehrt, wobei die Bügelbewehrung mit dem Steg des Stahlprofils kraftschlüssig mittels Schweißnaht verbunden sein muss.

13.6 Sandwichelemente im Stahlbau

Sandwichelemente als gebäudeabschließende Dach- und Wandbauteile sind mehrschichtige Bauelemente, die besonders im Hallenbau von Industrie, Handwerk und Gewerbe verwendet werden **(Bild 1)**.

Schnitt	Ansicht

Bild 1: Lagerhalle

Der mehrschichtige **Aufbau** mit dünnwandigen Metalldeckschichten und einem dazwischen eingeschäumten Hartschaumkern, z. B. aus Polyurethan, ergibt ein Sandwichelement, das sich sowohl für wärmedämmende und lastabtragende Dach- und Wandbekleidungen eignet und gleichzeitig die architektonische Gestaltung des Gebäudes betont. Dazu werden für die Errichtung einer Lagerhalle mit Sandwichelementen die Anschlusspunkte der Dach- und Wandkonstruktion als Beispiele gezeigt **(Bild 2)**.

Die **Metalldeckschichten** (Deckbleche) gibt es in unterschiedlichen Oberflächengeometrien. Dabei werden für den stärker belasteten Dachbereich meist Elemente mit einer trapezprofilierten Außenschale und einer ebenen oder gesickten Innenschale vewendet. Für den geringer belasteten Wandbe-

First; DN ≥ 5°

Mineralwollstreifen
Deckschale am Bau aufkanten
Edelstahl- Bohrschraube mit Dichtscheibe
Firstprofil-Stoß überlappend in Siliconbett
Profilfüller
Firstprofil
Dach-Sandwichelement
Kompriband
Firstspalt ausschäumen
Firstblech unten

Traufe; DN ≥ 5°

Kompriband zw. Dachelement und Rinneneinhängprofil
Edelstahl-Bohrschraube mit Dichtscheibe auf jeder Hochsicke
Abweisprofil
Traufe
Edelstahl- Bohrschraube mit Dichtscheibe und Abdeckkappe auf jeder Hochsicke
Dach-Sandwichelement
Kantteil
Halbrundrinne mit Innenbügel
Rinneneinhängprofil
Kompriband zw. Rinneneinhängprofil und Wandelement
AK Stütze
Sandwichelement

Sockel

Sandwichelement
Anschlagwinkel
Kompriband
Winkel mit selbstbohrenden Schrauben in HTU Schiene befestigt
OK Sockel
HTU Schiene
Tropfwinkel
OK Bodenplatte

Bild 2: Sandwichelemente mit Dach- und Wanddarstellung

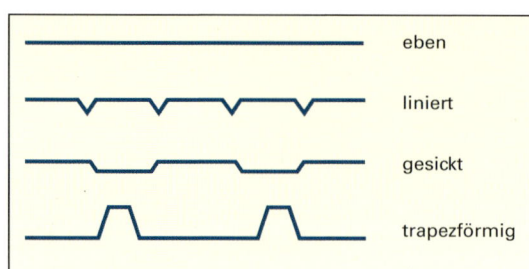

Bild 1: Oberflächengeometrien

eben
liniert
gesickt
trapezförmig

Wandelemente

außen
innen
Hartschaumkern
Metalldeckschichten

Dachelemente

außen
innen
Dichtband
Hartschaumkern
Metalldeckschichten

Bild 2: Längsfugen (Beispiel)

Dichtscheibe
Selbstfurchendes Gewinde
Selbstbohrende Spitze

Bild 3: Sandwich-Bohrschraube

Selbstfurchende Schraube
Befestigungselement

Bild 4: Verdeckte Befestigung mit Elementhalter

reich hingegen werden auch aus architektonischer Sicht meist Elemente mit linierten oder gesickten Außenblechen und glatten Innenblechen verwendet. Diese können sowohl horizontal als auch vertikal montiert werden (**Bild 1**).

Der **Korrosionsschutz** der kaltverformten Stahlbänder in Dicken von 0,50 mm bis 1,50 mm für die Deckschalen erfolgt durch einen Zink- oder Aluminiumüberzug beziehungsweise durch eine Lack- oder Folienbeschichtung. Das jeweilige Korrosionsschutzsystem ist auf die Witterungsbedingungen, denen das Bauwerk ausgesetzt ist, abzustimmen.

Durch den Aufbau, die Ausführung und die Abmessungen der Elemente (Länge bis 24 m, Breite bis 1,20 m und Bauteilhöhe bis 20 cm) und deren Lieferung in objektbezogenen Zuschnittsmaßen sind Bauwerke mit Sandwichelementen wirtschaftlich zu realisieren.

Weiterhin werden die Systemelemente durch eine Reihe von Standard- und Sonderformteilen ergänzt.

Die **Montage** und **Befestigung** der Sandwichelemente ist unter Beachtung der bauaufsichtlichen Verwendungszulassung sowie unter Berücksichtigung der statischen Erfordernisse und der Herstellervorgaben auszuführen.

Die **Verlegung** der Dach- und Wandelemente erfolgt nach dem entsprechenden Verlegeplan unter Berücksichtigung system- und herstellergebundener Verlege- und Montageanleitungen. Die einzelnen Sandwichtafeln werden über vorgeformte Längsfugen mit Stoßüberlappung hohlraumfrei miteinander verbunden. Zudem gewährleistet das in der Fuge werkseitig eingelegte komprimierte Dichtband sowohl eine dauerhafte Luftdichtigkeit und verhindert damit das Eindringen von Wasserdampf in die Bauteilfuge als auch die Regensicherheit bei starkem Schlagregen (**Bild 2**).

Die **Befestigung** der Sandwichelemente mit der tragenden Stahlunterkonstruktion des Daches oder der Wände erfolgt mit speziell für Sandwichelemente entwickelten Schrauben (**Bild 3**).

Als **Befestigungsmethode** hat sich für Wandelemente die verdeckte Befestigung in der Längsfuge durchgesetzt (**Bild 4**).

Die Befestigung der Dachelemente erfolgt als Durchschraubbefestigung in der Hochsicke des Längsstoßes. Die sichtbaren Köpfe der Dichtschrauben können über eine durchlaufend aufgeclipste Profilschiene abgedeckt werden. Ebenso ist eine verdeckte Befestigung der Dachelemente über einen systemgebundenen Elementhalter in der Längsfuge möglich.

14 Treppenbau

Treppen dienen der Überwindung von Höhenunterschieden bei Bauwerken. Sie müssen sicher, bequem und ohne Gefahr begangen werden können.

14.1 Bezeichnungen

- **Treppe** ist ein Bauteil aus mindestens einem Treppenlauf **(Bild 1)**.
- **Geschosstreppe** verbindet zwei Geschosse, Keller und Erdgeschoss (Kellertreppe) sowie das oberste Geschoss mit dem Dachboden (Bodentreppe).
- **Ausgleichstreppe** ist in der Regel notwendig zum Ausgleich von Höhenunterschieden innerhalb eines Geschosses sowie zwischen Eingangsebene und erstem Geschoss (Erdgeschoss).
- **Treppenlauf** besteht aus mindestens 3 Treppenstufen in ununterbrochener Folge zwischen zwei Ebenen.
- **Lauflänge** ist die Länge des Treppenlaufs in der Draufsicht.
- **Laufbreite** ist die Breite des Treppenlaufs in der Draufsicht.
- **Lauflinie** gibt als gedachte Linie den üblichen Weg der Benutzer einer Treppe an. wird zeichnerisch im Grundriss dargestellt, beginnt mit einem Kreis an der Vorderkante der Antrittsstufe und endet an der Vorderkante der Austrittsstufe mit einem Pfeil.
- **Treppenpodest** wird der Treppenabsatz am Anfang oder Ende eines Treppenlaufs bezeichnet.
- **Zwischenpodest** liegt als Treppenabsatz zwischen zwei Treppenläufen.
- **Treppenauge** nennt man den von Treppenläufen und dem Treppenpodest umschlossenen freien Raum.
- **Treppenraum** auch Treppenhaus, ist der für die Treppe vorgesehene Raum.
- **Treppenöffnung** auch Treppenloch, ist die Aussparung in Geschossdecken für den Treppenlauf.

Bild 1: Bezeichnungen bei Treppen im Rohbau

Treppen mit geraden Läufen

Einläufige gerade
Treppe als Rechts-
treppe dargestellt

Halbpodest

Zweiläufige gegen-
läufige Treppe mit
Zwischenpodest
(Rechtstreppe)

Treppen mit gewendelten Läufen

Wendeltreppe mit Trep-
penauge als einläufige
Linkstreppe dargestellt

Spindeltreppe mit
Treppenspindel als
einläufige Linkstrep-
pe dargestellt

Treppen mit geraden und gewendelten Laufteilen

Einläufige im Antritt viertelgewendelte Treppe als Rechtstreppe dargestellt

Einläufige zweimal
viertelgewendelte
Treppe (Rechtstreppe)

Einläufige halbgewen-
delte Treppe als Links-
treppe dargestellt

Einläufige dreiviertel-
gewendelte Treppe als
Linkstreppe dargestellt

Bild 1: Grundrissformen von Treppen

14.2 Treppenformen

Die Form der Treppe richtet sich nach der Größe des zur Verfügung stehenden Treppenraumes. Daneben können praktische und gestalterische Gesichtspunkte für die Wahl einer bestimmten Treppenform eine Rolle spielen. Treppen werden nach der Grundrissform, nach der Zahl der Läufe sowie nach den Podestarten benannt. Nach der Grundrissform unterscheidet man Treppen mit geraden Läufen und mit gewendelten Läufen sowie Treppen mit geraden und gewendelten Laufteilen **(Bild 1)**.

Treppen mit geraden Läufen haben gleich breite Stufen und geradlinige seitliche Begrenzungen. Zu diesen Treppen zählen auch mehrläufige gewinkelte und gegenläufige Treppen.

Treppen mit gewendelten Läufen sind Wendeltreppen und Spindeltreppen. Wendeltreppen führen bogenförmig um ein Treppenauge mit annähernd einer ganzen Drehung zum nächsten Geschoss. Bei Spindeltreppen sind die keilförmigen Stufen in der Mitte an einer Stahlbetonsäule oder an einem Stahlrohr befestigt.

Treppen mit geraden und gewendelten Laufteilen sind in der Regel einläufige Treppen, die im Antritt, im Austritt oder im An- und Austritt viertelgewendelt sein können. Es gibt auch halb- und dreiviertelgewendelte Treppen.

Nach der Zahl der Läufe unterscheidet man einläufige, zweiläufige und mehrläufige Treppen.

Einläufige Treppen überwinden ohne Unterbrechung der Stufenfolge den Höhenunterschied zwischen zwei Stockwerken. Bei **zweiläufigen Treppen** wird die Stufenfolge durch einen waagerechten Absatz, dem Zwischenpodest, unterbrochen. Dies ist bei größeren Höhenunterschieden sowie in mehrgeschossigen Gebäuden vorteilhaft, weil durch Podeste die Anstrengung beim Treppensteigen gemindert wird.

Je nach ihrer Lage unterscheidet man verschiedene Podestarten. **Viertelpodeste** liegen zwischen zwei rechtwinklig zueinander angeordneten Treppenläufen. **Halbpodeste** verbinden Treppenläufe mit entgegengesetzter Laufrichtung. Das **Geländer mit Handlauf** muss an der inneren Treppenseite (freien Seite, Lichtwange) befestigt sein, um ein Abstürzen des Benutzers zu verhindern. Fasst man beim Hinaufgehen den Handlauf mit der rechten Hand, bezeichnet man diese Treppe als **Rechtstreppe,** liegt das Geländer links, ist es eine **Linkstreppe.**

14.3 Treppenabmessungen

Treppen müssen so bemessen sein, dass die Stufenmaße der natürlichen Gehbewegung angepasst sind. Die Treppenmaße ergeben sich aus den Stufenmaßen. Bei gewendelten Treppen ist eine Stufenverziehung erforderlich.

14.3.1 Stufenmaße

- **Steigungshöhe** ist das lotrechte Maß s zwischen den Trittflächen zweier aufeinander folgender Stufen **(Bild 1)**.

- **Auftrittsbreite** ist das waagerechte Maß a, gemessen zwischen den Vorderkanten zweier aufeinander folgender Treppenstufen.

- **Steigungsverhältnis** nennt man das Verhältnis von Steigungshöhe zu Auftrittsbreite s/a. Es ist das Maß für die Neigung einer Treppe.

- **Unterschneidung** ist das waagerechte Maß u, um das die Vorderkante einer Stufe über die Breite der Trittfläche der darunter liegenden Stufe vorspringt.

Bild 1: Stufenmaße

bis 21 Keller und Dachböden
17 bis 20 Einfamilienhäuser
17 bis 18 Mehrfamilienhäuser
15 bis 17 Versammlungsstätten, Schulen und Kaufhäuser
14 bis 16 im Freien und in Bahnhöfen

Bild 2: Richtwerte für Steigungshöhen in cm

Je nach **Steigungshöhe** ist das Begehen einer Treppe mehr oder weniger anstrengend. Außerdem ist von Bedeutung, wie häufig eine Treppe begangen wird. Die Steigungshöhe ist ein wichtiges Maß für die Planung einer Treppe, deshalb sollten Richtwerte eingehalten werden **(Bild 2)**.

Die **Auftrittsbreite** soll zwischen 25 und 32 cm betragen. Bei Auftrittsbreiten unter 26 cm ist zur Vergrößerung der Trittfläche eine Unterschneidung bis zu 3 cm möglich. Bei massiven Steintreppen kann dies durch Auskehlungen oder Abschrägungen erreicht werden; Trittplatten werden entsprechend verbreitert.

In der DIN 18065 sind Grenzwerte für Steigungshöhen und Auftrittsbreiten festgelegt und in mm angegeben **(Tabelle 1)**.

Das **Steigungsverhältnis** wird als Größenverhältnis zwischen Steigungshöhe und Auftrittsbreite üblicherweise in cm und mm angegeben **(Bild 2)**. Demnach bedeutet das Steigungsverhältnis $17^8/27^4$ bei einer Treppe, dass ihre Stufen eine Steigungshöhe von 17,8 cm haben und eine Auftrittsbreite von 27,4 cm.

Tabelle 1:	Treppengrenzmaße nach DIN 18065 für Wohngebäude mit bis zu zwei Wohnungen[1]	
Treppen nach Baurecht	Steigung s in mm	Auftritt a in mm
notwendig	140 bis 200	230 bis 370
zusätzlich	140 bis 210	210 bis 370

[1] gilt auch allgemein für Gebäude, mit folgenden Ausnahmen für baurechtlich notwendige Treppen:
$s \leq 190$ mm, $a \geq 260$ mm

Die Stufenmaße sind mithilfe der **Schrittmaßregel** zu berechnen:

$2\,s + a = 59$ cm bis 65 cm	zwei Steigungshöhen + eine Auftrittsbreite = Schrittmaß

Zur Berechnung dieser Maße geht man meist von einem durchschnittlichen Schrittmaß des Menschen von 63 cm aus.

$a = 63$ cm $- 2\,s$	eine Auftrittsbreite = Schrittmaß − zwei Steigungshöhen

Beispiel: $a = 63$ cm $- 2 \cdot 17$ cm
$a = 29$ cm

Treppen mit einem Steigungsverhältnis **17/29** sind am sichersten und bequemsten zu begehen.

Treppenmaße werden durch die Treppenberechnung ermittelt. Außerdem müssen die Treppenlaufbreite und die Treppendurchgangshöhe bestimmt werden.

Die **Treppenberechnung** erfolgt in drei Abschnitten. Man ermittelt zuerst die Steigungshöhe *s*, dann die Auftrittbreite *a* und danach die Lauflänge der Treppe. Dabei ist zu beachten, dass die Stufenmaße innerhalb eines Treppenlaufs auf der Lauflinie gleich sein müssen.

Bild 1: Grundriss und Schnitt einer geraden Treppe

Für die Berechnung der einzelnen Treppenmaße ist der Fußbodenaufbau der unteren und der oberen Decke zu berücksichtigen **(Bild 1). Die errechneten Maße sind die Fertigmaße der Treppe.** Zur Herstellung sind zunächst jedoch die Rohbaumaße wichtig. Diese errechnen sich aus den Fertigmaßen abzüglich der Dicke des Fußbodenbelags.

Bei der **Laufbreite** von baurechtlich notwendigen Treppen sind Mindestmaße für die nutzbare Laufbreite vorgeschrieben (Bild 1). Diese betragen nach DIN 18065 für Treppen in Wohngebäuden mit nicht mehr als 2 Wohnungen mindestens 80 cm, darüber hinaus mindestens 1,00 m. Für die Treppenbreiten in öffentlichen Gebäuden, wie z. B. in Schulen, gelten besondere Vorschriften.

Als **lichte Durchgangshöhe** muss eine Höhe von mindestens 2,00 m vorhanden sein, damit ein gefahrloses Begehen der Treppe möglich ist. Alle über der Treppe liegenden Bauteile wie Decken, Balken oder Treppenläufe dürfen die Durchgangshöhe nicht verringern (Bild 1).

14.3.3 Stufenverziehung

Bei gewendelten Treppen entstehen im gewendelten Bereich keilförmige Stufen (**Bild 1** und **Bild 2**). Die Ermittlung der keilförmigen Form dieser Stufen nennt man Stufenverziehung. Dies kann rechnerisch und zeichnerisch geschehen.

Zunächst wird wie bei allen Treppen die Anzahl der Steigungen *n* für die vorgesehene Geschosshöhe sowie die sich daraus ergebende Steigungshöhe *s* und die Auftrittsbreite *a* errechnet. Die Länge der Treppe ergibt sich aus der Auftrittsbreite, multipliziert mit der Anzahl der Steigungen, vermindert um eine Steigung. Dies ist notwendig, weil die oberste Auftrittsbreite bereits der Geschossdecke zugeordnet ist.

Auf der Lauflinie wird die Auftrittsbreite in der jeweiligen Anzahl der Auftritte abgetragen. Dabei ist wiederum zu beachten, dass die oberste Auftrittsbreite bereits auf der Geschossdecke liegt. Bei gewendelten Treppen hat die Lauflinie im Bereich der Wendelung die Form eines Kreisbogens. Der Mittelpunkt dieses Kreisbogens liegt meist im Eckpunkt der Treppeninnenseiten oder fällt mit dem Mittelpunkt der Ausrundung der Treppeninnenseiten zusammen. Beim Abtragen der Auftrittsbreiten auf der Lauflinie ist darauf zu achten, dass die Eckstufe möglichst mittig liegt, d. h., dass die Verbindungslinie zwischen den Eckpunkten von Treppeninnenseite und Treppenaußenseiten die Auftrittsfläche etwa halbiert.

Allgemeine Regeln für die Stufenverziehung

- Die Anzahl der zu verziehenden Stufen muss festgelegt werden, da sie sich weder rechnerisch noch zeichnerisch ermitteln lässt.

- Es wird in der Regel eine ungerade Anzahl von Stufen verzogen, da die Eckstufe mittig zur Verbindungslinie Außenecke – Innenecke der Treppe liegen soll (**Bild 3**).

- Die Stufenbreiten an der Innenseite der Treppe werden von den nicht verzogenen Stufen zur Eckstufe hin kleiner.

- Die Vorderkante der Eckstufe darf nicht mit der Verbindungslinie Außenecke – Innenecke zusammenfallen.

- Die kleinste Auftrittsbreite sollte mindestens 10 cm betragen.

- Durch Ausrunden der Treppe an der Treppeninnenseite können die Auftrittsbreiten vergrößert werden.

Bild 1: Viertelgewendelte Treppe

Bild 2: Halbgewendelte Treppe

Bild 3: Lage der Eckstufe und des Mittelpunktes der Lauflinie

14.3.3.1 Verziehen einer viertel-gewendelten Treppe

Die Vorgehensweise bei der Konstruktion ist am Beispiel einer im Antritt viertelgewendelten Treppe dargestellt. Die Länge der Lauflinie misst 3,78 m; das Steigungsverhältnis der Treppe beträgt 18/27.

Es sollen die Stufen 2 bis 10 verzogen werden. Die Lösung der Konstruktion wird in 3 Schritten durchgeführt **(Bild 1)**.

- In der Mitte des Treppenlaufs wird die Lauflinie eingezeichnet und die ermittelte Anzahl von Auftrittsbreiten abgetragen (1. Schritt).

- Die Stufenbreiten an der Treppeninnenseite sind zeichnerisch zu ermitteln.

  Dies geschieht mit einer Hilfskonstruktion:

  – Dreieck ABC mit rechtem Winkel in Scheitel A und den Katheten s konstruieren

  – s = halbe Strecke an der Treppeninnenseite zwischen den zu verziehenden Stufen (2. Schritt).

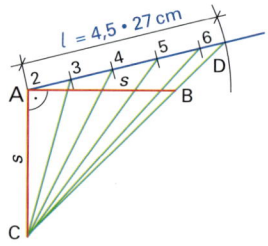

  – Kreis um A mit Radius l schneidet Gerade CB in D

    l = halbe Strecke auf der Lauflinie zwischen den zu verziehenden Stufen

  – auf $\overline{AD}$ = l die Auftrittsbreiten der zu verziehenden Stufen abtragen

  – Verbindungslinien zwischen C und den Teilpunkten auf l teilen $\overline{AB}$ = s in die gesuchten Stufenbreiten an der Treppeninnenseite

- Die gesuchten Teilpunkte werden im Grundriss an die Treppeninnenseite übertragen. Verbindet man diese Teilpunkte mit den entsprechenden Teilpunkten auf der Lauflinie, ergibt sich die jeweilige Stufenvorderkante (3. Schritt).

1. Schritt

2. Schritt

3. Schritt

Bild 1: Verziehen einer viertelgewendelten Treppe

14.3.3.2 Verziehen einer halbgewendelten Treppe

Die Vorgehensweise bei der Konstruktion ist am Beispiel einer halbgewendelten Treppe dargestellt. Die Länge der Lauflinie misst 4,05 m; das Steigungsverhältnis der Treppe beträgt 18/27.

Es sollen die Stufen 3 bis 13 verzogen werden. Die Lösung der Konstruktion wird in 3 Schritten durchgeführt **(Bild 1).**

- In der Mitte des Treppenlaufs wird die Lauflinie gezeichnet und die Anzahl der errechneten Auftrittsbreiten abgetragen (1. Schritt).

- Die Stufenbreiten an der Treppeninnenseite sind zeichnerisch zu ermitteln.

  Dies geschieht mit einer Hilfskonstruktion:

  - Dreieck ABC mit rechtem Winkel in Scheitel A und den Katheten *s* konstruieren

    s = halbe Strecke an der Treppeninnenseite zwischen den zu verziehenden Stufen (2. Schritt)

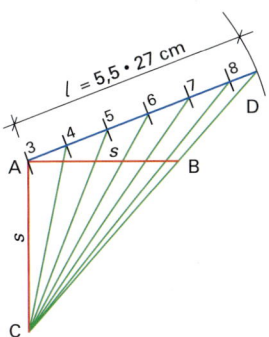

  - Kreis um A mit Radius *l* schneidet Gerade CB in D

    l = halbe Strecke auf der Lauflinie zwischen den zu verziehenden Stufen

  - auf $\overline{AD}$ = *l* die Auftrittsbreiten der zu verziehenden Stufen abtragen

  - Verbindungslinien zwischen C und den Teilpunkten auf *l* teilen $\overline{AB}$ = *s* in die gesuchten Stufenbreiten an der Treppeninnenseite

- Die gesuchten Teilpunkte werden im Grundriss an die Treppeninnenseite übertragen. Fehlende Teilpunkte auf der anderen Treppenlaufhälfte lassen sich symmetrisch übertragen. Verbindet man die Teilpunkte mit den entsprechenden Teilpunkten auf der Lauflinie, ergibt sich die jeweilige Stufenvorderkante (3. Schritt).

1. Schritt

2. Schritt

3. Schritt

Bild 1: Verziehen einer halbgewendelten Treppe

Blockstufen

Blockstufen mit Unterschneidung

b = Stufenbreite
h = Stufenhöhe
d = Stufendicke

Dreieckstufen verschalte Form

Dreieckstufen halbverschalte Form

hängende Winkelstufen

stehende Winkelstufen

Trittplatten

Stellplatten

Plattenstufen

Tritt- und Stellplatten

Bild 1: Stufenarten nach dem Querschnitt

14.4   Treppenaufbau

Treppen werden als Stein- oder Holztreppen für Geschosstreppen, Ausgleichs- oder Differenztreppen, Eingangstreppen und Kellertreppen in Gebäude eingebaut.

14.4.1   Steintreppen

Steintreppen unterscheiden sich in der Art ihrer Stufen und in der Bauart. Um die Sicherheit bei ihrer Benutzung zu gewährleisten, sind Treppenbrüstungen vorzusehen.

14.4.1.1 Treppenstufen

Treppenstufen können aus unterschiedlichen Werkstoffen in den verschiedensten Formen hergestellt werden.

Steintreppen müssen abriebfest, rutschsicher und pflegeleicht sein, Außentreppen unempfindlich gegen Witterungseinflüsse. Für Treppenstufen eignen sich Naturstein, Beton und Betonwerkstein sowie Klinker. Treppenstufen aus Beton können mit keramischen Bodenfliesen und Spaltplatten belegt werden. Entscheidend für die Wahl eines dieser Werkstoffe sind Standort, Bauart und die beabsichtigte Wirkung einer Treppe sowie die Querschnittsform der Stufen.

Bei den Stufen unterscheidet man nach dem Querschnitt Blockstufen, Dreieck- oder Keilstufe, Winkelstufen, Plattenstufen sowie Stufen aus Tritt- und Stellplatten **(Bild 1)**.

Blockstufen haben einen rechteckigen Querschnitt. Die Stufen erhalten ein gefälligeres Aussehen, wenn die Stoßflächen ausgekehlt oder schräg unterschnitten sind. Die jeweils höher liegende Stufe springt etwa 3 cm über die darunter liegende vor. Die Stufen liegen jedoch nicht unmittelbar aufeinander, sondern werden durch eine etwa 3 mm dicke Mörtelfuge getrennt.

Dreieck- oder Keilstufen haben eine schräge Unterfläche und an der Unterkante der Stoßfläche einen etwa 3 cm tiefen, stumpfwinkligen Falz, der das Abrutschen der Stufen verhindert.

Winkelstufen haben einen winkelförmigen Querschnitt. Man unterscheidet hängende und stehende Winkelstufen. Bei den hängenden Winkelstufen bildet die meist unterschnittene Stoßfläche mit der darüberliegenden Trittplatte eine Einheit. Stehende Winkelstufen (L-Stufen) bestehen aus einer Trittfläche und der nächstfolgenden Stoßfläche. Dabei kann der Übergang von der Tritt- zur Stoßfläche ausgerundet sein.

Plattenstufen ergeben Treppenläufe mit offenen Stoßflächen. Die Dicke der Platten hängt von der Bauart der Treppen und von der Spannweite der Stufen ab.

Tritt- und Stellplatten verlegt man auf Betontreppen in Mörtel. Die Trittplatten sind 3 cm bis 5 cm, die Stellplatten etwa 2 cm dick. An der Stoßfläche stehen die Trittplatten 3 cm bis 4 cm über die Stellplatten vor. Die Platten können aus Naturstein oder aus Betonwerkstein bestehen.

14.4.1.2 Gemauerte Treppen

Treppen können aus Natursteinen oder aus Klinkern gemauert werden sowie als untermauerte Treppe hergestellt sein.

Natursteintreppen kommen häufig als Hauseingangstreppen oder als Treppen in Freianlagen vor. Man verwendet dazu bearbeitete Natursteine als Mauersteine oder werkmäßig hergestellte Natursteinplatten und Natursteinblockstufen. Die Stufen von Außentreppen sollten stets ein leichtes Gefälle zur Trittkante haben, damit Regenwasser ablaufen und sich kein Glatteis bilden kann. Die Steine können auf einem Sand- oder Kiesbett aufliegen **(Bild 1)**. Vorteilhafter als ein Sand- oder Kiesbett sind Fundamente aus unbewehrtem oder bewehrtem Beton. Der stufenförmig ausgehobene Boden sollte ausreichend verdichtet sein, um Setzungen zu vermeiden.

Verwendet man für die Trittfläche Platten aus Naturwerkstein, werden diese an der Stoßfläche mit Natursteinen untermauert und der Rest der Stufe hinterbetoniert **(Bild 2)**.

Natursteinblockstufen können auf seitlich angeordneten, frostfrei gegründeten Streifenfundamenten aufgelegt werden. Sind die seitlichen Fundamente unter der Antrittsstufe durch ein quer angeordnetes Fundament miteinander verbunden, sollte zur Ableitung von eventuell anfallendem Sickerwasser eine Dränung eingebaut werden **(Bild 3)**. Damit die Blockstufen nicht hohl liegen, empfiehlt sich eine Kiessandhinterfüllung des Hohlraumes unter den Stufen.

Treppen aus Klinkern werden mit Mauersteinen im Dünnformat und Normalformat nach den Verbandregeln gemauert **(Bild 4)**. Dabei bilden die Klinker in der Regel nur den Stufenbelag. Man vermauert sie meist auf entsprechend abgetreppten Stahlbetontreppenläufen als Rollschichten mit Mörtel der Mörtelgruppe II. Klinkertreppen, die an Sichtmauer-

Bild 1: Natursteintreppe auf Sandbett

Bild 2: Natursteintreppe auf unbewehrtem Beton

Bild 3: Beidseitig aufgelegte Blockstufen aus Naturstein

Bild 4: Treppe aus Klinker

Bild 1: Mit Klinker gemauerte Stufen

Bild 2: Untermauerte Treppe

Bild 3: Laufplattentreppe mit Tritt- und Stellplatten

Bild 4: Lamellentreppe

werk anschließen, sind in Verband und Höhenlage den Schichten des Sichtmauerwerks anzupassen (**Bild 1**).

Untermauerte Treppen bestehen aus Blockstufen, die beidseitig auf Mauerwerk aufliegen. Diese Bauart eignet sich besonders für Hauseingangstreppen sowie für Kellertreppen. Das Fundament für die Untermauerung muss in frostsicherer Tiefe und auf tragfähigem Boden liegen. Die Treppen würden sich sonst gegenüber dem Gebäude ungleich setzen und von diesem abreißen. Bei Hauseingangstreppen mit wenigen Stufen kann dies auch verhindert werden, wenn die Untermauerung durch Konsolen von der Kelleraußenwand getragen wird (**Bild 2**).

14.4.1.3 Laufplattentreppen

Laufplattentreppen bestehen aus geneigten Stahlbetonplatten, die man auf der Baustelle in Ortbeton herstellt oder als Betonfertigteil versetzt. Die Oberfläche der Laufplatten kann entweder parallel zur Unterfläche verlaufen oder stufenförmig ausgebildet sein. Auf Laufplatten mit geneigter Oberfläche werden zur Fertigstellung der Treppe vorgefertigte Keilstufen verlegt. Stufenförmig betonierte Laufplattentreppen belegt man meist mit Tritt- und Stellplatten, hängenden oder stehenden Winkelstufen oder mit Spaltklinkerplatten als Fertigbelag (**Bild 3**).

Eine Sonderform der Laufplattentreppe ist die Lamellentreppe. Bei dieser Treppe wird der Treppenlauf aus etwa 16 cm breiten, vorgefertigten Lamellen gebildet (**Bild 4**). Die Lamellen sind meist hohl und können wegen ihres geringen Gewichts ohne großen Aufwand von Hand versetzt werden.

Vorgefertigte Laufplattentreppen bestehen aus dem Treppenlauf oder aus einem Treppenlauf mit einem oder zwei Podesten. Wird der Lauf als Fertigteil geliefert, sind die Enden so ausgebildet, dass sie auf ein bauseits vorhandenes Podest oder auf einen Podestbalken aufgelegt werden können.

Besteht das Fertigteil aus Treppenlauf und Podest, kann es am Ende des Podestes ein Wandauflager erhalten oder das Fertigteil wird, z.B. unter der Antrittstufe, auf einen Fertigteilbalken aufgelegt. Zur Trittschalldämmung ordnet man zwischen Laufplatte und Balken ein Neoprenlager an. Solche schalldämmenden Auflager werden zunehmend bei Ortbetontreppen eingebaut (**Bild 3**, Seite 431).

14.4.1.4 Wangentreppen

Wangentreppen werden durch seitliche L-förmige Stahlbetonträger begrenzt **(Bild 1)**. Die Träger haben im unteren Bereich eine Verbreiterung von 5 cm bis 6 cm, auf der die Stufen aufliegen. Die günstigste Stufenform für Wangentreppen ist die Keilstufe. Zur Verringerung der Eigenlast können Wangentreppen aber auch mit hängenden oder stehenden Winkelstufen hergestellt werden. Wangentreppen aus Stahlbeton werden fast ausschließlich als Fertigteiltreppen geliefert.

Bild 1: Wangentreppe mit Keilstufen

14.4.1.5 Trägertreppen

Trägertreppen haben in der Regel zwei unter den Trittstufen liegende treppenförmige Längsträger **(Bild 2)**. Auf diese werden Plattenstufen von entsprechender Dicke so aufgelegt, dass sie seitlich 10 cm bis 20 cm überstehen. Bei Trägertreppen mit einem Mittelträger liegen die Stufen nur in ihrem mittleren Bereich auf und kragen entsprechend weit nach beiden Seiten aus. Sie müssen deshalb am Auflager fest verankert sein. Der Mittelträger kann auch als Plattenbalken ausgebildet sein. Trägertreppen wirken leichter als Laufplattentreppen.

Bild 2: Treppe mit zwei Längsträgern

14.4.1.6 Auflagerung von Treppen

Treppenläufe sind meist an den Podesten bzw. den jeweiligen Geschossdecken aufgelagert (Bild 3). Der Treppenlauf hat zur Wandseite hin einen geringen Abstand von etwa 1,5 cm. Dieser kann beim Ausbau durch den Bodenbelag überdeckt werden. Ist ein größerer Abstand zwischen Treppenlauf und Wand eingeplant, bleibt dieser nach Fertigstellung von Wandbekleidungen und Bodenbelägen offen.

Bei freitragenden Treppen als Kragtreppen kann ein Treppenlauf oder es können Stufen einseitig eingemauert bzw. einbetoniert sein **(Bild 4)**. Die Tiefe der Einspannung hängt von dem freitragenden Maß des Treppenlaufs oder der Stufen ab. Sie beträgt in der Regel 24 cm und darf nur in Mauerwerk mit höherer Druckfestigkeit erfolgen.

Die Auflagerung des Treppenlaufs auf seitlich verlaufenden Wänden ist nur möglich, wenn die Wände zu beiden Seiten des Treppenlaufs ausreichend dick bemessen sind. Ist dies nicht der Fall, kann der Treppenlauf oder die Treppenstufe auf beiden Seiten untermauert werden **(Bild 1,** Seite 432). Dies ist z. B. bei Kellertreppen möglich, bei denen der Raum unter der Treppe kaum oder gar nicht genutzt werden soll.

Bild 3: System der Treppenlaufauflagerung

Bild 4: Einseitig eingespannte Treppen

431

Bild 1: Untermauerter Treppenlauf

Bild 3: Auflagerung von Podesten mit Balkenköpfen

Bild 4: Offene Fuge zwischen Podest und Treppenlauf

Bild 5: Auflagerung von Podest und Treppenlauf

Häufig werden nicht nur Treppenläufe allein als Bauteile hergestellt, sondern Treppenlauf und Podest bilden zusammen ein Bauteil. Dieses Bauteil wird als geknickte Platte hergestellt und erst am Ende des Podestes, z. B. auf einer Tragwand, aufgelagert **(Bild 2)**. Dies kann in gleicher Weise mit beiden Podesten geschehen. Alle Möglichkeiten, Treppenläufe und Podeste miteinander zu verbinden, sind je nach baulichen Erfordernissen gegeben. Die flächige Auflagerung auf der ganzen Länge bzw. Tiefe kann vermieden werden, wenn das Auflager nur punktweise in Form eines Balkenkopfes ausgebildet wird. Dieser Balkenkopf wird dann auf Tragwände aufgelegt oder in Aussparungen in den tragenden Treppenhauswänden eingebaut **(Bild 3)**.

Bild 2: Spannrichtung und Auflagerung von Podesten und Treppenläufen

14.4.1.7 Schallschutz bei Treppen

Durch Begehen der Treppe entsteht Trittschall, der als Luftschall im Treppenhaus selbst und in den angrenzenden Räumen hörbar ist. Der in den Treppenläufen und Podesten entstehende Körperschall wird über Wände und Geschossdecken in die angrenzenden Bauteile weitergeleitet und als Luftschall wieder abgegeben. Zum Schutz vor unzumutbarer Lärmbelästigung in angrenzenden Wohnungen gibt es in DIN 4109 einzuhaltende Mindestwerte. Nach dem Stand der Technik sind aber erhöhte Schallschutzwerte für Trittschalldämmung an Treppenläufen möglich. Um diese erhöhte Schalldämmung zu erreichen, sind für Reihen- und Doppelhäuser neben der Trittschalldämmung zweischalige Haus- und Wohnungstrennwände notwendig.

Schallschutz bei Treppen durch **Schallentkopplung** ist z. B. möglich durch mindestens 2 cm breite **offene Fugen** zwischen Wand und Treppenlauf sowie im Auflagerbereich zwischen Treppenlauf und Podest oder Wand **(Bild 4)**. Am Auflager selbst liegt zwischen den Bauteilen eine elastische Zwischenlage als **Lager (Bild 5)**. Bei dieser Ausführung ist während der gesamten Bauzeit darauf zu achten, dass die Fugen offen bleiben.

Zur Vermeidung von Schallbrücken ist das Schließen der Fugen mithilfe von **elastischen Fugenplatten** vorzuziehen **(Bild 1)**. Die Platten bestehen aus widerstandsfähigem elastischem Polyethylenschaum, der nicht altert und nicht erhärtet. Die Platten lassen sich leicht schneiden und dem Treppenverlauf anpassen. Außer den verschiedenen Möglichkeiten der Auflagerung von Treppenläufen und Podesten werden auch die Fußpunkte von Ortbeton- und Fertigteilläufen schallentkoppelt **(Bild 2)**.

Soll der Treppenlauf und das Podest zur Kraftübertragung fest miteinander verbunden werden, können Einbauteile für die Trittschalldämmung, in Verbindung mit einer Anschlussbewehrung aus nichtrostendem Stahl, zur Schalldämmung beitragen **(Bild 3)**.

Bild 1: Trittschalldämmung mit Fugenplatten

Bild 2: Dämmung am Fußpunkt des Treppenlaufs

Bild 3: Einbauteil für Trittschalldämmung

Zur Verminderung des Trittschalls können Podeste punktweise auf der Treppenhauswand aufgelagert werden (Bild 2, Seite 432). Dabei werden in Spannrichtung jeweils zwei **schalldämmende Aussparungskörper** aus Kunststoff, bündig zur Treppenseite hin, in die Wand eingesetzt **(Bild 4)**. Die 15 cm tiefen Aussparungskörper enthalten an den Auflagerflächen Elastomerlager aus Polyurethan, die Trittschalldämmung und eine rutschfeste Auflagerung gewährleisten. Die Einwirkungen auf das Podest werden durch die Podestbewehrung, die in den Aussparungskörper hineinragt, auf die Wand übertragen. Die Aussparungskörper in der Treppenhauswand betoniert man auf der Baustelle zusammen mit dem Podest. Die Trennung zwischen Podestaußenseite und Treppenhauswand geschieht mit elastischen Fugenplatten.

Podestfertigteile werden mit den ausbetonierten Aussparungskörpern, den Auflagerköpfen, im Fertigteilwerk hergestellt und auf der Baustelle in der geplanten Höhe auf der Treppenhauswand versetzt **(Bild 1,** Seite 434). Erst dann kann die Treppenhauswand fertiggestellt werden.

Bild 4: Einbau eines Aussparungskörpers

Bild 1: Zwischenpodest einer Treppe mit schallgeschützten Auflagerköpfen

Ist die Treppenhauswand bereits fertiggestellt, sind die Podeste ohne Auflagerköpfe zu liefern. An ihrer Stelle muss im Fertigteil ein Rechteck-Hohlprofil aus nichtrostendem oder verzinktem Stahl als Laufhülse eingebaut sein (**Bild 2**). In der Treppenhauswand ist an den Auflagerpunkten jeweils ein 25 cm/25 cm großer Wanddurchbruch vorzusehen. Das Auflager wird mit Vollsteinen und einem vollflächigen Mörtelbett mindestens der Mörtelgruppe II a vorbereitet. Beim Einbau des Podestes wird durch den Wanddurchbruch ein in die Laufhülse passendes Rechteck-Stahlrohr gesteckt. Die andere Seite des Rechteck-Stahlrohrs besteht aus der trittschallgedämmten Wandhülse, die in dem Wanddurchbruch durch Absenken des Podestes positioniert wird. Danach kann der Wanddurchbruch geschlossen werden. In gleicher Weise geht man beim Einbau von Treppenbauteilen in fertige Treppenhäuser vor.

Bild 2: Einbau einer Wandhülse mit Stahlrohr

Bild 3: Treppenbrüstungen

14.4.1.8 Treppenbrüstungen

Die freien Seiten von Treppen und Treppenpodesten sind durch Geländer oder Brüstungen zu sichern. Treppenbrüstungen können gemauert, betoniert oder als Stahlbetonfertigteil ausgebildet sein (**Bild 3**). Sind Treppenbrüstungen gemauert, können die Mauersteine auf den Trittflächen aufgesetzt sein oder es können Wände vom Fuß der Treppe an den Treppenläufen vorbei im Treppenauge hochgeführt werden. Die geneigte Mauerkrone der Brüstung schließt man mit einer Rollschicht ab. Der Handlauf verläuft entweder über oder seitlich der Rollschicht. Brüstungen aus Beton können statisch mitwirkend sein und lassen vielseitige Gestaltungsmöglichkeiten zu. Um aufwendige Schalarbeiten auf der Baustelle zu vermeiden, werden häufig Brüstungselemente aus Stahlbetonfertigteilen eingebaut.

14.4.2 Holztreppen

Holz und Holzwerkstoffe eignen sich zur Herstellung von Treppen, weil sie ein geringes Gewicht haben und leicht zu bearbeiten sind. Außerdem haben Treppen aus Holz eine raumgestaltende Wirkung. Holztreppen können aus verschiedenen Holzarten und Holzwerkstoffen sowie in verschiedenen Bauarten hergestellt werden.

14.4.2.1 Werkstoffe für Holztreppen

Die Auswahl der Treppenhölzer wird im Wesentlichen von gestalterischen Überlegungen bestimmt. Alle üblichen einheimischen Nadelhölzer wie Kiefer, Fichte, Lärche, Tanne und Douglasie weisen die erforderliche Biegefestigkeit auf. Viele europäische Laubhölzer, wie z.B. Esche, Ahorn, Rüster und Nussbaum, sind zur Herstellung von Treppen besonders geeignet. Für die stark auf Abrieb beanspruchten Trittstufen werden vorwiegend harte Laubhölzer wie Eiche und Rotbuche verwendet.

Bei der herkömmlichen Bauweise von Holztreppen werden die Treppenteile überwiegend aus Vollholz gefertigt. Dieses muss so trocken verarbeitet werden, dass ein Schwinden der Treppenteile nach dem Einbau weitgehend verhindert wird. Die Verleimung von Vollholz und die Verwendung von Holzwerkstoffen verringern das Arbeiten des Holzes und ermöglichen die Herstellung geschwungener Formen. Wangen und Holme werden deshalb auch aus Brettschichtholz oder verleimten Furnieren hergestellt. Trittstufen bestehen in der Regel aus Vollholz oder aus verleimten Vollholzstreifen. Es werden auch furnierte Holzwerkstoffe verwendet. Bei diesen Verbundwerkstoffen soll die Furnierdicke bei Nadelhölzern etwa 6 mm und bei Laubhölzern etwa 4 mm betragen.

14.4.3 Bauarten von Holztreppen

Nach Art und Lage der Stufenunterstützung kann man Holztreppen unterscheiden in

- Wangentreppen,
- aufgesattelte Treppen,
- Einholmtreppen,
- abgehängte Treppen
  und
- Spindeltreppen.

14.4.3.1 Wangentreppen

Wangentreppen haben Tragholme von bohlenförmigem Querschnitt. Da die Tragholme die Treppe seitlich abschließen, nennt man sie Wangen bzw. Treppenwangen. Die Trittstufen liegen in Ausfräsungen der Wangen auf. Nach der Form der Ausfräsungen unterscheidet man bei Wangentreppen vier Bauarten, nämlich

- eingeschnittene,
- eingeschobene,
- halbgestemmte und
- gestemmte Treppen.

Bild 1: Wangentreppen

Bei der **eingeschnittenen Treppe** verlaufen die etwa 20 mm tiefen Ausfräsungen, in denen die Trittstufen aufliegen, über die ganze Wangenbreite. Die Trittstufen stehen vorne und hinten über die Treppenwange vor. Eingeschnittene Treppen sind offene Treppen, die keine Setzstufen (Futterbretter) aufweisen **(Bild 1)**.

Bei der **eingeschobenen Treppe** stehen die Stufen nur vorne über die Wange vor. Die Ausfräsung verläuft nicht über die ganze Wangenbreite und kann schwalbenschwanzförmig ausgebildet werden. Dadurch wird eine feste Verbindung von Trittstufen und Wangen ohne Treppenschrauben erreicht. Der nicht ausgefräste Teil heißt Vorholz oder Besteck.

Bild 1: Gestemmte Treppe

Bild 2: Kropfstück

Hängewinkel mit Bolzen

Bolzen

Auflagerung mit Hängewinkel

gekröpfter Hängewinkel

Hängewinkel

Auflagerwinkel mit Steg

Auflagerung mit Hängewinkel und Klauen

Bild 3: Auflagerungen von Wangen und Tragholmen

Die **halbgestemmte Treppe** ist die am häufigsten hergestellte Wangentreppe. Sie hat beidseitig ein Vorholz. Die Form der Ausfräsung entspricht dem Querschnitt der dazugehörigen Trittstufe. Setzstufen sind nicht vorhanden. Deshalb darf in Gebäuden mit mehr als zwei Wohnungen nach DIN 18065 der lichte Trittstufenabstand, wie bei allen offenen Treppen, nicht größer als 12 cm sein.

Gestemmte Treppen haben geschlossenen Stufen, die aus Tritt- und Setzstufen bestehen. Bei dieser Treppenart sind sowohl die Trittstufen als auch die Setzstufen in die Wangen eingefräst. Oben sind die Setzstufen in die Unterfläche der Trittstufen eingenutet. Unten läuft die Setzstufe meist hinter der Trittstufe vorbei und wird mit dieser durch Nägel mit Stauchkopf oder Schrauben verbunden **(Bild 1)**.

Halbgestemmte und gestemmte Treppen eignen sich für gerade und gewendelte Treppen, während die eingeschnittene und eingeschobene Treppe nur als Treppe mit geradem Lauf ausgeführt werden können.

Treppenwangen werden nach ihrer Lage unterschiedlich benannt. An Wänden liegende Wangen bezeichnet man als **Wandwangen**. An der freien Treppenseite liegende Wangen heißen **Freiwangen**, bei viertel- und halbgewendelten Treppen auch Licht- oder Öffnungswangen. Das bogenförmige Übergangsstück, das bei gewendelten Treppen zwei Freiwangenabschnitte bzw. Geländerholme verbindet, heißt **Kropfstück** oder **Krümmling (Bild 2)**.

Die **Auflagerung der Wangen** kann mit Klauen auf der Decke bzw. dem Podestbalken erfolgen. Damit die Wangen am oberen Auflager nicht einreißen, müssen diese wie eine Leiter anliegen, ohne die Klauen zu belasten. Die oberen Klauen binden die Austrittsstufe in die Wangen ein, ohne Kräfte zu übertragen. Eine statisch günstigere Befestigung erreicht man auch mit Hängewinkeln **(Bild 3)**. Am unteren Auflager erfolgt die Befestigung durch Stahlwinkel oder durch Auflagerwinkel mit Steg.

14.4.3.2 Aufgesattelte Treppen

Bei aufgesattelten Treppen werden die Trittstufen auf Tragholme, auch Treppenbalken genannt, aufgesetzt. Dazu muss auf den geneigten Tragholmen eine waagerechte Auflage für die Trittstufen hergestellt werden, die man auch Sattel nennt. Man unterscheidet danach aufgesattelte Treppen

- mit Sattelwangen,
- mit Konsolen und
- mit Stützfüßen **(Bild 2**, Seite 437).

Treppen mit Sattelwangen haben treppenartig ausgeschnittene Tragholme. Die Maße der Wangenausschnitte entsprechen den Steigungshöhen und Auftrittsbreiten der Treppe. Die Trittstufen stehen vorne und seitlich über die Sattelwange vor (**Bild 1** und **Bild 2**). Anstelle von Sattelwangen aus Holz werden auch stufenförmig verschweißte Vierkantstahlrohre als Treppenträger verwendet.

Bei den aufgesattelten **Treppen mit Konsolen** haben die Tragholme die Form eines Kantholzes. Die Konsolen, auf denen die Trittstufen aufliegen, sind meist schmaler als die Tragholme, auf die sie aufgedübelt sind (Bild 2).

Bei den aufgesattelten **Treppen mit Stützfüßen** liegen die Trittstufen nur hinten auf den Tragholmen auf. Die waagerechte Lage der Trittstufen erreicht man durch Stützfüße, die senkrecht zwischen den Stufen stehen. Stützfüße kann man aus Holz in kantiger oder runder Form sowie aus Metall herstellen (Bild 2). Außerdem können Geländerstäbe so durch zwei übereinander liegende Stufen geführt werden, dass sie als Stützen wirken.

Anstelle von Trittstufen mit Konsolen können auch Blockstufen mit dreieckigem Querschnitt direkt auf die Holme aufgedübelt werden.

Die Befestigung der Holme von aufgesattelten Treppen erfolgt wie die Wangenauflagerung bei den Wangentreppen (Bild 2, Seite 436).

Bild 1: Aufgesattelte Treppe mit Sattelwangen

14.4.3.3 Einholmtreppen

Einholmtreppen haben nur einen Tragholm in der Mitte des Treppenlaufes (Bild 2). Die Trittstufen müssen auf dem Holm so befestigt sein, dass sie seitlich nicht kippen können. Das wird erreicht, indem man z.B. die Trittstufen gegen den Tragholm abstrebt. Zusätzlich wird dadurch die Biegefestigkeit der Trittstufen erhöht. Der Tragholm muss bei dieser Treppenart einen größeren Querschnitt haben, da er zusätzlich zur Biegung noch auf Verdrehen (Torsion) beansprucht wird. Tragholme bestehen häufig aus Brettschichtholz. Sie können auch

Bild 2: Aufgesattelte Treppen und Einholmtreppe

aus Stahlträgern mit kastenförmigem Querschnitt hergestellt werden. Auf die Stahlträger schweißt man als Auflager für die Trittstufen Stützwinkel aus rechteckigem Profilstahl. Solche Treppen wirken leichter, weil Stahlträger geringere Querschnittsabmessungen haben als Holzträger.

14.4.3.4 Abgehängte Treppen

Abgehängte Treppen haben Trittstufen, die durch Zugstäbe in ihrer Lage gehalten werden. Auf der Wandseite werden die Trittstufen häufig mit Stahlwinkeln befestigt oder von Bolzen getragen, die in Kunststoffhülsen gelagert sind. Nach dem Ort, an dem die oberen Enden der Zugstäbe befestigt sind, unterscheidet man Treppen mit tragendem Geländerholm und trägerlose Treppen (**Bild 1,** Seite 438).

am Geländerholm abgehängt   von der Decke abgehängt

Bild 1: Abgehängte Treppen

Bild 2: Treppe mit tragendem Geländerholm

Treppen mit tragendem Geländerholm haben meist einen bohlenförmigen Handlauf, an dem die freien Enden der Trittstufe abgehängt sind. Dazu werden Hängestäbe aus Holz, Stahlrohr oder Rundstahl zugfest mit dem Handlauf verbunden (**Bild 2**).

Bei **trägerlosen Treppen** hängen die Trittstufen an Zugstäben, die an der Decke befestigt sind.

14.4.3.5 **Spindeltreppen**

Die Spindeltreppe ist eine gewendelte Treppe, bei der die Stufen aus einer mittigen Spindel auskragen (**Bild 3**).

Der Durchmesser von verleimten Spindeln beträgt in der Regel zwischen 150 mm und 200 mm. Die Trittstufen liegen meist auf Kragarmen, die in die Holzspindel eingebohrt oder eingezapft und verkeilt sind. Neben den Treppen mit frei auskragenden Trittstufen werden auch Spindeltreppen mit brettschichtverleimten Wandwangen hergestellt.

Systemtreppenhersteller liefern Spindeltreppen, bei denen die tragende Spindel aus einem Stahlrohr besteht. Dieses Rohr wird am Fußpunkt oder zwischen Fußpunkt und Podest eingespannt und trägt die Trittstufen sowie Differenzringe aus Holz. Differenzring (Distanzring) und Trittstufe ergeben zusammen die Steigungshöhe. Die Standsicherheit der Treppe wird dadurch erreicht, dass alle Trittstufen und Differenzringe mit einem Spannelement zu einer Einheit verspannt werden.

Abschlussgeländer
Spannelement
Stahlrohr
Trittstufen
Handlauf
Füllbretter
Differenzring
Differenzring
Stufen zwischen Differenzringe eingespannt

Bild 3: Spindeltreppe

Treppengeländer sind als Abschluss freier Treppenseiten vorgeschrieben. Sie schützen vor Unfällen und erleichtern das Treppensteigen. Treppengeländer bestehen aus dem Handlauf und der Geländerfüllung. Die waagerechte Fortführung des Treppengeländers um die Deckenaussparung bezeichnet man als Abschlussgeländer.

Handläufe sollen eine glatte Oberfläche und einen griffgerechten Querschnitt und eine Breite zwischen 2,5 cm und 6 cm haben **(Bild 1)**. Sie können aus Holz in profilierter oder brettähnlicher Form sowie aus Metall oder Kunststoffprofilen hergestellt werden. Die lotrechte Höhe des Handlaufs über den vorderen Kanten der Trittstufen muss mindestens 90 cm und soll nicht mehr als 115 cm betragen.

Geländerfüllungen füllen den Abstand zwischen Treppe und Handlauf. Sie werden meist aus lotrechten Stäben oder geneigten Füllbrettern hergestellt. Man kann auch Gitter aus Schmiedeeisen sowie Glasfüllungen verwenden.

Geneigte Füllbretter, manchmal auch Kniebretter genannt, verlaufen parallel zur Treppenneigung. Sie eignen sich vor allem für Geländer von geraden oder gleichmäßig geschwungenen Holz- oder Steintreppen. Geländerfüllungen aus geneigten bzw. waagerechten Brettern, Leisten oder Rohren sind weniger sicher als solche aus lotrechten Stäben, weil sie Kinder zum Klettern verleiten können.

Lotrechte Stäbe geben dem Geländer eine ruhige Wirkung (Bild 1). Aus Sicherheitsgründen darf der Abstand der Stäbe 12 cm nicht überschreiten. Die Stäbe können aus Metall oder Holz bestehen und verschiedenartig geformt sein. Metallstäbe eignen sich für Holz- und Steintreppen. Sie können auf den Trittflächen, seitlich am Treppenlauf oder zwischen Längsstäben befestigt sein.

Hölzerne Geländerstäbe bezeichnet man auch als Staketen. Diese werden meist durch Bohrlöcher mit den Trittstufen bzw. mit den Treppenwangen und dem Handlauf verbunden. Am Antritt und am Austritt wird das Geländer von Pfosten begrenzt, die den Handlauf tragen.

Bild 1: Treppengeländer mit Antrittpfosten, lotrechten Stäben und griffgerechtem Handlauf

---

Aufgaben

1 Beschreiben Sie die Auswirkungen der Treppenmaße auf die Begehbarkeit einer Treppe.

2 Berechnen Sie die Anzahl der Steigungen sowie das Steigungsverhältnis einer Treppe für die Geschosshöhe 2,75 m in einem Wohngebäude.

3 Vergleichen Sie Platzbedarf und Lauflänge einer geraden, einer viertel- und einer halbgewendelten Treppe, die jeweils das Steigungsverhältnis 18,33/27, die Laufbreite 90 cm und ein Treppenauge von 30 cm aufweist.

4 Listen Sie die verschiedenen Treppenbauarten auf, jeweils ergänzt durch eine Beschreibung, Werkstoffauswahl und eine Skizze.

5 Beschreiben Sie die Arten von Treppenstufen aus Naturstein, Beton und Holz.

6 Stellen Sie in einem Fertigteilwerk in Ihrer Nähe fest, welche Treppenbauteile dort hergestellt werden.

7 Nennen Sie Vor- und Nachteile von Holztreppen gegenüber Betontreppen in der Bauphase sowie bezüglich Rohstoff und Schallschutz.

8 Suchen Sie nach rechtlichen Vorschriften (DIN, Landesbauordnung …) für Abmessungen von Treppen und Geländern, erstellen Sie eine Tabelle dieser Vorschriften und beurteilen Sie deren Bedeutung.

15 Bautenschutz

Bauwerke sind fortwährend einer Vielzahl von äußeren Einwirkungen, z. B. Hitze, Frost, Feuchtigkeit und Lärm, im Brandfalle auch der Feuereinwirkung, ausgesetzt. Diese Einwirkungen können Schäden am Bauwerk verursachen, sie können Belästigungen für die Bewohner dieser Gebäude darstellen und die wirtschaftliche Nutzung der Gebäude herabsetzen. Deshalb ist es notwendig, durch geeignete Maßnahmen diesen Einflüssen entgegenzuwirken. Man unterscheidet dabei den Wärmeschutz, den Feuchteschutz, den Schallschutz und den Brandschutz. Die Wirksamkeit dieser Schutzmaßnahmen hängt maßgebend von der richtigen Auswahl und von der richtigen Anordnung der verwendeten Dämm-, Dicht- und Sperrstoffen ab.

15.1 Dämmstoffe

Unter Dämmen versteht man Maßnahmen gegen Temperatur- und Schalleinflüsse. Zum Dämmen verwendet man Dämmstoffe (**Tabelle 1** und Tabelle 1, Seite 441). Dies sind Stoffe, die aufgrund ihrer Zusammensetzung und Struktur den Schall und die Wärme schlecht leiten. Es gibt Dämmstoffe, die nur zur Wärmedämmung oder nur zur Schalldämmung eingesetzt werden können oder die sich für beide Zwecke eignen. Sie können außerdem dem Brandschutz dienen. Neben den eigentlichen Dämmstoffen besitzen zahlreiche Baustoffe eine gute Wärmedämmfähigkeit, z. B. Leichtbetonsteine aus Bims, Hüttenbims und Blähton, Porenbetonsteine, porosierter Gips und Gipsplatten, Holz- und Holzwerkstoffe.

Tabelle 1: Anorganische Dämmstoffe (Auszug aus DIN 4108 und DIN EN ISO 10456)

Dämmstoffart	Rohdichte ρ kg/m³	Wärmeleitfähigkeit λ** in W/(m • K)	Wasserdampfdiffusionswiderstandszahl μ	Bestandteile und Herstellung	Eigenschaften	Verwendung
1. Porige Dämmstoffe						
Blähglimmer (Vermiculite)	100	0,07	3	Abfallglimmer durch Hitze gebläht	hitze-, alterungs-, säure-, laugenbeständig	Leichtzuschlag für feuerdämmende Ummantelung
Blähperlit (EPB)	100	0,046 bis 0,072	5	aufgeblähtes, vulkanisches, siliciumhaltiges Gestein	schimmelfest, alterungsbeständig, nicht brennbar	Leichtzuschlag für Estriche und Dämmplatten
Blähton	300 bis 700	0,095 bis 0,140	3	mit organischen Bestandteilen angereicherter Ton wird zu Kügelchen granuliert und bei 1200 °C gebrannt, wobei die Tonkügelchen aufgebläht werden	leicht, druckfest, wärmedämmend, säure-, laugen-, feuerbeständig, frostsicher, umweltverträglich	Wärmedämmung, Brandschutz, als Schüttung, als Leichtzuschlag für Mauersteine, Betone und Mörtel
Schaumglas (CG)	100 bis 150	0,038 bis 0,057	dampfdicht	geschlossenzelliges, aufgeschäumtes Glas in Plattenform	unbrennbar, wärmedämmend, dampfdicht, korrosionsbeständig, alterungsbeständig	Wärmedämmung, Feuchtigkeitsschutz
2. Faserige Dämmstoffe						
Mineralwolle in Form von Matten, Filzen, Platten	8 bis 500	0,031 bis 0,052	1	dünne Fasern aus geschmolzenem Glas, geschmolzenem Kalkstein und Mergel, geschmolzener Hochofenschlacke, Filze und Platten mit Phenolharz gebunden, Platten auch bituminiert oder einseitig mit Aluminiumfolie	leicht, wärmedämmend, schallschluckend, nicht brennbar, alterungsbeständig, fäulnisfest, nicht Krebs erregend	Wärme- und Luftschalldämmung bei Wänden, Decken, Dächern, Brandschutz
						Wärme- und Trittschalldämmung unter schwimmenden Estrichen
						zum Ausstopfen von Hohlräumen
Fiber-Silikat-Platten	870 450	0,175 0,083	8	aus Silikaten, Mineralfasern und Zement	nicht brennbar, wärmedämmend, hygroskopisch, fäulnisfest	Brandschutz, feuerfeste Ummantelung von Stahl, Wärmedämmung

Blähglimmer | Blähperlit | Blähton | Schaumglas | Mineralwollefilz

Tabelle 1: Organische Dämmstoffe (Auszug aus DIN 4108 und DIN EN ISO 10456)

Dämmstoffart	Roh-dichte ρ kg/m³	Wärme-leitfähig-keit λ **) in W/(m • K)	Wasser-dampfdiffu-sionswider-standszahl μ *)	Bestandteile und Herstellung	Eigenschaften	Verwendung
1. Porige Dämmstoffe						
Expandierter Kork (ICB)	80 bis 500	0,049 – 0,068	5/10	Korkschrot wird durch Erhitzen aufgebläht und zusammengebacken, ohne oder mit Bitumen	schall- und wärme-dämmend, geringe Feuchtigkeitsaufnahme, fäulnisfest	Tritt- und Körperschall-dämmung, Wärme-dämmung, Kühlhausbau
Expandierter Polystyrol-schaum (EPS)	10 bis 50	0,031 – 0,052	20/100	in Blöcken, Platten oder Formteilen geschäumt, als Partikelschaum, als Extruderschaum	entflammbar oder schwer entflammbar, alterungsbeständig, ver-rottungsfest, maßhaltig	Wärmedämmung, Trittschalldämmung, bewehrt als frei tragende Dachelemente, Dämmschicht in Sandwichplatten
Extrudierter Polystyrol-schaum (XPS)	20 bis 65	0,023 – 0,046	80/250			
Polyurethan-Hartschaum (PUR)	28 bis 55	0,021 – 0,041	40/200	in Blöcken, Platten oder Formteilen geschäumt, als Ortschaum in Kanälen und unter Dächern	wärmedämmend, bei Temperaturschwankun-gen nicht maßhaltig, alterungsbeständig	Wärmedämmung

| Korkplatte | Polystyrol-Hartschaum | PS-Extruderschaum | PUR-Schaum | Holzwolle-Leichtbauplatte |

2. Faserige Dämmstoffe (ökologische Dämmstoffe)

Dämmstoffart	Roh-dichte ρ kg/m³	Wärme-leitfähig-keit λ in W/(m • K)	μ	Bestandteile und Herstellung	Eigenschaften	Verwendung
Holzwolle-Leichtbau-platten (WW)	360 bis 460	0,063 – 0,105	2/5	langfaserige Holzwolle mit mineralischen Binde-mitteln (Magnesit, Zement, Gips) gebunden	biegefest, raumbeständig, gut verarbeitbar, nicht wetterfest, schwerent-flammbar, schalldämmend, unverputzt schallschlu-ckend, wärmedämmend, gute Putzhaftung	wärmedämmende Putz-träger für Wände, Decken, Dächer, verputzt als schalldämmende Vorsatz-schale oder für Leichtbau-wände, unverputzt für Schallschluckung, verlo-rene Schalung im Stahl-betonbau
Holzwolle-Mehrschicht-platten (WWC) mit expan-diertem Polystyrolschaum		0,031 – 0,052	20/50	Schaumkunststoffplatten (z. B. Styropor) ein- oder zweiseitig mit Holzwolle-leichtbauplatten beplankt		
Holzwolle-Deckschicht	460 bis 650	0,12 – 0,17	2/5			
Holzfaser-Dämmplatten (WF)	250	0,034 – 0,063	5	mit Kunstharz gebundene Holzfasern in Plattenform, bituminiert oder nicht bituminiert	leicht, wärmedämmend, schallschluckend, trittfest	Wärmedämmung bei Decken und Dächern, bituminiert für Trocken-böden, Akustikplatten
Cellulosefaser-Dämmstoffe Flockenschüttung Platten	40 bis 80	0,045	1–2	wieder verwertbares Zei-tungspapier wird zerfasert, gegen Schädlingsbefall mit Borsalz behandelt und gepresst	wärmedämmend, diffu-sionsoffen, schallabsor-bierend, geruchsneutral, normal entflammbar	zur Wärmedämmung als lose Schüttung, als einge-blasene Dämmschicht in geschlossene Hohlräume, als Platten
Schafwolle Bahnen Platten	16 bis 80	0,030– 0,045	1–3	Schafwollefasern werden zu Bahnen und Platten verfilzt unter Zugabe von Borsalz als Mottenfraßgift	wärmedämmend, trittschalldämmend	als Matten zur Wärme-dämmung, als Filze und Platten zur Trittschall-dämmung
Kokosfaser Rollfilze Dämmplatten	85	0,045	1	Herstellung von Matten und Platten aus Kokos-fasern, mit Flammschutz-mitteln behandelt	geruchsneutral, wärmedämmend, trittschalldämmend	Wärmedämmung, Trittschalldämmung
Schilf	225	0,055	2	aus Schilf gepresste Platten, d < 10 cm	feuchte-, schimmel- und fäulnisresistent	Dachdämmung, Außenwanddämmung

| Holzfaserplatte | Zellulosefaserplatte | Schafwolle | Kokosfaser | Schilfmatte |

*) Es ist jeweils der für die Baukonstruktion ungünstigere Wert einzusetzen.

**) Bemessungswerte λ_B

Hersteller	Polyurethan (PUR/PIR)-Hartschaum	
Logo und Adresse	Flachdachdämmplatte Typ DAA dh (DIN 4108-10) mit Mineralvlieskaschierung	
	Format: 1200 x 600 mm (Außenmaß) 1185 x 585 mm (Einbaumaß)	Bemessungswert Wärmeleitfähigkeit: λ=0,028 W/(m*K) (WLS 028, nur für D) Baustoffklasse: B2 (DIN 4102)
Dicke **140** mm	**6 Platten:** Außenmaß: 4,32 m² Einbaumaß: 4,16 m²	Herstellwerk: Herstelldatum:
CE EN 13165 λ_D = 0,027 W/(m*K) R_D = 5,18 m²·K/W Brandklasse: E(EN ISO 11925-2) PUR - EN 13165 -T2 - DS(TH)9 - CS(10\Y)100-TR80	Schweiz: Brandklasse BKZ 5.2 CTG-	

Bild 1: Normgerechte Kennzeichnung von Dämmstoffen

Tabelle 1: Anwendungstypen von Dämmstoffen nach DIN 4108-10 (Beispiele)

Kurzzeichen	Anwendungsbeispiele	Produktionseigenschaften
PW wd	Außen liegende Wärmedämmung von **W**änden gegen Erdreich (**P**erimeterdämmung)	**W**asseraufnahme durch flüssiges Wasser und/oder **D**iffusion
PB ds	Außen liegende Wärmedämmung unter **B**odenplatte gegen Erdreich (**P**erimeterdämmung)	**D**ruckbelastbarkeit sehr hohe
WTH sg	Dämmung zwischen Haustrennwänden	**S**challdämmung **g**eringe Zusammendrückbarkeit
WAP zh	**A**ußendämmung der **W**and unter **P**utz	**Z**ugfestigkeit **h**ohe
WI wk	**I**nnendämmung der **W**and	Anforderungen an die **W**asseraufnahme **k**eine
DES sm	**I**nnendämmung der **D**ecke unter **E**strich mit Trittschalldämmung	**S**challdämmung **m**ittlere Zusammendrückbarkeit
DAD dk	**A**ußendämmung von **D**ach oder Decke, Dämmung unter **D**eckungen	**D**ruckbelastbarkeit **k**eine
DAA dh	**A**ußendämmung von **D**ach oder Decke, Dämmung unter **A**bdichtung	**D**ruckbelastbarkeit **h**ohe

ungeschütztes Paneel

Sandwich-Platte mit schützenden Deckschichten und Kantenband

Bild 2: Vakuum-Isolations-Paneele

Dämmstoffe werden je nach Stoffart und nach Art der Verwendung in verschiedenen Handelsformen angeboten, z. B. als Schüttgut, in Form von Platten, Bahnen, Matten, Filzen oder Vliesen. Aufgrund der chemischen Zusammensetzung unterscheidet man anorganische und organische Dämmstoffe.

Der Nachweis, dass ein Dämmstoff den Sicherheits- und Gesundheitsanforderungen der Europäischen Gemeinschaft entspricht, wird durch das **CE-Zeichen** erbracht, das auf dem Etikett oder der Verpackung angegeben wird (**Bild 1**). Außerdem ist dort der Nennwert der Wärmeleitfähigkeit λ_D nach DIN 4108-10 aufgedruckt. Bei der Berechnung der Wärmeleitfähigkeit von Dämmstoffen dürfen jedoch nicht diese Nennwerte angesetzt werden, sondern es müssen Bemessungswerte λ_B, beispielsweise nach DIN 4108-4, herangezogen werden.

Die Bemessungswerte λ_B von Wärmedämmstoffen können durch die **Wärmeleitfähigkeitsklasse WLS** verschlüsselt sein, in denen nur die Ziffernfolge nach dem Komma angegeben wird, z. B. WLS 028 für λ_B = 0,028 W/(m · K). Gleiches gilt für die **Wärmeleitfähigkeitsgruppe WLG**, bei der die letzte Ziffer auf 5 oder 0 aufgerundet ist, z. B. WLG 035 oder WLG 040.

Bei der Auswahl geeigneter Dämmstoffe müssen zusätzlich zu den gewünschten Dämmeigenschaften auch die Verarbeitbarkeit sowie weitere Eigenschaften berücksichtigt werden. **Anwendungstypen** nach DIN 4108-10 beschreiben mögliche Einsatzbereiche aufgrund der erforderlichen technischen und baupysikalischen Eigenschaften **(Tabelle 1)**.

Die Anwendungstypen werden mit Kurzzeichen gekennzeichnet, welche die Anwendung und zusätzliche Produkteigenschaften enthalten. Beispielsweise steht das Kurzzeichen **PW wd** für **P**erimeterdämmung an **W**änden mit geringer **W**asseraufnahme auch durch **D**iffusion.

Steigende Energiekosten und die höheren Anforderungen an den Wärmeschutz veranlassen Hersteller neue Wärmedämmstoffe mit besseren Dämmeigenschaften zu entwickeln, die geringere Dämmschichtdicken ermöglichen. Beispiele solcher Neuentwicklungen sind die Vakuum-Isolations-Paneele (**Bild 2**, Seite 442), der Resol-Hartschaum und das Aerogel.

Die **Vakuum-Isolations-Paneele** (VIP) bestehen aus einer sehr feinporigen und druckfesten mineralischen Kernschicht, welche mit einer metallbeschichteten Kunststoffumhüllung umschlossen ist. Bei der Produktion wird in der Kernschicht ein Vakuum erzeugt, welches den Wärmetransport verringert. Dieses Prinzip ist von der Thermoskanne bekannt. Hierdurch ist ein geringer Wärmeleitfähigkeitswert von $\lambda = 0{,}004$ W/ $(m \cdot K)$ möglich. Die Verarbeitung der Vakuum-Isolations-Paneele ist sehr aufwendig. Die Paneele müssen passgenau hergestellt werden und können nachträglich nicht bearbeitet werden, da hierdurch das Vakuum zerstört würde. Ebenfalls muss beim Einbau darauf geachtet werden, dass die Kunststoffumhüllung nicht beschädigt wird. Zur Gebäudedämmung findet dieser Dämmstoff bisher nur in sehr speziellen Situationen eine Anwendung, während er bei der Dämmung von Kühlgeräten bereits breite Verwendung findet.

Der **Resol-Hartschaum** (Phenolharzschaum) wird nicht aus Erdölprodukten hergestellt wie die meisten anderen Kunststoffdämmstoffe. Bei diesem Dämmstoff wird vollsynthetisches Phenolharz mit Treibmittel aufgeschäumt und an der Oberfläche mit einem Glasvlies kaschiert. Resol-Hartschaum besitzt eine geschlossene Struktur und ist mit einer Rohdichte von 40 kg/m³ ein relativ schwerer Dämmstoff. Trotzdem ist er mit einer Wärmeleitfähigkeit von $\lambda = 0{,}022$ W/$(m \cdot K)$ und der Zuordnung zur Brandverhaltensklasse C - s2, d0 (schwer entflammbar, ohne Flammschutzmittel) nach DIN EN 13501-1 üblichen Hartschaumdämmstoffen baupysikalisch überlegen. Er wird seit 2007 in Deutschland als Wand- und Dachdämmung eingesetzt.

Ein weiterer neuartiger Dämmstoff ist das **Aerogel**. Bei der Herstellung wird einem Gel (z.B. Silikat) Flüssigkeit entzogen. Dadurch entsteht ein sehr feinporiger (nanoporöser) Schwamm, in welchem die Luftmoleküle an ihrer Bewegung gehindert sind, und mit dem ein Wärmedämmwert von $\lambda = 0{,}018$ W/$(m \cdot K)$ erreicht wird. Aerogele werden als Schüttgut oder in Platten bis 100 mm Dicke angeboten.

15.2 Dicht- und Sperrstoffe

Von Abdichten und Sperren spricht man bei Maßnahmen gegen das Eindringen von Feuchtigkeit in das Bauwerk. Man verwendet dazu Dicht- und Sperrstoffe als Bahnen aus Pappe, Metall- oder Kunststofffolie sowie gießbare Massen aus mineralischen oder organischen Bestandteilen. Diese Dicht- und Sperrstoffe lassen die tropfbare Feuchtigkeit (Wasser) nicht durch, können aber den Durchgang von Wasserdampf entweder ermöglichen oder behindern, wie z. B. Dampfsperren (**Tabelle 2**).

Tabelle 2: Dampfsperren

Stoffart	Dicke mm	Wasserdampf-diffusionswider-standszahl μ[1])	Eigenschaften	Verarbeitung	Verwendung
PVC-Folien	≥ 0,1	20 000/50 000	abriebfest, begrenzt alterungsbeständig	Nageln, Einspannen, Kleben	bei Dächern, Decken und Außenwänden
Polyethylen-Folien	≥ 0,1	100 000	säure- und laugenbeständig, nicht witterungsbeständig		
Aluminium-Folien	≥ 0,05	praktisch dampfdicht	alterungsbeständig	Aufkleben, Kaschierung auf Dämm-Matten und -Platten	bei Dächern und Außenwänden
[1]) Es ist jeweils der für die Baukonstruktion ungünstigere Wert einzusetzen.					

Tabelle 1: Dicht- und Sperrstoffe

Stoffart	Herstellung und Aufbau	Eigenschaften und Verarbeitung	Anwendung	Schutzmaßnahme	Verwendung
Bitumen, rein mit Kunststoffen vermischt (z. B. PE, IIR) mit Füllstoffen (z. B. Tonmineralien) kunststoffmodifizierte Bitumendickbeschichtung (KMB)	durch Destillation von Erdöl, auch im Naturasphalt enthalten pastöse, spachtel- oder spritzfähige Masse (Bitumenemulsion), polystyrolgefüllt oder faserhaltig, ein- oder zweikomponentig	wasserundurchlässig, widerstandsfähig gegen chemische Einflüsse (außer Benzin), Erweichung bei Temperaturerhöhung, flüssig bei ca. 150 °C, plastisch bei längerer Druckbelastung, Verarbeitung heiß oder kalt	bei Pappen und Geweben	gegen Feuchtigkeit	als Tränkmittel
			bei Wänden, Decken, Dächern	gegen Bodenfeuchtigkeit, Sickerwasser, Oberflächenwasser	als Voranstrichmittel (kalt), Deckaufstrichmittel (heiß oder kalt),
			zum Aufkleben von Pappen, Bahnen, Folien		als Klebemasse (heiß)
			bei Außenflächen von Umfassungswänden und bei Bodenplatten		als gespachtelte oder gespritzte Abdichtung
Asphalt	Naturasphalt oder Mischung aus Bitumen und mineralischen Zuschlägen (z. B. Sand oder Gesteinsmehl)		im Straßenbau	gegen Oberflächenwasser	als Guss- und Walzasphalt
			bei Flachdächern	gegen Oberflächenwasser	als Sperrschicht
			bei Estrichen	gegen Wärmeableitung	als Gussasphalt
Bitumenbahnen, nackt (N)	Rohfilzpappen mit Bitumen oder Naturasphalt getränkt	bei Verarbeitung Einbettung in Bitumenmasse	bei Grundwasser, im Behälterbau	gegen Druckwasser	als Trägereinlage
Bitumendachbahnen mit Rohfilzeinlage	Bitumengetränkte Rohfilzpappe (R) mit ein- oder beidseitiger Deckschicht aus Bitumen besandet	wird mit Bitumenklebemasse aufgeklebt	bei Kellerwänden, Dacheindeckungen	gegen Bodenfeuchtigkeit, Oberflächenwasser	als Abdichtung
Kaltselbstklebende Bitumen-Dichtungsbahnen (KSK)	Kombination einer vierfach kreuzlaminierten Spezial-HDPE-Folie mit einer Dicht- und Klebeschicht	wasserundurchlässig	bei Außenwandflächen und Bodenplatten	gegen Bodenfeuchte und Sickerwasser	als Abdichtung
Bitumen-Dachdichtungsbahnen (DD)	Trägerbahn aus Jutegewebe (J), Glasgewebe (G) oder Polyestervlies (PV), beidseitig mit Bitumen beschichtet, Oberflächen besandet oder beschiefert	Dicke ≥ 3 mm, wird mit Bitumenklebemasse aufgeklebt	bei Wänden	gegen Bodenfeuchtigkeit	als waagrechte und senkrechte Sperrschichten
			bei Wänden, Dächern	gegen nichtdrückendes Wasser, Sickerwasser	als Abdichtung
Bitumen-Schweißbahnen (S)	Trägerbahnen und Deckschichten wie bei DD, zusätzlich einseitig eine Schicht als Klebemasse	Klebemasse auf der Bahn wird erhitzt und auf den Untergrund aufgedrückt	bei Flachdächern	gegen Oberflächenwasser	als Abdichtung
Metallbahnen	Weichkupfer oder Reinaluminium, mindestens 0,1 mm dick	in Bitumen verlegt	bei Wänden, Decken, Flachdächern	gegen Bodenfeuchtigkeit, Oberflächenwasser	als Abdichtungsfolie
Thermoplastische Kunststofffolien	Polyisobutylen (PIB) oder Weichpolyvinylchlorid (PVC)				
Unterspannbahnen	Kunststoff-Faservlies mit Bitumen beschichtet	wasserableitend, wasserdicht, dampfdurchlässig	unter Dächern, in Außenwandverkleidungen, Holzbalkendecken	gegen Staub und Wasser	als Abdichtung
Sperrmörtel	Zementmörtel mit vorgeschriebener Zusammensetzung und mit Dichtungsmittelzusatz	wasserabweisend, dicht	bei Wänden, Behältern	gegen Bodenfeuchtigkeit, Oberflächenwasser, Sickerwasser, Druckwasser	als Sperrputz
Dichtungsschlämmen	Spezialbaustoffe mit mineralischem Aufbau	wasserundurchlässig, raumbeständig			als dünner Auftrag
Beton mit hohem Wassereindringwiderstand	Beton mit vorgeschriebener Sieblinie und Zusatz eines Betondichtungsmittels		bei Wänden, Decken, Stahlbetonkörpern ohne zusätzliche Sperrmaßnahmen		als dichter Baukörper

15.3 Wärmeschutz

Unter Wärmeschutz versteht man Maßnahmen zur Verringerung der Wärmeübertragung zwischen Räumen und der Außenluft und zwischen Räumen mit verschiedenen Raumtemperaturen. Ausreichender Wärmeschutz ist eine wichtige Voraussetzung für gesundes und behagliches Wohnen. Durch guten Wärmeschutz werden die Heizkosten und die Instandsetzungskosten des Gebäudes verringert.

Der Wärmeschutz eines Gebäudes ist abhängig von der Wärmedämmfähigkeit der das Gebäude umschließenden Bauteile wie Wände, Decken, Dach, Fenster und Türen. Unter **Wärmedämmfähigkeit** versteht man die Fähigkeit eines Bauteils, den Durchgang von Wärme von der einen zu anderen Seite des Bauteils einzuschränken und damit eine Abwanderung oder Zufuhr von Wärme weitgehend zu verhindern. Sie kann durch Verwendung geeigneter Baustoffe und durch zweckmäßige Konstruktion der Bauteile erreicht werden. Die Übertragung der Wärme geschieht im Bauwerk durch Wärmestrahlung, durch Wärmemitführung, vor allem aber durch Wärmeleitung.

Der Umfang des erforderlichen Wärmeschutzes ist in DIN 4108 – Wärmeschutz und Energie-Einsparung in Gebäuden – sowie in der Energieeinsparverordnung festgelegt. Sie enthalten auch die wärmeschutztechnischen Größen und Einheiten sowie die notwendigen Rechenverfahren. Wichtige Größen des Wärmeschutzes sind in DIN 4108 und in DIN EN ISO 7345 festgelegt **(Bild 1)**.

15.3.1 Wärmeleitfähigkeit

Als Kenngröße für die Wärmeleitung in Stoffen wurde die Wärmeleitfähigkeit λ (gesprochen: klein lambda) eingeführt. Diese gibt diejenige Wärmemenge in Joule je Sekunde an, die durch eine 1 m² große Fläche eines Baustoffes von 1 m Dicke hindurchgeht, wenn der Temperaturunterschied zwischen beiden Oberflächen 1 Kelvin beträgt **(Bild 2)**. Da 1 Joule je Sekunde (1 J/s) der Einheit 1 Watt (1 W) entspricht, wurde als Einheit für die Wärmeleitfähigkeit Watt je Meter und Kelvin W/(m · K) festgelegt.

Ein Stoff leitet die Wärme umso besser, d. h., seine Wärmeleitfähigkeit ist umso größer, je dichter der Stoff ist, je weniger Poren er hat und je feuchter er ist. Es ist deshalb darauf zu achten, dass die Baustoffe vor Feuchtigkeit geschützt werden, damit ihre Wärmedämmfähigkeit erhalten bleibt.

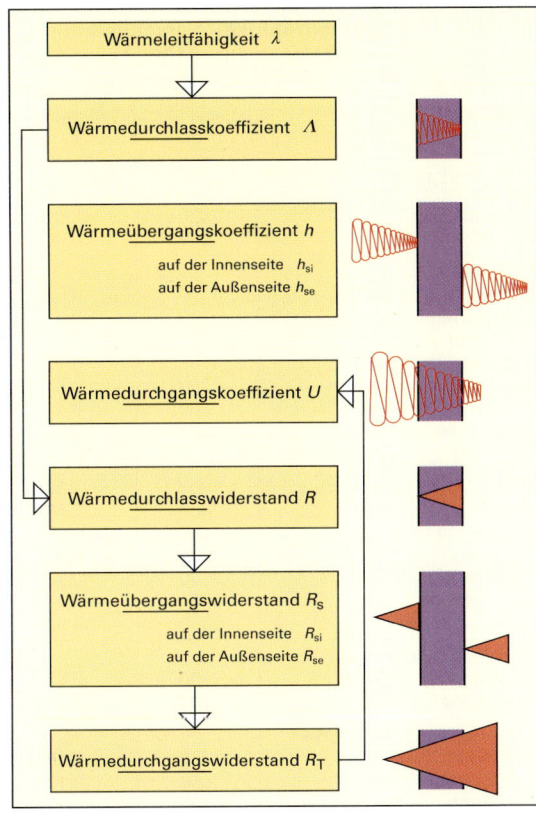

Bild 1: Übersicht über wichtige wärmeschutztechnische Größen

- Wärmeleitfähigkeit λ
- Wärmedurchlasskoeffizient Λ
- Wärmeübergangskoeffizient h — auf der Innenseite h_{si} — auf der Außenseite h_{se}
- Wärmedurchgangskoeffizient U
- Wärmedurchlasswiderstand R
- Wärmeübergangswiderstand R_S — auf der Innenseite R_{si} — auf der Außenseite R_{se}
- Wärmedurchgangswiderstand R_T

Bild 2: Darstellung der Wärmeleitfähigkeit und des Wärmedurchlasskoeffizienten

Tabelle 1: Wärmedurchlasswiderstand R_g von ruhenden Luftschichten nach DIN EN ISO 6946 in m² · K/W

Luftschicht-dicke in mm	Richtung des Wärmestroms		
	aufwärts	horizontal	abwärts
5	0,11	0,11	0,11
7	0,13	0,13	0,13
10	0,15	0,15	0,15
15	0,16	0,17	0,17
25	0,16	0,18	0,19
50	0,16	0,18	0,21
100	0,16	0,18	0,22
300	0,16	0,18	0,23

Tabelle 1: Wärmeleitfähigkeit verschiedener Baustoffe nach DIN 4108 (Auszug)

Baustoffe	Rohdichte ρ $\dfrac{kg}{m^3}$	Wärmeleitfähigkeit λ $\dfrac{W}{m \cdot K}$
Beton		
Normalbeton	2400	2,00
Leichtbeton	1000	0,49
Mauerwerk		
Vollziegel, Lochziegel	1200	0,50
Leichthochlochziegel, Typ W	700	0,21
Kalksand-Vollsteine	1800	0,99
Kalksand-Lochsteine	1400	0,70
Leichtbeton-Vollsteine	1200	0,54
Leichtbeton-Hohlblocksteine	800	0,41
Porenbetonsteine	600	0,19
Putz, Estrich, Mörtel		
Kalkputz, Kalkzementputz	1800	1,00
Zementmörtel	2000	1,60
Kalkgipsputz	1400	0,70
Gipsputz	1200	0,51
Kunstharzputz	1100	0,70
Zementestrich	2000	1,40
Gussasphaltestrich	2300	0,90
Gipsbaustoffe		
Gipswandbauplatten	1200	0,58
Gipsplatten	800	0,25
Holz und Holzwerkstoffe *		
Hartholz	700	0,18
Weichholz	500	0,13
Sperrholz	700	0,17
Holzspanplatte	600	0,14
Holzfaserplatte, hart, HB	800	0,18
Holzfaserplatte, porös, SB	250	0,07
Sonstige *		
Glas	2500	1,00
Stahl	7800	50
Aluminium-Legierungen	2800	160
Kupfer	8900	380
Wärmedämmstoffe	siehe Tabelle 1, Seite 440	

* Nach DIN EN ISO 10456

Bauteile mit großer Wärmespeicherfähigkeit

- bestehen aus Baustoffen mit einer hohen Rohdichte und erwärmen sich nur langsam,
- nehmen viel Wärme aus der Raumluft auf und geben sie bei Abkühlung wieder ab,
- wirken temperaturausgleichend, die Raumtemperatur ist keinen großen Schwankungen unterworfen,
- sollten als Innenbauteile keine leichten Vorsatzschalen erhalten, da sonst die Wärmespeicherung stark eingeschränkt wird,
- sollten als Außenbauteile eine außenseitige Wärmedämmschicht erhalten, damit die Wärmespeicherung zur Raumseite hin wirksam bleibt.

15.3.2 Wärmedurchlasskoeffizient, Wärmedurchlasswiderstand

Die Wärmeleitfähigkeit bezieht sich beim Wärmedurchgang auf einen 1 m dicken Baustoff. Die Bauteile sind in der Regel jedoch viel dünner als 1 m; sie haben die Schichtdicke d. Der **Wärmedurchlasskoeffizient** Λ (gesprochen: groß lambda) gibt diejenige Wärmemenge in Joule je Sekunde (= Watt) an, die durch eine 1 m² große Fläche eines Bauteils mit der Dicke d hindurchgeht, wenn der Temperaturunterschied zwischen beiden Oberflächen 1 Kelvin beträgt (**Bild 2,** Seite 445).

$$\text{Wärmedurchlasskoeffizient } \Lambda = \frac{\lambda}{d} \left[\frac{W}{m^2 \cdot K} \right]$$

Λ in W/(m² · K), λ in W/(m · K), d in m

Während der Wärmedurchlasskoeffizient die Wärmemenge angibt, die durch ein Bauteil hindurchgeht, ist der **Wärmedurchlasswiderstand R** der Widerstand, den das Bauteil dem Durchgang der Wärme entgegensetzt. Rechnerisch bedeutet dies den Kehrwert des Wärmedurchlasskoeffizienten Λ.

$$\text{Wärmedurchlasswiderstand } R = \frac{d}{\lambda} \left[\frac{m^2 \cdot K}{W} \right]$$

R in m² · K/W, d in m, λ in W/(m · K)

Besteht ein Bauteil aus mehreren Schichten, werden Einzeldurchlasswiderstände addiert.

Wärmedurchlasswiderstand

$$R = \frac{d_1}{\lambda_1} + \frac{d_2}{\lambda_2} + \frac{d_3}{\lambda_3} \cdots \left[\frac{m^2 \cdot K}{W} \right]$$

Die Berechnung des Wärmedurchlasswiderstandes ist nur bei festen Baustoffen möglich. Die Wärmedurchlasswiderstände von ruhenden Luftschichten zwischen den Schalen eines Bauteils ohne Verbindung mit der Außenluft sind der **Tabelle 1,** Seite 445 zu entnehmen. Bei belüfteten Luftschichten gelten die Werte aus DIN EN ISO 6946, z.B. enthalten in Fachmathematik Bautechnik, Formeln und Tabellen.

15.3.3 Wärmeübergangswiderstand

Der **Wärmeübergangswiderstand R_s** ist der Widerstand, den die an ein Bauteil angrenzenden Luftschichten dem Wärmeübergang entgegensetzen. Der Wärmeübergangswiderstand innen wird mit R_{si}, der Wärmeübergangswiderstand außen wird mit R_{se} bezeichnet. Die Einheit ist m² · K/W. Die Bemessungswerte der Wärmeübergangswiderstände sind genormt (**Tabelle 1,** Seite 447).

Tabelle 1: Bemessungswerte der Wärmeübergangswiderstände nach DIN EN ISO 6946 und EN ISO 13370

Bauteile		Bemessungswerte der Wärmeübergangswiderstände ($m^2 \cdot K/W$)	
		R_{si}	R_{se}
1	Außenwand ohne hinterlüfteter Außenhaut	0,13	0,04
2	Außenwand mit hinterlüfteter Außenhaut, Wände (auch Abseitenwände) zu nicht wärmegedämmten Dachräumen, Durchfahrten, Garagen, offenen Hausfluren	0,13	0,13
3	Wohnungstrennwände, Wände zu fremdgenutzten Räumen, zu dauernd unbeheizten Räumen, Abseitenwand zum wärmegedämmten Dachraum	0,13	0,13
4	Treppenraumwand zum Treppenraum	0,13	0,13
5	Wände, die an das Erdreich grenzen	0,13	0,04
6	Wohnungstrenndecken, Decken zwischen fremden Arbeitsräumen, Decken unter gedämmten Dachräumen allgemein und in zentralbeheizten Gebäuden	0,10	0,10
7	Decken unter nicht ausgebauten Dachräumen oder unter belüfteten Räumen (z. B. belüftete Dachschrägen)	0,10	0,04
8	Decken, die Aufenthaltsräume nach oben gegen die Außenluft abgrenzen, z. B. Dächer und Decken unter Terrassen	0,10	0,04

Wärmegedämmte Steildächer Neigung ≥ 5°	Belüftet	Neigung ≤ 60°	0,10	0,10
		Neigung > 60°	0,13	0,13
	Nicht belüftet mit belüfteter Deckung ohne Zu- und Abluftöffnungen, Steildach mit Schalung	Neigung ≤ 60°	0,10	0,04
		Neigung > 60°	0,13	0,04

9	Kellerdecken, Decken gegen abgeschlossene unbeheizte Hausflure	0,17	0,17
10	Decken, die Aufenthaltsräume nach unten gegen die Außenluft abgrenzen, z. B. Garagen oder Durchfahrten	0,17	0,04
11	Unterer Abschluss nicht unterkellerter Aufenthaltsräume, unmittelbar an das Erdreich grenzend	0,17	0,04

15.3.4 Wärmedurchgangswiderstand, Wärmedurchgangskoeffizient

Der **Wärmedurchgangswiderstand** R_T eines Bauteils setzt sich zusammen aus dem Wärmeübergangswiderstand R_{si}, dem Wärmedurchlasswiderstand R und dem Wärmeübergangswiderstand R_{se}.

Der **Wärmedurchgangskoeffizient** U ist der Kehrwert des Wärmedurchgangswiderstandes. Er gibt die Wärmemenge in Joule je Sekunde (= Watt) an, die durch 1 m^2 eines Bauteils bei 1 Kelvin Temperaturunterschied von der warmen Raumluft zur kalten Außenluft oder im Sommer von der warmen Außenluft zur kühlen Raumluft hindurchgeht.

Wärmedurchgangswiderstand
$$R_T = R_{si} + R + R_{se} \quad \left[\frac{m^2 \cdot K}{W}\right]$$

Wärmedurchgangskoeffizient
$$U = \frac{1}{R_T} \quad \left[\frac{W}{m^2 \cdot K}\right]$$
$$\text{oder } U = \frac{1}{R_{si} + R + R_{se}} \quad \left[\frac{W}{m^2 \cdot K}\right]$$

15.3.5 Anforderungen an den Wärmeschutz

In der DIN 4108 – Wärmeschutz und Energieeinsparung in Gebäuden – und in der Energieeinsparverordnung (EnEV) sind für den Wärmeschutz Mindest- bzw. Höchstwerte vorgegeben. Danach dürfen die Anforderungen an die Wärmedurchlasswiderstände R nicht unterschritten, die Anforderungen an die Wärmedurchgangskoeffizienten U sowie an vorgegebene Energiebedarfswerte nicht überschritten werden.

15.3.5.1 Anforderungen nach DIN 4108

Für den **winterlichen Wärmeschutz** werden an die Außenbauteile eines Bauwerks Anforderungen als Mindestwerte vorgegeben. Dabei wird unterschieden zwischen Bauteilen mit einer flächenbezogenen Gesamtmasse von ≥ 100 kg/m^2 und leichten Bauteilen mit einer flächenbezogenen Gesamtmasse von < 100 kg/m^2. Dasselbe gilt auch für Rahmen- und Skelettbauarten. Die entsprechenden Mindestwerte der Wärmedurchlasswiderstände R sind in DIN 4108-2 angegeben (**Tabelle 1** und **2**, Seite 448).

Tabelle 1: Mindestwerte der Wärmedurchlasswiderstände R für Bauteile beheizter Räume mit einer flächenbezogenen Gesamtmasse von ≥ 100 kg/m² nach DIN 4108-2

	Bauteile	Wärmedurchlass-widerstand R m² · K/W
1	Wände gegen Außenluft, Erdreich, Tiefgaragen und nicht beheizte Räume	1,20
2	Dachschrägen, Decken nach oben und Flachdächer gegen Außenluft	1,20
3	Decken nach oben zu nicht beheizten Räumen, zu belüfteten Räumen in Abseiten und zu bekriechbaren oder noch niedrigeren Räumen	0,90
4	Decken nach oben zu Räumen zwischen gedämmten Dachschrägen und Abseitenwänden bei ausgebauten Dachräumen	0,35
5	Decken nach unten gegen Außenluft, Tiefgarage, Garagen (auch beheizte), Durchfahrten (auch verschließbare) und belüftete Kriechkeller	1,75
6	Decken nach unten gegen nicht beheizten Kellerraum, unterer Abschluss von Aufenthaltsräumen unmittelbar an das Erdreich grenzend, z. B. Sohlplatte, bis zu einer Raumtiefe von 5 m und über einem an das Erdreich grenzenden nicht belüfteten Hohlraum, z. B. Kriechkeller	0,90
7	Treppenraumwände zu direkt oder indirekt beheiztem Treppenraum, sofern die anderen Bauteile des Treppenraums die Anforderungen dieser Tabelle erfüllen	0,07
8	Treppenraumwände zu indirekt beheiztem Treppenraum, wenn nicht alle anderen Bauteile des Treppenraums die Anforderungen dieser Tabelle erfüllen	0,25
9	Oberer und unterer Abschluss eines beheizten oder indirekt beheizten Treppenraumes	wie Bauteile beheizter Räume
10	Wohnungs- und Gebäudetrennwände zwischen beheizten Räumen	0,07
11	Wohnungstrenndecken und Decken zwischen beheizten Räumen unterschiedlicher Nutzung	0,35

Tabelle 2: Mindestwerte der Wärmedurchlasswiderstände R für leichte Bauteile mit einer flächenbezogenen Gesamtmasse von < 100 kg/m², sowie für Rahmen und Skelettbauarten nach DIN 4108-2

	Bauteile		Wärmedurchlass-widerstand R m² · K/W
1	Außenwände, Decken unter nicht ausgebauten Dachräumen und Dächer (< 100 kg/m²)		1,75
2	Rahmen und Skelettbauarten	im Gefachbereich	1,75
		für das gesamte Bauteil im Mittel (R_m)	1,00
3	Rollladenkästen		1,00
4	Deckel von Rollladenkästen		0,55
5	Nichttransparenter Teil der Ausfachungen von Fensterwänden und Fenstertüren Transparente Teile sind mit Isolierglas oder mindestens 2 Glasscheiben auszuführen		1,20

Der **sommerliche Wärmeschutz** soll bei Sonneneinstrahlung und hohen Außentemperaturen ein angenehmes Raumklima bewirken. Dieses ist abhängig von Anzahl, Größe und Lage der Fenster zur Himmelsrichtung, von der Art des Sonnenschutzes sowie von der Energiedurchlässigkeit der Verglasung. Von Bedeutung sind auch die Möglichkeiten der natürlichen Lüftung sowie die Wärmespeicherfähigkeit der raumumschließenden Flächen (Seite 446).

15.3.5.2 Anforderungen nach der Energieeinsparverordnung (EnEV)

Die Energieeinsparverordnung (EnEV 2014) schreibt Höchstwerte für den **Jahres-Primärenergiebedarf** (aktualisiert zum 01.01.2016) und die **Transmissionswärmeverluste** vor. Die einzuhaltenden Werte ergeben sich bei Neubauten durch den Vergleich mit einem Referenzgebäude in festgelegter Ausführung. Unter **Primärenergie** versteht der Gesetzgeber Energieformen, die direkt von der Natur zur Verfügung gestellt werden und noch keiner Umwandlung unterzogen wurden, wie z. B. Stein- und Braunkohle, Erdgas und Erdöl (**Bild 1**, Seite 449). Regenerative Energien, wie z. B. Sonnenenergie, Biomasse, Erd- und Umweltwärme, erneuern sich ständig und verringern den Jahres-Primärenergiebedarf.

Die Berechnung des Jahres-Primärenergiebedarfs schließt folgende Anforderungen ein:

- eine **kompakte Bauweise** mit einem möglichst kleinen A/V_e-Verhältnis (A = Gebäudehüllfläche, V_e = beheiztes Gebäudevolumen)

- eine **erhöhte Wärmedämmung** für alle Außenbauteile eines Gebäudes, wie Wände, Decken, Dächer, Fenster, Fenstertüren und Außentüren

- die **Vermeidung von Wärmebrücken,** um feuchte Stellen in den Räumen und damit mögliche Schimmelbildung auszuschließen

- eine **dichte Gebäudehülle** mit luftundurchlässigen Flächen, Fugen und Anschlüssen

- einen ausreichenden **Luftwechsel** durch natürliche Belüftung bzw. Belüftungseinrichtungen (**Bild 2**)

- eine **wirtschaftliche Heizanlage,** wie Niedertemperaturkessel oder Brennwertkessel (mit CE-Kennzeichnung)

- ein energiesparendes **Regelungssystem** und eine erhöhte Wärmedämmung von Wärme- und Warmwasserverteilungsleitungen

- einen energiesparenden **sommerlichen Wärmeschutz** zur Reduzierung notwendiger energieverbrauchender Klimaanlagen

- die Nutzung **solarer Wärmegewinne** durch Fenster mit einem hohen Gesamtenergiedurchlassgrad (Bild 1)

- die Berücksichtigung **interner Wärmegewinne** von wärmeabgebenden elektrischen Geräten, wie Beleuchtungskörper, Herde, Kühlschränke usw. und durch Wärmeabgabe der Bewohner des Hauses (Bild 1)

Der **Jahresheizwärmebedarf** Q_h beinhaltet

- den Transmissionswärmebedarf, Q_T
- den Lüftungswärmebedarf, Q_v
- die nutzbaren solaren Wärmegewinne, Q_s
- die nutzbaren internen Wärmegewinne Q_i.

Jahresheizwärmebedarf $Q_h = Q_T + Q_v - Q_s - Q_i$

Der **Jahres-Primärenergiebedarf** Q_p beinhaltet

- den Jahresheizwärmebedarf, Q_h
- den Wärmebedarf für die Trinkwasser-erwärmung und Q_w
- die Anlagenaufwandszahl e_p.

Jahres-Primärenergiebedarf $Q_p = (Q_h + Q_w) \cdot e_p$

Strom aus erneuerbaren Energieträgern bzw. aus Kraft-Wärme-Kopplung (KWK) reduziert den Jahres-Primärenergiebedarf.

Bild 1: Wärmebedarf und Wärmegewinne (schematisch)

Endenergie ist die Energie am Ort des Verbrauchs, die an den Verbraucher geliefert und mit dem Verbraucher abgerechnet wird, z. B. als Fernwärme aus Kraftwerken, als Heizöl im Öltank, als Koks und Briketts, als Strom aus der Steckdose (**Bild 1**).

Bild 2: Mechanische Lüftung mit Wärmerückgewinnung

Der **Transmissionswärmebedarf** Q_T hat vorhandene Transmissionswärmeverluste (H_T) und der **Lüftungswärmebedarf** Q_v die Lüftungswärmeverluste (H_v) auszugleichen, damit ein gleichmäßiges Raumklima erhalten bleibt.

Die **Anlagenaufwandszahl** e_p umfasst die Anlagenverluste bei der Haustechnik, d.h. die Wärmeverluste bei der Erzeugung und Verteilung der Wärmeenergie im Gebäude sowie die Primärenergiefaktoren, das sind die Energieverluste bei der Gewinnung, der Umwandlung und beim Transport der Energieträger.

Tabelle 1: Höchstwerte des spezifischen, auf die wärmeübertragende Umfassungsfläche bezogenen Transmissionswärmeverlusts

Zeile	Gebäudetyp		Höchstwert des spezifischen Transmissionswärmeverlusts
1	Freistehendes Wohngebäude	mit $A_N \leq 350$ m²	$H'_T = 0{,}40$ W/(m² · K)
		mit $A_N > 350$ m²	$H'_T = 0{,}50$ W/(m² · K)
2	Einseitig angebautes Wohngebäude		$H'_T = 0{,}45$ W/(m² · K)
3	Alle anderen Wohngebäude		$H'_T = 0{,}65$ W/(m² · K)
4	Erweiterungen und Ausbauten von Wohngebäuden		$H'_T = 0{,}65$ W/(m² · K)

Seit 01.01.2016 dürfen die Höchstwerte des Transmissionswärmeverlustes die Werte des jeweiligen Referenzgebäudes nicht überschreiten.

Bestehende Gebäude und Anlagen

Werden an bestehenden Gebäuden bauliche Änderungen, Erweiterungen oder Ausbauten vorgenommen, so ist der Nachweis zur Erfüllung der Anforderungen auf zwei Arten möglich. Durch den Vergleich des **Jahres-Primärenergiebedarfs** mit einem Referenzgebäude wie bei einem Neubau. Hierbei ist eine Überschreitung des Referenzwertes um nicht mehr als 40 % zulässig. Alternativ wird der Nachweis durch Unterschreiten der erlaubten Höchstwerte der **Wärmedurchgangskoeffizienten** für Außenbauteile erbracht.

Tabelle 2: Höchstwerte der Wärmedurchgangskoeffizienten U_{max} bei Errichtung kleiner Gebäude oder erstmaligem Einbau, Ersatz und Erneuerung von Bauteilen bei Wohngebäuden mit Innentemperaturen $\geq$ 19 °C (EnEV 2014).

Zeile	Bauteile	Maßnahme	U_{max} in W/(m² · K)
1	Außenwände	a) die ersetzt oder erstmalig eingebaut werden b) wenn auf der Außenseite Bekleidungen oder Verschalungen sowie Mauerwerks-Vorsatzschalen angebracht werden c) wenn der Außenputz erneuert wird	0,24
2	Gegen Außenluft abgrenzende Fenster, Fenstertüren, Dachflächenfenster und Glasdächer	a) die ersetzt oder erstmalig eingebaut werden b) wenn zusätzliche Vor- oder Innenfenster eingebaut werden c) die Verglasung oder verglaste Flügelrahmen ersetzt werden	1,1 bis 2,0
3	Außentüren	die erneuert werden	1,8
4	Dachflächen sowie Decken und Wände gegen unbeheizte Dachräume	a) die ersetzt oder erstmalig eingebaut werden b) wenn eine Dachdeckung einschließlich Lattung und Verschalung ersetzt oder neu aufgebaut wird c) wenn eine flächige Abdichtung ersetzt wird d) wenn auf der kalten Seite einer Wand oder Decke Bekleidungen oder Verschalungen aufgebracht oder erneuert werden oder Dämmschichten eingebaut werden	0,20 bis 0,24
5	Wände oder Decken nach unten gegen Erdreich oder unbeheizte Räume	a) die ersetzt oder erstmalig eingebaut werden b) wenn außenseitige Bekleidungen oder Verschalungen, Feuchtigkeitssperren oder Drainagen angebracht oder erneuert werden c) Fußbodenaufbauten auf der beheizten Seite aufgebaut oder erneuert werden d) Deckenbekleidungen auf der Kaltseite angebracht werden	0,24 bis 0,30 (bei Fußbodenaufbauten 0,50)
6	Vorhangfassaden	a) in Pfosten-Riegel-Konstruktion, die ersetzt oder erstmalig eingebaut werden	1,5
		b) mit Sonderverglasung	2,3

Energieausweis

Der Nachweis für die Einhaltung der Vorschriften nach der Energieeinsparverordnung (EnEV) ist vom Eigentümer eines Gebäudes durch den Energieausweis zu erbringen. Dieser Ausweis ist auf Verlangen der nach Landesrecht zuständigen Behörde vorzulegen. Wird ein Gebäude oder eine Wohnung verkauft bzw. vermietet, so muss der Eigentümer den Energieausweis dem Interessenten vorlegen und nach einem Verkauf übergeben.

Wird vor dem Verkauf oder der Vermietung eines Gebäudes mit Energieausweis eine Immobilienanzeige aufgegeben, so hat diese folgende Pflichtangaben zu enthalten: Die **Art des Energieausweises** (Energiebedarfs- oder Energieverbrauchsausweis), den **Wert des Energiebedarfs oder Energieverbrauchs,** die wesentlichen **Energieträger für die Heizung,** das **Baujahr** des Gebäudes und die **Energieeffizienzklasse.**

Der **Energiebedarfsausweis** wird bei Neubauten auf Grundlage des berechneten Energiebedarfs erstellt **(Bild 1)**. Bei bestehenden Gebäuden kann alternativ ein Energieverbrauchsausweis mittels des erfassten Energieverbrauchs ausgestellt werden **(Bild 2)**. In Energieausweisen werden die eingesetzte Endenergie und die hierfür aufgewendete Primärenergie getrennt ausgewiesen.

Abhängig vom ermittelten Endenergiebedarf bzw. Endenergieverbrauch wird das Gebäude einer Energieeffizienzklasse zugeordnet **(Tabelle 1)**.

Ergänzend zu den Angaben über die energetische Qualität des Gebäudes enthält der Energieausweis Empfehlungen des Ausstellers zur Modernisierung im Sinne der EnEV.

Energieausweise verlieren ihre Gültigkeit nach zehn Jahren, bzw. wenn nach der EnEV durch bauliche Veränderungen ein neuer Ausweis erforderlich wird.

Tabelle 1: Einteilung in Energieeffizienzklassen

Energieeffizienzklasse	Endenergie kWh/(m² · a)
A+	< 30
A	< 50
B	< 75
C	< 100
D	< 130
E	< 160
F	< 200
G	< 250
H	> 250

Bild 1: Energiebedarfsausweis nach EnEV 2014 (gekürzte Fassung)

Bild 2: Energieverbrauchsausweis nach EnEV 2014 (gekürzte Fassung)

Luftdichtheit

Die EnEV fordert zusätzlich, dass die wärmeübertragenden Umfassungsflächen luftundurchlässig abgedichtet sind. Wenn eine ausreichende Luftdichtheit nachgewiesen ist, darf dies bei der Berechnung für den Energieausweis berücksichtigt werden. Der gesundheitlich erforderliche Mindestluftwechsel ist durch natürliche Belüftung oder durch Belüftungseinrichtungen sicherzustellen (**Bild 1**, Seite 449).

Die Luftdichtheit kann verbessert werden:
- durch dichte Fenster und Türen
- durch luftdichte Bauteilanschlüsse
- durch Anordnung einer innen liegenden Installationsebene

Bild 1: Beispiel der Luftdichtheitsprüfung bei Unterdruck (Systemdarstellung)

Bei der **Luftdichtheitsprüfung** (Blower-Door-Test) (**Bild 1**) wird eine Druckdifferenz zwischen der Luft im Gebäudeinneren und der Umgebungsluft erzeugt. Aufgrund dieses Druckunterschiedes strömt durch undichte Stellen der Umfassungsfläche Luft nach. Mit dem gemessenen Volumenstrom der Luft kann die Dichtheit der Gebäudehülle bestimmt werden. Dieser Test kann sowohl im Überdruck- als auch im Unterdruckverfahren durchgeführt werden.

Ist der gemessene Volumenstrom der Luft zu groß, werden die **Leckagen** in der luftdichten Gebäudehülle gesucht. Hierbei kommt unter anderem ein Nebelgenerator oder die Thermografie, welche Temperaturunterschiede sichtbar macht, zum Einsatz. Häufig gibt es Undichtigkeiten an Materialstößen in der Luftdichtheitsschicht oder an Bauteilanschlüssen.

15.3.5.3 Ökologisches Bauen

Das **ökologische Bauen** berücksichtigt die Wechselbeziehung zwischen dem Menschen, seiner Gebäude und dem Ökosystem. Mit ökologischem Bauen soll erreicht werden, dass die Menschen dauerhaft gesund leben, ohne dass die Umwelt für die nachfolgenden Generationen zerstört wird. Beim **nachhaltigen Bauen** stehen die ökonomischen und ökologischen Aspekte im Vordergrund. Diese können sich gegenseitig ergänzen, beispielsweise wenn der Bauherr durch eine bessere Wärmedämmung weniger Heizöl benötigt, damit die Umwelt schont und die langfristigen Kosten senkt.

Bei der Erstellung eines Gebäudes wird darauf geachtet, dass der Ressourcenverbrauch bei der Herstellung und der anschließenden Nutzung möglichst klein ist. Deshalb werden **ökologische Baustoffe** verwendet. Diese zeichnen sich idealerweise durch folgende Eigenschaften aus:
- durch diese Baustoffe entstehen keine toxischen Belastungen, welche den Bewohner oder Arbeiter gefährden,
- bei Herstellung und Transport der Baustoffe wird nur wenig Energie aufgewendet und die Umwelt nicht nachhaltig zerstört,
- diese Baustoffe fördern das behagliche Wohnklima,
- nach dem Ende der Gebäudenutzung können Bauteile zurückgebaut und Baustoffe getrennt werden,
- die Rohstoffe ermöglichen einen geschlossenen Stoffkreislauf, d.h., sie können nach der Nutzung recycelt oder vollständig biologisch abgebaut werden.

Naturbaustoffe wie zum Beispiel Lehm, Ziegel, Holz, Stroh oder Flachs erfüllen diese Eigenschaften und können häufig regional hergestellt werden. Zur besseren Verarbeitbarkeit werden diese Naturbaustoffe für die jeweiligen Einsatzbereiche aufbereitet und vorgefertigt. Hersteller des Naturbaustoffes Lehm bieten beispielsweise von Lehmsteinen über Lehmtrockenbauplatten bis zu Leichtlehm für den feuchten Einbau viele Einsatzmöglichkeiten.

Ökologisches Bauen schließt jedoch auch einen **geringen Energieverbrauch** ein. Die Entwicklung über das Niedrigenergiehaus bis zum Passivhaus wurde in Deutschland durch die Energieeinsparverordnung (EnEV) geregelt. Diese ging aus der Wärmeschutzverordnung und Heizungsanlagenverordnung hervor (**Tabelle 1,** Seite 453).

Tabelle 2: Entwicklung des Wärmeschutzes vom Altbau zum Passivhaus

Vergleichskriterien	Altbauten nach dem Energieeinsparungs-Ges. und der Wärme-schutz-VO 1977	Bauweise nach der Wärmeschutz-VO 1995	Niedrigenergiehaus Energieeinspar-VO 2001	Passivhaus
U-Werte für Außenwände	1,4 W/(m² · K)	0,8 bis 0,6 W/(m² · K)	0,4 bis 0,2 W/(m² · K)	< 0,15 W/(m² · K)
Dach und oberste Geschossdecke	0,9 W/(m² · K)	0,5 bis 0,3 W/(m² · K)	0,2 bis 0,15 W/(m² · K)	< 0,1 W/(m² · K)
Kellerdecke	0,8 W/(m² · K)	0,7 bis 0,55 W/(m² · K)	0,4 bis 0,3 W/(m² · K)	< 0,25 W/(m² · K)
Fenster	Einfach- und Doppelfenster	Isolierverglasung	2-Scheiben-Wärme-schutzverglasung	3-Scheiben-Wärme-schutzverglasung
	5,2 W/(m² · K)	1,8 bis 3,1 W/(m² · K)	1,3 W/(m² · K)	< 0,7 W/(m² · K)
Lüftung	geringe Anforderungen	Fensterfugenlüftung	Mech. Abluft-Lüftungsanlage	Lüftungsanlage mit Wärmerückgewinnung
Solare und interne Wärmegewinne	nicht wirksam	teilweise wirksam	wirksam, reicht noch nicht aus	sehr wirksam
Heizung	groß	kleiner	klein, leicht regelbar	keine
Maximaler Jahres-Heizwärmeverbrauch	280 bis 180 kWh/(m² · a)	100 bis 54 kWh/(m² · a)	70 bis 50 kWh/(m² · a)	< 15 kWh/(m² · a)
Geforderter Nachweis	Maximaler mittlerer k-Wert (k_m)	Maximaler Jahres-Heizwärmebedarf Q_h	Maximaler Jahres-Primärenergiebedarf Q_p	
Heizölverbrauch	18 bis 13 l/(m² · a)	9 l/(m² · a)	5 bis 4 l/(m² · a)	Energiebedarf entspricht 1,5 l/(m² · a)

Weitere Entwicklungen gibt es zum Plus-Energie-Haus oder Effizienzhaus Plus, welche mehr Energie über die Zeitdauer von einem Jahr erzeugen, als diese benötigen. Hierbei wird der Energieverbrauch mit technischem Aufwand stark reduziert und die benötigte Energie zum Beispiel mit Photovoltaikanlagen erzeugt.

Wachsende Bedeutung beim ökologischen Bauen erhält das **Abwassermanagement** eines Gebäudes. Dies beginnt bei der Verringerung versiegelter Flächen, um die Hochwassergefahr an den Flüssen zu reduzieren. Gemeinden verlangen Gebühren für die Ableitung des Regenwassers, welche auf Grundlage der versiegelten Fläche berechnet werden. Wird das Regenwasser in Zisternen gesammelt, so reduziert sich die Belastung der Abwasserleitungen und der Kläranlagen bei Starkregen. Gesammelt werden kann auch Grauwasser. Als Grauwasser bezeichnet man fäkalienfreies, gering verschmutztes Abwasser aus dem eigenen Gebäude. Dieses fällt bei der Körperpflege oder der Nutzung von Waschmaschinen an.

Die Verwendung von **Regen- und Grauwasser** zum Beispiel zur Toilettenspülung reduziert den Verbrauch von Trinkwasser. Hierzu sind zusätzliche bauliche Maßnahmen wie Leitungssysteme, Wasserspeicher oder Aufbereitungsanlagen erforderlich **(Bild 1)**.

Bild 1: Grauwassernutzung

Ökologisches Bauen betrifft nicht nur Neubauten. Beim Umbau oder Rückbau bestehender Gebäude kann ebenfalls auf ökologisches Bauen geachtet werden. Hierbei werden die Baustoffe beim Rückbau sortenrein getrennt und wiederverwendet, recycelt oder umweltverträglich entsorgt. Im Kreislaufwirtschaftsgesetz ist dies geregelt, um die natürlichen Ressourcen zu schonen, und zum Schutz von Mensch und Umwelt.

Eine **Wiederverwendung** ist nur möglich, wenn die Baustoffe zerstörungsfrei entfernt und in einem anderen Gebäude wieder eingebaut werden können. Auf diese Weise werden Energie und Kosten für die Vernichtung und erneute Herstellung der Baustoffe eingespart. Ein Beispiel ist die Wiederverwendung von Dachziegeln, wenn ein Dach nach dem Einbau einer Wärmedämmung neu mit den alten Dachziegeln eingedeckt wird. Eine mögliche Wiederverwendung der Bauteile wird beim Neubau eines ökologisch erstellten Gebäudes bereits mit berücksichtigt. Hierzu werden bei der Konstruktion lösbare Verbindungen eingesetzt, welche eine zerstörungsfreie Demontage ermöglichen.

Das **Recycling** der Baustoffe wird angewendet, wenn das ursprüngliche Bauteil in seiner bisherigen Form nicht mehr verwendet werden kann (siehe Seite 178). Hierbei wird das Material stofflich verwertet, es entsteht ein neues Bauteil. So kann beim Abbruch eines Massivhauses oder einer Betonfahrbahn der Betonabbruch mit einem Brecher zerkleinert und als Gesteinskörnung wieder in den neuen Beton eingebracht werden. Dieses Verfahren spart Rohstoffe und den Transport großer Massen besonders im Straßenbau oder bei größeren Bauprojekten.

Die umweltverträgliche **Entsorgung** ist vorgesehen, wenn der Baustoff nicht wiederverwertet werden kann und aus dem Stoffkreislauf ausscheidet. Hierbei wird darauf geachtet, dass die Belastung der Umwelt gering gehalten wird. Bei der Verbrennung von Altholz aus einem Gebäuderückbau wird beispielsweise Strom erzeugt und die Abgase über Filteranlagen gereinigt. Nicht recycelbarer Bauschutt wird deponiert.

15.3.6   Wärmedämmende Konstruktionen

15.3.6.1 Wärmedämmung bei Wänden

Bei Außenwänden können die Wärmedämmschichten auf der Außenseite der Außenwand (Außendämmung), auf der Innenseite der Außenwand (Innendämmung), als Kerndämmung zwischen zwei Schalen oder auf der Außen- und Innenseite der Außenwand (Mantelbauweise) angebracht werden. Die Anbringungsmöglichkeit hängt von der Art des Gebäudes ab. Die bauphysikalischen und wirtschaftlichen Vor- und Nachteile der vier Konstruktionen sind schon bei der Planung zu berücksichtigen.

Die **Außendämmung** ist als günstigste Lösung möglichst schon bei der Erstellung des Bauwerks einzuplanen. Vorteilhaft ist dabei, dass die Wand frostfrei bleibt, dass sich keine Wärmebrücken nach außen

Bild 1: Wärmedämmschicht bei Wänden

bilden und dass die Wärmedehnung der tragenden Bauteile gering ist. Anzuwenden ist sie vor allem bei Räumen, die ständig genutzt werden, wie z. B. Räume in Wohnhäusern, Altenheimen und Krankenhäusern.

Die **Innendämmung** (**Bild 1,** Seite 454) ist bei Räumen geeignet, die schnell aufzuheizen sind oder die nur kurzzeitig benutzt werden, wie z. B. Räume in Kirchen, Vortragsräume, Konzerträume oder Räume in Wochenendhäusern. Möglich ist sie auch bei der nachträglichen Dämmung von Wänden. Eine **Kerndämmung** wird häufig bei Bauten mit Fassaden aus Sichtbeton oder Sichtmauerwerk angewendet.

(a) Decke unter nicht ausgebautem Dachgeschoss

Holzfußboden
Dämmschicht
Massivdecke
Putz

Gehbelag
Estrich
Trennlage
Dämmschicht
Massivdecke
Putz

(b) Decke über offener Durchfahrt

Estrich
Gehbelag
Trennlage
Dämmschicht
Sperrschicht
Beton
Sauberkeitsschicht
Kunststoff - Folie
Kapillarbrechende Schicht

(c) Decke unter nicht unterkellerten Aufenthaltsräumen

Bild 1: Wärmedämmschicht bei Decken

15.3.6.2 Wärmedämmung bei Decken

Bei Decken unter nicht ausgebauten Dachgeschossen, z. B. bei Abstellräumen, kann die Wärmedämmschicht unter dem Fußboden eingebracht werden (**Bild 1a**). Decken, die Aufenthaltsräume nach unten gegen die Außenluft abgrenzen, wie z. B. Decken über Durchfahrten, benötigen an der Unterseite eine zusätzliche Dämmschicht (**Bild 1b**). Die Wärmedämmung von Kellerdecken kann durch das Anbringen einer zusätzlichen Dämmschicht unter dem Estrich oder an der Unterseite der Kellerdecke verbessert werden. Bei Aufenthaltsräumen, die nicht unterkellert sind, ist der Fußboden sowohl gegen Wärmeabwanderung ins Erdreich als auch gegen aufsteigende Feuchtigkeit zu schützen (**Bild 1c**). Bei Wohnungstrenndecken werden an den Wärmeschutz keine besonderen Anforderungen gestellt, jedoch ist eine Dämmschicht als Trittschallschutz erforderlich.

15.3.6.3 Wärmedämmung bei Wärmebrücken

Wärmebrücken sind einzelne Bereiche, die eine geringere Wärmedämmung aufweisen als die übrigen Bauteile. Da über sie mehr Wärme nach außen abwandert, ist die Oberflächentemperatur an ihrer Innenseite niedriger. Dies kann zu Tauwasserbildung führen. Deshalb sind Wärmebrücken durch bautechnische Maßnahmen zu vermeiden (**Bild 2**). Die Anforderungen an den Mindestwärmeschutz sind deshalb durch Normung festgelegt (**Tabelle 1,** Seite 448).

15.3.6.4 Wärmedämmung bei Dächern

Die Anordnung der Wärmedämmschicht bei Dächern hängt von der Art des Daches ab. Beim belüfteten oder unbelüfteten geneigten Steildach kann die Wärmedämmschicht auf den Sparren, zwischen den Sparren oder unter den Sparren angebracht sein (**Bild 1,** Seite 456 und **Bild 1a,** Seite 504). Häufig werden sie kombiniert ausgeführt.

Stahlbetonpfeiler

Stahlbetonstütze

Stahlbetondecke

Stahlbeton - Flachdach

Balkonauskragung

Sparren- widerlager

Sparrenpfetten- anker

Knagge

Schwelle

Bild 2: Wärmedämmung zur Vermeidung von Wärmebrücken

Bild 1: Wärmedämmschichten bei Dächern

Bild 2: Anschlüsse von Luftdicht-heitsschichten

Beim belüfteten Flachdach liegt die Wärmedämmschicht entweder auf der Stahlbetondecke (**Bild 1b,** Seite 468) oder über der inneren Deckenverschalung (**Bild 1c,** Seite 468). Das unbelüftete Flachdach (Warmdach) benötigt wegen der Gefahr der Tauwasserbildung eine gute Wärmedämmung und die Anordnung einer Dampfsperre auf der warmen Seite der Dämmschicht (**Bild 1d,** Seite 468). Beim **Umkehrdach** liegt die Wärmedämmschicht über der Dachabdichtung (**Bild 1e,** Seite 468). Sie besteht z.B. aus geschlossenzelligem Hartschaum mit verdichteten Oberflächen, der keine Feuchtigkeit aufnimmt und deshalb auch bei Anfall von Wasser seine Wärmedämmfähigkeit behält. Die darunter liegende Dachhaut wird auf diese Weise auch vor mechanischer Beschädigung, hohen Temperaturschwankungen (Sommer/Winter) und vor UV-Strahlen geschützt.

Bei belüfteten Dächern muss wegen einer möglichen Wasserdampfdiffusion der freie Lüftungsquerschnitt innerhalb des Dachbereichs über der Wärmedämmschicht je m Breite senkrecht zur Strömungsrichtung mindestens 200 cm² betragen. Die freie Höhe des Lüftungsquerschnitts darf 2 cm bei Steildächern (Dachneigung ≥ 10°) und 5 cm bei Flachdächern (Dachneigung < 10°) nicht unterschreiten. Wegen evtl. durchhängender Unterspannbahnen ist sicherheitshalber eine Luftschichtdicke von 3 bis 4 cm bzw. 6 bis 7 cm zu empfehlen.

Bei belüfteten Steildächern ist eine Dampfsperre auf der warmen Seite der Dämmschicht einzubauen, wenn eine Belüftung bei Sparrenfeldern mit Dachflächenfenstern, Schornsteinwechseln oder Dachgaubenanschlüssen nicht möglich ist.

Luftströmungen durch Bauteile hindurch und durch undichte Fugen an den Bauteilanschlüssen, z.B. Wand/Dach, führen zu Zugerscheinungen und Lüftungswärmeverlusten. Dies ist durch den Einbau einer **Luftdichtheitsschicht** aus Folien, Dichtungsbändern oder Dichtungsmassen zu verhindern. Sie müssen so eingebaut werden, dass sie bei Bauteilbewegungen nicht abreißen können (**Bild 2**).

Aufgaben

1 Dämmstoffe sollen eine hohe Wärmedämmfähigkeit besitzen. Beschreiben Sie, wodurch die einzelnen Dämmstoffe diese Eigenschaft erreichen.

2 Erläutern Sie, warum Wände und Decke eines Raumes eine ausreichende Wärmespeicherfähigkeit besitzen sollen.

3 Stellen Sie fest, wo in einem Gebäude Wärmebrücken entstehen können und machen Sie Vorschläge zu ihrer Beseitigung.

4 Beschreiben Sie die Ziele des ökologischen Bauens und die Auswirkungen bei ihrer Umsetzung.

15.4 Feuchteschutz

Als Feuchteschutz bezeichnet man alle Maßnahmen, die das Bauwerk vor Eindringen von Wasser und Feuchtigkeit schützen. Unter Feuchtigkeit versteht man Wasser, das fein verteilt in den Baustoffen oder im Erdboden auftritt.

Die meisten Schäden am Bauwerk entstehen durch Feuchtigkeit. Wo sie auftritt, können Mörtel und Beton ausgelaugt werden, kann Holz faulen und Stahl rosten, können Steine verwittern sowie Putze, Lacke und Tapeten sich lösen. Enthält Wasser schädliche Stoffe, so verstärkt sich seine zerstörende Wirkung. Man bezeichnet solches Wasser als aggressives Wasser. Schädliche Stoffe gelangen meist als Abgase über die Luft und häufig über Abwässer in das Wasser. Einem verstärkten Umweltschutz kommt deshalb für die Erhaltung der Bauwerke eine erhöhte Bedeutung zu. Da Wasser die Wärme etwa 25-mal besser leitet als Luft, wird auch der Wärmeschutz durch feuchte Bauteile erheblich vermindert.

Wasser und Feuchtigkeit können von außen und von innen in ein Bauwerk gelangen **(Bild 1)**. Man unterscheidet daher Außen- und Innenwasser.

Als Außenwasser bezeichnet man Wasser, das von oben als Niederschläge und Schmelzwasser, von der Seite als Oberflächenwasser und Spritzwasser, von unten als Sickerwasser, Schichtwasser, Stauwasser und Grundwasser auf ein Bauwerk einwirken kann.

Bild 1: Wasser bei Bauwerken

Tabelle 1: Lastfälle in Abhängigkeit der Wasserbeanspruchung und der Bodenart				
Bauteilart	Wasserart	Einbausituation		Lastfall, Art der Wassereinwirkung
Erdberührte Wände und Bodenplatten oberhalb des Bemessungs-wasserstandes	Kapillarwasser Haftwasser Sickerwasser	stark durchlässiger Boden		Bodenfeuchte und nichtstauendes Sickerwasser
		wenig durchlässiger Boden	mit Dränung	Bodenfeuchte und nichtstauendes Sickerwasser
			ohne Dränung	aufstauendes Sickerwasser
Waagerechte und geneigte Flächen im Freien und im Erdreich;	Niederschlags-wasser, Sickerwasser,	Balkone u. ä. Bauteile im Wohnungsbau, Nassräume im Wohnungsbau		nicht drückendes Wasser, mäßige Beanspruchung
		genutzte Dachflächen, intensiv begrünte Dächer, Nassräume (ausgenommen Wohnungsbau), Schwimmbäder		nicht drückendes Wasser, hohe Beanspruchung
Wand und Boden-flächen in Nassräumen	Anstau-bewässerung, Brauchwasser	nicht genutzte Dachflächen, frei bewittert, ohne feste Nutzschicht, einschließlich Extensivbegrünung		nicht drückendes Wasser
Erdberührte Wände, Boden-platten- und Deckenplatten unterhalb des Bemessungs-wasserstandes	Grundwasser	jede Bodenart, Gebäudeart und Bauweise		drückendes Wasser von außen
Wasserbehälter, Becken	Brauchwasser	im Freien und in Gebäuden		drückendes Wasser von innen

Bild 1: Wasseranfall an erdberührten Wänden

Bild 2: Abdichtung gegen Bodenfeuchte (schematisch)

Bild 3: Fußbodensperrschichten

Auch die Bodenfeuchtigkeit bzw. aufsteigende Feuchtigkeit, die hauptsächlich von Haftwasser, Sickerwasser, Schichtwasser, Stauwasser und Grundwasser herrührt, kommt von außen an das Bauwerk.

Als Innenwasser ist das Wasser zu bezeichnen, das in Nassräumen, z. B. Bädern und Duschen, anfällt. Auch die an kalten Bauteilen sich niederschlagende Luftfeuchtigkeit, das Tau- oder Schwitzwasser, zählt man zum Innenwasser.

Wasser kann als Flüssigkeit (tropfbar), als Feuchtigkeit (nicht tropfbar) und als Gas (Dampf) mit unterschiedlicher Dauer auf ein Bauwerk einwirken. Es tritt als drückendes oder nicht drückendes Wasser auf. Aggressives Wasser schädigt oder zerstört ungeschützte Bauteile. Deshalb sind Bauwerke durch Abdichtungen zu schützen.

DIN 18195 „Bauwerksabdichtungen" unterscheidet Lastfälle in Abhängigkeit der Bauteil- bzw. Wasserart, der Einbausituation und der Wassereinwirkung (**Tabelle 1,** Seite 457). Der jeweiligen Art der Wassereinwirkung ist eine entsprechende Art der Abdichtung zugeordnet.

15.4.1 Abdichtung gegen Bodenfeuchte

Bodenfeuchte ist als Mindestbeanspruchung immer anzunehmen (**Bild 2**). Bei der Planung der Abdichtung ist außerdem die Bodenart, Geländeform und der höchste Grundwasserstand zu berücksichtigen. Die Abdichtungsart wird aufgrund der Lastfälle, DIN 18195 „Bauwerksabdichtungen", bestimmt. Hierbei wird zwischen Bodenfeuchte und nicht stauendem Sickerwasser sowie aufstauendem Sickerwasser unterschieden. Nach VOB DIN 18336 Teil C „Abdichtungsarbeiten" ist der Lastfall in der Leistungsbeschreibung anzugeben.

Bodenfeuchte ist im Erdreich immer vorhandenes, kapillar gebundenes und durch die Kapillarkräfte auch entgegen der Schwerkraft fortleitbares Wasser.

Nicht stauendes Sickerwasser ist eine dem Lastfall Bodenfeuchte vergleichbare Belastung und wird durch das von Niederschlägen herrührende, nicht stauende Sickerwasser erzeugt. Mit dieser Art der Wassereinwirkung darf nur gerechnet werden, wenn das Baugelände bis zu einer ausreichenden Tiefe unter der Fundamentsohle und auch das Verfüllmaterial der Arbeitsräume aus stark durchlässigen Böden, zum Beispiel Sand oder Kies, bestehen. Voraussetzung ist, dass die Böden für in tropfbar-flüssiger Form anfallendes Wasser so durchlässig sind, dass es ständig von der Oberfläche des Geländes bis zum freien Grundwasserstand absickern kann und sich auch nicht vorübergehend, beispielsweise bei starken Niederschlägen, aufstaut. Dies ist bei einer Sickergeschwindigkeit von Regenwasser durch den anstehenden Boden ≥ 0,1 mm/s gegeben. Diese Feuchtigkeitsbeanspruchung liegt auch dann vor, wenn bei wenig durchlässigen Böden eine Dränung nach DIN 4095 vorhanden ist, deren Funktionsfähigkeit auf Dauer gegeben ist.

Aufstauendes Sickerwasser liegt vor, wenn sich Kelleraußenwände oder Bodenplatten mit Gründungstiefen bis zu 3,00 m unter Geländeoberkante in wenig durchlässigen Böden und ohne eine Dränung vorhanden sind. Außerdem müssen Bodenart und Geländeform so beschaffen sein, dass nur Stauwasser zu erwarten ist. Der höchste Grundwasserstand muss mindestens 30 cm unter der Unterkante Kellersohle liegen.

Die wichtigsten Abdichtungen gegen Bodenfeuchte sind die Fußbodenabdichtung, die waagerechte Wandabdichtung, die senkrechte Wandabdichtung und die Abdichtung im Sockelbereich (**Bild 1**).

Fußbodenabdichtung

Bodenplatten sind gegen aufsteigende Feuchtigkeit abzudichten. Die Ausführung richtet sich nach der Bodenart, dem höchsten Grundwasserstand und der Nutzung des Raumes. Bei Raumnutzungen mit geringen Anforderungen an die Trockenheit der Raumluft kann eine Abdichtung entfallen. Das Aufsteigen der Bodenfeuchte bei schwachbindigem Baugrund wird durch eine mindestens 15 cm dicke kapillarbrechende Schicht, z. B. aus Grobkies, verhindert (Bild 3, Seite 458). Darüber wird eine etwa 10 cm dicke Betonschicht als Bodenplatte aufgebracht und je nach Nutzung des Raumes mit einem Estrich versehen. Wenn nach DIN 18195 keine weitreichenderen Maßnahmen gefordert werden, wird bei bindigem Baugrund zusätzlich unter dem Estrich eine Sperrschicht eingebaut (Bild 3, Seite 458).

Waagerechte Abdichtung

Außen- und Innenwände im Untergeschoss sind durch eine waagerechte Abdichtung (Querschnittsabdichtung) gegen aufsteigende Feuchtigkeit zu schützen. Anordnung und Ausführung dieser Abdichtung richtet sich nach dem verwendeten Wandbaustoff. Bei Wänden aus Mauerwerk wird die Abdichtung in der Regel unter der ersten Steinlage angeordnet. Damit keine Feuchtigkeitsbrücken, insbesondere im Bereich von Putzflächen entstehen können, müssen die Wand-, wie auch Bodenplattenabdichtung in ihrer gesamten Länge an die waagerechte Abdichtung herangeführt oder mit ihr verklebt werden. Bei Außenwänden des Erdgeschosses wird meist oberhalb der Kellerdecke ebenfalls eine Abdichtung angeordnet. Je nach verwendetem Baustoff werden die Abdichtungen ein- oder zweilagig ausgeführt. Für Mauerwerksabdichtungen sind z. B. Bitumendachbahnen, Bitumendachdichtungsbahnen oder Kunststoffdichtungsbahnen zugelassen. Bei Wänden aus Beton können waagerechte Abdichtungen in den Wänden in der Regel nicht angeordnet werden. In diesen Fällen sind zum Schutz gegen aufsteigende Feuchtigkeit im Einzelfall geeignete Schutzmaßnahmen erforderlich, wie z. B. Wände und Bodenplatte aus WU-Beton herzustellen. Dabei kommt der Ausbildung der Arbeitsfuge eine besondere Bedeutung zu.

Senkrechte Abdichtung

Alle vom Boden berührten Außenflächen der Umfassungswände sind gegen seitliche Feuchtigkeit abzudichten. Diese Abdichtung muss in der Regel bis 30 cm über Gelände hochgeführt werden, um ausreichende Anpassungsmöglichkeiten der Geländeoberfläche sicherzustellen. Im Endzustand darf dieser Wert das Maß von 15 cm nicht unterschreiten. Oberhalb des Geländes kann die Abdichtung entfallen, wenn dort ausreichend wasserabweisende Bauteile verwendet werden. Andernfalls ist die Abdichtung hinter der Sockelbekleidung hochzuziehen.

Für Abdichtungen eignen sich bituminöse Stoffe, wie z. B. **k**unststoff**m**odifizierte **B**itumendickbeschichtungen (**KMB**) und **k**alt**s**elbst**k**lebende Bitumen-Dichtungsbahnen (**KSK**) sowie mineralische Stoffe, wie Dichtungsschlämme. Kalt zu verarbeitende Deckaufstriche sollten nicht verwendet werden.

Da Abdichtungen empfindlich gegen mechanische Beschädigungen sind, müssen sie grundsätzlich mit einer **Schutzschicht** versehen werden. Beanspruchungen, z. B. beim Verfüllen der Baugrube, dürfen die Abdichtung nicht beschädigen. Vor KMB dürfen Schutzschichten erst nach Durchtrocknung der Abdichtung aufgebracht werden. Schutzschichten können gleichzeitig auch die Funktion einer

Bild 1: Abdichtung unterkellerter Gebäude

Dämmung und/oder Dränung übernehmen. Es eignen sich z. B. expandierte Polystyrolhartschaumplatten, extrudierte Polystyrolhartschaumplatten, Noppenbahnen mit Gleitschicht, und Schaumglasplatten.

An Wand-/Bodenanschlüssen und Innenecken sind Hohlkehlen auszubilden. Diese können z. B. mit kunststoffmodifiziertem Mörtel oder Zementmörtel mit einem Radius von 4 cm bis 6 cm ausgeführt werden. Wird die Hohlkehle aus KMB hergestellt, darf ein Radius von 2 cm nicht überschritten werden.

Sperrschichten im Sockelbereich

Gegen Eindringen von Spritzwasser im Sockelbereich, bis mindestens 15 cm über angepasster Geländeoberfläche, sind die Außenwände abzudichten (Bild 1, Seite 459). Häufig geschieht dies mit einer mineralischen Dichtungsschlämme. Diese soll im Rohbauzustand einen Bereich von etwa 50 cm oberhalb- und unterhalb der geplanten Geländeoberfläche abdecken. Hierauf können im Sockelbereich z. B. Putze aufgetragen oder Riemchen aufgeklebt werden. Der anschließende Außenputz soll etwa 2 cm gegenüber dem Sockel vorstehen und die untere Kante als Tropfnase ausgebildet sein. Durch den Einbau eines Grobkiesstreifens wird der Spritzwasseranfall vermindert.

Allgemeine Ausführungsregeln bei Abdichtungen

Abdichtungsarbeiten auf gefrorenem Untergrund sind nicht zulässig. Bei extremer Witterung, z. B. Kälte, Hitze, starken Niederschlägen, starker Luftbewegung und Sonneneinstrahlung, sind Schutzmaßnahmen vorzusehen. KMB und Dichtungsschlämmen dürfen nur bei Temperaturen über + 5 °C und bei trockener Witterung verarbeitet werden, KSK-Bahnen, je nach Hersteller, bei Temperaturen bis zu −5 °C. Die Verarbeitungsrichtlinien des Herstellers sind zu beachten.

Bei Abdichtungsarbeiten gegen Bodenfeuchte sind z. B. folgende Ausführungsregeln zu beachten:
- Der Untergrund muss fest, tragfähig, trocken, eben, frei von Nestern, klaffenden Rissen oder Graten sein, Unebenheiten sind abzugleichen.
- Verschmutzungen, z. B. Staub, lose Teile, Öle und Fett, sind zu entfernen.
- Dichtungsbahnen dürfen nie stumpf gestoßen werden, damit keine Feuchtigkeitsbrücken entstehen.
- Überdeckungsstöße sind mindestens 20 cm breit auszuführen und gegebenenfalls zu verkleben.
- Betonwände sind zu entgraten, die Abspannstellen zu schließen und die Nester abzugleichen.
- Rückstände von Entschalungshilfen und Nachbehandlungsmitteln sind sorgfältig zu entfernen.
- Kanten müssen gefast und Kehlen sollten gerundet sein.
- Bei Boden-/Wandanschlüssen ist die Abdichtung aus dem Wandbereich über den Vorsprung der Bodenplatte bis etwa 10 cm auf die Stirnfläche der Bodenplatte (Fundament) herunterzuführen.
- Der Auftrag von KMB muss grundsätzlich in zwei Aufträgen erfolgen. Die Mindesttrockenschichtdicken von 3 mm bei Bodenfeuchte/nicht stauendem Sickerwasser und 4 mm bei aufstauendem Sickerwasser sind verbindlich einzuhalten.
- Bei Abdichtungen gegen aufstauendes Sickerwasser ist die Einarbeitung einer Verstärkungseinlage, z. B. Gewebe, erforderlich. Außerdem sind Schichtdickenmessungen und Durchtrocknungsprüfungen durchzuführen und zu dokumentieren.

15.4.2 Abdichtung gegen drückendes Wasser

Wasserdruckhaltende Abdichtungen müssen Bauwerke gegen von außen hydrostatisch drückendes Grund- und Stauwasser schützen und gegen aggressive Wässer unempfindlich sein. Der Bemessungswasserstand ist aus langjährigen Beobachtungen zu ermitteln. Die Abdichtung kann entweder mit einer hautartigen, auf den tragenden Baukörper aufgebrachten Abdichtung erfolgen oder das tragende Bauteil selbst wird als dichter Baukörper ausgeführt. Drückendes Wasser tritt auch auf z. B. bei Wasserbehältern von innen.

15.4.2.1 Wasserdruckhaltende hautartige Abdichtung

Die wasserdruckhaltende Abdichtung wird auf der dem Wasser zugekehrten Bauwerksseite so angeordnet, dass sie eine geschlossene Wanne bildet oder das Bauwerk allseitig umschließt. Maßgebend für die Ausführung der Abdichtung ist die Wasserdurchlässigkeit der Böden. Nichtbindige Böden lassen Wasser bis zum Grundwasserspiegel absickern. Bindige Böden lassen wenig Wasser durch, sodass Niederschlags- und Schmelzwasser nicht abfließen können. Sie beanspruchen die Gebäudeteile wie drückendes Wasser. Die Abdichtung kann durch eine hautartig aufgebrachte Dichtungsbahn erfolgen. Diese Art der Abdichtung bezeichnet man als Außenhautabdichtung oder als Schwarze Wanne (**Bild 1**, Seite 461). Die Abdichtung ist bei stark durchlässigem Boden mindestens 30 cm über den Bemessungswasserstand, bei wenig durchlässigem Boden wegen der Gefahr einer Stauwasserbildung mindestens 30 cm über die Geländeoberkante zu führen.

Arbeitsablauf zur Herstellung einer Schwarzen Wanne (Bild 2).

1 Einbringen einer Sauberkeitsschicht, z.B. C16/20 mit nester- und gratfreier Oberfläche, 15 cm bis 20 cm dick

2 Voranstrich mit Kaltbitumen auf Sauberkeitsschicht

3 Ausbildung der Sohlenabdichtungen aus vollflächig miteinander verklebten oder verschweißten Bitumendichtungsbahnen

4 Aufbringen einer Schutzschicht aus Beton auf der Sohlenabdichtung (Dicke ≥ 5 cm)

5 Betonieren der Bodenplatte

6 Herstellen der verputzten Kelleraußenwand

7 Voranstrich mit Kaltbitumen auf den Kellerwandaußenputz

8 Aufkleben der Wandabdichtung aus Bitumendichtungsbahnen. Die Abdichtung kann ein- oder mehrlagig erfolgen.

9 Ausführung des Anschlusses Wand- und Sohlenabdichtung, z.B. durch rückläufigen Stoß
   a) Ausbilden einer Hohlkehle
   b) Verkleben der Enden von Sohlen- und Wandabdichtung (Überlappungslänge in cm = Lagenzahl · 10 + 20 cm)
   c) Anbringen der Schutzkappe über dem Stoß

10 Betonieren einer Schutzschicht über dem rückläufigen Stoß

11 Schutz der Wandabdichtung

Bild 1: Schwarze Wanne, Außenhautabdichtung

Bild 2: Arbeitsschritte zur Herstellung der Schwarzen Wanne mit gemauerter Kelleraußenwand

15.4.2.2 Baukörper aus wasserundurchlässigem Beton (WU-Beton) – Weiße Wanne

Wasserundurchlässige Baukörper werden aus Beton mit hohem Wassereindringwiderstand hergestellt. Dieser muss auch hinsichtlich chemischer Angriffe den Anforderungen der Expositionsklassen entsprechen. WU-Beton ist wasserundurchlässig, aber wasserdampfdurchlässig. Bodenplatte und Wände werden als geschlossene Wanne ausgebildet, die das Bauwerk umschließt und mindestens 30 cm über den Bemessungswasserstand reicht. Diese Konstruktion wird als Weiße Wanne bezeichnet. Die Ausführung der Wände kann in Ortbeton, als Elementwände oder aus Fertigteilen erfolgen. Eine zusätzliche Abdichtung ist nicht nötig, da die Bauteile außer der tragenden Funktion auch die Aufgabe der Abdichtung übernehmen. Der Innenausbau ist je nach Raumnutzung zu gestalten. Feuchteschäden und Schimmelbildung sind durch geeignete Maßnahmen zu verhindern. Bei der Planung, Konstruktion und Ausführung sind die DAfStb-Richtlinien zu beachten. Die Mindestdicken von Ortbeton- und Elementwänden betragen 24 cm. Bauteildicken sind jedoch so zu wählen, dass keine Gefahr des Auftriebs besteht. Es ist Beton mit einem Größtkorn $D_{max} \leq 16$ mm und einem w/z-Wert ≤ 0,55 zu verwenden. Im Anschlussbereich von Wänden zu Bodenplatten ist eine Anschlussmischung mit einem Größtkorn der Gesteinskörnung von ≤ 8 mm zu verwenden. Der Verarbeitbarkeit wegen soll Beton der Konsistenzklasse F3 oder weicher eingebaut werden. Dies entspricht einem Beton C 30/37. Beim Einsatz von selbstverdichtendem Beton ist nach DAfStb-Richtlinie zu verfahren. Im Bereich von Fugen sind zusätzliche Maßnahmen erforderlich. Meist werden unbeschichtete Fugenbleche mit s ≥ 1,5 mm für die Abdichtung von Arbeitsfugen und Fugenbänder für die Abdichtung von Bewegungsfugen eingebaut **(Bild 3)**.

Bild 3: Innenhautabdichtung

Arten der Dichtstoffe				
Form	Bezeich-nung	Werk-stoff	Fugenarten	Bauteil/Bauwerk
Elementdichtstoffe	Folie	Metall		Brücken Terrassen
	Profile	Kautschuk oder Kunststoff		Fertig-teile Verblen-dungen
	Bänder	Kunst-stoff		Brücken Behälter
Massendichtstoffe	feste Stoffe	Mörtel		Beläge Riss-füllungen
	gussför-mige Stoffe	Heissver-gussmas-sen		Beton-fahr-bahnen
	elas-tische Stoffe	Silikon-Kautschuk Polyurethan Polysulfid-Kautschuk		Fertig-teile

Bild 1: Dichtstoffe und ihre Verwendung

15.4.3   Fugen bei Bauwerken

15.4.3   Fugen bei Bauwerken

Beim Zusammenfügen von Bauteilen ergeben sich Fugen. Diese müssen fachgerecht ausgebildet werden, wobei die Fugenabdichtung den Anforderungen des Wärme-, Schall-, Feuchte- und Brandschutzes genügen muss.

15.4.3.1 Fugenarten

Als Fuge wird ein Zwischenraum zwischen zwei Bauteilen oder Bauwerken bezeichnet, die aneinander stoßen, ohne miteinander verbunden zu sein. Man unterscheidet im Wesentlichen, Bewegungsfugen, Setzungsfugen, Arbeitsfugen und Scheinfugen.

Bewegungsfugen sind in bestimmten Abschnitten vorgeplante Bauteilunterbrechungen. Bei Erwärmung, z. B. durch Sonneneinstrahlung, dehnen sich die Bauteile aus und die Fuge wird schmaler. Im Winter, wenn durch Kälte sich die Bauteile zusammenziehen, wird die Fuge breiter. Die Fugendichtung muss alle Bewegungen schadlos aufnehmen können.

Setzungsfugen dienen der Verringerung bzw. Verhinderung von Zwängskräften infolge unterschiedlicher Setzungen, die sich z. B. aus ungleichen Baugrundeigenschaften oder zwischen Gebäudeteilen mit sehr unterschiedlichem Lastanfall ergeben. Setzungsfugen trennen Gebäudeteile voneinander und sind nur wenige Millimeter breit. Damit unterschiedliche Setzungen spannungsfrei und rissefrei möglich sind, muss die Fuge durch das gesamte Bauwerk, also bis zur Gründungssohle, geführt werden.

Arbeitsfugen entstehen, wenn bei der Herstellung eines Bauwerks eine Unterbrechung erforderlich ist. Auch beim Wechsel von Baustoffen, z. B. Fertigteilstütze und Mauerwerk, treten Arbeitsfugen auf.

Scheinfugen werden z. B. in großflächigen Betonböden meist nachträglich eingeschnitten. Sie haben den Zweck, den Verlauf möglicherweise auftretender Risse vorzubestimmen (**Bild 4,** Seite 463).

15.4.3.2 Fugendichtung

Zur Abdichtung von Fugen sind Fugendichtstoffe notwendig. Man unterscheidet Element- und Massendichtstoffe **(Bild 1)**.

Elementdichtstoffe sind Folien, Profile und Dichtungsbänder.

Folien werden vorwiegend aus Kupfer hergestellt. Sie werden über die Fuge gelegt, verklebt oder einbetoniert. Auch werden Kupferbleche mit Dicken von 0,8 mm bis 1,0 mm verwendet. Die Bewegungen der Fuge werden von einer Metallschleife aufgenommen.

Profile können in den verschiedensten Querschnittsformen aus Metall, Kautschuk und Kunststoff hergestellt werden. Für kreuzförmige Fugenstöße gibt es besondere Profile.

Dichtungsbänder werden besonders im Betonbau verwendet. Je nach Art des Profils unterscheidet man zwischen Dehnfugen-, Arbeitsfugen- und Fugenabschlussbändern.

Dehnfugenbänder sind verschiedenen Beanspruchungen ausgesetzt (**Bild 2,** Seite 463). Sie bestehen aus einem Dehnteil, Dichtungsteilen und Verankerungsteilen (**Bild 1,** Seite 463). Man unterscheidet zwischen innen liegenden und außen liegenden Fugenbändern (**Bild 3,** Seite 463). An das Fugenbandmaterial werden Anforderungen wie z. B. Verformbarkeit, Dauerelastizität und Rückstellverhalten, Festigkeit und Steifigkeit, Alterungs- und Verrottungsbeständigkeit sowie Temperaturbeständigkeit gestellt.

Der Einbau eines Dehnfugenbandes hat so zu erfolgen, dass es nicht flachgedrückt wird und vollständig vom Beton ummantelt ist. Im ersten Betonierabschnitt wird die Schalung an der Stelle, an der das

Fugenband einzubauen ist, so geschlitzt, dass der Mittelschlauch in diesem Schlitz Platz findet. Der Verankerungsteil wird mit der Schalung oder Bewehrung verrödelt. Dies geschieht mithilfe von Fugenbandklammern und Bindedraht. Nach dem Betonieren und dem Entfernen der Schalung wird beidseitig des Mittelschlauches die Fugenfüllplatte aufgeklebt. Betonierabschnitt II kann betoniert werden, nachdem der zweite Verankerungsteil des Fugenbandes befestigt ist.

Arbeitsfugenbänder werden verwendet, wenn Bauteile nicht in einem Betonierabschnitt hergestellt werden können. Sie können innen liegend oder außen liegend eingebaut werden **(Bild 5)**.

Anstelle innen liegender Arbeitsfugenbänder können z.B. auch Fugenbleche und Injektionsschläuche verwendet werden. In den Injektionsschlauch wird nach dem vollständigen Erhärten des Betons flüssiges Kunstharz eingepresst, das im Bereich der Arbeitsfuge austreten kann und dabei den Fugenspalt, Fehlstellen und Risse ausfüllt und dauerhaft abdichtet.

Fugenabschlussbänder dienen zum bündigen Abschließen einer Fuge und sind so eine Alternative zur Fugenverfüllung mit dauerplastischem Kitt **(Bild 3)**. Sie verhindern das Eindringen z.B. von Erdreich, Steinen und Schmutz in die Fuge.

Massendichtstoffe sind gieß-, spachtel- oder spritzfähige Dichtstoffe, die nach der Verarbeitung fest werden, plastisch bleiben oder elastisch sein können. Man unterscheidet daher feste, gussförmige und elastische Massendichtstoffe. Zu den festen Massen zählen z.B. kunststoffmodifizierte Mörtel, Epoxidharz- und Polyestermassen. Bituminöse Stoffe, die vorwiegend im Straßen- und Brückenbau Verwendung finden, zählen zu den gussförmigen Massendichtstoffen. Elastische Massen werden meist in Kartuschen geliefert und mithilfe von Spritzpistolen verarbeitet. Sie müssen dehnbar und rückstellfähig sein und gut am Untergrund haften. Es gibt Ein- und Zweikomponentenmassen. Sie eignen sich besonders für Bewegungsfugen. Die Fugenflanken werden vor dem Einbringen des Dichtstoffes mit einem Haftanstrich vorbehandelt.

Bild 1: Dehnfugenband

Bild 2: Beanspruchung eines Fugenbandes (schematisch)

Bild 3: Anordnung von Dehnfugenbändern (schematisch)

Bild 4: Ausbildung von Scheinfugen (schematisch)

Bild 5: Anordnung von Arbeitsfugen (schematisch)

15.4.4 Dränung

Die Dränung dient dem Feuchteschutz von Bauteilen und Bauwerken unter Erdgleiche. Sie erfüllt ihre Aufgabe zusammen mit der Bauwerksabdichtung. Als Dränung bezeichnet man alle Maßnahmen zur Entwässerung von Bodenschichten. Sie besteht hauptsächlich aus der Dränschicht und der Dränleitung. Wird das in den Erdboden eindringende Niederschlags- und Oberflächenwasser entlang der Umfassungswände gefasst und abgeleitet, spricht man von einer Ringdrängung, die flächenhafte Fassung des Wassers unter der Bodenplatte des Bauwerks bezeichnet man als Flächendränung.

15.4.4.1 Dränschicht

Noppenbahn mit
Filtervlies

Dränstein

Dränplatte

Bild 1: Ausführungsbeispiele von Dränschichten

Eine Dränschicht besteht aus der Filterschicht und der Sickerschicht. Die Filterschicht hält ausgeschlämmten Boden von der Sickerschicht ab. Je feinkörniger der anstehende Boden ist, desto größer ist die Gefahr des Ausschlämmens von Bodenteilen durch fließendes Wasser. Die Sickerschicht leitet anfallendes Wasser aus dem Bereich der erdberührten Bauteile in die Dränleitung ab. Dränschichten können als Stufenfilter und Mischfilter sowie mit Dränelementen, z. B. Dränsteinen, Dränplatten und Dränmatten, hergestellt werden **(Bild 1)**.

Stufenfilter erfordern das Zusammenwirken von Sickerschicht, z. B. aus Kiessand 4/32 mm, und Filterschicht, z. B. aus Sand 0/4 mm. Die Filterschicht kann durch ein Filtervlies, z. B. aus Polyester, ersetzt werden.

Mischfilter bestehen aus einer Schicht abgestufter Körnung, z. B. Kies der Sieblinie B 32. Sie gelten als filterstabil und erfüllen die Aufgaben der Sickerschicht und der Filterschicht.

Dränsteine sind Hohlkörper und werden aus haufwerkporigem Beton hergestellt. Sie wirken sowohl als Sicker- und Filterschicht als auch als Schutzschicht gegen mechanische Beschädigung der Abdichtung. Dränsteine werden als Wand, trocken im Verband vor der Umfassungswand aufgebaut.

Dränplatten sind aus Kunststoff. Sie werden vollflächig verlegt und punktweise auf die Abdichtung geklebt. Verwendet man Dränplatten, die keine Feuchtigkeit aufnehmen, z. B. aus bitumengebundenen Polystyrolkugeln oder geschlossenzellige Dämmplatten aus extrudiertem Polystyrol-Hartschaum, kann noch eine Wärmedämmung erreicht werden.

Dränmatten sind aus Kunststoff. Sie müssen satt am Bauwerk anliegen und dicht verlegt werden. Beim Verfüllen des Arbeitsraumes sind sie gegen Abrutschen zu sichern. Dränmatten eignen sich als Drän- und Schutzschicht.

Wird die Dränschicht aus Dränelementen gebildet, kommt es auf das Verfüllmaterial des Arbeitsraumes an, ob zusätzlich ein Filtervlies erforderlich ist. Wird Kiessand verwendet, ist es entbehrlich, bei Verwendung des Baugrubenaushubmaterials ist meist ein Filtervlies anzuordnen.

15.4.4.2 Dränleitung

Die Dränleitung nimmt das Sickerwasser auf und leitet es ab. Sie besteht aus Dränrohren in Verbindung mit Spül- und Kontrollrohren sowie Kontroll- und Sammelschächten. Spülrohre sind bei jedem Richtungswechsel, Schächte an Hoch- und Tiefpunkten jedoch im Abstand von höchstens 60 m anzuordnen.

Dränrohre haben poröse, geschlitzte oder gelochte Rohrwandungen. Sie werden aus PVC, Beton bzw. haufwerkporigem Beton, Ton und Steinzeug hergestellt. Gelochte Rohre können je nach Anordnung und Ausbildung der Lochung als Sicker- oder Teilsickerrohre verwendet werden.

Spülrohre sind stehend eingebaute Rohre mit DN ≥ 300 mm und einer Abdeckung. Meist sind sie aus dem Baustoff, aus dem die Dränleitung besteht.

Kontrollschächte, in der Regel mit DN ≥ 1000 mm, werden wie bei der Haus- und Grundstücksentwässerung, meist in Fertigteilbauweise hergestellt (Seite 222).

15.4.4.3 Bautechnische Ausführung

Voraussetzungen für eine Dränung sind im Gefälle verlegte Leitungen und eine ausreichende Vorflut, die ohne Gefahr eines Rückstaus das Wasser abfließen lässt. Ist keine Vorflut erreichbar, kann das Wasser z. B. in eine Sickergrube abgeleitet werden. Die kleinste zulässige Rohrabmessung ist DN 100, das kleinste zulässige Gefälle beträgt 0,5 %. Der zu erwartende Wasseranfall nach Menge und Ort des Auftretens ist für die Art der Dränung und die Bemessung der Rohrleitungen maßgebend. Tritt das Wasser vor Umfassungswänden auf, reicht zu seiner Ableitung eine Ringdränung aus. Fällt Wasser außerdem unter der Bodenplatte des Bauwerks an, ist eine zusätzliche Flächendränung erforderlich.

15.4.4.4 Ringdränung

Die Dränleitung wird entlang der Fundamente, jedoch nicht auf den Fundamentüberständen, frostfrei so angelegt, dass eine geschlossene Ringleitung mit Spülrohren und Schächten entsteht. Befindet sich unter der Bodenplatte eine kapillarbrechende Schicht, ist ein Wasserabfluss aus dieser Schicht in die Ringleitung herzustellen (**Bild 1**). Ergibt sich bei der Planung, dass die Dränleitung unter der Fundamentsohle zu liegen käme, ist in diesem Bereich die Fundamentsohle entsprechend tiefer vorzusehen. Die Rohre werden, vom Tiefpunkt ausgehend zum Hochpunkt geradlinig, von Spülrohr zu Spülrohr auf einer etwa 15 cm dicken Schicht eines Mischfilters im Gefälle verlegt und bis etwa 25 cm über OK-Fundament mit diesem Material überdeckt und verdichtet. Außerdem ist zu beachten, dass sich die Rohrsohle mindestens 20 cm unter der Bodenplatte befindet bzw. so tief liegt, dass die kapillarbrechende Schicht problemlos entwässert werden kann. Die Dränschicht kann als Stufenfilter, Mischfilter oder aus Dränelementen hergestellt werden.

Kelleraußenwand
waagerechte Abdichtung
kapillarbrechende Schicht
Rollierung z. B. Kies 4/32
Folie als Trennschicht
Bodenplatte
Filtervlies

Spritzschutz (Grobkiesstreifen) z. B. 32/63
Filtervlies
Schutzschicht
Dränschicht (Dränplatten)
senkrechte Abdichtung
Arbeitsraum Verfüllmaterial durchlässiger Boden
Mischfilter, z. B. Betonkies Sieblinie B32
Dränleitung
Rohr DN ≥ 50

Bild 1: Ringdränung

15.4.4.5 Flächendränung

Unter der gesamten Bodenplatte wird eine Dränschicht angeordnet und oben mit einer Trennschicht abgedeckt, um das Einfließen des Betons in die Dränschicht zu verhindern. Bei Verwendung von Betonierkies der Sieblinie B 32 beträgt die Mindestschichtdicke 30 cm. Weniger aufwändig ist der Einbau einer mindestens 10 cm dicken Schicht aus Kies der Körnung 4/32 mm auf einem Filtervlies, das außerdem als Trennschicht zum anstehenden Boden hin wirkt. Unterhalb der Dränschicht werden Dränrohre eingebaut, deren Durchmesser und Abstand vom Wasserandrang abhängig sind. Die Dränrohre werden allseitig in einen Mischfilter eingebettet und an die Ringdränung angeschlossen.

DN 100 0,5 %
DN 300
DN 300
Hochpunkt
DN 100 0,5 %
DN 100 0,5 %
DN 300
DN 100 0,5 %
DN 1000

Bild 2: Beispiel einer Anordnung von Dränleitungen

Bild 1: Abnahme der relativen Luftfeuchte bei Erwärmung

Bild 2: Zunahme der relativen Luftfeuchte bei Abkühlung

Bild 3: Tauwasserbildung an kalten Oberflächen

Bild 4: Temperaturverlauf in einer Außenwand

15.4.5 Entstehung von Tauwasser

Feuchtigkeit kann nicht nur von außen in das Bauwerk eindringen, sondern kann sich auch im Innern auf den Bauteiloberflächen oder im Bauteil als Tauwasser niederschlagen. Tauwasser durchfeuchtet die Bauteile, vermindert deren Wärmedämmung und verursacht Bauschäden.

15.4.5.1 Tauwasser auf Bauteiloberflächen

Die Luft enthält immer eine bestimmte Menge an gasförmigem Wasserdampf. Der Wasserdampfgehalt wird relative Luftfeuchte genannt und in % ausgedrückt (Seite 48). Die **relative Luftfeuchte** nimmt ab, wenn bei gleich bleibender Wasserdampfmenge die Temperatur der Luft ansteigt **(Bild 1)**, sie nimmt zu, wenn die Lufttemperatur sinkt **(Bild 2)**. Die Luft kann jedoch je nach ihrer Temperatur nur die maximal mögliche Wasserdampfmenge, also 100 %, aufnehmen. Man nennt diese die **maximale Luftfeuchte.** Kühlt sich die Luft soweit ab, dass die relative Luftfeuchte den Wert 100 % erreicht, scheidet sich bei weiterer Abkühlung Wasserdampf aus der Luft in Form von Nebel, auf kalten Gegenständen in Form von Tauwasser ab **(Bild 3)**. Die Temperatur, bei der dies geschieht, wird als Taupunkttemperatur Θ_s, kurz **Taupunkt,** bezeichnet. Um eine Tauwasserbildung zu vermeiden, muss die Oberflächentemperatur der Bauteilinnenseite über der Taupunkttemperatur der Raumluft liegen. Dies erreicht man durch eine entsprechende Wärmedämmung bei den Außenbauteilen.

15.4.5.2 Tauwasser im Bauteilinnern

Wasserdampfgehalt der Luft und Temperatur der Luft bewirken einen bestimmten Dampfdruck. Der Dampfdruck ist im Freien und in bewohnten Räumen meist unterschiedlich groß. Deshalb hat der Dampfdruck das Bestreben, sich zwischen innen und außen auszugleichen. Dabei entsteht eine Wanderung von Wasserdampf durch die Bauteile hindurch, meist von innen nach außen. Man nennt diese Wanderung des Wasserdampfes durch Bauteile **Wasserdampfdiffusion** (Bild 3).

Während der kalten Jahreszeit, wenn die Wohnraumtemperatur und die Außentemperatur im Freien stark voneinander abweichen, nimmt die Temperatur in den einzelnen Schichten eines Bauteils, je nach deren Wärmedurchlasswiderstand R von innen nach außen ab. Der Temperaturverlauf in den einzelnen Bauteilschichten kann zeichnerisch durch eine Kurve dargestellt werden **(Bild 4)**. Bei der Wanderung des Wasserdampfes von innen nach außen nimmt somit bei Abnahme der Temperatur die relative Luftfeuchte in den Poren des Bauteils zu. Hat die relative Luftfeuchte 100 % erreicht, scheidet sich bei weiterer Abkühlung im Bauteil Tauwasser ab (Bild 2). Dauert dieser Vorgang längere Zeit, wird das Bauteil durchfeuchtet.

Um Tauwasserbildung in **Außenwänden** zu vermeiden, darf von der warmen Seite her nicht mehr Wasserdampf in das Bauteil eindringen, als auf der kalten Seite wieder zur Außenluft entweichen kann. Dies erreicht man, indem man auf der warmen Seite der Wärmedämmschicht die Baustoffe mit hohem **Diffusionswiderstand,** auf der kalten Seite der Wärmedämmschicht die Baustoffe mit geringem Diffusionswiderstand anordnet, wie z. B. bei einer außengedämmten Stahlbetonwand **(Bild 1a,** Seite 467). Die Höhe des Diffusionswider-

Tabelle 1: Wasserdampf-Diffusionswiderstandszahlen μ verschiedener Baustoffe*) nach DIN 4108 und DIN EN ISO 10456 (Dämmstoffe Seite 440)

Baustoff	μ	Baustoff	μ	Baustoff	μ
Beton		**Mauerwerk**		**Gipsbaustoffe**	
Normalbeton	80/130	Vollziegel, Lochziegel	5/10	Gipswandbauplatten	5/10
Leichtbeton	70/150	Leichthochlochziegel	5/10	Gipsplatten	4/10
Putz		Kalksand-Vollsteine	15/25		
Kalkputz	15/35	Kalksand-Lochsteine	15/25	**Holz und Holzwerkstoffe**	
Zementputz	15/35	Leichtbeton-Vollsteine	5/10	Hartholz	50/200
Kalkgipsputz	10	Leichtbeton-Hohlblocksteine	5/10	Weichholz	20/50
Gipsputz	10	Porenbetonsteine	5/10	Sperrholz	90/220

*) Es ist jeweils der für die Baukonstruktion ungünstigere Wert einzusetzen.

standes s_d der einzelnen Baustoffschichten kann ermittelt werden, indem man die Schichtdicke d des Baustoffs (in m) mit der **Wasserdampfdiffusionswiderstandszahl μ** (gesprochen: mü) multipliziert **(Tabelle 1)**. Ist die Dämmschicht durch eine Außenverkleidung mit hohem Diffusionswiderstand, z.B. aus Klinkermauerwerk, abgedeckt, ist eine Hinterlüftung vorzusehen, damit der ausdiffundierende Wasserdampf abgeführt werden kann **(Bild 1b)**. Ist keine Hinterlüftung möglich, so ist auf der warmen Seite der Wand eine Dampfsperre anzubringen **(Bild 1d und 1f)**. Wird die Dämmschicht innen angeordnet, entsteht wegen des geringen Diffusionswiderstandes des Innenputzes an der kalten Stahlbetonwand Tauwasser. Um dies zu vermeiden, ist auf der warmen Seite der Wärmedämmschicht eine Dampfsperre vorzusehen **(Bild 1c)**.

Bei Dächern ist nach dem gleichen Prinzip wie bei Wänden zu verfahren (Seite 504). Das **belüftete Dach** (Kaltdach) hat zwischen Wärmedämmschicht und Dachhaut einen Zwischenraum, durch den der diffundierende Wasserdampf abgeführt wird. Der Einbau einer Dampfsperre ist in problematischen Fällen empfehlenswert **(Bilder 1a** und **1c,** Seite 468). Das **nicht belüftete Dach** (Warmdach) benötigt auf der warmen Seite der Dämmschicht eine Dampfsperre, damit eine Kondensation unter der kalten Dachhaut vermieden wird **(Bild 1d,** Seite 468). Unter der Dachhaut wird auch z.B. eine Noppenbahn eingebaut, durch die eine Dampfdruckausgleichsschicht entsteht. In dieser Schicht kann sich zu bildender Wasserdampf, z.B. durch Verdunstung von Baufeuchte bei starker Sonneneinstrahlung, ausdehnen, wodurch eine Entstehung von Dampfblasen unter der Dachhaut verhindert wird. Beim **Umkehrdach** wird die Dachhaut gegenüber dem normalen Dach „umgekehrt", also unterhalb der Dämmschicht verlegt. Die Anordnung einer besonderen Dampfsperre ist dabei nicht erforderlich, weil die Dachhaut als Dampfsperre wirkt **(Bild 1e,** Seite 468). Möglicherweise noch durch die Dachhaut diffundierender Wasserdampf kann dabei im nassen Bereich kondensieren, ohne Schaden anzurichten.

(a) innen / außen
Innenputz
Wand
Wärmedämmschicht
Außenputz
Außenwand mit Außendämmung

(d) innen / außen
Innenputz
Dampfsperre
Wand
Wärmedämmschicht
Außenschale
außengedämmte Wand mit Dampfsperre

(b) innen / außen
Innenputz
Wand
Wärmedämmschicht
Hinterlüftung
Außenschale
Zweischalige Wand

(e) innen / außen
Innenschale
Dämmschicht
Hinterlüftung
Außenschale
Leichtbauwand mit hinterlüfteter Außenfassade

(c) innen / außen
Innenputz
Dampfsperre
Wärmedämmung
Wand
Außenputz
Außenwand mit Innendämmung und Dampfsperre

(f) innen / außen
Innenschale
Dampfsperre
Wärmedämmung
Außenschale
Leichtbauwand mit Dampfsperre

Bild 1: Wasserdampfdiffusion bei Außenwänden

a

Dachhaut
Lattung
Konterlattung
Sparren
Wärmedämmschicht
Dampfsperre
Deckenschalung

Wasserdampfmenge

Unterspannbahn

hinterlüftetes Steildach (Kaltdach)

b

Bekiesung oder Platten
Dachhaut
Holzschalung
Wärmedämmschicht
Kantholz
Decke
Putz

Beton - Flachdach mit querbelüftetem Dachraum (Kaltdach)

c

Bekiesung oder Platten
Dachhaut
Holzschalung
Querrippen
Wärmedämmschicht
Blindschalung
Dampfsperre
Balken
Deckenschalung

Holz - Flachdach mit querbelüftetem Dachraum (Kaltdach)

d

Bekiesung oder Platten
Dachhaut
Dampfdruckausgleichsschicht
Wärmedämmschicht
Dampfsperre
Trenn - und Ausgleichsschicht
Voranstrich
Decke
Putz

Beton - Flachdach mit Dampfsperre (Warmdach)

e

Bekiesung oder Platten
Wärmedämmschicht, keine Feuchtigkeit aufnehmend
Dachhaut
Trenn - und Ausgleichsschicht
Voranstrich
Decke
Putz
Wasserdampfmenge

umgekehrtes Flachdach ohne Dampfsperre (Umkehrdach)

Bild 1: Wasserdampfdiffusion bei Dächern

Aufgaben

1 Fugen sind sorgfältig abzudichten. Nennen Sie die verschiedenen Dichtstoffe und erläutern Sie, worauf beim Abdichten zu achten ist.

2 Die Wasserdurchlässigkeit von Böden ist sehr unterschiedlich. Erläutern Sie, wie deshalb die Abdichtung jeweils auszuführen ist.

3 Beschreiben Sie, wie Kellerwände gegen aufsteigende Feuchtigkeit geschützt werden können.

4 Erläutern Sie, durch welche Maßnahme eine Tauwasserbildung auf Bauteiloberflächen und im Bauteilinnern verhindert werden kann.

15.5 Schallschutz

Mit wachsender Technisierung von Industrie und Verkehr nimmt der Lärm immer mehr zu. Die dauernde Lärmeinwirkung gefährdet die Gesundheit des Menschen. Die Aufgabe des Schallschutzes ist es, den Menschen vor Lärm sowohl von außen, als auch innerhalb von Gebäuden zu schützen. Dies wird erreicht durch Schalldämmung und durch Schallschluckung.

15.5.1 Schalldämmung

Unter Schalldämmung versteht man den Widerstand von Bauteilen, z. B. von Wänden, Decken, Türen oder Fenstern, gegen den Durchgang von Schallenergie. Wenn man von Schalldämmung spricht, bezieht sich dies auf Schallvorgänge zwischen zwei Räumen oder zwischen Räumen und der Außenwelt. Nach Art der Schallausbreitung unterscheidet man die Luftschalldämmung und die Körperschalldämmung, insbesondere die Trittschalldämmung (**Bild 2**).

15.5.1.1 Luftschalldämmung

Zur Bewertung der Luftschalldämmung wird das **bewertete Schalldämm-Maß** R'_w verwendet. Es wird in der Einheit Dezibel (dB) ausgedrückt.

Diese Größe wird nach einer Bezugskurve bestimmt, die in DIN EN ISO 140-4 festgelegt ist. Die

Sender
L_1 = 110 dB (A)

Empfänger
L_2 = 70 dB (A)

Bewertetes Schalldämm- Maß der Wand R'_w ≈ 40 dB
je größer R'_w, desto besser

Bild 2: Luftschalldämmung

Bezugskurve verläuft im bauakustisch wichtigen Frequenzbereich zwischen 100 Hz und 3150 Hz. Nach dem Verlauf der Bezugskurve sind die Anforderungen an den Luftschallschutz im unteren Frequenzbereich bei tiefen Tönen gering, bei hohen Tönen im oberen Frequenzbereich hoch. Hier wurde die Eigenschaft des menschlichen Gehörs berücksichtigt, das die tieferen Töne als weniger laut und damit als nicht so lästig empfindet wie die hohen Töne (**Bild 1**).

Anforderungen an den Luftschallschutz

Um einen ausreichenden Luftschallschutz zwischen Wohnungen und fremden Arbeitsräumen zu erreichen, werden in DIN 4109 Mindestluftschallschutzwerte vorgeschrieben. Werden diese Mindestwerte nicht eingehalten, können Schadenersatzansprüche geltend gemacht werden.

15.5.1.2 Trittschalldämmung

Zur Bewertung der Trittschalldämmung wird der **bewertete Normtrittschallpegel** ($L'_{n,w}$) verwendet. Er wird nach einer Bezugskurve bestimmt, die in DIN EN ISO 140-7 festgelegt ist. Diese Bezugskurve verläuft wie bei der Luftschalldämmung im bauakustisch wichtigen Bereich zwischen 100 Hz und 3150 Hz unter Berücksichtigung der Eigenart des menschlichen Gehörs so, dass im Tieftonbereich bei niederen Frequenzen ein höherer Schallpegel zugelassen ist und damit die Anforderungen an den Trittschallschutz geringer sind als im Hochtonbereich (**Bild 2**).

Der Trittschallschutz einer Decke kann durch Aufbringen eines schwimmenden Estrichs oder eines weich federnden Bodenbelags verbessert werden. Für die Bewertung der verschiedenen Deckenauflagen wurde das **Trittschallverbesserungsmaß** (ΔL_w) eingeführt. Das Trittschallverbesserungsmaß gibt an, um wie viel dB eine Deckenauflage den bewerteten Normentrittschallpegel einer Rohdecke verbessert. Trittschallverbesserungsmaße für verschiedene Deckenauflagen sind in DIN 4109 angegeben.

Anforderungen an den Trittschallschutz

Um einen ausreichenden Trittschallschutz von Decken zu erreichen, werden in der DIN 4109 Mindesttrittschallschutzwerte vorgeschrieben, die nicht überschritten werden dürfen.

15.5.2 Schallschutz bei Wänden

Um zu verhindern, dass Luftschall von einem Raum in den anderen übertragen wird, ist die dazwischen liegende Wand schalldämmend auszuführen. Man unterscheidet dabei einschalige und zweischalige Wände (**Bild 3**).

Unter **einschaligen Wänden** versteht man solche aus einer Schicht, z.B. einer betonierten Wand, oder aus mehreren Schichten, wenn diese vollflächig miteinander verbunden sind, z. B. verputztes Mauerwerk. Die Schallübertragung von einem Raum in andere Räume erfolgt direkt durch die Wand und als Längsleitung über die angrenzenden Wände und Decken (Bild 3). Die Wände werden vom auftreffenden Luftschall in Schwingungen versetzt, die auf der anderen Seite an die angrenzenden Luftschichten in Form von Luftschall wieder abgegeben werden. Der Luftschallschutz einer einschaligen Wand nimmt bei Erhöhung des Flächengewichts (kg/m²) zu. Die

Das bewertete Schall-Maß R'_w wird ermittelt, indem man die Bezugskurve A so zur Messkurve B hin verschiebt, dass die Unterschreitung der Messkurve unterhalb der verschobenen Bezugskurve C im Mittel 2dB beträgt. R'_w kann beim Schnittpunkt über der Frequenz von 500 Hz abgelesen werden.

Je höher der Wert, desto besser ist die Luftschalldämmung.

Bild 1: Ermittlung des bewerteten Schalldämm-Maßes R'_w

Der bewertete Norm-Trittschallpegel $L'_{n,w}$ wird ermittelt, indem man die Bezugskurve A so zur Messkurve B hin verschiebt, dass die Überschreitung der Messkurve oberhalb der verschobenen Bezugskurve C im Mittel 2 dB beträgt. $L'_{n,w}$ kann beim Schnittpunkt über der Frequenz von 500 Hz abgelesen werden.

Je niedriger der Wert, desto besser ist die Trittschalldämmung.

Bild 2: Ermittlung des bewerteten Norm-Trittschallpegels $L'_{n,w}$

Bild 3: Wege des Luftschalls

Bild 1: Schalldämmung bei Wänden

Wände müssen dicht sein, d. h., sie müssen vollfugig, rissefrei und ohne Fehlstellen sein, weshalb z. B. gemauerte Wände zu verputzen sind.

Bei **zweischaligen Wänden** kann die geforderte Luftschalldämmung mit geringerem Wandgewicht einfacher erreicht werden als bei einschaligen Wänden. Eine zweischalige Wand besteht aus zwei einzelnen, durch eine Luftschicht oder weich federnde Dämmschicht getrennte Schalen. Die Schalen können z. B. dick und biegesteif oder dünn und biegeweich sein. Zweischalige Wände mit zwei biegesteifen Schalen werden vor allem als Trennwände zwischen Reihenhäusern oder Geschosswohnhäusern verwendet.

Hier wird zwischen die gemauerten oder betonierten Schalen eine Faserdämmplatte, Anwendungstyp T (Trittschalldämmplatte), eingebaut, die vor allem die Bildung von Schallbrücken verhindern soll. Die Fuge nach außen ist mit einer Dichtung zu schließen **(Bild 1a)**.

Wird vor einer biegesteifen Schale, z. B. vor einer 11,5 cm dicken Vollziegelwand, eine biegeweiche Schale, z.B. eine Gipsplatte, angebracht, so spricht man von einer **Vorsatzschale (Bild 1b)**.

Leichtbauwände bestehen in der Regel aus zwei biegeweichen Schalen. Diese Schalen können z. B. aus Gipsplatten oder verputzten Holzwolle-Leichtbauplatten bestehen. Die Schalen werden auf einer Unterkonstruktion aus Kanthölzern oder Stahlblechprofilen befestigt **(Bild 1c)**. Die Schalen aus Holzwolle-Leichtbauplatten können auch selbsttragend sein **(Bild 1d)**. Die Schallübertragung erfolgt bei zweischaligen Wänden sowohl direkt über die mitschwingenden beiden Schalen als auch über die angrenzenden Wände und Decken als Längsleitung **(Bild 3,** Seite 469).

Eine **Schall-Längsleitung** ist bei flankierenden Wänden umso größer, je leichter diese Wände sind. Sie erfolgt über den Fußboden, wenn Leichtbauwände auf einen durchgehenden schwimmenden Estrich gestellt werden. Auch durchgehende Hohlräume über einer abgehängten Decke bewirken eine gute Schallübertragung. Diese sind deshalb über die Trennwand abzuschotten.

Eine weitere Möglichkeit der Schallübertragung besteht über Schallbrücken. **Schallbrücken** sind starre Verbindungen zwischen zwei Schalen, wie z. B. Mörtelbrücken, Kanthölzer, Holzleisten, Nägel, Schrauben oder durchgeführte Rohre.

Die Luftschalldämmung zweischaliger Wände wird verbessert,

- wenn die beiden Schalen möglichst schwer, aber andererseits auch dünn und biegeweich sind, wie z.B. Gipsplatten oder verputzte Holzwolle-Leichtbauplatten,
- wenn der Abstand zwischen den Ständern und den Schalen möglichst groß ist,
- wenn in den Hohlraum schallschluckende Stoffe, wie z.B. Mineralwolle, eingebaut werden,
- wenn Schallbrücken vermieden werden,
- wenn die beiden Schalen nicht eingespannt oder eingekeilt werden, sondern schwingen können,
- wenn die Wand-, Decken- und Fußbodenanschlüsse gut abgedichtet sind und
- wenn die Schall-Längsleitung möglichst gering ist.

15.5.3 Schallschutz bei Decken

Der Schallschutz bei Decken umfasst die Luftschalldämmung, die Trittschalldämmung und die Körperschalldämmung.

Für die **Luftschalldämmung** bei Massivdecken gelten dieselben Grundsätze wie bei einschaligen Wänden. Eine Decke sollte ein Mindestflächengewicht von 400 kg/m² haben. Hohlräume in Massivdecken, wie sie sich bei Verwendung von Deckenhohlkörpern ergeben, vermindern den Schallschutz. Da jedoch verschiedene Deckenarten ein geringeres Gewicht besitzen und somit nicht den Mindestluftschallschutz erreichen, müssen solche Decken zweischalig ausgeführt werden. Sie erhalten eine Unterdecke (**Bild 1**). Als Baustoffe für Unterdecken eignen sich z. B. Gipsplatten, Holzfaserdämmplatten, verputzte Holzwolle-Leichtbauplatten oder Putz auf Streckmetall bzw. Putzträger. Auch ein schwimmender Estrich auf der Decke bringt eine Verbesserung des Luftschallschutzes.

Da die **Trittschalldämmung** bei Massivdecken unzureichend ist, wird ein schwimmender Estrich auf die Decke aufgebracht (**Bild 2**). Dabei ist auf der Rohdecke eine Dämmschicht, z. B. aus Polystyrolschaum, Mineralwolle, Kokosfasern oder ähnlichen Werkstoffen, zu verlegen. Die Dämmschicht ist z. B. mit Bitumenpapier oder Kunststofffolie gegen eindringende Feuchtigkeit aus dem frisch eingebrachten Estrichmörtel zu schützen. Dadurch wird auch ein Durchfließen des Estrichs auf die Rohdecke vermieden. Seitlich an den Wänden sind Randstreifen aus Dämmstoffen anzubringen.

Eine erhebliche Verschlechterung des Trittschallschutzes tritt ein, wenn Schallbrücken, d. h. feste Verbindungen zwischen Estrich und Decke oder seitlichen Wänden, entstehen. Diese können auch dort auftreten, wo durch den Estrich geführte Rohre, z. B. Heizkörperstützen, wo harte Fußleisten, Türzargen, Bodenabläufe oder ähnliche Stellen eine starre Verbindung zum Estrich haben. Solche starren Verbindungen sind durch weiche Zwischenlagen, z. B. Dämmstreifen oder Fugenmassen, zu vermeiden.

Als Estrich werden z. B. Zementestriche, Gipsestriche, Magnesiumestriche oder Gussasphaltestriche verwendet. Die Estrichdicke muss je nach Art der Dämmschicht mindestens 30 mm bis 45 mm, bei Gussasphaltestrich mindestens 20 mm bis 25 mm betragen. Will man den vorgeschriebenen Trittschallschutz durch weich federnde Bodenbeläge erreichen, so sind hochflorige Teppiche mit Unterlagen aus Filzpappe, Porengummi oder Kork zu verwenden.

auf Holzunterkonstruktion

- Mineralwollefilz
- Stahlbetondecke
- Querlattung
- Holzleiste
- Gipsplatte mit aufgelegten GK-Plattenstreifen zur Beschwerung

- Mineralwollefilz
- Abhänger
- Stahlbetondecke
- Gipsplatte
- C-Metallprofil

auf Metallunterkonstruktion

Bild 1: Luftschalldämmende Unterdecken

- Gehbelag
- schwimmender Estrich
- Trennschicht
- Dämmschicht
- Stahlbetondecke

bei weichen Bodenbelägen

- Wand, verputzt
- Wandfliesen
- elastische Fugenmasse
- Randdämmstoffstreifen
- Bodenfliesen
- Estrich
- Trennlage
- Trittschall-Dämmschicht
- Abdichtung

bei Fliesenbelägen

Bild 2: Aufbau eines schwimmenden Estrichs

- Riemenfußboden
- Lagerhölzer
- Dämmstreifen
- Mineralwolle
- Feuchtigkeitssperre
- Rohdecke

Holzfußboden auf Lagerhölzer

- Fertigparkett
- Feuchtigkeitssperre
- Gipsestrichplatten
- Dämmschicht
- Feuchtigkeitssperre
- Ausgleichsschüttung
- Rohdecke

Fertigparkett auf Trockenestrich

Bild 3: Trockenunterböden

(a)
- Holzspanplatte
- Trittschalldämmplatte
- Balkenlage

- Faserdämmstoff
- Querleisten mit Federbügel befestigt
- Unterdecke mit Sand oder eingelegten Gipsplatten beschwert

mit schwimmendem Spanplattenboden und beschwerter Unterdecke

(b)
- Gehbelag
- Estrich
- Trennlage
- Trittschalldämmplatte
- Holzspanplatte

- Faserdämmstoff
- Balkenlage
- Gipsplatte
- Federschiene

mit schwimmendem Estrich und Unterdecke

(c)
- Dämmschicht
- Mörtelbett
- elastische Zwischenlage

- Kittmasse

Bild 1: Luft- und Trittschallschutz bei Treppen und Holzbalkendecken

Weich federnden Bodenbeläge verbessern wegen ihres geringen Gewichts nur die Trittschalldämmung, nicht dagegen die Luftschalldämmung. Sind Fußboden und Wände mit Fliesen belegt, so sind die Wandfliesen von den Fußbodenfliesen zur Verhinderung von Schallbrücken mit einer elastischen Fugenmasse zu verfüllen (**Bild 2**, Seite 471).

Anstelle eines nass eingebrachten Estrichs kann auch ein schwimmender Trockenunterboden auf der Rohdecke verlegt werden. Als Trockenunterboden werden z.B. Spanplatten auf Lagerhölzern mit Dämmstreifen (**Bild 3**, Seite 471), Gips-Estrichplatten auf einer Dämmschicht (Bild 3, Seite 471) oder bituminierte Holzfaser- oder Leichtbauplatten auf einer Ausgleichsschüttung aus bituminiertem Perlit verwendet. Als Fußboden ist Fertigparkett oder ein Kunststoff- oder Teppichbelag auf Spanplatten möglich.

Die herkömmlichen Holzbalkendecken erfüllen in Mehrfamilienhäusern nicht den geforderten Luft- und Trittschallschutz. Dieser kann erreicht werden, indem man die untere Deckenverkleidung als abgehängte Unterdecke mit Federbügeln oder Federschienen an der Balkenlage befestigt. Eine weitere Möglichkeit zur Verbesserung vor allem des Trittschallschutzes bringt ein schwimmender Estrich oder schwimmend verlegte Spanplatten (**Bild 1a** und **1b**).

In Mehrfamilienhäusern ist der Trittschallschutz im Treppenraum besonders zu beachten, da der Trittschall sehr leicht von den Treppenstufen auf die angrenzenden Wände übertragen werden kann. Den erforderlichen Trittschallschutz erreicht man, indem man die Treppenläufe und gegebenenfalls die Treppenpodeste elastisch lagert (**Bild 1c**). Fugen zu Wänden und Decken verhindern Schallbrücken. Die Fugen sind mit einer elastischen Fugendichtmasse zu schließen. Schallbrücken, insbesondere im Bereich der Wohnungseingangstür, sind zu vermeiden, wie z. B. ein unter der Tür durchlaufender schwimmender Estrich.

Eine **Körperschalldämmung** ist dort vorzusehen, wo Strömungsgeräusche in Wasser- oder Heizungsleitungen auftreten können, wo Maschinen, Motoren oder ähnliche Geräte Laufgeräusche und Schwingungen als Körperschall an den Fußboden bzw. an die Wand weitergeben können. Von dort aus kann sich der Körperschall leicht in andere Bauteile ausbreiten. Eine Dämmung des Körperschalls wird dadurch erreicht, dass man diese Maschinen auf Schwingungsisolatoren aus Hartgummi, Stahlfedern oder ähnliche Vorrichtungen stellt oder die Leitungen durch Dämmstoffe von den Bauteilen trennt (**Bild 2**).

Bild 3: Schallschutz durch Schallschluckung

- Betonfertigteil
- Schwingungsdämpfer

bei einem Heizkessel

- Kontermutter
- Gewindestange
- Verschaubung
- Schalldämmeinlage
- Höhenregulierstück
- Rohrschelle
- Rohr

bei einer Installationsleitung

Bild 2: Körperschalldämmung

15.5.4 Schallschutz durch Schallschluckung

Schallschluckmaßnahmen werden angewendet, wo in einem lauten Raum, z. B. in einem Maschinenraum **(Bild 3,** Seite 472) der Lärmpegel gesenkt werden soll. Auch in Konzert- und Vortragsräumen, wo es auf gute Hörsamkeit ankommt, sind solche Maßnahmen notwendig. Die Schallschluckung (Schallabsorption) bezieht sich immer auf Luftschallvorgänge innerhalb eines „lauten" Raumes. Man unterscheidet poröse Schallschlucker und Resonanzschallschlucker.

Poröse Schallschlucker (Schallabsorber) sind leichte Stoffe mit rauer und offenporiger Oberfläche, wie z. B. Mineralfaser- und Holzfaserplatten oder verschiedene Schaumkunststoffe. Bei der Schallschluckung treffen die Luftschallwellen auf die Oberfläche des schluckenden Materials. Ein Teil der Schallwellen wird reflektiert, d. h. in den Raum zurückgeworfen, der andere Teil dringt in die Poren ein. Die hin- und herschwingende Luft wird dabei an den Porenwandungen abgebremst, wodurch die Schallenergie in Wärmeenergie umgewandelt und damit der Schall verschluckt wird. Die Schallschluckstoffe werden meist als Platten unmittelbar an Wand oder Decke befestigt und schlucken vor allem hohe Töne **(Bild 1).**

Resonanzschallschlucker (Resonanzabsorber) bestehen aus geschlossenporigen Platten, wie z. B. aus dünnen Sperrholz-, Spanholz-, Holzfaser- oder Gipsplatten, die in einem bestimmten Abstand an der Wand oder an der Decke anzubringen sind. Durch die einwirkenden Luftschallwellen werden die Platten in Schwingung versetzt, wobei ein Teil der Schallenergie in Bewegungsenergie umgewandelt wird. Sie schlucken vor allem tiefe Töne.

Schallschlucker für den Mitteltonbereich erhält man durch eine Kombination von porösen Schallschluckern und Resonanzschallschluckern. Dabei werden poröse Schallschlucker im Abstand von der Wand oder Decke angebracht und häufig mit gelochten Blechen, Gipsplatten, Gipskörpern oder Sperrholzplatten abgedeckt.

Schallschluckplatten an die Stahlbetondecke geklebt

Schallschluckung bei hohen Tönen

gelochte Gipsplatte abgehängt, darüber Mineralwolle

Schallschluckung bei mittleren Tönen

Stahlbetondecke

Gipsplatten abgehängt

Schallschluckung bei tiefen Tönen

Akustik-Wandsteine vor der Tragwand

Schallschluckung bei mittleren und hohen Tönen

Bild 1: Schallschluckkonstruktionen

Aufgaben

1 **Zeigen Sie die Möglichkeiten zur Vermeidung von Lärm auf in Bezug auf Schallquelle, auf Schalldämm- und Schallschluckmaßnahmen.**

2 **Beschreiben Sie den Aufbau ein- und zweischaliger Wände, die zwischen Reihenhäusern, zwischen Wohnungen und zwischen Räumen den notwendigen Schallschutz bieten.**

3 **Machen Sie Vorschläge für Maßnahmen, durch die bei verschiedenen Deckenarten der notwendige Luft- und Trittschallschutz erreicht bzw. verbessert werden kann.**

4 **Vergleichen Sie Aufbau und Wirkungsweise von Schallschluckkonstruktionen, die jeweils hohe, mittlere und tiefe Töne schlucken.**

15.6 Brandschutz

Täglich entstehen durch Brände beträchtliche Schäden an volkswirtschaftlichem Vermögen. Noch schwerer wiegen die Verluste an Leben und Gesundheit von Menschen. In der Sorge um die Sicherheit des Menschen, um die Erhaltung von Sachwerten und um die Betriebe und Arbeitsplätze wurden eine Vielzahl brandschutztechnischer Gesetze, Verordnungen und Bestimmungen erlassen.

Die baurechtlichen Vorschriften enthalten deshalb brandschutztechnische Anforderungen sowohl an die am Bauwerk zu verwendenden Baustoffe oder Bauprodukte als auch an die verschiedenen Bauteile des Bauwerks. Diese sind nach DIN 4102 „Brandverhalten von Baustoffen und Bauteilen" in **Baustoffklassen** bzw. **Feuerwiderstandsklassen** und nach DIN EN 13501 in **Euroklassen für Bauprodukte** und für **Bauarten** eingeteilt. Bauteile sind in der Regel aus mehreren Baustoffen zusammengesetzt.

15.6.1 Brandverhalten von Baustoffen und Bauprodukten

Baustoffe verhalten sich je nach ihrer Art unterschiedlich gegenüber Feuereinwirkung. Sie können nach der DIN 4102 oder nach der DIN EN 13501 Teil 1 klassifiziert sein. In der DIN 4102 – Brandverhalten von Baustoffen und Bauteilen – sind die nichtbrennbaren Baustoffe in die **Baustoffklasse A** und die brennbaren Baustoffe in die **Baustoffklasse B** eingeteilt. Letztere unterteilt man in schwerentflammbare, normalentflammbare und leichtentflammbare Baustoffe **(Tabelle 1)**.

Die Zugehörigkeit eines Baustoffs zu einer Baustoffklasse wird durch eine Brandprüfung festgestellt und ist durch Kennzeichnung des Baustoffs oder der zugehörigen Verpackung ersichtlich. Baustoffe ohne besondere Kennzeichnung sind in der DIN 4102, Teil 4, einer bestimmten Baustoffklasse zugeordnet.

Einzelbaustoffe, die im Verbund, z.B. durch Verkleben oder Verschrauben, eingesetzt werden, müssen auch im Verbund geprüft werden, da es keine Gewähr gibt, dass der Verbundbaustoff die gleichen brandschutztechnischen Eigenschaften hat wie die Einzelbaustoffe.

In der DIN 13501, Teil 1 werden die Baustoffe als **Bauprodukte** bezeichnet und nach dem Brandverhalten klassifiziert. Diese Norm enthält die Euro-Klassen mit den **Hauptklassen** A – F und den **Unterklassen** für die Rauchentwicklung s1 (gering), s2 (mittel) und s3 (hoch) sowie für das brennende Abtropfen oder Abfallen d0 (nicht zutreffend), d1 (gering) und d2 (stark) **(Tabelle 1)**.

Beispiel: B-s2, d1: schwer entflammbar, Rauchentwicklung mittel, brennendes Abtropfen gering.

Tabelle 1: Klassifizierung des Brandverhaltens nach DIN EN 13501-1 (2007) — **Baustoffklassen nach DIN 4102**

EURO-Hauptklassen	EURO-Unterklassen			Baustoffklasse		Bauaufsichtliche Benennung	Beispiele
A1	A1			A = Nichtbrennbare Baustoffe	A1	ohne brennbare Bestandteile	Gips, Kalk, Zement, Steine, Beton, Glas, Faserbetonplatten
					A1	mit brennbaren Bestandteilen (<1%)	bestimmte Mineralfaser-Feuerschutzplatten, Fiber-Silikat-Platten
A2	A2 – s1, d0				A2	mit brennbaren Bestandteilen	Gipsplatten, Mineralfasererzeugnisse
	A2 – s2, d0 / A2 – s3, d0	A2 – s1, d1 / A2 – s2, d1 / A2 – s3, d1	A2 – s1, d2 / A2 – s2, d2 / A2 – s3, d2	B = Brennbare Baustoffe	B1	schwerentflammbare Baustoffe	Gipsplatten mit gelochter Oberfläche, Holzwolle-Leichtbauplatten, schwerentflammbare Spanplatten, bestimmte Kunststoff-Hartschaumplatten, bestimmte PVC-Erzeugnisse, Eichenparkett, Gussasphaltestriche
B	B – s1, d0 / B – s2, d0 / B – s3, d0	B – s1, d1 / B – s2, d1 / B – s3, d1	B – s1, d2 / B – s2, d2 / B – s3, d2		B1		
C	C – s1, d0 / C – s2, d0 / C – s3, d0	C – s1, d1 / C – s2, d1 / C – s3, d1	C – s1, d2 / C – s2, d2 / C – s3, d2		B1		
D	D – s1, d0 / D – s2, d0 / D – s3, d0	D – s1, d1 / D – s2, d1 / D – s3, d1	D – s1, d2 / D – s2, d2 / D – s3, d2		B2	normalentflammbare Baustoffe	Holz und Holzwerkstoffe, $\rho > 400$ kg/m³ und über 2 mm Dicke, genormte Dachpappen und PVC-Bodenbeläge
E	E – d2				B2		
F	keine Leistung festgestellt				B3	leichtentflammbare Baustoffe	Papier, Holzwolle, Holz bis 2 mm Dicke

15.6.2 Brandverhalten von Bauteilen

Das Brandverhalten von **Bauteilen** wird nach DIN 4102 durch die Feuerwiderstandsdauer gekennzeichnet. Die Feuerwiderstandsdauer ist die Mindestdauer in Minuten, während der ein Bauteil den nach der DIN 4102 vorgeschriebenen Anforderungen entspicht. Sie beträgt 30, 60, 90, 120 oder 180 Minuten. Die geprüften Bauteile werden entsprechend der Feuerwiderstandsdauer in eine **Feuerwiderstandsklasse** eingestuft (**Tabelle 1,** Seite 475). Nach der Art der Bauteile und nach den brandschutztechnischen Anforderungen gelten u. a. folgende Feuerwiderstandsklassen:

Tabelle 1: Feuerwiderstandsklassen nach DIN 4102

Feuerwider- standsdauer in Minuten	Feuerwiderstandsklassen für						Bauaufsichtliche Benennungen nach der Landes- bauordnung
	Wände, Decken, Stützen, Unter- züge, Treppen	Nichttragende Außenwände, Brüstungen	Feuerschutzab- schlüsse, Türen, Tore, Klappen	Lüftungs- leitungen	Brandschutzverglasungen		
≥ 30	F 30	W 30	T 30	L 30	G 30	F 30	feuerhemmend
≥ 60	F 60	W 60	T 60	L 60	G 60	F 60	hochfeuerhemmend für Klasse F und W
≥ 90	F 90	W 90	T 90	L 90	G 90	F 90	feuerbeständig
≥ 120	F 120	W 120	T 120	L 120	G 120	F 120	–
≥ 180	F 180	W 180	T 180	–	–	–	–

Brandschutzverglasungen sind lichtdurchlässig, verhindern aber den Durchtritt von Feuer und Rauch.

F-Verglasungen begrenzen zusätzlich die Temperaturerhöhung durch Wärmestrahlung, während bei **G**-Verglasungen die Wärmestrahlung hindurchtreten kann.

Die Feuerwiderstandsklassen für die Bauteile der Klassen **F** und **W** enthalten außerdem noch Angaben über die Brennbarkeit der verwendeten Baustoffe.

F 90-A	Bauteil der Feuerwiderstandsklasse F 90, besteht aus nichtbrennbaren Baustoffen (= feuerbeständig);
F 30-B	Bauteil der Feuerwiderstandsklasse F 30, besteht aus brennbaren Baustoffen (= feuerhemmend);
W 90-AB	Bauteil der Feuerwiderstandsklasse W 90, tragende und aussteifende Teile sowie eine in Bauteilebene durchgehende Schicht bei raumabschließenden Bauteilen bestehen aus nichtbrennbaren Baustoffen, die übrigen Teile bestehen aus brennbaren Baustoffen (= feuerbeständig);
F 60-BA	Bauteil der Feuerwiderstandsklasse F 60, tragende und aussteifende Teile bestehen aus brennbaren Baustoffen mit einer allseitig brandschutztechnisch wirksamen Bekleidung aus nichtbrennbaren Baustoffen, die Dämmstoffe sind nicht brennbar (= hochfeuerhemmend).

In der **DIN EN 13501, Teil 2** werden die Bauteile als **Bauarten** bezeichnet. Sie enthält die europäische Klassifizierung für das Brandverhalten der Bauarten. Die Eingruppierung erfolgt entsprechend der Einzelleistungen bei der Brandprüfung.

Folgende Bauarten werden bei der Klassifizierung unterschieden:

– Tragende Bauteile **ohne** raumabschließende Funktion, z.B. Wände, Decken, Dächer, Balken, Stützen, Balkone, Laubengänge und Treppen,

– Tragende Bauteile **mit** raumabschließender Funktion, z.B. Wände, Decken, Dächer und Doppelböden,

– Nichttragende Bauteile, z.B. Trennwände, vorgehängte Fassaden, Außenwände, Unterdecken, Feuerschutztüren und Rauchschutztüren.

Die Leistungskriterien werden nach DIN EN 13501, Teil 2 mit entsprechenden Kennzeichen bei der Klassifizierung angegeben:

R = Erhalt der Tragfähigkeit und Standsicherheit
W = Begrenzung des Wärmestrahlungsdurchtritts
I = Einhaltung der Oberflächen-Grenztemperatur
C = Selbstschließend (Feuer- und Rauchschutztüren)

S = Begrenzung des Rauchdurchtritts
E = Erhalt des Raumabschlusses
K = Schutz vor Entzündung
M = Erhöhte mechanische Festigkeit (Stoßbeanspruchung)

Sie können je nach Leistungsanforderung einzeln (z.B. R, E, S oder K) oder kombiniert (z.B. RE, REI, REI-M, REW oder EW) verwendet werden.

Jedem Leistungsmerkmal ist die beim Brandversuch ermittelte Feuerwiderstandsdauer zuzuordnen. Es sind dies: ≥ 10, ≥ 15, ≥ 20, ≥ 30, ≥ 45, ≥ 60, ≥ 90, ≥ 120, ≥ 180, ≥ 240 oder ≥ 360 Minuten.

Beispiel:

Bei der Brandprüfung ergaben sich folgende Ergebnisse:
Eine tragende Wand behält die Tragfähigkeit 195 Minuten lang, die raumabschließende Funktion 105 Minuten lang und die geforderte Wärmedämmung 42 Minuten lang, alle Kriterien auch unter Stoßbeanspruchung. Diese Bauart erhält die Klassifizierung: R 180/RE 90/REI 30/REI-M.

Stahlstütze mit Profilver- bundtechnik

Stahlstütze mit Plattenverkleidung (Baustoffklasse A) Beispiel: Fibersilikatplatten

Gips- Feuerschutzplatten (GKF)

Stahlstütze mit Putz bekleidet
- Bindendraht
- Putz, geglättet 5 mm
- Rippenstreckmetall
- Beton oder Mauerwerk
- Putz, 15-65 mm
- Kantenschutz
- Drahtgewebe

Bild 1: Beispiele für direkten Brandschutz bei Stahlstützen

Stahlträgerdecke mit abgehängter Unterdecke aus Holzwolle- Leicht- bauplatten, verputzt

Fußbodenaufbau

Metallunter- konstruktion
Dämmschicht

Holzbalkendecke mit abgehängter Unterdecke aus Gipsplatten

Dachkonstruktion mit unterer Beplankung aus Gipsplatten

Bild 2: Beispiele für indirekten Brandschutz bei Decken und Dächern

Um die Bauteile eines Gebäudes gegen Brandeinwirkung zu schützen, sind vor allem bauliche Schutzmaßnahmen zu treffen. Sie hängen im Wesentlichen ab

- von der ein- oder mehrseitigen Brandbeanspruchung,
- vom verwendeten Baustoff oder Baustoffverbund,
- von den Bauteilabmessungen, z. B. von der Schlankheit einer Stütze,
- von der Konstruktion des Bauteils, z. B. von Anschlüssen, Auflagern, Halterungen, Befestigungen, Verbindungsmitteln und Fugen sowie
- von der Anordnung der Bekleidungen, z. B. von Ummantelungen, Putzen, Unterdecken oder Vorsatzschalen.

Brandschutzmaßnahmen für Bauteile aus Stahl

Stahl gehört aufgrund seines Brandverhaltens in die Klasse der nichtbrennbaren Baustoffe (Baustoffklasse A1). Im Brandfall dehnt sich Stahl stark aus und verliert wegen seiner hohen Wärmeleitfähigkeit bei Temperaturen von etwa 500 °C innerhalb kurzer Zeit seine statische Festigkeit. Diese kann ohne vorherige Ankündigung zum Einsturz des Bauwerks führen. Wichtige Bauteile aus Stahl, wie z. B. Stützen, Deckenträger und Dachbinder, müssen deshalb gegen Feuer und Wärme durch besondere Maßnahmen geschützt werden. Die Stahlteile können entweder durch direkten Brandschutz (Ummantelung) oder durch indirekten Brandschutz (Anbringen einer Unterdecke) gegen Feuer abgeschirmt werden.

Direkten Brandschutz erreicht man

- durch Anbringen eines Spritzputzes auf einem Putzträger unter Verwendung von Mineralfasern, Vermiculite oder Perlite als Zuschlagstoffe,
- durch Beton- oder Mauerwerksbekleidungen,
- durch Anbringen von vorgefertigten Verkleidungen z. B. aus Gips- oder Fiber-Silikatplatten, sowie
- durch Anbringen von dämmschichtbildenden Brandschutzbeschichtungen, die bei Wärmeeinwirkung aufschäumen und eine Wärmeschutzschicht um das Bauteil bilden.

Die Dicke einer profilfolgenden oder kastenförmigen Ummantelung hängt von der Art des anzubringenden Schutzbaustoffes und von der geforderten Feuerwiderstandsklasse ab **(Bild 1).**

Indirekten Brandschutz, hauptsächlich bei Decken und Dächern, erreicht man

- durch untergehängte Putzdecken aus dämmenden Putzen auf Streckmetall, Drahtgewebe oder Holzwolle-Leichtbauplatten,
- durch untergehängte Decken aus vorgefertigten Deckenplatten aus Gips, Mineralfaserplatten, Gips-Feuerschutzplatten, Fiber-Silikatplatten oder Holzwerkstoffplatten an Metall- oder Holzunterkonstruktionen **(Bild 2).**

Die Anschlüsse der Unterdecke an angrenzende Wände müssen dicht sein. Notwendige Dämmschichten im Zwischendeckenbereich müssen der Baustoffklasse A angehören.

Brandschutzmaßnahmen für Bauteile aus Stahlbeton

Wie Stahl gehört auch Beton zu den nichtbrennbaren Baustoffen. Die Feuerwiderstandsfähigkeit von Bauteilen aus Stahlbeton ist deshalb sehr hoch. Sie ist umso höher, je höher die Betonfestigkeitsklasse und je größer der Querschnitt eines Bauteils ist. Wegen der Wärmeempfindlichkeit der Stahleinlagen, die bei Temperaturen von etwa 500 °C ihre Zugfestigkeit verlieren, ist für eine ausreichende Betondeckung (c_{nom}) zu sorgen. Sie beträgt nach DIN 1045 je nach Umweltbedingungen für das Bauteil 2 cm bis 5,5 cm. Beträgt die Betondeckung mehr als 5 cm, ist sie mit einer Schutzbewehrung zu versehen, um ein Abplatzen der Betondeckung zu verhindern. Die Feuerwiderstandsdauer eines Bauteils kann auch erhöht werden durch Verwendung von kalkhaltigen Zuschlägen mit geringer Wärmedehnung. Bei bewehrtem Leichtbeton wird die Bewehrung vor starker Erwärmung geschützt, weil die Luftporen im Leichtzuschlag die Wärmeleitfähigkeit vermindern. Wie andere Baustoffe kann auch Stahlbeton in Sonderfällen durch Ummantelung, durch Dämmputze (maximal 30 mm dick) sowie durch abgehängte Beplankungen gegen Feuereinwirkung geschützt werden.

Brandschutzmaßnahmen für Bauteile aus Holz

Holz ist im Gegensatz zu Stahl oder Stahlbeton ein brennbarer Baustoff. Es verkohlt bei Brandeinwirkung an der Oberfläche. Diese Holzkohlenschicht an den Außenzonen der Bauteile bildet eine Schutzschicht, die den weiteren Abbrand des Holzes stark verzögert. Um die Entflammung des Holzes und die Flammausbreitung an Holzbauteilen einzuschränken, können vorbeugende Brandschutzmaßnahmen getroffen werden. Dazu gehören vor allem bauliche und chemische Maßnahmen.

Bauliche Maßnahmen sind z. B. die Verwendung von rissefreien Holzbauteilen mit möglichst großem Querschnitt, mit möglichst glatter Oberfläche und gerundeten Kanten und Ecken. Flächige Holzbauteile sollten möglichst großformatig sein und gegebenenfalls aus schwerentflammbaren Sperr- und Spanplatten bestehen. Waagerecht angebrachte Holzverkleidungen bieten dem Feuer einen größeren Widerstand als senkrecht angebrachte Verkleidungen. Außerdem können Holzbauteile mit nichtbrennbaren Baustoffen wie Putz, Gipsplatten oder Fiber-Silikat-Platten ummantelt werden. Holzbalkendecken und Dächer können durch Unterdecken geschützt werden (**Bild 2,** Seite 476). Holzbauteile müssen nach DIN V 18160 von Rauchschornsteinen einen Mindestabstand von 5 cm haben.

Durch **chemische Maßnahmen** wird eine Schwerentflammbarkeit des Holzes erzielt. Angewendet werden Feuerschutzsalze und schaumschichtbildende Feuerschutzmittel.

Feuerschutzsalze bestehen vor allem aus Phosphaten und Ammoniumsulfat als Streckmittel. Sie werden als wässrige Lösung im Kesseldruckverfahren in das Holz eingebracht. Die Feuerschutzsalze schmelzen bei Wärmeeinwirkung, wodurch Wärme entzogen wird, und bilden dabei an der Holzoberfläche eine Schmelzschicht. Außerdem entwickeln sie im Brandfall nichtbrennbare Gase und fördern die Holzkohlebildung.

Während die Feuerschutzsalze das Holz von innen her schützen, wirken die schaumschichtbildenden Feuerschutzmittel an der Oberfläche des Holzes. Diese Schaumschichtbildner werden als farblose oder pigmentierte Schicht aufgebracht. Bei direkter Beflammung oder bei Wärmeeinwirkung von etwa 200 °C bildet sich durch Zersetzung dieser Schicht auf der Holzoberfläche ein 2 cm bis 3 cm dicker schwerentflammbarer Schaum. Dieser verhindert den Sauerstoffzutritt und schützt das Holz eine gewisse Zeit vor weiterer Verbrennung. Beide Feuerschutzmittelarten sind nur innerhalb von Gebäuden anzuwenden.

Aufgaben

1. Nennen Sie die Baustoffklassen, in welche die Baustoffe bezüglich ihrer Brennbarkeit eingeteilt werden.

2. Nennen Sie die Feuerwiderstandsklassen, in die die Bauteile entsprechend ihres Brandverhaltens eingeteilt werden.

3. Erläutern Sie, was die Angaben F 90 AB nach DIN 4102 und A2-s3, d0 nach DIN EN 13501-1 bedeuten.

4. Erläutern Sie, worin sich der direkte und der indirekte Brandschutz unterscheiden.

5. Machen Sie Vorschläge, wie Stahlbauteile und Betonbauteile gegen Brandeinwirkung geschützt werden können.

6. Beschreiben Sie, welche baulichen und chemischen Brandschutzmaßnahmen bei Holzbauteilen möglich sind.

Abgasanlagen sind senkrechte Rohre bzw. Schächte in oder an Gebäuden, die Abgase bzw. Rauchgase einer oder mehrerer Feuerstätten schadlos über Dach ins Freie ableiten und gegebenenfalls die zur Verbrennung erforderliche Luft ansaugen. Rußbrandbeständige Abgasanlagen werden als Schornstein bezeichnet. Die Planung von Abgasanlagen wird in Werkplänen festgeschrieben. Der Bezirksschornsteinfegermeister genehmigt die Planung der Abgasanlage und nimmt diese im Rohbau und nach Fertigstellung ab.

Beispiel einer Schornsteinkopfes mit Ummauerung

Aufsatz
Abdeckplatte
Dehnfuge
Ringstein
Ummauerung
Hinterlüftung
Verwahrung
Sparren
Wechsel
Mineralfaserplatte
Zuluft
Kragplatte

Beispiel einer Deckendurchführung durch eine Stahlbetondecke

Mineralfaserplatte
Abgasrohranschluss
Mantelstein
Dämmplatte
Schamotterohr

Beispiel eines Schornsteinfußes mit Fundament, Sohle und Reinigungsöffnung

Reinigungsöffnung
Kondensatablauf
Zuluft
Sockel (Sohle)
Mantelstein
Schamotteformstück
Sperrschicht
Fundament
Trennlage

Bild 1: Bezeichnungen an Schornsteinen

16.1 Bezeichnungen bei Schornsteinen

Rußbrandbeständige Abgasanlage:	Abgasanlage für alle Brennstoffarten **(Bild 1)**
Feuerstätte:	Brennraum für feste, flüssige oder gasförmige Brennstoffe
Fundament:	Gründung des Schornsteins
Sohle:	unterer Abschluss des senkrechten Teils der Abgasanlage
Schornsteinfuß:	etwa 50 cm hoher Sockel, der Sohle und Kondensatablauf umfasst
Reinigungsöffnung:	verschließbare Öffnung für Reinigung und Prüfung
Abgasleitung (Rauchrohr):	Hohlraum zur Ableitung von Rauch- und Abgasen an die Außenluft
Verbindungsstück:	Bauteil oder Bauteile als Verbindung zwischen dem Auslass der Feuerstätte und dem senkrechten Teil der Abgasanlage
Formstück:	Übergangsstück von Verbindungsstück zum Schornstein
Schornsteinschaft:	Schornstein vom Schornsteinfuß bis zur Schornsteinmündung
Verwahrung:	Raum zwischen Schornstein und Decken- bzw. Dachdurchbruch, gefüllt mit nicht brennbaren Stoffen
Schornsteinkopf:	der über Dach geführte Teil des Schornsteins
Mündung:	oberes Ende des Schornsteinschaftes
Wirksame Schornsteinhöhe:	Abstand vom obersten Verbindungsstück bzw. Rost der Feuerstätte und der Mündung
Schornsteinhöhe:	Abstand vom Schornsteinfuß bis zur Mündung

einwandiger Schornstein:	Schornstein, bei dem das Innenrohr die Abgasanlage ist
mehrschaliger Schornstein:	Schornstein, der aus einem Innenrohr und mindestens einer zusätzlichen Schale besteht
System-Schornstein:	Schornstein eines Herstellers aus aufeinander abgestimmten Fertigteilen
eigener Schornstein:	Schornstein, der mit einer Feuerstätte belegt ist
gemeinsamer Schornstein:	Schornstein, der mit mehreren Feuerstätten des gleichen Brennstoffes belegt ist
einzügiger Schornstein:	Schornstein mit einem Rauchrohr für eine oder mehrere Feuerstätten mit gleichem Brennstoff
mehrzügiger Schornstein:	Schornstein mit mehreren Rauchrohren und Feuerstätten mit unterschiedlichen Brennstoffen

Bild 1: Wirkungsweise des Schornsteinzuges

16.2 Wirkungsweise

Abgase sind alle Gase, die bei der Verbrennung von festen, flüssigen und gasförmigen Brennstoffen entstehen.

Durch die bei der Verbrennung entstehende Wärme haben die Abgase eine höhere Temperatur als die zugeführte Luft aus dem Freien. Aufgrund des Dichteunterschiedes entsteht im Schornstein eine Auftriebskraft, die man als **Schornsteinzug** bezeichnet. Je größer der Dichte- und Temperaturunterschied zwischen Abgas und Außentemperatur ist, desto größer ist der Schornsteinzug **(Bild 1)**.

Ist der Schornsteinzug zu gering, schlägt sich Wasserdampf an der Schornsteininnenwand nieder und verbindet sich mit den Verbrennungsrückständen zu Säuren und Laugen, dem **Kondensat**. Dieses kann das Rauchrohr sowie die Wände gemauerter Schornsteine angreifen und zerstören. Man spricht vom Versotten des Schornsteins. Zudem können abgelagerte Rußpartikel zu Rußbränden führen.

Abgasanlagen werden in Rauchgas- und Abgasschornsteine unterschieden. **Rauchgasschornsteine** leiten die Verbrennungsgase fester (Kohle, Holz) oder auch flüssiger Brennstoffe (Heizöl) ab. In **Abgasschornsteinen** werden insbesondere die Verbrennungsgase gasförmiger Brennstoffe (Erdgas, Flüssiggas) abgeleitet. Sie können auch für die Abgase von Heizöl geeignet sein. Die Art der abgeleiteten Gase wird in Zeichnungen mit Symbolen dargestellt **(Bild 2)**.

Hauptelemente der Brennstoffe sind Kohlenstoff und Wasserstoff, bei Öl auch Sauerstoff. Bei der Verbrennung verbinden sich die Brennstoffe mit dem Sauerstoff aus der Luft, wobei Wärme frei wird (Oxydation). Als Verbrennungsrückstände verbleiben Asche (fest) und Abgase (gasförmig), die eine verstärkte Umweltbelastung darstellen **(Bild 3)**.

Rauchgas-schornstein — Abgas-schornstein

Zuluft — Abluft

Schornstein-zunge — Schornstein-wange

Darstellung in Zeichnungen

Bild 2: Begriffe und Bezeichnungen am Schornstein

Hauptbestandteile von Abgasen	
Stickstoff	N_2
Kohlenstoffdioxid	CO_2
Schwefeldioxid	SO_2
Wasserdampf	H_2O
Ruß (Kohlenstoff)	C

Bild 3: Abgasbestandteile

Bild 1: Verwahrung an Decke und Dach

Bild 2: Lage des Schornsteins über Dach

Schornsteine sind nach Anzahl, Beschaffenheit und Lage so herzustellen, dass alle vorgesehenen Feuerstätten angeschlossen werden können.

16.3.1 Anforderungen an Schornsteine

Schornsteine müssen dicht, feuchtigkeitsunempfindlich, standsicher und widerstandsfähig gegen Wärme, Abgase, Säuren und Rußbrände sowie gegen Kehrbeanspruchung sein.

Sie müssen einem Feuer 90 Minuten widerstehen können. Sie sind so herzustellen, dass Feuer und Rauch nicht in andere Geschosse gelangen können.

Schornsteine müssen standsicher, auf tragfähigem Fundament errichtet oder von tragfähigen Bauteilen gestützt sein. Sie dürfen nicht durch Decken, Unterzüge und andere Bauteile unterbrochen sowie nicht belastet oder anderweitig beansprucht werden.

An Schornsteinen dürfen keine Bauteile und andere Einrichtungen wie z. B. Installationsleitungen und Maueranker, angebracht werden. Bohren, Sägen, Fräsen oder Schneiden, z. B. zur Herstellung von Anschlüssen oder zum Befestigen der Ummantelung, sind zulässig.

Die Außenflächen von Schornsteinen müssen nach der Feuerungsverordnung von Holzbalken einen Mindestabstand von 2 cm haben **(Bild 1)**. Schornsteine aus Formstücken müssen von anderen Bauteilen getrennt sein. In Bauordnungen der Länder können abweichende Abstände festgelegt sein.

Verwahrungen sind mit nicht brennbaren Baustoffen auszuführen. In Sparrenlage und Balkenlage können Verwahrungen z. B. aus Beton bestehen. Als Verwahrung zwischen Massivdecke und Mantelstein eignen sich Mineralfaserplatten. Der Hohlraum zwischen Schornstein und Wänden ist ebenfalls mit nicht brennbaren Baustoffen auszufüllen, damit sich die Oberfläche der Wände nicht erwärmt.

Oberflächen von Schornsteinen, die ans Freie grenzen, müssen so hergestellt sein, dass kein Niederschlagswasser eindringen kann. Dies kann durch Putz, Vormauerung oder Verkleidung erreicht werden. Die Schornsteinmündung darf nicht in unmittelbarer Nähe von Fenstern und Balkonen liegen.

Damit der Schornsteinzug und der Brandschutz gewährleistet ist, müssen Schornsteinmündungen das Dach überragen. Die jeweiligen Maße sind abhängig von der Dachneigung, den Bedachungsstoffen und von den eventuell vorhandenen Dachaufbauten.

Bei einer Dachneigung von mehr als 20° müssen Schornsteinmündungen mindestens 40 cm über dem First liegen **(Bild 2a)**. Ist das Dach mit weichen Bedachungsstoffen, wie z. B. Reet oder Bitumenschindeln, gedeckt, muss der Schornstein am First austreten und diesen um mindestens 80 cm überragen. Bei terrassenförmigen Gebäuden darf der Schornstein nur aus dem Dach des höchsten Gebäudeteils austreten.

Liegt die Dachneigung bei 20° und darunter sowie bei Flachdächern, muss der Abstand zwischen Schornsteinmündung und Dachfläche mindestens 1,00 m zur Dachfläche betragen **(Bild 2b)**.

Je weiter der Schornstein vom First entfernt liegt, desto größer ist insbesondere bei steilen Dächern die Schornsteinhöhe über Dach, Aus Gründen der Standsicherheit kann ein Abstand der Schornsteinmündung zur Dachfläche von 1,00 m als ausreichend gelten, wenn die Mündung im freien Luftstrom liegt.

Schornsteine müssen Dachaufbauten, z. B. Gauben, um mindestens 1,00 m überragen, wenn sie nicht mehr als das 1,5-fache von deren Höhe entfernt sind (**Bild 2c,** Seite 480). Bei größeren Abständen reicht eine Überhöhung der Schornsteinmündung um 40 cm (**Bild 2d,** Seite 480). Bei Flachdächern gelten die gleichen Vorschriften.

16.3.2 Einflüsse auf den Schornsteinzug

Ein Schornstein muss einen durchgehenden und gleichbleibenden lichten **Querschnitt** haben. Günstig sind runde Querschnitte, weil die Abgase wirbelfrei aufsteigen können. Bei quadratischen Querschnitten behindert die Wirbelbildung in den Ecken den ungehinderten Abzug der Abgase. Bei rechteckigen Querschnitten wird die Wirbelbildung durch ein Seitenverhältnis von maximal 1:1,5 begrenzt (**Bild 1**). Um die Wirbelbildung zu verringern, werden bei Schornsteinen aus eckigen Formstücken die Ecken abgerundet.

Die lichten Querschnittsabmessungen von mindestens 100 cm² richten sich nach Art und Anzahl der anzuschließenden Feuerstätten und deren Wärmeleistungen sowie der wirksamen Schornsteinhöhe.

Die kleinste Seitenlänge bei rechteckigen Querschnitten muss 10 cm betragen. Der kleinste Durchmesser bei runden bzw. die kleinste Seitenlänge bei quadratischen Formstücken beträgt 13,5 cm, bei Befeuerung mit Holz, z. B. bei offenen Kaminen, jedoch 18 cm.

Um ausreichende Zugwirkung zu gewährleisten, muss die **wirksame Höhe** eigener und gemeinsamer Schornsteine für gasförmige Brennstoffe mindestens 4 m, für feste und flüssige Brennstoffe mindestens 5 m betragen (**Bild 2**).

Damit eine vorzeitige Abkühlung vermieden wird, sollen Schornsteine möglichst im Inneren des Gebäudes angeordnet sein. Schornsteine außerhalb von Außenwänden erhalten eine zusätzliche Wärmedämmung.

Schornsteine sollten vorzugsweise in der Nähe des Dachfirstes austreten, damit die Schornsteinmündung im freien Luftstrom liegt, die Zugwirkung am gleichmäßigsten ist und der den Windkräften und der Witterung ausgesetzte Teil des Schornsteines klein ist. Seitlich vom First geführte Schornsteine dürfen einmal bis zu 30° gegen die Senkrechte verzogen werden, damit die Schornsteinmündung in der Nähe des Firstes liegt. Dabei darf der lichte Querschnitt nicht verändert werden. Gegebenenfalls ist ein Unterstützungsmauerwerk erforderlich.

Eine glatte und ebene Rauchrohrinnenseite vermindert den Reibungswiderstand und gewährleistet einen ungehinderten Abzug der Rauch- und Abgase.

Der **Schornsteinkopf** muss so ausgebildet sein, dass alle Einwirkungen durch Witterung wie Regen, Schnee, Sonne, Frost, Winddruck, Windsog und Längenänderungen infolge Temperaturschwankungen jederzeit die Funktion des Schornsteins störungsfrei ermöglichen. Der Schornsteinkopf kann als Fertigkopf (Stülpkopf) ausgebildet sein, der mit Platten oder Blechen verkleidet wird. Üblich ist auch die Um-

Der Schornsteinzug ist wesentlich abhängig von:

- der Größe und Form des lichten Querschnitts,
- der wirksamen Schornsteinhöhe,
- der Lage des Schornsteins im Gebäude,
- der Art und Anzahl der angeschlossenen Feuerstätten,
- der Rauigkeit der Rauchrohroberfläche sowie
- der Schornsteinkopfausbildung.

Bild 1: Querschnittsformen

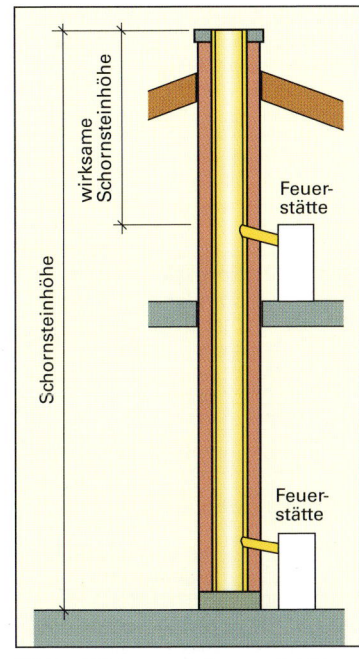

Bild 2: Wirksame Schornsteinhöhe

481

Bild 1: Schornsteinkopf

mauerung mit Klinkern, Die Ummauerung wird unterhalb der Dachhaut auf eine Kragplatte aufgesetzt, darf aber nicht mit den Formsteinen des Schornsteins verbunden sein. Gut gedämmte Schornsteine aus Formstücken können am Schornsteinkopf verputzt werden. Der Schornsteinkopf erhält in Höhe der Schornsteinmündung eine Abdeckplatte als oberen Abschluss. Die Dacheinbindung muss gewissenhaft durch eine Blechverwahrung ausgeführt werden, damit die Dichtheit der Dachhaut jederzeit gewährleistet bleibt **(Bild 1)**.

16.3.3 Kennzeichnung von Abgasanlagen

Abgasanlagen sind je nach Anwendungsbereich mindestens mit den nachfolgenden Leistungskenngrößen gekennzeichnet.

Es werden 11 **Temperaturklassen** T 080 bis T 600 unterschieden. Die Zahl gibt die oberste zulässige Abgastemperatur an.

Die **Gasdichtigkeitsklasse,** auch als Druckklasse bezeichnet, gibt an, für welche Betriebsweise die Abgasanlage geeignet ist und wo sie verwendet werden darf **(Tabelle 1)**. Der Unterdruck wird durch den Schornsteinzug erzeugt. Die Abgase werden ohne zusätzliche Hilfsmittel abgeleitet. Bei Überdruckanlagen werden die Abgase mit einem Gebläse über das Verbindungsstück in den Schornstein geblasen.

Die **Rußbrandbeständigkeitsklasse** gibt an, ob die Abgasanlage rußbrandbeständig (G) oder nicht rußbrandbeständig (O) ist. Bei der Verwendung von Festbrennstoffen muss diese rußbrandbeständig sein. Zusätzlich kann der Mindestabstand der Abgasanlage zu brennbaren Stoffen in mm angegeben werden. So bedeutet z. B. G 20 rußbrandbeständige Abgasanlage mit erforderlichem Abstand zu brennbaren Stoffen von 20 mm.

Die **Kondensatbeständigkeitsklasse** gibt an, ob die Abgasanlage für eine trockene (D) oder für eine feuchte (W) Betriebsweise geeignet ist. Für welche Brennstoffe die Abgasanlage ausreichend korrosionsbeständig ist, wird in der **Korrosionswiderstandsklasse** festgelegt **(Tabelle 2)**.

Durch die **Wärmedurchlasswiderstandsklasse** TR wird der Wärmedurchlaswiderstand angegeben. Je höher der Zahlenwert bei der Wärmedurchlasswiderstandsklasse TR ist, desto besser ist die Wärmedämmung.

Der Zahlenwert der **Feuerwiderstandsklasse** L gibt die Zeitspanne in Minuten an, die eine Abgasanlage bei Feuer mindestens widerstehen muss **(Tabelle 1,** Seite 483).

Tabelle 1: Druckklassen

Klasse	Betriebsweise	Verwendung im
N1	Unterdruck	Gebäude/Freien
N2	Unterdruck	Gebäude/Freien
P1	Unter-/Überdruck[a]	Gebäude/Freien
P2	Unter-/Überdruck[a]	Freien[c]
H1	Unter-/Überdruck[b]	Gebäude/Freien
H2	Unter-/Überdruck[b]	Freien[c]

[a] Überdruck max. 200 Pa
[b] Überdruck max. 5000 Pa
[c] bei Unterdruck auch im Gebäude

Tabelle 2: Korrosionswiderstandsklassen nach DIN V 18160-1

Korrosionswiderstandsklasse	möglicher Brennstoff
1	Gas, Erdgas, Flüssiggas, Öl, Kerosin
2	Klasse 1 sowie Holz (für offen betriebene Feuerstätten)
3	Klasse 2 sowie Holz, Kohle, Torf

Erfolgt die Angabe des Mindestabstandes der Abgasanlage zu brennbaren Stoffen nicht im Zusammenhang mit der Rußbrandbeständigkeitsklasse, wird dieser Mindestabstand durch die **Abstandsklasse** C in mm angegeben.

16.3.4 Schornsteinkonstruktionen

Je nach Art der Ausführung wird nach Schornsteinen aus Formstücken bzw. Fertigteilen und gemauerten Schornsteinen unterschieden. Sie können ein- oder mehrschalig ausgeführt werden.

Einschalige Schornsteine

Für einschalige Schornsteine werden **Formstücke** im Werk einwandig oder zellwandig hergestellt. Ihr Querschnitt beträgt maximal 400 cm², ihre Form kann rund, quadratisch oder rechteckig sein. Die Höhe der Formstücke beträgt 24,3 cm, 32,6 cm oder 49,3 cm und passt sich zusammen mit einer Fuge von 7 mm dem Raster der Rohbaurichtmaße an. Sie besitzen häufig Falze, um das Versetzen zu erleichtern.

Die Formstücke werden mit kondensatdichten, feuer- und säurefesten Spezialmörteln der jeweiligen Hersteller oder mit Mauermörteln der Gruppe II oder IIa vermörtelt. Um eine ebene, glatte Innenrohroberfläche zu gewährleisten, müssen die Formstücke genau übereinander gesetzt und die Fugen innen sauber verschlossen werden. Anschlusse fur Rauchrohre und Reinigungsöffnungen sind bereits in besondere Formstücke eingeformt. Sockelsteine, Abdeckplatten und weiteres Zubehör komplettieren das Schornsteinsystem.

Mehrschalige Schornsteine

Mehrschalige Schornsteine werden meist als **dreischalige Schornsteine** ausgeführt. Sie bestehen aus Formstücken für Mantelstein und Innenrohr sowie der zwischenliegenden Dämmschicht **(Bild 1)**.

Der **Mantelstein** ist in der Regel aus Leichtbeton mit einer Wangendicke von 5 cm und einer Höhe von 32,6 cm. Mit einer Fugendicke von 7 mm ergibt sich das Rastermaß von 33,3 cm. Für Feuerstätten mit niedrigen Abgastemperaturen eignen sich Mantelsteine mit Aussparungen in den Ecken für eine Hinterlüftung. Durch die zusätzlichen Luftröhren wird anfallende Kondensfeuchte nach außen geführt und die Wärmedämmung verbessert.

Das **Innenrohr** besteht meist aus Schamotte, glasiert oder unglasiert. Schamotterohre sind säure- und temperaturwechselbeständig, glattwandig, abriebfest und versottungssicher. Die Formstücke sind 32,6 cm bzw. 65,9 cm hoch, sodass mit 7 mm Fugenkitt das Rastermaß von 33,3 cm bzw. 66,6 cm erreicht wird. Zusätzlich werden Formstücke mit Reinigungsöffnung sowie Rauchrohranschluss hergestellt **(Bild 2)**. Für den Anschluss von Niedrigenergiekesseln können auch Innenrohre aus Edelstahl oder Kunststoff verwendet werden.

Die **Wärmedämmung** zwischen Innenrohr und Mantelstein besteht aus Dämmstoffen mit bauaufsichtlicher Zulassung. Meist werden Dämmplatten aus Mineralfasern verwendet.

Schamotterohr mit Reinigungsöffnung und Vorsatzschale

Fugenkitt an der Unterseite auftragen

Mantelstein mit Ausschnitt für Reinigungsöffnung

Mörtelschablone

Dämmplatte

Sockelstein

Mantelstein mit Kondensatablauf und Zuluftgitter

Sockelplatte

Bild 1: Dreischaliger Schornstein

Bild 2: Anschlussstücke

| umlaufender Verband | jede Schicht II um 180° bzw. 90° drehen | |
| für Schicht II um 180° drehen | für Schicht II um 90° drehen | |

Bild 1: Schornsteinverbände

Allgemeingültige Regeln für einen fachgerechten Verband:

- möglichst ganze Steine verwenden,
- Viertelsteine nur an den äußeren Ecken vermauern,
- Fugen am Schornsteinzug minimieren,
- keine Kreuzfugen in Zuginneneck,
- Schornsteinzungen binden wechselseitig in die Wangen ein.

Schacht-abdeckung — Aufsatz
obere Reinigungstür
obere Reinigungs-öffnung
Abstand-halter
untere Reinigungstür
untere Reinigungs-öffnung
Kondensat-ablauf

Bild 2: gemauerter Schornstein, saniert

Das Versetzen der Formstücke erfolgt nach den Versetzanleitungen der Herstellerfirmen. Zuerst ist die Sockelplatte in Mörtel auf der Bodenplatte zu versetzen. Der erste Mantelstein erhält eine Öffnung für ein Zuluftgitter und den Kondensatablauf und ist in Waage und Lot auszurichten. Nach dem Aufmauern des ersten Mantelsteins wird der Sockelstein zur Aufnahme des Kondensatablaufs eingesetzt und die Mantelsteinöffnung mit dem Zuluftgitter verschlossen. Nach dem Einfügen der Dämmplatte wird diese auf Mantelsteinhöhe gekürzt. Der zweite Mantelstein erhält eine Öffnung für die Reinigungstür. Der Fugenkitt wird mit der Mörtelschablone aufgetragen und der Mantelstein vermauert. Nach dem Einfügen der Dämmplatte wird das Innenrohr mit Reinigungsöffnung versetzt. Jede Schicht wird dreischalig fertiggestellt, bevor die nächste Schicht aufgesetzt wird. Zur Vereinfachung kann der Schornsteinfuß als vorgefertigte Baueinheit auf das Fundament aufgesetzt werden.

In zunehmendem Maße werden mehrschalige Schornsteine als **Fertigschornsteine** angeboten. Diese werden als geschosshohe Elemente vorgefertigt. Fertigschornsteine werden im Rastermaß von 33,3 cm hergestellt. Sie sind als ein- oder zweizügige Schornsteine mit lichten Durchmessern von 12 cm bis 30 cm bis zu einer Höhe von 6,00 m lieferbar. Die Lieferung erfolgt nach bauseitiger Angabe von Geschosshöhe und Lage der Anschlussöffnungen und Reinigungstüren. Die Montage erfolgt mithilfe eines Kranes. Die Elemente werden auf das vorbereitete eigene Fundament oder die Fundamentplatte aufgestellt und gesichert oder durch die Dach- bzw. Deckenöffnung geführt und aufgestellt. Anschließend wird die Herstellung der Verwahrung und das Aufsetzen der Abdeckplatte vorgenommen. Der Einbau ist auch nach Rohbaufertigstellung möglich.

Gemauerte Schornsteine

Gemauerte Schornsteine werden aus wirtschaftlichen Gründen nur noch selten hergestellt. Hierfür ist ein hoher Material- und Zeitaufwand notwendig. Kenntnisse zur Herstellung sind für die Sanierung dennoch notwendig.

Gemauerte Schornsteine sind rauchdicht und mit glatten Innenflächen im fachgerechten Verband herzustellen **(Bild 1)**. Dies wird durch vollfugiges und innenbündiges Mauern erreicht. Die Fugen sind an den Innenflächen glatt zu streichen. Die frei liegenden Außenflächen sind innerhalb des Gebäudes zu verputzen bzw. zu verkleiden und im Freien mindestens zu verfugen.

Sanierung von Schornsteinen

Im Bestand vieler älterer Gebäude müssen Schornsteine den heutigen veränderten Nutzungsbedingungen angepasst werden, da die lichten Querschnitte für die niedrigen Abgastemperaturen moderner Heizungssysteme zu groß sind. Meist sind diese Schornsteine durch entstehendes Tauwasser feuchtempfindlich. Zu deren Sanierung gibt es Schornsteinsanierungssysteme **(Bild 2)**.

Der Schornstein wird am Fuß geöffnet und ein Kondensatablauf sowie die untere Reinigungsöffnung eingebaut. Die Innenrohre mit kleinerem lichtem Durchmesser werden mit einer Versetzwinde von oben in den bestehenden Querschnitt des Schachtes hinuntergelassen und mittels Abstandhaltern gesichert. Zusätzlich können die Innenrohre mit Wärmedämmplatten versehen werden. Abschließend wird der Schornsteinkopf saniert.

17 Dächer

Das Dach schließt ein Gebäude nach oben ab und schützt es vor Witterungs- und Klimaeinflüssen. Es besteht aus der Dachhaut und dem Dachtragwerk. Außerdem wird in der Regel eine Wärmedämmung zwischen den Sparren des Tragwerkes oder über diesen angeordnet. Aus gestalterischen Gründen und aus der beabsichtigten Nutzung des Dachraumes ergeben sich verschiedene Dachformen, Dachtragwerke und Dachneigungen mit entsprechender Ausbildung der Dachhaut. Nach dem bauphysikalischen Aufbau unterscheidet man belüftete und unbelüftete Dächer.

17.1 Dachteile und Dachformen

Als Dachteile bezeichnet man die Dachflächen und deren Begrenzungen (**Bild 1**).

Dachräume werden nicht ausgebaut als Speicher, ausgebaut zum Wohnen und Arbeiten genutzt. Um diese Räume zu belüften und mit Tageslicht zu versorgen, werden **Gauben** (Gaupen) in der Dachfläche angeordnet oder **Dachflächenfenster** eingebaut (**Bild 2**). Gauben sind Dachaufbauten, die den Einbau von Fenstern ermöglichen und den Dachraum vergrößern. Ebenso wie die Dachform tragen auch Dachgauben sehr zur Gestaltung eines Hauses bei. Nach der Form unterscheidet man beispielsweise Schlepp-, Giebel-, Walm-, Spitz-, Trapez-, Rund- und Fledermausgauben. Dacheinschnitte (Dachbalkone) bezeichnet man als **Loggien** (Bild 2).

Anzahl, Form und Lage der Dachflächen zueinander bestimmen die Dachform. Die wichtigsten Dachformen sind das Satteldach, das Pultdach, das Walmdach, das Zeltdach, das Mansarddach, das Sheddach und das Flachdach (Bild 1 und **Bild 1,** Seite 480).

Aus diesen traditionellen Dachformen werden häufig zusammengesetzte Dächer gebildet, denn das umfangreiche Angebot an Dacheindeckungsprodukten und Werkstoffen zur Dachabdichtung sowie die statisch berechneten Dachtragwerke erlauben es, Dächer in nahezu jeder Form zu gestalten.

Das **Satteldach** hat zwei rechteckige, gleich große Dachflächen mit gleicher Neigung. Jede Dachfläche wird unten durch die **Traufe** und oben durch den **First** begrenzt. Den seitlichen Abschluss an den Giebeln nennt man **Ortgang**.

Das **einhüftige Satteldach** hat zwei verschieden große Dachflächen und einen außermittigen First. Durch diese Anordnung der Dachflächen entsteht ein asymmetrisches Giebeldreieck (**Bild 3**).

Bild 1: Dachflächen und Dachflächenbegrenzungen

Schleppgaube — Giebelgaube — Walmgaube

Spitzgaube — Trapezgaube — Rundgaube

Fledermausgaube — Dachflächenfenster — Loggia

Bild 2: Dachaufbauten und Dacheinbauten

gleichgeneigtes Satteldach — einhüftiges Satteldach

Bild 3: Satteldächer

Pultdach

Walmdach

Krüppelwalmdach

Zeltdach

Mansarddach

Sheddach

Flachdach

Bild 1: Dachformen

Das **Pultdach** besteht aus einer Dachfläche, die nach einer Seite geneigt ist. Mit sehr flacher Dachneigung eignet es sich z.B. für Garagen, Lagerhallen und Betriebsgebäude.

Das **Walmdach** ist vom Satteldach abgeleitet, wobei die Giebeldreiecke als Dachflächen ausgebildet und gebäudewärts geneigt sind. Seine Hauptmerkmale sind der verkürzte First und umlaufende, gleich hohe Traufen. Die trapezförmigen Dachflächen bezeichnet man als **Hauptdachflächen,** die dreieckigen als **Walmflächen.** Die Kante, die durch den Schnitt der Hauptdachfläche mit der Walmfläche entsteht, nennt man **Grat.** Der Punkt, in dem drei oder mehr Dachflächen zusammentreffen, z.B. die Hauptdachflächen und eine Walmfläche, bezeichnet man als **Anfallspunkt.** Bei zusammengesetzten Walmdächern mit verschieden hoch liegenden Firsten werden zwei Anfallspunkte durch eine Gratlinie verbunden. Diese Gratlinie heißt **Verfallung.** Treffen zwei Dachflächen an einer einspringenden Ecke zusammen, z.B. zwischen Hauptgebäude und Anbau, entsteht eine **Kehle.**

Das **Krüppelwalmdach** hat nur kleine Walmflächen, deren Traufen mindestens eine Stockwerkshöhe über der Traufe des Hauptdaches liegen.

Das **Zeltdach** besteht aus vier Walmflächen, deren Spitzen sich in einem Punkt treffen. Zeltdächer können gebaut werden, wenn der Dachgrundriss quadratisch oder annähernd quadratisch ist.

Das **Mansarddach** hat geknickte Dachflächen. Der Knick, der **Dachbruch** genannt wird, liegt in der Regel eine Stockwerkshöhe über dem Dachgeschossboden. Er entsteht, weil die unteren Hälften der Dachflächen steiler geneigt sind als die oberen. Beim Mansarddach wird der Dachraum durch die steilen unteren Dachflächen vergrößert.

Beim **Sheddach** sind steil und flach geneigte Dachflächen im Wechsel aneinander gereiht. Die steileren Dachflächen liegen auf der Schattenseite und sind verglast. Dadurch ist es möglich, großflächige Hallen ohne Sonneneinstrahlung mit Tageslicht zu versorgen.

Unter **Flachdach** als Dachform versteht man einen oberen Gebäudeabschluss ohne sichtbare Neigung. Das Aussehen eines Flachdaches erreicht man auch durch eine waagerechte Dachumrahmung, auch Attika genannt, hinter der die Dachfläche leicht geneigt sein kann.

17.2 Dachtragwerke

Das Dachtragwerk trägt die Dachhaut und muss die Belastung aus Schnee und Wind aufnehmen. Zur Aufnahme und zur Übertragung dieser Lasten auf das Bauwerk bzw. auf die Gründung gibt es verschiedene Arten von Dachtragwerken. Die wichtigsten sind das Sparrendach und das Kehlbalkendach, das Pfettendach und freigespannte Binder.

Dachtragwerke müssen so ausgebildet sein, dass sich der First in Längsrichtung nicht verschieben kann. Dies erreicht man durch Längsaussteifungen bzw. Längsverbände, die je nach der Art des Dachtragwerks verschieden sein können. Außerdem müssen Dachtragwerke wegen der Windlasten verankert werden. Deshalb werden die Sparren mit den Schwellen bzw. Pfetten mit Nägeln oder mit Blechverbindern (Sparrenpfettenanker, Stahlwinkel) verbunden. Die Schwellen und Pfetten werden in der Regel mit einbetonierten Ankerschrauben, andernfalls mit Flachstahllaschen oder Stahlwinkeln auf der Unterkonstruktion befestigt.

17.2.1 Sparrendach

Beim Sparrendach sind die Sparren paarweise angeordnet **(Bild 1)**. Diese sind am First kraftschlüssig verbunden und bilden mit der darunter liegenden Decke ein unverschiebliches Dreieck. Durch das gegenseitige Abstützen werden die Sparren, zusätzlich zur Biegung, noch in Längsrichtung belastet. Diese Druckkräfte werden jeweils am Sparrenfuß durch ein **Widerlager** aufgenommen und entweder direkt oder über einen **Drempel** (Kniestock) in die Decke eingeleitet (Bild 1). Die Decke wird dadurch auf Zug beansprucht. Die senkrechten Lasten werden ausschließlich durch die Außenwände abgeleitet.

Der **Anschluss am Sparrenfuß** erfolgt bei Stahlbetondecken in der Regel mit **Knaggen,** die sich auf Schwellen abstützen (Bild 1). Der Sparrenanschluss kann auch mit Stahlblechformteilen erfolgen. Bei Holzbalkendecken werden die Druckkräfte am Sparrenfuß meist durch Versätze oder durch Stahlblechverbinder in die Deckenbalken eingeleitet.

Der **Anschluss der Sparren am First** erfolgt durch Scherzapfen, durch Überblattung oder durch waagerechte Laschen, die **Firstzangen** genannt werden. Häufig wird unter oder zwischen die Sparren ein **Firstbrett**, eine **Firstbohle** oder ein Richtholz eingebaut, die das Ausrichten der Sparrenpaare erleichtern **(Bild 2)**.

Die **Längsaussteifung** bewirkt man durch die Lattung, teilweise auch durch eine Verbretterung sowie durch diagonal angeordnete **Windverbände (Bild 3)**. Firstbretter tragen ebenfalls zur Längsaussteifung bei. Als Windverband werden meist verzinkte, gelochte Flachstahlbänder auf die Sparren genagelt. Anstelle der Flachstahldiagonalen kann der Windverband auch mit Brettern ausgeführt werden. Diese **Windrispen** werden unter die Sparren genagelt.

Beim Sparrendach kann der Dachraum frei gestaltet werden, da keine störenden Konstruktionshölzer vorhanden sind. Größere Fensteröffnungen und Dachgauben sind jedoch nicht möglich, weil sich die Sparrenpaare gegenseitig abstützen müssen. Damit die waagerechten Kräfte am Sparrenfuß nicht zu groß werden, sollte die Dachneigung 25° nicht unterschreiten. Sparrendächer sind für Spannweiten bis etwa 10 m geeignet.

17.2.2 Kehlbalkendach

Das Kehlbalkendach ist eine Weiterentwicklung des Sparrendaches für Spannweiten zwischen 9 m und 14 m **(Bild 4)**. Bei diesen Spannweiten ergeben sich verhältnismäßig lange Sparren, sodass eine Zwischenstützung erforderlich ist. Diese übernimmt der **Kehlbalken**. Die Kehlbalken werden etwa in Raumhöhe waagerecht zwischen jedes Sparrenpaar eingebaut und durch seitlich angenagelte Brettlaschen verbunden. Der Kehlbalken kann auch aus zwei Bohlen mit Füllhölzern bestehen. Diese werden seitlich an die Sparren genagelt oder mit Dübeln angeschlossen.

Um das seitliche Ausknicken der druckbeanspruchten Sparren zu verhindern, nagelt man als Längsverband im Bereich der Sparrenanschlüsse ein Brett über die Kehlbalken. Die Kehlbalkenlage kann ebenfalls ausgesteift oder als Scheibe ausgebildet werden. Die Anschlüsse am Sparrenfuß und am First sowie die Längsaussteifung werden wie beim Sparrendach ausgeführt.

Bild 1: Sparrendach

Bild 2: Firstausbildung beim Sparrendach

Bild 3: Längsaussteifung beim Sparrendach

Bild 4: Kehlbalkendach

Bild 1: Pfettendach

- Firstpfette
- Sparren
- Bug
- Pfosten
- Fußpfette (Schwelle)
- tragende Wand
- A

Pfettendach mit einfach stehendem Stuhl

- Sparren 8/18
- Sparrenpfettenanker
- Steinschraube
- Fußpfette (12/10)

Sparrenauflager (Einzelheit A)

Bild 2: Längsaussteifung beim Pfettendach mit Kopfbändern

- Stirnmaß
- Pfette
- Buglänge = Stirnmaß · 1,414
- unverschiebliches Dreieck
- Kopfband (Bug)
- Pfosten
- tragende Wand

Bild 3: Pfettendach mit zweifach stehendem Stuhl

- Sparren
- Kopfband
- Mittelpfette
- Pfosten
- Stahlwinkel
- tragende Querwand
- Fußpfette (Schwelle)

17.2.3 Pfettendach

Beim Pfettendach liegen die Sparren auf waagerechten Längsträgern, die man **Pfetten** nennt **(Bild 1)**. Die Sparren werden deshalb als schräg liegende Träger vorwiegend auf Biegung beansprucht. Die beiden Dachhälften bilden statisch getrennte Tragwerke. Deshalb müssen die Sparren nicht, wie beim Sparrendach, zwingend paarweise gegenüberliegen. Außerdem sind Auswechslungen für Schornsteine, Dachflächenfenster und für Dachgauben in beliebiger Größe leicht möglich.

Sparrenauflager bildet man gewöhnlich als **Kerven** (Sattel) aus (Bild 1 und Bild 5, Seite 391). Die Pfetten übernehmen die über die Sparrenauflager abgegebenen Dachlasten und übertragen sie auf Unterstützungen. Diese haben in der Regel einen Längsabstand von 3 m bis 5 m. Nach der Richtung der Unterstützungen unterscheidet man stehende Pfettendächer und Pfettendächer mit liegendem Stuhl. Nach der Zahl der Pfettenstränge unterteilt man in einfache Pfettendächer, zweifache oder doppelte Pfettendächer und dreifache Pfettendächer. Pfettendächer werden auch als abgestrebtes Pfettendach sowie als Hängewerk oder als Sprengwerk ausgeführt.

Zur **Längsaussteifung** werden bei Pfettendächern üblicherweise **Kopfbänder** (Büge) oder **Streben** eingebaut **(Bild 2)**. Diese bilden zusammen mit den Pfetten und den Unterstützungen Dreiecke, die das Dachgefüge in Längsrichtung unverschieblich machen. Außerdem werden durch Kopfbänder oder Streben die Pfettenstützweiten verkürzt. Die Anschlüsse müssen Druckkräfte aufnehmen und weiterleiten können. Kopfbänder werden häufig mit Zapfen oder Versatz und Zapfen angeschlossen. Bei großen Lasten ist jedoch ein Anschluss mit Laschen zweckmäßiger, weil dadurch eine Schwächung der Pfetten und Unterstützungen vermieden wird.

17.2.3.1 Pfettendächer mit stehendem Stuhl

Bei stehenden Pfettendächern werden die Pfetten durch Pfosten unterstützt. Damit keine Einzellasten auf die Decke wirken, ordnet man Pfosten vorteilhafterweise über tragenden Innenwänden an.

Das **einfach stehende Pfettendach** ist bei einem Sparrenquerschnitt bis zu 12 cm/18 cm für Spannweiten bis zu 10 m geeignet (Bild 1). Die Sparren werden am First durch die Firstpfette, am Fuß durch die Sparrenschwelle bzw. Fußpfette getragen.

Bei **zweifach (doppelt) stehenden Pfettendächern** liegen die Sparren am Fuß und auf der Mittelpfette auf und kragen über diese bis zum First aus (**Bild 3,** Seite 488). Die Länge der Auskragung ist am günstigsten, wenn sie $^3/_{10}$ der Sparrenlänge zwischen Fußpunkt und First beträgt. Längere Kragarme erfordern große Sparrenquerschnitte oder haben zur Folge, dass sich die Sparrenenden ähnlich wie beim Kehlbalkendach am First gegeneinander abstützen, wodurch auch in Längsrichtung Kräfte in die Sparren eingeleitet werden, die von den Fußpunkten nicht aufgenommen werden können.

Dreifach stehende Pfettendächer sind ab Gebäudebreiten von etwa 14 m zweckmäßig, wenn Querwände zur Unterstützung der Pfosten vorhanden sind (**Bild 1**).

Stehende Pfettendächer bis zu 35° Dachneigung benötigen in der Regel keine besonderen Bauglieder für die Queraussteifung. Die Standsicherheit in Querrichtung wird erreicht, indem man die Sparren mit den Pfetten fest verbindet. Dazu genügt bei kleineren Kräften ein Sparrennagel, bei größeren werden Blechverbinder eingesetzt. Die Sparren bilden dadurch zusammen mit den Pfosten und der Decke unverschiebliche Dreiecke. Zum Ausrichten der Sparren am First werden jedoch häufig eine Firstbohle und Firstzangen eingebaut.

17.2.3.2 Abgestrebte und liegende Pfettendachstühle

Das **abgestrebte Pfettendach** erhält als Queraussteifung im Abstand von etwa 4 m **Streben** und Zangen (**Bild 2**). Die Streben stehen auf einer mit der Decke verankerten Sohle und enden meist unterhalb der Pfostenköpfe, auf denen die Mittelpfetten liegen. Zusammen mit den **Zangen,** die den seitlichen Abstand der Pfetten gewährleisten, entsteht so eine trapezförmige Queraussteifung. Damit diese Queraussteifung wirksam wird, sind knickfeste Zangen und zugfeste Strebenanschlüsse notwendig. Das abgestrebte Pfettendach ist deshalb eine aufwendige und statisch ungünstige Konstruktion.

Bei **Pfettendächern mit liegendem Stuhl** werden die Dachlasten über Streben nur auf die Außenwände übertragen. Liegende Stühle werden als doppelte und dreifache Pfettendächer hergestellt.

Beim zweifachen Pfettendach mit liegendem Stuhl liegen die Mittelpfetten auf einem durch **Streben und Spannriegel** gebildeten Tragwerk (**Bild 3**). Damit sich dieses trapezförmige Traggefüge bei einseitiger Belastung nicht verformen kann, muss es durch Kopfbänder in Querrichtung ausgesteift werden.

Bild 1: Pfettendach mit dreifach stehendem Stuhl

Bild 2: Abgestrebtes Pfettendach

Bild 3: Pfettendach mit zweifach liegendem Stuhl

Bild 4: Doppeltes Sprengwerksdach

einfaches Hängewerk

Anschluss des Hängebalkens
(Einzelheit A)

Bild 1: Hängewerksdach

Bild 2: Unterspannte Binder

**Bild 3: Zugband mit Spannschloss
beim unterspannten Binder**

**Bild 4: Pultdach-Fachwerkbinder mit
gebogenem Obergurt**

17.2.4 Sprengwerk und Hängewerk

Bei **Sprengwerksdächern** werden die Pfettenlasten von **Streben** auf tragende Wände übertragen. Durch das doppelte Sprengwerk werden nur die Außenwände belastet (**Bild 4,** Seite 489). Die Pfosten, in welche die Pfettenlast eingeleitet wird, hängen im Bereich ihrer Kopfenden in der Verbindungsstelle zwischen Strebe und **Spannriegel**. Das untere Pfostenende wird z.B. durch einen **Schwebezapfen** so angeschlossen, dass es keine Druckkräfte übertragen kann.

Als **Hängewerksdächer** bezeichnet man Dachtragwerke, die neben den Dachlasten auch noch einen Lastanteil der hölzernen Dachgeschossdecke tragen (**Bild 1**). Man unterscheidet einfache und doppelte Hängewerke.

Beim **einfachen Hängewerk** stützt ein Strebenpaar vom äußeren Auflagerbereich eines Balkens aus den Hängepfosten ab. Das obere Ende dieses Pfostens trägt in der Regel die Firstpfette. An seinem unteren Ende wird ein in Gebäudelängsrichtung verlaufender **Überoder Unterzug** angehängt (Bild 1). Da der Über- bzw. Unterzug im Abstand von etwa 4 m jeweils von einem Hängewerk getragen wird, bildet er ein Zwischenauflager für die Deckenbalken.

Das **doppelte Hängewerk** besteht aus einem Strebenpaar und zwei Hängepfosten. Die Streben stützen sich, wie beim doppelten Sprengwerk, über einen Spannriegel gegenseitig ab. Die Pfosten, auf denen die Pfettenlast abgesetzt wird, hängen ebenfalls zwischen Strebe und Spannriegel. Durch die an die Pfosten mittels Ober- oder Unterzug angehängte Decke wird das doppelte Hängewerk jedoch wesentlich stärker belastet als das doppelte Sprengwerk, das nur die Dachlast trägt.

17.2.5 Freigespannte Binder

Als freigespannte Binder bezeichnet man vorgefertigte Dachtragwerke, die in der Regel nur an den Längsseiten eines Gebäudes aufliegen. Sie eignen sich besonders für weitgespannte Dächer. Freigespannte Binder werden vorwiegend als unterspannte Binder (unterspannte Balken), als Fachwerkbinder (Fachwerkträger) und als verleimte Rahmenbinder ausgeführt. Für freigespannte Dächer mit einer Breite von 10 m, höchstens jedoch etwa 15 m, können auch Stegträger mit Gurten aus Nadelholz oder Furnierschichtholz und Stegen aus Holzwerkstoffplatten oder aus profiliertem feuerverzinkten Stahlblech verwendet werden (Seite 412).

17.2.5.1 Unterspannte Binder

Träger aus Vollholz oder Brettschichtholz mit rechteckigem Querschnitt und geringer Bauhöhe werden auf Biegung beansprucht. Sie eignen sich deshalb nur für sehr kurze Stützweiten. Durch den Einbau eines unterspannten Zugbandes und einem oder mehreren Kanthölzern, die den Träger abstützen, können tragfähige freigespannte Balkenbinder wirtschaftlich hergestellt werden (**Bild 2**). Das Zugband kann, wie der Balkenträger und die Stützen, in Holz ausgeführt werden. Die Ausbildung der Knotenpunkte und die Montage ist jedoch einfacher, wenn das Zugband aus Stahl besteht. Außerdem können Zugbänder aus Stahl mittels Spannschlössern leicht nachgespannt werden (**Bild 3**).

17.2.5.2 Fachwerkbinder

Fachwerkbinder unterscheidet man nach ihrer Form hauptsächlich in **Dreieckbinder, Trapezbinder** und **Parallelbinder (Bild 1)**. Sie sind meist symmetrisch aufgebaut, können aber auch als **Pultdachbinder** ausgeführt werden (**Bild 4,** Seite 490). Fachwerkbinder bestehen aus **Gurten** und **Zwischenstäben.** Die Gurte bezeichnet man nach ihrer Lage als **Ober- und Untergurte,** die Zwischenstäbe nach ihrer Richtung als **Diagonal- und Vertikalstäbe** (Bild 1). Die Stäbe werden so angeordnet, dass ihre Achsen sich an den Anschlüssen in einem Punkt, dem Knotenpunkt, treffen.

Die Stäbe und Gurte von Fachwerkbindern bilden Dreiecke und werden vorwiegend in Längsrichtung beansprucht. Die Anordnung der Stäbe bewirkt, ob diese auf Druck oder auf Zug beansprucht werden. Dies muss bei der Querschnittsform der Stäbe und bei der Ausbildung der Anschlüsse beachtet werden. Beim Dreieckbinder kann man z.B. die Obergurte zusammen mit dem Untergurt als Sprengwerk betrachten **(Bild 2).** In diesem werden die Obergurte auf Druck und die Untergurte auf Zug beansprucht. Schließt man zwischen dem First des Sprengwerks und dem Untergurt einen Vertikalstab an, entsteht eine einfache Hängewerkskonstruktion. Von der Aufhängestelle aus werden die lasttragenden Obergurte durch Diagonalstäbe unterstützt. Der Vertikalstab wird in diesem Fall auf Zug, die Diagonalstäbe auf Druck beansprucht.

Fachwerkbinder können aus Kanthölzern, Brettschichtholz, Furnierstreifenholz oder Brettern bestehen. Die Verbindung der Stäbe kann mit Nägeln, genagelten Stahlblechen, Nagelplatten, Stabdübeln, Dübeln besonderer Bauart oder durch Verleimung erfolgen.

Die einzelnen Binder müssen wie andere Dachtragwerke ebenfalls in Längsrichtung ausgesteift werden. Die Längs- und Windaussteifung erreicht man durch Diagonalverbände. Außerdem müssen die Binder zur Aufnahme von Windsogkräften am Auflager verankert werden.

17.2.5.3 Rahmenbinder

Binder bezeichnet man als Rahmen, wenn Wandstützen und Dachtragwerk in einem Bauteil vereinigt sind **(Bild 3)**. Die als Stütze und Träger wirkenden Binderteile müssen steif ineinandergreifen oder verbunden sein. Rahmen haben deshalb im Bereich der Ecken eine verhältnismäßig große Bauhöhe (Seite 394). Bei Rahmen unterscheidet man nach der Bauart Zweigelenkrahmen und Dreigelenkrahmen. Diese werden hauptsächlich aus Brettschichtholz hergestellt. Jedoch werden auch Fachwerkrahmen aus Furnierstreifenholz oder aus Kanthölzern gebaut. Die üblichen Spannweiten von Rahmenbindern liegen zwischen 12 und 50 m.

Zweigelenkrahmen haben einen über die ganze Breite durchlaufenden Dachträger, dessen Bauhöhe in Bindermitte nicht abnimmt. Zweigelenkrahmen eignen sich vorwiegend für sehr flach geneigte Dächer.

Dreigelenkrahmen bestehen aus zwei Binderhälften, die sich im First gegenseitig abstützen. Die Querschnittshöhe der Binder nimmt in der Regel gegen die Firstmitte hin ab. Dreigelenkrahmen können auch bei steiler geneigten Dächern ausgeführt werden.

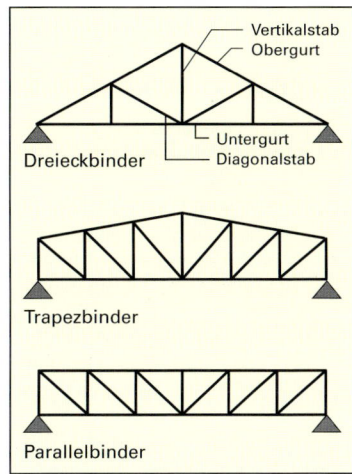

Bild 1: Formen und Bezeichnungen bei Fachwerkbindern

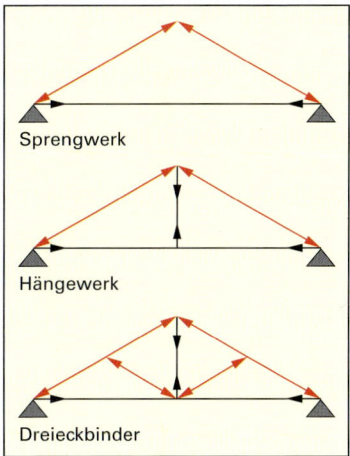

Bild 2: Aufbau eines Dreieckbinders

Bild 3: Rahmenbinder

17.3 Dachneigung

Die Dachneigung eines Daches wird durch den Winkel bestimmt, den die Dachfläche mit der Waagerechten bildet. Diesen Winkel bezeichnet man als Neigungswinkel.

Die Dachneigung beeinflusst wesentlich das Aussehen eines Gebäudes sowie die Wirkung von Gebäudegruppen und prägt somit das Stadtbild **(Bild 1)**. Deshalb kann die Dachneigung bei Neu- und Umbauten nur im Einvernehmen mit den Baubehörden festgelegt werden. Für Neubaugebiete wird von den Gemeinden ein Bebauungsplan aufgestellt, in dem die Dachneigung für Neubauten vorgeschrieben ist.

In Ausführungszeichnungen wird die Dachneigung in der Regel durch die Maße für Gebäudebreite, Firsthöhe und gegebenenfalls durch die Drempelhöhe festgelegt. Die Firsthöhe gibt man von Oberfläche Dachgeschossdecke bis zur Sparrenspitze an, die Drempelhöhe (Kniestockhöhe) von Oberfläche Dachgeschossdecke bis Oberfläche Sparren, lotrecht gemessen. Dächer kann man dem Aussehen nach als **Flachdach, flachgeneigtes Dach** und **Steildach** bezeichnen **(Bild 2)**. Die Bezeichnung Flachdach bringt zum Ausdruck, dass man diese Dächer als waagerecht oder annähernd waagerecht empfindet. Bei flachgeneigten Dächern liegt der Neigungswinkel zwischen 5° und etwa 30°. Flachdächer und flachgeneigte Dächer führt man aus bei Hallen, Betriebsgebäuden und Wohngebäuden, bei denen keine Nutzung des Dachraumes vorgesehen ist. Durch Steildächer mit mehr als 30° Neigung wird die Trennung von Obergeschoss und Dachgeschoss hervorgehoben. Das Dachgeschoss kann als Wohn- oder Speicherraum genutzt werden.

Die Dachneigung wird auch durch landschaftsgebundene Bauweisen beeinflusst. Im Alpenraum z.B. überwiegen flachgeneigte Dächer, weil diese dort früher mit aufgelegten Natursteinplatten oder großen

Bild 1: Dachlandschaft

Bild 2: Dachneigung und Dachdeckung

Legschindeln gedeckt wurden (**Bild 1**). Legschindeln wurden ebenfalls mit lose aufgelegten Steinen beschwert, um sie vor dem Abheben durch Windkräfte zu sichern. In Gegenden, in denen die Dächer mit Stroh oder Rohr (Reet) gedeckt wurden, überwiegt das Steildach (**Bild 2**). Werden solche Dachdeckungen heute noch ausgeführt, darf der Dachneigungswinkel nicht kleiner als 45° sein, damit das Regenwasser rasch abgeleitet wird.

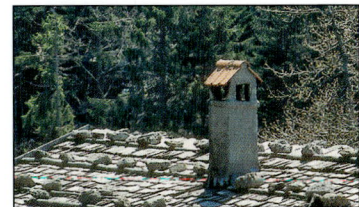

Bild 1: Flach geneigtes Schindeldach mit Beschwerung

17.4 Dachhaut

Die Dachhaut hat hauptsächlich die Aufgabe, die von oben auf das Gebäude einwirkende Nässe abzuhalten. Wegen ihrer Lage ist die Dachhaut äußeren Einwirkungen besonders ausgesetzt. Schneelast, Hagel und Spannungen aus Temperaturdifferenzen dürfen nicht zum Bruch oder zur dauernden Verformung der Dachhaut führen. Damit bei Eisbildung keine Absprengungen entstehen, müssen die Deckwerkstoffe frostbeständig sein. Durch Wind entstehen neben Staudruck auch Sogkräfte, welche die Dachhaut abheben können. Besonders die leichten Deckwerkstoffe müssen daher ausreichend gesichert werden (**Bild 3**). Die Befestigung der Dachdeckung darf jedoch nicht so starr sein, dass bei Wärmedehnungen sowie bei Bewegungen durch Schwinden des Dachtragwerks übermäßige Spannungen in der Dachhaut entstehen. Rauch- und Abgase können in Verbindung mit der Luftfeuchtigkeit und den Niederschlägen zersetzend auf die Dachhaut wirken.

Bild 2: Steildach mit Reetdeckung

Die Art der Dachdeckung und die Verwendung der verschiedenen Deckwerkstoffe sind weitgehend von der Dachneigung abhängig. Je geringer die Neigung eines Daches ist, desto größere Anforderungen müssen an die Deckwerkstoffe und deren Fugendichte gestellt werden. Deshalb können Deckwerkstoffe nur von einer jeweils festgelegten Mindestneigung an verwendet werden, bei der sich die Deckung in der Praxis als regensicher erwiesen hat (**Bild 1,** Seite 492). Diese Mindestdachneigung verschiedener Dachdeckungen wird als **Regeldachneigung** bezeichnet (Tabelle 1, Seite 497).

Bild 3: Sicherung der Dachdeckung gegen Windsog mit Sturmklammern

17.4.1 Unterdach, Unterdeckung und Unterspannung

Wird die Regeldachneigung für eine Dachdeckungsart unterschritten, sind zusätzliche Maßnahmen erforderlich, z.B. der Einbau von Unterdächern, Unterdeckungen oder Unterspannungen (**Bild 4** und **5**). Diese haben die Aufgabe, durch Fugen und Ritzen der Dachdeckung eingetriebenen Schlagregen und Flugschnee sowie Schmelzwasserrückstau aufzunehmen und abzuleiten. Außerdem wird das von der Unterseite der Deckwerkstoffe abtropfende Tauwasser abgeführt und Ruß und Staub abgehalten.

Bild 4: Regensicheres Unterdach

Auch bei Dächern mit größerer Neigung als der Regeldachneigung können solche zusätzlichen Maßnahmen erforderlich sein, z.B. wenn erhöhte Anforderungen an die Dachdeckung gestellt werden oder diese besonders beansprucht wird. Erhöhte Anforderungen ergeben sich beispielsweise aus der Nutzung des Dachgeschosses zu Wohnzwecken oder durch örtliche Bestimmungen. Zusatzmaßnahmen können auch bei stark gegliederten Dachflächen, besonderen Dachformen und großen Sparrenlängen erforderlich werden, ebenso bei außergewöhnlichen klimatischen Verhältnissen, z.B. in schnee- oder windreichen Gebieten.

Bild 5: Schnitt durch wasserdichtes Unterdach

**Bild 1: Seitlicher Stoß bei Unterde-
ckung mit Unterdeckplatten**

**Bild 2: Unterspannbahn mit
geringem Durchhang**

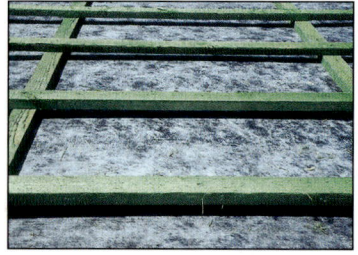

**Bild 3: Unterspannbahn als Vlies
mit Konterlattung und
Traglattung**

Tabelle 1: Dachdeckungen

Deckungsart und -verlegung	Deckwerkstoffe
Schuppenartige Dachdeckungen	Strangdachziegel, Pressdachziegel, Dachsteine, Faserzement- dachplatten, Schiefer, Holz- und Bitumen- schindel
Dachdeckung mit profilierten Tafeln	Faserzement-, Bitumen- und Acrylglas- Wellplatten
Dachdeckung mit verfalzten Blechen	Kupfer-, Alumi- nium-, Titan-Zink- und Stahlbleche
Abdichtung/ Dachdeckung mit Bahnen	Bitumen- und Kunststoffdach- bahnen

Zur Herstellung von **Unterdächern** werden meist 24 mm dicke Bretter auf die Sparren genagelt und mit Bitumen- und Kunststoffbahnen belegt. Als wasserdichte Auflage eignen sich zwei Lagen Bitumen- oder Polymerbitumen-Dachbahnen sowie Bitumen-Dachdichtungsbahnen auf Trennlagen. Ausführung mit Bitumen- oder Polymerbitumen-Schweißbahnen oder Kunststoffdachbahnen erfolgen einlagig. Die Bahnen werden überlappt und mit korrosionsgeschützten Klammern oder Breitkopfstiften im oberen Drittel der Höhenüberdeckung befestigt. Stöße und Nähte müssen ausreichend überdecken und werkstoffgerecht und wasserdicht verklebt oder verschweißt werden. Bei Bitumenbahnen muss die Überdeckung mindestens 8 cm betragen.

Beim **regensicheren Unterdach** wird die Konterlattung auf der Abdichtung angebracht (Bild 4, Seite 493). Bei belüfteten Dächern enden die Bahnen 30 mm unterhalb des Firstscheitelpunktes.

Beim **wasserdichten Unterdach** ist die Dachkonstruktion stets unbelüftet, da die Dichtungsbahnen über den First geführt werden. Damit bei der Befestigung der Traglattung auf der Konterlattung die Abdichtung nur im Hochpunktbereich durchdrungen wird, müssen die Dichtungsbahnen über die Konterlatten geführt werden. Deshalb sollen diese abgeschrägt sein oder seitlich durch Dreikantleisten ergänzt werden (Bild 5, Seite 493).

Unterdeckungen werden mittels überdeckender aufliegender Bahnen oder überdeckender Platten hergestellt. Als **Unterdeckplatten** (Unterdachplatten) eignen sich bituminierte Faserplatten oder Faserzementplatten, die auf die Sparren genagelt, geklammert oder geschraubt werden. Die Platten werden entweder überlappt verlegt oder müssen Falze aufweisen. An den Überdeckungs- oder Stoßbereichen werden sie mit Dichtungsbändern verklebt **(Bild 1)**.

Als **Unterdeckbahnen** werden beispielsweise mit Bitumen imprägnierte Vliese oder faserverstärkte Kunststoff-Folien verwendet, die verschweißt, verklebt oder mit Klebebändern abgedichtet werden. Sie können auf einer Schalung auf ausreichend formstabiler Wärmedämmung oder über einer Luftschicht angeordnet sein.

Unterspannungen erfolgen mit freihängenden oder freigespannten **Unterspannbahnen,** die mit einer Überdeckung von mindestens 10 cm verlegt werden und etwa 5 cm unter dem First enden sollen **(Bilder 2 und 3)**. Der Durchhang soll nicht größer als die Konterlattendicke sein. Die Unterspannbahnen werden mit Klammern oder Breitkopfstiften und/oder durch die Konterlatten auf den Sparren befestigt. Sie bestehen aus ähnlichen Werkstoffen wie Unterdeckbahnen.

Auch **Wärmedämmsysteme** können die Funktion eines Unterdaches, einer Unterdeckung oder Unterspannung übernehmen.

17.4.2 Dachdeckung und Dachabdichtung

Bei Dächern unterscheidet man zwischen Dachdeckung und Abdichtung. Abdichtungen müssen stehendes Wasser abhalten, während Dachdeckungen lediglich wasserableitend sein müssen. Allgemein müssen **Flachdächer** mit einer Neigung bis zu 3° abgedichtet werden, Dachdeckungen werden bei **geneigten Dächern** ausgeführt (Bild 2, Seite 492). Nach der Art der Deckwerkstoffe und ihrer Verlegung unterscheidet man schuppenartige Dachdeckungen, Dachdeckung mit profilierten Tafeln, Dachdeckung mit verfalzten Blechen sowie Abdichtungen und Dachdeckungen mit Bahnen **(Tabelle 1)**.

17.5 Geneigte Dächer

Geneigte Dächer müssen nach den Fachregeln für Dachdeckungen regensicher hergestellt werden. Dazu werden meist schuppenartig überlappende Deckwerkstoffe, z. B. Dachziegel, aber auch profilierte Tafeln, verfalzte Bleche und Dachbahnen verwendet.

17.5.1 Schuppenartige Dachdeckung

Schuppenartige Dachdeckungen werden mit angehängten oder angenagelten kleinformatigen Deckwerkstoffen ausgeführt. Die wichtigsten Dacheindeckungsprodukte sind Dachziegel und Dachsteine sowie Faserzement-Dachplatten. Außerdem zählen hierzu die Dachdeckungen mit Schiefer, Holzschindeln und Bitumendachschindeln.

17.5.1.1 Dachziegel

Dachziegel sind grobkeramische Deckwerkstoffe aus gebranntem Ton. Sie werden nach der Art der Herstellung in Strangdachziegel und Pressdachziegel unterteilt. Außerdem unterscheidet man sie nach ihrer Form, den Abmessungen, der Falzausbildung und dem Überdeckungsbereich. Die Farbe wird beim Brennen erzeugt. Es werden beispielsweise naturfarbene, durchgehend gefärbte, engobierte oder glasierte Ziegel hergestellt.

Strangdachziegel werden ähnlich den Mauerziegeln auf Strangpressen hergestellt. Dazu zählen Ziegel ohne Falz wie Hohlpfannen und Biberschwanzziegel (Flachziegel) sowie die seitlich verfalzten Strangfalzziegel **(Bild 1)**.

Pressdachziegel werden auf Stempelpressen hergestellt. Man unterscheidet beispielsweise Flachdachziegel (Flachdachpfannen), Falzziegel und Doppelmuldenfalzziegel, Reformziegel (Reformpfannen) und Krempziegel **(Bild 2)**. Verschiebeziegel sind Pressdachziegel, deren Kopf- und Fußverfalzung eine Höhenverschiebbarkeit von mindestens 3 cm ermöglicht. Mit diesen Ziegeln kann man bei einer Neueindeckung das Deckmaß dem vorhandenen Lattenabstand anpassen.

Formziegel sind Sonderziegel, die zum Beispiel als First-, Ortgang- oder Lüftungsziegel die jeweiligen Flächenziegel ergänzen **(Bild 2,** Seite 496).

17.5.1.2 Dachsteine

Dachsteine bestehen aus Beton, d. h. aus Gesteinskörnungen, Wasser und Zement sowie Zusätzen. Durch Zugabe von Farbpigmenten auf Eisenoxidbasis erreicht man verschiedene Farben wie beispielsweise Braun und Ziegelrot. Die Oberfläche ist meist glatt, kann aber auch rau (granuliert) sein.

Bild 1: Strangdachziegel

Bild 2: Pressdachziegel

Bild 1: Dachsteine

Dachstein mit Mittelwulst

Dachstein mit Doppel-S-Profil

Ebener Dachstein mit tiefliegendem Falz

Dachstein in Biberform

Firstziegel

Antennendurchgang

Beispiele für Formdachziegel

Ausstich

Lüfterstein

Ortgangstein rechts

Beispiele für Formdachsteine

Bild 2: Formziegel und Formdachsteine

Dachsteine werden hauptsächlich mit halbkreisförmigem Mittelwulst, mit symmetrischer oder asymmetrischer Welle (S-Profil) sowie zickzackförmig gefaltet und als ebene Dachsteine hergestellt (**Bild 1**). Sie haben eine Seitenverfalzung mit einem Wasser- und einem Deckfalz sowie eine mehrfache Fußverrippung. Es werden aber auch Dachsteine ohne Verfalzung in Biberform hergestellt (Bild 1). Wie die Dachziegel werden auch Dachsteine durch ein umfassendes Programm an **Formsteinen** und Systembauteilen, z.B. für Lüftung, Befestigung, Begehung und Schneesicherung ergänzt (**Bild 2**).

17.5.1.3 Deckung mit Dachziegeln und Dachsteinen

Dachziegel unterteilt man nach der Ausbildung der Höhen- und Seitenüberdeckung in **Falzziegel** und **unverfalzte Ziegel.** Falzziegel können entweder mit Kopf- und Längsfalzen oder nur mit Längsfalzen versehen sein.

In manchen Gegenden wird die Deckung mit unverfalzten Dachziegeln, in geringem Umfang auch die Falzziegeldeckung, unter Verwendung von Kalkzementmörtel ausgeführt. Dabei unterscheidet man Innenverstrich, Querschlag und Längsfuge. Beim Innenverstrich werden die Querfugen, zum Teil auch die Längsfugen, nach erfolgter Eindeckung von innen mit Mörtel verstrichen. Wenn die Ziegel im Bereich der Höhenüberdeckung in Mörtel verlegt werden, spricht man von Querschlag. Bei der Längsfuge werden die Ziegel seitlich mit Mörtel versehen.

Bei der Deckung mit Dachziegeln und Dachsteinen unterscheidet man verschiedene Deckarten. Vor dem Dachdecken ist der Lattenabstand zu bestimmen und die Deckbreiten zu ermitteln.

Bestimmen des Lattenabstands

Der Lattenabstand (Lattmaß) wird von Oberkante zu Oberkante Dachlatte gemessen. Bei Dachziegeln mit Kopffalz muss der Lattenabstand so groß sein, dass die Kopfverfalzung einwandfrei ineinandergreift. Da die Maße der kopfverfalzten Dachziegelarten sowohl untereinander als auch von Lieferung zu Lieferung einige Millimeter voneinander abweichen können, muss der Lattenabstand ermittelt werden (**Bild 1,** Seite 497). Dazu legt man zwölf Ziegelpaare so auf eine ebene Unterlage, dass die Kopffalze ineinandergreifen. Man misst über 10 Ziegel den Abstand von Nase zu Nase. Bei der ersten Messung zieht man die Ziegel und ermittelt das Maß l_1, bei der zweiten schiebt man sie zusammen und erhält das Maß l_2. Der Lattenabstand ergibt sich, wenn man die beiden Maße addiert und die Summe durch 20 dividiert.

Bei Dachziegeln ohne Kopffalz richtet sich der Lattenabstand nach der Ziegellänge und nach der **Höhenüberdeckung.** Das Mindestmaß für die Höhenüberdeckung ist für die verschiedenen Deckungsarten in Abhängigkeit von der Dachneigung festgelegt **(Tabelle 1).** Der Mindestlattenabstand ergibt sich aus Ziegellänge minus Höhenüberdeckung. Bei Doppeldeckung errechnet man den Lattenabstand, indem man das Maß Ziegellänge minus Höhenüberdeckung halbiert **(Bild 2).**

Durch Vergrößerung der Höhenüberdeckung kann der Lattenabstand bei Dachziegeln ohne Kopffalz allen Sparrenlängen angepasst werden. Dies gilt auch für Dachsteine, die zwar eine mehrfache Fußverrippung, jedoch keine Kopfverfalzung aufweisen.

An der Traufe bringt man in der Regel eine abgeschrägte **Traufbohle** an. Diese muss so hoch sein, dass die Dachziegel bzw. Dachsteine der untersten Deckreihe die gleiche Neigung haben wie die übrigen (Bild 2, Seite 504). Der Traufabstand der Latte, an der die unterste Deckreihe hängt, richtet sich nach der Lage der Dachrinne und nach der Ausführung des Rinnenanschlusses.

Die Entfernung der obersten Dachlatte vom First hängt von der Art der Ziegel bzw. Dachsteine, der Firsteindeckung und von der Dachneigung ab. In den meisten Fällen ergibt sich daraus ein Abstand von 2 cm bis 7 cm, der vom Hersteller verbindlich vorgegeben wird.

Die **Dachlatten** haben je nach Sparrenabstand einen Querschnitt von 24 mm/48 mm, von 30 mm/50mm oder von 40 mm/60 mm. Sie müssen vollkantig auf den Sparren oder der Konterlattung aufliegen. Die zum First gerichtete Lattenkante, die dem Einhängen der Dachdeckung dient, muss ebenfalls scharfkantig sein.

Beispiel:

gegeben:

Ziegel gezogen: $l_1 = 3,38$ m

Ziegel gestoßen: $l_2 = 3,28$ m

gesucht: Lattenabstand l

$l = (l_1 + l_2) : 20$

$l = (3,38$ m $+ 3,28$ m$) : 20$

$l = 0,333$ m

$l = \underline{33,3}$ cm

Bild 1: Ermitteln des Lattenabstandes bei Dachziegeln mit Kopffalz

Tabelle 1: Höhenüberdeckung bei Dachsteinen

Dachsteinart	Dachneigung	Höhenüberdeckung
Profilierter Dachstein mit hoch liegendem Seitenfalz	< 22°	≥ 10,0 cm
	≥ 22°	≥ 8,5 cm
	> 30°	≥ 7,5 cm
Ebener Dachstein mit tief liegendem Seitenfalz	< 25°	≥ 10,5 cm
	≥ 25°	≥ 9,5 cm
	> 35°	≥ 8,0 cm

Bild 2: Lattenabstand

Bild 3: Deckbreite bei Dachsteinen

Tabelle 2: Regeldachneigungen

Deckungsart	Dachneigung
Flachdachziegel, Flachkremper Dachsteine mit mehrfacher Fußverrippung und hoch liegendem Längsfalz	22°
Dachsteine mit tief liegendem Längsfalz	25°
Falzziegel, Reformziegel, Verschiebeziegel Doppel- oder Kronendeckung mit Biberschwanzziegel und Dachsteine in Biberform	30°
Einfachdeckung mit Krempziegel Aufschnittdeckung mit Hohlpfannen	35°
Vorschnittdeckung mit Hohlpfannen Einfachdeckung mit Mönch- und Nonnenziegel	40°

Bild 1: Deckung mit Flachdachziegel

Biberschwanz- Doppeldeckung

Biberschwanz- Kronendeckung

Bild 2: Deckung mit Biberschwanz-ziegel und Dachsteinen in Biberform

Bild 3: Strangfalzziegeldeckung

Ermitteln der Deckbreite

Die Deckbreite von Dachziegeln, besonders die der Falzziegel, ermittelt man ebenfalls wie den Lattenabstand durch ausgelegte Dachziegelreihen. Das errechnete Mittelmaß dient, unter Berücksichtigung der Ortgangausbildung, zur Bestimmung von Trauf- und Firstlänge von Satteldächern.

Die Deckbreite von Dachsteinen beträgt meist 30 cm, der linke Ortgangstein bzw. Schlussstein hat dann eine Deckbreite von 33 cm (**Bild 3**, Seite 497). Die First- bzw. Trauflänge entspricht demnach bei ganzen Dachsteinen einem Vielfachen von 30 cm zuzüglich 33 cm. So beträgt beispielsweise die Länge bei 41 Steinen 40 x 0,30 m + 0,33 m = 12,33 m. Durch die Verwendung von halben Dachsteinen mit einer Deckbreite von 15 cm können abweichende Maße erreicht werden. Trauf- bzw. Firstlänge der ungedeckten Dachfläche müssen jeweils 8 cm kürzer sein als die errechnete Länge, da für den Überhang der Ortgangsteine jeweils 4 cm abzuziehen sind.

Vor dem Eindecken mit Dachziegeln oder Dachsteinen erfolgt das Abschnüren der Dachfläche mit dem Maß der Deckbreite. Dazu wird an Traufe und First vom Ortgang aus jeweils die Deckbreite von drei Dachsteinen bzw. von drei oder vier Dachziegeln abgemessen. Durch Schnurschlag überträgt man die Maßpunkte von Traufe und First auf die dazwischen liegenden Dachlatten.

Deckarten bei Dachziegeln und Dachsteinen

Die wichtigsten Deckarten sind Falzziegel- und Falzpfannendeckung, die Deckung mit Biberschwanzziegeln, die Strangfalzziegeldeckung, die Hohlpfannendeckung, die Mönch-Nonnendeckung und die Deckung mit Dachsteinen.

Die Form und die Ausbildung der Höhen- und der Seitenüberdeckung von Dachziegeln und Dachsteinen sind maßgebend für die Regensicherheit einer Deckung. Deshalb sind für verschiedene Deckungen **Regeldachneigungen** festgelegt, d.h. Mindestdachneigungen, bei denen sich eine Dachdeckung ohne Unterdach, Unterdeckung oder Unterspannung als ausreichend regensicher erwiesen hat (**Tabelle 2,** Seite 497).

Falzziegel und Falzpfannen, wie Muldenfalzziegel, Reformziegel, Flachdachziegel und verfalzte Kremperziegel, werden in der Regel trocken, in manchen Gegenden auch mit Innenverstrich der Querfugen eingedeckt (**Bild 1**). Eine Ziegelschicht überdeckt jeweils nur die darunterliegende Schicht. Diese Deckung bezeichnet man als **Einfachdeckung.** Das Eindecken erfolgt von der Traufe zum First in einzelnen Reihen. Dabei verlegt man auf jeder Lattenreihe drei bis vier Ziegel. Zweckmäßig ist es, die einzelnen Gänge um jeweils einen Ziegel zu versetzen, damit das Eindecken am Vierziegeleck leichter erfolgen kann (Bild 1). Muldenfalzziegel sollten unter Verwendung von halben Ziegeln im Verband gedeckt werden.

Bei der **Deckung mit Biberschwanzziegeln** und **Dachsteinen in Biberform** unterscheidet man Doppeldeckung und Kronendeckung (**Bild 2**).

Die **Biberschwanzdoppeldeckung** erfolgt im Verband, wobei die Längsfugen jeder Deckreihe, auch Deckgebinde genannt, um eine halbe Ziegelbreite gegeneinander versetzt sind (Bild 2). Die Deckgebinde überdecken jeweils das darunter liegende vollständig und greifen um das Maß der Höhenüberdeckung auf das übernächste Gebinde.

Bei der **Biberschwanzkronendeckung** besteht jedes Deckgebinde aus zwei Ziegellagen (Bild 2, Seite 498). Die untere Lage hängt an der Dachlatte, die daraufliegende an der oberen Ziegelkante der darunter liegenden Lage. Die Längsfugen der beiden Lagen sind um die halbe Ziegelbreite gegeneinander versetzt.

Die **Strangfalzziegeldeckung** muss im Verband erfolgen (**Bild 3,** Seite 498). Die Höhenüberdeckung ist variabel, muss aber bei ebenen Strangfalzziegeln mindestens 12 cm betragen.

Die **Hohlpfannendeckung** wird als Vorschnittdeckung und als Aufschnittdeckung ausgeführt (**Bild 1**). Die Eindeckung mit Hohlpfannen erfolgt häufig mit Innenverstrich der Quer- und Längsfugen oder mit Querschlag und Längsfuge.

Zur **Vorschnittdeckung** verwendet man Langschnittpfannen, deren untere linke und obere rechte Ecke beschnitten ist (Bild 1). Das Maß der Schnitte beträgt in Pfannenlängsrichtung 75 mm, im Querrichtung 40 mm. Beim Decken liegen die Eckenschnitte voreinander. Durch die darüber liegende Pfanne wird die Schnittfuge einfach überdeckt.

Die **Aufschnittdeckung** wird mit Kurzschnittpfannen ausgeführt (Bild 1). Deren Eckenschnitte verlaufen unter 45° und haben eine Seitenlänge von 40 mm. Im Gegensatz zur Vorschnittdeckung werden die Kurzschnittpfannen an den Eckschnitten aufeinandergedeckt. Dadurch liegen am Vierziegeleck die Pfannen vierfach übereinander.

Die **Mönch-Nonnen-Deckung** besteht aus konisch zulaufenden Ziegelschalen mit halbkreisförmiger Ausbuchtung (**Bild 2**). Die Nonnen, deren Hohlseite nach oben zu liegen kommt, greifen mit Nasen über die Dachlattenoberkante. Die Mönche überdecken kuppenartig die Fugen zwischen den Nonnen. Die Verlegung der Nonnen erfolgt trocken oder mit Querschlag. Die Mönche werden am Kopf mit Mörtel gefüllt und erhalten an beiden Seiten einen Längsschlag. Beim Aufdrücken der Mönche ist darauf zu achten, dass der mit Mörtel gefüllte Kopf in die Auskerbungen an den Nonnenrändern zu liegen kommt. Dadurch überragen die Mönche den Nonnenfuß um einige Zentimeter.

Dachsteine mit Wulst oder Welle werden in Reihen ohne Versatz der Längsfugen gedeckt. Zu beachten ist, dass dem Lattenabstand entsprechende Ortgangsteine vorgesehen werden (Bild 2, Seite 496). Bei einem Lattenabstand von 31 cm bis 32 cm müssen z.B. Ortgangsteine mit 11 cm Ausstich, bei einem Lattenabstand von 32 cm bis 34 cm z.B. solche mit 9 cm Ausstich verwendet werden.

Ebene Dachsteine werden im Verband gedeckt. Dazu verlegt man im Anschluss an die Ortgangsteine in jede zweite Deckreihe jeweils einen halben Stein.

17.5.1.4 Deckung mit Schiefer und Faserzement-Dachplatten

Schiefer sind frostbeständige und wasserundurchlässige Natursteine, die durch Umwandlung aus tonigen Sedimenten hervorgegangen sind. Das dabei entstandene parallele Gefüge ermöglicht es, Schiefer leicht in ebenflächige, dünne Platten zu spalten. Die Spaltstärke beträgt für übliche Schieferplatten 4 mm bis 6 mm, im Mittel 5 mm, Schiefer aus deutschen Gruben ist Blaugrau bis Schwarz und wird in verschiedenen Standardformaten (Schablonen) geliefert. Vorgefertigte Schablonen sind häufig mit mindestens drei Nagellöchern verlegefertig gelocht. Für Dachränder, wie Traufe, First und Ortgang, gibt es Rohschiefer, die auf der Baustelle zugerichtet werden.

hier liegen die Ziegel voreinander

Vorschnittdeckung

hier liegen die Ziegel 4-fach übereinander

Hauptwindrichtung

Aufschnittdeckung

Bild 1: Deckung mit Hohlpfannen

Bild 2: Mönch-Nonnen-Deckung

Bild 1: Deutsche Deckung

Bild 2: Doppeldeckung

Bild 3: Waagerechte Deckung

Bild 4: Spitzwinkeldeckung

Faserzement-Dachplatten wurden nach dem Vorbild der Schiefer-platten entwickelt und bestehen aus Zement, Wasser, Fasern aus Kunststoff und/oder Zellulose sowie eventuell Zuschlägen und Farb-stoffen. Asbestfasern sind seit 1990 in Deutschland nicht mehr zu-lässig. Faserzementplatten sind ebene kleinformatige, verlegefertige gelochte Platten mit einer Dicke von meist 4 mm. Sie werden in ver-schiedenen Farben mit glatter oder strukturierte Oberfläche geliefert.

Schiefer und Faserzement-Dachplatten werden auf einer Holzscha-lung von mindestens 24 mm Dicke, teilweise auch auf Dachlatten mit einem Querschnitt von 3 cm/5 cm bzw. 4 cm/6 cm mit korrosionsge-schützten Schieferstiften befestigt. Meist sind zusätzlich Plattenhaken oder Plattenklammern zur Befestigung nötig. Die sind stets 1 cm län-ger als die Höhenüberdeckung. Holzschalungen sind mit besandeten Bitumendachbahnen oder anderen geeigneten Dachbahnen vorzu-decken. Wird die Regeldachneigung für eine Deckungsart unter-schritten, ist stets ein Unterdach anzuordnen **(Tabelle 1)**.

Größe und Form der Platten sind den verschiedenen Deckungsarten angepasst. Gebräuchliche Deckungsarten für Schiefer und Faser-zementplatten sind die Deutsche Deckung, die Doppeldeckung bzw. Rechteckdoppeldeckung, die Spitzwinkel- bzw. Spitzschablonende-ckung und bei Faserzementplatten die waagerechte Deckung. Bei al-len Deckungsarten ist die Dachfläche vor Beginn der Deckung abzu-schnüren.

Zur **Deutschen Deckung** verwendet man quadratische Platten mit Bo-genschnitt, mit üblicher Kantenlänge von 25 cm, 30 cm, bei Faserze-ment auch 40 cm **(Bild 1)**. Die Ränder der Platten bezeichnet man als Kopf, Brust, Fuß und Rücken, die Plattenecke am Auslauf des Rü-ckens als Ferse. Die Verlegung erfolgt in ansteigenden Gebinderei-hen. Der Winkel der Gebindesteigung öffnet sich nach der Wetter-seite. Seine Größe ist von der Dachneigung abhängig; bei flachge-neigten Dächern ist er größer als bei Steildächern. Höhen- und Sei-tenüberdeckung sind bei steilen Dächern geringer als bei flachge-neigten. Die Maße dafür liegen allgemein zwischen 7 cm und 11 cm. Außerdem richtet sich die Seitenüberdeckung nach dem Maß des Bogenrücksprungs, da die Pfettenferse mindestens einen Zentimeter über den Rücken der unteren Platte vorstehen soll.

Zur **Doppeldeckung** sowie zur **Rechteckdoppeldeckung** verwendet man quadratische oder rechteckige Platten mit Höhen von 30 cm bis 60 cm und Breiten von 20 cm bis 40 cm **(Bild 2)**. Sie werden im regel-mäßigen Verband verlegt. Die Deckgebinde überlagern das darunter liegende voll und greifen um das Maß der Höhenüberdeckung auf das übernächste Gebinde über. Die Höhenüberdeckung ist von der Plattengröße und von der Dachneigung abhängig. Im allgemeinen beträgt sie 6 cm bis 12 cm.

Die **waagerechte Deckung** wird mit 60 cm x 30 cm großen Platten aus Faserzement ausgeführt **(Bild 3)**. Die Längskanten der Platten verlau-fen in Traufrichtung. Abhängig von der Dachneigung beträgt die Hö-henüberdeckung 8 cm bis 10 cm, die Seitenüberdeckung 9 cm bis 12 cm. Die aufliegenden Seitenränder der Platten (Plattenrücken) dürfen nicht gegen die Hauptwetterrichtung zeigen.

Die **Spitzwinkeldeckung** wird mit rautenförmigen Schiefern, die **Spitzschablonendeckung** mit quadratischen Faserzementplatten aus-geführt, die jeweils zwei gegenüberliegende gestutzte Ecken aufwei-sen **(Bild 4)**. Die Deckungen erfolgen im halben Verband mit Stoßfu-ge ohne Berücksichtigung der Hauptwetterrichtung.

17.5.2 Deckung mit profilierten Tafeln

Profilierte Dachtafeln sind Faserzement-Wellplatten, Bitumen-Wellplatten und Acrylglas-Wellplatten sowie Well- und Trapezblechbänder aus Aluminium oder verzinktem Stahl (**Bild 1**). Durch die Ausbuchtungen ergeben sich eine zügige Wasserableitung und an der Seitenüberdeckung hochliegende Fugen.

Im Allgemeinen ist für Deckungen mit Faserzement-Wellplatten eine Dachneigung von mindestens 7° erforderlich (Bild 2, Seite 492). Bei besonderer Verlegung können Dachflächen mit einer Mindestneigung von 5° eingedeckt werden. Selbst tragende Metalldeckungen aus großformatigen Elementen können bereits bei Dachneigungen ab 3° verlegt werden.

17.5.2.1 Faserzement-Wellplatten

Faserzement-Wellplatten sind großformatige Platten, die infolge ihrer Wellung eine gute Tragfähigkeit besitzen (**Bild 2**). Sie werden als **Standardwellplatten** ohne Lochung für die Befestigung und als gelochte **Kurzwellplatten** meist mit farbiger Oberflächenbeschichtung geliefert. Vorgefertigte Eckenschnitte sind an Faserzement-Wellplatten üblich, um eine einfache Verlegung zu ermöglichen. Das Lieferprogramm wird durch **Ergänzungsplatten** ohne Eckenschnitt und **Formstücke** ergänzt (**Bild 3**).

Faserzement-Wellplatten werden in unterschiedlichen Formaten und Profilierungen hergestellt (**Tabelle 1**). Vorzugsweise werden die Profile 177/51 und 130/30 verwendet. Das **Profil 177/51** hat einen Wellenabstand von 177 mm und eine Wellentiefe von 51 mm. Die Platten werden nach der Anzahl der Wellen auch als **Profil 5** oder **Profil 6** bezeichnet. Beim **Profil 130/30** beträgt der Wellenabstand 130 mm und die Wellentiefe 30 mm. Da diese Platten, die beidseitig mit abfallender Welle enden, im Querschnitt acht Wellenberge aufweisen, werden sie auch **Profil 8** genannt (Bild 2 und Tabelle 1).

17.5.2.2 Deckung mit Faserzement-Wellplatten

Faserzement-Wellplatten können als Dachdeckung auf Pfetten aus Holz oder Profilstahl sowie auf Stahlbetonträgern verlegt werden. Bei Deckungen mit Faserzement-Wellplatten ist die Dachfläche in Traufrichtung nach der Deckbreite (Nutzbreite) der einzelnen Platten einzuteilen. Die Deckbreite ist abhängig von der **Seitenüberdeckung,** die sich nach dem Profil der Platten richtet (Tabelle 1). Weitere wichtige Maße bei Dachdeckungen aus Faserzement-Wellplatten sind Höhenüberdeckung und Auflagerabstand.

Bild 1: Deckung mit Trapezblechen

Bild 2: Faserzement-Wellplatten (Maße in mm)

Traufenzahnleiste — Traufenfußstück

Bild 3: Faserzement-Wellplatten-Formstücke

Tabelle 1: Faserzement-Platten						
Plattenart	Profil	Wellen-berge	Länge	Breite	Seiten-über-deckung	Deck-breite
		Anzahl	mm	mm	mm	mm
Standard-Wellplatte	177/51	5	2500	920	47	873
		6	2000	1097		1050
	130/30	8	1600 1250	1000	90	910
Kurz-Wellplatte	177/51	5	830 625	920	47	873

Bild 1: Deckung von Faserzement-Kurzwellplatten

Bild 2: Festlegung des rechten Winkels und Schnürung

Bild 3: Lauf- und Arbeitsstege beim Verlegen von Faserzement-Wellplatten

Das Eindecken selbst umfasst die Schnürung sowie die Verlegung unter Beachtung der Deckrichtung und die Befestigung der Platten.

Die **Höhenüberdeckung** großformatiger Platten beträgt in der Regel 20 cm **(Bild 1)**. Bei Dachneigungen zwischen 7° und 10° muss im Bereich der Höhenüberdeckung ein dauerplastischer Kitt (Dichtungsschnur) mit einem Durchmesser von 8 mm eingelegt werden. Die Höhenüberdeckung von Kurzwellplatten darf 125 mm nicht unterschreiten. Das Einlegen von Dichtungsschnüren ist bei Kurzwellplatten auch auf Dächern mit Neigungswinkeln zwischen 10° und 25° erforderlich.

Der **Auflagerabstand** ist von der Länge der Wellplatten, vom Maß der Höhenüberdeckung, von der Dachneigung und vom Profil der Platten abhängig (Bild 1). Für Platten mit den Längen 2500 mm und 2000 mm ist neben den Endauflagern stets eine mittlere Unterstützung erforderlich, bei 1600 mm langen Platten ist sie häufig notwendig. Platten mit einer Länge von 1250 mm werden ohne Mittelunterstützung verlegt. Das Gleiche gilt für Kurzwellplatten, die in der Regel auf 4 cm/6 cm dicken Latten liegen. Da normale Kurzwellplatten 625 mm lang sind, beträgt der Lattenabstand bei 125 mm Höhenüberdeckung 500 mm.

Beim Eindecken mit Faserzement-Wellplatten muss die **Deckrichtung** beachtet werden (Bild 1). Die übliche Deckung ist die **Linksdeckung,** d.h. sie beginnt am rechten Ortgang und erfolgt von rechts nach links. Die vorgefertigten Eckenschnitte an den Wellplatten, die eine Vierfachüberdeckung an den Ecken vermeiden, entsprechen dieser Deckrichtung. Soll ausnahmsweise eine Rechtsdeckung durchgeführt werden, sind Platten ohne Eckenschnitt zu verwenden, und dieser ist bauseits durchzuführen.

Unter **Schnürung** versteht man das Einteilen der Dachfläche in die einzelnen Plattenbreiten **(Bild 2)**. Die Schnürung beginnt mit der Festlegung des rechten Winkels, an dem die Deckung beginnt. Zuerst misst man an Traufe und First vom Dachüberstand aus jeweils die Gesamtbreite der ersten Wellplatte ab. Die Verbindungslinie der beiden Messpunkte wird mittels Verreihung auf ihre rechtwinklige Lage zur Traufe überprüft und erforderlichenfalls ausgemittelt. Von der Verbindungslinie aus misst man an Traufe und First die Nutzbreiten der folgenden Wellplatten ab und überträgt die Messpunkte durch Schnurschlag auf die dazwischen liegenden Plattenauflager. Misst die Dachlänge nicht ein Vielfaches der Plattenbreite, muss eine Plattenreihe in der Breite zugeschnitten werden. Das Maß dieser Schnittplatten wird an vorletzter Stelle angetragen. Zu beachten ist, dass sich bei Satteldächern die Wellen der Platten beidseitig des Firstes genau decken, damit Firstformstücke in beide Dachflächen passen.

Bei der **Verlegung** wird die Traufplatte der Giebelseite, an der die Deckung beginnt, zuerst aufgelegt und nach dem Schnurschlag ausgerichtet. Die weitere Verlegung erfolgt in Bahnen jeweils von der Traufe zum First. Dabei muss beachtet werden, dass die Platten am Eckenschnitt einen Abstand von mindestens 5 mm haben.

Zur **Befestigung** werden Faserzement-Wellplatten im Bereich der Höhenüberdeckung auf dem Wellenberg mit zwei Schrauben mit der Unterkonstruktion verschraubt. Im Bereich von Ortgängen und Traufen müssen wegen des Windsogs die Platten auch auf der Mittelauflage befestigt werden. Dazu werden in die Platten Löcher mit einem Durchmesser von 11 mm gebohrt.

Nach dem Werkstoff der Unterkonstruktion erfolgt die Befestigung hauptsächlich mit Holzschrauben, L-Haken und Schrauben mit Dübeln **(Bild 1)**. Die Abdichtung des Schraubenloches erfolgt durch eine Pilzdichtung aus Kunststoff mit einem Korrosionsschutzhut. Kurzwellplatten werden durch vorhandene Bohrungen mit Glockenschrauben befestigt (Bild 1, Seite 502).

Bild 1: Befestigungsarten bei Faserzement-Platten

17.5.3 Deckung mit verfalzten Blechen

Zu Dachdeckungen aus ebenflächigen Blechen verwendet man vorwiegend Blechbänder, aber auch Blechtafeln aus Kupfer, Aluminium, Titan-Zink sowie verzinktem und beschichtetem Stahl. Blechbänder haben eine Länge bis zu 14 m und eine Breite bis zu 1000 mm. Die Abmessungen von Blechtafeln betragen in der Regel 1000 mm x 2000 mm. Die Bleche werden an den senkrecht zur Traufe liegenden Stößen aufgekantet und übereinander gefalzt **(Bild 2)**. Durch diese **Stehfalzdeckung** liegen die verhältnismäßig dichten Fugen bis zu 35 mm über der Dachoberfläche und erfordern nur eine Mindestneigung von 3°. Sind Querfalze erforderlich, erhöht sie sich auf 5°.

17.5.4 Deckung mit Bahnen

Die Bahnendeckung wird im Wesentlichen mit **Bitumen-Dachbahnen** und **Bitumen-Dachdichtungsbahnen** ausgeführt. Für normale Beanspruchung genügt eine zweilagige Deckung. Auf die punktweise aufgeklebte oder aufgenagelte erste Lage wird die zweite Lage aus Bitumen-Dachbahnen vollflächig aufgeklebt.

Dachbeläge aus Bahnen müssen einen **Oberflächenschutz** erhalten. Dieser hat die Aufgabe, unmittelbare Sonneneinstrahlung von der Dachhaut abzuhalten. Als Oberflächenschutz weisen Bahnen eine werkmäßig aufgebrachte Bestreuung, z. B. aus **Schiefersplitt,** auf.

Bild 2: Deckung mit verfalzten Blechen

17.5.5 Unfallschutz bei Dacharbeiten

Arbeitsplätze auf Dächern müssen sicher begehbar sein. Dazu müssen entsprechende Arbeits- und Schutzgerüste sowie Leitern bereitgehalten werden (Seite 182). Faserzement-Wellplatten dürfen beispielsweise beim Verlegen nicht betreten werden. Das Eindecken erfolgt deshalb mithilfe eines Laufstegs, der auf den Pfetten aufliegt, und eines Arbeitsstegs auf den verlegten Platten sowie einer quer darüber liegenden Arbeitsbohle. Die Ausführung ist vom Pfettenabstand und der Dachneigung abhängig **(Bild 3,** Seite 502).

Deckwerkstoffe müssen so auf dem Dach abgesetzt und gesichert werden, dass sie nicht abrutschen, das Dach nicht überlastet wird und ein zügiger Arbeitsablauf beim Eindecken möglich ist **(Bild 3)**.

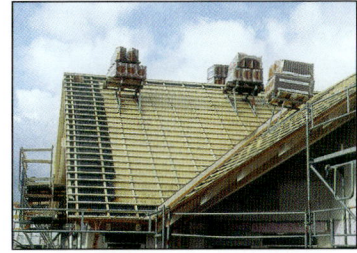

Bild 3: Bereitstellung von Deckwerkstoffen

nicht ausgebauter Dachraum

ausgebauter Dachraum mit
zusätzlicher Maßnahme und
Belüftung nach DIN 4108

Bild 1: Belüftete Dächer

Unterdach hinter der Rinne mit
Tropfblech entwässert

Unterspannbahn in tiefhängende
Rinne entwässert

Bild 2: Traufausbildungen

**Bild 3: Lufteintritt an der Traufe mit
Traufgitter**

17.5.6 Belüftete und unbelüftete geneigte Dächer

Dächer sind erheblichen klimatischen Einflüssen ausgesetzt. Bei ihrer Durchbildung müssen daher neben den statischen und mechanischen Erfordernissen auch die bauphysikalischen Vorgänge berücksichtigt werden. Eine besondere Rolle spielt dabei die Wasserdampfdiffusion (Seite 467). Diese erfolgt, besonders im Winter, durch Decke und Wärmedämmschicht gegen die Dachhaut. Der Wasserdampf darf jedoch nicht an die kalte Dachhaut gelangen, da sich sonst Tauwasser niederschlägt, das die Dämmung durchfeuchtet und die Holzkonstruktion schädigt. Man verhindert dies, indem man entweder den Wasserdampf vor Erreichen der Dachhaut abführt, oder indem man die Dampfdiffusion unterbindet. Entsprechend ausgebildete Dächer nennt man belüftete oder unbelüftete Dächer. Ein belüftetes Dach bezeichnet man auch als Kaltdach, ein unbelüftetes als Warmdach.

17.5.6.1 Belüftete geneigte Dächer

Belüftete Dächer weisen über der Wärmedämmung eine Lüftung auf. Bei nicht ausgebauten Dächern kann der gesamte Speicherraum dieser Lüftung dienen (**Bild 1**). Sollen Dachräume beispielsweise zu Wohnzwecken genutzt werden, ergeben sich bei belüfteten Dächern zwei Lüftungsebenen, weil dann zusätzlich zur Dachdeckung stets eine Zusatzmaßnahme, z.B. ein Unterdach, erforderlich ist.

Die erste Lüftungsebene ist bei belüfteten ausgebauten Dächern nach DIN 4108 zwischen der Wärmedämmung und einer Zusatzmaßnahme (Seite 493) anzuordnen, damit durch die Dämmung diffundierter Wasserdampf sicher abgeführt wird und keine Schäden durch Tauwasserbildung entstehen. Damit die Durchlüftung gewährleistet ist, enden regensichere Unterdächer, Unterdeckungen und Unterspannbahnen unterhalb des Firstscheitelpunktes.

Die zweite Lüftungsebene ergibt sich durch die Konterlattung oberhalb einer Zusatzmaßnahme (**Bild 2**). Diese hat die Aufgabe, die Feuchtigkeit abzuleiten, die beispielsweise durch Schlagregen eingedrungen ist. Bei Unterspannbahnen genügt dazu unter günstigen Voraussetzungen auch der durch den Durchhang entstandene Raum zwischen Bahn und Deckung. Die Belüftung beider Lüftungsebenen erfolgt über Öffnungen an den Traufen und am First.

Den **Lufteintritt an der Traufe** ermöglicht man in der Regel durch **Abstandsfugen** zwischen den Brettern des Traufgesimses oder durch einen Abstand des Gesimses vor der Außenwand (Bild 2). Vor den Fugen angebrachte Traufgitter verhindern den Vogel- und Insekteneinflug (**Bild 3**). Die Lüftungsfugen müssen nach DIN 4108 mindestens 2 cm breit sein und über die gesamte Trauflänge reichen. Bei einer Entfernung von mehr als 10 m von den Trauföffnungen zum First müssen die Zuluftöffnungen auf $1/_{500}$ der dazu gehörenden Dachfläche vergrößert werden. Dabei wird vorausgesetzt, dass der freie Strömungsquerschnitt mindestens 2 cm hoch ist und dass der Wasserdampfdurchgang durch die untere Schale gebremst wird.

Von Unterdächern, Unterdeckungen und Unterspannbahnen abrinnendes Wasser muss ungehindert in die Dachrinne gelangen oder hinter dieser abtropfen können (Bild 2). Führt man die Bahnen in die Rinne, sind sie mit dem Taufblech zu verkleben. Außerhalb der Rinne entwässernde Bahnen sollten auf einem Tropfblech enden.

Der **Luftaustritt am First** erfolgt durch eine besondere Firstabdeckung oder durch Lüftungsziegel bzw. Lüftersteine.

Für die Entlüftung durch die Firstabdeckung gibt es besonders geformte **Firstentlüftungsziegel** und **Firststeine (Bild 1)**. Die Firstentlüftungsziegel werden trocken über die dazu gehörenden **Firstanschlussziegel** verlegt und mithilfe von Klammern auf der Firstlatte befestigt. Häufig werden unter Firstziegeln und Firststeinen **gelochte Firstkappen** (Firstlüftungsprofile) aus Kunststoff angebracht **(Bild 2)**. Die Ränder dieser Firstlüftungsprofile passen sich der Querschnittsform der Ziegel- bzw. Dachsteinoberfläche an oder werden durch systemgebundene Sonderelemente ergänzt.

Lüftungsziegel und **Lüftersteine** verlegt man in der zweiten Reihe unterhalb des Firstes (Bild 1). Ihre Zahl hängt von der Größe der Dachfläche ab. Wenn der Wasserdampfdurchgang durch die Unterschale gebremst ist, beträgt nach DIN 4108 bei wärmegedämmten Dächern der erforderliche freie Querschnitt der Firstentlüftung $^1/_{2000}$ der Dachfläche, also z.B. bei einer Sparrenlänge von 12 m je Meter Firstlänge 60 cm².

Bild 1: **Luftaustritt am First**

17.5.6.2 Unbelüftete geneigte Dächer

Die zunehmend höheren Anforderungen an den Wärmeschutz bedingen große Dämmstoffdicken, die häufig nicht mehr mit einer Lüftungsebene innerhalb der statisch notwendigen Sparrenhöhe Platz finden. Das führt dazu, dass man beispielsweise einen Teil der Wärmedämmung unter den Sparren anbringen muss.

Eine andere Möglichkeit ist die **Sparrenvolldämmung,** bei der die gesamte Sparrenhöhe mit Dämmstoffen ausgefüllt wird **(Bild 3)**. Damit bei dieser Ausführung keine Feuchteschäden im Dachtragwerk und keine Minderung der Wärmedämmung durch Tauwasser auftritt, muss raumseitig eine **Dampfsperre** bzw. eine Dampfbremse angebracht werden. Diese bewirken außerdem die ebenfalls erforderliche **Luftdichtigkeit** des Daches (Windsperre). Dabei ist sicherzustellen, dass die Dampfsperre keine Lücken, Risse oder sonstigen Undichtigkeiten aufweist. Insbesondere die Anschlüsse an Dachdurchdringungen durch Schornsteine, Dachflächenfenster oder Ähnliches sind fachgerecht auszuführen. Außerdem muss gewährleistet sein, dass Feuchtigkeit im Sparrenbereich, z.B. durch erhöhte Anfangsfeuchte des Dachkonstruktionsholzes, nach außen abwandern kann. Dies erreicht man beispielsweise durch **diffusionsoffene Unterspannbahnen** oder **diffusionsoffene Unterdeckungen**.

Bild 2: **Firstentlüftung mit gelochten Firstkappen**

Damit ein Dach mit Sparrenvolldämmung funktionsfähig ist, muss also die raumseitige Dampfsperre dicht und die der Deckung zugewandte Seite diffusionsoffen sein. Der Diffusionswiderstand dieser Schichten wird durch die „Diffusionsäquivalente Luftschichtdicke" gekennzeichnet und s_d-**Wert** oder **Dampfsperrwert** genannt (Seite 467). Nach DIN 4108 muss für unbelüftete wärmegedämmte Dachkonstruktionen ein Tauwassernachweis geführt werden, wenn die Dampfsperre einen s_d-Wert < 100 m aufweist. In dem „Merkblatt Wärmeschutz bei Dächern" des Zentralverbandes des Deutschen Dachdeckerhandwerks sind s_d-Werte für Dampfsperre und die diffusionsoffene Schicht angegeben, bei deren Einhaltung auf einen Nachweis verzichtet werden kann **(Tabelle 1)**. Da die Sparrenvolldämmung viele Vorteile gegenüber belüfteten Dächern aufweist, wird sie vermehrt ausgeführt (Seite 506).

Bild 3: **Sparrenvolldämmung**

Mit dem Ziel, Dächer schnell und wirtschaftlich herzustellen, wurden großflächige verlegefertige Dachelemente entwickelt, die industriell vorgefertigt werden. Auch diese **Elementdächer** werden in der Regel **vollgedämmt** ausgeführt.

Tabelle 1: Maßnahmen zur Vermeidung von Tauwasser

Dampfsperrwerte s_d	
außen s_{da}	innen s_{di}
≤ 0,3 m	≥ 2 m
> 0,3 m < 16 m	≥ 6 · s_{da}
≥ 16 m	≥ 100 m

Bild 1: Vollgedämmte Dachelemente

Oberflächenschutz Kies 16/32
Abdichtung
Dampfdruckausgleichsschicht
Wärmedämmung
Dampfsperre
Trennschicht — Abdeckung

Stahlbeton-Tragschale
Gleitfuge
Blende

Bild 2: Flachdachaufbau

Elementdächer bestehen gewöhnlich aus 1,25 m breiten Tafeln aus Holz-Doppel-T-Trägern und Wärmedämmung und erfüllen meist noch die Funktionen einer winddichten Dampfbremse, eines Unterdaches und der Konterlattung (**Bild 1**). Die Elemente werden auf zuvor verlegte Pfetten montiert und weisen oft eine wohnfertige Untersicht auf.

17.6 Flachdächer

Als Flachdach bezeichnet man einen mehrschichtigen Dachaufbau, der kein oder nur ein geringes Gefälle aufweist. Damit keine Wasseransammlungen entstehen, die im Winter vereisen können und die den Algen- und Pflanzenbewuchs sowie Schmutzansammlungen fördern, werden Flachdächer meist mit einem Mindestgefälle von 2% bis 5%, d.h. etwa 1° bis 3° ausgebildet.

Flachdächer werden durch vielfältige Einflüsse beansprucht. Damit keine Schäden entstehen und die Niederschläge sicher abgeführt werden, ist eine sorgfältige Planung und Ausführung von Tragwerk und Abdichtung erforderlich. Dies gilt insbesondere für den Dachrand und für Dachdurchdringungen. Flachdächer können als begehbare Dachterrassen, befahrbare Parkdecks oder mit einer Dachbegrünung (Gründach) hergestellt werden.

17.6.1 Unbelüftete Flachdächer

In der Regel werden Flachdächer als unbelüftete Konstruktion ausgeführt, bei der Raumdecke, Wärmedämmschicht und Dachhaut miteinander verbunden sind (**Tabelle 1** und **Bild 2**).

Tabelle 1: Ausführung unbelüfteter Flachdächer

Aufbau	Funktion	Werkstoffe
Tragschale	Raumtrennung Aufnahme und Abtragen von Lasten Schall- und Brandschutz	Stahlbetondecke aus Ortbeton, Betonfertigteile, Stahltrapezprofile Holzkonstruktion, beplankt mit imprägnierten Nut- und Federbrettern bzw. Holzwerkstoffen
Trennschicht	Gleitschicht, Trennung unverträglicher Werkstoffe	Lochglasvlies-Bitumenbahnen, Folien oder punktweise verklebte Dampfsperre aus Bitumendachbahnen mit Einlage aus Aluminium- oder Kupferfolie
Dampfsperre	Verhinderung der Dampfdiffusion in Wärmedämmung und unter die Abdichtung	an den Stößen verschweißte Folien aus Polyethylen oder Polyisobutylen
Wärmedämmung	Verringerung von Wärmedurchgang und Dehnungsspannungen Herstellen eines Gefälles mit Gefälledämmschichten	Hartschaumplatten aus Polystyrol, Polyurethan oder Phenolharz trittfeste Mineralfaserplatten Schaumglas bituminierte Korkplatten
Dampfdruckausgleich und Trennschicht	Verhinderung von Blasenbildung durch Entspannung eingeschlossener oder eingewanderter Feuchtigkeit Schutz der Dämmung vor Hitze bei Heißverklebung Gleitschicht	wie Trennschicht häufig punktweise aufgeklebte erste Schicht eines mehrlagigen Aufbaus der Abdichtung aus einer Kombination von Dachbahnen und Dachdichtungsbahnen mit verschiedenen Trägereinlagen bzw. entsprechenden Bahnen aus Polymerbitumen sowie Schweißbahnen oder
Abdichtung	wasserdichte Ebene	Kunststoffdachbahn z.B. aus Polyisobutylen mit Rohglasvliesbahn
Oberflächenschutz	Schutz vor direkter Sonneneinstrahlung, Windsog und mechanischer Beschädigung	5 bis 10 cm gewaschener Kies der Körnung 16/32, Plattenbeläge oder Bahnen mit werkseitiger Bestreuung z.B. aus Schieferplitt

Tragschalen aus Stahlbeton und Profilblechen erhalten auf ihrer Oberfläche eine **Haftbrücke** (Voranstrich) aus Bitumenemulsion oder Bitumenlösung (Seite 86). **Biegeweiche Leichtdächer** mit tragender Schale aus Stahltrapezprofilen oder einer Holzkonstruktion mit Beplankung werden immer mit geringem Gefälle ausgeführt **(Bild 1)**.

Stahlbetondächer aus wasserdichtem Beton haben einen einfachen Aufbau. Es ist nur eine meist raumseitig angeordnete Wärmedämmung aus Polystyrol-Hartschaum (Seite 148) mit Dampfbremse sowie ein Oberflächenschutz erforderlich **(Bild 2)**. Solche Dächer können auch als Umkehrdach ausgeführt werden, wobei der Beton auch noch die Funktion der Dampfsperre übernimmt (Seite 467).

Bild 1: Leichtdach aus Stahltrapezprofilen

17.6.2 Gründach

Durch zunehmende Bebauung werden natürliche Lebensräume verdrängt und die Landschaft versiegelt. Eine Möglichkeit naturnahen Lebensraum zurückzugewinnen und das Kleinklima zu verbessern, bietet das begrünte Dach, das vor allem bei Flachdächern gut auszuführen ist. Die Dachbegrünung hat neben der ökologischen Bedeutung auch bautechnische Vorteile, z. B. den Schutz des Daches vor extremen Temperaturen, UV-Strahlen, Windsog und mechanischer Beschädigung sowie einen erhöhten Schall- und Wärmeschutz.

Neben dem bei Flachdächern üblichen Schichtenaufbau sind weitere Funktionsschichten für den Grünaufbau nötig. Die obere Lage der Abdichtung wird mit einer wurzelfesten Bahn ausgeführt. Darüber werden eine Trenn- und Gleitschicht, eine Schutzschicht, eine Wasserspeicher- und Dränschicht, ein Filtervlies sowie die Vegetationsschicht und die Begrünung bzw. Bepflanzung angeordnet **(Bild 3)**.

Nach dem Aufbau von Vegetationsschicht und der möglichen Bepflanzung unterscheidet man **extensive** und **intensive Begrünung**. Letztere ermöglicht eine Gartenlandschaft. Bei der extensiven Begrünung ist dafür ein leichterer Aufbau möglich und nur geringer Pflegeaufwand nötig, dafür ist jedoch die Bepflanzung auf Moose, Dickblattgewächse (Sedum), Kräuter und einige Gräser begrenzt.

Bild 2: Stahlbetondächer aus wasserdichtem Beton

Bild 3: Aufbau von Gründächern

17.6.3 Belüftete Flachdächer

Das belüftete Flachdach (Kaltdach) ist eine zweischalige Konstruktion **(Bild 4)**. Der Luftaustausch erfolgt über Öffnungen am Dachrand, die durch ein Insektengitter gesichert werden. Nach DIN 4108 muss der freie Querschnitt der Öffnungen an zwei gegenüberliegenden Traufen jeweils mindestens $1/_{500}$ der gesamten Dachgrundfläche betragen und der belüftete Zwischenraum muss mindestens 5 cm hoch sein. Es ist zweckmäßig, diese Mindestwerte deutlich zu überschreiten. Bei Holzkonstruktionen ist unter der Wärmedämmung eine Dampfsperre erforderlich. Als Dachhaut muss eine Abdichtung mit Oberflächenschutz aufgebracht werden.

Bild 4: Belüftetes Flachdach

Aufgaben

1 Welche Anforderungen stellt man an die Dachhaut?

2 Beschreiben Sie die Ausführung von Unterdächern.

3 Unterscheiden Sie Dachziegel und Dachsteine nach Herstellung, Form und Eindeckung.

4 Erklären Sie, wie das Lattmaß ermittelt wird.

5 Unterscheiden Sie Flachdächer nach ihrem Aufbau.

6 An ein Produktionsgebäude soll ein 8,00 m breiter Anbau mit einem Pultdach errichtet werden. Wählen Sie ein geeignetes Dachtragwerk, einen bauphysikalisch zweckmäßigen Aufbau sowie den Deckwerkstoff und begründen Sie Ihre Wahl!

Bild 1: Strangschema einer Trinkwasseranlage

Tabelle 1: Sinnbilder für Trinkwasseranlagen

Benennung	Sinnbild	Benennung	Sinnbild
Trinkwasser-leitung kalt	PWC 80	Durchgangsventil mit Rückfluss-verhinderer	
Trinkwasser-leitung warm	PWH¹⁾ 50	Auslaufventil mit Rückfluss-verhinderer	
Wasserzähler	m³		
Filter		Rohrbelüfter	
Dosierein-richtung	CHD	Druckspüler	SC
Schraubverbin-dung		Anschluss für Messgerät	
Absperrarmatur allgemein		Schlauch-brause	
Durchgangs-ventil		Pumpe	
Eckventil		Mischbatterie für Kalt- und Warm-wasser	
Absperrschieber		Wand- und Dek-kendurchführung	
Durchgangs-hahn		freier Auslauf	
Druckminderer		Trinkwasser-erwärmer	
Sicherheitsventil		Spülkasten	FC
Rückfluss-verhinderer		¹⁾ PWC potable water cold PWH potable water hot	

Die Gewerke Sanitär-, Heizungs-, Klima- und Elektrotechnik sind für den Ausbau der Gebäude zu planen. Hierfür sind die Einrichtungsgegenstände sowie die dazu notwendigen Schlitze, Durchbrüche und Aussparungen zur Leitungsmontage festzulegen und dabei die Vorschriften für den Wärme-, Schall-und Brandschutz zu berücksichtigen.

18.1 Sanitärtechnik

Zur Sanitärtechnik gehören die Versorgung der Gebäude mit Trinkwasser und Warmwasser. Hinzu kommen die Ableitung des Schmutzwassers sowie das Abführen des Niederschlagswassers von Dächern und Garagenzufahrten. Eine weitere Aufgabe ist die Montage der Sanitärgegenstände. Die einzelnen Tätigkeiten werden unterteilt in die Rohrmontage und in die Fertigmontage.

Die **Rohmontage,** auch als **U**nter**p**utzmontage (**UP**) bezeichnet, umfasst das Verlegen aller Rohrleitungen und Armaturen.

Unter der **Fertigmontage** versteht man die Installation der sichtbaren Rohrleitungen, wie z.B. im Hauswasseranschlussraum und bei der Kellerverteilung, den Warmwasserspeicher und die Sanitärgegenstände, wie z.B. WCs, Waschtische, Bidets oder Dusch- und Badewannen.

18.1.1 Trinkwasserinstallation

Die Trinkwasserinstallation beinhaltet das Verlegen der Rohrleitungen für **T**rink**w**asser **k**alt (**PWC**) und **T**rink**w**asser **w**arm (**PWH**), sowie den Einbau aller Absperr-, Regel- und Sicherheitsarmaturen. Da Trinkwasser ein Lebensmittel ist, müssen bei der Werkstoffauswahl und der Rohrverlegung die DIN EN 806, die Technischen Regeln für Trinkwasserinstallation (TRWI) und das Lebensmittel Bedarfsgegenständegesetz (LMBG) eingehalten werden.

Man unterscheidet verzinkte Stahlrohre, Edelstahl-, Kupfer-, Kunststoff- und Metallverbundrohre mit den jeweils auf den Werkstoff und den Verwendungszweck abgestimmten Verbindungstechniken. Wegen Korrosionsgefahr verwendet man fast ausschließlich Metallverbundrohre. Alle Rohrleitungen und die Verbindungsstücke, Fittings genannt, müssen einem Betriebsüberdruck von 10 bar standhalten.

Für die Installation der Rohrleitungen, den Einbau der Armaturen und die Anordnung der Sanitärgegenstände sind Zeichnungen erforderlich. Die Darstellung erfolgt mit Symbolen in einem Strangschema, einem Raumschema oder als unmaßstäbliche Detailzeichnung (**Bild 1, Tabelle 1**).

Die Trinkwasserinstallation beginnt nach der Hauptabsperreinrichtung mit der Zähleranlage. Danach folgen Rückflussverhinderer, Filter, Druckminderer, Enthärtungs- oder Dosiereinrichtung sowie die Verteilungs-, Steig- und Stockwerksleitungen (Bild 1a).

Mithilfe der neuen Mehrspartenanschlüsse können alle Versorgungsleitungen für Wasser, Gas, Strom und Telekommunikation in einem Bündel durch die Außenwand geführt werden (Bild 1b).

Bei der Befestigung der Rohrleitungen sind der Schallschutz, der Brandschutz und die Längenänderung infolge von Temperaturschwankung zu beachten. Außerdem sind die Leitungen gegen Frost, Erwärmung und Schwitzwasser (PWC) sowie gegen Abkühlung (PWH) durch geeignete Dämmmaßnahmen zu schützen. Steig- und Stockwerksleitungen müssen zudem einzeln absperrbar und entleerbar sein.

Solange die Trinkwasserleitungen noch sichtbar sind und vor der Inbetriebnahme, müssen alle PWC- und PWH-Leitungen einer Druckprüfung unterzogen werden. Erst wenn die Rohrleitungen dicht sind, dürfen diese gestrichen, gedämmt, verkleidet oder eingemauert werden.

18.1.2 Abwasserinstallation

Zur Abwasserinstallation gehören das Verlegen der Schmutzwasserleitungen nach DIN 1986-100 und die Montage der Niederschlagswasserleitungen außerhalb der Gebäude (Seite 217).

Die Entwässerungsanlage beginnt an der Ablaufstelle am Sanitärgegenstand und endet am öffentlichen Anschlusskanal (Bild 2). Die Abwasserleitungen werden in Decken, vor Wänden oder in gemauerten Wandschlitzen verlegt. Dabei kommen unterschiedliche Werkstoffe, z. B. metallische und mineralische Werkstoffe sowie Kunststoffe mit den dazu passenden Verbindungselementen zum Einsatz.

Die Bezeichnungen der Rohre, die in der Sanitärtechnik verwendet werden, sind unter den Namen ihrer Handelsbezeichnungen bekannter, wie z. B.

- SML-Rohr   muffenloses Abflussrohr aus Grauguss, rote Farbe
- HT-Rohr   Kunststoffrohr mit hoher Temperaturbeständigkeit, graue Farbe
- KG-Rohr   Kunststoffrohr für Grundleitungen, rote Farbe
- PE-HD-Rohr   Kunststoffrohr für horizontale Leitungen im Deckenbereich und für Fallleitungen, schwarze Farbe

a) Hausanschlussraum

b) Mehrspartenanschluss

Bild 1: Hausanschlüsse

Bild 2: Strangschema einer Abwasseranlage

Bild 1: Waschtischanlage

Bild 2: Wand-WC und Bidet

Tabelle 1: Sinnbilder für Sanitärgegenstände

Bade-wanne		Klosett-becken	
Dusch-wanne		Spül-becken, einfach	
Wasch-becken		Geschirr-Spül-maschine	
Urinal-becken		Wasch-maschine	
Sitz-wasch-becken		Wäsche-trockner	

Rohrleitungen für Abwasser müssen beständig sein, gegen aggressive Abwässer, hohe Wassertemperaturen, Korrosion und große Temperaturdifferenzen. Außerdem müssen beim Einbau der Leitungen je nach Art und Größe des Gebäudes die Bestimmungen des Brand- und Schallschutzes eingehalten werden. Die Verlegung der drucklosen Abwasserleitungen erfolgt nach den Bestimmungen der DIN EN 12056 (Seite 220).

Nach Abschluss der Arbeiten müssen die Abwasserleitungen einer Druckprüfung unterzogen werden. Diese wird durchgeführt, so lange die Schweißnähte, Steck-, Klemm- oder Klebeverbindungen noch frei zugänglich und sichtbar sind.

18.1.3 Sanitäre Einrichtungen

Zu den sanitären Einrichtungen zählen neben den sanitären Gegenständen wie Klosetts, Waschtische, Badewannen und Küchenspülen auch Handtuch- und Papierhalter, Seifenschalen, Spiegel und Badschränke **(Bild 1** und **Bild 2)**. Diese Entwässerungs- und Einrichtungsgegenstände werden in die Zeichnungen als Sinnbilder oder Symbole eingetragen **(Tabelle 1)**.

Bei der Planung von Bädern und Toiletten für ältere und behinderte Menschen, z. B. für Rollstuhlfahrer, ist neben ausreichendem Platz für die ungehinderte Benutzung ein barrierefreier Zugang zu den sanitären Einrichtungen vorzusehen.

Für alle sanitäre Einrichtungsgegenstände sind die Anforderungen an die verwendeten Werkstoffe zu beachten. So müssen Oberflächen kratzfest, farb- und lichtecht sowie leicht zu reinigen sein. Kalkbeläge und Verunreinigungen müssen sich gut entfernen lassen und Armaturen dürfen durch Angriffe von Putzmitteln oder Badezusätzen von außen und durch Korrosion von innen in ihrer Funktion nicht beeinträchtigt werden. Die Montage der sanitären Einrichtungsgegenstände einschließlich der Armaturen und aller Ausstattungsdetails erfolgt erst, wenn alle Putz-, Maler- und Fliesenarbeiten abgeschlossen sind.

18.2 Heizungstechnik

Unter der Heizungstechnik versteht man Anlagen und Einrichtungen zur Wärmeerzeugung, Brennstoffversorgung, Wärmeverteilung und Regelung.

18.2.1 Wärmeerzeugung

In den Anlagen zur Wärmeerzeugung, meist in Heizkesseln, werden unterschiedliche Brennstoffe zusammen mit Sauerstoff in Wärmeenergie umgewandelt **(Bild 1**, Seite 511). Diese Energie wird an den Wärmeträger (Heizmedium) übertragen und von dort mittels Pumpen oder Ventilatoren zu den Heizkörpern, den Trinkwassererwärmern oder den Heizregistern transportiert.

18.2.1.1 Unterscheidung der Wärmeerzeuger

Je nach Heizmedium unterscheidet man Kessel für Warmwasserheizungen, Luftheizgeräte und Dampf- oder Heißwasserkessel.

Kessel für Warmwasserheizungen sind weit verbreitet und werden für die Beheizung von Wohngebäuden oder Etagenwohnungen verwendet.

Luftheizgeräte werden für die Beheizung von Fabriken oder Lagerhallen eingesetzt. Auch bei der Wohnraumbelüftung finden Luftheizgeräte eine immer häufigere Anwendung (Seite 519).

Gas-Raumheizer finden hauptsächlich in mobilen Wohneinrichtungen Verwendung, wie z. B. in Wohnwagen, Baucontainern oder Wochenendhäusern, aber auch in Wohnräumen.

Dampf- und Heißwasserkessel kommen in der Industrie und bei Fernwärmeversorgern zum Einsatz.

Bild 1: Heizungsanlage

18.2.1.2 Art der Brennstoffe

Nach der Art der Brennstoffe werden feste, flüssige und gasförmige Brennstoffe unterschieden. Bedingt durch deren Entstehung, Gewinnung oder Herstellung unterscheiden sich diese in den Brenneigenschaften, wie z. B. dem Heizwert, dem Brennwert, der Flammtemperatur, der Zündgeschwindigkeit oder der Zündgrenze.

Feste Brennstoffe sind Kohle und Holz. Kohle wird in Form von Braunkohle, Steinkohle oder Koks eingesetzt.

Holz gehört als nachwachsender Brennstoff zu den regenerativen Energieträgern und wird deshalb immer beliebter. Die Verbrennung von Holz gilt als umweltfreundlich, da die Pflanzen beim Wachstum aus der Luft CO_2 entnehmen und bei der Verbrennung genauso viel CO_2 wieder erzeugen **(Bild 2)**. Holz wird in den verschiedenen Heizkesseln als Scheitholz, Hackschnitzel oder in Form von Pellets verbrannt **(Bild 3)**.

Bild 2: CO_2-neutrale Verbrennung

Flüssige Brennstoffe sind z. B. Heizöl, das in Raffinerien aus Erdöl gewonnen wird. Für die Beheizung von Wohngebäuden wird im Wesentlichen extra leichtflüssiges Heizöl **(EL)** verwendet, während mittelschwere- und schwere Heizöle in Industrieanlagen und zur Stromerzeugung genutzt werden.

Bei festen oder flüssigen Brennstoffen müssen genügend große Lagermöglichkeiten geschaffen werden, wie z. B. ein Lagerraum für Pellets, Scheitholz oder für Heizöltanks (Seite 514).

Gasförmige Brennstoffe sind Wasserstoff- und Kohlenwasserstoffverbindungen, die in einem bestimmten Verhältnis mit Sauerstoff oder Luft vermischt, brennbar sind. Diese werden je nach Brennverhalten in vier verschiedene Gasfamilien eingeteilt. Zu den Wichtigsten gehören die Gasfamilien II und III **(Tabelle 1,** Seite 512).

Pellets

Hackschnitzel

Bild 3: Holzbrennstoffe

18.2.1.3 Aufstellrichtlinien für Wärmeerzeuger

Werden Wärmeerzeuger in Betrieb genommen, benötigen diese für die Verbrennung Sauerstoff, der dem Aufstellraum entzogen wird. Kann nicht genügend Verbrennungsluft nachströmen, kommt es zu einer unvollständigen Verbrennung und es kann für die Benutzer zu gesundheitsschädlichen Schadstoffkonzentrationen kommen.

Die Größe der Aufstellungs- und Heizräume richtet sich im Wesentlichen nach der Nennleistung des Wärmeerzeugers, den Abmessungen des Heizkessels und nach der Belüftung des Raumes.

Generell gilt, dass für 1 kW Nennleistung eine Raumgröße von 1 m³ eingehalten werden muss. Außerdem muss berücksichtigt werden, dass genügend Platz für die Montage, Wartung und Bedienung des Wärmeerzeugers vorhanden ist.

Tabelle 1: Gasarten und Gasfamilien

Gasarten	Gasfamilien	Unterscheidung
Erdgas LL Erdgas E Deponiegas Klärgas Biogas	Gasfamilie II Naturgase (**N**)	Methanreiche Gase
Propan Butan Propan-Butan- Gemisch	Gasfamilie III Flüssiggase (**F**)	Kohlen-Wasser- stoffreiche Gase

Tabelle 2: Temperaturen Θ für beheizte Räume

Raumart	$\Theta_{int,i}$ in °C
Bäder, Duschen, Umkleideräume	+ 24 °C
Wohn-, Schlafräume, Küchen, WCs	+ 20 °C
Beheizte Nebenräume, Vorräume, Flure	+ 15 °C
Unbeheizte Nebenräume (Keller, Abstell- räume, Treppenhäuser)	+ 10 °C

Obere Verteilung

Untere Verteilung

Bild 1: Zweirohrheizungen

Je nach Brennstoffart dürfen Wärmeerzeuger aufgestellt werden in

- **Aufenthaltsräumen** mit $\dot{Q}_{NL} \leq 35$ kW wie z. B. Küche, Bad, Flur oder Wohnraum. Der Raum kann zusätzlich genutzt werden.

- **Aufstellräumen** mit $\dot{Q}_{NL} > 35$ kW bis 50 kW wie z. B. Hobby-, Werkraum oder Fahrradkeller. Der Raum kann zusätzlich genutzt werden.

- **besonderen Aufstellräumen** mit $\dot{Q}_{NL} > 50$ kW bei flüssigen und gasförmigen Brennstoffen. Es ist keine andere Raumnutzung möglich.

- **Heizräumen** bei festen Brennstoffen wie z. B. Scheitholz, Hackschnitzel oder Pellets. Hierfür sind besondere Heizraumrichtlinien zu beachten.

18.2.2 Wärmeverteilung

Je nach der Heizlastberechnung müssen die unterschiedlichen Räume eines Wohngebäudes entsprechend der Nutzungsart mit ausreichend Wärme versorgt werden (**Tabelle 2**). Hierfür muss die erforderliche Wärme vom Wärmeerzeuger mittels Pumpen über das Leitungssystem zu den Heizkörpern transportiert werden.

18.2.2.1 Wärmeverteilungssysteme

Als Wärmeverteilungssysteme werden das Zweirohr- oder das Einrohrsystem eingesetzt. Je nach dem Einbauort des Heizkessels unterscheidet man dabei die

- **untere Verteilung** mit dem Wärmeerzeuger im Untergeschoss oder die

- **obere Verteilung** mit dem Heizkessel auf dem Dachboden (**Bild 1**).

Auch Stockwerks- oder Etagenheizungen, die nur eine Wohnung beheizen, können im Zweirohr- oder Einrohrsystem betrieben werden.

Bei der **Zweirohrheizung** wird das Heizungswasser in zwei getrennten Rohrleitungen geführt. Im Vorlauf strömt das warme Wasser vom Wärmeerzeuger zum Heizkörper, im Rücklauf kommt das abgekühlte Wasser vom Heizkörper zum Wärmeerzeuger zurück. Alle Heizkörper erhalten etwa die gleiche Vorlaufwassertemperatur und haben somit eine gleiche mittlere Heizkörpertemperatur.

Bei der **Einrohrheizung** fließt das Heizungswasser in einer Rohrleitung von einem Heizkörper zum nächsten (**Bild 1**, Seite 513). Das warme Wasser vom Wärmeerzeuger durchströmt den Heizkörper, kühlt ab und wird beim Rücklauf dem Hauptwasserstrom wieder zugemischt. Dadurch wird die Vorlauftemperatur von Heizkörper zu Heizkörper niedriger.

Damit die Heizleistung der nachfolgenden Heizkörper nicht absinkt, muss allerdings die Heizfläche vergrößert werden. Deshalb ist die Anzahl auf sieben hintereinander geschaltete Heizkörper begrenzt.

Innerhalb der Wohnungen werden die Heizungsleitungen von einem Verteilerkasten, in dem der Wärmemengenzähler zur genauen Heizkostenabrechnung, die Absperr- und die Regelarmaturen eingebaut sind, auf dem Rohfußboden zu den Heizkörpern verlegt (**Bild 2**).

Bild 1: Etagenheizung, Einrohrsystem

18.2.2.2 Heizkörperarten

Man unterscheidet Radiatoren, Konvektoren, Platten- oder Flachheizkörper und Sonderformen (**Bild 3**).

Um eine gute Wärmeverteilung zu erreichen, werden die Radiatoren oder die Flachheizkörper unter den Fenstern angeordnet. Da in gut gedämmten Wohngebäuden die Heizlast in den einzelnen Räumen immer geringer wird, kommen häufiger Platten- oder Flachheizkörper zum Einbau. Diese haben gegenüber den Radiatoren eine kleinere Oberfläche, sind formschöner, preisgünstiger und benötigen weniger Platz. In Bädern, Toiletten und Fluren werden Sonderheizkörper montiert. Sie können als Handtuchtrockner dienen und zusätzlich mit einer elektrischen Heizpatrone ausgestattet werden, die in der Übergangszeit das Bad oder den Duschraum erwärmt. Konvektoren werden in großen Räumen und bei bodenebenen Fenstern eingesetzt.

Bild 2: Heizkreisanschlüsse

18.2.2.3 Flächenheizungen

Bei Flächenheizungen werden der Fußboden, die Wände und Decken eines Raumes als „Heizkörper" benutzt. Diese Bauteile geben ihre Wärme im Wesentlichen durch Strahlung ab. Nach der genutzten Fläche unterscheidet man Fußboden-, Wand- und Deckenheizungen.

Fußbodenheizungen werden überall dort eingebaut, wo der warme Boden der Behaglichkeit der Menschen dient, z. B. im Wohnungsbau, in Sport- und Schwimmhallen oder auch in Kirchen. Als Heizungsrohre kommen Kunststoffrohre (PB, PP oder PE-X), Mehrschicht-Verbundrohre aus Kunststoff und Aluminium, Kupferrohre mit PVC-Mantel und Präzisionsstahlrohre mit Kunststoffmantel zur Verarbeitung. Das Verlegen der Heizungsrohre erfolgt, je nach Heizlast, in Rohrabständen von 5 cm bis 35 cm. Die Rohre können schlangenförmig (mäanderförmig) oder spiralförmig (bifilar) verlegt werden (**Bild 1,** Seite 514). Bei der Fußbodenheizung unterscheidet man das Nass- und das Trockenverlegesystem.

Beim **Nassverlegesystem** werden die Heizungsrohre oberhalb der Wärme- und Trittschalldämmung direkt im Heizestrich verlegt und von diesem ganz umschlossen (Seite 514).

Beim **Trockenverlegesystem** werden die Rohre unterhalb des Estrichs angeordnet. Durch eine Abdeckfolie sind die Rohre vom Estrich getrennt (**Bild 2,** Seite 514).

Wandheizungen entsprechen im Aufbau der Fußbodenheizung. Die Wärmestrahlung kommt von den freien Wandflächen, die nicht mit Möbeln zugestellt werden dürfen, und erzeugt ein angenehmes Raumklima.

Gliederradiator

Flachheizkörper

Bild 3: Heizkörperarten

① Randzone ② Bewegungsfläche
③ schlangenförmige Verlegung
(mäander-förmig)
④ spiralförmig (bifilar)

Bild 1: Verlegen von Heizungsrohren

**Bild 2: Fußbodenaufbau Trocken-
verlegung**

Bild 3: Deckenheizung

Bild 4: Kunststoff-Batterietanks

Deckenheizungen werden vorwiegend in industriell genutzten, hohen Räumen eingesetzt. Dabei werden die Heizungsrohre von der Raumdecke abgehängt. Die sichtbare Deckenuntersicht besteht aus Aluminiumplatten, die die Wärme abstrahlen **(Bild 3)**.

18.2.3 Brennstoffversorgung

Unter Anlagen zur Brennstoffversorgung versteht man Lagerräume oder Behälter, in denen Brennstoffe aufbewahrt werden sowie die Leitungen zum Wärmeerzeuger. Zur Brennstoffversorgung gehören auch die Gasleitungen der öffentlichen Gasversorger.

18.2.3.1 Heizöllagerung

Die Heizöllagerung erfolgt entweder unterirdisch auf dem Grundstück oder oberirdisch im Keller des Gebäudes.

Bei der **unterirdischen Lagerung** werden die Behälter im Erdreich versenkt. Hierfür werden einwandige oder doppelwandige Stahlbehälter oder Behälter aus Stahlbeton in einer Grube im Erdreich versenkt. An die Ausführung und Überwachung der Behälter werden hohe Anforderungen gestellt.

> Die unterirdische Lagerung von Heizöl ist in Trinkwassereinzugsgebieten verboten.

Bei der **oberirdischen Lagerung** geschieht dies meist im Untergeschoss von Ein- und Mehrfamilienhäusern.

Die Größe der Öllagerbehälter richtet sich nach der Heizlast des Gebäudes oder nach der Brennerleistung. In der Regel wird mit einer Bevorratung von einem Jahr gerechnet. Je nach den örtlichen Gegebenheiten dürfen innerhalb von Gebäuden bis zu 100000 Liter gelagert werden. In der Regel werden Batterietanks aus glasfaserverstärktem Kunststoff (GFK), Polyethylen (PE) oder Polyamid (PA) verwendet, die in Modulbauweise zusammengestellt und verrohrt werden **(Bild 4)**.

Eine **Ölmenge bis 5000 Liter** darf, unter Beachtung bestimmter Abstandsmaße, im Aufstellraum des Heizkessels gelagert werden.

Für eine **Ölmenge von mehr als 5000 Liter** sind besondere Heizöllagerräume einzuplanen.

Je nach Ölmenge und Landesbauordnung sind Heizöltanks anzeigepflichtig, genehmigungsbedürftig oder unterliegen einer ständigen TÜV-Überprüfung **(Tabelle 1,** Seite 515).

18.2.3.2 Lagerung fester Brennstoffe

Wird die Heizlast durch Verbrennen von Scheitholz oder Pellets gedeckt, ist der notwendige Lagerraum von der Art und vom Feuchtegehalt des Holzes abhängig **(Tabelle 2,** Seite 515). Man rechnet bei Laubholz für 1,0 kW Heizlast etwa 1,0 m³ Lagerraum.

18.2.3.3 Gasversorgung

Die Gasversorgung von Gebäuden erfolgt durch Außen- und Innenleitungen.

Für die Außenleitungen sind die Gasversorgungsunternehmen als **N**etz**b**etreiber **(NB)** zuständig. Für den Betrieb und die Sicherheit der Fernleitungen und der Versorgungsleitungen bis zur **H**auptabsperr**e**inrichtung **(HAE)** innerhalb eines Gebäudes ist der Netzbetreiber verantwortlich.

Nach der HAE erfolgt die Leitungsverlegung nur durch **V**ertrags-**I**nstallations-**U**nternehmen **(VIU)**, die vom Netzbetreiber eine gültige Zulassung besitzen. Arbeiten an gasführenden Leitungen dürfen nur nach den **T**echnischen **R**egeln für **G**as-Installationen (DVGW-**TRGI**) und den besonderen Arbeitsblättern, z. B. G260, G459, ausgeführt werden.

Als Werkstoffe für Gasinnenleitungen dürfen nur Gewinderohre nach DIN EN 10255, Kupferrohre DIN EN 1057, Edelstahlrohre und Präzisionsstahlrohre mit den jeweils dafür zugelassenen Verbindungstechniken verwendet werden.

Für die Berechnung wird die Gasanlage in Leitungsabschnitte eingeteilt **(Bild 1)**. Die Darstellung erfolgt mit Sinnbildern und Symbolen **(Tabelle 3)**.

Richtlinien für die Leitungsführung und Verlegung von Gasleitungen:

- Nicht In Aufzugs-, Lüftungsschächten oder ausgedienten Schornsteinen verlegen
- In Treppenhäusern und Fluren, die als Rettungswege dienen, nur unter Putz oder in einem eigenen Schacht verlegen
- Vor Tropf- und Schwitzwasser schützen
- Nicht an anderen Leitungen befestigen oder andere Leitungen nicht an Gasleitungen befestigen
- Befestigungen brandsicher ausführen und nur mit Metalldübeln arbeiten
- Verlegen in Decken nur zulässig in Aussparungen, an der Oberseite der Rohdecke und in der Trittschalldämmung, aber nicht im Estrich
- Gegen Korrosion schützen

Vor dem Verputzen, Streichen oder Dämmen von Gasleitungen sind diese einer Belastungs- und einer Dichtheitsprüfung zu unterziehen.

> Ohne vorhergehende Prüfungen dürfen Gasleitungen niemals in Betrieb genommen werden.

18.2.4 Alternative Wärmeerzeugung

Durch den verbesserten Wärmeschutz der Gebäude wird immer weniger Heizenergie verbraucht. Dies fördert die Entwicklung und den Einsatz alternativer Wärmeerzeuger, z. B. **B**lock-**H**eiz**k**raftwerke **(BHKW),** Klein-BHKW, Wärmepumpen und Solaranlagen.

Tabelle 1: Überprüfung von Heizöltanks, oberirdische Lagerung

Tankinhalt	Überprüfungszeitraum	Prüfer
≤ 1 000 Liter	–	–
> 1 000 Liter ≤ 10 000 Liter	• vor Inbetriebnahme • nach wesentlichen Änderungen	zertifizierter Fachbetrieb
> 10 000 Liter ≤ 100 000 Liter	• vor Inbetriebnahme • regelmäßig alle 5 Jahre • bei Stilllegung • vor Wiederinbetriebnahme	Sachverständige • des TÜV • der DEKRA

Tabelle 2: Lagervolumen bei Holzheizung

Kessel-leistung kW	Jahres-betriebs-stunden h/a	Energie-bedarf kWh/a	Holzbedarf Laub-holz m³/a	Holzbedarf Pellets m³/a	Lagervolumen Laub-holz m³	Lagervolumen Pellets m³
Einfamilien-Wohnhaus						
12,0	1450	17400	8,3	5,5	12,0	9,0
Mehrfamilien-Wohnhaus						
17,5	1600	28000	13,3	8,8	19,0	13,0
25,0	1600	40000	19,4	12,6	28,0	18,0
30,0	1600	48000	22,9	15,1	32,0	23,0

Bild 1: Strangschema einer Gasanlage

Tabelle 3: Sinnbilder für Gasanlagen

Benennung	Sinnbild	Benennung	Sinnbild
Hauseinführung mit Abdichtung		Zweistutzen-gaszähler	Z
Isolierstück		Durchgangs-hahn	
Leitung offenliegend mit DN	25	Gasherd, vierflammig	
Querschnittsver-änderung mit DN	20 — 25	Gasraumheizer mit Nennleistung	kW
Druckregelgerät		Strömungs-wächter	
Gassteckdose, thermisch auslösend		Gasheizkessel mit Nennleistung	G kW
lösbare Verbindung		Abgasleitung	cm²

515

Bild 1: Klein-BHKW, schematisch

Primär-energie 100 %

Heizöl
Gas
Rapsöl
Bio-diesel

Umwandlungs-verluste 10 %

Nutzung 90 %

Strom 30 %

Heizung 60 %

Steueranlage

Klein-BHKW

Pufferspeicher

Bild 2: Klein-BHKW mit Pufferspeicher

Tabelle 1: BHKW-Leistungsdaten

Brennstoff	Erdgas	Flüssiggas	Heizöl EL	Biodiesel	Rapsöl
Leistungsaufnahme	20,5 kW	20,5 kW	17,9 kW	17,6 kW	17,3 kW
Leistungsabgabe • elektrisch • thermisch	5,5 kW 12,5 kW	5,5 kW 12,5 kW	5,3 kW 10,5 kW	5,3 kW 10,3 kW	5,0 kW 10,3 kW
Wirkungsgrad • elektrisch • thermisch	27 % 61 %	27 % 61 %	30 % 59 %	30 % 59 %	29 % 60 %
Brennstoff-ausnutzung	88 %	88 %	89 %	89 %	89 %

Heizwärme und Warmwasser

Luft Wasser Erdreich

Entspannen

Verdampfen

3/4 Umweltenergie ●●●

1/4 Elektrische Energie

Verdichten

Verflüssigen

●●●● 4/4 Heizenergie

Gasförmiges FCKW-freies Kältemittel

Flüssiges FCKW-freies Kältemittel

Bild 3: Wärmepumpe, schematisch

18.2.4.1 Blockheizkraftwerke

Blockhei**zk**raft**w**erke **(BHKW)** werden mit Kohle, Öl oder Gas beheizt und für die elektrische und thermische Energieerzeugung verwendet. Durch die Kraft-Wärmekoppelung wird die Abwärme bei der Stromerzeugung genutzt und dadurch auch der CO_2-Ausstoß verringert.

Während bei großen Blockheizkraftwerken die Stromerzeugung im Vordergrund steht, ist es bei den Klein-BHKW die Wärmeversorgung eines Wohngebäudes. Der dabei gleichzeitig erzeugte Strom wird für das Wohngebäude verwendet oder direkt gegen Vergütung ins öffentliche Stromnetz eingespeist **(Bild 1)**. Um auch die Abwärme im Sommer und in der Übergangszeit zu nutzen, wird in den Wärmekreislauf ein Pufferspeicher eingeplant **(Bild 2)**.

Bis zu einer Nennleistung von 50 kW können Klein-BHKW ohne Baugenehmigung aufgestellt werden. Die Elektroversorgungsunternehmen müssen den Elektroanschluss an das Netz vornehmen und den erzeugten Strom zu festgelegten Preisen abnehmen. Klein-BHKW stehen für unterschiedliche Brennstoffe zur Verfügung **(Tabelle 1)**.

18.2.4.2 Wärmepumpen

Wärmepumpen entnehmen der Umgebungsluft, dem Erdreich oder dem Grundwasser Wärmeenergie und geben diese an das Heizungswasser, die Raumluft oder an das zu erwärmende Trinkwasser wieder ab. Mit Wärmepumpen können 100 % der Heizenergie kostenlos aus der Umwelt entnommen werden. Allerdings sind dafür 25 % elektrische Energie erforderlich **(Bild 3)**. Man unterscheidet Luft/Wasser-, Wasser/Wasser- und Sole/Wasser-Wärmepumpen.

Wärmepumpen arbeiten nach dem Prinzip des Kühlschranks. Sie bestehen aus den 4 Funktionseinheiten: Verdampfer, Verflüssiger, Expansionsventil und Verdichter.

Heizungswärmepumpen übertragen die im Verdampfer gewonnene Umweltwärme auf das Kältemittel, das mit dem Verdichter auf einen höheren Druck gebracht wird. Dabei steigt gleichzeitig auch die Temperatur an. In einem Wärmetauscher, Verflüssiger genannt, wird die Wärme auf das Heizungswasser übertragen. Im Expansionsventil wird das Kältemittel wieder entspannt, kühlt sich dadurch ab und kann nun erneut Wärme aus der Umwelt aufnehmen. Je nach Aufstellungsort, den städtebaulichen Gegebenheiten und der behördlichen Genehmigung, können Wärmepumpen für die Innen- und Außenaufstellung eingesetzt werden **(Bild 1,** Seite 517).

18.2.4.3 Solaranlagen

Solaranlagen nutzen die kostenlose Strahlungswärme der Sonne. Diese Wärmeenergie wird in Wohngebäuden zur Warmwasserbereitung oder für das Heizwasser der Heizungsanlage verwendet.

Eine Solaranlage zur Warmwasserbereitung besteht aus mehreren Kollektoren, einem Solarspeicher, dem Solarkreis mit Zirkulationspumpe, der Steuerung und einer Zusatzheizung **(Bild 2)**. Bei den Kollektoren unterscheidet man Flachkollektoren und Vakuum-Röhrenkollektoren. Sie wandeln die Sonneneinstrahlung in Wärmeenergie (Solarwärme) um **(Bild 3)**. Über den Solarkreis, der mit einem Wasser-Glykol-Gemisch gefüllt ist, wird die Wärme über ein Heizregister entweder an das Trinkwasser abgegeben oder dem Heizungskreislauf zugeführt.

Um eine lohnende solare Deckung zu erreichen, sollten die Kollektoren auf dem Dach eine Ausrichtung zwischen den Himmelsrichtungen Südost und Südwest haben und einen Neigungswinkel zwischen 25° und 45° aufweisen.

Zur Berechnung der Kollektorfläche bei der Trinkwassererwärmung setzt man 1,5 m² pro Person an, d. h. für einen 4-Personenhaushalt sind 6,0 m² Kollektorfläche erforderlich.

Da bei bedecktem Himmel und bei niedrigen Außentemperaturen die Sonneneinstrahlung für die komplette Wohnraumheizung nicht ausreicht, werden diese Solaranlagen nur zur Heizungsunterstützung eingesetzt. Dabei wird, je nach gewünschter solarer Deckungsrate, die Wärme vom Dach über einen Pufferspeicher transportiert und dann dem Heizungsrücklauf beigemischt. Die Deckungsrate liegt je nach Fabrikat des Pufferspeichers, der Art der Kollektoren und der Ausrichtung auf dem Dach, bei 50 % für die Heizung und bei 80 % für die Trinkwassererwärmung.

1,0 m² Kollektorfläche reicht für die Beheizung von 3,0 m² bis 5,0 m² Wohnfläche aus.

18.3 Raumlufttechnik

Raumlufttechnische Anlagen (**RLT**-Anlagen) haben die Aufgabe für eine gute Luftqualität und für die thermische Behaglichkeit von Personen in Aufenthaltsräumen zu sorgen.

RLT-Anlagen dienen der Lufterneuerung durch Zu- und Abluftgeräte. Sie sollen die Raumtemperatur im Sommer und Winter auf vorgegebenen Werten halten und die vorgeschriebene Luftfeuchtigkeit garantieren. Für die Auslegung der verschiedenen Lüftungssysteme gelten die DIN EN 12792, DIN EN 13799 und die DIN 1946, Teile 4, 6 und 10.

Bild 1: Luft-/Wasser-WP, Außenaufstellung

Bild 2: Solaranlage für Trinkwassererwärmung

Bild 3: Aufbau von Flachkollektoren

Bild 1: Einfache Klimaanlage

Bild 2: Außenwand-Luftdurchlass (ALD)

Bild 3: Zentrale Abluftanlage

Man unterscheidet **freie Lüftungssysteme,** z. B. Fenster- oder Querlüftung, Fensterfalzlüftung, Schachtlüftung und Dachaufsatzlüftung sowie die **maschinelle Lüftung,** z. B. Lüftungsanlagen, einfache Klimaanlagen und Klimaanlagen. Wie bei allen Ausbaugewerken erfolgt die zeichnerische Darstellung der Raumlufttechnik-Anlagen schematisch und mit Sinnbildern (**Bild 1**).

Während die freien Lüftungssysteme insbesondere in Altbauten vorkommen, werden Lüftungs- und Klimaanlagen meist in neu zu erstellenden Wohngebäuden sowie in Nichtwohngebäuden eingeplant, z. B. bei Krankenhäusern, Schulen, Bürogebäuden, Hallenbädern oder Sporthallen.

Durch die Forderungen der **En**ergie-**E**insparverordnung **(EnEV)** wird die Gebäudehülle immer dichter, d. h. Außenfenster und Türen müssen mit zusätzlichem Wärmeschutz ausgestattet werden. Mit fugendichten Fenstern kann einerseits Wärmeenergie eingespart werden, andererseits findet aber kein Luftaustausch mehr statt. Darunter leiden die Luftqualität und die Wohnhygiene, z. B. durch einen hohen CO_2-Gehalt im Schlafzimmer, hohe Feuchtigkeit oder Schimmelbildung in Küche und Bad.

Gute Luftqualität bedeutet ausreichende Be- und Entlüftung in der Wohnung. Um den notwendigen Luftaustausch zu erreichen, sollen aber wegen der Energieverschwendung nicht die Fenster geöffnet oder gekippt werden. Eine nach DIN 1946-6 geforderte nutzerunabhängige Belüftung der Räume kann z. B. durch die **Fensterfalzlüftung** erfolgen, für einen besseren Luftaustausch sollte jedoch eine **kontrollierte Wohnraumlüftung** eingeplant werden. Dies kann durch **regelbare Abluftventilatoren** oder durch zentrale **Lüftungsgeräte** erreicht werden.

Die regelbaren Abluftventilatoren sorgen für eine Grundlüftung, die im Unterdruckverfahren arbeitet. Dabei strömt die Frischluft über **A**ußenwand-**L**uft**d**urchlässe (ALD) in die Wohnräume, gelangt durch Überströmgitter in die Flure und wird mit Abluftventilatoren im Bad, WC und in der Küche ins Freie geblasen (**Bild 2** und **Bild 3**).

Die Regelung der Luftmenge erfolgt über manuelles Ein- und Ausschalten, über die Raumbeleuchtung oder eine feuchtegeführte Drehzahlregelung. Die Anzahl und die Betriebsweise der mehrstufigen Ventilatoren richtet sich nach der Art und der Größe der Wohnungen (**Tabelle 1,** Seite 519).

18.3.3 Zentrale Wohnraumlüftung

Hierbei unterscheidet man die kontrollierte Wohnungslüftung mit oder ohne **W**ärme**r**ück**g**ewinnung **(WRG)**.

Bei der **kontrollierten Wohnraumlüftung mit Wärmerückgewinnung** wird die Außenluft über ein Wetterschutzgitter angesaugt, im Lüftungsgerät gefiltert und im Heizregister erwärmt. Die Zuluft wird durch ein Flach-Kanalsystem, das in den Rohdecken und in den Wänden eingelegt ist, über Gitter in die Aufenthaltsräume eingeblasen. Über Abluftgitter in Küche, Bad und WC wird die verbrauchte Luft abgesaugt, durch Kanäle zum zentralen Lüftungsgerät transportiert, durch den Kreuzstromwärmetauscher geleitet und ins Freie geblasen **(Bild 1)**. Der Einbau der Geräte kann im Bad stehend oder als Flachgerät, unter der Decke hängend, erfolgen.

Die mehrstufige Regelung erfolgt in Abhängigkeit der Personenzahl oder der Wohnungsgröße durch manuelles Ein- und Ausschalten, zeitabhängig oder durch feuchtegeführte Drehzahlregelung.

Bild 1: Kontrollierte Wohnungslüftung mit WRG

Bild 2: Strangschema, SHK-Anlage

Tabelle 1: Einbau und Betriebsweise der Ventilatoren			
Art der Wohnung	Einbauort	Volumen-strom	Betriebsweise
1-Zimmer-Appartement	WC	30 m³/h	Dauerlüftung
Kleinwohnung mit Kochnische $A \leq 50$ m²	WC Küche	30 m³/h 60 m³/h	Dauerlüftung Bedarfslüftung, mehrstufig
Zwei-/Dreizimmer-Wohnung $A \leq 80$ m²	Bad Küche	90 m³/h 60 m³/h	Raumfeuchte Bedarfslüftung, mehrstufig
Vierzimmer-Wohnung $A > 80$ m²	Bad WC Küche	90 m³/h 60 m³/h 60 m³/h	Raumfeuchte Beleuchtung Bedarfslüftung
Einfamilien-Wohnhaus $A = 110$ m² bis 120 m²	Bad WC Küche	90 m³/h 60 m³/h 60 m³/h	Raumfeuchte Beleuchtung Bedarfslüftung

Aufgaben

1 Allgemeine Aufgaben

a) Alle Rohrleitungen müssen nach der Rohinstallation einer Prüfung unterzogen werden. Beschreiben Sie, welche Prüfungen wann durchzuführen sind.

b) Welche Arbeiten gehören in der SHK-Technik zur Rohmontage und welche zur Fertigmontage?

c) Erklären Sie den Begriff regenerative Brennstoffe und benennen Sie mehrere.

d) Nennen Sie verschiedene Heizkörperarten.

e) Erklären Sie den Begriff alternative Wärmeerzeugung und benennen Sie dazu drei verschiedene Wärmeerzeuger.

2 Projektaufgaben (Bild 2)

a) Benennen Sie die im Strangschema dargestellten Pos. 1 bis Pos. 13.

b) Wie erfolgt im Projektbeispiel die Erwärmung des Trinkwassers?

c) Beschreiben Sie die in Pos. 12 dargestellte Lüftungseinrichtung.

d) Weshalb ist in Neubauten grundsätzlich eine kontrollierte Wohnraumlüftung einzuplanen?

e) Wie wird der in Pos. 4 dargestellte Wärmeerzeuger beheizt und erklären Sie den Begriff Brennwerttechnik.

Bild 1: Potenzialausgleich in Wohngebäuden

zur Zähleranlage

Haupt-sicherung

Hausein-führungs-leitung

Bild 2: Hausanschlusskasten

Zähler

Schutz-einrichtungen

Sicherungen der Einzelstromkreise

Bild 3: Zählerschrank mit einge-bautem Stromkreisverteiler

18.4 Elektroinstallation

Die Planung von elektrischen Anlagen kann nicht nur von den Wünschen des Bauherrn ausgehen, sondern muss auch die geltenden Vorschriften der **E**lektrizitäts-**V**ersorgungs-**U**nternehmen **(EVU)**, also die **T**echnischen **A**nschluss**b**edingungen **(TAB)** berücksichtigen. Vor der Installation der elektrischen Anlagen müssen bauliche Maßnahmen getroffen werden, z. B. das Einbauen des Fundamenterders oder das Aussparen einer Nische für den Zählerkasten.

Zur elektrischen Anlage eines Hauses gehören die Hausanschlussanlagen, die Hauptleitungen, die Zähleranlage, die Verteilung und Absicherung der Einzelstromkreise, die Signal-, Antennen- und Fernmeldeanlagen sowie die Gebäudesystemtechnik. Über Potenzialausgleichsschiene und Fundamenterder werden alle metallischen Rohrleitungen und Sanitäreinrichtungen geerdet **(Bild 1)**.

18.4.1 Hausanschlussanlagen

Die elektrische Energie für ein Gebäude kann über Erdkabel oder eine Freileitung mit Dachständer zugeführt werden. Die Hausanschlussanlagen umfassen den Hausanschluss, die Hauseinführungsleitung und den Hausanschlusskasten **(Bild 2)** mit den Hauptsicherungen. Für diese Anlagen ist entsprechend den Vorschriften des EVU ausreichend Platz vorzusehen. Die Vorschriften für Kabelanschlüsse sind in DIN 18012 und für Freileitungsanschlüsse in DIN 18015 festgelegt. In der Nähe der Hausanschlussanlagen dürfen keine leicht entzündlichen Gegenstände gelagert werden.

18.4.2 Hauptleitungen

Der Hausanschlusskasten mit der Zähleranlage wird durch die Hauptleitungen mit den Einzelverteilungen verbunden. Bei Freileitungsanschlüssen ist in den meisten Wohngebieten die Hauptleitung so auszuführen, dass die Anlage später auch über Kabelanschluss versorgt werden kann. Zu diesem Zweck sind Leerrohre mit 29 mm Innendurchmesser für jede Hauptleitung vorzusehen.

18.4.3 Zähleranlage

Die Zähleranlage umfasst die Zähler für die elektrische Energie, die Stromkreisverteiler mit Sicherungen sowie Steuereinrichtungen, z.B. eine Schaltuhr. Diese Geräte müssen vor Feuchtigkeit, Verschmutzung und Beschädigung geschützt sein und befinden sich deshalb in einem Zählerschrank **(Bild 3)**. Zähleranlagen sind in leicht zugänglichen Räumen wie Fluren oder Vorräumen unterzubringen. Der Einbau soll in Nischen nach DIN 18013 erfolgen. Teile der elektrischen Anlage, in denen ungezählter Strom fließt, werden plombiert.

18.4.4 Verteilung und Absicherung der Einzelstromkreise

Der elektrische Strom wird von den Zählern aus über Hauptleitungen zu den Verteilerkästen in den einzelnen Wohnungen geführt. Diese Leitungen sind unter Putz gelegt. Im Verteilerkasten wird der Strom auf Einzelstromkreise für Räume bzw. Geräte verteilt. Jede Leitung ist im Verteilerkasten einzeln abgesichert. In den Verteilerkästen können auch Schaltgeräte und Schutzeinrichtungen, z.B. Fehlerstromschutzschalter (Seite 53), untergebracht sein.

18.4.5 Elektroinstallation der Einzelstromkreise

Die Elektroinstallationen werden mit Schaltzeichen im Bauplan eingetragen **(Tabelle 1)**. Als Beispiel ist die Elektroinstallation in einer Küche und dem angrenzenden Esszimmer dargestellt **(Bild 1)**.

Wichtige Teile der Elektroinstallation sind Schalter und Anschlussstellen. Ein einfacher Schalter zum Ein- und Ausschalten eines Elektrogerätes, z.B. einer Lampe, heißt Ausschalter. Soll eine Lampe von zwei Stellen aus betätigt werden, so sind zwei Wechselschalter vorzusehen. Bei drei oder mehr Schaltstellen, z.B. bei einer Treppenhausbeleuchtung, werden meist Stromstoßschalter (Relais) verwendet, die jeweils von den Schaltstellen aus durch Taster gesteuert werden.

18.4.6 Informationsanlagen

Die Informationsanlagen beim Hausbau beinhalten alle Anlagen, die Informationen für den Bewohner und an den Bewohner des Hauses übermitteln können. Beim modernen Wohnungsbau spielen diese Anlagen besonders im Bereich der Kommunikations- und Unterhaltungstechnik eine immer wichtigere Rolle.

Zu diesen beim Hausbau notwendigen Informationsanlagen gehören:

- Fernmeldeanlagen
- Antennenanlagen
- Hauskommunikationsanlagen
- Überwachungs- und Alarmanlagen

Alle diese Anlagen sind bereits bei der Planung zu berücksichtigen und für spätere Erweiterungen mit einer ausreichenden Anzahl von Leerrohren vorzubereiten.

18.4.7 Einrichtungen der Gebäudesystemtechnik

Durch die gestiegenen Ansprüche an die moderne Elektroinstallation wird die **Gebäudesystemtechnik (GST)** immer wichtiger **(Bild 2)**. Dabei gewinnen **Installationsbus-Systeme** zunehmend an Bedeutung.

Installationsbus-Systeme

- KNX/EIB
  KNX, Abk. für Konnex Association
  EIB, Abk. für Europäischer Installations Bus
- LON, Abk. für Local Operating Network
- LCN, Abk. für Local Control Network

Ein Installationsbus-System ermöglicht eine Gebäudesystemtechnik zum Messen, Steuern, Regeln, Schalten, Melden und Überwachen.

Tabelle 1: Schaltzeichen elektrischer Anlagen

Zeichen	Bezeichnung	Zeichen	Bezeichnung
⊣ᴋ	Schutzkontaktsteckdose	⊟	Zähler
⊣ᴋ	Doppelschutzkontaktsteckdose	⊥ϑ	Temperaturmelder (Thermostat)
⊣[	Antennensteckdose	⊡	Elektro-Herd
⊣✕	Leuchte, allgemein	≋	Mikrowellenherd
⊣⊗	Leuchtstofflampe	⊖	radialer, elektrisch betriebener Lüfter
✗	Ausschalter	∞	Ventilator
✗	Wechselschalter	⊣✳	Kühlgerät
⊣D	Wecker, Klingel	⊣•••	Gefriergerät
⊥	Türöffner	▥	Heizgerät

Bild 1: Beispiel für eine Elektroinstallation

Bild 2: Einsatzmöglichkeiten der Gebäudesystemtechnik

Bild 1: Installationsbus-System

Adern: rot/schwarz für +/-EIB-Bus;
gelb/weiß Reserve

Bild 2: Busleitung

TLN Teilnehmer (Busteilnehmer)

Bild 3: Installation mit KNX/EIB

Internetadressen zu den Installationsbus-Systemen, z. B.

www.knx.de
www.konnex.org
www.lon.de
www.lch.de

Bei der konventionellen Installation wird das 230-V-Netz gleichzeitig zur Energieübertragung und für die Steuerung, z. B. Ein- und Ausschalten eines Verbrauchers, verwendet. Die Installation, z. B. von Heizungs-, Klima- oder Beleuchtungsanlagen, erfordert oft viele Steuerleitungen mit einem hohen Installationsaufwand.

Installationsbus-Systeme sind dezentral aufgebaut, d. h. für die Vernetzung elektrotechnischer Geräte wird keine zentrale Leitstelle benötigt **(Bild 1)**. Alle am Installationsbus angeschlossenen Geräte enthalten einen eigenen Mikrocontroller.

Beim Installations-System KNX/EIB erfolgt die Informationsübertragung und die Energieversorgung der Elektronik über eine zusätzlich zum Energienetz verlegte Busleitung mit 24-V-Gleichspannung **(Bild 2)**. Diese ermöglicht daher eine leichte und übersichtliche Installation **(Bild 3)**. Alle busfähigen Geräte liegen an der gleichen Übertragungsleitung und werden von der Zentrale über ihre Kennnummer gesteuert. Bei der Nutzungsänderung einer Anlage ist keine neue Verdrahtung, sondern nur ein Umprogrammieren erforderlich.

> KNX/EIB ist ein international anerkannter Standard für die Haus- und Gebäudesystemtechnik.

Die an die Busleitung angeschlossenen busfähigen Geräte (Bild 3) unterteilt man in

- **Sensoren,**
- **Aktoren** und
- **Systemkomponenten.**

Sensoren sind Befehlsgeber, z. B. ein Taster oder ein Helligkeitssensor. Sie erfassen physikalische Zustände und übertragen elektrische Signale als Datentelegramme über die Busleitung.

Aktoren sind Befehlsempfänger, z. B. Schaltausgänge oder Dimmer, die Datentelegramme empfangen und die gewünschte Aktion, z. B. Schalten oder Dimmen, ausführen.

Systemkomponenten sind z. B. die Busspannungsversorgung (DC 24 V), Buskoppler zur Verbindung verschiedener Busabschnitte oder Datenschnittstellen.

Vorteile eines Installationsbus-Systems

- Hoher Bedienungskomfort
- Flexibilität bei Nutzungsänderungen
- Einsparung von Energiekosten
- Sicherheit durch Überwachung
- Möglichkeit zum Anschluss „intelligenter Zähler", auch englisch „Smartmeter" genannt

18.4.8 Visualisierung der Gebäudeautomation

Die Betriebszustände und Betriebswerte der Betriebsmittel eines Gebäudes können durch eine Visualisierung auf dem Bildschirm, z. B. eines PCs, übersichtlich dargestellt, überwacht und gesteuert werden (Bild 1).

Darstellung von Betriebszuständen und Betriebswerten

Anzeigen auf dem Bildschirm sind z. B.

- Beleuchtungen ein- oder ausgeschaltet,
- Fenster und Türen offen oder geschlossen,
- Jalousien auf- oder heruntergefahren und
- Innen- und Außentemperaturen.

Zentrale Steuerung sind z. B.

- Ein- und Ausschalten von Beleuchtungen,
- Ein- und Ausschalten von Heizungen,
- Auf- und Herunterfahren von Jalousien und
- Aufruf von Lichtstimmungen (Lichtszenen).

Stör- und Alarmmeldungen können angezeigt und akustisch signalisiert werden, z. B. bei Defekt einer Heizung oder bei Rauchentwicklung.

Die Steuerung und Visualisierung von Busfunktionen kann z. B. mit einem Info-Display (Bild 1) oder mit einem Touch-Panel erfolgen (Bild 2). Die Einbindung eines Touch-Panels in das Installationsbus-System geschieht über die EIB-Tool-Software ETS.

Für die Darstellung von Betriebszuständen und zur zentralen Steuerung mit einem PC ist eine spezielle Visualisierungssoftware erforderlich.

Bei der Visualisierungssoftware sind die Bedien- und Meldesymbole vorgegeben und müssen nicht gesondert programmiert werden. Betriebszustandsmeldungen, z. B. „Jalousie oben", werden wahlweise mit Symbolen oder Text angezeigt. Mit einfach angeordneten Bedienelementen lassen sich z. B. Sollwerte verändern und Zeitprofile eingeben.

Fernsteuerung und Fernüberwachung

Installationsbus-Systeme lassen sich über Telefon im Festnetz, Mobiltelefon und Internet fernsteuern und fernüberwachen. Ein eingebauter Webserver ermöglicht den Zugriff über das Internet (Bild 3).

Bild 1: Informations-Display

Bild 2: Touch-Panels

Bild 3: Steuern und Melden über Internet

523

Tabelle 1: Symbole für Gefahrenmeldeanlagen (nach DIN VDE 0833 – Auswahl)			
Symbol	Bezeichnung	Symbol	Bezeichnung
▢	Magnetkontakt	V	Verteiler
⊢∘	Glasbruch-melder	85	akustischer Signalgeber
◁∷	Infrarot-Bewegungs-melder	⊗	optischer Signalgeber
[	Ultraschall-Bewegungs-melder	↘	Rauchmelder
⊓⊓⊓	Alarmdrahtglas	◁	Rauchwarn-melder
Z	Zentrale der Gefahren-meldeanlage	🔑	Schaltein-richtung

18.4.9 Gefahrenmeldeanlagen

Gefahrenmeldeanlagen warnen vor Einbrüchen und Bränden. Für Gefahrenmeldeanlagen gibt es genormte Symbole **(Tabelle 1)**.

Gefahrenmeldeanlagen
- **Einbruchmeldeanlagen**
  – Vorfeldüberwachung
  – Außenhautüberwachung
  – Raumüberwachung
- **Brandmeldeanlagen**

Einbruchmeldeanlagen sollen bereits bei unbefugter Annäherung, aber spätestens beim gewaltsamen Eindringen in den zu schützenden Bereich Alarm auslösen.

Einbruch**m**elde**a**nlagen **(EMA)** können aus Vorfeld-, Außenhaut- und Raumüberwachung bestehen.

Vorfeldüberwachungen sollen bereits alarmieren, wenn ein Unbefugter versucht, das gesicherte Grundstück zu betreten. Man setzt diese Anlagen besonders im sicherheitsrelevanten Bereich staatlicher oder industrieller Anlagen ein.

Außenhautüberwachung sichert z.B. Fenster, Türen und Wände gegen Durchbruch und gegen gewaltsames Öffnen **(Bild 1)**.

Die Melder der Vorfeldüberwachung und Außenhautüberwachung lösen bereits Alarm aus, wenn ein Unbefugter versucht, in den überwachten Bereich einzudringen.

Brandmeldeanlagen reagieren auf Rauchgase und auf plötzlichen Temperaturanstieg. Sie machen bereits beim Entstehen des Brandes auf die Gefahr aufmerksam.

Nach DIN 14676 müssen in Wohnungen Schlafräume, Kinderzimmer und Flure, über die Rettungswege von Aufenthaltsräumen führen, mit jeweils mindestens einem Rauchwarnmelder ausgestattet sein. Die Rauchwarnmelder müssen so angebracht und betrieben werden, dass Brandrauch frühzeitig erkannt und gemeldet wird. Diese Rauchmelderpflicht wird in der jeweiligen Landesbauordnung definiert. Beispielsweise für Bayern besteht die Pflicht seit dem 1. Januar 2013 für alle Neubauten mit Übergangsfrist für Bestandsbauten bis zum 31.12.2017.

optischer Signalgeber
akustischer Signalgeber
Magnetkontakt
Glasbruchmelder
Infrarot-Bewegungsmelder
Verteiler
Zentrale der EMA
Schalteinrichtung mit Blockschloss
Alarmdrahtglas
Verteiler
Bewegungsmelder für Außenbeleuchtung

Bild 1: Überwachungsbereiche einer Einbruchmeldeanlage

Das deutsche **Gesetz für den Vorrang Erneuerbarer Energien** (Kurzfassung **Erneuerbare-Energien-Gesetz, EEG**) soll im Interesse des Klima- und Umweltschutzes eine nachhaltige Entwicklung der Energieversorgung ermöglichen, die volkswirtschaftlichen Kosten der Energieversorgung auch durch die Einbeziehung langfristiger externer Effekte verringern, fossile Energieressourcen schonen und die Weiterentwicklung von Technologien zur Erzeugung von Strom aus Erneuerbaren Energien fördern. Es dient somit insbesondere dem Klimaschutz und gehört zu einer ganzen Reihe gesetzlicher Regelungen, mit denen die Abhängigkeit von fossilen Energieträgern wie Erdöl, Erdgas oder Kohle und Kernkraft verringert werden soll. So schreibt das Erneuerbare-Energien-Wärmegesetz EEWärmeG eine Nutzung von erneuerbaren Energien bei der Wärmeerzeugung vor. Diese Gesetze haben in der Gebäudetechnik sowohl für die Planung neuer als auch die Renovierung älterer Bauwerke eine nachhaltige Wirkung.

Bei der Stromerzeugung aus erneuerbaren Energien werden Energieträger eingesetzt, die ihren Energieinhalt ständig erneuern, d.h. sie sind praktisch unerschöpflich. Diese Energieträger nennt man regenerative Energieträger. Sie beziehen ihren Energieinhalt im Wesentlichen aus der Sonnenenergie, aus der Rotationsenergie der Erde oder aus der Erdwärme.

Stromerzeugung aus erneuerbaren Energien
• Fotovoltaikanlagen
• Biogasanlagen
• Wasserkraftwerke
• Windkraftanlagen
• Geothermische Wärmekraftwerke

Fotovoltaikanlagen wandeln Sonnenenergie direkt in elektrische Energie um **(Bild 1)**. Hauptbestandteile dieser Anlagen sind Solarzellen, die zu Solarmodulen zusammengeschaltet werden. Die Stromerzeugung einer Fotovoltaikanlage schwankt, weil die Sonne je nach Jahreszeit und Bewölkung unterschiedlich stark scheint **(Bild 2)**. Bei wolkenlosem Himmel und bei senkrechter Sonneneinstrahlung beträgt die Energieeinstrahlung in Deutschland etwa 1000 W/m².

Solarzellen haben eine Bemessungsspannung von 0,5 V bis 0,6 V, ihr Bemessungsstrom beträgt bei einer Fläche von 0,01 m² ungefähr 3 A **(Bild 3)**. Solarzellen sind Halbleiterbauelemente, die Lichtstrahlung direkt in elektrische Energie umwandeln.

Solarmodule bestehen aus einzelnen Solarzellen. Bei Reihenschaltung von Solarzellen addieren sich die Spannungen, bei Parallelschaltung können größere Ströme entnommen werden. Der Arbeitspunkt (MPP), bei dem die Solarmodule bei konstanter Sonneneinstrahlung die maximale Leistung abgeben können, liegt im Knickbereich der Kennlinien **(Bild 4)**.

Bild 1: Fotovoltaikanlage

Wetter	klarer, blauer Himmel	Sonne bricht durch	Hochnebel diesig	trüber Wintertag
Sonneneinstrahlung	1000 W/m²	600 W/m²	300 W/m²	100 W/m²
abgegebene elektrische Leistung	180 W/m²	180 W/m²	54 W/m²	18 W/m²

Bild 2: Wetterverhältnisse und Sonneneinstrahlung

Bild 4: Kennlinien einer Solarzelle mit $A = 0{,}01$ m² bei Sonneneinstrahlung 1 kW/m²

Bild 3: Solarzellen

Bild 1: Fotovoltaikanlage für Inselbetrieb

b) mit Zwischenspeicherung

a) für Direktbetrieb

Bild 2: Aufbau einer Fotovoltaikanlage

Bild 3: Fotovoltaikanlage mit Nachführung

Die Leistungsabgabe erreicht dort ihren höchsten Wert. Ein Solarmodul mit einer Fläche von 0,6 m² kann bei einer Bemessungsspannung von etwa 18,2 V einen Strom von ungefähr 5 A abgeben. Bei Betrieb mit Leistungsanpassung, z.B. nach Anpassung durch den Wechselrichter, kann die Leistungsabgabe des Solarmoduls bis 90 W betragen.

Betriebsarten von Fotovoltaikanlagen

- Anlagen für Gleichstromverbraucher
  - zum Direktbetrieb der Verbraucher und
  - mit Zwischenspeicherung in Akkus **(Bild 1)**.
- Anlagen für Wechselstromverbraucher
  - im Inselbetrieb (Bild 1) und
  - mit Einspeisung in das öffentliche Netz.

Fotovoltaikanlagen für Wechselstromverbraucher bestehen aus

- Fotovoltaikgenerator (PV-Generator),
- Generatoranschlusskasten,
- Freischalteinrichtung
- Wechselrichter und
- Netzkoppelstelle nur bei Netzeinspeisung **(Bild 2)**.

Fotovoltaikgeneratoren fassen die in Reihe geschalteten Solarmodule zu Strängen zusammen, die im Generatoranschlusskasten auf die Gleichstromhauptleitung zusammengeführt werden (Bild 2).

Freischalteinrichtung. Ein Gleichstrom-Lasttrennschalter trennt die Gleichstromseite, z.B. bei Instandsetzungsarbeiten, vom Wechselrichter. Er befindet sich in der Nähe des Wechselrichters (Bild 2).

Wechselrichter wandeln den in der Fotovoltaikanlage erzeugten Gleichstrom in Wechselstrom um. Bei Einspeisung in das Versorgungsnetz sind netzgeführte Wechselrichter erforderlich. Sie passen Höhe, Frequenz und Phasenlage der Ausgangsspannung an das Versorgungsnetz an und unterbrechen, z.B. bei Netzausfall, die Einspeisung in das Versorgungsnetz innerhalb von 5 s.

Fotovoltaikanlagen mit Nachführung

Ist die Fotovoltaikanlage auf einem Flachdach installiert und mit einer Nachführung **(Bild 3)** versehen, d.h. die Anlage folgt dem Sonnenlauf, kann von einer 10% bis 20% höheren Leistung ausgegangen werden. Dieser größeren Stromerzeugung stehen bei einer Anlage mit Nachführung allerdings ca. 30% höhere Investitionskosten gegenüber.

18.5 Putz

Unter Putzen versteht man das Aufbringen eines Mörtelbelages aus mineralischen Bindemitteln mit oder ohne organischen Zuschlag auf Außenwände, Innenwände und Decken **(Bild 1)**. Nach den Anforderungen, die an Putzflächen gestellt werden, ist das Putzverfahren vom Putzaufbau zu unterscheiden. Werden Gipsplatten ohne Unterkonstruktion durch Ansetzgips an Innenwänden befestigt, so spricht man von Trockenputz oder Wandtrockenputz. Zur Wärmedämmung werden Wärmedämmputzsysteme und Wärmedämmverbundsysteme eingesetzt. Besondere Beachtung kommt dabei der Vermeidung von Putzschäden zu.

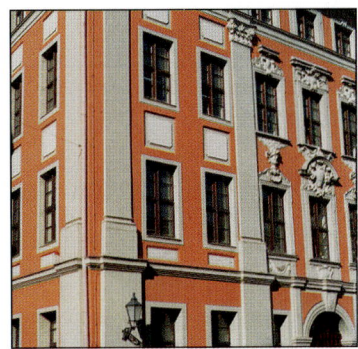

Bild 1: Putzfassade

18.5.1   Putzverfahren

Das Putzverfahren unterscheidet man in Arbeits- und Putzweisen.

18.5.1.1 Arbeitsweisen

Zum Putzen sind Putzwerkzeuge notwendig, womit die Putzlagen gleichmäßig dick aufgetragen werden. Das Putzen kann von Hand oder mit der Putzmaschine erfolgen. Die Putzwerkzeuge dienen zum Anwerfen, Aufziehen, Glätten sowie Anreißen und Prüfen lotrechter, waagerechter und geneigter Putzflächen. Wichtige Werkzeuge sind Kelle, Glätter (Traufel), Aufzieher, Reibebrett, Filzscheibe, Richtscheit und Lehrlatte **(Bild 2)**.

Bild 2: Putzwerkzeuge

Witterungseinflüsse müssen sowohl beim Herstellen von Außenputzen als auch von Innenputzen berücksichtigt werden. Sind die Putzflächen dem Regen ausgesetzt oder wenn Frostgefahr besteht, dürfen Putzarbeiten nicht ausgeführt werden. Zu schnelles Austrocknen von Außen- und Innenputzen durch starke Sonneneinstrahlung oder Zugluft sind durch besondere Schutzmaßnahmen (Nachbehandlung) zu vermeiden.

Beim **Putzen von Hand** ist der Mörtel mit der Putzkelle kräftig anzuwerfen, um die Luft aus den Oberflächenporen des Putzgrundes zu verdrängen und damit eine ausreichende Putzhaftung zu erzielen. Eine nächste Lage Mörtel darf erst angeworfen werden, wenn die vorhergehende so weit erhärtet ist, dass sie die neue Putzlage tragen kann.

Das **Putzen mit Maschine** wird am häufigsten ausgeführt. Dabei erfolgt der Putzauftrag mit einer Putzmaschine, die aus einem Mischpumpenmodul mit Förderpumpe, einem Behälter- oder Siloanschlussmodul sowie einem Steuerungsmodul besteht. Die Mischpumpe ist über den Förderschlauch mit dem Mörtelauftraggerät (Spritzkopf) verbunden **(Bild 3)**.

18.5.1.2 Putzweisen

Die Putzweise ist das Verfahren, die Oberfläche eines Putzes zu bearbeiten und zu gestalten. Man unterscheidet nach DIN V 18550 z.B. gefilzten oder geglätteten Putz, Reibeputz, Kratzputz, Spritzputz, Kellenstrichputz, Scheibenputz, Kellenwurfputz und Waschputz. Besondere Putzweisen sind z.B. Sgraffito, Stuck als Stuckputz, Stuckmarmor und Stuckolustro sowie der Lehmputz. Diese Putzweisen können je nach Bindemittel bei Innen- oder Außenputzen angewendet werden.

Bild 3: Putzen mit Maschine

527

Bild 1: Geriebener Putz

Bild 2: Kratzputz

Bild 3: Spritzputz

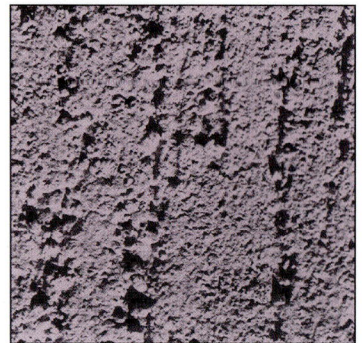

Bild 4: Scheibenputz

Der Mörtel für **Glätt- und Reibeputze** soll möglichst wasserarm sein. Er ist in kleinen Flächen anzuwerfen und in gleichmäßigen Arbeitsgängen fertigzustellen **(Bild 1)**. Reiben oder Glätten darf nicht zu lange erfolgen. Sobald die Putzoberfläche blank wird, muss man mit Glätten bzw. Reiben aufhören. Bei zu langem Abreiben wird die Mörteloberfläche mit übermäßig viel Bindemittel angereichert, wodurch Schwindrisse entstehen.

Der **Kratzputz** gehört zu den Rauputzen **(Bild 2)**. Durch Kratzen wird die bindemittelreichere Oberschicht aufgeraut; die Schwindrissbildung wird dadurch vermieden. Zum Kratzen eignen sich z.B. Nagelbretter. Gekratzt werden darf erst bei geeigneter Putzhärte, die Voraussetzung für das sauber abspringende Korn ist. Die Putzfläche ist anschließend mit einem weichen Besen abzukehren.

Der **Spritzputz** hat eine ähnliche Oberfläche wie der Kratzputz **(Bild 3)**. Er wird häufig mit dem maschinellen Putzgerät aufgetragen. Der Mörtel soll aus feinkörnigen Sanden bestehen. Eine gleichmäßige Oberfläche lässt sich durch mehrmaliges Spritzen erreichen. In der Regel erfolgt dies in drei Lagen, wobei jede Lage in eine andere Richtung zu spritzen ist.

Der **Kellenstrichputz** ist dadurch gekennzeichnet, dass der angeworfene und angezogene Mörtel mit einer Glättkelle verdichtet wird. Der einzelne Kellenstrich bleibt jedoch sichtbar. Er kann waagerecht, bogenförmig oder fächerförmig geführt werden, wodurch sich jeweils eine andere Oberflächenwirkung ergibt.

Die Struktur des **Scheibenputzes** entsteht beim Verreiben der Oberschicht durch das Grobkorn **(Bild 4)**. Das Grobkorn von 2 mm oder 4 mm bei Sanden rollt dabei auf dem festen Untergrund und bildet Rillen. Mit dem Reibebrett kann waagerecht, senkrecht oder bogenförmig verrieben werden.

Der **Kellenwurfputz** erhält seine Oberfläche durch das Anwerfen des Mörtels mit der Kelle. In der Regel wird eine Gesteinskörnung der Korngröße bis etwa 10 mm verwendet. Der Kellenwurfputz gehört zu den sehr rauen Putzen.

Das **Sgraffito** ist ein aus mehreren farbigen Putzlagen herausgekratztes Bild mit Linien- oder Flächenstruktur. Die einzelnen Lagen dieses Putzes heißen Unterputz, Kratzgrund und Kratzschicht. Der Kratzgrund umfasst die farbigen Schichten, die einzeln nacheinander mit jeweils 5 mm Dicke aufgetragen werden. Die Deckschicht als Kratzschicht besteht in der Regel aus einem hellen Mörtel. Das Herstellen des Sgraffitos erfordert genaue Zeichnungen und Schablonen sowie eine geübte Hand.

Mit **Stuck** bezeichnet man einen Stuckputz, der nach dem Auftragen durch Ziehen oder Abscheiben mit Lehren oder Schablonen geformt wird. Für Stuckputz eignet sich am besten Gipsmörtel, dem für längere Verarbeitungszeiten Leim oder Verzögerer zugesetzt werden können.

Der Mörtel für **Stuckmarmor** wird aus feinem Alabastergips oder Marmorgips unter Beimischung von Farbpigmenten hergestellt und auf den Putzgrund aus Stuckgips aufgetragen. Die gespachtelte und polierte Oberfläche, die dem nachzuahmenden Marmor entsprechen muss, ist nach dem Austrocknen zu wachsen.

Als **Stuckolustro,** der sich auch als Außenputz eignet, bezeichnet man eine dem Stuckmarmor ähnliche Putzoberfläche, bei der Kalk als Bindemittel verwendet wird. Der Putzaufbau besteht aus drei Schichten, wobei als letzte Schicht ein Marmormörtel aus pigmentiertem Kalkteig verwendet wird. Diese wird nach dem Erhärten mit einem erwärmten Stahl geglättet und eingewachst.

Als Naturbaustoff findet **Lehmputz** im Zusammenhang mit dem ökologischen Bauen und der Erhaltung alter Bausubstanz Verwendung. Lehmputze werden über Lehmsteinmauerwerk und Lehmfüllungen mit eingebundenem Stroh- oder Schilfhäcksel in Holzbalkendecken oder Fachwerkwänden aufgezogen **(Bild 1)**. Der lehmgebundene Mörtel besteht meist aus einer Mischung von Lehm, Quarzsand und Kalkhydratteig. Als Zusätze können feines Strohhäcksel, Rinderhaare sowie Molke und Quark beigemischt werden. Er kann dünnschichtig als Innenputz oder mehrschichtig als Außenputz mit glatter, geriebener oder strukturierter Oberfläche aufgetragen werden.

18.5.2 Putzaufbau

Der Aufbau des Putzes richtet sich nach den Putzanforderungen und dem Putzgrund. Die Putzlagen werden in mehreren Arbeitsgängen aufgetragen, um die geforderten Putzdicken für den Putzaufbau zu erreichen **(Bild 2)**.

18.5.2.1 Anforderungen an den Putz

Die Anforderungen an Putze sind nach der Putzanwendung für Außenputze und Innenputze verschieden. Besondere Anforderungen können z.B. an Sockelputze oder wasserabweisende Putze gestellt werden.

Außenputze müssen witterungsbeständig sein. Die Beanspruchung durch Frost, Feuchtigkeit und Sonneneinstrahlung darf nicht zur Zerstörung führen. Deshalb bestehen Außenputze in der Regel aus Kalk- und Zementmörteln. Das bauphysikalische Verhalten der Putze wird besonders vom Saugverhalten und von der Wasserdampfdurchlässigkeit bestimmt. Zementmörtel haben im Allgemeinen geringes Saugvermögen.

Außenputze bewohnter Räume müssen ausreichend wasserdampfdurchlässig sein, um bei der Dampfdiffusion von innen nach außen keinen Feuchtigkeitsstau auf der Innenseite des Außenputzes entstehen zu lassen **(Bild 3)**. Wasserhemmende und wasserabweisende Putze vermindern das Eindringen des Regenwassers, müssen aber wasserdampfdurchlässig sein. Diese Anforderung kann mit Mörtel der Kategorie CS II bei günstigem Kornaufbau erreicht werden. Wasserabweisende Putze aus Mörtel der Kategorien CS II und CS III mit und ohne chemische Zusätze sind dicht gegen drückendes Wasser. Ihre Wasseraufnahme ist sehr gering. Diese Putzart eignet sich besonders für Sockelputze und für Kellerwandaußenputze.

Mit **Innenputzen** werden ebene Flächen an Decken und Wänden hergestellt. Ihre feuchteregelnde Eigenschaft fördert die Behaglichkeit der Räume. Um ebene Flächen zu erhalten, werden häufig dünne Feinschichten aufgetragen. Mit dem Aufbringen der Feinschicht

Bild 1: Lehmputz

Bild 2: Putzaufbau

Bild 3: Dampfdiffusion

Bild 4: Raumklimaregelnde Eigenschaft des Putzes

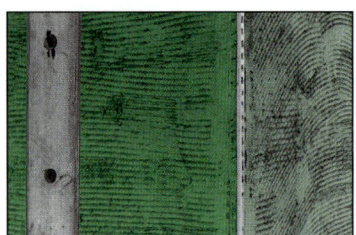

Bild 1: Aufgerauter Unterputz

Tabelle 1: Beispiele von Putzsystemen für Außenputze

Zeile	Anforderung bzw. Putzanwendung	Kategorie für Unterputz	Kategorie bzw. Beschichtungsstoff-Typ für Oberputz
1		–	CS I
2		CS I	CS I
4 a	ohne besondere Anforderung	CS II	CS I
4 b		CS II	CS I
5 a		CS II	CS II
12 a	wasser-hemmend	CS II	CS I
12 b		CS II	CS I
13 a		CS II	CS II
20 a	wasser-abweisend	–	CS II
20 b		–	CS II
21 a		CS II	CS II
21 b		CS II	CS II
24	Kellerwand-außenputz	–	CS III
25		–	CS III [b]
26	Außensockel-putz		CS III [b]
27		CS III	CS III [b]
30		CS III	CS II [b]
31		CS II	CS II [b]
32 [d]		CS II	CS II [b]

[a] Nur bei Beton mit geschlossenem Gefüge als Putzgrund.
[b] Ein Sockelputz sowie im Kellerwandaußenputz sind im erdgehärteten Bereich immer abzudichten. Der Putz dient als Träger der vertikalen Abdichtung.
[c] > 2,5 N/mm²
[d] Gilt nur für Sanierputze.

Tabelle 2: Beispiele von Putzsystemen für Innenputze

Zeile	Anforderung bzw. Putzanwendung	Kategorie bzw. Beschichtungsstoff-Typ für Unterputz	Kategorie bzw. Beschichtungsstoff-Typ für Oberputz [a]
1		–	CS I
2		CS I	CS I
3		–	CS II
4 a		CS II	CS I
6 c	übliche Beanspruchung	CS III	CS II
6 d		CS III	CS III
6 e		CS III	Dispersionsputz
6 f		CS III	
7		–	B1
13 b	Feuchträume	–	CS III
14 a		CS III	CS III
14 b		CS III	CS III
14 c		CS III	
14 d		CS III	Dispersionsputz
15		–	

[a] Oberputze dürfen mit abschließender Oberflächengestaltung oder ohne ausgeführt werden (z. B. bei zu beschichtenden Flächen).
[b] Druckfestigkeit ≥ 2,0 N/mm².
[c] Nur bei Beton mit geschlossenem Gefüge als Putzgrund.
[d] Dünnlagige Oberputze.

sollte so lange gewartet werden, bis der Unterputz erhärtet ist. Bei Feinschichten aus Baugips ist der Unterputz aus Mörtel der Kategorie CS I mit Gipszusatz oder aus Mörtel der Kategorien CS II oder B1 auszuführen. Die raumklimaregelnde Eigenschaft des Innenputzes beruht vor allem auf der Wasserdampfaufnahme und -abgabe innerhalb bewohnter Räume (**Bild 4,** Seite 529).

18.5.2.2 Putzgrund

Als Putzgrund wird die zu putzende Fläche bezeichnet; sie kann rau oder glatt sein.

Rauer Putzgrund, z. B. Leichtbetonsteine aus Naturbims, bieten dem Mörtel genügend Haftfähigkeit. Der kräftig anzuwerfende Mörtel dringt in die Hohlräume des Putzgrundes ein und kann sich gut verzahnen.

Glatter Putzgrund bietet dem Mörtel nicht genügend Haftfähigkeit, z. B. bei Beton, Ziegel- und Kalksandsteinmauerwerk oder auch bei Holz und Stahl. Bei glattem Putzgrund erreicht man eine bessere Haftfähigkeit durch einen Spritzbewurf oder durch Anbringen von Putzträgern. Für den Spritzbewurf ist Mörtel der Kategorie CS II bis CS IV oder B1 zu verwenden . Der Sand soll grobkörnig sein. Der Spritzbewurf wird mit der Kelle angeworfen oder mit der Maschine aufgespritzt. Auf den Spritzbewurf darf Putz erst dann aufgetragen werden, wenn der Bewurf mit der Hand nicht mehr abgerieben werden kann; in der Regel sind 12 Stunden zu warten. Putzträger, z. B. Holzwolle-Leichtbauplatten, Gips-Putzträgerplatten, Metallputzträger, Rohrmatten oder Ziegeldrahtgewebe, sind ausreichend zu befestigen.

18.5.2.3 Putzlagen

Die in getrennten Arbeitsgängen aufzubringenden Schichten bezeichnet man als Putzlagen, die in Putzsystemen aufeinander abgestimmt sind. Die unteren Lagen nennt man **Unterputz,** die obere Lage **Oberputz.** Der Oberputz (Edelputz) bestimmt das Aussehen der Putzfläche oder dient als Untergrund für die weitere Wandbehandlung. Die physikalischen Eigenschaften des Putzes, z. B. die Saugfähigkeit oder die Festigkeit, sind hauptsächlich vom Unterputz abhängig. Der Unterputz hat bei Außenputzen in der Regel eine mittlere Dicke von 15 bis 20 mm, der Oberputz kann bis 5 mm dick sein. Daraus ergibt sich für zweilagige Außenputze eine Dicke von etwa 2,0 bis 2,5 cm. Damit der Oberputz sich fest mit dem Unterputz verbinden kann, muss der Unterputz rau sein (**Bild 1**). Die Putzlagen sind in ihrer Mörtelzusammensetzung so aufeinander abzustimmen, dass der Oberputz gegenüber dem Unterputz üblicherweise eine geringere Festigkeit aufweist. Dadurch unterscheidet sich der Putzaufbau von Außenputzen (**Tabelle 1**) und Innenputzen (**Tabelle 2**).

Die Putzanwendung legt den Putz nach seiner Lage im Bauwerk fest. Dadurch ergibt sich die jeweilige Beanspruchung und das notwendige **Putzsystem.** Speziell abgestimmte Putzsysteme können beispielsweise verwendet werden bei Putzgründen mit Neigung zur Formänderung oder mit erheblichen Unregelmäßigkeiten im Putzuntergrund. Hier kann auf einen Leichtunterputz ein Armierungsputz mit vollflächiger Gewebeeinlage aufgebracht werden, der den Oberputz von Spannungen aus dem Untergrund entkoppelt.

Bei Außenputzen unterscheidet man Wandputze auf Flächen über dem Sockel, auf Kellerwänden, auf Außensockeln sowie Deckenputze auf Deckenuntersichten.

Bei Innenputzen unterscheidet man Wand- und Deckenputze für Räume üblicher Luftfeuchte einschließlich häuslicher Küchen und Bäder und für Feuchträume bei langzeitig einwirkender Feuchtigkeit. Sie werden fast ausschließlich als **Leichtputze** (Einlagenputze) der Mörtelgruppen CS I, CS II und B4 ausgeführt. Diese können ohne Putzgrundvorbehandlung in einem Arbeitsgang aufgetragen werden. Um die notwendige Festigkeit des Einlagenputzes zu erreichen, muss das Gewicht durch Luftporenbildner verringert werden. Deshalb spricht man auch von **Luftporenputz**. Außerdem verbessert sich die Wärmedämmung und die Wasserdampfdurchlässigkeit, wobei die Wasseraufnahmefähigkeit verringert wird. Innenputze sollen im Mittel 1 cm dick sein. Um gleichmäßig dicke und fluchtgerechte Putzflächen zu erzielen, können Putzlehren oder Putzleisten als Abziehhilfen auf dem Putzgrund eingebaut werden. Aus Rationalisierungsgründen können vor allem Innenputze auch als **Dünnlagenputze** (Spachtelputze) mit einer Dicke von 3 mm bis 6 mm aufgetragen werden. Voraussetzung dafür sind jedoch ebene Untergründe aus Beton oder Mauerwerk aus Plansteinen.

Bild 1: Trockenputz

18.5.3 Trockenputz

Trockenputz oder Wandtrockenputz sind Bekleidungen aus Gipsplatten (Seite 541), die mittels Ansetzgips direkt an den Innenwänden befestigt (angesetzt) werden **(Bild 1)**. Für das Herstellen von Trockenputz können sowohl geschosshohe Gipsplatten oder faserverstärkte Gipsplatten als auch entsprechende Verbundplatten zur Innendämmung von Gebäuden verwendet werden. Voraussetzung für den Einsatz von Trockenputz ist, dass die unverputzten Wände vollfugig und damit winddicht erstellt sind. Vor dem Ansetzen wird auf der Rückseite der Platte punkt- oder streifenweise Ansetzgips aufgetragen. Dabei unterscheidet man das Ansetzen direkt auf Mauerwerk sowie das Ansetzen auf Plattenstreifen **(Bild 2)**. Das Ansetzen auf Mauerwerk erfolgt bei Unebenheiten der Wand bis 20 mm. Bei Unebenheiten des Untergrundes von über 20 mm, wie z. B. bei Altbausanierungen, erfolgt das Ansetzen auf Plattenstreifen, die als Niveauausgleich dienen. Die angesetzten Gipsplatten werden fluchtgerecht ausgerichtet und die Plattenstöße nach dem Erhärten des Ansetzgipses mit Fugenfüller verspachtelt.

Bild 2: Wandtrockenputz

18.5.4 Wärmedämmputzsysteme

Wärmedämmputzsysteme für Außenputze bestehen aus mindestens zwei aufeinander abgestimmter Putzlagen, dem wärmedämmenden Unterputz und dem wasserabweisenden Oberputz.

Der Wärmedämmputz wird als Werk-Trockenmörtel aus mineralischem Bindemittel und organischem Zuschlag, vorwiegend aus expandiertem Polystyrol **(EPS)** mit ca. 75 % Volumenanteil, hergestellt. Der Oberputz (Edelputz) kann je nach Putzweise ein- oder zweischichtig sein und besteht aus mineralischem Bindemittel und Gesteinskörnungen. Die Dicke des Putzsystems richtet sich nach dem geforderten Wärmeschutz. Dabei muss der Dämmputz mindestens 20 mm und darf höchstens 100 mm dick sein. Die mittlere Dicke des Oberputzes liegt zwischen 10 mm und 15 mm.

Der Oberputz darf je nach Schichtdicke des Dämmputzes frühestens nach 7 Tagen aufgebracht werden **(Bild 3)**.

Bild 3: Wärmedämmputzsystem

531

Bild 1: Systemkomponenten

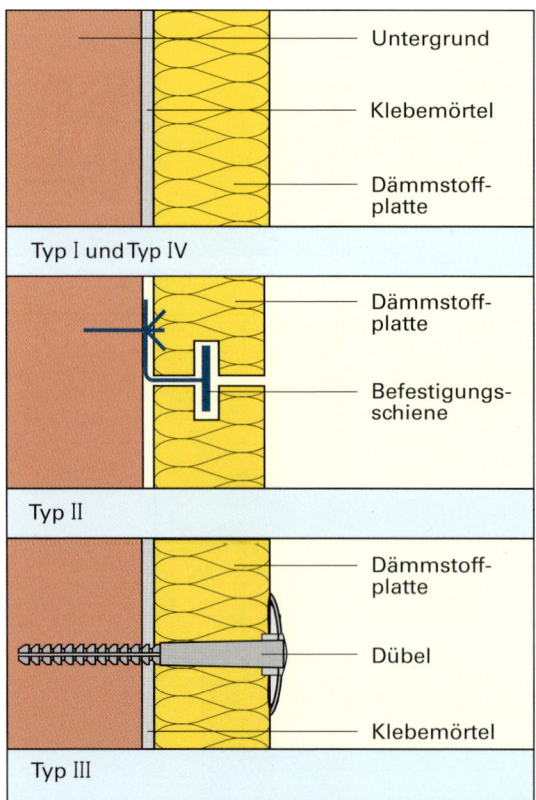

Bild 2: Befestigungstypen

18.5.5 Wärmedämmverbundsystem

Wärme**d**ämm**v**erbund**s**ysteme **(WDVS),** auch als Thermohaut oder Vollwärmeschutz bezeichnet, dienen der außenseitigen Wärmedämmung von Bauwerken. Durch die geforderte Minderung des Energiebedarfs in Verbindung mit der Reduzierung des CO_2-Ausstoßes durch die Energieeinsparungsverordnung (EnEV) ist die Wärmedämmung von Gebäuden eine große Herausforderung für die Bauwirtschaft. Bei Neubauten sind die Anforderungen an den Standard für Niedrigenergiehäuser einzuhalten und bei der Renovierung von Altbauten sind diese durch entsprechende Wärmeschutzmaßnahmen anzustreben. Dazu eignen sich besonders Wärmedämmverbundsysteme, die hinsichtlich Konstruktion und Ausführung den jeweiligen Anforderungen wie z.B. der gewünschten Energieeinsparung, angepasst werden können. Durch außenseitig gedämmte Außenwände als Teil der Gebäudehülle kühlen diese nicht mehr aus und wirken zusätzlich als Wärmespeicher im Winter bei abgesenkten Nachttemperaturen der Heizanlage. Im Sommer schützt die gedämmte Fassade vor starker Aufheizung der Innenräume. Dadurch werden das Wohnklima erheblich verbessert und temperaturbedingte Bauschäden weitgehend vermieden.

Aufbau des Wärmedämmverbundsystems

Der Systemgedanke mit genau abgestimmten Systemkomponenten für den mehrschichtigen Aufbau des Wärmedämmverbundsystems ist von grundlegender Bedeutung **(Bild 1)**. Dieser Aufbau, der standsicher auf dem Untergrund befestigt sein muss, besteht aus Dämmplatte, Armierungsmörtel mit Gewebeeinbettung und Oberputz (Edelputz). Die Systeme müssen bauaufsichtlich zugelassen sein und sind als herstellerbezogene Gesamtsysteme anzuwenden.

Dabei wird zum Nachweis der Standsicherheit in vier Befestigungstypen unterschieden **(Bild 2)**.

Typ I	WDVS mit geklebten Dämmstoffplatten aus Polystyrol-Hartschaum
Typ II	WDVS mit schienenbefestigten Dämmstoffplatten
Typ III	WDVS mit geklebten und gedübelten Dämmstoffplatten
Typ IV	WDVS mit geklebten Dämmstoffplatten aus Mineralwolle

Damit es nicht zu einer Bauteildurchfeuchtung, besonders der Wärmedämmschicht, kommen kann, ist bei allen Systemen sicherzustellen, dass ein Wasserdampfdruckgefälle von innen nach außen vorhanden und damit die Diffusionsoffenheit der Systemkomponenten gewährleistet ist.

Konstruktion und Ausführung eines Wärmedämmverbundsystems

Wärmedämmverbundsysteme können auf allen tragfähigen Untergründen ausgeführt werden. Die häufigsten Konstruktionen werden nach dem Befestigungstyp III hergestellt, da dieser meist allen Anforderungen gerecht wird **(Bild 1)**.

Zunächst muss das **Sockelprofil** entlang der Sockellinie mit Dübeln am Untergrund befestigt werden. Danach werden die **Dämmstoffplatten** mit einem geeigneten Klebemörtel an die zu dämmende Wand geklebt. Die Platten in einer Dicke von 8 cm bis 20 cm sind im Versatz in das **Klebemörtelbett** einzuschwimmen und fluchtgerecht anzupressen. Auf einen dichten und versatzfreien Fugenstoß ist zu achten.

Nach Erhärtung des Klebemörtels werden die Dämmstoffplatten mit dem Untergrund verdübelt. Länge, Art und Typ des **Systemdübels** richten sich nach der erforderlichen Verankerungstiefe im Untergrund, der Dämmstoffdicke und der eventuell vorhandenen Altputzlage sowie der Dicke des Klebemörtelbetts, die mit 10 mm angenommen wird.

Der **Dübeltyp** wird bestimmt nach der Lastklasse des Wärmedämmverbundsystems und den einwirkenden Windlasten am Gebäude. Dabei wird die regionale Windzone, in der das Bauwerk steht, ebenso berücksichtigt wie die Gebäudehöhe und die Windbeanspruchung an den jeweiligen Flächenbereichen der Fassade. Die Anzahl der Dübel, mindestens 4 Dübel und bis zu 16 Dübel je m^2 Dämmstofffläche, kann aus der **Dübeltabelle** ermittelt und die Verdübelung mit Schlag- oder Schraubdübel nach dem dazu passenden **Dübelschema** vorgenommen werden. Die Dübel haben zur durchstanzfreien Befestigung der Dämmplatte einen **Dübelteller** bis zu 14 cm Durchmesser.

Neben der Verdübelung erfolgt die Kanten- und Eckausbildung sowie die Ausführung der Bauteilanschlüsse, z.B. an Fenstern, Dach- und Sockelübergang. Hierzu werden Kantenprofile, Anputzleisten und Dichtbänder verwendet. Danach wird der **Armierungsmörtel,** der dem Klebemörtel entspricht, aufgebracht und mit einer Zahnspachtel aufgekämmt. In die 4 mm bis 8 mm dicke Armierungsmasse wird vollflächig ein **Armierungsgewebe** eingebettet. Zur Vermeidung von Kerbrissen wird an allen Eckbereichen wie z.B. an Tür- oder Fensterecken, zusätzlich ein diagonaler Gewebestreifen mit Eckeinschnitt eingearbeitet. Nach Aushärtung der Armierungsschicht, Standzeit mindestens 1 Tag/mm Schichtdicke, wird der gewünschte **Oberputz** (Edelputz) aufgetragen **(Bild 2)**. Als Abschluss erfolgt meist die Beschichtung mit einem farblich abgestimmten **Egalisationsanstrich**.

Oberputz (Edelputz)

Armierungsschicht

Tellerdübel

Dämmung geklebt

Sockelprofil gedübelt

Abdichtung

Perimeterdämmung

Armierungsschicht

Sockelputz

Tellerdübel

Bild 1: WDVS-Konstruktion, Sockelbereich

Bild 2: WDVS-Ausführung, Gebäudeecke

Bild 1: Sanierungsbedürftiger Sockelbereich

Transport der Feuchtigkeit in gelösten Salzen	Kristallisation der Salze im Porenraum des Sanierputzes	Verdunsten der Restfeuchtigkeit in der Umgebungsluft
Wandbauteil	**Putzdicke**	**Außenluft**

Bild 2: Funktionsprinzip des Sanierputzes

Diffusionsoffene Beschichtung

Sanierputz 2.Lage Dicke z.B. 1,5 cm

Porengrundputz 1.Lage Dicke z.B. 2,5 cm

Spritzbewurf CS III nicht volldeckend

Feuchtes und salzbelastetes Mauerwerk

Bild 3: Sanierputzsystem; Konstruktionsbeispiel

18.5.6 Sanierputz

Sanierputze (R) dienen zum Verputzen feuchter oder feuchter, salzhaltiger Untergründe, wie z. B. bei Mauerwerk. Sanierputze sind porenreiche Putze mit einem Porenanteil von >40 %, sehr hoher Wasserdampfdiffusionsfähigkeit und mit geringer Kapillarität. Die Sanierung feuchter und salzhaltiger Innen- und Außenwandflächen ist z. B. bei Altbauten, denkmalgeschützten Gebäuden, Keller- oder Sockelbereichen erforderlich (**Bild 1**). Dabei werden abgestimmte Putzsysteme angewendet, die im Merkblatt „Sanierputzsysteme" der „Wissenschaftlich-Technische Arbeitsgemeinschaft für Bauwerkserhaltung und Denkmalpflege e.V." (WTA) festgelegt.

Funktionsprinzip des Sanierputzsystems

Das Funktionsprinzip des Sanierputzes besteht darin, dass die aus dem durchfeuchteten Mauerwerk stammenden gelösten Salze kapillar in den Porenraum des Putzes transportiert werden und dort schadlos auskristallisieren können. Durch diese Kristallisation gelangt nur noch die verbleibende Feuchtigkeit an die Oberfläche, die dann in der Umgebungsluft verdunsten kann. Nachdem sich beim Auskristallisieren der Salze im Porenraum des Sanierputzes kein Kristallisationsdruck mehr aufbauen kann, bleibt das Putzgefüge unbeschädigt, wodurch Putzablösungen verhindert werden. Ebenso kann durch die hohe Wasserdampfdurchlässigkeit von Sanierputz und Beschichtung das durchfeuchtete Mauerwerk austrocknen (**Bild 2**).

Putzkonstruktion und Putzdicke

Das jeweilige Sanierungskonzept, auf Grundlage der WTA-Vorgabe sowie die Anwendungs- und Produktempfehlung des Herstellers, bestimmen die Putzkonstruktion und die Putzdicke.

Nach Beseitigung von Altputzflächen, die etwa bis 1,00 m über die sichtbare Schadenszone hinaus erfolgt, sind Fugen und Ausbrüche mit einem **Sanier-Ausgleichmörtel** zu schließen.

Danach erfolgt das Auftragen eines **Sanier-Vorspritzmörtels,** der nicht volldeckend aufgebracht werden darf. Bei schwacher Salzbelastung kann unter Beachtung der Standzeit von einem Tag je mm Putzdicke ein einlagiger **Sanierputz,** Mindestputzdicke 20 mm, in Schichten von etwa 10 mm Dicke aufgetragen werden. Bei hoher Salz- oder Sulfatbelastung erfolgt ein mehrlagiger Aufbau des Sanierputzsystems (**Bild 3**). Die Oberfläche des Sanierputzes ist meist gefilzt und kann eine diffusionsoffene Beschichtung erhalten. Sanierputze sind mineralische Putze der Mörtelkategorie CS II oder CS III mit dem jeweiligen Hauptbindemittel Portlandzement, HS-Zement oder Trasszement.

Putzsysteme für Außensockelputz und Kellerwandaußenputz müssen neben den Anforderungen an Putzsysteme für Außenwandputze wasserabweisend sein (Tabelle 1, Seite 530). Um den erhöhten Anforderungen wie Witterungs- und Stoßbelastung im Sockelbereich zu entsprechen, werden für **Sockelputze** meist Zementputze aus Werktrockenmörtel (CS IV) verwendet. Als Oberputze können auch Kunstharzputze eingesetzt werden. Üblicherweise wird beim einlagigen- oder mehrlagigen Sockelputz eine Putzarmierung aus Glasfasergewebe eingebettet. Ebenso kann auf den Unterputz ein dünnschichtiger Armierungsputz aufgezogen werden. Anschließend folgt der mineralische oder organische Oberputz sowie die gewünschte Farbbeschichtung. Für das Aufbringen der Außensockelputze auf den unterschiedlichsten Putzgründen sind die Gebrauchsanweisungen der Produkthersteller zu beachten.

Für **Kellerwandaußenputze** auf Mauerwerk werden grundsätzlich Zementputze verwendet. Neben dem Ausgleichen von Steinoberflächen und Fugen dienen sie als Träger unterschiedlicher Abdichtungssysteme im erdberührten Wandbereich. **Putzdicken** und **Standzeiten** für Außensockelputz und Kellerwandaußenputz richten sich nach den Ausführungen für Außenwandputze sowie nach den entsprechenden Werksangaben.

Tabelle 1: Putzsysteme für Kellerwandaußenputz und Außensockelputz

Anforderung bzw. Putzanwendung	Hauptbindemittel für Unterputz	Druckfestigkeitskategorie des Unterputzes nach DIN EN 998-1	Hauptbindemittel bzw. Beschichtungsstoff-Typ für Oberputz	Druckfestigkeitskategorie des Oberputzes nach DIN EN 998-1
Kellerwandaußenputz	–	–	Zement	CS IV
Außensockelputz	–	–	Zement	CS IV
	Zement	CS IV	Zement	CS IV
	Zement	CS IV	Baukalk, Zement	CS III
	Baukalk, Zement	CS III	Baukalk, Zement	CS II
	Baukalk, Zement	CS II	Baukalk, Zement	CS II

Ein Sockelputz sowie ein Kellerwandaußenputz sind im erdberührten Bereich immer abzudichten. Der Putz dient als Träger der vertikalen Abdichtung.

Putzkonstruktionen, Putzprofile

Beim Außensockelputz haben neben den **Profilen** und Bauteilausbildungen für Außenputz die Ausbildung der oberen Sockellinie mit dem entsprechenden Übergang von Außenputz und Außensockelputz wesentliche Bedeutung. Dabei werden für den Bauteilübergang bei einem Kantensockel geeignete Sockelprofile verwendet. Weiterhin sind für die Sockelausbildung im Bereich der Spritzwasserzone bestimmte Ausführungsmaße einzuhalten **(Bild 1)**.

Bild 1: Sockelausbildung, Kellerwandaußenputz (Beispiel)

≥10

Wandschlitz ungeschlossen

Putzträger mit Spritz-
bewurf, voll deckend
Oberputz

Holzpfosten wandbündig

Putzträger mit Spritz-
bewurf, über Trenn-
lage
Oberputz

Bild 1: Putzträger

≥10

Wandschlitz ausgeschäumt

Putzbewehrung
Oberputz

Holzpfosten vorgemauert

Putzbewehrung
Oberputz

Bild 2: Putzbewehrungen

18.5.8 Überputzen von Schlitzen und Bauteilen

Beim Überputzen von Wandschlitzen für Installationsleitungen sowie beim Überputzen von Wandbauteilen wie Holzpfosten oder Stahlstützen sind besondere Putzkonstruktionen erforderlich.

Bei **Wandschlitzen** ist zu berücksichtigen, ob diese nach der Installation flächenbündig, z. B. durch Ausschäumen, geschlossen werden oder ungeschlossen bleiben.

Bei **eingemauerten Bauteilen** ist zu beachten, ob diese in Wanddicke eingebaut sind oder z. B. durch Dämmstoffe oder Vormauerungen auf Wanddicke aufgefüttert werden. Je nach Situation müssen dann beim Überputzen entweder Putzträger oder Putzbewehrungen eingesetzt werden.

Putzträger ermöglichen, als flächig ausgebildete Tragkonstruktion ein Untergrund unabhängiges Überputzen von Schlitzen oder Wandbauteilen **(Bild 1)**. Sie dienen der Putzüberbrückung in Bereichen, in denen eine Putzhaftung am Untergrund nicht möglich oder baukonstruktiv nicht erwünscht ist. Dabei ist der Putzträger beidseitig mindestens 10 cm über das angrenzende Mauerwerk zu führen und dort mit verzinkten Stahlstiften oder Einschlagdübeln zu befestigen. Ein Verbund des Putzes mit den eingebauten Installationen oder Wandbauteilen ist durch den Einbau geeigneter Trennschichten auszuschließen. Dabei darf es bei Leitungsinstallationen nicht zu Schallbrücken kommen, um den geforderten Schallschutz auch nach dem Überputzen zu gewährleisten.

Putzbewehrungen verbessern die Zugfestigkeit des Putzes. Sie nehmen Zugspannungen aus dem Putzgrund infolge der Putzhaftung auf unterschiedlichen Baustoffen auf und vermindern so die Rissebildung im Bereich überputzter Schlitze oder anderer Wandbauteile **(Bild 2)**. Hierbei ist ein Verbund des Putzes mit den zu überputzenden Flächen erforderlich. Daher ist vor dem Überputzen sicherzustellen, dass der Putzgrund tragfähig und fluchtgerecht hergestellt ist. Die Putzbewehrung ist mindestens 15 cm über den angrenzenden Putzgrund zu führen.

Aufgaben

1 Erklären Sie den Begriff Putzweisen und zählen Sie diese auf.

2 Unterscheiden Sie die Anforderungen an Außenputze und Innenputze.

3 Beschreiben Sie die Aufgaben der verschiedenen Putzlagen und erklären Sie den Begriff „Putzsystem".

4 Vergleichen Sie zwei Systeme für die Wärmedämmung von Außenwänden.

18.6 Estrich

Estrich ist ein Bauteil, das auf den tragenden Untergrund des Rohbodens oder der Rohdecke eingebaut wird. Dabei kann zwischen Estrich und Untergrund eine Trennschicht oder eine Dämmschicht angeordnet werden (**Bild 1**). Estriche haben als Teil des Fußbodens die Aufgabe, Verkehrslasten auf den Untergrund zu übertragen. Weiterhin können sie bauphysikalische Anforderungen an den Wärme- und Schallschutz erfüllen.

Die Verlegung des Estrichs erfolgt im Rahmen der Ausbauarbeiten eines Gebäudes und wird nach den Innenputzarbeiten ausgeführt.

Estriche sind unmittelbar als Boden nutzfähig, wie z. B. in Fabrikhallen und Garagen, oder erhalten einen Bodenbelag, wie z. B. in Wohnräumen, Abstellräumen und Balkonen.

Je nach Anforderung und Einbau wird der Estrich (Estrichmörtel, Estrichmassen) nach dem verwendeten Bindemittel oder nach der Estrichkonstruktion (Schichtenaufbau, Einbauart) unterschieden (**Tabelle 1**). Estriche werden je nach Beanspruchung oder Eigenschaft in verschiedene Festigkeits-, Härte- oder Widerstandsklassen eingeteilt. Diese Einteilung erfolgt nach genormten Prüfverfahren.

18.6.1 Estrichmörtel, Estrichmassen

Estriche nach Bindemittel

Nach dem Bindemittel unterscheidet man die Estrichmörtel und Estrichmassen z. B. nach Calciumsulfatestrich, Gussasphaltestrich, Kunstharzestrich und Zementestrich.

Calciumsulfatestrich (CA) ist ein Estrichmörtel, der aus Calciumsulfat oder Anhydrit, Gesteinskörnung und Zugabewasser hergestellt wird. Als Gesteinskörnungen eignen sich Sande bis zu einer Korngröße von 8 mm. Zur besseren Verarbeitung und Konsistenzveränderung können Zusatzmittel verwendet werden (**Bild 2**).

Er eignet sich besonders für die Trockenbereiche von Wohn-, Büro- oder Dienstleistungsgebäuden. Calciumsulfatestrich ist etwa zwei Tage nach dem Einbau begehbar und kann nach fünf Tagen geringfügig belastet werden.

Calciumsulfatestrichmörtel kann auch als **Fließestrich (CAF)** hergestellt werden. Er zeichnet sich durch einen leichten Einbau mit selbstnivellierender Oberfläche aus. Der werkgemischte Trockenmörtel wird z. B. in Silos angeliefert und an der Baustelle, unter Zugabe von Wasser, mit entsprechenden Mischpumpen zur Einbaustelle gefördert (**Bild 3**). Bei Fließestrich ist die lange Austrocknungszeit zu beachten.

Gussasphaltestrich (AS) besteht aus Bitumen, Füller (gemahlener Naturstein) und Sand (**Bild 2**). Das Mischgut wird als Estrichmasse mit einer Temperatur von 220 °C bis 250 °C eingebaut und ist nach Abkühlung voll belastbar. Die Oberfläche des heißen Gussasphaltestrichs wird im Zuge des Einbaus mit Sand abgerieben. Der Gussasphaltestrich eignet sich besonders bei Bauwerksanierungen oder kurzen Bauzeiten und kann in allen Nutzungsbereichen der Gebäude eingesetzt werden.

Bild 1: Bodenaufbau

Tabelle 1: Unterscheidung der Estriche (Beispiele)

Estrichmörtel, Estrichmassen; DIN EN 13813 (Estriche nach Bindemittel)	Estriche nach Konstruktion; DIN 18560 (Einbauart, Schichtenaufbau)
Calciumsulfatestrich	Verbundestriche
Gussasphaltestrich	Estrich auf Trennschicht
Kunstharzestrich	Estriche auf Dämmschicht
Zementestrich	
Eigenschaftsklassen	Sonstige Estricharten
Druckfestigkeitsklasse	Fertigteilestrich
Biegezugfestigkeitsklasse	Heizestrich
Verschleißwiderstandsklasse	Industrieestrich
Oberflächenhärteklasse	Hartstoffestrich

Bild 2: Estrichzusammensetzung

Bild 3: Estrichpumpe mit Silo

Bild 1: Einbau von Zementestrich

Bild 2: Einbau von Fließestrich

Bild 3: Verlegung von Trockenestrich

Kunstharzestrich (SR) ist ein Estrichmörtel aus synthetischem Reaktionsharz als Bindemittel und Sand. Die Aushärtezeit von Kunstharzestrich ist sowohl von der Untergrundtemperatur (Bauteiltemperatur) als auch von der Lufttemperatur abhängig. Bei Temperaturen ab 15°C kann Kunstharzestrich nach etwa 10 Stunden begangen und nach drei Tagen belastet werden. Für die Herstellung und den Einbau von Kunstharzestrichmörtel sind die Verarbeitungs- und Sicherheitshinweise für Reaktionsharzprodukte besonders zu beachten.

Der Kunstharzestrich eignet sich durch seine hohe Festigkeit besonders zum Einbau in dünnen Schichten bei geringen Konstruktionshöhen sowie als Nutzestrich in Garagen und Fabrikhallen.

Zementestrich (CT) besteht aus Zement als Bindemittel, Gesteinskörnung und Zugabewasser. Als Zement wird meist Portlandzement CEM I 32,5 R eingesetzt. Durch geeignete Zusätze kann z. B. die Verarbeitbarkeit des Zementestrichmörtels beeinflusst werden. Für die Gesteinskörnung werden je nach Estrichdicke Sande der Korngruppe 0/4 und 0/8 sowie ab einer Estrichdicke von 50 mm Kies der Korngruppe 0/16 verwendet.

Zementestrich kann nach drei Tagen begangen, nach sieben Tagen geringfügig belastet und nach 21 Tagen voll beansprucht werden. Er ist für alle Nutzungsbereiche einsetzbar **(Bild 1)**.

Zementestrichmörtel kann auch fließfähig, als **Fließestrich** eingebaut werden **(Bild 2)**. Fließestriche können durch die Verwendung von Zusatzmitteln (Fließmittel und Stabilisierer) nach zwei Tagen begangen und nach fünf Tagen belastet werden. Zusätzlich zur Erhärtungsdauer ist jedoch eine ausreichend lange Austrocknungszeit zu berücksichtigen.

Erhärteter Zementestrich mit Natursteinkörnungen, z. B. Marmor als Zuschlag, und geschliffener Oberfläche wird als **Terrazzo** bezeichnet. Zementestrich mit Zugabe von Hartstoffen, z. B. Korund, bezeichnet man als **zementgebundenen Hartstoffestrich.**

Trockenestrich, auch als Trockenunterboden oder Fertigteilestrich bezeichnet, besteht aus vorgefertigten Elementen in Form von Platten, die im Verband verlegt und im Fugenstoß verklebt werden. Die einzelnen Elemente bestehen aus zwei bis drei miteinander verklebten Gipsplatten und wahlweise einer Dämmstoffschicht aus PS-Schaum auf der Plattenunterseite.

Trockenestrich-Systeme sind vor allem beim nachträglichen Ausbau von Gebäuden und bei Sanierungen vorteilhaft. Sie sind leicht zu verlegen, sofort begehbar und bringen keine Feuchtigkeit in das Gebäude ein **(Bild 3)**.

Einteilung und Prüfung der Estrichmörtel

Bei der Lieferung der Estrich-Produkte ist zu prüfen, ob die Angaben auf der Verpackung oder dem Lieferschein der Bestellung entsprechen (Eingangsprüfung).

Bei baustellengemischten Estrichmörteln ist eine Sichtprüfung der Ausgangsstoffe sowie die Einhaltung der vorgegebenen Estrichrezeptur erforderlich (Erstprüfung).

Estrichmörtel werden in festgelegte Eigenschaftsklassen eingeteilt **(Tabelle 1)**.

Die geforderten Mörteleigenschaften sind bei den jeweiligen Estrichmörteln oder Estrichmassen im erhärteten Zustand zu prüfen **(Tabelle 1,** Seite 539).

Tabelle 1: Estrichmörtel, Estrichmassen; Einteilung in Eigenschaftsklassen nach DIN EN 13813 (Auszug)

Eigenschaft, Abkürzung,	Eigenschaftsklassen Einheit Beispiel gemäß Prüfnorm
Druckfestigkeit C (Compression) N/mm²	C5; C7; C12; C16; C20; C25; C30; C40; …; C80 C20 Druckfestigkeit 20 N/mm²
Biegezugfestigkeit F (Flexural) N/mm²	F1; F2; …; F7; F10; F15; …; F50 F10 Biegezugfestigkeit 10 N/mm²
Verschleißwiderstand n. Böhme A (Abrasion) cm³/50 cm²	A22; A15; A12; A9; A6; A3; A1,5 A9 Abriebmenge 9 cm³/50 cm²
Eindringtiefe als Maß für die Härte IC (Identation Cube) 1/10 mm Werte	IC10; IC15; IC40; IC100 IC15 Eindringtiefe 1,5 mm
Weitere zu prüfende Eigenschaften mit Angabe der Eigenschaftsklassen sind die Oberflächenhärte, der pH-Wert, die Schlagfestigkeit oder die Haftzugfestigkeit.	

Dabei werden die angegebenen Eigenschaften überprüft (Bestätigungsprüfung). Die Prüfungen erfolgen nach der jeweils zutreffenden Prüfnorm.

Bei der jeweiligen Konformitätskennzeichnung (CE-Kennzeichnung) können weitere Eigenschaften des Produktes, z.B. das Brandverhalten, die Wasserdampfdurchlässigkeit oder die chemische Beständigkeit, vom Hersteller deklariert werden.

18.6.2 Estrichkonstruktionen

Mit der Estrichkonstruktion wird die Schichtenfolge des Estricheinbaus (Estrichverlegung) vom tragenden Untergrund bis zur fertigen Estrichschicht festgelegt. Estrichkonstruktionen als genormte **Estriche im Bauwesen** sind Verbundestriche, Estriche auf Trennschicht, Estriche und Heizestriche auf Dämmschicht sowie hochbeanspruchte Estriche.

Verbundestriche (V) sind im Verbund mit dem tragenden Untergrund hergestellte Estriche. Sie können unmittelbar als Boden, wie z.B. in Keller- und Abstellräumen oder Garagen, genutzt werden. Zusätzlich können Verbundestriche auch mit einer Beschichtung oder einem Belag versehen werden. Für Verbundestriche eignen sich alle Estrichmörtel oder Estrichmassen. Dabei kann der Zementestrich sowohl „frisch in frisch" als monolithischer Estrich oder nachträglich wie alle anderen Estriche über eine geeignete Haftbrücke, zur Sicherung des Verbundes, eingebaut werden (**Bild 1**).

Die Dicke der Estrichschicht liegt bei einschichtigen Estrichen üblicherweise je nach Nutzungszweck, verwendetem Bindemittel und Korngröße der Gesteinskörnung zwischen 20 mm und 50 mm. Verbundestriche werden nach verwendeter Mörtelart, Druckfestigkeits- bzw. Härteklasse, Estrichkonstruktion und Dicke der Estrichschicht bezeichnet. Weitere Angaben wie z.B. die Biegezugfestigkeitsklasse (F) oder die Verschleißwiderstandsklasse (A) sind möglich (**Bild 2**).

Estriche auf Trennschicht (T) sind Estriche, die durch eine Zwischenlage vom Untergrund getrennt sind. Sie eignen sich unmittelbar als Fußboden sowie zur Aufnahme einer Beschichtung oder eines Belages, z.B. in Heizräumen, Wasch- und Trockenräumen oder Lagerräumen.

Für Estriche auf Trennschicht können alle Estrichmörtelarten verwendet werden. Als Trennschichten werden Polyethylenfolien, Bitumenpapier oder Rohglasvliesbahnen verwendet. Sie sind außer bei Calciumsulfatestrich und Gussasphaltestrich zweilagig zu verlegen. Dabei kann eine Lage der Trennschicht, z.B. in Untergeschossräumen, auch als Abdichtung gegen aufsteigende Feuchtigkeit ausgeführt werden.

Die zweilagige Verlegung der Trennschicht sichert die Entkopplung des Estrichs vom Untergrund und ermöglicht eine spannungsfreie Bewegung auf der Unterlage. Durch den umlaufenden 5 mm dicken Randstreifen kann der Estrich von den angrenzenden Bauteilen durch die entstehende Randfuge getrennt werden.

Die Mindestdicken der Estrichschichten betragen bei Gussasphaltestrich 20 mm, bei Calciumsulfatestrich 30 mm und bei Zementestrich 35 mm (**Bild 3**).

Bei der Bezeichnung der Estriche auf Trennschicht werden der verwendete Estrich mit der Druckfestigkeits- bzw. Härteklasse, die Estrichkonstruktion und die Dicke der Estrichschicht angegeben (**Bild 4**).

Tabelle 1: Estrichmörtel, Estrichmassen; Normprüfung der Eigenschaften nach DIN EN 13813

Bindemittel des Estrichmörtels, der Estrichmasse	Geforderte Normprüfung
Zement (Zementestrich)	– Druckfestigkeit – Biegezugfestigkeit – Verschleißwiderstand bei Nutzestrichen
Calciumsulfat (Calciumsulfatestrich) Anhydrit (Anhydritestrich)	– Druckfestigkeit – Biegezugfestigkeit – pH-Wert
Gussasphalt (Gussasphaltestrich)	– Eindringtiefe (Härte)
Kunstharz (Kunstharzestrich)	– Verschleißwiderstand – Schlagfestigkeit bei Nutzestrichen – Haftzugfestigkeit

Bild 1: Verbundestrich

Bild 2: Bezeichnung eines Verbundestrichs

Bild 3: Estrich auf Trennschicht

Bild 4: Bezeichnung eines Estrichs auf Trennschicht

Bild 1: Estrich auf Dämmschicht

Estrich DIN 18560 - CA - F4 - S 40

Calciumsulfatestrich ─────────┘
Biegezugfestigkeitsklasse ─────────┘
schwimmend eingebaut ─────────┘
Estrichdicke ─────────┘

Bild 2: Bezeichnung eines Estrichs auf Dämmschicht

Bild 3: Heizestrich

Bauart A	Bauart B	Bauart C
45 mm	45 mm	

Bild 4: Bauarten

Estrich DIN 18560 - CT - F4 - S70 H45

Zementestrich ─────────┘
Biegezugfestigkeitsklasse ─────────┘
schwimmend eingebaut ─────────┘
Dicke der Estrichschicht ─────────┘
Heizestrich ─────────┘
Überdeckung Heizelement ─────────┘

Bild 5: Bezeichnung eines Heizestrichs

Tabelle 1: Hartstoffzuschlag

Gruppe	Bezeichnung
A	Allgemeine Hartstoffe (Naturgestein, Schlacke)
M	Metallische Hartstoffe
KS	Hartstoffe mit Elektrokorund/Siliziumkarbid

Estrich auf Dämmschichten (S), auch als schwimmender Estrich bezeichnet, ist ein Estrich, der über einer Dämmschicht eingebaut wird. Er ist darauf beweglich und hat keine unmittelbare Verbindung mit den angrenzenden Wänden oder durchdringenden Stützen. Der **schwimmende Estrich** ist eine Konstruktion, die den Anforderungen sowohl des Schallschutzes als auch des Wärmeschutzes genügen muss. Er dient insbesondere zur Verbesserung der Trittschalldämmung besonders bei Wohn-, Verwaltungs- oder Geschäftsgebäuden.

Als **Estrich auf Dämmschicht** können Estriche aller Bindemittelarten verwendet werden. Der Estrich dient dabei auch als Lastverteilungsschicht über dem Dämmstoff. Der Dämmstoff kann je nach erforderlicher Dicke ein- oder mehrlagig sein. Dabei ist auch eine kombinierte Trittschall- und Wärmedämmung aus zwei Einzellagen möglich. Beim mehrlagigen Einbau von Dämmschichten ist auf einen Versatz der Plattenstöße sowohl in Längs- als auch in Querrichtung zu achten. Als Dämmstoffabdeckung werden Polyethylenfolien oder Bitumenpapier verwendet **(Bild 1)**.

Die Estrichdicken sind von der Dicke der Dämmstoffschicht, deren Zusammendrückbarkeit sowie der Biegezugfestigkeits- bzw. Härteklasse abhängig. Sie betragen bei Calciumsulfatestrich mindestens 35 mm (unter Stein- und keramischen Belägen 40 mm), bei Gussasphaltestrich mindestens 25 mm und bei Zementestrich mindestens 40 mm (unter Stein- und keramischen Belägen 45 mm). Der Estrich auf Dämmschicht wird nach der Estrichart, dem verwendeten Bindemittel und der Biegefestigkeits- bzw. Härteklasse bezeichnet. Weiterhin wird der schwimmende Einbau und die Dicke der Estrichschicht angegeben **(Bild 2)**.

Heizestrich (S-H) ist ein Estrich auf Dämmschicht (schwimmender Estrich), der zur Aufnahme von Heizelementen für die Raumheizung sowie der Wärmespeicherung dient **(Bild 3)**.

Je nach Lage der Heizelemente werden die Heizestriche in die Bauarten A, B, C unterteilt **(Bild 4)**.

Bauart A: Heizelement innerhalb der Estrichschicht,

Bauart B: Heizelement innerhalb der profilierten Dämmschicht und

Bauart C: Heizelement innerhalb der separaten Estrichausgleichsschicht.

Der Heizestrich muss grundsätzlich den Anforderungen des schwimmenden Estrichs genügen. Die Dicke der Estrichschicht richtet sich nach der Bauart. Dabei muss die Überdeckung der Heizelemente mindestens 45 mm betragen. Weitere Besonderheiten beziehen sich auf die Dehnfugenausbildung und die Estrichfeldgröße (Seite 520). Für den konstruktiven Aufbau eines Heizestrichs ist das jeweilige Fußboden-Heizungssystem maßgebend.

In der Bezeichnung des Heizestrichs werden der verwendete Estrich mit der Festigkeitsklasse, die Konstruktionsbezeichnung und die Ergänzung für Heizestrich mit der Überdeckungshöhe der Heizelemente, soweit nach Bauart erforderlich, angegeben **(Bild 5)**.

Hochbeanspruchbare Estriche sind Industrie-Estriche für hohe Beanspruchungen z.B. in Lager- und Fertigungsgebäuden. Sie können in allen Konstruktionsarten als Verbundestrich, Estrich auf Trennschicht oder als Estrich auf Dämmschicht hergestellt werden.

Nach dem verwendeten Bindemittel eignen sich Estriche mit hoher Festigkeitsklasse wie Gussasphaltestrich und Zementestrich mit Hartstoffzuschlag **(Tabelle 1)**.

Diese Estriche müssen vor allem gegen hohe mechanische Beanspruchungen, wie z.B. durch Flurförderzeuge oder Arbeitsabläufe, widerstandsfähig sein. Industrie-Estriche werden in Beanspruchungsgruppen eingeteilt **(Tabelle 1)**.

Die Einbaudicke der Estrichschicht ist abhängig von der Konstruktionsart, der Nutzung und der geforderten Beanspruchungsgruppe des Estrichs. Die Bezeichnung eines Industrieestrichs enthält die Estrichart mit Festigkeits- bzw. Härteklasse, die Konstruktionskennzeichnung sowie die Dicke des Estrichs, ergänzt durch die Kennzeichnung der Verschleißwiderstandsklasse mit Hartstoffgruppe und der Konstruktionsart mit Schichtdicken **(Bild 1)**.

18.6.3 Estricheinbau

Vorbereiten des Untergrundes

Der tragende Untergrund muss sauber und eben sein sowie den Anforderungen der verschiedenen Estrich-Konstruktionen entsprechen.

Die Ebenheit und die Einbauhöhe des Estrichs sind vor Beginn der Estrichverlegung über den Meterriss zu kontrollieren.

Da die Estriche in gleichmäßiger Schichtdicke eingebaut werden müssen, sind auch punktförmige Erhöhungen oder andere Unebenheiten, wie lose Bestandteile oder Mörtelreste, zu beseitigen **(Bild 2)**. Eingebaute Rohrleitungen müssen auf dem Untergrund befestigt und über eine Ausgleichsschicht, z.B. als Ausgleichsestrich, abgeglichen oder überdeckt werden **(Bild 3)**.

Gefälle im Bodenbelag sind durch entsprechende Gefälleschichten über dem Untergrund herzustellen, damit der Estrich in gleichmäßiger Dicke eingebaut werden kann. Dadurch werden Rissbildungen und Hohlstellen vermieden **(Bild 4)**.

Zur Vorbereitung des Untergrundes gehören weiterhin dessen Vorbehandlung und das Aufbringen von Haftbrücken.

Vorbehandlung

Bei der Verlegung von Verbundestrichen auf dem erhärteten Betonuntergrund sind besondere Vorbehandlungsmaßnahmen zur Sicherung des Verbundes und der Tragfähigkeit des Estrichs erforderlich.

Neben einer sauberen, offenporigen und möglichst rissfreien Oberfläche muss der Untergrund frei von losen Bestandteilen und Anreicherungen von Feinstteilen sein. Daher ist die Betonoberfläche durch mechanische Bearbeitung wie Fräsen, Kugelstrahlen oder Wasserstrahlen vorzubehandeln.

Haftbrücken

Beim Einbau von Verbundestrichen, Gefälleschichten oder mehrschichtigen Estrichen sichert die Haftbrücke den Verbund zum Untergrund oder zur unteren Estrichlage. Sie kann je nach Estrichart als Kunstharzemulsion oder als bindemittelgebundene und kunstharzvergütete Schicht in die Oberfläche eingeschlämmt werden.

Trennschichten

Zur Trennung und Sicherung der Funktion des Estrichs sind Trennschichten aus Bitumenpapier, Polyethylenfolien oder Abdichtungsbahnen erforderlich. Sie sind entsprechend der Estrichart auszuwählen, konstruktionsgerecht und zweilagig einzubauen. Die einzelnen Lagen der Trennschicht sind glatt und ohne Aufwerfungen auf dem tragenden Untergrund zu verlegen sowie im Randbereich an den angrenzenden Bauteilen hochzuziehen.

Tabelle 1: Beanspruchungsgruppen	
Gruppe	Zuordnung
I	schwer (befahrbar mit Stahlreifen)
II	mittel (befahrbar mit Vollgummireifen)
III	leicht (befahrbar mit Luftbereifung)

Hartstoffestrich
Estrich DIN 18560 - CT-C60-F10-A1,5-A-V30

Zementestrich
Druckfestigkeitsklasse
Biegezugfestigkeitsklasse
Verschleißwiderstandsklasse
Hartstoffgruppe
Verbundestrich, Nenndicke

Bild 1: Hochbeanspruchbarer Estrich

Estrich auf Dämmschicht
Erhöhung
Rissbildung wegen ungleichmäßiger Schichtdicke

tragender Untergrund

Bild 2: Punktförmige Erhöhung

Estrich auf Dämmschicht
Ausgleichsschicht
Rohrleitungen

tragender Untergrund

Bild 3: Eingebaute Rohrleitungen

Estrich auf Trennschicht
Gefälleschicht
Haftbrücke

tragender Untergrund

Bild 4: Gefälleschicht

Bild 1: Anschluss der Abdichtungs-schicht

Bild 2: Verlegerichtung

Bild 3: Abdeckung, Randanschluss

Bild 4: Kennzeichnung Trittschall-dämmung

Abdichtungsschicht

In Untergeschossräumen, die als Wohnräume oder zum dauernden Aufenthalt von Personen dienen, ist die Estrichkonstruktion über der Bodenplatte gegen aufsteigende Feuchtigkeit aus Bodenfeuchte und nichtstauendem Sickerwasser durch eine Abdichtung zu schützen. Dies gilt auch für Raumnutzungen mit erhöhten Anforderungen an die Trockenheit der Raumluft, z. B. für Hobbyräume, Lagerräume oder Betriebsräume. Die Abdichtungsschicht muss eine durchgehende Abdichtungslage über dem Rohboden bilden. Diese ist an die Querschnittsabdichtung (waagerechte Abdichtung) der angrenzenden Wände so heranzuführen oder zu verkleben, dass keine Feuchtigkeitsbrücken im Übergangsbereich (Randbereich) entstehen können. Dies gilt sowohl für die Abdichtung in Bahnen als auch für Dickbeschichtungen **(Bild 1)**.

Abdeckung

Vor dem Aufbringen des Estrichs muss die Dämmschicht durch eine geeignete Abdeckung geschützt werden. Dadurch wird neben dem Schutz der Dämmschicht auch die konstruktiv wichtige Trennung der Baustoffe erreicht. Abdeckungen von Dämmschichten sind z. B. mit einer PE-Folie, Dicke $\geq$ 0,1 mm, folienbeschichtetem Natronkraftpapier oder Bitumenpapier herzustellen. Dabei müssen sich die einzelnen Bahnen an den Stößen mindestens 80 mm überdecken. Die Einbaurichtung der Estrichschicht ist entgegengesetzt zur Verlegerichtung der Abdecklage vorzunehmen **(Bild 2)**.

Bei Gussasphaltestrich ist eine temperaturbeständige Abdeckung mit Rippenpappe oder Rohglasvlies erforderlich. Bei Fließestrich und Kunstharzestrich ist die Abdeckung der Dämmschicht so auszubilden, dass diese bis zum Erstarren des Estrichs flüssigkeitsdicht bleibt.

Abdeckungen sind an den Bauteilrändern bis zur Oberkante des Randstreifens hoch zu führen, sofern auf dem Randstreifen selbst nicht bereits eine Abdeckschicht aufkaschiert ist **(Bild 3)**.

Randstreifen

An Wänden, Türleibungen, Pfeilern und anderen aufgehenden Bauteilen sind schalldämmende Randstreifen (Randfugen) anzuordnen. Diese sind mindestens 5 mm dick, bestehen aus bituminierter Rippenpappe oder aus Schaumkunststoff und müssen vom tragenden Untergrund bis zur Oberfläche des Belages reichen.

Dämmschichten

Als Dämmschichten werden Dämmstoffe aus mineralischen oder pflanzlichen Fasern sowie aus Schaumkunststoffen wie Polystyrol (PS) und Polyurethan (PUR) verwendet. Dabei wird je nach Anforderung unterschieden in Dämmstoffe für die Wärmedämmung und Dämmstoffe für die Trittschalldämmung.

Trittschalldämmschichten werden als **biegeweiche Schale** in schwimmende Estriche eingebaut. Durch ihr Federungsvermögen (Zusammendrückbarkeit) nehmen sie die Schwingungen und Belastungen der biegesteifen Estrichschicht auf. Daher wird bei der Kennzeichnung der Trittschalldämmschicht die Dicke vor dem Einbau und die Dicke bei Belastung angegeben. Die Zusammendrückbarkeit liegt üblicherweise bei 1 mm und 5 mm **(Bild 4)**.

Dämmschichten können ein- und mehrlagig verlegt werden. Die Platten sind dicht zu stoßen und im Verband anzuordnen. Bei zweilagiger Anordnung sind die Plattenstöße der beiden Lagen zu versetzen. Die eingebaute Dämmschicht muss vollflächig auf dem Untergrund aufliegen.

Bild 1: Ausgleichsschüttung bei Unebenheiten

Schüttungen

Sind flächige Unebenheiten im Untergrund vorhanden, so können diese durch Schüttungen ausgeglichen werden. Die Schüttungen (Ausgleichsschüttungen) aus feinkörnigem Blähtongranulat oder aufgeschäumtem vulkanischen Gestein (Perlite) werden trocken eingebaut und eben abgezogen **(Bild 1)**. Sie eignen sich besonders zum Höhenausgleich über Holzbalkendecken sowie in Verbindung mit dem Verlegen von Trockenestrich-Systemen.

Einbringen des Estrichmörtels

Die Herstellung und der Transport des Estrichmörtels zum Einbauort erfolgt meist durch Mischpumpen. Der größtenteils im Silo angelieferte Estrichtrockenmörtel wird in den Mischpumpen so aufbereitet, dass er sofort verarbeitet werden kann. Dabei wird der Zementestrich in steifer Konsistenz eingebaut. Nach dem Verdichten durch Oberflächenrüttler oder Rüttelbohlen wird der Nassestrich über die höhenmäßig genau eingemessenen Abziehleisten eben abgezogen und anschließend gescheibt oder geglättet. Der Einbau von anhydrit- oder zementgebundenem Fließestrich erfolgt nach Zugabe von Fließmittel in weich flüssiger Konsistenz. Der Fließestrich nivelliert sich nach dem Einbau unter Zuhilfenahme eines Besens oder der Schwabbelstange von selbst ein. Die genaue Festlegung der Einbauhöhe erfolgt durch zuvor höhenmäßig einjustierte Dreifuß-Markierungen **(Bild 2)**. Der Einbau des Estrichs darf nicht bei Bodentemperaturen unter 5°C erfolgen.

Bild 2: Dreifuß-Markierung

Bewehrungen

Eine Bewehrung von Estrichen ist grundsätzlich nicht erforderlich. Lediglich bei Zementestrichen auf Trenn- und Dämmschichten ist eine Bewehrung sinnvoll, wenn Keramik- oder Steinbeläge verlegt werden sollen. Die Bewehrung verhindert nicht die Rissbildung, sondern begrenzt lediglich die Rissbreite sowie einen möglichen Höhenversatz. Als Bewehrungen eignen sich Betonstahlgitter mit einer Maschenweite von 50 mm x 50 mm und einem Stabdurchmesser von 2 mm. Der Einbau erfolgt über dem unteren Drittel der Estrichdicke **(Bild 3)**.

Bild 3: Estrichbewehrung

18.6.4 Estrichfugen

Um Rissbildungen im Estrich zu verhindern, die durch Schwindvorgänge oder Bewegungen im Untergrund und über Dämm- und Trennschichten auftreten können, sind in Fugen auszubilden. Diese können in einem **Fugenplan** dargestellt werden **(Bild 4)**.

Randfugen sind in der Regel bei allen Estrichkonstruktionen entlang der Bauteilränder sowie bei Bauteildurchführungen wie z.B. bei Stützen herzustellen. Sie müssen eine Bewegung des Estrichs von mindestens 5 mm ermöglichen. Sie verhindern Schallübertragungen (Schallbrücken).

Scheinfugen (Schwindfugen) sind besonders bei Zementestrichen herzustellen. Damit werden unkontrollierte Rissbildungen in der Estrichschicht infolge des anfangs auftretenden Schwindens verhindert.

Bild 4: Fugenplan

Bild 1: Scheinfuge

Bild 2: Austrocknung von Calcium-sulfat-Fließestrich

Bild 3: Übertragen des Meterrisses

Der Estrich wird dabei mit der Kelle auf bis zur Hälfte seiner Dicke eingeschnitten (Kellenschnitt). Scheinfugen werden zur Verkleinerung großer Estrichfelder mit Kantenlängen von über 6,00 m sowie bei Raumverengungen und Durchgängen (Türen) angeordnet **(Bild 1)**.

Bewegungsfugen (Dehnfugen) müssen über den vorhandenen Bewegungsfugen des Untergrundes oder zur Flächenunterteilung des Estrichs, z.B. bei Heizestrichen, angeordnet werden. Die Breite der Bewegungsfuge richtet sich nach den auftretenden Längenänderungen und sollte 8 mm bis 10 mm nicht unterschreiten. Die Kantenlängen der Estrichfelder sind auf etwa 8 m zu begrenzen. Bewegungsfugen sind elastisch zu verfüllen und abzudecken oder mit geeigneten Fugenprofilen auszubilden.

18.6.5 Estrichnachbehandlung

Anhydritestrich und Zementestrich bedürfen einer sorgfältigen Nachbehandlung. Anhydritestrich muss ungehindert und gleichmäßig austrocknen können. Anhydritestrich als Fließestrich kann nach etwa fünf bis zehn Tagen angeschliffen werden. Dadurch wird die an der Oberfläche angereicherte Bindemittelschicht (Sinterschicht) abgetragen und damit eine schnellere Austrocknung erreicht **(Bild 2)**.

Zementestriche sind wegen der Festigkeitsentwicklung und der Neigung zum Schwinden mindestens sieben Tage feucht zu halten und vor Austrocknung zu schützen, z.B. durch Abdecken mit Kunststoffbahnen. Alle Estriche sind während der Aushärtungsphase vor schädlichen Einwirkungen, wie z.B. erhöhte Temperaturen, Zugluft oder direkte Sonneneinstrahlung, zu schützen.

18.6.6 Belegung von Estrichen

Bevor ein Gehbelag verlegt wird, ist der Estrich je nach Art und Anordnung des Belages entsprechend vorzubereiten. Zur Vorbereitung gehören der Voranstrich sowie die Spachtelung. Diese müssen für die jeweilige Estrichart geeignet sein und nach Werkvorschrift aufgebracht werden. Weiterhin ist vor Belegung des Estrichs die Estrichfeuchte (max. 2% bis 3%), insbesondere beim Zementestrich und beim Fließestrich, zu prüfen. Ebenso soll die Oberflächenfestigkeit (Haftzugfestigkeit) festgestellt werden. Zur Belegung der Estriche mit elastischen, textilen und keramischen Bodenbelägen sowie mit Parkett werden geeignete Kleber verwendet. Dabei ist die Belegereife des Estrichs zu beachten.

18.6.7 Höhenfestlegung

Vor dem Verlegen des Estrichs muss die Bezugsebene (Höhenlage) für den fertigen Fußboden im jeweiligen Geschoss festgelegt werden. Dazu wird ein Höhenmesspunkt von der Bauleitung angegeben. Dieser liegt überlicherweise einen Meter über dem fertigen Fußboden, z.B. im Zugangsbereich eines Geschosses. Von diesem Messpunkt aus wird dann die Höhe in alle Räume des Geschosses, z.B. mithilfe einer Schlauchwaage, übertragen und als umlaufender **Meterriss** an der verputzten Wand angezeichnet **(Bild 3)**. Diese Bezugsebene ist dann für die **Höhenfestlegung** aller Ausbauarbeiten verbindlich. Die Höhenlage der Estrichoberfläche kann so für jeden Raum unter Berücksichtigung der Höhe des Bodenbelages festgelegt werden. Vor dem Einbau der Estrichschicht werden Höhenmarkierungen, Abziehleisten oder Dreifuß-Markierungen eingemessen.

Tabelle 1: Verlegearten im Wohnungsbau (Beispiele)

Raumbedingung Anforderung	Raumnutzung Raumbezeichnung	Geeignete Estrichkonstruktion mit Bauteilanschluss (Wandanschluss)
Raum – gegen Erdreich angrenzend – unbewohnt – nicht beheizt z.B. Kellergeschoss, Garagen	Kellerraum Abstellraum Heizraum Fahrradraum Hausanschlussraum Garagenraum Geräteraum Lagerraum Wasch- und Trockenraum	**Verbundestrich** Randstreifen möglich Beschichtung Estrich Haftbrücke Bodenplatte Trennlage Kapillarbrechende Schicht
Raum – gegen Erdreich angrenzend – bewohnt – beheizt z.B. Untergeschoss – Abdichtung gegen Bodenfeuchte und nicht-stauendes Sickerwasser – Wärmedämmung – Trittschalldämmung	Wohnräume aller Art Hobbyraum Fitnessraum Hauswirtschaftsraum Arbeitsräume	**Schwimmender Estrich** Randstreifen Bodenbelag Estrich Abdeckung Kombinierte Trittschall- und Wärmedämmung Abdichtung Bodenplatte Trennlage Kapillarbrechende Schicht
Raum – bewohnt – beheizt – darunter liegende Räume bewohnt/beheizt z.B. Obergeschoss – Trittschalldämmung	Wohnräume aller Art Arbeitsräume	**Schwimmender Estrich** Randstreifen Bodenbelag Estrich Abdeckung Trittschall-dämmung Deckenplatte Wohnraum EG
Raum – Außenbereich – offen, nicht überdeckt – der Witterung ausgesetzt – Entkopplung des Belagaufbaues – Dränung der Belagfläche	Balkone Dachterrassen (zusätzlich mit Wärme-dämmung)	**Estrich auf Trennschicht** Randstreifen Sockel an Winkelprofil Belag Estrich (bewehrt) Dränschicht (Dränmatte) Abdichtung Balkonplatte thermisch getrennt

Bild 1: Nichttragende Wand, Abgehängte Decke

Bild 2: Gipsplatte

Tabelle 1: Abmessungen (mm) der Gipsplatten (Beispiele)		
Dicke (mm)	Regelbreite (mm)	Regellänge (mm)
9,5	1250 Sonderbreiten 600, 625, 900, 1200	Unterschiedliche Regellängen von 2000 bis 3000
12,5		
15,0		
18,0		
20,0	800	
25,0		

Die Trockenbautechnik umfasst ein Angebot von Bausystemen für den Innenausbau zur Herstellung von nichttragenden Wänden und abgehängten Decken **(Bild 1)**.

Durch Zusammenfügen oder Montieren industriell vorgefertigter Bauelemente, wie Trockenbauplatten, Holz- oder Stahlprofilen und Dämmstoffen, werden raumabschließende Bauteile als Wandkonstruktionen oder abgehängte Deckenkonstruktionen sowie Wand- und Deckenbekleidungen hergestellt. Dabei lassen sich die Anforderungen an den Wärme-, Schall-, Feuchte- und Brandschutz sowie an die Installationstechnik und Raumgestaltung rationeller erfüllen. Außerdem entfällt das Austrocknen der bei einer herkömmlichen Bauweise eingebrachten Baufeuchte. Damit wird das Bauen weiter rationalisiert und die Bauzeit erheblich verkürzt.

Der Ausbau von Gebäuden wie Industrie- und Verwaltungsgebäude oder Wohn- und Geschäftshäusern erfolgt daher in zunehmendem Maße im Trockenbauverfahren.

Die Trockenbauarbeiten erfolgen in Abstimmung mit den sonstigen Ausbau- und Installationsgewerken eines Gebäudes.

18.7.1   Baustoffe

Baustoffe für den Trockenbau sind Trockenbauplatten, Befestigungselemente, Dämmstoffe und Gips-Wandbauplatten.

18.7.1.1 Trockenbauplatten

Trockenbauplatten werden für die Beplankung oder Bekleidung von Wänden sowie als Deckenbekleidung oder als Einlage in abgehängte Decken verwendet. Dazu eignen sich besonders Gipsplatten, Mineralfaserplatten oder Deckenplatten aus Gips. Weiterhin können auch Plattenwerkstoffe aus Holz, wie z.B. Spanplatten, Holzfaserplatten oder Sperrholzplatten verwendet werden.

Gipsplatten werden nach Plattenarten gemäß DIN 18180 bzw. Plattentypen nach DIN EN 520 unterschieden, deren Herstellung auf einem Produktionsband erfolgt. Sie bestehen aus einem Gipskern, der einschließlich der Längskanten mit einem Karton ummantelt ist **(Bild 2)**. Der Karton ist mit dem Gipskern fest verbunden und wirkt wie eine Zugbewehrung. Bei **faserverstärkten Gipsplatten** wird die Aufgabe des Kartons von den Fasen erfüllt. Dadurch erhalten die großformatigen Platten, die in Regelabmessungen gefertigt werden, ihre notwendigen Festigkeits- und Elastizitätseigenschaften **(Tabelle 1)**.

Tabelle 1: Gipsplatten nach Plattentypen DIN EN 520 und Plattenarten DIN 18180 (Beispiele)

Plattentyp / Plattenart	Leistungsmerkmale	Verwendung	Anwendungsbereich
Gipsplatte Typ A / Bauplatten (GKB)	Gipsplatte ohne besondere Leistungsmerkmale z. B. zur Aufnahme dekorativer Beschichtungen	– Beplankung von Montagewänden – Bekleidung von abgehängten Decken (Montagedecken) – Bekleidung von Wänden und Decken als Trockenputz	in Innenräumen aller Art ohne besondere Anforderungen
Gipsplatte Typ H / Bauplatten – imprägniert (GKB)	Gipsplatte mit reduzierter Wasseraufnahmefähigkeit	– wie zuvor beschrieben, jedoch mit Anforderungen an den Feuchteschutz durch verzögertes bzw. begrenztes Wasseraufnahmevermögen	in Räumen im Kellergeschoss, in Feuchträumen wie Küchen und Bäder
Gipsplatte Typ E (nur DIN EN 520)	Gipsplatte für Beplankungen	– Beplankung der Außenwandelemente ohne dauernde Außenbewitterung – Anforderung an reduzierte Wasseraufnahmefähigkeit und geringe Wasserdampfdurchlässigkeit	bei Außenwänden im Holz- oder Stahlfertigteilbau, in Garagen und Durchfahrten
Gipsplatte Typ F / Feuerschutzplatten (GKF)	Gipsplatte mit verbessertem Gefügezusammenhalt des Kerns bei hohen Temperaturen	– wie bei Gipsplatte Typ A beschrieben, jedoch mit Anforderungen an den baulichen Brandschutz bezüglich Feuerwiderstandsdauer der Bauteile	in Innenräumen aller Art im Dachgeschoss, in Fluren und Treppenhäusern oder in Heizräumen
Gipsplatte Typ P / Putzträgerplatten (GKP)	Putzträgerplatte	– als Putzträger, perforiert, für Nassputz an Wänden und Decken	in Innenräumen aller Art

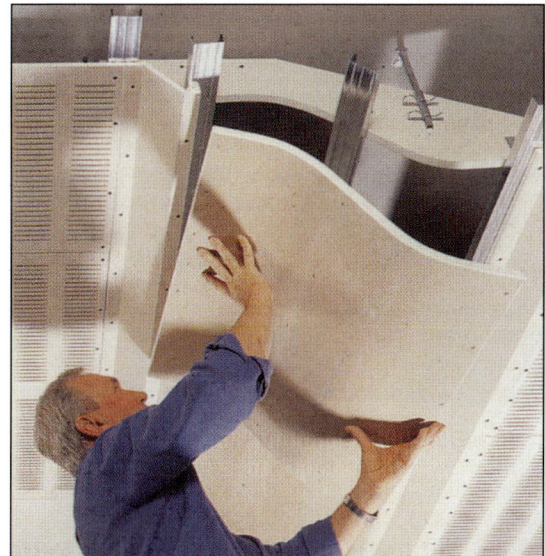

Bild 1: Werkmäßig weiterbearbeitete Gipsplatten

Bandgefertigte Platten wie

- Gips-Bauplatten,
- Gips-Feuerschutzplatten,
- Gips-Bauplatten, imprägniert,
- Gips-Feuerschutzplatten, imprägniert, und
- Gips-Putzträgerplatten

werden nach Leistungsmerkmalen eingeteilt, sind unterschiedlich ausgerüstet und daher vielseitig verwendbar (**Tabelle 1**). Dabei können einzelne Gipsplatten mehrere Leistungsmerkmale aufweisen.

Um bandgefertigte Gipsplatten auch für andere Anwendungsbereiche einsetzen zu können, werden diese werkmäßig weiterbearbeitet (**Bild 1**).

Werkmäßig weiterbearbeitete Platten sind:

- Gips-Lochplatten und -Schlitzplatten für Akustikzwecke,
- Gips-Verbundplatten für Wärmedämmzwecke,
- formbare Gips-Bauplatten für die Ausbildung gerundeter Formen und
- beschichtete Gipsplatten mit Aluminium-folien-Beschichtung für Dampfsperren oder Bleifolien-Beschichtung für den Strahlenschutz.

Die Oberfläche der Gipsplatten bildet einen guten Untergrund für weitere Beschichtungs- oder Belagsaufbauten, wie z.B für Anstriche, Tapeten, Putze und Fliesen.

Tabelle 1: Querschnitte für Holz-unterkonstruktionen

Verwendung	Querschnitt b/h (mm)
Abgehängte Decke	je nach Abstand
– Grundlatte (direkt befestigt)	z. B. 24/48 30/50
– Traglatte	z. B. 24/48 30/50
Leichte Trennwände	Achsabstand 62,5 cm
– Holzrahmen als Ständer	z. B. 60/60 60/80

Form	Benennung
CW - Profil	
⊢Beplankung b h h = Steghöhe b = Flanschbreite	C-Ständerprofil für Wände Abmessungen h / b (mm) z.B. 50 / 50 75 / 50 100 / 50
UW - Profil	
b h	U-Anschlussprofil für Wände zur Aufnahme der CW-Profile an Boden und Decke
CD - Profil	
Bekleidung	C-Deckenprofil mit abgekanteten Profilflanschen zur Aufnahme des Abhängers

Bild 1: Regelprofile

Bild 2: Metallabhänger

Noniusab-
hänger

Schnellab-
hänger

Faserverstärkte Gipsplatten bestehen aus einem homogenen Gemisch aus Gips und Zellulosefasern. Der Gips bewirkt günstige bauphysikalische Eigenschaften. Die vorwiegend aus Altpapier gewonnenen Zellulosefasern verbessern die mechanischen Eigenschaften der Platten. Zähigkeit und Festigkeit von faserverstärkten Gipsplatten sind weitgehend richtungsunabhängig und höher als die von Gipsplatten.

Mineralfaserplatten sind Platten aus Mineralfasern, wie z.B. Basaltfasern. Diese Platten werden als Dekorplatten geliefert und meist als Deckenplatten verwendet. Sie haben hervorragende Brand- und Schallschutzeigenschaften. Die üblichen Abmessungen dieser Platten sind 62,5 cm x 62,5 cm und 62,5 cm x 125 cm.

Deckenplatten aus Gips sind montierbare Platten aus Gips mit Glasfasereinlage. Nach Aufbau und Verwendungszweck werden Dekorplatten, Schallschluckplatten und Brandschutzplatten hergestellt. Diese Platten sind quadratisch und haben Kantenlängen von 50 cm, 60 cm oder 62,5 cm. Die Plattendicke am Rand liegt bei 30 mm.

18.7.1.2 Befestigungselemente

Befestigungselemente werden für die verschiedenen Unterkonstruktionen sowie für deren Zusammenbau und Montage verwendet.

Holzrahmen und Latten können für Unterkonstruktionen verwendet werden und müssen der Sortierklasse S 10 entsprechen. Das Holz muss trocken (Holzfeuchte < 20%) und verwindungsfrei sein. Die Holzquerschnitte sind je nach Verwendung und Beanspruchung auszuwählen **(Tabelle 1)**. Dabei werden Holzrahmen für Wandkonstruktionen und Latten meist für Deckenkonstruktionen eingesetzt.

Metallprofile werden für die Konstruktion von Montagewänden und Unterdecken verwendet. Sie werden aus verzinktem Stahlblech in Regelprofilen hergestellt **(Bild 1)**. Diese Profile sind leicht und passgenau sowie durch die Ausbildung des Profilsteges mit Sicken sehr formstabil. Die Blechdicken betragen meist 0,6 mm.

Metallabhänger dienen der sicheren Abhängung und Befestigung des Latten- und Profilrostes einer Unterdecke an der tragenden Deckenkonstruktion. Die Abhänger aus verzinktem Stahl bestehen meist aus zwei Teilen, um einen Höhenausgleich auf die festgelegte Abhängehöhe zu gewährleisten. Dafür eignen sich die Noniusabhänger mit Höhenfixierung durch Lochraster und die Schnellabhänger mit Höhenfixierung durch Klemmvorrichtung **(Bild 2)**.

Befestigungsmittel sind Verbindungsmittel und Verankerungselemente. Für die Befestigung der Trockenbauplatten mit der Unterkonstruktion oder der Konstruktionsteile untereinander werden Verbindungsmittel, wie z. B. Schnellbauschrauben, gerillte Nägel, Klammern, Nieten, Klemmprofile oder die Crimperzange verwendet. Zur Befestigung von Trockenbauwänden und abgehängten Decken mit dem tragenden Untergrund werden Verankerungselemente, wie z. B. Keilnägel, Einschlaganker oder verschiedene Dübelsysteme eingesetzt.

18.7.1.3 Dämmstoffe

Dämmstoffe werden neben der Wärmedämmung insbesondere für die Schalldämmung in Wandhohlräumen zur Hohlraumdämpfung sowie für die Verbesserung der Akustik über Lochplatten- oder Schlitzplattenbekleidungen abgehängter Decken eingesetzt. Als Dämmstoffe eignen sich besonders Faserdämmstoffe aus mineralischen oder natürlichen Fasern, die als Dämmplatten oder Dämmfilze eingebaut werden.

18.7.1.4 Gips-Wandbauplatten

Gips-Wandbauplatten nach DIN EN 12859 sind massive Bauplatten aus Stuckgips. Sie haben umlaufende Nut- und Federprofile, eine Länge von 650 mm, eine Höhe von 500 mm und Dicken von 50 mm bis 100 mm. Je nach Rohdichte, die durch porenbildende Stoffe beeinflusst wird, werden folgende Plattenarten unterschieden:

– Massive Gips-Wandbauplatten,
– Gips-Wandbauplatten mit Hohlräumen.

Zum Verbinden der Platten untereinander wird Gipsmauermörtel oder Gipskleber verwendet (**Bild 1**).

18.7.2 Wandkonstruktionen

Wandkonstruktionen in Trockenbauweise werden für nichttragende Innenwände eingesetzt. Es sind Montagewände in Ständerbauart mit einem Regelabstand der Ständer von 62,5 cm und Unterkonstruktionen aus Holzrahmen oder Metallprofilen sowie einer beidseitigen Beplankung, z. B. aus Gipsplatten. Diese erhalten ihre Standsicherheit durch die Befestigung an die anschließenden Bauteile von Wand und Stütze, Boden und Decke sowie durch die Verbundkonstruktion von Ständer und Beplankung. Dabei kann die Beplankung einlagig oder mehrlagig sein (**Bild 2**).

Bild 1: Gips-Wandbauplatte

Gipsfuge
Nut-und Federprofil

Wandanschluss
Deckenanschluss
Bodenanschluss
Ständer
beidseitige Beplankung

62⁵   62⁵   62⁵   Regelabstand

Hohlraumdämpfung
Ständer
Befestigungsmittel

Einzelheit E - E

Plattenstoß
Beplankung

Bild 2: Montagewand in Ständerbauart

Bild 1: Metall-Einfachständerwand

Bild 2: Holz-Einfachständerwand

Bild 3: Metall-Doppelständerwand

Bild 4: Holz-Doppelständerwand

Ständerwände erfüllen neben der Raumabtrennung auch noch Anforderungen an den Schall- und Brandschutz sowie an den Wärmeschutz. Dazu sind die Hohlräume mit Dämmstoffen auszukleiden. Zusätzlich können die Hohlräume zwischen den Beplankungsebenen für Installationszwecke, wie z. B. für Elektroleitungen, genutzt werden.

Nach Konstruktionsart und Funktion unterscheidet man z. B. Einfachständerwände, Doppelständerwände und Installationswände. Eine weitere Bauart von Trockenbauwänden sind die Wände aus Gips-Wandbauplatten.

18.7.2.1 Einfachständerwände

Enfachständerwände können als Montagewände in Metallständerkonstruktion oder Holzständerkonstruktion ausgeführt werden. Dabei sind die Ständer als Unterkonstruktion in einer Ebene angeordnet und beidseitig, z. B. mit Gipsplatten des entsprechenden Plattentyps, beplankt.

Besteht die Unterkonstruktion aus Metallprofilen, so werden an Decke oder Unterdecke und Boden U-Wandprofile (UW-Profile) montiert. Die C-Wandprofile (CW-Profile) werden in diese Anschlussprofile lose eingestellt und ausgerichtet sowie die Wandanschlussprofile mit den Wänden verschraubt. Öffnungen, wie z. B. für Türen oder Oberlichter, werden durch entsprechende Auswechslungen oder Sonderprofile hergestellt und in das Ständerraster integriert. Danach werden die Beplankungen aufgeschraubt, Dämmstoffe eingestellt oder Installationen verlegt **(Bild 1)**.

Bei einer Unterkonstruktion aus Holzrahmen entspricht das Konstruktionsprinzip dem der Metallkonstruktion. Dabei werden an der Decke ein Rähm und am Boden eine Schwelle angeordnet, an denen man die Holzständer über geeignete Holzverbinder verschraubt **(Bild 2)**. Die Beplankung der Einfachständerwände kann je nach den Anforderungen an den Schall- oder Brandschutz einlagig oder mehrlagig ausgeführt werden. Die Wanddicken richten sich zusätzlich nach den statischen Anforderungen im jeweiligen Einbaubereich.

18.7.2.2 Doppelständerwände

Doppelständerwände werden wie die Einfachständerwände in Metall- oder Holzkonstruktion hergestellt. Dabei besteht die Unterkonstruktion aus zwei im Abstand stehenden, getrennten Ständerreihen, die gegenseitig versetzt sind **(Bild 3** und **4)**. Stehen sie eng nebeneinander, sind die Ständer berührungsfrei anzuordnen, getrennt durch einen weichen Dämmstreifen. Doppelständerwände werden dann montiert, wenn z. B. eine erhöhte Schalldämmung gefordert wird oder Konstruktionsteile des Rohbaues in die Wand eingebaut werden sollen.

18.7.2.3 Installationswände

Installationswände beruhen auf der Konstruktionsart der Doppelständerwände. Dabei wird der Abstand der beiden Ständerreihen so bemessen, dass im Wandhohlraum die Rohinstallationen, z. B. Einbauten der Haustechnik wie Wasser- und Abwasserleitungen, WC-Spülkästen, Armaturen und Aufhängekonstruktionen für Sanitäreinrichtungen untergebracht werden können (**Bild 1**). Um die Stabilität der Installationswand zu gewährleisten, werden die beiden Ständerreihen durch Stabilisierungsstreifen aus Gipsplatten oder Blechstreifen miteinander zug- und druckfest verbunden (**Bild 2**).

Bild 1: **Installationswand mit Rohinstallation**

18.7.2.4 Wände aus Gips-Wandbauplatten

Wände aus Gips-Wandbauplatten werden häufig im Wohnungsbau als Raumtrennwände eingesetzt. Die Wandbauplatten werden im Verband zusammengefügt und dabei mit Gips-Mauermörtel verbunden. Durch den Plattenverband und den Anschluss an die angrenzenden Bauteile, der meist elastisch oder gleitend ausgeführt wird, erhalten die Wände ihre Standsicherheit. Öffnungen, wie z. B. für Türen oder Aussparungen für Durchbrüche, sind beim Aufbau anzulegen oder können nachträglich ausgesägt werden. Durch den flächenfertigen und trockenen Aufbau können die Wände aus Gips-Wandbauplatten nach einer Grundierung beschichtet oder tapeziert werden.

Bild 2: **Ständerreihen mit Stabilisierungsstreifen**

18.7.3 Deckenkonstruktionen

Deckenkonstruktionen in Trockenbauweise werden nach DIN 18168 als leichte Deckenbekleidungen und Unterdecken hergestellt. Diese Montagedecken besitzen nur geringe Tragfähigkeit und werden an den tragenden Bauteilen wie Massivdecken oder Dachkonstruktionen befestigt. Sie bestehen aus einer tragenden Unterkonstruktion und der raumabschließenden Decklage. Diese trägt wesentlich zur Raumgestaltung bei. Je nach Aufbau der Decklage kann diese auch Aufgaben des Brand-, Schall- und Wärmeschutzes übernehmen.

Bild 3: **Leichte Deckenbekleidung**

Bild 1: Konstruktionsaufbau einer Deckenbekleidung

Labels in Bild 1:
- tragendes Bauteil, Rohdecke
- Grundlatte
- Verankerungselement
- Decklage
- Traglatte

Bild 2: Befestigung, Anordnung der Unterkonstruktion

Labels in Bild 2:
- Verankerungsabstand der Grundlatten
- Decklage
- Grundlatte
- Traglatte
- Abstand der Traglatten
- Abstand der Grundlatten

Bild 3: Unterdecke

Labels in Bild 3:
- tragendes Bauteil
- Abhänger
- Metallprofilrost
- Decklage

Leichte Deckenbekleidungen sind Deckensysteme, deren Unterkonstruktion direkt an den tragenden Bauteilen befestigt wird. Dabei besteht die Unterkonstruktion meist aus einem Holzlattenrost (**Bild 3**, Seite 551).

Dieser Lattenrost wird aus einer Grundlattung und einer Traglattung gebildet. Die Grundlattung wird an der Rohdecke befestigt. Die Traglattung, welche die Decklage trägt, wird quer dazu angeordnet. Der Querschnitt von Grund- und Traglattung muss bei leichten Deckenbekleidungen mindestens 24 mm x 48 mm betragen, wobei die Latten an jedem Kreuzungspunkt miteinander zu verbinden sind. Zur Befestigung am tragenden Untergrund dürfen nur geeignete und zugelassene Verankerungselemente verwendet werden (**Bild 1**).

Die zulässigen Abstände der Grund- und Traglatten und die Befestigung der Grundlatten an der Rohdecke sind abhängig von der Gesamtlast der Konstruktion. Dabei sind Einbauten, wie z. B. Beleuchtungskörper, sowie Art und Dicke der Deckenlage des Plattensystems zu berücksichtigen. Die entsprechenden Angaben sind den jeweiligen Tabellen zu entnehmen. So sind z. B. für eine leichte Deckenbekleidung mit einer Flächenlast bis 0,15 kN/m^2 folgende Achsabstände einzuhalten:

- Verankerungsabstand der Grundlatte 750 mm,
- Abstand der Grundlatten 700 mm und
- Abstand der Traglatten 310 mm (**Bild 2**).

18.7.3.2 Unterdecken

Unterdecken sind Deckensysteme, deren jeweilige Unterkonstruktion von den tragenden Bauteilen der Rohdecke abgehängt ist (abgehängte Decken). Die Unterkonstruktion muss so beschaffen sein, dass die Decklage der Montagedecke sicher an der Unterkonstruktion befestigt oder eingelegt werden kann (**Bild 3**). Da es eine Vielzahl unterschiedlicher Deckensysteme gibt, sind die Einzelteile oft produkt- oder herstellergebunden. Meist werden jedoch Systeme aus standardisierten Konstruktionselementen und Decklagen eingesetzt (**Bild 1**, Seite 553).

Die Unterkonstruktionen dieser Montagedecken bestehen aus einem Metallprofilrost, den Grund- und Tragprofilen sowie deren Profilverbindern, den Abhängern und den Befestigungsteilen. Weiterhin stehen Sonderprofile wie Auswechselprofile für Deckeneinbauteile oder Wandanschlussprofile zur Verfügung. Die Unterkonstruktion der Systemdecken ist auf die jeweilige Montageart der Decklage abgestimmt **(Bild 2)**. Dabei unterscheidet man Unterdecken mit fugenloser Decklage wie Plattendecken, mit fugenbetonter oder gerasteter Decklage, wie Mineralfaserdecken, Kassettendecken, Paneel- und Rasterdecken. Weiterhin können diese Deckensysteme zur Erfüllung bestimmter Funktionen, wie z. B. als Akustikdecken oder Brandschutzdecken, eingesetzt werden.

Bild 1: **Konstruktionsaufbau einer Unterdecke**

18.7.4 Verarbeitung der Gipsplatten

Bei der Verarbeitung von großformatigen Gipsplatten sind besondere Be- und Verarbeitungsregeln sowie die einschlägigen Vorgaben und Werksvorschriften zu beachten. Dies gilt für die Lagerung und den Transport der Platten ebenso wie für den Zuschnitt, die Kantenbearbeitung oder die Herstellung von Ausschnitten **(Tabelle 1)**.

Nach einer standsicheren Montage der Unterkonstruktion für Wand oder Decke werden die Platten mit dem Magazinbauschrauber und den geeigneten Schnellbauschrauben vorschriftsmäßig, von der Plattenmitte aus oder einer Plattenseite her, befestigt. Fehlstellen oder örtliche Beschädigungen an den Platten werden durch Fugenfüller ausgebessert.

Besonderer Sorgfalt bedarf es bei der Verspachtelung der Plattenfugen durch aufeinander abgestimmte Verspachtelungssysteme mit Fugendeckstreifen und Spachtelmasse. Nach dem Erhärten der Spachtelmasse wird diese plattenbündig und fein abgeschliffen.

An besonders beanspruchten Plattenanschlüssen oder Außenecken werden Einfassprofile, Kantenschutzprofile oder Kantenschutzstreifen aufgesetzt oder eingespachtelt.

Bild 2: **Befestigung, Anordnung der Unterkonstruktion**

Tabelle 1: Verarbeitung von Gipsplatten

Lagerung	– auf ebener Unterlage wie z. B. auf Paletten
	– gegen Feuchtigkeit schützen
Transport	– mit Plattenträger oder Plattenroller
Zuschnitt	– mit Plattenmesser, Plattenschneider oder Fuchsschwanz
Schnittkanten	– Begradigung mit dem Kantenhobel
	– Karton darf nicht einreißen
Installations-ausschnitte	– mit Lochschneider oder Stichsäge ausführen

Bild 1: Fliesenverband

18.8 Fliesen und Platten

Fliesen und Platten werden in einer Vielzahl von Formen und Abmessungen nach verschiedenen Verfahren hergestellt. Sie können in den unterschiedlichsten Verbänden im Dickbettverfahren oder im Dünnbettverfahren angesetzt und verlegt werden (**Bild 1**).

Unter Fliesenlegen versteht man das Ansetzen von Wandbekleidungen und das Verlegen von Bodenbelägen aus keramischen Fliesen und Platten. Dabei bezeichnet man grobkeramische Bekleidungen und Beläge als Platten und feinkeramische Beläge und Bekleidungen als Fliesen.

18.8.1 Kennzeichnung und Maße

Die Klassifizierung und Einordnung von Fliesen und Platten, Mosaik und Industriefliesen sowie den dazugehörenden Sonderformstücken erfolgt nach DIN EN 14411. Danach werden die keramischen Fliesen und Platten nach dem **Formgebungsverfahren** und ihrer **Wasseraufnahme** eingeteilt (**Tabelle 1, Tabelle 2**).

Weiterhin sind die Angaben zu den Maßen mit den **Maßbezeichnungen** festgelegt. Hier werden das **Koordinierungsmaß** oder Nennmaß (Maße einschließlich Fuge in cm) sowie das eigentliche **Werkmaß** oder Herstellmaß (Maße in mm) als Einzelabmessung der Fliese und Platte angegeben (**Bild 2**). Ebenso werden zu den einzelnen Fliesen- und Plattenarten Angaben zur Oberflächenbeschaffenheit sowie zu den physikalischen und chemischen Eigenschaften gemacht.

Diese sind dann bei der Auswahl von Bodenbelägen und Wandbekleidungen in den verschiedensten Anwendungsbereichen, wie z.B. im Wohnbereich, im Objektbereich wie Läden, Fertigungs- oder Laborbereich, zu beachten.

Weitere Bedeutung kommt dabei neben der Kennzeichnung der **Frostsicherheit** auch der Einordnung keramischer Fliesen und Platten bezüglich der zulässigen **Oberflächenbeanspruchung** zu. Jeder genutzte Bodenbelag unterliegt dem Verschleiß. Dieser ist abhängig vom jeweiligen Einsatzbereich und der Gehfrequenz, vom Verschmutzungsgrad sowie der Härte und Verschleißfestigkeit des Belagwerkstoffes. Danach werden glasierte Fliesen- und Plattenbeläge auf möglichen Glasurabrieb geprüft und entsprechend ihrem Widerstand gegen Oberflächenverschleiß klassifiziert (**Tabelle 1,** Seite 555).

Für den Einsatz von Fliesen- und Plattenbelägen im Arbeitsbereich von Betrieben (Gewerbebereich) sowie im Barfuß- und Nassbereich von Schwimm-

Tabelle 1: Formgebungsverfahren	
Formgebung	Bezeichnung
Verfahren A	Stranggepresste keramische Fliesen und Platten
Verfahren B	Trockengepresste keramische Fliesen und Platten
Andere Verfahren	z.B. gegossene Fliesen und Platten

Tabelle 2: Wasseraufnahmegruppen	
Gruppe	Wasseraufnahme (E_b)
I	niedrige Wasseraufnahme $E_b \leq 3\%$

II
  IIa
  IIb
	mittlere Wasseraufnahme
	$3\% < E_b \leq 6\%$
	$6\% < E_b \leq 10\%$

III	hohe Wasseraufnahme $E_b > 10\%$

Bild 2: Fliesen- und Plattenmaße

anlagen und Sportstätten ist die **Trittsicherheit** und **Rutschhemmung** des Bodenbelages zu klassifizieren. Besondere Schutzmaßnahmen gegen **Ausgleiten** sind im Gewerbebereich erforderlich, wenn durch den Umgang mit Wasser, Öl, Fett, Schlamm oder Abfällen Rutschgefahr besteht. Ebenso sind die Barfußbereiche in Bädern, Wasch- und Duschräumen stark rutschgefährdt. Deshalb ist bei der Auswahl der Belagstoffe entsprechend den Unfallverhütungsvorschriften besonders darauf Rücksicht zu nehmen.

Maßgebend für die **Trittsicherheit** von Belägen ist deren **Oberflächenbeschaffenheit,** die nach einem festgelegten Prüfverfahren eben, feinrau, rau oder profiliert sein kann. Der so ermittelte **Reibungskoeffizient** wird zum Beispiel im Gewerbebereich in die **Bewertungsgruppen** R 9 bis R 13 eingeteilt.

Ebenso ist die **Schmutzbelastung** zu berücksichtigen. Dabei ist die Oberfläche des Belages so zu gestalten, dass ein **Verdrängungsraum** zwischen der Gehebene und der Entwässerungsebene entsteht **(Bild 1).**

Verdrängungsraum/Mindestvolumen
V4 = 4 cm³/dm²; V6 = 6 cm³/dm²; V8 = 8 cm³/dm²; 10 = 10 cm³/dm²

Bild 1: Verdrängungsraum

Nach diesen Angaben kann die geforderte Trittsicherheit des Bodenbelages für jeden Arbeitsbereich eines Betriebes festgelegt werden.

So muss z.B. für eine Hotelküche die Oberfläche des Fliesen- oder Plattenbelages eine Trittsicherheit nach der **Bewertungsgruppe** R 12 und einen **Verdrängungsraum** V 4 aufweisen.

Keramische Fliesen und Platten gibt es in den verschiedensten Formen und Abmessungen, wobei nur die Maße der rechtwinkligen Formen genormt sind.

Die **Abmessungen** der genormten Formen werden in modularen Vorzugsmaßen **(Koordinierungsmaß),** die bei allen Herstellern gleich sind oder im herstellerbezogenen **Herstellmaß** gefertigt **(Tabelle 2).** Der Maßunterschied zwischen dem Koordinierungsmaß und dem Herstellmaß von Fliesen und Platten ergibt das **Fugenmaß.** Dabei sind die Fugen für Bekleidungen und Beläge gleichmäßig breit anzulegen. Maßtoleranzen werden mit den **Fugenbreiten** ausgeglichen. Die Fugenbreiten sind nach den unterschiedlichen Fliesen- und Plattenarten sowie deren Seitenlängen festgelegt **(Tabelle 3).**

Tabelle 1: Klassifizierung von Fliesen und Platten für Bodenbeläge

Klasse	Beanspruchung durch kratzende Verschmutzung	Anwendungsbereich
1	ohne kratzende Verschmutzung	Wohnbereich: Schlafraum, Bad
2	gelegentliche kratzende Verschmutzung	Wohnbereich: Wohnräume außer Küchen und Dielen
3	häufige kratzende Verschmutzung	Wohnbereich, Objektbereich: Gesamter Wohnbereich, Balkone, Hotelbäder
4	regelmäßige kratzende Verschmutzung	Objektbereich: Eingänge, Büros, Verkaufsräume
5	starke kratzende Verschmutzung	Objektbereich: Gaststätten, Schalterhallen, Kaufhäuser

Tabelle 2: Modulare Vorzugsmaße (Beispiele)

Fliesen- und Plattenarten	Vorzugsmaß (Koordinierungsmaß) in cm	Herstellmaß (Werkmaß) in mm
Spaltplatten	30 x 30	290 x 290 x 15
	25 x 25	240 x 240 x 11
	15 x 15	140 x 140 x 11
	25 x 12,5	240 x 115 x 11
Fliesen und Platten aus Steinzeug und Steingut	30 x 30	294 x 294 x 8
	20 x 20	194 x 194 x 8
	15 x 15	144 x 144 x 8
	10 x 10	97,5 x 97,5 x 8
Mosaik	5 x 5	48 x 48 x 6
Bodenklinkerplatten	25 x 25	240 x 240 x 25
	25 x 12,5	240 x 115 x 25

Tabelle 3: Fugenbreiten

Fliesen- und Plattenarten	Seitenlänge	Fugenbreite
Trockengepresst	bis 10 cm über 10 cm	1 mm bis 3 mm 2 mm bis 8 mm
Stranggepresst	bis 30 cm über 30 cm	4 mm bis 8 mm ≥ 10 mm
Bodenklinkerplatten	für alle Seitenlängen	8 mm bis 15 mm

Bild 1: Spaltplatte

Bild 2: Steinzeugfliese

Bild 3: Mosaik

Bild 4: Steingutfliese

18.8.2 Fliesen- und Plattenarten

Keramische Fliesen und Platten werden aus einer Mischung von Ton, Quarzsand und Flussmitteln, z. B. Feldspat, hergestellt. Die natürlichen Rohstoffe werden aufbereitet und durch Pressen, Ziehen oder Gießen zu Fliesen oder Platten geformt. Nach dem Trocknen werden diese bei hohen Temperaturen gebrannt. Dabei können sie je nach Oberflächengestaltung glasiert (GL) oder unglasiert (UGL) sein.

Stranggepresste Platten

Stranggepresste Platten sind keramische **Spaltplatten** oder einzeln **gezogene Platten,** die aus Tonen mit Gesteinskörnung hergestellt und bei ca. 1200 °C gebrannt werden **(Bild 1).** Spaltplatten werden im plastischen Zustand auf Strangpressen zu Doppelplatten gezogen, die man nach dem Brand in Einzelplatten spaltet. Dabei ergeben sich auf den Einzelplatten schwalbenschwanzförmige Rippen. Die Platten werden glasiert oder unglasiert hergestellt. Sie müssen frost-, farb- und lichtbeständig sein. Glasierte Platten sind beständig gegen Laugen und Säuren. Spaltplatten werden mit einer Wasseraufnahme von $E_b < 3\%$ und einer Wasseraufnahme von $3\% < E_b < 6\%$ hergestellt.

Eine unglasierte Spaltplatte mit dem Nennmaß 25 cm x 25 cm und einer mittleren Wasseraufnahme wird wie folgt gekennzeichnet:

Spaltplatte DIN EN 14411, A IIa, 25 x 25 cm (240 x 240 x 11 in mm) UGL

Trockengepresste Fliesen und Platten

Trockengepresste Fliesen und Platten sind Steinzeugfliesen und -platten mit Mosaik und Steingutfliesen.

Die **Steinzeugfliesen und -platten** haben einen feinkörnigen Scherben. Sie werden bei Temperaturen von 1200 °C gebrannt und haben nur ein geringes Wassersaugvermögen. Die unglasierten Steinzeugfliesen und -platten haben eine einfarbige gelbe, rote oder eine geflammte grau-weiße, rot-weiße, braun-gelbe Oberfläche. Sie kann glatt oder profiliert sein. Glasierte Steinzeugfliesen und -platten haben eine Scharffeuerglasur, die auf die Rohfliese aufgetragen wird **(Bild 2).** Steinzeugfliesen und -platten werden mit einer Wasseraufnahme von $E_b < 3\%$ hergestellt.

Eine glasierte Steinzeugfliese mit dem Nennmaß 30 cm x 30 cm und einer geringen Wasseraufnahme hat folgende Kennzeichnung:

Steinzeugfliese DIN EN 14411, B I, 30 x 30 cm (294 x 294 x 8 in mm) GL

Fliesen und Platten, deren Ansichtsfläche 90 cm² nicht übersteigt, werden als **Mosaik** bezeichnet. Zur einfacheren Verlegung ist das Mosaik verlegeseitig auf Kunststoffnetzen oder auf Papiernetzen zu einzelnen Verlegetafeln aufgeklebt **(Bild 3).**

Die **Steingutfliesen** werden unter hohem Druck in Stempelpressen gepresst und bei einer Temperatur von 1100 °C gebrannt. Sie haben einen feinkristallinen, porösen Scherben, der eine hohe Wasseraufnahme zulässt. Der fast weiße Scherben der Steingutfliese hat eine Glasur, die auch in einem zweiten Brennvorgang aufgeschmolzen werden kann. Irdengutfliesen werden wie Steingutfliesen hergestellt und haben daher auch die gleichen Eigenschaften. Kennzeichnend für diese Fliese ist der gelb, gelbbraun oder rotbraun gefärbte Scherben, dessen Farbe vom Abbauort der Ausgangsstoffe herrührt **(Bild 4).**

Steingut- oder Irdengutfliesen haben eine Wasseraufnahme von $E_b > 10\%$ und sind nicht frostbeständig.

Eine glasierte Steingutfliese mit dem Nennmaß 15 cm x 15 cm und einer hohen Wasseraufnahme wird wie folgt gekennzeichnet:

Steingutfliese DIN EN 14411, B III, 15 x 15 cm (146 x 146 x 6 in mm) GL

Bodenklinkerplatten

Bodenklinkerplatten werden nach DIN 18158 aus sinterfähigen Tonen bei trockener Aufbereitung in Flachpressen geformt. Durch den hohen Druck bei der Herstellung des Rohlings sowie durch den Brand bei über 1000°C (Sintergrenze) erlangt die Klinkerplatte eine sehr große Härte. Sie ist beständig gegen Säuren, Laugen, Frost und Abrieb. Durch eine geriffelte oder genarbte Oberfläche wird sie rutschfest. Die Platten sind zwischen 10 mm und 40 mm dick und haben verschiedene Abmessungen.

Bild 1: Formstücke

18.8.3 Formstücke

Die Fliesen- und Plattenarten werden insbesondere mit funktionsbezogenen und ästhetisch abgestimmten Formteilen ergänzt. Diese beziehen sich meist auf bestimmte Produktlinien, wie z.B. Treppen- und Schwimmbadsysteme, Sockel- und Hohlkehlsysteme oder Duschtassen- und Rinnensysteme **(Bild 1)**. Diese Formstücke ergänzen die Fliesen- und Plattenflächen für spezielle Abschluss-, Übergangs- und Anschlussbereiche. Die Verwendung dieser Sonderartikel ist auf das Produktsegment eines Herstellers abgestimmt. Weiterhin gibt es Fliesentafeln mit Farbverlauf, handbemalte Fliesen oder Mosaikbilder.

18.8.4 Werkzeuge und Geräte

Zur fachgerechten Werkzeug- und Geräteausstattung des Fliesenlegers gehören Fliesenkelle, Reißnadel, Spitzhammer, Lochzange, Fliesenlochapparat, Hauschiene, Fliesenschneidmaschine, Fliesenhexe (Schnur), Fliesenkeile, Zahntraufel und Fugengummi **(Bild 2)**.

Die **Fliesenkelle** gibt es mit verschiedenen Blattformen. Dabei unterscheidet man z.B. die Herzform, die Hamburger, Schweizer oder die Süddeutsche Form. Die Fliesenkelle benutzt man zum Aufbringen des Verlegemörtels und deren Griff zum Anklopfen der Fliese. Um Beschädigungen der Fliesen beim Anklopfen zu vermeiden, hat das Griffende eine Gummikappe.

Die **Reißnadel** hat eine sehr harte Spitze aus Hartmetall und dient zum Anreißen der Fliesenoberfläche (Glasur). Die Fliese kann entlang dieser Reißlinie gebrochen werden.

Der **Spitzhammer** wird zum Aufbrechen der Glasur, zum Durchschlagen eines Loches oder zum Ausklinken der Fliese verwendet.

Die **Lochzange** dient zum Erweitern von Öffnungen auf das gewünschte Öffnungsmaß.

Der **Fliesenlochapparat** ermöglicht das Anreißen und Lochen der Fliesen bis zu einem Lochdurchmesser von etwa 80 mm in einem Arbeitsgang. Anstelle des Lochapparates kann auch eine Bohrmaschine mit Bohrständer und entsprechendem Bohrvorsatz verwendet werden.

Die **Fliesenhauschiene** wird zum Abtrennen von sehr harten und dicken Fliesen (Steinzeugfliesen) verwendet. Nach dem Einstellen

Bild 2: Werkzeuge und Geräte

Bild 1: Ansetz- und Verlegefläche

Bild 2: Dickbettverfahren

Bild 3: Dünnbettverfahren

der Abtrennlinie wird entlang der Hauschiene ein Hartmetallmeißel unter leichten Hammerschlägen entlanggeführt, bis die Fliese getrennt ist.

Die **Schneidmaschine** erübrigt ein Vorreißen der Trennlinie, da die Fliesen nach einer Skala eingelegt und festgeklemmt werden. Danach wird mit einem eingebauten Fliesenschneider (Glasschneider) die Trennlinie vorgerissen und durch Verstärkung des Druckes am Klemmhebel die Fliese gleichzeitig gebrochen.

Die **Fliesenhexe** ist eine Gummischnur mit zwei Halteblechen, die nach dem Ansetzen von Punkt- oder Richtfliesen angelegt wird. Die **Fliesenkeile** aus Kunststoff werden beim Ansetzen der Wandfliesen in die waagerechte Fuge gedrückt, um ein Abrutschen der Fliese zu verhindern. Die **Zahntraufel** dient zum Aufziehen von Dünnbettmörtel.

Der **Fugengummi** wird beim Verfugen von Fliesen- und Plattenbelägen sowie zum Verteilen und Abstreifen des Fugenmörtels verwendet.

18.8.5 Ansetzen und Verlegen von Fliesen und Platten

Fliesen und Platten sind senkrecht, fluchtrecht, waagerecht oder im angegebenen Gefälle anzusetzen oder zu verlegen. Entsprechende Anforderungen sind auch an den **Untergrund** zu stellen. Dieser muss tragfähig und staubfrei sein. Den Untergrund für eine Wandbekleidung nennt man **Ansetzfläche**, für einen Bodenbelag **Verlegefläche (Bild 1)**.

Das Ansetzen von Fliesen und Platten an eine Wand kann ebenso wie das Verlegen auf einem Boden im Dickbett- oder Dünnbettverfahren erfolgen. Dabei haben die so angesetzten Wandbekleidungen einen festen Verbund mit der Ansetzfläche. Bei der Verlegung der Bodenbeläge kann dies jedoch auch ohne festen Verbund mit der Verlegefläche, z. B. über einer Trennschicht, einer Dämmschicht oder einem schwimmenden Estrich, erfolgen.

Das Ansetzen oder Verlegen von Fliesen und Platten im **Dickbettverfahren** erfolgt mit Mörtel der Mörtelgruppe III. Die Dicke des Ansetzmörtels bei einer Wandbekleidung beträgt mindestens 15 mm. Die Dicke des Verlegemörtels bei Bodenbelägen im festen Verbund beträgt mindestens 20 mm, auf Trennschichten mindestens 30 mm und auf Dämmschichten mindestens 45 mm **(Bild 2)**.

Das Ansetzen oder Verlegen von Fliesen und Platten im **Dünnbettverfahren** erfolgt durch hydraulisch erhärtenden Dünnbettmörtel mit organischen Zusätzen oder mit Klebern. Dabei beträgt die Bettungsdicke je nach Fliesen- und Plattenart zwischen 2 mm und 15 mm **(Bild 3)**.

Nach Erhärtung der Mörtel oder Kleber sind die **Fugen** als toleranzbedingter und beabsichtigter Zwischenraum der einzelnen Fliesen und Platten mit Fugenmörtel, z. B. durch Einschlämmen, zu verfugen.

Bereits vor dem Ansetzen oder Verlegen muss das **Fugenbild** geplant und eingeteilt werden, da es maßgeblich die Gestaltung der fertigen Bekleidung oder des Belages mitbestimmt. Quadratische Fliesen und Platten werden meist im Fugenschnitt oder diagonal, rechteckige Fliesen und Platten im Fugenversatz oder Verband angeordnet. Mit besonders geformten Fliesen und Platten lassen sich bei entsprechender Kombination die vielfältigsten Fugenmuster herstellen **(Bild 1)**.

Fugenschnitt   Fugenverband

Fugenversatz   Diagonalfuge

Bild 1: Fugenbild

18.8.6 Innenbekleidungen und Innenbeläge

Innenbekleidungen und -beläge werden häufig in Sanitärräumen, Küchen, Eingangshallen oder Treppenhäusern von Wohn- und Verwaltungsgebäuden sowie in den Nassbereichen von Sport- und Schwimmhallen ausgeführt. Neben der Eignung der verwendeten Werkstoffe sind dabei auch die baupysikalischen Anforderungen des Wärme-, Schall- und Feuchteschutzes zu beachten.

Das Ansetzen von **Wandbekleidungen** erfolgt bei unebenem oder unverputztem Untergrund im Dickbettverfahren. Ist der Untergrund eben, wie z. B. bei Gipsplatten oder verputzten Wänden, werden die Fliesen und Platten im Dünnbett angesetzt. Das Ausfugen der Bekleidungsflächen erfolgt nach ca. 1 bis 2 Tagen mit zementgebundenem Fugenmörtel. **Anschlussfugen** zu anderen Bekleidungsflächen oder **Randfugen** in Ecken oder bei Wand-Bodenübergängen sind von Fugenmörtel freizuhalten und mit dauerelastischer Fugenmasse auszuspritzen **(Bild 2)**.

Das Verlegen von Bodenbelägen erfolgt ebenfalls im Dickbett- oder Dünnbettverfahren. Aus Gründen des Wärme- und Schallschutzes werden diese meist schwimmend eingebaut. Dabei sind bei Flächen über 25 m² **Feldbegrenzungsfugen** (Bewegungsfugen) mit einer Breite von 10 mm bis 20 mm anzuordnen. Hierzu werden geeignete **Fugenprofile** aus Kunststoff oder Metall, wie z. B. Messing oder Edelstahl, verwendet.

Treppenläufe werden häufig im Zusammenhang mit dem Bodenbelag gestaltet. Dazu werden die entsprechenden Stufensysteme mit Stufenplatte oder Schenkelplatte verwendet und im Dickbett verlegt.

dauerelastische Fuge
Belag
Mörtelbett
Trennlage
Dämmschicht
Rohboden

Randfuge

Belag
Mörtel
Trennlage

dauerelastische Fuge mit Hinterfüllschnur
Dämmung
Fugenprofil

Feldbegrenzungsfuge

Bild 2: Fugen

18.8.7 Außenbeläge

Außenbeläge aus keramischen Fliesen oder Platten werden auf Balkonen, Terrassen und Gebäudeeingängen verlegt. Diese Beläge müssen frostbeständig und sehr verschleißfest sein. Die Verlegung kann wie bei den Innenbelägen sowohl im Dickbettverfahren als auch auf einem Verbundestrich im Dünnbettverfahren erfolgen. Bei größeren Flächen müssen Verbundbeläge durch Fugen in Felder bis zu 30 m² unterteilt werden. An Wandanschlüssen sind **Randfugen** anzuordnen, um eine Rissebildung durch Einspannung des Belages zu vermeiden. Für **Balkonflächen** werden meist untergrundentkoppelte Belagsysteme mit Dränmatten zur Entwässerung eingesetzt **(Bild 3)**.

Belag im Dünnbett
Estrich
Dränmatte
Abdichtung

Bild 3: Balkonbelag

Ermittlung der Ansetzbreite

Wand
Putz
Fliese in Dünnbett
(Bekleidungsdicke)

A

Ansetzmaß	Randfuge
lichtes Maß	Putz
Rohbaumaß	Wand

Ansetzmaß zwischen ungefliesten Wänden
Ansetzmaß = Rohbaumaß abzüglich
2 x Putzdicke (Wand)
2 x Randfugendicke

A

Ansetzmaß	Randfuge
lichtes Maß (Fliesen)	Bekleidung
lichtes Maß (Putz)	Putz
Rohbaumaß	Wand

Ansetzmaß zwischen gefliesten Wänden
Ansetzmaß = Rohbaumaß abzüglich
2 x Putzdicke (Wand)
2 x Bekleidungsdicke (Fliesen)
2 x Randfugendicke

Ermittlung der Ansetzhöhe

UK RD   OK FD

OK RFB   OK FFB

Ansetzmaß
lichtes Maß (Belag/Bekleidung)
Rohbaumaß
Geschosshöhe

Randfuge
Boden
Putz
Decke

Schnitt A

Ansetzmaß zwischen
Oberkante Fertigfußboden (OK FFB) und
Unterkante Fertigdecke (UK FD)
Ansetzmaß = Rohbaumaß abzüglich
1 x Fußbodenaufbau
1 x Putzdicke (Decke)
2 x Randfugendicke (Boden, Decke)

Bild 1: Abmessungen der Ansetzfläche

18.8.8 Ausführung von Fliesenarbeiten

Die Ausführung von Wandbekleidungen und Bodenbelägen aus Fliesen und Platten, wie z. B. in Bädern, Küchen oder Fluren, erfolgt meist nach den Innenputzarbeiten. Man beginnt nach Feststellung der Bezugshöhe (Meterriss) mit dem Ansetzen der Wandbekleidung. Erst danach werden üblicherweise die Bodenbeläge verlegt.

Nach Auswahl der Fliesen, deren Abmessungen für die Boden- und Wandflächen aufeinander abgestimmt sein sollen sowie der Festlegung des Fugenbildes, werden die Ansetz- oder Belagflächen entsprechend eingeteilt. Dies kann sowohl auf den vorbereiteten Wand- oder Bodenflächen des Gebäudes als auch zeichnerisch auf der Grundlage einer Werkzeichnung erfolgen. Dabei wird das jeweilige Fugenbild für die Wand- oder Bodenfläche, z. B. im Maßstab 1:20 oder 1:25, dargestellt. Diese Ansetz- oder Verlegepläne können durch Detaildarstellungen, z. B. im Maßstab 1:5 oder 1:2, ergänzt werden.

Grundlage dieser Planung sind die Koordinierungsmaße (Nennmaße einschließlich Fugen) der Fliesen und Platten sowie die Abmessungen der Ansetz- und Verlegeflächen. Zur Bestimmung dieser Flächen sind z. B. die Putzdicken an Wänden, Randfugen oder Randstreifen, das Ansetz- oder Verlegeverfahren sowie die Estrichkonstruktion zu berücksichtigen.

Fugeneinteilung einer Wandfläche

Für die Fugeneinteilung einer Wandfläche sind ausführungsbezogene **Vorgaben** erforderlich:

- Baunennmaße und Höhenangaben nach Werkzeichnung oder Aufmaß
- Wandaufbau der zu fliesenden Wände sowie der angrenzenden Wände
- Boden- und Deckenaufbau
- Fliesenformat (Koordinierungsmaß)
- Fugenbild und Ansetzart der Fliesen
- Höhe der zu fliesenden Fläche mit Maßangabe
- Randfugendicke (Boden, Wand, Decke)

Ebenso sind die Abmessungen der **Ansetzfläche** zu ermitteln sowie die Anzahl der **Fliesenteiler** und die Breite der **Teilerstreifen** zu bestimmen.

Abmessungen der Ansetzfläche

Die Maße der Ansetzfläche werden durch die Festlegung der Ansetzbreite und der Ansetzhöhe bestimmt **(Bild 1)**.

Anzahl der Fliesenteiler und der Teilerstreifen

Nachdem die Abmessungen der Ansetzfläche bestimmt sind, wird die Fugeneinteilung festgelegt. Hierzu ist die Anzahl der Fliesenteiler in Breite und Höhe der Ansetzfläche zu berechnen.

$$\text{Anzahl der Teiler} = \frac{\text{Ansetzmaß (cm)}}{\text{Koordinierungsmaß (cm)}}$$

Die Anzahl der Teiler ergibt neben den ganzen Fliesen meist noch einen Rest. Ist dieser Rest größer als die Hälfte der jeweiligen Fliesenabmessung, plant man nur **einen** Fliesenstreifen ein. Dieser Streifen wird am Rand der Fliesenfläche angeordnet. Bei einem Rest kleiner als die Hälfte der jeweiligen Fliesenabmessung werden aus optischen Gründen **zwei** Fliesenstreifen geplant. Dabei wird die ermittelte ganze Teilerzahl um einen Teiler verringert und zum Rest addiert. Der um einen Teiler vergrößerte Rest wird halbiert und ergibt das Planmaß für die Fliesenstreifen. Diese werden an beiden Rändern der Fliesenfläche angeordnet.

Für das Zuschnittsmaß der Fliesenstreifen wird eine Fugenbreite abgezogen und das Ergebnis danach halbiert. Das Fugenbild der Fliesenfläche ist damit ausgemittelt.

Beispiel: Ansetzplan für eine Wandfläche (Bild 1)

Ausführungsbezogene Vorgaben für die Wandbreite
– Wandmaße: Breite 1,51 m
– Höhen: OK RFB −0,10 m; OK FFB +0,00 m
– Wände verputzt; Putzdicke 1,0 cm
– Fliesenformat: Koordinierungsmaß (cm) 20 x 20,
  Werkmaß (mm) 195 x 195,
  Fugenmaß 5 mm
– Ansetzart: Dünnbettverfahren
– Fugenbild: Fugenschnitt
– Randfuge: 5 mm

Beispiel: Berechnung der Teilermaße und Teilerstreifen für die Wandbreite

Teileranzahl der Breite: $\dfrac{148\ cm}{20\ cm} = 7,4$

Da der Teilerrest 0,4 < 0,5 der Fliesenbreite ist, werden 2 Teilerstreifen und 6 ganze Fliesen geplant.

Breite des Fliesenstreifens (mit Fuge): $\dfrac{1,4 \times 20\ cm}{2} = 14,0\ cm$

Zuschnittbreite des Fliesenstreifens: $\dfrac{1,4 \times 20\ cm - 0,5\ cm}{2} = 13,75\ cm$

Auf der Grundlage dieser Berechnungen kann nun der Ansetzplan gezeichnet werden **(Bild 2)**. Bei der Berechnung der Teilermaße und Teilerstreifen für die Wandhöhe ist entsprechend vorzugehen.

Ansetzbreite der Wand
Ansetzbreite = 151 cm - 2x1,0 cm - 2x0,5 cm
Ansetzbreite = 148 cm (1,48)

Bild 1: Abmessungen im Ansetzplan

Bild 2: Ansetzplan

Aufgaben

1 Nennen Sie die Herstellungsverfahren mit den dazugehörigen Arten der Fliesen und Platten.

2 Unterscheiden Sie zwischen Nennmaß und Herstellmaß.

3 Begründen Sie die Einteilung der Fliesen und Platten in Beanspruchungsgruppen.

4 Wählen Sie für die Wandbekleidung und den Bodenbelag eines Wohnbades und einer Küche die geeigneten Fliesen oder Platten aus. Begründen Sie die Auswahl.

5 Nennen Sie die verschiedenen Fugenausbildungen und erklären Sie deren Konstruktion.

Bild 1: Einzelteile des Fensters

Bild 2: Bezeichnung am Holzfenster (Beispiel)

18.9 Bautischlerarbeiten

Zu den Bautischlerarbeiten gehören unter anderem die Herstellung von Fenstern, Haustüren, Innentüren, Wand- und Deckenverkleidungen sowie Einbauschränken. Die Bauteile werden vorwiegend aus Holz und Holzwerkstoffen gefertigt. Es können auch Kunststoffe und Metalle verwendet werden.

18.9.1 Fenster

Fenster schließen Gebäude nach außen hin ab und sollen einen guten Lichteinfall und ausreichende Belüftung der Räume ermöglichen. Bei Fenstern werden hohe Anforderungen an die Wärmedämmung, Schalldämmung sowie an die Wind- und Schlagregensicherheit gestellt. Fenster können aus Holz, Kunststoff oder Aluminium bzw. aus Kombinationen dieser Werkstoffe gefertigt werden.

Teile des Fensters

Die Teile des Fensters sind im Wesentlichen der Blendrahmen, der Flügelrahmen, die Verglasung und die Beschläge. Auch Fensterbank und Sohlbankabdeckung sowie das Brüstungselement und die Rollladenführung und -verkleidung können Teile des Fensters sein.

Der **Blendrahmen** besteht aus dem oberen und dem unteren sowie den senkrechten Blendrahmenstücken. Wird ein Blendrahmen in der Breite geteilt, wird ein Pfosten eingesetzt. Die Teilung in der Höhe erfolgt durch den Riegel (Kämpfer) **(Bild 1)**.

Der Blendrahmen wird fest mit dem Mauerwerk verbunden. Je nach Maueranschlag kann der Blendrahmen von außen (Außenanschlag), von innen (Innenanschlag) oder stumpf (ohne Anschlag) eingesetzt werden. Der Raum zwischen Mauerwerk und Blendrahmen ist durch Mineralwolle, PUR-Schaum und dauerelastische Dichtungsmassen gut zu dichten und kann durch Deckleisten abgedeckt werden. Auf der Innenseite ist ein diffusionsdichtes Dichtungsband als Dampfsperre einzubauen **(Bild 2)**.

Die **Flügelrahmen** sind die beweglichen Teile des Fensters. Sie bestehen aus den senkrechten, den oberen und den unteren Flügelrahmenstücken. Sie werden in den Falz der Blendrahmen eingesetzt. Dadurch erreicht man eine gute Abdichtung zwischen Blendrahmen und Flügelrahmen, die durch Dichtungsprofile noch verbessert wird.

Die **Verglasung** der Flügel besteht aus meist mehreren Glasscheiben, die in den Glasfalz des Flügels eingesetzt sind. Das Glas ermöglicht den Tageslichteinfall und schützt vor Witterungs- und Umwelteinflüssen wie Wind, Regen, Kälte und Lärm. Je nach Größe der Scheibe und dem zu erwartenden Winddruck sind die Scheiben entsprechend dick zu wählen.

Nach der Verglasungsart sind Einfachverglasung, Doppelverglasung und Isolierverglasung zu unterscheiden.

Bei Einfachverglasung **(EV)** weist der Flügel nur eine Scheibe auf. Die Wärmedämmung solcher Fenster ist gering.

Bei Doppelverglasung **(DV)** sind zwei einfach verglaste Flügel zu einem Flügel miteinander verbunden (Verbundfenster). Durch das Luftpolster zwischen den Scheiben wird eine bessere Wärmedämmung und Schalldämmung erreicht.

Bei Isolierverglasung (IV) sind zwei oder mehrere Glasscheiben so miteinander verbunden, dass zwischen den Scheiben noch ein mit trockener Luft oder Edelgas, z. B. Argon oder Xenon, gefüllter Scheibenzwischenraum (SZR) verbleibt. Diese Scheiben bezeichnet man als Wärmeschutzgläser. Durch sie wird die Wärmedämmung gegenüber der Einfachverglasung wesentlich verbessert (Seite 73).

Die **Fensterbeschläge** verbinden die Flügel mit den Blendrahmen und ermöglichen das Öffnen und Schließen der Fenster. Je nach Bewegungsart sind verschiedene Beschläge einzubauen. Auch die Regenschutzschienen, die bei nach innen aufgehenden Fenstern auf dem unteren Blendrahmenstück angeordnet werden, sowie Fenstergriffe (Oliven) und Dichtungsprofile gehören zu den Beschlägen.

Fensterbänke werden bei vielen Fenstern an der Innenseite angeordnet. Sie liegen entweder auf der Brüstung auf oder werden durch Konsolen getragen und sind in der Regel seitlich eingeputzt. Fensterbänke können aus Holz, Holzwerkstoffen, Kunststoff, Betonwerkstein oder Naturstein bestehen.

Sohlbankabdeckungen decken die Brüstung bei zurückliegenden Fenstern außen ab. Sie bestehen z. B. aus Aluminium oder Betonwerkstein.

Brüstungselemente werden oft bei hohen Fenstern, die vom Fußboden bis zur Decke reichen, angeordnet. Dieser Teil des Fensters kann aus undurchsichtigen Werkstoffen bestehen. Brüstungselemente müssen wetterbeständig und wärmedämmend sein sowie die Anforderungen des Brandschutzes erfüllen.

Fensterarten

Je nach **Bewegungsrichtung** der Flügel unterscheidet man: Drehflügelfenster, Kippflügelfenster, Dreh-Kippflügelfenster, Klappflügelfenster, Schwingflügelfenster, Wendeflügelfenster und Schiebeflügelfenster (**Bild 1**). Je nach **Konstruktion** der Flügelrahmen unterscheidet man: Einfach-, Verbund- und Kastenfenster sowie fest verglaste Fenster (**Bild 2**). Je nach verwendetem **Werkstoff** unterscheidet man Holzfenster, Kunststofffenster, Aluminiumfenster und Kombinationen wie Holz-Alu-Fenster (**Bild 3**).

Bild 1: Die Fensterarten nach der Bewegungsrichtung der Flügel

Bild 2: Fensterarten nach Konstruktion der Flügelrahmen (Holzfenster)

Bild 3: Fensterarten nach verwendetem Material

Bild 1: Teile einer Tür mit Futter und Bekleidungen

Bild 2: Bauarten von Türblättern

Bild 3: Türfutterbefestigung mit Klebeschaum

Bild 4: Nennmaßhöhe bei Maueröffnungen für Türen

Türen haben die Aufgabe, Räume miteinander zu verbinden und nach außen hin abzuschließen. Neben den Türen aus Holz gibt es auch Türen aus Metall und Glas. Bei Türen können Anforderungen an den Schallschutz, Wärmeschutz und Brandschutz gestellt werden.

Die Türen bestehen im Wesentlichen aus dem beweglichen Türblatt, der Türumrahmung und den Beschlägen **(Bild 1)**.

Türblatt

Das **Türblatt** ist der bewegliche Teil der Tür. Es kann aus Sperrholz, Rahmen mit Glas- oder Holzfüllungen, Glas, Brettern oder aufgedoppelt hergestellt werden **(Bild 2)**.

Sperrtürblätter sind glatte Türblätter aus Rahmen, Einlage und Deckplatten. Die vorwiegend industriell hergestellten Türblätter werden häufig mit Edelholzfurnieren, Schichtpressstoffplatten oder Folien sowie mit Oberflächenbehandlung geliefert. Sie können mit Glasausschnitten, Briefschlitzen und Spionloch versehen sein.

Rahmentürblätter bestehen aus Rahmenhölzern (Friese) und Füllungen aus Glas, Holz oder Sperrholz.

Ganzglastürblätter bestehen aus bruchsicherem, 8 mm bis 12 mm dickem Glas. In diesen sind alle Bohrungen und Aussparungen für die Beschläge vorhanden sowie alle Kanten gefast. Ganzglastürblätter können in Rahmen aus Holz und Metall eingebaut werden.

Brettertürblätter werden aus einzelnen Brettern zusammengesetzt und auf Querriegel und Strebe befestigt.

Bei **aufgedoppelten Türblättern** können gespundete Verbretterungen oder Platten auf Rahmen oder Sperrtürblätter gesetzt werden.

Türumrahmung

Die **Türumrahmung** wird fest mit der Wand verbunden und hat das Türblatt zu tragen. Unten kann in die Türumrahmung eine Schwelle aus Holz oder Metall eingebaut werden, die dem Türblatt einen Anschlag gibt oder verschiedene Fußböden voneinander trennt. Nach Art der Türumrahmung unterscheidet man Türen mit Blockrahmen, Blendrahmen, Futterrahmen und Bekleidungen sowie Zargenrahmen.

Beschläge

Die **Beschläge** verbinden das Türblatt mit der Türumrahmung und ermöglichen das Öffnen und Schließen der Tür. Je nach der Bewegungsart der Türen sind z.B. Dreh-, Pendel- oder Schiebetürbeschläge und nach dem Einbauort der Tür z.B. Haus-, Hotel- oder Zimmertürbeschläge zu unterscheiden.

Türmontage

Das Befestigen der Türumrahmungen am Mauerwerk erfolgt bei Blockrahmen und Blendrahmen mittels Schrauben in Spreizdübeln, bei Futter und Bekleidungen in der Regel mit feinzelligem PUR-Schaum **(Bild 3)**.

Stahlzargen werden mit Mauerankern in den Maueröffnungen befestigt, die Hohlräume zwischen Zarge und Mauerlaibung mit Mörtel ausgefüllt. Da Stahlzargen in den Estrich eingegossen werden, ist bei der Montage die Fußbodeneinstandsmarkierung auf die Oberkante Fertigfußboden zu setzen **(Bild 4)**.

Türarten

Türen unterscheidet man nach der Bauart des Türblattes (Seite 564), nach der Bewegung des Türblattes, nach dem Einsatzort der Tür und nach der Art der Türumrahmung.

Tabelle 1: Türarten nach der Bewegung des Türblattes

Bezeichnung der Türart	Drehtür	Pendeltür	Schiebetür
Skizze	Linkstür Rechtstür	Ansicht Vertikalschnitt Türblattaußenmaß Rohbaumaß Horizontalschnitt	Laufschiene Befestigungslaschen Laufwagen Türpuffer Muschelgriff Türpuffer Führungsnocke zweifügelige Schiebetür (Schema) in Mauertasche laufend hinter Wandverkleidung laufend
Funktion	Türblatt ist an der linken oder rechten Längskante angeschlagen und dreht sich um diese und schlägt auf die Türumrahmung auf	Türblatt ist an der linken oder rechten Längskante angeschlagen und pendelt um diese durch die Türumrahmung nach beiden Seiten durch	Türblatt wird an der Oberkante an ein Laufwerk gehängt und lässt sich so seitlich nach links oder rechts verschieben.
Beschläge	Einbohrbänder, Aufsatzbänder, Kombibänder oder Bodentürschließer Einsteckschloss mit Schließblech Drückergarnitur Bei zweiflügeligen Türen Arretierungsriegel unten in Boden und oben in Türumrahmung	Pendeltürbänder (Bommerbänder) oder Bodentürschließer mit Türschiene und oberem Zapfenband Pendeltürschloss mit Schließblech Stoßgriff Auch zweiflügelig möglich	Laufschiene mit Laufwagen (mind. zwei Stück pro Türblatt) Führungsnocke (unten) Schiebetürschloss mit Schließblech und Griffmuscheln, bei zweiflügeligen Schiebetüren mit Schloss-Gegenkasten
Verwendung	Für Innentüren und Außentüren	Für Raumabtrennungen und häufig benutzte Innentüren	Für Raumabtrennungen und weniger begangene Innentüren
Besondere Vorschriften und Sondertüren	In der Regel öffnen die Drehtüren in den Raum, Fluchttüren in den Fluchtweg Sonderkonstruktionen für Brandschutz-, Schallschutz- und Strahlenschutztüren	Türblatt muss verglast (bruchfest) und mit Stoßgriffen versehen sein	Platz für Laufwerk muss in der Höhe der Maueröffnung berücksichtigt werden Evtl. Mauertasche vorsehen Automatikbetrieb möglich

Nach der **Bewegung** des Türblattes sind Dreh-, Pendel- oder Schiebetüren zu unterscheiden (**Tabelle 1**). Falt- und Harmonikatüren sind Sonderformen der Schiebetüren (**Bild 1**). Die einzelnen Flügel sind an den Längskanten miteinander verbunden. Falttüren werden an den oberen und unteren Außenecken der Flügel geführt, Harmonikatüren in der Mitte (**Bild 2**). Nahezu alle Türarten können mit besonderen Beschlägen auch automatisch bewegt werden.

Nach dem **Einsatzort** und den besonderen technischen Anforderungen sind z. B. Außen- und Innentüren, Hotel- und Krankenhaustüren, Brandschutz- und Schallschutztüren zu unterscheiden.

Nach Art der **Türumrahmung** sind Blockrahmen-, Blendrahmen- und Zargenrahmentüren sowie Türen mit Futter und Bekleidungen zu unterscheiden (**Tabelle 1,** Seite 566).

Bild 1: Laufwerke für Schiebetüren

Bild 2: Falt- und Harmonikatür

Tabelle 1: Arten der Drehtüren nach der Türumrahmung (Übersicht)

Blockrahmentür	Blendrahmentür	Tür mit Futter und Bekleidungen	Zargenrahmentür Holzzarge	Zargenrahmentür Metallzarge
Schemaskizze				
Eigenschaften • Kein Maueranschlag erforderlich • Platzverlust beim lichten Durchgangsmaß • Mauerlaibung muss geputzt werden • Rahmen muss eingeputzt und Fugen gedichtet werden	• Maueranschlag erforderlich • Gute Montagemöglichkeit • Mauerlaibungen müssen geputzt werden • Rahmen muss eingeputzt oder Fugen gedichtet werden	• Fuge zwischen Futter und Mauerwerk wird abgedeckt • Laibungen müssen nicht geputzt werden • Mit Montageschaum leicht einzusetzen	• Schmale, sichtbare Türfutterkanten • Futter können mit Montageschaum eingesetzt werden • Fuge zwischen Mauerwerk und Futter muss gedichtet werden	• Strapazierfähige Futter • Gute Beschlagsmontage • Für Schallschutz- und Brandschutztüren gut geeignet • Futter müssen bauseits eingesetzt werden
Verwendung Für Außentüren und Innentüren, wenn kein Maueranschlag vorhanden ist	Vorwiegend für Außentüren wie Haustüren und Fenstertüren, wenn Maueranschlag vorhanden ist	Vorwiegend für Innentüren Häufigste Innentürkonstruktion	Vorwiegend für Innentüren	Vorwiegend für Innentüren in Schulen, Verwaltungsgebäuden und für Brandschutztüren

Bild 1: Haustüren und Haustürelemente

schlichte Sperrholztür

Tür mit Rahmen und Füllungen

aufgedoppelte Tür

Türelement mit Oberlicht und verglasten Seitenteilen

Türelement mit verglastem Seitenteil

Außentüren

Zu den Außentüren gehören die Haustüren und Terrassentüren. Auch die Wohnungsabschlusstür kann als Außentür angesehen werden.

Haustüren und Haustürelemente

Haustüren müssen gestalterisch zum Gebäude passen und so gefertigt werden, dass sie durch Witterungseinflüsse keine Schäden nehmen können, dass sie einbruchhemmend und wärmedämmend sind und stets funktionsfähig bleiben.

Aus diesem Grund sollten Haustüren in der Gebäudefront zurückliegend und **witterungsgeschützt** eingebaut werden und mit **einbruchhemmenden** Beschlägen angeschlagen sein. Haustüren aus Holz müssen aus widerstandsfähigen Hölzern gefertigt werden. Die **Türblätter** von Haustüren können besondere Sperrholztüren mit Vollholzmittellage und eingebauten Stabilisatoren, Rahmentüren mit Füllungen aus Glas oder aus Holz sowie aufgedoppelte Türen mit Wärmedämmung sein **(Bild 1)**. In der Regel wird eine Haustür mit einem **Wetterschenkel** versehen. Dieser weist an der Unterseite eine Wassernut (Tropfnase) auf und ist oben abgeschrägt, damit das Niederschlagwasser abfließen kann **(Bild 2,** Seite 567).

Für **Verglasungen** werden meist Mehrscheiben-Iso-liergläser (Wärmeschutzgläser) verwendet. Es kön-nen aber auch einbruchhemmende Verglasungen (Verbundgläser) eingesetzt werden.

Das Haustürblatt wird in die **Türumrahmung** mit Doppelfalz eingebaut. Die Türumrahmung ist meist ein Blendrahmen oder Blockrahmen **(Bild 1)**. Am Türrahmen wird unten eine **Bodenschwelle** für den Anschlag der Tür angebracht. Diese Schwelle muss so eingebaut werden, dass das Niederschlags-wasser nicht hinter die Schiene laufen kann **(Bild 2)**. Türrahmen können bei größeren Rohbauöff-nungen um ein feststehendes, **verglastes Seitenteil** erweitert werden (Bild 1, Seite 566).

Wegen des großen Gewichts des Türblattes und einer höheren Sicherheit gegen Einbruch sind bei Haustüren besondere Beschläge wie kräftige **Ein-bohrbänder** oder **Aufsatzbänder**, **verlängerte Schließbleche** und **schwere Haustürschlösser** er-forderlich. **Drückergarnituren**, **Griffplatten**, **Brief-kästen** und elektrische **Türöffner**, sowie **Klingel-platten** und **Sprechanlagen** können weitere Ein-bauteile der Haustür sein.

Bei **Haustüren** müssen die Befestigungsmittel dem Winddruck und der mechanischen Beanspruchung standhalten. Sie sind alle 800 mm anzuordnen, mindestens aber in Höhe der Bänder und des Schließbleches. Der Anschluss zum Mauerwerk ist wie bei Fenstern auszuführen.

Balkon- und Terrassentüren

Balkon- und Terrassentüren haben eine doppelte Aufgabe zu erfüllen, und zwar als Fenster und als Tür. Hier haben sich besonders die Dreh-Kipp-flügel-Türen, die Hebeflügel-Türen und die Hebe-Schiebetüren bewährt.

Der Blendrahmen erhält unten eine Schwelle, auf die eine Schiene aus Metall aufgesetzt wird. Da-durch wird auch unten ein wind- und regendichter Abschluss erreicht **(Bild 3)**.

Hebe-Schiebetüren reichen bis zum Fußboden. Sie sind daher sehr großflächig und müssen auf Grund des hohen Scheibengewichts aus besonders trag-fähigen Rahmen gebaut werden.

Wohnungsabschlusstüren

Wohnungsabschlusstüren trennen in Geschoss-häusern Wohnungen von Hausfluren oder Trep-penhäusern ab. Sie müssen schalldämmend sein, mindestens 27 dB (R'_w), wenn die Tür in Flure oder Dielen der Wohnung führt und mindestens 32 dB (R'_w), wenn sie direkt Wohnräume abtrennt. Dies kann durch ein jeweils 5 dB besser schalldämmen-des Türblatt, durch Doppelfalze mit Dichtungen und durch eine Bodendichtung erreicht werden. Außerdem wird Einbruchhemmung verlangt.

Bild 1: Haustür mit Blendrahmen (Horizontalschnitt)

- Die Fuge zwischen Mauerwerk und Blendrah-men ist wärmedämmend auszufüllen.
- Die Anschlüsse sind zu dichten, dabei gilt: In-nen diffusionsdichter als außen.

Bild 2: Bodenanschluss bei Haustüren (Vertikalschnitt)

Bild 3: Bodenanschluss bei einer Balkon- oder Terrassentür (Vertikalschnitt)

Bild 1: Unterkonstruktion aus Metall und Holz

Bild 2: Bauarten von Wandverkleidungen

18.9.3 Wandverkleidungen

Durch Wandverkleidungen aus Holz wirken Räume warm und behaglich. Außer Holz sind auch andere Werkstoffe wie Gips, Kunststoff und Metall geeignet. Wandverkleidungen können außerdem erforderlich werden, um z.B. die Akustik des Raumes zu verbessern, die Wärmedämmung zu erhöhen oder Installationen zu verdecken. Sie bestehen im Wesentlichen aus der Unterkonstruktion und der Verkleidungsschale.

Die **Unterkonstruktion** hat die Wandverkleidung zu tragen, die Unebenheiten der Raumwand auszugleichen und eine gute Hinterlüftung der Verkleidungsschale zu ermöglichen. Sie besteht in der Regel aus Latten, die auf der Raumwand befestigt werden. Die Unterkonstruktion ist auszurichten, damit die Verkleidungsschale eben und lotrecht befestigt werden kann (**Bild 1**).

Zur Hinterlüftung sind bei Wandverkleidungen an Außenwänden oder bei Wänden in Feuchträumen im Sockelbereich und an der Decke Lüftungsschlitze vorzusehen, damit ein Luftausgleich hinter der Verkleidungschale möglich ist.

Die **Verkleidungsschale** kann auf verschiedene Arten gefertigt werden. Je nach Bauart der Verkleidungsschale unterscheidet man verbretterte und verstäbte Wandverkleidungen, Rahmenverkleidungen, Plattenverkleidungen, wärmedämmende, schalldämmende und schallschluckende Wandverkleidungen.

Verbretterte und verstäbte Wandverkleidungen werden aus einzelnen aneinander gefügten Profilbrettern bzw. Stäben aufgebaut. Sie sind untereinander durch Schattenfugen getrennt. Sie können sichtbar oder unsichtbar auf der Unterkonstruktion befestigt werden. Bei sichtbarer Befestigung können Ziernägel oder Zierschrauben verwendet werden. Die unsichtbare Befestigung erfolgt durch Profilbrettklammern in der Nut- und Federverbindung (**Bild 2**).

Rahmentäfelungen bestehen aus einem Rahmenwerk und den Füllungen, dadurch wird eine starke Gliederung der Fläche erreicht. Der Rahmen besteht meistens aus Vollholz, der auf der Sichtseite furniert sein kann, die Füllungen wegen der größeren Fläche aus furnierten Holzwerkstoffen (Bild 2).

Plattenverkleidungen bestehen aus großformatigen Platten, die auf der Unterkonstruktion mit Einhängebeschlägen oder -leisten befestigt werden. Plattenverkleidungen werden aus Holzwerkstoffen, z.B. Sperrholzplatten oder Spanplatten, hergestellt, die furniert oder mit Kunststoff, Metall, Leder, Bastmatten oder Textilien kaschiert sein können (Bild 2).

18.9.4 Deckenverkleidungen

Deckenverkleidungen lassen im Allgemeinen die Räume niedriger und behaglicher erscheinen. Sie können auch eingebaut werden, um die Raumhöhe zu verringern, Installationsleitungen und Klimakanäle zu verdecken oder um die Raumakustik zu verbessern. Deckenverkleidungen bestehen aus der Unterkonstruktion und der Verkleidungsschale.

Die **Unterkonstruktion** hat die Aufgabe, die Deckenverkleidungen zu tragen. Sie kann aus Holz, wie Latten und Lattenroste, oder aus Metallprofilen bestehen. Je nach Bauart unterscheidet man Deckenbekleidungen und Unterdecken. Bei **Deckenbekleidungen** ist die Unterkonstruktion direkt an der Gebäudedecke befestigt, bei **Unterdecken** durch eine besondere Unterkonstruktion von dieser abgehängt.

Man unterscheidet nach der Gestaltung der **Verkleidungsschale** Balkendecken, Bretterdecken, Plattendecken und Kassettendecken, nach der Aufgabe Akustikdecken, Lüftungsdecken und Lichtdecken.

Balkendecken weisen vorstehende Balken oder balkenförmige Verkleidungen auf. Die Felder zwischen den Balken können verputzt oder mit Platten oder Brettern verkleidet werden **(Bild 1)**.

Bretterdecken sind eine vollständige Verkleidung der Decke mit Brettern. Die Bretter können gespundet, gefedert, überfälzt, überschoben oder überluckt sein. Die Bretter werden vorwiegend verdeckt mittels Profilbrettklammern an der Unterkonstruktion befestigt.

Plattendecken werden aus quadratischen oder rechteckigen Platten aufgebaut, die durch Schattenfugen gegliedert sind. In der Regel werden Platten aus Holzwerkstoffen verwendet, die furniert, mit Kunststoff oder Metall kaschiert sein können.

Kassettendecken sind Deckenverkleidungen mit quadratischen oder rechteckigen, vertieft angeordneten Feldern (Kassetten). Die Kassettenbegrenzung bilden Rahmen oder Scheinbalken.

Akustikdecken haben die Aufgabe, die Schallreflektion zu vermeiden oder auszuschalten und die auftreffenden Schallwellen zu schlucken. Diese Schallschluckung kann durch poröse Werkstoffe und stark gegliederte Deckenflächen geschehen **(Bild 2)**.

Lüftungsdecken ermöglichen eine Belüftung bzw. Klimatisierung des Raumes über Öffnungen in der Deckenschale oder im umlaufenden Deckengesims. Der Luftaustausch kann über spezielle Downlights mit Kanalanschluss, über Lüftungsgitter und Ausblasprofile oder einfach über die offene Deckenschale, wie bei Rasterdecken, erfolgen **(Bild 3)**.

Bild 1: Bauarten von Decken

Bild 2: Rasterdecke als Akustikdecke

Bild 3: Rasterdecke als Lüftungsdecke

geschlossene Elemente und Türelement

Elementwand mit Oberlicht

Verglaste Elemente und Türelement

Bild 1: Elementwände

y = Rastermaß

Achsraster-stoß

Kreuzstoß

T-Stoß

Bild 2: Achsrastersystem

Bandraster-Stoß

Eckstoß

x = Bandbreite
y = Rastermaß

Kreuzstoß

T-Stoß

Bild 3: Bandrastersystem

18.9.5 Versetzbare Trennwände

Versetzbare Trennwände sind statisch nichttragende Innenwände mit geringem Gewicht. Man kann sie in der Regel umsetzen, ohne dass dabei die Trennwand selbst und der Raumkörper wesentlich beschädigt werden. Sie ermöglichen das Aufteilen großer Räume in kleinere. Man verwendet hierfür z. B. Elementwände.

Elementwände werden als raumhohe Fertigelemente im Betrieb vorgefertigt, auf dem Bau nach dem Nut- und Federprinzip zusammengesetzt und zwischen Deckenschwelle und Fußbodenschwelle eingespannt. (**Bild 1**).

Die Trennwandelemente selbst bestehen aus Rahmen, der Hohlraumfüllung und der beidseitigen Beplankung. Elementwände sind in der Breite und in der Höhe auf ein bestimmtes Maßsystem aufgebaut. Für die Montage unterscheidet man zwei verschiedene Rastersysteme, das Achsrastersystem und das Bandrastersystem. Beim Achsraster verläuft die Achse in der Mitte der Trennwände (**Bild 2**). Beim Bandraster sind es zwei Achsen, die beidseitig der Trennwände verlaufen. Für versetzbare Trennwände ist besonders das Bandrastersystem geeignet (**Bild 3**), weil hier die Trennwandelemente eine einheitliche Breite aufweisen. Es ist bei größeren Bauten üblich, dass sich dieses Maßsystem auch auf andere Einbauten wie Wandverkleidungen, Einbauschränke und auf Deckenverkleidungen fortsetzt.

Meistens sollen leichte Trennwände auch schalldämmend sein. Das lässt sich bei dieser leichten Bauweise nur durch eine zweischalige Konstruktion mit biegeweichen und schweren Schalen erreichen. Ein höheres Gewicht kann bei den Schalen durch Aufkleben von schweren Klötzen, von schwerer Bitumenpappe oder besonderen Schallschutzmatten an der Innenseite der Platten erreicht werden. Der Abstand der Schalen ist so groß wie möglich zu halten und der Hohlraum z. B. mit Mineralwolle auszufüllen. Die Schalen dürfen nicht fest zwischen Raumwände oder Fußboden und Decke eingespannt oder verkeilt sein, damit sie frei schwingen können. Eine elastische Abdichtung an den Boden-, Decken- und Wandanschlüssen und an den Fugen zwischen den Elementen ist erforderlich.

Sollen die Trennwände feuerhemmend oder gar feuerbeständig sein, sind schwer entflammbare Spanplatten bzw. nichtbrennbare zementgebundene Spanplatten, schwer entflammbare Oberflächenmaterialien und als Hohlraumfüllung Mineralfaserdämmschichten zu verwenden. Die Unterkonstruktion besteht bei solchen Trennwänden aus Stahlprofilen.

18.9.6 Bodenbeläge aus Holz und Holzwerkstoffen

Holzfußböden, ob aus Vollholz oder Holzwerkstoffen, sind fußwarm und elektrostatisch wenig aufladbar. Sie ergeben einen warmen, gemütlichen Raumeindruck.

Für Fußböden muss das Holz gut trocken, gesund, rissfrei und möglichst astrein sein. Eichenholz darf keinen Splint und Rotbuchenholz keinen falschen Kern aufweisen. Bei Kiefernholz ist die Verwendung von bereits blau verfärbtem Splint nicht zulässig. Werden Seitenbretter aus Nadelholz verwendet, muss die linke Seite oben liegen, weil die rechte Seite splittern bzw. ausreißen würde. Bei der Verwendung von Seitenbrettern lässt sich ein sogenanntes Schüsseln, also Hohlwerden der Bretter, nicht vermeiden. Besser wäre es, Bretter mit stehenden Jahresringen zu verwenden **(Bild 1).**

Holzfußböden verlegt man auf Holzbalkendecken oder bei Betondecken auf einer Unterkonstruktion aus Kanthölzern. Bei nicht unterkellerten Erdgeschossdecken ist gegen aufsteigende Bodenfeuchtigkeit sorgfältig zu sperren und für einen Austausch der Luft unter dem Fußboden zu sorgen **(Bild 2).**

Man unterscheidet Dielen-, Parkett- und Pflaster-Holzfußböden.

Dielen-Holzfußböden

Fußbodendielen werden auch als gespundete Bretter oder Hobeldielen bezeichnet. Sie werden meistens aus Nadelhölzern wie Fichte, nordische Kiefer oder Pitch Pine gefertigt. Gespundete Bretter sind beidseitig oder auch nur einseitig gehobelt und weisen zur Verbindung an den Kanten Nut und Feder auf. Die Abmessungen sind in DIN 4072 festgelegt **(Bild 3).** Die Breite wird ohne Feder gemessen (Deckbreite).

Die Dielen verlegt man entweder auf eingebaute Deckenbalken oder auf Kanthölzer. Der Abstand dieser Kanthölzer hängt von der Dielendicke und der Belastung des Fußbodens ab. Er beträgt in der Regel 60 cm bis 80 cm. Die Räume zwischen den Deckenbalken füllt man am besten mit trockenem Rollkies oder Sand. Bauschutt oder Stoffe mit organischen Bestandteilen sind wegen der Gefahr eines Pilzbefalls nicht geeignet. Zur Wärmedämmung dient bei Hohlraumausfüllungen Mineralwolle oder eine Schüttung aus Polystrolschaum, Blähperlit oder Schaumglas.

Bei einem **Dielenfußboden** werden die einzelnen Bretter meist mittels Drahtstiften mit gestauchten Köpfen sichtbar genagelt. Ihre Länge soll wegen der geforderten zweifachen Verankerungslänge das dreifache der Dielendicke betragen.

Bei **Riemenfußböden** sind die einzelnen Bretter nur 100 mm breit. Es sind Langriemen und Kurzriemen zu unterscheiden, die in der Länge mehrfach zu stoßen sind. Kurzriemen sind an beiden Längskanten zur Aufnahme von Querholzfedern genutet. Die Fußbodenriemen werden an der Feder verdeckt genagelt, damit die Nägel in der Bodenfläche nicht stören. Die Kurzriemen sind in der Länge versetzt zu stoßen.

Parkett-Holzfußböden

Parkett ist ein Fußboden, der aus kleineren Holzteilen zu Mustern zusammengefügt wird. Er kann aus Parkettstäben, Parkettriemen, Mosaikstäbchen oder aus Fertig-Parkettplatten, -Parkettdielen oder -Mosaikparkettplatten bestehen. Als Holzarten werden im Allgemeinen europäische Harthölzer wie Eiche, Buche, Ahorn, Esche oder außereuropäische Harthölzer wie Teak und Mahagoni verwendet.

Bild 1: Auswirkung des Jahresring-verlaufs auf die Fußboden-oberfläche

Bild 2: Fußbodenaufbau mit Fußbodendielen

Bild 3: Hobeldiele, Maße nach DIN 4072

Bild 1: Parkettstäbe, Maße

Schiffsverband

Fischgrätparkett

Würfelparkett

Flechtmuster mit Querstäben

Bild 2: Verlegemuster aus Parkett-stäben

Bild 3: Fertigparkett-Element, Aufbau (Beispiel)

Parkettstäbe sind ringsum zur Aufnahme von Hirnholzfedern genutet. Man unterscheidet Kurzstäbe mit einer Länge von 250 mm bis 560 mm und Langstäbe mit Längen über 600 mm (um 50 mm steigend). Sie sind 45 mm bis 80 mm breit (um 5 mm steigend) und 22 mm dick **(Bild 1)**. Parkettstäbe kann man als Schiffsverband, in Gruppen längs- und querlaufend in Würfel- oder Flechtmuster oder 45° schräg in Fischgrätmuster verlegen **(Bild 2)**.

Parkettriemen haben an einer Längskante und an einer Hirnkante eine angefräste Feder, die gegenüber liegenden Kanten sind genutet. Die Abmessungen entsprechen den Parkettstäben.

Man unterscheidet bei Parkettstäben und Riemen drei Sortierungen:

E = Exquisit: Holz ohne grobe Struktur- und Farbunterschiede

S = Standard: Holz mit fest verwachsenen Ästen und kleinen Farb-unterschieden sind zugelassen

R = Rustikal: Holz mit Ästen, betonten Farben und lebhafter Struktur

Parkettstäbe und -riemen werden auf Lagerhölzer bzw. Unterböden aus Holz verdeckt genagelt oder vollflächig auf Estrichböden verklebt.

Mosaikparkett besteht aus Lamellen, die etwa 120 mm bis 165 mm lang, 20 mm bis 25 mm breit und 8 mm dick sind. Aus ihnen werden die Verlegeeinheiten in verschiedenen Mustern zusammengesetzt, die auf alle ebenen Unterböden wie Estrich- und Trockenunterböden geklebt werden können. Nach dem Abbinden des Klebstoffes kann die Oberfläche geschliffen und oberflächenbehandelt werden.

Hochkant-Lamellenparkett ist eine besondere Art des Mosaikpar-ketts. Hier werden die Lamellen hochkant aneinander gereiht, sodass sich ein sehr strapazierfähiger Bodenbelag für Fabrikationsräume, Schulen, Labors usw. ergibt.

Um die Oberflächen der Holzfußböden gegen Verschmutzung zu schützen und diese reinigen zu können, müssen diese nach dem Schleifen geölt, gewachst oder versiegelt werden. Für das Ölen und Wachsen stehen biologische Mittel für kalte oder warme Verarbei-tung zur Verfügung. Widerstandsfähige Oberflächen lassen sich durch säurehärtende Siegel oder Polyurethan-Siegel erreichen.

Fertigparkett-Elemente werden industriell hergestellt. Sie sind wie Holzwerkstoffe, wie z. B. das Stabsperrholz, aufgebaut. Die begeh-bare Deckschicht besteht aber aus einer Hartholzschicht, die fertig oberflächenbehandelt, d. h. geschliffen und versiegelt ist.

Je nach Format unterscheidet man Fertigparkettplatten und die lan-gen Fertigparkettdielen. Sie sind an den Kanten mit Nut und Feder oder zur Aufnahme loser Verbindungsfedern vorgesehen **(Bild 3)**.

Parkettplatten sind quadratische Elemente, 200 mm bis 650 mm groß und 8 mm, 13 mm bis 26 mm dick, die mit verschiedenen Ver-legemuster angeboten werden.

Parkettdielen sind lange rechteckige Elemente, 1200 mm bis 3640 mm lang und 130 mm bis 200 mm breit, in verschiedenen Verlege-mustern, z. B. Flechtmustern, die bei einer Dicke von 20 mm bis 26 mm auch freitragend auf Lagerhölzer verlegt werden können.

Fertigparkettelemente werden an den Kanten zu einer Fläche ver-leimt. Die Parkettfläche wird entweder schwimmend auf Wollfilzpap-pe bzw. auf Weichfaserdämmplatten verlegt, oder bei freitragender Verlegung auf Lagerhölzer verdeckt genagelt, wobei der Abstand der Lagerhölzer auf die Plattenstöße abzustimmen ist und 30 cm nicht überschreiten sollte.

Laminatfußböden werden aus industriell vorgefertigten Elementen hergestellt, die wie die Fertigparkettplatten oder -dielen aufgebaut sind. Allerdings besteht hier die Lauffläche aus einer strapazierfähigen Kunststoffschicht, die in Porung, Struktur und Farbe dem Holzparkett täuschend ähnlich ist. Laminatfußböden werden z. B. in Wohnungen, Läden, Hotels und Gaststätten in gleicher Technik verlegt wie die Fertigparkettelemente.

Pflaster-Holzfußböden

Holzpflaster besteht aus scharfkantig geschnittenen Klötzen, die so verlegt werden, dass die Hirnholzfläche als Lauffläche dient. Die Abmessungen der einzelnen Pflasterklötze betragen in der Höhe 50 mm, 60 mm, 80 mm und 100 mm, in der Breite 80 mm und in der Länge 80 bis 160 mm. Die Holzart ist Fichte, Kiefer, Lärche oder Eiche **(Bild 1)**.

Holzpflasterböden sind besonders strapazierfähig, fußwarm und lärmdämpfend. Sie haben eine geringe elektrische Leitfähigkeit und eine rutschfeste, trittsichere Oberfläche. Sie werden für Industriefußböden imprägniert und z. B. in Maschinenräumen mit offenen Fugen in einer Vergussmasse verlegt, damit die einzelnen Klötze quellen und schwinden können.

Bild 1: Holzpflasterboden (Verlegebeispiel in Innenräumen)

18.9.7 Elastische Fußbodenbeläge

Zu den elastischen Bodenbelägen gehören die PVC-Bodenbeläge, Gummi-Bodenbeläge, die Linoleum-Bodenbeläge und die Kork-Bodenbeläge.

Die Rohstoffe für **PVC-Bodenbeläge** sind **P**oly**v**inyl**c**hlorid **(PVC)**, ein thermoplastischer Kunststoff, Weichmacher, mineralische Grundstoffe und Farbpigmente. Daraus werden unter Wärme und Druck in Kalandern die Bodenbelagsbahnen ausgewalzt. Sie kommen in Bahnen oder Platten in den Handel. Die Dicke beträgt 1,5 mm bis 3,0 mm. Die Oberflächen können glatt oder genarbt, die Farben uni oder gemustert sein **(Bild 2)**.

Zum Verlegen dieses relativ dünnen Bodens muss der Untergrund völlig eben, rissfrei, aber auch absolut trocken sein. Die PVC-Bahnen und auch -Platten werden vollflächig verklebt. Die Fugen können noch mit PVC-Schweißschnüren fugenlos und wasserundurchlässig verschweißt werden **(Bild 3)**.

PVC-Bodenbeläge sind pflegeleicht, verschleiß- und abriebfest, beständig gegen viele Säuren und Laugen und unempfindlich gegen Feuchtigkeit. Dagegen sind Kugelschreiber- und Stempelfarbe kaum wieder zu entfernen. Bei allen dicht verschweißten PVC-Böden ist zu berücksichtigen, dass der Bodenbelag wie eine Dampfsperre wirkt, durch die keine Feuchtigkeit nach oben entweichen kann.

Linoleum-Bodenbeläge bestehen aus der Linoleumschicht, die aus Korkmehl, oxidiertem Leinöl, Harzen, mineralischen Füllstoffen und Pigmenten hergestellt wird und dem tragenden Jute-Untergewebe. Je nach Qualität und Ausführung ist Linoleum 2,5 mm bis 4,5 mm dick. Er wird in der Regel in Rollen geliefert und in vielen Farben und Musterungen angeboten. Linoleum-Bodenbeläge sind angenehm begehbar, wärme- und trittschalldämmend, elastisch, strapazierfähig und leicht zu reinigen. Sie laden sich elektrostatisch nicht auf. Vor Feuchtigkeit und chemischen Lösungen sind sie zu schützen. Scharfe Knicke sind zu vermeiden **(Bild 1,** Seite 574**)**.

1 Fuge mit eingefräster Nut

2 eingeschweißte Schweißschnur

3 eben geschnittene Schweißschnur

Bild 3: Verschweißen der PVC-Bahnen

Bild 2: PVC-Bodenbelag (Beispiel)

Bild 1: Linoleum-Bodenbelag auf Trockenunterboden

Labels in Bild 1:
- Linoleum-Bodenbelag
- Kleber
- Holzspan-verlegeplatten
- Fußleiste mit Hinterlüftung
- Trittschalldämmung
- PE-Folie
- Randstreifen
- Massivdecke
- Mauerwerk

Bild 2: Bouclé- oder Schlingenflorware

Labels in Bild 2:
- Schlingenflor
- Trägergewebe
- Rückenbeschichtung

Bild 3: Veloursteppich

Labels in Bild 3:
- Schnittflor
- Trägergewebe
- Rückenbeschichtung

Korklinoleum hat einen höheren Korkanteil, ist dadurch etwas weicher und elastischer, fußwärmer und schalldämmender als die üblichen Linoleum-Beläge. Korklinoleum ist sehr angenehm zu begehen.

18.9.8 Textile Fußbödenbeläge

Zu den textilen Fußbodenbelägen gehören die Teppichbeläge und die Nadelfilzbodenbeläge. Sie können je nach Qualität, Herstellungs- und Verlegeverfahren besonders für den Ruhebereich, Wohnbereich oder Arbeitsbereich geeignet sein. Sie sind auf Treppen verlegbar und für Fußbodenheizung geeignet.

Teppichbeläge

Teppichbeläge bestehen aus einer Trägerschicht, dem Grundgewebe und einem senkrecht auf diesem Gewebe stehendem Flor, der die Nutzschicht bildet. Es sind gewebte Teppiche und getuftete Teppiche zu unterscheiden.

Bei **gewebten Teppichbelägen** werden Grundgewebe und die Florschicht durch sich kreuzende Fadensysteme in einem Arbeitsgang hergestellt. Bleiben als Nutzschicht die Schlingen stehen, spricht man von Bouclé-Teppichen, werden die Schlingen aufgeschnitten, entstehen Velours-Teppiche. Sie kommen in breiten Bahnen in den Handel (**Bilder 2** und **3**).

Bei **getufteten Teppichbelägen** werden nach dem Nähmaschinenprinzip die Nutzschichtfäden durch ein vorgefertigtes Gewebe kontinuierlich durchgenadelt. Eine zusätzliche Rückenbeschichtung mit einer Gummimasse ist aus Gründen der Haltbarkeit erforderlich.

Schwere Teppiche können im Privatbereich lose verlegt werden. Eine Sicherung an den Kanten und Bahnenstößen ist durch doppelseitige Klebebänder möglich. In Büros und öffentlichen Gebäuden, besonders bei stuhlrollengeeigneten Verlegungen, werden die Teppiche in der Regel vollflächig verklebt. Teppiche können auch von Wand zu Wand gespannt werden. Die Bahnenstöße müssen dann vernäht werden. An den Wänden werden die zu spannenden Teppiche auf einer Nagelleiste mit schräg zur Wand stehenden Nägeln befestigt.

Nadelfilz-Bodenbeläge

Textile Fasern werden mechanisch durch Nadeln mit Widerhaken und/oder mit zusätzlichem Bindemittel so miteinander verfilzt, dass man daraus ein festes Faservlies herstellen kann. Dieses erhält zusätzlich noch eine Rückenbeschichtung, die das Faservlies fest verankert und gleichzeitig eine gute Fläche für den Kleberauftrag bietet. Schwere Ware kann lose verlegt werden.

Aufgaben

1. Beschreiben Sie die unterschiedlichen Fensterarten in Bezug auf die Bewegungsrichtung der Flügel.

2. Stellen Sie die unterschiedlichen Merkmale einer Blockrahmentür und einer Tür mit Futter und Bekleidung besonders heraus.

3. Nennen Sie die Merkmale, an denen man eine DIN-Rechtstür und eine DIN-Linkstür erkennen kann.

4. Erläutern Sie die Aufgabe einer Bodenschiene bei Haustüren.

5. Beschreiben Sie die Aufgabe der Unterkonstruktion bei Wandverkleidungen.

6. Heben Sie die Unterschiede bezüglich der Montage von Deckenverkleidungen und Unterdecken besonders hervor.

7. Skizzieren Sie mindestens drei Beispiele der Befestigung von Deckenbekleidungen.

8. Vergleichen Sie für den Einbau von Trennwänden das Achsrastersystem und das Bandrastersystem.

19 Tiefbau

Ein wichtiges Teilgebiet des Tiefbaues ist die Wasserwirtschaft. Sie umfasst vorwiegend die Wasserversorgung und die Abwasserbeseitigung mit den Bereichen Kanalisation und Abwasserbehandlung.

19.1 Wasserversorgung

Das für die Wasserversorgung benötigte Wasser wird durch die Bewirtschaftung des natürlichen Wasservorkommens gewonnen. Die Wasserversorgung und die Abwasserentsorgung sind Teilgebiete der Wasserwirtschaft. Diese regelt die Eingriffe des Menschen in das oberirdische und unterirdische Wasserdargebot, um das ökologische Gleichgewicht der Gewässer aufrecht zu erhalten und damit die Wasserversorgung langfristig zu gewährleisten. Dabei kommt dem Umweltschutz eine besondere Bedeutung zu. Die Durchführung solcher Maßnahmen liegt meist bei den Städten, Gemeinden oder Kommunalverbänden.

Der Wasserbedarf ist vorwiegend von der Größe des Versorgungsgebietes, der Anzahl und Art der Verbraucher, den klimatischen Verhältnissen und der Jahreszeit abhängig und muss bei der Planung einer Wasserversorgung ermittelt werden. Der Wasserverbrauch privater Haushalte wird über die Einwohnerzahl ermittelt, der Wasserverbrauch für Landwirtschaft, Gewerbe, Industrie und sonstige Großverbraucher muss gesondert erfasst werden. Außerdem sind beim Wasserverbrauch Rohrnetzverluste und Verbrauch, z.B. zur Reinigung von Hochbehältern und Rohrleitungen, sowie für Löschwasser zu berücksichtigen.

Die Wasserversorgung umfasst bauliche Anlagen und technische Einrichtungen zur Wassergewinnung, Wasseraufbereitung, Speicherung und Verteilung des Wassers bis zum Verbraucher.

19.1.1 Wasserarten

Für die Wassergewinnung werden das in der Natur vorkommende unterirdische Wasser und das oberirdische Wasser genutzt (**Bild 1**). Zum Schutz des Wassers vor Verunreinigungen wird im Einzugsgebiet einer Wassergewinnungsanlage ein Wasserschutzgebiet ausgewiesen, das Nutzungsbeschränkungen unterliegt (**Tabelle 1**). Beschränkungen können z.B. die Besiedlung und die landwirtschaftliche Düngung betreffen. Für die Einteilung ist maßgebend, wie weit sich auf dem Weg zur Fassungsanlage in das Wasser gelangende Verunreinigungen schädlich auswirken können.

Unterirdisches Wasser

Zu unterirdischem Wasser rechnet man natürliches Grundwasser, uferfiltriertes Grundwasser, mit Oberflächenwasser angereichertes Grundwasser und Quellwasser.

Grundwasser ist Wasser, das die Hohlräume der Erdrinde zusammenhängend ausfüllt und nur der Schwerkraft, d.h. dem hydrostatischen Druck, unterliegt. Es entsteht durch die natürliche Versickerung von Niederschlägen und durch Bodenfiltration. Voraussetzung für seine Entstehung sind durchlässige und undurchlässige Böden. Durchläs-

Bild 1: Wasserarten

unterirdisches Wasser	oberirdisches Wasser
Grundwasser (GW), uferfiltriertes GW, mit Oberflächenwasser angereichertes Grundwasser, Quellwasser	Wasser aus oberirdischen Gewässern, z.B. Bach- und Flusswasser, Wasser aus Seen und Wasser aus Talsperren

Tabelle 1: Wasserschutzgebiete	
Zone I	**(Fassungsbereich)** umfasst die unmittelbare Umgebung der Entnahmestelle, eine Bodennutzung ist nicht zulässig.
Zone II	**(engere Schutzzone)** wird in der Regel nach der sogenannten 50-Tage-Linie festgelegt, d.h. die Fließzeit vom äußeren Rand der Zone II bis zur Wasserfassung beträgt 50 Tage, mit dem Ziel, bakterielle Gefahren zu vermeiden.
Zone III	**(weitere Schutzzone)** markiert in der Regel die Umgrenzung des Einzugsbereiches der Wasserfassung mit dem Ziel, chemische Beeinträchtigungen der Wasserqualität zu verhindern.

sige Böden, die das Grundwasser weiterleiten, wie z.B. Sande und Kiese, bezeichnet man als Grundwasserleiter. Undurchlässige Böden bilden die Grundwassersohle, über der ein Grundwassersee entstehen kann. Sind Grundwasserleiter durch undurchlässige Schichten voneinander getrennt, können sich Grundwasserstockwerke bilden.

Grundwasser ist in der Regel mikrobiologisch unbedenklich, in seiner Beschaffenheit gleichbleibend und weist keine stärkeren Temperaturschwankungen auf. Da bei Beachtung des Umweltschutzes die Verunreinigungsgefahr gering ist und der Boden außerdem als natürlicher Filter wirkt, können die Wasserschutzgebiete verhältnismäßig klein gehalten werden.

Uferfiltriertes Grundwasser ist Wasser, das aus einem oberirdischen Gewässer durch das Ufer oder die Sohle des Gewässers in den Untergrund gelangt ist. Seine Beschaffenheit wird von der des oberirdischen Wassers bestimmt und kann deshalb Schwankungen der Temperatur, des Geruchs und Geschmacks sowie der chemischen und mikrobiologischen Eigenschaften aufweisen. In der Regel muss uferfiltriertes Grundwasser aufbereitet werden.

Grundwasseranreicherung entsteht durch Einleitung von gereinigtem oberirdischen Wasser in das natürliche Grundwasser über aufnahmefähige Sand- oder Kiesschichten. Die Einleitung kann durch Oberflächenberieselung, über Versickerungsgräben, Versickerungsbecken, Versickerungsbrunnen und Versickerungsleitungen aus gelochten oder geschlitzten Rohren erfolgen. Nach einer bestimmten Verweildauer bzw. Fließstrecke, die vom anstehenden Grundwasserleiter abhängig ist, nimmt es die Eigenschaften des natürlichen Grundwassers an. Die Eignung eines Geländes zur Grundwasseranreicherung erfordert eingehende Untersuchungen und Versickerungsversuche.

Bild 1: Quellarten (schematisch)

Quellwasser ist auf natürlichem Wege, örtlich begrenzt austretendes Grundwasser. Quellen sind geologisch bedingt. Je nach Verlauf der Bodenschichten unterscheidet man z.B. Stauquellen, Schichtquellen, Überlauf- und Verwerfungsquellen **(Bild 1)**. Quellwasser ist mikrobiologisch unbedenklich, wenn es aus gut filterierenden Schichten kommt. Die Nutzung des Quellwassers erfordert umfangreiche geologische und hydrogeologische Untersuchungen sowie Messungen der Quellschüttung über einen längeren Zeitraum.

Oberirdisches Wasser

Wasser aus stehenden oder fließenden oberirdischen Gewässern wird als oberirdisches Wasser bezeichnet. Es kann z.B. Bach- und Flusswasser, Wasser aus Seen und Wasser aus Talsperren sein. Meerwasser eignet sich wegen seines hohen Salzgehaltes nicht unmittelbar zur Wasserversorgung.

Oberirdisches Wasser ist wegen der Einleitung von Abwässern meist verunreinigt und verschmutzt. Seine Temperatur an der Oberfläche ist jahreszeitlich verschieden. Wasser aus Seen und Talsperren eignet sich für die Wasserversorgung eher als Wasser aus Flüssen, das für Trinkwasser stets aufzubereiten ist. Im Oberlauf von Flüssen ist die Verschmutzung geringer, meist jedoch die Entnahmemenge ohne Aufstau zu gering. Die Verwendung von oberirdischem Wasser für die Wasserversorgung erfordert in jedem Einzelfalle umfangreiche Erhebungen und Untersuchungen.

19.1.2 Gewinnung von Wasser

Der Wasserbedarf wird zu etwa 65 % aus Grundwasser, 15 % aus Quellwasser und 20 % aus oberirdischem Wasser gedeckt. Zur Wassergewinnung sind bauliche Anlagen und technische Einrichtungen erforderlich, die als Wasserfassung bei unterirdischem Wasser und als Entnahmestellen bei oberirdischem Wasser bezeichnet werden.

Gewinnung von unterirdischem Wasser

Die Erschließung des Grundwassers kann mit Bohrbrunnen, Horizontalfilterbrunnen und mit Sickerleitungen erfolgen und in besonderen Fällen mit Schachtbrunnen. Quellaustritte werden durch Quellfassungen gesichert. Die Anlagen müssen so erstellt werden, dass eine Verunreinigung des Wassers vermieden wird.

Bohrbrunnen sind die häufigste Art der Grundwassererfassung. Sie eignen sich besonders, wenn die grundwasserführende Schicht große Mächtigkeit hat, in größeren Tiefen vorkommt oder sich über mehrere Grundwasserstockwerke erstreckt. Durch eine vertikale Bohrung, die als verrohrte Bohrung bis in die Grundwassersohle geführt wird, werden die wasserführenden Schichten aufgeschlossen. Bohrverfahren und Bohrfortschritt sind von den zu durchfahrenden Gesteinsschichten abhängig. Als Bohrverfahren werden meist das Trockenbohrverfahren oder das Spülbohrverfahren angewendet. Nach erfolgreich abgeschlossenem Dauerpumpversuch wird der Brunnen als Kiesfilterbrunnen ausgebaut. Ein Kiesfilterbrunnen besteht im Wesentlichen aus dem Filterrohr, dem Vollwandrohr mit Aufsatzrohr, Sumpfrohr und Rohrboden, den Filterkiesschichten, dem Sperrrohr, der Abdichtung gegen die Bohrlochwand, dem Brunnenkopf und dem Brunnenschacht mit den Entnahme- und Messeinrichtungen **(Bild 1)**. Über das gelochte oder geschlitzte Filterrohr wird Grundwasser entnommen. Damit eine sandfreie Entnahme im Dauerbetrieb möglich ist, wird um das Filterrohr eine ausreichend dicke Kiesschüttung, möglichst in zwei- oder dreifacher Kornabstufung eingebracht.

Bild 1: Bohrbrunnen (Kiesfilterbrunnen)

Die Beschriftungen im Bild:
- Förderleitung
- Sperrrohr
- Aufsatzrohr
- Abdichtung
- Dichtungsflansch
- Bohrlochwand
- Pumpen-Steigleitung
- Filterrohr
- Filterkies
- Vollrohr (Schutz der Pumpe)
- Tauchmotorpumpe
- Peilrohr
- Grundwasser-sohle
- Vollrohr (Sumpfrohr)

Horizontalfilterbrunnen werden meist angewendet, wenn die wasserführenden Schichten nicht zu tief liegen und nur geringe Mächtigkeit haben. Sie bestehen aus einem senkrechten Sammelschacht, von dem aus einzeln absperrbare Fassungsstränge aus Filterrohren radial in den Grundwasserleiter führen (**Bild 1**, Seite 578).

Sickerleitungen werden bei flach liegenden Grundwasserleitern geringer Mächtigkeit angelegt. Sie werden aus gelochten oder geschlitzten Rohren, mit einer abgestuften Kies- oder Steinpackung umhüllt, meist in offener Baugrube hergestellt. Gegen Eindringen von Oberflächenwasser muss der Graben mit undurchlässigem Boden abgedeckt werden, sodass diese Schicht seitlich in das gewaschene Erdreich einbindet. An Knickpunkten und bei längeren Sickersträngen in bestimmten Abständen sind Kontrollschächte anzuordnen. Das anfallende Wasser wird einem Sammelschacht zugeleitet und dort entnommen.

Quellfassungen werden erst dann angelegt, wenn die Beschaffenheit des Wassers gleichbleibende Qualität aufweist und die Quellschüttung, auch während und nach einer Trockenzeit, ausreichend ist. Art der zu fassenden Quelle und Bodenbeschaffenheit bestimmen die Konstruktion der Quellfassung. Quellen werden in der Regel durch Sickerleitungen gefasst, die in einen wasserdichten Sammelschacht münden (**Bild 2,** Seite 578). Dieser wird in einiger Entfernung zur Quelle angeordnet, damit die Quelle nicht beeinträchtigt wird. Der Sammelschacht nimmt das gewonnene Wasser in Kammern auf, die gleichzeitig als Sandfang dienen. Diese haben einen Überlauf und eine Grundablassleitung zur Entleerung. Die Wasserentnahme erfolgt mindestens 30 cm über der Kammersohle. Bei der Baudurchführung muss gewährleistet sein, dass die natürlichen Verhältnisse so wenig wie möglich gestört werden sowie Wasserqualität und Quellschüttung nicht beeinträchtigt werden.

Bild 1: Horizontalfilterbrunnen

Bild 2: Quellsammelschacht

Bild 3: Seewasserentnahme (schematisch)

Gewinnung von oberirdischem Wasser

Flusswasser ist dort zu entnehmen, wo die Verunreinigung möglichst gering ist, z. B. an Stellen mit großer Wassertiefe oder starker Strömung. Die günstigste Entnahmestelle ist durch eingehende Untersuchungen unter Berücksichtigung der Erfahrungen bei Hoch- und Niedrigwasser zu ermitteln. In jedem Falle sind Stellen von Abwassereinleitungen, Mündungsbereiche belasteter Nebenflüsse, Badeanstalten, Schiffsliegeplätze und Hafenanlagen zu meiden.

Entnahmebauwerke sind so zu gestalten, dass Schwimmstoffe dem Einlauf weitgehend ferngehalten werden. In der Regel werden sie wegen der Zugangsmöglichkeit am Flussufer angeordnet. Bei größeren Flüssen kann die Wasserentnahme auch in der Flussmitte erfolgen. Dann muss die Anlage so gesichert sein, dass weder Schifffahrt noch Hochwasser, Treibgut und Treibeis Beschädigungen hervorrufen können.

Wasser aus Seen muss zur Einschränkung der Verunreinigungsgefahr in größerer Entfernung vom Ufer und in größerer Tiefe entnommen werden, jedoch genügend hoch über dem Seegrund **(Bild 3)**. Die günstigste Entnahmestelle zur Erlangung möglichst schwebestoff- und keimarmen Wassers ist durch eingehende Untersuchungen unter Berücksichtigung der Seezuflüsse, der Strömungsverhältnisse und der Erfahrungen bei Hoch- und Niedrigwasser zu ermitteln.

Der Entnahmekopf, der gegen das Eindringen von Fischen geschützt ist, wird 5 m bis 8 m über dem Seeboden angeordnet. Die Rohwasser-Entnahmeleitung wird meist auf dem Seeboden verlegt und führt zu dem unmittelbar am Ufer liegenden Entnahmebauwerk. Im Entnahmebauwerk sind Pumpen und Einrichtungen für die Spülung der Entnahmeleitung installiert.

Eines der bekanntesten Beispiele für die Verwendung von Seewasser ist die Bodensee-Wasserversorgung. Aus dem Bodensee, einem der größten natürlichen Wasserspeicher Europas, wird aus 60 Meter Tiefe das Wasser entnommen, weil es dort rein und klar ist. Die in dieser Tiefe etwa 5°C kalten Wasserschichten bleiben fast das ganze Jahr über getrennt von den wärmeren, lichtdurchfluteten Schichten im Bereich der Seeoberfläche, in denen Algen schweben. Dieses Wasser gleicht natürlichem Grund- und Quellwasser, weist etwa einen pH-Wert von 8 und eine Gesamthärte von ungefähr 2 mmol/l auf. In gesundheitlicher Hinsicht erfüllt es die Anforderungen der Trinkwasserverordnung, wird jedoch in Filter- und Ozonanlagen zu noch besserer Qualität aufbereitet.

Wasser aus Talsperren soll wie Wasser aus Seen weder an der Wasseroberfläche noch an der Talsperrensohle entnommen werden, sondern in der Tiefe, in der die größte Reinheit und eine möglichst gleichmäßige Temperatur vorherrschen (**Bild 1**).

Talsperren werden unter Ausnutzung natürlicher Tallagen im Oberlauf von Flüssen erstellt und umfassen das Absperrbauwerk mit den Vorrichtungen für die Wasser- und Wasserprobenentnahme, dem Grundablass und der Hochwasserentlastung sowie das Staubecken und die Uferanlagen. Die Einläufe der Entnahmetürme liegen auf unterschiedlichen Höhen. Sohle und Wände des Stauraumes sollen weitgehend wasserundurchlässig sein. Vor dem Einstau sind alle, die Güte des Wassers mindernden Bestandteile, wie Bepflanzungen, Bauwerke und organische Bodenschichten zu entfernen. Schutzzonen werden durch Beschilderung gekennzeichnet.

Uferfiltriertes Grundwasser erfordert Fassungsanlagen (**Bild 2**). Die zu gewinnende Wassermenge ist vor allem von der Durchlässigkeit der Gewässersohle und des Grundwasserleiters sowie vom Druckgefälle zwischen Oberflächenwasser- und Grundwasserspiegel abhängig. Die Fassungen müssen für eine ausreichende Reinigung des uferfiltrierten Grundwassers einen genügenden Abstand vom Ufer haben. Dieser ist abhängig von der Beschaffenheit des oberirdischen Wassers und des Untergrundes sowie von der durch die Entnahme zu erwartenden Absenkung des Grundwasserspiegels.

Bild 1: Talsperre

Bild 2: Gewinnung von uferfiltriertem Grundwasser

19.1.3 Wasseraufbereitung

Wasser, das für die Trinkwasserversorgung genutzt wird, muss den Anforderungen an Trinkwasser entsprechen. Nach Möglichkeit soll Wasser gewonnen werden, das bereits von Natur aus diese Voraussetzungen erfüllt. Ist dies nicht der Fall, ist es aufzubereiten. Wasser vor der Aufbereitung bezeichnet man als Rohwasser, nach der Aufbereitung als Reinwasser. Art und Umfang der Aufbereitung richten sich nach der Beschaffenheit des Rohwassers und den Anforderungen an das Reinwasser.

Tabelle 1: Wasserhärtebereiche für Trinkwasser

Gesamthärte mmol/l	Bezeichnung	Beurteilung
0 bis 0,71	sehr weich	geeignet
> 0,71 bis 1,42	weich	gut geeignet
> 1,42 bis 2,14	mittelhart	gut geeignet
> 2,14 bis 3,21	ziemlich hart	tragbar
> 3,21 bis 5,35	hart	tragbar
> 5,35	sehr hart	ungeeignet

Tabelle 2: Wasserhärtebereiche (Waschmittelgesetz)

Gesamthärte mmol/l	Härtebereich	Beurteilung
≤ 1,5	1	weich
> 1,5 bis 2,50	2	mittelhart
> 2,50	3	hart

19.1.3.1 Anforderungen an Trinkwasser

Trinkwasser muss für den menschlichen Genuss geeignet und appetitlich sein. Weiterhin muss es farblos, klar, kühl, geruchlos und geschmacklich einwandfrei sowie frei von Krankheitserregern sein. Es soll keimarm sein und der Gehalt von gelösten Stoffen soll sich in Grenzen halten. Trinkwasser soll möglichst keine Korrosion hervorrufen. Appetitlich ist ein Wasser, wenn seine äußere Beschaffenheit sowie seine physikalischen, chemischen, mikrobiologischen und biologischen Eigenschaften keine Anzeichen einer Verschmutzung erkennen lassen. Die Temperatur des Trinkwassers soll nach Möglichkeit zwischen 8 °C und 12 °C liegen und keine kurzzeitigen Schwankungen aufweisen. Für die Beschaffenheit des Trinkwassers in gesundheitlicher Hinsicht gelten die Vorschriften des Lebensmittelgesetzes und des Bundes-Seuchengesetzes.

Im Wasser gelöste Calcium- und Magnesium-Ionen bestimmen die Härte des Wassers. Calcium und Magnesium in Verbindung mit Hydrogenkarbonaten ergeben die Karbonathärte, in Verbindung mit Sulfaten, Nitraten, Chloriden die Nichtkarbonathärte. Die Gesamthärte setzt sich zusammen aus der Karbonathärte und der Nichtkarbonathärte. Sie wird gemessen in mmol/l (Millimol je Liter). Die Karbonathärte kann zum größten Teil durch Kochen ausgeschieden werden, die Nichtkarbonathärte kann durch Kochen nicht verändert werden, sie wird deshalb auch als bleibende Härte bezeichnet. Die Härte des Wassers ist regional verschieden, da sie vorwiegend von den durchflossenen Bodenschichten abhängt. Sie wird in Härtebereiche eingeteilt (**Tabelle 1** und **Tabelle 2,** Seite 579).

Für den Rostschutz in Rohrleitungen sind die Karbonathärte und der pH-Wert mit entscheidend. Der pH-Wert wird vorwiegend von dem Verhältnis des Calciumkarbonats zur Kohlensäure bestimmt. Trinkwasser und die damit in Berührung stehenden Werkstoffe sollen so aufeinander abgestimmt sein, dass keine Korrosionsschäden hervorgerufen werden.

19.1.3.2 Verfahren zur Wasseraufbereitung

Die Aufbereitung zu Reinwasser setzt Untersuchungen des Rohwassers voraus. Chemische und physikalische Untersuchungen geben Aufschluß darüber, welche Stoffe im Wasser vorhanden sind und in welchen Mengen. Durch mikrobiologische und biologische Untersuchungen wird festgestellt, ob Viren, Bakterien, Kleinlebewesen und Pflanzen im Wasser enthalten sind. Nach den Untersuchungsergebnissen richten sich Art, Umfang und Reihenfolge der Aufbereitungsschritte.

Für die Trinkwasseraufbereitung werden physikalische, chemische und biologische Verfahren sowie Sonderverfahren, wie z. B. die UV-Bestrahlung, angewendet. Durch physikalische Verfahren werden ungelöste und kolloidal gelöste Stoffe entfernt. Chemische Verfahren dienen der Beseitigung gelöster Stoffe. Durch biologische und bakteriologische Verfahren werden unerwünschte und schädliche Bestandteile entfernt sowie die Entkeimung des Wassers vorgenommen. Meist werden die Verfahren in Kombination angewendet. Weitere Verfahren zur Wasseraufbereitung können notwendig sein, z. B. zur Enteisenung, Entmanganung, Entsäurung, Enthärtung, Entkeimung, Schönung und zur Entfernung von Geruchs- und Geschmacksstoffen.

Bild 1: Verdüsungsanlage

Vorreinigung
Der Aufbereitung ist eine Vorreinigung durch Entfernen der ungelösten und kolloidal gelösten Stoffe vorgeschaltet. Dazu leitet man das Rohwasser durch Rechen- und Siebeinrichtungen, Sandfänge und Vorklär- oder Absetzbecken. Feindisperse Trübstoffe und kolloide Stoffe können nicht allein durch Absetzen und Filtration ausgeschieden werden. Sie werden durch Zugabe von Chemikalien in eine abscheidbare Form gebracht. Dabei verbinden sich die Chemikalien mit diesen Stoffen, bilden mit ihnen Flocken und sinken zu Boden.

Belüftung
Wenn unerwünschte Gase, wie aggressive Kohlensäure und Schwefelwasserstoff, ausgeschieden oder Sauerstoff in das Wasser eingetragen werden soll, erfolgt ein Gasaustausch **(Bild 1)**. Das Belüften des Wassers kann z. B. durch Rieselung, Kaskadenbelüftung und Druckbelüftung erfolgen.

Bild 2: Schnellfilter

Filtration
Die Filtration stellt das wichtigste Verfahren der Wasseraufbereitung dar. Dabei sollen die auszuscheidenden Stoffe in einem körnigen oder porösen Filter zurückgehalten werden. Zur Filtration benutzt man z. B. Langsamfilter, Schnellfilter, Einschicht- und Mehrschichtfilter.

Langsamfilter ahmen das Prinzip der natürlichen Bodenfiltration nach. Sie wirken physikalisch, chemisch und biologisch. Die Filterschichten aus Sand und Kies ermöglichen eine Filtergeschwindigkeit von 0,05 m/h bis 0,25 m/h. Das Filter muss durch Ersetzen der oberen Sandschicht gereinigt werden.

Schnellfilter mit Füllungen aus Sand und Kies oder anderen Filterstoffen werden wegen der höheren Filtergeschwindigkeit bevorzugt eingesetzt (**Bild 2,** Seite 580). Diese beträgt z. B. bei Aktivkohle 20 m/h bis 45 m/h. Der Filter wird durch Rückspülen der gesamten Filterfüllung gereinigt.

Mehrschichtfilter sind Schnellfilter mit Füllungen aus Schichten von Filterstoffen, deren Dichten und Korngrößen so abgestimmt sind, dass bei der Filtration der Durchgang des Wassers von der grobkörnigen in die feinkörnige Schicht erfolgt. Der Aufbau des Filters bleibt bei der Rückspülung erhalten.

19.1.4 Wasserspeicherung

Die Wasserspeicherung ermöglicht einen Ausgleich bei unterschiedlichem Wasserverbrauch, sorgt für einen ausreichenden, gleichmäßigen Versorgungsdruck und verhindert Druckschwankungen im Versorgungsnetz. Außerdem ist eine Notversorgung bei Betriebstörungen und die Bereithaltung von Löschwasser gesichert.

Reinwasser wird ausschließlich in geschlossenen Behältern gespeichert. Am häufigsten werden Hochbehälter als künstliche Wasserspeicher erstellt. Der Inhalt ist im Wesentlichen auf den Wasserbedarf, die Förderleistung der Pumpen und die zeitliche Verbrauchsentnahme abzustimmen. Die freie Wasserspiegelhöhe über dem Versorgungsgebiet beeinflusst den Versorgungsdruck wesentlich. Hochbehälter können als Erdhochbehälter oder als Wassertürme ausgeführt werden.

Nach der Lage zum Versorgungsgebiet unterscheidet man außerdem zwischen Tiefbehältern, Durchlaufbehältern und Gegenbehältern. Tiefbehälter sind Wasserspeicher, die als Saugbehälter eines Pumpwerks für ein höher gelegenes Versorgungsgebiet dienen. Sie haben keinen Einfluss auf den Versorgungsdruck. Durchlaufbehälter sind Wasserspeicher, die zwischen Wasserwerk und dem Versorgungsgebiet liegen. Das gesamte, im zugehörigen Wasserversorgungsgebiet benötigte Wasser wird durch den Behälter geleitet. Gegenbehälter sind Wasserspeicher, die ebenfalls zwischen Wasserwerk und dem Versorgungsgebiet liegen. Sie sind nur als Hochbehälter möglich. Es gelangt nur der Teil des Wassers in den Speicher, der während der Pumpenlaufzeit von den Verbrauchern nicht abgenommen wird.

19.1.4.1 Erdhochbehälter

Erdhochbehälter werden angeordnet, wenn in der Nähe des Versorgungsgebietes ein Gelände von ausreichender Höhenlage vorhanden ist. Sie werden so nah wie möglich am Versorgungsgebiet, überwiegend unter Gelände, erstellt und mit Erde überdeckt. Die Erdüberdeckung als Dämmungsschicht verhindert große Temperaturschwankungen. Erdhochbehälter sind die wirtschaftlichste und betriebssicherste Art der Wasserspeicherung. Außerdem fügen sie sich in das Landschaftsbild ein.

Ein Erdhochbehälter besteht in der Regel aus den Wasserkammern und dem Armaturenraum, den man auch als Schieberkammer bezeichnet (**Bild 1**). Er wird als dichter Behälter aus Stahl- oder Spannbeton erstellt. Als Grundriss für die Wasserkammern werden meist Rechteck- oder Kreisformen gewählt. Zu- und Ableitungen in den Kammern müssen so angeordnet sein, dass eine Wasserumwälzung gewährleistet ist. Je nach Geländeform können Hochbehälter in Kreisform, z.B. mit konzentrisch angeordneten Wasserkammern, als Hochbehälter in Brillenform oder als Spiralwandbehälter gebaut werden. Für eine spätere Erweiterung ist ein entsprechender Platz vorzusehen.

Bild 1: Erdhochbehälter (schematisch)

Bild 1: Wasserturm

Bild 2: Rohrnetze (schematisch)

Die Bildbeschriftungen:
- Wasserkammer
- Turm
- zum Versorgungsgebiet
- Zuleitung

- Hauptleitung
- Versorgungsgebiet
- **Verästelungsnetz**
- Hauptleitung
- Versorgungsgebiet
- Ringleitung
- **Ringnetz**

19.1.4.2 Wassertürme

Wassertürme werden dort gebaut, wo natürliche Erhebungen von ausreichender Höhe fehlen. Als günstiger Standort gilt ein hochgelegenes Gelände im Zentrum des Versorgungsgebietes. Ein Wasserturm besteht aus der Tragkonstruktion in Form eines Turmes, den Wasserkammern und den Bedienungsräumen **(Bild 1)**. Der Turm kann in Stahlbeton-, Spannbeton- oder Stahlbauweise z.B. in Kugelform, Kelch- oder Pilzform und als aufgelöste Stützenkonstruktion ausgeführt werden. Das Fassungsvermögen der Kammern wird auf den unbedingt erforderlichen Inhalt begrenzt. Die Wasserkammern sind zum Schutz gegen Temperaturschwankungen zu dämmen.

19.1.5 Verteilung des Wassers

Die Verteilung des Wassers innerhalb des Versorgungsgebietes erfolgt vom Hochbehälter aus über ein Rohrnetz. Dieses besteht aus verzweigten und vermaschten Zubringer-, Haupt-, Versorgungs- und Anschlussleitungen, die in frostfreier Tiefe verlegt werden. Zur Wartung, Reinigung und Reparatur des Rohrnetzes sind Absperrschieber eingebaut. Für die Brandbekämpfung, aber auch zur Entnahme von Wasser in größeren Mengenn werden etwa alle 100 Meter Entnahmestellen als Überflur- oder Unterflurhydranten installiert. Die Lage der Hydranten und Schieber wird jeweils am Straßenrand durch Schilder markiert. Das Rohrnetz kann als Verästelungsnetz oder Ringnetz ausgebildet werden **(Bild 2)**.

Beim **Verästelungsnetz** zweigen von der Hauptleitung Nebenleitungen ab, die sich ihrerseits wieder so oft verästeln, wie es Anzahl und Lage der Straßen erfordern. Das Wasser wird stets nur von einer Seite eingespeist und bewegt sich nur in einer Fließrichtung. Durch die geringe Bewegung des Wassers in den Endsträngen kann die Wasserqualität beeinträchtigt und die Gefahr des Einfrierens erhöht werden. Bei der Behebung eines Leitungsschadens bleibt das gesamte Gebiet hinter der Schadensstelle ohne Wasser.

Beim **Ringnetz** werden die Leitungsstränge der Hauptleitung ringförmig durch das Versorgungsgebiet geführt. Der Ring wird möglichst weit außen verlegt, damit bei Erweiterung des Versorgungsgebietes unter guten Druckverhältnissen angeschlossen werden kann. Bei notwendigen Absperrungen, z.B. bei Leitungsschäden, ist die Versorgung mit Wasser durch die Umlaufwirkung gesichert. Die Umlaufwirkung gewährleistet außerdem eine gleichbleibende Wasserqualität. Ringnetzen ist deshalb der Vorzug zu geben.

19.2 Abwasserentsorgung

Ungereinigtes Abwasser darf nicht in Flüsse und Seen gelangen. Die langfristige Sicherung der Trinkwasserversorgung, die Gesundheit und Hygiene, die Fischerei, der Naturschutz sowie der Erholungswert der Landschaft erfordern saubere Gewässer. Das Wasserhaushaltsgesetz des Bundes und die Wassergesetze der Länder bilden die rechtliche Grundlage für die Ableitung und Reinigung der Abwässer.

In die Kanalisation darf nichts eingeleitet werden, was sich störend auf das Kanalnetz und die Kläranlage auswirken könnte. Dazu gehören feuergefährliche Stoffe und Flüssigkeiten, wie z. B. Benzin und Heizöl, und Flüssigkeiten mit Säure-, Alkali- und hohem Fettgehalt. Stoffe, die schädliche oder überriechende Gase entwickeln, und Stoffe, welche die Abwasserkanäle verstopfen könnten, z. B. Schutt, Asche, Müll und Dung, dürfen ebenfalls nicht über die Kanalisation entsorgt werden. Auch Abwässer mit einer Temperatur von mehr als 35 °C dürfen nicht eingeleitet werden.

19.2.1 Abwasser

Als Abwasser bezeichnet man alle in der Kanalisation abzuführenden Wässer unterschiedlicher Herkunft und Verschmutzung, wie z. B. Regenwasser (RW), Schmutzwasser (SW) und Mischwasser (MW). Dabei unterscheidet man zwischen dem Trockenwetterabfluss und dem Regenabfluss. Der Trockenwetterabfluss (TWA) umfaßt das häusliche, gewerbliche und industrielle Schmutzwasser. Die Menge des anfallenden Abwassers ist für die Bemessung des Kanalnetzes (hydraulische Berechnung) maßgebend.

19.2.1.1 Regenwasser

Regenwasser (RW) und Schmelzwasser ergeben die Niederschläge. Die Menge der Niederschläge schwankt je nach den örtlichen Verhältnissen. Der Regenabfluss wirkt sich maßgebend auf die Bemessung des Kanalnetzes aus. Er wird aus der Regenspende, der Regendauer, der Häufigkeit des jährlichen Auftretens, dem Abflussbeiwert und der Fläche des Einzugsgebietes ermittelt.

Die Regenspende wird in Liter je Sekunde und Hektar angegeben, sie ist regional verschieden, da dieser Wert auf der Niederschlagshöhe beruht **(Bild 1)**. Für die Bemessung ist eine Regendauer von mindestens 10 bis 15 Minuten anzunehmen. Dieser für die Bemessung maßgebende Regen wird als Bemessungsregen bezeichnet. Ein Katastrophenregen bleibt aus wirtschaftlichen Gründen unberücksichtigt, d. h., eine mögliche Überflutung des Kanalnetzes wird bewusst in Kauf genommen. Der Abflussbeiwert ist das Verhältnis des tatsächlichen Abflusses zum gefallenen Regen. Er ist von der Neigung des Geländes sowie vom Anteil der befestigten Flächen und damit von der Möglichkeit der Versickerung und Verdunstung der Niederschläge abhängig. Die auf eine bestimmte Kanalstrecke entfallende, abzuleitende Regenwassermenge ist von der Größe des Einzugsgebietes abhängig. Dieses wird vorwiegend durch die topografische Lage des Geländes bestimmt.

19.2.1.2 Schmutzwasser

Zum Schmutzwasser (SW) rechnet man hauptsächlich die häuslichen, gewerblichen und industriellen

Bild 1: Regenspende

Bild 2: Verfahren der Abwasserableitung

Abwässer (Seite 216). Häusliche Abwässer sind in ihrem Verschmutzungsgrad in der Regel gleichbleibend. Die Menge ist im Wesentlichen von der Größe des Einzugsgebietes, von der Einwohnerdichte und dem Lebensstandard der Bewohner abhängig. Sie wird aufgrund des Verbrauchs an Trinkwasser ermittelt und kann zwischen 125 Liter und 250 Liter je Einwohner und Tag betragen.

Gewerbliches und industrielles Schmutzwasser kann bezüglich des Verschmutzungsgrades und der Menge stark schwanken und muss gegebenenfalls untersucht werden. Um gewerbliche und industrielle Abwässer rechnerisch erfassen zu können, werden diese hinsichtlich der Menge und des Verschmutzungsgrades mit den häuslichen Abwässern verglichen und in Einwohnergleichwerten (EGW) ausgedrückt.

Bild 1: Regenwasserbecken (schematisch)

19.2.2   Verfahren der Abwasserableitung

Die Ableitung des Abwassers kann im Misch- oder Trennverfahren erfolgen (**Bild 2,** Seite 583). Das für die Ortsentwässerung gewählte Verfahren ist auch bei der Haus- und Grundstücksentwässerung anzuwenden. Die Wahl des Verfahrens ist von den örtlichen Verhältnissen, der Lage des Entsorgungsgebietes zum Vorfluter und dessen Belastbarkeit sowie von wirtschaftlichen Überlegungen abhängig.

19.2.2.1 Mischverfahren

Beim Mischverfahren werden alle Arten der Abwässer in einem Kanal, dem Mischwasserkanal, abgeleitet. Bei Trockenwetter, bei schwächerem Regen und bei Tauwetter gelangt die ganze Abwassermenge in die Kläranlage. Dies hat den Vorteil, dass z.B. auch Staub, Straßenschmutz, Ruß und gelöste Tausalze in den Klärprozess einbezogen werden. Sich eventuell ablagernde Stoffe werden durch das zeitweise anfallende Regenwasser mitgespült.

Damit bei stärkeren Niederschlägen die Kläranlage und das Kanalnetz entlastet werden, wird ein Teil des Abwassers über Regenüberläufe einem Regenwasserbecken zugeleitet. Regenüberläufe springen bei einer bestimmten Abflussmenge an. Regenwasserbecken können je nach Lage zum Vorfluter z.B. als Regenwasserrückhaltebecken, Regenwasserüberlaufbecken oder Regenwasserklärbecken ausgeführt werden (**Bild 1**). Regenwasserrückhaltebecken (RRB) sind Pufferbecken, die bei starkem Regen das plötzlich und in großer Menge ankommende Wasser aufnehmen und bei nachlassendem Regen zeitverschoben wieder in das Kanalnetz einspeisen. Regenwasserüberlaufbecken (RÜB) sind Absetzbecken, bei denen ein Teil des Regenwassers mechanisch vorgereinigt und zum Vorfluter weitergeleitet wird. Der andere Teil wird gespeichert und nach Abklingen des Regens wieder über das Kanalnetz der Kläranlage zugeleitet. Regenwasserklärbecken (RKB) sind Absetzbecken, in denen das Regenwasser mechanisch gereinigt und danach dem Vorfluter zugeleitet wird. Der dabei anfallende Schlamm wird in einer Vertiefung der Beckensohle, als Absetzraum bezeichnet, gesammelt und muss entsorgt werden. Dies geschieht meist durch Weiterbehandlung in der Kläranlage. Eine Regenentlastung in Mischwasserkanälen kann auch durch die Gestaltung von Kanalstauräumen in Verbindung mit Drosselstrecken erreicht werden.

19.2.2.2 Trennverfahren

Beim Trennverfahren wird durch die Trennung der Abwässer zwischen dem Schmutzwasser- und dem Regenwasserkanal unterschieden. Der Trockenwetterabfluss wird im Schmutzwasserkanal zur

Kläranlage geleitet, der Regenabfluss fließt im Regenwasserkanal auf kürzestem Wege dem nächsten Vorfluter zu. Dabei besteht die Gefahr, dass der Vorfluter unmittelbar nach Beginn eines Regens einen großen Schmutzstoß aus dem Abfluss von Straßen und Dächern aufnehmen muss. Die Kläranlage wird gleichmäßiger belastet und außerdem kann der mechanische Teil kleiner ausgelegt werden.

Die Ableitung der Abwässer im Trennverfahren ist ohne weitere Abwägung dann zweckmäßig, wenn Tiefgebiete entsorgt werden müssen und der Regenabfluss im freien Gefälle dem Vorfluter zugeleitet werden kann. Der Vorteil ist in den niedrigeren Kosten für die Anschaffung und den Betrieb von Pumpen begründet, da nur der Trockenwetterabfluss in den zur Kläranlage führenden Schmutzwasserkanal gepumpt werden muss.

19.2.3 Abwasserkanal

Die Abwasserkanäle eines Entsorgungsgebietes werden als Kanalisation oder Ortsentwässerung bezeichnet. Aufgabe der Ortsentwässerung ist es, die Abwässer vollständig, schadlos, auf kürzestem Wege und möglichst im natürlichen Gefälle der Kläranlage bzw. dem Vorfluter zuzuleiten (**Bild 1**). Abwasserkanäle sind meist unterirdisch verlegte Leitungen und sind in der Regel nur über Schächte zugänglich. Wartung und notwendige Reparaturen müssen deshalb unter erschwerten Bedingungen durchgeführt werden, weshalb an Baustoff und Verarbeitung hohe Anforderungen zu stellen sind.

Abwasserkanäle werden meist als Freispiegelleitungen, selten als Druckrohrleitungen betrieben. In Freispiegelleitungen fließt das Abwasser im natürlichen Gefälle mit freiem Wasserspiegel, in Druckrohrleitungen unter Druck ab. Kreuzt eine Rohrleitung ein tiefliegendes Hindernis, wie z. B. einen Wasserlauf, kann bei ausreichendem Höhenunterschied das Hindernis unterfahren werden. Ein solches Kreuzungsbauwerk bezeichnet man als Düker. Auf die Länge der Dükerstrecke wird die Freispiegelleitung zur Druckrohrleitung.

19.2.3.1 Rohre und Rohrverbindungen

Kanalisationsrohre müssen hydraulisch leistungsfähig und beständig gegen mechanische, chemische und thermische Beanspruchungen sein. Als weitere Eigenschaften sind Belastbarkeit, Dichtheit, Alterungsbeständigkeit sowie Wurzelfestigkeit gefordert. Die hydraulische Leistungsfähigkeit ist z. B. von der Wandrauigkeit und der Ausbildung der Rohrverbindungen abhängig. Mechanische Beanspruchungen entstehen vor allem beim Abfluss der im Abwasser enthaltenen Feststoffe, insbesondere bei hohen Fließgeschwindigkeiten und bei der Kanalreinigung. Eine chemische Beanspruchung erfolgt z. B. durch im Abwasser enthaltene Säuren, Laugen, gelöste Salze, Lösemittel und durch Reaktionen, die im fäulnisfähigen Abwasser ablaufen. Häusliche Abwässer weisen oft Temperaturen bis 90 °C auf, deshalb müssen Kanalrohre neben der Aggressivbeständigkeit auch eine entsprechende Temperaturbeständigkeit aufweisen. Rohrleitungen müssen tragfähig und so belastbar sein, dass es nicht zum Bruch kommt und Abwasser austreten oder Fremdwasser eintreten kann.

Rohre und Formstücke für Abwasserkanäle werden aus verschiedenen Werkstoffen und in verschiedenen Querschnittsformen hergestellt. Neben der überwiegend verwendeten Kreisform gibt es z. B. Rohre in Ei-, Maul-, Hauben- und Parabelform. Kanalisationsrohre werden aus Steinzeug, unbewehrtem Beton, Stahlbeton, Spannbeton, Polymerbeton, Faserbeton und Kunststoff angeboten.

Steinzeugrohre (Stz-Rohre) können nur kreisförmig hergestellt werden. Kanäle mit anderen Querschnittsformen müssen aus Profilschalen zusammengesetzt werden. Steinzeug ist wasserdicht und korrosionsbeständig, es wird von den im Abwasser, Grundwasser und Erdreich enthaltenen Stoffen, mit Ausnahme der Flusssäure, nicht angegriffen (Seiten 64 und 219).

Bild 1: Kanalisation

Rohr mit Muffe
Kreisquerschnitt ohne Fuß

Rohr mit Muffe
Kreisquerschnitt mit Fuß

Rohr mit Falz
Kreisquerschnitt ohne Fuß

Rohr mit Falz
Kreisquerschnitt mit Fuß

Rohr mit Muffe
Eiquerschnitt mit Fuß

Rohr mit Falz
Kreisquerschnitt mit Fuß

Bild 1: Betonrohre

Rohre der DN 100 bis DN 1000 werden mit Normalwanddicken (N) mit üblicher Tragfähigkeit, solche der DN 200 bis DN 800 auch mit verstärkter Wanddicke (V) und erhöhter Tragfähigkeit hergestellt. Die Regelbaulängen sind durch 250 mm teilbar und betragen höchstens 2000 mm. Steinzeugrohre werden meist werkseitig mit dauerelastischen Dichtelementen ausgestattet. Rohre der DN 100 bis DN 200 haben eine Lippendichtung (L), Rohre von DN 200 und größer werden mit der Steckmuffenverbindung (K) hergestellt. Für Rohre, die nicht mit Dichtungselementen ausgestattet sind, wird meist der Rollring als Dichtung verwendet.

Betonrohre können aus unbewehrtem Beton, Stahlfaserbeton, Stahlbeton und Spannbeton gefertigt werden **(Bild 1)**.

Betonrohre werden aus Beton der Festigkeitsklassen C 30/37 bis C 40/45 hergestellt, wobei die Wasserundurchlässigkeit als Beton mit besonderen Eigenschaften gefordert ist. Auch Ausführungen mit Transportbewehrung gelten als unbewehrte Rohre. Betonrohre können in allen Querschnittformen hergestellt werden. Genormt sind kreisförmige Rohre (K) von DN 100 bis DN 1500 und eiförmige Rohre (EF) von DN 400 x 600 bis DN 1200 x 1800. Kreisförmige Rohre werden auch mit verstärkten Wandungen (W) angeboten. Rohrverbindungen können mit Falz (F) oder Muffe (M) erfolgen. Kreis- und eiförmige Rohre werden ohne und mit Fuß hergestellt. Die Regelbaulängen sind durch 100 mm ganzzahlig teilbar und betragen bei mittleren Nennweiten bis zu 5,00 m. Rohrverbindungen müssen dauerhaft dicht sein. Dichtungen werden vom Rohrhersteller bereits fest eingebaut oder getrennt mitgeliefert.

Bei der Verwendung von Rohren aus Beton ist die Aggressivität des Abwassers und des Grundwassers zu berücksichtigen. Je nach Angriffsgrad sind Rohre vom Typ 1 bzw. Typ 2 zu verwenden. Rohre des Typs 1 sind widerstandsfähig gegen eine chemisch schwach angreifende Umgebung und werden vor allem für den Bau von Regenwasserleitungen eingesetzt. Für Misch- und Schmutzwasserleitungen eignen sich Rohre vom Typ 2, die widerstandsfähig gegen chemisch mäßig angreifende Umgebung und starke Verschleißbeanspruchung sind. In besonderen Fällen werden Rohre mit Auskleidungen aus Kunststoff oder Steinzeug verwendet.

Stahlbetonrohre werden nach den statischen Erfordernissen bemessen und bewehrt, wobei zur Herstellung mindestens Beton der Festigkeitsklasse C 35/45 zu verwenden ist. Die Rohre können in allen Querschnittsformen ausgeführt werden, wobei die Kreisform überwiegt. Bei der Herstellung wird beispielsweise das Vakuum- oder Schleuderpressbeton-Verfahren angewendet. Rohrverbindungen werden mit Muffe und mit Falz angeboten, wobei die Dichtung fest eingebaut ist. Stahlbetonrohre baut man z. B. bei hoher Last aus Erdüberdeckung oder bei geringer Erdüberdeckung und gleichzeitig hoher Verkehrslast ein. Außerdem werden sie als Vorpressrohre verwendet.

Spannbetonrohre werden für die jeweiligen Erfordernisse konstruiert und hergestellt. Die Vorspannung gewährleistet eine hohe Risssicherheit des Betons. Um die Spannstähle vor Korrosion zu schützen, wird meist zusätzlich eine aggressiv-beständige Innenbeschichtung aufgebracht. Neben den Kreisprofilen, die von DN 500 bis DN 3600 hergestellt werden, sind auch Kanal-Element-Systeme, z. B. mit wabenförmigem Querschnitt, verfügbar.

Kunststoffrohre können aus Polyvinylchlorid (Hart-PVC) nach DIN 19534 und Polyethylen (HDPE) nach DIN 19537 hergestellt werden. PVC-Rohre werden mit Steckmuffen in den Nennweiten DN 100 bis DN 600 angeboten. Rohre mit DN 100 haben eine Mindestwanddicke von 3 mm, bei Rohren mit DN 600 beträgt die Wanddicke 15,4 mm. Kanalrohre aus PVC sind durchgehend orangebraun eingefärbt. PE-Rohre gibt es in den Nennweiten DN 100 bis DN 1000 und in drei verschiedenen Wanddicken. Sie werden durch Spiegelschweißung miteinander verbunden.

19.2.3.2 Lage der Abwasserleitungen

Abwasserleitungen gehören zu den Versorgungs- und Entsorgungsleitungen, die im Bereich des Straßenkörpers verlegt werden. Die Lage dieser Leitungen ist in örtlichen Bauvorschriften festgelegt **(Bild 1)**. Abwasserkanäle sind im Bereich der Fahrbahn so unterzubringen, dass deren Reinigung und Wartung ohne Verkehrsbehinderung erfolgen kann. Bei Fahrbahnen mit Breiten von weniger als 5,50 m werden daher die Kanäle nicht mittig, sondern seitlich angeordnet. Dies gilt auch bei Hauptverkehrsstraßen und bei Straßen mit einseitiger Bebauung.

19.2.3.3 Tiefenlage der Abwasserleitungen

Die Mindesttiefenlage bei Schmutz- und Mischwasserkanälen wird vorwiegend durch die Tiefenlage der Hausanschlussleitungen bestimmt. Alle Keller der angeschlossenen Grundstücke sollen ohne Pumpen entwässert werden können und selbst bei voller Auslastung der Kanäle darf kein Rückstau in die Keller der angeschlossenen Gebäude auftreten. Unter Berücksichtigung des Wasserspiegels im Hauptkanal bei voller Auslastung muss der Hausanschlusskanal ein ausreichendes Gefälle, in der Regel von 1:50 (2%), erhalten.

Regenwasserkanäle liegen in der Regel höher als Schmutz- oder Mischwasserkanäle, da sie lediglich frostfrei und so tief verlegt sein müssen, dass sie den Beanspruchungen, z.B. aus dem Straßenverkehr, standhalten. Außerdem sind Abwasserkanale unterhalb der frostfrei verlegten Rohrleitungen der Wasserversorgung, der Gas- und Fernheizleitungen sowie der Kabel, z.B. für Strom und Telefon, zu führen. Auch Boden- und Grundwasserverhältnisse können sich auf die Tiefenlage der Kanäle auswirken.

19.2.3.4 Gefälle der Abwasserleitungen

Die im Abwasser enthaltenen Schmutzstoffe, wie z.B. Fäkalien und Abfallstoffe der Küche, oder Sand, Kies und Schmutzstoffe der Straße haben das Bestreben sich auf der Kanalsohle abzusetzen. Die Spülwirkung des fließenden Abwassers bewirkt die Sauberhaltung der Leitungen, man spricht dabei von der Schleppspannung des Wassers. Nach DIN 4049 ist der Begriff Schleppspannung wie folgt festgelegt: „Kraft des fließenden Wassers je Flächeneinheit der Gewässersohle, mit der es auf die Sohle wirkt und dort Geschiebe vorwärts bewegt." Die Schleppspannung wird hauptsächlich durch das Sohlgefälle beeinflusst. Sohlgefälle und Füllhöhe des Kanales wirken sich neben anderen Faktoren auf die Fließgeschwindigkeit des Abwassers aus.

Bild 1: Lage der Ver- und Entsorgungsleitungen

Ist die Fließgeschwindigkeit zu gering, lagern sich Abfallstoffe an der Sohle ab und eine regelmäßige Kanalreinigung wird erforderlich. Bei zu großer Fließgeschwindigkeit wird die Kanalsohle abgerieben, was sich auf ihre Lebensdauer nachteilig auswirkt. Zur Vermeidung von Ablagerungen soll die Mindestfließgeschwindigkeit von 0,6 m/s nicht unterschritten werden. Die günstigste Fließgeschwindigkeit bei Trockenwetterabfluss beträgt etwa 0,8 m/s bis 1,5 m/s. Bei dieser Geschwindigkeit werden Ablagerungen vermieden und der Abrieb durch die mitgeführten Inhaltsstoffe bleibt gering. Die zulässigen Höchstfließgeschwindigkeiten sind je nach Rohrart verschieden und betragen z. B. bei Steinzeugrohren 8 m/s bis 10 m/s, bei Betonrohren etwa 3,5 m/s und bei Schleuderbetonrohren etwa 6 m/s.

Das Sohlgefälle des Kanals ist möglichst parallel zum Straßenlängsgefälle anzuordnen. Hiervon wird abgewichen, wenn das Gefälle zu gering ist oder die Straße ein entgegengerichtetes Gefälle aufweist, sodass sich Übertiefen ergeben würden. Ist das Gefälle der Straße oder des Geländes zu groß, müssen Schächte mit Sohlabsätzen oder Steilstrecken ausgebildet werden.

Steilstrecken sind Leitungsabschnitte, in denen sich eine größere Fließgeschwindigkeit einstellt, als nach der Rohrart für zulässig erachtet wird. Für solche Strecken ist ein besonders verschleißfestes Rohrmaterial zu wählen und der Übergang vom geringeren zum großen Sohlgefälle als Einlauftrichter auszuführen. Rohre sind zu verankern, besonders an Richtungsänderungen. Solche Festpunkte werden hinter Rohrmuffen im Abstand von etwa 10 Meter durch Anordnung von Betonauflagern mit horizontaler Sohlabstufung hergestellt. Am Ende der Steilstrecke ist zur Umwandlung der Strömungsenergie ein Tosbecken anzuordnen.

19.2.3.5 Bemessung von Abwasserleitungen

Für die Bemessung einzelner Rohrstrecken eines Kanalnetzes ist eine hydraulische Berechnung und eine statische Berechnung erforderlich.

Füll-höhe in %	A	U	R
100	$3{,}142r^2$	$6{,}283r$	$0{,}500r$
95	$3{,}083r^2$	$5{,}382r$	$0{,}573r$
90	$2{,}978r^2$	$4{,}997r$	$0{,}596r$
80	$2{,}695r^2$	$4{,}430r$	$0{,}608r$
70	$2{,}350r^2$	$3{,}965r$	$0{,}593r$
60	$1{,}969r^2$	$3{,}545r$	$0{,}555r$
50	$1{,}572r^2$	$3{,}142r$	$0{,}500r$
40	$1{,}173r^2$	$2{,}738r$	$0{,}428r$
30	$0{,}792r^2$	$2{,}318r$	$0{,}342r$
20	$0{,}447r^2$	$1{,}854r$	$0{,}241r$
10	$0{,}164r^2$	$1{,}287r$	$0{,}127r$

Bild 1: Füllkurve und Querschnitts-werte von Kreisprofilen

Hydraulische Berechnung von Rohrleitungen

Durch die hydraulische Berechnung wird die Leistungsfähigkeit einer Rohrstrecke ermittelt. Diese ist durch die Abwassermenge Q in l/s gekennzeichnet, die bei einem bestimmten Sohlgefälle und einer zugeordneten Fließgeschwindigkeit v in m/s abgeleitet werden kann. In die Berechnung geht außer der Abwassermenge die Betriebsrauigkeit k_b und der hydraulische Radius ein.

Die Abwassermenge ist abhängig von der Größe des Entsorgungsgebietes, der Menge des Trockenwetterabflusses, dem abzuleitenden Fremdwasser, dem Regenabfluss sowie dem Entwässerungsverfahren. Fremdwasser kann z. B. bei hohem Grundwasserstand in das Kanalnetz gelangen. Aus betrieblichen Gründen dürfen Mindestquerschnitte, z. B. DN 250 bei Schmutzwasserkanälen und DN 300 bei Regen- und Mischwasserkanälen, nicht unterschritten werden.

Die Betriebsrauigkeit berücksichtigt alle Einflüsse, die beim Betrieb der Rohrleitung Reibungswiderstände und somit Verluste an Leistungsfähigkeit beim Abfluss hervorrufen. Dazu gehören z. B. die Rauigkeit der Rohrwandungen, unvermeidbare Abweichungen bei der Fertigung, Verlegung und Dichtung der Rohre, der Einfluss von Schächten und seitlichen Zuläufen, wie Hausanschlüsse und Straßenabläufe. Außerdem werden Verluste durch Ablagerungen berücksichtigt.

Der hydraulische Radius R ist das Verhältnis aus der durchflossenen Querschnittsfläche A und dem benetzten Umfang U. Bei geringer Füllhöhe entsteht eine kleine Querschnittsfläche und ein großer benetzter Umfang. Dies wirkt sich nachteilig auf die Fließgeschwindigkeit aus, da Ablagerungen begünstigt werden. Die Mindestfüllhöhe sollte deshalb etwa 3 cm betragen bzw. 9 % des Durchmessers sein. Die hydraulische Berechnung erfolgt mit Hilfe von Tabellen oder EDV-Programmen. Bei der Ermittlung der Leistungsfähigkeit einer

Rohrstrecke wird zunächst angenommen, dass die gesamte Querschnittsfläche als Fließquerschnitt (Vollfüllung) genutzt wird. Abwasserkanäle sind nahezu immer teilgefüllt, d.h., es stellt sich je nach Füllhöhe eine Fließgeschwindigkeit v bei einer vorhandenen Abwassermenge Q ein (**Bild 1**, Seite 588). Beim Kreisquerschnitt ist bei einer Füllhöhe von 95 % die Abwassermenge, die abgeführt werden kann, um 8 % größer als bei Vollfüllung, da bei Füllung bis zum Scheitel wenig durchflossene Fläche bei viel benetztem Umfang hinzukommt. Die Fließgeschwindigkeiten verhalten sich ähnlich.

Statische Berechnung von Rohrleitungen

Durch die statische Berechnung wird die Standsicherheit von Rohrleitungen nachgewiesen. Abwasserkanäle werden meist als erdüberdeckte Rohrleitungen, seltener als Rohrbrücken hergestellt.

Erdverlegte Rohrleitungen werden z.B. durch ihre Eigenlast, das Gewicht der Wasserfüllung, der Erdauflast, dem seitlichen Erddruck und von der Belastung durch den Verkehr beansprucht. Liegen die Leitungen im Grundwasser, treten außerdem Auftriebskräfte auf. Der Nachweis der Standsicherheit der Rohre erfolgt z.B. durch Vergleich der vorhandenen Belastung mit der zulässigen Scheiteldruckfestigkeit. Die Scheiteldruckfestigkeit ist ein Kennwert für die Tragfähigkeit eines Rohres.

Durch die Art der Auflagerung der Rohre kann die Tragfähigkeit beeinflusst werden (**Bild 1**). Die Auflagerung der Rohre kann auf Kiessand oder Beton erfolgen. Der Auflagerwinkel beträgt meist 90°. Je besser ein Rohr gelagert ist, umso größer ist seine Tragfähigkeit. Sehr tiefliegende Leitungen und Leitungen mit geringer Überdeckung unter schwerem Verkehr erfordern besondere Vorkehrungen, z.B. durch eine Betonummantelung.

19.2.3.6 Herstellung der Abwasserleitungen

Bei der Herstellung von Abwasserleitungen sind vorwiegend Erd- und Rohrverlegearbeiten auszuführen. Diese bezeichnet man auch als Tiefbauarbeiten. Außerdem können dabei z.B. Bohr-, Verbau-, Wasserhaltungs-, Beton- und Stahlbeton- sowie Abdichtungsarbeiten notwendig werden. Für die Ausführung der Arbeiten gelten die entsprechenden Unfallverhütungsvorschriften und Normen. Bei der Herstellung eines Rohrgrabens ist z.B. DIN 4124 „Baugruben und Gräben, Böschungen, Arbeitsraumbreiten, Verbau" zu beachten (Seite 220).

Vor Baubeginn müssen Vorarbeiten, wie z.B. Bodenuntersuchungen, das Feststellen vorhandener Leitungen im Bereich der Trasse, die Vermessung, die Planung des Geräteeinsatzes abgeschlossen und die Lagerung der Aushubmassen geklärt sein.

Dem Rohrgrabenaushub folgend wird das Rohrauflager mit dem geforderten Längsgefälle hergestellt. Es ist mindestens dem Auflagerwinkel der statischen Berechnung entsprechend auszuführen. Bei Auflagerung auf gewachsenem, tragfähigen Boden ist die Grabensohle so auszuformen, dass das Rohr auf der ganzen Länge satt aufliegt. Bei Verwendung von Muffenrohren sind ausreichend große Muffenlöcher auszubilden, damit eine punktförmige Beanspruchung der Muffe vermieden wird. Stehen Böden an, die für eine unmittelbare Auflagerung der Rohre ungeeignet sind, wie z.B. grober Kies, Steine, Mergel und harter Lehm, wird die Grabensohle tiefer ausgehoben. Das Auflager wird dann aus verdichtungsfähigem Baustoff, z.B. aus Sand, Kiessand oder Splitt, hergestellt.

Auf dem vorbereiteten Rohrauflager werden die Rohre verlegt und die Rohrverbindungen hergestellt, wobei weder Punktauflagerungen, noch Linienauflagerungen entstehen dürfen. Als Dichtungen werden meist Rollring- oder Gleitdichtungen ausgeführt. Dichtelemente und Dichtflächen der Rohre müssen sauber und trocken sein. Der Anschluss von Rohren an Bauwerke, insbesondere an Schächte, muss gelenkig erfolgen. Dies wird durch den Einbau von Formstücken erreicht, die als Gelenkstücke oder Einbindestutzen bezeichnet werden. Auf der Zulaufseite werden Formstücke mit Muffe, auf der Ablaufseite solche ohne Muffe angeordnet.

Bild 1: Rohrauflager

Nach dem Verlegen der Rohrleitungen und der Prüfung ihrer ordnungsgemäßen Lage sind die Gräben anzufüllen und zu verdichten. Dabei wird zwischen dem Einbetten und dem Überschütten der Rohrleitungen unterschieden. Die Einbettung erfolgt in der Leitungszone. Diese erstreckt sich von der Grabensohle bis zu einer Höhe von 30 cm über Rohrscheitel (**Bild 1,** Seite 589). In diesem Bereich ist steinfreies, verdichtungsfähiges Material lagenweise einzubauen und so zu verdichten, dass die Rohrleitung dabei nicht verschoben oder beschädigt wird.

Ist eine Wasserdichtheitsprüfung der Rohrleitung vorgesehen, wird die Einbettung zunächst nur bis zur Kämpferlinie der Rohre vorgenommen. Dies hat den Vorteil, dass Nacharbeiten leichter ausgeführt werden können.

Das Auffüllen des Rohrgrabens oberhalb der Leitungszone bezeichnet man als Überschüttung. Meist wird das anstehende Aushubmaterial lagenweise eingebaut und verdichtet. Nasser oder wassergesättigter, bindiger Boden sowie gefrorener Boden darf wegen später sich einstellender Setzungen nicht eingebaut werden. Bei der Wahl des Verdichtungsgerätes sind z.B. der Werkstoff der Rohre, die Scheitelüberdeckung und der geforderte Verdichtungsgrad zu berücksichtigen. Die Schütthöhe und die Anzahl der Übergänge sind auf die Verdichtungswirkung des gewählten Gerätes abzustimmen.

Die Prüfung der Rohrleitungen auf Wasserdichtheit erfolgt in der Regel bei einem Prüfdruck von 0,50 bar. Durch die Prüfung wird nachgewiesen, dass weder Abwasser in das Erdreich austreten noch Grundwasser in die Rohrleitung eindringen kann. Die Prüfstrecke wird am Anfang und Ende sowie an sämtlichen Öffnungen verschlossen und die Verschlüsse gesichert (**Bild 1**). Danach wird die Leitung vom Tiefpunkt aus über einen offenen Behälter gefüllt und über ein Entlüftungsrohr am Hochpunkt entlüftet. Der Prüfdruck von 0,50 bar, vom Tiefpunkt aus gemessen, wird 60 Minuten durch Zugabe von Wasser gehalten. Danach ist der Prüfdruck weitere 15 Minuten lang zu halten und die dafür notwendige Wasserzugabe zu messen. Die Leitung gilt als wasserdicht, wenn die Wasserzugabe die zulässigen Werte nicht überschreitet.

Bild 1: Wasserdichtheitsprüfung von Abwasserleitungen

Bild 2: Bodenverdrängungsverfahren

19.2.3.7 Grabenfreier Kanalbau

Der grabenfreie Kanalbau, auch als Durchpressung bezeichnet, wird angewendet, wenn es schwierig oder unmöglich ist, Gräben herzustellen. Dies ist z.B. in dicht besiedelten und eng bebauten Gebieten der Fall oder dort, wo Verkehrswege nicht unterbrochen werden dürfen. Beim grabenfreien Kanalbau wird von einer Grube aus ein Hohlraum im Erdreich für die Abwasserleitung geschaffen. Dabei bleibt die darüber liegende Oberfläche erhalten. Diese Bauweise erfolgt nach dem Prinzip der Bodenverdrängung oder der Bodenentnahme.

Die Bodenverdrängung eignet sich wegen der begrenzten Zusammendrückbarkeit des Erdreiches nur für Hohlraumdurchmesser bis höchstens 220 mm (**Bild 2**).

Bei der Bodenentnahme unterscheidet man das Durchbohren ohne Verrohrung, mit gleichlaufender Verrohrung und mit nachlaufender Verrohrung. Durchbohrungen ohne Verrohrung können nur in stark bindigen Böden mit ausreichender Standfestigkeit ausgeführt werden. Sie sind für Kanalrohre mit höchstens DN 350 anwendbar. Durchbohrungen mit gleichlaufender Verrohrung können bei den meisten Böden ausgeführt werden. Vorgeschrieben ist dieses Verfahren unter allen Bahnstrecken und stark befahrenen Straßen. Dabei wird ein Rohr mit vorgeschalteter, steuerbarer Schneide in das Erdreich eingepresst. Als Vorpressrohre eignen sich z.B. Stahlrohre, BK-Rohre und Stahlbetonrohre. Der Bohrkopf arbeitet im Schutze des Vorpressrohres, wobei der gelöste Boden durch eine Schnecke nach hinten gefördert wird. Durchbohrungen mit nachlaufender Verrohrung werden angewendet, wenn der Boden nur eine geringe Standfestigkeit besitzt. Die Verrohrung wird laufend, der Bohrung folgend, nachgeschoben.

Für das Herstellen großer Bohrkanäle eignet sich das **Horizontalspülbohrverfahren**. Die Bohrung wird durch Lösen des Bodens mittels einer Wasser-Bentonit-Suspension unterstützt, die auch als Schmiermittel sowie zum Ausräumen und zur Stabilisierung des Bohrkanals dient. Nach einer Pilotbohrung wird der Bohrkopf durch ein Räumwerkzeug getauscht, das beim Zurückfahren den Kanal aufweitet und hinter dem das Rohr eingezogen wird.

19.2.3.8 Bauwerke im Kanalnetz

Ein Kanalnetz besteht aus einzelnen Rohrstrecken, die über Bauwerke miteinander verbunden sind. Bauwerke, wie z.B. Schächte, Entlastungsbauwerke, Abwasserhebeanlagen und Auslassbauwerke, sind für den Betrieb und die Unterhaltung notwendig. Schächte werden je nach Funktion als Kontrollschächte, Verbindungs- und Kurvenbauwerke sowie als Abstürze ausgeführt. Zu den Entlastungsbauwerken zählen Regenüberläufe mit den nachgeschalteten Regenwasserbecken (Seite 584). Bei geringen Förderhöhen und großen Fördermengen wird ungereinigtes Abwasser häufig mit Schneckenpumpen gehoben. Auslassbauwerke werden an den Ufern der Gewässer unter einem spitzen Winkel angeordnet und gewährleisten eine sichere Einleitung. Zu den Bauwerken im Kanalnetz zählen auch die Straßenabläufe. Sie dienen der Oberflächenentwässerung von Fahrbahnen und Gehwegen.

Schächte

Schächte ermöglichen den Zugang zu den erdverlegten Entwässerungsleitungen. Sie sind zur Überwachung und Reinigung des Kanalnetzes erforderlich. Außerdem dienen sie zu dessen Ent- und Belüftung sowie zur örtlichen Bestimmung des Kanals.

Kontrollschächte, auch als Einstiegschächte bezeichnet, sind bei nicht begehbaren Leitungen am Leitungsbeginn und -ende sowie bei Richtungs-, Gefälle- und Querschnittsänderungen anzuordnen. Ein Rohrstrang muss zwischen zwei Schächten geradlinig mit gleichmäßigem Gefälle verlaufen. Eine solche Rohrstrecke wird auch als Haltung bezeichnet. Begehbare Leitungen können auch bogenförmig verlaufen. Schächte sind außerdem beim Zusammentreffen von zwei oder mehreren Leitungen, nicht bei Einmündungen von Hausanschlüssen, erforderlich. Die Haltungslänge sollte bei nicht begehbaren Leitungen 50 m und bei begehbaren Leitungen 70 m bis 100 m nicht überschreiten. Haltungen sollten möglichst gleiche Längen aufweisen.

Die Verbindung zweier Haltungen mit verschiedenen Nenndurchmessern kann scheitelgleich oder sohlengleich erfolgen. Die scheitelgleiche Ausführung stellt den Regelfall dar. Dabei wird beim Übergang zur größeren Nennweite die abgehende Sohle entsprechend tiefer verlegt. Die sohlengleiche Verbindung sollte nur dann angewendet werden, wenn das Gefälle gering ist und durch die Änderung der Nennweite keine Höhe verloren gehen darf. Ergeben sich wesentliche Unterschiede zwischen Ein- und Auslaufhöhe, sind solche Schächte als Abstürze auszubilden.

Die Abmessungen der Schächte werden durch die Anzahl und die Nennweiten der ankommenden und abgehenden Rohrleitungen bestimmt. Schächte setzen sich aus dem Unterteil, dem Schaft, dem Schachthals und der Abdeckung zusammen **(Bild 1)**. Das Schachtunterteil baut auf der Sohlplatte auf und besteht aus dem Durchflussgerinne und den Anschlussstücken bzw. Einbindestutzen, die für einen gelenkigen Anschluss der Rohrleitungen notwendig sind. Gerinne werden meist bis auf Höhe des Rohrscheitels hochgeführt,

Schnitt A-A durch den Schacht

Draufsicht auf Schachtunterteil

Bild 1: Kontrollschacht aus Fertigteilen

Schnitt A-A

Grundriss

Bild 1: Verbindungsbauwerk

Abdeckung
Konus
Schachtring
Manschetten-
dichtung
Abzweig 45°
Bogen 45°
Passstück
Bogen 45°
Bogen 45°
Gelenkstück

Bild 2: Schacht mit äußerem Absturz

die beidseitig entstehenden Flächen dienen als Standflächen. Sie erhalten ein geringes Gefälle zum Gerinne hin. Die senkrecht hochgeführten Wände werden als Schaft bezeichnet. Die Mindestlichtweite eines Schachtes beträgt 1000 mm. Den Schachthals bildet der Teil des Schaftes, der sich auf einen lichten Durchmesser von 625 mm verjüngt. Steigeisen werden im Schacht alle 25 cm bzw. 33 cm so angeordnet, dass auch im Schachthals ein senkrechter Durchstieg möglich ist. Der Schacht wird nach oben hin durch eine Schachtabdeckung mit Schmutzfänger abgeschlossen. Abdeckungen werden je nach zu erwartender Verkehrslast an der Einbaustelle in Klassen eingeteilt. Zum Angleichen an die Oberfläche werden meist Ausgleichsringe verwendet.

Bei tiefen Schächten über großem Grundriss ist ein lichter Raum über der Arbeitsfläche von etwa 2,00 m Höhe auszubilden. Danach kann der Schacht in üblicher Bauweise weitergeführt werden. Kontrollschächte bei Steilstrecken sind zusätzlich zu verankern, besonders an Richtungsänderungen.

Schächte können in Ortbauweise oder mit Fertigteilen hergestellt werden. Häufig werden Schachtringe aus Fertigteilen auf einem in Ortbeton hergestellten Schachtunterteil versetzt (Seite 591). Schachtfertigteile können aus Beton oder Stahlbeton sowie aus Steinzeug oder Faserbeton sein. Fertigteilschächte aus Steinzeug haben eine fest installierte Steigleiter anstelle von Steigeisen.

Absturzschächte

Absturzschächte sind erforderlich, um größere Höhendifferenzen in einer Abwasserleitung überwinden zu können. Solche entstehen, z. B. wenn das Oberflächengefälle größer ist als das zulässige Sohlengefälle oder wenn tief liegende Nebensammler angeschlossen werden müssen.

Je nach Absturzhöhe, abzuleitender Abwassermenge, Nennweite und Sohlengefälle der ankommenden Rohrleitung ist ein Schacht mit äußerem oder ein Schacht mit innerem Absturz auszuführen. Beiden Ausführungsarten gemeinsam ist ein Gerinne mit glatter Oberfläche, in dem der Trockenwetterabfluss ungehindert abfließen kann.

Schächte mit äußerem Absturz bezeichnet man auch als Untersturzbauwerke (**Bild 2**). Sie werden in Leitungen bis etwa DN 400 eingebaut. In der Sohle der ankommenden Rohrleitung zweigt vor dem Schacht eine Fallleitung ab, durch die der Trockenwetterabfluss direkt zur Schachtsohle und damit zur abgehenden Rohrleitung geführt wird. Die ankommende Leitung wird weitergeführt und mündet in den Schacht. Von dieser Einmündung aus ist die Leitung zur Reinigung zugänglich. Die Fallleitung kann unter 45° oder 90° abgehen. Ihre Nennweite ist meist kleiner als die der Rohrleitung, jedoch sollen DN 150 bis DN 200 nicht unterschritten werden. Die vor den Schacht verlegte Fallleitung muss z. B. mit Beton ummantelt werden.

Schächte mit innerem Absturz werden bei größeren Abwassermengen, z. B. bei Rohrleitungen größer als DN 400, ausgebildet (**Bild 1**). Die Gerinnesohle wird als Parabel mit Wendepunkt ausgeformt und die Gerinnewände bis zum Scheitel hochgeführt. Sind zwischen der ankommenden und abgehenden Rohrleitung Übergänge in der Querschnittsform oder im Nenndurchmesser vorgesehen, sind diese durch Verziehung des Gerinnes vorzunehmen.

Bild 1: Schacht mit innerem Absturz

Regenüberlauf

Regenüberläufe werden bei Mischwasserkanälen angeordnet, um bei starkem Regen den Zulauf zur Kläranlage zu begrenzen (**Bild 2**). Dabei wird der Teil des verdünnten Abwassers, der über dem kritischen Mischwasserabfluss liegt, über eine Überlaufschwelle geleitet und einem Regenentlastungsbauwerk zugeführt (Seite 584). Überlaufschwellen können als

Bild 2: Regenüberlauf

ein- oder beidseitige Wehre angeordnet werden. Der Zulauf zum Regenüberlauf darf nicht schießend sein. Die Ablaufleitung soll als Drosselstrecke mit einem Mindestdurchmesser von 250 mm ausgebildet werden. Nur so ist gewährleistet, dass der Regenüberlauf bei Erreichen der kritischen Mischwassermenge wirksam wird.

Ausführungszeichnungen müssen alle Angaben enthalten, die zur Ausschreibung, Vergabe und Baudurchführung notwendig sind. Bevor sie gefertigt werden können, sind mehrere vorbereitende Planungsstufen erforderlich. Zur Baudurchführung werden meist Lagepläne, Längsschnitte sowie Ausführungszeichnungen von Einbauten in das Kanalnetz, wie z. B. von Schächten, Entlastungsbauwerken und Pumpwerken, benötigt. Auch Detailzeichnungen, wie z. B. für Anschlüsse an bestehende Leitungen, Abdichtungen bei Bauteilen im Grundwasser und Gebäudeunterfangungen, sind im Bedarfsfalle zu fertigen.

Lagepläne zeigen den Verlauf der Abwasserleitung in der Draufsicht. Sie dienen zur Absteckung der Trasse. Die Lage vorhandener und geplanter Leitungen und Schächte muss eindeutig bestimmt sein, z. B.

durch den Abstand zur Straßenachse oder durch Zuordnung zu leicht zugänglichen, unverschiebbaren Punkten in der Örtlichkeit. Außerdem muss der Lageplan Eintragungen enthalten über

- Art der Abwasserleitung, z.B. Regen-, Schmutz- oder Mischwasserleitung,
- Lage der Schächte und Länge der Haltungen,
- Bezeichnung der Schächte und deren Nummerierung in Fließrichtung,
- Baustoff, Querschnittsform und -abmessung, z.B. Nenndurchmesser bei Kreisform der Rohrleitung,
- Fließrichtung und Gefälle der Leitungen, z.B. als Neigungsverhältnis, in Promille oder in Prozent,
- Höhenlage der Rohrsohlen und Schachtdeckel bezogen auf NN und
- Untersuchungsstandorte von Bodenuntersuchungen.

Lagepläne werden je nach Größe des zu entwässernden Gebietes im Maßstab 1:1000 oder 1:500 dargestellt. Dabei werden die Angaben zur Leitungsführung durch Zeichen und Symbole ergänzt. Zeichen und Symbole für die Kanalisation sind nicht genormt und sollten daher auf jedem Lageplan in einer Zeichenerklärung angegeben werden.

Der **Längsschnitt** wird für einen Straßenzug erstellt und enthält als Archivierungsmerkmal die Straßenbezeichnung **(Bild 1)**. Im Längenmaßstab des Lageplans und im Verhältnis 1:10 überhöht, z.B. MdL = 1:1000 und MdH = 1:100, wird der höhenmäßige Verlauf der Rohrleitungen und des Geländes über einem Bezugshorizont dargestellt. Beim Trennverfahren werden meist die Schmutz- und Regenwasserleitungen in getrennten Längsschnitten dargestellt. Erfolgt die Darstellung in einer Zeichnung, wird für die Regenwasserleitung eine Strichlinie, für die Schmutzwasserleitung eine Volllinie verwendet.

Alle Angaben, die im Lageplan enthalten sind, müssen auch im Längsschnitt gleichlautend eingetragen sein. Außerdem sind Höhenangaben für Straße bzw. Gelände sowie für zu- und ablaufende Abwasserleitungen mit Straßennamen gekennzeichnet. Auch ist die Lage der Untergeschossebenen der anzuschließenden Gebäude mit Angabe der Hausnummer und die Schachttiefe einzutragen. Schächte werden nur schematisch dargestellt, ebenfalls sonstige Bauwerke, wie Abstürze, Regenüberläufe oder Pumpwerke, jedoch mit dem Hinweis auf besondere Ausführungszeichnungen.

19.2.5 Bestandspläne

Für unterirdische Leitungen und Bauwerke sind Bestandspläne erforderlich. Sie enthalten alle bei der Baudurchführung notwendig gewordenen Abweichungen von den Bauzeichnungen und stellen den tatsächlichen lage- und höhenmäßigen Verlauf der Abwasserleitung bzw. des Kanalnetzes dar. Zusätzliche, bei der Baudurchführung gewonnene Informationen, wie anstehende Bodenarten, Auffüllungen und Grundwasserstände sowie Vermaßung der Hausanschlüsse, können ergänzend eingetragen werden. Bestandspläne sind Grundlage für alle späteren Umbau- und Erweiterungsmaßnahmen

Bild 1: Längsschnitt (Ausschnitt)

19.3 Abwasserreinigung

Da der Wasservorrat in der Natur begrenzt ist, der Wasserbedarf jedoch ständig steigt, gewinnt die Abwasserreinigung zunehmend an Bedeutung. Außerdem ist die Abwasserreinigung zum Schutz und zur Sanierung der natürlichen Gewässer erforderlich.

Die Abwasserreinigung erfolgt in Kläranlagen, in denen die Selbstreinigung der natürlichen Gewässer nachgeahmt wird. Die Selbstreinigung natürlicher Gewässer erfolgt zunächst auf physikalischem Wege durch Absetzen von Stoffen, deren Dichte größer ist als die des Wassers. Organische, fäulnisfähige Schmutzstoffe werden durch biologische Vorgänge abgebaut, bei denen Mikroorganismen, vorwiegend Bakterien, die Schadstoffe aufzehren oder umwandeln.

Ist ausreichend Sauerstoff im Gewässer vorhanden, bewirken im Gewässer vorhandene **aerobe** Bakterien die Selbstreinigung. Diese oxidieren unter Aufnahme von Sauerstoff die organischen, fäulnisfähigen Verbindungen zu geruchlosen mineralischen Stoffen und bewirken damit die Reinigung des Wassers. Diesen Vorgang bezeichnet man auch als Mineralisation.

Bei ungenügendem Sauerstoffgehalt werden die Schmutzstoffe durch **anaerobe** Bakterien abgebaut. Diese reduzieren die organischen, fäulnisfähigen Verbindungen unter Abgabe von Sauerstoff, wobei sich Schwefelwasserstoff bildet und die Wasserqualität sich verschlechtert. Man spricht von stinkender Fäulnis.

Bei Gewässern, deren Sauerstoffgehalt zu gering oder die Sauerstoffaufnahme z. B. aus der Luft unzureichend ist, lässt die reinigende Wirkung der aeroben Bakterien zu Gunsten der anaeroben mehr und mehr nach und hört letztlich auf. Diesen Vorgang, der nicht mehr rückgängig gemacht werden kann, bezeichnet man als Umkippen eines Gewässers.

19.3.1 Kläranlage

Für Kläranlagen sind besondere Bauwerke und Anlagen notwendig, welche die natürlichen Reinigungsvorgänge zeitlich verkürzen und den erforderlichen Klärraum verkleinern. Die Reinigung des Abwassers erfolgt in drei Stufen, der mechanischen, der biologischen und der chemischen Reinigung. Der anfallende Schlamm wird gesondert behandelt **(Bild 1)**.

Bild 1: Kläranlage (schematisch)

Reinigungsverfahren, die auf physikalischen Vorgängen beruhen, wie z. B. Sieben, Absetzen und Aufschwimmen, werden als mechanische Reinigung bezeichnet. Bei der mechanischen Reinigung werden absetzbare oder schwimmfähige ungelöste Stoffe aus dem Abwasser entfernt. Zu den Bauwerken dieser Reinigungsstufe gehören z. B. Rechen, Sandfang, Benzin- bzw. Fettabscheider und Vorklärbecken. Bevor das Abwasser der mechanischen Reinigung zugeführt werden kann, sind weitere Bauwerke erforderlich, wie z. B. ein Notauslass und ein Pumpwerk.

Zuleitung zur Kläranlage

Die Kanalisation führt das Abwasser meist im natürlichen Gefälle der Kläranlage zu. Liegen die Kanäle so tief, dass eine Weiterleitung des Abwassers durch die Kläranlage im natürlichen Gefälle nicht möglich ist, muss das Abwasser gehoben werden. Zur Hebung von ungereinigten Abwässern eignen sich besonders Schneckenpumpen.

Bei Kläranlagen, die auch durch Regenwasser belastet werden, ist ein Notauslass erforderlich. Dieses Bauwerk ist so gestaltet, dass selbst bei sehr starken Niederschlägen nur die Menge an Abwasser der Kläranlage zufließt, für die die Anlage ausgelegt ist. Wenn kein Regenwasserbecken zwischengeschaltet ist, fließt das durch Regenwasser verdünnte Abwasser ungereinigt dem Vorfluter zu.

Rechen

Mit dem Rechen werden grobe Stoffe, wie z. B. Textilabfälle, Konservendosen, Kunststoffteile und Holzstücke zurückgehalten. Rechen werden meist in überdachte Bauwerke eingebaut. Dies ist eine wichtige Voraussetzung für einen störungsfreien Betrieb in den Wintermonaten. Je nach Stababständen unterscheidet man zwischen Grobrechen und Feinrechen. Um einer Überflutung der Rechenanlage vorzubeugen, ist ein Sicherheitsumlauf mit einem Grobrechen erforderlich (**Bild 1**). Rechen werden in der Regel maschinell von Rechengut geräumt. Nach der Art der Räumung werden Rechen z. B. als Greiferrechen, Harkenrechen oder Kammrechen bezeichnet.

Sandfang

Im Sandfang werden mineralische Feststoffe, wie Sand, Kies und Geröll, ausgeschieden (**Bild 2**). Dies ist erforderlich, da sie den Klärvorgang stören würden und ohnehin nicht weiterbehandelt werden müssen. Der Sandfang wird bautechnisch so gestaltet, dass sich eine Durchflussgeschwindigkeit des Abwassers von etwa 0,3 m/s einstellt. Bei dieser Fließgeschwindigkeit setzen sich die mineralischen Feststoffe ab, die organischen Schwebestoffe werden jedoch nicht zurückgehalten. Auch bei stark wechselnden Abwassermengen darf die Fließgeschwindigkeit nicht wesentlich über- oder unterschritten werden. Sandfänge können z. B. als Langsandfänge, Rundsandfänge und belüftete Sandfänge ausgeführt werden. Sandfänge sollen einen Sandsammelraum aufweisen, der mit einem Saugräumer ausgestattet ist. Belüftete Sandfänge sind vorteilhaft, da diese neben der Auffrischung des Abwassers zur Fäulnisverhinderung auch Leichtstoffe wie z. B. Fette und Öle zum Aufschwimmen bringen. Solche Anlagen können gleichzeitig auch als Abscheider dienen.

Bild 1: Automatischer Rechen (schematisch)

Bild 2: Belüfteter Sandfang (schematisch)

Abscheider

Im Abscheider werden alle Stoffe, die leichter als Wasser sind, z. B. Benzine, Fette und Öle, durch Aufschwimmen ausgeschieden. Deshalb ist dem Vorklärbecken ein Abscheider vorzuschalten. Der Abscheidevorgang kann durch Einblasen von Luft verbessert werden.

Vorklärbecken

Im Vorklärbecken werden absetzbare Schwebestoffe abgeschieden. Vorklärbecken sind Absetzbecken, die meist als Rechteckbecken ausgebildet werden **(Bild 1)**. Absetzbecken werden in der Regel untergliedert in den Einlaufbereich, den Absetzbereich, den Auslaufbereich, den Schlammtrichter und Einrichtungen zur Schlammräumung. Das Abwasser durchströmt das Becken horizontal in Längsrichtung. Die Fließgeschwindigkeit wird so vermindert, dass ein Absinken der Stoffteilchen auf die Beckensohle gewährleistet ist. Dabei fällt Frischschlamm an, der im Trichter des Beckens gesammelt und mittels Pumpen der Schlammbehandlung zugeführt wird. Die Schlammräumung kann z. B. mittels Schildräumer, Bandräumer oder Saugräumer erfolgen. Sie muss so erfolgen, dass der abgesetzte Schlamm nicht aufgewirbelt wird.

Bild 1: Vorklärbecken (schematisch)

19.3.1.2 Biologische Abwasserreinigung

Bei der biologischen Reinigung werden die im Abwasser befindlichen, nicht absetzbaren und gelösten organischen Stoffe mit Hilfe von Mikroorganismen abgebaut. Abwasser wird nach dem Verschmutzungsgrad beurteilt, wobei dieser meist durch den biochemischen Sauerstoffbedarf (BSB) ausgedrückt wird. Unter BSB versteht man die Menge Sauerstoff in g/m^3, die für den aeroben Abbau der organischen Stoffe im Abwasser benötigt wird. Als Messzahl für die organische Belastung des Abwassers dient in der Regel der biochemische Sauerstoffbedarf in 5 Tagen (BSB_5).

Die biologische Reinigung von Abwässern kann auf natürlich biologischem oder künstlich biologischem Wege erfolgen. Wegen des großen Flächenbedarfs bildet die natürlich biologische Reinigung, wie z. B. die Anlage von Abwasserteichen, die Ausnahme. Künstlich biologische Verfahren sind das Belebungsverfahren und das Tropfkörperverfahren.

Belebungsverfahren

Das Belebungsverfahren, auch als Belebtschlamm-Verfahren bezeichnet, erfordert Belebungsbecken und Nachklärbecken, die eine Funktionseinheit bilden.

Im Belebungsbecken, das meist als Rechteckbecken ausgebildet ist, werden die Mikroorganismen angesiedelt **(Bild 2)**. Die im Abwasser verbliebenen kolloidal gelösten organischen Stoffe dienen ihnen als Nahrung. Unter Aufnahme von Sauerstoff wird ein Teil der Schmutzstoffe mineralisiert, ein anderer Teil in körpereigene Substanz umgewandelt. Dabei bildet sich ein belebter Schlamm mit Flockenstruktur. Dem belebten Schlamm ist ausreichend Sauerstoff zuzuführen, der Beckeninhalt

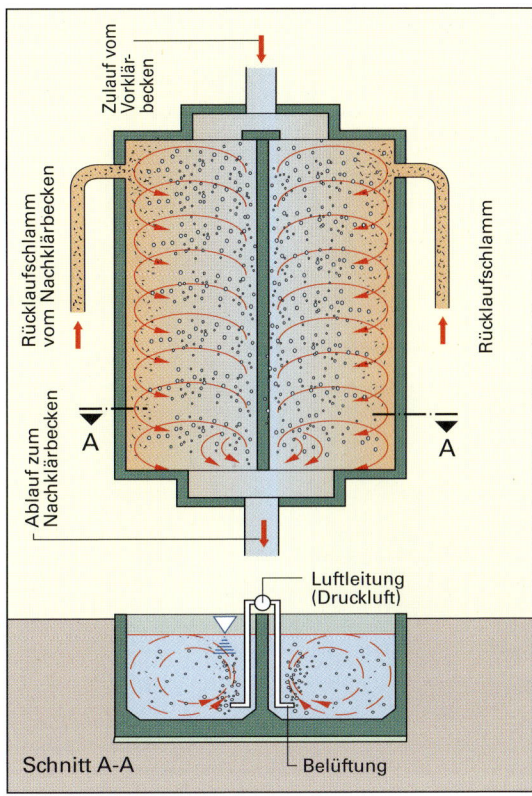

Bild 2: Belebungsbecken (schematisch)

ständig umzuwälzen, um dadurch für eine gute Durchmischung von Abwasser und belebtem Schlamm zu sorgen. Zur Regenerierung der Mikroorganismen wird abgesetzter Schlamm, der als Rücklaufschlamm bezeichnet wird, aus dem Nachklärbecken zurückgeführt. Durch die Umwälzung werden Schlammablagerungen vermieden und die Bakterien in Schwebe gehalten.

Das Eintragen des Luftsauerstoffes in das Belebungsbecken und das Umwälzen des Abwasser-Schlamm-Gemisches kann durch Oberflächenbelüfter oder durch Einblasen von Druckluft erfolgen. Die Oberflächenbelüftung geschieht durch Kreisel, Turbinen oder Bürsten und Walzen. Die Regelung der Sauerstoffzufuhr erfolgt über eine Veränderung der Drehzahl oder der Eintauchtiefe. Das Einblasen von Druckluft geschieht über gelochte Rohre im Bereich der Beckensohle.

Im **Nachklärbecken,** das meist als rundes Flachbecken ausgebildet ist, setzt sich der belebte Schlamm vom gereinigten Wasser ab und läuft über ein Gerinne ab **(Bild 1)**. Ein Teil des abgesetzten Schlammes wird in das Belebungsbecken als Rücklaufschlamm zurückgepumpt, der verbleibende Teil lagert sich als Überschussschlamm auf der flach geneigten Beckensohle ab. Mithilfe von Räumern wird der abgelagerte Schlamm in den Schlammtrichter gefördert und von dort der Schlammbehandlung zugeführt.

Bild 1: Nachklärbecken (schematisch)

Bild 3: Fällmitteldosier-einrichtung

Bild 2: Tropfkörper (schematisch)

Bild 4: Reaktionsbecken (schematisch)

Tropfkörperverfahren

Beim Tropfkörperverfahren sind im Gegensatz zum Belebungsverfahren die Mikroorganismen nicht frei schwebend im Abwasser, sondern auf einer festen Oberfläche, dem Tropfkörper, als biologischer Rasen angesiedelt **(Bild 2)**. Der Tropfkörper besteht meist aus einem grobkörnigen, porösen Material, z.B. aus wetterfestem Gesteinsschotter, Koksschlacke, Lavaschlacke oder aus Kunststoffplatten. Das Füllmaterial wird in einem oben offenen, runden Behälter über dem Belüftungsboden aufgeschichtet. Mit einem Drehsprenger wird das mechanisch vorgereinigte Abwasser über dem biologischen Rasen, auf die die biologische Reinigung stattfindet, versprüht. Der notwendige Luftsauerstoff wird von der Oberfläche des Tropfkörpers aufgenommen bzw. über den Belüftungsboden von unten an den biologischen Rasen herangeführt. Hat der Bakterienrasen eine bestimmte Dicke, reicht die Spülkraft des abfließenden Wassers aus, Schlammflocken und Rasenteile in das Nachklärbecken abzuleiten. Das Nachklärbecken dient hier als Absetzbecken. Das Tropfkörperverfahren hat den Nachteil, dass unterschiedliche Abwassermengen und Schwankungen im Verschmutzungsgrad den Reinigungsvorgang erschweren.

19.3.1.3 Chemische Abwasserreinigung

Abwasser, das in mechanisch-biologischen Kläranlagen gereinigt wurde, enthält Restverschmutzungen, die den Vorfluter belasten würden. Meist sind es gelöste organische Stoffe, die biologisch schwer oder gar nicht abbaubar sind, und Mineralstoffe, vor allem Stickstoff- und Phosphorverbindungen. Mineralstoffe begünstigen das Wachstum von Wasserpflanzen. Übermäßiger Pflanzenbewuchs vermindert jedoch den Sauerstoffgehalt des Wasser und damit die Wasserqualität. Deshalb wird mechanisch-biologisch gereinigtes Abwasser durch physikalisch-chemische Verfahren nachbehandelt. Die meisten Restverschmutzungen lassen sich mit chemischen Mitteln abbauen. Diese Nachbehandlung, als 3. Reinigungsstufe bezeichnet, wird z.B. durch Zugabe eines Fällungsmittels in einem Reaktionsbecken, welches dem Nachklärbecken nachgeschaltet ist, erreicht (**Bild 3** und **Bild 4,** Seite 598).

19.3.1.4 Schlammbehandlung

Bei der mechanischen Abwasserreinigung fällt im Vorklärbecken und bei der biologischen Abwasserreinigung im Nachklärbecken Schlamm an, der als Rohschlamm bezeichnet wird. Der Rohschlamm hat eine graue bis graugelbe Farbe, einen fäkalen Geruch und weist einen Wassergehalt von etwa 98% auf.

Klärschlamm kann einer natürlichen oder einer künstlichen Schlammbehandlung zugeführt werden. Natürliche Verfahren sind z.B. Schlammentwässerung auf Schlammtrockenplätzen und die Einleitung in Schlammteiche. Wegen des großem Flächenbedarfes bei der natürlichen Schlammbehandlung wird die künstliche Schlammbehandlung bevorzugt angewendet.

Künstliche Schlammbehandlung

Bei der künstliche Schlammbehandlung gilt es, das Schlammvolumen durch Verminderung des Wassergehaltes zu verringern, den Schlamm auszufaulen und ihn für eine Nutzung aufzubereiten oder zu entsorgen.

Die Schlammeindickung erfolgt meist in einem zylindrischen Behälter, der als Voreindicker bezeichnet wird (**Bild 1**). Seine Aufgabe ist es, den Rohschlamm zu entwässern, d.h., das Ballastwasser abzutrennen. Bei Abnahme des Wassergehaltes z.B. von 98% auf 95% verringert sich das Schlammvolumen von 100% auf 50%. Nach Befüllung des Eindickers mit Rohschlamm setzt sich durch die Schwerkraft der Dickschlamm im unteren Teil des Behälters ab. Das Schlammwasser verbleibt im oberen Teil. Der Absetzvorgang kann durch Zuschalten eines Rührwerkes unterstützt bzw. beschleunigt werden. Der Dickschlamm wird der weiteren Schlammbehandlung, das Schlammwasser in der Regel dem Belebungsbecken zugeführt.

Die Schlammwasserabtrennung kann auch z.B. mit Vakuumfiltern durch Saugdruck, Druckfiltern mit Staudruck oder mittels Zentrifugen erfolgen. Durch die Zugabe von chemischen Mitteln, Kalk oder Asche, kann der Entwässerungsvorgang verbessert werden. Dies bezeichnet man als Konditionierung. Der eingedickte Schlamm wird meist durch Schlammfaulung weiterbehandelt.

Die Schlammfaulung erfolgt in großen, geschlossenen Behältern, den Faulbehältern, die das Bild vieler Kläranlagen prägen (**Bild 2**). Der Rohschlamm beginnt sehr schnell zu faulen. Dabei läuft ein biochemischer Prozess ab, bei dem anaerobe Bakterien ohne Zufuhr von Luftsauerstoff die Zersetzung der organischen Stoffe bewirken. Hierbei wird Faulgas frei, das zu etwa 70% aus Methan besteht und einen hohem Heizwert besitzt. Faulbehälter werden

Bild 1: Schlammeindicker (schematisch)

Bild 2: Schlammfaulbehälter (schematisch)

beheizt, da für die Bakterien bei einer Temperatur von 30°C bis 35°C die Lebensbedingungen am günstigsten sind. Die Faulzeit einer Behälterfüllung beträgt dann etwa 25 Tage bis 30 Tage, bei einer Temperatur von 8 °C etwa 120 Tage. Damit der Faulprozess störungsfrei ablaufen kann, ist eine Umwälzung und eine Durchmischung des Schlammes sowie eine regelmäßige Entnahme des Schwimmschlammes und der Abzug des Faulwassers notwendig.

Faulschlamm wird zur Verminderung des Wassergehaltes in Nacheindickern, Kammerfilterpressen oder Zentrifugen ohne und mit Konditionierung weiterbehandelt. Danach wird er auf die Mülldeponie verbracht oder durch Verbrennung (Veraschung) entsorgt.

Gasbehälter sind bei Kläranlagen dann erforderlich, wenn die Faulgasmenge so groß ist, dass sie z.B. zur Beheizung der Faulbehälter oder der Betriebsgebäude ausreicht. Das Gas wird in Behältern aus Stahl oder Stahlbeton gelagert und somit ein gleichmäßiger Versorgungsdruck der angeschlossenen Anlagen gewährleistet. Überschussgas wird in der Regel abgefackelt.

Bild 1: Schaltanlage

Bild 2: Labor

19.3.1.5 Betriebsanlagen

Zum Betrieb einer Kläranlage sind außer den eigentlichen Kläreinrichtungen weitere bauliche Anlagen erforderlich.

Betriebsgebäude sind notwendig, um z.B. die Anlagensteuerung, Kontrollmess- und Schaltwarte, Labors, Büros, Aufenthaltsräume sowie Sanitär- und Umkleideräume unterzubringen. In der Schaltwarte ist in der Regel die Gesamtanlage mit optisch anzeigender Lauf- und Störmeldung installiert (**Bild 1**). Ein Prozessrechner erfasst, speichert und protokolliert sämtliche Messdaten und Betriebszustände, wie z.B. Abwassermenge im Zu- und Ablauf, Abwasser- und Lufttemperatur, Frischschlammmenge und Energieverbrauch. Im Labor werden Untersuchungen, Messungen und Analysen durchgeführt, wie z.B. Bestimmung des BSB_5 der absetzbaren Stoffe, der Trockensubstanz und der Schwermetallverbindungen (**Bild 2**). Automatisch arbeitende Probenahmegeräte im Zulauf zur biologischen Stufe und im Ablauf des Nachklärbeckens dienen zur Entnahme von Wasserproben (**Bild 3**).

Bei der Planung einer Kläranlage ist z.B. von den Anschlusswerten, Einwohner-Gleichwerten, der Lage zum Vorfluter und der verfügbaren Grundstücksform und -fläche auszugehen. Eine harmonische Einbindung in Landschaft und Umgebung ist ebenso wichtig wie eine gute Verkehrserschließung, besonders dann, wenn der Klärschlamm z.B. zur Mülldeponie oder zur Verbrennungsanlage befördert werden muss.

Die Einleitung des geklärten Wassers in den Vorfluter muss auch bei Hochwasser gewährleistet sein. Dazu kann es notwendig werden, das Wasser beispielsweise mit Schneckenpumpen zu heben. Durch besondere Maßnahmen des Hochwasserschutzes ist das Gelände der Kläranlage vor Überflutung zu schützen.

mechanisch gereinigtes Abwasser

biologisch gereinigtes Abwasser

Rohabwasser

belebter Schlamm

Bild 3: Proben von Abwasser bis zum gereinigten Abwasser

Ist die Wasserentsorgung eines Gebäudes durch Anschluss an die öffentliche Kanalisation nicht möglich, muss die Reinigung der meist häuslichen Abwässer vor Ort, z. B. in Kleinkläranlagen nach DIN EN 12566-1, erfolgen. Bei Kleinkläranlagen unterscheidet man zwischen Anlagen ohne und mit Abwasserbelüftung. Oberflächenwasser, z. B. Regenwasser, darf nicht in diese Anlagen eingeleitet werden. Kläranlagen sind regelmäßig zu entleeren, müssen wasserdicht sein und ausreichend über Dach be- und entlüftet werden. Kleinkläranlagen werden häufig aus Stahlbetonfertigteilen hergestellt und betriebsfertig eingebaut. Anlagen aus Fertigteilen müssen mit einem Prüfzeichen versehen sein, das vom Institut für Bautechnik in Berlin erteilt wird. Kleinkläranlagen als Bestandteil der Grundstücksentwässerung sind genehmigungspflichtig.

Kleinkläranlagen ohne Abwasserbelüftung werden nur noch dann zugelassen, wenn der Anschluss an eine kommunale Kläranlage geplant ist. Dabei kommen überwiegend Mehrkammergruben und Mehrkammerausfaulgruben mit nachgeschalteter Untergrundverrieselung zur Anwendung. Sie bestehen in der Regel aus drei Kammern, die durch Überläufe miteinander verbunden sind (**Bild 1**). Durch diese Anordnung verringern sie die Fließgeschwindigkeit der Abwässer, wodurch sich die Schwebestoffe absetzen können.

Kleinkläranlagen mit Abwasserbelüftung müssen den Bau- und Prüfgrundsätzen des Instituts für Bautechnik in Berlin genügen. Vorwiegend kommen Belebungs- und Tropfkörperanlagen zur Anwendung, bei denen das Abwasser mechanisch-biologisch gereinigt wird.

Dem Stand der Technik entsprechen Kleinkläranlagen mit Membrantechnologie. Sie eignen sich für Anschlusswerte zwischen 4 und 500 Einwohnern, haben ein bauaufsichtliche Zulassung und sind genehmigungsfähig. Die Kombination aus mechanischer, biologischer und physikalischer Abwasserreinigung ermöglicht, auch stark verschmutztes häusliches Abwasser wirtschaftlich so zu reinigen, dass es zur Wiederverwendung, z. B. in der Toilettenspülung und zur Gartenbewässerung, geeignet ist.

Das mechanisch vorgereinigte Abwasser fließt in das Belebungsbecken mit integrierter Membraneinheit und wird nach dem Belebtschlammverfahren (Seite 597) gereinigt. Wasser und Belebtschlamm werden anschließend durch Membranfiltration voneinander getrennt. Zur Versorgung der Mikroorganismen mit Sauerstoff und um eine Verstopfung der Membran durch die zurückgehaltenen Stoffe zu verhindern, wird ein Gemisch aus Wasser und Luftblasen über die Membranoberfläche geführt (Crossflow-Verfahren). Die dabei entstehenden Kräfte reinigen ständig die Membranoberfläche und gewährleisten eine stabile Filtrationsleistung. Das biologisch gereinigte Wasser wird mittels einer Pumpe mit geringem Unterdruck durch die Membran gesaugt. Es erreicht eine Qualität, welche die Richtwerte der EU-Badegewässerrichtlinien erfüllt.

Bild 1: Fertigteil-Kleinkläranlage (schematisch)

Aufgaben

1 Erläutern Sie, warum die Größe der Wasserschutzgebiete von der Durchlässigkeit des anstehenden Bodens abhängig ist.

2 Unterscheiden Sie Bohrbrunnen und Horizontalfilterbrunnen hinsichtlich ihrer Ausführung und Anwendungsgebiete.

3 Begründen Sie die Notwendigkeit der Wasserspeicherung für die Deckung des Wasserbedarfs eines Versorgungsgebietes.

4 Unterscheiden Sie die Rohrnetze nach der Anordnung der Hauptleitungen und den dadurch bedingten hydraulischen Verhältnissen.

5 Begründen Sie, warum Abwässer nicht ungereinigt in einen Vorfluter eingeleitet werden dürfen.

6 Geben Sie an, bei welchen Klärprozessen Bakterien mitwirken und unter welchen Lebensbedingungen diese ihren besten Wirkungsgrad erreichen.

7 Erläutern Sie die Funktion eines Sandfangs und geben Sie an, warum dabei eine bestimmte Fließgeschwindigkeit erforderlich ist.

8 Beschreiben Sie die Vorgänge, die bei der Schlammfaulung ablaufen, und begründen Sie, warum diese nicht in einem offenen Behälter stattfinden dürfen.

Straßen sind Verkehrswege, die dem Transport von Personen und Gütern dienen. Sie sind Teil des Verkehrswesens, das außerdem noch die Bereiche Schienen-, Schifffahrts- und Flugverkehr umfasst. Die verschiedenen Verkehrswege sind miteinander verknüpft und bilden zusammen das Verkehrswegenetz.

20.1 Straßennetz

Öffentliche Straßen sind an Knotenpunkten, wie Anschlussstellen, Kreuzungen und Einmündungen, miteinander verknüpft. In ihrer Gesamtheit bilden sie das Straßennetz (**Bild 1**). Entsprechend ihrer Bedeutung im Straßennetz wird unterschieden in Bundesautobahnen, Bundesstraßen, Landesstraßen, Kreisstraßen und Gemeindestraßen. In Bayern und Sachsen werden die Landesstraßen Staatsstraßen genannt. **Bundesautobahnen (A)** und **Bundesstraßen (B)** werden auch als Bundesfernstraßen bezeichnet. **Landesstraßen (L)** dienen dem Durchgangsverkehr des jeweiligen Bundeslandes, **Kreisstraßen (K)** nehmen überwiegend den Verkehr der jeweiligen Landkreise auf. Bundesautobahnen, Bundesstraßen, Landesstraßen und Kreisstraßen bilden zusammen das Netz der überörtlichen Straßen. Das örtliche Straßennetz wird durch die **Gemeindestraßen** gebildet. Diese können je nach ihrer Verkehrsfunktion in Gemeindeverbindungsstraßen, Ortsstraßen und Sonstige Gemeindestraßen eingeteilt werden. Gemeindeverbindungsstraßen verlaufen außerhalb geschlossener Ortschaften und dienen dem Verkehr zwischen benachbarten Gemeinden und Gemeindeteilen. Ortsstraßen dienen dem Verkehr innerhalb der geschlossenen Ortschaften. Ortsdurchfahrten von Bundes-, Landes- und Kreisstraßen sind keine Ortsstraßen. Unter den Sonstigen Gemeindestraßen werden alle weiteren Verkehrswege zusammengefasst wie z. B. land- und forstwirtschaftliche Wege und nicht straßenbegleitende Geh- und Radwege.

Anschluss-stelle
A81
L1145
B10
Kreuzung
Einmündung
OD
K1665
Ortsstraße
Gemeindever-bindungsstraße
K1656
OD

Bild 1: Straßennetz

20.2 Straßenbaulastträger

Für den Bau, die Unterhaltung, Erneuerung und Instandsetzung der Straßen ist der jeweilige Straßenbaulastträger verantwortlich (**Tabelle 1**). Der Straßenbaulastträger hat dafür Sorge zu tragen, dass das in seiner Zuständigkeit liegende Straßennetz dem regelmäßig auftretenden Verkehrsbedürfnis entspricht. Die Straßenbaulast bei Ortsdurchfahrten (OD) überörtlicher Straßen ist in Abhängigkeit der Einwohnerzahl, länderweise unterschiedlich, geregelt.

Tabelle 1: Straßenbaulastträger

Straßenart		Baulastträger
Bundesautobahnen	A	Bundesrepublik Deutschland
Bundesstraßen	B	
Landesstraßen	L	Bundesländer
Kreisstraßen	K	Landkreise
Stadtstraßen		Städte
Gemeindestraßen		Gemeinden

20.3 Einteilung der Straßen

Entsprechend ihrer Verkehrsbedeutung und ihrer Verbindungsfunktion im Straßennetz werden Straßen in Kategoriengruppen unterteilt (**Tabelle 1,** Seite 603). Unterschieden wird zwischen Straßen außerhalb und innerhalb bebauter Gebiete, zwischen anbaufreien und angebauten Straßen und der Verbindungsfunktion der Straße. Bei Straßen außerhalb bebauter Gebiete spricht man auch von der freien Strecke. Je nach Einstufung in eine Straßenkategorie ergeben sich unterschiedliche Anforderungen an die Planung einer Straße. Es müssen z. B. die Fahrbahnbreiten, die Kurvenmindestradien oder auch die Höchstlängsneigungen auf die Straßenkategorie abgestimmt sein. Dadurch wird gewährleistet, dass Straßen mit gleicher Kategorie im Straßennetz auch den gleichen Ausbaustandard haben.

Tabelle 1: Straßenkategorien nach den Richtlinien für Integrierte Netzgestaltung (RIN)

Verbindungs-funktionsstufe	Kategoriengruppe	Autobahnen AS	Landstraßen LS	anbaufreie Hauptverkehrs-straßen VS	angebaute Hauptverkehrs-straßen HS	Erschließungs-straßen ES
kontinental	0	AS 0		–	–	–
großräumig	I	AS I	LS I = EKL 1		–	–
überregional	II	AS II	LS II = EKL 2	VS II		–
regional	III	–	LS III = EKL 3	VS III	HS III	
nahräumig	IV	–	LS IV = EKL 4	–	HS IV	ES IV
kleinräumig	V	–	LS V	–	–	ES V

AS I	unproblematisch, Bezeichnung der Kategorie
(grau)	problematisch aufgrund von Konflikten aus Funktionsüberlagerungen
–	nicht vorkommend oder nicht vertretbar

Der Entwurf der Straßen erfolgt auf der Grundlage unterschiedlicher Richtlinien:

(blau)	Richtlinien für die Anlage von Autobahnen (**RAA**, Ausgabe 2008)
(grün)	Richtlinien für die Anlage von Landstraßen (**RAL**, Ausgabe 2012)
(beige)	Richtlinien für die Anlage von Stadtstraßen (**RASt 06**)

EKL — Den Straßenkategorien LS I bis LS IV werden Entwurfsklassen zugeordnet (**EKL**)

Die **RAL** können für den Entwurf von Bundes-, Landes-, Staats-, Kreis- oder Gemeindestraßen angewendet werden. Eine wichtige Kenngröße ist der **d**urchschnittliche **t**ägliche **V**erkehr (**DTV**) in 24 h.

Tabelle 2: Entwurfsklassen nach RAL und grundsätzliche Gestaltungsmerkmale

Entwurfs-klasse	Planerisch angemessene Geschwindig-keit in km/h	Betriebsform	Verkehrs-belastung (DTV in 24 h)	Querschnitt RQ in m	Führung des Radverkehrs	Führung im Knotenpunkt
EKL 1	110	Kraftfahrstraße	bis 20.000	15,5	straßen-unabhängig	
EKL 2	100	allg. Verkehr mit Überhol-fahrstreifen	bis 17.000	15,0	straßen-unabhängig oder fahrbahn-begleitend	
EKL 2	100	allg. Verkehr ohne Überhol-fahrstreifen	bis 17.000	11,5	straßen-unabhängig oder fahrbahn-begleitend	
EKL 3	90	allg. Verkehr	bis 15.000	11,0	fahrbahn-begleitend oder auf der Fahrbahn	
EKL 3	90	allg. Verkehr	bis 5.000	10,0	fahrbahn-begleitend oder auf der Fahrbahn	
EKL 4	70	allg. Verkehr	bis 3.000	9,0	auf der Fahrbahn	

20.4 Knotenpunkte

Bei der Ausbildung von Knotenpunkten im öffentlichen Straßennetz ist die Verträglichkeit der Entwurfs-klassen (EKL) der an der Verknüpfung beteiligten Straßen eine wichtige Grundvoraussetzung. Für Straßen einer bestimmten Entwurfsklasse sind in der Regel nur bestimmte Knotenpunktarten vorgesehen. In begründeten Ausnahmefällen, zum Beispiel aufgrund von speziellen verkehrlichen Erfordernissen oder örtlichen Gegebenheiten, kann die Wahl einer abweichenden Knotenpunktform jedoch zweckmäßiger sein.

Knotenpunkte werden nach der **baulichen Grundform** und der **Betriebsform** unterschieden. Die bauliche Grundform wird bestimmt von der Führung der Verkehrsströme im Knotenpunkt. Mögliche Grundformen sind **plangleich, teilplangleich/teilplanfrei** oder auch **planfrei**. Eine besondere Grundform stellt der **Kreisverkehr** dar. Die Betriebsform regelt die Vorfahrtsregelung im Knotenpunkt. Dies kann mittels Verkehrszeichen oder auch durch eine Lichtsignalanlage geschehen.

20.4.1 Anforderungen

Knotenpunkte sollen in ihrer Ausgestaltung eine sichere Führung der durchfahrenden, der ein- und abbiegenden sowie der querenden Verkehrsströme gewährleisten. Hierfür sind die Faktoren **Erkennbarkeit**, **Übersichtlichkeit** und **Begreifbarkeit** der Verkehrsführung und Vorfahrtsregelung von entscheidender Bedeutung. Eine frühzeitige Erkennbarkeit wird erreicht, wenn Knotenpunkte nicht in Kuppen-, sondern in Wannenlage angeordnet werden. Auch ankündigende Verkehrszeichen, Leiteinrichtungen oder eine auf den Knotenpunkt hinweisende Gestaltung des Seitenraums kann die frühe Erkennbarkeit verbessern. Für eine möglichst gute Übersichtlichkeit und Begreifbarkeit im Knotenpunkt sollten ausreichend große Flächen und gute Sichtverhältnisse vorhanden sein. Anhand der Richtung und der Stärke der zu verknüpfenden Verkehrsströme wird die Funktionalität eines Knotenpunktes beim Neu- oder Umbau bereits im Rahmen der Planung rechnerisch nachgewiesen. Hierbei spielt auch die erreichbare **Verkehrsqualität**, d.h. möglichst geringe Wartezeiten, eine wichtige Rolle.

20.4.2 Grundformen

Ein **plangleicher Knotenpunkt** ist aus baulicher Sicht die einfachste Grundform eines Knotenpunkts. Er verbindet zwei Straßen auf einer gemeinsamen Ebene. Die Vorfahrtsregelung erfolgt dabei mit Verkehrszeichen oder durch eine Lichtsignalanlage.

Die Verknüpfung von Straßen auf unterschiedlichen Ebenen erfolgt über **planfreie Knotenpunkte**. Zur Anwendung kommt diese Grundform, wenn eine Straße der EKL 1 mit einer Autobahn oder mit einer anderen Straße der EKL 1 verbunden wird (**Tabelle 1**, Seite 605). Der Wechsel von einer Straße auf die andere erfolgt über durchgehende Verbindungsrampen. Für die Einordnung in den fließenden Verkehr sind Verflechtungsbereiche vorgesehen, in denen der durchgehende Verkehr vorfahrtberechtigt ist.

Zusätzliche Varianten der planfreien Verbindung von Straßen sind der **teilplangleiche** und der **teilplanfreie Knotenpunkt**. Diese Grundformen verbinden ebenfalls zwei Straßen in unterschiedlichen Ebenen und der Wechsel zwischen den Straßen erfolgt über Rampen. Bei der **teilplangleichen** Verbindung schließen die Rampen jedoch jeweils mit einem plangleichen Teilknotenpunkt an die zu verknüpfenden Straßen an. Der Anschluss an eine Straße der EKL 2 muss dabei aus Sicherheitsgründen grundsätzlich durch eine Lichtsignalanlage geregelt werden. Bei der **teilplanfreien** Verbindung erfolgt der Anschluss an die untergeordnete Straße durch vorfahrtsgeregelte Einmündungen. Diese Einmündungen können durch Verkehrszeichen oder mittels Lichtsignalanlage geregelt werden. Auch die Anordnung eines Kreisverkehrs ist möglich.

20.4.3 Kreisverkehre

Kreisverkehre stellen eine Sonderform des planfreien Knotenpunkts ohne Lichtsignalanlage dar. Diese Form der Verknüpfung ist besonders geeignet, wenn die Verkehrsstärken der beteiligten Straßen ungefähr gleich groß sind. Im Kreisverkehr ist in der Regel die Kreisfahrbahn bevorrechtigt. Die Vorfahrtsregelung erfolgt durch Verkehrszeichen, in Ausnahmefällen auch mittels einer Lichtsignalanlage. Die Mittelinsel eines Kreisverkehrs ist in der Regel nicht überfahrbar. Ausnahmen bilden Kreisverkehre, bei denen die Mittelinsel von Bussen oder Schwerlastverkehr überfahren werden.

Unter der vorgesehenen Verkehrsbelastung stellt ein Kreisverkehr eine sehr leistungsfähige Knotenpunkt-form dar, weil vor allem in verkehrsarmen Zeiten keine unnötigen Wartezeiten entstehen. Bei Bedarf kön-nen zur Erhöhung der Leistungsfähigkeit baulich getrennte Abbiegefahrbahnen (Bypass) oder zusätzliche Fahrspuren auf der Kreisfahrbahn angeboten werden. Gegenüber einer plangleichen Einmündung oder Kreuzung besitzt ein Kreisverkehr eine sehr simple Vorfahrtsregelung mit einer nur sehr geringen Anzahl möglicher Konfliktpunkte **(Bild 1)**. Für eine gute Erkennbarkeit und Übersichtlichkeit sind der Außendurch-messer des Kreisverkehrs und die Breite der Kreisfahrbahn ausreichend groß zu bemessen. Die Kreisver-kehrsinsel soll überhöht ausgebildet werden, so dass diese vom Verkehr bereits früh wahrgenommen wird.

Tabelle 1: Regeleinsatzbereiche von Knotenpunktarten und zugehörige Vorfahrtsberechtigung nach RAL

untergeordnete Straße \ übergeordnete Straße	EKL 1	EKL 2	EKL 3	EKL 4
EKL 1	planfrei planfrei	Legende: — Lichtsignalanlage mit Linksabbiegerschutz — Einsatz der Lichtsignalanlage prüfen — Die übergeordnete Straße ist senkrecht dargestellt. Die vorfahrtberechtigte Straße ist als Breitstrich dargestellt.		
EKL 2	teilplanfrei planfrei	teilplangleich plangleich		
EKL 3	teilplanfrei teilplanfrei teilplanfrei	teilplangleich teilplangleich plangleich	plangleich Kreisverkehr plangleich Kreisverkehr	
EKL 4	Nicht zu vertreten	Nicht zu empfehlen *	plangleich Kreisverkehr plangleich Kreisverkehr	plangleich plangleich

* Wenn in zu begründenden Ausnahmefällen eine Straße der EKL 4 angeschlossen werden muss, so ist der Anschluss wie der einer Straße der EKL 3 auszubilden.

Konfliktpunkte an einem Kreisverkehr

Konfliktpunkte an einer plangleichen Kreuzung

Bild 1: Konfliktpunkte an Knotenpunkten nach dem Merkblatt für die Anlage von Kreisverkehren

Bild 1: Planungs- und Entwurfsstufen

Bedarfsplanung
Vorplanung
Entwurfsplanung
Genehmigungsplanung
Ausführungsplanung

20.5 Ablauf einer Straßenplanung

Die Notwendigkeit von Straßenneu- und -umbaumaßnahmen wird durch die zuständigen Behörden ermittelt, in Bedarfs- und Ausbauplänen dargestellt und schließlich eine Planung in unterschiedlichen Entwurfsstufen erstellt (**Bild 1**). Dabei ist das Straßenbauprojekt so zu beschreiben, dass eine Beurteilung der Baumaßnahme in technischer, umweltverträglicher, wirtschaftlicher und rechtlicher Hinsicht möglich ist. Die Planung von Straßenkategorien LS 1 bis LS 4 erfolgt auf der Grundlage der **R**ichtlinien für die **A**nlage von **L**andstraßen (**RAL**).

20.5.1 Vorplanung (Linienentwurf)

Zur Aufstellung der Vorplanung sind zuerst die Rahmenbedingungen zu erheben, die im Planungsraum vorliegen. Dies können z. B. Vorgaben aus Flächennutzungsplänen sein, aber auch Verkehrsprognosen, sowie geologische und topografische Verhältnisse. In einer Umweltverträglichkeitsstudie (UVS) wird geprüft, in welchen Bereichen des Planungsraumes ein Straßenbauprojekt aus der Sicht des Natur-, Landschafts- und Artenschutzes vertretbar ist. Dabei werden unter anderem auch die Auswirkungen des Straßenbauvorhabens auf das Oberflächenwasser und Grundwasser geprüft. Die durch den Verkehr entstehenden Emissionen wie Lärm und Abgas werden in die Prüfung mit einbezogen. Die erstellten Planunterlagen werden zusammen mit der Umweltverträglichkeitsstudie und einem Erläuterungsbericht den Behörden und Verbänden, den Trägern öffentlicher Belange, vorgestellt. Gegebenenfalls ist ein Raumordnungsverfahren durchzuführen. Die Vorplanung wird mit der Feststellung der Straßenführung, der Linienbestimmung, abgeschlossen.

20.5.2 Entwurfsplanung (Vorentwurf, Genehmigungsentwurf)

Im Vorentwurf wird die gewählte Linie entsprechend den Richtlinien für die Gestaltung von einheitlichen Entwurfsunterlagen im Straßenbau (**RE**) ausgearbeitet. Außer der Beschreibung der Straße durch Pläne und dem Erläuterungsbericht werden genaue Angaben über Immissionen (Lärm, Abgas) gemacht und die Kosten der Maßnahme ermittelt. In einem Landschaftspflegerischen Begleitplan (LBP) werden die Eingriffe und deren Auswirkung auf Natur und Landschaft genauer untersucht. Sind die Eingriffe schwerwiegend, werden Ersatz- und Ausgleichsmaßnahmen genannt. Der Vorentwurf wird nach Prüfung durch die übergeordnete Behörde genehmigt, die ermittelten Kosten in Haushaltspläne aufgenommen.

20.5.3 Genehmigungsplanung (Planfeststellung)

Mit dem Feststellungsentwurf wird das **Planfeststellungsverfahren** eingeleitet. Dabei werden die Pläne nochmals den Trägern öffentlicher Belange zur Stellungnahme vorgelegt. Gleichzeitig wird die Planung öffentlich ausgelegt, wobei die betroffenen Bürger Gelegenheit haben, die Planung anzusehen und ihre Einwände vorzubringen. In der Erörterungsverhandlung werden alle Einwände gegen die Planung vorgetragen. Schließlich ergeht der Planfeststellungsbeschluss. Wird gegen den Planfeststellungsbeschluss geklagt, entscheiden die Verwaltungsgerichte. Nach Abschluss des Planfeststellungsverfahrens wird die **Ausführungsplanung** erstellt.

20.6 Linienführung der Straße

Der Verlauf der Straße in Grund- und Aufriss wird unter Verwendung von geometrischen Elementen so ausgebildet, dass er den verkehrs- und sicherheitstechnischen Erfordernissen entspricht. Dabei wird in der Fahrbahnachse eine aufeinander abgestimmte Linienfolge unter Verwendung von Geraden, Kreisbögen und Übergangsbögen festgelegt. Diesen Vorgang nennt man Trassieren, die festgelegte Achse nennt man Trasse. In den Richtlinien, z. B. den **RAL,** werden Grund- und Richtwerte genannt, die bei der Trassierung zu berücksichtigen sind. Ein wichtiger Faktor zur Bestimmung der Grund- und Richtwerte ist die Entwurfsklasse. Den Entwurfsklassen sind Grund- und Richtwerte zugeordnet, wie z. B. Kurvenmindestradien, Höchstlängsneigungen und Kuppenmindesthalbmesser. Die Querneigungen der Fahrbahnen werden entsprechend den Kurvenradien bemessen.

Der Entwurf der Straße erfolgt unter zu Hilfenahme geeigneter CAD-Programme. Mitunter kann aber auch ein grafischer Grobentwurf von Nutzen sein.

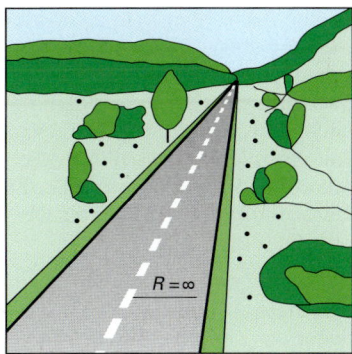

Bild 1: Gerade

20.7 Lageplan

Elemente der Trasse im Lageplan sind Geraden, Kreisbögen und Übergangsbögen (**Bild 1,** Seite 610).

20.7.1 Geraden

Die einfachste und kürzeste Verbindung zweier Punkte ist die Gerade. Sie kann als Entwurfselement im Grundriss von Vorteil sein, z. B. in der Ebene und in weiten Tälern **(Bild 1)**. Nachteile von langen, geraden Straßen sind, dass sie zu erhöhter Geschwindigkeit verleiten, das Abschätzen von Entfernungen und Geschwindigkeiten anderer Fahrzeuge erschweren, eine erhöhte Blendgefahr bei Nacht bewirken und sich in hügeligem Gelände nur schwer an die Struktur der Landschaft anpassen lassen.

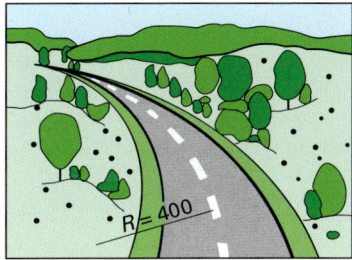

Bild 2: Kreisbogen

20.7.2 Kreisbögen

Um eine der Landschaft und den topografischen Bedingungen besser angepasste Linie zu erhalten, werden beim Straßenentwurf Kreisbögen verwendet **(Bild 2)**. Die Krümmung des Kreisbogens wird bestimmt durch den Radius R. Bei der Trassierung der freien Strecke sollen Radien nur so groß gewählt werden, dass die entstehende Trasse sich harmonisch in das Landschaftsbild einfügt. Oftmals lassen auch vorhandene Zwangspunkte, wie z. B. Gebäude oder andere Verkehrswege, größere Radien nicht zu. Aus fahrdynamischen Gründen sollten jedoch bei der Trassierung der freien Strecke bestimmte Mindestradien nicht unterschritten werden (**Tabelle 1,** Seite 608). Die Mindestradien sind abhängig von der Entwurfsklasse. Um die Radien im Lageplan darstellen zu können, verwendet man beim grafischen Entwurf Kreisbogenlineale **(Bild 3)**.

Bild 3: Kreisbogenlineal

Der auf dem Kreisbogenlineal angegebene Radius bezieht sich auf eine Darstellung im Maßstab 1 : 1000. Daher ist bei der Trassierung in anderen Maßstäben eine Umrechnung erforderlich. Ist z. B. ein Kreisbogen mit dem Radius $R = 200$ im Maßstab 1 : 500 zu zeichnen, ist das Kreisbogenlineal mit dem Radius $R = 400$ zu wählen.

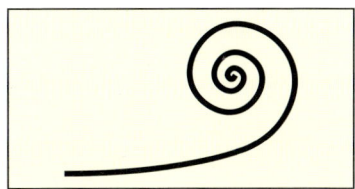

Bild 4: Klotoide

20.7.3 Übergangsbögen

Bei der Fahrt mit einem Kraftfahrzeug auf einer geraden Straße kann der Lenkeinschlag ohne Veränderung beibehalten werden. Gleiches gilt für die Fahrt im Kreisbogen. An der Übergangsstelle zwischen Gerade und Kreisbogen wäre jedoch ein ruckartiger Lenkeinschlag erforderlich. Zudem würden die im Kreisbogen wirkenden Zentrifugalkräfte (Fliehkräfte) schlagartig auftreten. Um dies zu vermeiden und um eine stetige Änderung des Lenkeinschlags zu erreichen, wird zwischen der Geraden und dem Kreisbogen ein Übergangsbogen vorgesehen.

Bild 5: Klotoide als Übergangsbogen

Diesen bezeichnet man als **Klotoide**. Auf der Länge des Übergangsbogens findet die Änderung und Anpassung statt. Gleichzeitig wird auf der Länge des Übergangsbogens die Veränderung der Querneigung vorgenommen. Durch die Anwendung von Übergangsbögen wird ein stetiger Linienverlauf der Fahrbahn gewährleistet, der eine gleichmäßige Geschwindigkeit ermöglicht und eine auch optisch befriedigende Linienführung erreicht. Der Übergangsbogen wird im Straßenbau als Klotoide ausgebildet. Bei dieser spiralförmigen Kurve nimmt die Krümmung linear mit der Länge zu. Es wird allerdings nur der flache Teil am Anfang der Kurve als Übergangsbogen verwendet (**Bild 4,** Seite 607).

Die Größe der Klotoide wird durch den Klotoidenparameter (*A*) bestimmt. Er ist der Vergrößerungsfaktor der Klotoide (**Bild 5,** Seite 607).

Die für die Konstruktion von Klotoiden erforderlichen Werte können mit Formeln berechnet werden (**Bild 1**).

Die gewählten Klotoidenparameter müssen in einer gewissen Relation zueinander stehen. So soll der Klotoidenparameter mindestens *R*/3 betragen, jedoch nicht größer als *R* sein.

Tabelle 1: Empfohlene Radien und Mindestlängen von Kreisbögen

Entwurfs-klasse	Radienbereiche R in mm	Mindestlänge von Kreisbögen min L in m
EKL 1	> 500	70
EKL 2	400–900	60
EKL 3	300–600	50
EKL 4	200–400	40

Das Bildungsgesetz der Klotoide lautet:

$$A^2 = R \cdot L$$

A Klotoidenparameter

R Radius in m

L Länge der Klotoide zwischen Beginn und Ende des Übergangsbogens in m

$$\Delta R = \frac{L^2}{24\,R} \qquad \tau^{gon} = \frac{L}{2\,R} \cdot \frac{200^{gon}}{\pi}$$

R	Radius des Kreisbogens, Krümmungshalbmesser in m
X_M, Y_M	Koordinaten des Krümmungsmittelpunktes des Radius am Punkt P
M	Krümmungsmittelpunkt
L	Länge der Klotoide vom Anfangspunkt bis zum Punkt P
X, Y	Koordinaten des Punktes P
ΔR	Tangentenabrückung des Radius R am Punkt P
ÜA, ÜE	Übergangsbogenanfang, Übergangsbogenende
T_K, T_L	kurze und lange Tangente
τ^{gon}	Tangentenwinkel in einem Klotoidenpunkt in gon

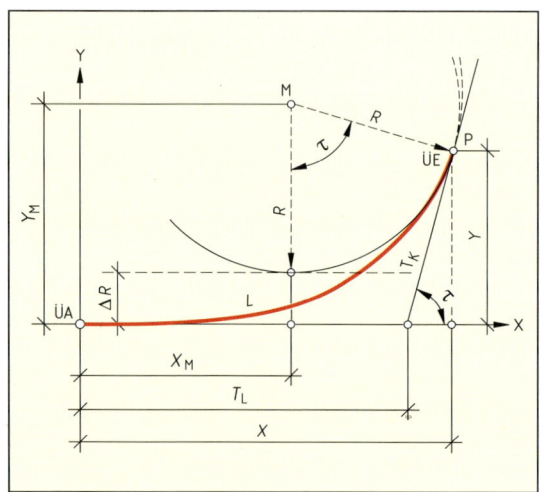

Bild 1: Konstruktionselemente der Klotoide

Bild 2: Anwendungsmöglichkeiten der Klotoide

Im Straßenentwurf werden folgende Formen des Übergangsbogens verwendet (**Bild 2**, Seite 608):

- die einfache Klotoide als Übergang zwischen Gerade und Kreisbogen,
- die Wendeklotoide als Übergang zwischen gegensinnig gekrümmten Kreisbögen und
- die Eiklotoide als Übergang zweier gleichsinnig gekrümmter Kreisbögen (Bild 2, Seite 608).

Zur zeichnerischen Darstellung der Klotoide werden beim grafischen Entwurf Klotoidenlineale verwendet **(Bild 3)**. Der auf den Klotoidenlinealen angegebene Parameter bezieht sich auf eine Darstellung im Maßstab 1:1000. Wie bei den Kreisbogenlinealen ist eine Umrechnung auf den jeweiligen Maßstab erforderlich.

Beispielhaft wird die Konstruktion eines Kreisbogens einschließlich der Übergangsbögen zwischen zwei vorgegebenen Geraden dargestellt **(Bild 1)**.

Beispiel: Richtungen der Geraden $\overline{AB}$ und $\overline{CD}$, der Kreisbogen mit dem Radius $R = 100$ m, Klotoidenparameter $A_1 = 75$ und $A_2 = 100$.

Lösung: ΔR wird berechnet, im Abstand ΔR_1 und ΔR_2 werden die Parallelen zu den Geraden $\overline{AB}$ und $\overline{CD}$ gezeichnet, mithilfe eines Kreisbogenlineals wird zwischen den Parallelen der Radius $R = 100$ m eingepasst und die Tangentenberührungspunkte markiert. Die Werte X_m, X und Y werden der Klotoidentafel entnommen und abgetragen, das Klotoidenlineal wird angelegt. Dabei muss sich die Grundtangente der Klotoide mit der Geraden $\overline{AB}$ bzw. $\overline{CD}$ decken, gleichzeitig muss der im Klotoidenlineal eingeätzte Radius $R = 100$ m mit dem konstruierten Radius $R = 100$ m in der Lage übereinstimmen. Der Übergangsbogen wird gezeichnet.

Wenn die Straßenachse über die gesamte Baustrecke trassiert ist, kann diese unter Zuhilfenahme geeigneter Programme berechnet werden. Dazu ist die Eingabe der Trassierungselemente und deren Koordinaten erforderlich. Als Ergebnis der Berechnung werden die Hauptpunkte der Achse ausgegeben. Diese sind jene Stellen der Achse, an denen die Elemente wechseln. Des weiteren können Achskleinpunkte berechnet werden. Dies sind die Stationspunkte der Achse **(Bild 2)**. Die Hauptpunkte der Achse können nun im Lageplan nach den errechneten Koordinaten kartiert werden. Die Achse wird mit einer strichpunktierten Linie dargestellt. An den Achskleinpunkten werden die Richtungen der Querprofile jeweils rechtwinklig zur Tangente der Achse abgetragen. Im Bereich des Kreisbogens konstruiert man die radiale Richtung mithilfe des Zirkels, im Bereich der Klotoide dienen die im Klotoidenlineal eingeätzten Richtungen als Hilfe **(Bild 3)**. Nach den errechneten Koordinaten der Achshaupt- und -kleinpunkte kann die Achse im Gelände abgesteckt werden.

Bild 1: Anwendung von Klotoiden (Beispiel)

Bild 2: Darstellung der Achse im Lageplan

Bild 3: Klotoidenlineal

Bild 1: Ausschnitt aus einem Lageplan

20.8 Höhenplan

Im Höhenplan, auch Längsschnitt genannt, wird der Höhenverlauf der Fahrbahn dargestellt (**Bild 1,** Seite 615). Die im Grundriss trassierte Achse ist die Bezugslinie. Entlang dieser Linie wird das Gelände vertikal geschnitten. An den Stationspunkten werden die Höhen des bestehenden Geländes entweder digitalen Geländemodellen (DGM) entnommen oder man ermittelt sie durch örtliche Vermessung. Die Längsabwicklung wird im Maßstab der Lagepläne dargestellt, z.B. 1:500, die Höhen 10-fach überhöht. Dies ist erforderlich, um die Höhenunterschiede erkennbar zu machen. Die Höhen werden über einem frei wählbaren Bezugshorizont, zumeist bezogen auf NN, abgetragen **(Bild 1)**.

Bild 1: Darstellung der Geländehöhen im Höhenplan

20.8.1 Längsneigungen, Kuppen, Wannen

Der Höhenverlauf der Fahrbahn wird zunächst einmal grafisch, später rechnerisch, ermittelt. Die ermittelte Linie nennt man **Gradiente (Bild 2)**. Sie besteht aus einer Folge von Geraden und Kreisbögen. Die Längsneigungen gibt man in Prozent an. Bei der grafischen Ermittlung der Gradiente werden vorhandene Höhenzwangspunkte, z.B. andere Verkehrswege, Brücken, Zufahrten und Wasserläufe, berücksichtigt. Bei Steigungen mit starker Längsneigung wird der Verkehrsfluss, insbesondere durch Schwerlastfahrzeuge, behindert. Deshalb sollen bestimmte Höchstlängsneigungen nicht überschritten werden **(Tabelle 1)**. Bei Straßen mit hoher Verkehrsbelastung ist zu prüfen, ob die Anlage eines Zusatzfahrstreifens an den Steigungsstrecken erforderlich ist.

Die Geraden mit unterschiedlichen Längsneigungen schneiden sich im **Tangentenschnittpunkt** (TS). Man unterscheidet zwischen Neigungswechsel und Neigungsänderung **(Bild 3)**. Die Gradiente ist an den Tangentenschnittpunkten auszurunden. Dabei entsteht entweder eine Kuppe oder eine Wanne mit dem Ausrundungshalbmesser H. Grundsätzlich werden die Ausrundungshalbmesser so groß wie möglich gewählt, bestimmte Mindestradien dürfen dabei nicht unterschritten werden **(Tabelle 1)**. Bei Kuppen ist das von besonderer Bedeutung, da mit abnehmendem Kuppenhalbmesser die Sichtweiten für den Kraftfahrer abnehmen und Hindernisse auf der Fahrbahn nur spät erkannt werden können.

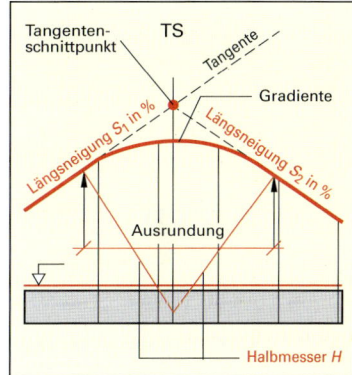

Bild 2: Gradiente

Der räumliche Verlauf einer Straße hat wesentlichen Einfluss auf das Fahrverhalten und die Verkehrssicherheit, er ist daher unter Zuhilfenahme berechneter Perspektivbilder zu prüfen. Erkennbare Defizite, z.B. Sichtschattenbereiche, verdeckte Kurvenbeginne oder nicht ausreichende Sichtweiten sollen dadurch vermieden werden.

Letztlich ist der gesamte Entwurf auf der Grundlage der „**E**mpfehlungen für das **S**icherheits**a**udit von **S**traßen (ESAS) zu überprüfen.

Tabelle 1: Höchstlängsneigungen, empfohlene Werte der Kuppen- und Wannenhalbmesser

Entwurfsklasse	Höchstlängsneigung max s in %	Kuppenhalbmesser H_K in m	Wannenhalbmesser H_W in m	Mindestlänge der Tangenten min T in m
EKL 1	4,5	≥ 8000	≥ 4000	100
EKL 2	5,5	≥ 6000	≥ 3500	85
EKL 3	6,5	≥ 5000	≥ 3000	70
EKL 4	8,0	≥ 3000	≥ 2000	55

Bild 3: Neigungswechsel, Neigungsänderung

611

20.8.2 Berechnung der Gradientenhöhen

Nach erfolgter grafischer Festlegung der Gradiente und der Tangentenschnittpunkte folgt die rechnerische Ermittlung der Höhen und die Erstellung des Höhenplanes **(Bild 1)**.

Bild 1: Höhenplan

Vorzeichenregel:

Steigung: positiv $(+s_1, +s_2)$
Gefälle: negativ $(-s_1, -s_2)$
Wannenhalbmesser (H_w): positiv $(+H)$
Kuppenhalbmesser (H_k): negativ $(-H)$

H	Kreisbogenhalbmesser in m
T	Tangentenlänge in m
s_1, s_2	Längsneigungen der Tangenten in %
x_s	Abszisse des Scheitelpunktes (Hoch- und Tiefpunkt)
f	Stichmaß vom Tangentenschnittpunkt zum Ausrundungsbogen in m
s	Scheitelpunkt
TS	Tangentenschnittpunkt
AA	Ausrundungsanfang
AE	Ausrundungsende
T	Tangentenlänge des Ausrundungshalbmessers
x	Ordinate eines beliebigen Punktes
y	Stichmaß im Bereich der Ausrundungen

Berechnung der Gradiente:

Längsneigung s in %

$$s = \frac{\Delta h}{l} \cdot 100$$

Tangentenlänge T in m

$$T = \frac{H}{2} \cdot \frac{s_2 - s_1}{100}$$

Stichmaß f in m

$$f = \frac{T^2}{2H}$$

Lage des Scheitelpunktes

$$x_s = -\frac{s_1}{100} \cdot H$$

Tangentenhöhen an beliebiger Stelle

$$H_i = H_A + \frac{s}{100} \cdot l_i$$

Stichmaß y in m

$$y = \frac{x^2}{2H}$$

Δh Höhenunterschied
l Länge zwischen den Tangentenschnittpunkten in m

Vorzeichenregeln beachten!

Vorzeichenregeln beachten!

H_A Höhe des Tangentenschnittpunktes
l_i Abstand vom Tangentenschnittpunkt

Vorzeichenregeln beachten!

Beispiel: Berechnung der Gradientenhöhe H_G bei Station 0+160 (Bild 1):

$$s = \frac{211{,}06\ m - 208{,}00\ m}{168{,}00\ m - 100{,}00\ m} \cdot 100\% \quad s = 4{,}50\%$$

$$T = \frac{1000\ m}{2} \cdot \frac{-3{,}0\% - 4{,}5\%}{100\%} \quad T = 37{,}50\ m$$

$$f = \frac{(-37{,}50\ m)^2}{2 \cdot 1000\ m} \quad f = 0{,}703\ m$$

$$x_s = \frac{-4{,}50\%}{100\%} \cdot 1000\ m \quad x_s = -45{,}00\ m$$

Tangentenhöhe H_i bei Station 0+160:

$$H_{0+160} = 208\ m + \frac{4{,}5\%}{100\%} \cdot 60\ m \quad H_{0+160} = 210{,}70\ m$$

Stichmaß y bei Station 0+160:

$$y = \frac{(160{,}00\ m - 130{,}50\ m)^2}{2 \cdot 1000\ m} \quad y = 0{,}435\ m$$

Gradientenhöhe H_G bei Station 0+160:

$$H_G = 210{,}70\ m - 0{,}435\ m \quad H_G = 210{,}265\ m$$

20.8.3 Krümmungsband

Beim Entwurf der Gradiente und der Querneigungen ist der Krümmungsverlauf der Straßenachse zu berücksichtigen; er wird im Krümmungsband dargestellt **(Bild 1)**. Der Abstand der Krümmungslinie von der Bezugsachse wird berechnet.

Je kleiner der Radius der Fahrbahnachse, desto größer der Abstand K zur Bezugsachse. Der Faktor n ist so zu wählen, dass eine übersichtliche Darstellung des Krümmungsbandes möglich ist. Er sollte jedoch für das gesamte Krümmungsband gleich groß sein. Ist das Element in der Fahrbahn eine Gerade, ist der Radius $R = \infty$ und der Abstand $K = 0$. Rechtskurven werden oberhalb, Linkskurven unterhalb der Bezugsachse dargestellt.

20.8.4 Querneigungsband

Im Querneigungsband werden die Höhen der Fahrbahnränder bezogen auf die Fahrbahnachse dargestellt. Die Querneigung ist zur Ableitung des Oberflächenwassers erforderlich. In Kurven wird durch die Querneigung zusätzlich ein Teil der beim Befahren auftretenden Zentrifugalkräfte abgefangen. Die Mindestquerneigung auf Geraden und in Kreisbögen beträgt:

$$\text{min } q = 2{,}5\ \%$$

Bei Autobahnen und Landstraßen sind auf der freien Strecke im Regelfall einseitige Querneigungen vorzusehen, während auf anderen Straßen auch ein Dachprofil gewählt werden kann **(Bild 2)**. Die Höchstquerneigung der Fahrbahn beträgt:

$$\text{max } q = 7{,}0\ \%$$

Die Querneigungen sind in Abhängigkeit vom Kurvenradius zu bemessen **(Bild 3)**.

Beispiel: Bei Landstraßen mit $R = 500$ m beträgt die Querneigung $q = 5{,}5\ \%$.

Um ein Abrutschen der Fahrzeuge bei Eisglätte zu vermeiden, soll die resultierende Schrägneigung p nicht größer als 10 % sein **(Bild 4)**.

Die resultierende Schrägneigung kann nach dem Lehrsatz des Pythagoras berechnet werden.

$$p = \sqrt{q^2 + s^2}$$

Das Querneigungsband wird im Höhenplan unter dem Krümmungsband dargestellt. Die Höhendifferenzen Δh zwischen der Fahrbahnachse und den Fahrbahnrändern werden unter Berücksichtigung der Fahrbahnbreiten und der Querneigungen berechnet.

$$\Delta h = a \cdot \frac{q}{100}$$

a = Abstand des Fahrbahnrandes von der Fahrbahnachse

$$K = \frac{1}{R}\, n$$

K = Abstand von der Bezugsachse in mm
R = Radius in m
n = beliebiger Faktor

Bild 1: Krümmungsband

Bild 2: Querneigungen

Bild 3: Querneigungen nach RAL

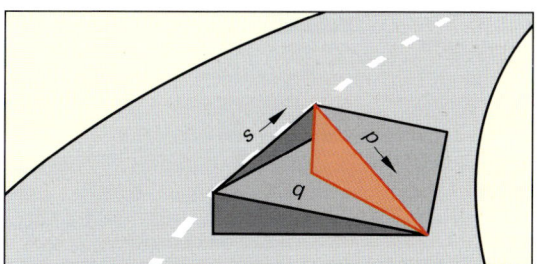

Bild 4: Schrägneigung

613

Die errechneten Höhendifferenzen werden im beliebigen Maßstab, z. B. im Maßstab 1 : 10, von der Bezugsachse abgetragen. Linker und rechter Fahrbahnrand werden durch unterschiedliche Linienarten dargestellt **(Bild 1)**.

Die Anpassung der Querneigung wird auf einer Übergangsstrecke, bei Straßen der Kategorie A in der Klotoide, vollzogen. Dabei wird die Fahrbahnfläche entsprechend der anzupassenden Querneigung um die Fahrbahnachse gedreht, es findet eine **Verwindung** statt. Es ändern sich die Höhen der Fahrbahnränder in Bezug zur Fahrbahnachse; diese Veränderung nennt man Anrampung. Dabei sind aus optischen und fahrdynamischen Gründen bestimmte Grenzwerte einzuhalten **(Tabelle 1)**.

Bei Verwindung zwischen entgegengesetzten Querneigungen beträgt die Querneigung an einer Stelle 0 %. In diesem Bereich ist darauf zu achten, dass die Fahrbahn eine ausreichende Längsneigung, mindestens 0,5 % hat, da ansonsten das anfallende Oberflächenwasser nicht abfließen kann **(Bild 2)**.

Bild 1: Querneigungen beim Übergangsbogen

Tabelle 1: Grenzwerte der Anrampungs-neigung		
Entwurfs-klasse	max Δs [%]	min Δs [%] bei $q \leq 2{,}5\%$
EKL 1/EKL 2	0,8	
EKL 3	1,0	$0{,}10 \cdot a$
EKL 4	1,5	
a [m]: Abstand des Fahrbahnrandes von der Drehachse		

$$\Delta s = \frac{q_\mathrm{e} - q_\mathrm{a}}{L_\mathrm{v}} \cdot a$$

Δs Anrampungsneigung in %

q_e Querneigung am Ende der Verwindungsstrecke in %

q_a Querneigung am Anfang der Verwindungsstrecke q_a ist negativ einzusetzen, wenn entgegengesetzt zu q_e gerichtet.

L_v Länge der Verwindungsstrecke in m

a Abstand des Fahrbahnrandes von der Fahrbahnachse in m

Bild 2: Anrampung und Verwindung bei der Wendelinie

Bild 1: Ausschnitt aus einem Höhenplan

Aufgaben

1 Erklären Sie den Begriff Gradiente.

2 Beschreiben Sie die Begriffe Kuppe und Wanne.

3 Eine dem Gelände stark angepasste Linienführung der Trasse hat Vor- und Nachteile. Benennen und bewerten Sie diese.

4 Längs- und Querneigungen dürfen bestimmte Grenzwerte nicht überschreiten. Erläutern Sie die möglichen Gründe.

5 Der Abfluss des Oberflächenwassers ist zu gewährleisten. Wodurch wird das erreicht und worauf ist dabei zu achten?

20.9 Straßenquerschnitt

Die Querschnittsgestaltung der Fahrbahn muss auf die Trassierungselemente der Straße im Grundriss und im Aufriss abgestimmt sein. Sie ist abhängig von der Straßenkategorie und der Entwurfsklasse. In den Richtlinien für die Anlage von Landstraßen **(RAL)** und den Richtlinien für die Anlage von Autobahnen **(RAA)** werden Regelquerschnitte genannt **(Bild 1**, Seite 618).

Der Plan des Straßenquerschnittes zeigt die Regelausbildung der Straße nach Entwurfsklasse 3 im Schnitt rechtwinklig zur Straßenachse. Dabei werden die Abmessungen des Straßenkörpers, das Quergefälle, gegebenenfalls die Lärmschutzeinrichtungen, die Entwässerungseinrichtungen, die Bauklasse, die Mindestdicke und die Schichten des Oberbaus sowie die Böschungsneigungen angegeben **(Bild 1)**.

Bild 1: Straßenquerschnitt

20.9.1 Bemessung der Fahrbahnbreite

Die Fahrbahn besteht aus Fahrstreifen, den Randstreifen und, wie z.B. bei Autobahnen, auch Mittelstreifen.

Für die Bemessung der Fahrbahnbreite wird ein Bemessungsfahrzeug von 2,55 m Breite und 4,00 m Höhe zugrunde gelegt **(Bild 1,** Seite 617). Seitlich der Fahrstreifen sind Randstreifen vorzusehen. Auf den Randstreifen wird die Markierung untergebracht.

Bei Straßen von untergeordneter Bedeutung und geringer Verkehrsbelastung wird auf den Randstreifen verzichtet. Randstreifen entfallen auch in Ortsdurchfahrten, wenn die Fahrbahn mit Hochbordsteinen begrenzt ist.

Bei der Anlage von Autobahnen z.B. sind auch Mittelstreifen (Trennstreifen) und Standstreifen (befestigte Seitenstreifen) vorzusehen. Mittelstreifen trennen die entgegengesetzt befahrenen Richtungsfahrbahnen, während Standstreifen die Möglichkeit bieten, in Notfällen seitlich auszuweichen oder anzuhalten.

Am äußeren Rand der befestigten Flächen liegen die unbefestigten Seitenstreifen, die man Bankette nennt. Diese sind in der Regel begrünt. Im Bankett werden auch die Sicherheits- und Schutzeinrichtungen, z.B. Schutzplanken, untergebracht.

Die Bankette sind 1,50 m breit und können in Einschnitten neben Mulden auf 1,00 m reduziert werden. Addiert man zur Fahrbahn- und Randstreifenbreite die Bankettbreiten, erhält man die **Kronenbreite** (Bild 1).

20.9.2 Verkehrsraum, Sicherheitsraum, lichter Raum

Der Verkehrsraum für den Kfz-Verkehr setzt sich zusammen aus dem vom Bemessungsfahrzeug eingenommenen Raum, den seitlichen und oberen Bewegungsspielräumen sowie den Räumen über den Randstreifen, befahrbaren Entwässerungsrinnen oder den befestigten Seitenstreifen. Der Verkehrsraum für den Kfz-Verkehr ist 4,25 m, für den Radverkehr und für den Fußgängerverkehr 2,25 m hoch. Oberhalb und seitlich des Verkehrsraumes sind Sicherheitsräume vorzusehen.

Der seitliche Bewegungsspielraum wird zum Ausgleich von Fahr- und Lenkungsgenauigkeiten benötigt. Er beträgt bei Landstraßen, die regelmäßig vom Schwerverkehr befahren werden, 0,95 m, ansonsten 0,70 m.

Der seitliche Sicherheitsraum hat eine Regelbreite von 1,25 m. Diese Maße können neben befestigten Seitenstreifen und neben Hochborden, z. B. in Ortsdurchfahrten, um 0,25 m reduziert werden. Der lichte Raum des Straßenquerschnittes setzt sich zusammen aus dem Verkehrsraum und den seitlichen und oberen Sicherheitsräumen. Im lichten Raum des Straßenquerschnittes dürfen keine festen Hindernisse stehen (Bild 1). Bei Autobahnen gelten andere Werte.

Die lichte Höhe für den Kfz-Verkehr beträgt 4,50 m, für Geh- und Radwege 2,50 m.

Bild 1: Bestandteile des Straßenquerschnitts

20.9.3 Radwege, Gehwege

Außerorts werden Fußgänger- und Radverkehr zumeist ohne gegenseitige Abgrenzung auf gemeinsamen Geh- und Radwegen geführt, die Regelbreite beträgt 2,50 m. Sie können parallel zur Fahrbahn oder unabhängig vom Straßenverlauf geführt werden. Der seitliche Trennstreifen zum Kfz-Verkehr soll mindestens 1,75 m breit sein. Die Bankette neben Rad- und Gehwegen sind 0,50 m breit.

Gehwege in bebauten Gebieten sind mindestens 1,50 m breit.

20.9.4 Regelquerschnitte

In den **R**ichtlinien für die **A**nlage von **A**utobahnen **(RAA)** und den Richtlinien für die Anlage von Landstraßen **(RAL)** sind Regelquerschnitte für alle Straßenkategorien und Verkehrsbelastungen und den entsprechenden Entwurfsklassen angegeben (Bild 1, Seite 618).

Sie unterscheiden sich jeweils durch die Anzahl der Fahrstreifen, die Fahrstreifenbreiten und die Bestandteile des Querschnittes.

Bild 1: Regelquerschnitte zweibahniger und einbahniger Straßen (Auszug)

20.9.5 Ausbildung von Böschungen

Liegt der Kronenrand der Fahrbahn über dem anstehenden Gelände, so entsteht eine Dammböschung, liegt er unter dem anstehenden Gelände, ergibt sich eine Einschnittsböschung. Die Böschungshöhe ist die Differenz zwischen dem Kronenrand und dem Schnittpunkt der nicht ausgerundeten Böschung mit dem Gelände **(Bild 1)**. Für Damm- und Einschnittsböschungen gelten die Regelböschungsneigungen 1 : n.

Dammböschung 1 : 1,5	Einschnittsböschung 1:1,5

Für Böschungshöhen < 2,0 m wird die Regelböschungsbreite in Abhängigkeit von der Böschungshöhe h ermittelt.

Der Übergang zwischen Böschung und Gelände wird zumeist ausgerundet. Die Tangentenlänge (n) der Ausrundung hängt von der Böschungshöhe ab. Bei Böschungshöhen ≥ 2,00 m beträgt die Tangentenlänge 3,00 m, bei Böschungshöhen unter 2,00 m ist die Tangentenlänge 1,5 h. In beengten Verhältnissen sind auch kürzere Tangentenlängen möglich, mitunter muss auch auf eine Ausrundung verzichtet werden.

Böschungshöhe h	$h \geq 2,00$ m	$h < 2,00$ m	$h < 2,00$ m	$h \geq 2,00$ m
Regelböschung	1 : 1,5	$b = 3,00$ m	$b = 3,00$ m	1 : 1,5
allgemeine Böschungsmaße	1 : n	$b = 3,00 \cdot n$	$b = 3,00 \cdot n$	1 : n
Tangentenlänge der Ausrundung	3,00 m	1,5 $\cdot h$	1,5 $\cdot h$	3,00 m
	Damm	Damm	Einschnitt	Einschnitt

Bild 1: Regelneigung von Böschungen nach RAL

20.10 Aufbau der Straße

Der Aufbau der Straße wird unterteilt in den Untergrund, den Unterbau und den Oberbau. Der Oberbau wird so konstruiert, dass er die auftretenden Verkehrslasten schadlos aufnehmen kann. Diese Lasten werden in den Unterbau oder Untergrund abgeleitet. Untergrund und Unterbau müssen daher entsprechend tragfähig sein **(Bild 2)**. Vor Beginn der Arbeiten muss der Oberboden abgetragen werden. Dieser wird zwischengelagert und später wieder in Böschungen, Banketten und Mulden angedeckt.

Bild 2: Begriffe des Straßenaufbaus

Bild 1: Straßenaufbau bitumengebundener Bauweise

Image labels (top diagram):
Planum, Oberbau, Unterbau, Untergrund
Deckschicht
Binderschicht } Decke
3. Tragschicht
2. Tragschicht (z. B. Bodenver-festigung der FSS)
1. Tragschicht (z. B. FSS)
Bodenverfestigung des Unterbaues
Bitumengebundene Bauweise - Damm

Image labels (bottom diagram):
Planum, Oberbau, Untergrund
Deckschicht
Binderschicht } Decke
3. Tragschicht
2. Tragschicht (z. B. Bodenver-festigung der FSS)
1. Tragschicht (z. B. FSS)
Bodenverfestigung des Untergrunds
Bitumengebundene Bauweise - Einschnitt

20.10.1 Untergrund

Der Untergrund ist der natürlich anstehende Boden. Er dient als Unterlage für den Unterbau bzw. den Oberbau. Ist die Tragfähigkeit des Untergrundes nicht ausreichend, so wird er im oberen Bereich verfestigt. Dabei werden Bindemittel wie Kalk, Zement oder Bitumen mit der obersten Schicht des Untergrundes vermischt und verdichtet. Ein so bearbeiteter Untergrund wird als verbesserter Untergrund bezeichnet.

20.10.2 Unterbau

Liegt die Straße im Damm, so ist der Dammkörper mit geeignetem Boden lageweise zu schütten und zu verdichten. Je nach Bodenart kann auch hier die Beimengung von Bindemitteln erforderlich sein. In diesem Fall wird er als verbesserter Unterbau bezeichnet.

20.10.3 Planum

Die Oberfläche des Untergrundes bzw. des Unterbaus wird Planum genannt. Dieses muss zur Ableitung des Oberflächenwassers eine Querneigung von mindestens 2,5 % bzw. 4 % haben. Ansonsten ist die Querneigung der Fahrbahndecke maßgebend. Das Planum muss ausreichend tragfähig und eben sein. Die Abweichung von den Sollhöhen darf ± 3 cm nicht überschreiten. Ist ein Feinplanum, wie z. B. unter Betonfahrbahnen, zu erstellen, so darf die Abweichung nicht größer als ± 1 cm sein.

20.10.4 Oberbau

Der Oberbau der Fahrbahn besteht aus den Tragschichten und der Fahrbahndecke. Man unterscheidet zwischen der flexiblen Bauweise, z. B. aus bitumengebundenen Schichten, und der starren Bauweise aus zementgebundenen Schichten. Flexible Schichten können plastische Verformungen in gewissem Umfang aufnehmen, ohne dass eine Zerstörung eintritt. Die Dicke des Oberbaus und seiner Schichten sind in den **R**ichtlinien für die **St**andardisierung des **O**berbaus von Verkehrsflächen (**RStO**) vorgegeben. Die Einstufung in die entsprechende **B**elastung**k**lasse (**Bk**) hängt von der zu erwartenden Beanspruchung des Fahrbahnoberbaus durch eine 10-t-Achse ab (**Tabelle 1,** Seite 622). Die dimensionsrelevante Beanspruchung für den vorgesehenen Nutzungszeitraum aus der täglichen Verkehrsstärke des Schwerverkehrs, der allgemeinen Verkehrszunahme, der Anzahl der Fahrstreifen, der Fahrstreifenbreite, der Steigung der Straße und der zulässigen Achslastwerte der Schwerverkehrsfahrzeuge ermittelt. Nach Festlegung der Belastungsklasse ist ein geeigneter Schichtaufbau zu wählen. Dabei sind die örtlich vorkommenden Baustoffe, z. B. Kies oder Schotter, in verschiedenen Kombinationen berücksichtigt. Es werden Fahrbahnaufbauten für bitumengebundene Bauweisen, für Zementbauweisen, für Pflasterbauweisen und für Geh- und Radwege beschrieben.

Der Oberbau muss in seiner gesamten Dicke frostsicher sein. Wasser kann von oben, seitlich oder durch kapillares Aufsteigen von unten in den Oberbau eindringen. Gefriert ein bindiger Boden, so entstehen an der Frostgrenze Eislinsen, die eine Hebung des Bodens zur Folge haben. Bei einem nicht frostsicheren Oberbau würde sich die Fahrbahndecke heben. Unter Verkehrsbelastung entstehen Frostschäden (Bild 2, Seite 211).

Die Frostempfindlichkeit der Böden wird in die Klassen F1, F2 und F3 unterteilt. Die Dicke des frostsicheren Oberbaus hängt wesentlich von der Frostempfindlichkeit des Bodens, der Frosthäufigkeit, der Lage der Gradiente (Damm, Einschnitt), den Wasserverhältnissen (Grundwasser) und der Ausführung der Randbereiche (Bordsteine) ab. Je nach vorliegenden Bedingungen ist der Oberbau zwischen 40 cm und 80 cm dick auszubilden.

20.10.5 Frostschutzschicht

Die Frostschutzschicht muss als kapillarbrechende Schicht das Aufsteigen von Wasser aus dem Untergrund oder Unterbau weitgehend verhindern und als Sickerschicht von oben eindringendes Wasser rasch absickern lassen. Frostschutzschichten sind aus frostunempfindlichen Mineralstoffen herzustellen, die auch in verdichtetem Zustand ausreichend durchlässig sind. Als Mineralstoffe werden ungebrochene Natursteine, z. B. Kies oder Sand, sowie gebrochene Natursteine wie Schotter, Splitt oder Brechsand verwendet. Der Kornanteil unter 0,063 mm Durchmesser darf höchstens einen Volumenanteil von 7,0 % haben. Mit der Frostschutzschicht werden auch die Neigungsdifferenzen zwischen der Fahrbahndecke und dem Planum ausgeglichen. Dabei ist darauf zu achten, dass an allen Stellen die Mindestdicke eingehalten wird.

20.10.6 Tragschichten

Die dynamisch wirkenden Belastungen aus dem rollenden Verkehr und die vorwiegend statisch wirkenden Verkehrskräfte aus dem ruhenden Verkehr bewirken in der Fahrbahnbefestigung Druck-, Zug- und Schubspannungen. Die Aufgabe der Tragschichten ist es, diese Spannungen aufzunehmen und auf die untergelagerten Schichten schadlos zu verteilen. Unterschieden wird in Tragschichten ohne Bindemittel und Tragschichten mit Bindemitteln. Tragschichten ohne Bindemittel sind meist Kies- oder Schottertragschichten. Diese müssen ebenfalls frostsicher sein.

Tragschichten aus ungebundenem Mineralstoffgemisch werden nach der Sieblinie zusammengesetzt und im Zentralmischverfahren hergestellt. Damit sich das Mineralstoffgemisch nicht entmischt und eine ausreichende Verdichtung erreicht wird, ist ein ausreichender Wassergehalt notwendig. Bedingt durch die Gleichartigkeit der Materialien wird die Frostschutzschicht und die Schotter- oder Kiestragschicht mitunter als kombinierte Frost- und Tragschicht ausgebildet (KFT).

Gebundene Tragschichten enthalten hydraulische oder bituminöse Bindemittel. Dies können hydraulisch gebundene Kiestragschichten, hydraulisch gebundene Schottertragschichten oder bituminöse Tragschichten mit unterschiedlicher Kornzusammensetzung sein. Die Dicke von Tragschichten ist einerseits vom verwendeten Baustoff und andererseits von der zu erwartenden Verkehrsbelastung abhängig.

Die Randausbildung an Straßen außerhalb bebauter Gebiete ohne Randeinfassung richtet sich nach den Schichten des Oberbaus (Bild 1).

Bild 1: Randausbildung bei Straßen ohne Randbefestigung

Tabelle 1: Bauweisen mit Asphaltdecke für Fahrbahnen auf F2- und F3-Untergrund/Unterbau

(Dickenangaben in cm; ▼———— E_{v2} - Mindestwerte in MPa)

Zeile	Belastungsklasse	Bk100				Bk32				Bk10				Bk3,2				Bk1,8				Bk1,0				Bk0,3			
	B [Mio.]	> 32				> 10 - 32				> 3,2 - 10				> 1,8 - 3,2				> 1,0 - 1,8				> 0,3 - 1,0				≤ 0,3			
	Dicke des frostsich. Oberbaues [1]	55	65	75	85	55	65	75	85	55	65	75	85	45	55	65	75	45	55	65	75	45	55	65	75	35	45	55	65

Zeile 1: Asphalttragschicht auf Frostschutzschicht

Asphaltdecke / Asphalttragschicht / Frostschutzschicht

| Dicke der Frostschutzschicht | - | 31 [2] | 41 | 51 | 25 [3] | 35 | 45 | 55 | 29 [3] | 39 | 49 | 59 | - | 33 [2] | 43 | 53 | 25 [3] | 35 | 45 | 55 | 27 [2] | 37 | 47 | 57 | 21 | 31 | 41 | 51 |

Zeile 2.1: Asphalttragschicht und Tragschicht mit hydraulischem Bindemittel auf Frostschutzschicht bzw. Schicht aus frostunempfindlichen Material

Asphaltdecke / Asphalttragschicht / Hydraulisch gebundene Tragschicht (HGT) / Frostschutzschicht

| Dicke der Frostschutzschicht | - | - | 34 [2] | 44 | - | 28 [3] | 38 | 48 | - | 30 [2] | 40 | 50 | | | | | | | | | | | | | | | | |

Zeile 2.2
Asphaltdecke / Asphalttragschicht / Verfestigung / Schicht aus frostunempfindlichem Material weit- oder intermittierend gestuft gemäß DIN 18196-

| Dicke der Schicht aus frostunempfindlichen Material | 10 [4] | 20 [4] | 30 | 40 | 14 [4] | 24 | 34 | 44 | 18 [4] | 28 | 38 | 48 | 10 [4] | 20 | 30 | 40 | 14 [4] | 24 | 34 | 44 | 16 [4] | 26 | 36 | 46 | 6 [4] | 16 [4] | 26 | 36 |

Zeile 2.3
Asphaltdecke / Asphalttragschicht / Verfestigung / Schicht aus frostunempfindlichem Material -enggestuft gemäß DIN 18196-

| Dicke der Schicht aus frostunempfindlichen Material | 5 [4] | 15 [4] | 25 | 35 | 9 [4] | 19 [4] | 29 | 39 | 13 [4] | 23 | 33 | 43 | 5 [4] | 15 [4] | 25 | 35 | 14 [4] | 24 | 34 | 44 | 16 [4] | 26 | 36 | 46 | 6 [4] | 16 [4] | 26 | 36 |

Zeile 3: Asphalttragschicht und Schottertragschicht auf Frostschutzschicht
Asphaltdecke / Asphalttragschicht / Schottertragschicht $E_{v2} \geq 150(120)$ / Frostschutzschicht

| Dicke der Frostschutzschicht | - | - | 30 [2] | 40 | - | - | 34 [2] | 44 | - | 28 [3] | 38 | 48 | - | 30 [2] | 40 | - | 24 [3] | 34 | 44 | 16 [3] | 26 | 36 | 46 | - | 18 [3] | 28 | 38 | |

Zeile 4: Asphalttragschicht und Kiestragschicht auf Frostschutzschicht
Asphaltdecke / Asphalttragschicht / Kiestragschicht $E_{v2} \geq 150(120)$ / Frostschutzschicht

| Dicke der Frostschutzschicht | - | 25 [3] | 35 | - | - | 29 [3] | 39 | - | - | 33 [2] | 43 | - | 25 [3] | 35 | - | - | 29 [2] | 39 | 31 [2] | 41 | 51 | - | - | 23 [2] | 33 | | | |

---

[1] bei abweichenden Werten sind die Dicken der Frostschutzschicht bzw. des frostunempfindlichen Materials durch Differenzbildung zu bestimmen

[2] Mit rundkörnigen Gesteinskörnungen nur bei örtlicher Bewährung anwendbar

[3] Nur mit gebrochenen Gesteinskörnungen und bei örtlicher Bewährung anwendbar

[4] Nur auszuführen, wenn das frostunempfindliche Material und das zu verfestigende Material als eine Schicht eingebaut werden

[5] Bei Kiestragschicht in Belastungsklassen Bk3,2 bis Bk100 in 40 cm Dicke, in Belastungsklassen Bk0,3 und Bk1,0 in 30 cm Dicke

[6] Alternativ: unter bestimmten Bedingungen auch als Asphalttragdeckschicht anwendbar

20.10.7 Deckschichten

Die **Decke** ist die oberste Schicht des Oberbaus. Sie muss eben, dicht, geräuscharm und griffig sein. Das eingebaute Mischgut soll weitgehend verschleißfest und verformungsbeständig sein. Decken bei der bituminösen Bauweise sind aus Asphaltbeton oder aus Gussasphalt. Asphaltbeton ist in seiner Sieblinie so zusammengesetzt, dass die Bestandteile dicht gelagert sind. Für starke Verkehrsbelastungen wird der Splittanteil erhöht, man spricht von splittreichem Asphaltbeton, bei splittarmem ist er geringer. Das Material wird mit Straßenbaufertigern heiß eingebaut und durch Walzen verdichtet. Daher spricht man auch von Walzasphalt. Demgegenüber bedarf der Gussasphalt keiner Nachverdichtung. Es wird als heiße, gießbare Masse angeliefert und mit speziellen Fertigern oder von Hand eingebaut. Um eine griffige Oberfläche zu erhalten, wird der noch heiße Gussasphalt abgesplittet, der Splitt wird eingewalzt.

Bei starken Verkehrsbelastungen durch Schwerfahrzeuge treten die Schub-, Druck- und Zugkräfte in verstärktem Maß auf. Daher wird bei der bitumengebundenen Bauweise als Teil der Deckschicht eine Binderschicht eingebaut. Sie soll diese auftretenden Kräfte aufnehmen und ableiten. Einerseits verbindet sie die genannten Schichten und andererseits können mit dieser Schicht noch bestehende Unebenheiten ausgeglichen werden.

20.10.8 Betondecken

Betondecken sind im Vergleich zu Decken mit bitumengebundener Bauweise wesentlich verschleißfester und verformungsbeständiger. Zudem haben sie eine wesentlich höhere Lebensdauer. Betondecken werden überwiegend auf Autobahnen und sonstigen Flächen mit hohen Verkehrslasten erstellt. Die Erstellung und Wiederherstellung von Betondecken ist jedoch aufwendiger und teurer als bei Decken der bitumengebundenen Bauweise. Während bei der bitumengebundenen Bauweise der Verkehr nach dem Abwalzen der Deckschichten sofort wieder rollen kann, muss bei Betondecken der Erhärtungsvorgang beendet sein.

Dicke und Aufbau von Betondecken werden nach den RStO bemessen **(Tabelle 1)**.

20.10.9 Pflasterdecken

Pflasterdecken sind die älteste Form der Fahrbahnbefestigung. Durch die Zunahme des Kraftfahrzeugverkehrs und der Entwicklung neuer, wirtschaftlicher Bauweisen wie z.B. der bituminösen oder der Zementbauweise, wurden Pflasterdecken als Fahrbahnbefestigung zunehmend verdrängt. Erst in der letzten Zeit werden Pflasterdecken für die Befestigung von Verkehrsflächen wieder erstellt, meist aus gestalterischen Gründen wie z.B. auf städtischen Plätzen, in Fußgängerzonen und auf Parkplätzen.

Pflasterdecken können aus natürlichen oder aus künstlichen Steinen erstellt werden. Beim Natursteinpflaster wird in DIN EN 1342 je nach Größe der Steine unterschieden in Pflastersteine mit Nenndicke $\geq$ 120 mm, in Pflastersteine mit Nenndicke > 60 mm und < 120 mm sowie in Pflastersteine mit Nenndicke $\leq$ 60 mm **(Bild 1**, Seite 624).

Tabelle 1: Bauweisen mit Betondecke für Fahrbahnen, Auszug aus den RStO

(Dickenangaben in cm; ▼ E_{v2} - Mindestwerte in MPa)

Zeile	Belastungsklasse	Bk100				Bk32				Bk10				Bk3,2			
	B [Mio.]	> 32				> 10 - 32				> 3,2 - 10				> 1,8 - 3,2			
	Dicke des frostsich. Oberbaues [1)	55	65	75	85	55	65	75	85	55	65	75	85	45	55	65	75
1.1	**Tragschicht mit hydraulischem Bindemittel auf Frostschutzschicht bzw. Schicht aus frostunempfindlichem Material** Betondecke / Vliesstoff / Hydraulisch gebundene Tragschicht (HGT) / Frostschutzschicht		27 ▼120 / 15 ΣΣ42 ▼45				26 ▼120 / 15 Σ41 ▼45				25 ▼120 / 15 Σ40 ▼45				24 ▼120 / 15 Σ39 ▼45		
	Dicke der Frostschutzschicht	-	-	33[2)]	43	-	24[3)]	34	44	-	25[3)]	35	45	-	26[3)]	36	
1.2	Betondecke / Vliesstoff / Verfestigung / Schicht aus frostunempfindlichem Material weit- oder intermittierend gestuft gemäß DIN 18196		27 20 ▼45 Σ47				26 15 Σ41 ▼45				25 15 Σ40 ▼45				24 15 Σ39 ▼45		
	Dicke der Schicht aus frostunempfindlichem Material	8[4)]	18[4)]	28	38	14[4)]	24	34	44	15[4)]	25	35	45	6[4)]	16	26	36
2	**Asphalttragschicht auf Frostschutzschicht** Betondecke / Asphalttragschicht / Frostschutzschicht		26 ▼120 / 10 Σ36 ▼45				25 ▼120 / 10 Σ35 ▼45				24 ▼120 / 10 Σ34 ▼45				23 ▼120 / 10 Σ33 ▼45		
	Dicke der Frostschutzschicht	-	29[3)]	39	49	-	30[2)]	40	50	-	31[2)]	41	51	-	32[2)]	42	

1) 2) 3) 4) siehe Tabelle Seite 614

Großpflaster
Pflastersteine mit Nenndicke ≥120 mm

Kleinpflaster
Pflastersteine mit Nenndicke >60 mm und <120 mm

Mosaikpflaster
Pflastersteine mit Nenndicke ≤ 60 mm

Bild 1: Übliche Größen von Granitpflastersteinen

Bild 2: Betonverbundpflaster (Beispiel)

Tabelle 1: Bauweisen mit Pflasterdecke für Fahrbahnen, Auszug aus den RStO

(Dickenangaben in cm; ▼ E_{v2} - Mindestwerte in MPa)

Zeile	Belastungsklasse	Bk3,2				Bk1,8				Bk1,0				Bk0,3			
	B [Mio.]	>1,8 - 3,2				>1,0 - 1,8				> 0,3 - 1,0				≤ 0,3			
	Dicke des frostsich. Oberbaues [1]	45	55	65	75	45	55	65	75	45	55	65	75	35	45	55	65
1	**Schottertragschicht auf Frostschutzschicht**																
	Pflasterdecke ▼180 / 10 / 4					▼150 10/4				▼150 8/4				▼120 8/4			
	Schottertragschicht ▼120 / 25 Σ39					▼120 25 Σ39				▼120 20 Σ32				▼100 15 Σ27			
	Frostschutzschicht ▼ 45					▼ 45				▼ 45				▼ 45			
	Dicke der Frostschutzschicht	-	-	26[3]	36	-	-	26[3]	36	-	-	33[2]	43	-	18[3]	28	38
4	**Asphalttragschicht auf Frostschutzschicht**																
	Pflasterdecke 10/4					10/4				8/4				8/4			
	Wasserdurchlässige Asphalttragschicht ▼120 14 Σ28					▼120 14 Σ28				▼120 12 Σ24				▼100 10 Σ22			
	Frostschutzschicht ▼ 45					▼ 45				▼ 45				▼ 45			
	Dicke der Frostschutzschicht	-	27[3]	37	47	-	27[2]	37	47	-	31[2]	41	51	-	23[2]	33	43
6	**Asphalttragschicht und Kiestragschicht auf Frostschutzschicht**																
	Pflasterdecke 10/4					10/4				8/4				8/4			
	Wasserdurchlässige Asphalttragschicht ▼150 10					▼150 10				▼150 8				▼120 8			
	Kiestragschicht ▼120 20					▼120 20				▼120 20				▼100 20			
	Frostschutzschicht ▼ 45 Σ44					▼ 45 Σ44				▼ 45 Σ40				▼ 45 Σ40			
	Dicke der Frostschutzschicht	-	-	31[2]	-	-	-	31[2]	-	-	25[3]	35	45	-	-	15[3]	25

1) 2) 3) siehe Tabelle Seite 614

Als Gesteinsmaterial werden meist Granit oder Porphyr, aber auch andere Erstarrungsgesteine verwendet (Seite 57).

Pflaster aus künstlichen Steinen sind meist aus Beton und können eine rechteckige, quadratische oder eine beliebige geometrische Form haben (**Bild 2**). Sie sind meist 6 cm, 8 cm oder 10 cm dick. Als Pflastersteine eignen sich auch Klinker, die als Pflasterziegel bezeichnet werden. Pflasterdecken werden in einer 4 cm dicken Sand- oder Kiessandbettung versetzt (**Tabelle 1**). Bei Pflaster aus künstlichen Steinen ist auch eine Splittbettung möglich. Auf Flächen mit großen Verkehrslasten wird das Pflaster in eine Bettung aus Kalk- oder Zementmörtel verlegt.

Pflastersteine müssen mit engen Fugen im Verband versetzt werden. Nach der Verlegung wird das Pflaster eingerüttelt. Die Fugen werden mit Sand, Kiessand, Brechsand oder Splitt eingefegt bzw. unter Wasserzugabe eingeschlämmt.

Aufgaben

1 Ordnen Sie die auf Seite 618 dargestellten Querschnitte den Straßenkategorien gemäß Tabelle 1, Seite 603 zu.

2 Stellen Sie die Unterschiede zwischen Betondecken und der bitumengebundenen Bauweise dar.

3 Beschreiben Sie die Schichten des Oberbaus gemäß Belastungsklasse 10, Zeile 3 und erklären Sie ihre Funktion.

4 Erläutern Sie die Entstehung von Frostaufbrüchen und nennen Sie die Ursachen dafür.

5 Beschreiben Sie die Ihnen bekannten Pflasterarten.

Die an den Stationspunkten der Straße quer zur Straße entstehenden Schnitte bezeichnet man als Querprofile. Die Schnittlinien der Querprofile stehen senkrecht bzw. radial zur Fahrbahnachse (Bild 2, Seite 609). Darin wird das bestehende Gelände, der Verlauf der Fahrbahndecke sowie die angrenzenden Bestandteile des Fahrbahnquerschnittes, z. B. Böschungen und Mulden, bis zur Verschneidung mit dem bestehenden Gelände dargestellt. Für die Bauausführung werden die Schichten des Fahrbahnaufbaus sowie, falls vorhanden, unterschiedliche Bodenhorizonte dargestellt. Querprofile werden meist in den Maßstäben 1:200 oder 1:100 gezeichnet.

Querprofile dienen auch als Grundlage zur Mengenermittlung und zur Abrechnung der Baumaßnahme (**Bild 1** und **Bild 2**).

Bild 1: Querprofil im Einschnittsbereich

Bild 2: Querprofil im Dammbereich

Bild 3: Oberflächenwasser, Bodenwasser

20.12 Straßenentwässerung

Das bei Regen und Schnee im Bereich der Straße anfallende Wasser nennt man **Oberflächenwasser**. Bei nicht befestigten Flächen dringt ein Teil dieses Wassers in den Boden ein, es versickert.

Das anfallende Oberflächenwasser ist so abzuleiten, dass keine Verkehrsgefährdung, z. B. durch Aquaplaning, entsteht, dass keine anderen Verkehrsteilnehmer durch Spritzwasser belästigt werden, im Winter Glatteisbildung vermieden wird und keine Schäden an der Fahrbahn entstehen können. Dies erfolgt über ausreichendes Längs- und Quergefälle. Das im Boden vorhandene Wasser, z. B. Sickerwasser oder Grundwasser, bezeichnet man als Bodenwasser (**Bild 3**). Auch das Bodenwasser ist so zu sammeln und abzuleiten, dass keine Schäden

Bild 1: Rasenmulde

b = 1,00 bis 2,50

Grasansaat
auf Oberboden

10 bis 15

$h \geq 20$
(nicht > b / 5)

Oberboden
alternativ:
Rollrasen oder Rasensoden
auf 5 cm Oberboden

Rinne aus Betonsohlschalen
auf 10 cm Kiessandbett
oder 10 cm Magerbeton

Bild 2: Befestigung mit Sohlschalen

Grasansaat auf Oberboden

b_1 = 1,00 bis 2,50

$b_2 \leq b_1 / 2$

10 bis 15

bei Längsneigung zwischen
4% und 5% : Grobschotter
auf 10 cm Kiessand oder
Splitt

bei Längsneigung zwischen
5% und 10% : Natursteinbruch,
Pflaster oder Betonrasensteine
in 10 cm Kiessand oder Splitt

Bild 3: Raue Sohlbefestigung

auftreten können. Die Planung von Entwässerungseinrichtungen an Straßen erfolgt auf der Grundlage der **R**ichtlinien für die **A**nlage von **S**traßen, **E**ntwässerung (**RAS-Ew**).

An anbaufreien Straßen außerhalb bebauter Gebiete wird die Fahrbahn meist über die angrenzenden Bankette in zu erstellende Straßenmulden entwässert. In Einschnittsbereichen ist eine Mulde erforderlich. Am Dammfuß oder in ebenem Gelände kann jedoch auf eine Mulde verzichtet werden, wenn das anschließende Gelände das anfallende Oberflächenwasser aufnehmen oder ableiten kann. In diesem Fall spricht man von einer flächigen Entwässerung. Die Mulden sind je nach Fahrbahnquerschnitt von anfallender Wassermenge zwischen 1,0 und 2,5 m breit. Das in Straßenmulden gesammelte Wasser wird einem geeigneten Vorfluter, z. B. einem Wassergraben, einem Bachlauf oder einem Kanal zugeführt. Auf eine ausreichende Längsneigung der Mulde ist zu achten.

Bei Muldenlängsneigungen zwischen 1 und 4 % wird gewöhnlich eine Rasenmulde vorgesehen (**Bild 1**). Bei Rasenmulden mit einer Längsneigung unter 1 % ist der Wasserabfluss nicht mehr gewährleistet. Die Muldensohle ist zu befestigen, z. B. mit Sohlschalen (**Bild 2**). Ist die Muldenlängsneigung größer als 4 %, kann das Oberflächenwasser durch seine hohe Fließgeschwindigkeit Erosionen an der Mulde bewirken. Zur Reduzierung der Fließgeschwindigkeit wird die Muldensohle mit einer rauen Sohlbefestigung aus Bruchsteinen, Betonrasensteinen oder rauem Pflaster versehen (**Bild 3**).

20.12.2 Straßenentwässerung innerhalb bebauter Gebiete

Bei Straßen innerhalb bebauter Gebiete kann das Oberflächenwasser wegen der angrenzenden Bebauung nicht offen abgeführt werden. Das Wasser ist an den Rändern der befestigten Flächen in Rinnen zu sammeln und durch geeignete Entwässerungseinrichtungen, wie z. B. Straßenabläufe, direkt in den Kanal abzuleiten (**Bild 4,** Seite 628).

Bei der Entwässerung der Fahrbahn in Rinnen ist darauf zu achten, dass die Längsneigungen in den Rinnen größer als 0,5 % sind. Die Bordrinne wird aus einem Hochbord und einem Teil der Fahrbahnbefestigung gebildet und hat dieselbe Längs- und Querneigung wie die anschließenden Verkehrsflächen (**Bild 1,** Seite 627).

Aus gestalterischen Gründen kann die Rinne auch durch Großpflastersteine gebildet werden. Ist die Längsneigung am Fahrbahnrand kleiner als 0,5 %, kann entweder eine Pendelrinne oder in Sonderfällen eine Schlitzrinne mit angeformtem Hochbord verwendet werden (Bild 1, Seite 627).

Bei der Pendelrinne ist zusätzlich zur Fahrbahnbreite ein Streifen mit einer Breite bis zu 50 cm anzulegen, in dem die Längsneigung zwischen den Hochpunkten und den Straßenabläufen ständig wechselt. Die Pendelrinne soll sich durch die Art ihrer Befestigung deutlich von der Fahrbahn unterscheiden.

Schlitzrinnen mit angeformtem Hochbord haben ein innen liegendes Längsgefälle, wodurch der Wasserabfluss gewährleistet wird. Aus gestalterischen Gründen und zur Trennung unterschiedlicher Verkehrsflächen können Muldenrinnen angelegt werden (Bild 1).

Kastenrinnen und Schlitzrinnen werden zur Entwässerung von Flächen, z. B. von Parkplätzen oder Grundstückszufahrten, verwendet. Sie können mit und ohne innen liegendes Längsgefälle geliefert werden (Bild 1). Schlitzrinnen sind für die Flächen, auf denen Fahrradverkehr stattfindet, ungeeignet.

Die gewählten Entwässerungseinrichtungen sind hinsichtlich ihrer Leistungsfähigkeit zu berechnen und den Erfordernissen anzupassen.

20.12.3 Sickeranlagen

Wasser aus dem Boden und aus dem Oberbau muss gesammelt und abgeleitet werden, wenn es zu Schäden am Straßenkörper führen kann. Die Ableitung erfolgt über Sickerschichten wie z. B. über die Frostschutzschicht, sowie über Sickeranlagen wie z. B. über die Sickerstränge.

Die Filterkörper der Sickerstränge sind aus wasserdurchlässigen, verwitterungsbeständigen und filterstabilen Baustoffen wie z. B. Filterkies, zu erstellen (**Bild 2,** Seite 628).

20.12.4 Sickerstränge

Sickerstränge verlaufen längs der Fahrbahn, nehmen das Sickerwasser der Frostschutzschicht sowie das Wasser des angrenzenden Bodens auf und leiten es in das Gelände bzw. in einen Vorfluter, z. B. einen Kanal (**Bild 4,** Seite 628). Sie bestehen aus einem Filterkörper und haben

Bild 1: Straßenrinnen

627

Bild 1: Sickerstrang

Bild 2: Mehrstufiger Sickerstrang

meist eine Sickerrohrleitung. Der Filterkörper kann einstufig oder mehrstufig aufgebaut sein (**Bild 1** und **Bild 2**). Einstufige Filterkörper haben die gleiche Kornzusammensetzung, während bei mehrstufigen Filtern Mineralstoffe unterschiedlicher Kornzusammensetzung verwendet werden (**Bild 3**). Als Sickerrohre werden Kunststoff-, Beton- und Steinzeugrohre verwendet. Sie haben Öffnungen, meist Schlitze, durch die das Wasser in die Leitung eindringen kann. Sickerstränge können entweder als Sickergraben, als keilförmiger Sickerschlitz oder zusammen mit der Sammelleitung für das Oberflächenwasser angelegt werden. Dabei ist darauf zu achten, dass Oberflächenwasser nicht in den Sickerstrang eindringen kann, er ist daher abzudichten. Die Abdichtung kann durch eine mindestens 20 cm dicke Schicht aus bindigem Oberboden erfolgen (Bild 2).

Bild 4 zeigt die Entwässerung einer Ortsstraße bei Anwendung des Trennverfahrens.

Bild 3: Sickeranlagen

Bild 4: Entwässerung einer Ortsstraße (Trennverfahren)

628

20.13 Straßenausstattung

Unter dem Oberbegriff Straßenausstattung werden sämtliche Einrichtungen im Zuge von Straßen zusammengefasst, welche der Regelung und der Sicherheit des Verkehrs dienen. Hierbei sind insbesondere die Verkehrszeichen und Wegweiser, Lichtsignalanlagen, Fahrbahnmarkierungen, Leitpfosten und Fahrzeug-Rückhaltesysteme zu nennen. Art und Umfang der Straßenausstattung sind in zahlreichen gesetzlichen und technischen Regelwerken, allen voran in der **St**raßen**v**erkehrs**o**rdnung (**StVO**), festgelegt.

20.13.1 Verkehrzeichen

Verkehrszeichen dienen der Regelung und Führung des Verkehrs. Gemäß Straßenverkehrsordnung werden dabei Gefahrzeichen, Vorschriftzeichen und Richtzeichen unterschieden. Verkehrszeichen müssen in ihrer Funktion eindeutig und auch bei schlechten Witterungsverhältnissen gut erkennbar sein **(Bild 1)**. Sie sind standsicher und verdrehungssicher zu befestigen. Für eine gute Wahrnehmung werden Verkehrszeichen grundsätzlich am rechten Fahrbahnrand angeordnet. Bei zwei oder mehr Fahrstreifen in der gleichen Fahrtrichtung oder bei sehr großen Verkehrsmengen werden zusätzliche Verkehrszeichen am linken Fahrbahnrand angebracht. Die Größe der Verkehrszeichen ist abhängig von der Straßenkategorie und der erlaubten Höchstgeschwindigkeit.

Bild 1: Verkehrszeichen

20.13.2 Fahrbahnmarkierungen

Wie Verkehrszeichen dienen auch Fahrbahnmarkierungen der Verkehrsregelung und Verkehrsführung **(Bild 2)**. Gemäß der Straßenverkehrsordnung sind Markierungen vollwertige Verkehrszeichen und der Beschilderung gleichgestellt. Markierungen dürfen den Verkehrsteilnehmer nicht verwirren und müssen auch bei schlechten Sichtverhältnissen auf den ersten Blick unzweifelhaft zu erkennen sein. Hierfür werden dem Markierungsmaterial kleine Reflexkörper wie beispielsweise Glasperlen beigefügt. Bei der Anordnung von Markierungen sind die **R**ichtlinien für die **M**arkierung von **S**traßen (RMS) zu beachten. Diese enthalten Vorgaben zu Abmessungen, Geometrie und Einsatzkriterien von Markierungszeichen. Fahrbahnmarkierungen sind grundsätzlich in weißer Farbe aufzubringen. Lediglich im Bereich von Arbeitsstellen ist bei geänderter Verkehrsführung eine vorübergehende Markierung in gelber Farbe möglich. In diesem Fall gilt die weiße Markierung als aufgehoben.

Bild 2: Fahrbahnmarkierungen

20.13.3 Fahrzeug-Rückhaltesysteme

Als Fahrzeug-Rückhaltesysteme werden Konstruktionen entlang von Straßen bezeichnet, deren Zweck es ist, bei Unfällen die negativen Folgen für die Insassen des Unfallfahrzeugs und unbeteiligte Personen neben der Straße oder im Gegenverkehr so gering wie möglich zu halten. Fahrzeug-Rückhaltesysteme werden an potenziellen Gefahrenstellen wie festen Hindernissen in Fahrbahnnähe oder bei großen Absturzhöhen angeordnet. Die häufigsten Rückhaltesysteme sind Schutzplanken am äußeren Fahrbahnrand oder als Mitteltrennung sowie Anpralldämpfer **(Bild 3)**. Die in Deutschland verwendeten Fahrzeugrückhaltesysteme müssen den Anforderungen der DIN EN 1317 „Rückhaltesysteme an Straßen" genügen und von der Bundesanstalt für Straßenwesen (BASt) geprüft und freigegeben sein.

Bild 3: Schutzplanken

Kraftfahrzeuge verursachen Lärm. Motorgeräusche und Rollgeräusche zusammen ergeben einen Schallpegel, der je nach Höhe als belästigend und störend empfunden wird und gesundheitsschädigend sein kann. Der von den Kraftfahrzeugen ausgehende Lärm ist abhängig vom Verkehrsaufkommen. Er ist z. B. in der Berufsverkehrzeit größer als in den Abendstunden.

Zur Beurteilung des Straßenverkehrslärms wird daher ein Mittelungspegel berechnet. Darunter ist ein Schallpegel zu verstehen, den ein konstantes Geräusch mit gleicher Störwirkung ergeben würde. Der Mittelungspegel wird für den Tagbereich zwischen 6.00 Uhr und 22.00 Uhr und für den Nachtbereich zwischen 22.00 Uhr und 6.00 Uhr errechnet und in dB(A) angegeben. Dabei wird unterschieden zwischen dem Emissionspegel und dem Immissionspegel (**Bild 1**). Der Emissionspegel wird aus der Verkehrsstärke, dem Anteil des Schwerlastverkehrs, der zulässigen Höchstgeschwindigkeit, der Art der Straßenoberfläche und der Längsneigung der Gradiente errechnet. Die Höhe des auf einen Immissionsort, z. B. auf ein Gebäude, wirkenden Immissionspegels hängt neben anderen Faktoren von der Entfernung zum Emissionsort ab.

Die Berechnung der Emissionspegel und der Immissionspegel erfolgt auf der Grundlage der **R**ichtlinien für den **L**ärmschutz an **S**traßen (**RLS**).

Übersteigt der von einer Straße ausgehende, an Gebäuden errechnete Immissionspegel festgesetzte Grenzwerte, sind geeignete Maßnahmen zur Verminderung des Immissionspegels zu treffen und die betroffenen Gebäude zu schützen.

Bei **Lärmschutzwällen** wird an der Fahrbahn in der erforderlichen Höhe ein Wall aufgeschüttet, dessen Böschungsneigung zur Straße 1 : 1,5 beträgt und dessen Kronenbreite 1 m ist. Bei der der Fahrbahn abgewandten Seite kann die Böschungsneigung flacher sein (**Bild 2**). Lärmschutzwälle lassen sich gut in das Landschaftsbild einpassen. Sie benötigen jedoch mehr Platz.

Lärmschutzwände werden dort erstellt, wo aus Platzgründen kein Wall gebaut werden kann, z. B. auf Brücken. Dabei werden meist Beton- oder Kunststofffertigteile verwendet (**Bild 3**). Besonderes Gewicht ist bei Lärmschutzwänden auf eine optisch befriedigende Gestaltung und auf die Einpassung in das Landschaftsbild zu legen.

Ist die erforderliche Höhe des Lärmschutzwalles aus Platzgründen nicht zu verwirklichen, kann auch eine Kombination aus Lärmschutzwall und Lärmschutzwand vorgesehen werden.

Bild 1: Emission, Immission

Bild 2: Lärmschutzwall

Bild 3: Lärmschutzwand

Aufgaben

1 Ordnen Sie die verschiedenen Muldenarten den unterschiedlichen Längsneigungen zu und begründen Sie dies.

2 Zeigen Sie Anwendungsbereiche für Schlitzrinnen auf.

3 Erläutern Sie den Unterschied zwischen Schallemissionen und Schallimmissionen.

4 Nennen Sie Maßnahmen, durch die Schallemissionen reduziert werden könnten und wodurch die Schallimmissionen vermindert werden können.

21 EDV in der Bautechnik

Die **E**lektronische **D**aten**v**erarbeitung (EDV) findet hauptsächlich Anwendung in den Bereichen Bauplanung, Baudurchführung und Informationsbeschaffung.

Da die Entwicklung der Computertechnik rasch fortschreitet sowie Hardware und Software immer leistungsfähiger werden, hat die EDV in allen Bereichen der Bautechnik große Bedeutung.

21.1 Bauplanung

Bei der Bauplanung in den Bereichen Hochbau, Ingenieurbau, Tief-, Straßen- und Landschaftsbau werden überwiegend **CAD**-Programme (**C**omputer **a**ided **d**esign) eingesetzt. Sie ermöglichen die Erstellung von **Grundrissen** mit Bemaßung, Schraffur und den weiteren Informationen, die alle am Bauwerk beteiligten Personen benötigen **(Bild 1)**. Oft befindet sich das Programm in einem vernetzten System auf einem zentralen Rechner (Server), auf den alle Mitarbeiter von ihrem Arbeitsplatzrechner (Client) aus zugreifen können.

Eine Computerzeichnung lässt sich im Vergleich zu einer Handzeichnung leicht ändern sowie manipulieren, wie z.B. durch Drehen, Spiegeln und Kopieren von ganzen Bauteilen, Bauabschnitten oder Geschossen.

Besonders wirtschaftlich werden CAD-Programme erst durch die Eingabe der Bauhöhen als 3. Dimension. Mithilfe entsprechender Programme (man spricht auch von 3-D-Software) können aus den Grundrissen erzeugt oder berechnet werden:

- **Ansichten** aus verschiedenen Richtungen **(Bild 2)**,
- **Längs- und Querschnitte** durch das Bauwerk, wobei die Schnittführung beliebig angeordnet werden kann,
- **räumliche Darstellungen** aus beliebigem Blickwinkel **(Bild 3)**, zunehmend mit Ausleuchtung und Oberflächenstrukturen,
- **Ausführungszeichnungen,** wie z. B. Werkzeichnungen, Schalungs- und Bewehrungszeichnungen sowie Längs- und Querprofile,
- **Detailzeichnungen,** wie z. B. Treppen, Fassadenschnitte, Knotenpunkte im Fertigteilbau und Kontrollschächte **(Bild 1**, Seite 623**),**
- Berechnung der **Flächen-** und **Rauminhalte** für die Bauvorlagen sowie

Bild 1: Grundriss Erdgeschoss

Bild 2: Ansicht Süd

Bild 3: Räumliche Darstellung

Bild 1: Fassadendetail

Bild 2: Innenansicht

OBJEKTDATEN	MENÜ	BAUTEIL-KATALOG AUSSENWÄNDE		BAUTEIL-KATALOG DECKEN, BÖDEN...	
Bauteil:		**Außenwand Nord**		**k max =**	**1,39**
2 Einschalig verputzt, Bims			3	4 (3*2)	5	6 (3:5)
BAUSTOFFSCHICHTEN VON INNEN NACH AUSSEN		Roh-dichte kg/m²	Schicht-dicke s m	Flächen-gewicht kg/m²	λ W/mK	$\frac{s}{\lambda}$ m² K/W
1 Gipsputz		1400	0,020	28	0,700	0,029
2 Leichtbetonsteine, 3 Kammer		800	0,300	240	0,340	0,882
3 Kalkzementputz		1800	0,015	27	0,870	0,017
nach Tab. 1 oder 2 - DIN 4108 Teil 2		1/Λert =	0,550	295	1/Λ =	0,928
					+1/α$_i$ =	0,13
k = 1/ 1,098 =		**0,911**			+1/α$_a$ =	0,04
					1/k =	1,098

Bild 3: Berechnung zum Wärmeschutz

- **Mengenermittlungen** von Bauteilen mit Schnittstelle zur Ausschreibung und Kosten-ermittlung.

Mithilfe von besonders leistungsfähigen CAD-Pro-grammen kann der Bauherr virtuell durch das ge-plante Gebäude wandern und es aus beliebigen Richtungen betrachten (**Bild 2**). 3-D-Animationen und Videotechnik ersetzen den Modellbau.

Zur **Kostenermittlung von Bauwerken** werden **AVA**-Programme (**A**usschreibung, **V**ergabe und **A**brechnung) eingesetzt. Für die Ausschreibung mit Leistungsverzeichnissen stehen standardisierte Texte zur Verfügung, die mit Schlüsselnummern nach dem Standardleistungsbuch (StLB) versehen sind.

Angebote können in einem Preisspiegel verglichen und ausgewählt werden. In der Vergabe festgelegte Vertragsbedingungen, Einheitspreise und Abrech-nungsmengen bilden später die Grundlage zur automatisierten Rechnungsprüfung. Während der Baudurchführung kann jederzeit eine Mengen- und Kostenkontrolle durchgeführt werden.

In einem Raumbuch werden alle eindeutig einen Raum betreffenden Informationen dokumentiert.

Mit **Statikprogrammen** werden die in einem Bau-werk auftretenden Lasten und die zur Lastabtra-gung erforderlichen Bauteilabmessungen von Bau-werken des Hoch- und Tiefbaus sowie des Inge-nieurbaus, wie z. B. Kühltürme und Industrie-schornsteine, ermittelt. Komplizierte Bauteile wer-den mit mathematischen Verfahren (Finite-Ele-mente-Methode) berechnet, die ohne EDV-Einsatz nicht angewendet werden können.

Mithilfe von **Programmen zur Wärmeschutzbe-rechnung** wird der Wärmebedarf von Gebäuden durch einen Vergleich von Wärmeverlusten und Wärmegewinnen ermittelt (**Bild 3**). Für den Nach-weis und die Optimierung von Bauteilen stehen Baustoffkataloge mit einfachen Auswahlmöglich-keiten zur Verfügung. In einem Wärmebedarfsaus-weis („Energieausweis") werden die berechneten Ergebnisse aufgelistet. Zusätzlich können der Tem-peratur- und Wasserdampfdiffusionsverlauf durch die Bauteile grafisch dargestellt und Tauwasser-mengen und Oberflächentemperaturen berechnet werden.

Spezielle CAD-Programme für Ingenieurbauwerke liefern über Grundrisse, Ansichten und Schnitte hi-naus auch **Bewehrungs- und Schalungspläne** und die dazugehörigen **Stahl- und Mattenlisten** (**Bild 1**, Seite 633).

21.2 Baudurchführung

In Bauunternehmungen werden mithilfe von Kalkulationsprogrammen **Arbeits-, Geräte- und Betriebskosten** ermittelt und unterschiedliche Bauverfahren kostenmäßig miteinander verglichen.

Mit einem **Bauzeitenplan** in Form eines Balken- oder Netzplans wird der geplante Bauablauf auf einer Zeitachse grafisch dargestellt. Verknüpft ist damit der Einsatz von Arbeitskräften und Baugeräten. Außerdem verwaltet das Bauunternehmen seine Auftraggeber mit einem Programm, das neben der Angebots- und Rechnungserstellung auch das Mahnwesen umfasst.

Im **Transportbetonwerk** werden Beton und Mörtel EDV-gesteuert zusammengesetzt, hergestellt und überwacht. Auch die Asphaltherstellung erfolgt computergesteuert **(Bild 2)**.

Viele Baumaschinen wie Kräne, Betonpumpen, Bagger und Raupenfahrzeuge werden durch integrierte Chips kontrolliert, gesteuert und geregelt. Neben der Arbeitsentlastung des Baugeräteführers wird die Arbeitssicherheit beträchtlich erhöht.

Im **Betonstahl-Biegebetrieb** werden Bewehrungen aus Zeichnungsdaten automatisiert gefertigt. Bei computergesteuerten Werkzeugmaschinen spricht man von der **CNC-Technik** (computer numeric control).

Bei der Herstellung von **Fertigteilen** aus Stahlbeton und Spannbeton, wie z. B. Stützen und Träger, wird ebenfalls die CNC-Technik verwendet. Die Fertigung kompletter Wandeinheiten mithilfe der CNC-Technik befindet sich im Versuchsstadium. Zudem wird die Möglichkeit geprüft, Roboter bei der Herstellung von Bauteilen einzusetzen.

Bei der **Fertighausherstellung** werden in computergesteuerter Fertigung komplette Wände mit Wandöffnungen und Installationen produziert.

Zimmereien arbeiten häufig mit **Abbundsoftware**, die aus der Dachstuhlzeichnung die Balkenabmessungen ermittelt und die Zeichnungsdaten zu einer computergesteuerten Abbundmaschine übermittelt.

Im Baustofflabor werden bei **Baustoffprüfungen** anfallende Messwerte vom Prüfgerät zum Computer übermittelt und sofort ausgewertet, wie z. B. bei der Druckprüfung an Betonwürfeln.

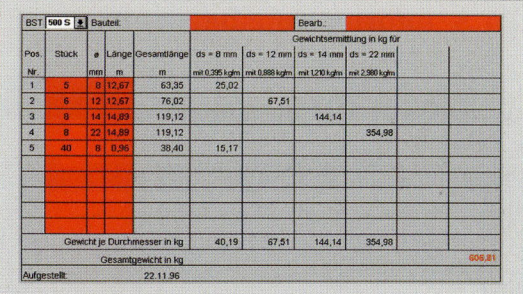

BST 500 S	Bauteil:					Bearb.:		
					Gewichtsermittlung in kg für			
Pos. Nr.	Stück	ø mm	Länge m	Gesamtlänge m	ds = 8 mm mit 0,395 kg/m	ds = 12 mm mit 0,888 kg/m	ds = 14 mm mit 1,210 kg/m	ds = 22 mm mit 2,980 kg/m
1	5	8	12,67	63,35	25,02			
2	6	12	12,67	76,02		67,51		
3	8	14	14,89	119,12			144,14	
4	8	22	14,89	119,12				354,98
5	40	6	0,96	38,40	15,17			
Gewicht je Durchmesser in kg					40,19	67,51	144,14	354,98
Gesamtgewicht in kg								606,81
Aufgestellt:		22.11.96						

Bild 1: Stahlliste

Bild 2: EDV-gesteuerte Asphaltherstellung

Zweiläufige Geschosstreppe mit vorgefertigten Treppenläufen

Bild 3: Ausschreibungssystem auf einer CD-ROM

Bild 1: Auswahlmenü eines Informationssystems auf CD/DVD

Neben den gedruckten Medien wie Fachzeitschriften, Fach- und Tabellenbücher wird die EDV zunehmend zur Informationsbeschaffung genutzt.

Die **CD/DVD** bietet durch große Speicherkapazität die Möglichkeit, Informationen multimedial aufzubereiten. Es entsteht ein Verbund von Texten, Zeichnungen, Bildern, Videosequenzen und Tönen. Nutzungsmöglichkeiten in der Bautechnik sind:

- Baustoffkataloge
- Ausschreibungssysteme,
- Informationssysteme der Baustoffhersteller mit Text- und Bildmaterial **(Bild 1)**,
- Simulationen zur Bedienung technischer Geräte,
- multimediale Ausbildungs- und Lernprogramme und
- elektronische Bücher als Alternative zur Fachliteratur.

Die Informationsübermittlung erfolgt über **Datennetze.** In Verbindung mit dem Telefonnetz werden Terminpläne, Baupläne und allgemeine Informationen mithilfe der Datenfernübertragung abgewickelt. Konferenzschaltungen auf Großbaustellen oder zwischen entfernten Betriebsorten mit dem Computer als Bildtelefon sind möglich. Im **Internet** sind Bau-Fachverlage und Hochschulen sowie Datenbank-Anbieter vertreten, sodass Informationen online abgefragt werden können **(Bild 2).** Weiterhin können Baudatenbanken nach Bauproduktinformationen, Gesetzen und Vorschriften durchsucht und über E-Mail Planungsdaten versendet sowie Informationen, z. B. von Baustofffirmen, bestellt werden.

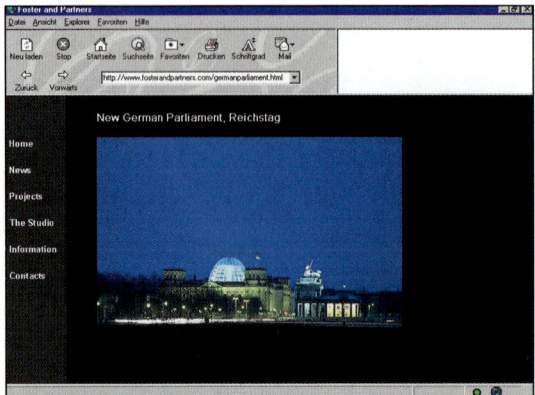

Bild 2: Informationssuche im Internet

Aufgaben

1 Erläutern Sie, welche Vorteile eine CAD-Zeichnung im Vergleich zu einer Handzeichnung aufweist.

2 Nennen Sie die Darstellungen und Informationen, die mit einem CAD-Programm aus einem Grundriss erzeugt werden können.

3 Beschreiben Sie, wozu man AVA-Programme einsetzen kann.

4 Erläutern Sie die Einsatzmöglichkeiten der EDV bei der Baudurchführung.

5 Beschreiben Sie, wozu man eine CD/DVD bei der Informationsbeschaffung einsetzen kann.

6 Erläutern Sie moderne Möglichkeiten der Informationsbeschaffung für das Bauwesen.

22 Bauen in Vergangenheit und Gegenwart

Im Laufe der Jahrhunderte entstanden Bauwerke, deren Gestaltung dem jeweiligen Zeitgeist und den damaligen technischen Möglichkeiten entsprachen. Bauwerke mit ähnlichen Merkmalen werden einem Baustil zugeordnet. Diese Gebäude verschiedener Baustile sind kulturgeschichtlich wertvolle Zeitzeugen und prägen noch heute das Bild vieler Städte und Dörfer. Deshalb stehen viele dieser Bauwerke unter Denkmalschutz. Bei der Sanierung und Instandsetzung historischer Bausubstanz ist, neben technischem Können, insbesondere Verständnis und Gefühl für die Architektur erforderlich. Dazu sind Kenntnisse über die Stilmerkmale und Besonderheiten der Baustile unerlässlich.

22.1 Antike

Vorbild für die Baukunst in Deutschland waren die Bauwerke des Altertums im Mittelmeerraum, insbesondere der Griechen und Römer, auch Antike genannt.

Merkmale dieses Baustils sind ebenmäßige Bauwerke aus Natursteinen mit Balken, die auf Säulen ruhen. Nach ihrer Form unterscheidet man **dorische, ionische** und **korinthische Säulen** (**Bild 1**). In der späten Phase der römischen Baukunst entstanden der **Rundbogen,** das **Tonnengewölbe** und die **Kuppel (Bild 2).**

dorisches Säulenkapitell

Ionische Säule   korinthische Säule

Bild 1: Antike Säulenformen

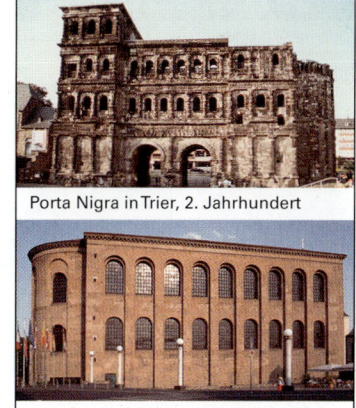

Porta Nigra in Trier, 2. Jahrhundert

Aula Regia, frühes 4. Jahrhundert, Trier

Bild 2: Römische Bauwerke

22.2 Romanik

Mit der Stilepoche der Romanik wird die Baukunst des Frühmittelalters beschrieben. Sie umfasst etwa den Zeitraum von **1000** bis **1250**. Der Name weist bereits darauf hin, dass Elemente der römischen Architektur wie **Rundbogen**, Pfeiler, Säule und Gewölbe übernommen wurden. In romanischen Kirchen wechseln sich häufig runde und eckige Pfeiler ab (Stützenwechsel). Frühe Formen des Pfeilerabschlusses sind Pilzkapitelle, spätere **Würfelkapitelle** sowie Zier- und Figurenkapitelle. Beim **Säulenportal** werden abgestufte Rundbögen durch Säulen gestützt **(Bild 3).**

Meist haben romanische Kirchen die Bauform der **Basilika,** d.h. sie bestehen aus einem höheren Mittelschiff und niedrigeren Seitenschiffen. Die Fenster des Mittelschiffes werden **Obergaden** genannt **(Bild 4).**

Säule mit Würfelkapitell

Stützenwechsel mit Zierkapitellen

Pilzkapitell und Ornamentfries

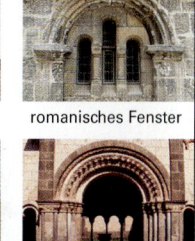

romanisches Fenster

romanisches Säulenportal

Bild 3: Stilelemente der Romanik

Dreischiffige Pfeilerbasilika: Dom in Speyer

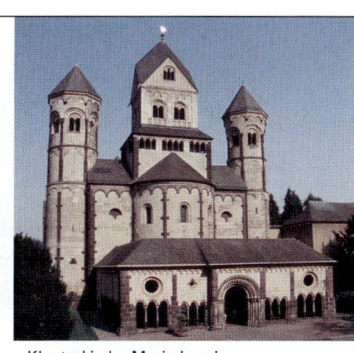

Klosterkirche Maria Laach

Bild 4: Bauwerke der Romanik

Ulmer Münster | Kirchenschiff der Kathedrale von Reims

Bild 1: Bauwerke der Gotik

Spitzbogenfenster - Drei- und Vierpass | Strebewerk mit Strebebögen, Strebepfeiler, Fialen mit Krabben und Kreuzblumen | Netzgewölbe

Bild 2: Stilelemente der Gotik

St. Georgen, Wismar

Uenglinger Tor, Stendal | Alter Schwede, Wismar | Kreuzrippengewölbe, Lübeck

Bild 3: Backsteingotik

Giebel mit Gesimsen, Pilastern und Voluten | Fenster mit Dreiecksgiebel

Bild 4: Bauwerke der Renaissance

22.3 Gotik

In der Zeit des Spätmittelalters, ab etwa **1250** bis **1500,** entwickelte sich eine Stilrichtung, die zunächst als barbarisch (gotisch) verunglimpft wurde. Da Handwerk und Handel in dieser Zeit einen Aufschwung erlebten, entstanden in der Gotik prachtvolle Bürgerhäuser und Kirchen **(Bild 1).**

Typische Merkmale der Gotik sind die Betonung der Senkrechten sowie ausdrucksstarke Steinmetzarbeiten an der reich geschmückten Fassade. Stilmittel sind hohe **Spitzbogenfenster** mit **Maßwerksformen** wie Dreipass oder Vierpass sowie Rosettenfenster.

Gewölbe sind als filigrane **Netz-, Stern-, Fächer-** oder **Kreuzrippengewölbe** ausgeführt, deren senkrechte Lasten über Bögen und Rippen auf sogenannte Dienste und weiter auf Bündelpfeiler, abgeleitet werden. Horizontalkräfte aus Dachkonstruktion und Gewölbe werden bei frühgotischen Kirchen durch scheibenförmige **Strebemauern** abgetragen. Seit der Hochgotik dienen dazu **Strebewerke** aus Strebebögen, Strebepfeilern und Fialen. Als **Fialen** bezeichnet man schlanke Ziertürmchen, die mit blattförmigen **Krabben** und der **Kreuzblume** geschmückt sind **(Bild 2).**

In Nordostdeutschland entwickelte sich unter dem Einfluss der Hanse eine von Ziegel- und Klinkermauerwerk geprägte Architektur, die **Backsteingotik (Bild 3).**

22.4 Renaissance

In der ersten Epoche der Neuzeit von etwa **1500** bis **1600** entstand unter italienischem Einfluss eine Wiederbelebung antiker Bauformen. Die Waagerechte wird wieder stärker betont. Bauwerke weisen regelmäßig gegliederte Wandflächen auf. Diese entstehen durch Gesimse und vorstehende säulenartige Wandpfeiler, sogenannte Pilaster **(Bild 4).**

Weitere Merkmale sind betonte Giebel mit Voluten, Wände mit Säulen und Gesimsfiguren sowie Wandreliefs. Die rechteckigen Fenster tragen oft aufgesetzte Segment- oder Dreiecksgiebel. In Deutschland gibt es viele Bauwerke, bei denen die Stilelemente der Renaissance, entgegen dem klassischen Vorbild, sehr üppig und überladen gestaltet sind. Beispiele hierfür gibt es sowohl in Süddeutschland, insbesondere aber auch an der Weser (**Bild 1**).

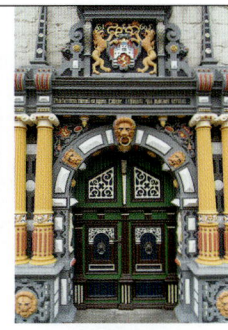

Pilaster und Wandreliefs   Schmuckfassade in Heidelberg   „Weserrenaissance"

Bild 1: Stilelemente der Renaissance

22.5 Barock, Rokoko

Barocke Bauwerke, die etwa zwischen **1600** bis **1730** entstanden, haben im Grundriss und im Aufriss überwiegend geschwungene Formen. Diesem Merkmal verdankt der Barock auch seinen Namen, denn die portugiesische Bezeichnung „barocco" steht für „schiefrund". Die Gliederung der Bauwerke ist jedoch sehr streng symmetrisch (**Bild 2**).

Residenz, Würzburg   Barocke Kirchenfassade, Vierzehnheiligen

Bild 2: Bauwerke des Barock

Der Wunsch, Macht und Stärke zu zeigen, führte zu äußerst prunkvollen Bauwerken. Die Fassaden sind stark profiliert und weisen oft ausladende Gesimse und mächtige Säulen oder Halbsäulen auf. Im Bauwerk sind großräumige Treppenanlagen und eine prächtige Innenraumausstattung üblich. Es herrscht meist eine geradezu überschwängliche Vielfalt an Formen und Farben, z. B. durch Bauplastiken, Bandelwerk und die Verwendung von wertvollen, oft polierten, Materialien wie Marmor, Glas, Edelmetalle, Stuck und Edelhölzer. Auch die Fenster sind vielförmig gestaltet und reich verziert (**Bild 3**).

Fenster des Barock   Fenster des Rokoko   Rokokosäule

Bild 3: Stilelemente des Barock und Rokoko

Während des Spätbarock, von etwa **1730** bis **1780**, der auch Rokoko genannt wird, sind die Gestaltungselemente leichter, heiterer und unsymmetrisch, wie die Rocaille, ein muschelförmiges Ornament, das der Stilrichtung ihren Namen gibt (Bild 3 und **Bild 4**).

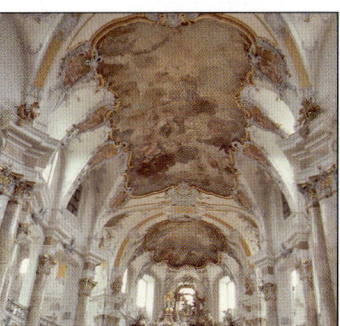

Käppele, Würzburg   Rokokoinnenraum, Vierzehnheiligen

Bild 4: Rokokokirchen

Schauspielhaus, Berlin

Brandenburger Tor, Berlin

Jenischhaus, Hamburg

Grabkapelle Württemberg, Rotenberg

Bild 1: Bauwerke des Klassizismus

Neue Wache, Berlin

Elisabethenkirche, Nürnberg

Bild 2: Stilelemente und Schmuckformen des Klassizismus

Neurenaissance: Semperoper, Dresden

Gründerzeitvilla, Baden-Baden

Bild 3: Bauwerke des Historismus

Jugendstilfassade

Mathildenhöhe, Darmstadt

Jugendstilgiebel

Bild 4: Bauwerke des Jugendstils

22.6 Klassizismus

Etwa zwischen **1770** bis **1840** entstanden unter dem Einfluss der Aufklärung und der französischen Revolution, Bauwerke mit klaren geometrischen Formen. Die Gestaltung geht, wie in der Renaissance, auf das klassische Altertum zurück. Als Vorbild dienten die Bauwerke der griechisch-römischen Antike. Gerade Linien, rechte Winkel und harmonische Verhältnisse sind Grundprinzipien. Die Bauwerke wirken durch ihre strenge Gliederung kühl und monumental. Lastabtragende Säulenfronten mit dorischen oder ionischen Kapitellen sowie Dreiecksgiebel erinnern an griechische Tempelbauten **(Bild 1)**.

Die Fassadengliederung erfolgt durch Lisenen und Gesimse. Kirchen haben häufig eine zentrale Kuppel (Bild 1). Als Schmuck sind Kanneluren, Ornamente und Reliefs mit antiken Motiven wie Girlanden, Urnen, aber auch figürliche Darstellungen üblich **(Bild 2)**.

22.7 Historismus und Jugendstil

In der zweiten Hälfte des 19. Jahrhunderts wurden in der Zeit des Historismus die Baustile vergangener Epochen kopiert und neu interpretiert. Man kennzeichnet diese Architektur mit der Vorsilbe „Neu" oder „Neo", z.B. als Neoromanik oder Neugotik. Die Bauweise ab 1871 mit üppig dekorierten Fassaden wird auch als **Gründerstil** bezeichnet **(Bild 3)**.

In der Zeit von etwa **1890** bis **1910** entwickelte sich der Jugendstil als eine alle künstlerischen Bereiche umfassende Stilform. Wesentliches Merkmal des Jugendstils ist die Bauornamentik, die ihre Formen der Natur entnimmt **(Bild 4)**. Die funktionale Sachlichkeit des Jugendstils bildet den Einstieg für die Neuzeit und die Moderne.

22.8 Neuzeit

Die Neuzeit, damit beschreibt man die Zeit ab dem 20. Jahrhundert, kann man nicht in einen Stil fassen. Vom 1907 entstandenen Deutschen Werkbund und dem 1919 von Walter Gropius in Weimar (später Dessau und Berlin) als Kunstschule gegründeten Bauhaus gingen Strömungen aus, die man heute als „Funktionalismus", „Neue Sachlichkeit" oder „Klassische Moderne" bezeichnet.

Der Protest gegen die rückwärtsgewandten Imitationsstile des Historismus führte zu neuem Denken und zu neuer Formensprache. Die Trennung zwischen Architekten, Künstlern und dem Handwerk wurde aufgehoben. Das Ziel war Qualitätsarbeit, weg von der industriellen Massenproduktion. Ein wichtiges Merkmal des Bauens war die funktionale Sachlichkeit, die in dem Leitgedanken „Die Form folgt der Funktion" zum Ausdruck kam. Die Nutzung der Gebäude ist häufig von außen erkennbar (**Bild 1**).

22.9 Moderne

Als Moderne bezeichnet man die Architektur der vergangenen Jahrzehnte und der Gegenwart (**Bild 2**). Sie ist gekennzeichnet von klaren, oft kubischen Formen, neuen Raumkonzepten und Konstruktionsprinzipien, beispielsweise dem Spannbetonbau und der Glasarchitektur.

Neuartige Baustoffe, wie hochfester sowie selbstverdichtender Beton, Kunststoffe, Aluminium und Verbundbaustoffe schaffen neuen Gestaltungsspielraum.

Die Möglichkeit mit aufwendigen EDV-Programmen und großer Rechnerleistung hochgradig statisch unbestimmte Tragwerke zu realisieren sowie die unter dem Klimawandel erzwungene Notwendigkeit zur Energieeffizienz führen zu neuer Formensprache.

Bauhaus, Dessau

Bauhaus-Archiv, Berlin

Scharoun-Haus, Weißenhofsiedlung, Stuttgart

Kirche von Le Corbusier, Ronchamp

Bild 1: Bauwerke der Klassischen Moderne

Jüdisches Museum, Berlin

Ludwig-Erhard-Haus, Berlin

Stadthaus, Ulm

Reichstagskuppel, Berlin

Mercedes-Benz-Museum, Stuttgart

Innenansicht des Museums

Bild 2: Bauwerke der Moderne

Firmenverzeichnis

Die nachfolgend aufgeführten Personen und Firmen haben die Autoren durch Beratung, Druckschriften und Fotos unterstützt.

Agrob Buchtal Keramik GmbH
Schwarzenfeld

W. Altendorf Maschinenbau
Minden

Arbeitsgemeinschaft der Bau-Berufsgenossenschaften
Frankfurt a. M.

Arbeitsgemeinschaft Holz e.V.
Düsseldorf

Arbit Arbeitsgemeinschaft der Bitumenindustrie
Hamburg

Avola Maschinenfabrik
Hattingen

Bau-BG
Arbeitsgemeinschaft der Bau-Berufsgenossenschaften
Frankfurt am Main

Bauberatung Zement
Düsseldorf

Bauder Abdichtungssysteme
Stuttgart

Bauen mit Stahl e.V.
Düsseldorf

Bilfinger SE
Mannheim

R. Bosch Elektrowerkzeuge
Leinfelden-Echterdingen

Braas Dachsysteme
Oberursel

Dr. J. Budnik/Dipl.-Ing. K. Wassermann
Ratingen/Berlin

Bundesverband Baustoffe – Steine und Erden e.V.
Berlin

Bundesverband der Deutschen Transportbetonindustrie e.V.
Duisburg

Dehoust Behälterbau GmbH
Leimen

Desoi GmbH
Kalbach/Rhön

Desowag Materialschutz
Düsseldorf

Deutsche Doka
Mönchengladbach

Deutsche Heraklith GmbH
Simbach am Inn

Deutscher Asphaltverband
Bonn

Deutsche Shell AG
Hamburg

Deutsche Steinzeug Keramik GmbH
Schwarzenfeld

DSD Dillinger GmbH
Saarlouis

Dörken Anwendungstechnik
Herdecke

Doyma GmbH & Co.
Oyten

Duravit AG
Hornberg

Dipl.-Ing. K. Ebeling
Hannover

Eckert Erdbau und Industrieabbruch GmbH
Lauda-Königshofen

Eisen-Widmann
Schwäbisch Gmünd

ESTELIT Beton-Bauteile GmbH & Co. KG
Dülmen

Eternit AG
Heidelberg

Fachverband Bau Württemberg
Stuttgart

Fachverband der Stuckateure für Ausbau und Fassade Baden-Württemberg
Stuttgart

Fikla GmbH
Hausen o. V.

Finnforest GmbH
Bremen

Dr.-Ing. W. Fleischer
München

Form + Test Seidner & Co. GmbH
Riedlingen

F. Hasberger
Fußach/Österreich

Hebel Wohnbau GmbH
Köln

Hess Holzleimbau
Miltenberg

Hoesch Bausysteme GmbH
Kreuztal

Carl Heymanns Verlag
Köln

Holz-Her Maschinenfabrik
Nürtingen

Industrieverband Werkmörtel e.V.
Duisburg

Informationsdienst Holz
Bonn

Isobouw Dämmtechnik
Abstatt

KEIM FARBEN
Diedorf

Kemmler Baustoffe
Tübingen

KLB Klimaleichtblock
Neuwied

Klenk Holzwerke GmbH
Oberrot

Knauf Westdeutsche Gipswerke
Iphofen

Kölle Maschinenfabrik GmbH
Esslingen

Krämer Holzbau
Bopfingen-Kerkingen

Kreislaufwirtschaft Bau
Berlin

Dipl.-Ing. G. Krüger
Bergisch Gladbach

Lafarge Gips GmbH
Oberursel

Landesinnungsverband für das Stuckateurhandwerk
Stuttgart

Lauber Apparatebau
Alfdorf

Dipl.-Ing. K. Lehmann
Duisburg

Leica AG
Heerbrugg (Schweiz)

Dipl.-Ing. Volkart Leisterer
Weinsberg

Liebherr
Biberach/Riß

Lignotrend Klimaholzhaus
Weilheim-Bannholz

Link Architekten
Walldürn

Lömpel Bautenschutz
Arnstein

Lugato Chemie
Dettelbach

Mafell AG Maschinenfabrik
Oberndorf a. N.

G. Maier GmbH
Steinach

Maxit Deutschland
Heimsheim

Megerle Holzbetriebe
Öhringen-Cappel

Merk Holzbau
Aichach

NOE-Schalttechnik
Süßen

Nöggerath & Co.
Ahnsen

PCI Augsburg GmbH
Augsburg

peca – Verbundtechnik
Dingolfing

Peri GmbH
Weißenhorn

Plewa Schornsteinsysteme
Großheide

PROTEKTORWERK
Gaggenau

Protool Elektrowerkzeuge
Wendlingen

Quelle Holzbau GmbH & Co. KG
Bargstedt

quick-mix Gruppe
Osnabrück

Raiffeisen Baucenter GmbH
Tauberbischofsheim

Friedrich Rau GmbH & Co.
Ebhausen

Readymix Beton AG
Ratingen

RECKLI-Chemiewerkstoff
Herne

Remmers Bauchemie
Löningen

Riehle Planen und Zeichnen
Tauberbischofsheim

Rigips GmbH
Düsseldorf

Rothfuss GmbH und Co. KG
Draht- und Metallwarenfabrik
Hemmingen

Schiedel KG
Erbach

Schöck Bauteile GmbH
Baden-Baden

Schwendilator
Baden-Baden

Senertec GmbH
Schweinfurt

SHB Tiefbautechnik GmbH
Heinsberg

Stetter GmbH
Memmingen

Süddeutsche Abwasserreinigungs-
Gesellschaft
Ulm/Donau

Suspa DSI GmbH
Königsbrunn

Thyssen Hünnebeck GmbH
Ratingen

Tonwarenfabrik
Laufen

Treppenmeister
Jettingen

Unidek-Systemdächer
Bremen

Vg-orth GmbH & Co. KG
Stadtoldendorf

Villeroy und Boch AG
Mettlach

Wacker-Werke Chemie AG
München

Bernd Weigel
Mellrichstadt

L. Weiss Bauunternehmung
Göppingen

Widmann-Baucenter
Schwäbisch Gmünd

G. Wischers/W. Richartz
Düsseldorf

Verband der Sachversicherer (VdS)
Köln

WOLFIN Henkel Bautechnik
Wächtersbach

Zehnder Wärmekörper GmbH
Lahr

Ziegel Bauberatung
München

Zinco Dachsysteme
Nürtingen

Sachwortverzeichnis

644

646

T